(Conserver la couverture)

MINISTÈRE DE L'AGRICULTURE ET DU COMMERCE.

EXPOSITION UNIVERSELLE INTERNATIONALE DE 1878
A PARIS.

RAPPORTS DU JURY INTERNATIONAL.

GROUPE II. — CLASSE 16.

LES CARTES ET LES APPAREILS
DE GÉOGRAPHIE ET DE COSMOGRAPHIE,
LES CARTES GÉOLOGIQUES
ET LES OUVRAGES DE MÉTÉOROLOGIE ET DE STATISTIQUE,

PAR

M. ALFRED GRANDIDIER,

PRÉSIDENT HONORAIRE DE LA SOCIÉTÉ DE GÉOGRAPHIE DE PARIS.

PARIS.

IMPRIMERIE NATIONALE.

M DCCC LXXXII.

II.

RAPPORT

SUR

LES CARTES ET LES APPAREILS

DE GÉOGRAPHIE ET DE COSMOGRAPHIE,

SUR LES CARTES GÉOLOGIQUES,

ET SUR LES OUVRAGES DE MÉTÉOROLOGIE ET DE STATISTIQUE.

MINISTÈRE DE L'AGRICULTURE ET DU COMMERCE.

EXPOSITION UNIVERSELLE INTERNATIONALE DE 1878
A PARIS.

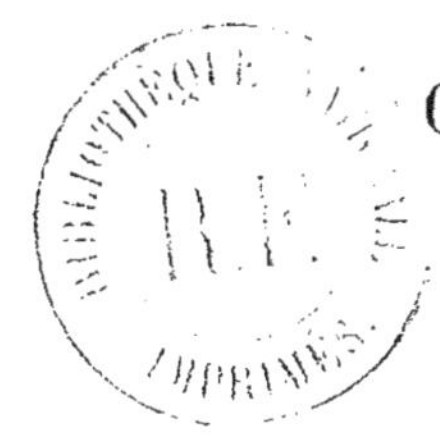

GROUPE II. — CLASSE 16.

RAPPORT
SUR
LES CARTES ET LES APPAREILS
DE GÉOGRAPHIE ET DE COSMOGRAPHIE,
SUR LES CARTES GÉOLOGIQUES,
ET SUR LES OUVRAGES DE MÉTÉOROLOGIE ET DE STATISTIQUE,

PAR

M. ALFRED GRANDIDIER,
PRÉSIDENT HONORAIRE DE LA SOCIÉTÉ DE GÉOGRAPHIE DE PARIS.

PARIS.
IMPRIMERIE NATIONALE.

M DCCC LXXXII.

Groupe II. — Classe 16.

RAPPORT

SUR

LES CARTES ET LES APPAREILS

DE GÉOGRAPHIE ET DE COSMOGRAPHIE,

SUR LES CARTES GÉOLOGIQUES,

ET SUR LES OUVRAGES DE MÉTÉOROLOGIE ET DE STATISTIQUE.

COMPOSITION DU JURY.

MM. le docteur Selwyn, F. R. S., F. G. S., *président*, directeur du Service géologique du Canada	Angleterre.
Bugnot, *vice-président*, colonel d'état-major, chef de bureau au Ministère de la guerre	France.
Grandidier (A.), *rapporteur*, voyageur et publiciste, ancien secrétaire de la Société de géographie de Paris, membre du jury au congrès géographique de 1875, membre du comité d'admission à l'Exposition universelle de 1878	France.
Fuchs, *secrétaire*, ingénieur des mines	France.
le docteur Kjerulf (T.), professeur de minéralogie à l'Université de Christiania	Suède et Norwège.
le colonel fédéral Siegfried	Suisse.
Himly, professeur de géographie à la Faculté des lettres de Paris, membre du comité d'admission à l'Exposition universelle de 1878	France.
Germain, *suppléant*, ingénieur hydrographe, membre des comités d'admission et d'installation à l'Exposition universelle de 1878	France.
Maunoir, *suppléant*, secrétaire général de la Société de géographie, membre des comités d'admission et d'installation à l'Exposition universelle de 1878	France.

Gr. II.

Cl. 16.

INTRODUCTION.

Les hommes se succéderont et la science s'accroîtra.

BACON.

A l'Exposition universelle de 1878, un fait, entre tous, a frappé et réjoui les hommes qui ont l'amour de la science et la conviction que ses progrès sont utiles à l'humanité : je veux parler du développement extraordinaire que les études scientifiques ont pris depuis quelques années dans les pays civilisés. Non point que le nombre des hommes éminents se soit accru, mais le savoir général a augmenté, et partout règne une activité intellectuelle remarquable.

L'attrait qui porte aujourd'hui tant d'esprits vers les sciences abstraites n'est pas un des caractères les moins singuliers de notre époque, où plus que jamais on comprend qu'elles sont la source de tout progrès et que leurs conquêtes, portant tôt ou tard leur fruit, ajoutent au bien-être matériel et au perfectionnement moral de la société; il n'est donc pas étonnant que chaque année apporte son tribut de plus en plus considérable d'études et de découvertes.

La classe 16, qui comprenait les cartes et appareils de cosmographie, les cartes géologiques et toutes les publications météorologiques et statistiques, est l'une de celles où le fait que nous venons de signaler était le plus manifeste. Les exposants étaient au nombre de 394, soit: 91 collectivités officielles, 35 collectivités privées et 268 exposants particuliers.

Des 90 collectivités officielles[1] qui ont obtenu des récompenses, 27 ont reçu un grand prix; 23, une médaille d'or; 20,

[1] Dans ces collectivités officielles, il y avait 15 Bureaux d'état-major ou Instituts topographiques et hydrographiques, 13 Services géologiques, 3 Observatoires météorologiques et 20 Comités nationaux de statistique.

une médaille d'argent; 8, une médaille de bronze, et 12, une mention honorable.

Des 35 collectivités privées ou sociétés savantes, 1 a reçu une médaille d'or; 6, une médaille d'argent; 10, une médaille de bronze, et 18, une mention honorable.

Les 200 récompenses accordées aux exposants particuliers se distribuent ainsi qu'il suit :

	FRANÇAIS.	ÉTRANGERS.	TOTAL.
Grand prix	1	"	1
Médailles d'or	7	12	19
Rappels de médailles d'argent	2	2	4
Médailles d'argent	18	15	33
Rappels de médailles de bronze	2	"	2
Médailles de bronze	21	27	48
Mentions honorables	49	44	93

Dans ce total de 325 récompenses, dont 161 sont attribuées à des Français et 164 à des étrangers, les cartes et appareils de géographie et de cosmographie comptent pour 163, les cartes géologiques pour 57, les travaux météorologiques pour 29 et les ouvrages de statistique pour 76.

Il y a 27 éditeurs et 13 graveurs, lithographes ou dessinateurs récompensés, et des 68 exposants qui n'ont eu aucune mention, 48 sont Français et 20 sont étrangers.

Les 164 récompenses obtenues par les pays étrangers se répartissent ainsi qu'il suit :

Grande-Bretagne et colonies anglaises	25
Russie	19
Autriche	16
Suisse	15
Belgique	12
Italie	12
Suède	11
Amérique centrale et méridionale	11
Espagne	9
Norwège	8
Pays-Bas	6
Danemark	6
États-Unis	5
Hongrie	4
Grand-duché de Luxembourg	3
Portugal	1
Japon	1

Au nombre total de ces 325 récompenses, il faut ajouter

Gr. II.
—
Cl. 16

16 diplômes de collaborateurs, dont 13 pour la France et 3 pour la Suisse, soit : 4 médailles d'or, 4 médailles d'argent, 7 médailles de bronze et 1 mention honorable.

Il n'y a pas lieu de s'étonner que le jury ait décerné des récompenses à 325 exposants sur 394, dans la proportion considérable de 82,5 p. o/o. En effet, les travaux qui ressortissaient de la classe 16 sont dus, les uns aux corps savants les plus éminents des diverses nations, les autres à des hommes dont toute l'ambition est d'accroître la somme de nos connaissances et qui méritent d'autant plus d'être récompensés qu'ils travaillent pour le bien de l'humanité en général et de leur pays en particulier avec un admirable désintéressement, donnant à leurs chères études tout à la fois leur vie et leur fortune.

CHAPITRE PREMIER.

CARTES ET APPAREILS DE GÉOGRAPHIE.

Nous nous occuperons d'abord de la géographie, qui a pour objet la connaissance de la Terre, c'est-à-dire non seulement la constitution physique de notre globe, la représentation plus ou moins détaillée de sa surface et de ses grandes divisions, mais encore la répartition des peuples qui l'habitent et l'étude de leur état social. C'est une science d'un caractère très général qui enseigne à l'homme la véritable place qu'il occupe dans le monde et qui lui apprend son passé et son origine.

La plupart des connaissances humaines s'appuient sur la géographie ou tout au moins s'y rattachent d'une façon intime. En effet, les cartes ne sont pas moins indispensables à ceux qui étudient la nature qu'à ceux qui s'occupent de l'état politique; les naturalistes et les météorologistes, les archéologues et les historiens, les militaires et les marins, les voyageurs et les missionnaires, les ingénieurs et toutes les administrations publiques, les agriculteurs, les industriels et les commerçants ont besoin de ces documents qui les guident dans leurs recherches et où ils peuvent résumer leurs observations.

Il n'y a donc pas à s'étonner si la plupart des nations, comprenant enfin la nécessité de connaître cette Terre sur laquelle s'écoule notre existence, montrent aujourd'hui une activité merveilleuse dans les études géographiques, et si l'Exposition contenait une quantité considérable de précieuses et intéressantes publications, géodésiques, topographiques, hydrographiques, etc., que nous allons examiner successivement.

§ 1er. GÉODÉSIE.

La géodésie étudie la Terre dans son ensemble; elle s'occupe d'en déterminer exactement la forme, les dimensions et la den-

Gr. II. — Cl. 16.

sité[1]. Elle fournit en outre le canevas des cartes géographiques, en faisant connaître les coordonnées des points importants.

Depuis les temps les plus reculés, on cherche à connaître la forme de la Terre[2] en mesurant des arcs de méridien et en en déduisant par extension ses dimensions. Mais les premières méthodes employées pour déterminer les distances dans les mesures de degrés terrestres, depuis Ératosthène qui, deux siècles et demi avant Jésus-Christ, utilisa les données fournies par la marche des caravanes et depuis les Arabes qui employèrent des bâtons jusqu'à Fernel qui, en 1525, évalua la distance de Paris à Amiens par le nombre de tours de roue de sa voiture et jusqu'à Norwood qui, en 1635, se servit de la chaîne[3], ont été très incomplètes. La mesure des triangles sur le terrain, ou triangulation, qui permet, en partant d'un côté connu d'une chaîne de triangles, d'en conclure tous les autres au moyen de simples observations d'angles et à l'aide du calcul[4], a pris au XVIIe siècle la place des mesures directes qui sont si pénibles à effectuer et si sujettes à erreur, et les astronomes de notre Académie des sciences ont presque aussitôt entrepris, tant en France que dans les pays lointains, avec des instruments et des méthodes de leur invention, les beaux travaux qui ont servi de modèle à tous ceux que l'on a exécutés depuis.

Les opérations géodésiques sont multiples : elles comprennent la triangulation, le nivellement, la détermination de l'intensité de la pesanteur, la recherche des anomalies locales[5] et de la direction de l'axe de la terre.

(1) La détermination de la figure exacte de la Terre est nécessaire pour le calcul des tables astronomiques, entre autres de celles dont la parallaxe lunaire est un des éléments et qui sont indispensables aux marins.

(2) C'est Pythagore qui paraît avoir le premier signalé la forme sphérique de notre globe.

(3) La plus grande exactitude qu'on ait atteinte par ce procédé ne dépassait pas le 500e de la longueur.

(4) On doit la découverte de cette méthode au hollandais Snellius suivant les uns, suivant les autres à l'espagnol Esquivel.

(5) Les anomalies locales sont dues soit aux renflements ou dépressions que présente la surface terrestre, soit à la répartition inégale des couches intérieures, soit à toute autre cause.

1° Triangulations. — Les grandes triangulations ont toujours un double but. Elles fournissent le canevas de la carte générale du pays, dont le détail s'obtient ensuite par des méthodes moins rigoureuses et moins coûteuses; comme les anciennes mesures font connaître la surface de la plus grande partie de l'Europe d'une manière assez rapprochée pour des travaux simplement géographiques, elles ne sont plus généralement aujourd'hui exécutées sur ce continent que dans le second but, qui est d'obtenir d'une manière très précise la distance de deux points situés sur un même méridien, c'est-à-dire nord et sud, ou sous un même parallèle, c'est-à-dire est et ouest. Cette distance est alors donnée en kilomètres, et en observant astronomiquement les coordonnées de ces deux mêmes points, on a deux arcs, l'un terrestre, l'autre céleste tout à fait régulier, dont la comparaison fournit les éléments nécessaires pour mesurer la forme et les dimensions du globe entier[1].

Les premières grandes opérations géodésiques ont montré que la figure générale de notre globe peut être assimilée à un ellipsoïde de révolution; cette importante question n'est cependant pas encore pleinement résolue après plus d'un siècle de travaux assidus[2], mais même en admettant l'exactitude absolue des conclusions tirées des mesures d'arcs faites jusqu'à ce jour, il reste encore à déterminer la configuration locale des différentes parties de la Terre. Car il n'est pas douteux que sa surface présente çà et là des dépressions et des bosses, comme l'a prouvé la mesure des degrés anglais dans la Grande-Bretagne, où la valeur de l'aplatis-

(1) La connaissance exacte de la valeur de l'aplatissement du sphéroïde terrestre est très importante pour la détermination de la circonférence, du volume, du poids et de l'état antérieur de la planète que nous habitons.

(2) Le capitaine russe Shubert et le capitaine anglais Clarke pensent que l'équateur et les parallèles ne sont pas des cercles, mais des ellipses, et que par conséquent la Terre n'est pas un ellipsoïde de révolution, mais un ellipsoïde à trois axes inégaux. Cette hypothèse repose sur des observations trop incertaines et trop peu nombreuses pour qu'on l'ait généralement adoptée. Il est curieux de remarquer que dans cette théorie le plus grand méridien, celui de 14 degrés, traverse les mers, et que le plus petit, celui de 104 degrés, traverse les continents sur une longueur plus grande que tous les autres.

Gr. II. — Cl. 16.

sement est de $\frac{1}{280}$ au lieu de $\frac{1}{299}$, nombre qu'on obtient par la comparaison des arcs mesurés dans les divers autres pays[1].

Aujourd'hui que les perfectionnements apportés par l'optique moderne dans la construction et surtout dans la graduation des instruments et que les méthodes nouvelles, basées sur le calcul des probabilités et qui sont dues à Schumacher, à Gauss, à Bessel et à Baeyer, permettent de pousser la précision dans les observations jusqu'aux limites les plus extrêmes que puissent atteindre nos sens, on s'occupe de déterminer ces irrégularités de l'enveloppe terrestre par des mesures très minutieuses d'arcs, et les géodésiens, qui avant 1864 évitaient les régions pouvant présenter des déviations de la forme générale de notre globe, ont au contraire ces déviations en vue dans leurs nouvelles mesures et choisissent les contrées qu'ils laissaient naguère de côté.

En 1861, on avait mesuré dans l'Europe cinq arcs de méridiens comprenant ensemble 52° 33′, le grand arc franco-anglais (des îles Baléares aux îles Shetland), le grand arc russo-scandinave (du Danube à l'océan Glacial) et les petits arcs du Hanovre, du Danemark et de la Prusse Orientale, et trois arcs de parallèles comprenant ensemble 113 degrés, l'arc franco-sarde-autrichien (de Marennes à Orsova), l'arc franco-bavarois-autrichien (de Brest à Vienne) et le grand arc de parallèle européen, qui partant de l'Irlande traverse toute l'Europe à la hauteur du 52e degré de latitude[2]. La somme totale des degrés mesurés en longitude était à cette époque double de celle des degrés de latitude, et ce fait était d'autant plus regrettable que la distance entre l'arc occidental franco-anglais et l'arc oriental russo-scandinave est de 24° 23′ en longitude et qu'on rencontre dans l'Europe centrale, délaissée jusque-là, des conditions favorables pour la recherche

[1] On sait que si la Terre était une sphère parfaite, il n'y aurait ni précession, ni nutation, c'est-à-dire qu'il n'y aurait pas cette oscillation périodique de son axe que produit l'attraction de la lune décrivant son orbite; l'observation de ces phénomènes, qui sont une conséquence de sa forme ellipsoïdale, a permis à Laplace de calculer la valeur de son aplatissement, qu'il a trouvée $= \frac{1}{306}$.

[2] Cet arc, qui réunit Valentia à Orsk, a une longueur de 69 degrés, dont 40 appartiennent à la Russie, et les autres à l'Allemagne, à la Belgique et à l'Angleterre.

des anomalies que présente la surface de la Terre; la ligne tirée de Christiania à Palerme, à droite et à gauche de laquelle, dans un rayon de 8 degrés, se trouvent près de 30 observatoires, est admirablement placée pour permettre de déterminer quel est l'aplatissement spécial de l'Italie, d'étudier les attractions locales de la masse des Alpes et de fixer, au moyen de son raccordement avec les trois arcs de parallèles européens, la courbure de la mer Méditerranée entre Palerme et les îles Baléares, de la mer du Nord entre Dunkerque-Christiania-Saxavord, et de la mer Baltique entre Copenhague-Konigsberg-Stockholm.

Aussi était-il très désirable qu'on ordonnât méthodiquement les réseaux trigonométriques qui couvrent cette partie de l'Europe, qu'on les reliât d'une manière sûre aux différents observatoires et qu'on en comblât les lacunes afin de tirer de tous ces matériaux une mesure de degrés complète (162° en longitude et 68° en latitude). C'est le plan que conçut et proposa, en 1861, le général Baeyer. Les États qui composent l'Allemagne ayant adhéré à ce projet, une association géodésique fut fondée en 1864 pour la mesure des degrés dans l'Europe centrale afin de déterminer la véritable grandeur et la vraie figure de l'hémisphère Nord; elle ne tarda pas à élargir son programme primitif, et dès 1867 elle embrassait tous les États de l'Europe, à l'exception de l'Angleterre et de la France. Depuis cette époque, en 1871, la France a donné son adhésion à cette grande œuvre scientifique.

La conférence internationale se réunit tous les trois ans, et une commission permanente est chargée de la direction scientifique de l'œuvre. Sous son impulsion, et grâce aux relations cordiales et aux échanges de services qui se sont établis entre les délégués des divers pays, des progrès considérables se sont réalisés depuis dix ans dans les études géodésiques, et la lumière s'est faite sur des sujets imparfaitement étudiés jusque-là.

Pendant longtemps les méthodes d'observations et de calcul inaugurées par Delambre et appliquées avec succès par nos ingénieurs géographes ont été considérées comme atteignant les dernières limites de la perfection. A l'étranger, elles ont servi de point de départ pour de nouvelles méthodes dont le but est d'éliminer

Gr. II.
Cl. 16.

les petites erreurs; on a abandonné les instruments répétiteurs[1], et aujourd'hui on procède par visées simples sur les objets[2]; on a substitué aux verniers les microscopes micrométriques qui ont permis de réduire les dimensions des limbes. L'exactitude qui peut être obtenue d'une manière générale avec des cercles de 8 et de 12 pouces est évaluée à $\frac{1}{200\,000}$ de la longueur. Quant aux deux principes établis par Borda pour la mesure des bases, ils font encore loi aujourd'hui; on se sert toujours de règles bimétalliques qui forment thermomètre et on évite soigneusement de mettre en contact leurs extrémités.

Les résultats des observations sont soumis à la méthode des moindres carrés pour la compensation des erreurs. Les réseaux géodésiques à mettre en œuvre couvrent une superficie de plusieurs millions de kilomètres carrés et comprennent des milliers de triangles solidaires les uns des autres, et il importe de rechercher les causes d'erreur qui ont pu entacher chacune des opérations, afin de les faire disparaître ou tout au moins d'en annuler l'influence.

Mais à mesure que les méthodes d'observation s'améliorent et que les instruments, en se perfectionnant, se prêtent à des études plus délicates, à mesure par conséquent qu'on se rapproche de plus en plus de la certitude absolue, de nouvelles difficultés naissent. Car toutes les grandes lignes qui servent de point de départ aux mesures de l'astronomie et de la géodésie sont sujettes à des variations périodiques.

La plupart des géodésiens admettent, en effet, aujourd'hui que les points soi-disant fixes ne sont pas aussi immuables qu'on le pensait et qu'ils éprouvent avec le temps certains déplacements, ce qui rend leur tâche plus compliquée et plus difficile. Ainsi la verticale n'est pas aussi invariable qu'on le pensait[3]; M. Peters

[1] Dans la méthode des répétitions, l'exactitude obtenue a été comprise entre $\frac{1}{40\,000}$ et $\frac{1}{80\,000}$.

[2] L'erreur de visée la plus grande possible aujourd'hui est 523 fois moindre qu'à la fin du siècle dernier.

[3] M. d'Abbadie se livre depuis longtemps à d'importantes recherches à ce sujet; il a fait, de 1850 à 1852, des études au moyen de niveaux fixes placés dans une cave creusée dans le roc à Audaux, et de 1867 à 1872 il a pris de nombreuses observations

a signalé de légères variations dans la position des pôles et il croit que l'axe de la terre est sujet à de faibles oscillations; la latitude de Pulkowa semble changer d'une seconde et demie par siècle; celle de Greenwich paraît aussi éprouver une légère modification. M. Bouquet de la Grye a trouvé, au moyen d'un ingénieux appareil enregistreur de son invention, que de petits changements de la verticale ont également lieu dans l'hémisphère austral. Toutefois la question est loin d'être définitivement résolue malgré les travaux auxquels de nombreux savants se livrent depuis quelques années à ce sujet, et si beaucoup admettent que les petites discordances qui existent entre les latitudes déterminées à diverses époques dans les grands observatoires s'expliquent tout naturellement par les erreurs dues aux instruments et à la réfraction, quelques-uns pensent qu'il n'est pas impossible que les exhaussements et les dépressions dus aux causes géologiques aient pour effet le déplacement de l'axe de la terre. On sait, en effet, que dans la péninsule scandinave où les dénivellations ont été observées à l'aide de marques inscrites sur les rochers et qui est peut-être le lieu du globe le mieux étudié au point de vue des mouvements séculaires du sol, la côte de Norwège, du cap Lindeness au delà du cap Nord, émerge avec lenteur et régularité; sur les bords du golfe de Bothnie, le soulèvement n'est plus aussi uniforme. Le même phénomène a été aussi observé sur les côtes occidentales de France, et, au temple de Sérapis, près de Naples, le niveau de la mer s'élève de 25 millimètres environ par an. A 50 kilomètres de Carlsbad, il y a une crête montagneuse qui sépare les deux villages de Hohen-Zedlisch et Ottenreuth; le plateau de Zedlisch s'élève, puisqu'on aperçoit aujourd'hui les toits des maisons d'Ottenreuth dont on ne voyait autrefois que la pointe du clocher[1]. On a aussi constaté en certains points des dépressions quelquefois considérables. MM. Reiss et Stübel ont trouvé en diverses localités des Andes Colombiennes de grandes

à Abbadia au moyen de la réflexion d'un objet fixe dans un bassin de mercure situé à 10 mètres en contre-bas.

[1] Ce changement ne peut être dû au forage de puits de mines dont les plus proches sont situées à 10 kilomètres; le sol est du reste granitique.

Gr. II. — Cl. 16.

différences d'altitude avec celles fixées par les anciens voyageurs [1]. Il est même possible qu'il se produise en outre, dans la forme de la surface terrestre, des variations périodiques dues aux mouvements de la masse intérieure du globe, mouvements semblables à ceux des marées. M. Hirsch observe depuis vingt ans que la colline sur laquelle est situé son observatoire éprouve une oscillation qui s'accomplit dans la période annuelle avec une grande régularité. Quelques géodésiens croient cependant que ces mouvements du sol sont plus ou moins localisés, et peuvent s'expliquer par les mouvements moléculaires brusques que doivent éprouver les roches granitiques après des variations considérables de température et qu'ils sont surtout à craindre dans les régions volcaniques. Il en est d'autres, et en grand nombre, qui trouvent les résultats trop minimes pour justifier des hypothèses aussi hardies et qui attendent avant de se prononcer que les phénomènes en question soient confirmés par des observations ultérieures.

On voit donc que si l'on avait fait beaucoup avant 1867, il restait encore davantage à faire. L'Association géodésique internationale s'est tout d'abord occupée d'imprimer une uniformité aussi complète que possible aux travaux des divers pays pour la mesure des degrés.

Nous avons déjà dit que dans la géodésie on a à déterminer la position de certains points à la surface de la terre, non seulement au moyen de mesures trigonométriques, mais encore au moyen d'observations astronomiques. En prenant pour bases les éléments du sphéroïde terrestre donnés par Bessel, on obtient les différences entre les coordonnées géodésiques et les coordonnées astronomiques, et de la comparaison des deux arcs terrestre et céleste on conclut la vraie forme de la surface de la Terre dans la région étudiée.

Les observations astronomiques comprennent la détermination

[1] D'après ces savants, la ville de Quito s'est abaissée, en 127 ans, depuis La Condamine, de 246 pieds; le sommet le plus élevé du Pichincha de 218 pieds; le cratère du Pichincha, en 26 ans, de 425 pieds, et Antisana, depuis le voyage de Humboldt en 1803, de 365 pieds. — Un jour, pendant que M. Hilgard faisait des observations d'azimut dans le Texas, eut lieu un fort tremblement de terre; un azimut mesuré après la secousse a différé de 2″5 de celui pris auparavant.

de latitudes, d'azimuts et de différences de longitude. Il est indispensable qu'elles aient la plus grande exactitude possible afin que les résultats de la mesure des degrés soient dignes de confiance. Aussi l'Association s'en est-elle tout particulièrement occupée. Pour les déterminations de différences de longitude, on a recommandé l'emploi d'instruments de grandeur et de construction identiques, la comparaison télégraphique des pendules des deux stations avant et après les observations, et l'enregistrement sur un chronographe du passage des mêmes étoiles [1]; les astronomes doivent changer de station avec leurs instruments, le chronographe compris, afin d'éliminer leur équation personnelle, les erreurs inconnues des instruments de passage, le temps que le courant met à franchir la distance entre les deux stations, enfin les variations proportionnelles au temps que toutes ces quantités peuvent subir.

Pour les déterminations de latitudes [2], il est indispensable que l'on n'observe que les étoiles dont la déclinaison est fixée avec un haut degré d'exactitude. A cause des discordances que présentent les divers catalogues [3], on a fait choix de 201 étoiles fondamentales [4], dont on a chargé en 1866 les observatoires de Leyde, de Leipzig, de Kiel, de Berlin et de Pulkowa de déterminer d'une manière précise la déclinaison. Le travail n'est encore terminé que dans les observatoires de Leipzig et de Leyde. Mais en attendant on est convenu de n'employer que les déclinaisons des étoiles dont les positions sont fournies par un des trois catalogues basés sur des déterminations faites dans plusieurs observatoires, celui de

(1) Afin d'éliminer les ascensions droites des étoiles horaires.

(2) La différence de latitude se détermine, soit par l'observation des étoiles circumpolaires dans leurs deux passages, en employant le même instrument aux deux stations, soit par l'observation de passages au premier vertical, ou par l'observation de distances zénitales circumméridiennes d'étoiles placées au sud et au nord du zénith et autant que possible concurremment par deux méthodes différentes afin d'avoir un contrôle sérieux.

(3) Il y aurait de graves inconvénients à employer les valeurs de déclinaison d'étoiles obtenues isolément dans les différents observatoires, parce qu'elles sont entachées des erreurs individuelles des instruments de ces observatoires.

(4) Ces étoiles sont toutes comprises entre le 18e degré de déclinaison australe et le pôle Nord, les seules dont on doive se servir pour la mesure des latitudes dans les opérations de la mesure des degrés en Europe.

l'Association géodésique pour 1871, celui de l'Astronomische Gesellschaft pour 1875 et celui de Safford pour 1873, dans lesquels l'erreur problable de la déclinaison est presque identique et égale à $\pm$ 0″03.

L'Association recommande en outre, dans toutes les observations astronomiques, pour avoir les déterminations de temps les plus exactes, l'emploi des pendules à secondes et de la méthode chronographique. Elle conseille aussi de faire le plus souvent possible et pendant les observations mêmes, la détermination de l'équation personnelle absolue des observateurs au moyen des nouveaux appareils à étoiles artificielles qui enregistrent elles-mêmes leur passage aux fils et dont la bissection est enregistrée par l'observateur.

Pour la détermination des azimuts des lignes géodésiques, on a décidé de comparer directement, pendant trois à six jours, un objet terrestre fixe avec une étoile polaire, observée dans des angles horaires différents afin d'éliminer ses coordonnées.

Il est de règle aujourd'hui, dans les nouvelles triangulations, de déterminer des latitudes et des azimuts à tous les sommets de triangles sans exception. Pour les travaux géodésiques, l'Association a décidé qu'à côté du contrôle fourni dans un triangle par la somme des trois angles, il était utile de s'en ménager d'autres, tels que ceux que donnent les diagonales et les doubles chaînes de triangles. Elle a aussi recommandé de bien fixer les sommets des triangles au moyen de signaux durables placés au lieu même de l'observation et en outre par des points de repère cachés sous terre et situés à une petite distance.

Du degré d'exactitude atteint dans les bonnes triangulations précédentes, elle a conclu ce qu'on doit exiger des nouvelles, et elle a fixé à trois secondes la limite maximum d'erreur pour la somme des angles d'un triangle; les réseaux anciens qui satisfont à cette condition sont regardés comme satisfaisants. Elle a aussi étudié la meilleure construction à adopter pour les divers appareils astronomiques, géodésiques et de nivellement, ainsi que le meilleur mode d'observation.

Pour la détermination des différences d'azimut, on a aujourd'hui des appareils, tels que celui qu'a récemment construit

M. Brunner pour le Dépôt de la guerre de France et qui a réuni tous les suffrages des géodésiens, où les erreurs accidentelles de lecture et de pointé sont réduites chacune à un tiers de seconde par l'emploi de quatre microscopes à micromètre et d'un réticule à fil mobile avec vis et tambour micrométriques, qui permet de faire en peu de temps et avec beaucoup de précision un grand nombre de lectures[1]. On voit donc qu'avec les instruments modernes, un petit nombre d'observations serait suffisant pour obtenir dans les mesures angulaires la plus haute précision, si les réfractions successives que l'atmosphère fait subir aux rayons lumineux ne leur imprimaient des déviations qui entraînent des écarts latéraux dans les mesures. Le seul moyen connu d'atténuer les erreurs provenant de l'atmosphère consiste à multiplier les observations à des heures et à des jours différents, à la condition d'éviter les rayons rasants. Or les images héliotropiques sont, pendant la plus grande partie de la journée, affectées d'ondulations telles qu'on ne peut pas les pointer avec sécurité. C'est afin de multiplier les observations dans les conditions atmosphériques les plus variées que le colonel Perrier a eu recours aux observations de nuit injustement proscrites, depuis cinquante ans, de la pratique de la géodésie européenne[2]. De l'ensemble des comparaisons effectuées de 1875 à 1878 par notre savant compatriote, on peut conclure que les observations azimutales de nuit possèdent un degré de précision au moins égal à celui des observations de jour[3] et qu'elles fournissent un contrôle précieux dans les pays plats où, d'une part, les rayons, plus rapprochés du sol qu'en pays de montagnes, sont soumis à une réfraction latérale plus grande, et où, d'autre part, les observateurs sont obligés de s'élever sur des signaux en charpente qu'affectent des effets de torsion.

Aussi les observations de nuit sont-elles adoptées par beaucoup

(1) Pour une lecture isolée, l'erreur est de 2/3 de seconde, et pour un pointé unique, elle peut être évaluée à une seconde environ.

(2) Il s'est servi comme signal de nuit du collimateur du commandant du génie Mangin.

(3) Dans un réseau de cinq triangles, le côté obtenu par les observations de nuit n'a différé que de $0^m 08$ de celui calculé au moyen des observations de jour, ce côté ayant une longueur d'environ 35 kilomètres.

Gr. II. — Cl. 16.

de géodésiens qui, comme MM. Perrier et Yvon Villarceau, ont constaté la tranquillité, la netteté et la clarté des images obtenues. M. Perrier recommande d'employer, au lieu de réflecteurs, des lentilles de dimensions assez faibles.

On s'occupe en Allemagne, depuis 1877, d'étudier les effets de la réfraction terrestre à de grandes distances. Les nivellements actuellement exécutés permettent déjà, en effet, d'entreprendre la détermination de la valeur de la réfraction terrestre dans différents azimuts. On se propose d'observer de Manheim les hauteurs, parfaitement déterminées par les nivellements de précision, des stations de Melibocus, de Donnersberg et de Hörnisgründe qui sont visibles de cet observatoire.

La manière de mesurer les bases[1], ainsi que la construction et la comparaison des étalons employés dans ces difficiles opérations, a beaucoup préoccupé l'Association géodésique qui, dès 1864, a émis un vœu formel en faveur de l'adoption générale du système métrique[2]. Elle a décidé qu'il était indispensable que les étalons qui doivent servir dans les divers pays à mesurer les bases auxquelles se rattache la triangulation générale appelée à faire partie de la mesure des degrés[3], ainsi que les mires employées aux nivellements

[1] Les plus anciennes bases (bases françaises, bases bavaroises et deux bases russes), qui remontent à la fin du siècle dernier ou aux premières années de notre siècle, avaient une grande longueur et n'ont été mesurées qu'une seule fois; les bases modernes, au contraire, ne dépassent guère 4 à 5 kilomètres, à l'exception de celles d'Algérie et de Russie.

[2] On sait que la commission internationale du mètre, fondée depuis cette époque, a établi les principes qu'on doit suivre dans la confection des nouveaux prototypes métriques dont chaque pays recevra des exemplaires soigneusement comparés et d'égale valeur. La fonte du platine iridié qui doit servir à les faire a eu lieu, et l'on a déjà étiré les règles.

[3] Les appareils employés jusqu'à ce jour appartiennnent à quatre types, celui de Borda, celui de Bessel, celui de Struve et celui de Porro. Malheureusement les longueurs des règles de ces divers appareils, qui sont exprimées en fractions d'unités différentes, n'ont pas été l'objet d'une comparaison générale exécutée suivant des méthodes identiques, et par conséquent les bases européennes ne sont pas comparables entre elles. La règle géodésique qu'a fait exécuter le bureau central de l'Association internationale permettra de combler cette lacune en donnant aux géodésiens le moyen de mesurer la même base séparément avec les appareils à comparer, comme cela a déjà été fait avec la règle de Bessel et les règles autrichienne et italienne, et par conséquent de rapporter toutes les longueurs à une seule et même unité. La détermina-

de précision et les pendules à seconde, fussent étudiés ensemble et soumis à une comparaison minutieuse, afin que les observations puissent être partout comparables. Mais les difficultés sont grandes. Dans les étalons à bout, les surfaces terminales peuvent se modifier par les attouchements, et dans les étalons à trait, on n'est pas sûr que deux points de la surface conservent leur position relative. Aussi a-t-on jugé utile d'en confectionner des deux sortes [1]. Il est hors de doute, en effet, que les différentes matières solides fondues éprouvent avec le temps des changements par suite de l'équilibre plus ou moins instable des molécules [2], et on n'a encore trouvé ni la loi de variation de leur coefficient de dilatation, ni la limite de la diminution qu'il peut atteindre. Malgré beaucoup de peine et beaucoup de travail, on est pas encore arrivé à un résultat satisfaisant.

Afin de rendre tous les travaux qui doivent concourir à la mesure des degrés aussi uniformes et comparables que possible, la première conférence géodésique a accepté et recommandé d'exécuter le calcul de compensation des séries d'observations suivant la méthode de Bessel. Dans une triangulation, on arrive en effet à rendre les erreurs de mesure très faibles, mais elles n'en existent pas moins et elles se manifestent, dans un même réseau,

tion des constantes physiques de cette règle, qui est en platine iridié et qui a été construite par MM. Brunner, a été confiée à M. H. Sainte-Claire Deville, qui, en commun avec M. Mascart, a fait l'analyse de la matière, en a déterminé la densité, les coefficients d'élasticité et de dilatation et a fait des recherches dans le but de constater la variabilité de ces constantes avec le temps.

(1) Tous les appareils employés ont cependant donné des résultats d'une haute précision. Dans les bases françaises les plus anciennes, l'erreur est de $\frac{1}{250\,000}$ de la longueur totale (soit 0m 04 pour une base de 12 kilomètres); dans la base toute moderne de Madridejos, elle se trouve réduite à $\frac{1}{5\,850\,000}$ (soit 0m 0025 pour 14 664m 50). Pour montrer à quelle perfection on est arrivé par les procédés mis aujourd'hui en usage, il suffit de dire que la valeur définitive du côté espagnol Rodos-Matagalls, obtenue par la base de Vich, est de 21 933m 86, et que la valeur du même côté, calculée par la base centrale de Madridejos, qui est située à une distance considérable, étant de 21 934m 10, le désaccord des deux bases n'est que de 0m 24. Ajoutons que le même côté, calculé avec la base française de Perpignan, est de 21 933m 35; ce résultat est tout à l'honneur des éminents géodésiens français Delambre, Méchain et Corabœuf.

(2) On a constaté qu'il s'est fait, dans l'espace de vingt ans, un notable changement dans la dilatation de la toise de Bessel et de la toise de zinc de Baumann.

Gr. II.
—
Cl. 16.

par la comparaison des résultats obtenus en calculant un des côtés au moyen de la base de départ et des triangles et en mesurant ce même côté directement, et, dans des réseaux différents qui ont un ou plusieurs côtés communs, par la comparaison de ces côtés calculés isolément avec la même unité en partant des bases de chacun des réseaux. La compensation consiste à modifier légèrement les angles au moyen de la méthode des moindres carrés afin de faire disparaître les erreurs inévitables de mesure, de telle sorte que les côtés calculés et mesurés, ou calculés en partant de deux bases différentes, soient en parfait accord. En appliquant cette méthode à toutes les chaînes de triangles qui concourent à la mesure des degrés, on arrivera à les ramener toutes à une seule et même unité de mesure.

On voit donc que la compensation d'un réseau n'a pour but ni de rendre plus exactes les valeurs des angles et des côtés de la triangulation, ni de rectifier les observations, mais simplement de faire accorder le mieux possible les résultats obtenus afin de plier le réseau observé à la forme géométrique qu'on lui suppose. En réalité, on devrait compenser isolément chacun des réseaux qui couvre la partie de la surface terrestre pour laquelle on se croit en droit d'adopter un seul et même ellipsoïde osculateur, mais il y a des difficultés théoriques et pratiques qui s'opposent à une pareille délimitation rationnelle des groupes de triangles. La majorité des membres de l'Association géodésique est tombée d'accord que les groupes de compensation doivent être aussi étendus que possible, qu'il suffit de restreindre la compensation aux mesures d'angles, sans y introduire la condition de l'accord des bases et des côtés de jonction, au moins jusqu'à l'époque où il s'agira de réunir les groupes dans un réseau général.

Il n'a pas encore été décidé quelles sont les valeurs numériques qui doivent servir de base au calcul des triangles. Choisira-t-on pour chaque pays l'ellipsoïde osculateur qui semble se prêter le mieux aux inflexions de vraie figure de la Terre dans ce pays, ou ne sera-t-il pas préférable d'adopter partout le même ellipsoïde? Cette question est en suspens.

L'Association ne s'est pas encore occupée de la compensation des déterminations astronomiques, où aux erreurs d'observation, comme dans les déterminations trigonométriques, viennent s'ajouter celles provenant des déviations du fil à plomb.

Iles Britanniques. — La Grande-Bretagne n'est pas entrée dans l'Association géodésique internationale, et depuis longtemps on n'y a fait aucun travail géodésique important. La première idée d'un levé trigonométrique des Iles Britanniques remonte à 1745 et est due au général Watson; la triangulation a été commencée par le général Roy en 1784, et en 1802 la mesure de l'arc de méridien était terminée. Cette triangulation, qui s'appuie sur un grand nombre d'observations astronomiques, a un poids relativement considérable dans la détermination de la surface générale de la Terre [1]. Dans tous les autres pays, avant le perfectionnement des instruments modernes, afin de ne pas trop accroître les dépenses et la quantité de travail, on se contentait d'un très petit nombre de stations astronomiques, qui, à cette époque, exigeaient l'érection d'observatoires temporaires; aujourd'hui, grâce aux cercles verticaux portatifs de Repsold, on peut fixer en une couple d'heures la latitude d'un point avec une erreur moindre qu'une demi-seconde. Néanmoins la triangulation anglaise n'est peut-être pas tout à fait à la hauteur des exigences de la géodésie moderne.

Norwège. — En Norwège, les travaux trigonométriques pour la mesure des degrés en Europe sont terminés sur le terrain. Les chaînes méridionale et occidentale de triangles étaient achevées en 1867; depuis, on a mesuré la chaîne du nord et on a jeté le long du méridien de Christiania entre le 59e et le 64e parallèle (de Köster à Follahögda) le réseau central qui les relie; on a aussi revisé quelques-uns des triangles occidentaux, mesurés autrefois par le colonel Naeser, pour pouvoir déduire l'azimut d'un côté auprès de

[1] L'influence des anomalies locales sur les résultats à déduire des opérations faites dans le but de déterminer la véritable figure de la Terre diminue en effet en raison du nombre des points déterminés astronomiquement, et on réunit ainsi des matériaux précieux pour l'étude de ces anomalies elles-mêmes.

Bergen et relier cette ville à Christiania, ainsi que quelques-uns des triangles qui raccordent le réseau norwégien au réseau suédois dans le sud. On est en train de calculer et de compenser ces diverses observations.

Les déterminations astronomiques qui ont commencé en 1868 sont aujourd'hui terminées.

Une commission géodésique spéciale a été chargée en 1877 de mener à bonne fin les travaux qu'il reste encore à faire.

Suède. — Dès 1866, on s'est occupé en Suède de reviser le réseau qui s'étend le long de la côte occidentale jusqu'à la frontière de la Norwège à Swinesund et qui, datant des premières années de ce siècle, ne satisfaisait plus aux exigences de la science moderne. Toutes les mesures d'angles nécessaires, soit dans vingt-trois stations, étaient déjà prises en 1867; mais deux nouvelles bases, mesurées avec un appareil de Struve pendant les années 1870 et 1873, sont venues s'ajouter aux quatres mesurées en 1840 et en 1863, qui seules répondaient aux nécessités de la géodésie.

Les observations astronomiques ont été terminées en 1869. Tous les travaux pour la mesure des degrés en Europe sont donc achevés en Suède.

Mais si la triangulation des parties méridionale et centrale est à peu près complète, la région septentrionale est encore pauvre en déterminations géodésiques. Par la chaîne de triangles qui relie Stockholm à Tornéa, la jonction est obtenue en Finlande entre le grand réseau russo-scandinave et le réseau suédois, mais celui-ci n'est pas encore relié dans le nord au nouveau réseau norwégien.

On continuait en 1878 les travaux de triangulation pour la topographie.

Danemark. — Il y a longtemps que les travaux géodésiques sont terminés sur le terrain dans le Jutland; on a prolongé, en 1871, la chaîne de triangles jusqu'à Skagen, et tous les travaux de campagne ont été alors finis dans le Danemark [1]. La publication de la mesure des degrés danois a commencé en 1867; en 1875, tous les calculs étaient achevés, et le troisième et dernier volume vient de paraître (1878).

On s'occupe à présent du calcul des observations astronomiques.

Russie. — La grande mesure de l'arc de longitude entreprise par les Russes sur le 52e parallèle entre Varsovie et Orsk (dans l'Oural) était très avancée en 1867 [2]; les observations astronomiques ont été finies en 1868. Mais une vérification rigoureuse de cette longue chaîne, qui doit concourir à la mesure de l'arc du parallèle européen, a montré que diverses parties étaient défectueuses, surtout celle située dans l'est d'Orel, et on y a fait de nouvelles observations: on a, en outre, étendu les réseaux de triangles et on a mesuré plusieurs bases dans les régions où il y avait encore des lacunes. Les travaux de campagne ont été finis en 1874, et l'on a commencé la compensation de la chaîne. Les travaux trigonométriques pour la mesure des degrés en Europe sont donc terminés en Russie.

Pour l'arc de méridien qui s'étend de la mer Glaciale au Danube et qui a une amplitude de 25° 20', on a une chaîne de plus de 250 triangles qui s'appuient sur 10 bases et qui sont divisés en 12 tronçons par 13 points dont la latitude est déterminée astronomiquement; pour l'arc de parallèle, on a une chaîne de plus de 290 triangles appuyés sur 8 bases et partagés en 8 parties par 9 points dont la longitude est aussi déterminée astronomiquement [3].

(1) Il y a dans le Danemark 64 stations de premier ordre. C'est Schumacher qui a commencé, il y a un demi-siècle, la détermination d'un arc de parallèle entre Copenhague et la côte occidentale du Jutland et d'un arc de méridien entre le cap Skagen et Lanenberg, près de l'Elbe; ces travaux, qui devaient être ensuite rattachés à ceux que Gauss avait déjà exécutés dans le Hanovre, subirent un arrêt par suite de la mort de Schumacher, en 1850, et ils ne furent repris qu'en 1854 sous la direction de M. C. G. Andræ qui les a menés à bonne fin.

(2) Les travaux, qui ont été d'abord conduits par le général Forsch, l'ont été ensuite par le colonel Zilinsky.

(3) Le calcul de compensation de toute cette chaîne a été achevé en 1876, et on a comparé les valeurs mesurées des diverses bases avec leurs valeurs calculées l'une par l'autre au moyen de la chaîne intermédiaire. Un nouveau calcul a permis de faire

Gr. II. — Cl. 16.

Outre ces deux grandes chaînes, la Russie est couverte d'un vaste réseau de triangles, mais la plupart ne présentent pas une précision suffisante pour le but que se propose l'Association géodésique; quelques chaînes cependant sont soumises à un nouveau calcul suivant les méthodes modernes et pourront être utilisées, aujourd'hui qu'on a fixé un grand nombre de points astronomiques. On a déjà les résultats complets des chaînes qui s'étendent à travers les gouvernements de Wilna, de Kowno et de Courlande; ils montrent que cette triangulation est suffisamment exacte.

Allemagne. — En 1872, on a terminé dans le Schleswig-Holstein le nouveau réseau de triangles de premier ordre, et, en 1873, on a fait la triangulation des provinces de Silésie et de Posen; les résultats ont été publiés l'année suivante.

En 1874, le bureau central de Berlin a étendu la chaîne rhénane dans le sud jusqu'à Mannheim; tout le travail trigonométrique entre les frontières de la Belgique et de la Suisse, qui couvre une surface de 40 000 kilomètres carrés, a été achevé en 1877. On a fait les calculs cette année même (1878). Les réseaux belge, hessois et hanovrien sont donc aujourd'hui reliés avec celui de la Suisse, et le réseau wurtembergois avec celui de la France.

La chaîne de triangles qui doit servir à la mesure des degrés de longitude en Europe sur le 52e parallèle et qui s'étend de la frontière belge à la frontière russe en passant par Bonn, Berlin et Breslau, a été terminée en 1875 par les opérations trigonométriques faites dans la Marche, dans la Thuringe et dans la Hesse, qui ont relié la chaîne du Rhin et celle de Berlin-Leipzig commencées toutes deux en 1867. On s'occupe en ce moment de compenser le réseau de la Marche et de la Thuringe. On n'a cessé depuis 1867 de faire des observations astronomiques, et on a déterminé la différence de longitude, la latitude et l'azimut de la plupart des points principaux.

Les travaux géodésiques ont été terminés dans le Mecklembourg

disparaître les petites discordances constatées par cette comparaison, et on s'occupe de calculer les coordonnées polaires pour obtenir les lignes géodésiques comprises entre les points astronomiques.

en 1871 et l'on a aussitôt commencé le calcul de compensation. La réduction des observations astronomiques a été achevée la même année.

En Saxe, tous les travaux de campagne, tant géodésiques qu'astronomiques, sont terminés; le réseau trigonométrique de second ordre, qu'on a commencé en 1869, vient même d'être achevé, et on n'a plus qu'à faire la compensation des calculs. L'erreur de fermeture la plus grande constatée dans les triangles saxons, qui sont au nombre de 197, est de 1″93; il y en a 126 dont l'erreur n'atteint pas 0″5. On a déterminé la différence de longitude entre toutes les stations nécessaires (qui sont au nombre de neuf) ainsi que les latitudes et azimuts de tous les points principaux. Il ne reste plus que les calculs à achever.

Dans le duché de Saxe-Gotha et dans le grand-duché d'Oldenbourg, les travaux pour la mesure des degrés en Europe sont finis.

La triangulation bavaroise, qui a été entreprise en 1807 dans le but de servir de base à un levé détaillé du pays et qui a été rattaché avec succès aux réseaux autrichien, suisse, wurtembergeois, hessois et hanovrien, est terminée depuis longtemps, et toute nouvelle opération trigonométrique avait d'abord paru superflue. Le réseau comprend, en effet, 437 triangles reliant les 129 stations principales, c'est-à-dire quatre fois plus qu'il n'est nécessaire pour la chaîne destinée à servir à la mesure des degrés en Europe; il s'appuie sur trois bases dont deux contrôlent toujours la troisième, et, des deux calculs qu'on a faits de ce réseau, l'un en 1823, l'autre en 1860, il résulte que dans plus des trois quarts des triangles la différence de la somme des angles est inférieure à 3″ (1). Cependant une étude plus attentive a montré qu'il existait en quelques points des erreurs de mesure très appréciables, et les angles douteux ont été mesurés à nouveau. Les résultats du calcul de compensation auquel on a soumis la nouvelle chaîne et qui ont été publiés en 1877 ont montré que le réseau bavarois ainsi corrigé pourra être utilisé pour la mesure des degrés en

(1) Les anciens triangles de premier ordre ont été mesurés par Ochsenkopf et Döhraberg.

Gr. II. — Cl. 16.

Europe. Les travaux astronomiques sont presque terminés, et on a achevé les calculs de la plupart d'entre eux.

C'est le réseau wurtembergois qui doit établir, par une chaîne de triangles s'étendant dans le sud du pays, la jonction entre les réseaux badois et bavarois. Mais l'ancienne triangulation exécutée pour le cadastre n'est pas suffisante, parce qu'on ne possède plus tous les documents originaux, et on a jugé utile de la refaire complètement. On vient de commencer les travaux trigonométriques et astronomiques.

Dans le grand-duché de Bade, les opérations géodésiques ont été entreprises en 1869, sous la direction du bureau central de Berlin. On a fait toutes les reconnaissances nécessaires pour assurer une bonne jonction avec la France, d'une part, et, d'autre part, avec la Suisse et les principaux points du Wurtemberg. On a déjà pris des mesures d'angles en un certain nombre de stations, notamment dans celles de la partie badoise de la chaîne du Rhin, comme nous l'avons dit plus haut. Les travaux astronomiques sont très avancés.

Les mesures trigonométriques horizontales et verticales du réseau de premier ordre de l'ancienne Hesse électorale étaient déjà achevées en 1867. Le réseau comprenait 188 triangles. On y a déterminé depuis cette époque les positions des deux stations nécessaires pour relier les observatoires de Mannheim et de Bonn; le bureau central de Berlin y a fait, en outre, en 1875 des mesures d'angles en deux autres points qui appartiennent au réseau du Rhin. On n'a pas encore commencé les travaux astronomiques. Les réseaux de la Marche et de la Thuringe, qui ont été terminés en 1875, comme nous l'avons dit lorsque nous avons parlé de l'arc du parallèle européen, joints à celui de la Hesse, couvrent une surface de 36 000 kilomètres carrés.

Luxembourg. — La triangulation du grand-duché de Luxembourg n'est pas encore commencée.

Pays-Bas. — M. J. Stamkart s'est occupé pendant toutes ces dernières années de la revision partielle de l'ancienne triangulation des Pays-Bas[1]. On a mesuré en 1867-1868 une nouvelle base dans la mer d'Harlem, mais les travaux trigonométriques qui doivent établir la jonction des triangles du Hanovre avec ceux de la Belgique avancent lentement à cause du peu de transparence de l'air dans ce pays. M. Kaiser, au contraire, a terminé depuis 1871 les travaux astronomiques nécessaires pour la mesure des degrés en Europe.

Belgique. — La triangulation de premier, de deuxième et de troisième ordre de la Belgique était achevée avant 1867; elle s'appuie sur les deux bases de Lommel et d'Ostende, et elle comprend 86 points géodésiques de premier ordre (formant 228 triangles[2]), 184 de deuxième ordre (formant 636 triangles) et 1830 de troisième ordre (formant 3318 triangles). Elle est raccordée avec les réseaux des pays limitrophes. On a fait depuis, de 1874 à 1877, tous les travaux qui ont paru utiles pour compléter cette triangulation, et il ne reste plus aujourd'hui qu'à mesurer une base de vérification dans le sud de la province de Luxembourg.

La compensation du réseau de triangles est à peu près terminée; les sept premiers groupes sont en effet déjà publiés, et le calcul du huitième et dernier est très avancé.

On a fait aussi divers travaux astronomiques, mais il reste encore à déterminer les différences de longitude entre les stations principales de la Belgique.

Suisse. — La triangulation de la Suisse, qui comprend trente-deux triangles de premier ordre[3], a été revisée de 1864 à 1867; elle relie les réseaux autrichien, badois, wurtembergois, français et italien. Mais les calculs provisoires de compensation ont prouvé qu'il était nécessaire d'en vérifier certains points, et en 1874-1875 on a pris de nouvelles mesures d'angles à neuf stations, principalement à celles qui servent au raccordement avec la Savoie;

[1] Cette triangulation, commencée en 1802 par Krayenoff, a été terminée en 1814.

[2] Les trois angles ont été observés dans 118 de ces triangles dont la fermeture ne laisse rien à désirer.

[3] Les résultats de cette première triangulation ont été publiés en 1840.

Gr. II. — Cl. 16.

aujourd'hui la revision des observations trigonométriques est achevée.

Tous les travaux astronomiques que la Suisse a à faire pour la mesure des degrés en Europe sont terminés sur le terrain; il ne reste plus qu'à en achever la réduction et à compléter la publication des observations de différences de longitude qui ont été exécutées pendant ces dernières années.

Autriche-Hongrie. — L'Institut militaire géographique de Vienne, dont les travaux s'étendent sur toute l'Autriche-Hongrie, a commencé la mesure de chaînes de triangles le long de trois parallèles et de six méridiens. Les opérations sur le 14e et le 23e méridien et sur le 50e parallèle sont achevées, et celles sur le 12e, le 26e, le 18e et le 20e méridien et sur le 45e et le 48e parallèle seront finies avant deux ou trois années. En Dalmatie, toutes les opérations trigonométriques sont terminées; on a mesuré une base à Sign, et on a prolongé la triangulation jusque dans les Confins militaires du régiment de Liccau; le réseau compris entre les bases de Sign, de Scutari en Albanie et de Foggia en Italie est donc complet; on travaille aux calculs de compensation. On continue les observations trigonométriques en Hongrie; la Croatie, le Krain et l'Istrie sont reliés à la Dalmatie.

Pour le raccordement des réseaux limitrophes, on a comparé les règles autrichiennes avec celle de Bessel et avec celle de l'Italie, en mesurant, en 1872, de concert avec les géodésiens saxons, la base de Grosenhain près de Dresde et, en 1874, avec les géodésiens italiens, celle d'Udine; la différence des deux valeurs obtenues pour la longueur de cette dernière base, qui dépasse 3 kilomètres, est d'environ 0m 012. On a, en outre, depuis dix ans, mesuré des bases à Kleinmünchen (près de Linz), à Eger (en Bohême), à Radautz (dans la Galicie orientale)[1], à Kranichsfeld et à Dubica Kula, sur l'Unna. On a aussi fait, en 1874, toutes les reconnaissances nécessaires pour le raccordement futur des réseaux autrichien et roumain.

[1] La base de Radautz a été reliée en partie à celle de Partyn, près de Tarnow.

On a poussé avec activité les observations astronomiques; le réseau très étendu des différences de longitude entre beaucoup d'observatoires et de stations de premier ordre est même complet depuis 1876, et on en a déjà calculé une quinzaine.

Turquie. — On a fixé dès 1864 les moyens de relier dans le sud de l'Europe, à travers les provinces danubiennes, les triangulations autrichienne et russe; en 1867, à la demande du Gouvernement ottoman, et sous la direction de M. Struve, le capitaine Cortazzi a fait les premières reconnaissances pour prolonger jusqu'à l'île de Crète, à travers la Roumanie, la Bulgarie, la Roumélie et les îles Sporades, le grand arc de méridien russo-scandinave qui a aujourd'hui une amplitude de 25° 20′ et qui sera ainsi augmenté de 11 degrés environ. Mais ce n'est qu'en 1874 que les travaux ont commencé en Roumanie sous la direction du colonel Barozzi; on s'est occupé tout d'abord de continuer à travers le nord de la Moldavie le réseau russe de la Bessarabie jusqu'à la base de Radautz, à 10 kilomètres au delà de la frontière de la Bukowine autrichienne; sur les 26 stations (1) dont doit se composer ce réseau et qui sont situées entre 47° et 48° 30′ de latitude nord et 23° 30′ et 25° 30′ de longitude est de Paris, 14 étaient terminées en 1875, et en 1876 on a dressé les piliers nécessaires pour continuer la triangulation; depuis, par suite de la guerre, toute opération trigonométrique a été suspendue. En 1877 et en 1878, on a fait cinq déterminations de différences de longitude.

Italie. — Les travaux de triangulation ont été repris en Italie en 1867, et depuis ils sont menés avec activité. Les réseaux italiens doivent s'étendre dans la direction de trois méridiens (2) et de quatre parallèles (3), aux points d'intersection desquels on doit mesurer dix bases. Chaque chaîne est faite double (4).

De 1861 à 1865, on avait fait une première triangulation de

(1) Dont deux en Russie et quatre en Autriche.

(2) 1° De Cagliari à Milan, 2° de l'île Ponza à Padoue et Copenhague, 3° du cap Passero en Dalmatie.

(3) 1° Par Milan et Venise, 2° par la Corse et Monte-Gargano, 3° par l'île Ponza et Brindisi, 4° par le cap Passero et la Tunisie.

(4) C'est-à-dire que, suivant les recommandations de l'Association géodésique,

Gr. II. — Cl. 16.

la Sicile dans le but de lever la carte topographique de l'île; mais comme elle n'était pas assez exacte pour servir à la mesure des degrés en Europe, on a dû la corriger. En 1867, la revision était faite dans la partie orientale et quelques côtés géodésiques avaient même été prolongés jusqu'en Calabre. Aujourd'hui les observations trigonométriques sont achevées dans toutes les provinces méridionales du royaume à l'exception de la partie occidentale de la Sicile où il reste encore plusieurs stations à reviser. En 1871, on a relié les réseaux de la Pouille et de la Dalmatie en raccordant à travers l'Adriatique des points distants de 100, de 120 et même de 130 kilomètres, et, en 1874, on a calculé et compensé la chaîne méridienne qui s'étend du cap Passero aux îles dalmates Lissa et Lagosta. Dans la même année, on a rattaché le réseau de la terre d'Otrante avec celui de l'Albanie, et les mesures d'angles pour l'établissement de la chaîne parallèle entre l'île Ponza, d'une part, et, d'autre part, l'île albanaise Saseno et la presqu'île Glossa sont aujourd'hui terminées, mais on n'a pas encore fait les déterminations de longitude. Ces diverses chaînes s'appuient sur les bases de Catane (dans la Sicile orientale), du Crati (en Calabre), de Lecce (dans la terre d'Otrante), de Naples et de Foggia (dans la Pouille)[1].

Les résultats astronomiques et trigonométriques sont remarquablement concordants, et les éléments du sphéroïde terrestre déduits de cette triangulation sont en complet accord avec ceux de Bessel, puisque les différences entre les latitudes déterminées astronomiquement et géodésiquement varient de 0″ 20 à 0″ 65, et que les différences entre les azimuts n'ont pas atteint 10″; on peut en conclure, d'une part, que les opérations sur le terrain sont exactes et, d'autre part, qu'il n'y a pas d'anomalies dans cette région. Le calcul définitif ne tardera pas à être entrepris.

De 1875 à 1877, on a jeté par-dessus la Méditerranée, entre la Sicile et la Tunisie, un réseau de triangles qui a réuni l'Italie avec l'Afrique.

elle est formée de polygones contigus à tours d'horizon centraux pour qu'on puisse y appliquer convenablement les méthodes de compensation.

(1) L'erreur moyenne de la mesure de ces bases varie de $\frac{1}{600\,000}$ à $\frac{1}{1\,300\,000}$ environ de la longueur.

Il reste encore à achever le réseau de la Sicile occidentale, à faire les observations astronomiques et à mesurer la base de Trapani.

La triangulation d'une partie des provinces centrales (de Rome, des Abruzzes et d'Ombrie) est à peu près terminée, mais celle de la province romaine a besoin d'être revue avant de pouvoir servir à la mesure des degrés en Europe. Quant à l'arc de parallèle entre le cap nord de la Corse et la Dalmatie, il traverse une partie de l'Italie où l'on n'a encore pris que quelques mesures d'angles[1] et que les géodésiens italiens viennent d'abandonner pour se porter vers les Alpes et les vallées du Pô. Car par suite de considérations d'ordre militaire et administratif, l'état-major italien, depuis 1877, fait des travaux topographiques dans le nord-ouest, et comme, autant par économie qu'à cause de facilités spéciales, les travaux de haute géodésie se font en même temps et dans les mêmes régions que les levés pour la carte, on a momentanément laissé les provinces centrales et on a fait les reconnaissances préliminaires dans toute la partie du Piémont qui est comprise entre la frontière française et le méridien de Milan, sauf en quelques points situés sur les confins de la Suisse et sur le littoral qui s'étend de Chiavari à Livourne.

En 1878, on avait déjà fait les observations en quinze stations de premier ordre, tant dans le but de rattacher la base de la Somma, qui fait partie de la chaîne du parallèle moyen, avec le réseau trigonométrique principal que dans celui de mesurer à nouveau la petite chaîne méridienne de Turin du P. Beccaria à cause de l'existence des fortes déviations locales qu'on a constatées dans cette région. Cette base de la Somma ou du Tessin, d'une longueur d'environ 10 kilomètres, sur laquelle s'appuient les réseaux des provinces septentrionales et centrales de l'Italie et qui avait été mesurée une première fois en 1788 et une seconde fois à l'époque de l'opération du parallèle moyen, vient d'être mesurée de nouveau parce que les premiers résultats n'étaient pas complètement d'accord.

[1] L'ancien réseau qui couvre cette région est trop imparfait pour être utilisé dans la mesure des degrés en Europe.

Gr. II.
Cl. 16.

Dans le centre et dans l'est de l'Italie septentrionale, on n'a pas encore entrepris d'autres travaux que la mesure de la base d'Udine, qui a été faite, comme nous l'avons déjà dit, de concert avec les Autrichiens.

On voit donc que la mesure de l'arc du parallèle moyen en Italie est à peine commencée. Quant aux méridiennes autres que celles du cap Passero et de Turin, elles traversent des régions dont on n'aura pas terminé la triangulation avant une dizaine d'années.

On a fait en 1878 les reconnaissances pour l'établissement des réseaux de premier, de deuxième et de troisième ordre dans l'île de Sardaigne.

On a commencé en 1870 les déterminations de différences de longitude qui sont aujourd'hui au nombre de quinze, et depuis 1874 on a fait en six points des observations de latitude et d'azimut. Leur publication a commencé en 1877.

Espagne. — La *Comision militar del Mapa,* qui travaille depuis 1856 à la triangulation de l'Espagne avec les soins les plus minutieux et avec des instruments d'une précision remarquable, a été réunie en 1870 à la *Junta general de Estadistica* et a pris dès lors le nom d'*Institut géographique.* Cet institut, sous la savante direction du général Ibañez, est chargé de tous les travaux de géodésie, des levés topographiques et en outre de la statistique générale du pays.

Le réseau de premier ordre comprend trois chaînes méridiennes, trois chaînes parallèles et une chaîne littorale qui, se joignant, d'une part, au côté sud du réseau français et, d'autre part, au côté est du réseau portugais, entourent tout le territoire espagnol. Deux d'entre elles se rattachent aux extrémités et une au milieu de celle que Corabœuf a jetée le long des Pyrénées; il y en a une qui forme le prolongement de la méridienne de Dunkerque.

Les travaux de reconnaissance ont été entièrement achevés en 1869, et toutes les mesures d'angles sont terminées pour le réseau péninsulaire depuis 1877 : cette œuvre considérable comprend la fixation de 285 sommets par 770 lignes de visée réciproques et 76 lignes de visée non réciproques; mais le rattachement des îles Baléares au continent n'est pas encore complet; en 1878, on a fait les observations dans quatre stations. Toutes les bases du réseau, quatre en Espagne et trois dans les îles Baléares, sont mesurées[1]. On vient de commencer les calculs de compensation; on a 486 équations d'angles et 279 équations de côtés, soit en tout 765 équations à résoudre.

On a publié les résultats des opérations pour les chaînes méridiennes de Salamanque et de Madrid (en 1875), pour les chaînes parallèles de Badajoz, de Madrid et de Palencia et pour les chaînes littorales du nord et du sud (en 1878). La description géodésique des îles Baléares a paru en 1871.

Des quadrilatères du premier ordre destinés à servir de bases à la géodésie secondaire, ceux de Guadalajara et d'Albacete, sont aujourd'hui complets. Les travaux de deuxième et de troisième ordre suivent leur cours régulier, et on a déjà publié un certain nombre de notices.

Le colonel Perrier a jeté, il y a quelques années, les premières bases d'une jonction géodésique de l'Algérie avec l'Espagne. Les travaux de reconnaissance ont eu lieu en 1878, et les officiers français et espagnols ont réciproquement aperçu et visé en azimut et en hauteur, mais non sans peine, les miroirs des stations opposées. La jonction se fera au moyen d'un grand quadrilatère, dont les deux diagonales relieront les sommets européens Mulhacen et Tetica aux sommets africains Filhausen et Bem-Saabia; les longueurs de visée varient de 83 à 270 kilomètres. Les opérations doivent être exécutées en commun avec des instruments et par des méthodes identiques. L'arc de méridien anglo-franco-espagnol s'étendra donc sans interruption depuis les îles Shetland jusqu'au désert du Sahara, mesurant une amplitude de 28 degrés[2].

On a fait aussi en Espagne un certain nombre de détermina-

[1] La précision obtenue dans la mesure de ces bases est la plus grande que l'on ait jusqu'à présent atteinte dans de semblables travaux. Le général Ibañez s'est servi d'un nouvel appareil qui est d'une exactitude remarquable et relativement facile à transporter et à manier. Pour la base de Lagos, dont la longueur est de 2 484 mètres, l'erreur est de ± 1mm 5.

[2] Depuis que ce rapport est écrit, l'opération a été exécutée et a parfaitement réussi au plus grand honneur des savants français et espagnols qui l'ont menée à si bonne fin.

tions astronomiques : 14 latitudes, 18 azimuts et une différence de longitude entre Madrid et Paris.

Portugal. — L'ancienne triangulation du Portugal n'était pas suffisamment exacte pour la mesure des degrés en Europe [1]. Aussi, sans abandonner les opérations relatives au levé de la carte topographique à laquelle on travaille depuis longtemps, le Gouvernement portugais a-t-il décidé, en 1869, d'entreprendre la mesure de trois chaînes devant former avec le réseau espagnol un ensemble complet pour la péninsule ibérique; en profitant des anciens points géodésiques de premier ordre, on en a tracé trois nouvelles, l'une longeant la côte et se rattachant dans la Galice et dans l'Algarve à la chaîne littorale espagnole, les deux autres formant le prolongement des chaînes parallèles de Madrid et de Ciudadreal. On a terminé aujourd'hui les mesures d'angles à 54 stations sur les 67 qui forment les triangles fondamentaux et aux 8 stations de la triangulation spéciale qui les rattache à l'observatoire de Lisbonne [2].

On fait en même temps des observations d'angles sur les points de premier ordre qui ne font pas partie des trois chaînes précédentes, mais sans chercher à atteindre une précision aussi grande; elles sont terminées pour les trois quarts des sommets de tout le réseau. On a aussi achevé la mesure des angles de 611 triangles sur 390 sommets de deuxième ordre et des apozéniths respectifs.

On n'a fait jusqu'à ce jour de déterminations exactes de latitude qu'aux observatoires de Lisbonne et de Coïmbre, et aucune différence de longitude n'a encore été observée; on a fixé les azimuts de 6 points de premier ordre. Aucune nouvelle base n'a été mesurée.

France. — On sait que les opérations géodésiques pour l'exécution de la nouvelle carte de France ont commencé le 1er avril 1818.

(1) Les premiers travaux géodésiques ont été faits par le Dr Ciera au commencement du siècle et ils ont été continués en 1834, après une longue interruption, dans l'unique but de donner une base à la carte du Portugal; en 1856, le général F. Folque leur a donné une nouvelle impulsion, mais ils n'avaient pas encore une exactitude rigoureuse.

(2) L'erreur probable dans la mesure des angles ne dépasse pas 0"3.

Celles de premier et de deuxième ordre étaient terminées en 1854 et la triangulation de troisième ordre en 1863. Tout le monde s'accorde à rendre hommage à l'exactitude de ces anciens travaux, mais l'imperfection relative des méthodes et des instruments qu'on avait alors a été la cause de petites erreurs et n'a pas permis, malgré les précautions les plus minutieuses, d'obtenir, dans la mesure des chaînes, toute l'exactitude qu'exige la science moderne. C'est ce qu'ont montré les déterminations de différences de longitude qu'a faites M. Yvon Villarceau entre les villes de Dunkerque, de Rodez et de Biarritz. Pour mettre au point de vue géodésique la triangulation française au niveau de celle des autres pays de l'Europe, il y avait donc nécessité de faire une nouvelle mesure des principaux triangles de l'ancien réseau. Avant peu, en effet, la méridienne de France, déjà prolongée depuis 1862 à travers l'Angleterre et l'Écosse jusqu'aux îles Shetland et reliée depuis 1872 au réseau espagnol, va s'étendre jusqu'aux confins du Sahara et aura une amplitude de 28 degrés, soit un tiers environ du quart du méridien terrestre, et il était indispensable de faire disparaître les moindres imperfections du segment français afin qu'il ne fût pas moins exact que les segments étrangers.

La coopération de la France aux travaux de l'Association était également utile pour permettre le prolongement vers l'ouest jusqu'à l'Océan des arcs de parallèle de l'Europe centrale, ainsi que pour relier la péninsule ibérique avec le continent.

Les opérations pour la nouvelle mesure de la méridienne de France ont commencé en 1870. C'est le colonel Perrier qui a été chargé de cette grande œuvre. Parti de la base mesurée par Delambre dans la plaine de Perpignan, il a pris des mesures d'angles dans 45 stations et il vient d'arriver à Gien (1878). Les travaux préliminaires de reconnaissance sont terminés jusqu'à Paris et toutes les grandes pyramides en charpente, d'une hauteur de 15 à 20 mètres, nécessaires pour permettre les observations dans la région peu accidentée et boisée qui s'étend de la Charité jusqu'à Fontainebleau, sont élevées [1].

[1] Ces pyramides sont formées par deux charpentes indépendantes, afin que celle qui sert de support au cercle azimutal ait une stabilité absolue; mais l'inégale et iné-

Aujourd'hui, la nouvelle méridienne de France est donc reliée avec la triangulation espagnole, avec la chaîne des Pyrénées, avec l'ancien parallèle de Rodez et avec le parallèle moyen de 45 degrés. Le sommet du Puy-de-Dôme, dont la forme et la position offrent un grand intérêt, lui a été rattaché en 1875, ainsi que Saligny-le-Vif où M. Yvon Villarceau a fait en 1865 d'importantes observations de latitude et d'azimut.

Les observations astronomiques, faites en France, qui peuvent servir à la mesure des degrés en Europe, comprennent, en 1878, 16 latitudes, 7 azimuts et 27 différences de longitude.

Algérie. — On n'avait exécuté en Algérie, depuis l'époque de la conquête jusqu'en 1859, que quelques triangulations partielles pour servir de base aux levés et aux reconnaissances qu'étaient chargés de faire les officiers d'état-major. A cette dernière date, on sentit la nécessité de lever une carte régulière de notre colonie et on arrêta l'exécution d'une chaîne de premier ordre d'un développement de 10 degrés, dirigée à peu près parallèlement au littoral, dont la partie comprise entre la Tunisie et Blidah fut terminée en 1865 par le commandant de Versigny, et dont la partie entre Blidah et le Maroc fut achevée en 1867 par le colonel Perrier. Cette chaîne parallèle du Tell comprend 75 triangles et 3 bases, la base de départ de Blidah et les bases de vérification de Bone et d'Oran. Le tome X du Mémorial du Dépôt de la guerre de la France, qui a paru en 1874, contient les résultats des observations et les calculs relatifs à ce grand arc de parallèle.

En 1866, M. de Versigny a entrepris la mesure d'une chaîne méridienne de premier ordre passant par Alger et dirigée vers le sud; le calcul des triangles était déjà commencé en 1867. En 1872, une autre petite chaîne méridienne d'une amplitude de 1°48', qui s'appuie sur le côté Zaouaoui-Schouf-Melouk de la chaîne littorale du Tell, a été mesurée entre Constantine et le

vitable dilatation des diverses pièces de bois qui composent cette charpente intérieure est une cause d'erreur qu'il s'agit d'éliminer. Aussi les observations faites dans ces conditions sont-elles particulièrement longues et pénibles; chacune des stations faites en 1878 entre la Charité et Gien a duré en moyenne vingt-sept jours.

Chott Melrir par les commandants Roudaire et Villars; elle comprend quinze triangles dont les côtés ont une longueur moyenne de 35 kilomètres et dont l'erreur de fermeture n'atteint jamais une seconde sexagésimale. La station de Biskra y est rattachée par un triangle bien conformé.

M. le capitaine Derrien a fait en 1877 la reconnaissance de toute la région située au sud d'Alger et il a fixé les sommets qui doivent former la méridienne de Laghouat, prolongement futur de la méridienne de France.

M. le colonel Perrier a de son côté reconnu la partie de la Tunisie où doit s'étendre un jour la chaîne de raccordement entre les réseaux algérien et italien, et il a posé, comme nous l'avons déjà dit plus haut, toutes les bases de la grande opération qui va réunir l'Espagne à l'Afrique au moyen d'immenses triangles jetés par-dessus la Méditerranée, de sorte que les triangulations de l'Europe occidentale, d'une part, et de l'Europe centrale, d'autre part, seront reliées à la méridienne d'Alger, ce qui permettra une importante vérification.

Les réseaux de deuxième et de troisième ordre, qui doivent servir de base aux travaux topographiques, ont été exécutés sur une grande partie de la région littorale; 74 feuilles, sur 88 que doit compter la région du Tell, sont triangulées aujourd'hui (1878)[1].

Un observatoire permanent d'astronomie géodésique a été construit en 1875 aux environs d'Alger; les coordonnées de cette station fondamentale, qui servent de point de départ pour le calcul des positions géographiques de toute la triangulation algérienne, ont été fixées avec le plus grand soin. On a déterminé par une mesure directe la différence de longitude avec l'Observatoire de Paris, et l'incertitude de cette valeur ne dépasse pas $\frac{1}{100}$ de seconde de temps, soit 0″15 d'arc[2].

[1] En 1867, les opérations géodésiques de deuxième et de troisième ordre avaient été exécutées dans douze rectangles comprenant chacun une surface de 2 560 kilomètres carrés.

[2] En 1867, on n'était pas encore fixé sur la longitude d'Alger. Les observations chronométriques de M. Bérard avaient donné 0°44′10″; la position calculée par M. Bulard était sensiblement plus à l'est, et le commandant de Versigny avait trouvé 0°45′22″.

Gr. II. — Cl. 16.

On a aussi déterminé les coordonnées géographiques de Bone, de Nemours[1], de Biskra, de Laghouat, de Géryville[2] et de Saint-Louis-de-Carthage.

Il reste encore à mesurer la grande chaîne parallèle des hauts plateaux, les deux chaînes méridiennes d'Alger et d'Oran, les chaînes diagonales dans l'intérieur des grands quadrilatères, la base centrale dans la plaine de la Métidja, les deux bases de vérification aux extrémités de la chaîne des hauts plateaux, et à déterminer les coordonnées astronomiques de quelques-uns des nœuds principaux du réseau.

En somme, de l'exposé que nous venons de faire il résulte que les travaux trigonométriques nécessaires pour la mesure des degrés en Europe sont aujourd'hui terminés dans plusieurs pays, dans la Scandinavie, dans la Russie, en Allemagne (à l'exception du Wurtemberg et du grand-duché de Bade), en Belgique, en Suisse et en Espagne, et il n'est pas douteux qu'avant peu d'années, les opérations de mesures d'angles, assez peu nombreuses du reste, qu'il reste encore à faire dans le Wurtemberg, dans le grand-duché de Bade, dans les Pays-Bas, en Autriche, en Roumanie, en Italie, en Portugal, en France et en Algérie seront aussi achevées et compléteront le vaste réseau géodésique du continent européen. Il n'y a que dans le grand-duché de Luxembourg que la triangulation n'est pas encore commencée.

La très grande précision des déterminations des différences de longitude par le télégraphe électrique a décidé les géodésiens à fixer à nouveau les longitudes de tous les principaux points d'Europe. On a déterminé aujourd'hui 168 différences de longitude, et 104 points sont mis en rapport les uns avec les autres, se divisant ainsi qu'il suit : Angleterre 3, Norwège 1, Suède 2, Danemark 1, Russie 22, Allemagne 20, Pays-Bas 1, Belgique 3, Suisse 9, Autriche 10, Roumanie 4, Italie 7, Espagne 1, Portugal 0, France 13, Algérie 7. On peut dès aujourd'hui considérer le vaste polygone des

[1] Les observations faites en ces deux points ont permis de vérifier les coordonnées géographiques des deux extrémités de la chaîne primordiale.

[2] Cette station sera reliée plus tard à la chaîne méridienne d'Oran et à la chaîne parallèle qui s'étendra sur les hauts plateaux entre le Maroc et la Tunisie.

différences de longitude comme à peu près terminé. Il manque la jonction directe de la France avec l'Italie; les déterminations faites dans notre pays vont, à une seule exception, en rayonnant de Paris, sans avoir encore le contrôle si essentiel de la clôture des polygones; et il reste encore d'importantes observations de ce genre à faire tant en Espagne qu'au Portugal.

Il n'y a également que des lacunes insignifiantes dans les données fournies par les astronomes tant en latitude qu'en azimut; il ne reste plus à faire que quelques observations en Italie sur la ligne de Milan à Rome, une en Allemagne en un point situé à peu près au centre du polygone Berlin-Trunz-Varsovie-Breslau et une dans le Luxembourg. Il y a aujourd'hui en Europe 164 points[1] dont la latitude est connue avec l'exactitude voulue pour servir à la mesure des degrés; l'azimut est déterminé en 152 points[2].

Quoique les réseaux trigonométriques s'étendent sur presque tous les points auxquels ont été prises des observations astronomiques, la jonction géodésique de ces points n'est pas encore faite, puisque les chaînes de triangles ne sont pas définitivement compensées; mais on a l'espoir que dans un petit nombre d'années on aura une solution.

Le nombre des bases mesurées en Europe est considérable. Dans les États qui font partie de l'Association géodésique, on en compte 75 qui sont employées, soit comme points de départ, soit comme éléments de vérification, dans le calcul des divers réseaux géodésiques. Il en reste encore plusieurs à mesurer: une en Bavière, une en Belgique sur la frontière du Luxembourg, une en Autriche près de Tokai, une au moins en Italie dans la vallée du Pô, quelques-unes en Russie en dehors de ses deux grands arcs de méridien et de parallèle; il sera également utile de faire une nouvelle mesure de quelques-unes des anciennes bases qui ne présentent pas toutes les garanties d'exactitude désirables, telles que celle de la Somma qui est l'une des bases du parallèle moyen, une de celles de la Sardaigne ou de la Corse, celle de la Suisse, et celles fondamentales du Portugal et de la France (base de Melun).

(1) Plus 7 en Algérie.
(2) Plus 5 en Algérie.

Gr. II.
—
Cl. 16.

États-Unis. — Dans les États-Unis d'Amérique, la triangulation qui s'étend de l'État du Maine jusqu'à celui de Géorgie sur un arc embrassant 18 degrés en longitude et 12 degrés en latitude, et qui sert de base au levé des côtes, a été terminée par le Bureau hydrographique en 1878. Elle comprend la mesure de 5 bases, la détermination de 50 latitudes, de 80 azimuts et de 6 différences de longitude. Il résulte de ces travaux que les dimensions assignées par Clarke au sphéroïde terrestre sont probablement un peu trop faibles, mais ils n'en modifient pas l'ellipticité. Le Bureau hydrographique des États-Unis (*U. S. Coast Survey*), dont l'organisation vient d'être modifiée et qui porte aujourd'hui le nom de *U. S. Coast and Geodetic Survey,* prépare la mesure d'un arc de parallèle de 45 degrés d'amplitude qui doit relier les côtes du Pacifique avec celles de l'Atlantique.

La différence de longitude entre Greenwich et Washington, d'une part, et entre Terre-Neuve et l'Irlande, d'autre part, est depuis longtemps déterminée par la méthode électrique; on a fixé aussi par le télégraphe, en 1871, celle entre l'Observatoire de Cambridge (Massachussets) et San Francisco. Les géodésiens des États-Unis avaient projeté de déterminer en 1877 la différence de longitude entre Fernambouc et Paris; les astronomes de Madrid n'ayant pu prendre part à l'opération, on y a momentanément renoncé.

Inde. — La triangulation de l'Inde, cette grande œuvre commencée en 1802 et dirigée successivement avec tant de zèle et tant de savoir par le colonel Lambton (1800-1823), par George Everest (1823-1843), par sir Andrew Waugh (1843-1861) et depuis dix-huit ans par le colonel Walker, est aujourd'hui à peu près terminée. Pour que l'immense réseau auquel travaillent ces savants géodésiens depuis trois quarts de siècle soit complet, il ne reste plus, dans l'Inde, qu'à achever la petite chaîne méridienne du Sind oriental, à prolonger vers l'est la chaîne de l'Assam, à jeter quelques triangles sur certaines parties des côtes du sud entre Tranquebar et Tanjore, d'une part, entre Ponany et Cananore, d'autre part, et, en Birmanie, qu'à terminer la chaîne littorale de Tenasserim, soit environ 3 degrés, et à mesurer deux bases.

Le premier volume du grand ouvrage qui doit résumer toutes les opérations de cette immense triangulation et qui en comprendra vingt a paru en 1871 sous le titre : *Account of the Great Trigonometrical Survey of India.*

Tout en rendant une pleine justice aux travaux du colonel Lambton [1], nous devons dire que c'est à partir de 1830 que le levé trigonométrique de l'Inde a été fait avec la précision nécessaire pour servir à la détermination de la figure de la Terre; à cette époque, G. Everest a en effet substitué à l'ancien procédé de la mesure des bases avec des chaînes de métal, dont il n'était pas possible de déterminer avec exactitude la température, les règles compensées de Colby. Une autre réforme fut aussi introduite par le même géodésien dans la triangulation indienne; le colonel Lambton avait couvert la région de l'Inde qu'il avait eu à trianguler, c'est-à-dire le quadrilatère compris entre Madras, Bangalore, Bidar et le Godavery, d'un réseau complet de triangles de premier ordre. Everest, comprenant que, dans un pays aussi vaste, dont la surface dépasse 3 millions de kilomètres carrés, un tel mode de procéder entraînerait des dépenses énormes et prendrait un temps considérable sans grand avantage pour la science, inaugura le système auquel on donne le nom de *Gridiron* et qui consiste à diviser l'immense surface de l'Inde en un certain nombre de quadrilatères sur les côtés desquels sont jetées les chaînes de triangles qui doivent servir de base aux travaux topographiques; la carte qui donne la distribution de ces triangles ressemble à un damier dont les cases seraient circonscrites par les chaînes.

Le réseau trigonométrique de l'Inde anglaise se compose : 1° d'une grande chaîne méridienne centrale, dont l'amplitude est de 22 degrés et qui, partant du cap Comorin, s'arrête à Debra, au pied de l'Himalaya [2]; 2° de trois chaînes parallèles jetées l'une

(1) Le colonel Lambton a mesuré, de 1802 à 1823, un arc de méridien de 10 degrés entre le cap Comorin et Bidar, et il a couvert de triangles une surface de 425 000 kilomètres carrés.

(2) Le colonel Lambton a mesuré, de 1802 à 1815, le segment méridional compris

Gr. II. — Cl. 16.

entre Madras et Mangalore[1], la seconde entre Bombay et Vizagapatam[2], et l'autre entre Calcutta et Kurrachi[3]; 3° d'une chaîne continue qui entoure complètement les possessions anglaises et qui se subdivise en plusieurs tronçons : *a,* chaîne parallèle de l'Himalaya, s'étendant au pied de ces montagnes[4]; *b,* petite chaîne parallèle de l'Assam, faisant suite à la précédente dans l'est[5]; *c,* chaîne de la frontière orientale, partant de Gowahat et descendant dans le sud jusqu'à la province de Tenasserim[6]; *d,* petite chaîne parallèle, reliant à travers le delta du Gange la chaîne précédente à Calcutta[7]; *e,* chaîne littorale orientale[8]; *f,* chaîne littorale occidentale[9], et enfin *g,* chaîne de

entre le cap Comorin et Bidar, et le segment septentrional a été terminé en 1841. On a revisé de 1867 à 1874 l'arc de Lambton qui n'était pas au niveau des parties plus récentes de la triangulation indienne. On espère un jour prolonger cette chaîne jusqu'à l'embouchure de l'Obi, dans l'océan Glacial.

(1) On a revisé la partie orientale de 1865 à 1867.

(2) La moitié occidentale a été levée de 1822 à 1841 et revisée en grande partie en 1862; la moitié orientale a été faite de 1865 à 1871.

(3) La moitié orientale a été faite de 1825 à 1832 et la moitié occidentale de 1847 à 1853; on a revisé en 1864 le segment compris entre Sironj et Gorahill.

(4) La partie orientale a été faite de 1832 à 1850, et on a en même temps déterminé avec soin la position et la hauteur de 79 pics de l'Himalaya. La partie occidentale, de Dehra à Attock, a été mesurée de 1847 à 1853. La longueur totale de cette chaîne atteint près de 4 000 kilomètres.

(5) Cette chaîne date de 1860. Depuis, on l'a prolongée le long du Brahmapoutra; en 1878, elle atteignait le 94e degré de longitude à l'est de Paris.

(6) Commencée en 1861, cette chaîne arrivait en 1868 jusqu'à Prome sur les bords de l'Irawaddy; aujourd'hui, elle est prolongée jusqu'auprès de la ville de Tavoy, par 14 degrés de latitude sud.

(7) Cette petite chaîne a été mesurée de 1860 à 1867.

(8) Cette chaîne, qui part de Calcutta, a été commencée en 1847; elle a atteint Madras en 1864, et aujourd'hui elle est prolongée jusqu'à Tranquebar. Depuis 1876, une autre petite chaîne partant de Ramnad, ville qui est reliée à la grande méridienne, d'une part, et, d'autre part, au réseau de Ceylan, est dirigée vers Tranquebar; elle est arrivée aujourd'hui auprès de Tanjore; il n'existe donc plus qu'une toute petite lacune dans cette chaîne littorale.

(9) Du cap Comorin jusqu'à Mangalore, la chaîne littorale n'est pas complète : il y a une lacune entre Ponany et Cananore; cette chaîne remonte du reste à une date antérieure à 1830 et n'est pas très exacte. De Mangalore à Bombay, on a la partie méridionale extrême de la chaîne méridienne de Mangalore qui a été finie en 1873, et la chaîne littorale du Concan-Sud, qui, levée de 1842 à 1844, n'a pas toute la précision voulue. Au nord de Bombay, on a la chaîne méridienne de Singy qui date de 1845 et la chaîne parallèle de Guzerat.

l'Indus [1], qui rejoint la chaîne de l'Himalaya à Attock, près de Peshawur, et qui ferme cet immense polygone.

Le vaste espace limité par les chaînes trigonométriques de l'Himalaya au nord, de la frontière orientale dans l'est, de Calcutta au sud et de l'Indus dans l'ouest, est divisé en deux parties par le segment le plus septentrional de la grande méridienne; le quadrilatère situé dans l'est, qui comprend les provinces du nord-ouest, le Rohilkhund, l'Oude, le Bahar et la plus grande partie du Bengale, a été subdivisé en treize rectangles par douze petites chaînes méridiennes distantes les unes des autres d'un degré environ [2], dont la longueur varie de 250 à 750 kilomètres et qui, commencées en 1832, ont été terminées en 1852, à l'exception de la plus orientale qui a été mesurée tout récemment de 1867 à 1874. Le quadrilatère situé dans l'ouest, qui comprend le Punjab, le Sind, le Rajpoutana et une partie des États indigènes de l'Inde centrale, a été subdivisé en cinq parties par quatre chaînes méridiennes [3]; le deuxième et le troisième de ces rectangles sont coupés en leur milieu par une chaîne secondaire jetée le long du Sutlège [4] jusqu'à la chaîne de Gurhagarh.

Plus au nord, diverses chaînes s'étendent sur le royaume de Kachmir, couvrant une surface de 242 000 kilomètres carrés; l'erreur de fermeture du polygone, qui mesure 1 430 kilomètres de circonférence, n'a été que de 0″8 en latitude et 0"1 en longitude [5].

(1) Cette chaîne, longue de près de 1 150 kilomètres, a été mesurée de 1856 à 1860.

(2) Ce sont celles de Budhaon (1832), de Rangir (mesurée de 1832 à 1840), d'Amua (de 1834 à 1839), de Karara (de 1838 à 1845), de Gurwani (de 1845 à 1847), de Gora (1844), d'Hurilaong (de 1848 à 1852), de Chendwar (de 1843 à 1846), de Parasnath-Nord (de 1850 à 1852), de Maluncha-Nord (de 1844 à 1846), de Calcutta (de 1843 à 1848), de Brahmapoutra (de 1867 à 1874).

(3) Ce sont celles de Rohoun (mesurée de 1857 à 1863), d'Armalia et Gurhagarh (finie en 1862), de Jodpour (exécutée de 1872 à 1875) et Jogi Tila (finie en 1862), et du Sind oriental (qui, commencée en 1876, est aujourd'hui à moitié de sa longueur).

(4) Les levés ont été faits de 1860 à 1863.

(5) Le colonel Montgomery a fait la triangulation de Kachmir de 1855 à 1864, et il a déterminé la position et la hauteur des principaux pics du Karakorum dont l'un mesure 8 534 mètres.

Gr. II. — Cl. 16.

L'espace compris entre les deux chaînes parallèles de Calcutta et de Bombay est partagé en dix rectangles, cinq à l'est et cinq à l'ouest de la grande méridienne [1].

Entre les chaînes parallèles de Bombay et de Madras, à l'ouest de la grande méridienne, il y a deux quadrilatères formés par la petite chaîne méridienne de Mangalore [2]; à l'est, le pays tout entier est couvert d'un réseau ininterrompu de triangles [3].

Au sud de la chaîne parallèle de Madras, deux triangles relativement de petite étendue sont formés par la grande méridienne et par les chaînes littorales; une petite chaîne parallèle a été menée de 1874 à 1876 de la grande méridienne jusqu'à Ceylan par Ramnad et les îles du golfe de Manaar, afin de rattacher la triangulation de l'Inde à celle de Ceylan.

Plusieurs des petites chaînes méridiennes dont nous venons de parler se raccordent de manière à permettre la mesure de quatre arcs de méridien d'une certaine étendue; dans l'ouest de la grande méridienne, les chaînes de Mangalore, de Khanpisura, d'Armalia et de Gurhagarh réunies ont une amplitude de 20 degrés et celles du Concan-Sud [4], de Singi, d'Odeypour, de Jodpour et de Jogi Tila ont ensemble une amplitude de 17 degrés; dans l'est, les chaînes de Belaspour et de Gurwani ont une amplitude de 10 degrés, et celles de Madras, de Julbulpour et de Rangir ont une amplitude de 17 degrés.

Ce réseau trigonométrique s'appuie sur dix bases [5], dont deux

[1] Les quatre petites chaînes méridiennes tracées dans l'est sont celles de Jubbulpour (mesurée de 1864 à 1866), de Belaspour (de 1872 à 1873), de Parisnath-Sud (de 1832 à 1835), de Maluncha-Sud (de 1832 à 1835); le troisième rectangle, qui est très grand, est coupé en son milieu, de Balasore à Sumbulpour, par une petite chaîne parallèle. Les quatre chaînes tracées dans l'ouest sont celles de Khanpisura (mesurée en 1845), de Singy (en 1845) et d'Odeypour, d'Abou et de Kattiwar; deux petites chaînes parallèles, qui traversent le Gujrat, coupent en trois parties les rectangles les plus occidentaux.

[2] Cette chaîne, qui a été mesurée de 1864 à 1873, traverse les Ghauts occidentales, dont on a déterminé la position et la hauteur des principaux pics.

[3] Ce réseau, qui a été jeté par Lambton avant 1830, n'est pas très exact.

[4] Malheureusement, cette petite chaîne n'est peut-être pas suffisamment exacte pour la mesure des degrés dans l'Inde.

[5] Nous laissons de côté les anciennes bases mesurées à la chaîne avant 1830 et qui

sont placées aux extrémités de la grande méridienne (au cap Comorin et à Dehra), trois aux intersections de cette méridienne avec les principales chaînes parallèles (à Sironj, à Bidar et à Bangalore), deux aux extrémités de la chaîne qui relie Calcutta à Kurachi, une à l'extrémité orientale de la chaîne de Bombay (à Vizagapatam), et deux aux extrémités de la grande chaîne qui s'étend au pied de l'Himalaya (à Sonakhoda et à Chuch, près d'Attock). La première de ces bases a été mesurée à Calcutta en 1832, et la dernière en 1869 au cap Comorin ; l'erreur trouvée entre les longueurs des diverses bases, telles que les donnent le calcul et la mesure directe, est comprise entre 0m 013 et 0m 0065.

Les travaux astronomiques ont commencé dans l'Inde, il y a seize ans; c'est en 1863 qu'on a fait les premières déterminations de latitude. On a d'abord pris des observations en divers points de la chaîne parallèle de Calcutta-Kurachi, et, depuis 1870, aux principales stations de la grande chaîne méridienne de 78 degrés et de celle de 75 degrés; aujourd'hui, on a fixé astronomiquement la latitude de 73 stations et l'azimut de 181. Depuis 1871, on s'est exclusivement consacré aux déterminations de différences de longitude par la méthode électrique; on a déterminé la différence de longitude entre Kurachi et Téhéran, d'une part, et entre Téhéran et Greenwich, d'autre part. En 1872, on a commencé les observations sur la chaîne parallèle de Madras à Mangalore, qui présente un intérêt spécial, à cause de sa proximité de l'équateur; la grande différence qu'on a trouvée entre la longitude géodésique et la longitude astronomique (0s 97) est due au défaut de construction de l'un des instruments de transit employés dans cette occasion. En 1877, on avait déjà déterminé onze différences de longitude [1]. L'excès des arcs trigonométriques sur les arcs télégraphiques, qui est de 9" 5 pour Madras-Mangalore et de 10" 2 pour Vizagapatam-Bombay, peut être attribué en partie aux constantes

n'ont point été revisées depuis cette époque, parce qu'elles sont affectées d'erreurs atteignant près d'un mètre.

[1] Madras-Bangalore, Madras-Hyderabad, Madras-Bellary, Madras-Vizagapatam, Bangalore-Mangalore, Bangalore-Bellary, Bombay-Hyderabad, Bombay-Bellary, Bombay-Mangalore, Bellary-Hyderabad et Bellary-Vizagapatam.

Gr. II. — Cl. 16.

qu'on a employées dans les calculs et qui ne sont pas tout à fait exactes, mais il reste au moins une différence de 6″ 5 dans le premier de ces arcs et de 4″3 dans le second, qui est due à des attractions locales. Quelques géodésiens pensent que la verticale est déviée en sens contraire sur les côtes de Coromandel et de Malabar, les couches sous-marines paraissant avoir une densité supérieure à celle des couches qui forment le sol du Deccan.

De plus, on a déterminé la différence de longitude entre Bombay et Aden et entre Aden et Suez; comme on avait déjà fixé télégraphiquement, en 1874, la différence de longitude entre Greenwich et Suez, on a maintenant pour longitude exacte de Madras, à laquelle on rapporte les longitudes des autres villes de l'Inde, 80° 14′ 51″ 3 est de Greenwich, soit 31″ 8 = 2s 12 plus à l'est qu'on ne le croyait (1).

Avec l'Inde anglaise, nous avons terminé l'énumération des pays où ont eu lieu des travaux de haute géodésie. Au cap de Bonne-Espérance, aucune opération trigonométrique n'a été entreprise depuis sir Thomas Maclear et son successeur, le capitaine W. Bailey, dont les études, faites de 1837 à 1862, ont été publiées en 1866; ces astronomes ont, comme l'on sait, mesuré une base digne de confiance et jeté une chaîne de triangles, d'une part, dans les plaines du *Bushman's land* depuis le cap Agulhas jusqu'à la rivière Orange, et, d'autre part, le long des côtes depuis le Kapok-berg et Table-Mountain du côté de l'Atlantique jusqu'à Great Kei River dans l'est. Le gouvernement local a récemment donné l'ordre d'exécuter une triangulation systématique dans le but d'avoir une base pour la construction d'une carte exacte de l'Afrique australe, et M. de Smedt, ingénieur général, a commencé les premiers travaux.

En Égypte, on n'a pas encore fait de triangulation de premier

(1) On a fait depuis 1787 des observations astronomiques régulières à l'Observatoire de Madras. D'un grand nombre d'éclipses de satellites de Jupiter, on a conclu la longitude de 80° 18′ 30″; la moyenne de 800 distances lunaires a donné une longitude plus orientale, 80° 21′ 25″. En 1815, après de nouvelles mesures, on a adopté 80° 17′ 21″; plus tard, en 1839, on a encore modifié ce nombre et pris 80° 14′ 20″. Entre les diverses déterminations, faites cependant dans d'excellentes conditions par des astronomes distingués et avec de bons instruments, il y a un écart de 7′ 5″!

ordre; on a cependant entrepris la mesure d'une base en 1875. On s'y occupe principalement de travaux topographiques. Gr. II. — Cl. 16.

Quoique M. Liais ait annoncé en 1875 qu'on allait incessamment mesurer dans le Brésil un arc de méridien, des arcs de parallèles et même des arcs obliques pour la détermination des ellipsoïdes osculateurs de la surface terrestre dans ce vaste pays, fixer le zéro du nivellement et étudier les déviations de la verticale, aucun travail géodésique n'était encore commencé en 1878. Il paraît cependant qu'on ne tardera pas à faire la triangulation du parallèle de l'observatoire sur une étendue de 10 degrés et celle du grand méridien de l'Empire; car le souverain éclairé qui préside aux destinées du Brésil et qui porte un si vif intérêt à tout ce qui touche à la science, Dom Pedro II se préoccupe d'une manière particulière de ces importants travaux, et il est à espérer que grâce à sa haute influence, ils seront bientôt en voie d'exécution. Des différences de longitudes ont été déterminées cette année même (1878) par la méthode électrique entre plusieurs points des provinces du Rio de Janeiro et de Sao Paolo; on s'occupe en ce moment de déterminer celle entre Greenwich et Rio-Janeiro.

Dans le Chili, M. Pissis a mesuré une chaîne de triangles qui s'étend du nord au sud et qui a une amplitude de 10 degrés, mais les observations angulaires ne sont pas assez exactes pour qu'on puisse en déduire la longueur d'un arc de méridien dans cette partie du monde.

La triangulation de l'île de Java, qui couvre une superficie de 74 000 kilomètres carrés environ et qui a été commencée en 1854, est terminée, mais elle n'a été exécutée que dans le but de servir de base à la carte détaillée du pays. En 1870, on y a reçu un appareil pour mesurer les bases avec l'exactitude que réclame aujourd'hui la science; les positions géodésiques, qui ont été calculées jusqu'à présent avec la base provisoire, devront donc être soumises à de nouveaux calculs. M. le Dr Oudemans a établi la position de 40 points par des observations astronomiques précises. La longitude de Batana a été fixée au moyen d'un grand nombre d'occultations d'étoiles par la lune, et celles de toutes les

Gr. II. — Cl. 16.

stations du télégraphe ont été déterminées avec une grande exactitude par la méthode électrique.

En terminant cette revue, nous devons rappeler que des officiers de marine et des ingénieurs hydrographes ont été chargés, en 1867, par le Gouvernement français de déterminer par des observations astronomiques 20 méridiens fondamentaux devant servir à assurer la position géographique des lieux intermédiaires [1].

M. Green, de l'Observatoire de Washington, a fixé avec précision, en 1877, les positions géographiques de 72 points dans les Antilles, et en 1878 celles des principales villes du Brésil, de l'Uruguay et de la Plata; il doit continuer ses observations sur la côte du Pacifique.

MM. Jackson et Thompson, ingénieurs en chef de la Nouvelle-Zélande, ont déterminé, en 1871, avec une rigoureuse exactitude la longitude absolue des observatoires de Hutt à Wellington et de Rockyside à Caversham, afin d'avoir un méridien fondamental pour les opérations géodésiques dans cet archipel.

Enfin, le colonel Charnhorst et le capitaine Koulberg ont fixé d'une manière très exacte, de 1873 à 1876, les coordonnées géographiques de 16 villes importantes de la Sibérie, depuis Kazan jusqu'à l'océan Pacifique (Omsk, Tomsk, Irkoutsk, etc.); ces observations permettent non seulement de relier les travaux de triangulation et de topographie exécutés à diverses époques dans l'Asie

(1) A la mer, les longitudes se déterminent par la méthode chronométrique. Or l'emploi de chronomètres ne donne que des longitudes relatives, et si un dérangement vient à se produire, rien n'avertit l'observateur. Il était donc utile de déterminer à la surface du globe un certain nombre de méridiens fondamentaux, convenablement espacés et complètement indépendants, afin qu'on puisse rapporter à chacun d'eux, au moyen de simples différences chronométriques, la position des lieux intermédiaires, et qu'on n'ait pas à craindre ainsi l'enchaînement des erreurs, qui, si elles ne peuvent être entièrement évitées, ne s'ajoutent pas du moins les unes aux autres. On a fait des observations : dans l'*Amérique du Sud*, aux Antilles, à Cayenne, au Rio de Janeiro (où la différence s'est trouvée de 5 milles), à Montevideo (où M. Fleuriais a relevé une erreur de 2 milles 1/4), au détroit de Magellan, à Valparaiso, à Callao et à Pisco (où M. Fleuriais a trouvé une différence de 4 milles 1/4), à Panama; dans l'*Océanie*, à Honolulu; en *Asie*, à Yokohama, à Shang-Haï, à Hong-Kong, à Pondichéry et à Mascate; en *Afrique*, à Zanzibar (où M. Adrien Germain a relevé une erreur de 6 milles 1/2), à la Réunion (où M. Germain a constaté une erreur de 3 milles), à Gorée, à Ténériffe et aux Açores.

septentrionale, mais encore de fermer le cercle des longitudes exactes observées dans l'hémisphère Nord.

On sait que c'est au moyen de la verticale[1] que l'on fixe le centre des stations d'où partent les mesures trigonométriques. Par la comparaison des arcs géodésiques avec les arcs astronomiques, on a constaté que dans des régions appartenant évidemment au même ellipsoïde osculateur, cette verticale est en certains lieux soumise à des déviations dues le plus souvent à l'attraction des montagnes qui s'élèvent au-dessus du niveau moyen de la mer, mais quelquefois aussi occasionnées par des masses minérales souterraines d'une grande densité[2]. Il est important pour la géodésie, comme pour la géologie, de fixer ces lieux. Aussi depuis quelques années a-t-on déterminé en Europe, dans le plus grand nombre possible de stations géodésiques, les trois coordonnées astronomiques, azimut, latitude et longitude.

On a étudié la déviation de la verticale en 1870 à l'Observatoire de Christiania, et, de 1872 à 1875, on a déterminé la hauteur du pôle en plusieurs endroits du Harz et dans la forêt de la

[1] On sait que la verticale est la pesanteur en un lieu et que la pesanteur est fonction de la gravitation vers le globe terrestre et de la force centrifuge.

[2] Au Righi, la déviation de la verticale est d'environ 12". Dans le Caucase, pour deux localités distantes de moins d'un degré, l'arc géodésique diffère de l'arc astronomique de 54". Si, partant des points déterminés dans la plaine méridionale de la Russie, on compare les latitudes mesurées astronomiquement et les latitudes transportées géodésiquement, on commence déjà à trouver de petites différences à 150 kilomètres de la chaîne; plus près des montagnes, les déviations varient de 10" à 30"; cependant, si l'on applique aux mesures astronomiques les corrections qui résultent de l'attraction des masses visibles du Caucase, approximativement calculées d'après le relief de la chaîne et d'après ce qu'on connaît de sa constitution géologique, toutes ces différences au nord du Caucase disparaissent à 2" ou 3" près. Au contraire, dans plusieurs localités situées au sud de la chaîne, le fil à plomb semble être repoussé par les montagnes au lieu d'être attiré par elles; à Tiflis, l'écart est déjà de 9" à 10", et à Schemacha, il est de 40". La déviation de la verticale est en effet négative dans cette localité et égale à 23" ou 24" et non positive de 16" à 17", comme cela devrait être théoriquement. Ce phénomène ne peut s'expliquer que par une distribution très anormale des masses à l'intérieur de la terre dans cette région volcanique. On avait déjà constaté antérieurement que dans l'Himalaya l'attraction des masses visibles est beaucoup moindre qu'elle ne devrait l'être théoriquement. Au contraire, d'après les études du général de Pechmann, cette attraction suffit parfaitement à expliquer les déviations observées dans les Alpes orientales. Ces recherches fourniront plus tard d'importantes données sur la structure de l'écorce terrestre.

Gr. II. — Cl. 16.

Thuringe pour se rendre compte des anomalies que présente cette région accidentée. On a trouvé, entre deux points distants en longitude d'environ 15′, une déviation du fil à plomb de 13″ qui n'est pas due seulement à l'attraction des montagnes qui s'élèvent au-dessus du niveau moyen, mais probablement à l'existence de couches souterraines d'une grande densité, peut-être de dépôts de minerais semblables à ceux qu'on y connaît déjà. On a fait des observations à 16 stations. La déviation maximum (13″51) a été trouvée à Harzburg. Ces recherches ont montré que, bien que les verticales soient déviées tout autour du Harz et qu'elles convergent vers le centre du massif, il existe des irrégularités qu'on ne peut guère expliquer jusqu'à présent que par les différences de densité que présentent peut-être les couches minérales intérieures.

La région du Puy-de-Dôme, qui appartient au plateau central de la France, semble être le lieu d'une déviation assez forte de la verticale. On y trouve en effet, entre la latitude astronomique et la latitude géodésique de certains points, des écarts de 6″, de 7″ et même de 9″.

Ces sortes d'observations, déjà peu nombreuses en Europe, le sont encore beaucoup moins dans les autres continents. Dans l'Amérique du Sud, on a constaté que la déviation du pendule dans le voisinage des Andes est de 2″18. Dans l'île de Java, on a aussi remarqué que le fil à plomb éprouvait une forte déviation auprès des montagnes. M. Cazin a trouvé à l'île Saint-Paul, dans l'océan Indien, que l'accélération due à la pesanteur s'accroît plus rapidement que dans les localités normales (de $\frac{1}{5000}$ de sa valeur), et il en conclut que le massif volcanique de l'île exerce une attraction considérable.

2° Nivellement. — Nous venons de donner un aperçu des grands travaux qu'on a exécutés depuis dix ans tant pour rectifier que pour compléter dans les divers pays de l'Europe, dans l'Algérie et dans l'Inde, le vaste réseau trigonométrique qui doit fournir la mesure précise de plusieurs arcs de méridiens et de parallèles. Mais pour arriver à la connaissance complète de la figure de la Terre aussi bien que pour tracer le canevas des cartes, il ne suffit pas de fixer par des angles horizontaux, sur la surface de notre globe, la position des lieux principaux; il faut encore déterminer leur hauteur relative au moyen de nivellements.

Toutes les hauteurs se rapportent, comme l'on sait, au niveau moyen de la mer, qui, s'il n'est pas invariable, est en tout cas moins sujet à changement que les continents, et que l'on imagine continué à travers les terres. Les réseaux hypsométriques des divers pays sont jusqu'à ce jour indépendants les uns des autres, car chacun a pour point zéro le niveau moyen de la mer la plus proche, et la détermination de ce zéro n'a pas été faite partout dans les mêmes conditions. Or, pour les recherches de haute géodésie, il y a un intérêt majeur à ce que toutes les hauteurs soient rapportées à un seul et même horizon fondamental. Aussi cette question a-t-elle été l'objet de l'attention toute particulière de l'Association internationale. Elle est très complexe et demande à être approfondie avec soin. Les niveaux moyens entre les hautes et les basses mers, pris, non seulement sur les côtes des différentes mers, mais dans des ports voisins les uns des autres, n'appartiennent pas en effet à la même surface.

Il importe, avant tout, d'éliminer les mouvements produits, soit directement par l'action du soleil et de la lune, soit indirectement par la température, par la pression de l'air, par les vents, par la composition de l'eau, par l'orographie de la côte, etc., et pour cela, il faut observer avec une extrême précision les marées et les causes qui exercent une influence sur leur plus ou moins grande hauteur. Dans l'océan Atlantique, où elles sont fortes, l'étude en est très difficile, et dans la Méditerranée, où elles sont relativement faibles, les variations sont grandes de port à port. Aussi l'Association a-t-elle recommandé de déterminer le niveau moyen des différentes mers dans le plus grand nombre possible de points, et s'est-elle occupée des méthodes à employer pour que les observations soient faites partout, non seulement avec une grande précision, mais encore d'une manière uniforme. Aujourd'hui, on a installé dans presque tous les pays de l'Europe des marégraphes ou appareils enregistreurs qui permettent de suivre d'une manière continue les variations du niveau des eaux dans les diverses mers; la Norwège en possède déjà sept [1], la Russie deux [2], l'Allemagne quatre [3], les Pays-Bas un à Amsterdam, la Belgique un à Ostende, l'Autriche six, l'Italie quatre [4], l'Espagne trois [5], le Portugal trois, la France neuf [6]. La Suède seule ne possède encore que des appareils imparfaits qui sont placés sur de petites îles éloignées du continent. En Danemark, on est en train d'établir un service spécial pour l'observation des marées. Les repères pris dans ces différents ports seront naturellement compris dans le nivellement de premier ordre, et, plus tard, selon les résultats qu'on aura obtenus, on fixera la mer au niveau moyen de laquelle il faudra rapporter toutes les hauteurs de l'Europe. Mais pour les relier entre eux par un nivellement de base aussi précis que possible, il a été décidé qu'on ne se contenterait point de déterminations angulaires de hauteur, qui sont inévitablement entachées d'erreurs dues autant à l'éloignement trop grand des stations qu'à la difficulté de bien pointer certains signaux dans les angles verticaux, mais qu'on exécuterait des nivellements géométriques *depuis le milieu* dans lesquels les erreurs instrumentales et l'influence de la réfraction sont éliminées [7], en ayant le soin non seulement de combiner les stations de manière qu'elles forment un polygone, mais, la clôture de ces polygones n'offrant pas un contrôle suffisant [8], de faire autant que possible le nivellement de chaque ligne double en

(1) Cinq sur l'Atlantique, deux dans le Skager-Rak.

(2) L'un est établi dans la mer Baltique, l'autre dans la mer Noire.

(3) Deux dans la mer Baltique, à Swinemünde et à Hela, et deux dans la mer du Nord, à Cuxhaven et à Willemshafen.

(4) Un dans la Méditerranée et trois dans la mer Adriatique.

(5) Un sur la Méditerranée et deux sur l'Atlantique.

(6) Trois dans la Manche, cinq sur l'Atlantique et un sur la Méditerranée.

(7) Les nivellements *depuis le milieu* qui ont été faits en Suisse, dans le Mecklembourg, en Saxe et dans la Hesse ont donné des résultats très favorables. Dans la Hesse, on a toujours combiné deux coups de niveau en avant et deux en arrière, l'un à petite et l'autre à grande distance, de telle sorte que celui en avant à grande distance donnait pour la position suivante de l'instrument celui en arrière à petite distance, etc. De plus, en retournant à chaque visée la lunette et le niveau, on a éliminé les erreurs instrumentales, et on a obtenu un double nivellement exempt d'erreurs. En Saxe, les nivellements se font doubles; les ingénieurs partent de deux points opposés et, en se rencontrant, ils comparent les résultats obtenus.

(8) Il peut en effet se trouver dans les côtés des polygones de fortes erreurs, d'égale grandeur et de signes contraires.

sens inverse; car, outre les erreurs d'observation et de la variabilité des mires, il faut encore faire attention que le tassement du sol pendant l'opération a une influence sensible.

Il a été décidé que l'erreur probable de la différence de niveau de deux points distants de 1 kilomètre ne doit en aucun cas dépasser, dans les nivellements de précision, 3 millimètres en moyenne et 5 millimètres au maximum [1].

On a recommandé également l'établissement d'un grand nombre de repères très solides, afin qu'en répétant l'opération, on reconnaisse plus tard les changements de niveau qui peuvent survenir pour des raisons géologiques ou autres.

On évite aujourd'hui, à cause du peu de stabilité des remblais et d'autres influences perturbatrices, de se servir, pour les nivellements de précision, des lignes de chemins de fer qu'on avait cru d'abord offrir dans beaucoup de pays une excellente base d'opérations.

Grande-Bretagne et *Irlande.* — Dans le Royaume-Uni, on n'a encore fait aucun nivellement de précision. Les deux tiers du pays, qui sont nivelés aujourd'hui, l'ont été par des moyens purement topographiques.

Suède et *Norwège.* — Dans les pays scandinaves, le nivellement géométrique n'est pas non plus commencé; les géodésiens norwégiens pensent, à cause des difficultés spéciales que présente leur pays, qu'ils ne pourront faire qu'un nivellement trigonométrique.

En Suède, les déterminations hypsométriques par distances zénithales ont été nombreuses pendant les dix dernières années. Des lignes de nivellement, allant de l'est à l'ouest, traversent le pays d'une mer à l'autre dans diverses directions et sont coupées par d'autres lignes allant du nord au sud; elles ont pour point de départ le niveau moyen des eaux du Kattégat et de la Baltique, tel qu'il ressort des observations hydrographiques faites pendant

[1] On exécute d'excellents nivellements géométriques, même dans les plus hautes montagnes; en Suisse, on n'a eu qu'une erreur de $\frac{1}{20\,000}$, soit d'un décimètre, pour une différence de hauteur de 2 000 mètres.

Gr. II. — Cl. 16.

de longues années sur les côtes. Des lignes principales partent des nivellements secondaires qui servent à fixer les altitudes des points nécessaires pour l'établissement de la carte.

Russie. — En Russie, on a commencé le nivellement de précision le long des chemins de fer en 1873 : il a été fait double; le grand polygone Pétersbourg-Moscou-Smolensk-Witebsk-Dünabourg-Pétersbourg est aujourd'hui fermé. Nous devons aussi citer le grand nivellement entrepris à travers la Sibérie par la Société de géographie de Saint-Pétersbourg, qui comprend une ligne de plus de 3 000 kilomètres; il part de la frontière orientale de la Russie d'Europe en un point nommé Riabowo-Ozéro dont la position est reliée au niveau de la mer par un réseau de triangles, et, passant par Kansk et Kolyvan, il se prolonge jusqu'à Irkoutsk; on a déterminé l'altitude de plus de seize cents localités. L'expédition de l'Amou-Daria a aussi exécuté un nivellement dans les steppes aralo-caspiennes; on a constaté que la mer d'Aral est de 74 mètres au-dessus de la mer Caspienne et de 48^{m} 4 au-dessus de la Méditerranée.

Allemagne. — En Prusse, les opérations de nivellement n'ont commencé qu'en 1868; elles ont toujours été faites en double. Aujourd'hui, la longueur des lignes nivelées dépasse 7 000 kilomètres, et Swinemünde est relié directement à Salzbergen et Venloo (en Hollande), à la Belgique, à l'Alsace et aux frontières de la Bavière. L'erreur kilométrique moyenne est de 2^{mm} 5 [1]. En 1878, on a rattaché au continent, par un nivellement trigonométrique, l'île d'Helgoland, où l'on s'occupe d'installer un marégraphe.

En Bavière, les travaux sont terminés; ils comprennent un polygone de six côtés ayant un périmètre de 2 945 kilomètres; la jonction est faite avec la Suisse sur le bord du lac de Constance, avec l'Autriche en trois points, avec le Wurtemberg en cinq points, avec la Hesse et Bade en un point, avec la Saxe et avec la Prusse

[1] La ligne nivelée entre Memel et Saarbrücken, qui mesure 1 400 kilomètres, n'a présenté qu'une erreur de 0^{m} 075.

sur la ligne qui vient de Swinemünde. L'erreur moyenne kilométrique est de 2^{mm} 2.

Le nivellement de la Saxe, qui a été commencé en 1865, est complet aujourd'hui. Le réseau est très serré; il se compose de soixante-dix polygones. Il est relié aux nivellements prussien, bavarois et autrichien. L'erreur moyenne kilométrique varie de 1 à 2 millimètres. On s'occupe, depuis 1877, du calcul de compensation qui n'est pas encore terminé, parce qu'après vérification des résultats, on a jugé utile d'établir une ligne de contrôle d'une longueur totale de 93 kilomètres qu'on a observée cette année même (1878).

Dans le royaume de Wurtemberg, le nivellement avait atteint en 1875 une longueur de 1 553 kilomètres, et à cette date il rejoignait déjà le réseau bavarois en cinq points et le réseau badois en deux, mais le rattachement de ces réseaux n'est pas encore complet. La jonction avec la Suisse est faite et le lac de Constance se trouve ainsi relié à la Bavière.

Dans le grand-duché de Bade, les opérations sont terminées; on a fait le nivellement en double et en sens contraire depuis Constance jusqu'à la Hesse; il y a, en outre, treize points de jonction avec le Wurtemberg et trois avec la Bavière. La Suisse se trouve ainsi rattachée aux réseaux qui s'étendent jusqu'à la mer du Nord et à la mer Baltique. L'erreur moyenne kilométrique varie de 0^{mm} 1 à 4^{mm} 4.

Dans la Hesse-Cassel, les lignes qu'on a commencé à niveler en 1866 coupent le pays suivant deux diagonales. La jonction est faite avec la Prusse, avec la Bavière, avec le Palatinat et avec Francfort. Les polygones se ferment à $\frac{1}{700\,000}$ et à $\frac{1}{1\,200\,000}$. On a aussi nivelé le réseau assez étendu des chemins de fer, ce qui a donné un grand nombre de polygones et par conséquent beaucoup de contrôles, quoique ce mode de nivellement, comme nous l'avons déjà dit, ne soit pas à recommander. La Hesse-Darmstadt est reliée au grand-duché de Bade.

Dans le Mecklembourg, les travaux continuent; l'erreur probable des lignes nivelées ne dépasse guère 1 millimètre par kilomètre.

Pays-Bas. — Le nivellement hollandais entre Amsterdam et

Gr. II. — Cl. 16.

Venloo est terminé; les opérations sur les autres lignes ont été arrêtées par la mort imprévue de M. Cohen Stuart qui les dirigeait.

Belgique. — Avant 1867, des cheminements faits avec le niveau-cercle sillonnaient déjà en tous sens la Belgique, qu'ils partagent en cinq polygones; on a commencé en 1876 à soumettre à une compensation par la méthode des moindres carrés les altitudes des repères principaux de ce nivellement général. On y a rattaché plus de 6 000 points intermédiaires, ce qui porte à 6 500 le nombre des hauteurs bien déterminées sur lesquelles s'appuie tout le vaste réseau des cheminements de détail qui ont servi à exprimer avec exactitude le relief du sol. Les calculs sont aujourd'hui terminés, et tous ces points ont les cotes les plus probables déduites de l'ensemble des opérations; l'erreur probable est de $\pm$ 0^m 0389. Le réseau belge est relié au réseau français en trois points, à Dunkerque, à Mézières et à Longwy; il est aussi raccordé avec le nivellement que l'État-major prussien a conduit jusqu'à la frontière orientale de la Belgique et avec celui de la Hollande à Venloo qui est lui-même rattaché à Kaldenkirchen, l'un des principaux points de repère de l'Allemagne.

Suisse. — Ce sont les Suisses qui ont donné l'exemple des nivellements de haute précision. Vers la fin de 1863, à l'occasion d'une communication de l'ingénieur Michel sur le résultat du nivellement de Bourdaloue, d'après lequel la cote de la pierre de Niton à Genève, et par conséquent les cotes de toutes les hauteurs suisses étaient trop élevées de 2^m 59, on décida l'exécution d'un nivellement entre Genève, Bâle, Lucerne et Romanshorn, pour relier les réseaux français, badois et italien. Les opérations, en 1867, s'étendaient déjà sur toute la partie nord et ouest de la Suisse, comprenant une longueur de lignes de 900 kilomètres, avec une erreur probable de moins d'un millimètre par kilomètre. Aujourd'hui, elles sont à peu près terminées; la jonction est opérée à l'ouest avec la France en quatre points, au nord avec la Bavière et le grand-duché de Bade, à l'est avec l'Autriche en un point, au sud avec l'Italie en deux points, au Saint-Gothard et au Simplon, qui appartiennent au grand polygone des Alpes d'un périmètre de 96 kilomètres, où, pour une différence de niveau de 2 180 mètres, on a eu seulement une erreur de 11 centimètres. En ce moment, on s'occupe, d'une part, de niveler un troisième passage dans les Grisons pour se relier avec Chiavenna, l'un des points du réseau hypsométrique italien de premier ordre, et, d'autre part, d'obtenir quelques points de raccordement avec l'Autriche dans l'est. Cette année (1878), le réseau s'est augmenté d'une ligne de 74 kilomètres qui relie la vallée du Rhin (Coire) à l'Engadine (Süss) par le passage de la Fluëla, avec des différences de niveau dont le total atteint 3 000 mètres.

Quand la Suisse aura terminé son nivellement, ce qui ne peut tarder, on obtiendra la liaison, d'une part, de la mer du Nord et de la mer Baltique avec la Méditerranée et l'Adriatique et, d'autre part, de l'océan Atlantique avec l'Adriatique.

Autriche-Hongrie. — En Autriche, on a commencé les travaux en 1872; aujourd'hui le nivellement s'étend au sud jusqu'à la mer Adriatique, à Trieste et à Pola; il sera terminé sous peu et offrira des points de jonction avec la Suisse, avec la Bavière, avec la Prusse, avec la Saxe et avec la Russie. Un nivellement trigonométrique qui part du limnimètre de Fiume traverse la Croatie et la Hongrie jusqu'à la frontière de Moravie, au Copenickberg.

Roumanie. — On n'a encore fait aucun travail de nivellement en Roumanie.

Italie. — En Italie, on a terminé depuis longtemps le nivellement géodésique du Piémont et de la Toscane, mais ce n'est qu'en 1876 qu'on a commencé le nivellement géométrique dont le but est de relier les mers environnantes entre elles et aux pays limitrophes. Aujourd'hui, on a opéré la jonction avec les trois points fixes du nivellement suisse qui sont situés à la frontière des deux pays, à Domo d'Ossola, à Chiasso et à Chiavenna; ces travaux fournissent un contrôle précieux, en fermant les polygones suisses qui traversent les Alpes. D'autres nivellements sont entrepris sur une grande étendue du royaume, non plus dans un but exclusivement scientifique, mais pour les nécessités des services publics et de la cartographie.

Espagne. — Le nivellement de précision en Espagne a commencé en 1871; aujourd'hui (1878), il s'étend sur une longueur de 5 874 kilomètres avec 5 941 repères. Parmi les lignes principales, on doit citer celle de Cadix à Santander, qui traverse la péninsule du nord au sud; celle d'Alicante à Tolède et à la base de Lugo, qui la coupe du sud-est au nord-ouest, et les deux qui, partant du centre du royaume, de Madrid, se dirigent vers le nord-est, l'une jusqu'au Somport dans les Pyrénées, l'autre jusqu'à Barcelone. Les travaux sont par conséquent très avancés; les calculs sont achevés pour toutes les lignes observées.

Portugal. — Au Portugal, c'est un nivellement géodésique que l'on a entrepris. On corrige la réfraction au moyen de tables construites d'après les formules empiriques que M. W. Struve a déduites des observations faites à l'occasion du grand nivellement russe entre la mer Caspienne et la mer d'Azof. A chacune des stations intermédiaires, on observe quarante-huit distances zénithales, vingt-quatre se rapportant au point en avant et vingt-quatre au point en arrière. Les côtés ne mesurent pas plus de 10 kilomètres en général, et l'erreur kilométrique moyenne ne dépasse pas 2 millimètres.

On a commencé les opérations en 1876; on a relié le port de Caminha aux monts Sao Paio et Sao Nomedio, celui de Villa do Conde à Sao Felix et à l'Oural, et celui de Camindra à la station importante du Galiñeiro qui appartient aux chaînes géodésiques fondamentales des deux royaumes ibériques.

France. — Le grand réseau hypsométrique primordial de la France, qui est dû à Bourdaloue, était terminé en 1867. Aujourd'hui, on exécute entre Dunkerque et Perpignan, en même temps que les travaux géodésiques pour la nouvelle méridienne, tout à la fois un nivellement trigonométrique par les distances zénithales réciproques et simultanées et un nivellement géométrique. Les résultats que donneront ces deux opérations feront connaître en certains points communs la différence de hauteur entre la vraie surface prolongée de la mer et sa surface hypothétique; ils seront très utiles pour la détermination de la vraie forme de la Terre et pour l'étude des déviations locales. Le sommet du Puy-de-Dôme a été rattaché en 1874 au réseau du nivellement général; on a pris pour point de départ le repère de Bourdaloue situé au col des Goules.

Comme travail local, nous devons mentionner ici avec éloge le nivellement général des routes nationales et départementales, des chemins de grande communication et d'intérêt commun, des chemins de fer et de tous les cours d'eau navigables ou non [1] qu'on a exécuté dans le département du Nord, de 1869 à 1876, d'après les méthodes de Bourdaloue, et en rapportant, comme dans le nivellement général de la France, les cotes au niveau moyen de la mer Méditerranée à Marseille. En ajoutant à ce nivellement secondaire, qui forme un ensemble de 4 788 kilomètres, les grandes lignes de base qui ont une longueur de 194 kilomètres, on a aujourd'hui dans ce département, pour une étendue superficielle de 568 087 hectares, un réseau de 4 982 kilomètres, jalonné par 6 139 repères tant métalliques que naturels, ce qui donne un écartement moyen de 812 mètres entre deux repères. Pour pouvoir tracer toutes les courbes de niveau sur la carte, il eût fallu y joindre un nivellement tertiaire de 3 000 kilomètres d'étendue qui eût suivi tous les chemins vicinaux; mais on a reculé devant la dépense considérable qu'il eût occasionnée.

En somme, les nivellements effectués jusqu'à ce jour en France, en écartant ceux dont l'exactitude est douteuse, mesurent une longueur de 85 558 kilomètres, à savoir : Nivellement Bourdaloue, 14 980 mètres; nivellements précis, 31 764 mètres; nivellements susceptibles de revision, 38 814 mètres. Mais le Ministre des travaux publics, de concert avec les Ministres de l'intérieur et de la guerre, vient de décider cette année même (1878) qu'on étendra le

[1] Il y avait 69 chefs-lieux de communes qui étaient en dehors de ces diverses lignes; on les y a reliés par un nivellement spécial.

Gr. II. — Cl. 16.

nivellement de grande précision aux voies de communication de tous ordres et aux principaux cours d'eau, soit sur une longueur de 840 000 kilomètres environ [1]; on remplira ensuite l'intérieur de ces mailles [2] par des nivellements intercalaires qui permettront de tracer avec la plus grande précision les courbes de niveau du terrain sur une carte sommaire à $\frac{1}{10\,000}$, ou *Répertoire graphique*, dressée à l'aide des plans du cadastre et où chaque repère sera indiqué à sa place [3]. On va tout d'abord compléter le nivellement Bourdaloue (d'une longueur de 15 000 kilomètres) par un nivellement de lignes de base de 25 000 kilomètres de longueur auquel on donnera le plus grand degré d'exactitude que l'on puisse atteindre et qui servira de contrôle au précédent. Le Gouvernement espère, avec le concours des agents des divers services publics, accomplir cette œuvre si utile en une dizaine d'années et moyennant une dépense totale de 19 millions de francs, dont 3 millions et demi resteront à la charge des départements.

Il résulte de cet exposé rapide des travaux de nivellement exécutés en Europe que les jonctions entre les réseaux des divers pays sont, ou déjà réalisées, ou tout au moins assurées dans un avenir très prochain. Il n'est pas douteux que les conséquences qu'on en tirera seront intéressantes, autant pour la science pure que pour la construction des cartes; car le relief du terrain, qu'on représente aujourd'hui par des courbes à une faible équidistance, doit reposer sur un bon nivellement de base.

Les lignes nivelées dont nous venons de parler relient entre eux plusieurs des marégraphes qui sont installés sur les côtes, et on a déjà pu comparer les altitudes des niveaux moyens des diverses mers européennes; on a trouvé que la mer Baltique à

[1] Cette longueur se décompose ainsi : Routes nationales, 37 330 kilomètres; routes départementales, 42 240; chemins vicinaux de grande communication, 95 570; chemins d'intérêt commun, 75 200; chemins ordinaires, 390 419; canaux, 4 750; chemins de fer, 44 500; rivières navigables et fluviales, 16 000; cours d'eau dont le bassin a une superficie supérieure à 2 000 hectares, 134 000.

[2] Ces mailles auront des étendues peu différentes, en moyenne 1 300 mètres de côté, et leurs contours seront formés par des voies publiques.

[3] Il y aura en moyenne 15 repères fixes par commune, tous rattachés au même plan de comparaison.

Swinemünde était de $0^m 697$, la mer du Nord à Cuxhaven de $0^m 769$ et à Ostende de $0^m 734$, le Zuyderzée à Amsterdam de $0^m 766$, la Manche à Calais de $0^m 753$, l'océan Atlantique à Brest de $1^m 022$, à la Rochelle de $0^m 400$ et à Bayonne de $0^m 856$ au-dessus de la Méditerranée à Marseille. Ces observations ne sont pas toutefois assez avancées pour qu'on puisse encore choisir un horizon fondamental pour l'hypsométrie de l'Europe.

Algérie. — Dans les autres continents, on a encore fait peu de recherches de ce genre. En Algérie, le nivellement géodésique de la chaîne méridienne de Biskra [1] a montré que le fond du Chott Mel Rir est à 27 mètres au-dessous du niveau de la mer. Un nivellement géométrique exécuté à partir du golfe de Gabès par le commandant Roudaire a contrôlé ce fait important.

Égypte. — En Égypte, on a aussi fait quelques travaux de nivellement, mais ils ont peu d'importance.

Inde. — Dans l'Inde, les premières opérations de nivellement géométrique remontent à 1858; elles ont eu pour but de déterminer la différence de hauteur entre le niveau moyen de la mer à Kurachi, auquel on rapporte toutes les altitudes dans l'Inde, et les diverses localités des provinces du nord où ont été mesurées des bases, Chuch près d'Attock, Dehra et Sironj, afin de contrôler celles des mêmes points déterminées par les distances zénithales; la comparaison des résultats obtenus par les deux méthodes a été très satisfaisante [2].

D'Agra, on a prolongé le nivellement jusqu'au golfe du Bengale,

[1] Les observations de distances zénithales ont été prises entre midi et 2 heures, seul moment de la journée en Algérie où les coefficients de réfraction ne subissent que de faibles variations. Elles ont été faites en double, et le maximum d'écart entre les deux séries n'a pas atteint $0^m 30$. Au sud de Tahir-Rassou, le nivellement géodésique donnant, par suite des phénomènes de la réfraction en pays plat, des résultats incertains, le commandant Roudaire a fait un nivellement géométrique jusqu'au Chott Mel Rir.

[2] La différence entre les résultats donnés par les deux nivellements géodésique et géométrique a été à Attock, qui est distant de Kurachi de 1 136 kilomètres, de $0^m 96$; à Dehra, de $1^m 55$; à Sironj, de $0^m 51$, et de $0^m 64$ (en venant de Dehra).

Gr. II. — Cl. 16.

et en 1866, la ligne de Kurachi à Calcutta, longue de 3 540 kilomètres, était terminée; on avait en outre nivelé 133 kilomètres de lignes secondaires. Depuis cette époque, on a exécuté plusieurs lignes pour relier les nivellements des canaux et des chemins de fer à Delhi, à Lahore, à Moultan, etc., et on a nivelé, entre Delhi et Bughalpour, une seconde ligne qui suit le pied de l'Himalaya en passant par Sonakhoda. La ligne qui doit relier le golfe de Cutch à Bombay est achevée jusqu'à Damann, et on est en train d'exécuter plusieurs embranchements vers divers points importants. Dans le sud, un nivellement a été fait entre Karwar (auprès de Goa), Bellary et Bangalore, et un autre entre Tuticorin et le cap Comorin. Les nivellements sont exécutés en même temps et séparément par deux observateurs qui à chaque station se contrôlent l'un l'autre. Il y a 7 marégraphes sur les côtes de l'Inde (à Kurachi, à Okha et à Nawanar dans le golfe de Cutch, à Mangalore, à Tuticorin, à Vizagapatam et à Balasore) et 1 sur les côtes de la Birmanie (à Akyab).

États-Unis d'Amérique. — Aux États-Unis, on vient d'entreprendre un nivellement qui doit s'étendre sur le vaste espace compris entre les deux Océans.

3° Observations de pendule. — On sait que le pendule à secondes est tout à la fois un instrument géodésique et géologique. En effet, la comparaison de la longueur du pendule qui bat la seconde, déterminée par l'observation, avec la longueur théorique donnée par le calcul, indique les variations de la forme générale de la Terre et de la densité des couches profondes au-dessous du lieu d'observation. L'utilité de déterminer d'une manière exacte l'intensité de la pesanteur dans un grand nombre de points astronomiques n'est donc pas à démontrer. Pour mesurer la longueur du pendule simple à secondes, on se sert de l'appareil de Repsold, qui donne, non seulement des résultats relatifs excellents, mais la valeur absolue de cette longueur à $\frac{1}{2000}$ de millimètre. C'est la Suisse qui a donné l'exemple d'observations très précises du pendule; en 1867, elle en avait déjà fait à Genève, à Neuchâtel et au Righi. Depuis cette époque, les géodésiens se sont occupés de cet ordre de recherches dans la plupart des États de l'Europe; mais les observations ne sont pas encore assez nombreuses, et on en a surtout publié trop peu pour qu'on puisse chercher à en résumer les résultats, qui du reste ne peuvent être regardés que comme provisoires; les observateurs n'ont pas en effet, jusqu'à ce jour, tenu compte de certaines causes perturbatrices, qui dans d'autres phénomènes physiques n'auraient aucune importance, mais qu'on ne peut négliger dans la mesure de la gravité qui s'effectue aujourd'hui avec une si extrême précision. On sait que Bessel a montré qu'il était nécessaire d'appliquer aux nombres obtenus une correction exprimant l'inertie de l'air entraîné par le pendule; on s'occupe, en ce moment, d'étudier l'influence qu'exerce la flexibilité du trépied sur son oscillation et par conséquent sur la détermination de sa longueur; il est prouvé, en effet, qu'il est nécessaire de fixer cette correction, non seulement pour chaque pendule, mais probablement pour chaque station [1].

Aujourd'hui, on a fait des observations de pendule à 8 stations dans le Royaume-Uni de la Grande-Bretagne et de l'Irlande, à 1 en Norwège, à 2 en Suède, à 12 en Russie, à 10 en Autriche, à 13 en Allemagne, à 1 en Hollande, à 8 en Suisse, à 3 en Italie, à 2 en Espagne, et à 6 en France, soit en tout à 66 stations ou groupes de stations. Il n'en a point encore été fait dans le Danemark, dans la Belgique ni dans le Portugal.

Russie. — Après avoir pris des observations dans les douze points astronomiques principaux de la grande méridienne russe, le professeur Sawitsch a envoyé son appareil dans l'Inde où on l'a observé en différents points, de 1869 à 1873, en même temps que l'appareil anglais; on l'a ensuite transporté à Kew, de sorte qu'indépendamment des déterminations absolues, les observations russes sont comparables à celles faites aux Indes et en Angleterre. On se propose maintenant de l'observer sur différents sommets de la chaîne du Caucase et dans la contrée située au sud qui présente des phénomènes volcaniques si intéressants.

[1] MM. Cellerier, Peirce, Plantamour et Hirsch s'occupent de cet ordre de recherches d'une manière toute particulière.

Gr. II. — Cl. 16.

Allemagne. — En Allemagne, on a pris un grand nombre de mesures dans le Harz et dans la forêt de Thuringe, sur un espace relativement restreint, pour obtenir la valeur de l'attraction locale.

Dans la Saxe, en 1871, on a fait au puits d'Abraham, à Freiberg, dont la constitution géologique est bien connue, des observations de pendule à la surface et à des profondeurs de 280 mètres et de 534 mètres; il paraît en résulter une valeur de la densité de la Terre plus faible que celle qu'Airy a déduite de ses expériences dans les mines de charbon de la Grande-Bretagne.

Dans le grand-duché de Bade, en 1871, on a déterminé l'intensité de la pesanteur à Mannheim; il y a un écart considérable entre les résultats de cette observation et de celles qui ont été faites à Berlin, à Leyde et à Bonn : elle y serait plus faible. Comme il se produit de fréquents tremblements de terre au nord de la ville, peut-être existe-t-il en dessous un vide, ce qui expliquerait cette anomalie.

Suisse. — En Suisse, on se propose d'utiliser le tunnel du Saint-Gothard, où la densité des roches varie fort peu, pour faire des études analogues au moyen d'observations de pendule en différents points du souterrain et sur le sommet de la montagne.

Inde. — Dans l'Inde, le capitaine Basevi a commencé en 1865 des recherches de ce genre; il s'est servi de pendules invariables. C'est l'Observatoire de Kaliana qui est la station fondamentale. En 1870, les opérations étaient terminées aux 19 principales stations astronomiques de la grande méridienne entre Dehra et le cap Comorin, à 2 stations sur la côte de Coromandel, à 2 stations sur la côte de Malabar et à 1 station dans l'archipel des Laquedives, à Minikoy. En 1871, on a fait des observations en divers points de la chaîne de l'Himalaya et sur les plateaux thibétains, à 4 750 et à 5 200 mètres de hauteur. A la fin de cette campagne, on a rapporté les pendules à Londres pour contrôler leur état et, chemin faisant, on a pris des mesures à Bombay, à Aden et à Ismaïlia. Il résulte des déterminations faites dans l'Inde que les couches terrestres qui sont placées au pied de l'Himalaya et sous la chaîne même ont une densité plus faible que celles qui sont placées sous les plaines du sud. On a aussi constaté qu'à une même latitude la pesanteur semble moindre dans l'intérieur des terres que sur les côtes; on n'a pas encore une explication satisfaisante de ce fait[1].

États-Unis. — Aux États-Unis, on a fait des observations de pendule dans le Massachusetts sur le mont Hoosac; M. Patterson a dressé en 1875, avec le plus grand soin, le plan du terrain environnant jusqu'à une distance de plus de 3 kilomètres; les courbes sont à l'équidistance de 6 mètres. Depuis, M. Peirce en a pris d'autres à Washington et à Hoboken, près de New-York; il s'occupe de les réduire et de les publier.

Tels sont les principaux travaux géodésiques qui ont été exécutés dans ces dernières années: ils ont, comme on peut s'en rendre compte par l'exposé sommaire que nous venons d'en faire, une importance capitale, et le temps n'est plus loin où la vraie figure de la Terre sera connue avec la plus grande exactitude dans sa partie européenne.

§ 2. TOPOGRAPHIE. — CARTES À GRANDE ÉCHELLE.

La topographie a pour objet de représenter à des échelles variables suivant les besoins auxquels les cartes doivent satisfaire, mais d'ordinaire supérieures à $\frac{1}{100\,000}$[2], des régions de dimensions limi-

[1] Depuis que ce rapport est écrit, M. Faye est arrivé à cette remarquable solution, que, *sous les mers, le refroidissement du globe marche plus vite et plus profondément que sous les continents*, et que par conséquent la densité de la croûte terrestre y est plus grande.

[2] Cette échelle, qui est plutôt trop petite pour les pays du centre et de l'ouest de l'Europe et qui tend de plus en plus à augmenter, est au contraire trop grande pour les vastes étendues des contrées de l'est et des autres continents. Dans des États très peuplés et éminemment industriels comme les nôtres, les levés topographiques se font, ou devront se faire dans un temps peu éloigné, à l'échelle de $\frac{1}{10\,000}$, ou tout au moins de $\frac{1}{25\,000}$, qui est nécessaire à l'ingénieur pour ses travaux d'études et au militaire pour déterminer avec précision les distances et diriger les mouvements de troupes en pleine connaissance de cause. La dépense qu'occasionnent des œuvres semblables est considérable, mais elle est largement compensée par les économies réalisées sur les avant-projets des divers travaux et des voies de communication; les ingénieurs trouvent en effet sur ces cartes les renseignements et les indications qu'il leur faudrait relever sur le terrain pour chaque entreprise particulière.

Gr. II. — Cl. 16.

tées avec leurs lignes caractéristiques, le relief du sol et tous les objets qui sont à sa surface[1]. A une échelle inférieure, le terrain ne peut être figuré dans tous ses détails, et les cartes ne montrent plus que les grandes lignes de la surface du globe.

Lorsqu'elles sont exécutées à une échelle plus grande que $\frac{1}{10\,000}$, les cartes topographiques prennent le nom de plans; elles ne représentent plus seulement le terrain sous ses formes naturelles, mais surtout sous celles que lui ont données les travaux exécutés par la main de l'homme.

Tous les pays ont le plus grand intérêt à connaître d'une manière exacte leur territoire et ses divisions naturelles. Les cartes topographiques sont en effet aussi utiles pour exploiter le sol que pour le défendre contre l'ennemi, et elles servent de base à tous les travaux publics. Elles fournissent en outre le canevas exact des cartes d'ensemble sur lesquelles on peut étudier la configuration d'une province, d'un État, d'un continent même tout entier, et c'est à elles que la physique terrestre, la météorologie, la statistique doivent la majeure partie de leurs progrès.

Partout les travaux topographiques sont, comme les travaux géodésiques, monopolisés par les gouvernements; dans chaque état de l'Europe existe un corps spécial, le plus souvent militaire[2], qui est chargé de lever le plan de son territoire. Jadis on craignait de livrer ces cartes à la publicité, de peur qu'elles ne facilitassent les opérations des ennemis. Aujourd'hui la multiplicité des voies de communication, les besoins du commerce et de l'agriculture, le développement des travaux publics et privés ont rendu nécessaire leur diffusion; on a compris qu'en les tenant secrètes, on sacrifierait les intérêts de tous les jours à des circonstances exceptionnelles, et que l'on ne serait pas pour cela à l'abri de vols

[1] Outre les œuvres vraiment topographiques, nous nous occuperons aussi dans ce chapitre de toutes les cartes originales des pays encore sauvages et peu peuplés, qui sont basées sur des observations sérieuses et qui sont établies à une grande échelle, car nous ne devons pas oublier que la topographie de chaque pays se développe successivement en une série de travaux de plus en plus parfaits.

[2] Les combinaisons stratégiques reposent en effet sur la connaissance exacte des lieux où les armées ennemies manœuvrent les unes contre les autres, et les cartes topographiques ont même été au début exclusivement une arme de guerre.

adroits et de levés faits d'une manière occulte par des officiers étrangers.

La mise à exécution de ces grands travaux est tellement récente que les seuls États qui les ont terminés sont la Suisse, les Pays-Bas et la France. Aujourd'hui cependant les deux tiers de l'Europe sont déjà représentés sur le papier, et avant peu d'années, la topographie aura achevé son œuvre sur notre continent [1].

Les cartes topographiques, qui s'offrent si simples et si claires aux yeux, ne présentent aucune trace des grands travaux qui en ont assuré le développement. Elles ont pour base les opérations géodésiques qui fixent les coordonnées géographiques des principaux points du pays; les intervalles entre ces points sont ensuite remplis par une triangulation secondaire qui n'exige pas les méthodes rigoureuses ni les instruments perfectionnés qu'on emploie dans la haute géodésie, non seulement parce que les pointés se font avec plus de facilité à cause de la moindre distance entre les signaux, mais aussi parce que les erreurs d'observation ou d'instruments ne s'accumulent pas au delà de chacun des triangles fondamentaux [2]; des stations de deuxième et de troisième ordre, on relève d'une manière encore plus expéditive et moins dispendieuse tous les clochers et lieux remarquables qui, reportés sur la carte, servent de repères et de canevas pour le levé définitif des derniers détails du terrain, de sorte que chaque partie de l'opération a un degré d'exactitude proportionné à son importance.

Ce levé se fait tantôt au moyen des plans parcellaires du cadastre qu'on réduit à l'échelle nécessaire et qu'on assemble à l'aide des points fournis par la triangulation, de sorte qu'avant d'être transportée sur le terrain, chaque planchette présente une planimétrie à peu près complète, qu'il ne s'agit plus que de reviser et de compléter, en y représentant le relief du sol par des sections horizontales équidistantes; tantôt il est exécuté sur le terrain même jusque

(1) Disons bien que les cartes topographiques ne se font pas d'un seul coup. Elles sont préparées par des travaux de moindre valeur, mais cependant respectables, qui leur servent de base.

(2) Ces travaux se font rapidement. Tandis qu'un observateur ne peut souvent terminer dans une campagne que trois ou quatre stations de premier ordre, il peut faire jusqu'à cent stations secondaires.

Gr. II. — Cl. 16.

dans ses moindres détails sans l'aide des travaux anciens. La Belgique, les Pays-Bas, le Danemark, la Suède, qui ont employé la première méthode, la plus économique, nous montrent des cartes trop chargées de détails qui n'ont rien à faire avec la topographie. Par le second procédé, on a une œuvre plus homogène.

Les travaux topographiques, quoiqu'ils soient moins parfaits que ceux de la géodésie, doivent néanmoins donner une image fidèle du terrain; ils comprennent la planimétrie et le modelé du sol.

Le type de la planimétrie est à peu près le même pour tous les pays; c'est celui de notre carte d'État-major. Mais les topographes n'ont pas toujours été d'accord sur la meilleure manière d'exprimer les formes et les accidents du terrain, et il n'y a pas d'uniformité dans les méthodes qu'ils ont employées jusqu'à ce jour dans ce but. Jadis, les cartes étaient des dessins d'imagination où l'on figurait les montagnes par des masses d'ombre fortement accusées; au milieu du siècle dernier, on employait souvent la perspective cavalière qui est intermédiaire entre les projections horizontale et verticale; on a ensuite dessiné les montagnes d'après le procédé de la lumière oblique, c'est-à-dire avec un côté éclairé et un côté dans l'ombre[1]: on obtient par cette opposition d'ombre et de lumière des effets pittoresques très heureux, et nul système ne met mieux en saillie le relief du sol, mais il ne permet pas de mesurer les pentes à l'intensité des hachures, puisque, quoiqu'ayant une même inclinaison, elles sont traitées différemment suivant qu'elles sont plus ou moins éclairées[2], c'est-à-dire suivant leur orientation, et il laisse une grande liberté au dessinateur, ce qui rend difficile le raccordement de travaux exécutés par des mains différentes; en outre il n'est pas applicable à de faibles mouvements du sol.

Cependant deux officiers du génie français sont arrivés à construire un diapason des teintes à appliquer dans l'hypothèse de la lumière oblique suivant l'inclinaison des pentes du terrain. M. le colonel Goulier fait d'abord un lavis à lumière zénithale où il

[1] On suppose que les rayons lumineux tombent sous une inclinaison de 45 degrés, du nord-ouest vers le sud-est.

[2] Les effets sont très compliqués à cause de la variété infinie des directions des pentes par rapport aux rayons incidents.

donne une même teinte aux courbes d'égale inclinaison, puis il superpose méthodiquement à ce premier lavis, sur les versants autres que ceux exposés au nord-ouest, quatre à cinq teintes d'encre de Chine dont les intensités sont réglées, et il obtient ainsi sans hésitation et très rapidement un effet vrai, sensiblement identique pour tous les dessinateurs. M. de la Noë suppose le terrain coupé par des plans perpendiculaires à la direction admise pour les rayons lumineux et équidistants; les projections des sections produites par ces plans inclinés, qui sont plus écartées pour les surfaces éclairées et plus serrées pour les surfaces opposées, servent de guide au modelé que l'on obtient en mettant des teintes d'autant plus foncées qu'elles sont plus rapprochées les unes des autres.

Le procédé de la lumière oblique est aujourd'hui celui qui est le plus particulièrement employé pour les cartes de pays de montagnes autres que les cartes topographiques; on a en effet, dans les cartes générales, tout intérêt à ce que le figuré du terrain ressorte d'une façon saisissante.

Une autre méthode plus moderne, qui a été adoptée pour l'établissement de la carte de France, est celle de la lumière verticale, dans laquelle les hachures varient de grosseur et d'écartement suivant les inclinaisons[(1)]. Les règles mathématiques sur lesquelles elle est fondée ne permettent pas à l'artiste de suivre sa fantaisie et elles donnent de l'homogénéité à une œuvre exécutée par diverses

(1) On sait qu'il existe un tableau de hachures, dit diapason, où, en regard de la série des inclinaisons, sont indiqués la grosseur et l'écartement des hachures qui leur sont correspondantes. La relation géométrique entre la quantité de lumière qu'un faisceau vertical de rayons répand sur l'unité de surface d'un plan incliné et celle que ce même faisceau répand sur l'unité de surface d'un plan horizontal (= cos. angle d'inclinaison) est très simple; mais on n'a pas adopté le diapason naturel, qui aurait à peine permis de distinguer les unes des autres les petites pentes moyennes inférieures à 30 degrés et qui n'aurait fait ressortir que les différences de celles comprises entre 30 degrés et 90 degrés. Or les premières sont de beaucoup les plus communes, et elles présentent seules un intérêt: il est au contraire peu important de différencier les pentes abruptes, les escarpements qui sont à peu près impraticables. Dans le diapason auquel on a eu recours et qui est tout aussi géométrique, mais qui n'est pas basé sur la proportionnalité naturelle, ce qui n'a du reste aucune importance, à chaque pente correspond un système de hachures déterminé qui, tout en donnant par l'intensité de l'ombre le sentiment de l'inclinaison, permet, en outre, de retrouver géométriquement cette inclinaison, soit en consultant le diapason, soit en recourant au calcul sur lequel il est fondé.

mains. Aussi, en 1867, beaucoup de topographes croyaient-ils que ce système de projection des lignes de plus grande pente conserverait sa suprématie à cause de la simplicité extrême de ses règles et des procédés d'exécution. Il ne satisfait cependant ni l'ingénieur ni le militaire, car le tracé qu'il fournit est un peu vague et il n'est pas facile de déterminer les altitudes au moyen des seules hachures, ni le géographe ni le public, car il ne met pas suffisamment en saillie le relief du sol et il ne fait pas bien comprendre l'orographie du pays. Il n'est donc ni tout à fait scientifique, ni tout à fait artistique.

Le mode de représentation du terrain au moyen de courbes de niveau équidistantes, qui prévaut aujourd'hui dans la plupart des œuvres nouvelles [1], est bien plus net et plus précis. C'est un géographe hollandais, Cruquius [2], qui le premier, en 1729, exprima les ondulations du sol par ce procédé, mais c'est un Français, le général Desprez, qui, dès 1826, en a préconisé l'emploi. Cette idée, si bonne et si naturelle, qui constituait un véritable progrès dans l'art de figurer le terrain, eut de la peine à se faire jour au milieu de toutes les raisons plus ou moins valables que l'on inventa de toutes parts [3]. Mais aujourd'hui, surtout depuis quelques années, les topographes ont unanimement donné la préférence, pour toutes les cartes à grande échelle, à ce mode de représentation géométrique et mathématiquement exact du relief du sol [4].

Les courbes horizontales équidistantes qu'on peut en effet tracer

(1) L'Angleterre est entrée depuis longtemps dans cette voie avec sa carte à $\frac{1}{10\,560}$, la Prusse avec son $\frac{1}{25\,000}$, la Belgique, la Suisse, la France pour sa carte d'Algérie, etc.

(2) Un Français, Buache, a tracé, en 1744, une carte sous-marine du Pas-de-Calais où des courbes de niveau marquaient la limite qu'occuperaient les eaux si la mer s'abaissait successivement de 10, de 20, de 30 toises, etc. Sur les continents, on obtient le tracé de ces même courbes en supposant que les eaux de l'Océan s'élèvent peu à peu au-dessus du niveau actuel. Dupain-Triel a employé ce mode de représentation de 1782 à 1804 pour sa carte hypsométrique de la France.

(3) Dans les minutes de la grande carte de France, on s'est servi de courbes de niveau pour exprimer le relief du terrain, mais on ne les a pas conservées dans le travail définitif parce qu'obtenues en grande partie par des moyens purement topographiques, elles n'ont pas une précision mathématique.

(4) Le Dépôt des fortifications de France se sert depuis longtemps des courbes de niveau équidistantes pour exprimer le relief du sol sur ses plans, mais comme ceux-ci étaient tenus cachés, on l'a ignoré jusqu'à ces derniers temps.

avec une extrême précision mesurent les pentes et les figurent en même temps; elles forment un canevas géométrique au moyen duquel on peut en calculer l'inclinaison d'une manière précise et par conséquent reconstituer le terrain. Tout en donnant aux montagnes leurs formes exactes, elles ont en outre l'avantage de pouvoir être tracées avec plus de rapidité et d'économie que les hachures et elles ne cachent ni les détails de la planimétrie ni les écritures, ce qui permet de lire la carte avec la plus grande facilité.

Les cartes dressées d'après ce système, où l'on peut obtenir si facilement l'évaluation exacte des différences de niveau, conviennent donc pour les travaux dans lesquels la précision a de l'importance, tels que ceux du génie civil et militaire. L'ingénieur peut y tracer avec certitude ses projets de routes, de canaux, de chemins de fer, etc., et même faire approximativement les devis de terrassements; l'agriculteur y voit les pentes les plus favorables à suivre pour l'écoulement des eaux dans les irrigations et y trouve le moyen d'assainir ses terres; elles facilitent, mieux que les cartes avec hachures, les études des géologues; le militaire ne peut s'en passer pour ses travaux de fortification, pour la direction des marches des armées, pour le choix des positions d'attaque ou de défense.

Il est vrai de dire cependant que ces cartes ne produisent pas une impression favorable sur le public; le relief ne se fait pas sentir avec elles comme avec les hachures, le terrain ne ressort pas et il faut un travail d'esprit pour le reconstruire. Mais elles n'en constituent pas moins la manière la plus précise de traduire le relief d'un pays pour les cartes topographiques, qui doivent être le plus exactes possible et qui, créées dans un but spécial, n'ont nullement besoin d'être interprétées convenablement par d'autres personnes que par des géodésiens, des géographes et des ingénieurs. Néanmoins, par leur plus ou moins grand rapprochement, elles donnent déjà à la première vue une certaine idée de la déclivité, et on peut, comme l'a fait le général Van Hauslab, les accompagner de teintes conventionnelles qui donnent de la vigueur au relief.

Mais, à la vérité, ce n'est que pour les cartes à très grande échelle, surtout pour celles d'une échelle supérieure à $\frac{1}{50\,000}$, que

Gr. II. — Cl. 16.

le figuré du terrain par les courbes a toute sa valeur et doit être fortement recommandé; il est utile que ces courbes soient d'une autre couleur que la planimétrie et que toutes celles multiples de 5 ou de 10 soient un peu plus fortes. Dans toutes les cartes qui ne doivent donner que la physionomie générale du pays et non le figuré géométrique de son orographie, aucun mode de représentation ne vaut pour les régions montagneuses l'éclairage par la lumière oblique qui met parfaitement en saillie le relief du sol.

Si toutes les cartes topographiques n'expriment pas le relief du terrain de la même manière, il n'y a pas non plus d'uniformité dans les échelles ni dans les signes conventionnels adoptés par les divers pays. Il est cependant à désirer qu'on arrive à une unification qui serait très profitable à la science et qu'une règle commune détermine le nombre des courbes à intercaler, aux diverses échelles, pour une même différence d'altitude, soit en pays ondulé et peu accidenté, soit en pays montagneux.

Jusqu'à ces dernières années, les cartes topographiques et les cartes spéciales s'arrêtaient aux frontières mêmes du pays, et les contrées limitrophes ne portaient qu'une planimétrie insignifiante et incomplète; l'Exposition a montré qu'on procédait autrement aujourd'hui, ce qui est bien préférable.

Royaume-Uni de la Grande-Bretagne et de l'Irlande. — Le Gouvernement britannique, dont le *Service topographique* emploie un personnel de 2 200 à 2 300 officiers, hommes de troupe et ouvriers, publie la carte du Royaume-Uni à trois échelles différentes [1]. Les travaux sur le terrain étaient déjà très avancés pour deux d'entre elles, lorsqu'en 1862 on en a entrepris la troisième à

[1] L'une est à $\frac{1}{2\,500}$ pour servir de base à l'établissement de l'impôt foncier et à la délimitation des héritages: si considérable que soit la dépense occasionnée par une carte à une échelle semblable, les avantages en sont si grands que c'est un bon emploi des deniers publics dont on ne peut que louer le Gouvernement britannique; elle facilite en effet dans une large mesure la rédaction de tous les projets d'intérêt public ou privé qui exigent une connaissance du terrain, elle accélère l'étude des entreprises d'assainissement, de drainage, d'irrigation, et elle garantit le choix des meilleurs tracés pour les nouvelles voies à ouvrir; la seconde est à $\frac{1}{10\,560}$ pour les opérations militaires et les travaux publics ou privés, et la troisième, qui est à $\frac{1}{63\,360}$, est une véritable carte topographique.

très grande échelle qui sera tout à la fois topographique et cadastrale; il a dès lors fallu recommencer les anciennes mesures; la dépense de l'opération entière est évaluée à 35 millions de francs.

La carte générale de l'Angleterre et du pays de Galles en 110 feuilles, à l'échelle de $\frac{1}{63\,360}$, est terminée; on vient de commencer la publication d'une nouvelle édition à cette même échelle en 360 feuilles dont 15 ont paru, comprenant des parties des comtés de Middlesex, de Surrey, de Kent et de Hants (sans la montagne). Celle de l'Irlande en 205 feuilles, qui est terminée pour la planimétrie, ne compte encore que 126 feuilles ayant la montagne, soit la moitié nord de l'île. Celle de l'Écosse et des îles Orcades et Shetland, en 131 feuilles, n'est pas encore finie; les 61 qui sont publiées donnent presque toute la partie située au sud du canal d'Inverness et la plus grande des îles Hébrides [1]. Le relief du terrain y est figuré au moyen de hachures suivant les lignes de plus grande pente d'après l'hypothèse de la lumière verticale. Il y aura deux séries de ces cartes, l'une qui est en cours de publication et où le relief du sol est figuré au moyen de hachures, l'autre très supérieure où l'on emploiera les courbes de niveau à l'équidistance de 50 pieds ($15^{m}24$).

Les *Six-inch County maps* à l'échelle de $\frac{1}{10\,560}$ sont publiés pour toute l'Irlande (en 1 907 feuilles), pour la plus grande partie de l'Écosse (29 comtés) [2] et pour un quart de l'Angleterre (11 comtés [3] et des parties de 10 autres, soit en tout 1 058 feuilles). Le relief du terrain y est figuré d'après le système du colonel Scott

(1) Il y en a en outre 14 dont la planimétrie est gravée; 9 forment la suite des 61 précédentes, et 5 représentent la partie orientale de la pointe nord de l'Écosse.

(2) Il a déjà paru 1 393 feuilles. Les 4 comtés dont on n'a pas encore les cartes à $\frac{1}{10\,560}$ sont ceux des Orcades, de Sutherland (dont 9 feuilles sont déjà publiées), de Cromarty et de Ross. Il manque en outre celles de la plupart des îles de la côte occidentale; les seules qui soient publiées sont celles de Lewis (49 feuilles) et de la baie de Clyde.

(3) Ce sont les comtés de Cumberland, de Durham, de Hamp, de l'île de Man, de Kent, de Lancaster, de Middlesex, de Northumberland, de Surrey, de Westmorland et d'York. On a aussi la carte de l'île de Jersey en 4 feuilles. Le Bureau topographique a également publié à cette même échelle une carte en 53 feuilles de certaines parties des contrées de Surrey, de Kent et de Bark avec courbes ombrées, qui a été dressée dans un but militaire et qui n'est pas d'une exactitude rigoureuse.

Gr. II. — Cl. 16.

dans l'*horizontal style*, c'est-à-dire au moyen de courbes de niveau à l'équidistance de 25 pieds (7^m60) qui sont indiquées en pointillé et entre lesquelles sont tracés des traits rompus, parallèles à ces courbes, plus ou moins serrés et plus ou moins épais suivant les pentes.

Les *Twenty-five-inch Parish maps* à $\frac{1}{2\,500}$ sont en cours de publication; il a paru pour l'Angleterre 14 comtés entiers et des parties de 19 autres [1] (y compris l'île de Man), pour l'Écosse divers comtés [2] et pour l'Irlande celui de Dublin [3]. Dans toutes ces cartes, on a adopté le principe de la lumière zénithale, mais avec moins de rigueur que dans celle de notre État-major.

Dans les cartes destinées aux usages militaires, on figure, comme dans les *County maps*, le relief à l'aide de courbes horizontales de niveau dont l'épaisseur est en raison de la déclivité de la pente à représenter; ce système est fondé sur l'hypothèse de l'éclairage du terrain par la lumière zénithale; le relief ressort bien, mais les détails de la planimétrie ne s'y lisent pas facilement.

Norwège. — Pour le royaume de Norwège, dont le levé topographique présente de grandes difficultés, on n'avait jusqu'à ces derniers temps que l'ancienne carte par bailliages ou arrondissements à $\frac{1}{200\,000}$ qui, commencée en 1826, n'est pas encore terminée: 14 feuilles seulement ont paru sur 17; elle est trop surchargée de détails et par conséquent d'une lecture difficile. Le terrain y est exprimé par des hachures dans le sens des lignes de plus grande pente pour les parties d'une faible inclinaison et par des hachures horizontales pour les parties escarpées. Depuis 1864, le Bureau to-

(1) Il a paru en totalité ou en partie le plan de 2648 paroisses en 27703 feuilles dont quelques-unes font double emploi, étant à cheval sur deux communes.

(2) Au 1er mai 1878, il avait paru pour l'Écosse 12697 feuilles, se décomposant ainsi : comtés de Dumfries, 851; de Roxburgh, 583; de Berwick, 517; de Selkirk, 114; de Peebles, 249; de Lanark, 807; d'Ayr, 1068; de Bute, 114; d'Argyll, 568; de Renfrew, 285; de Dumbarton, 203; de Stirling, 462; de Linlithgow, 175; de Clakmannan, 70; de Perth, 1128; de Forfar, 681; de Kincardine, 378; d'Aberdeen, 1874; de Banff, 509; d'Elgin, 419; de Nairn, 112; d'Inverness, 399; de Ross, 553; de Sutherland, 210, et de Caithness, 439.

(3) Soit 86 paroisses en 656 feuilles. On a publié en outre 11 feuilles des paroisses de Londonderry et de Bray.

pographique s'occupe d'en établir une nouvelle à $\frac{1}{100\,000}$ en 54 feuilles, dans la projection polyédrique et en couleurs, où le relief du sol est représenté par des courbes équidistantes de 100 pieds norwégiens (31m40) et modelé par un estompage à effet; il n'a encore paru que 15 quarts de feuilles gravées sur cuivre; les premières datent de 1869[1]. Cette carte s'appuie sur une triangulation rigoureuse; les levés sont faits à $\frac{1}{20\,000}$ ou à $\frac{1}{50\,000}$ suivant les districts.

Suède. — En Suède, c'est le corps des arpenteurs géomètres qui était autrefois chargé de dresser les cartes géographiques du royaume; depuis 1789, il ne s'occupe plus que du levé cadastral des communes, des différends entre les propriétaires fonciers et de la distribution légale des terres ou *lagaskifte,* lorsque par suite d'un morcellement excessif il est nécessaire, pour une bonne exploitation du sol, de former des lots plus grands qu'on répartit à nouveau entre les habitants du village. Les cartes d'arpentage ou cadastrales sont d'ordinaire à l'échelle de $\frac{1}{4\,000}$; on ne les publie pas : l'original est conservé dans les archives du bureau spécial de la province, et une copie est déposée au bureau central de Stockholm.

En 1859, un corps spécial (*Rikets ekonomiska Kartverk*), qui depuis 1873 dépend de l'État-major général, a été créé dans le but de faire la carte géographique des paroisses suédoises au point de vue de l'économie agricole et industrielle, travail qui, comme nous venons de le dire, incombait autrefois au Bureau d'arpentage[2]. Ces cartes économiques sont dressées au moyen des levés cadastraux qu'on assemble en reliant les points principaux par une triangulation spéciale confiée aux ingénieurs topographes; elles sont à l'échelle de $\frac{1}{20\,000}$, à l'exception de celles des régions alpestres de la Laponie qui sont à $\frac{1}{50\,000}$. On a terminé les travaux dans la Suède centrale (31 250 kilomètres carrés) et dans une partie de

(1) La feuille se vend 1 fr. 30 cent.

(2) Le Bureau d'arpentage a dressé en effet, de 1628 à 1789, un certain nombre de cartes générales et régionales. Ces travaux ont été continués par le baron S. G. Hermelin qui a fait graver et a publié des cartes de tous les gouvernements du royaume et de la Finlande; l'atlas d'Hermelin a été acheté par l'État avec toutes ses planches.

Gr. II. — Cl. 16.

la Norrbothnie (77 650 kilomètres carrés) : c'est la première fois qu'un véritable levé topographique est fait dans le nord de la Suède; car on n'avait point de cartes de cette région. Jusqu'à ce jour, le Bureau a publié les cartes lithographiées des gouvernements d'Upsal et d'Orebro, d'une partie de ceux d'Ostrogothie, de Kopparberg et de Stockholm (campagne)[1] à l'échelle de $\frac{1}{50\,000}$, et de plusieurs régions de la Norrbothnie à $\frac{1}{100\,000}$, en tout 58 cartes de district, dont 46 pour la partie centrale du royaume aux frais des communes et des particuliers[2], et 12 pour la Norrbothnie aux frais de l'État. Ces cartes sont claires et nettes.

Le levé topographique a été commencé en 1805 par un corps d'ingénieurs militaires qui depuis 1874 fait partie de l'État-major général sous la direction actuelle du baron W. von Vegesack, et c'est, soit sur un canevas cartographique sur lequel on a transporté les cartes cadastrales reconnues bonnes, soit, depuis 1873, dans les régions où le levé économique a précédé le levé militaire, sur les cartes économiques, que se font les travaux sur le terrain. Les planchettes-minutes ont été dressées à $\frac{1}{100\,000}$ pour la région des côtes et des grands lacs, soit pour un territoire de 160 000 kilomètres carrés; cette échelle ayant été trouvée trop petite pour un pays aussi morcelé, on a levé, depuis 1844, à $\frac{1}{50\,000}$, une étendue de 67 500 kilomètres carrés dans la Suède méridionale. On publie des copies photolithographiées de ces planchettes. La carte gravée qui, tenue secrète avant 1857, est depuis cette époque livrée au public, est à l'échelle de $\frac{1}{100\,000}$, divisée en 102 feuilles rectangulaires de 60 centimètres de long environ sur 45 de large; la projection adoptée est celle dite conique croissante dont l'erreur maximum ne dépasse pas pour cette région 0 0021; les longitudes

[1] Dans un pays aussi accidenté que la Suède, où plus du tiers de la surface ne s'élève pas au-dessus du niveau de la mer, où un autre tiers est compris entre 100 mètres et 250 mètres et où la dixième partie tout au plus dépasse 600 mètres, on a tenu à avoir une planimétrie aussi complète que possible; aussi a-t-on figuré sur ces cartes les constructions, les jardins, les champs cultivés, les prairies, les forêts d'essences diverses, les marais, etc., les frontières gouvernementales, judiciaires, paroissiales et les voies de communication.

[2] Le levé de ces cartes se fait aux frais de l'État, mais leur publication, sauf pour la Norrbothnie, dépend de l'initiative des communes ou des particuliers.

se comptent à partir du méridien moyen de la péninsule Scandinave qui passe à 5 degrés dans l'ouest de l'Observatoire de Stockholm.

La gravure s'est d'abord faite à l'aiguille, puis au burin : elle est d'une grande finesse; 56 feuilles sont aujourd'hui terminées comprenant la Gothie et la région des lacs, et 10 sont en cours d'exécution. La multiplicité des détails dont elles sont chargées les rend un peu confuses[1], mais le travail est soigné et les écritures sont bonnes. Le terrain y est figuré au moyen de hachures suivant les lignes de plus grande pente pour les parties peu accidentées et de hachures horizontales pour les parties montagneuses; les mamelons qui émergent des vastes plaines scandinaves sont bien rendus d'après ce système. Depuis 1877, on fait une édition à bon marché au moyen de reports sur pierre lithographique. On s'occupe en ce moment de substituer à la gravure à la main sur cuivre la méthode héliographique de Mariotte.

Le corps topographique a publié en outre, depuis 1832 jusqu'en 1872, 15 cartes à $\frac{1}{200\,000}$ gravées sur cuivre, qui comprennent dix gouvernements suédois et où le relief du sol est exprimé au moyen de hachures dans le système de la lumière zénithale. Cette publication est aujourd'hui suspendue.

Il y avait à l'Exposition une carte à $\frac{1}{72\,000}$ de l'île de Gotland, dressée aux frais de la société agricole de cette province suédoise dans le but d'étudier les moyens de drainer 25 000 hectares qui sont soumis à des inondations continuelles et qui par conséquent sont jusqu'à présent improductifs; la pente du sol est en effet très faible dans cette île, et, l'écoulement des eaux se faisant mal, il n'existe pas moins de 80 marais qu'on se propose de dessécher. Cette carte, qui est intéressante autant au point de vue topographique qu'au point de vue agricole, indique les bassins, les lignes de partage des eaux, et donne le relief du sol au moyen de courbes de niveau à l'équidistance de 10 mètres; 12 cartes de détail à $\frac{1}{4\,000}$ ont été établies pour plusieurs des districts.

Il faut encore citer les cartes à grands points de certaines parties

[1] On y a divisé les forêts en bois de conifères, représentés par des croix, et en bois d'arbres à feuilles caduques, représentés par de petits ronds.

Gr. II. — Cl. 16.

du nord de la Suède publiées par divers géographes avec des subventions de l'État : de la province de Gestrikland, en 2 feuilles, à $\frac{1}{100\,000}$, par M. Ahrman; du Helsingland, en 1 feuille, à $\frac{1}{200\,000}$, par M. Widmark; du diocèse de Karlstad (Vermland), à $\frac{1}{200\,000}$, par M. Fresc; du Vesternorrland, en 4 feuilles, à $\frac{1}{50\,000}$, par M. Stiernstrom; du Jemtland, en 15 feuilles, à $\frac{1}{200\,000}$, par MM. Albin et Nordbeck (nouvelle édition de 1868); de la Scanie, à $\frac{1}{200\,000}$, par M. Mansa (réduction de la carte officielle).

Danemark. — L'État-major royal du Danemark a commencé le levé topographique du royaume en 1830; depuis 1867, il publie les mappes originales photolithographiées à $\frac{1}{20\,000}$, avec courbes de 5 pieds en 5 pieds (1m 57); sur les 670 feuilles qui doivent composer la carte du Jutland, il en a déjà paru 289, comprenant toute la région située au sud de la ligne qui joint le Nissum Fjord au golfe de Kalöwüg; le relief du fond de la mer est figuré par des courbes équidistantes de 6 pieds. L'île d'Ærœ est terminée en 8 feuilles, et on a pour l'île de Fionie 36 feuilles qui donnent, d'une part, toute la région située au nord du parallèle d'Odense, moins les 11 feuilles de la côte nord-est, et, d'autre part, les environs de Nyborg (4 feuilles). Ces feuilles photolithographiées sont de bonnes copies des minutes, mais elles ne peuvent pas naturellement être mises, au point de vue de l'exécution, au même rang que les feuilles gravées dont nous allons parler et dont le travail est très fin et très soigné. On a à la même échelle la carte des environs de Copenhague.

Les planchettes-minutes sont réduites à l'échelle de $\frac{1}{80\,000}$ pour établir la carte des îles danoises de la mer Baltique et de $\frac{1}{40\,000}$ pour celle du Jutland. Ces cartes, pour lesquelles on a adopté la projection de Flamsteed modifiée, sont gravées sur cuivre; le relief du terrain y est exprimé au moyen de courbes en rouge à l'équidistance de 5 pieds (1m 57) pour les pentes inférieures à 14 degrés, de 10 pieds (3m 14) pour celles comprises entre 14 et 26 degrés d'inclinaison et de 40 pieds (12m 56) pour celles entre 27 et 45 degrés; au delà, on se sert de hachures. On ne peut donc se rendre compte du relief du sol qu'avec une grande difficulté. Des 29 feuilles qui doivent composer la carte des îles, 7 sont déjà publiées[1], donnant la région occidentale de la Fionie, l'île d'Æroé et une partie de l'île Langeland; sur les 131 feuilles du Jutland, 40 sont terminées, comprenant toute la région située au sud du parallèle de Horsens et celle comprise entre ce parallèle, celui de Nissum Fjord et le méridien moyen du Danemark.

Les cartes à $\frac{1}{20\,000}$ et à $\frac{1}{40\,000}$, malgré le grand nombre de signes qui indiquent les altitudes, les cultures, les chemins, les cours d'eau, les canaux, etc., sont suffisamment claires, mais celles à $\frac{1}{80\,000}$ sont trop surchargées de détails, et en outre les abréviations nombreuses qu'on a introduites dans les écritures en rendent la lecture encore plus pénible.

L'État-major danois a publié en outre, toujours dans la projection conique modifiée, deux cartes générales à $\frac{1}{160\,000}$ avec courbes à l'équidistance de 30 pieds : l'une, en 3 feuilles, des îles de Seeland, de Moen, de Laaland et de Falster; l'autre, en 1 feuille, des îles de Fionie, d'Æroé et de Langeland; elles sont gravées sur cuivre. On a aussi la première feuille photolithographiée de la carte générale du Jutland à la même échelle, ainsi que le plan des environs de Copenhague à $\frac{1}{20\,000}$ en 6 feuilles.

On doit encore citer, comme présentant une utilité réelle, la publication des plans parcellaires du cadastre du Danemark entreprise par M. Degner, de Copenhague; cet atlas comprendra 1 250 feuilles; il est près d'être terminé.

Russie. — Le levé topographique des provinces européennes de la Russie, qui a commencé en 1819, dans le nord, par le gouvernement de Saint-Pétersbourg, et, dans le sud, par la province des Cosaques du Don, est aujourd'hui très avancé[2]. Les planchettes-

[1] Ce sont les feuilles de Bogense, de Middelfart, de Vissenbjerg, de Faaborg, de Svendborg, d'Æroé et de Rudkjöbing (dans l'île de Langeland).

[2] A la fin du siècle dernier, comme l'a fait remarquer avec raison le commandant Rouby, le Gouvernement russe s'occupait plus, au point de vue cartographique, des pays limitrophes que du territoire national; ainsi, il a fait lever une carte de la Moldavie en 1772, une carte de la Crimée en 1776, une carte de la Finlande en 1800. Il existait cependant, au commencement du XIXe siècle, une carte générale de l'empire, puisque le Dépôt de la guerre français a établi d'après ce document, vers 1810, une

Gr. II. — Cl. 16.

minutes sont à $\frac{1}{42\,000}$ ou à $\frac{1}{21\,000}$ et même, pour les principaux districts, à $\frac{1}{8\,400}$, basées sur des points astronomiques et géodésiques. L'État-major[1] publie deux cartes : l'une chorographique, à petite échelle, à $\frac{1}{420\,000}$, dont nous parlerons au paragraphe suivant, et une autre topographique et militaire à $\frac{1}{126\,000}$. Dans les anciennes mappes, on levait les accidents de terrain à vue et on les figurait au moyen de hachures; depuis ces dernières années, le relief du sol est exprimé par des courbes horizontales équidistantes de 2 sagènes ($4^{m}25$), qui reposent sur des cotes nombreuses. C'est en 1846 qu'on a commencé la gravure sur cuivre de la carte à $\frac{1}{126\,000}$; la projection adoptée est celle de Bonne. En 1875, toute la région située dans l'ouest de la ligne qui joint Saint-Pétersbourg à la mer d'Azof[2] était publiée, soit 723 feuilles comprenant 27 gouvernements[3]; on est en train de graver la partie occidentale du gouvernement de Novgorod, qui a été levée de 1860 à 1866, et le gouvernement de Pologne, nouvellement levé de 1860 à 1870, qui doit comprendre 54 feuilles à la même échelle[4]; le terrain y est figuré par des hachures d'après le système de la lumière verticale, et il y a des cotes d'altitude.

Nous devons aussi mentionner la carte topographique du gouvernement de Moscou à $\frac{1}{84\,000}$, en 40 feuilles.

En 1871, on a fait le levé de la bande de pays que traverse le chemin de fer de Saint-Pétersbourg à Revel; le gouvernement a l'intention de dresser dans un but militaire la carte topographique

carte des routes de poste de la Russie d'Europe à $\frac{1}{2\,500\,000}$ et une carte chorographique à $\frac{1}{500\,000}$ en 79 feuilles. Il existe en outre une bonne carte de la Pologne à $\frac{1}{700\,000}$, en 25 feuilles, par Rizzi Zannoni.

(1) La division du grand État-major général qui est chargée des travaux topographiques emploie un personnel de 646 officiers ou sous-officiers. Outre la section centrale qui a son siège à Saint-Pétersbourg, il y en a cinq spéciales : à Orenbourg, à Tiflis, à Omsk, à Irkoutsk et à Tachkend. La Pologne a son bureau topographique particulier.

(2) A l'exception de la Crimée.

(3) La carte de la province des Cosaques du Don est sans l'indication du figuré du terrain.

(4) Cette nouvelle carte de Pologne est appelée à remplacer celle du général Richter qui a été gravée en 1839 à Varsovie et qui comprend 57 feuilles.

de toutes les voies ferrées de l'empire qui forment aujourd'hui les lignes d'opération les plus importantes.

Comme carte à grande échelle, la plus grande qui soit admise en Russie, nous pouvons citer celle des environs de Saint-Pétersbourg à $\frac{1}{42\,000}$, qui est imprimée en couleurs, et celle des environs de Moscou, en 6 feuilles.

Le général Chodzko a fait un levé très exact de la chaîne du Caucase qui est ainsi reliée au réseau russe; il a pris treize déterminations astronomiques de latitude, et il a observé en divers points la longitude et l'azimut; il a en outre fait exécuter un nivellement soit géodésique, soit barométrique, qui donne le relief de toute la chaîne.

En Finlande, les opérations topographiques ont été faites sous les ordres du major général de Forsch qui a adopté pour ce pays, qui est plat et que couvrent de vastes forêts, une méthode différente de celle qu'on suit généralement en Europe; il eût été en effet très difficile et coûteux d'y faire une triangulation géodésique. On y a déterminé un grand nombre de positions astronomiques entre lesquelles on a relevé avec soin les routes et les accidents de terrain. Les mappes originales sont à $\frac{1}{21\,000}$.

Allemagne. — Des vingt-six États qui composent l'empire allemand, six seulement ont un service topographique : ce sont la Prusse, la Saxe royale, la Bavière, le Wurtemberg, le grand-duché de Bade et la Hesse-Darmstadt; le levé des vingt autres est fait par les officiers de l'État-major prussien.

Il y a déjà plusieurs années que la carte de la Westphalie et des provinces rhénanes à $\frac{1}{80\,000}$ est publiée : elle ne porte aucune cote de hauteur; celle des provinces orientales du royaume de Prusse à $\frac{1}{100\,000}$, qui comprend tous les petits États allemands dépourvus de service spécial, moins l'Alsace-Lorraine [1], est aussi complètement terminée. Mais depuis 1863, les travaux topographiques sont entrés en Prusse dans une nouvelle phase; à cette

[1] Le Gouvernement allemand publie en ce moment une carte provisoire de l'Alsace-Lorraine à $\frac{1}{80\,000}$, en 28 feuilles, qui est basée sur notre carte de l'État-major et revisée par les officiers prussiens.

Gr. II. — Cl. 16.

date, on a établi un bureau de triangulation chargé de fixer trigonométriquement la position et l'altitude d'au moins dix points de repère par lieue carrée, soit vingt à trente points par planchette qui, en Prusse, comprend 2 lieues carrées et un quart; on peut ainsi relever un plus grand nombre de détails que d'ordinaire et obtenir les altitudes avec une grande exactitude[1]. C'est de cette manière qu'on dresse la nouvelle carte à $\frac{1}{25\,000}$ qui est divisée en feuilles représentant chacune environ 130 kilomètres carrés et où le relief du terrain est exprimé par des courbes de niveau équidistantes de 25 pieds ($9^{m}25$) dans les pays montagneux et de 12 pieds et demi, quelquefois même de 5, dans les pays peu accidentés[2]. Les 4 000 planchettes-minutes qui doivent former la base de cette carte ne seront terminées que vers l'an 1900. Il en a déjà paru environ 350; on public en ce moment les environs de Berlin en 36 feuilles. Pour des raisons militaires, les levés se font à la fois des frontières orientales et des frontières occidentales du royaume vers Berlin. On a terminé les travaux sur le terrain, d'une part, dans la Prusse occidentale et dans la partie septentrionale du grand-duché de Posen, et, d'autre part, dans les provinces de Nassau, de Hanovre et de Cassel[3]; on s'occupe en ce moment de la partie méridionale de la Silésie et de la région de Lunebourg. Ces planchettes serviront plus tard à établir une carte de l'Allemagne du Nord à $\frac{1}{100\,000}$ qui sera gravée sur cuivre en 525 feuilles.

En attendant, on continue la publication de la carte des États prussiens à $\frac{1}{100\,000}$, et on s'occupe de faire entrer dans le cadre général les cartes de l'ancien royaume du Hanovre par Papen et du grand-duché d'Oldenbourg par Shrenk; il reste encore une vingtaine de feuilles à publier, comprenant une partie des pro-

[1] C'est en 1850 qu'on a commencé à prendre en Prusse des mesures de hauteurs, mais au début elles n'étaient ni assez exactes ni assez nombreuses pour permettre l'établissement d'un réseau hypsométrique satisfaisant. Depuis 1867, on a substitué au nivellement géodésique, qui donnait des erreurs assez fortes, un nivellement géométrique. Le *Directoire central des travaux géodésiques et topographiques* a aujourd'hui sous ses ordres un personnel de 237 officiers d'état-major ou employés spécialistes.

[2] Les courbes de 100 pieds en 100 pieds sont plus prononcées.

[3] Ces travaux comblent une lacune regrettable dans la topographie européenne.

vinces de Posen et de la Prusse occidentale. Comme cartes spéciales, nous pouvons citer celle à $\frac{1}{50\,000}$ des environs de Berlin en 60 feuilles.

La Bavière a une bonne carte à $\frac{1}{50\,000}$ (1), mais qui ne porte pas de cotes de hauteur. L'État-major bavarois vient d'en entreprendre une nouvelle à $\frac{1}{75\,000}$ dont aucune feuille n'a encore paru; il en publie une à $\frac{1}{25\,000}$ en 901 feuilles photolithographiées, où le relief du sol est figuré par des courbes pointillées à l'équidistance de 10 mètres, entre lesquelles sont tracées des hachures; 54 feuilles étaient en vente en 1877.

La carte de Saxe à $\frac{1}{100\,000}$ a été revisée. On publie en outre une carte de ce royaume à $\frac{1}{25\,000}$ avec des courbes de niveau à l'équidistance de 10 mètres, de 5 mètres et de 2m 1/2, suivant les régions, et quelques cotes de hauteur sur les sommets et dans les bas-fonds; il a paru 60 feuilles. On s'occupe aussi de mettre au courant des voies de communication l'ancienne carte à $\frac{1}{57\,000}$ d'Oberrest qui est fort bonne et dont la gravure est très fine, mais qui ne porte pas de cotes d'altitude.

La carte du grand-duché de Bade, à $\frac{1}{50\,000}$, est revisée par les officiers de l'État-major allemand; le terrain y est figuré au moyen de courbes.

Il a paru en 1878 quelques feuilles de la nouvelle carte topographique du Wurtemberg à $\frac{1}{25\,000}$ avec courbes horizontales, qui est dressée sur le modèle des *Nesstisch Blättern* de Prusse. On sait que la carte de ce royaume à $\frac{1}{50\,000}$ est terminée depuis longtemps.

La carte du grand-duché de Hesse à $\frac{1}{50\,000}$ se continue; elle remplacera l'ancienne carte à la même échelle, dont les premières feuilles dataient de 1832 et qui a vieilli.

Les duchés et les petites principautés ont pris des arrangements avec les grands États voisins pour que leur surface soit levée et publiée en même temps que celle des royaumes dans lesquels ils

(1) En 1867, il ne restait déjà plus à publier que quelques feuilles de la Bavière rhénane. L'État-major bavarois revise en ce moment les anciennes feuilles dont la première remonte à 1812, et il profite du nivellement géométrique qui est en cours d'exécution pour multiplier les cotes d'altitude et tracer des courbes de niveau à l'équidistance de 10 mètres.

Gr. II. — Cl. 16.

sont enclavés; avant peu d'années, la topographie allemande sera donc complète.

Pays-Bas. — Il y a déjà longtemps que l'État-major hollandais a terminé la carte topographique et militaire des Pays-Bas à $\frac{1}{50\,000}$, mais cette carte a été rééditée et complétée depuis 1867. L'assemblage de ses 62 feuilles coloriées à la main, qui étaient exposées au Champ de Mars, était d'un bel effet; tous les détails du terrain, les cultures, les voies de communication, les profondeurs de la mer y sont clairement indiqués; le relief du sol, dont le nivellement a été l'objet de soins tout particuliers dans ce pays qui est exposé à de terribles inondations, y est exprimé par des hachures légères dans le système de l'éclairage par la lumière zénithale, avec un nombre suffisant de cotes (en aunes de 0m 69). Par sa précision et par sa belle exécution, cette carte est très supérieure à celles qu'ont établies autrefois Krayenhof et Desterbeck; elle est gravée sur pierre et tirée en noir.

L'atlas topographique à $\frac{1}{200\,000}$, en 20 feuilles, qui a été publié de 1868 à 1871, est une bonne réduction de la carte précédente: il est imprimé en noir. La gravure en est fine et la lettre est claire.

La carte topographique et militaire à $\frac{1}{25\,000}$, où les accidents de terrain sont figurés, comme dans toutes les cartes hollandaises, par des hachures dans le système de la lumière zénithale, est imprimée en chromolithographie d'après le procédé d'Eckstein et est très belle.

On a commencé à dresser en 1873 de nouvelles cartes des grandes rivières des Pays-Bas à l'échelle de $\frac{1}{10\,000}$, échelle beaucoup plus grande que celle des anciennes cartes dites du Waterstaat[1]: elles sont imprimées en couleur par le procédé d'Eckstein.

Les cartes chromolithographiées des environs d'Utrecht et des environs de Rotterdam à $\frac{1}{50\,000}$ sont bien exécutées.

Belgique. — C'est en 1831 que, la Belgique s'étant séparée de la Hollande et se trouvant sans documents cartographiques militaires,

[1] Celles-ci étaient à $\frac{1}{50\,000}$.

fut créé le Dépôt de la guerre belge. L'ancienne triangulation faite par le capitaine Erzay n'offrant pas toutes les garanties d'exactitude nécessaires, on décida qu'on ferait une carte entièrement neuve et que l'on emploierait les procédés d'observation et de calcul les plus perfectionnés, sans nul souci des travaux géodésiques précédents; que la projection serait celle de Flamsteed modifiée [1]; que la division des feuilles serait faite au moyen du méridien passant par l'Observatoire de Bruxelles et du 56e parallèle Nord. La direction du travail a été confiée au savant colonel Nerembur-ger qui est mort en 1869. Une section spéciale, créée en 1847, procéda à la réduction des mappes du cadastre des 2 532 communes qui existaient alors dans le royaume; ces travaux, qui ont été terminés en 1854, ont servi à décalquer la planimétrie sur les planchettes-minutes pour le levé des détails sur le terrain. Pendant ce temps, on a fait, au point de vue de la défense du pays, le plan des environs du camp de Beverloo, celui des environs d'Anvers et celui de Bruxelles. Mais ce ne fut qu'à partir de 1861 que les travaux eurent une marche régulière, et ce n'est qu'en 1872 qu'a été terminé sur le terrain le levé complet du pays comprenant 437 planchettes de 40 centimètres sur 50 à l'échelle de $\frac{1}{20\,000}$; ces minutes donnent, non seulement les moindres détails de la planimétrie, mais aussi la nature des cultures; le relief du terrain y est figuré par des courbes équidistantes d'un mètre, sauf sur la rive droite de la Meuse, où l'on a dû porter leur écartement à 5 mètres. On les reproduit depuis 1866 par la photochromolithographie; aujourd'hui, plus de 300 sont publiées [2]. Afin d'étendre dans l'armée les études topographiques et de fournir aux diverses industries les renseignements dont elles peuvent avoir besoin sur la configuration du sol, on a récemment commencé la publication de deux nouvelles cartes à $\frac{1}{20\,000}$ et à $\frac{1}{10\,000}$, qui sont imprimées en noir au moyen de la photozincographie et qui, comme la précédente, sont la reproduction fidèle des

[1] Elle a été calculée dans l'hypothèse de Delambre : Q = 10 000 724 mètres et demi-aplatissement = 308 64.

[2] Cette carte est destinée à remplacer l'ancienne carte topographique à $\frac{1}{20\,000}$, en 250 feuilles, qui a été publiée de 1846 à 1854.

Gr. II. — Cl. 16.

mappes, mais dont chaque feuille ne coûte que 30 centimes au lieu de 2 francs [1].

Les planchettes ont été réduites au quart au moyen de la photographie, et ces réductions servent à dresser la carte à $\frac{1}{40\,000}$ dont la publication a commencé en 1867 et qui constitue le travail fondamental du Dépôt de la guerre de Belgique; cette carte comprendra 72 feuilles de 50 centimètres de hauteur sur 80 centimètres de largeur [2], dont 35 sont actuellement terminées, donnant la région limitée par la mer du Nord, la France, la Meuse et le méridien de Namur. Les courbes de niveau y sont à l'équidistance de 5 mètres. Elle est gravée sur pierre, et le tirage se fait en noir, ce qui produit une certaine confusion entre les courbes et les routes.

On a admiré dans la section belge de l'Exposition diverses feuilles imprimées en chromolithographie, entre autres celle du camp de Beverloo, qui montrent le degré de perfection qu'on peut atteindre par les procédés photolithographiques.

La modeste, mais utile publication de toutes les feuilles du cadastre de la Belgique que fait M. Popp a aussi appelé l'attention; le plan parcellaire de chaque commune est reproduit soit à $\frac{1}{2\,500}$, soit à $\frac{1}{5\,000}$. Sur les 2 566 plans, 1 700 ont déjà paru. Le Danemark et la Belgique sont, croyons-nous, avec la Suisse, les seuls pays qui aient une œuvre pareille, dont l'utilité n'est pas à démontrer.

Luxembourg. — Les seuls documents qu'on possède jusqu'à ce jour sur le Luxembourg sont la carte à $\frac{1}{40\,000}$ de Liesch et les feuilles de la carte de Reymann à $\frac{1}{200\,000}$ où ce savant géographe a figuré le grand-duché.

Suisse. — Nous n'avons pas à parler longuement de la belle carte de Suisse à $\frac{1}{100\,000}$ qui a été dessinée, de 1842 à 1864, d'après

(1) Le prix de ces feuilles est réduit de moitié pour les officiers, pour les employés du gouvernement et pour les établissements d'instruction. C'est avec les cartes zincographiées que se font dans les régiments les théories sur le service en campagne.

(2) La superficie de chaque feuille est de 64 000 hectares.

le système de la lumière oblique pour les parties montagneuses et de la lumière verticale pour les parties peu accidentées comme celles du nord-ouest, et qui avec raison est considérée comme l'un des types les plus expressifs et les plus exacts du figuré du terrain; en effet, elle a déjà été exposée à Paris en 1867[1]. Mais depuis cette époque, beaucoup de cantons[2] ont fait exécuter la carte spéciale de leur territoire; ce sont, pour la plupart, des reproductions de la carte fédérale ou de ses minutes à des échelles diverses et où le relief du sol est exprimé, soit par des hachures, soit au moyen de courbes de niveau, quelquefois même suivant les deux méthodes combinées[3], et qui sont complétées suivant les besoins locaux.

En 1869, il a été décidé qu'on établirait un atlas de cartes cantonales de la Suisse par courbes en 552 feuilles, dont 440 à l'échelle de $\frac{1}{25\,000}$ pour toute la partie qui est située au nord de la ligne reliant le lac de Genève au lac de Constance et 112 à $\frac{1}{50\,000}$ pour la partie très montagneuse du sud; c'est un des chefs-d'œuvre de la cartographie moderne. Malheureusement l'hydrographie des lacs n'est pas encore faite: on n'a même pas terminé les sondages dans le lac de Genève; bien que les besoins de la navigation n'exigent pas ce travail, la science ne pourrait qu'y gagner. Sur ces cartes, les eaux sont représentées en bleu et les courbes de niveau, qui sont à l'équidistance de 10 mètres pour le $\frac{1}{25\,000}$ et de 30 mètres pour le $\frac{1}{50\,000}$[4], en bistre partout où il y a de la végétation, en noir pour les parties incultes et rocheuses, en bleu pour les glaciers; les rochers d'une pente supérieure à 45 degrés sont figurés par une gravure expressive due à l'habile artiste Leuzinger[5]. La

(1) Cette carte a remplacé celle d'Osterwald à $\frac{1}{400\,000}$ qui était excellente pour son temps.

(2) Ce sont ceux d'Uri, de Vaud, de Lucerne, de Fribourg, de Thurgovie, de Saint-Gall, d'Appenzell, de Zurich, de Glaris, d'Unterwald, de Soleure, de Shaffhouse, du Tessin, des Grisons, de Bâle, de Genève, de Neuchâtel et de Berne. On doit encore citer la nouvelle édition de la belle carte du canton d'Argovie de Michaelis, à $\frac{1}{50\,000}$, en 4 feuilles.

(3) Dans la carte du canton de Lucerne, le relief du terrain est exprimé à la fois par des courbes et par des teintes au lavis.

(4) Chaque dixième courbe horizontale est ponctuée et porte sa cote d'altitude.

(5) Ni les courbes de niveau, ni les hachures ne peuvent rendre des rochers presque à pic; en outre, les montagnes ne sont pas seulement caractérisées par leur masse et

Gr. II.
—
Cl. 16.

planimétrie est gravée sur cuivre, mais la montagne est gravée sur pierre, parce que c'est le seul genre de gravure que fasse M. Leuzinger [1], et elle est imprimée par report [2]. 174 feuilles sont terminées aujourd'hui (62 à $\frac{1}{50\,000}$ et 112 à $\frac{1}{25\,000}$).

Le directeur du Dépôt de la guerre de Berne, le colonel Siegfried, a constaté que la triangulation de certaines parties de la Suisse, surtout celle du Jura, a été faite par des méthodes insuffisantes et avec des instruments imparfaits, et qu'on ne retrouve plus aujourd'hui les signaux de beaucoup de stations de premier et de deuxième ordre. Il sera indispensable, pour pouvoir faire des levés à grande échelle, de la reprendre et de l'appuyer sur le réseau géodésique qu'on a jeté à travers la Suisse pour la mesure des degrés en Europe [3].

Le Club alpin suisse publie des cartes à $\frac{1}{50\,000}$, dites *du champ d'excursion* [4], avec courbes de niveau et imprimées en couleur, sur lesquelles ses hardis explorateurs ont apporté plus d'une fois d'utiles modifications aux levés de l'État-major dans les hautes régions des neiges [5].

L'annuaire du Club alpin anglais contient de beaux travaux de M. Adams Reilly sur le mont Blanc, sur le mont Rose et sur la chaîne du Valpellina.

Nous devons aussi citer, parmi les cartes topographiques, celle que M. Ed. Pictet vient de publier en deux feuilles et qui donne à

leur hauteur; leur aspect, leur physionomie dépendent de leur mode de formation et par conséquent de leur constitution géologique. C'est l'ingénieur Wolfsberger qui le premier a rendu avec succès cette physionomie; ses beaux dessins, dont on a pu admirer à l'Exposition celui du quart S. E. de la feuille XVII (coude de la vallée du Rhône à Martigny), ont depuis servi de modèle.

(1) Le relief du sol n'étant pas appelé à subir des modifications continuelles, comme la planimétrie, il y a moins d'inconvénient à ce que la *montagne* ne soit pas gravée sur métal.

(2) On publie deux éditions de ces minutes, l'une gravée, l'autre lithographiée. Il y avait 156 feuilles exposées, dont les premières ont paru en 1870. Il faudra plus d'une génération pour mener à bonne fin cette publication.

(3) Ce réseau coupe la Suisse de l'est à l'ouest (du lac de Constance au lac de Genève) et du nord au sud (du Rhin au Tessin).

(4) Chaque année, le Comité central désigne un champ d'excursion.

(5) Elles sont la reproduction des minutes de l'État-major. Les premières, de 1863 à 1867, étaient à $\frac{1}{100\,000}$ et en noir.

l'échelle de $\frac{1}{125\,000}$ le tracé du petit lac de Genève [1] dont le sol lacustre est figuré par des courbes à l'équidistance de 5 mètres, rapportées au repère de la pierre de Niton [2], et dont la région littorale, jusqu'à une distance variable de 2 à 4 kilomètres, porte des courbes espacées de 4 mètres en 4 mètres. On y remarque, au milieu de la vaste plaine sous-lacustre, haute de 315 mètres, qui s'étend entre l'embouchure de la Versoix et Hermance, une colline qui s'élève assez rapidement et dont le point culminant atteint 365 mètres [3].

Les levés du glacier du Rhône par M. l'ingénieur Gosset ont aussi un intérêt réel. Ces travaux, qui ont été poursuivis pendant plusieurs années, ont déjà conduit à des résultats importants au point de vue des lois qui président à son développement.

Nous devons enfin citer les cartes cadastrales publiées par MM. Wurster et Randegger qui, exécutées avec une extrême finesse et une exactitude parfaite, rendent de grands services; celle du canton de Zurich à $\frac{1}{1\,000}$ porte, outre les plans des édifices et des pièces de terre, les courbes de niveau à l'équidistance de 60 centimètres [4].

Autriche-Hongrie. — L'Institut militaire géographique de l'Autriche [5] s'est acquis depuis longtemps une juste réputation par ses belles cartes de l'Italie septentrionale à $\frac{1}{86\,400}$, de l'Autriche-Hongrie à $\frac{1}{86\,400}$ (pour la haute Autriche), à $\frac{1}{144\,000}$ et à $\frac{1}{288\,000}$; elles sont en effet aussi remarquables par la délicatesse de la gravure et le fini de

(1) C'est-à-dire son extrémité occidentale, depuis Hermance et Versoix jusqu'à la rade de Genève.

(2) Le trait bleu de la rive du lac est à la cote de 375 mètres et représente le niveau des basses eaux moyennes.

(3) La position des points de sonde a été déterminée avec le télémètre Lujol jusqu'à 1 kilomètre du bord et avec le sextant pour les points situés plus au large.

(4) Chaque édifice porte son numéro, les maisons d'habitation sont coloriées en rose, les bâtiments d'exploitation en jaune, etc. Toutes les bornes que le Bureau du cadastre a plantées pour limiter exactement les propriétés et qui font foi en justice, ce qui supprime, au bénéfice de tous, les procès entre voisins, y sont indiquées aux angles des pièces.

(5) Cet Institut a sous ses ordres un personnel de 640 officiers d'État-major ou employés spécialistes.

Gr. II.
—
Cl. 16.

l'exécution que par leur exactitude; mais elles sont si surchargées de détails qu'on les lit avec difficulté et que les grandes lignes du terrain disparaissent sous la multiplicité des accidents secondaires. Depuis 1867, on a repris les parties vieillies et on a réédité un certain nombre de nouvelles feuilles à une échelle quelquefois plus grande.

En 1869, a commencé la publication de la belle carte spéciale de Hongrie avec la Transylvanie, la Croatie et la Slavonie, à $\frac{1}{144\,000}$, qui doit comprendre 198 feuilles et qui ne tardera pas à être terminée.

L'Institut géographique de l'Autriche reproduit en outre par l'héliogravure depuis 1875 à $\frac{1}{75\,000}$ les minutes dessinées à $\frac{1}{60\,000}$. Cette nouvelle carte doit comprendre 715 feuilles et est dressée dans la projection de Bonne; les cadres sont formés par l'intersection des méridiens et des parallèles de 30′ en 30′, et les feuilles moyennes représentent une surface de pays de 1 064 kilomètres carrés [1]; le relief du terrain y est exprimé en hachures au-dessous desquelles sont tracées des courbes de niveau à l'équidistance de 50 ou de 100 mètres. En 1878, il avait paru 270 feuilles donnant les frontières de l'est [2] et celles de l'ouest [3]; le prix de chacune de ces feuilles est de 1 fr. 25 cent. On pense que la carte entière sera achevée en 1884.

Le Ministère des finances (Direction du cadastre) a fait exécuter en 1872 une carte altimétrique de la basse Autriche à l'échelle de $\frac{1}{115\,200}$ en 9 feuilles, sur laquelle sont indiquées 2 000 cotes de hauteur et qu'accompagne un volume explicatif.

Nous devons encore citer, comme intéressant la topographie de la Hongrie, les nombreux profils et plans du Danube qu'on a dressés à une très grande échelle dans le but de chercher à régulariser le cours de ce fleuve.

Le capitaine Albach avait exposé l'atlas des environs de Vienne à $\frac{1}{75\,000}$, en 30 feuilles imprimées en couleur, qui, bien que d'une

[1] Les feuilles extrêmes du haut représentent une surface de 973 kilomètres carrés, et celles du bas une surface de 1 148 kilomètres carrés.

[2] Galicie, Bukowine et Transylvanie, dont le levé a été fait en 1863.

[3] Tyrol, Vorarlberg, Salzbourg et archiduché d'Autriche.

exécution moins parfaite que la carte à la même échelle publiée par l'Institut géographique, n'en a pas moins attiré avec raison l'attention du Jury; le relief du sol y est défini par des courbes de niveau et modelé par un estompage à effet. Ces feuilles ont été réduites par des procédés photolithographiques rapides au tiers des minutes qui sont à $\frac{1}{25\,000}$ [1]; leur prix est peu élevé, car l'atlas ne vaut que 18 francs, et de plus le travail se fait rapidement puisqu'il n'a fallu qu'un an et demi à trois sous-officiers et deux lithographes pour mener l'œuvre à bonne fin. Le capitaine Albach se propose d'employer ce même procédé pour l'établissement d'une carte à $\frac{1}{300\,000}$; mais une carte à petite échelle ne comporte pas les mêmes détails qu'une carte à grande échelle, sous peine de ne plus pouvoir être consultée utilement et de ne plus donner d'une manière nette la physionomie générale du pays. Il serait en outre nécessaire que les minutes fussent dressées exprès avec les noms en caractères plus gros et avec les chemins et les villages amplifiés proportionnellement de telle sorte qu'ils ne soient pas tous représentés par un simple trait ou un petit point. Il faut pour chaque échelle un dessin spécial, établi avec un esprit critique réfléchi [2].

Turquie. — Les cartes de la Turquie d'Europe et des principautés danubiennes que l'on possède actuellement sont à peu près toutes exclusivement construites sur de simples renseignements de sources diverses. Mais si la combinaison des itinéraires parcourus par les voyageurs permet de placer approximativement les villes et les villages, le figuré du terrain et le tracé des rivières sont encore forcément très incertains. Les études faites en vue de l'établissement des chemins de fer de Belgrade à Salonique, de Constantinople à Nissa, d'Énos à Schumla par Andrinople, de Varna à Routchouk, etc., ont fourni cependant des matériaux précis pour

(1) Le dessin est exécuté à grande échelle, puis réduit par la photographie; on tire d'après ce cliché des épreuves en bleu assez pâle pour qu'il ne puisse pas être fixé par la photographie, et on repasse en noir les traits à conserver; on reproduit ensuite ce dessin à l'échelle définitive et on le transporte sur pierre.

(2) On peut encore citer, parmi les cartes à grande échelle, celle du massif des Alpes compris entre Salzbourg et Murzuschlag, à $\frac{1}{129\,600}$, que MM. Artaria ont publiée d'après l'ancienne carte de l'État-major autrichien.

Gr. II. — Cl. 16.

l'orographie de ces régions si mal connues; en 1867-1868, M. Kartazzi, dans la reconnaissance qu'il a faite en Bulgarie et en Roumélie dans le but d'étudier le terrain pour le prolongement du grand arc de méridien russo-scandinave, a déterminé la position géographique de 31 points dans ces deux pays, et il a réuni une foule de données topographiques qui ont apporté d'importantes modifications aux anciennes cartes [1]; mais jusqu'à ce jour ce n'est que dans la Roumanie que des travaux réguliers ont été entrepris. Le levé a commencé en 1874 dans les districts de Suciava, de Bothosani et de Dorochoï. Il y a lieu d'espérer que la carte d'État-major de la Moldavie sera bientôt terminée et que celle de la Valachie sera soumise à des corrections [2].

Grèce. — La Grèce, comme la Turquie d'Europe, n'a pas encore, à proprement parler, de carte topographique.

Italie. — Avant la proclamation de l'unité du royaume, l'Italie ne possédait comme cartes topographiques que celle des États sardes à $\frac{1}{50\,000}$ [3], celles du royaume lombard-vénitien, des duchés de Parme et de Modène, de la Toscane et des États de l'Église, dressées à $\frac{1}{86\,400}$ par l'État-major autrichien [4], et celle de la Toscane à $\frac{1}{200\,000}$ en 4 feuilles par le Père Inghirami (1830).

Le royaume des Deux-Siciles, c'est-à-dire la moitié de l'Italie, était resté en dehors de ces travaux [5]. Aussi, quoique le levé

(1) L'atlas des bouches du Danube, publié sous la direction de la Commission internationale, avait déjà paru en 1867.

(2) L'Institut militaire de l'Autriche a publié en 1867 non seulement une carte chorographique de la Valachie à $\frac{1}{288\,000}$ en 6 feuilles, mais la reproduction en couleur, à l'échelle du levé ($\frac{1}{36\,000}$), des 104 planchettes.

(3) Cette carte repose sur une bonne triangulation; le figuré du terrain y est exprimé par des hachures tracées dans l'hypothèse de la lumière oblique. Commencée en 1852, elle a été terminée en 1870; elle comprend 91 feuilles lithographiées.

(4) Ces cartes sont également basées sur des observations géodésiques; elles sont bien faites et gravées avec soin; aussi l'Institut topographique militaire italien les revise-t-il et en publie-t-il une nouvelle édition par les procédés photolithographiques.

(5) On n'avait pour cette région que la carte très ancienne et tout à fait insuffisante de Rizzi Zannoni à $\frac{1}{114\,912}$ en 32 feuilles, la carte des environs de Naples à $\frac{1}{25\,000}$ en 15 feuilles (1830-1852) et deux feuilles d'une carte entreprise à $\frac{1}{80\,000}$ (1839 à 1858), mais qui n'a pas été continuée.

topographique doive être fait à nouveau dans toute la Péninsule, a-t-on dès 1861 entrepris la triangulation de la Sicile pour fixer les points trigonométriques nécessaires aux levés sur le terrain, qui se font à l'échelle de $\frac{1}{50\,000}$ avec courbes de niveau de 10 mètres en 10 mètres [1] et qui ont été terminés en 1868 [2]. Des 48 feuilles photogravées à $\frac{1}{100\,000}$, donnant la Sicile et une partie de la Calabre, qui étaient exposées, 12 sont tout à fait terminées, les autres n'ont pas encore la hachure.

On a levé jusqu'à ce jour la moitié de la surface du royaume [3], et on continue les travaux dans l'Italie septentrionale et centrale. Au fur et à mesure que les planchettes-minutes arrivent à l'Institut, elles sont immédiatement photolithographiées et publiées peu de mois après au prix de 50 centimes la feuille; elles sont ainsi mises de suite à la disposition des différentes administrations de l'État et du public [4]. Puis on les reproduit à $\frac{1}{100\,000}$ par la photogravure d'après le procédé de M. le comte Avet. La carte, qui doit comprendre 277 feuilles dont 30 pour la Sardaigne, 1 pour les îles Lipari et 26 pour la Sicile, est dressée dans la projection polyédrique et sera, pense-t-on, achevée en 1890; la dépense est évaluée à près de 4 millions et demi de francs. Le relief du terrain est figuré par des courbes de niveau à l'équidistance de 50 mètres et par des hachures dessinées entre les courbes d'après l'hypothèse de la lumière zénithale avec les crêtes un peu accentuées en certains endroits.

L'Institut militaire a publié, en 1876, la carte des environs de

(1) Dans les terrains plats et de grande culture, les levés se font à $\frac{1}{25\,000}$ avec courbes de niveau de 5 mètres en 5 mètres.

(2) Sur chaque planchette ont été répartis environ 20 points trigonométriques dont l'altitude a été scrupuleusement déterminée par un nivellement géodésique. Les officiers partent de ces points pour déterminer, non seulement les cotes de tous les points du relèvement, mais un certain nombre d'autres points nécessaires pour pouvoir tracer exactement les courbes de niveau à l'équidistance de 10 mètres; chacun d'eux lève en moyenne dans une campagne de 8 à 10 mois, avec la plus rigoureuse précision, une étendue de terrain de 437 kilomètres carrés 1/2.

(3) Aujourd'hui, en effet, on a terminé le levé de toute la Sicile, de l'Italie méridionale et d'une partie de l'Italie centrale.

(4) On a à présent toutes les feuilles jusqu'à Rome dans l'ouest et jusqu'à Ascoli dans l'est, et 6 seulement dans le nord, en tout environ 113 feuilles.

Rome et celle des environs de Florence à $\frac{1}{25\,000}$, avec courbes à l'équidistance de 5 mètres, chacune en 9 feuilles.

Dans la *Monografia statistica di Roma e campagna*, il y a une carte de la campagne romaine à $\frac{1}{80\,000}$, en 8 feuilles, qui est la reproduction de celle publiée en 1863 par le Bureau de recensement de Rome, revue et corrigée en 1872 par l'ingénieur Raphaël Canevari; on y a ajouté des cotes de hauteur et une teinte sur les terres basses.

En ce moment, l'Institut relève directement à $\frac{1}{25\,000}$ une carte spéciale des Alpes Apuennes et de Carrare.

Nous ne pouvons quitter l'Italie sans mentionner la carte minuscule à $\frac{1}{50\,000}$ de la République de Saint-Marin.

Espagne. — En 1867, l'Espagne, dont le sol très accidenté présente beaucoup de difficultés, n'en était encore qu'aux travaux géodésiques; le réseau de second ordre vient seulement d'être terminé. C'est en 1874 qu'a été tirée la première feuille de sa carte topographique; aujourd'hui 9 sont publiées [1]. Cette carte, qui comprendra 1 090 feuilles, est à l'échelle de $\frac{1}{50\,000}$; elle est dressée dans la projection polyédrique [2], avec courbes de niveau à l'équidistance de 20 mètres et de nombreuses cotes intermédiaires qui permettent de reconnaître de 10 mètres en 10 mètres les principaux accidents du sol [3]. Elle est gravée sur pierre et imprimée en cinq couleurs [4].

L'Institut géographique [5] a commencé aussi la publication des

[1] Ce sont les feuilles de Madrid, de Colmenar Viejo, de Getafe, d'Alcalà de Henares, de Villaviciosa de Odon, d'Arganda, de San Lorenzo, de Navalcarnero, de Torrelagana.

[2] On a considéré comme plane la petite partie de la surface terrestre comprise dans chaque feuille (10' de méridien et 20' de parallèle).

[3] Les altitudes sont rapportées au niveau de la Méditerranée.

[4] Les eaux sont en bleu, les courbes en bistre, la planimétrie en noir et en rouge, certaines cultures en vert; les terres arables sont figurées par de petits traits brisés qui ne donnent pas à la carte un aspect agréable. Sur les minutes sont indiquées les cultures dont la surperficie excède 10 hectares.

[5] L'Institut géographique et statistique d'Espagne dépend du Ministère de l'agriculture et des travaux publics (Fomento), quoique les travaux soient confiés à des officiers de l'État-major.

plans des communes des diverses provinces de l'Espagne; ont paru jusqu'à ce jour les 211 communes de la province de Cordoue, 81 de la province de Séville et 1 de la province de Cadix : les autres communes de ces deux dernières provinces sont en cours d'exécution.

Le Dépôt de la guerre de Madrid exposait de son côté divers cartes et plans dressés dans un but exclusivement militaire, entre autres l'atlas de la guerre d'Afrique en 32 planches, les plans de Barcelone, de Santander et de Séville à $\frac{1}{25\,000}$, celui d'Estella et de ses environs à $\frac{1}{20\,000}$, celui de Monte-Jura à $\frac{1}{40\,000}$ et quelques cartes, telles que celle des provinces Vascongadas et Navarra à $\frac{1}{200\,000}$ pour servir à l'histoire de la dernière guerre civile.

M. le marquis de Riscal, en attendant la publication de la carte officielle, a fait faire à ses frais, à l'échelle de $\frac{1}{200\,000}$, le levé des provinces de Cacérés, de Badajoz et de Ciudad Real, où il possède d'immenses propriétés, et, à $\frac{1}{50\,000}$, celui de la chaîne de Guadalupe [1], ainsi que de nombreux plans et de nombreux profils pour l'établissement de chemins, de voies ferrées et de canaux d'irrigation; ces derniers ont été dressés par M. J. Saenz-Diaz.

La région des Pyrénées espagnoles si belle et si boisée, qui est située au sud des départements des Hautes et des Basses-Pyrénées, n'avait été l'objet d'aucun levé sérieux jusqu'à ces derniers temps; le versant français seul avait été exploré. M. Franz Schrader a publié cette année une bonne carte détaillée du mont Perdu et des vallées qui l'entourent, carte qui, jointe, d'une part, à celle des monts Maudits de Ch. Packe [2] et, d'autre part, à celle toute récente des vallées centrales des Pyrénées par M. Wallon [3], nous fait connaître le versant espagnol sur une longueur de 120 kilomètres environ de l'est à l'ouest. Les travaux de Russel-Killough, de M. Lequeutre, etc., ont aussi augmenté nos connaissances sur ces régions [4].

(1) L'atlas comprend 26 feuilles.

(2) Cette carte a été publiée il y a douze ans.

(3) M. Wallon a parcouru le beau massif que coupent les vallées de Canfranc et de Salient ainsi que les montagnes du haut Aragon.

(4) M. le capitaine Prudent a cependant retrouvé les traces d'une triangulation qui

Gr. II.
—
Cl. 16.

Portugal. — La carte topographique du Portugal, que publie la Direction générale des travaux géographiques du royaume, est à l'échelle de $\frac{1}{100\,000}$, dans la projection conique modifiée; le relief du sol y est figuré au moyen de courbes de niveau à l'équidistance de 25 mètres qui sont un peu fines; elle porte de nombreuses cotes de hauteur. Elle comprendra 37 feuilles de 0^m8 sur 0^m5, qui sont divisées en 100 rectangles représentant chacun une superficie de 4 000 hectares. Les levés topographiques s'appuient sur l'ancienne base *Batel Montijo*, dont l'exactitude est suffisante pour de simples travaux de cartographie. Les besoins urgents des services publics ne permettaient pas, en effet, d'attendre l'achèvement des opérations géodésiques; et partout où il n'existait pas de points de premier ordre suffisamment déterminés, on a procédé à des observations provisoires; aujourd'hui, on a fixé plus de 7 000 points, embrassant les quatre cinquièmes du royaume. Les calculs suivent de près les observations, et les planchettes-minutes se succèdent rapidement. Sur les 37 feuilles, 24 sont levées (dont 10 à $\frac{1}{50\,000}$ [1]), et on en a déjà publié 19 [2] qui, jointes à deux autres en cours d'exécution, représentent tout le centre du Portugal. On en fait deux éditions, l'une gravée sur pierre, l'autre à meilleur marché, tirée typographiquement à la vapeur au moyen de planches de zinc gravées par des procédés chimiques sur un report lithographique. La lettre de cette dernière est un peu grêle et n'est pas très régulière, ce qui tient au mode de reproduction. Quand la carte à $\frac{1}{100\,000}$, sur laquelle sont en ce moment concentrés tous les efforts, sera terminée, la Direction des travaux se propose d'en publier une autre à $\frac{1}{50\,000}$ qui sera la reproduction des planchettes-minutes.

Le Ministère de la guerre a fait de son côté exécuter à $\frac{1}{40\,000}$ par les officiers de l'État-major portugais le levé des environs de cer-

a été exécutée de 1786 à 1795 sur la frontière des Pyrénées par une commission internationale d'ingénieurs espagnols et français; malheureusement on ne possède pas tous les documents relatifs à ce travail.

[1] On a, dans les derniers levés, adopté l'échelle de $\frac{1}{50\,000}$ à cause de la difficulté qu'on a éprouvée à tracer sur les planchettes à l'échelle primitive de $\frac{1}{100\,000}$ tous les détails nécessaires pour la carte de la province de Minho où la propriété est très divisée et la culture très variée.

[2] En 1867, il en avait paru 9.

taines places fortes, ce qui fait jusqu'à un certain point double emploi avec les feuilles-minutes à $\frac{1}{50\,000}$ dont nous venons de parler.

France. — On sait que les opérations topographiques ont commencé en France simultanément avec la triangulation géodésique le 1er avril 1818; elles ont été terminées en 1866 (1). La carte de l'État-major, à laquelle elles ont servi de base (2), est aujourd'hui terminée (3), à l'exception de trois des feuilles de la Corse qui sont en cours d'exécution (4).

Cette grande et belle œuvre, qui à certains égards peut être discutée, mais qui, malgré les nombreuses critiques si souvent faites à la légère dont elle a été l'objet, doit avant tout être louée pour ses mérites incontestables, est l'unique source de la cartographie française. Il ne faut pas oublier que lorsque l'on en décida l'exécution en 1817 et que l'on arrêta les règles générales relatives à l'échelle, aux écritures, au figuré du terrain, on n'avait pas pour se guider l'expérience des nombreux travaux qui ont été exécutés depuis. La France est le seul grand État de l'Europe qui aujourd'hui ait terminé sa carte topographique; cette carte est à l'échelle de $\frac{1}{80\,000}$ et gravée sur cuivre (5).

(1) Les minutes ont été dressées à $\frac{1}{40\,000}$, et on a même fait quelques levés à $\frac{1}{20\,000}$. On s'est servi aussi des plans parcellaires du cadastre.

(2) Comme l'a dit Bonne, cette carte ne présente pas le résultat épuré par la discussion de travaux anciens appuyés de quelques observations récentes; c'est une œuvre nouvelle dans toutes ses parties, basée pour l'ensemble sur des mesures astronomiques d'une exactitude rigoureuse et levée dans ses moindres détails sur le terrain même.

(3) En 1867, il manquait encore 40 feuilles.

(4) La Corse comprend 9 feuilles dont 6 sont déjà publiées. L'ancienne triangulation, exécutée de 1770 à 1791, ne donnait pas le nombre de points nécessaires pour la représentation exacte du sol; un nouveau levé a eu lieu en 1863. On s'est servi de l'ancienne base et des coordonnées géographiques de départ, et on a relié la Corse avec la méridienne de France au moyen d'une chaine de triangles qui, s'appuyant sur les îles d'Elbe et de Capraja, suit le littoral de l'Italie et la chaîne des Alpes jusqu'à la Savoie; on a pu ainsi vérifier la longueur de la base Corse qui n'a différé que de un mètre de celle trouvée jadis par Tranchot (11 917m 7). La surface de l'île a été couverte d'un réseau de 65 triangles. En 1867, les opérations topographiques étant terminées, les feuilles de la nouvelle carte ont été mises entre les mains des dessinateurs.

(5) Les planches de cuivre sont reproduites par la galvanoplastie, et ce sont les clichés qui servent au tirage. Le prix des feuilles gravées est de 4 francs; mais on peut les avoir tirées lithographiquement au moyen d'un report sur pierre pour 1 franc (les offi-

Gr. II. — Cl. 16.

Les 259 feuilles [1] qui composent la France continentale, telles qu'on les a vues assemblées à l'Exposition, offraient dans leur ensemble un aspect harmonieux et produisaient un effet saisissant [2]. On ne distinguait point les détails, il est vrai, mais les grandes lignes du relief ressortaient nettement, et les vallées se détachaient admirablement au milieu des replis du sol; elle faisait l'effet d'une immense carte hypsométrique, représentant les diverses altitudes par les nuances d'une même teinte, d'où ressortait l'intelligence vraie de la configuration de notre sol; on ne peut nier toutefois qu'elle ne donnait pas la sensation exacte du relief, comme si les replis du sol eussent été fouillés par la lumière oblique; l'ensemble orographique du pays eût dans ce cas été moins net, mais elle eût peut-être mieux fait comprendre, ainsi que le veut la topographie, le détail des diverses régions. Mais en somme, la surface gravée de cette carte qui est de 100 mètres carrés environ, qui a coûté plus de cinq mille années de travail fournies par près de 800 officiers ou artistes et à laquelle 65 graveurs différents ont travaillé depuis cinquante-trois ans [3], est d'une homogénéité et d'une harmonie parfaites; les feuilles qui la composent, et qui cependant ont été faites pour être consultées isolément et être examinées de près et non pour être assemblées, paraissent exécutées par la même main.

On s'est plaint, et non sans raison, de la confusion qui existe sur les feuilles représentant les régions montagneuses que la hachure noircit au point d'en rendre la lecture difficile. Aussi le Dépôt de la guerre a-t-il entrepris de substituer à l'ancien système, dans les feuilles de montagnes, celui des courbes de niveau à

ciers ne payent que moitié prix, soit 50 centimes); ces dernières sont un peu moins nettes que les premières, mais elles ont beaucoup contribué à vulgariser l'usage de la carte de l'État-major et à introduire dans les écoles une bonne carte du canton.

[1] Il y a en tout, en comprenant la Corse, 268 numéros formant environ 204 feuilles pleines d'une dimension de 0^{m} 8 sur 0^{m} 5, qui représentent chacune une surface de 64 kilomètres sur 40; dans ce total ne sont pas comprises les 6 feuilles donnant l'Alsace-Lorraine.

[2] Cet assemblage nous montrait la France telle qu'elle nous apparaîtrait, si nous nous élevions dans les airs de 800 kilomètres environ.

[3] Le dessin et la gravure de chaque feuille ont exigé en moyenne un travail de sept à neuf années.

l'équidistance de 20 mètres; des 72 feuilles qui composent la carte du massif des Alpes à $\frac{1}{80\,000}$, 35 sont déjà transformées, et 18 sont publiées. Elles donnent avec beaucoup de clarté cette partie de la France qui est si montagneuse. Pour la commodité du tirage, chacune des anciennes feuilles est divisée en quatre (de 0m40 sur 0m25); elles sont gravées sur pierre et en trois couleurs[1] dont le repérage est parfait. La comparaison entre les deux procédés est sans contredit tout à l'avantage du dernier. Dans ces nouvelles feuilles, on ne s'est pas arrêté au sommet des crêtes élevées qui forment la limite entre la France et l'Italie, et l'on a avec raison prolongé la figure du terrain sur les versants italiens, en traçant des courbes approximativement horizontales qu'on a déduites le plus exactement possible de la carte du Piémont à $\frac{1}{50\,000}$[2].

On reproche souvent aussi à la carte de notre État-major de ne plus être à la hauteur de la science moderne; certes elle vieillit chaque jour comme a vieilli sa sœur aînée, travail de premier ordre à peu près complètement oublié aujourd'hui[3], mais c'est qu'il n'est pas facile de tenir constamment au courant 268 feuilles. Le public ne se rend pas un compte exact des difficultés qu'il y a, dans un pays d'une superficie de 500 000 kilomètres carrés, non seulement à suivre tous les changements qui s'opèrent journellement dans l'immense réseau des voies de communication et à indiquer les modifications des cours d'eau, les défrichements, les reboisements, les constructions nouvelles, mais à se procurer ces renseignements avec assez de précision pour les rapporter à leur place exacte sur une carte à grande échelle, et, une fois le dessin

(1) On a rapporté au moyen de faux décalques la planimétrie des anciennes feuilles sur deux pierres, sur l'une desquelles on a repris tous les cours d'eau qui doivent être imprimés en bleu; sur l'autre, on a gravé les voies de communication, les lieux habités et les écritures qui nécessitent un tirage en noir; sur une troisième pierre, on a tracé les courbes au moyen d'une teinte qui sont imprimées en bistre. Les bois sont figurés au moyen d'une teinte mélangée de bleu et de bistre.

(2) On sait que dans cette carte le relief du sol est figuré par des hachures tracées dans l'hypothèse de la lumière oblique.

(3) La carte de Cassini était à $\frac{1}{86\,400}$ et comprenait 183 feuilles, exécutées en partie au moyen d'anciens plans d'une précision douteuse; elle est devenue promptement insuffisante autant pour les détails que pour l'ensemble.

Gr. II. — Cl. 16.

fait, à corriger les planches de métal. Les opérations sur le terrain et le travail de gravure demandent beaucoup de temps et beaucoup d'argent [1]. En 1873, on a commencé la revision de nos frontières; une centaine de feuilles sont déjà corrigées et 40 sont publiées. C'est dans le nord-est qu'ont eu lieu les premiers travaux; on s'est ensuite occupé du Jura, et l'on a abordé le massif des Alpes en 1876. Depuis 1877, la revision s'est étendue à tout le territoire; elle s'opère actuellement par les soins de chaque corps d'armée à raison de 2 feuilles environ par an.

Le Dépôt de la guerre a en outre fait graver le réseau des routes sur des planches spéciales qui sont destinées à être imprimées en rouge par-dessus les épreuves correspondantes de la grande carte de France, et qu'on peut mettre constamment au courant; la superposition des deux tirages accuse les différences résultant des rectifications et additions faites sur les planches consacrées à la viabilité. Le chiffre de la population y est marqué à côté des villes et des villages. On a terminé aujourd'hui un certain nombre de ces feuilles.

La belle carte du département de la Seine en neuf feuilles à $\frac{1}{40\,000}$ a été soigneusement revue d'après les reconnaissances exécutées sur le terrain de 1872 à 1874; la feuille centrale a été dessinée et gravée à nouveau, et les autres ont subi d'importantes modifications. Elle a été agrandie par l'héliogravure et publiée à l'échelle de $\frac{1}{20\,000}$ en trente-six feuilles [2]. Nous devons également mentionner la nouvelle carte des environs de Paris à $\frac{1}{80\,000}$, gravée sur pierre en quatre couleurs, qui est à jour et qui, par la finesse de la gravure et par l'exactitude du repérage, fait honneur aux artistes français.

Le Dépôt de la guerre publie aussi une série de cartes à $\frac{1}{20\,000}$,

[1] On a calculé que, dans les conditions les plus favorables, on ne pourrait arriver à revoir les 268 feuilles de la carte que tous les dix ans.

[2] Nous ne devons pas oublier de mentionner l'*Atlas communal* à $\frac{1}{5\,000}$ et l'*Atlas cantonal* à $\frac{1}{25\,000}$ du département de la Seine qui figuraient à l'exposition spéciale de la ville de Paris. Le premier se compose de huit albums reliés contenant chacun les cartes des communes d'un canton. Le second comprend les cartes des cantons à $\frac{1}{25\,000}$ et celles des arrondissements de Sceaux et de Saint-Denis à $\frac{1}{50\,000}$; le terrain y est figuré au moyen de courbes de niveau.

donnant les environs de garnison dans un rayon de 10 à 12 kilomètres autour de la ville; le relief du sol y est figuré par des courbes de niveau à l'équidistance de 5 mètres; les unes sont les reproductions des minutes des officiers (environs de Toul, de Verdun, d'Orléans, de Longwy) et portent la planimétrie en noir et les courbes en rouge; les autres, obtenues par amplifications photographiques des minutes à $\frac{1}{40\,000}$, sont imprimées en couleurs (environs d'Amiens, de Rouen, de Belfort, camp de Valbonne).

D'autre part, le Dépôt des fortifications a fait dresser la carte à grande échelle des environs des places fortes pour les études de défense de l'artillerie et du génie. Lorsqu'il s'agit d'avoir la représentation exacte du terrain sur lequel on doit construire des ouvrages de fortification, on fait le levé à $\frac{1}{1\,000}$ ou à $\frac{1}{2\,000}$ et l'on file les courbes de mètre en mètre; mais pour les plans directeurs des positions fortifiées [1], les minutes sont à une échelle plus petite, à $\frac{1}{10\,000}$ [2], et on en fait deux reproductions photozincographiées, l'une à la même échelle, l'autre à une échelle moitié moindre.

Ce n'est pas seulement, comme nous venons de le dire plus haut, dans le figuré des voies de communication que la carte de l'État-major contient quelques inexactitudes; les indications qu'elle

(1) Pour une place comme Dijon, le plan directeur comprend 100 000 hectares.

(2) On prend pour origine un point central du levé, auquel on rapporte les coordonnées rectangulaires de tous les points de la triangulation de la France compris dans la région, et l'on exécute entre ces points, avec la boussole, des cheminements passant par les principales voies de communication qui servent à l'assemblage des plans du cadastre réduits par la photographie à l'échelle de $\frac{1}{10\,000}$. Avant d'être transportée sur le terrain, chaque planchette présente donc une planimétrie à peu près complète, qu'il ne reste plus qu'à reviser et à compléter. On définit le relief du terrain en filant des sections horizontales équidistantes de 5 mètres. Néanmoins, il n'est pas douteux qu'il faudra avant peu se résoudre à faire un nouveau levé à grande échelle de la France, car les minutes à $\frac{1}{40\,000}$ ne comportent plus une précision suffisante pour les besoins actuels des services civils et militaires. Le Dépôt des fortifications projette de dresser la carte à $\frac{1}{10\,000}$ de tout notre pays. Il y aurait même un grand intérêt, autant au point de vue économique et fiscal qu'au point de vue industriel et scientifique, à reprendre le cadastre, non plus en représentant sur un plan le simple contour des parcelles de terrain et en évaluant leur contenance, mais en y ajoutant un nivellement précis et en figurant le relief du terrain par les moyens graphiques en usage aujourd'hui. Comme des œuvres semblables demandent de nombreuses années, il serait utile, en attendant, de publier les minutes de la carte d'État-major à $\frac{1}{40\,000}$ en couleurs et mises au courant pour les routes et les cultures.

Gr. II. — Cl. 16.

fournit sur l'orographie des grandes chaînes de montagnes sont inévitablement incomplètes. Nous possédons un certain nombre de cartes spéciales qui comblent ces petites lacunes; quelques-unes sont dues à l'initiative privée [1], mais la plupart ont été dressées aux frais des départements dans le but de permettre aux conseillers généraux d'étudier la viabilité de leur département et de se prononcer en connaissance de cause soit sur l'ouverture, le redressement ou l'élargissement des diverses voies de communication, soit sur le tracé des chemins de fer d'intérêt local [2]. Toutes ces cartes routières et administratives, de valeurs très diverses, quelques-unes malheureusement exécutées sans une grande intelligence du terrain, ont pour base soit la carte de l'État-major à $\frac{1}{80\,000}$, soit les minutes à $\frac{1}{40\,000}$, auxquelles on a ajouté les constructions et voies de communication nouvelles et sur lesquelles on a rectifié ou complété

[1] Étaient exposées les cartes de l'arrondissement de Saint-Dié [c] (Vosges) par M. Antoine, de Belfort [c] par M. Parisot, des environs de Dijon [e] par M. Paupion Gaulard, des mont Dôme et mont Dore [e] par M. Coudert, de la vallée d'Ossau [f] par M. Bonnecase, de la vallée de Montmorency [a] par M. Ponsin, et du mont Pelvoux [c] dans l'*Annuaire du Club alpin.*

[2] On pouvait voir à l'Exposition les cartes de l'Allier (arrondissements de Moulins, de Gannat et de la Palisse) [h], de l'Aude [m], des Bouches-du-Rhône (atlas cantonal) [i], du Calvados [m], de la Charente-Inférieure (arrondissement de Marennes) [g], de la Corrèze (atlas cantonal) [c], de la Corse [i], de la Côte-d'Or (carte départementale [l] et carte du canton de Fontaine-Française [f]), de la Dordogne [h], de la Drôme (carte départementale [m] et carte du canton de Tain [b]), des Hautes-Alpes [m], de l'Hérault (atlas vicinal) [d], d'Ille-et-Vilaine [h], de l'Indre [n], de l'Isère, de la Loire (carte départementale [l] et carte du canton de Boën [b]), du Loiret (atlas cantonal) [b], de Lot-et-Garonne (atlas cantonal) [b], de Maine-et-Loire (carte départementale [k] et atlas cantonal [c]), de la Marne (carte départementale [n] et 18 cartes cantonales sur les 30 qui doivent composer l'atlas [e]), de la Mayenne (carte départementale [n] et atlas cantonal [c]), de la Meurthe-et-Moselle [i], de la Nièvre (cartes des cantons de Nevers, de Decize et de Saint-Amand) [c], du Nord (carte départementale [m] et carte de l'arrondissement de Dunkerque [e]), de la Sarthe [i], de la Seine-Inférieure (atlas comprenant 1 carte départementale [l], 5 cartes d'arrondissement [h] et 41 cartes cantonales [b]), de Seine-et-Marne (cartes du canton nord de Melun [a] et des arrondissements de Coulommiers, de Meaux et de Provins [h]), de Seine-et-Oise (carte départementale [k] et cartes des arrondissements de Mantes, d'Étampes, de Corbeil et de Rambouillet [c]), de la Somme (carte départementale [m] et carte des quatre cantons d'Amiens [f]), du Tarn [h], de Tarn-et-Garonne [j], de la Vendée, de la Vienne [m] et des Vosges [h].

[a] A l'échelle de $\frac{1}{20\,000}$. — [b] A $\frac{1}{30\,000}$. — [c] A $\frac{1}{40\,000}$. — [d] A $\frac{1}{43\,000}$. — [e] A $\frac{1}{50\,000}$. — [f] A $\frac{1}{60\,000}$. — [g] A $\frac{1}{65\,000}$. — [h] A $\frac{1}{80\,000}$. — [i] A $\frac{1}{100\,000}$. — [j] A $\frac{1}{120\,000}$. — [k] A $\frac{1}{125\,000}$. — [l] A $\frac{1}{150\,000}$. — [m] A $\frac{1}{160\,000}$. — [n] A $\frac{1}{200\,000}$.

les indications de bois, de vignes, etc. Elles ont toutes été dressées d'après des plans et des programmes différents [1], à des échelles diverses, et elles ne se prêtent pas à une étude d'ensemble, par exemple à la réunion de deux départements limitrophes dont les intérêts sont si souvent connexes; elles sont du reste, comme nous l'avons déjà dit et comme nous le répétons avec intention, de valeurs très diverses. Le Ministère de l'intérieur, qui a dans ses attributions la direction du service vicinal, a pensé qu'il y avait lieu non seulement d'encourager les efforts des conseils généraux, mais de les réunir sous une même direction, de manière à en faire sortir une œuvre homogène qui répondît tout à la fois à l'intérêt général et aux besoins locaux, et en conséquence il a décidé [2] qu'il serait établi par le service vicinal, dans la projection polyédrique, une carte de la France à $\frac{1}{100\,000}$, gravée sur pierre, puis clichée sur cuivre et tirée en quatre couleurs [3], ce qui permettra de faire ressortir sans confusion le réseau des voies de communication qui sillonnent notre pays; elle porte en outre les indications relatives au chiffre de la population, à la distinction des chemins de fer en lignes à double et à simple voie, à l'emplacement des bureaux de poste et de télégraphe, etc. Elle comprendra de 570 à 580 feuilles de 0^m28 sur 0^m38 [4], dont 32 sont déjà gravées [5]; on pense qu'elle sera achevée dans l'espace de quatre années [6]. Elle a pour base la carte de l'État-major que les agents voyers rectifient et complètent en ce qui concerne la vicinalité; ce sera une bonne carte routière et hydrographique, que le Ministère de l'intérieur, grâce à la puissante organisation de son service vicinal, pourra tenir constamment au

[1] Ces cartes sont imprimées les unes en couleur, les autres en noir; la montagne y est figurée tantôt par des courbes de niveau, tantôt par des hachures, et même quelquefois elles ne donnent que la planimétrie.

[2] C'est M. Jules Simon qui a pris cette importante décision.

[3] Noir pour la planimétrie, moins les voies de communication de terre (autres que les chemins de fer et les chemins ruraux) qui sont en rouge; bleu pour les cours d'eau et les mers; vert pour les bois.

[4] Chaque trapézoïde formé par la rencontre de 2° de latitude et de 2° de longitude est divisé en 8 sections, 2 en largeur et 4 en hauteur.

[5] Elles comprennent les départements de la Haute-Vienne et de la Lozère.

[6] Les 33 feuilles des départements de l'Aisne et de la Vendée sont à la gravure, et l'on réunit les matériaux pour sept autres départements, comprenant 111 feuilles.

Gr. II. — Cl. 16.

courant[1]. Le relief du sol y est exprimé au moyen de courbes à l'équidistance de 20 mètres.

Parmi toutes les cartes locales récemment publiées, nous devons mentionner avec éloge l'*Atlas du département du Nord*, à $\frac{1}{40\,000}$, qui a paru en 1877, et qui est composé de 7 feuilles [2] où sont indiqués, en même temps que la planimétrie de la carte de l'État-major, l'emplacement et l'altitude de chacun des repères du nivellement général du département; elle est imprimée en quatre couleurs. Cette carte, complète au point de vue planimétrique, ne l'est pas au point de vue orographique, car, comme nous l'avons déjà dit plus haut, il faudrait niveler un troisième réseau pour pouvoir tracer toutes les courbes; telle qu'elle est cependant avec ses six mille cotes de hauteur, elle rend déjà d'incontestables services. Le département du Nord est le seul qui jusqu'à présent ait accompli un semblable travail de nivellement; les conseils généraux du Pas-de-Calais et de quelques départements limitrophes se proposent avec raison d'imiter cet exemple.

Nous devons aussi mentionner que le Ministère des travaux publics a fait lever au tachéomètre, sous la direction de M. Descombes, plus de 400 kilomètres de vallées dans le massif des Pyrénées centrales; les résultats obtenus ont été portés sur des plans cotés au $\frac{1}{2\,000}$ et exprimés au moyen de courbes de niveau [3]. Ces études topographiques ont montré que la ligne de Toulouse à Lérida et celle de Pau à Saragosse sont les deux seuls tracés possibles pour un chemin de fer à travers les Pyrénées centrales.

Algérie. — Pour l'Algérie, on n'avait encore en 1867 que des cartes imparfaites, dressées à la hâte, le plus souvent à l'aide de simples levés expédiés. Les opérations géodésiques de premier ordre qui ont commencé dans notre colonie en 1851, et celles de deuxième et de troisième ordre dont on s'occupe activement depuis

[1] Chaque agent voyer aura entre les mains un certain nombre d'exemplaires de la feuille reproduisant son canton, sur lesquelles il devra consigner jour par jour les changements qui se produiront.

[2] Ces feuilles mesurent 0m 64 sur 0m 87.

[3] Ces plans ont ensuite été réduits et ont servi à dresser une carte chorographique à $\frac{1}{500\,000}$.

1861 [1] et qui doivent servir de base aux levés topographiques [2], n'étaient pas terminées; elles ne le sont même pas encore. Le Dépôt de la guerre n'a publié jusqu'à ce jour qu'une seule feuille de la carte qui résultera de ces grands travaux, celle de Médéah. Cette carte est dressée sur le même plan que celle de la France [3] et à la même échelle (à $\frac{1}{80\,000}$), mais elle est gravée sur pierre, imprimée en couleurs, et chacune des feuilles n'a qu'une surface égale au quart de celle d'une feuille de la carte de l'État-major. Le dessin de la feuille de Tablatt est achevé.

En 1877, ont paru les cartes des environs de Nemours et d'Oran à $\frac{1}{40\,000}$, gravées sur pierre et imprimées en couleurs, avec courbes de niveau à l'équidistance de 10 mètres.

Nous devons encore citer la carte topographique de la région des chotts algériens et tunisiens à $\frac{1}{100\,000}$ qu'a dressée le commandant Roudaire. M. Roudaire a exécuté dans cette région, pendant les années 1874, 1875 et 1876, un nivellement géométrique qui, sans présenter une précision comparable à celle des nivellements que l'on exécute aujourd'hui en Europe, n'en est pas moins un travail d'une grande valeur au point de vue de la topographie du continent africain. C'est au milieu des plus grandes difficultés, dues autant à la nature du sol et à la violence du vent qu'au climat brûlant de ces déserts, qu'il a nivelé 650 kilomètres autour des chotts algériens et 500 kilomètres sur le territoire tunisien. Partant de la station de Chegga, il a exécuté le nivellement sur tout le pourtour du chott El-Mel-rir, en déterminant plusieurs profils en travers, et il a relié les repères les plus orientaux avec le golfe de Gabès; le nombre des stations a été de 3 000 environ, ce qui a nécessité 6 000 portées variant en moyenne de 150 à 200 mètres. L'erreur probable sur les distances ne dépasse pas 5 mètres, et sur les altitudes, $0^{m}\,80$ [4]. Pour tracer sur la carte les diverses lignes

(1) En 1867, ces travaux étaient terminés sur 30 720 kilomètres carrés.

(2) Ces levés ont commencé en 1864; ils se font à $\frac{1}{80\,000}$.

(3) Il est regrettable qu'on ait adopté la même projection, ce qui amènera des déformations considérables, et qu'on n'ait pas plutôt choisi la projection polyédrique.

(4) Le nivellement autour du chott El-Mel-rir, qui comprend une longueur de 550 kilomètres, a présenté au retour, à la station de départ, une cote plus forte de $0^{m}\,72$.

Gr. II. — Cl. 16.

de nivellement et la topographie de la région, M. Roudaire a relevé son itinéraire par la méthode de cheminement, c'est-à-dire au moyen des portées de nivellement calculées à l'aide de lectures faites aux fils excentriques de la lunette du niveau Brunner qui servaient à mesurer la distance de la mire, et il l'a rectifié de temps à autre soit par des opérations géodésiques, au nombre de six [1], soit plus à l'est par la détermination astronomique de la latitude de douze points et de la longitude d'un point. Tout en cheminant, il a recoupé avec la boussole les points saillants du terrain. C'est avec ce levé qu'il a construit sa carte à $\frac{1}{100\,000}$ [2]. La bouche de l'Oued-Melah, dans le golfe de Gabès, se trouve ainsi rattachée à Alger par une suite ininterrompue de travaux topographiques et géodésiques.

Égypte. — En Égypte, Mahmoud-Bey, astronome du Caire, s'occupe depuis 1861 de déterminer la position des points les plus importants de la basse Égypte, et des nivellements ont été faits dans la même région sous la direction du général Stone. Ces travaux ont servi à l'établissement d'une carte du bassin du Nil à $\frac{1}{100\,000}$ qui a été publiée à Leipzig en 1875.

Pour la haute Égypte, on a, depuis la carte hydrographique publiée en 5 feuilles par M. Linant de Bellefonds, un certain nombre de croquis à grande échelle du cours du Nil en amont de Gondokoro faits soit sous la direction de M. Linant de Bellefonds, soit sous celle de Gordon-Pacha. En 1870, un astronome viennois, M. V. zur Helle, a déterminé les coordonnées géographiques de 9 points entre le 21e et le 26e parallèle.

Abyssinie. — M. Ant. d'Abbadie a établi la carte en dix feuilles de la partie de l'Abyssinie qu'il a visitée; il y a marqué les positions relatives de plus de 800 points avec leurs altitudes en mètres, qu'il a fixées par des relèvements croisés pris au théodolite. Une carte d'ensemble donne l'indication des principaux

(1) Tant que l'on est resté en vue des repères de la chaîne de l'Aurès.

(2) Une réduction de cette carte à $\frac{1}{800\,000}$ a été publiée par la Société de géographie.

triangles du réseau et des deux bases qui ont servi à déterminer les distances réelles. C'est un travail d'une grande importance.

Cap de Bonne-Espérance. — Nous avons vu plus haut qu'il n'a encore été fait aucune triangulation générale dans la colonie anglaise du Cap de Bonne-Espérance. La carte s'appuie, en dehors du réseau trigonométrique de Maclear et de Bayley, sur 283 points dont la position a été déterminée par des observations astronomiques et sur 37 points fixés en altitude.

Palestine. — Les explorations ont été nombreuses dans la Palestine depuis la fin du siècle dernier; il n'existe pas moins de 1 500 ouvrages différents sur la Terre Sainte! Dès 1798, le colonel Jacotin dressait une carte à peu près exacte de cette contrée; on doit encore citer les noms de MM. Robinson, Lynch, van de Velde, Callier, comte de Berton, de Saulcy, duc de Luynes, Victor Guérin, etc., qui se sont attachés à reconnaître tous les anciens sites et qui ont enrichi la géographie de ces contrées de notions nouvelles. En 1860, des officiers français ont fait le levé topographique du Liban qui a été publié par le Dépôt de la guerre à $\frac{1}{200\,000}$ en 1869; les capitaines Mieulet et Derrien l'ont prolongé dans la Galilée, et leur carte fait suite à la précédente [1]. Mais ce n'est qu'en 1871 qu'ont commencé les travaux d'ensemble dans le but de coordonner et de compléter les anciens levés et de permettre l'établissement d'une vraie carte topographique de toute la Palestine à $\frac{1}{63\,360}$, d'après la projection polyédrique; ils ont été entrepris, pour la région située à l'ouest du Jourdain, qui couvre une surface de 15 500 kilomètres carrés environ, par une Association anglaise [2]

[1] Cette carte, qui a paru en 1875, est à l'échelle de $\frac{1}{100\,000}$ et est imprimée en cinq couleurs; le relief du sol y est figuré au moyen de courbes de niveau. Elle donne la partie du pays qui est comprise entre Terchiha et le Djebel-Djermak au nord, le littoral à l'ouest, le lac Tibériade à l'est, Nazareth et le cap Carmel au sud. Ce pays n'avait encore jamais été étudié en détail.

[2] On sait qu'en 1864 des ingénieurs anglais ont levé le plan de Jérusalem à $\frac{1}{2\,500}$ sous la direction de Sir H. James et que le major Wilson a fait en même temps que le duc de Luynes un nivellement de la Méditerranée à la mer Morte d'où il résulte que la dépression de cette dernière mer est de 393 mètres. A la suite de ces travaux, en

Gr. II. — Cl. 16.

et, pour les pays transjordaniens, par une Commission américaine [1]. Aujourd'hui les Anglais ont terminé leurs opérations sur le terrain, et les 26 feuilles qui doivent composer la Palestine cisjordanienne ne tarderont pas à être publiées; une carte d'ensemble à $\frac{1}{190\,080}$ est en cours d'exécution. Les Américains n'ont encore porté leurs études que sur l'archéologie.

La presqu'île de Sinaï a été aussi explorée par MM. Wilson, Palmer et Holland; le levé, qui a commencé en 1868 et qui est à $\frac{1}{31\,680}$, s'appuie sur 201 points fixés en latitude et sur 86 fixés en longitude; on ne s'est pas attaché à faire la carte minutieuse de la totalité de ce grand territoire, mais simplement à fixer les traits principaux du relief. Les cartes ont paru en 1872 à $\frac{1}{126\,720}$ [2], et on a publié les plans à grande échelle du Djebel-Mousa et du Djebel-Serbal [3].

Caucase. — Le Gouvernement russe a entrepris un nouveau levé du Caucase; il a publié les cartes photolithographiées de la Svanétie à $\frac{1}{64\,000}$ en 2 feuilles (1869) et du gouvernement d'Érivan à $\frac{1}{42\,000}$ en 10 feuilles (1874), où pour le figuré du terrain on a combiné les courbes de niveau avec des teintes graduées. Elles doivent remplacer l'ancienne carte topographique à $\frac{1}{210\,000}$, en 73 feuilles, qui a été dressée et chromolithographiée à Tiflis.

Inde et Birmanie. — Dans l'Inde, les premiers travaux topographiques datent de 1799. Commencés dans la province de Mysore par le colonel Mackenzie, ils couvraient déjà, en 1829, toute la partie de la péninsule qui est située au sud du Kistnah; ces levés.

1865, s'est constituée en Angleterre une association sous le nom de *Palestine exploration Fund* dans le but d'exécuter une reconnaissance scientifique du pays tout entier. Le capitaine Wilson fit les premiers travaux entre Banias et Hébron et fixa astronomiquement 77 points, mais ce ne fut qu'en 1871 que le lieutenant Couder commença le vrai levé topographique.

[1] La Commission américaine date de 1871. A la fin de 1867, le capitaine Warren avait déjà fait un nivellement barométrique d'une partie de la région transjordanienne, qu'il avait relié au nivellement du capitaine Wilson.

[2] Il y en a une édition à $\frac{1}{633\,000}$.

[3] Il y en a deux éditions, l'une à $\frac{1}{10\,560}$ et l'autre à $\frac{1}{21\,120}$.

faits par les officiers de l'Institut militaire de Madras, s'appuyaient sur la grande triangulation de Lambton. Dans le nord, les opérations ne remontent qu'à 1812 [1]; elles prirent un grand développement à partir de 1815 [2].

Les travaux topographiques dans l'Inde se divisent en deux catégories : en levés topographiques proprement dits (*Topographical Survey*) et en levés cadastraux (*Revenue Survey*); les premiers, qui sont à une échelle relativement petite, d'ordinaire à $\frac{1}{63\,360}$, se font dans les États indigènes tributaires et dans les districts les plus sauvages et les plus déserts des possessions anglaises afin d'avoir les bases d'une bonne carte géographique; les autres, qui sont à une échelle souvent très grande, se font dans les provinces peuplées et riches et ont pour objet principal d'en fixer les limites exactes, d'en étudier les richesses et de permettre ainsi une juste répartition des impôts fonciers.

C'est dans les provinces du nord-ouest que l'on a commencé, en 1823, les premiers levés cadastraux; on faisait à l'aide de mesures à la chaîne un plan grossier des villages et des champs, et on raccordait ces plans au moyen de levés plus exacts des limites des communes et des principaux traits géographiques du pays [3]. Les détails topographiques, assez bien traités jusqu'en 1834, ont été ensuite trop négligés; on ne s'occupa plus alors que de dresser des plans parcellaires. A partir de 1847, le colonel Thuillier a apporté à ces travaux de grandes améliorations; de cette date jusqu'au 1er janvier 1878, on a levé dans le nord et dans le centre de l'Inde 476 956 milles carrés, à l'échelle de $\frac{1}{15\,840}$ [4], sauf quel-

[1] Au commencement du siècle, le lieutenant Wood et le capitaine Webb avaient déjà relevé le cours du Gange jusqu'auprès de ses sources, et le colonel Crawford avait déterminé la hauteur des principaux pics de l'Himalaya.

[2] Les travaux ont d'abord porté sur la région comprise entre les hauts cours du Gange et du Sutlej, sur les provinces de Kumaon et de Gurhwal, sur le Bundelkhund, sur la contrée située entre Midnapour et Nagpore, sur la frontière de l'Assam, etc. Puis on a levé une partie des provinces centrales de l'Orissa, de l'Assam, etc.; les opérations dans les États du Nizam ont commencé en 1816.

[3] De 1823 à 1847, on a levé ainsi les districts à l'ouest de la Jumna, ceux du Rohilkund et du Doab.

[4] On a levé 137 209 milles carrés dans le Bengale; 19 915 dans les provinces du nord-ouest; 24 531 dans l'Oude; 134 255 dans le Pundjab; 56 880 dans le

Gr. II. — Cl. 16.

ques parties peu peuplées qui n'ont été levées qu'à $\frac{1}{63\,360}$ [1]. Aujourd'hui ces travaux embrassent toutes les provinces anglaises du nord et du centre de l'Inde, à l'exception des frontières orientales de l'Assam, de la division de Chota-Nagpore et d'une petite partie du Pundjab située au sud de Peshawur qui ont été levées topographiquement, et de la division de Bénarès et de la partie des provinces du nord-ouest comprise entre le Gange et le Jumna, qui n'ont pas encore été revisées. Depuis 1871, on a fait en outre un certain nombre de levés à $\frac{1}{4\,000}$ et à $\frac{1}{2\,000}$ [2]. Ces opérations sont conduites aujourd'hui d'après des principes scientifiques; malheureusement celles qui ont été faites autrefois dans les provinces du nord-ouest n'ont pas encore été entièrement revisées et elles ne sont pas exactes.

C'est en 1857 qu'ont commencé, sous la direction du capitaine Priestley, les levés cadastraux (*Revenue Survey*) dans la présidence de Madras, mais ce n'est que depuis 1866 que le service a pris tout son développement [3]. Ils se font à $\frac{1}{4\,000}$ et doivent s'étendre sur une surface de 60 000 milles carrés environ; ils ont pour base le réseau trigonométrique. En 1874, on avait achevé les opérations dans 8 districts [4] d'une étendue de 38 290 milles carrés et comprenant environ 7 millions de champs, et elles étaient commencées dans 8 autres [5]. L'erreur moyenne par mille ne dépasse pas

Sinde; 59 633 dans les provinces centrales; 29 159 dans l'Assam, et 11 533 dans la Birmanie anglaise, etc. La dépense moyenne par mille carré a été environ de 80 francs.

(1) Tels que les déserts de sable des districts de l'est et du sud du Sinde.

(2) A la fin de 1877, il y avait 10 718 milles carrés levés à $\frac{1}{4\,000}$ dans les provinces du nord-ouest et 53 dans le Pundjab, et 1 510 milles carrés levés à $\frac{1}{2\,000}$ dans le Bengale et le Behar. Chaque mille levé à cette échelle coûte en moyenne 458 francs. Sur les 12 061 feuilles que doivent comprendre les provinces du nord-ouest à l'échelle de $\frac{1}{4\,000}$, 1 901 étaient publiées en 1875. On élève aujourd'hui des signaux durables aux diverses stations.

(3) Aujourd'hui ce service ne comprend pas moins de 3 400 personnes.

(4) Tinnevelli, Trichinopoli, Salem, Chingalput, Nellor, Kurnoul, Kistna et Godavery. La dépense par mille carré a été d'environ 288 francs; mais on a trouvé qu'il n'y avait pas moins de 3 100 milles carrés qui échappaient à l'impôt, c'est-à-dire que le gouvernement, au taux actuel, perdait annuellement plus de 9 millions de francs.

(5) Madura, Coimbator, Nilghiris, Malabar, Arcot nord, Cuddapah, Bellari et Ganjam.

2m 32. En 1875, on avait terminé à l'échelle de $\frac{1}{4\,000}$ 40 407 milles carrés et 20 393 milles carrés aux échelles de $\frac{1}{15\,840}$, de $\frac{1}{31\,680}$ ou de $\frac{1}{63\,360}$; comme la superficie totale de la présidence est de 125 886 milles carrés, il restait encore à lever à cette date 15 500 milles carrés à l'échelle cadastrale et 44 000 à échelle plus petite.

Dans la présidence de Bombay, c'est en 1836 qu'on a entrepris l'établissement des plans parcellaires des communes; excellents pour le but fiscal auquel ils étaient destinés, ils ne donnent aucun renseignement utile au point de vue topographique. On a levé les provinces de Berar et de Mysore d'après ce système. En 1861, on a fait de nouveaux levés d'après les principes scientifiques dans divers collectorats[1]; en 1877, on avait terminé entre le Concan et les États du Nizam 16 337 milles carrés à l'échelle de $\frac{1}{15\,840}$.

On voit donc que les levés cadastraux n'ont pas été faits suivant le même plan dans les diverses parties de l'Inde; tandis que ceux de la présidence de Madras, qui contiennent un grand nombre de détails topographiques, ont pu être utilisés pour l'établissement des cartes, dans la présidence de Bombay, au contraire, ils ne contiennent aucune donnée géographique, et ils ne sont guère meilleurs dans la présidence du Bengale.

Les officiers chargés des levés topographiques dans l'Inde ne se servent que de théodolites et de planchettes; ils ne mesurent pas le terrain à la chaîne comme leurs collègues du *Revenue Survey*, dans la crainte d'éveiller la défiance des princes indigènes. Sous l'administration du colonel Thuillier, de 1861 à la fin de 1877, on a fait la triangulation de second ordre et le levé topographique à $\frac{1}{63\,360}$, et quelquefois à $\frac{1}{126\,720}$, de 289 028 milles carrés dans les États indigènes et dans quelques parties des possessions anglaises du Nord (agence de Ganjam et États tributaires de l'Orissa[2], agence de Vizagapatam et États de Raipour et de Bastar[3], États de

(1) Ce sont ceux de Nassick, d'Ahmadnagur, de Pounah, de Satara et de Solapour.

(2) La carte de ces États comprendra 101 feuilles dont 69 sont publiées à $\frac{1}{63\,360}$ et 16 (aux environs de Cuttack) à $\frac{1}{126\,720}$. Les 16 dernières, qui sont en cours d'exécution, seront à $\frac{1}{63\,360}$.

(3) Les travaux sur le terrain ont été terminés en 1877. La carte comprendra 68 feuilles dont 30 sont publiées à $\frac{1}{63\,360}$ et 15 à $\frac{1}{126\,720}$. Des 23 dernières feuilles,

Gr. II. — Cl. 16.

Rewah [1], de Bundelkhund [2], de Gwalior et de Gouna [3], de Malwa, de Bhopal et d'Indore [4], de Bhowapour, de Maunpour et de Kandesh [5], du Rajpoutana [6], partie sud-est de l'Assam [7], division de Chota Nagpore [8], et petite partie du Pundjab au sud

qui sont en cours d'exécution et qui représentent la partie nord-ouest du Bastar, les 11 plus orientales sont à $\frac{1}{63\,360}$ et les 12 plus occidentales à une échelle moitié moindre.

(1) On a terminé en 1877 le levé de la partie sud de l'État de Rewah, des États de Mandla et de Balaghat, et de la partie nord de l'État de Bilaspour. La carte comprendra 42 feuilles à $\frac{1}{63\,360}$ dont 36 sont publiées aujourd'hui; jointe aux deux cartes précédentes, elle couvre une surface de 72 144 milles carrés.

(2) On a levé, de 1862 à 1872, tout le Bundelkhund et la partie nord de l'État de Rewah, soit une superficie de 18 456 milles carrés.

(3) De 1862 à 1877, on a terminé les travaux sur 44 951 milles carrés; il reste encore 14 012 milles carrés à lever, ce qui demandera une période de sept ans environ; 91 feuilles sont publiées à $\frac{1}{63\,360}$ et 3 sont en cours d'exécution; il n'en manque plus que 17. On a fait en outre les plans des forts à $\frac{1}{2\,040}$, ceux des cantonnements à $\frac{1}{5\,280}$ et ceux de quelques localités importantes à $\frac{1}{10\,560}$.

(4) De 1871 à 1877, on a levé dans les États de Bhopal, de Malwa et d'Indore 16 098 milles carrés; il restait encore 18 738 milles carrés, soit un travail d'environ huit années. Sur 59 feuilles à $\frac{1}{63\,360}$ qui composeront la carte, 29 sont publiées et 6 sont en cours d'exécution.

(5) On a commencé les travaux en 1871; aujourd'hui 9 991 milles carrés sont terminés, et il en reste 9 000 à lever, ce qui demandera environ sept ans. Sur les 40 feuilles qui doivent composer la carte, 17 sont publiées et 3 sont en cours d'exécution. Il a paru à Bombay, en 1876, un atlas cadastral du collectorat de Khandesh qui comprend une carte générale donnant la division du pays en communes et la carte spéciale de chaque commune accompagnée de tables statistiques.

(6) De 1864 à 1877, on a terminé les opérations dans la région du sud-est sur une étendue de 39 349 milles carrés; il reste à lever les États de Bikanir, de Malani, de Jesulmir et une partie de celui de Jodhpour, soit 48 092 milles carrés, ce qui exigera encore une douzaine d'années. Aujourd'hui, 71 feuilles sont publiées à $\frac{1}{63\,360}$ et 7 sont en cours d'exécution à $\frac{1}{126\,720}$: les districts peu peuplés ne sont levés qu'à cette dernière échelle. Il manque encore 128 feuilles pour compléter la carte du Rajpoutana.

(7) Nous avons vu plus haut que la vallée du Brahmapoutra a été levée à la grande échelle de $\frac{1}{15\,840}$. Dans la région plus sauvage et très montagneuse du sud et de l'est de la province d'Assam, on s'est contenté de dresser une carte à une échelle plus petite. Ce levé, qui s'étend au sud du Brahmapoutra jusqu'aux frontières birmanes, est à $\frac{1}{126\,720}$ pour les districts de Garrow, de Khasi et de Naga, et à $\frac{1}{253\,440}$ pour ceux de Tipperah, de Ludshai et de Manipour; il ne reste plus que 14 000 milles carrés à faire, ce qui ne demandera pas plus de trois ans. Sur 146 feuilles qui doivent composer la carte de la partie méridionale et orientale de la province d'Assam, 56 sont publiées à $\frac{1}{126\,720}$ et 26 en totalité ou partiellement à $\frac{1}{253\,440}$; 3 autres sont en préparation.

(8) Commencé en 1856, le levé de la division de Chota Nagpore a été terminé en 1877, et les 75 feuilles qui composent la carte sont publiées.

de Peshawur[1]). Les feuilles, qui comprennent 15′ de latitude sur 30′ de longitude, sont photozincographiées au fur et à mesure des levés. La dépense moyenne par mille carré n'a pas dépassé 50 francs.

Outre les travaux topographiques faits dans le nord de l'Inde par les officiers du *Topographical Survey*, le colonel Montgomery du *Great Trigonometrical Survey*, tout en conduisant les opérations géodésiques dans le Kaschmir et dans les États voisins, en a dressé, de 1855 à 1874, la carte sur une étendue de 93 600 milles carrés, à l'échelle de $\frac{1}{126\,720}$ pour les vallées et à l'échelle de $\frac{1}{253\,440}$ pour les parties sauvages; cette carte comprend les provinces de Jamou, de Kaschmir, de Baltistan, de Ladak, de Roukshou, de Roudok, de Gurhwal et le district de Kumaon[2].

Ce sont aussi les géodésiens qui depuis 1866 sont chargés du levé topographique à $\frac{1}{31\,815}$ du Guzerat et du Cutch. Des 62 feuilles qui doivent composer la carte de la presqu'île de Kattywar, 47 sont terminées, mais on n'en a que 17 sur les 78 que comprendra la partie orientale du Guzerat[3], et on n'a pas encore commencé les travaux dans le Cutch.

Dès 1816, on a dressé la carte des États du Nizam; mais il y aurait lieu de la reviser d'après les méthodes modernes.

On a commencé depuis 1874 un nouveau levé topographique dans la province de Mysore (dont la superficie est de 27 000 milles carrés), mais les travaux sont encore peu avancés à cause de la famine et du choléra qui ont tout récemment dévasté cette région de l'Inde[4].

(1) La carte, qui est publiée à $\frac{1}{63\,360}$, en 28 feuilles, comprend la division de Rawal Pindi, le Salt Range et les parties montagneuses de Shapour et de Liah, soit une étendue de 10 500 milles carrés. Le levé a été fait de 1851 à 1859.

(2) Le Gurwhal et le Kumaon ont été levés à l'échelle de $\frac{1}{63\,360}$, et les nombreuses plantations de thé qui s'y trouvent à $\frac{1}{8\,000}$. Il restait encore 1,200 milles carrés à faire, lorsque par économie on a arrêté le travail en 1874. On a le plan des environs de Ranikhet à $\frac{1}{5\,280}$ en 11 feuilles où le relief du sol est figuré à l'aide de courbes de niveau dont le rapprochement et l'épaisseur sont en raison de la déclivité de la pente. La carte de toute la frontière nord-ouest de l'Inde a été publiée en 1870 à $\frac{1}{126\,720}$.

(3) On utilise pour la planimétrie des nouvelles cartes les anciens plans parcellaires du cadastre à $\frac{1}{8\,000}$ et à $\frac{1}{5\,000}$.

(4) On n'a encore publié que 3 feuilles sur les 70 qui doivent composer cette carte.

Dans la Birmanie anglaise, les levés cadastraux s'étendent jusqu'au delà d'Akyab. Le gouvernement local de Pégou avait fait commencer, dès 1854, le levé de cette province à l'échelle de $\frac{1}{253\,440}$, mais on l'a refait en 1865 à $\frac{1}{63\,360}$.

En résumé, sur les 1 473 415 milles carrés que comprend l'empire de l'Inde, le service du *Topographical Survey* avait terminé au 1er janvier 1877 le levé, tant à l'échelle topographique qu'à l'échelle cadastrale, de 898 206 milles carrés (ayant coûté la somme de 64 150 000f), auxquels il faut ajouter 142 500 milles carrés pour les levés faits par les officiers du *Great Trigonometrical Survey* [1], soit de plus des deux tiers de l'immense surface totale. On ne peut que louer hautement l'intelligence et l'activité avec lesquelles ce travail énorme a été mené à bonne fin; mais si les opérations topographiques ne doivent pas tarder à être terminées, dans une douzaine d'années peut-être, il reste encore beaucoup à faire pour achever les levés cadastraux dans les provinces du nord-ouest et dans les présidences de Bombay et de Madras.

Les travaux entrepris sur les frontières de l'Assam, dans le district de Balaghat, dans les États de Bastar, de Malwa et de Khandesh et dans le Rajpoutana ont fourni d'excellentes données géographiques sur des pays qu'on ne connaissait jusqu'à présent que par les cartes dressées sur les renseignements fournis par quelques voyageurs.

Asie septentrionale et Asie centrale. — Les Russes ont fait dans le nord et dans le centre de l'Asie des levés importants accompagnés de nombreuses observations astronomiques, et plusieurs missions anglaises ont exploré les hautes régions du Turkestan [2], mais la plupart des cartes établies jusqu'à ce jour sont à une échelle chorographique. Les diverses sections topographiques des gouvernements sibériens ont cependant publié depuis 1867 un certain

[1] L'ancien levé des États du Nizam et celui fait dans la province de Pégou par le gouvernement local ne sont pas compris dans ce total.

[2] Parmi les membres de ces missions, nous devons citer en première ligne MM. Johnson, Hayward, Forsyth, Trotter, Gordon, Shaw et les pundits hindous envoyés par le colonel Montgomery.

nombre de cartes spéciales à une échelle plus grande, à $\frac{1}{84\,000}$; pour la Sibérie occidentale, nous pouvons citer celles de la vallée de la Boukhtarma, affluent de l'Yrtich (1868), de la frontière chinoise depuis les sources de l'Émil jusqu'au passage de Chabine-Daba en 7 feuilles (1869-1870), de la côte ouest de la mer d'Aral en 4 feuilles (1873), des nombreux itinéraires suivis par les Russes dans le khanat de Khiva, du cours de l'Amou-Daria en 10 feuilles (à $\frac{1}{42\,000}$); dans l'Asie orientale, MM. Bielkine et Pawlowitch ont levé, de 1865 à 1868, les côtes méridionale et occidentale de l'île Sakhaline[1]. Depuis, M. le colonel Bolschew a fait, de 1874 à 1875, le levé de la côte russe de la mer du Japon dont la topographie n'avait encore jamais été étudiée; il a exploré tout le littoral de la Sibérie orientale compris entre 42 et 52 degrés de latitude, sur un parcours de 1 600 kilomètres environ et sur une largeur de 3 à 4; la tâche était difficile, car le pays est très accidenté et il n'existe pas de route le long de la côte; d'autre part, l'approche de la terre par mer est souvent impossible à cause des brouillards et du ressac.

Gr. II. — Cl. 16.

Japon. — Au Japon, on vient d'entreprendre le levé trigonométrique de l'île de Yesso.

Java, Sumatra, Bornéo, etc. — Dans l'île de Java, les levés topographiques se font du centre vers les extrémités, à l'échelle de $\frac{1}{10\,000}$, avec courbes de niveau à l'équidistance de 5 mètres, et les levés cadastraux, qui sont confiés au Service de la statistique, à $\frac{1}{2\,500}$. Ce Service, qui a été établi en 1864, prend pour base de ses travaux les minutes topographiques; il a pour mission d'établir la carte des villages avec l'indication des terres qui leur appartiennent, afin de pouvoir dans l'avenir constituer un cadastre régulier.

La carte de Java à $\frac{1}{100\,000}$ est en cours de publication. Des 24 régences qu'elle comprend, 12 ont leur carte terminée[2],

[1] La carte est publiée à $\frac{1}{210\,000}$.

[2] Ce sont celles de Karwang, de Chéribon, de Tagal, de Banjoemaas, de Pekalongan, de Semarang, de Japara, de Bagelen, de Kadoe, de Djokjakarta, de Soevakarta et de Madioen.

Gr. II. — Cl. 16.

2 feuilles sont à la gravure[1], et on s'occupe activement du levé de 5 autres[2]; il y en a 5 qui ne sont pas encore commencées[3]. Les cartes sont gravées sur pierre et imprimées par le procédé chromolithographique et typo-autographique de M. Eckstein; elles sont d'un bel effet, quoique le relief du sol ne ressorte pas suffisamment à cause du système d'éclairage par la lumière zénithale qu'on a adopté pour la représentation des montagnes. Le terrain y est figuré au moyen de courbes de niveau et de hachures en bistre; les cours d'eau sont en bleu, la mer en dix teintes dégradées à partir de la côte, les grandes routes en rouge, les chemins de moindre importance en noir; chaque culture a une couleur distincte: les plantations de canne à sucre en rouge, les forêts en gris, etc. Le dessin est net et précis, et la gravure est fine.

L'Institut topographique des Pays-Bas exposait aussi la carte de l'empire d'Atjeh (île de Sumatra) à $\frac{1}{40\,000}$ et celle du Kraton à $\frac{1}{4\,000}$, toutes deux imprimées par le procédé de M. Eckstein. Plusieurs cartes topographiques ont été levées dans la partie centrale de Sumatra par les savants qui ont été chargés de l'étude géologique de cette région; on peut citer celle du petit canton d'Oembilien à $\frac{1}{10\,000}$ qui a été publiée en 1875 par M. Everwijn avec courbes à l'équidistance de 10 mètres, celles des environs de Padang et de diverses autres localités. Jusqu'aujourd'hui on a reconnu environ 68 000 kilomètres carrés dans la partie occidentale et 500 kilomètres dans les provinces de Palembang et de Pasounah.

On a aussi dressé les cartes à $\frac{1}{60\,000}$ des districts de Blinjoe[4], de Soengilliat[5], de Merawang[6] et de Taboali[7] (île de Bangka[8]), celle de l'île de Billiton à $\frac{1}{100\,000}$[9], et celle du district de Riamkiwa

(1) Ce sont celles de Rembang et de Kadiri.

(2) Ce sont celles de Batavia et de Soerabadja, dont le levé est à peu près fini, et celles de Preanger, de Prasoeroean et de Probolingo, qui sont très avancées.

(3) Ce sont celles de Madura, de Bezoeki, de Bandjoe, de Wangi et de Bantam.

(4) Par M. Akkeringa.

(5) Par MM. Van Driest et A. Renaud.

(6) Par M. Akkeringa.

(7) Par M. Huguenin.

(8) Une carte en 2 feuilles, dressée par M. Renaud, résume ces divers travaux et donne l'île tout entière.

(9) Par M. Akkeringa.

(dans le sud-est de Bornéo)[1]. Toutes ces cartes, qui ne sont que des essais topographiques, donnent cependant d'intéressantes notions sur ces pays peu connus; elles sont publiées dans l'Annuaire des mines des Indes Orientales néerlandaises. On a fait aussi le levé de l'île d'Amboine et d'une partie des îles Célèbes (50 000 kilomètres carrés environ), mais il ne repose pas sur une triangulation régulière et ne peut être comparé à celui de Java. Un astronome hollandais, M. Oudemans, a fixé un grand nombre de points par des observations exactes dans diverses îles de la Sonde.

Australie. — Pour l'Australie, on n'a encore que quelques plans cadastraux, tels que ceux de villes, de villages, de paroisses et de comtés qu'avait exposés le gouvernement de la colonie de Victoria et qui serviront plus tard à l'établissement d'une carte topographique de ces régions lointaines.

Canada. — Au Canada, les levés topographiques sont faits, dans les provinces[2], par les soins du gouvernement local et, dans les Territoires, par ceux du gouvernement fédéral. Jusqu'à présent on s'est contenté de déterminer astronomiquement les positions des points principaux et de lever à la chaîne les terrains intermédiaires; les travaux faits par les *géomètres provinciaux* se réduisent en effet à un simple arpentage pour la vente des terres. Aussi n'a-t-on de cette vaste région qu'une carte approchée, pleine d'erreurs et de lacunes. Il y a trois ans, le gouvernement fédéral a ordonné le levé topographique des Territoires; les premiers travaux ont été faits dans les provinces de Kiwatin et de Manitoba[3], et ils sont aujourd'hui à peu près terminés sur le terrain. Les géologues, qui poursuivent leurs études avec activité dans tout le pays, apportent

[1] Par M. Verbeek.

[2] On sait qu'il y en a 7 qui sont indépendantes et se gouvernent elles-mêmes, et que le reste du Canada est divisé en Territoires (*Territories*) qui sont régis par le gouvernement fédéral.

[3] Quoique la province de Manitoba ait depuis quelque temps un gouvernement particulier, elle n'a pas tous les privilèges des anciennes provinces orientales, et le levé de son territoire est fait par les soins du gouvernement fédéral.

Gr. II. — Cl. 16.

en outre chaque année des modifications importantes à la carte; ils ont revisé toute la région comprise entre le Saint-Laurent et la baie de James (mer d'Hudson); ils ont levé le cours du Saskatchewan depuis sa source dans les montagnes Rocheuses jusqu'au lac Winnipeg, celui de la rivière de la Paix (*Peace river*) jusqu'au lac Athabasca, celui de la rivière de Nelson[1] depuis le lac Winnipeg jusqu'au fort d'York, au bord de la mer d'Hudson, et ils ont dressé avec soin la carte du lac Winnipeg qui a plus de 500 kilomètres de longueur.

Les travaux faits de 1872 à 1874 par la commission chargée de fixer les frontières des États-Unis et des possessions anglaises[2] fourniront aussi des données pour l'établissement d'une carte topographique du Canada; ils ont porté sur une longueur de 900 milles dont 800 entre la rivière Rouge et les montagnes Rocheuses et 100 à travers des fondrières qu'on n'a pu franchir que pendant l'hiver, lorsqu'elles ont été gelées. L'*United-States Survey* a publié la carte topographique de ces frontières à $\frac{1}{126\,720}$, en 24 feuilles.

Enfin, les études préparatoires faites par M. Dawson pour l'établissement d'un chemin de fer interocéanique à travers le territoire canadien ont aussi apporté des notions importantes sur la topographie de cette vaste région si mal connue. Toutefois, le temps est encore éloigné où l'on aura la carte détaillée de l'immense territoire que possèdent les Anglais dans le nord de l'Amérique.

États-Unis. — Les États-Unis de l'Amérique du Nord ne possèdent pas non plus de carte topographique complète. Il n'y a pas en effet d'unité dans la direction des travaux géographiques; le gouvernement fédéral ne s'occupe que des vastes Territoires qui s'étendent depuis le Mississipi jusqu'à la Californie et aux côtes de l'océan Pacifique, et les cartes des États indépendants sont établies par les soins de chaque gouvernement local. Comme cartes à grande échelle embrassant toute la partie orientale, on n'a encore que les 14 cartes routières (*Post-route maps*) en 37 feuilles qui ont été récemment publiées à des échelles diverses ($\frac{1}{350\,000}$.

(1) On y a fait aussi de nombreux sondages.

(2) De l'angle nord-ouest des lacs jusqu'aux montagnes Rocheuses.

$\frac{1}{540\,000}$, $\frac{1}{633\,600}$) par le Bureau topographique spécial de la Direction des postes, d'après les indications de ses agents.

Les Rapports des opérations d'arpentage pour la vente des terres à l'ouest du Mississipi sont des documents d'un véritable intérêt géographique, et les études qui ont précédé le choix définitif du tracé de la grande ligne du Pacifique ont fourni des données précieuses pour la topographie de ces régions à peu près inconnues; les reconnaissances entreprises de 1867 à 1871 dans les vallées du haut Missouri et de Columbia pour l'établissement d'un autre chemin de fer interocéanique, ainsi que celles faites dans les contrées désertes situées entre le fort Wallace, Santa Fé et la frontière mexicaine pour étudier le tracé du *Kansas Pacific Railway*, (1867-1868), ont aussi produit des résultats intéressants.

Comme travaux topographiques proprement dits dans les États indépendants, on peut citer la triangulation par M. Verplank Colvin de la partie septentrionale de l'État de New-York qu'on n'avait encore reconnue qu'à la boussole et dont on vient de publier la carte à $\frac{1}{63\,360}$, celle du New-Hampshire qui a été récemment terminée par M. Quimby et celle des grands lacs et d'une partie du fleuve Saint-Laurent qui se fait sous la direction du major Comstock; les officiers du génie ont fait tout à la fois le levé des côtes et l'hydrographie des lacs Supérieur, Michigan, Érié, Saint-Clair et Ontario (partie méridionale); ils ont déterminé les coordonnées astronomiques des principales stations et ils ont fixé la longitude de plusieurs d'entre elles par la méthode électrique. L'étude qu'a faite de 1866 à 1869 le major Warren dans le but d'améliorer les conditions de navigation entre le Mississipi et le Michigan par les rivières Wisconsin et Fox, a permis pour la première fois de faire le levé de la rivière Visconsin entre son embouchure et Portage city; le rapport de M. Warren, dont le 2e volume vient seulement de paraître, contient un nombre considérable de cotes de hauteurs.

Dans les territoires de l'ouest, les travaux géographiques ont pris un grand développement depuis 1870. Il y a à peine vingt-cinq ans que les ingénieurs des États-Unis ont jeté les premières bases d'une carte de cette immense étendue qui est encore au-

Gr. II. — Cl. 16.

jourd'hui déserte; de 1867 à 1869, on a exploré les États du Nebraska, du Wyoming, du Colorado et du Nouveau-Mexique [1], mais c'est à partir de 1870 que le célèbre savant américain, M. Hayden, ayant fait adopter un plan rationnel pour l'exploration tout à la fois géographique et géologique des Territoires et pour la publication de cartes à échelle uniforme, les opérations de l'*United-States geological and geographical Survey of the Territories* ont pris un grand développement et qu'on a travaillé avec activité, non seulement aux cartes des quatre Territoires ci-dessus nommés, mais encore à celles du Kansas, du Dakota, du Montana, de l'Idaho et de l'Utah. Nous ne pouvons ici entrer dans le détail des études qui se poursuivent depuis lors sans relâche sur cette vaste étendue; les résultats sont consignés dans une série de rapports publiés sous la direction de M. Hayden et accompagnés de nombreuses cartes. Aujourd'hui la carte d'un seul Territoire est terminée; c'est celle du Colorado, dont l'atlas comprend une carte générale hydrographique, où l'on a distingué avec soin les cours d'eau qui tarissent de ceux qui ne sont jamais à sec, et 12 feuilles topographiques à $\frac{1}{253\,440}$, où le relief du terrain est figuré au moyen de courbes à l'équidistance de 61 mètres environ (200 pieds) [2].

Parmi les autres cartes publiées sous la direction de M. Hayden, nous devons encore citer la carte des rivières Yellowstone et Missouri (1869) et celle du pays arrosé par le haut Yellowstone, le Madison et le Gallatin, à $\frac{1}{253\,432}$, où le relief du sol est exprimé au moyen de courbes à l'équidistance de 30 mètres environ (1872), diverses cartes donnant des parties des Territoires de l'Idaho, du Montana et du Wyoming [3], et enfin l'essai d'une carte du versant oriental des montagnes Rocheuses à $\frac{1}{253\,440}$ (1874).

Nous devons citer aussi l'atlas géologique et topographique des

(1) Les deux premières explorations ont été faites par les ordres du directeur du *General Land Office* avec un budget annuel de 27 500 francs. Depuis 1870, les opérations ont été faites par les soins du Ministre de l'intérieur qui a alloué dans ce but une somme annuelle de 55 000 francs.

(2) Pour le Colorado, on a en outre une carte à $\frac{1}{126\,720}$ des *Elk Mountains* et une carte hydrographique du district de San Juan à $\frac{1}{506\,880}$ (1874).

(3) L'une est à $\frac{1}{633\,565}$; avec la montagne figurée au moyen de hachures (1871), une autre donnant les sources du *Snake river* à $\frac{1}{316\,792}$ (1872), etc.

pays situés entre 104 et 120 degrés de longitude sous le 40e parallèle qu'a explorés M. Clarence King; cet atlas se compose d'une carte générale des Cordillères des États-Unis occidentaux et de cinq cartes topographiques, levées à $\frac{1}{126\,720}$ et gravées à $\frac{1}{253\,440}$ avec courbes de niveau à l'équidistance de 91 mètres, qui représentent sur une largeur de 107 milles, du nord au sud, une partie des montagnes Rocheuses, du bassin de la rivière Verte (*Green river*), de l'Utah et du plateau du Nevada[1]. Gr. II. — Cl. 16.

D'autre part, le génie militaire américain (*United-States engineer Department*) a organisé des explorations à l'ouest du 100e méridien ouest de Greenwich, dans le but de réunir les matériaux nécessaires pour dresser la carte des parties peu connues du territoire des États-Unis; l'atlas, qui est déjà en voie de publication, comprendra 95 feuilles de 60 centimètres sur 46, à l'échelle de $\frac{1}{506\,880}$; on ne peut pas, en effet, dans ces immenses pays encore à peu près déserts, songer à faire des cartes à une échelle aussi grande que celle adoptée pour les publications topographiques de l'Europe occidentale[2]. Les travaux géodésiques et topographiques ont commencé presque simultanément en 1872 sous la direction du lieutenant Wheeler, qui avait déjà exploré en 1871 le Nevada méridional et l'Arizona[3]; dans la première campagne, les officiers américains ont levé une étendue de 106 000 kilomètres carrés dans la partie sud-ouest de l'Utah et dans les parties adjacentes des Territoires voisins. A la fin de 1877, 11 feuilles, 3 demi-feuilles et 2 quarts de feuille étaient publiés, représentant le Nevada, l'Utah, le Colorado, l'Arizona et le Nouveau-Mexique. Chaque feuille a sa projection indépendante. Les 95 rectangles, qui comprennent chacun 2°45′ de longitude sur 1°40′ de latitude, sont groupés de chaque côté du 111e méridien, pris comme ligne médiane; le parallèle central est le 39e.

(1) Chacune de ces cartes a sa projection indépendante.

(2) Une carte des États-Unis à $\frac{1}{25\,000}$ ne comprendrait pas beaucoup moins de 125 000 feuilles!

(3) Dans cette première exploration, les observations avaient été faites avec un sextant; le lieutenant Wheeler avait fixé rigoureusement les positions de 6 points en latitude et en longitude, et il avait relevé les profils barométriques de toutes les lignes parcourues.

On peut aussi citer, comme documents intéressants pour la topographie de ces régions, les levés du cours des rivières de Cumberland (sur une longueur de près de 1 000 kilomètres), de Wabash, de French Broad, etc., qu'ont faits les officiers du génie, ainsi que la liste des altitudes mesurées à l'ouest du Mississipi qu'a publiée M. H. Gannett et qui donne les hauteurs de plusieurs milliers de points [1].

Enfin, pour l'État indépendant de la Californie, on a depuis 1873 un atlas dressé par M. Whitney qui comprend une carte générale en 2 feuilles à $\frac{1}{1\,140\,480}$, 4 feuilles à $\frac{1}{380\,160}$ représentant la partie la plus centrale et la plus peuplée de l'État, et une carte de la baie de San Francisco et des environs à $\frac{1}{126\,720}$ où le relief du sol est exprimé par des hachures. Citons encore la carte à $\frac{1}{126\,720}$ de la vallée de l'Yosemite sur le versant occidental de la Sierra Nevada et celle à $\frac{1}{40\,000}$ de la presqu'île de San Francisco (1873).

On voit par ce résumé que les travaux marchent rapidement dans l'ouest de la Confédération et qu'on peut espérer avoir avant peu d'années, sinon une vraie carte topographique des Territoires, au moins une carte suffisamment exacte, basée sur une triangulation et sur un levé réguliers.

Iles Bermudes et Antilles. — Dans l'Amérique du Nord, nous pouvons encore citer, comme cartes à grande échelle, celles des îles Bermudes à $\frac{1}{158\,400}$, et de la Jamaïque à $\frac{1}{171\,000}$, qui ont été dressées par les soins des gouverneurs anglais, et celles de l'île de Montserrat et de la Guadeloupe par les officiers de la marine française; l'orographie de cette dernière est admirablement rendue.

Chili. — De tous les États de l'Amérique du Sud, le Chili est le seul qui, par une heureuse exception, ait une bonne carte topographique de son territoire du 27e au 42e degré de latitude. Commencée en 1859, elle a été terminée en 1873; elle est due à

(1) Ces cotes de hauteur ont été reportées par M. Gannett sur une carte hypsométrique qui a une grande importance géographique. Une partie des observations a été faite par M. Gardner.

M. Pissis [1]. Elle comprend 13 feuilles de 90 centimètres sur 50, qui représentent chacune une province [2]; elle est gravée sur cuivre à $\frac{1}{250\,000}$, et la projection adoptée est celle de Flamsteed modifiée. Les coordonnées géographiques des principaux points ont été fixées par une triangulation qui a été achevée en 1865 et qui couvre une surface de 165 000 kilomètres carrés; une chaîne méridienne, que cinq bases partagent en 4 tronçons et sur laquelle s'appuient tous les autres triangles de premier ordre [3], coupe en deux parties à peu près égales, du 27e au 38e parallèle, l'espace compris entre la ligne de faîte des Andes et la mer.

Pour le levé topographique de la chaîne des Andes, où il n'est pas possible de faire des stations prolongées, on s'est servi comme points de repère des sommets les plus élevés, dont la position avait été fixée avec soin par des mesures angulaires prises du plus grand nombre possible de points de premier ordre. Les minutes sont à $\frac{1}{100\,000}$. Au sud du 38e parallèle, M. Pissis n'a pu continuer la triangulation, et il a dû se contenter de fixer les points principaux par des observations astronomiques; il a fait ainsi la carte des 75 000 kilomètres compris entre le 38e et le 42e degré de latitude sud [4].

Le même savant a fixé astronomiquement en 1869 un grand nombre de positions géographiques, comme bases de la carte du désert d'Atacama.

Brésil. — L'empire du Brésil est trop vaste pour qu'on puisse de longtemps en avoir la carte topographique; depuis une quinzaine d'années, on a cependant levé avec soin les principaux fleuves (Amazone, haut San Francisco, etc.) et on se propose d'exécuter

(1) Il n'existait auparavant qu'une carte itinéraire de Santiago à Buenos-Ayres (1810), celles publiées dans l'ouvrage de Gay et les cartes marines espagnoles et anglaises, ces dernières par Fitz-Roy.

(2) En 1867, 8 feuilles étaient gravées pour la planimétrie et la lettre, mais aucune n'était complète.

(3) Il y a 81 sommets de premier ordre.

(4) On peut encore citer comme intéressants pour la topographie de ce pays le levé du cours de plusieurs rivières et celui du lac de Llanquihué faits récemment dans le sud du Chili par le commandant Gomaz.

Gr. II. — Cl. 16.

prochainement une triangulation qui doit servir de base aux futurs travaux géographiques.

Plans de villes. — Toutes les grandes villes de l'Europe ont aujourd'hui des plans officiels à très grande échelle qui comprennent tout à la fois la topographie, l'hydrographie et les travaux d'édilité, et qui sont d'une utilité incontestable. Il serait impossible, et en tout cas inutile, d'en faire l'énumération complète. Nous ferons toutefois remarquer que les Îles Britanniques sont de tous les pays le plus riche sous ce rapport.

Au 1er octobre 1878, l'*Ordnance Survey* du Royaume-Uni avait publié les plans de 119 des principales villes de l'Angleterre et du pays de Galles à $\frac{1}{500}$ ou $\frac{1}{528}$ (1) et de 59 à $\frac{1}{1\,056}$ (2), de 45 des principales villes de l'Écosse à $\frac{1}{500}$ (3) et de 14 à $\frac{1}{1\,056}$ (4), de 50 des principales villes de l'Irlande à $\frac{1}{500}$ (5), de 63 à $\frac{1}{1\,056}$: il y en a 15 autres qui ne sont pas encore mis en vente (6), et 27 à $\frac{1}{2\,640}$ ou $\frac{1}{5\,280}$ qui ne sont pas encore gravés.

Parmi les plus récents publiés dans les autres pays de l'Europe, nous pouvons citer le plan de Stockholm levé à $\frac{1}{1\,000}$ par le corps topographique et réduit à $\frac{1}{6\,000}$ (1870), celui de Bruxelles à $\frac{1}{5\,000}$ en

(1) Soit en tout 2 117 feuilles de 1m 06 sur 0m 72. Les plans les plus importants sont ceux de Birkenhead en 81 feuilles, de Brighton et de Chatham, chacun en 55 feuilles, de Chester en 39 feuilles, de Hastings en 38 feuilles, de Mertyr-Tydfil en 67 feuilles, de Newcastle on Tyne en 33 feuilles, de Plymouth en 99 feuilles, de Portsmouth en 53 feuilles, de Southampton en 40 feuilles, de Sunderland en 35 feuilles et de Woolwich en 23 feuilles.

(2) Soit en tout 1 076 feuilles. Le plan de Londres comprend 460 feuilles; on en publie une nouvelle édition avec les limites des maisons, qui doit remplacer la précédente et dont il a paru jusqu'à ce jour 326 feuilles : on a des réductions de ce plan à $\frac{1}{2\,500}$ en 85 feuilles, à $\frac{1}{5\,280}$ en 43 feuilles et à $\frac{1}{10\,560}$ en 15 feuilles. On doit encore citer, parmi les plans à $\frac{1}{1\,056}$, celui de Liverpool en 50 feuilles, celui de Manchester en 49 feuilles et celui de Sheffield en 36 feuilles.

(3) Soit en tout 904 feuilles. Les plans les plus importants sont ceux de Glascow en 216 feuilles (il y en a une réduction à $\frac{1}{2\,500}$ en 12 feuilles), de Dundee en 111 feuilles et d'Aberdeen en 55 feuilles.

(4) Soit en tout 133 feuilles parmi lesquelles on doit citer les 54 qui composent le plan d'Édimbourg.

(5) Soit en tout 657 feuilles. Les plus importants sont ceux de Galway en 48 feuilles et de Londonderry en 36 feuilles; on a une réduction de ce dernier à $\frac{1}{2\,5000}$ en 7 feuilles.

(6) Soit en tout 246 feuilles. Les plus importants sont ceux de Belfast en 62 feuilles, de Cork en 35 feuilles et de Dublin en 33 feuilles.

35 feuilles qui est une vraie carte hypsométrique, celui de Vienne à $\frac{1}{720}$ et à $\frac{1}{1\,440}$, celui de Budapest à $\frac{1}{2\,500}$[1], celui de Madrid à $\frac{1}{2\,000}$ en 16 feuilles avec courbes de niveau à l'équidistance de 1 mètre (1874)[2] et celui de Lisbonne à $\frac{1}{1\,000}$ en 63 feuilles et sa réduction à $\frac{1}{5\,000}$ avec courbes de niveau à l'équidistance de 5 mètres; enfin l'exposition spéciale de la Ville de Paris contenait toute une série de plans, plans rétrospectifs, plans cavaliers et plans géométriques, qui permettaient d'étudier notre grande cité dans toutes ses transformations et dans tous les détails de son organisation[3]. Le Dépôt de la guerre a publié le plan à $\frac{1}{20\,000}$ de 49 villes de France.

Un éditeur français, M. Fayard, a réuni en atlas la collection de 160 plans de villes, dont 80 françaises et 80 étrangères, avec un texte explicatif. C'est un essai intéressant, quoique l'exécution laisse à désirer.

Hors de l'Europe, nous devons mentionner un certain nombre de plans intéressants, ceux d'Alger à $\frac{1}{4\,000}$ par MM. Samary et Ricard et à $\frac{1}{20\,000}$ en quatre couleurs par le Dépôt de la guerre (1870), celui de Bône par le Dépôt de la marine (1876), celui de Sidi-Bel-Abbès à $\frac{1}{20\,000}$ à trois époques différentes (1845, 1855 et 1876), celui de la ville du Cap par M. J. Mosenthal, ceux de Khiva, de Tachauz, de Tchimbay, de Pétro-Alexandrowsk, de Tachkend, de Samarkand, de Kouldja, etc., dressés par les Russes dans l'Asie centrale, celui de Jérusalem à $\frac{1}{2\,500}$ avec courbes et à $\frac{1}{10\,000}$ avec hachures, celui de Pékin levé par M. l'enseigne de vaisseau Lapied[4], celui de

(1) L'ingénieur qui a fait les levés à l'échelle de $\frac{1}{250}$, M. Halacsy, exposait en outre un plan cadastral de la même ville à $\frac{1}{1\,440}$ en 229 feuilles lithographiées, où le nivellement est représenté par des courbes de niveau équidistantes de 1 mètre, et un plan hypsométrique à $\frac{1}{7\,200}$ environ.

(2) Ce plan est gravé sur pierre et imprimé en 3 couleurs ; on y trouve indiqués toutes les maisons avec le nombre de leurs étages et leur numéro, les édifices publics avec leur distribution intérieure, le nom des rues, les arbres des promenades et des jardins, les conduites d'eau et de gaz, les candélabres, etc.; rien n'y est omis. Il en existe une réduction à $\frac{1}{5\,000}$ en 3 feuilles.

(3) On a le plan de Paris comprenant les bois de Boulogne et de Vincennes à $\frac{1}{5\,000}$ et une réduction à $\frac{1}{10\,000}$.

(4) La ville de Pékin mesure 8 473 mètres du nord au sud sur une largeur moyenne de 7 000 mètres; son enceinte a 33 kilomètres.

Gr. II. — Cl. 16.

Yeddo gravé au Japon en 1854 et réimprimé en 1874, celui de Saïgon et, dans l'Inde[1], ceux de Calcutta à $\frac{1}{10\,560}$, de Delhi à $\frac{1}{5\,280}$ et à $\frac{1}{10\,560}$, de Lahore à $\frac{1}{10\,560}$ et à $\frac{1}{21\,120}$ et de Bombay en 172 feuilles à $\frac{1}{480}$ pour la ville et à $\frac{1}{1\,200}$ pour la campagne[2], celui de Montréal à $\frac{1}{2\,800}$. Nous terminerons en citant le plan de New-York à $\frac{1}{600}$, exposé par MM. Perris et Brown, qui forme douze gros volumes du prix de 3 250 francs, et qui a été dressé dans le but de permettre aux Compagnies d'assurances de se rendre immédiatement compte des risques que présente chaque affaire. On y voit en effet d'un coup d'œil, au moyen de signes conventionnels, quelle est la valeur de la maison, avec quels matériaux elle a été construite, quelles sont les industries qu'on y exerce, s'il existe dans l'immeuble ou dans son voisinage immédiat des machines à vapeur, etc. Ce plan, qui, dispensant les Compagnies d'entretenir des inspecteurs, leur permet de diminuer les frais de gestion, est constamment tenu au courant par les éditeurs au moyen de petits cartons que les souscripteurs reçoivent au fur et à mesure des changements et qu'ils collent eux-mêmes à la place indiquée[3].

§ 3. — CARTES À ÉCHELLE MOYENNE ET CARTES À PETITE ÉCHELLE.

Les travaux géodésiques et topographiques qui sont nécessaires pour l'établissement de la carte complète d'un pays n'ont encore été exécutés, comme nous venons de le voir, qu'en Europe, dans l'Inde, dans quelques parties de l'Asie centrale, à Java, aux États-Unis et au Chili; les cartes à grande échelle qui en sont le résultat

(1) Nous ne pouvons naturellement pas donner ici l'énumération des nombreux plans de cantonnements publiés par le service topographique de l'Inde, ni ceux des villes d'importance secondaire.

(2) Ce plan, qui a été dressé par le colonel Laughton en 1872, comprend toute l'île de Bombay, soit une surface de 57 kilomètres carrés; le relief du terrain y est figuré par des courbes à l'équidistance de 3 mètres. La dimension des feuilles est de 91 centimètres sur 61. On en a une réduction à l'échelle de $\frac{1}{1\,800}$ en 2 feuilles de 1^{m} 98 sur 1^{m} 82.

(3) Plusieurs autres villes des États-Unis ont aujourd'hui des plans (*Insurance maps*) analogues à celui de New-York. En Finlande, M. Kjerström a dressé un plan détaillé d'Helsingfors dans le même but.

sont une base sûre pour les publications géographiques de ces diverses régions. Partout ailleurs, les éléments scientifiques manquent; la plupart des autres contrées n'étant connues, en effet, que par des itinéraires isolés, par des relevés de côtes ou même souvent par de simples renseignements, il n'est pas possible de les représenter dans tous leurs détails avec une exactitude rigoureuse; on se contente de reporter sur le papier les localités importantes au moyen de leur longitude et de leur latitude, ou, à défaut d'observations d'astres, au moyen des indications que fournissent les voyageurs.

Les cartes géographiques sont donc de deux ordres très différents : les unes exactes et plus ou moins détaillées suivant la grandeur de l'échelle, mais immuables quant au figuré du terrain et à la position relative des villes; les autres plus ou moins parfaites suivant le nombre et la valeur des renseignements que l'on possède et appelées à recevoir des modifications continuelles.

Les cartes géographiques se divisent en cartes chorographiques, qui sont établies à une échelle moyenne (de $\frac{1}{100\,000}$ à $\frac{1}{600\,000}$) sur un ensemble d'éléments scientifiques et qui donnent l'aspect d'une région dans ses principaux traits, et en cartes géographiques proprement dites, dont l'échelle est inférieure à $\frac{1}{600\,000}$ et qui ne retracent plus que les grandes lignes générales.

Le principal mérite des cartes chorographiques consiste dans la *composition*, c'est-à-dire dans le choix habile des traits caractéristiques utiles pour l'usage auquel elles sont destinées. Les cartes à échelle moyenne ne comportent point naturellement tous les détails qui existent sur les cartes à grand point; on ne doit y conserver que ceux qui peuvent y être introduits sans confusion, et, pour que les formes d'ensemble apparaissent nettes et précises, il faut que l'élimination soit faite avec méthode. Sous ce rapport, les cartes de chaque pays ont leur cachet spécial; en France, on a toujours fait preuve d'un grand sens critique, et la Suisse nous a imités; en Allemagne, en Suède, en Angleterre, en Hollande au contraire, on accumule tant de détails et d'inscriptions qu'ils se confondent, fatiguent la vue et rebutent le lecteur. On peut reprocher à beaucoup de savants géographes de gâter l'effet général

Gr. II. — Cl. 16.

de leur dessin par la multiplicité des détails qu'ils y introduisent et qui ne sont pas proportionnés à la grandeur du format.

Les cartes à aussi grandes dimensions que les cartes topographiques ne peuvent être d'un usage courant. Les cartes chorographiques, qui elles-mêmes du reste ne sont pas toujours faciles à consulter dans leur ensemble, sont non seulement utiles aux officiers et même au public à qui elles permettent de juger rapidement la configuration du sol d'un pays, mais elles rendent de grands services aux cartographes pour qui elles sont un modèle sûr et peu coûteux. C'est dans les publications topographiques que l'on en trouve les éléments, et le plus souvent elles sont l'œuvre des gouvernements qui depuis quelques années ont compris toute l'importance de ces vues d'ensemble. La plupart des États de l'Europe ont aujourd'hui la carte chorographique de leur territoire, sinon complètement achevée, au moins en cours d'exécution.

Nous nous occuperons en même temps des principales œuvres cartographiques qui ont pour base soit les cartes précédentes d'une précision mathématique, soit les tracés moins exacts des voyages en pays lointains, et pour but la diffusion des sciences géographiques.

Les difficultés de méthode, tant pour l'orographie que pour la planimétrie, qui ont tant d'importance dans les cartes à grand point, s'amoindrissent et disparaissent même tout à fait à mesure que l'échelle diminue. L'artiste est bien plus libre, en effet, lorsqu'il a à dessiner une carte chorographique et surtout une carte géographique de petites dimensions que lorsqu'il s'agit d'une carte topographique où rien ne doit être omis et où tous les détails doivent être rendus avec une exactitude mathématique. Le mode de représentation du terrain au moyen des courbes de niveau, qui prévaut aujourd'hui avec raison pour les cartes à très grande échelle, n'a plus la même raison d'être pour les cartes à échelle réduite, où il ne peut être question d'étudier des tracés et où il faut avant tout que le relief du sol ressorte d'une façon saisissante et qu'on ait à première vue une idée nette et vraie de la configuration générale du pays. Le système qui convient le mieux pour ce but est sans contredit celui des hachures tracées dans l'hypothèse de la lumière oblique, dans lequel les montagnes éclairées d'un côté et ombrées de l'autre produisent des effets pittoresques heureux; il montre le pays tel qu'on le verrait à vol d'oiseau [1]. En combinant la courbe, qui mesure l'inclinaison de la pente, avec des teintes éclairées par la lumière oblique, qui peignent les accidents du terrain, on obtient un système mixte qui exige moins de dépenses que le précédent et qui est employé assez avantageusement par les officiers du génie français, par M. Mullhaupt, etc. On a aussi essayé de tracer des courbes dont la tranche est claire du côté de la lumière et ombrée du côté opposé, mais c'est un procédé inférieur au précédent.

On se sert beaucoup aujourd'hui de cartes dites *hypsométriques* qui donnent une idée complète du relief d'un pays au moyen d'une série de teintes superposées dont le nombre, et par conséquent l'intensité, varient en raison de l'altitude des lieux. Ces teintes, qui sont graduées de manière à conduire insensiblement le lecteur des plaines aux sommets des hautes chaînes de montagnes, imitent d'ordinaire la couleur naturelle des régions qu'elles représentent. Les cartes hypsométriques ont une importance réelle, autant pour l'enseignement de la géographie que pour l'intelligence d'une région : elles montrent à première vue toutes les zones altitudinales caractéristiques, et elles sont d'un grand secours pour la plupart des recherches scientifiques, surtout pour les études d'histoire naturelle; elles mettent en relief la manière dont toutes les eaux se répartissent à la surface du sol et indiquent les points par lesquels doivent forcément passer les voies de communication. Leur étude est donc très profitable à tous les points de vue, scientifique, industriel, commercial, militaire et historique. Ce genre de cartes a été l'objet de travaux d'un grand intérêt de la part de plusieurs savants, de Koristkha, du général Hauslab, etc.

Grande-Bretagne et Irlande. — Les Bureaux topographiques du Royaume-Uni de la Grande-Bretagne et de l'Irlande ont commencé la publication de cartes à $\frac{1}{633\,360}$; celle de l'Irlande est ter-

[1] On doit toutefois éclairer par la lumière verticale les plaines, parce que la lumière oblique est impuissante à faire sentir de légers mouvements sur le côté éclairé.

Gr. II. — Cl. 16.

minée en une feuille; pour l'Angleterre et le pays de Galles, on n'a encore que la feuille de la région méridionale qui s'étend jusqu'à Liverpool : elle donne les principales villes, les voies de communication, etc., ainsi que la division des feuilles de la carte à $\frac{1}{63\,360}$. Deux cartes hydrographiques à la même échelle indiquent les limites des divers bassins des deux royaumes. Nous devons encore citer parmi les publications officielles : la carte hypsométrique de l'Irlande à $\frac{1}{633\,360}$; une autre du même pays à $\frac{1}{253\,240}$, qui en montre la configuration générale; la carte du bassin de la Tamise à la même échelle; les six comtés du nord de l'Angleterre, chacun en une feuille de 1 mètre sur 68 centimètres (ceux de Durham et de Westmoreland à $\frac{1}{126\,720}$, ceux de Cumberland et de Northumberland à $\frac{1}{190\,080}$, ceux de Lancaster et d'York à $\frac{1}{253\,440}$), et les 32 comtés de l'Irlande, chacun en une feuille à des échelles variant de $\frac{1}{95\,040}$ à $\frac{1}{190\,080}$.

M. Bartholomew a édité une carte de l'Écosse à $\frac{1}{126\,720}$, qui est une réduction de celle de l'*Ordnance Survey*.

Nous ne pouvons entrer ici dans le détail des nombreuses publications cartographiques faites par les divers éditeurs anglais. L'exposition de M. Edward Stanford était soignée et contenait diverses cartes des Iles Britanniques qui ont appelé l'attention des visiteurs; les appareils mécaniques sur lesquels elles étaient enroulées sont ingénieux et commodes.

Norwège. — Le Bureau topographique de Christiania exposait une carte générale de la Norwège à $\frac{1}{400\,000}$, chromolithographiée en cinq couleurs, où le relief du sol est figuré par des courbes de niveau qui ne ressortent pas assez sous les teintes à l'estompe qui en remplissent les intervalles. Il y avait aussi une carte intéressante donnant les divisions ecclésiastique, militaire, administrative et judiciaire de ce royaume.

Suède. — L'État-major suédois a commencé en 1865 la publication d'une carte générale de la Suède à $\frac{1}{1\,000\,000}$, en 3 feuilles, dont 2 sont aujourd'hui terminées.

On peut, en outre, citer plusieurs œuvres particulières : la carte de la Scandinavie et de la Finlande. à $\frac{1}{1\,000\,000}$, par M. Backhoff; celle du gouvernement d'Orebro, à $\frac{1}{430\,000}$, par M. Norman (1868); celle du Jemtland, à $\frac{1}{500\,000}$, par M. Westrell; celle d'Helsingland, à $\frac{1}{200\,000}$, par Widmark; celle de la Norrbothnie, à $\frac{1}{1\,000\,000}$, par M. C.-A. Pettersson. M. le major Hahr a publié une bonne carte physique et politique de la Suède centrale et méridionale, à $\frac{1}{500\,000}$, en 8 feuilles, et une de la Suède septentrionale, à $\frac{1}{1\,000\,000}$, en 2 feuilles (1870)[1].

Danemark. — Pour le Danemark, on a, outre les cartes générales à $\frac{1}{100\,000}$ dont nous avons parlé plus haut, les cartes photolithographiées de M. Budz-Müller, celle de M. Both, les cartes d'arpentage et de géognosie de l'inspecteur Show qui sont remarquables par leur exactitude et par leur exécution, celle de la péninsule de Jutland par M. Mansa, etc.

Russie. — M. Gylden, du Bureau d'arpentage d'Helsingfors, a publié en 1873 une carte de la Finlande à $\frac{1}{400\,000}$ en 30 feuilles; elle a pour base les déterminations astronomiques faites de 1863 à 1872 et de nombreux levés spéciaux qu'il a coordonnés pour la première fois. Le relief du sol n'y est peut-être pas représenté avec tout le soin désirable.

La grande carte officielle de la Russie d'Europe à $\frac{1}{420\,000}$, dressée d'après la projection de Gauss, qui a été commencée en 1865 par le colonel Strelbitzky et qui comprendra 152 feuilles, est à peu près terminée; plus de 100 sont déjà publiées. Le terrain y est figuré à l'aide de hachures tracées dans l'hypothèse de la lumière zénithale; mais il n'y a point de cotes de hauteur. On s'occupe en ce moment des feuilles du Caucase et de celles de la frontière occidentale. Il en existe deux éditions : l'une qui est tirée directement en noir des planches de cuivre; l'autre qui est tirée en chromolithographie au moyen de reports sur pierre[2]. Le Dépôt de la

(1) La première de ces cartes est gravée sur cuivre et l'autre sur pierre.

(2) Cette carte est appelée à remplacer celle à $\frac{1}{840\,000}$, en 114 feuilles, qui a été corrigée en 1815, et celle à $\frac{1}{1\,680\,000}$, en 12 grandes feuilles, publiée en 1832 par la Société de géographie de Saint-Pétersbourg, qui a jusqu'ici été l'une des sources prin-

Gr. II. — Cl. 16.

guerre de France en publie une copie traduite du russe, dont il a paru 35 feuilles.

En 1868, on a dressé une carte officielle de la Pologne en 4 feuilles qui donne la nouvelle division administrative de ce royaume en dix gouvernements et en cercles.

Nous devons encore citer la carte spéciale du gouvernement d'Orenbourg à $\frac{1}{420\,000}$ en 79 feuilles et celle de la circonscription militaire et du gouvernement de Samara à $\frac{1}{680\,000}$ en 6 feuilles [1].

M. Mousnitsky a établi deux bonnes cartes hypsométrique et hydrographique de la Russie, à $\frac{1}{2\,520\,000}$. La carte du même empire à $\frac{1}{3\,000\,000}$, en 4 feuilles, par MM. Arnd et Delitsch (publiée par l'Institut de Weimar), est très claire, et les montagnes y sont représentées au moyen de cinq teintes. Nous ne pouvons non plus oublier la carte de l'Europe orientale à $\frac{1}{3\,700\,000}$ en 6 feuilles par Petermann, qui est justement appréciée [2].

Allemagne. — Pour l'Europe centrale, nous devons citer la carte de Reymann, à $\frac{1}{200\,000}$, qui est le plus grand travail de ce genre dû à l'industrie privée [3], celle de Liebenow à $\frac{1}{300\,000}$, dont 81 feuilles ont paru sur 164 [4], celle du colonel Scheda à $\frac{1}{576\,000}$, en 47 feuilles, qui a été terminée en 1876, et la même amplifiée par l'héliogravure à $\frac{1}{300\,000}$ et mise au courant par l'Institut géographique de l'Autriche [5].

cipales de la cartographie russe et qui est, du reste, tenue au courant. On a aussi, depuis 1840, la carte de la partie occidentale de l'empire à $\frac{1}{420\,000}$, en 65 feuilles, dressée sous la direction du général Schubert et qui est constamment mise à jour.

(1) Ces deux cartes ont été dressées et lithographiées à Orenbourg.

(2) Cette carte fait partie de l'atlas Stieler. Elle comprend, outre la Russie, la Suède, la Norwège, la Turquie et le Caucase.

(3) Commencée en 1862 par le capitaine Reymann et continuée par le colonel Oesfeld, cette carte a été terminée par M. Handtke. En 1867, il y avait 405 feuilles terminées. Elle est très exacte; mais les auteurs n'ayant rien sacrifié de ce qui existait sur les modèles à grand point, le trop grand nombre des détails nuit à l'effet général et à la clarté; en outre, elle n'a pas une grande homogénéité, ayant été établie avec des matériaux d'une valeur nécessairement inégale.

(4) Le relief du terrain y est exprimé au moyen de hachures de couleur bistre; le reste de la carte est en noir. Cette carte se publie à Hanovre.

(5) Cette carte, qui comprendra 192 feuilles du prix de 1 fr. 50 cent. l'une, est imprimée en deux couleurs. Elle est exacte et facile à lire; 157 feuilles sont publiées aujourd'hui.

Mentionnons encore comme cartes générales celle du nord-ouest de l'Allemagne à $\frac{1}{300\,000}$, en 8 feuilles, par Liebenow, qui est imprimée en deux couleurs [1], et celle du sud-ouest de l'Allemagne à $\frac{1}{250\,000}$, en 25 feuilles, par le Bureau topographique de Munich [2], qui, avec la précédente, donne une bonne idée de toute la portion occidentale de l'empire et qui, terminée depuis 1867, est tenue au courant. L'Institut géographique de l'Autriche a aussi exécuté une excellente carte à $\frac{1}{288\,000}$, en 12 feuilles, qui comprend l'Allemagne du sud-ouest jusqu'à la France. Toutes ces cartes chorographiques ont une valeur réelle.

M. le capitaine Schlacher publie une carte de l'Europe centrale à une échelle beaucoup moindre, à $\frac{1}{2\,200\,000}$. La carte hypsométrique de la même région, par M. Steinhauser, est intéressante, mais elle est d'un aspect un peu lourd [3]; bien que les plaines de la Hongrie, du grand-duché de Vienne, du Wurtemberg, de l'Alsace, etc., ressortent nettement, il manque quelques clartés jetées çà et là au sommet des chaînes pour réveiller le tableau.

Le Dépôt de la guerre de France a entrepris tout récemment une carte de l'Europe centrale à $\frac{1}{600\,000}$, qui est en cours d'exécution et qu'on grave sur cuivre. Il a publié en 1876 une seconde édition de la carte de cette même région à $\frac{1}{320\,000}$, qui fait suite à la carte générale de la France à la même échelle [4]; 28 feuilles imprimées en couleur sont paru; mais elle a été exécutée assez rapidement et n'a pu être étudiée avec tout le soin nécessaire. Il a, en outre, terminé quelques feuilles imprimées en couleurs d'une carte à $\frac{1}{200\,000}$ de la région rhénane.

Les deux cartes de l'Allemagne en neuf feuilles chacune par M. Kiepert et par M. Petermann, qui sont destinées à l'usage général, méritent tout particulièrement d'être citées; elles donnent

[1] Le relief du sol y est dessiné au crayon lithographique.

[2] Le Dépôt de la guerre de Vienne a publié antérieurement une carte de la même région à $\frac{1}{288\,000}$.

[3] La gradation des teintes est assez bien choisie. Les zones sont divisées ainsi qu'il suit : 0,33, 100, 150, 200, 300, 400, 500, 700, 1 000, 1 500, 2 000, 2 500, etc.

[4] Cette carte s'étend jusqu'à la Vistule. Elle a été commencée en 1866; l'orographie y est rendue par des teintes dégradées, obtenues au moyen de l'estompe et du crayon lithographique.

Gr. II. — Cl. 16.

avec netteté les grands traits physiques de l'empire. M. Ravenstein en a établi une à $\frac{1}{850\,000}$, en 12 feuilles.

Comme cartes spéciales, nous devons mentionner celle de la Prusse à $\frac{1}{600\,000}$ éditée par Reimer et celle de la Bavière dressée par le Bureau topographique bavarois à $\frac{1}{250\,000}$; cette dernière est une carte altimétrique très claire. M. Steinhauser et M. Mayr ont publié chacun une bonne carte des Alpes, l'une en 9 feuilles à $\frac{1}{500\,000}$, l'autre en 8 feuilles; le premier de ces géographes a en outre établi une carte hypsométrique de la même région à $\frac{1}{700\,000}$. M. Glas, de Munich, est l'auteur d'une bonne carte des Alpes centrales à $\frac{1}{250\,000}$.

Hollande. — L'Institut topographique néerlandais a établi deux belles cartes chorographiques des Pays-Bas, toutes deux gravées sur pierre, l'une à $\frac{1}{200\,000}$, en 8 feuilles, imprimée en noir, l'autre à $\frac{1}{600\,000}$ imprimée en couleurs par le procédé Eckstein; elles forment l'utile complément de la carte topographique. La comparaison de la carte de ce pays en 1576, qui était exposée dans la section hollandaise, avec celle d'aujourd'hui montre les conquêtes qui ont été faites sur la mer au prix des plus grands efforts.

Belgique. — Le Dépôt de la guerre belge a publié en 1871 une carte du royaume en 4 feuilles, à $\frac{1}{160\,000}$, avec courbes équidistantes de 20 mètres[1], qui est suffisamment détaillée, tout en étant peu volumineuse; elle est imprimée en couleurs. Un exemplaire est délivré à tous les officiers et même aux sous-officiers intelligents de l'armée belge. Cette carte est claire et précise, ce qui était, il est vrai, plus facile en Belgique qu'ailleurs à cause de l'absence de grands accidents de terrain. Une carte hypsométrique, basée sur la précédente et à la même échelle, donne, au moyen d'une série de

[1] Les courbes de 100 mètres en 100 mètres ont le trait un peu plus fort; celles du sommet sont représentées par des traits pointillés. Les lignes de partage des bassins sont indiquées en bistre, et les parties mamelonnées des versants qui ont une importance militaire sont teintées en rose pâle. Il y en a une édition dont l'impression est en noir avec courbes en bistre; une autre édition spéciale donne tous les renseignements statistiques nécessaires pour organiser les marches et établir les cantonnements des troupes en cas de mobilisation de l'armée.

teintes, une idée complète du relief de la Belgique : on y a indiqué en bleu la partie du pays qui serait recouverte par les eaux, si la mer, rompant les digues, s'étendait librement à marée haute.

Suisse. — La cartographie suisse est célèbre à juste titre. Les progrès ont été grands depuis les premières ébauches dues à Sébastien Munster, à Jean Stumpf, à Egidius Tschudi, à Gyger, et depuis l'atlas établi par Meyer à la fin du XVIIIe siècle, où l'orographie, fort éloignée de la vérité, se trouvait indiquée en projection horizontale avec des hachures ombrées à effet; c'est à Keller que revient le mérite d'avoir dressé les premières bonnes cartes routières et d'enseignement, qui du reste ont été à peu près les seules employées pendant un demi-siècle [1].

Parmi les productions cartographiques de ces dix dernières années, on doit surtout citer : la carte fédérale à $\frac{1}{250\,000}$, en quatre feuilles [2], qui est la réduction de la grande carte du général Dufour, et que distingue sa composition faite avec une méthode sûre; la carte générale à $\frac{1}{1\,000\,000}$, qui est claire et d'une lecture facile; les cartes physique et hydrographique à $\frac{1}{400\,000}$, lithographiées par M. Leuzinger, qui donnent une idée précise de la Suisse [3].

Le colonel de Mandrot exposait une bonne carte du Valais à $\frac{1}{200\,000}$, très détaillée et d'un travail fin, et une autre du canton de Neufchâtel à trois échelles différentes, $\frac{1}{50\,000}$, $\frac{1}{100\,000}$ et $\frac{1}{160\,000}$, où le relief du sol est exprimé au moyen de courbes renforcées et ombrées sur les versants orientaux.

M. Ziégler a dressé une excellente carte hypsométrique de la Suisse à $\frac{1}{138\,000}$, où les hauteurs sont divisées en neuf zones [4] : on y

(1) Les cartes routières modernes, telles que celles de M. Leuzinger et de MM. Wurster et Randegger, sont naturellement plus parfaites que celles de Keller, mais elles ont bénéficié de toutes les publications modernes; si, du reste, l'orographie y est plus complète et mieux traitée, elles ne sont pas aussi claires.

(2) La dernière feuille a été publiée au mois de février 1874, mais la région située au sud du lac de Genève était en blanc; on vient de compléter cette lacune en y ajoutant une partie de la Savoie et du Piémont.

(3) La première est ombrée uniquement au moyen de courbes très rapprochées, presque contiguës, qui font assez bien ressortir le relief du sol; dans la seconde, qui est imprimée en couleurs, l'ombre est complétée en grisaille, et les eaux sont en bleu.

(4) Les terres arables y sont indiquées en gris et en jaune pâle, la région des prairies

Gr. II.
—
Cl. 16.

voit à la première vue que la moitié du territoire est seule habitable; cette carte est, du reste, très complète à tous les points de vue : les rivières, les lieux habités, les voies de communication, etc., y sont indiqués et l'orographie y est exprimée au moyen de hachures qui n'éteignent pas les teintes hypsométriques.

Une carte encore manuscrite de la région des Alpes et des Apennins dressée par M. Randegger a attiré l'attention du Jury: on y distinguait bien la plaine lombarde, et les bassins du Rhône et du Rhin ressortaient nettement.

La carte de Suisse de Nichols en 4 feuilles à $\frac{1}{253\,440}$, qu'a publiée le Club alpin anglais, donne dans le plus grand détail tous les pics, passages et glaciers des Alpes; elle contient diverses additions et modifications à la carte de l'État-major suisse et elle renferme plusieurs vallées piémontaises dont les levés sont dus aux membres de ce club, notamment dans le massif du Grand-Paradis, sur le versant sud de la chaîne du mont Rose, dans le massif de l'Ortler, dans celui de l'Adamello, etc.

Enfin, nous devons des éloges à la belle carte de Suisse à $\frac{1}{67\,3585}$, si admirablement gravée par M. C.-E. Collin sous la direction de M. Vivien de Saint-Martin et éditée par MM. Hachette et Cie; c'est un des chefs-d'œuvre de la cartographie. Nous regrettons toutefois que, suivant une ancienne méthode aujourd'hui abandonnée par la plupart des géographes, on n'ait donné qu'une planimétrie insignifiante pour les pays limitrophes. La carte à $\frac{1}{925\,000}$ de M. Vogel (atlas de Stieler), qui est aussi fort bonne, est d'un travail moins fin et d'un aspect plus lourd.

Autriche-Hongrie. — Pour l'empire d'Autriche-Hongrie, nous avons l'excellente carte du colonel Scheda à $\frac{1}{576\,000}$ en 20 feuilles, qui était déjà presque terminée en 1867 et dont l'Institut géographique publie une reproduction amplifiée à $\frac{1}{300\,000}$ par la photolithographie; la gravure, qui est très fine, donne un peu de dureté à l'ensemble. Le même auteur en a publié en 1875 une

en vert, celle des pâturages en vert foncé, et celle des rochers en jaune orangé. Des cotes nombreuses indiquent les altitudes: elles sont imprimées en bleu, sauf pour les lieux où sont installées des stations météorologiques.

réduction en 4 feuilles à $\frac{1}{1\,000\,000}$. Nous citerons encore les cartes générales de provinces à $\frac{1}{288\,000}$ et la carte routière à $\frac{1}{432\,000}$. La nouvelle carte du touriste à $\frac{1}{129\,600}$ par M. Maschek, qui donne la partie de la chaîne des Alpes comprise entre Salzbourg et Murzuschlat et dont nous avons déjà parlé plus haut, est bien gravée; elle est basée sur l'ancienne carte de l'État-major autrichien. La carte de la Galicie et de la Bukovine en 11 feuilles, à $\frac{1}{288\,000}$, qui a été publiée en 1868 d'après les levés des officiers autrichiens et qu'accompagnent des tableaux statistiques, présente de l'intérêt, ainsi que celles à $\frac{1}{432\,000}$ de la Bohême, de la Moravie et de la Silésie, de l'archiduché d'Autriche et du Salzbourg par M. Steinhauser.

L'Imprimerie royale de Budapesth a publié une bonne carte des monts Tatra. Citons encore comme utiles à la connaissance géographique de l'empire les cartes des diverses provinces de l'Autriche-Hongrie, dressées à l'échelle de $\frac{1}{36\,000}$ par les soins du Ministère des finances, et où sont indiqués en détail les terres arables, les bois, les prairies, les vignobles, les terrains incultes, les villes, les villages, les routes, les divisions politiques et administratives, etc., ainsi que diverses cartes hypsométriques donnant la région des Tatra, l'Autriche-Hongrie (par Streffleur et Steinhauser [1]), la basse Autriche à $\frac{1}{115\,200}$ en 9 feuilles (par le Ministère des finances, en 1872), etc.

Turquie. — Nous avons vu que la carte de la Turquie n'est pas établie sur les données précises de la géodésie, mais seulement sur des déterminations astronomiques isolées, sur les itinéraires plus ou moins exacts des voyageurs, sur les reconnaissances partielles faites par des officiers russes ou autrichiens et sur les documents qu'ont réunis les ingénieurs des compagnies de chemins de fer. Aussi n'est-il pas étonnant qu'il existât tout récemment encore sur les meilleures cartes de ce pays des fleuves et des villes imaginaires [2]. L'oro-

[1] Cette carte est à $\frac{1}{846\,000}$ en 4 feuilles (1873).

[2] M. Kanitz a vainement cherché, par exemple, dans la Bulgarie occidentale le fleuve Smerden et les villes de Tchibil et de Pirsnik, qui étaient marqués jusque sur les cartes de Scheda et de Keith Johnston, tandis que d'autres localités importantes y manquent.

Gr. II. — Cl. 16.

graphie était aussi fort mal connue, il y a peu d'années : ce sont MM. Boué, Viquesnel, Grisebach, G. Lejean [1], Hahn, de Hochtetter, de Sterneck [2], etc. qui ont démontré la fausseté de l'hypothèse, acceptée jusque dans ces derniers temps, d'une chaîne coupant la Turquie de l'Adriatique à la mer Noire, et, si ces savants géographes n'ont pas entièrement débrouillé le chaos de ces montagnes, on peut dire cependant qu'ils les ont fait connaître dans leurs principaux traits. Grâce aussi aux gouvernements autrichien et russe, qui prennent grand soin de réunir tout ce qui peut faire connaître ce pays, on commence à avoir des notions assez précises sur une grande partie de ses provinces européennes.

M. Kiepert a publié sur cette région un certain nombre de cartes à grande échelle, celles de l'Épire et de la Thessalie à $\frac{1}{500\,000}$ [3], celle de la Roumélie orientale à $\frac{1}{540\,000}$ avec de nombreuses cotes d'altitude [4], celle de la Bulgarie en 2 feuilles qui est à la même échelle et qui lui fait suite, et, d'après les documents turcs, celle du district de Philippopolis à $\frac{1}{300\,000}$. La carte de la région des Balkans à $\frac{1}{625\,000}$ par M. F. Kanitz est intéressante à cause des données nouvelles qu'y a introduites ce savant ingénieur sur la partie occidentale de la Bulgarie qui était fort mal connue; depuis, en 1877, des officiers russes ont dressé une carte de cette province à $\frac{1}{714\,000}$. Nous n'avons pas à parler de la Valachie, qui a depuis longtemps sa carte à $\frac{1}{56\,000}$ en 106 feuilles et dont une réduction en 6 feuilles à $\frac{1}{288\,000}$ a été faite récemment par l'Institut autrichien. Aucune nouvelle carte spéciale de la Bessarabie moldave n'a paru depuis celle de Mornand à $\frac{1}{400\,000}$, qui date de 1856 et qui est assez bonne; pour la Serbie [5], la Bosnie, l'Herzégo-

[1] M. G. Lejean a fait des explorations importantes au point de vue géographique dans la zone des Balkans, dans les districts les moins connus de la Bulgarie, dans la Macédoine, la Thrace et la Thessalie.

[2] MM. de Sterneck ont parcouru la Bosnie et l'Herzégovine.

[3] Cette carte de l'Épire montre au premier coup d'œil les nombreux vides de la topographie actuelle.

[4] Au centre de la carte, sur la rive droite et sur la rive gauche de la Maritza, on remarque deux places blanches portant la mention : *Région inconnue.*

[5] La Serbie avait déjà en 1867 les éléments d'une bonne carte topographique, mais rien n'en a encore été publié. La carte du major Roskiewicz ne donne qu'une partie de ce pays.

vine [1] et le Monténégro [2], on n'a encore que la carte incomplète du major autrichien Roskiewicz, qui, publiée en 1865, a marqué à cette époque un grand progrès pour la géographie de ces contrées [3]. En Albanie, M. de Hahn a dressé, avec l'aide de M. Kiepert, une bonne carte des bassins du Drin et du Wardar, qui comprend tout le quadrilatère entre Duratzo, Salonique, Uskub et Scutari; le même auteur a publié une carte du bassin de la Morava [4] d'après les levés du major Zach (sans le figuré du terrain). M. Lehnert a tracé en 1872 une carte d'une partie de l'Albanie à $\frac{1}{300\,000}$, où il a apporté de nombreuses modifications à celle publiée en 1871 par M. Kiepert. Enfin, l'atlas publié par la Commission du Danube et les travaux de M. Desjardins sur les bouches de ce fleuve ont aussi leur utilité géographique.

Comme cartes générales, on doit principalement citer celle à $\frac{1}{600\,000}$, en 20 feuilles, de Handtke, où le relief du terrain est figuré au moyen de hachures; celle du colonel Artamanov, à $\frac{1}{420\,000}$, aussi en 20 feuilles [5]; celle de l'Institut militaire autrichien, à $\frac{1}{300\,000}$, en 32 feuilles, qui donne la Bosnie, l'Herzégovine, la Serbie, le Monténégro, l'Albanie et la Bulgarie [6]; celle de Scheda, à $\frac{1}{864\,000}$, en 13 feuilles [7]; celle de Kiepert, à $\frac{1}{1\,000\,000}$, qui a été entièrement refondue en 1871 [8], et enfin celles à petite échelle de M. Vivien de Saint-Martin, à $\frac{1}{3\,000\,000}$, et de Petermann, à $\frac{1}{2\,500\,000}$.

[1] Le Dépôt de la guerre de France a exécuté en 1876 une carte provisoire de l'Herzégovine qui était simplement destinée à suivre les opérations des insurgés contre la Turquie.

[2] La carte de Roskiewicz ne rend pas inutile celle de M. Caraczay, qui est moins précise pour l'ensemble, mais qui donne plus de détails.

[3] En 1868, a paru une réduction de cette grande carte.

[4] Les bassins des petits affluents qui aboutissent à la rive droite de la Morava bulgare sont, avec la vallée du Devol, la partie la plus inconnue de la Turquie.

[5] Cette carte remplace celle en 10 feuilles que l'État-major russe a fait graver en 1835, et dont une seconde édition a paru en 1855 sans l'orographie.

[6] La montagne est dessinée à l'estompe sur 18 feuilles, et au moyen de hachures sur les 14 feuilles de la Bulgarie orientale. Ces cartes font partie de la carte générale de l'Europe centrale.

[7] La première édition, dont M. Kiepert avait contesté l'exactitude (1869), a été mise au courant en 1876. Les montagnes y sont dessinées au crayon lithographique.

[8] Cette carte, dont la première édition date de 1854, a remplacé les anciennes cartes de Lapie, de Weiss et de Cotta.

Toutes ces cartes, bien qu'en notable progrès sur les précédentes, reposent encore sur des documents d'une valeur très inégale et sont appelées à recevoir de nombreuses modifications. Petermann a publié en 1877 une carte hypsométrique de la Turquie orientale à $\frac{1}{1\,000\,000}$.

Grèce. — Depuis la carte de Morée, levée par les officiers français de 1827 à 1845 et établie en 1852 à $\frac{1}{200\,000}$ en 20 feuilles, dont on a une réduction à $\frac{1}{600\,000}$, il n'y a eu aucune nouvelle publication géographique importante sur le royaume de Grèce.

Italie. — En Italie, les dix dernières années ont vu paraître une bonne carte des provinces napolitaines à $\frac{1}{250\,000}$ en 25 feuilles héliogravées, qui remplace avantageusement celle à $\frac{1}{640\,000}$ en 4 feuilles de l'ancien Bureau topographique de Naples, une carte routière à $\frac{1}{1\,000\,000}$ en 6 feuilles photolithographiées et une carte de la campagne romaine à $\frac{1}{250\,000}$ dans la *Monografia statistica di Roma e campagna.* Aucune nouvelle carte chorographique n'a été publiée depuis 1867 pour les régions du centre et du nord; il n'existe encore que celle du Piémont à $\frac{1}{250\,000}$ en 6 feuilles par le Dépôt de la guerre (1841-1852) [1], celle de la Toscane à $\frac{1}{200\,000}$ en 4 feuilles par le père Inghirami (1830), celle de la Sardaigne à $\frac{1}{250\,000}$ en 2 feuilles par A. de la Marmora (1839-1845), et plus récemment, mais à une échelle moindre, l'excellente carte chorographique de la haute Italie et de l'Italie centrale à $\frac{1}{600\,000}$, en 6 feuilles (1858-1864), par l'État-major.

Espagne. — On n'a encore pour l'Espagne que l'atlas à $\frac{1}{200\,000}$ du colonel Franz Coello [2], qui, en s'appuyant soit sur les levés sommaires faits par ses envoyés spéciaux, soit sur les documents

(1) Cette carte a remplacé celle de l'ingénieur Joseph Momo, qui était à $\frac{1}{254\,750}$ et en 4 feuilles (1818). Une réduction à $\frac{1}{500\,000}$ en 1 feuille a été publiée en 1846. On poursuit le dessin des feuilles qui doivent continuer, pour la haute Italie, la carte des États sardes.

(2) Les feuilles sont gravées sur acier et mesurent 1 mètre de largeur sur 0m 73 de hauteur.

existant dans les archives du royaume, a réussi par son initiative personnelle à combler une grande lacune dans les connaissances géographiques de l'Europe. Commencé en 1847, il n'est pas encore terminé; sur les 65 feuilles qui doivent le composer, 52 seulement ont paru; la gravure est bonne, et le relief, qui est figuré au moyen de hachures horizontales dont la grosseur et l'écartement varient en raison du degré de la pente [1], est expressif et a l'avantage de ne pas cacher les détails. Le Gouvernement a publié une carte routière à $\frac{1}{500\,000}$, qui est imprimée en couleurs, mais qui ne donne que la planimétrie. Comme carte à petite échelle, nous devons citer celle à $\frac{1}{1\,500\,000}$ en 4 feuilles de M. C. Vogel (1871-1872).

Portugal. — Nous avons déjà vu que comme le Gouvernement portugais ne possédait pas jusque dans ces derniers temps de carte du royaume suffisamment exacte pour les besoins des services publics, il s'est hâté d'en faire établir une aussi rapidement que possible au moyen de reconnaissances faites sur le terrain à l'aide de théodolites portatifs et exécutées avec une plus ou moins grande approximation suivant le relief et le boisement du sol. Cette carte, qui a été dressée à l'échelle de $\frac{1}{500\,000}$, et où le relief du terrain est représenté par des courbes de niveau équidistantes de 125 mètres, n'est donc pas d'une exactitude rigoureuse; elle n'en a pas moins rendu de grands services. Mais depuis, on en a dressé une nouvelle plus complète à $\frac{1}{1\,000\,000}$, pour laquelle on a mis à profit les feuilles topographiques levées jusqu'à ce jour, et qui, pour les autres parties, a été construite avec un soin tout particulier; elle est aujourd'hui prête à être livrée au public. On procède en même temps à la rédaction d'une carte chorographique définitive à $\frac{1}{200\,000}$, pour laquelle on se sert exclusivement de la réduction des feuilles topographiques, à mesure qu'elles sont levées, et qui ne sera terminée que plus tard.

France. — Les études géographiques se sont tellement deve-

[1] Il n'est pas besoin de dire que ces courbes sont tracées de sentiment et ne relient pas d'une manière absolue les points de même altitude.

Gr. II. — Cl. 16.

loppées dans notre pays pendant les dernières années que les cartes y sont aujourd'hui très nombreuses. Le Dépôt de la guerre a presque achevé la carte de France à $\frac{1}{320\,000}$, qui est la réduction en 33 feuilles de la grande carte de l'État-major à $\frac{1}{80\,000}$; elle est gravée sur cuivre et couvre une surface de $3^m\,50$ sur $3^m\,60$. C'est une véritable carte communale de la France, où figurent les principales voies de communication et les centres administratifs jusqu'aux chefs-lieux de commune inclusivement. Elle est remarquable autant par sa composition que par son exécution matérielle, quoiqu'elle ne soit pas aussi expressive qu'on pourrait le souhaiter: les formes du terrain, qui y ont été habilement généralisées [1], sont bien en rapport avec l'échelle. Elle a été commencée en 1852; il ne manque plus que la Corse et la feuille d'Avignon, dont la montagne est à la gravure. On a corrigé en 1874 les feuilles de la frontière, et l'on a rectifié la planimétrie des parties qui se rapportent aux territoires étrangers. En 1876, l'édition en report sur pierre des 34 feuilles publiées était prête. On a essayé, comme pour la carte à $\frac{1}{80\,000}$, mais peut-être avec moins d'utilité, de transformer les feuilles montagneuses en substituant au système des hachures le système des courbes; la carte des Alpes françaises, qui est gravée sur pierre et imprimée en trois couleurs, comprend 10 feuilles, dont 5 sont publiées.

On a en outre revu en 1875 la carte de notre frontière nord-est à $\frac{1}{600{,}000}$, qui avait été dressée en 1837; on se propose de donner plus tard tout le territoire français en 6 feuilles, afin de faire suite à la carte de l'Europe centrale à la même échelle qui est en cours d'exécution.

Citons encore l'essai de réduction à $\frac{1}{200\,000}$, gravé sur pierre et imprimé en quatre couleurs, de la feuille de Besançon de la carte de l'État-major; cet essai, bien que sans le figuré du terrain, est remarquable, et il serait à désirer qu'il fût continué.

Le Dépôt des fortifications a commencé, en 1873, la publication d'une carte de France à $\frac{1}{500\,000}$, destinée à remplacer celle du génie à $\frac{1}{864\,000}$, qui, datant de 1825, n'est plus au niveau des con-

[1] Cette carte comprend une partie de l'Angleterre et une zone assez large au delà de nos frontières de l'est.

naissances actuelles et où le figuré du terrain laissait beaucoup à désirer. C'est une carte d'ensemble de 2 mètres de large sur 2 mètres de haut, qui s'étend de l'île d'Ouessant jusqu'à Francfort à l'est, et de la Haye, au nord, jusqu'à l'embouchure de l'Èbre, au sud, et où les pays limitrophes sont traités, d'après les documents les plus récents, avec le même soin et avec les mêmes détails que la France elle-même. Des 15 feuilles qui doivent la composer et qui paraîtront sous trois types différents, où les divers éléments de la planimétrie, de l'orographie et de l'hydrographie se combineront de plusieurs manières : carte complète, carte routière sans modelé de terrain, carte physique, 7 ont paru; elles donnent la partie nord-ouest. Cette carte a été exécutée d'après celle de l'État-major par le capitaine Prudent, qui y a fait les corrections nécessaires relatives aux voies de communication, aux forêts, aux noms, etc.; elle est imprimée en couleurs. La topographie y est traitée avec le plus grand soin. Le relief du terrain y est exprimé au moyen de courbes de niveau à l'équidistance de 100 mètres, entre lesquelles ont été tracées des hachures dans l'hypothèse de l'éclairage par la lumière oblique; le relief sous-marin est figuré, jusqu'à la profondeur de 50 mètres, par des courbes équidistantes de 10 mètres établies au moyen des sondages que fournissent les cartes marines les plus récentes; on y a indiqué les chefs-lieux de toutes les communes ayant au moins 1,000 habitants, ainsi que toutes celles, même ayant une population moindre, qui se trouvent près d'une route nationale ou départementale, ou sur un cours d'eau navigable, qui possèdent une gare de chemin de fer ou qui offrent quelque intérêt au point de vue militaire, historique, administratif ou commercial. On y a fait aussi figurer les noms des anciens pays de France importants à connaître au point de vue historique et qui délimitent en général des régions naturelles d'un caractère spécial[1].

[1] Le relief du terrain, dans le principe, était exécuté en gravure sur pierre; aujourd'hui, afin d'arriver à une interprétation plus fidèle, on reproduit par le procédé de l'héliogravure un dessin en hachures exécuté d'après la minute. Le Dépôt se propose aussi de publier à l'avenir la carte par quart de feuille, dont le format est plus commode.

Gr. II.
Cl. 16.

Profitant de ce qu'il était en possession des courbes de niveau de 100 en 100 mètres pour toute la superficie du sol français et d'une bonne partie du sol étranger limitrophe, le Dépôt des fortifications a fait faire, au moyen de teintes disposées à la main, une belle carte hypsométrique; ces teintes, d'intensité croissante, vont du jaune clair au brun foncé, en passant par le vert, qui couvre la zone comprise entre 500 et 1 000 mètres d'altitude : c'est un précieux document pour la géographie de notre pays.

Le service des ponts et chaussées a, de son côté, entrepris une publication importante : celle d'un atlas des cours d'eau de la France, qui comprendra 85 cartes départementales tirées en trois couleurs; toutes les rivières y seront figurées avec leurs plus petits affluents et les usines qu'elles alimentent, et on y tracera en rouge les lignes de faîte des bassins; les surfaces arrosées y seront indiquées par une teinte verte. Des tableaux statistiques, dressés par département, accompagneront ces cartes. Cet inventaire des richesses hydrauliques de notre pays permettra de généraliser et de perfectionner leur emploi. 50 départements sont déjà gravés.

Le Dépôt de la guerre exposait une carte en voie d'exécution qui donne le nivellement général de la France au moyen de courbes d'altitude équidistantes de 100 mètres. Cette carte, qui est à $\frac{1}{800\,000}$, est gravée sur pierre et imprimée en trois couleurs; elle est destinée à remplacer la carte provisoire qui a été publiée en 1873 et qui avait été obtenue au moyen des procédés photolithographiques par l'amplification d'une carte manuscrite à $\frac{1}{1\,600\,000}$; elle représente le relief du sol français avec une grande élégance et une grande vérité, et elle donne une idée nette et précise du système orographique de notre pays dont elle fait bien ressortir le caractère général; le massif des Alpes y est cependant un peu confus. Cette œuvre, d'un ordre véritablement scientifique, aura de grands avantages pour l'enseignement. Elle doit comprendre 6 feuilles; le tracé du terrain est terminé, mais les écritures ne sont achevées que sur l'une d'elles; on n'y inscrit, du reste, que les villes principales et les cotes d'altitude.

Le même établissement a aussi dressé récemment une carte cantonale de la France à $\frac{1}{1\,600\,000}$ en 1 feuille, avec l'indication des 18 régions de corps d'armée, qui a remplacé la carte provisoire à $\frac{1}{1\,200\,000}$ établie sur celle d'Alexis Dyonnet.

Le Ministère de l'instruction publique a commencé, en 1870, sous la direction de M. Levasseur et avec la collaboration de MM. Rouby, Prudent, Germain et Desjardins, l'établissement d'une carte de France qui a pour base la carte orohydrographique des Gaules [1]. C'est la première carte exacte de notre pays que l'on ait eue à une petite échelle; elle est appelée à faciliter l'étude de la géographie physique, historique et économique de notre pays. De bonnes cartes hydrographiques de la France à $\frac{1}{2\,000\,000}$ et à $\frac{1}{5\,000\,000}$ ont paru dans l'atlas météorologique de l'Observatoire de Paris.

Grâce à tous ces documents officiels élaborés avec soin, l'industrie privée se trouve aujourd'hui en possession des éléments nécessaires pour établir des cartes exactes. Parmi les nouvelles publications de ce genre, on doit citer la *France hypsométrique* à $\frac{1}{800\,000}$, en 9 feuilles, de MM. Pigeonneau et Drivet, qui est imprimée en dix-sept couleurs et éditée par M. Belin; les teintes sont convenablement choisies. On pourrait toutefois remarquer que les zones altitudinales sont peut-être trop multipliées, les courbes trop rapprochées, et que la carte contient trop de détails pour le but auquel elle est destinée; il en résulte une certaine confusion.

La carte de France, à $\frac{1}{1\,000\,000}$, qu'a éditée M. Andriveau-Goujon et qui est gravée sur acier, est nette et claire. Celle à $\frac{1}{1\,500\,000}$, en 4 feuilles, par M. Vogel [2], qui est gravée sur pierre, est fort bonne, et celle, également en 4 feuilles, gravée sur cuivre par M. E. Collin sous la direction de M. Vivien de Saint-Martin pour le grand atlas que publient MM. Hachette et Cie, mérite tous les éloges pour le fini de la gravure et la netteté du trait.

M. Viollet-le-Duc exposait sa carte du massif du mont Blanc à $\frac{1}{40\,000}$, qui n'est pas tant une carte topographique qu'un dessin ar-

[1] Cette carte muette, qu'on a vue à l'Exposition de 1867 et qui, dressée sous la direction de M. Alex. Bertrand pour l'établissement d'une carte des Gaules, a été gravée sur pierre par M. Erhard et imprimée en trois couleurs, est une œuvre d'une élégance et d'une expression remarquables. Elle a servi de base à la carte physique publiée par M. Erhard en chromolithographie et à laquelle on ne peut reprocher que ses teintes un peu lourdes.

[2] Cette carte fait partie de l'atlas Stieler.

tistique. Ce massif est éclairé du côté du midi avec les rayons du soleil de onze heures en plein été; l'auteur a essayé de reproduire l'image de cette partie des Alpes telle qu'on la verrait à vol d'oiseau.

Nous devons enfin citer, au moment où nous allons passer dans les autres continents, la carte hypsométrique de l'Europe à $\frac{1}{4\,000\,000}$, en 4 feuilles, par le professeur Ramsay, qui donne au moyen de huit teintes les zones de hauteur des terres et de profondeur des mers.

Syrie, Palestine et Mésopotamie. — Pour l'Asie, nous avons aujourd'hui un certain nombre de cartes géographiques plus ou moins complètes et à plus ou moins grande échelle qui sont en progrès sur celles qu'on possédait en 1867. L'Institut militaire d'Autriche a réuni dans une grande carte générale les connaissances acquises sur ce continent.

Si nous possédons de bonnes cartes de la Palestine[1], il n'en est pas de même du nord de la Syrie, qui est encore peu connu; M. G. Rey, qui a parcouru cette région, a résumé dans une carte d'ensemble intéressante ce que l'on en connaît aujourd'hui.

Depuis la publication de l'ancienne carte de la Mésopotamie par le capitaine Jones, qui était basée sur ses propres levés ainsi que sur ceux de Chesney et de Lynch et qui comprenait la région située entre Scanderoun sur la Méditerranée et El-Basorah sur le golfe Persique, le capitaine Selby a fait l'étude du pays situé à l'ouest de l'Euphrate et le lieutenant Collingwood a dressé la carte du Shattu'-l'-Arab, depuis El-Basorah jusqu'à Makil, et du vieux canal Hindiyeh, près de Meshed Husain. La partie du levé depuis Bagdad jusqu'à Tel Ibrahim et depuis Tel Ibrahim jusqu'à Samarrah sur l'Euphrate, commencée en 1862, a été finie en 1865 par le lieutenant Bewsher qui en a publié les résultats en 2 feuilles. Depuis, les travaux sont arrêtés quoiqu'il reste encore beaucoup à faire. M. l'ingénieur Josef Cernik, en étudiant le tracé

[1] On peut citer les deux cartes de M. Kiepert à $\frac{1}{200\,000}$ en 8 feuilles et à $\frac{1}{[illegible]}$ en 1 feuille, celle du colonel suisse de Mandrot à $\frac{1}{[illegible]}$, celle du Liban à $\frac{1}{[illegible]}$ par M. Leuzinger, etc., qui résument bien toutes les notions acquises.

d'un chemin de fer entre les côtes de la Syrie et les rives du Tigre, a recueilli de nombreux documents utiles pour la géographie de ce pays, que M. de Schweiger-Lerchenfeld a résumés sur des cartes d'un intérêt réel (1876).

Arabie. — Le Bureau topographique de Calcutta a dressé une carte de l'Arabie en 2 feuilles, à $\frac{1}{2\,281\,000}$, et le Dépôt de la guerre anglais, une carte spéciale de la partie du sud-ouest à $\frac{1}{633\,600}$.

M. Jones prépare en ce moment pour le gouvernement de l'Inde une grande carte du sud-ouest de l'Asie qui résumera l'œuvre topographique de la Commission de la Palestine, ses propres levés, encore manuscrits, de la Babylonie et de la Chaldée, ainsi que ceux faits dans la même région par MM. Selby et Collingwood et toutes les informations dues aux voyageurs qui ont parcouru cette partie du monde, MM. Burton, Palgrave, Wallin, Chesney, Taylor, Lynch, Ainsworth, Forbes et Ross, Loftus et Layard, etc.

Asie Mineure. — Le colonel Stebnitzky a publié à Tiflis une carte générale de la Turquie d'Asie à $\frac{1}{840\,000}$, en 7 feuilles, et l'État-major russe a établi, en 1877, une carte de la même région à $\frac{1}{210\,000}$ pour les besoins de l'armée du Caucase. Les cartes de l'Arménie, l'une à $\frac{1}{500\,000}$, en 2 feuilles, par M. Kiepert (1877), qui est bien étudiée, l'autre à $\frac{1}{633\,600}$, par le colonel Home, montrent tout ce qu'il reste à faire pour avoir un figuré exact des montagnes du Lazistan.

Caucase. — Les cartes du Caucase à $\frac{1}{420\,000}$ en 22 feuilles (1869), à $\frac{1}{840\,000}$ en 6 feuilles (1870) et à $\frac{1}{1\,680\,000}$ en 1 feuille (1868) donnent un aperçu suffisamment complet de ce pays montagneux, avec l'indication des nouvelles divisions administratives de la Russie transcaucasienne. M. H. Lange a publié, en 1877, une bonne carte en couleurs de la même région à une échelle beaucoup plus petite, à $\frac{1}{3\,400\,000}$.

Perse. — On sait que le gouvernement de l'Inde a publié, en

Gr. II. — Cl. 16.

1867, une carte générale de la Perse à $\frac{1}{1\,000\,000}$, en 6 feuilles, qui résume tout ce que l'on connaissait à cette époque sur ce pays. La carte qui accompagne les rapports du capitaine Napier a, depuis, fourni d'utiles notions sur les provinces du nord-est (Mazenderan, Irak et Khorassan), et les travaux de la mission anglaise, qui, sous la direction du colonel Goldsmid, a étudié et fixé, en 1871, les frontières de la Perse et du Bélouchistan, sont d'un grand intérêt pour la géographie de la province de Seïstan.

Afghanistan. — Une carte de l'Afghanistan, en 20 feuilles et à $\frac{1}{506\,880}$, dressée par le major Wilson à l'aide de tous les documents appartenant au gouvernement de l'Inde, a paru récemment; elle comprend le pays depuis Hérat jusqu'à l'Indus et de l'Oxus jusqu'à la côte de Mékran, et est appelée à remplacer celle de M. Frazer Tytler.

Bélouchistan. — La carte du Bélouchistan à $\frac{1}{1\,000\,000}$ (1877) contient des renseignements nouveaux sur le désert situé au sud du cours inférieur du fleuve Hilmend et sur le bassin du Lora, renseignements dus au colonel Macgregor et au capitaine Lockwood, qui ont de plus fait la reconnaissance des frontières nord de ce pays [1]. Le gouvernement de l'Inde a publié, en outre, la même année une seconde édition, avec le figuré du terrain, de la carte à $\frac{1}{1\,000\,000}$ des pays compris entre la mer Caspienne et l'Hindoustan.

Russie d'Asie et Asie centrale. — Le Bureau topographique de Saint-Pétersbourg n'a pas publié de carte générale de la Russie d'Asie depuis celle de 1860, qui est à $\frac{1}{6\,000\,000}$; mais celui d'Omsk en a dressé une de la Sibérie occidentale à $\frac{1}{420\,000}$, en 125 feuilles [2].

C'est le centre de l'Asie qui a été plus particulièrement le but des travaux géographiques des Russes et des Anglais. Nos connaissances sur cette partie du monde, si mal assises jusque dans ces derniers temps, se fixent et se complètent d'une manière remar-

[1] Une autre carte de la même contrée accompagne la monographie géographique de M. W. Hughes sur le Bélouchistan.

[2] Cette carte, lithographiée à Omsk même, remplace l'ancienne carte à $\frac{1}{1\,000\,000}$.

quable : la carte en 4 feuilles qu'a publiée en 1873 le Dépôt de la guerre russe (2e édition), et celle en 12 feuilles à $\frac{1}{3\,024\,000}$ que l'Institut géographique de Vienne a établie la même année, ne sont plus tout à fait au courant; celle du colonel Walker, à $\frac{1}{2\,000\,000}$, en 4 feuilles (3e édition, 1875), contient tous les résultats des voyages anglais faits jusqu'à cette date dans l'Asie centrale.

Les travaux de nivellement entrepris par le général Stoletoff le long de l'Amou-Daria, dans toute la partie du Turkestan située à l'est et au sud de la mer d'Aral, ainsi que dans le haut plateau de l'Oust-Ourt qui sépare la mer Caspienne de la mer d'Aral, ont permis de dresser de bonnes cartes de ces régions; l'une d'elles, à $\frac{1}{550\,000}$, publiée par le Gouvernement et imprimée en couleurs, donne le pays de Khiva et le Delta de l'Amou-Daria, et une autre, à $\frac{1}{420\,000}$, montre le résultat des travaux de l'expédition. Deux cartes à plus petite échelle, l'une du capitaine Louzilin, à $\frac{1}{4\,000\,000}$, qui date de 1872 avant la campagne, l'autre de M. Kiepert, à $\frac{1}{1\,000\,000}$, en 1 feuille, qui a paru en 1875, montrent le progrès de nos connaissances sur ces régions dans le court espace de trois années. Le colonel Skobelef a dressé à $\frac{1}{252\,000}$ l'itinéraire de Zmoukchir au puits de Nefes-Kouli dans la steppe turkomane.

Citons encore comme documents intéressant la géographie de cette partie du monde : la carte de la contrée transcaspienne à $\frac{1}{840\,000}$, en 4 feuilles, dressée à Tiflis en 1875 d'après les documents les plus récents; celle de l'ancien lit de l'Amou-Daria à la même échelle, en 6 feuilles, levée en 1871 par le colonel Stebnitzky (1); celles du gouvernement du Turkestan, en 4 feuilles à $\frac{1}{2\,100\,000}$ (1868), et en 2 feuilles (1873), par le Dépôt de la guerre russe; celles de la province du Syr-Daria à $\frac{1}{4\,200\,000}$ par la Société de géographie (1867) et à $\frac{1}{5\,000\,000}$ par M. Kiepert, dont la troisième édition (1876) est à jour; celle à $\frac{1}{1\,680\,000}$ en 4 feuilles de la circonscription militaire du Turkestan, qui a été lithographiée à Tachkend en 1872 (2); celles à $\frac{1}{210\,000}$ du district de Sarafschan, de la steppe de la Faim entre Djisak et le Syr-Daria, des sources du Sarafschan

(1) Les itinéraires ont été relevés et publiés à la grande échelle de $\frac{1}{84\,000}$.

(2) La partie située entre les puits de Topiatan et [illegible]dy est publiée en 6 feuilles, à l'échelle de $\frac{1}{21\,000}$.

Gr. II. — Cl. 16.

et du district de Naryn; celle du Ferghâna, à $\frac{1}{840\,000}$, par le colonel Liusilin; celle à $\frac{1}{420\,000}$ des bassins de l'Yrtich noir et de l'Ouroungou, qui complète la carte de la contrée de Kourtchoum dressée à $\frac{1}{210\,000}$ en 1863; celles à $\frac{1}{84\,000}$ de la contrée située au sud de la chaîne Tarbaga-Tay jusqu'au lac Alakoul et de la frontière chinoise entre les sources de l'Émil et le passage Chabine-Daba et celle à $\frac{1}{210\,000}$ du pays de Kouldja, qui, jointes à celle du lac Balkhach à $\frac{1}{210\,000}$ (1865), nous apportent des notions exactes sur une vaste étendue à peu près inconnue jusque-là.

La carte hypsométrique du Turkestan russe, à $\frac{1}{4\,200\,000}$, de M. Severtzof, où les zones de hauteurs sont coloriées pour les parties explorées et ombrées pour les parties connues seulement d'après les renseignements des indigènes, et où sont indiquées les principales cultures, les forêts et les divisions zoologiques, présente un intérêt réel. Le même savant a établi une carte hypsométrique du Tian-Schan, où il a résumé ses propres travaux (1857-1868) et ceux de MM. Goloubief (1859), Vénioukof (1860), Protzenko (1862-1863), Poltaratzki et Osten-Sacken (1867), Kaulbars (1869-1872), Struve (1863-1870) et Fedchenko (1869-1871).

Pour la Sibérie orientale, on n'a encore que la carte publiée à Irkoutsk en 1858 et celles que la Société de géographie de Saint-Pétersbourg a fait lever depuis par M. Schwartz [1].

Le Bureau topographique de Calcutta a commencé la publication de la carte à $\frac{1}{1\,000\,000}$ des pays limitrophes de l'Inde, et il a dressé plusieurs cartes itinéraires de l'Himalaya au Tibet, où sont résumés les voyages si intéressants des pundits hindous et des officiers anglais.

En s'avançant vers l'est, on arrive à des régions qui n'ont pas encore été complètement explorées. M. Vénioukof, en s'appuyant sur les itinéraires accomplis jusqu'à ce jour, a dressé, en 1872, une carte du nord-ouest de la Mongolie à $\frac{1}{4\,200\,000}$, qui a apporté certaines modifications aux anciens tracés, et, en 1874, une carte de la frontière russo-chinoise.

[1] Des cartes spéciales du fleuve Amour, du cours supérieur de la Léna et de l'Iénisséi et de l'île de Sakhalin, ont été publiées; une carte générale à $\frac{1}{6\,720\,000}$ de la partie méridionale de la Sibérie orientale résume le résultat de ces travaux.

Japon. — On sait que le Japon a depuis longtemps une assez bonne carte à $\frac{1}{401\,000}$ due à Inn-Kami, carte qui est aujourd'hui très rare. Parmi les nouvelles acquisitions géographiques, on doit citer l'itinéraire du capitaine Blakiston sur les côtes du nord et de l'ouest de l'île d'Yézo, qui mesure environ 1 400 kilomètres.

M. Bolschef a fait, en 1874, la topographie de la mer du Japon comprise entre la baie de Castnes et la baie de Saint-Wladimir.

Chine. — Les provinces intérieures de la Chine sont encore peu connues, car ce n'est que depuis quelques années que les voyageurs européens peuvent y pénétrer. Ce vaste empire a cependant ses cartes, mais elles ne sont pas d'une exactitude absolue, et celles qui ont été publiées en Europe, quoique basées sur les nombreuses déterminations qui ont été faites par les missionnaires et au moyen desquelles on a pu réunir en une carte générale les cartes indigènes spéciales, sont nulles en ce qui touche l'orographie; le tracé des chaînes de montagnes y est tout à fait de fantaisie. La carte officielle à $\frac{1}{194\,000}$, qui a été compilée de 1862 à 1869 par ordre du gouvernement central, le Kouang-toung-t'ou, a pour base celle des jésuites de 1718; on y a rapporté un peu au hasard les indications transmises par les autorités locales. M. Hirth a publié en 1872, en s'appuyant sur les documents chinois, une carte à $\frac{1}{2\,600\,000}$ de la province de Kouang-toung, qui ne présente pas de différences bien notables avec celle du P. du Halde.

M. Karmazof, drogman du consulat russe à Ourga, a réussi à se procurer des copies de cartes chinoises ou mongoles de la Mongolie qu'il a données à l'État-major russe et qui ont beaucoup ajouté à nos connaissances sur cette contrée; en les combinant avec celles de MM. Prjévalski, Matusovski, Ney Elias, Fritsche, Helmersen, Schimkevich, Shishmaref, Paderin, Vyeselkolf et Butin, on pourrait dès aujourd'hui produire une bonne carte à grande échelle de cette province.

M. le baron de Richthofen, qui a fait un important voyage de Pékin au Sé-tchouan à travers les provinces de Pé-tchi-li, de Schan-si et de Schen-si (1871-1872), a beaucoup ajouté à la géographie de ces régions; il est le premier qui ait donné une idée

Gr. II. — Cl. 16.

vraie du système orographique général de la Chine. Il a utilisé pour sa carte l'atlas chinois dressé par ordre du gouverneur général Ohou-Gouani; mais ses nombreuses observations d'altitude lui ont permis de rectifier sur beaucoup de points nos connaissances sur le relief du pays.

M. Lépissier qui a déterminé les coordonnées de douze villes chinoises, M. le lieutenant de vaisseau Fleuriais qui a fixé celles de Pékin et de trois localités voisines, M. Paderin qui a exécuté un nivellement barométrique de la Mongolie et le docteur Fritsche qui a fait de nombreuses observations astronomiques dans le nord de l'empire et dans la Mongolie orientale, ont, chacun pour leur part, contribué à donner une base plus certaine aux cartes de la Chine.

Indo-Chine. — S'il existe pour le territoire chinois des documents à peu près exacts dus aux importants travaux des jésuites, il n'en est point de même pour le Laos, ni pour le Tong-king; sur les cartes les plus récentes, les côtes seules sont exactes. Les renseignements récemment fournis par les missionnaires et par MM. Dupuis et Millet permettent cependant de se faire une première idée de ce pays.

Nos connaissances géographiques sur l'Annam sont encore moins avancées que sur le Tong-king; nous devons néanmoins citer les intéressantes cartes de la province de Hué dressées par M. Dutreuil de Rhins, l'une à $\frac{1}{110\,000}$, l'autre en 3 feuilles à $\frac{1}{60\,000}$.

En 1867, avait paru la carte générale de la basse Cochinchine et du Cambodge en 4 demi-feuilles. Depuis, M. le commandant Bigrel a établi une carte des possessions françaises de Cochinchine à $\frac{1}{125\,000}$, en 20 feuilles, qui réunit tous les documents géographiques que l'auteur a pu recueillir sur notre colonie asiatique: comme cette carte est naturellement appelée à recevoir de nombreuses corrections et additions, elle n'est qu'autographiée. M. Bigrel a pu, grâce aux travaux hydrographiques de nos officiers de marine, encadrer avec une certaine exactitude les levés à vue et les reconnaissances des cours d'eau faites sur les embarcations: il a tiré aussi parti des cartes annamites et cambodgiennes, tout informes qu'elles sont. A cause de la grande difficulté qu'il y a à écrire les noms locaux avec nos caractères, il a dû avoir recours à beaucoup de signes conventionnels. Une réduction en deux feuilles de cette carte a été faite par M. Brossard de Corbigny. Un service du cadastre est dès à présent organisé dans ce pays avec le concours des inspecteurs des affaires indigènes.

La carte générale de Cochinchine qu'a établie Francis Garnier repose, sauf pour le cours du Mé-kong, sur celle qu'a publiée en 1838 Mgr Fabert; M. Charpentier en a dressé une en 1868, mais elle n'a pas été gravée et on n'en a que quelques exemplaires photographiés. M. Dutreuil de Rhins coordonne en ce moment tous les documents qu'on possède sur ce pays au Ministère de la marine de France, et avant peu il en publiera la carte à grande échelle.

Birmanie. — Le gouvernement de l'Inde a publié en 1870 une carte à $\frac{1}{2\,000\,000}$ de la partie centrale de la Birmanie anglaise[1], et une autre à la même échelle de la Birmanie orientale avec le Bengale et les parties limitrophes de la Chine et de Siam. Aucune carte nouvelle de la province de Pégou n'a paru depuis celles à $\frac{1}{506\,880}$ (1855) et à $\frac{1}{253\,440}$ en 4 feuilles (1862). La carte de la frontière orientale qui sépare la Birmanie anglaise de l'État de Manipour a été dressée à $\frac{1}{380\,000}$ en 1873.

Inde. — L'Hindoustan est de tous les pays de l'Asie celui où les travaux géographiques sont le plus avancés. Depuis 1752, époque à laquelle d'Anville a établi sa carte de l'Inde au moyen des itinéraires des voyageurs et des tracés de côtes dus aux navigateurs, les progrès ont été constants. On sait que le major Rennel, nommé arpenteur général, a commencé, en 1763, à fixer astronomiquement certains points du Bengale et à mesurer les distances à la chaîne[2]; la carte de l'Inde qu'il a dressée en 1788 a marqué un

[1] Sur cette carte sont rapportés les itinéraires de MM. Richardson, Mac Leod, O'Riley, Barker, Watson, Sconce et Riley, Fedden, Williams et Luard, de Lagrée et F. Garnier.

[2] L'atlas des districts du Bengale, à l'échelle de $\frac{1}{417\,000}$, a paru en 1781.

Gr. II. — Cl. 16.

progrès notable sur celle de d'Anville. Ses successeurs en ont publié, depuis, un grand nombre, toujours basées sur les itinéraires militaires. C'est en 1816 qu'a paru la dernière reposant sur de simples renseignements, celle d'Aaron Arrowsmith, à $\frac{1}{1\,000\,000}$, en 9 feuilles, les levés topographiques à $\frac{1}{63\,360}$ qu'ont faits les officiers de l'Institut militaire de Madras, en s'appuyant sur le réseau trigonométrique du colonel Lambton, ont permis en effet dès 1822 de dresser un atlas du Deccan, depuis le Krishna jusqu'au cap Comorin, à $\frac{1}{253\,440}$, en 18 feuilles. Peu après, fut décidée la publication à cette même échelle d'un grand atlas de l'Inde en 182 feuilles de 1 mètre sur 68 centimètres [1], devant donner toute la région comprise entre Kurachi et Singapore. La première feuille a paru en 1827, et quarante ans après, en 1867, 79 étaient terminées; la gravure s'était faite jusque-là en Angleterre, mais on a trouvé avec raison qu'il y avait un intérêt réel à ce que les topographes pussent surveiller la reproduction de leurs minutes, et, depuis 1869, le travail a lieu à Calcutta. Aujourd'hui 101 feuilles sont terminées, ou tout au moins très avancées [2], et 21 sont en cours d'exécution; elles comprennent à peu près toute l'Inde anglaise, moins la partie occidentale du Rajpoutana, la partie méridionale du Cutch et du Gujerat, le Népaul, le Bhoutan et la Birmanie. Tout en publiant chaque année de nouvelles feuilles, on retouche les anciens cuivres; environ 50 ont déjà été corrigés d'après les derniers levés, et l'on y a rectifié les voies de communication [3]. On publie en outre, par report des cuivres sur pierre, une nouvelle série de cartes de districts qu'on tient constamment à jour. Les parties de l'atlas qui ont le plus besoin d'une revision sont les feuilles des présidences de Madras et de Bombay, et surtout celles des provinces du nord-ouest qui ont été établies d'après les anciens plans cadastraux très souvent inexacts et d'ordinaire dépourvus de toute base topographique [4].

(1) Il y a 177 numéros et 5 planches *bis*. On a adopté pour cet atlas la projection globulaire.

(2) Elles se décomposent en 78 feuilles complètes et 94 quarts de feuilles.

(3) Sur cinq d'entre elles, on a même gravé à nouveau la montagne.

(4) Les diverses cartes de l'Inde ont pour méridien origine l'observatoire de Madras. les observations astronomiques pour la détermination de la différence de longitude

Le Bureau topographique de Calcutta[1] a publié des cartes générales de l'Inde à diverses échelles : l'une à $\frac{1}{2\,027\,500}$ en 6 feuilles, qui a été corrigée d'après les derniers levés[2], une autre à $\frac{1}{4\,055\,000}$ où les divisions territoriales sont coloriées, mais qui ne donne que la planimétrie[3], une troisième à $\frac{1}{8\,110\,000}$ avec ou sans le figuré du terrain, dont les éditions tenues au courant se succèdent à époques périodiques, et enfin une quatrième à $\frac{1}{16\,000\,000}$ (1869). Deux cartes physiques à $\frac{1}{15\,000\,000}$ environ donnent, l'une la distribution des bassins de l'Inde, l'autre celle des montagnes (1870).

Dans le nord, on s'occupe activement de la publication de cartes provinciales à $\frac{1}{1\,000\,000}$: ont paru celles du Sinde (1877), du Pundjab en 4 feuilles (1870)[4], du Rajpoutana et des États indigènes du centre de l'Inde (1877), de Berar (1870)[5], des provinces centrales anglaises en 4 feuilles (1865), des provinces du nord-ouest et du royaume d'Oude également en 4 feuilles (1871), et de l'Assam (1877) ; celles du Bengale, du Behar et de l'Orissa, en 2 feuilles, qui sont en cours d'exécution[6], compléteront la carte

entre cette ville et Greenwich ont commencé en 1787. Nous avons déjà dit au chapitre de la géodésie qu'on a eu comme moyenne, par les observations d'éclipses des satellites de Jupiter, 80°18'30" E., et, par les observations de distances lunaires qui ont été prises au nombre de 800, 80°21'25" E. Après de nouvelles séries d'observations, on a adopté, en 1815, 80°17'21" E., et, en 1839, 80°14'20" E. Ces résultats, si dissemblables, sont cause que trois publications cartographiques commencées à des époques différentes n'ont pas le même point de départ, qui est 80°18'30" pour l'atlas indien, 80°17'20" pour les publications du Bureau topographique et 80°14'20" pour les cartes hydrographiques. La longitude exacte de Madras, déterminée télégraphiquement, est de 80°14'51"3 E. de Greenwich.

(1) Ce n'est que depuis 1869 que le Bureau topographique de Calcutta a mis en vente les cartes, autres que celles de l'atlas, qu'il établit chaque année en si grand nombre et qui auparavant étaient inconnues du public.

(2) Cette carte montre nettement les limites politiques et administratives, ainsi que les principales voies de communication et les chemins de fer, mais l'orographie y laisse à désirer.

(3) Cette carte a été publiée en 1877 ; depuis, on a ajouté la montagne au manuscrit, et l'on est en train de la graver sur pierre.

(4) On a aussi une carte à la même échelle des hauts bassins de l'Indus et du Sutlèje (1868).

(5) Il en existe deux autres, l'une à $\frac{1}{633\,600}$, l'autre à $\frac{1}{506\,880}$ (1871).

(6) Il existe déjà une carte du Bengale à $\frac{1}{2\,000\,000}$ (1868), une du Behar à $\frac{1}{253\,440}$ (1844), une de la division d'Orissa à la même échelle en 6 feuilles (1869), et une carte postale du Bengale à $\frac{1}{1\,000\,000}$ (1877).

de tout le nord de ce vaste empire. Le Bureau topographique de Calcutta est en train de dresser une carte générale du nord de l'Inde, à la même échelle de $\frac{1}{1\,000\,000}$ en 7 feuilles, dont 3 ont déjà paru. Nous devons encore citer comme cartes spéciales celles du Pundjab et de Kachmyr à $\frac{1}{506\,880}$ en 8 feuilles sans le figuré du terrain (1868)[1], de la province de Kattywar à la même échelle en 4 feuilles, du royaume d'Oude à $\frac{1}{253\,440}$ en 6 feuilles (1872), des provinces nord-ouest à $\frac{1}{2\,000\,000}$ (1872), du Bengale à $\frac{1}{506\,880}$[2], du Bhoutan à la même échelle (1874), de l'Assam à $\frac{1}{506\,880}$ en 6 feuilles et un quart et de sa frontière nord à une échelle double.

Pour la présidence de Madras, on n'a d'autres cartes générales que celle à $\frac{1}{1\,520\,640}$ du colonel Scott (1863) et celles à $\frac{1}{1\,506\,880}$ qui ont été dressées par les ingénieurs pour les travaux d'irrigation (1860-1869). Une carte de la présidence de Bombay a été publiée en 1874 à l'échelle de $\frac{1}{2\,000\,000}$ environ, et il en existe une autre à $\frac{1}{1\,267\,600}$ qui indique les distances entre les principales localités.

Indes néerlandaises. — Dans l'Océanie, les Hollandais débrouillent peu à peu le chaos du monde malais, où ils possèdent un empire de plus de 20 millions d'habitants. Nous devons surtout citer la bonne carte chorographique de l'île de Java à $\frac{1}{500\,000}$ (*Etappe-Kart van Java*) dont on a pu voir la reproduction photographique à l'Exposition. M. Dornseiffen a publié en 1877, d'après les documents les plus récents, une carte de l'île de Sumatra à $\frac{1}{450\,000}$; M. Versteeg avait déjà auparavant dressé une carte de la partie moyenne de cette île à $\frac{1}{500\,000}$ en 2 feuilles.

L'atlas des Indes néerlandaises, qui, commencé en 1852 par Melvill de Carnbee, a été continué par le colonel Versteeg, est encore le meilleur document d'ensemble à consulter pour ces contrées lointaines; ces cartes, qui n'étaient pas basées, il est vrai, sur des levés réguliers, mais qui reposaient sur les nombreux et

(1) Il existe aussi une carte routière de l'Himalaya occidental pour le royaume de Kachmyr.

(2) La partie occidentale est terminée en 10 feuilles (1874); la partie orientale est encore incomplète. La carte de la colonie française de Chandernagor est publiée à $\frac{1}{506\,880}$ et à $\frac{1}{1\,013\,760}$.

précieux matériaux réunis dans les archives de Batavia, ont été très profitables à plus d'un titre. La première édition ayant été épuisée en 1869, M. le colonel Versteeg en a publié, en 1873, une seconde qu'il a enrichie de toutes les données nouvelles que lui ont fournies les travaux de triangulation entrepris par le gouvernement des Pays-Bas à Java et sur les côtes orientales de Sumatra. L'échelle est uniformément de $\frac{1}{225\,000}$; la gravure est meilleure que dans la première édition, et le tirage, qui est fait en couleurs, donne plus de clarté aux cartes.

Australie et Nouvelle-Zélande. — Les Anglais ont pris en Australie et dans la Nouvelle-Zélande un rôle analogue à celui des Hollandais dans l'archipel asiatique. A l'Exposition, on pouvait voir dans la section australienne les cartes montrant la répartition des terres vendues par le gouvernement dans les colonies de Sud-Australie, de Victoria et de Queensland; il y avait, en outre, une carte en 4 feuilles, à $\frac{1}{443\,000}$, donnant le relief du sol de Victoria [1], une de Queensland, à $\frac{1}{2\,534\,400}$, dressée par M. Th. Ham avec les documents qu'il a pu se procurer dans le pays, et une de la partie méridionale de la colonie de Sud-Australie, à $\frac{1}{250\,000}$, par M. Goyder, où sont indiqués les divisions territoriales, les principales voies de communication, les bureaux de poste et de télégraphe, etc. [2]. M. Hiscoks a publié un atlas des comtés et districts de Victoria en 22 feuilles. La belle carte à $\frac{1}{3\,500\,000}$, en 9 feuilles, qu'a établie Petermann en 1871, résume l'état de nos connaissances à cette époque sur l'Australie.

On a en outre un certain nombre de cartes spéciales donnant les itinéraires des principaux voyages entrepris récemment dans ce vaste continent [3].

Pour la Nouvelle-Zélande, il existe une carte à $\frac{1}{760,330}$, imprimée

(1) Cette carte a été publiée par le gouvernement local de cette colonie.

(2) Cette carte est photolithographiée.

(3) M. Giles a publié une carte à $\frac{1}{1\,500\,000}$ donnant la région qu'il a visitée à l'ouest de la ligne du télégraphe (1874); M. W.-C. Gosse a dressé la carte à $\frac{1}{350\,000}$, en 4 feuilles, des contrées qu'il a explorées dans le centre et dans l'ouest. Nous devons encore citer celle du colonel Warburton, à $\frac{1}{1\,000\,000}$ (1874), qui montre l'itinéraire de ce voyageur depuis le centre du continent jusqu'à Roebourne dans l'Australie occidentale, etc.

Gr. II. — Cl. 16.

en couleurs et publiée par le Ministère des travaux publics de cette colonie. Celle de M. J. Haast, qui donne les Alpes méridionales de la province de Canterbury, est intéressante et contient des données nouvelles. Citons encore celle de Koch revisée par M. Raveinstein.

Nouvelle-Calédonie. — La carte de la Nouvelle-Calédonie de M. Bouquet de la Grye a été complétée à l'aide des renseignements recueillis par M. Banaré, et l'on y a ajouté les principaux cours d'eau, quelques routes et les sommets les plus remarquables. M. Parquet a levé à l'échelle de $\frac{1}{20\,000}$ et de $\frac{1}{50\,000}$ la partie nord de notre colonie (1872).

Canada. — L'Amérique avait apporté à l'Exposition un certain nombre de publications géographiques nouvelles. La grande carte manuscrite des États du Canada à $\frac{1}{700\,000}$, que le gouvernement local a fait établir pour montrer la répartition des terres cultivées, des prairies et des forêts, l'emplacement des mines et des pêcheries, les chemins de fer et les canaux, présente un intérêt réel[1]; les régions inexplorées, encore fort vastes, y sont teintées en rose. La carte de la province de Québec par M. Taché n'est pas sans valeur, mais elle est un peu confuse; celle de la Colombie anglaise par M. J.-W. Trutch à $\frac{1}{1\,564\,000}$, en une feuille (1871), est encore la meilleure que l'on ait de cette contrée. La carte du bassin du Mackenzie par le R. P. Petitot, bien que dressée sans l'aide d'instruments de topographie, au moyen des cartes de l'expédition de Franklin comme base, contient un grand nombre de données entièrement neuves; elle comprend toute la portion du Canada qui est située entre la rivière du Cuivre et les montagnes Rocheuses, depuis le grand lac des Esclaves jusqu'à l'océan Glacial.

États-Unis. — Pour les États-Unis de l'Amérique du Nord, on a deux cartes chromolithographiées, en 4 feuilles chacune, qui émanent du Ministère de la guerre, l'une destinée aux officiers, qui est à $\frac{1}{5\,000\,000}$ avec le figuré du terrain en bistre, l'autre qui

(1) Une réduction de cette grande carte économique a été imprimée en 1878 et jointe au catalogue de la section canadienne.

donne les divisions territoriales [1]. On peut encore citer la carte de M. Drummond à $\frac{1}{2\,554\,000}$, en 6 feuilles (1873), dressée par ordre du *General Land Office,* qui donne le tracé exact des limites des Territoires, des États et des districts. La plus complète et la plus exacte au point de vue du relief du sol est celle que M. Gannett a établie à $\frac{1}{6\,500\,000}$ sous la direction de M. Hayden, vraie carte hypsométrique où les courbes de niveau sont espacées de 1 000 pieds. La grande et belle carte à $\frac{1}{3\,700\,000}$, en 6 feuilles, par Petermann, résume tout ce que l'on connaît de cette vaste étendue; c'est la meilleure. Celles qui ont été publiées en Angleterre, celle de Johnston, par exemple, qui est à $\frac{1}{3\,000\,000}$, et qui donne les États-Unis, les colonies anglaises, les Antilles et le Mexique (1874), lui sont inférieures; l'orographie n'y est pas assez soignée.

Chaque État a, en outre, ses cartes particulières, plus ou moins anciennes et plus ou moins complètes, qui sont destinées aux usages locaux, mais elles sont difficiles à se procurer, et il n'y a entre elles aucune uniformité d'échelle ni de composition. En 1867, le Ministère de la guerre a publié une carte du Kansas et du Texas à $\frac{1}{1\,500\,000}$, en 2 feuilles, et le général Holabird a dressé, en 1872, une carte routière et hydrographique du Minnesota et du Dakota, à $\frac{1}{633\,600}$, avec le figuré approximatif du terrain. Une bonne carte générale de la Californie et du Nevada à $\frac{1}{1\,140\,480}$ a paru en 1874; le relief du terrain y est représenté par des teintes au crayon lithographique : elle est imprimée en couleurs. Le *Board of Commissionners of irrigation* a publié, en 1873, une carte intéressante des vallées de San-Joaquin, du Sacramento et du Tulare, à $\frac{1}{759\,600}$, où sont indiqués les terrains de cette région qui peuvent être irrigués.

La carte de l'Alaska a pour base les levés du lieutenant russe Zagoskin (1842-1843); M. Whymper, en 1868, et M. Dall, en 1869, y ont fait quelques additions et quelques corrections, mais c'est surtout dans celle à $\frac{1}{1\,000\,000}$ du capitaine Raymond qu'on trouve de notables modifications.

(1) La carte des Territoires (depuis le Mississipi jusqu'au Pacifique) à $\frac{1}{3\,000\,000}$, en 4 feuilles, par MM. Warren et Freyhold (1868), et celles de M. Coffin (1870) et de M. Knight (1871) qui s'étendent plus au nord, ne sont plus au courant des connaissances actuelles.

Gr. II. — Cl. 16.

MM. Asher et Adams exposaient plusieurs atlas des États-Unis, dont l'un contient 110 cartes où les États sont représentés à l'échelle de $\frac{1}{1\,267\,000}$, mais qui sont plutôt dressées dans un but commercial, statistique et administratif que dans un but topographique; l'orographie y laisse beaucoup à désirer. On peut encore puiser d'utiles renseignements dans les nombreuses cartes militaires qui ont été publiées à l'occasion de la guerre de sécession.

Mexique. — La topographie du Mexique, sur laquelle Humbold, Burkart, von Gerolt, Buchan, Bowring, de Saussure, etc.. nous avaient déjà donné tant d'intéressants renseignements, est aujourd'hui assez bien connue, grâce aux travaux des officiers français [1] et aux explorations de M. Guillemin-Tarayre [2], qui a déterminé les coordonnées astronomiques de 40 nouvelles stations et qui a relevé plus de 4 000 cotes d'altitude. La carte à $\frac{1}{3\,000\,000}$ dressée par le capitaine Niox, et publiée en 1873 par le Dépôt de la guerre de la France [3], résume toutes les données que l'on possède sur ce pays; le sol du Mexique y apparaît dans sa vraie forme générale avec son plateau immense et accidenté qui s'abaisse vers les deux océans par des versants rapides. Si on la compare aux cartes antérieures, et en particulier à celle de Garcia y Cubas (1863), le meilleur document d'ensemble qui existât alors, on voit que des progrès sérieux ont été faits dans la connaissance de cette contrée.

MM. Garcia y Cubas exposaient un atlas pittoresque de la république du Mexique, comprenant 10 cartes (orographique, hydrographique, routière, politique, ethnographique, agricole, minière, ecclésiastique, statistique et historique); cette œuvre intéressante est encore manuscrite.

Îles Bermudes et Antilles. — Le gouverneur des Bermudes a fait établir, en 1872, une carte de ces îles à $\frac{1}{158\,400}$.

(1) On estime à 28 000 kilomètres le développement des itinéraires levés à la suite des colonnes françaises qui ont parcouru le Mexique en tous sens, levés faits à l'aide de simples déclinatoires, mais avec assez de soin pour avoir une valeur scientifique.

(2) L'itinéraire de M. Guillemin-Tarayre mesure environ 9 000 kilomètres.

(3) Il a paru deux éditions de cette carte, l'une gravée sur pierre au prix de 8 francs, l'autre tirée en couleurs par les procédés typographiques au prix de 2 francs.

M. Harrisson a dressé une bonne carte de la Jamaïque à $\frac{1}{171\,000}$ sous la direction du major général Mann (1873). Gr. II. — Cl. 16.

La carte de la Guadeloupe récemment publiée par notre Dépôt de la marine est d'un bel effet et a été tout particulièrement admirée par le jury; l'orographie en ressort nettement.

L'*Office of the Chief of engineers war Department* des États-Unis a publié, en 1874, une carte de la partie orientale de l'île de Cuba, et il a paru à la Havane, en 1870, une carte à $\frac{1}{200\,000}$ de toute l'île dressée par M. Pichardo, qui est plus complète que celle du colonel Coello.

Amérique centrale. — La grande question du percement de l'isthme américain, qui préoccupe depuis longtemps les hommes d'État, les navigateurs et les commerçants, a donné lieu, dans ces dernières années, à un nombre considérable de travaux géographiques. Les études entreprises de 1870 à 1873 par ordre du gouvernement des États-Unis et celles faites par MM. Squier, Lacharme, Schufeldt(1), Wyse, Reclus, Celler, Gerster, Barbiez, Sosa, Musso, etc., ont beaucoup augmenté nos connaissances sur la topographie de l'Amérique centrale. A l'Exposition, on voyait une carte provisoire à $\frac{1}{250\,000}$ du Darien méridional où l'auteur, M. le lieutenant de vaisseau Wyse, a résumé toutes les notions qu'on possède jusqu'à ce jour sur cet isthme.

MM. Dollfus et de Montserrat ont dressé, en 1868, une carte importante des républiques de Guatémala et de Salvador à $\frac{1}{761\,000}$. M. Enrique Bourgeois exposait une carte de la république de Guatémala (1877), qui n'est qu'une simple copie de celle de Campbell avec addition de quelques villes et villages et qui ne donne que la planimétrie.

La carte du Nicaragua à $\frac{1}{975\,000}$ (1872) par M. Lévy, qui contient un certain nombre de données originales personnelles à l'auteur, et celle de Costa-Rica à $\frac{1}{1\,000\,000}$ (1869) par Petermann d'après les levés de Valentini, de Daser, de Kurtze, de Seebach, d'Alvarado, d'OErstedt, de Hull, etc., sont de bons documents.

(1) Le mémoire de M. Schufeldt sur l'isthme de Tehuantepec (1872) est accompagné de 20 cartes ou coupes.

Gr. II. — Cl. 16.

Colombie et Équateur. — Si nous passons maintenant dans l'Amérique du Sud, nous n'y trouverons guère que des cartes générales sans détails orographiques exacts, de simples ébauches géographiques. Pour la Colombie et le Vénézuéla, on n'a toujours que l'atlas du colonel Codazzi, qui est assez bon, malgré des lacunes inévitables dans un pays aussi vaste et aussi peu habité [1]. Une reproduction en a été faite en 1876 par M. Tejera en 4 feuilles; c'est l'État de Magdalena dont la topographie laisse le plus à désirer.

Les cartes des républiques de l'Équateur et de la Colombie, à $\frac{1}{2\,000\,000}$, par M. Kiepert, contiennent l'indication des 1 200 cotes de hauteur qu'ont déterminées dans ces régions, en 1870-1871, MM. Reiss et Stübel.

Pérou. — En 1869, a paru la seconde édition de l'atlas géographique du Pérou par M. F. Paz Soldan, qui comprend 1 carte générale de la république, 51 cartes provinciales ou plans de villes et 20 planches de vues et de types, le tout accompagné d'un texte.

La Commission hydrographique instituée sous la direction de M. Rochelle pour l'exploration du bassin supérieur de l'Amazone a déterminé avec soin la position en latitude et en longitude de 57 points situés sur l'Ucayali, le Huallaga et le haut Amazone, et elle a levé le cours de plusieurs rivières: c'est une acquisition importante pour la carte de cette partie de l'Amérique du Sud. M. Alex. Agassiz, dans son voyage au lac Titicaca, a pris 66 sondages et en a dressé une carte.

M. A. Raimondi, qui a exploré, de 1855 à 1868, les diverses provinces péruviennes, prépare en ce moment un grand ouvrage qui nous fera connaître complètement ce pays et sera un utile complément à celui de M. Paz Soldan. Le premier volume, qui a été publié en 1874, contient une carte historique à $\frac{1}{4\,000\,000}$, qui résume, au point de vue géographique, l'état actuel de nos notions sur le Pérou et qui est très intéressante.

[1] Dans certaines parties du pays où les chemins sont impraticables pour les mules, la Commission colombienne a éprouvé tant de difficultés que plusieurs hommes sont morts dans le voyage entre la côte du Pacifique et Tuquerrez.

Nous devons aussi citer les levés topographiques des principaux centres archéologiques faits par M. Wiener pendant son voyage au pays des Incas.

Bolivie. — Aucune carte d'ensemble de la Bolivie n'a paru depuis celle d'Ondanza, qui date de 1860 et qui du reste est très ordinaire. M. Pissis a dressé en 1877 une carte provisoire du désert d'Atacama, et les nivellements faits par M. l'ingénieur Minchin pour l'établissement d'un chemin de fer entre la Paz et le lac Titicaca ont permis de fixer d'une manière précise l'altitude d'un certain nombre de points de cette région encore peu connue.

Chili. — Pour le Chili, nous possédons d'importants documents topographiques dont il a déjà été question dans le chapitre précédent; mais depuis la carte de Gay, il n'en a paru aucune autre à une échelle moyenne, si ce n'est la réduction en 2 feuilles de celle de M. Pissis, qui a été publiée en 1875 dans les *Mittheilungen*.

République Argentine, Paraguay et Uruguay. — En 1867, M. Martin de Moussy avait exposé 26 feuilles sur 30 de son grand atlas à $\frac{1}{1\,852\,000}$ de la Confédération Argentine[1]. Cette œuvre, fruit de vingt années de voyages et de recherches, a été terminée en 1869; elle a éclairé la géographie, très obscure jusque-là, de cette vaste portion de l'Amérique du Sud.

Nous devons citer comme ayant un intérêt réel pour la géographie de cette région la carte du fleuve Paraguay (depuis son embouchure jusqu'à l'Asuncion) qui, levée en 1858 par M. l'amiral Mouchez, n'a paru qu'en 1873, celle de la république du Paraguay à $\frac{1}{1\,200\,000}$ où M. Keith Johnston a résumé en 1875 les résultats de ses voyages et de ses observations, celle du même pays à $\frac{1}{355\,000}$, en 8 feuilles, qu'a publiée en 1877 le colonel Wiesner de Morgenstern et qui est basée sur 316 points fixés astronomiquement[2], celle de la république de l'Uruguay par M. Monegal qui a été éditée en 1877 par M. Godel et qui, jusqu'à ce jour, est la

[1] Y compris la Patagonie.
[2] Les observations de M. de Morgenstern ont été faites de 1846 à 1858.

Gr. II. — Cl. 16.

plus complète, celle de la province de Buenos-Ayres à $\frac{1}{400\,000}$ environ par le Corps du génie (*Registro grafico de las propiedades rurales*), celle à $\frac{1}{600\,000}$ où M. Crawfurd a réuni les résultats de ses explorations et de ses nivellements pour l'établissement d'un chemin de fer de Buenos-Ayres au Chili et toutes celles qui ont été publiées par les divers ingénieurs chargés d'étudier les tracés des chemins de fer de l'ouest, du sud et des Andes (par MM. Rosetti et Clark), de l'Entrerios et de Corrientes (par M. L. d'Abreu), etc.

Les cartes locales de l'Entrerios à $\frac{1}{1\,000\,000}$ par M. Gonzales, de l'Uruguay par M. Reyes, de la Pampa avec la ligne de défense établie contre les Indiens par MM. Melchero et Taylor (à $\frac{1}{2\,600\,000}$), de la nouvelle frontière avec ses six divisions militaires par M. Wysocki, de la république Argentine à $\frac{1}{4\,080\,000}$ par MM. Seelstrang et Tourmente, qu'on a pu voir à l'Exposition, apportent peu de données nouvelles sur ces régions, et leur exécution matérielle laisse beaucoup à désirer. La meilleure carte d'ensemble de cette partie de l'Amérique du Sud est celle de la république Argentine et des États voisins (Chili, Paraguay et Uruguay), à $\frac{1}{400\,000}$, par MM. Petermann et Habenicht (1875), qui résume tous les travaux antérieurs et où ont été utilisés les travaux du major Ignace Rickard et de nombreux documents officiels.

Brésil. — Le Brésil est, comme nous l'avons déjà dit, un pays trop vaste et trop peu peuplé pour qu'on puisse espérer en avoir avant longtemps la carte complète. On s'occupe toutefois, sous la direction éclairée de S. M. don Pedro II, de réunir tous les matériaux intéressant la géographie qui existent dans les archives de l'empire, et l'on coordonne les reconnaissances, les itinéraires, les rapports, les croquis, pour avoir les éléments d'une carte officielle à une échelle convenable. Les principaux fleuves, tels que l'Amazone [(1)], le haut San-Francisco [(2)], le Madeira [(3)], et

(1) Le levé de l'Amazone est dû à M. Costa Avezedo. En 1867, M. Kiepert a publié une réduction à $\frac{1}{2\,000\,000}$ de la grande carte officielle de l'Amazone à $\frac{1}{370\,000}$.

(2) Le levé du haut San-Francisco a été fait par M. Liais.

(3) Le Madeira a été exploré par MM. J. et Fr. Keller.

ceux qui sont situés sur les frontières occidentales, ont été l'objet de levés spéciaux faits avec soin.

L'atlas de M. Candido Mendez d'Almeida est le plus complet des travaux d'ensemble qui ont été entrepris jusqu'à ce jour sur la géographie de cet empire; il se compose de 27 cartes, dont 5 sont des cartes générales consacrées aux divers ordres de divisions (administratives, électorales, ecclésiastiques, etc.), et dont 22 représentent chacune une des provinces. La carte du sud du Brésil par M. Kiepert, à $\frac{1}{7\,000\,000}$ (1868), résume celle à $\frac{1}{371\,000}$ de la province d'Espiritu-Santo et celle de la colonie du Mucury par M. Kraus.

Guyane. — M. Walder a publié en 1876 une carte de la Guyane anglaise à $\frac{1}{440\,000}$.

Algérie. — Passons enfin en Afrique. Nous nous arrêterons tout d'abord en Algérie, où, indépendamment des travaux topographiques qui sont destinés à servir de base à la carte à $\frac{1}{80\,000}$, nos officiers d'état-major font des levés et des reconnaissances qui sont utilisés au Dépôt de la guerre pour compléter les cartes générales de notre colonie. En 1867, il y avait encore des lacunes regrettables; à l'est de Boghar tout le Fitri et le pays limitrophe jusqu'à la subdivision d'Aumale, une grande partie de la région comprise entre Aumale et la Medjana, dans l'angle sud-est du Tell le vaste territoire des Némencha, le pays entre Géryville et le Djebel-Amour, le Sahara algérien étaient peu ou point connus. Depuis, on a couvert de levés rapides faits à la boussole à l'échelle de $\frac{1}{100\,000}$ ou de $\frac{1}{200\,000}$ la vaste surface qui se trouve entre le Djebel-Amour, le méridien de Paris, Boghar, Bousaada, l'Oued-Djdi et Laghouat, on a rectifié les anciennes reconnaissances faites entre Dellys et Bougie, et, en outre, de fréquentes incursions dans le Mzab, les itinéraires des colonnes françaises dans l'Oued-R'ir et dans l'Oued-Souf, entre Biskra, Ouargla et El-Oued, celui de la mission de Ghadamès, celui du général de Galiffet d'Ouargla à El-Golea, le levé à la boussole de la frontière tunisienne ont fourni un grand nombre de données nouvelles.

Gr. II. — Cl. 16.

En 1874, a paru une seconde édition de la carte générale de l'Algérie à $\frac{1}{1\,600\,000}$ en 2 feuilles qui a été revue avec soin et dont toute la partie sud a été complétée au moyen des levés de MM. Mircher, de Polignac, Duveyrier et Parisot : elle est gravée sur cuivre. Le Dépôt de la guerre a publié, en 1876, une autre carte à $\frac{1}{800\,000}$, en 4 feuilles (1), qui s'étend au sud jusqu'à 30° 24' de latitude; elle remplace avantageusement celle de 1855, qui était très incomplète et ne contenait que la partie comprise entre le Tell et les régions sahariennes; elle repose, pour la partie septentrionale, sur les points déterminés par la triangulation géodésique, et, pour la partie méridionale, sur les déterminations astronomiques faites par le directeur de l'Observatoire d'Alger, M. Bulard, qui, en 1862, a fixé dans le sud du Sahara les coordonnées géographiques de six points principaux; elle ne donne pas l'orographie de notre colonie, mais elle présente, aussi exactement que possible dans l'état actuel de nos connaissances, son réseau hydrologique ainsi que tous les centres de population anciens et nouveaux. On a, en outre, les cartes à $\frac{1}{400\,000}$, gravées sur pierre, des provinces d'Alger, de Constantine et d'Oran, qui ont été revues respectivement en 1867, en 1869 et en 1877. En 1874, le capitaine Parisot a établi une carte de la partie méridionale du département de Constantine qui est plus complète que les précédentes.

Les cartes des étapes des trois provinces algériennes à $\frac{1}{1\,000\,000}$ ont été corrigées en 1876; elles portent l'indication des cours d'eau, des voies de communication ferrées et autres, des villes et villages européens avec les distances kilométriques d'un point à l'autre.

En 1877, on a publié une carte des environs d'Alger à $\frac{1}{200\,000}$ en 3 feuilles, imprimée en couleurs (de Cherchell à Dellys, et jusqu'à Boghar dans le sud), et celle de la frontière du Maroc est en préparation.

La Compagnie franco-algérienne exposait la carte à $\frac{1}{100\,000}$ des 300 000 hectares dont elle a la concession pour l'exploitation de l'alfa : l'orographie des hauts plateaux de la province d'Oran, où

(1) Cette carte est gravée sur pierre et imprimée en deux couleurs.

est situé ce vaste territoire, était auparavant à peu près inconnue; elle exposait aussi le plan d'ensemble du pays que doit traverser le chemin de fer d'Arzew à Saïda sur une longueur de 211 kilomètres.

Tunisie. — M. le capitaine français Zaccone a publié en 1875 une carte de la régence de Tunis à $\frac{1}{615\,000}$ environ; il en a emprunté les principaux éléments aux cartes du Dépôt de la guerre (1857) et à celle de M. V. Guérin.

Égypte, Abyssinie, etc. — L'État-major égyptien a publié trois feuilles de sa grande carte en 1875, et sept autres en 1876.

Les officiers qui ont accompagné les armées égyptiennes dans le Fôr, dans le Kordofan, dans l'Éthiopie et dans l'Afrique équatoriale ont levé la carte des territoires conquis par le khédive; aussi s'est-il produit pendant ces dernières années de grands progrès dans nos connaissances géographiques sur ces régions, qui jusque-là étaient restées inexplorées. MM. Linant de Bellefonds et Gordon ont dressé un certain nombre de cartes à grande échelle qui donnent le cours du Nil depuis Gondokoro jusqu'aux lacs Mwoutan et Nyanza, ainsi que le pays situé entre ces deux lacs.

M. Zœppritz a résumé dans une carte à $\frac{1}{1\,000\,000}$, en 2 feuilles, qui a paru dans les *Mittheilungen,* tout ce que l'on connaît du Senâr et du pays qui s'étend à l'est jusqu'à l'Atbâra [1]; il a utilisé, entre autres documents, les observations astronomiques et trigonométriques de M. de Pruyssenaere.

Nous devons encore citer la carte à $\frac{1}{950\,000}$ de la partie du royaume d'Adel située entre Zeila et Harrar (du 9e au 12e degré de latitude nord et du 32e au 43e de longitude est), celle du Kordofan à $\frac{1}{800\,000}$ qui s'étend de 11° $\frac{1}{2}$ à 15° $\frac{1}{2}$ de latitude et de 27°10′ à 30°40′ de longitude et qui, basée sur les levés du colonel Prout, a été établie par le lieutenant Mâhir, etc. [2].

L'itinéraire de la route suivie en Abyssinie par l'armée anglaise

[1] Entre 10° et 16° de latitude nord et 29°40′ et 34° de longitude est.

[2] Il existe en outre beaucoup de cartes de détail du Kordofan et du Fôr par le capitaine Ahmed Effendi Hamadi, le colonel Colston, le colonel Purdy, le capitaine Mahmoud Samy et le lieutenant Mâhir.

a été publié en 1869, en 5 feuilles, à l'échelle de $\frac{1}{253\,440}$, sous la direction du lieutenant Carter, chef des opérations topographiques de l'expédition. Petermann en a donné une réduction à $\frac{1}{450\,000}$ dans les *Mittheilungen*.

M. Ravenstein a dressé, en 1876, une carte de l'île de Socotra à $\frac{1}{300\,000}$.

Afrique orientale. — Les cartes qui accompagnent la relation du voyage du baron Decken, et qui ont été dressées par le docteur Otto Kersten (1869), résument nos connaissances géographiques sur la côte de l'Afrique orientale et nous donnent d'intéressants renseignements sur le Kilimandjaro et sur quelques-uns des principaux fleuves de cette partie de l'Afrique.

Il a paru depuis dix ans beaucoup de cartes spéciales sur les diverses contrées de l'Afrique tropicale; nous ne pouvons les citer toutes, car elles sont trop nombreuses, et elles sont du reste appelées à subir de grandes modifications. Il faut descendre jusqu'au Cap de Bonne-Espérance pour trouver quelques œuvres cartographiques dignes d'intérêt.

Afrique australe. — La carte de la colonie du Cap et des territoires avoisinants, à $\frac{1}{1\,000\,000}$, qu'a publiée, en 1876, l'arpenteur général M. A. de Schmidt, quoique d'une exécution médiocre et ne pouvant prétendre à une exactitude absolue, n'en est pas moins un document utile; elle est lithographiée[(1)]. On a vu en outre, à l'Exposition, des cartes spéciales à grande échelle publiées également par le même auteur, qui représentent la *Division of King William's Town* et les *Eastern Border districts of the Cape colony* et qui donnent sur ces régions des détails pleins d'intérêt pour la géographie. Nous pouvons encore citer les cartes générales publiées par Arrowsmith, par Petermann, par Wyld et sur-

(1) Cette carte complète avantageusement celles exposées en 1867 par M. Sutherland (colonie de Natal, à $\frac{1}{1\,170\,000}$.), par MM. Masser et Cullingworth (colonie de Port-Natal, à $\frac{1}{380\,000}$, avec les divisions cadastrales), par le docteur Grundemann (pays des Bechuanas à $\frac{1}{1\,500\,000}$), par le capitaine Wamsley (pays des Zoulous, à $\frac{1}{760\,000}$), par M. Andersson (pays de Damara), etc.

tout celle de Hall, qui passe pour la meilleure, mais aucune ne représente d'une manière bien exacte les accidents topographiques de cette vaste colonie.

Une carte portative et suffisamment détaillée de l'Afrique australe est jointe aux manuels que M. Silver et M. Noble ont publiés à l'usage des voyageurs anglais dans cette partie du monde.

La carte du Transvaal à $\frac{1}{1\,850\,000}$ que M. Jeppe a publiée à Pretoria en 1877 et dont une première édition avait paru en 1868 dans les *Mittheilungen*, donne des notions intéressantes sur une contrée encore peu connue; elle est établie d'après les itinéraires de nombreux voyageurs, Carl Mauch, Forsmann, Hammar, Brooks, etc., et aussi d'après les propres observations de l'auteur; mais, comme toutes les cartes de pays nouveaux, elle contient naturellement un certain nombre d'erreurs. En 1872, M. Habenicht a dressé pour les *Mittheilungen* une belle carte des mêmes régions d'après les explorations de MM. Mauch, Mohr, Hübner, Baines, etc.

Îles de l'Afrique. — La carte de l'île Maurice, qu'a publiée l'Amirauté anglaise à $\frac{1}{125\,000}$, mérite une mention; elle repose en partie sur les anciens travaux de l'abbé La Caille et de Thoreau.

Celle de l'île de Madagascar a reçu de nombreuses et importantes modifications par suite de mes travaux et de ceux du R. P. Roblet et de MM. Coignet, Mullens, Sibree, Sewell, Shaw, Moss, Johnson, etc. Il y a dix ans, elle reposait sur des données purement fantaisistes; aujourd'hui, on a une base plus sûre.

Afrique occidentale. — Sur la côte occidentale de l'Afrique, nous n'avons rien à noter, si ce n'est la carte de la banlieue de Saint-Louis du Sénégal, du Oualo et du Ndiambour à $\frac{1}{200\,000}$ par le capitaine Bois et par le sous-lieutenant Frey, celles de la côte d'Or et du pays des Ashantis, publiées, l'une à $\frac{1}{570\,000}$ par M. Stanford, et l'autre à $\frac{1}{800\,000}$ par Petermann[1], l'atlas de Ténérife, dont la carte principale a été établie par M. Randegger pour l'ouvrage de MM. Frish, Hartung et Reis, et la carte de l'île de Madère à $\frac{1}{100\,000}$

[1] L'expédition anglaise n'a malheureusement pas donné pour la science géographique tous les résultats qu'on était en droit d'en attendre.

Gr. II.
—
Cl. 16.

par M. Leuzinger, où le relief du sol est représenté au moyen de hachures d'un bel effet.

On a, pendant ces dernières années, publié un très grand nombre de cartes générales de l'Afrique; mais les découvertes qui se font chaque jour dans ce continent enlèvent à la plupart d'entre elles leur caractère d'actualité. Nous citerons celle en quatre feuilles de M. Josef Chavanne, de Vienne, qui est un essai intéressant de carte hypsométrique; celle de M. Kiepert à $\frac{1}{8\,000\,000}$ en 6 feuilles (1875); celle de Petermann à $\frac{1}{12\,500\,000}$ en 3 feuilles, qui chaque année est mise au courant des plus récentes découvertes et qui, malgré certaines négligences, est une excellente carte d'ensemble; celles à $\frac{1}{3\,000\,000}$ et à $\frac{1}{18\,000\,000}$ que le Dépôt de la guerre de Belgique a dressées d'après les meilleurs documents, et celle manuscrite établie par M. Duveyrier pour le comité français de l'Association internationale africaine qui contient les itinéraires de tous les voyageurs.

§ 4. CARTES HYDROGRAPHIQUES.

Les cartes dont nous avons parlé dans les chapitres précédents montrent la surface des continents; les mers ont aussi leur géographie, leurs cartes qui éclairent la course aventureuse des marins tant aux abords des côtes que dans la navigation hauturière, qui leur signalent les roches et les bas-fonds dangereux, qui leur donnent les indications nécessaires aux atterrages, qui leur indiquent la route à suivre pour entrer dans un port ou dans une rivière : de nombreuses cotes de sondage y indiquent la profondeur des eaux, et elles sont complétées par des vues de côtes en perspective. Ces cartes sont, en outre, la base de tous les travaux à la mer, de la construction des jetées, de l'érection des phares, etc. Elles sont établies à une échelle plus ou moins grande, suivant le but auquel elles doivent servir.

Les études hydrographiques ont reçu une vigoureuse impulsion dès 1815, mais les levés de côtes, quelque soin qu'on y mette, sont toujours à recommencer après une certaine période; l'action des eaux apporte en effet en peu d'années des changements sensibles aux lignes du littoral ainsi qu'aux bas-fonds. En outre, il reste encore beaucoup de points à étudier; car, au large des côtes fréquentées par la navigation, les sondages sont clairsemés et incertains [1]. Aussi chaque nation en Europe s'occupe-t-elle très activement de lever le plan exact de ses côtes et de celles de ses colonies d'outre-mer; c'est à ces travaux hydrographiques locaux que les Dépôts de la marine d'Angleterre et de France, les seuls qui ont une collection à peu près complète de cartes marines du monde, empruntent sur une vaste échelle les éléments nécessaires à leurs publications.

Dans certains pays, en Angleterre par exemple, on s'est toujours plutôt préoccupé de publier vite et en grand nombre les documents hydrographiques que d'obtenir une exécution artistique; il est, en effet, d'une importance capitale qu'on livre les levés au public avec la plus grande rapidité et qu'on tienne constamment à jour les cartes marines en leur faisant subir toutes les corrections signalées par les travaux les plus récents. Mais souvent on y néglige trop la topographie des côtes, quoiqu'il soit cependant utile de rendre avec exactitude le relief et l'aspect des terres dont la connaissance est indispensable pour les atterrages.

Dans d'autres pays, au contraire, et la France est de ce nombre, on a pendant longtemps concentré les efforts sur un petit nombre de publications qui sont éditées avec une grande perfection de dessin et de gravure, mais on y produisait peu et lentement, ce qui n'était pas sans inconvénients; aujourd'hui, les nouveaux procédés de reproduction, plus prompts et moins coûteux, qui sont adoptés partout pour les cartes courantes, ont apporté une importante modification à cet état de choses.

Malheureusement, les cartes marines des divers États ne sont pas établies sur un même plan. Sur les cartes anglaises, les relève-

[1] Le capitaine Chimmo, de la marine anglaise, n'a pu retrouver les trois hauts-fonds de l'Atlantique septentrional qui ont été signalés au sud-est du banc de Terre-Neuve (*Jesse Ryder*, *Sainthill* et *Milne-Bank*); au point où le lieutenant Sainthill avait indiqué 82 mètres, il a filé 5 864 mètres de sonde sans rencontrer le fond; sur le *Milne-Bank*, qui offrait un fond de 160 à 180 mètres, il a trouvé 1 800 mètres. Ces différences ne doivent point du reste nous étonner; comment retrouver en pleine mer le lieu précis d'un sondage, et il existe certainement de brusques dénivellations.

Gr. II. — Cl. 16.

ments sont donnés, dans un but pratique, par rapport au méridien magnétique, mais comme la déclinaison change constamment dans un même lieu, il faut les modifier souvent; en France, ils sont, avec raison, rapportés au méridien vrai. Les niveaux différents adoptés dans les divers pays maritimes amènent aussi une confusion regrettable [1]. Il est également fâcheux que, sur certaines cartes, on trouve à la fois les sondages exprimés en brasses et en pieds [2] et que sur d'autres, telles que les cartes anglaises, les profondeurs soient indiquées tantôt en brasses, tantôt en pieds, et les hauteurs des terres, des édifices et des marées toujours en pieds. Il serait cependant bien utile qu'on se servît partout des mêmes signes conventionnels, et nous ne pouvons que formuler ici à nouveau le vœu déjà émis par beaucoup de personnes compétentes, qu'on adopte pour toutes les cartes hydrographiques le même système de projection (celui de Mercator), les mêmes relèvements (vrais et non magnétiques), la même unité de longueur pour les sondages et le même niveau pour leur réduction, les mêmes signes pour représenter le relief du fond de la mer, les dangers, les bancs, etc., et autant que possible la même orthographe pour écrire les noms étrangers [3]. Laissant de côté la question d'un méridien unique, qui soulève dans la pratique de grandes difficultés, nous devons également souhaiter que les degrés soient dorénavant indiqués simultanément d'après les deux méridiens origines de Greenwich et de Paris.

Il serait aussi à désirer que l'on fît plus fréquemment usage de courbes de niveau pour indiquer les profondeurs des mers et des ports où le nombre des sondages est suffisant; ces courbes ne laissent en effet aucune discontinuité, tout en étant claires [4], tandis

(1) Les Anglais rapportent tous leurs sondages au niveau moyen des basses mers des syzygies; aux États-Unis, on a adopté le niveau des basses mers moyennes, et en France celui de la plus basse mer des syzygies d'équinoxe.

(2) Dans les cartes américaines, l'unité de longueur varie suivant que la profondeur est supérieure ou inférieure à 18 pieds.

(3) Les Anglais ont déjà commencé à se servir d'une orthographe conventionnelle pour les langues qui ont un alphabet autre que le nôtre ou qui n'en ont aucun.

(4) En France, on les trace à l'équidistance de 3 mètres, de 5 mètres ou de 10 mètres; aux États-Unis, à l'équidistance de 6, de 12 ou de 18 pieds, et en Angleterre, à l'équidistance de 3 ou de 5 brasses.

qu'une trop grande abondance de chiffres surcharge la carte et en rend la lecture pénible.

Royaume-Uni de la Grande-Bretagne et de l'Irlande. — Par leur nombre, les cartes marines anglaises conservent toujours, entre toutes les publications du même genre, le premier rang qu'elles occupent depuis si longtemps. Aucun pays ne consacre en effet des sommes aussi considérables que l'Angleterre aux reconnaissances hydrographiques de tous les rivages du globe; un certain nombre de navires sont exclusivement affectés à ce service, et les officiers de la marine royale qui se vouent à ce genre de travaux relèvent méthodiquement des mers entières. Le nombre total des cartes publiées jusqu'en 1878 par l'Amirauté anglaise est supérieur à 2 900, dont 320 environ ont été publiées depuis dix ans [1]; la plupart des autres ont reçu au fur et à mesure les corrections nécessaires.

En Angleterre, on a revisé en totalité, depuis 1867, les plans de quinze ports ou rades [2] et, sur la côte est de l'Écosse, celui de la rade de Pierowall; on a en outre publié une nouvelle carte de la partie de la Clyde comprise entre Dumbarton et Glasgow.

Le général de Hauslab a dressé des cartes hypsométriques de la Manche et du canal d'Irlande où les profondeurs sont marquées au moyen de teintes de plus en plus foncées. Ce sont des essais intéressants.

Norwège. — Les cartes des côtes de la Norwège sont publiées à quatre échelles différentes. Des 5 cartes générales à $\frac{1}{350\,000}$, 4 ont paru [3]. 13 cartes à $\frac{1}{200\,000}$ sont en vente; pour que la série soit complète, il manque la partie de la côte de la Norwège méridionale qui est située sur la mer du Nord. Les 12 feuilles à $\frac{1}{100\,000}$ qui sont publiées donnent toute la côte de la Nor-

(1) De ces 320 cartes ou plans, 192 environ ont été levés par les officiers de la marine anglaise; les autres sont des reproductions de cartes publiées à l'étranger. De plus, on tient toutes les autres au courant des découvertes nouvelles.

(2) 8 sur la côte ouest, 4 sur la côte sud, 3 sur la côte est.

(3) La carte du centre n'est pas encore publiée.

Gr. II. — Cl. 16.

wège méridionale, à l'exception du fond du Skager-rak. De la série à $\frac{1}{50\,000}$, qui comptera 64 cartes, 38 seulement sont terminées; elles comprennent le fond du Skager-rak et une partie de la côte de la Norwège méridionale sur la mer du Nord[1].

L'Institut géographique norwégien a publié en outre la carte des bancs de pêche qui sont situés, d'une part, entre Harö et Stadt (1870) et entre Stadt et Smölen (1873) à $\frac{1}{200\,000}$, et, d'autre part, le long de la côte orientale des îles de Lofoten (1869) à $\frac{1}{100\,000}$, avec l'indication de la nature des fonds.

Suède. — En Suède, les cartes des côtes, des archipels et des lacs intérieurs sont d'ordinaire levées à l'échelle de $\frac{1}{20\,000}$ et celles qui donnent les sondages à $\frac{1}{50\,000}$ ou à $\frac{1}{100\,000}$; elles sont publiées à des échelles qui varient de $\frac{1}{300\,000}$ à $\frac{1}{550\,000}$ pour les cartes de passes, de $\frac{1}{200\,000}$ à $\frac{1}{250\,000}$ pour les cartes côtières et à $\frac{1}{100\,000}$ pour les cartes spéciales. Elles sont gravées sur cuivre et dressées d'après la projection de Mercator, sauf ces dernières qui sont établies comme les cartes topographiques dans la projection conique croissante; chaque année on les soumet à une revision. La collection des cartes qui sont actuellement en vente ne comprend que la Baltique avec ses golfes, le Kattégat et le Skager-rak jusqu'à Lindesnäs; elle se compose d'une carte générale, de 7 cartes de passes, de 19 cartes côtières et de 15 cartes spéciales, en tout 42 cartes; l'exécution matérielle des dernières feuilles est supérieure à celle des premières.

L'Amirauté russe a fait établir de 1868 à 1874 la carte des écueils de la rade de Stockholm, le plan de la rade et du canal de Kalmar, ainsi que celui de la côte occidentale de l'île d'Oland.

Danemark. — Le Danemark a publié, depuis 1867, 7 cartes générales (de la mer Baltique, des détroits du Kattégat et du Skager-rak, de la mer du Nord, de la partie méridionale de l'Atlantique et de l'Islande), 4 cartes côtières de la mer Baltique[2] et

[1] Il manque encore 9 cartes de la côte sud et 17 de la partie septentrionale de la côte centrale pour arriver à Foldenfiord, où cette série doit s'arrêter.

[2] Ces cartes comprennent la côte depuis l'île de Langeland jusqu'à la pointe de Dars, le grand, le petit et le Samsö-Belt, avec le grand fiord qui est situé au nord de l'île de Seeland, Isefiord.

4 cartes spéciales [1]. La gravure en est un peu lourde, et les noms ne sont pas très distincts [2].

On peut citer, entre autres publications intéressantes de la marine royale danoise, la carte des Fœroé et celles des côtes groënlandaises.

Allemagne. — Depuis 1867, l'Amirauté prussienne s'occupe activement du levé des côtes allemandes; pour la mer du Nord, elle n'a encore publié que la carte à $\frac{1}{100\,000}$ de l'embouchure de la Jade, du Weser et de l'Elbe, mais les trois autres sont très avancées; pour la mer Baltique, il a paru deux des trois cartes qui doivent représenter à la même échelle la côte du Schleswig-Holstein et du Mecklenbourg et les deux feuilles les plus orientales de la côte prussienne : les trois feuilles qui doivent donner la côte poméranienne et qui sont comme les deux dernières à $\frac{1}{150\,000}$, sont en cours d'exécution [3]. Citons encore le plan d'Eider jusqu'à la pointe de Blaavand et sur la côte allemande de la mer Baltique ceux du Petit-Belt et du canal d'Arrö, du canal d'Alsen, des rades de Flensburg, d'Eckenforde, de Kiel, de Neustadt et de Königsberg. Toutes ces cartes sont très remarquables.

Russie. — En Russie, on a publié diverses cartes hydrographiques depuis dix ans; on peut citer la carte de la Neva en quatre feuilles (1870), celle du golfe de Finlande [4] qui a été revisée, celles d'Uléaborg aux îles d'Outö dans le golfe de Bothnie (1873) et des îles Outö à Sederarum (1869) dans la mer Baltique, celle des écueils d'Abö et d'Aland (1871), les plans du port de Pernau

[1] Ces cartes donnent le Storebelt entre Sprogo et Langeland, le Stykkisholmr avec les fiords Grundar et Kolgrafa, le Pollen avec le fiord Skutils en Islande et le Bogestrommen.

[2] Les longitudes sont comptées à l'est de Greenwich.

[3] On travaille aussi fort activement à l'établissement des cartes générales dont les feuilles centrale (à $\frac{1}{600\,000}$) et occidentale (à $\frac{1}{300\,000}$) de la côte allemande dans la Baltique ne tarderont pas à paraître. L'Amirauté russe a publié en 1868 toute cette côte en trois feuilles.

[4] En 1872, on a dressé une carte qui donne les formations géognostiques des côtes et le relief du fond du golfe de Finlande, et cette année même (1878) on a publié les plans des ports de Narva et d'Hangostadt.

Gr. II. — Cl. 16.

dans le golfe de Riga (1872) et des ports de Vindau (1872) et de Lindau (1878) dans la mer Baltique, trois cartes pour la mer Blanche, une carte et plusieurs plans pour la mer Noire, entre autres ceux de la baie de Sulimo et des rades de Batoum et d'Akmechet, les plans du port de Mariopol (1873) et de la rade d'Hénitche (1877) dans la mer d'Azof, et l'atlas de la mer Caspienne[1].

En 1875, cinq commissions ont été chargées d'explorer les rivières et les lacs de l'empire et d'en dresser les cartes afin de donner une impulsion à la navigation fluviale; mais rien n'a encore paru[2].

La carte de la mer d'Aral et de la mer Caspienne, où sont représentés les contours divers que ces mers ont affectés depuis un siècle et demi, mérite une mention particulière; ces contours, au nombre de 7, montrent que, de 1726 à 1874, la différence dépasse 150 kilomètres. On a fait un travail semblable pour le lac Ladoga depuis le temps de Pierre Ier jusqu'aux levés récents du colonel Andreief.

Dans l'Asie russe, MM. Schmidt et Dohrandt ont récemment étudié, avec un grand soin. les variations de niveau de l'Amou-Daria, son débit en amont et en aval de Khiva, la rapidité de son courant et la nature de ses sédiments.

Pays-Bas. — Le Ministère de la marine néerlandaise a dressé ou revisé, depuis 1867, 15 cartes hydrographiques, qui sont finement gravées et qui portent de nombreuses cotes de sondages[3]; elles ont été pour la plupart établies par M. Blommendal, à qui l'on devait déjà les beaux levés de l'Escaut.

La maison Vve Gerard Hulst van Heulen a aussi publié, depuis 1867, et surtout depuis 1870, un certain nombre de cartes

(1) Cet atlas a été dressé par l'amiral Ivatchintsof et le capitaine Poutschine.

(2) Ce travail est appelé à compléter et à rectifier les divers atlas à $\frac{1}{[illegible]}$ de la Dwina septentrionale par M. Vassilevsky, du Volga (de Rybinsk à Tietuchi) par M. Kislakovsky et du Dniéper (de Krementchoug à la mer Noire).

(3) Ce sont les cartes des bouches de l'Ems à $\frac{1}{50\,000}$, de la côte nord de la Frise à $\frac{1}{50\,000}$, des îles de Vlieland, de Terschelling et d'Ameland à $\frac{1}{50\,000}$, des bas-fonds d'Eyerland à $\frac{1}{25\,000}$, de Texel à $\frac{1}{30\,000}$, du Zuyderzée à $\frac{1}{50\,000}$ en 4 feuilles, de l'embouchure de la Meuse à $\frac{1}{7\,500}$, des bras d'Haringvliet, de Krammer et d'Hollandsch Diep à $\frac{1}{30\,000}$, de Goerée à $\frac{1}{30\,000}$ et de Brouwershaven, des bouches de l'Escaut à $\frac{1}{50\,000}$, du Honte ou bras occidental de l'Escaut à $\frac{1}{25\,000}$ et de l'île de Beveland à $\frac{1}{25\,000}$.

hydrographiques qui font un double emploi avec les précédentes, entre autres, celles du Zuyderzée en deux et en une feuille, de l'Escaut oriental, de divers ports, etc.

Nous citerons, comme cartes intéressantes, celles qui donnent les changements de l'embouchure de la Meuse (*Hoek van Holland*) et de l'Escaut occidental près de Bath à cinq époques successives.

On sait que le gouvernement hollandais a publié, il y a déjà longtemps, la carte en couleurs des rivières des Pays-Bas à $\frac{1}{50\,000}$; depuis 1873, on s'occupe d'en dresser de nouvelles à une échelle beaucoup plus grande, à $\frac{1}{10\,000}$; les quinze feuilles qui ont paru donnent le Rhin et le Wahal supérieur [1]. Elles sont gravées sur pierre, imprimées en noir, et portent de très nombreuses cotes de sondages : on pourrait leur reprocher d'être un peu confuses.

Belgique. — En Belgique, un officier de la marine royale, M. Stessels, a levé la carte de l'Escaut aux environs d'Anvers à $\frac{1}{20\,000}$; elle représente une grande somme de travail; il a publié à la même échelle les plans de Blanckenbergue, d'Ostende et de Nieuport.

France. — La France est, après l'Angleterre, le pays où l'on a fait le plus grand nombre de travaux hydrographiques. Les cartes qu'ont publiées nos ingénieurs n'ont été nulle part dépassées pour l'exactitude et pour le fini de l'exécution; mais, excepté pour les côtes de notre pays et pour celles de nos colonies, elles ne sont pas, comme chez nos voisins d'outre-Manche, le résultat d'un plan méthodique, le budget de notre Dépôt de la marine étant trop faible. Cependant, soit en s'aidant des matériaux fournis par les divers peuples maritimes, soit en reproduisant les documents étrangers traduits et revus avec soin, on ne cesse de dresser, outre les travaux d'origine purement française, des cartes relatives aux différentes mers du globe, et, grâce à l'adoption de procédés expéditifs et économiques, tels que celui de la gravure sur pierre qui est de plus en plus employé concurremment avec la méthode si

[1] Il y a une feuille pour Boven, Beneden et Nieuwe-Merwede, une pour Beneden et Nieuwe-Merwede, une pour le Wahal et Boven-Merwede, dix pour le Wahal, une pour le canal de Pannerdensch et le Bas-Rhin et une pour le Bas-Rhin.

Gr. II. — Cl. 16.

lente et si coûteuse de la gravure sur cuivre, on est arrivé à en publier un très grand nombre.

En 1867, on comptait au Dépôt de la marine 1 850 planches de cuivre et 250 pierres en service, et en 1877, il y avait 2.758 cartes publiées; avant peu, nos bâtiments pourront naviguer dans toutes les mers avec le seul concours des cartes du Dépôt de la marine de France. Pendant les dix dernières années, le tirage a monté à 862 000 feuilles, dont 652 000 ont été livrées à la vente.

Depuis les levés de Beautemps-Beaupré, qui datent des premières années de ce siècle, jusqu'en 1865, on n'a fait aucun travail important sur les côtes de France. La grande œuvre de l'illustre ingénieur, qui comprend environ 200 feuilles, avait besoin cependant d'être mise au courant de l'état actuel des choses; il s'est en effet opéré des changements dans le tracé du littoral, dans les profondeurs de la mer et dans la situation des bancs. Aussi a-t-on fait, depuis 1867, d'importantes études hydrographiques sur nos côtes, et plusieurs ingénieurs de la marine ont été chargés de reviser et même de lever à nouveau les plans de divers ports.

Dans le nord, M. Edm. Ploix a reconnu les abords de Boulogne, où l'on projette la création d'un port en eau profonde, et M. Héraud a étudié la côte d'Étaples au Tréport et les baies de Canches, d'Authie et de Somme; ils ont déterminé les variations qu'ont éprouvées la côte et les bancs depuis l'ancien levé de 1835, et ils se sont préoccupés d'une manière toute particulière du régime et du jeu des courants : on a dû refaire la triangulation de la partie comprise entre le Tréport et le cap Gris-Nez, à cause de la disparition des anciens signaux. M. Estignard a fait la reconnaissance hydrographique de la basse Seine pour s'assurer de l'effet produit sur le régime des eaux par les travaux d'endiguement; en comparant les anciens plans avec les nouveaux levés, on a constaté que les bancs étaient essentiellement changeants, mais suivant une loi assez bien accusée depuis l'établissement des digues : deux teintes jaunes indiquent sur la carte les sables ou graviers qui découvrent à basse mer [1], et la couleur grise représente les terrains vaseux.

[1] La plus claire de ces teintes montre les bancs qui découvrent à marée moyenne; la plus foncée, ceux qui ne découvrent qu'à marée très basse.

Dans l'ouest, M. A. Germain a fait le plan détaillé du port de Brest[1]; il a trouvé que la profondeur des eaux, ou brassiage, a été modifiée sur plusieurs points tant par les apports des rivières de Landerneau et de Châteaulin que par les travaux exécutés pour la construction du port de commerce. M. Bouquet de la Grye a publié, en 1878, le plan du port de la Rochelle. M. Hanusse a reconnu l'entrée de Maumusson et de la Seudre, dont les passes et les bancs ont éprouvé des changements depuis le levé exécuté par M. Bouquet de la Grye en 1864. M. Manen, dans ses diverses reconnaissances faites à l'embouchure de la Gironde jusqu'en amont de Pauillac, a étudié les variations des barres du fleuve, les modifications des côtes et le jeu compliqué des courants; il a publié, en 1875, un atlas composé de 5 feuilles gravées sur cuivre, qui donnent l'embouchure de la Gironde et le plan des rades de Royan, du Verdon, du Lazaret et de Pauillac, et de 42 planches gravées sur pierre, qui reproduisent les anciens plans de l'embouchure du fleuve, depuis 1677 jusqu'à 1812, pour la période rétrospective, et depuis 1825 jusqu'à 1874, pour la période contemporaine. M. Caspari a relevé les changements qui sont survenus dans les passes du bassin d'Arcachon. M. Bouquet de la Grye a dressé le plan de la baie Saint-Jean-de-Luz[2] et celui du port de Saint-Sébastien, l'un des rares points de refuge qui existent au fond du golfe de Gascogne; il a étudié avec le plus grand soin la marche des courants, la forme et la propagation des marées, les lois qui régissent les barres, le mouvement des sables et des vases sous l'influence complexe des forces dues à la gravité et aux perturbations atmosphériques.

Dans le sud, M. A. Germain a revisé, corrigé et complété les

[1] Ce beau travail n'a pas demandé à M. Germain moins de cinq mois, quoiqu'il fût aidé par trois ingénieurs et qu'il eût à son service trois bateaux avec un équipage de quarante hommes. On ne possédait jusque-là que la carte à $\frac{1}{50\,000}$ levée en 1816 par Beautemps-Beaupré, dont l'échelle était trop petite pour les besoins des divers services.

[2] Ce savant ingénieur a publié les plans de cette baie à neuf époques successives, depuis 1640 jusqu'à 1873; on peut ainsi comparer les divers changements qui se sont produits depuis deux siècles. En 1876, il a fait un nouveau levé de cette baie dans le but de déterminer l'influence que le prolongement de la jetée de Socoa a pu avoir sur les profondeurs du mouillage.

Gr. II. — Cl. 16.

cartes des côtes françaises de la Méditerranée[1]; ce travail, qui a été fait avec le plus grand soin par le savant ingénieur, a permis de se rendre compte des changements qui se sont produits depuis trente ans dans toute la partie de côte comprise entre l'étang de Berre et la frontière d'Espagne. Aux embouchures du Rhône, les apports sont tels, que là où il y avait, en 1841, 30 mètres de profondeur, il existe aujourd'hui des bancs à fleur d'eau. M. Germain a constaté que la pointe du sud du fleuve s'avance de 80 mètres environ par an et que la profondeur augmente. Ces importantes modifications ont été rendues d'autant plus sensibles dans ces dernières années que l'endiguement des bouches du fleuve dirige tous ses apports de manière à resserrer l'entrée du golfe de Foz, et qu'on a ouvert le canal maritime de Saint-Louis. M. Bouillet a procédé, en 1877, à une nouvelle reconnaissance du golfe Jouan, dont le plan n'offrait pas des cotes de sondage assez rapprochées pour les besoins de notre escadre. Ces travaux nécessitent la refonte de toutes les cartes de notre littoral méditerranéen.

En outre, le Ministère des travaux publics a commencé, en 1868, sous la direction de MM. les ingénieurs Léonce Reynaud, de Dartein et E. Collignon, la publication d'un atlas des ports maritimes de France, qui comprend les plans de tous nos ports à l'échelle de $\frac{1}{5\,000}$ et des cartes à la fois hydrographiques et territoriales à l'échelle de $\frac{1}{133\,333}$, représentant les atterrages de nos principaux établissements maritimes, ainsi que leurs moyens de communication avec l'intérieur du pays. Cet atlas est accompagné de notices qui contiennent les principaux renseignements sur les abords, les conditions nautiques, le développement successif, l'état actuel et la statistique de chacun des ports. Cet ouvrage se composera de huit volumes de texte et de 163 planches; trois volumes et les plans des ports depuis Dunkerque jusqu'à l'archipel d'Ouessant sont publiés.

Aux ouvrages périodiques, tels que l'*Annuaire des marées des côtes de France*, les *Annales hydrographiques*, les *Livres des phares*,

[1] Ces cartes avaient été levées de 1839 à 1844.

notre Ministère de la marine a ajouté, en 1873, un nouveau recueil plein de précieux renseignements qui porte le titre de *Recherches hydrographiques sur le régime des côtes.*

Il a été publié dans ces dernières années plusieurs volumes d'instructions pour la navigation sur nos côtes [1].

Portugal. — La troisième direction des travaux géodésiques, hydrographiques et géologiques du Portugal a entrepris, depuis 1869, le levé à l'échelle de $\frac{1}{2\,500}$ des ports, des barres, des rivières et des côtes du royaume. Ces plans, établis pour servir de base aux travaux hydrauliques, sont ensuite réduits à diverses échelles pour les besoins de la navigation. Le terrain y est figuré au moyen de courbes de niveau à l'équidistance de 5 mètres, et les divers éléments hydrographiques ne sont jamais déduits que d'une série d'observations des marées suffisamment étendue. Il n'y a encore que peu de cartes terminées; on manque, paraît-il, d'ingénieurs spéciaux et de bateaux appropriés à ces études.

On a publié jusqu'à ce jour neuf feuilles de la carte des côtes du Portugal à $\frac{1}{100\,000}$ [2]; elles donnent une étendue de 680 kilomètres entre le port de Caminha et le cap Sines, avec une bande de terre de 7 kilomètres environ de largeur. Il manque encore 340 kilomètres, soit quatre feuilles. On a en outre mis en vente, depuis 1867, neuf plans de ports [3] avec de nombreuses cotes de sondage, entre autres celui de Lisbonne à $\frac{1}{20\,000}$ et à $\frac{1}{50\,000}$, et une carte des phares.

Espagne. — Le Ministère de la marine d'Espagne a fait établir depuis dix ans diverses cartes hydrographiques et plusieurs plans d'un intérêt réel. La côte nord de la péninsule s'est enrichie de quatorze plans de ports ou de bouches de rivières; la côte sud, d'une carte d'ensemble, de dix cartes côtières qui s'étendent du

[1] On doit à M. Bouquet de la Grye la description des côtes ouest en deux volumes (1869-1873); à M. A. Germain, celle de la côte sud (1875); à M. Estignard, celle de la côte située entre Cherbourg et le Havre (1875).

[2] Ces cartes sont gravées sur pierre.

[3] Caminha, Vianna, Porto, Aveiro, Figueira, Faro et Olhao, Villa Real do San-Antonio, Dilly et Lisbonne.

Gr. II.
—
Cl. 16.

Rio-Guadiana jusqu'à Torre de la Mesa et qui portent de nombreuses cotes de sondage (1873-1876), des plans des baies de Cadix, d'Algesiras et de los Cabezos, de ceux des ports de Malaga, d'Almeria et d'Alicante, de ceux des embouchures du Rio-Guadiana, du Rio-Guadalquivir et de six autres rivières. Ces cartes sont gravées avec soin.

Le Corps national des ingénieurs des ponts et chaussées s'est aussi occupé de dresser le plan des principaux ports d'Espagne; il a publié ceux d'Almeria, de la Ria-de-Bilbao, de Carthagène, d'Alicante, de Barcelone et de Vinaroz.

Le Bureau d'hydrographie publie, depuis 1863, un Annuaire qui va jusqu'en 1875 et comprend treize volumes. Nous devons aussi citer plusieurs volumes d'instructions nautiques, entre autres le *Derrotero de la costa de España.*

Italie. — Jusqu'en 1866, les marins n'avaient, pour se guider dans la mer Adriatique, que des cartes de cabotage et l'atlas du général Marieni [1], où les données topographiques laissaient peu à désirer, mais où les sondages n'avaient pas une exactitude suffisante et ne répondaient plus aux besoins de la navigation. Depuis dix ans, l'Amirauté italienne s'occupe activement de travaux hydrographiques; de 1867 à 1872, le capitaine Imbert a exécuté des levés importants dans le golfe de Tarente et sur les côtes orientales du royaume jusqu'à Venise.

A l'Exposition, on voyait quinze cartes côtières de l'Adriatique à $\frac{1}{100\,000}$, gravées sur cuivre (1875-1878) [2]; une carte générale de l'Adriatique à $\frac{1}{1\,000\,000}$ [3]; une carte d'ensemble donnant la mer

[1] On sait que le levé des côtes de la mer Adriatique fait, en partie, par l'État-major autrichien en 1820, en partie, par les divers États italiens pour leurs côtes respectives et par l'Angleterre pour les côtes de l'Albanie, a été publié par l'Institut militaire géographique, qui était alors à Milan; l'atlas, qui a eu deux éditions, l'une en 1822 et l'autre en 1845, comprenait 2 cartes générales, 22 cartes spéciales et 8 feuilles donnant les vues de côtes et un portulan.

[2] Il en manque encore trois pour que la série des cartes des côtes de l'Adriatique soit complète.

[3] Une autre carte générale de la mer Adriatique, qui comprendra quatre feuilles, ne tardera pas à paraître.

Ionienne et une partie de la mer Tyrrhénienne à $\frac{1}{1\,000\,000}$ (1878), et une carte détaillée à $\frac{1}{340,000}$ représentant le golfe de Tarente; sept cartes spéciales, dont trois pour la mer Adriatique[1], deux pour la mer Ionienne[2] et deux pour la mer Tyrrhénienne[3]; enfin, une carte des phares indiquant la manière dont sont éclairées les côtes de la péninsule et de l'île de Sardaigne.

Autriche. — En 1866, le gouvernement autrichien ayant reconnu la nécessité de reviser les cartes de ses côtes et de faire de nouvelles études physiques et hydrographiques dans le bassin de l'Adriatique, nomma une commission dont l'œuvre mérite d'attirer notre attention, non seulement à cause des services qu'elle est appelée à rendre, mais encore à cause des méthodes d'observation et de recherches qui ont été suivies. C'est au commandant Oœsterreicher qu'a été confié le levé des nouvelles cartes qui s'étendent jusque sur la côte de l'Albanie, depuis le golfe de Trieste jusqu'à Kimara. En 1867, on avait déjà terminé les travaux autour de la presqu'île d'Istrie, entre Duino et Buccari, ainsi qu'aux îles Quarnero; mais ce n'est qu'en 1870 qu'ont paru les premières feuilles[4]. Aujourd'hui l'atlas du littoral, qui comprend trente et une feuilles[5], est terminé ; il y a en outre deux cartes générales, l'une en quatre feuilles à $\frac{1}{350\,000}$, l'autre en une feuille à $\frac{1}{1\,000\,000}$, et huit planches qui donnent les plans de vingt-huit ports ou rades de l'Adriatique à $\frac{1}{20\,000}$ ou à $\frac{1}{40\,000}$. Ces cartes, qui ont été publiées par l'Institut militaire géographique, représentent le relief du terrain au moyen de courbes. On doit à M. Lehnert le levé du golfe de Vlona.

Turquie. — Nous devons encore citer, dans l'est de l'Europe,

(1) Ce sont les plans du port de Malamocco et des îles Tremiti et Pianosa à $\frac{1}{15\,000}$ et du port de Brindisi à $\frac{1}{125\,000}$.

(2) Ce sont les plans des ports de Tarente et de Gallipoli à $\frac{1}{10\,000}$.

(3) Ce sont les plans du canal de Procida à $\frac{1}{25\,000}$ et du port de Messine à $\frac{1}{5\,000}$.

(4) Ces feuilles, au nombre de six, donnent le golfe de Trieste à $\frac{1}{80\,000}$, ceux de Medolino et de Quarnero à $\frac{1}{40\,000}$, les îles Oumego et Parenzo, Orsera et Rovigno, et Fasana à $\frac{1}{50\,000}$.

(5) De ces feuilles, les unes sont à $\frac{1}{60\,000}$, la plupart à $\frac{1}{80\,000}$ et les autres à $\frac{1}{100\,000}$.

Gr. II. — Cl. 16.

les cartes du delta du Danube qu'a publiées en 1874 la Commission européenne.

L'Amirauté anglaise s'occupe de lever le plan des rades de l'île de Chypre; elle a publié cette année (1878) ceux de Famagousta, de Larnaka et de Limasol. Elle a aussi entrepris l'hydrographie de la mer de Marmara.

Algérie et Tunisie. — M. l'amiral Mouchez a fait, de 1869 à 1873, le levé complet des côtes de l'Algérie, qu'il a prolongé du côté du Maroc jusqu'aux îles Zaffarines et du côté de Tunis jusqu'au cap Nègre et à l'île de la Galite, soit d'une étendue de 1 150 kilomètres environ. Le résultat de ce travail considérable a été la publication d'une carte générale des côtes de notre colonie en deux feuilles à $\frac{1}{600\,000}$, de treize cartes particulières à $\frac{1}{100\,000}$ et de vingt plans des principaux ports et mouillages à $\frac{1}{10\,000}$. M. Mouchez a aussi reconnu une partie des côtes de la Tunisie et celles de la régence de Tripoli jusqu'à Benghazy : ces dernières étaient à peu près inconnues; il a dressé la carte du golfe de Gabès avec trois plans, et celle de la côte tripolitaine entre El-Biban et la grande Syrte avec quatre plans.

L'Amirauté anglaise a publié pour la même région le plan de la rade de Tripoli, des baies d'Hammamet, de Kalibia et de Tunis et les cartes du Ras-Makhabez à Mehediah et aux rochers Fratelli.

Égypte et mer Rouge. — Les études que M. Larousse a faites sur les bouches du Nil et sur les changements qui s'y sont produits pendant les deux derniers siècles, présentent un intérêt réel; elles sont résumées sur neuf plans (1871) entre lesquels nous citerons ceux de la bouche de Rosette en 1687, en 1799 et en 1860, ceux de la bouche de Damiette en 1799 et en 1860, ceux de la bouche de Dibeh en 1799 et en 1862 et celui de Port-Saïd. Il en ressort que la bouche de Damiette s'est avancée de 3 mètres environ par an pendant les deux derniers siècles et que celle de Rosette s'est avancée de 10 mètres environ par an de 1687 à 1800 et de 35 mètres environ par an depuis lors. L'étude de la marche de ces atterrissements est non seulement intéressante au point de vue scientifique, mais elle a un intérêt pratique puisqu'elle permettra de se rendre compte des modifications qui surviendront à Port-Saïd. Le même ingénieur a établi la carte du canal de Suez, qui a paru en deux feuilles en 1870.

La carte du delta du Nil a été dressée par MM. Linant de Bellefonds et Mahmoud[1]. Un ingénieur français, M. Hatt, a reconnu, en 1872, l'état de l'embouchure du canal de Suez dans la Méditerranée, et le capitaine Nares a fait le plan de Port-Saïd, en 1877. Dans la mer Rouge, ce même savant anglais a levé le golfe de Suez et le détroit de Jubal, que le capitaine Mansell avait déjà étudié en 1861. L'Amirauté anglaise a donné, en 1873, les plans de la baie de Kamaran, de l'ancrage des îles Farisan, du Ras-el-Askar, de la rade d'Hodeïdah, du port de Suakin et de celui de Massaoua. On peut encore citer celui de la baie d'Assab que M. Guido Cora a établi d'après les travaux des officiers italiens et celui de l'île de Perim à $\frac{1}{8\,000}$ par le lieutenant anglais Gray; mais, dans ces dernières années, on n'a publié aucun nouveau travail d'ensemble sur la mer Rouge[2].

Afrique orientale. — Les cartes de la côte du Zanguebar, que le capitaine Owen a dressées il y a cinquante ans, étaient insuffisantes pour les besoins de la navigation sur une côte bordée d'écueils et de bancs que n'éclaire aucun feu[3]. En 1873-1874, le capitaine

[1] Cette carte est publiée en cinq couleurs dans le *Guide en Orient.*

[2] En 1829, lorsque le gouvernement de l'Inde a adopté pour sa correspondance la voie de la mer Rouge et de l'Égypte, on ne possédait sur ces parages que peu de documents : la carte du lieutenant White (1796); celle de la côte occidentale levée par le capitaine Court pendant l'expédition de lord Valentia en 1805; celle du port de Massaoua et de la côte d'Abyssinie par le lieutenant Maxfield (1805), et les *Conseils de navigation* rédigés en 1800 par Sir Home Popham; de 1830 à 1834, le capitaine Moresby et le capitaine Elwon ont dressé, l'un la carte de Suez à Jedda, et l'autre celle de Jedda à Bab-el-Mandeb, qui ont publiées chacune en deux feuilles; aujourd'hui que le transit dans cette mer est devenu considérable, la reproduction des minutes à grande échelle de ces derniers levés qui ont été faits avec le plus grand soin eût été très utile, malheureusement ils sont perdus, ce qui force les Anglais à en refaire à nouveau l'hydrographie.

[3] On sait que le capitaine Carless a revisé en 1837-1838 la carte de la côte d'Afrique d'Owen entre le Ras Hafoun et le Ras Gulweni, et le lieutenant Grieve en 1848 celle entre le Ras Gulweni et Barbera.

Gr. II. — Cl. 16.

Wharton a relevé l'île de Zanzibar et la partie de la côte du continent qui y fait face (du Pangani au Ras-Kimbidji) : la carte est en deux feuilles à $\frac{1}{146\,000}$; l'Amirauté anglaise a publié, en outre, un nouveau plan de la rade de Zanzibar, ainsi que celui de la rade de Dar-es-Salam. En 1877, le capitaine Wharton a relevé la côte de Monfia à Kiloa; ayant remonté le Loufidji jusqu'à une certaine distance dans l'intérieur des terres, il a dressé le plan du delta alluvial de ce grand fleuve, qui a sur la côte un développement de 30 milles environ et qui n'avait pas été relevé avec assez de soin par le capitaine Owen; il s'est ensuite rendu au Cap de Bonne-Espérance en effectuant un grand nombre de sondages importants en mer. De Kiloa au Ras-Pekawi, c'est le capitaine Gray qui a revisé les anciens levés; il a publié la carte de cette partie de la côte en deux feuilles[1], et il a, en outre, dressé le plan de l'embouchure de la rivière Lindy et des rades de Mto-Mtwara, de Mikindani, de Kiswere, de Mehinga et de Msimbati. Grâce à ces travaux, on possède aujourd'hui d'excellentes cartes côtières pour une partie assez notable de l'Afrique orientale.

La direction des travaux géodésiques du Portugal a publié, en 1877, une carte du Zambèse depuis son embouchure jusqu'à Tete.

Îles de l'océan Indien. — L'île Rodriguez a été levée par le commandant Wharton, en 1874, et M. l'amiral Mouchez a visité les îles de Saint-Paul et d'Amsterdam, dont il a rapporté le plan détaillé. Les officiers du *Challenger* ont exploré, en 1874, l'île de Kerguelen, et les travaux qu'ils y ont faits complètent nos connaissances sur cette terre perdue dans l'océan Austral, qui n'est guère visitée que par des pêcheurs de phoques.

Afrique australe. — Des dix feuilles qui composent la carte de la côte australe de l'Afrique (entre la baie de Delagoa et la baie de Donkin[2]), les quatre qui donnent, d'une part, sur la côte orientale, la partie située entre la rivière Tugela et la baie de Wa-

(1) La carte du Ras Pekawi au cap Delgado est à $\frac{1}{255\,000}$, et celle du cap Delgado à Kiloa, à $\frac{1}{364\,500}$.

(2) Les deux premières sont à $\frac{1}{365\,000}$, et les autres environ à $\frac{1}{231\,500}$.

terloo, et, d'autre part, sur la côte occidentale, celle située entre la baie de la Table et la baie de Donkin, ont été levées de 1868 à 1873 par le lieutenant Archdeacon qui a dressé en outre le plan des rivières Buffalo et Umzimvubu et des baies de Saldanha et de Robbe.

Afrique occidentale. — Sur la côte occidentale de l'Afrique, le commodore Medlycott a fait, en 1875, la carte de l'embouchure du Congo à $\frac{1}{14\,500}$, et le Dépôt de la marine française a publié le plan des baies du cap Lopez et de Landana, du delta de l'Ogôoué et des lagunes du Fernand-Vaz et du Mexias[1], ainsi qu'un croquis d'ensemble des rivières du Gabon[2].

Le plan des bouches des rivières Quæbo, Opobo, Saint-Nicolas et Brass, qui se jettent dans le golfe de Guinée, a été établi par les officiers de la marine anglaise. Les officiers français ont levé les atterrages du cap Vert et le port de Dakar.

Le capitaine Nares a dressé le plan de Porto-Grande (île de Saint-Vincent).

L'Amirauté allemande a publié, en 1876, les plans de plusieurs rades de la côte marocaine (celui d'El Araisch à $\frac{1}{33\,000}$, ceux de Rabat et de Sali à $\frac{1}{50\,000}$, et celui de Suehra ou Mogador à $\frac{1}{18\,500}$)[3]; la baie de Ceuta, dont les Espagnols avaient déjà fait le levé en 1871, a été reconnue en 1876 par les officiers anglais qui en ont dressé le plan à $\frac{1}{15\,540}$.

Amérique du Nord. — Si, traversant l'océan Atlantique, nous nous dirigeons vers l'Amérique, nous devons tout d'abord fixer notre attention sur l'atlas des côtes de Terre-Neuve qui a été dressé par M. l'amiral Cloué d'après ses levés exécutés de 1849 à 1862 et qui comprend 40 feuilles, dont les 9 dernières ont été publiées depuis 1867. L'Amirauté anglaise a aussi augmenté de 7 nouvelles feuilles son ancienne collection de cartes de ces parages, qui étaient au nombre de 44.

(1) Par le lieutenant Lebas.
(2) Bhemboé, Maga, Jambi, Bilagone, etc.
(3) Ces rades avaient déjà été levées en 1835 par le lieutenant Arlett.

Gr. II.
Cl. 16.

Le gouvernement danois consacre, depuis 1875, une somme annuelle de 14 000 francs à l'étude des côtes du Groënland. On a levé de 1876 à 1878 la partie comprise entre 60° et 64° 30′ et entre 70° et 72° de latitude nord.

C'est à la marine britannique que sont confiés les travaux hydrographiques du Canada. Pour la côte du Labrador, nous devons citer cinq nouvelles cartes, entre autres celle qui donne la partie du nord-est. La baie d'Hudson a été levée tout récemment, mais elle n'est pas encore publiée. La *Commission du port et de la navigation de Montréal* exposait une carte à grande échelle du fleuve Saint-Laurent où étaient indiqués tous les hauts-fonds; une coupe montrait les parties qu'on se propose d'enlever par un dragage pour que les navires d'un tirant de 8 mètres puissent toujours passer, même au moment des plus basses eaux : ce plan intéressant a été dressé par M. Kennedy.

Le *Coast Survey* des États-Unis exécute des travaux hydrographiques importants dans l'Amérique du Nord depuis 1832. Possesseurs de rivages étendus sur l'Atlantique et sur le Pacifique, les Américains ont senti la nécessité d'une exploration rapide des ports, des rades et des rivières que leurs bâtiments de commerce fréquentent sans cesse; et ils se sont mis à l'œuvre sur tous les points à la fois, dans les États du Nord, en Californie et dans le golfe du Mexique; cependant, quoiqu'ils aient employé les méthodes les plus promptes et les procédés les plus expéditifs, le levé des côtes n'était encore qu'à moitié fait lorsque la guerre de sécession éclata. Ce gigantesque travail, dirigé d'abord par M. Bache, est aujourd'hui confié à M. R.-H. Wyman. On peut citer, parmi les nouvelles publications qui intéressent l'hydrographie américaine : l'atlas de la rade de New haven (Connecticut) en 13 feuilles à l'échelle de $\frac{1}{2\,400}$ qu'a publié en 1876 le *Board of harbour commissionners;* la carte du Saint-Laurent, avec de nombreux sondages, établie à $\frac{1}{30\,000}$ sous la direction du major Comstock par le *Survey of the Northern and Northwestern lakes*[1], et un certain nombre de cartes et plans, tels que ceux des baies de Wyniah (Maine) et de

[1] La gravure est lourde et les détails sont un peu confus. La première feuille date de 1873; la cinquième était exposée en 1878.

Nantucket (Massachusets), de la rade de New-York, des embouchures des rivières James et Nansemond (Virginie), de la baie de Winyah (Caroline du Sud), de la rivière Saint-John (Floride), de Boca-Grande et de Tortugas, etc.

L'*United States light-house Establishment* a publié des cartes où sont indiquées les positions des phares; elles ont été corrigées en 1876. Il en existe deux éditions, l'une à grande échelle, l'autre à échelle plus petite.

Amérique centrale. — Sur les côtes orientales de l'Amérique centrale, les officiers anglais ont levé les plans de l'île de Bonacca et du port de Limon, les officiers américains celui de la rade de Greytown (San-Juan de Nicaragua).

La marine espagnole a ajouté, pour ses colonies, sept feuilles aux quatre qu'elle avait publiées en 1867; l'hydrographie de l'île de Cuba s'est enrichie en outre des plans de huit ports[1]. Deux cartes, dressées d'après des documents en partie étrangers et en partie nationaux, donnent, l'une, la mer Caraïbe avec la Jamaïque, et l'autre, le golfe de Honduras. Nous devons aussi citer le nouveau volume d'instructions nautiques, *Derrotero de las Antillas*.

L'Amirauté allemande a publié le plan du port Plata dans l'île de Saint-Domingue et des officiers français y ont levé celui de la baie aux Cayes. Celui des ports de Ponce et de San-Juan (Puerto-Rico) a été dressé en 1872. Pour la Guadeloupe, on a le bel atlas de MM. Edm. Ploix et E. Caspari, qui comprend une carte générale, cinq cartes particulières et quinze plans, et qu'accompagne un volume d'instructions nautiques, *le Pilote de la Guadeloupe*, par M. Ploix. M. Hanusse a revisé le plan de la rade de Port-de-France à la Martinique. L'Amirauté anglaise a publié les cartes de l'île Barbados et de la baie de Carlisle, des îles Grenadine, de la baie de Rockly (Tobago), de l'île de la Trinité et du golfe Paria. On doit à M. Pailhès, officier de la marine française, un intéressant mémoire hydrographique sur l'Amérique centrale.

[1] Cayo, Moa, Jaragua, Taco, Cayaguaneque, Navas, Yamaniguey, Maravi et Baracoa (1874-1875).

Gr. II. — Cl. 16.

Amérique du Sud. — M. Hanusse a levé dans la Colombie le plan du port de Sabanilla, à l'entrée du Rio-Magdalena, port que fréquentent nos paquebots transatlantiques. L'Amirauté allemande a aussi publié la carte des bouches de ce fleuve, en 1875.

Pour la Guyane, nous devons citer les cartes anglaises des rivières Demerara et Essequibo et les cartes hollandaises des rivières Nickerie et Surinam; le tracé de cette dernière a été fait par le capitaine Zimmermann à $\frac{1}{150\,000}$, avec des cotes de sondage jusqu'à la ville de Paramaribo. M. l'amiral Mouchez a relevé la côte de notre colonie depuis Cayenne jusqu'à l'embouchure de l'Amazone.

MM. Vital de Oliveira et de Fonseca, officiers brésiliens, ont levé les côtes du Brésil, et le capitaine J.-R. de Lamara a fait le plan de la rade et des environs du Rio de Janeiro. L'atlas nautique du Brésil par l'amiral Mouchez, qui comprenait 31 cartes en 1867, a été terminé en 1872; il compte 51 feuilles. Le commodore américain Gorringe a, de son côté, publié un ouvrage sur le littoral du même empire, avec de nombreuses vues de côtes.

Déjà, à la dernière Exposition, on a pu voir les cartes du haut San-Francisco et du Rio-das-Velhas qu'a dressées M. E. Liais. Depuis, l'hydrographie des rivières du Brésil s'est encore enrichie de diverses publications, parmi lesquelles nous citerons la carte de l'Amazone à $\frac{1}{75\,000}$, depuis le Para jusqu'à Manaos, par le capitaine Pomroy, et celle du Parana entre Itapua et l'embouchure de l'Igurey par le commandant de Alvarim-Costa.

Les officiers du navire français *le Bisson* ont levé la partie du fleuve Paraguay qui est comprise entre l'Assomption et Corrientes (environ 300 kilomètres); la carte a été dressée en 1871. L'amiral Mouchez, M. Oyarvide et le commandant Gorringe, des États-Unis (1875), ont chacun publié une carte du Rio de la Plata.

Notre Dépôt de la marine a fait lever en 1877 par le capitaine Olry le plan du golfe de Saint-Georges et de l'île de Tova, sur la côte orientale de la Patagonie. Le capitaine Mayne, de la marine britannique, a étudié avec soin, de 1867 à 1869, le détroit de Magellan; il a établi une bonne carte à $\frac{1}{97\,000}$ environ de la partie orientale, depuis le cap des Vierges jusqu'à la pointe de Sable, et il a revisé la partie occidentale; il a dressé, en outre, les plans d'un grand nombre d'ancrages et de baies qu'il a publiés en sept feuilles. Pour l'ouest de la Patagonie, nous devons aussi citer les cartes françaises des havres Molyneux, Eden et Hale[1].

La marine chilienne a entrepris depuis dix ans d'importants travaux hydrographiques sur la côte occidentale de l'Amérique du Sud. Elle a publié le plan du port Riofrio et de l'île Crossover jusqu'au récif de Gordon. Le commandant don Fr. Vidal Gomaz a dressé 22 cartes qui donnent en détail les côtes du Chili, d'une part, entre le 31e et le 35e degré de latitude, d'autre part, entre le 38e et le 43e, et parmi lesquelles nous citerons le plan de la vaste baie de Reloncavi (1871)[2], celui de la lagune de Llanquihué, ceux des côtes des provinces de Llanquihué, de Colchagua et de Curico en 4 feuilles (1873), et ceux des rivières Reloncavi, Maullin, Queule, Tolten et Puelo.

Des officiers français ont levé en 1874 un nouveau plan de la baie de Valparaiso, et le capitaine Mayne a revisé celui de la baie de Coquimbo. Citons encore le plan du mouillage de San-Juan Bautista (dans l'île de Juan-Fernandez), qu'a publié notre Dépôt de la marine.

Pour la Bolivie, nous avons à mentionner le plan français de la baie d'Antofagasta, et, pour le Pérou, ceux de la baie de Ferrol et des îles Guañapes.

Sur la côte occidentale du Mexique, la baie de Manzanillo a été relevée par des officiers français. Le commodore américain G. Devey a établi, en 1874, une carte à $\frac{1}{650\,000}$ de la côte de la basse Californie, du golfe de Californie et de la côte du Mexique depuis Mazatlan jusqu'au cap Corrientes; ses travaux ont montré que sur les anciennes cartes la côte occidentale de cette longue presqu'île était trop à l'ouest.

Les Américains ont fait en 1871 la carte du bas cours de la rivière Columbia.

Le commandant Pender, de la marine britannique, a levé sur les côtes de l'île de Vancouver, de 1863 à 1870, treize nouveaux plans qui, s'ajoutant à ceux antérieurement publiés par le capitaine

[1] Ces havres sont situés dans l'archipel de la Mère-de-Dieu.

[2] Cette baie est vis-à-vis de l'île de Chiloé.

Gr. II. — Cl. 16.

Richards (1857-1864), complètent l'hydrographie de cette île importante.

Depuis la cession de l'Amérique russe aux États-Unis, le littoral de cette vaste contrée, qui jusque-là était à peine connu, est devenu l'objet d'études et d'explorations suivies, et le recueil des cartes hydrographiques de l'Union est en train de s'enrichir de nouveaux et précieux documents. Il a paru récemment un atlas des principales rades de l'Alaska, comprenant 24 cartes photolithographiées, d'une exécution du reste assez ordinaire.

Océan Pacifique. — L'Amirauté des États-Unis a dressé, en 1867, pour toute l'étendue du Pacifique, une liste de 1 377 hauts-fonds ou écueils dont les positions sont douteuses ou ne sont pas portées sur les cartes en usage. Elle a aussi publié les cartes de plusieurs des petites îles qui sont perdues au milieu de l'océan Pacifique (Palmyra, Washington, Christmas, Fanning), ainsi que des atolls des archipels Marshall et Gilbert.

L'amiral chilien Goñi a dressé, en 1870, la carte de l'île de Pâques.

Des officiers français ont levé le plan de trois rades de l'île d'Hiva-oa (dans l'archipel des Marquises) dont la carte a paru en 1878, celui de la rade de Rikitea (dans les îles Gambier) et celui de l'île Rotuma.

M. Cornu-Gentille a continué, en 1873, sur les côtes de l'île de Tahiti les travaux hydrographiques commencés par MM. Gaussin, Leclerc et Bovis, et, en 1876, notre Dépôt de la marine a publié une carte générale de cette île, six cartes particulières et le plan de la rade de Papiti.

M. Bouquet de la Grye a établi la carte de l'île de Campbell à $\frac{1}{50\,000}$.

Aux dix feuilles qui formaient en 1867 la collection des cartes de l'archipel des Fidjis, l'Amirauté anglaise en a joint cinq, qui ont été levées de 1874 à 1876.

MM. Bouquet de la Grye, Chambeyron et Banaré ont fourni des données précises sur les côtes de la Nouvelle-Calédonie, et on leur doit des cartes, tant générales que particulières, au moyen desquelles on peut franchir en toute confiance les dangereuses barrières de récifs qui entourent notre colonie océanienne [1]. Il y a dix ans, les côtes septentrionale, occidentale et méridionale de l'île étaient à peu près connues, sauf sur une étendue de 20 milles environ dans l'ouest [2]; sur la côte orientale, il restait à lever une centaine de milles. M. Chambeyron a terminé le travail en 1873, et il a fait la reconnaissance des principaux bras de mer qui sont situés entre la côte et les récifs. Le Dépôt de la marine a publié récemment les plans des rades de Puebo, de Mueo, de Uaraï et de Muenda. Les îles Loyalty, Huon et de la Surprise n'ont pas encore été complètement étudiées.

L'Amirauté anglaise a considérablement accru le nombre de ses cartes australiennes depuis 1867; on en compte aujourd'hui quatre de plus pour la côte occidentale, vingt pour la côte méridionale et douze pour la côte orientale; la série se compose à présent (en 1878) de 122 feuilles. En outre, les gouvernements locaux font faire des levés à leurs frais; on voyait à l'Exposition les plans de diverses baies de la côte orientale et des rivières Brisbane [3] et Burnett [4], gravés par M. Knight (de Queensland).

L'hydrographie des îles Salomon n'est pas encore complète; la carte publiée en 1874 par l'*Hydrographic Office* de Londres résume ce que l'on connaît de cet archipel.

Par ordre du gouvernement australien, *le Basilisk* a relevé la partie encore inconnue de la côte orientale de la Nouvelle-Guinée qui s'étend au sud-est du mont Astrolabe, et il y a trouvé trois grandes îles entourées d'îlots et de récifs. L'Amirauté anglaise a publié, en 1873, le plan du port Moresby et celui de la rade de

(1) Quelques-unes des cartes de ces côtes sont postérieures à 1867.

(2) M. Banaré a levé en 1865 la partie de la côte qui est comprise entre le cap Calnett et le cap Goulvain, sur une longueur de 180 milles environ, et celle qui est comprise entre Ouaraï et le port Saint-Vincent, dont le plan avait été dressé par M. Moziman en 1860. La reconnaissance de la côte sud-ouest entre ce dernier port et l'île des Pins est due à M. Bouquet de la Grye, et M. le commandant Chambeyron a dressé de 1860 à 1863 la carte de la côte orientale entre le canal de Havanah et l'île Toupiti, que M. Banaré a prolongée en 1866 jusqu'à la baie de Kouaua.

(3) L'hydrographie de cette rivière a été faite par le lieutenant de vaisseau E.-R. Connor.

(4) L'hydrographie de cette rivière a été faite par le lieutenant Bedwell.

Gr. II. — Cl. 16.

Fairfax. M. J. Moresby a établi en 1876 deux cartes, l'une donnant l'ensemble des côtes de l'île et des archipels voisins, l'autre son extrémité sud-est qui était jusque-là à peu près inconnue.

Îles des Indes orientales. — MM. Cerruti et di Lenna ont fait, en 1869-1870, le levé des îles de Batchian et d'Obi qui appartiennent à l'archipel des Moluques et qui sont situées entre Céram et Gilolo; les cartes qu'en a publiées M. Guido Cora dans le *Cosmos* sont à $\frac{1}{534\,000}$ et à $\frac{1}{1\,000\,000}$.

L'État-major des colonies néerlandaises a édité une belle carte des îles de la Sonde à $\frac{1}{1\,000\,000}$, en chromolithographie. M. Schliep a établi la carte de la partie nord de Polou-Bras, ou îles de Bras, à $\frac{1}{10\,000}$, avec des courbes de niveau. Le commandant Reed a exploré, en 1868 et 1869, le détroit de Balabac entre les îles de Bornéo et de Palawan, et le commandant W. Chimmo a levé le plan de Cagayan-Sulu et des îles adjacentes; l'Amirauté anglaise a publié, en outre, pour l'île de Bornéo, les passages de Sigboyé et de Sibutu.

L'atlas nautique des Philippines que publie le Bureau hydrographique espagnol comprend une carte générale en deux feuilles (1875) et 45 cartes de détail, dont 18 sont d'une date postérieure à 1867. Ces cartes, qui sont gravées avec soin, portent l'indication des sondages en mètres; elles sont levées par une commission hydrographique spéciale.

Chine et Japon. — M. Banaré a fait au Japon, de 1869 à 1871, avec un soin tout particulier et digne d'éloges, des reconnaissances hydrographiques qui, jointes aux travaux exécutés à la même époque par le capitaine Blakiston et par les officiers anglais du *Sylvia* [1], assurent la navigation de la mer intérieure du Japon, ou Seto-ouchi. Les côtes des îles Kiousiou, Nipon, Yézo et Sikok ont été aussi l'objet de travaux importants depuis 1867:

[1] La carte anglaise des chenaux qui séparent les trois îles Nipon, Sikok et Kiousiou comprend huit feuilles, toutes d'une date postérieure à 1866. Les excellentes cartes de M. Banaré, au nombre de quinze, qui ont été publiées de 1871 à 1874, ont servi en partie à la rédaction des documents anglais.

en effet, les Anglais n'ont pas publié moins de dix-sept nouvelles cartes pour ces parages, qui étaient jusque-là mal connus, et on doit à M. Banaré les plans de la vaste baie d'Awomori au nord de Nipon et de la rade d'Yokoska. Les officiers de la marine japonaise ont levé quelques rades de l'île d'Yézo, et ils ont commencé en 1876 l'hydrographie des côtes de la Corée; le Kaïgoun-souïro-kiokou, ou ministère de la marine, exposait 48 feuilles gravées et imprimées au Japon même.

Les Russes ont fait, en 1872, d'importants travaux hydrographiques sur les côtes de la Mandchourie et de la Sibérie que baigne l'océan Pacifique, depuis le golfe de Pierre le Grand jusqu'au delà du golfe d'Anadyr; ils ont exploré l'île de Sakhaline, et ils ont dressé les plans des principales rades des mers du Japon, d'Okotsk et de Behring qui étaient jusque-là fort mal connues. L'Amirauté des États-Unis a publié la carte du Ping-yang et de l'entrée de la rivière Tatong.

Le lieutenant anglais Dawson a fait, en 1869, la carte du Yang-tse-kiang supérieur, entre Yo-chu-fu et Kwei-chau-fu, qui complète celle en 5 feuilles dressée de 1858 à 1861 par le commandant Ward; ces cartes sont à l'échelle de $\frac{1}{145\,000}$ environ[(1)]. Ce fleuve, qui traverse la Chine dans sa plus grande largeur et qui vivifie sur un trajet de plus de 3 000 kilomètres la région la plus peuplée du globe, méritait d'être l'objet d'études sérieuses: on sait aujourd'hui qu'il est navigable jusqu'à 1 800 kilomètres de son embouchure.

Des officiers de la marine militaire allemande ont fait, en 1877, l'hydrographie de certaines parties des côtes et des principales routes fluviales et maritimes du midi de la Chine, surtout entre Hong-kong et Pa-khoï, parties qui étaient encore peu connues, et ils ont levé diverses parties du détroit de Haïnan.

Tong-king, Cochinchine et Siam. — MM. Héraud et Bouillet, ingénieurs hydrographes français, ont fait, de 1873 à 1875, l'hydro-

(1) La partie levée par M. Dawson a été aussi publiée à une échelle double ($\frac{1}{72\,500}$), en deux feuilles.

Gr. II. — Cl. 16.

graphie des côtes du Tong-king[1], et, en 1876, ils ont publié une carte générale à $\frac{1}{250\,000}$, qui donne toute la région comprise entre le lac Tran et les îles Norway, trois cartes spéciales à $\frac{1}{125\,000}$. quatre cartes particulières à $\frac{1}{62\,500}$ et trois plans à $\frac{1}{11\,250}$; ces onze feuilles embrassent, dans leur ensemble ainsi que dans leurs principaux détails, toute la vaste plaine qui constitue le delta du Tong-king et qui renferme, outre le bras proprement dit du Song-câ, d'autres rivières venant des montagnes voisines de l'est et communiquant avec le fleuve principal par des canaux navigables. Cette reconnaissance d'une côte qui est appelée à fournir un débouché à notre commerce a une grande importance. En 1878, on a continué les travaux et l'on a dressé la carte de l'archipel Tietze-long.

M. Caspari a reconnu, en 1878, les îles des Pirates, les bancs d'Almazon et d'Althéa et la côte d'Annam entre le cap Lay et Boung-quio.

Le Dépôt de la marine française a publié en 1875 la carte du bas Cambodge jusqu'à Can-tho et Vam-tho. Cette même année, M. Hanusse, ingénieur hydrographe, a continué en Cochinchine les travaux qu'avaient commencés MM. Manen, Vidalin, Héraud et Hatt[2]; il a exploré, en outre, en 1876, la partie orientale du golfe de Siam, dont les côtes sont de plus en plus fréquentées par nos navires : ses levés, qu'il a rédigés en 1877, portent principalement sur les îles nombreuses qui bordent la côte entre le port cambodgien de Kampot et les ports d'Ha-tien et de Rach-gia. Ces études, qui lui ont permis de signaler aux bâtiments les bons mouillages, contribueront à l'extension de notre commerce dans ces parages. En 1877, M. Caspari a continué la reconnaissance du golfe de Siam, et il a déterminé la position géographique de Bang-kok. Le capitaine A. de Richelieu, de la marine britannique, a fait sur les côtes de ce même pays quelques levés intéressants, qui ont été utilisés dans les dernières éditions des cartes de l'Amirauté anglaise. Le capitaine A.-J. Loftus, qui est chargé par le gouvernement sia-

(1) Le commandant de Senez a aussi exploré le golfe du Tong-king, en 1872.

(2) Nous avons déjà dit que le commandant Bigrel a résumé tous ces travaux, tant hydrographiques que topographiques, en une carte d'ensemble, dont M. Brossard de Corbigny a donné une bonne réduction.

mois des travaux topographiques et hydrographiques dans l'empire, a dressé la carte importante de la côte occidentale du golfe depuis Hilly-Cape jusqu'à Lemchang P'ra, sur une longueur de plus de 300 milles, comprenant les rades de Singora, de Patani et d'autres qui n'avaient encore jamais été explorées; c'est le gouvernement de l'Inde qui publie ces cartes avec de nombreuses vues d'atterrages.

Java. — Il y a à Batavia un service hydrographique local qui est chargé de reviser l'ancien levé hollandais des côtes de cette île.

Inde. — Les travaux hydrographiques ont cessé dans l'Inde à l'époque à laquelle a été supprimée la marine indienne, c'est-à-dire en 1862 [1]; les occupations cosmopolites de l'Amirauté anglaise ne lui ont pas permis tout d'abord d'accorder à cette colonie l'attention qu'elle méritait, et ce n'est qu'en 1873 que, s'apercevant du danger que présentait un tel état de choses, le gouvernement anglais a rétabli à Calcutta le Dépôt des cartes (*Indian marine Survey Department*) [2] qui avait été fermé en 1861. Pendant ces

[1] Ce n'est point ici le lieu de rappeler les grands services qu'a rendus la marine de l'Inde à l'hydrographie de l'Asie; nous ne pouvons cependant nous dispenser d'en dire au moins quelques mots. Bien que le premier voyage entrepris par les ordres de la Compagnie des Indes date de 1601, c'est seulement de 1770 à 1790 qu'ont eu lieu les premiers levés; ils sont dus au capitaine John Ritchie pour la côte de la baie du Bengale et au capitaine John Mc Cluer pour la côte occidentale. Depuis cette époque jusqu'en 1832, la marine de Bombay a fait divers travaux hydrographiques, mais, en cette dernière année, elle fut transformée par le roi Guillaume IV en marine indienne, et son commandant en chef, Sir Ch. Malcolm, inaugura une série de levés d'une haute importance; ses officiers dressèrent successivement les cartes de la mer Rouge (1833-1834, capitaines Moresby et Elwon) et de la côte d'Afrique aux environs du cap Guardafui (1837-1838, capitaine Carless), de la côte sud de l'Arabie (1833-1837, capitaine Haines), des Maldives, des Chagos et du banc de Saya da Malha (1830-1838, capitaine Moresby), de la rivière de l'Indus (1835-1838, lieutenant Wood), du golfe de Kutch et de la côte de Kattiwar (1850-1852, lieutenant Taylor), de la partie de côte comprise entre le Guzerat et le Canara Nord et des Laquedives (1848-1850, capitaine Selby), de la côte du Concan Sud, du Canara et du Malabar (1853-1859, en six feuilles, par le lieutenant A. Dundas Taylor), des côtes indienne et birmane de la baie de Bengale (1833-1840, capitaine Lloyd; 1841-1848, capitaine Fell; 1851-1859, capitaine Ward, et 1860, lieutenant Sweny) et des îles Andaman (1860-1861).

[2] On a confié à ce Dépôt le levé des côtes comprises entre la baie de Sunmiyani, à l'extrémité occidentale du Sinde, et l'estuaire du Pakchan à l'extrémité sud de la

Gr. II.
—
Cl. 16.

douze années, le gouvernement local avait cependant fait exécuter quelques levés, tant sur la côte de l'Orissa, où le manque de cartes s'était vivement fait sentir au moment de la terrible famine [1] qui a récemment ravagé cette province de l'Inde, que sur la côte de Chitta-gong [2].

Le premier soin du surintendant du nouveau dépôt a été de dresser le catalogue raisonné de toutes les cartes marines de l'Inde: il y apprécie leur valeur réelle, et il y indique les parties incomplètes et erronées. Puis il a fixé le plan à suivre pour arriver au levé systématique des côtes de l'empire indien, en s'appuyant sur certains points du grand réseau trigonométrique.

En 1878, étaient déjà publiées la carte générale à $\frac{1}{1\,458\,000}$ en cinq feuilles des côtes de l'Inde et de la Birmanie anglaise, une carte de la côte sud-ouest du Gujerat, une carte à $\frac{1}{243\,000}$ de l'embouchure de l'Hougly et des côtes attenantes entre le Mutlah, l'une des branches du Gange, et False-Point et plusieurs cartes particulières ou plans [3]. On a en même temps dressé la carte préliminaire des côtes des provinces d'Orissa, de Ganjam et de Vizagapatam. Tous ces nouveaux levés apportent de grandes modifications aux cartes qui étaient en usage jusqu'alors, surtout pour la côte de la Birmanie; les changements continuels qu'éprouvent certaines rades

province de Tenasserim; il est placé sous la direction du commodore A. Dundas Taylor, et son budget annuel est de 500 000 francs. M. Carrington a été chargé du dessin et de la reproduction des cartes.

(1) M. H.-A. Harris a dressé, de 1869 à 1870, neuf plans de rades et criques sur cette côte.

(2) On a complété en 1869 le levé du capitaine Lloyd.

(3) Ce sont les plans des bancs d'Angria, de Cherbaniani et de Byramgore, des îles Chitlac et Kiltan du groupe des Laquedives, des rades de Rajpouri, de Goa et Marmagao (plan tout à fait nouveau à $\frac{1}{36\,500}$), de Quilon, de Kolachoul, de Madras (plan également levé entièrement à nouveau à $\frac{1}{3\,650}$, où les lignes de sonde sont espacées de 250 pieds jusqu'à la profondeur de 10 brasses), de Coconada (à $\frac{1}{36\,500}$), de False-Point (port sûr pour les petits navires, dont la pointe avance d'environ 40 mètres par an depuis 1835, à $\frac{1}{15\,120}$), de la partie de l'Hougly comprise entre Luff-Point et Anchoring-Creek (à $\frac{1}{12\,150}$), de la rivière de Chittagong (à $\frac{1}{18\,228}$), et, en Birmanie, de Moulmein, de la rivière de Tavoy (à $\frac{1}{97\,200}$), des rades de Kopah (plan également nouveau à $\frac{1}{97\,200}$), de Puket (plan également nouveau à $\frac{1}{21\,305}$), de l'île de Junkseylon (à $\frac{1}{72\,913}$). On a terminé, en outre, en 1878 le levé des rades de Rangoun, de Kyouk-Phyou, d'Akyab, de Pointe de Galles, de Cochin, de Beypore, de Calicut, de Ratnagiri et de Viziadurg, ainsi que celle de la passe de Pamben (détroit de Palk).

par suite de l'apport des rivières qui y débouchent nécessitent, du reste, qu'on en fasse une revision périodique. On s'occupe, en outre, de mettre au courant des découvertes les plus récentes les anciens plans, en attendant qu'ils soient l'objet d'études complètes. Le navire à vapeur spécialement destiné aux recherches hydrographiques, qui doit être livré en 1879, permettra de pousser activement ces importants travaux.

Les minutes des levés de rades et de ports sont reproduites par la photozincographie à une grande échelle et mises immédiatement à la disposition des navigateurs et des ingénieurs. Pour donner une idée de l'activité avec laquelle on s'occupe dans l'Inde de la reproduction des cartes, il nous suffira de dire que celle de l'embouchure de la rivière de Moulmein, qu'a levée le lieutenant Jarrad, a été dessinée, publiée et mise en vente moins de quatre mois après le retour du navire. C'est là un excellent exemple que les autres bureaux hydrographiques devraient tâcher de suivre.

Le Dépôt des cartes et plans de Calcutta a publié, en outre, toute une série de notices nautiques et un Pilote de la côte orientale de l'Inde, qui sont de la plus grande utilité pour les marins.

Bélouchistan et golfe Persique. — La côte Mékrane (Bélouchistan) a été, en 1871, l'objet de travaux intéressants de la part de MM. Girdlestone et Chapman, et M. le lieutenant Stiffe en a publié en 1873 une nouvelle carte (depuis Mascate jusqu'à Kurrachi) qui remplace utilement l'ancienne carte de Brucks et de Haines (1829) et qui est accompagnée d'un *Sailing Directions.* On doit à M. Chapman un bon plan de la rade et des îles de Bahrein (1871), qui complète celui du lieutenant Wish (1860).

On sait que les officiers de la marine indienne ont revisé en partie, de 1857 à 1860, l'ancien levé du golfe Persique, qui était très imparfait; la carte en deux feuilles qui a paru en 1862 donne le contour exact des îles et des principales parties des côtes, mais elle est encore loin d'être complète. Le lieutenant Stiffel, qui en est l'un des auteurs et qui est aujourd'hui ingénieur du câble du golfe Persique, continue à lui apporter toutes les corrections et modifications que ses fonctions lui permettent de constater.

Gr. II. — Cl. 16.

Topographie sous-marine. — Nous venons d'énumérer rapidement les principaux travaux hydrographiques faits, depuis une dizaine d'années, sur le littoral des continents et des îles. Il nous faut maintenant dire quelques mots des études qui, dans ces derniers temps, ont été entreprises méthodiquement au large des côtes. La mer est en effet un monde qui a ses montagnes, ses vallées, ses vastes provinces habitées par d'innombrables êtres vivants, et pour connaître ce monde, il ne suffit point d'interroger sa surface, il faut en étudier le lit. Aujourd'hui, la sonde a déjà fouillé en beaucoup d'endroits les divers océans, et elle nous a révélé une foule de faits importants.

Nous n'avons pas ici à nous occuper des mystères de la vie animale et végétale qu'elle a dévoilés, ni des données nouvelles qu'elle a fournies sur la nature des terrains submergés et sur la formation des continents [1], ni des résultats qui intéressent la météorologie générale, tels que la température des masses liquides à diverses profondeurs et l'étude des courants sous-marins. Mais il n'y a pas que les sciences naturelles et la météorologie qui gagnent à ces recherches, l'hydrographie est tout au moins aussi intéressée à ce qu'elles se fassent avec suite et méthode.

C'est la pose des câbles télégraphiques qui, nécessitant de nombreux sondages, a été le point de départ des études scientifiques et des dragages dont les États-Unis, la Suède et l'Angleterre ont pris la louable initiative et qui ont entr'ouvert le voile sous lequel étaient cachés les secrets de ces abîmes. Les résultats obtenus ont dépassé les espérances. Nous ne pouvons ici que rappeler les expéditions faites par Agassiz avec *le Bibb* (1867) et avec *le Hassler* (1872) [2], par Sars fils (1868), par M. de Pourtalès avec les ingénieurs hydrographes des États-Unis (1868) [3], par MM. W. Car-

[1] On sait en effet que le travail de formation auquel sont dues les grandes couches géologiques se continue dans les eaux.

[2] MM. Agassiz et de Pourtalès ont étudié d'abord le courant qui va de l'Afrique au golfe du Mexique, puis, doublant le cap Horn, les mers de la côte ouest de l'Amérique et les îles Galapagos.

[3] M. Franck de Pourtalès a exécuté en 1868, entre l'île de Cuba, la Floride et les îles Bahama, une série de sondages et de dragages qui ont fourni d'importantes données sur les origines du *Gulf-stream*.

penter et W. Thomson avec *le Lightning* (1868)[1], *le Porcupine* (1869-1870)[2] et *le Shearwater* (1871)[3], par M. Wyville Thomson avec *le Challenger* (1873-1876)[4], par M. Alexandre Agassiz avec *le Blake* (1878)[5]. Ces explorations sous-marines, faites à l'aide de la sonde et du thermomètre, ont apporté sur la géographie de la terre des notions toutes nouvelles; en effet elles ont contribué à faire connaître d'une manière générale l'orographie des terres couvertes par la mer. Nous devons encore citer les séries intéressantes de sondages faites par le capitaine Davis, par Dana pendant son expédition en Océanie, par Mitchell dans la mer du Nord dont on connaît à présent les profondeurs d'une manière assez exacte, par les officiers du navire norwégien *le Vöringen* qui ont étudié tout récemment (1876-1878) l'Atlantique septentrional entre la côte de Norwège, l'Islande, le Spitzberg, le Groënland, par les officiers du *Pomerania* dans la mer Baltique (1871), etc. Il est très regrettable que la France se soit jusqu'à ce jour désintéressée de recherches aussi importantes pour la connaissance de notre globe.

Il ne serait pas juste de passer sous silence les services qu'ont rendus à la géographie sous-marine, et que rendent tous les jours encore, les officiers et ingénieurs chargés de la pose des câbles électriques, tels que les officiers du *Tuscarora* qui ont étudié, sous la

[1] L'exploration du *Lightning* a fourni des données intéressantes sur les mers des Fœroé et du nord de l'Écosse.

[2] En 1869, *le Porcupine* a fait trois croisières scientifiques dans les mers d'Irlande; dans une seconde campagne (1870), les savants anglais ont étudié les eaux profondes entre Falmouth et Gibraltar, puis ils ont interrogé le bassin occidental de la Méditerranée entre Gibraltar et Malte.

[3] *Le Shearwater* a exploré le détroit de Gibraltar.

[4] *Le Challenger* a traversé quatre fois l'océan Atlantique, d'Angleterre aux États-Unis, des États-Unis aux Açores et aux îles du cap Vert, des îles du cap Vert aux rochers de Saint-Paul et au Brésil, du cap San Roque aux îles Tristan da Cunha et au cap de Bonne-Espérance: les îles Tristan da Cunha sont reliées au continent africain par une chaîne sous-marine. En 1874, il a étudié les mers du Sud jusqu'à l'Australie, il a ensuite visité la Nouvelle-Zélande et les îles les moins connues de l'Océanie et il a traversé deux fois l'océan Pacifique. Il résulte de ces recherches que la profondeur de l'Océan ne paraît dépasser nulle part 9000 mètres, et que la profondeur moyenne est de 3500 mètres environ.

[5] M. A. Agassiz a fait dans le golfe du Mexique une croisière qui a fourni d'importants renseignements sur la conformation des fonds dans la zone comprise entre la Floride et le Yucatan.

Gr. II. — Cl. 16.

direction du commandant Belknap (en 1873), la route la plus favorable pour poser un câble entre les côtes occidentales de l'Amérique du Nord et le Japon[1], et les ingénieurs qui ont fait les travaux préliminaires pour la pose des câbles entre l'Europe et le Brésil, entre Cuba et Panama, entre les Antilles et la Guyane anglaise, entre le Callao et Valparaiso, entre Alexandrie et Malte, entre Gibraltar et Falmouth, etc. Grâce à ces travaux, les cartes cessent peu à peu de représenter les mers par une surface unie sans détails.

§ 5. — VOYAGES.

L'exposé sommaire de l'état actuel de la cartographie, que nous venons de faire dans les paragraphes précédents, montre que, malgré l'activité déployée depuis un demi-siècle dans l'exploration topographique de la surface de notre globe, la terre est encore peu connue et que, pour dresser la carte de la plupart des pays lointains et sauvages, on n'a, comme guides, que les itinéraires des voyageurs, documents consciencieux sans doute, mais souvent imparfaits. En effet, les voyageurs sont généralement réduits par les circonstances à n'employer que des méthodes expéditives et peu exactes; il s'agit pour eux non pas d'observer avec une extrême précision, mais vite et résolument, car le lendemain ne leur appartient pas, et il leur faut lutter avec des difficultés sans cesse renaissantes et souvent observer en se cachant, comme s'ils commettaient un crime. Il n'est donc pas étonnant qu'ils n'apportent que des ébauches topographiques : ne pouvant exécuter une triangulation régulière, ils prennent pour base quelques observations astronomiques, ils mesurent les hauteurs avec le baromètre, ils évaluent les distances d'après le temps employé pour les parcourir, et, pour les cantons qu'ils ne peuvent visiter eux-mêmes, ils sont

[1] Les officiers du *Tuscarora* ont pris dans l'océan Pacifique un grand nombre de sondages, suivant plusieurs tracés; ils ont trouvé sous le courant nommé *Kuro-Siwo* de grands fonds analogues à ceux qui existent sous le *Gulf-stream;* le plomb de sonde y a atteint des profondeurs dépassant 8 500 mètres : le résultat de ces études a été reporté sur dix cartes. Petermann a réuni tous ces sondages avec ceux faits dans les mêmes parages par *le Challenger, le Dacia* et *la Gazelle*, c'est-à-dire environ 11 000, sur une carte générale du Pacifique.

obligés de se contenter des renseignements que leur fournissent les habitants.

Ces reconnaissances sont néanmoins précieuses pour la géographie, et elles sont d'autant plus utiles que le pays où elles ont été faites est moins connu; aussi est-il de toute justice que nous recevions avec gratitude les résultats, si maigres qu'ils soient, que le voyageur a arrachés à l'occasion, qu'il a saisis au milieu des mille obstacles extérieurs, malgré les faiblesses du corps et de l'esprit auxquelles il est forcément si souvent en proie.

Disons cependant en passant qu'il est très regrettable que les hommes qui risquent leur vie dans ces voyages lointains ne possèdent pas d'ordinaire les connaissances indispensables pour faire de bonnes observations et n'emportent pas toujours avec eux les instruments nécessaires; aujourd'hui surtout que la terre est connue dans ses grands traits, un examen minutieux, une exploration attentive et sérieuse, peuvent seuls augmenter la somme de nos connaissances et la richesse de nos collections. Nous ne saurions le dire trop haut : ce sont les voyages limités, les séjours prolongés dans une région, qui dorénavant fourniront seuls aux sciences géographiques, météorologiques et physiques et à l'histoire naturelle les matériaux qu'elles réclament, et qui seuls produiront des résultats sérieux. Les connaissances dont un voyageur a besoin pour pouvoir tirer un parti utile de ses explorations ne sont pas du reste aussi difficiles à acquérir qu'on se le figure généralement; quelques semaines d'apprentissage suffisent à tout homme éclairé et de bonne volonté pour se mettre au courant des principales observations à faire et des collections à recueillir.

Il y a dix ans, en jetant les yeux sur une mappemonde, on voyait de nombreux espaces laissés en blanc, surtout en Asie et en Afrique. A cette époque, en effet, on ne savait à peu près rien des régions centrales de ces deux vastes continents; nous sommes passés tout d'un coup d'une ignorance absolue à des connaissances déjà très satisfaisantes. Grâce aux facilités modernes de locomotion qui ont développé à un haut degré l'amour et le besoin des voyages, toutes les nations mettent aujourd'hui une louable ardeur à visiter, à explorer et à connaître notre globe. Nos compatriotes

Gr. II. — Cl. 16.

eux-mêmes, qui, depuis un siècle, trouvaient d'excellentes raisons pour rester chez eux, entrent sérieusement en lutte avec les étrangers sous ce rapport; la salle des missions scientifiques françaises, dont on doit l'heureuse organisation à M. le baron de Watteville, a montré les résultats très intéressants des explorations confiées pendant les dix dernières années à nos jeunes et vaillants géographes.

Je vais essayer de donner un tableau sommaire des principales découvertes dont le monde géographique a été le théâtre depuis 1867, découvertes qui ont une importance capitale. En effet, si beaucoup de voyageurs illustres n'ont pas exposé les cartes résumant leurs travaux, nous en retrouvons les récits dans les publications récentes des éditeurs de tous les pays.

Régions polaires. — Les voyages aux régions boréales polaires ont été fréquents depuis dix ans. Le but de ces expéditions, qui ont déjà coûté tant de vies humaines, est soit d'atteindre un point imaginaire du globe terrestre, le nord extrême du monde, soit tout au moins de se frayer un passage par le nord-ouest; ni l'un ni l'autre de ces buts n'a été atteint par celles qui ont eu lieu jusqu'à ce jour. Elles n'en ont pas moins été utiles, car elles ont toutes élargi le cercle de nos connaissances géographiques. Si, autrefois, la plupart d'entre elles se sont bornées à surmonter les difficultés matérielles et sont revenues sans rapporter de résultats scientifiques, aujourd'hui, le programme du voyage et l'équipement des navires étant mieux entendus, quelle que soit l'issue de l'entreprise, on ne revient plus les mains vides. Les diverses explorations nous ont en effet rapporté de nombreuses déterminations astronomiques et géodésiques, des observations de météorologie, d'importantes collections d'histoire naturelle et des notions intéressantes sur la condition des glaces dans ces régions.

Le pôle nord a été attaqué simultanément par les Américains, par les Anglais, par les Autrichiens, par les Danois, par les Norwégiens et par les Allemands.

On sait que les opinions diffèrent sur la meilleure route à suivre pour gagner le pôle arctique; il y en a quatre : celle du détroit de Behring; celle de la baie de Baffin qui s'enfonce à l'est dans le Groënland par le Smith-Sound ou à l'ouest dans le Jones-Sound et le dédale des îles de l'Amérique polaire, enfin celles qui se présentent entre la côte orientale du Groënland et la côte septentrionale de la Nouvelle-Zemble sur un arc de 70 degrés, soit qu'on passe à l'ouest, soit qu'on passe à l'est du Spitzberg. C'est à ces deux dernières que se sont plus particulièrement attachés depuis 1866 les navigateurs, qui ont trouvé d'importantes bases d'opérations dans le Groënland oriental, dans le Spitzberg et dans la Nouvelle-Zemble.

L'expédition du navire *la Sofia*, qui a réussi, en 1868, à atteindre 81° 42′ de latitude nord [1], latitude la plus élevée à laquelle un navire fût encore parvenu à cette époque, n'a pas beaucoup augmenté l'étendue du domaine connu de la terre. M. Nordenskjöld, qui en faisait partie, en a rapporté la conviction que l'existence d'une mer libre au pôle est une hypothèse sans fondement et que le seul moyen que l'on ait de résoudre le problème est celui que proposent les principales autorités anglaises, c'est-à-dire d'hiverner aux Sept îles ou au Smith-Sound et, le printemps venu, de s'avancer en traîneau vers le nord.

Mac Leigt, en s'élevant au nord-est du Spitzberg, a atteint, en 1871, la latitude de 80° 27′ par 27° 25′ de longitude orientale.

Dans leur exploration commencée en 1872, MM. Payer et Weyprecht, après deux hivers passés sur *le Tegethoff* cerné par les glaces, ont découvert un ensemble de terres montagneuses, coupées par un long détroit, auxquelles ils ont donné le nom de l'empereur d'Autriche, François-Joseph; ils ont atteint 82° 5′ de latitude nord sur la côte orientale de l'île du Prince-Rodolphe, et ils ont aperçu au loin d'autres terres qu'ils ont nommées Terre du Roi-Oscar et Terre de Petermann.

De toutes les voies qui s'ouvrent vers le pôle, c'est celle du Smith-Sound qui jusqu'ici a permis de s'en approcher le plus près et avec le moins de dangers. Un Anglais, Inglefield, en 1852, trois Américains en 1855, Hayes en 1861, et Hall en 1873, ont frayé

[1] Parry était arrivé, en 1827, à 82° 45′, mais en marchant sur la glace.

Gr. II. — Cl. 16.

le chemin, et aujourd'hui, grâce à l'expérience acquise, il n'est pas difficile d'atteindre de ce côté le 80e parallèle. Le docteur américain Hayes, qui avait accompagné Kane en 1853 et qui, reparti en 1860 par la mer de Baffin et le Smith-Sound, a atteint, en 1861, 81° 35′ de latitude nord, n'a publié la relation scientifique complète de son voyage que depuis 1867; il a constaté l'existence d'une grande baie, ou de l'entrée d'un détroit, qui s'ouvre par 79 degrés environ sur la côte ouest du détroit de Smith.

Le capitaine Hall, parti à bord du *Polaris* en 1871, est mort peu après avoir atteint la latitude de 82° 16′. Il a trouvé au delà du Smith-Sound et des deux canaux de Kennedy et de Robeson, une grande mer qui, d'après l'avis de l'un de ses compagnons, M. Meyer, forme avec le détroit de François-Joseph la limite septentrionale du Groënland.

L'Alert et *la Discovery*, sous le commandement du capitaine Nares, se sont enfoncés en 1875 dans le Smith-Sound. *L'Alert* est arrivé jusqu'à la latitude de 82° 37′, la plus haute à laquelle soit jamais parvenu un navire, et a hiverné sur une terre jusque-là inconnue; le lieutenant Markham, après s'être avancé en traîneau jusqu'à la latitude de 82° 48′, qui est plus grande de 3 milles que celle atteinte par Parry en 1827, est reparti au printemps de 1876, et, à force d'énergie, après un voyage de 630 milles en 84 jours, par un froid de 45 degrés, il a atteint la plus haute latitude à laquelle un homme se soit jamais élevé : 83° 20′ 26″. Il croit avoir reconnu que la Terre du Président n'existe pas, et, après avoir doublé le cap Colombia, le point le plus septentrional du continent américain, il a relevé les côtes sur une longueur de 220 milles vers l'ouest.

En ce qui regarde les explorations par le détroit de Behring, depuis les voyages de Beechey, de Kellett et d'autres Américains qui ont dépassé les limites du cap de Glace sur la côte américaine et du cap Nord sur la côte de l'Asie, on n'a guère à noter que celui fait en 1867 par le capitaine Long, qui a longtemps suivi vers l'ouest les rivages de la Sibérie et qui a aperçu la Terre de Wrangel.

Il reste donc encore 400 milles à franchir pour toucher le pôle, et il est naturel que la question de l'existence, soit constante, soit intermittente, d'une mer polaire libre soit toujours controversée. Le capitaine Nares prétend que la *mer paléocrystique,* comme il l'appelle, ou de la glace ancienne, n'est jamais navigable [1]. Le docteur Hayes est, au contraire, convaincu qu'il existe une mer polaire ouverte. Il faut avouer que les derniers voyages ne nous laissent pas de grandes espérances sur le succès définitif. Le bassin polaire, dans les parties qui ont été explorées jusqu'à ce jour, ne présente en effet ni une mer libre, ni un champ de glace continu, mais un chaos de banquises, entassées et écrasées les unes contre les autres, qui changent d'aspect et de position suivant la direction des vents dominants et qui laissent libres, tantôt sur un point, tantôt sur un autre, de longs passages qu'une tempête peut à tout moment fermer. Ce n'est pas du reste en envoyant une ou deux expéditions isolées qu'on peut espérer résoudre la question du pôle nord; il faudrait les multiplier le plus possible. L'établissement d'une ceinture d'observatoires autour de la zone arctique, où se poursuivrait d'une manière régulière et simultanée l'étude des grands phénomènes de la météorologie et de la physique du globe spéciaux aux régions polaires, pourrait être d'un grand secours pour arriver à une solution. Disons bien, du reste, que le pôle géographique n'a pas pour la science de valeur plus grande qu'aucun autre des points situés dans les latitudes voisines; ce qui est très important pour la connaissance des lois de la nature, c'est d'avoir des observations simultanées dans ces régions et d'étudier d'une manière précise le mouvement général des glaces. La principale découverte qui ait été faite jusqu'à ce jour par les expéditions arctiques est celle du pôle magnétique.

Groënland. — Les voyages dont nous venons de parler avaient pour but d'atteindre la plus haute latitude possible. Mais on s'est en outre beaucoup occupé depuis dix ans de l'étude des côtes du

[1] On ne doit accepter cette assertion, bien qu'elle paraisse assez fondée, qu'avec une certaine réserve, puisque la vie animale s'est montrée jusque dans ces parages, et ce n'est pas une station d'une année qui peut permettre de se prononcer d'une manière absolue en pareille matière. En tout cas, le capitaine Nares n'a parlé et ne peut parler que de l'impénétrabilité par le détroit de Smith.

Gr. II. — Cl. 16.

Groënland, du Spitzberg, de la Nouvelle-Zemble et de la mer de Kara, qui ont été le théâtre de recherches profitables à la géographie et à l'histoire naturelle.

Bien que la côte orientale du Groënland fût relativement connue jusqu'au 74e degré de latitude, *la Germania*, partie en juin 1869, a cependant rapporté d'intéressants renseignements sur cette région. Les officiers de ce navire ont déterminé un grand nombre de positions géographiques, et ils ont tenté de jeter les bases d'un premier réseau trigonométrique; leurs observations ont non seulement prolongé de 2 degrés vers le nord (jusqu'auprès du 77e parallèle) le tracé de la côte fait en 1822-1823, par Scoresby, Clavering et Sabine, mais ils l'ont rectifié surtout en ce qui concerne la position et le contour de l'île Shannon [1]. Les parties du littoral qu'ils ont visitées sont très accidentées, puisque l'un des sommets entrevus, le mont Petermann, a plus de 4000 mètres de hauteur. L'expédition polaire allemande a en outre constaté l'existence, entre le 73e et le 74e degré, d'un fiord qui s'enfonce de près de 100 kilomètres dans les terres et qu'on suppose être l'entrée d'un détroit; car, selon M. Payer, le Groënland serait formé d'une réunion d'îles que séparent des canaux resserrés et profonds.

Dans la même année, les docteurs Dorst et Bessels, qui étaient à bord de navires baleiniers, ont aussi abordé à la côte orientale du Groënland ainsi qu'au Spitzberg.

Le Groënland occidental a été visité par le capitaine Nares, par le professeur Nordenskjöld qui a exploré en 1870 quelques-uns de ses glaciers et qui a réussi à s'avancer vers l'est jusqu'à 70 kilomètres environ de la côte, par M. Whymper qui y a fait une seconde visite en 1872 et qui, en suivant à partir de la baie de Disco la vallée où coule un fleuve important, a découvert un grand lac à l'altitude de 600 mètres, et enfin par MM. Jensen, Kornerup et Groth, savants danois, qui, après avoir relevé la partie de la côte située entre Godthaab et Friederishaab, se sont avancés de 72 kilomètres dans l'intérieur et ont gravi une montagne haute de 1 500 mètres.

[1] La position en longitude de cette île était marquée 1 degré trop à l'ouest sur les cartes.

Île aux Ours. — L'île aux Ours, qui a été visitée en 1868 par le capitaine Koldewey et par le professeur Nordenskjöld, a été trouvée plus longue que les cartes ne l'indiquaient. Gr. II. — Cl. 16.

Spitzberg. — On sait que le professeur Nordenskjöld avait déjà fait au Spitzberg, à plusieurs reprises, en 1858, en 1861 et en 1864, des séjours fructueux autant pour la géographie que pour la géologie. Ce savant voyageur y est retourné en 1868, à bord de *la Sofia*, avec le capitaine Von Otter, et il a constaté par de nombreux sondages que cet archipel peut être considéré en quelque sorte comme la continuation de la péninsule scandinave, dont il n'est séparé que par une dépression de 500 mètres environ, tandis qu'au nord et à l'ouest la sonde révèle des profondeurs de 3 500 mètres et au delà. Il a, en outre, mesuré un petit arc longitudinal et levé le plan de la baie de Liebde qui était inconnue.

Le capitaine Koldewey, commandant du navire *la Germania,* a déterminé, en 1868, diverses positions astronomiques dans le détroit de Hinlopen, qui sépare les deux plus grandes îles de l'archipel du Spitzberg, et il y a fait des sondages et des observations intéressantes sur la température de la mer. M. Lamont a exploré, en 1871, l'Eis-Fjord, le Wibe-Jans-Water et la côte méridionale du Stans-Fjord.

On sait que la côte occidentale du Spitzberg est facile à aborder, parce que le *Gulf-stream* se prolonge jusqu'en ces parages; mais il n'en est pas de même pour la côte orientale, qu'il est toujours difficile, souvent impossible, d'accoster. Le capitaine Koldewey a exploré la partie nord-est de l'archipel qui n'avait pas encore été visitée, et, en 1870, le baron de Heuglin et le comte de Wahlburg-Zeil ont réussi à atteindre la pointe nord-est extrême de l'île d'Edge. Ces voyages ont une importance géographique réelle.

En 1871, MM. Leigh-Smith et Ulve ont apporté plusieurs modifications importantes à la carte du Spitzberg, entre autres la prolongation de ce groupe d'îles de 3 degrés vers le nord-est.

En 1873, le professeur Nordenskjöld s'est rendu de nouveau au Spitzberg dans l'intention de s'avancer en traîneau dans la di-

Gr. II. — Cl. 16.

rection du pôle. Si la fuite des rennes qu'il avait emmenés dans ce but et si l'état des glaces ne lui ont pas permis de mettre son projet à exécution, il n'a pas moins tiré un bon profit de ce voyage: après un hivernage dans la baie de Mossel, il a visité les îles Parry et Philipps, et, accompagné du capitaine Palander, il a accompli une expédition pleine de difficultés et de périls du cap Platen, pointe septentrionale de la terre nord-est, à la baie de Wahlenberg, l'une des découpures du détroit de Hinlopen.

A une petite distance du Spitzberg, et dans l'est, a eu lieu une importante découverte. On sait que, depuis 1707, figure sur les cartes, par 81° 30′ de latitude nord environ, un promontoire auquel est resté attaché le nom du capitaine hollandais Gillis, qui l'a découvert; plus au sud, entre 76 et 78 degrés de latitude, les cartes donnent, depuis 1617, l'indication d'une terre de Wiche. La première n'a encore été revue par personne; mais, en 1864, le professeur Nordenskjöld a aperçu, par 79 degrés de latitude et 30 degrés de longitude, une terre qu'ont revue en 1870 le baron de Heuglin et le comte de Wahlburg-Zeil et qu'ont abordée en 1872, respectivement par le sud-ouest, par le sud et par le nord-est, le capitaine Altmann, le capitaine Nils Johnsen et le capitaine J. Nilsen. Il a été constaté que cette terre était une île; on lui a donné le nom du roi Charles.

En 1871, les lieutenants Payer et Weyprecht ont aussi reconnu les mers à l'est du Spitzberg jusqu'à la latitude de 78° 43′.

Nouvelle-Zemble et océan Glacial. — Le voyage aux côtes de la Laponie et de la Nouvelle-Zemble qu'a fait, en 1870, le grand-duc Alexis n'a pas été sans intérêt pour la géographie de ces régions. On doit à M. Yarjinski la détermination de divers points du golfe Karabelnoy, et le capitaine Johannesen a découvert en 1878 la petite île de la Solitude (Ensomheden).

Mais c'est sur les côtes de la Nouvelle-Zemble et de la mer de Kara qu'on a fait de grands progrès. Les tentatives heureuses de quelques marins ont, en effet, montré que le *Gulf-stream* fait sentir son influence jusque dans ces lointains parages, et que la mer de Kara, la glacière du monde, comme on l'a souvent appelée, est moins inaccessible qu'on ne le croyait. Cette mer, qui est fermée à l'ouest par les îles de la Nouvelle-Zemble et de Waëgatz, communique avec la mer Glaciale par trois passes étroites; en 1869, personne n'avait encore parcouru la courte distance qui la sépare des embouchures de l'Obi et de l'Iénisséi, mais, dans cette même année, les trois passes ont été franchies : les frères anglais Palliser sont entrés par le détroit de Matotschkin et sont sortis par le détroit d'Ingarski, un négociant russe, M. Sidorof, et le capitaine norwégien Carlsen ont pénétré par le détroit de Jugor, et aucune des trois expéditions n'a rencontré de glaces. En 1870, le capitaine norwégien Johannesen a accompli sans encombre le périple complet de la mer de Kara, et depuis, beaucoup de navires viennent pêcher chaque année dans ces eaux qui, jusque-là, étaient réputées inaccessibles. Le capitaine Mack, en 1871, et M. Wiggins, en 1874, ont fait la circumnavigation de la Nouvelle-Zemble; les données géographiques qu'ils ont rapportées, jointes à celles fournies par d'autres marins qui ont fréquenté ces mêmes parages, ont permis de rectifier le contour jusque-là très indécis de ces îles.

Ces faits, d'une grande importance géographique, ont attiré d'une manière toute particulière l'attention du professeur Nordenskjöld; ce savant voyageur a compris que si la nouvelle route est navigable tous les ans vers l'automne, les mers situées au nord de la Sibérie, qui sont si riches en cétacés et en poissons et où aboutissent des fleuves considérables dont les bassins s'étendent jusqu'aux frontières de la Chine, pourront un jour devenir, grâce à cette voie, le théâtre d'un commerce important, et il s'est mis de suite à l'œuvre dans le but de trouver le moyen d'amener directement du nord de la Sibérie dans les pays du nord de l'Europe, par les grandes voies fluviales de l'Obi et de l'Iénisséi, les produits du centre de l'Asie et de la Mongolie[1]. En 1875, il a franchi le détroit de Jugor, au delà duquel il a trouvé la mer de Kara libre de glaces, et, après s'être arrêté à la presqu'île d'Yamal, il est arrivé à l'embouchure de l'Iénisséi, qu'il a remonté jusqu'à Tauroukhansk, où

[1] L'Obi s'avance jusqu'en Dzoungarie et l'Iénisséi se prolonge au delà du lac Baïkal.

Gr. II. — Cl. 16.

il a rencontré des plaines magnifiques[1]. En 1876, il a repris la mer, et, suivant le même itinéraire que l'année précédente, il est arrivé à ses fins et a démontré la possibilité d'établir une voie commerciale entre la Mongolie et l'Europe occidentale.

En 1877, le navire suédois *Morgenroth* et le yacht *Aurore*, ce dernier dans un but exclusivement commercial, ont fait heureusement le voyage depuis l'Iénisséi jusqu'à Saint-Pétersbourg, par la mer de Kara.

Le professeur Nordenskjöld, reparti de Tromsöe en 1878, vient d'atteindre l'embouchure de la Léna, et il a poussé jusqu'au détroit de Behring. Cette exploration a un intérêt capital, car on lui devra le tracé des dernières côtes continentales qui n'ont pas encore été reconnues par mer et dont la configuration sur les cartes est très inexacte [2].

Les diverses expéditions dont nous venons de parler ont exploré fructueusement une étendue de 240 degrés entre le Groënland et le détroit de Behring, et leurs découvertes géographiques préparent le terrain pour l'exploration scientifique qui va s'ensuivre.

Nous ne pouvons mieux terminer cet aperçu trop sommaire des voyages entrepris depuis dix ans dans les mers arctiques qu'en adressant tous nos éloges à MM. Dickson et Ehrensward[3], à M. de Rosenthal[4] et à M. le comte Wilczek[5], qui ont si puissamment contribué, par leur générosité et leur initiative, au succès des expéditions polaires les plus glorieuses.

Asie. — L'Asie offre un vaste champ aux explorations des voyageurs, aux recherches des historiens, aux études des philologues et des ethnographes; de nombreux et intéressants problèmes se rattachent en effet à cette terre immense où se sont accomplis les premiers pas de l'humanité dans sa marche vers la civilisation.

(1) Le capitaine Schwanenberg, qui, après le professeur Nordenskjöld, a aussi traversé la mer de Kara pour se rendre à l'Iénisséi, a fait de nombreuses observations météorologiques dans l'océan Glacial et a exploré l'île Blanche.

(2) On sait aujourd'hui que le succès de cette expédition a été complet.

(3) Pour les expéditions suédoises.

(4) Pour les expéditions allemandes.

(5) Pour l'expédition austro-hongroise.

Depuis dix ans, l'œuvre se poursuit sans relâche sur un grand nombre de points à la fois; les Anglais dans l'Inde, les Français dans l'Indo-Chine, à l'extrême Orient ces deux nations réunies par l'exploitation en commun de ce vaste champ commercial, enfin, au nord et au centre, les Russes pénètrent de plus en plus dans la connaissance du continent asiatique. Ce sont ces derniers qui, dans l'ensemble des travaux géographiques relatifs à cette partie du monde, tiennent la première place autant par le nombre que par l'importance de leurs explorations.

Laponie. — En Laponie, la presqu'île de Kola a été visitée en 1876-1877 par des savants suédois, sous la direction du lieutenant H. Sandeberg.

Sibérie. — En Sibérie, les explorations ont porté sur l'isthme de la presqu'île d'Yamal qui a été explorée en 1876 par MM. Finsch, Brehm et Waldburg-Zeil, sur l'Obi qui a été remonté par ces mêmes savants allemands jusqu'au lac Saïsan et en 1877 par le professeur Ahlqvist, sur les bassins de l'Obi et de l'Iénisséi[1] par MM. Sidensner et Bolschef en 1875, sur la région encore peu connue située à l'est de la Léna où M. Müller a fait en 1876 plusieurs déterminations astronomiques, sur la Léna elle-même dont M. Czekanowski a relevé le cours depuis Yakoutsk jusqu'à Ayakits et sur les bassins de l'Olenek et de la basse Toungouska, le grand affluent oriental de l'Iénisséi, que le même savant a étudiés au double point de vue géographique et géologique. Dans la région nord-est, l'une des moins connues et des plus inhospitalières de l'Asie russe, le baron de Maïdel, parti d'Yakoutsk en 1868, après avoir traversé le pays des Tchouktchis, a atteint la mer de Behring en suivant la côte; il a fait de nombreuses observations astronomiques, et il a tracé une carte à $\frac{1}{2\,100\,000}$ qui donne d'intéressants et nouveaux détails sur différentes rivières peu connues : Elambala, grand et petit Anui, Anadyr, et sur le pays situé entre ce dernier

[1] L'Obi et l'Iénisséi sont deux fleuves très importants, le dernier surtout qui a un lit moins tortueux, d'une profondeur plus égale, et qui traverse un pays d'une grande fertilité. De nombreux vapeurs les sillonnent journellement aujourd'hui.

Gr. II.

Cl. 16.

fleuve, qui se jette dans la mer de Behring, et le Pendjinsk, qui a son embouchure au fond de la mer d'Okhotsk.

Le lieutenant Onatsevitch a exploré, en 1876-1877, les côtes de la Sibérie que baigne le Pacifique, et il a fait une étude détaillée du détroit de Behring, poussant ses sondages jusqu'à la barrière de glace et déterminant de nombreuses longitudes par rapport à celles qui ont été récemment fixées avec le plus grand soin dans le sud-est de la Russie d'Asie.

La carte du sud de la Sibérie orientale à $\frac{1}{1\,680\,000}$, en 7 feuilles, publiée par M. Schwartz au retour de son expédition dans la région qui s'étend du lac Baïkal jusqu'à la mer du Japon [1], présentait de regrettables lacunes, notamment en ce qui concerne le cours du haut Vitim et de son affluent l'Amalat. Le levé du Vitim [2] qu'a exécuté M. Lopatine en 1865 [3], le voyage que le prince Krapotkine a fait, en 1866, dans la contrée montagneuse située entre la Léna et le Vitim [4], l'exploration que M. Poliakof a accomplie, en 1867, au nord du lac Baïkal [5], celle de MM. Tschaleïef et Aminof dans le bassin de l'Angara, l'une des sources de l'Iénisséi, celles de M. Helmersen et de M. Timrot dans la région du Sikhota-Aline entre l'Oussouri et la mer [6] et les études de M. G. Radde ont permis de la compléter.

La province littorale comprise entre le cours inférieur du fleuve Amour, son affluent l'Oussouri et la mer du Japon a été visitée, en 1876, par le colonel Bolschef, qui a levé à l'aide d'instruments 4 000 kilomètres carrés et qui a fait la reconnaissance rapide d'une superficie de terrain double.

(1) Cette carte repose sur 224 déterminations astronomiques.

(2) M. Lopatine a levé ce fleuve avec ses affluents depuis ses sources jusqu'au confluent de la Zaza.

(3) M. Lopatine a fait aussi, en 1866, l'exploration du bassin de l'Iénisséi : il a descendu le fleuve depuis Iénisséisk jusqu'à l'océan Glacial.

(4) La relation de ce voyage, qui a été publiée en 1867, a fourni des données assez importantes sur la géographie de ces régions, surtout au point de vue des altitudes.

(5) Ce voyageur a constaté une différence notable entre la région pauvre et uniforme qui est située à l'ouest du lac et les vallées de la Transbaïkalie dont les produits naturels sont au contraire riches et variés.

(6) M. Timrot a levé à $\frac{1}{84\,000}$ tout le littoral du golfe de Possiette, depuis le cap Gamef jusqu'à l'embouchure du Toumau, et le pays jusqu'à la ville de Koun-tchoun.

Mandchourie. — Depuis que les Russes ont reculé les limites orientales de leur empire, la Mandchourie, dont ils sont aujourd'hui les voisins immédiats, a pris pour eux un intérêt considérable, et plusieurs voyages exécutés dans le but d'étudier les ressources de cette contrée ont considérablement avancé la géographie de l'Asie orientale. Déjà, de 1859 à 1863, M. Bouditchef avait exploré la région comprise entre l'Amour, l'Oussouri et la mer, c'est-à-dire entre le 42° degré et le 52° degré de latitude et le 130° degré et le 142° degré de longitude, région peu peuplée qu'habitent des Orotches et des Goldes mêlés à quelques Chinois[1], et le prince Krapotkine avait fait, en 1864, le levé à vue, appuyé sur quelques déterminations astronomiques, de la Soungari depuis son confluent avec l'Amour, sur une longueur de plus de 1 000 kilomètres[2]. Le prince Krapotkine a, depuis, visité la région du nord-est; s'étant rendu de Tsouroukaïtouïevsk (sur l'Argoun) à Merghen et à Aïgoun, il a dressé à la dérobée une carte itinéraire à $\frac{1}{210\,000}$ du pays parcouru, et il a rapporté d'intéressantes indications topographiques sur la chaîne du grand Kinghâne.

Cette même province chinoise a été en 1870 le théâtre d'une importante exploration, sous la direction du savant sinologue l'archimandrite Palladius. La mission, partie de Pékin, s'est dirigée vers le nord; après avoir traversé la province de Liao-tong, elle a atteint les villes de Merghen et d'Aïgoun, a descendu l'Amour jusqu'à Khabarofka, a remonté pendant huit jours l'Oussouri jusqu'à son confluent avec la rivière Soungatcha, qu'elle a suivie pendant deux jours, a traversé le lac Hinkaï et est enfin arrivée au village russe de Nikolskoyé, qu'elle a pris comme centre de ses études; M. Nakhvalynk a dressé une carte de ces contrées à $\frac{1}{210,000}$, en sept feuilles[3], qui modifie notablement l'ancienne carte des jésuites.

Un consul anglais, M. Th. Adkins, a fait aussi dans les provinces septentrionales de la Mandchourie un voyage qui l'a conduit à Ghirin, à Ningouta et sur divers autres points situés à l'est de la

[1] M. Bouditchef a publié une carte de ces deux fleuves et de la côte du golfe de Tartarie à $\frac{1}{2\,100\,000}$.

[2] En 1866, M. Khilkofsky a fait une nouvelle exploration de la même rivière.

[3] Cette carte a été publiée par la Société de géographie de Saint-Pétersbourg.

Gr. II. — Cl. 16.

rivière Soungari, et on doit au Rév. Al. Williamson des notes intéressantes sur la même région (1869).

Corée. — La Corée, qui est restée longtemps fermée aux Européens, a été, à la fin de 1866, à la suite du massacre de plusieurs missionnaires, le théâtre d'une expédition française commandée par l'amiral Roze; nos officiers ont levé une carte du cours du Hang-kiang, et ils ont déterminé la position de la capitale Séoul.

Depuis 1867, les possessions russes sont devenues limitrophes de ce petit royaume, dont les sépare seulement le fleuve Touman.

Japon. — Il y a dix ans, le Japon n'avait encore ouvert que quelques-uns de ses ports aux navires européens et américains; aujourd'hui, l'accès de cet empire est facile, et plusieurs savants y ont fait un séjour fructueux. En 1871, M. Vénioukof a publié sous le titre d'*Exploration de l'archipel du Japon* le résultat de travaux intéressants où la géographie a une large part. Le capitaine anglais Blakiston a étudié en 1872 l'île d'Yézo.

En 1876, M. Woeïkof a traversé tout l'archipel, du nord au sud, jusqu'à l'extrémité de Kiou-siou, et il a visité des localités où aucun Européen n'avait encore pénétré; le principal résultat scientifique de son voyage a été la détermination barométrique de l'altitude de 600 points. De Hakodade, il a fait des excursions chez les Aïnos, peuple qui habite les îles d'Yézo et de Sakhaline, et il a traversé trois fois Nipon dans sa largeur : il a constaté que cette île était moins élevée et moins montueuse qu'on ne le pensait; les points culminants des chaînes ne semblent pas dépasser 800 mètres. Il a parcouru ensuite le sud-ouest de l'empire, en allant d'Yokohama à Nangasaki, puis de là dans le Satsouma.

Chine. — La Chine, malgré les nombreux travaux auxquels elle a donné lieu depuis tant d'années, était encore bien peu connue en 1867. Le commerce a enfin ouvert les portes de cet étrange empire qui étaient tenues si rigoureusement fermées depuis deux siècles.

L'abbé Armand David, parti de Shangaï en 1868, a remonté le Yang-tsé-kiang jusqu'à Tchong-kin, et, quittant là le fleuve, il a parcouru la province de Sé-tchouen, quelques principautés de Mantsés indépendants et la partie orientale du Koukou-nor. Bien que l'abbé David ait surtout fait un voyage fructueux pour l'histoire naturelle, son exploration n'a pas été cependant sans intérêt pour notre science, et elle a fourni les premières données sur l'altitude des régions situées à l'ouest du Sé-tchouen.

A la même époque, M. le baron de Richthofen a fait un remarquable voyage d'où il a rapporté des documents importants pour l'orographie du sud-est de l'empire chinois; pendant trois ans, il a parcouru la vaste région située à l'est de la ligne passant par Pékin, Woutschang et Canton. Il a surtout étudié avec soin le grand massif du Nanschan qui couvre, sur une longueur de 1 000 kilomètres et une largeur de 400, les provinces du Tsché-kiang, de Fou-kien, de Kouang-toung, de Kiang-si et des parties de celles de Ngan-houéi, de Kiang-sou, de Kouang-si et de Hou-nan, c'est-à-dire une grande partie de la Chine orientale. Quoique cet ensemble montagneux ne présente pas à la première vue de chaîne principale remarquable par son élévation, M. de Richthofen y a cependant reconnu l'existence d'une chaîne centrale qui se continue jusqu'au Japon et qui établit une séparation entre les dialectes. Il a aussi donné d'intéressants détails sur le fleuve Tsian-tang-kiang et sur son affluent principal, le Schan-ngan-kiang, qui constituent une voie importante pour le commerce intérieur.

Le capitaine russe Prjevalski a fait, en 1871, le voyage de Pékin au lac Dalaï-nor. En 1872, il a remonté le Hoang-ho jusqu'à la ville de Din-jouan-hioun, dans l'Alaschan, et il a visité le temple de Tchobsen, qui est bâti dans les montagnes de la province de Kan-sou, à cinq jours du lac Koukou-nor; c'est un itinéraire de 5 300 kilomètres appuyé sur 18 positions astronomiques. Continuant ses explorations en 1873 et en 1874, il a étudié toute la vaste région qui s'étend au sud de Pékin et du désert de Gobi, jusqu'au plateau du Koukou-nor, où prennent naissance les plus grands fleuves de l'Asie orientale et méridionale et que nous ne

Gr. II. — Cl. 16.

connaissions que par les documents chinois, souvent erronés et toujours incomplets.

M. Ney Élias, parti de Pékin en 1872, a traversé le désert de Gobi et la Mongolie et, après un voyage de six mois, est arrivé à la frontière de la Sibérie, ayant déterminé un certain nombre de positions géographiques et d'altitudes qui ont une grande valeur pour la carte de cette région. Cet itinéraire de 2 800 kilomètres avait été déjà parcouru en partie par divers voyageurs; mais M. Ney Élias est le premier qui l'ait accompli dans son ensemble.

Francis Garnier a remonté le Yang-tsé-kiang en 1873; il a constaté que ce fleuve, malgré les rapides qui existent au delà d'I-tschang, est navigable, pendant trois ou quatre mois de l'année, pour des navires de grande vitesse et faciles à manœuvrer, jusqu'au grand marché de Chung-king; il a étudié le grand lac Toung-ting, dont il a suivi l'un des plus importants affluents, le Yuen-kiang, puis il a regagné le Yang-tsé-kiang.

M. Margary a traversé, en 1874, toute la Chine du nord-est au sud-ouest en suivant ce même fleuve Yang-tsé-kiang; après avoir passé par Yun-nan-fou et par Taly-fou, il a été assassiné à Man-wyne, sur les confins de la Birmanie indépendante, au moment où il allait rejoindre la mission du colonel Browne qui étudiait les moyens d'ouvrir une voie commerciale entre la Chine et l'Inde. Son journal fournit des détails intéressants sur ce grand itinéraire qui va de Shangaï à Bhamo. M. Colborne Baber qui s'est rendu, comme Margary, de Hankéou à Teng-Hué sur la frontière du Yunnan occidental, et M. J. Mac Carty qui a fait le même voyage, ont aussi recueilli des données géographiques d'un intérêt réel.

En 1875, MM. Sosnovski et Paulinof ont fait le levé de la route commerciale qui réunit la Chine, par le Sé-tchouen et la Dzoungarie, à Saïsan, ville située à la frontière orientale du gouvernement russe de Semipolatinsk. Partis d'Hankéou, ils ont suivi le Hang-kiang, affluent du Yang-tsé-kiang, et, après avoir traversé le Péling, qui est la ligne de partage des eaux entre ces fleuves et le Hoang-ho, ils sont entrés dans le désert de Gobi. Leur itinéraire représente 4 000 kilomètres, dont 1 280 ont été faits par eau: ils ont déterminé 12 points astronomiques et de nombreuses altitudes. Cette route est plus courte que celle de Kiakhta et n'offre aucune difficulté.

M. Gill a visité, en 1877, la région montagneuse que sillonnent les hauts affluents du Yang-tsé-kiang et du Brahmapoutra et dont la configuration était encore mal définie.

Nous devons encore citer l'ouvrage que M. le docteur Bretschneider a publié en 1876 sur Pékin et ses environs et qui est fort complet, et la relation intéressante de M. Léon Rousset sur son voyage à travers les deux provinces de Chen-si et de Kan-sou, qui jusque-là avaient été inexplorées (1878).

Grâce aux grandes lignes orographiques qu'a magistralement tracées le baron de Richthofen, grâce aux études plus ou moins complètes et aux itinéraires plus ou moins détaillés des autres voyageurs dont nous venons de parler, on a aujourd'hui une idée générale assez juste de l'empire du Milieu. Cette vaste contrée est partagée en deux régions principales par la prolongation orientale du Kuen-luen, cette immense chaîne qui sépare le Turkestan oriental et le désert de Gobi du Tibet et qui vient finir près de Ngan-king sur le Yang-tsé-kiang inférieur; au sud, sont les provinces montagneuses; au nord, s'étend une vaste plaine que bordent à l'ouest des plateaux et de larges vallées. Mais il faudra encore beaucoup de temps avant que nous ne connaissions en détail son immense territoire.

Tong-king, Annam, Cochinchine, Siam, Birmanie. — M. Dupuis, qui a séjourné longtemps dans le Tong-king et qui a visité les provinces chinoises limitrophes, nous a, le premier, fait connaître *de visu* le cours du fleuve Rouge (1870-1873), le principal fleuve du royaume, qui descend du plateau du Yun-nan, de l'ouest vers l'est. M. de Kergaradec a aussi fourni des renseignements intéressants sur ce même cours d'eau.

M. Puech, en 1868, avait donné d'utiles indications sur la rivière Hué dans l'Annam; M. Dutreuil de Rhins a réussi, en 1877, à en lever la carte jusqu'en amont de la capitale, où ne pénètrent pas les Européens. Il a de plus établi une carte de la province de Quang-Duc et dressé un itinéraire de la route de Hué à Tourane.

Gr. II. — Cl. 16.

L'exploration faite dans l'Indo-Chine par le commandant Doudart de Lagrée et Fr. Garnier est l'une des plus heureuses et des plus importantes du XIXe siècle. Ces énergiques et savants voyageurs, accompagnés de MM. Delaporte, Joubert, Thorel et de Carné, ont frayé la route sur une terre inconnue depuis l'embouchure du Cambodge jusqu'à Seou-tcheou sur le Yang-tsé-kiang; grâce à eux, nous avons aujourd'hui une connaissance exacte du bassin du Mé-kong [1], ils ont traversé le massif du Yun-nan par une voie nouvelle, et ils ont ajouté 300 milles au tracé connu du fleuve Bleu. Toutes ces données précieuses ont été recueillies par nos courageux compatriotes au prix de la vie du chef de la mission et des fatigues et des souffrances de tous. C'est en 1872 qu'a paru la relation de cette mémorable exploration, l'un des travaux géographiques les plus importants qui aient été faits sur l'Asie orientale.

En 1876, le docteur Harmand a exploré une partie du Cambodge presque entièrement inconnue, celle qui est située à l'ouest du Mé-kong et qu'arrosent le Stung-sen et le Toule-Repau. Il a relevé le cours de plusieurs rivières, et il a déterminé la ligne de partage des eaux qui sont tributaires du grand lac et de celles que draine le Mé-kong; il a ensuite visité le pays compris entre le Donnaï et le Song-bé, qu'habitent les tribus sauvages des Maïs et des Pénongs, et il a été jusqu'à Hué, franchissant le premier la chaîne qui sépare le bassin du Mé-kong de la zone littorale de la mer de Chine. En se rendant d'Attopen (vallée du Sé-kong) à Bassac (vallée du Mé-kong), il a traversé le plateau laotien, haut d'environ 850 mètres, qu'habitent les sauvages Yahous et Bolovens. Ce voyage a été très profitable à la géographie de ces régions.

Le gouvernement indien a chargé, en 1868, le capitaine Sladen d'explorer la route qui va de Bahmo, sur l'Iraouaddy, à la capitale du Yun-nan, Tali-fou, dans le but d'ouvrir une voie

[1] Ces explorateurs ont en effet remonté le fleuve jusqu'au 22° parallèle, à une distance de la mer de 1 200 milles; ils ont étudié plusieurs de ses affluents, ainsi que le lac de Ta-ly; ils ont déterminé en plusieurs points la ligne de partage entre les eaux du Cambodge et celles du Ménam, de la Salöuen, du Yang-tsé-kiang et du Song-ka.

commerciale jusqu'à la Chine occidentale à travers les monts Kakhiens, le pays des Shan et les villes de Momein ou de Maington et d'attirer dans la vallée de l'Iraouaddy le commerce du sud-ouest de l'empire du Milieu; M. Anderson, le naturaliste de cette expédition, a publié, en 1872, un ouvrage qui est l'un des plus complets qui aient encore paru sur ces régions. Depuis, M. Grosvenor a étudié la même question.

M. Jenkins a accompli dans la Birmanie septentrionale un voyage intéressant chez les Singfous à travers les monts Patkoï, qui forment la ligne de partage entre les eaux du Brahmapoutra et de l'Iraouaddy.

L'abbé Desgodins, qui réside depuis beaucoup d'années sur les confins occidentaux de la Chine, n'a cessé, depuis 1869, de fournir des renseignements précis sur les vallées supérieures de la Salöuen, du Cambodge et du Yang-tsé-kiang, et il a fixé la latitude de Yerkalo, le premier point de repère exact que nous ayons dans cette zone; il a été de Cathang à Tatocen.

Asie centrale. — Nous voici maintenant arrivés au centre de l'Asie, dans cette vaste région qui est, avec l'Afrique, la partie du monde dont la carte éprouve journellement le plus d'importantes modifications; dans ces dix dernières années, la géographie de la Mongolie occidentale, du Tibet et du Pamir s'est en effet transformée à vue d'œil par suite des conquêtes russes et des explorations anglaises, et l'on a vu peu à peu la configuration de ces hautes régions se dessiner nettement. On a aussi acquis des notions plus précises sur toute la région aralo-caspienne.

Le gouvernement russe, profitant des facilités que lui offrait le voisinage du Turkestan, avait, dès 1848, procédé à l'exploration de toutes les parties du territoire qui lui étaient accessibles; mais les études topographiques, qui ont suivi pas à pas la marche de ses armées, ont surtout pris une grande extension depuis 1867, époque à laquelle le nord de cette région a été annexé à l'empire. D'un autre côté, le gouvernement anglais, ayant été amené par des raisons politiques à étudier la nouvelle frontière russe qui s'étend des bouches de l'Atreck, sur les rives de la mer Caspienne,

Gr. II. — Cl. 16.

jusqu'à Urumtsi, a également accru nos connaissances sur cette intéressante partie de l'Asie.

Tibet. — En 1867, les données que nous possédions sur le Tibet étaient encore bien vagues. Entrevue au XVIIe siècle par Andrada et Désideri, puis par Turner en 1783, esquissée par les jésuites français sur les indications que leur ont fournies les lamas, cette contrée a longtemps été considérée comme un gigantesque plateau long de plusieurs centaines de lieues. MM. Schlagintweit ont montré que c'était au contraire un immense bassin fluvial, très accidenté et le plus haut qui soit au monde. Mais c'est aux heureuses tentatives des Anglais que nous devons des renseignements géographiques importants sur cette région; dès 1863, ils avaient conduit les opérations topographiques jusqu'à l'ouest des lacs Pangong, et en 1865, le capitaine Bennett avait poussé jusqu'à la ville tibétaine de Daba au delà de Ghorouâl, le capitaine Smith avait visité les sources du Sutledje, et M. Johnson avait été de Leh à Khotan (Iltchi) [1], mais c'est en 1868 qu'on a eu connaissance des remarquables résultats d'un voyage fait à travers le Tibet par un pundit, ou lettré hindou [2], qui, familiarisé avec l'usage du sextant et de la boussole, a réussi, après beaucoup de difficultés, beaucoup de dangers et beaucoup de souffrances, à lever la carte de la route de Kathmandou à Tadoum et celle de la grande route appelée Jonglam qui va de Ghartok à Lassa [3]. Ce hardi voyageur a fait le tracé du cours entier du Brahmapoutra depuis sa source près du lac Mansaraur jusqu'à son confluent avec le fleuve qui passe par Lhassa, et il a déterminé dans ces régions jusque-là inconnues la latitude de 31 points importants; il a, en outre, comblé les lacunes qui existaient dans la carte du pays situé entre Ladak et Garthok.

Ce premier succès a engagé le colonel Montgomerie à envoyer d'autres explorateurs indigènes dans les mêmes contrées : l'un a

[1] Ces divers voyages ont montré que les cartes de l'Asie centrale dressées par les anciens missionnaires étaient réellement fort bonnes.

[2] Ce voyage a été accompli en 1865.

[3] Cette route longe la ligne de faîte de l'Himalaya et passe par les lacs Rakaus-Tâl et Mansaraur, par Tadoum et par le lac Yamdokcho.

atteint, en 1872, le lac Tengri-nor, grand lac qui est situé au nord de Lhassa; il en a fixé la position, la grandeur et l'altitude, et il a fourni des renseignements géographiques précis sur une superficie de 12 000 kilomètres carrés qui était entièrement inconnue. L'autre a traversé, en 1874, le Tibet dans presque toute sa longueur, depuis les lacs Pangong jusqu'au lac Mamcho, et il y a constaté des faits nouveaux : les lacs Pangong, dont, le premier, il a visité l'extrémité orientale, forment le commencement occidental d'une longue chaîne de lacs, tantôt d'eau douce, tantôt d'eau saumâtre, qui drainent tout ce haut plateau; il poussa ensuite jusqu'au lac Tengri-nor, qu'avait déjà visité son prédécesseur, et, passant par Lhassa, il revint dans l'Assam.

Ces explorations, qu'ont si heureusement exécutées ces trois pundits hindous, nous ont fait connaître un pays que le fanatisme de ses habitants avait jusque-là fermé aux Européens et elles ont produit les plus précieux résultats pour la géographie de la haute Asie.

Mongolie occidentale. — Il y a eu aussi quelques explorations intéressantes dans la Mongolie occidentale, qui est l'une des parties les moins connues de l'Asie. M. Chichmarew, déjà connu par son voyage entre Ourga et Verkné-Oulkhousk et entre les sources de l'Onone et Brevenkid[1], s'est rendu en 1868 d'Ourga jusqu'à Ouliassoutaï; c'est la première fois que cette ville a été visitée par un Européen. Cet itinéraire a ajouté à nos connaissances sur cette région.

L'Altaï russe était seul connu d'une manière à peu près exacte, il y a dix ans; ce n'est que tout récemment que l'on a commencé à explorer son prolongement au sud de la Boukhtarma. M. Potanine, qui a été, en 1869, à Khami, a constaté que cette chaîne se prolonge à l'est au delà du méridien de Khobdo et qu'elle est séparée du Thian-schan par la large vallée du Gobi; il paraît même qu'elle s'avance jusqu'à la longitude de l'Orok-nor, côtoyée au sud par le désert.

MM. Pawlinof et Motoussofski ont exploré la région qui s'étend

[1] Ce voyage, qui est long de 360 kilomètres, a été exécuté en 1864.

Gr. II. — Cl. 16.

au nord de l'Altaï entre le fortin chinois Souok, Khobdo, Ouliassoutaï et la frontière russe du district de Minoussinsk; ils ont recueilli des données nombreuses et nouvelles sur la région des sources de l'Irtych noir, sur le lac jusque-là énigmatique de Kizilbach et sur les routes qui traversent l'Altaï méridional, et ils ont dressé la carte de leur itinéraire, qui mesure 1 263 kilomètres.

Vers la même époque, un autre voyageur russe, M. Radlof, a visité aussi la ville de Khobdo.

En 1870, le général Babkof, chargé de délimiter la frontière entre la Russie et la Chine occidentale, a levé le pays compris entre le Kaba, affluent chinois de l'Irtych noir, le Kourtchoum, la chaîne de Tarbagataï et les monts Faou-tekeli, pays que jusque-là les cartes représentaient imparfaitement.

Turkestan chinois. — Le Turkestan oriental ou chinois, que les voyageurs européens des XIIIe et XIVe siècles parcouraient si facilement, est, depuis sa conquête par l'empereur de Chine Kiang-loung en 1758, d'un accès très difficile. Les Anglais ont fait des tentatives nombreuses pour recueillir des renseignements géographiques sur la région qui est située dans l'est de Kachgar et d'Yarkand.

M. Shaw a visité la haute Tartarie en 1868. A la même époque, M. Hayward partit de Leh dans le but d'atteindre les possessions russes sur le Syr-daria; il a été assassiné dans ce voyage, mais les documents qu'il avait recueillis, et qui heureusement n'ont pas été perdus, donnent des détails intéressants sur la partie du pays qui s'étend du nord-ouest du Tibet à la moitié du Turkestan; il a déterminé astronomiquement la position d'Yarkand.

Sir F. Douglas Forsyth a été envoyé à Kachgar par le gouvernement de l'Inde en 1874 pour négocier un traité de commerce; ses compagnons de voyage ont vérifié et complété les observations de Shaw et d'Hayward, puis ils ont fait des reconnaissances dans diverses directions. Le colonel Gordon et le capitaine Trotter se sont avancés au nord jusqu'au Tchatyr-koul, petit lac qui est situé sur les crêtes du Thian-schan, et le capitaine Biddulph a suivi la route qui conduit à Aksou, au nord-est de Kachgar, mais l'œuvre capitale de cette mission a été l'exploration du Pamir, dont nous allons parler tout à l'heure; ces voyageurs ont rapporté de nombreuses observations d'altitudes qui ont permis de se faire une idée juste de la configuration de cette contrée.

Une autre mission politique a eu également d'heureux résultats pour la géographie: le gouvernement russe ayant envoyé à Kachgar le baron Kaulbars, l'un des membres de la mission a déterminé la position géographique de 13 points dans la route de montagne très difficile qui sépare le fort Tokmak des hautes plaines du Turkestan oriental.

M. Prjevalsky a traversé les steppes désertes qui s'étendent entre Kouldja et le lac Lob-nor, qu'aucun voyageur des temps modernes n'avait encore visité; son itinéraire, qui mesure 1 280 kilomètres, s'appuie sur 7 déterminations astronomiques. M. de Richthofen pense toutefois que le lac découvert par M. Prjevalsky serait non le Lob-nor. mais le Khas-omo des cartes chinoises; le voyage que poursuit en ce moment le savant russe tranchera la question, car il est parti, en 1878, du Thian-schan pour gagner les sources du Yang-tsé-kiang et se rendre ensuite à Lhassa, le sanctuaire du bouddhisme.

Pamir. — La région mystérieuse du Pamir, où viennent aboutir les grandes chaînes de l'Himalaya et du Thian-schan, a été dans ces dernières années le théâtre de plusieurs explorations. On sait que Wood l'avait abordée par le sud-ouest en 1838 et qu'Hayward a été assassiné en cherchant à s'y rendre: de 1869 à 1872, M. Fedchenko en a longé les contreforts septentrionaux et a déterminé la ligne de partage des eaux entre l'Amou-darya et le Syr-darya, mais ce sont les explorateurs indigènes envoyés par le colonel Montgomerie qui, les premiers, nous ont fourni des données sérieuses sur l'intérieur de ce pays.

En 1870, un premier pundit hindou a exécuté le levé de la partie méridionale du plateau: son itinéraire, qui mesure 3 500 kilomètres, n'en comprend pas moins de 800 en pays tout à fait nouveau, depuis Kaila-Poundja. au confluent des deux principales branches du haut Oxus sur la frontière de l'Afghanistan, jusqu'à

Gr. II. — Cl. 16.

Kachgar, en passant par le lac Pamir-koul, par Sir-koul et par Tach-kurgan. En 1872, un autre indigène a tenté sans succès de se rendre du Badakschan dans le Ferghana, mais il a pu étudier la vallée de Chitral qui est appelée à devenir la principale voie de communication entre l'Inde et les plaines du Turkestan.

Le colonel Gordon, l'un des membres de l'ambassade de Sir F. Douglas Forsyth, a été, en 1874, de Kachgar à Kaila-Poundja, dans le Wakan, et il a par conséquent traversé tout le petit Pamir. Il a précisé et quelquefois rectifié ce que l'on savait de ce pays par Wood et par les pundits hindous. Il a constaté, entre autres faits intéressants, qu'il y a deux lacs Kara-koul, dont l'un, le plus petit, déverse ses eaux à l'est vers Kachgar, et que le pays est coupé en deux parties par l'immense vallée de l'Aksou, dont les eaux, partant du Pamir-koul, à 4 000 mètres au-dessus du niveau de la mer, vont, augmentées de celles du grand Kara-koul, se jeter dans l'Amou-darya. Les eaux du versant oriental du Pamir descendent dans les plaines de Kachgar et d'Yarkand par la vallée du Kizil-yart. Cette mission est l'une des plus importantes qui aient eu lieu dans ces contrées.

La partie nord du Pamir a été visitée pour la première fois en 1875, après la conquête du Khanat de Khokan, par le colonel Kostenko, qui a reconnu le grand Kara-koul, le plus septentrional des lacs du plateau.

En 1876, MM. Skassi, Schwartz et Severtsof ont exploré dans la même région la vallée d'Alaï, où Fedchenko avait déjà passé, et ils ont atteint la rivière de Koksaï qui traverse le Turkestan oriental et se jette dans le Lob-nor; ces savants voyageurs ont levé avec soin leur itinéraire, ont pris de nombreuses altitudes et ont déterminé 6 points astronomiquement, une centaine trigonométriquement.

Dans ces deux dernières années, en 1877 et en 1878, MM. Severtsof, Moushketof et Korostovtsef ont aussi pénétré dans le Pamir, et ils ont accru nos connaissances sur ce plateau.

Turkestan occidental, khanat de Boukhara, etc. — Le Turkestan occidental, qui est aujourd'hui une province russe, était presque complètement inconnu, il y a vingt ans, lorsque, de 1857 à 1863, les expéditions successives de MM. Séménof, Sévertzof, Valikhanof, Babkof, Goloubief, Venioukof, Protsenko, etc., donnèrent des renseignements précieux sur cette contrée et permirent d'en tracer une carte assez exacte. Cependant, quelque nombreuses qu'aient été jusqu'en 1867 les explorations scientifiques faites par ordre du gouvernement russe, la connaissance que nous en avions à cette époque était encore bien imparfaite. En outre, de nouvelles conquêtes ont permis d'étudier des contrées qui jusque-là étaient fermées aux Européens. Les Russes ont en effet pris possession en 1871 de la province de Kouldja qui leur a été cédée par l'empereur de Chine et qui est dans la partie du Thian-schan où l'Ili prend ses sources, et aujourd'hui, leur frontière passe sur les crêtes de cette chaîne.

Le capitaine Chépélef a traversé le col de Mouzarte, défilé qu'on regarde comme la route la plus courte entre la Dzoungarie et le Turkestan chinois.

La région comprise entre le Narin et la frontière chinoise a été explorée pour la première fois en 1867 par le colonel Poltaratski et le baron d'Ostensacken, qui ont fait le levé à $\frac{1}{210\,000}$ de la partie du pays située au sud du fleuve, soit d'une surface d'environ 12 000 kilomètres carrés; cette expédition a apporté des données nouvelles sur le lac Issik-koul et sur le Thian-schan. Les nombreuses altitudes qu'a mesurées en 1868 M. Buniakofski ont permis de se faire une idée du profil de cette chaîne entre le lac Balkhach et Kachgar.

Le Turkestan russe et le khanat de Khokan [1] ont été étudiés, de 1865 à 1870, par M. C. von Struve, qui y a déterminé astronomiquement la position de beaucoup de points.

La haute vallée du Sarafschan, qui en est voisine, a été visitée, en 1870, par une expédition militaire qui y a recueilli des renseignements nouveaux; de Samarcande, cette expédition s'est rendue à la ville de Paldorak et elle a poussé jusqu'au glacier qui donne naissance à la rivière Matcha, l'une des sources du Saraf-

[1] Le khanat de Khokan est devenu depuis 1875 la province russe de Ferghana.

Gr. II. — Cl. 16.

schan, puis elle a atteint le lac Iskender-koul, dont l'existence était problématique et qui est une autre source du même fleuve.

M. de Ujfalvy, après avoir exploré le pays de Kouldja, qu'ont traversé toutes les migrations sorties du grand plateau central, et la province de Ferghana, a aussi parcouru la partie supérieure de cette vallée du Sarafschan, dont l'étude intéresse d'une manière toute spéciale l'histoire de la race arienne. Quoique M. de Ujfalvy se soit plus particulièrement adonné aux recherches ethnographiques, il a cependant réuni divers renseignements géographiques sur ces contrées.

Les principautés de Karategin, de Darwaz, de Rochan et de Chingan, qui sont situées entre le Ferghana et le Badakschan, ont été explorées par plusieurs savants russes.

M. Leitner a fait, pendant les années 1866 et 1867, un voyage intéressant et dangereux dans le Dardestan, c'est-à-dire dans le pays qui est compris entre Caboul, le Kaschmyr et le Badakschan.

M. Mayef, voyageur russe, en visitant la province de Ser-i-Sebz, a éclairci plusieurs points de l'hydrologie du khanat de Boukhara, et il a déterminé la position de plusieurs villes de la province d'Hissar.

Le colonel Tatarinof a exploré le versant méridional des monts Kara-taou, dont le versant septentrional avait été étudié, en 1863, par M. Tchernaïef.

Toutes ces importantes explorations ont modifié les idées des géographes sur l'orographie du centre de l'Asie. Jadis en effet on admettait l'existence de cinq chaînes de montagnes distinctes, dont quatre, orientées de l'est à l'ouest, l'Altaï et le Thian-schan d'une part, l'Himalaya et le Kouen-louen d'autre part, s'appuyaient à l'ouest sur la chaîne du Bolor courant nord et sud; aujourd'hui on sait que les deux systèmes du Thian-schan et du Kouen-louen, lequel n'est qu'un bras de l'Himalaya, se rencontrent sous un angle assez aigu et forment à leur intersection un massif colossal. Le Bolor n'existe pas, ou plutôt correspond à la haute région qui est située à l'est du Pamir. En résumé, un arc immense de montagnes, commençant à l'Himalaya, se courbant autour du Pamir et se continuant au nord par le Thian-schan et l'Altaï, supporte l'Asie centrale, dont la pente générale semble être de l'ouest à l'est.

Quittant maintenant ces hautes régions, dans lesquelles nous avons dû nous arrêter pendant quelque temps à cause de l'intérêt que présentent les récentes explorations, nous traverserons le bassin du Balkhash dont le général Babkof a dressé la carte en deux feuilles.

Les études faites dans le pays des Kirghiz et à travers les steppes de Bek-pak-dala, ou désert de la faim, pour la création de bonnes routes entre Orenbourg et Taschkend d'une part, et entre Semipolatinsk, Petravlosk et Taschkend d'autre part, ont aussi apporté de nombreux matériaux à la géographie de l'Asie.

Région aralo-caspienne. — La mer d'Aral, le delta de l'Oxus ou Amou-darya [1] et les bouches du Syr-darya ou ancien Yaxartès [2] ont été visités par M. Boutakof une première fois en 1848 et 1849, puis, en 1858 et 1859; le résumé des recherches du savant amiral a paru en 1868 [3].

La reconnaissance opérée de 1871 à 1873 dans les steppes turkomènes par le colonel Stebnitzky a donné des indications exactes sur l'ancien lit de l'Amou-darya, et celle faite en 1871 par le capitaine Skobelef entre le golfe de Balkan sur la mer Caspienne et la ville de Kungrad au sud du lac d'Aral a aussi augmenté nos connaissances sur cette région, mais c'est en 1874, lorsqu'ils ont été maîtres de Khiva, que les Russes ont donné un grand essor à leurs études sur ce pays. Une mission a exploré de nouveau le delta de l'Amou-darya que les Khans avaient monopolisé en l'arrêtant à la mer d'Aral [4]; une autre a fait le nivellement

[1] L'Amou-darya est la voie naturelle qui met en communication les pays touraniens avec le centre de l'Asie.

[2] Les Russes ont reconnu le cours inférieur du Syr-darya de 1851 à 1853.

[3] De son côté, M. Danilewski, qui a étudié avec soin les deltas et les estuaires de l'isthme ponto-caspien et du Kouban, a retrouvé le long du Manytch les traces de l'ancienne communication qui existait entre la mer Noire et la mer Caspienne; il a publié le résultat de ces recherches en 1867.

[4] Cette première mission a étudié avec soin le réseau compliqué des bras du fleuve à son entrée dans la mer d'Aral, la vallée où il coule et le régime de ses eaux, ainsi que la région comprise entre lui et le Syr-darya.

Gr. II. — Cl. 16.

du plateau de l'Oust-ourt entre les deux mers[1]. Ces travaux, exécutés sous la direction du colonel de Tillo, ont montré la possibilité d'amener l'Amou-darya jusqu'à la mer Caspienne et d'ouvrir ainsi une navigation ininterrompue entre la Russie et le centre de l'Asie. On a reconnu que la côte orientale de la mer d'Aral a éprouvé, dans le cours de ces dernières années, des changements considérables par suite de l'abaissement des eaux.

Perse. — Nous avons à citer quelques travaux intéressants sur la Perse. M. Robert Lenz a publié en 1868 un volume intitulé: *Recherches astronomiques et physiques dans la Perse orientale et dans la province d'Hérat,* qu'accompagne une carte où 94 localités sont placées d'après les observations astronomiques de l'auteur; il a déterminé aussi avec assez de précision l'altitude d'un grand nombre de points de cette partie de l'Asie.

En 1874, le colonel Baker et le lieutenant Gill ont reconnu le pays situé au sud de la mer Caspienne et de l'Atreck, cours d'eau qui forme de ce côté la frontière russe, et ils ont fait, dans cette partie encore inconnue de la Perse, des déterminations importantes de latitude et d'altitude.

Le capitaine Napier a dressé une carte de la frontière nord du Khorassan avec des parties de l'Irak et du Mazandaran, à l'échelle de $\frac{1}{1\,000\,000}$ environ; c'est une reproduction corrigée de la carte de Perse par le capitaine O.-B. St John.

Le levé fait à la boussole et au baromètre par le docteur Stolze de son itinéraire dans la Perse méridionale a aussi ajouté à nos connaissances sur cette région; M. Kiepert a dressé une carte intéressante au moyen de ces éléments.

Caucase. — A la fin de 1867, a paru le livre du docteur Radde sur la Colchide (Caucase), où il a consigné ses observations de voyage et où, après avoir traité de la géographie physique générale du pays, il a étudié d'une manière toute particulière les hautes

[1] Cette deuxième mission a établi que la différence de niveau entre la mer Caspienne et le lac d'Aral est à peu près double de celle qu'avaient donnée les mesures antérieures prises au baromètre. Le lac d'Aral a 74 mètres d'altitude, au lieu de 40 mètres.

vallées de l'Ingour et du Riou; il y donne une longue série de hauteurs barométriques.

Arabie. — En Arabie, M. Joseph Halevy a parcouru, dans le but de rechercher les monuments épigraphiques des anciens Sabéens et de recueillir des inscriptions hymiarites, une partie du territoire qui fut l'Arabie heureuse; s'embarquant à Aden pour Hodeida, il s'est d'abord rendu dans le Djaouf supérieur, puis, marchant vers le nord, il est arrivé au Nedjran. La carte qu'il a dressée nous donne le relief approximatif de ces contrées ainsi que l'emplacement des localités qu'il a visitées et qui n'avaient encore été vues par aucun voyageur européen; il nous a révélé l'existence d'un grand cours d'eau, le Kharid, dont on trouve la mention dans Strabon.

Le capitaine Burton a visité, en 1878, les mines de Madian, sur les côtes de l'Arabie, non loin du golfe d'Akhabah, et il a fait quelques découvertes intéressantes pour la géographie ancienne et moderne de cette région. La contrée qu'il a explorée s'étend de 29° 30′ à 35° 55′.

Asie Mineure. — En Asie Mineure, le même voyageur a visité le Touloul-es-Safa, à l'est de Damas.

Nous n'avons rien à ajouter à ce que nous avons dit de la Palestine dans l'un des paragraphes précédents. Le *Palestine Exploration Fund* a continué ses travaux topographiques en Terre Sainte, et deux officiers français ont levé la carte du Liban.

Îles des Indes orientales. — La Hollande ne s'est pas encore rendue entièrement maîtresse de Sumatra ni de Bornéo; aussi, malgré les travaux accomplis dans ces îles depuis dix ans, reste-t-il encore beaucoup à faire.

L'empire d'Atchin, qui occupe toute la partie septentrionale de Sumatra et qui formait jadis un État puissant, étant devenu un repaire de pirates, a été attaqué en 1872 par les Hollandais, qui s'en sont emparés après une lutte terrible. Cette expédition militaire a beaucoup augmenté nos connaissances sur cette partie de l'île, qui était fort imparfaitement connue jusque-là.

Gr. II. — Cl. 16.

M. Schouw-Santvoort, chef d'une mission scientifique néerlandaise, a traversé, en 1877, Sumatra de Padang à Palembang, et il a réuni pendant ce voyage des documents intéressants et nouveaux sur le centre de l'île, surtout sur l'empire de Djambi où l'on n'avait point encore pénétré. Ses compagnons, MM. Veth, Snellmann et Hasselt, qui ont exploré une partie du pays qui est située plus à l'ouest, ont aussi recueilli des renseignements précieux, surtout sur le cours du Mamoem, affluent du Djambi, et sur le Djambi supérieur lui-même, qui, se dirigeant vers le nord, est appelé à devenir une voie économique pour le transport des charbons du bassin d'Oembilien.

La géographie de l'île de Bornéo n'est encore fixée que dans ses traits principaux. On ne connaît guère que les parties sud, sud-est et nord-ouest, grâce aux études des Hollandais et de Sir J. Brooke; une grande partie des côtes orientales n'a même pas été l'objet de levés hydrographiques réguliers. Un navire autrichien, *le Friedrich*, a accompli pour la première fois en 1875 le périple complet de l'île.

M. J. Bove a fait, en 1873, l'ascension du Kinibalou, la plus haute montagne de Bornéo[1], qui est située sur la côte nord-ouest; M. Schouw-Santvoort a mesuré sur la côte du sud-est un certain nombre de pics qui sont beaucoup moins élevés que ceux de la côte opposée.

Océanie. — *Nouvelle-Guinée.* — Les îles d'Halmahera, ou Gilolo, qu'habitent les Alfourous, ont été visitées par M. Raffray, qui a séjourné dans les villes de Docinga et de Ternate; MM. Cerrutti et di Lenna ont étudié les groupes de Batcian et d'Obi; le docteur Mikloukho-Maklay a exploré, en 1876, quelques îles de la Micronésie occidentale, Géby, Aurapie, Moyenos, Woap, les Palaos, l'Amirauté et Ninigo. Mais c'est surtout dans la Nouvelle-Guinée que nos connaissances ont fait le plus de progrès. L'intérieur de cette île, l'une des plus grandes du globe, qui s'étend de l'est à l'ouest sur une longueur de 1 400 milles et du nord au sud sur

[1] Cette montagne est haute de 4 200 mètres.

une largeur de 80 milles, n'avait encore, en 1867, été visité par aucun voyageur européen, et ses côtes n'étaient même pas bien connues; en effet, si celles de l'ouest sont fréquentées par les commerçants hollandais depuis 1828, année de la fondation de la première colonie européenne à la baie de Triton, celles de l'est étaient encore, il y a dix ans, marquées en pointillé sur les cartes.

Les explorations entreprises par ordre du gouvernement des Pays-Bas sur les côtes occidentale et septentrionale de la Nouvelle-Guinée par MM. van Rosenberg (1868-1870)[1], van der Crab et Teysman (1871), Coorengel (1872)[2], Zwaan, Langeveldt et van Hemert (1875)[3], nous ont fourni des données topographiques sur des parties qui étaient entièrement inconnues; les récits de ces explorations ont été publiés, ou vont l'être incessamment, par l'Institut royal philologique, géographique et ethnographique des Indes néerlandaises.

Les récents voyages faits au détroit de Gallowa, à la pointe occidentale de l'île et aux îlots de Keï et d'Arrou par MM. de Cerrutti et di Lenna, à la côte nord-ouest par MM. Beccari et d'Albertis[4], au golfe de Geelwink par MM. Meyer[5] et Raffray[6], et à la baie de Humboldt par les officiers du *Challenger*, ont aussi beaucoup ajouté à nos connaissances sur le nord de l'île.

(1) M. Rosenberg, qui avait précédemment exploré les îles papouas de Waigiou, de Salwatti et de Misole, a visité la péninsule de Dorey, l'île de Mafor, la baie de Geelwink avec ses îlots de Jappen et de Moosnœm, les villes d'Andaï et d'Hattam et les îles Schouten.

(2) M. Coorengel, à bord du *Dassoun*, a exploré Ounis, le golfe de Mac-Cluer et le groupe des Schouten.

(3) Ces voyageurs, à bord du *Sourabaya*, ont relevé le littoral de toute la partie occidentale depuis la baie de Humboldt jusqu'à l'îlot Frédérik-Henry, et ils ont visité beaucoup de points qu'aucun Européen n'avait vus jusqu'alors, non seulement dans la grande île, mais aussi dans les archipels environnants.

(4) MM. Beccari et d'Albertis ont poussé jusqu'au commencement du golfe de Geelwink et ont donné d'intéressants renseignements sur les monts Arfak, qui sont situés non loin de la ville d'Andaï. M. R. Wallace a aussi visité le golfe de Geelwink.

(5) M. Meyer a visité, outre le pourtour de la baie, l'île Jobi; il a chassé les oiseaux de paradis dans les monts Arfak, et il est allé par terre au golfe de Mac-Cluer.

(6) M. Raffray a suivi la côte depuis Andaï jusqu'au cap Maiami, et il a rectifié la position de plusieurs embouchures de rivières. Il a visité aussi les îles Mafor et Korido, et il a fait le tracé d'une partie de leur côte sud.

Gr. II.

Cl. 16.

Nous avons en outre à signaler d'importantes découvertes dans le sud de l'île. En 1873, après quelques tentatives de colonisation faites par des Anglais dans la partie orientale, le gouvernement de l'Australie a organisé une expédition qui a eu des résultats intéressants pour la géographie de la côte sud-est, dont le capitaine Moresby a terminé la reconnaissance laissée inachevée par le capitaine Owen-Stanley; il a trouvé que l'extrémité orientale avait une configuration très différente de celle que lui donnaient jusque-là les cartes, et qu'elle se termine par une grande baie qu'entourent de nombreux îlots et non par un promontoire effilé.

Le voyageur russe, M. Mikloukho-Maklay, qui a visité la côte nord-est où aucun Européen n'avait encore mis les pieds et qui a fait aussi, à deux reprises, l'exploration de la côte nord-ouest, et M. W. Macleay, riche colon australien qui, après avoir tenté en vain de remonter les rivières Katau et Ethel, a dû, par suite de l'attitude menaçante des indigènes, se contenter d'explorer la baie des Papouas, méritent nos éloges pour le courage et l'énergie qu'ils ont mis au service de la science.

En 1875, le Rév. Mac Farlane a pu reconnaître, jusqu'à 145 kilomètres de la côte, la rivière Baxter qui aboutit au détroit de Torrès; en 1876, il a suivi la côte orientale de la baie des Papouas et il y a découvert deux ou trois bons ports et une rivière. Il a constaté, comme M. J. Moresby, que le cap oriental de la Nouvelle-Guinée n'était qu'une réunion d'îlots.

M. d'Albertis, de 1875 à 1877, a eu encore plus de succès que le Rév. Mac Farlane; ce voyageur italien a réussi, en effet, à remonter la rivière de Fly jusqu'au cœur même de l'île, à 900 kilomètres de la côte, dépassant de plus de 600 kilomètres le point atteint précédemment par le missionnaire anglais. Cette rivière, sur laquelle il a navigué pendant six semaines, forme à peu près la limite entre la partie occidentale de la Nouvelle-Guinée que revendiquent les Hollandais et la partie orientale qu'ambitionnent les Anglo-Australiens.

A la même époque, M. Andrew Goldie a abordé à Port-Moresby dans le but de se rendre par terre au mont Astrolabe; mais à une distance de 80 kilomètres environ, il a dû s'arrêter et revenir à son point de départ. Cette expédition est arrivée au port de Kerepounou en suivant la côte.

Nous terminerons le résumé des travaux faits depuis dix ans dans la Nouvelle-Guinée en disant que le Rév. Wyatt-Gill a tracé la ligne de séparation des races orientale [1] et occidentale [2], races qui diffèrent autant par leur configuration physique que par leurs mœurs.

Australie. — L'Australie offre d'immenses espaces inexplorés, où la géographie ne fait que de lentes acquisitions. Déjà avant 1867, plusieurs voyageurs y avaient entrepris des voyages hardis du nord au sud, mais la plupart étaient morts à la peine, sans avoir fait beaucoup progresser nos connaissances.

L'établissement d'un télégraphe entre l'île de Ceylan et Melbourne a nécessité, en 1872-1873, la pose de fils à travers tout le continent depuis Port-Darwin jusqu'à Port-Augusta, soit du nord-nord-ouest au sud-sud-est, sur une longueur de 3 240 kilomètres [3]. La construction de cette ligne transaustralienne a amené la découverte géographique de régions qui, bien que visitées en 1860-1862 par Stuart, nous étaient tout à fait inconnues; il y a onze stations dont chacune est devenue un point de départ et de refuge pour les explorateurs. A partir de Port-Augusta, le télégraphe traverse d'abord une longue étendue de plaines jusqu'à l'extrémité sud du lac Torrens, où le terrain devient accidenté, puis il passe dans l'ouest du lac d'Eyre; entre le mont Margaret et la chaîne Mac-Donnell, il coupe un désert de sable, au delà duquel se rencontrent jusqu'à Port-Darwin de nombreux pâturages et des terrains fertiles avec çà et là des régions arides. Depuis lors, Gosse, Giles, Wharburton, M. John Forrest, partant de cette ligne télégraphique, ont fait vers la côte occidentale, dans cet espace de plus

(1) L'est de l'île est peuplé de Négritos.

(2) L'ouest est au contraire habité par des Malais.

(3) On sait qu'on vient d'établir une autre ligne télégraphique entre Adélaïde, capitale de l'Australie méridionale, et Perth, capitale de l'Australie occidentale; cette ligne, qui a une longueur de 3 300 kilomètres environ, tantôt suit les sinuosités de la côte, tantôt s'en écarte et pénètre même assez avant dans l'intérieur.

Gr. II. — Cl. 16.

de 100 degrés carrés qui est absolument en blanc sur nos cartes, des explorations qui ont produit des résultats remarquables.

Depuis les voyages de M. Sholl dans la baie de Collier[1], de M. Howard dans le golfe de Carpentarie[2], de Mac Intyre et de M. Slowman dans le district de Burke[3], il a été fait un certain nombre de travaux qui intéressent la géographie du nord de l'Australie; nous citerons ceux exécutés dans la péninsule d'York et le golfe de Carpentarie par les astronomes envoyés pour observer l'éclipse totale de lune du 12 décembre 1871[4] et plus récemment par M. Mullingen[5]. Nous ne devons pas non plus passer sous silence les explorations de M. Budson et de M. Mac Kinn dans l'Australie septentrionale[6], de M. Hodgkinson dans le nord-ouest de la province de Queensland[7], et de MM. Calloghan Thompson, Perelt et Lynch dans le district de Cook, où ils ont parcouru environ 1 600 kilomètres[8].

Dans le centre, les découvertes ont été plus importantes. On sait que le major Warburton, après avoir déterminé en 1866 les contours de la partie septentrionale du lac Eyre, a relevé le tracé du Barcou, l'un des bras du curieux delta formé en plein continent par le grand affluent de ce lac, le Cooper-Creek. En 1867,

(1) En 1865, M. Sholl s'est avancé pendant quinze journées au sud de la rivière de Glenelg.

(2) Ce voyageur a exploré, en 1865, le littoral qui s'étend de la côte est de ce grand golfe à la baie d'Anson.

(3) M. Mac Intyre, qui est mort à la recherche des traces de Leidwig Leichhardt, et son successeur M. Slowman, ont augmenté nos connaissances géographiques sur le pays qui est situé au sud du golfe Carpentarie.

(4) Cette expédition a poussé dans l'ouest jusqu'à la terre d'Arnhem.

(5) Ce voyageur, qui était à la recherche de placers d'or, a traversé, en 1876, l'extrémité septentrionale de l'Australie entre l'océan Pacifique et le golfe de Carpentarie, et il y a trouvé de riches vallées au milieu d'un désert aride. Cette partie du continent n'avait pas encore été visitée.

(6) M. Budson a fait la traversée de Port-Darwin à George-town, soit un voyage de 2 500 kilomètres; il a trouvé d'excellentes terres entre les rivières Catherine et Mary et le Haut-Roper. M. Mac Kinn a constaté l'identité de la rivière Catherine et du Daly.

(7) Cet explorateur a reconnu les rivières Cloncurry et Diamantina, et il a découvert deux importants cours d'eau, le Mulligan et son affluent l'Herbert-River.

(8) Ce voyage pénible, à travers un pays accidenté et stérile, a abouti, en 1876, à la découverte d'un beau fleuve dont l'embouchure est située à environ 50 kilomètres au nord de Cooktown.

MM. Walder, Kramer et Meissel ont constaté l'existence d'un autre bras de ce fleuve. M. Samuel Gason a aussi fait une intéressante exploration dans la même région; parti de Kop, l'une des dernières stations de l'intérieur de la colonie de Sud-Australie, il est arrivé au nord jusqu'au Désert de pierre et à la rivière Barcou. Nous devons encore mentionner le récit d'un éleveur de moutons qui, à la recherche de nouveaux pâturages, s'est avancé jusqu'au nord du lac Eyre et qui prétend avoir trouvé un pays accidenté arrosé de cours d'eau, démentant ainsi l'opinion généralement admise de la sécheresse de cette partie de l'Australie intérieure.

M. Gilmore a entrepris deux voyages dans la partie occidentale de la colonie de Queensland, l'un à Wantalta en 1870, l'autre en 1871 à 200 kilomètres plus à l'ouest de cette localité indigène qui est située au nord-ouest de la rivière Barcou, près du 25e degré de latitude; cette seconde fois, il a retrouvé les restes du docteur Leichhardt.

M. Lewis a parcouru en 1875 le pays compris entre le lac Hope, qui est situé à la frontière sud-ouest du Queensland, et le lac Eyre.

L'exploration accomplie par Giles, en 1872, au centre du continent a donné une idée assez juste de cette région. Parti du Chamber's-Pillar, monument géologique qui est situé non loin du passage du fil télégraphique transaustralien, il a suivi la vallée du Haut-Finke, et il a remonté l'un de ses tributaires, le Rudall, que des collines arides séparent du Carmichal-Creek; là s'arrêtent assez brusquement les chaînes de montagnes que le voyageur avait toujours eues à sa droite. S'étant avancé encore de 60 kilomètres vers l'ouest, il lui fallut, faute d'eau, revenir sur ses pas et se diriger vers le sud, où il découvrit un grand marais salé, le lac Amédée, qui est probablement la continuation orientale des chotts déjà mentionnés dans l'Australie occidentale par Moore, Austin, Hunt, Gregory et Forrest [1].

Christie Gosse partit en 1873 d'Alice-Spings, l'une des stations du télégraphe, dans le dessein de se rendre à Perth. Il ga-

[1] Une carte de cet itinéraire a été publiée à $\frac{1}{1\,500\,000}$, en 1874, à Adélaïde.

Gr. II. — Cl. 16.

gna d'abord le lac Amédée que Giles avait découvert l'année précédente, puis il s'enfonça dans l'inconnu; arrivé par 124° 30′ de longitude et 26° 21′ de latitude, il ne put aller plus loin, et revenant sur ses pas jusqu'à la chaîne de Mann, il continua à marcher vers l'est, au lieu de remonter vers le nord. Quoique cette expédition n'ait point atteint la côte occidentale, elle n'en a pas moins donné des résultats importants; les nombreuses mesures d'altitude qu'a prises M. C. Gosse permettent de se faire une idée assez exacte de l'orographie de cette triste contrée[1].

Plusieurs voyages récents ont eu pour point de départ la côte occidentale. M. Forrest s'est avancé, en 1869, dans l'est du district de Victoria, et il a pénétré dans une partie de l'Australie qu'aucun Européen n'avait encore visitée; son itinéraire est de 2 degrés plus au nord et dépasse de 1 degré vers l'est celui qu'a suivi Hunt en 1864. En 1870, le même voyageur s'est rendu par terre du port de Perth à la ville d'Adélaïde, en côtoyant la mer; ayant fait plusieurs pointes dans l'intérieur, il a constaté que cette région n'était pas fertile.

En 1873, le colonel Warburton, plus heureux que ses devanciers, a réussi à couper par un itinéraire hardi l'un des vastes espaces qui sont encore en blanc sur la carte de ce continent, mais au prix des plus grandes fatigues. Parti d'Adélaïde, il a suivi pendant plus de 2 000 kilomètres la ligne télégraphique jusqu'à Tennant-Creek; entrant alors dans l'inconnu, il a gagné la pointe Larray qui est située sur la côte occidentale par 20 degrés de latitude, après un itinéraire de plus de 1 000 kilomètres en pays tout à fait nouveau. Le voyage a été très pénible, sur un plateau élevé, aride, sablonneux, coupé de dunes, qui est impropre à toute colonisation[2].

Peu après, M. John Forrest, partant de la baie Champion (district de Victoria), a suivi la rivière Murchison jusqu'à ses sources[3];

(1) Une carte des voyages de M. Gosse a été publié à $\frac{1}{350\,000}$, en 4 feuilles (Adélaïde).

(2) Une carte des voyages du colonel Warburton a été publiée à $\frac{1}{1\,000\,000}$ (Adélaïde, 1874).

(3) Nous devons aussi mentionner les explorations entreprises dans un but agricole et industriel par M. J. Brockmann dans le bassin de ce fleuve Murchison. Ce colon y a

puis s'avançant vers l'est le long du 26e parallèle, il a atteint, à la fin de 1874, la ligne du télégraphe, non loin du lac Eyre, ayant accompli un parcours de 2 000 milles. Après avoir voyagé pendant le premier tiers de sa route à travers des plaines alluviales recouvertes de gazon, il a trouvé un immense désert de 600 milles auquel succèdent çà et là, à partir du 126e méridien, des pâturages où des colons se sont déjà établis en beaucoup de points.

De 1875 à 1876, M. Giles a fait deux fois la traversée du désert sud-australien entre Adélaïde et Perth. Son premier itinéraire, qui mesure 2 500 kilomètres dont 1 600 dans un désert hérissé de spinifex et d'acacias nains, passe entre le 29e et le 30e parallèle austral; il est revenu par un chemin un peu différent, et il a reconnu une fois de plus combien toute cette région est stérile [1].

Grâce à ces trois hardis voyageurs, qui ont réussi à traverser de l'ouest à l'est, suivant quatre lignes différentes, la moitié occidentale de l'Australie, nous commençons à avoir un aperçu de cette partie du continent. De leurs explorations il ressort que l'Australie occidentale est, sauf sur une bande littorale de 300 à 400 kilomètres, une région déserte, sans eau, sans autre végétation que des mimosées épineuses et quelques herbes, en un mot qu'elle est assez semblable au centre du continent.

M. R. Fitzgerald a visité la petite île de Lord-Howe, qui est située à 900 kilomètres environ de la côte orientale de l'Australie, par la latitude de Port-Macquarie, et il en a étudié la flore qui n'est nullement australienne.

Nouvelle-Calédonie, Nouvelle-Zélande, etc. — M. Parquet a levé la partie nord de la Nouvelle-Calédonie [2]. M. Jules Garnier, qui y a fait une exploration plus spécialement géologique, n'en a pas

découvert des terres excellentes pour la culture et riches en minerais de cuivre et de plomb.

[1] M. Alexandre Forrest, le frère de l'explorateur bien connu, a été moins heureux. Parti, en 1876, pour tenter un voyage de l'ouest à l'est le long du 31e parallèle, il a été obligé, par le manque d'eau, de revenir sur ses pas après un trajet de 650 kilomètres environ.

[2] Ces levés sont à l'échelle de $\frac{1}{20\,000}$ et de $\frac{1}{50\,000}$.

Gr. II. — Cl. 16.

moins rapporté quelques données qui intéressent la géographie : il ne s'est pas en effet contenté de visiter les côtes et les endroits qu'occupent les Européens, il a pénétré dans l'intérieur de l'île; le résultat de ses observations a été publié en 1871. Nous devons citer aussi l'ouvrage de M. Lemire qui a consacré trois années à étudier la géographie de notre colonie; il a fait, ce que personne n'avait tenté avant lui, le tour complet de l'île par terre; il a reconnu l'embouchure de 249 cours d'eau et de 29 marais, et il a tracé une partie de l'itinéraire qu'il a suivi[1].

Les recherches que M. Julius Haast continue depuis de nombreuses années dans la Nouvelle-Zélande sur la province de Canterbury ont beaucoup contribué à nous éclairer sur l'orographie des Alpes néo-zélandaises.

Les îles de la Polynésie ont été l'objet de nombreuses notes, dont nous ne pouvons pas donner ici même un aperçu sommaire. Disons toutefois que les îles Viti et de Pâques ont été visitées par M. Alphonse Pinart; celles de l'Amitié, de Kerguelen et plusieurs autres par le commandant de *la Gazelle*, M. Schleinitz; l'île Campbell par l'amiral Mouchez et M. H. Filhol, etc., et que nos connaissances sur ces archipels se sont notablement augmentées depuis quelques années.

Amérique. — *Alaska.* — Traversons l'océan Pacifique et abordons l'Amérique du Nord, qui, grâce aux Anglo-Américains, est connue dans presque toutes ses parties. Nous avons cependant à nous arrêter dans l'Alaska dont la carte à $\frac{1}{5\,000\,000}$, publiée en 1867 par le Service hydrographique des États-Unis au lendemain de la cession de l'Amérique russe par la Russie, montrait combien il restait à faire pour compléter nos connaissances sur cette région. M. F. Whymper, l'un des membres de l'expédition envoyée pour étudier le moyen d'établir un câble sous-marin à travers le détroit de Behring, a publié en 1868 une notice intéressante sur le Youkon, grand fleuve qu'il a remonté jusqu'à 1 200 milles de son embouchure et qui est navigable plus haut encore; d'autre part, M. W.-H. Dall, qui était le chef de la commission scientifique, a donné la

[1] Ce voyageur a parcouru à pied, en deux mois, 1 200 kilomètres.

relation officielle de ce voyage, et la carte que le docteur Petermann en a publiée dans les *Mittheilungen* de 1869 a un aspect très différent de celui qu'avaient les cartes antérieures. L'année suivante, un ingénieur, M. C.-W. Raymond a exploré la même région par ordre du gouvernement des États-Unis, et il a publié un rapport plein de renseignements importants.

M. W.-H. Dall a visité de 1871 à 1874 les îles Aléoutiennes qui relient l'Amérique à l'Asie orientale, et il a beaucoup ajouté aux connaissances que nous avaient déjà procurées sur ce groupe les levés de Davidson et de Belknap.

Un jeune voyageur français, M. A. Pinart, a aussi parcouru ces contrées déshéritées qui s'étendent au nord de l'Amérique, l'Alaska, les îles Aléoutiennes, le détroit de Behring, les rives du fleuve Mackensie, vivant parmi les peuples grossiers qui habitent ces régions glacées, couchant dans des huttes de neige, buvant comme eux l'huile nauséabonde des phoques et des baleines et, au milieu de ses courses ethnographiques, n'oubliant pas de réunir des documents utiles à la géographie.

Canada. — Dans la partie inhospitalière du Canada que bordent les glaces de l'océan Arctique, nous retrouvons un autre Français, le Rév. Père Petitot, qui a étudié, pendant dix années de séjour, la région du Mackensie et dont les itinéraires, publiés en 1874, comblent de nombreuses lacunes dans le figuré de la partie des États canadiens circonscrite par la rivière du Cuivre, les montagnes Rocheuses, le grand lac des Esclaves et l'océan Glacial.

Dans ces contrées nouvelles, on doit souvent les premières reconnaissances topographiques aux ingénieurs qui sont chargés d'étudier les tracés des voies ferrées. Le chemin de fer qui unit l'océan Atlantique à l'océan Pacifique a été l'objet de levés et de travaux qui ont enrichi la géographie de ces régions [1], et à peine a-t-il été terminé que l'on s'est occupé de l'établissement d'autres lignes au nord et au sud; les études faites, en 1868, par M. Waddington pour le tracé de la voie destinée à relier le lac Supérieur au détroit de Vancouver ont montré qu'il existe dans les monta-

[1] En 1872, a paru un volume de plans et de vues où ces travaux sont résumés.

Gr. II. — Cl. 16.

gnes des Cascades un abaissement assez fort pour permettre la réalisation de ce projet [1].

La grande et belle île de Vancouver a été explorée, en 1866, par M. Robert Brown, dont la relation, publiée en 1869, est accompagnée d'une carte aussi détaillée que le permettait l'état des connaissances à cette époque. Depuis, les levés réguliers ont commencé.

États-Unis. — Les Territoires des États-Unis qui sont situés à l'ouest du 100° méridien étaient encore en grande partie inexplorés en 1867. A cette époque, on allait au plus pressé, au fur et à mesure des besoins; depuis, ils ont été l'objet de levés méthodiques dont nous avons donné un résumé dans un des paragraphes précédents. Cependant, bien qu'ils soient aujourd'hui connus dans leurs lignes générales, il reste encore beaucoup d'explorations à faire pour nous en révéler toutes les richesses et toutes les beautés, surtout dans les montagnes Rocheuses, ces Alpes de l'Amérique.

La basse Californie est encore peu connue; l'exploration qui en a été faite, entre 31° et 24° 20′ de latitude en 1868, par une compagnie américaine dans le but de reconnaître le pays et d'en étudier les ressources, n'a pas été sans profit pour la géographie.

M. Alph. Pinart, qui a fait dans ces régions des recherches ethnographiques, a rapporté des renseignements intéressants sur les Territoires voisins du Mexique et sur la Californie.

Mexique. — Pendant longtemps encore les documents recueillis par les membres de l'expédition scientifique française, dont nous avons parlé précédemment, défrayeront la géographie du Mexique. Cependant la Société de Mexico, qui a repris ses travaux en 1872, a publié des notices qui ne sont pas sans intérêt pour notre science.

MM. J. Hübbe, D.-A. Perez et le docteur Berendh, qui ont levé avec soin la presqu'île du Yucatan, nous ont fourni pour la

[1] MM. Hines et Robert Brown ont publié en 1867, dans les *Comptes rendus de la Société de géographie de Londres*, des renseignements intéressants sur ces montagnes.

première fois des notions exactes sur la topographie de cette curieuse contrée.

Amérique centrale. — M. le docteur G. Bernouilli a visité la partie septentrionale de la république de Guatémala et le Honduras, et il a parcouru, en 1877, plusieurs districts inconnus du Chiapas; on doit aussi à M. E. Rockstroh des renseignements intéressants sur la topographie du département guatémalien de Véra-Paz.

Les explorations faites pour l'étude du percement d'un canal interocéanique à travers les isthmes de Tehuantepec, de Honduras, de Nicaragua, de Chiriqui et du Darien ont apporté des notions précieuses pour la géographie de cette partie du monde et ont permis de compléter l'étude hydrographique de ses golfes et de ses rivières. Les diverses missions sont en effet revenues avec des cartes, des plans, des profils, des coupes géologiques qui ont beaucoup accru nos connaissances. La carte à grande échelle qu'a dressée M. Wyse résume la plupart des documents nouveaux recueillis pendant ces campagnes.

Le livre que M. Paul Lévy a publié sur le Nicaragua, où notre compatriote a fait divers voyages, est accompagné d'une carte qui diffère d'une manière assez notable des cartes antérieures.

Colombie et Équateur. — L'Amérique du Sud, qui est moins connue que l'Amérique du Nord, a été le théâtre de nombreuses explorations. Le docteur Steinheil a visité la Colombie en 1872; il s'est rendu à Santa-Fe de Bogota et a fait un grand nombre de déterminations barométriques de hauteurs.

M. Édouard André, que ses connaissances spéciales avaient désigné pour étudier les richesses botaniques des parties peu connues de la Colombie et du Pérou, après avoir remonté le Rio Magdalena jusqu'à Honda pendant 800 kilomètres, a gagné en trois jours la ville de Bogota, s'élevant dans ce court espace de temps de 210 mètres à 3 000 mètres au-dessus du niveau de la mer; poussant dans le sud-ouest jusqu'à Guataqué, qui est à la limite de l'État de Tolima, il s'est rendu à Pasto [1], ville autour de laquelle

[1] Cet itinéraire mesure 1 350 kilomètres.

Gr. II. — Cl. 16.

il a fait des excursions intéressantes à la Laguna-Cocha, lac subandin de 46 kilomètres de long sur 13 de large, et aux sources du Putumayo que les géographes ne connaissaient que d'après des documents erronés; il est revenu à la côte par Quito et Guyaquil. N'ayant pas emporté d'instruments topographiques, M. André n'a pas pu faire beaucoup pour la géographie dans ce pays qu'ont visité avant lui d'illustres voyageurs et qui a une carte assez bonne, celle de Codazzi; il nous a cependant fourni des renseignements nouveaux sur le bassin de la Meta, sur la Laguna-Cocha, sur les sources du Putumayo et sur la région de Manabi, auprès de Quito.

MM. Reiss et Stübel ont passé, depuis 1870, plusieurs années dans la république de l'Équateur, faisant des levés géographiques et étudiant la géologie de ce pays; ils ont constaté, ce dont du reste on avait déjà connaissance, que les montagnes des Andes colombiennes et équatoriales subissent un affaissement constant, comme nous l'avons dit au chapitre de la géodésie.

La province d'Esmeraldas, qui est située au nord-ouest de la république de l'Équateur, et dont la carte est loin d'être exacte, a été explorée en 1878 par M. Th. Wolf.

Pérou. — Depuis l'époque où ont paru les cartes de Castelnau et de M. Paz Soldan, nos connaissances géographiques sur le Pérou ont fait de grands progrès. Les études ont principalement porté sur les cours d'eau; le gouvernement péruvien a en effet tout intérêt à établir des communications entre l'intérieur du pays et l'Amazone. Déjà, l'exploration de l'Yavari par MM. Soarez Pinto et Paz Soldan [1], celle du Pachitea par Don Benito Arana [2], celle du Purus et de son affluent l'Aquiry par M. Chandless [3], celle du Madre-de-Dios,

(1) M. Soarez Pinto a été tué par les Indiens en 1866, en remontant cette rivière.

(2) Ce voyageur a suivi le cours de cet affluent de l'Ucayali depuis son confluent pendant 200 milles.

(3) M. W. Chandless, qui a suivi en 1864 et en 1865 le cours de ce fleuve, a constaté que sa source n'était pas, comme on l'avait cru jusque-là, le Madre-de-Dios. Cet important voyage a fourni des renseignements qui ont modifié les cartes de cette partie de l'Amérique. En 1865-1866, le même explorateur a reconnu, sur une longueur de 465 milles, l'Aquiry, affluent de droite du Purus, et il en a fait un levé qui s'appuie sur une vingtaine d'observations astronomiques.

affluent du Beni, par Don F. Maldonado et le professeur Raimondi, celle des rivières San-Gavan, Ayapata[1] et Pulperia[2] par M. Raimondi et celle du lac Titicaca par M. Squier avaient, de 1864 à 1867, beaucoup accru nos connaissances sur cette partie de l'Amérique; mais depuis dix ans, les travaux se sont multipliés. La Commission hydrographique, qui est sous la direction du contre-amiral Tucker, a étudié avec soin l'Amazone, l'Ucayali, le Pachitea et le Picchis. Le capitaine Carrasco, commissaire péruvien pour la délimitation des frontières du Pérou et du Brésil, a remonté l'Yavari. En 1871, M. A. Werthemann a reconnu l'Urubamba, le Péréné et d'autres affluents de l'Ucayali, jalonnant son voyage de déterminations astronomiques. M. Nystrom a étudié le département du Cuzco et poussé une reconnaissance jusqu'à la rivière de Chanchamayo. M. Paz Soldan a fixé la position géographique d'un certain nombre de localités, et il a ainsi rectifié diverses erreurs.

Un Français, M. Wiener, qui a fait au Pérou un important voyage archéologique, a traversé neuf fois les Cordillères; il a rapporté de son expédition divers plans topographiques dessinés sur les lieux, où les formes du terrain paraissent rendues avec vérité, et il a fait sur la région du lac Titicaca des observations qui ont apporté des corrections à la carte de Pentland. M. Wiener a planté le drapeau français sur le pic sud-est de l'Illimani, haut de 6 131 mètres, qu'il a nommé pic de Paris et qui est voisin du sommet principal; c'est la plus grande hauteur qu'on ait encore atteinte dans les Andes : en douze heures, l'intrépide voyageur s'est élevé de 3 690 mètres.

M. Alex. Agassiz, qui a exploré au point de vue zoologique cette même région, a fait dans le lac Titicaca des sondages, au nombre de 66, et il en a publié la carte en 1876[3] : la longitude que Pentland lui a assignée semble trop orientale.

Tous ces voyages et tous ces travaux, joints aux levés des ingénieurs qui ont fait le tracé des chemins de fer transandins, ont

(1) Ces deux rivières sont des affluents de l'Ynambari.

(2) Cette rivière est un affluent de l'Apurimac.

(3) Dans les *Comptes rendus de l'Académie des arts et sciences de Boston* et dans le *Cosmos*.

Gr. II. — Cl. 16.

fourni une foule de documents importants qu'il serait utile de condenser dans une carte d'ensemble.

Bolivie. — Pour la Bolivie, nous n'avons à mentionner que la carte du désert d'Atacama par le professeur Wagner, carte qui présente un intérêt réel, et les reconnaissances faites, d'une part, par M. Minchin pour étudier le tracé du chemin de fer entre la Paz et le lac Titicaca et, d'autre part, par M. H. von Holten entre les provinces centrales et le bassin du Madeira.

Chili. — Nous avons vu dans un chapitre précédent que le Chili a une bonne carte topographique dressée par M. Pissis; les progrès de la géographie physique dans ce pays ont été, en effet, considérables pendant les vingt dernières années.

La Cordillère de Mendoza a été explorée, en 1871, par M. Frédéric Seybold.

Patagonie. — La Patagonie était encore trop peu connue en 1867 pour que les divers voyages accomplis récemment dans cette région n'aient pas fourni des renseignements d'un intérêt réel[1]. Un officier anglais, M. Musters, parti, en 1869, de Punta-Arenas (détroit de Magellan), s'est rendu à Santa-Cruz sur l'Atlantique, d'où il a gagné l'intérieur; arrivé au pied des Andes, il en a longé le versant oriental jusqu'à la frontière argentine, puis il a traversé le pays dans sa plus grande largeur, suivant le Rio Negro dont le levé a été fait par l'Italien Descalzi en 1833.

M. Moreno, parti également de Punta-Arenas, a remonté tout le cours du Rio Santa-Cruz dont il a reconnu la navigabilité jusqu'au pied des Cordillères, et il a parcouru des régions inexplorées jusque-là, où il a découvert un volcan dont personne ne soupçonnait l'existence, et plusieurs lacs, à l'un desquels il a donné le nom de San-Martin et qui paraît communiquer avec un bassin encore plus étendu situé dans les Andes.

M. Guinnard, qui a été pendant trois années prisonnier chez les Patagons, a donné sur l'aspect du pays et sur les productions du

[1] Don Guillermo Cox a rapporté de ses voyages dans le nord de ce pays des notions ethnographiques intéressantes.

sol des renseignements qui ne sont pas sans intérêt. Enfin, M. R. Sistre vient d'accomplir par terre le voyage de Santa-Cruz à Punta-Arenas. Gr. II. — Cl. 16.

Confédération argentine. — Les régions récemment conquises sur les Indiens indépendants par le gouvernement argentin [1] ont été l'objet d'études spéciales. Dans le livre de M. R. Napp sur la république de la Plata (1876), on trouve cinq cartes, entre autres celle des voies de communication de ce pays et celle de la Pampa par Melchert avec l'indication des limites militaires actuelles. Plus récemment, le Ministre de la guerre a publié un volumineux rapport de M. Albert Larsch accompagné d'un atlas en quinze feuilles où sont représentés avec plus de détails ces nouveaux territoires; c'est une importante contribution à la géographie d'un pays encore peu connu. Citons encore les études faites par M. R. Crawford pour le tracé du chemin de fer projeté de Buenos-Ayres à Santiago du Chili, études qui ont révélé des faits intéressants sur la configuration des Pampas.

Le docteur J.-C. Lorenz a publié, en 1878, une série de cartes relatives à la province d'Entre-Rios.

L'*Esquisse physique des provinces de Tucuman et de Catamarca* du docteur Burmeister ajoute à nos connaissances sur la partie nord-ouest de la Confédération argentine.

Paraguay. — Keith Johnston a fait dans le Paraguay, en 1874, une excursion qui n'a pas été sans intérêt pour notre science; ses déterminations hypsométriques fournissent quelques données nouvelles et d'importantes corrections.

La partie de cette république qui a été jusqu'en 1870 le théâtre de la guerre avec le Brésil a été éclairée d'un jour nouveau par les documents parlementaires qu'a publiés le Ministère de la guerre du Rio de Janeiro et qui renferment des tableaux de distances itinéraires précieux pour la cartographie de ces régions si peu connues [2].

[1] Ces nouveaux territoires ont une étendue de 12 000 milles carrés.

[2] M. d'Escragnolle-Tannay, officier de l'armée brésilienne, a publié un document intéressant sur la partie du Matto-Grosso qui confine au Paraguay.

Gr. II.
—
Cl. 16.

Brésil. — La superficie du Brésil égale à peu de chose près celle de l'Europe tout entière; aussi cet empire, malgré les nombreux voyages que tant de savants illustres y ont accomplis, est-il loin d'être connu dans tous ses détails. A cause des intérêts économiques, la plupart des explorations récentes ont porté sur l'Amazone et ses affluents [1]; l'empereur, dans son zèle éclairé pour tout ce qui intéresse l'avenir du Brésil, a donné l'ordre, en 1870, d'explorer les fleuves de l'admirable réseau hydrologique encore si mal connu dont l'Amazone est le tronc principal et dont les innombrables rameaux couvrent une si vaste surface. En 1877, le colonel Church a donné une bonne notice sur le Purus, MM. Keller ont étudié le Rio Madeira, afin de tâcher de surmonter les obstacles, malheureusement considérables [2], qui s'opposent à sa navigation [3], et M. Herbert N. Smyth a dressé la carte de trois autres affluents de l'Amazone, particulièrement du Jaurucù qui se jette dans le delta du Xingù et qui était à peu près inconnu. M. Chandless a exploré le Juruá, le Maué-assú, l'Abacaxis, etc.

M. Liais a fait, en 1871, une nouvelle exploration du Rio-das-Velhas qu'il a pu descendre dans une embarcation à vapeur.

Les études faites pour le tracé des chemins de fer ont contribué à nous éclairer sur l'orographie du Brésil; celles entreprises pour la prolongation de la ligne de Don Pedro II ont montré que deux chaînes très distinctes, la Serra d'Ouro-Branco et la Serra da Chapada, et non une seule chaîne, comme il était indiqué sur les cartes, séparent les eaux du Paraopeba de celles du Rio-das-Velhas, les deux grands affluents du San-Francisco. Les déterminations relatives aux altitudes de quelques-uns des principaux pics du Brésil que M. Liais a faites en 1871, semblent prouver que les plus élevés sont placés dans la chaîne des Orgues auprès du Rio-de-Janeiro (2 015 mètres), dans la Serra Caraça (1 955 mètres) [4]

(1) Le cours de l'Amazone a été levé jusqu'à la frontière de l'Équateur et du Pérou, de 1862 à 1864.

(2) Il n'y a pas moins de 18 chutes ou rapides entre son confluent avec le Mamoré sur la frontière bolivienne et l'Amazone.

(3) Un navire de la marine des États-Unis en fait le levé en ce moment (1878).

(4) Le pic d'Itacolumi (1 756 mètres) avait été jusqu'alors considéré comme le plus élevé du Brésil.

et dans la Serra Mantiqueira dont un pic, l'Itatiaio, est, d'après M. Glagiou, haut de 2 713 mètres: ce dernier paraît être le point culminant du Brésil. Gr. II. — Cl. 16.

Tous ces travaux ont permis à l'empereur de faire entreprendre, sous la direction de M. Vallée, une carte de l'empire à grande échelle qui contiendra toutes les informations qu'on possède actuellement sur ce vaste territoire, en attendant que les travaux topographiques auxquels on se prépare lui donnent une base certaine.

Guyanes. — Les principaux fleuves de la Guyane française ont été explorés par le docteur Crevaux, qui a remonté jusqu'à sa source le Maroni et qui, franchissant les monts Tumuc-Humac au milieu des tribus hostiles des Indiens Roucouyennes, est arrivé à l'Amazone par le Rio Yari dont on ne connaissait encore que l'embouchure. Dans un second voyage tout récent (1878), il a suivi l'Oyapock jusqu'à ses sources. Ces deux itinéraires présentent un intérêt réel.

Dans la Guyane hollandaise, nous devons citer l'étude que M. Zimmermann a faite de la rivière Surinam pendant un séjour de sept ans dans cette colonie. Une carte résume ses recherches.

L'exploration de la Guyane anglaise a été continuée par M. C.-B. Brown, géologue anglais, qui a visité, en 1872, les hauts affluents du Corentyn et de l'Essequibo, à l'extrémité sud de la colonie, et qui a reconnu la ligne de partage entre les eaux se rendant à l'Amazone et celles arrosant la Guyane. Il a en outre remonté la rivière Berbice jusqu'à ses sources et est revenu par la vallée de Demerara. Il a rectifié les cartes antérieures qui indiquent des montagnes élevées (Serra Acarai) là où n'existent que de simples collines à peine hautes de 200 mètres.

Vénézuéla. — Pour la république de Vénézuéla, nous n'avons à citer que les voyages du docteur Sachs.

De l'exposé sommaire et forcément incomplet que nous venons de faire, il résulte que l'Amérique du Sud est encore bien peu connue; il reste à étudier une grande étendue dans la Patagonie,

Gr. II. — Cl. 16.

l'extrême sud du Chili, une région considérable du grand Chaco, les contrées voisines du lac Poopo, une partie du versant oriental des Andes et les massifs boliviens, une vaste portion de la Colombie et presque toutes les terres qui sont situées à l'ouest des Guyanes.

Afrique. — Le nord et le sud extrêmes de l'Afrique étaient, avec l'Abyssinie et la ligne des côtes, à peu près les seules parties de ce vaste continent qui fussent connues en 1867. Depuis cette époque, un grand mouvement s'est fait dans toute l'Europe en faveur de ce pays qui a déjà coûté tant de vies à la science, et le voile qui le recouvrait est aujourd'hui, sinon déchiré, au moins soulevé.

La dernière période décennale, féconde en hardis voyageurs, a vu en effet se réaliser de très importantes découvertes. Les grands problèmes qu'avaient préparés dans les années précédentes Livingstone, Burton, Speke, Grant, ont été résolus, et le système hydrographique du continent a été mis en lumière; en somme, l'on a aujourd'hui une connaissance assez exacte de la physionomie générale de l'Afrique.

Algérie. — Abordons ce continent par l'Algérie; nous trouverons que les reconnaissances faites depuis 1867 au sud de l'Algérie ont fourni des matériaux qui, joints à ceux déjà recueillis par les précédentes colonnes expéditionnaires, sont assez nombreux pour qu'on ait pu établir une carte relativement complète de la partie méridionale de notre colonie.

En 1869, le colonel Colonieu et, en 1870, le général de Wimpffen ont parcouru la région qui est située au sud et au sud-ouest de Géryville; ce dernier, qui, dans son expédition contre les Douï-Menia, a atteint l'Oued-Guir sur le territoire même du Maroc, a dépassé de plusieurs journées de marche vers l'ouest les itinéraires antérieurs du général de Colomb. Le général Lacroix a poussé, en 1872, une reconnaissance jusqu'à Aïn-Taïba, au sud et à 240 kilomètres de Wargla, et il a rapporté des documents nouveaux. En 1873, une poignée de soldats a pénétré sous les ordres du général de Gallifet dans le sud extrême de la province d'Alger, de

Wargla jusqu'à l'oasis d'El-Goléa qu'elle a gagnée par le plateau des Châanba et d'où elle est revenue par la route directe; cette expédition a étendu notre influence jusqu'à la moitié du chemin qui sépare la côte algérienne de Tombouctou. C'est au capitaine Parisot que l'on doit le levé de cet itinéraire qui ne comprend pas moins de 300 kilomètres en pays nouveau. Il n'est que juste de rappeler que c'est notre savant compatriote M. H. Duveyrier qui, en 1859, a le premier visité El-Goléa.

Un excellent ouvrage de M. Letourneur, qu'accompagne une carte du Jurjura par le capitaine Mas, a paru en 1873 et donne des notions sur le sol et les habitants de la Kabylie.

Tunisie. — M. Bonaparte Wyse, qui a été en 1874 de Tunis à la Medjerda, à Bizerte et à Matar, a ajouté quelques détails nouveaux à la carte du beylik de Tunis de MM. Falbe et Pricot de Sainte-Marie.

M. de Gubernatis, qui a parcouru les deux importants districts tunisiens de Soussa et de Monestîr, en a dressé la carte en 1868, et M. Chevarrier, qui a fait un voyage scientifique de Gabès au Zaghouan, nous a fourni des documents intéressants sur une partie de la Tunisie encore peu connue.

Sahara. — L'immense désert du nord de l'Afrique, qui s'appelle, à l'ouest et au centre, *Sahara* et, à l'est, *Désert lybique,* a donné lieu à plusieurs explorations intéressantes. M. Pomel, dans le travail qu'il a publié en 1872, le décrit comme un immense plateau de 400 à 600 mètres d'altitude qui s'abaisse insensiblement vers l'ouest et que borde vers l'est une zone plus déprimée et moins accidentée qui s'étend du fond de la grande Syrte jusqu'au Ouaday. Cette vaste étendue, encore si peu connue, a été explorée, mais sans grand succès, par plusieurs voyageurs, par Dournaux-Dupéré qui, après avoir atteint Rhadamès par une route inconnue jusqu'alors, a été assassiné en 1874 en se rendant à Rhât, par M. P. Soleillet qui, la même année, est parvenu jusqu'auprès d'Insalah [1] et par le docteur von Bary qui a visité en 1877 le Ahaggâr.

[1] C'est le premier Européen qui ait parcouru dans son entier la route d'Alger à

Gr. II. — Cl. 16.

La traversée qu'a faite M. Gerhard-Rohlfs entre Tripoli et Lagos, de la mer Méditerranée au golfe de Bénin dans la mer de Guinée, a doté la géographie de faits importants. Si en effet ce voyageur n'a pas suivi un itinéraire tout à fait nouveau, il s'est cependant écarté, dans la Tripolitaine et le Fezzan, entre Misda et Mourzouk, des routes tracées jadis par Barth et Vogel, qu'il a laissées l'une dans l'ouest et l'autre dans l'est, et, dans la Guinée, il a suivi entre Jakoba et le fleuve Binoué une direction intermédiaire à celles qu'avaient adoptées Vogel, Clapperton et Lander. Obligé, du reste, de séjourner longtemps dans les localités que les précédents voyageurs avaient seulement traversées, M. Rohlfs y a recueilli des données précieuses pour la géographie et pour l'ethnographie de ces contrées. Il divise le pays compris entre le centre du Sahara et le lac Tchad en trois zones : la région des dunes fossilifères, les steppes semées de plantes herbacées et les plaines que caractérise l'absence de pierres et qui, couvertes d'immenses forêts de mimosas empiétant peu à peu sur le Sahara, transforment silencieusement le sol du désert.

Dans un premier voyage, le docteur Nachtigal, parti comme son compatriote de Tripoli dans le but de se rendre au lac Tchad, dut abandonner son projet en présence de l'hostilité des Tibbous du Bardaï et se réfugier à Mourzouk. Reparti en 1870, il réussit à atteindre le Bornou par la voie de Bilma ; les résultats les plus intéressants de ce voyage se rapportent au Tibesti et au Tou-Touten où ce savant voyageur a pénétré le premier. Quittant, en 1871, la capitale du Bornou, Kouka, et contournant le nord du lac Tchad, il a visité le Fêdé, le Tangoûr, le Bateli et le Borgou, pays sahariens qui étaient encore inconnus. En 1872, il a fait une fructueuse exploration dans le Baguirmi, au sud-est du lac, remontant le cours du Chari et visitant les régions qu'arrose son affluent le Ba-baï. En 1873, il a pénétré dans le Ouadaï, où les voyageurs Ed. Vogel et M. de Beurmann ont jadis péri victimes du fanatisme musulman, et il est arrivé à la capitale, Abechr, d'où il a gagné Kartoum en 1875 après avoir traversé le Darfour

Insalah ; parti le 27 février 1874 d'El-Goléa, il arriva le 6 mai au plus septentrional des villages de cette oasis, mais il ne put y pénétrer.

et le Kordofan, ouvrant ainsi une route que nul Européen n'avait encore parcourue. Il a levé ce long itinéraire à la boussole. Ce voyage de plus de 1 800 lieues, à travers un pays dangereux et des populations très fanatiques, assure au docteur Nachtigal une place parmi les grands explorateurs de l'Afrique. La carte qu'il a dressée représente sous un jour nouveau l'orographie et l'hydrographie du Ouadaï et du Fôr, que sépare un système de collines formant la ligne de partage des eaux entre le bassin du lac Tchad, auquel appartient le Ouadaï, et celui du Nil. Le Fôr serait le pays le plus élevé de ceux qui séparent le Nil du lac Tchad.

Revenant vers le nord-est, d'où nous ont écarté les beaux voyages de MM. Rohlfs et Nachtigal, nous y retrouverons tout d'abord le premier de ces vaillants explorateurs qui y a visité les oasis de Jupiter-Ammon, d'Audjila et de Djalo; comme Cailliaud, il a constaté que toute la contrée comprise entre Ben-Ressam et Siouah est au-dessous de la mer, et que par conséquent on pourrait transformer la Cyrénaïque en une presqu'île.

Un naturaliste français, M. Daveau, en se rendant de Benghazi à Derna, a suivi depuis Marawa un itinéraire nouveau dont il a dressé une carte intéressante à $\frac{1}{805\,000}$; il est revenu à l'ouest par Grenna et Marsa-Souzâ.

On doit encore à M. Rohlfs quelques itinéraires nouveaux dans le désert de Libye[(1)]; il n'est cependant parvenu qu'à des oasis déjà connues. Le professeur Jordan, qui l'accompagnait, a déterminé environ 60 points en latitude et 12 points en longitude par le transport du temps; il n'a trouvé au-dessous du niveau de la mer que la seule oasis de Siouah.

Égypte, Soudan, etc. — A la même époque, M. Schweinfurth a visité l'oasis de Thèbes (Khardjé), où florissait jadis une brillante civilisation. De 1876 à 1878, le même voyageur a exploré, au plus grand bénéfice de nos connaissances géographiques, la région accidentée qui s'étend entre le Nil et le golfe de Suez et à laquelle on donne le nom de *Désert arabique*. M. Güssfeldt, qui l'a accom-

(1) M. Rohlfs a exploré, en 1874, le quadrilatère que limitent le 25e et le 30e parallèle et le 23e et le 30e méridien.

Gr. II.
—
Cl. 16.

pagné pendant la première année, a commencé le levé de cette contrée peu connue, où il a déterminé astronomiquement la position de 17 points. Un de ses autres compagnons, M. Spitta, l'a aidé, cette année (1878), à faire entre Kouddayé et Siout, villes situées sur le Nil, et le cap Gharib une triangulation qui aidera à compléter la carte de la province de Wastani, c'est-à-dire de la moyenne Égypte. Ces études préliminaires ont fourni des données intéressantes sur l'orographie de cette région.

Si l'on a des données générales sur la vallée du Nil égyptien, dès qu'on a dépassé Assouan, on entre, sinon dans l'inconnu, au moins dans une contrée dont la carte contient de nombreuses inexactitudes et beaucoup de lacunes. Les diverses expéditions envoyées récemment dans l'Afrique équatoriale par le gouvernement égyptien ont dissipé en partie les ténèbres qui, malgré les explorations des anciens voyageurs, couvraient encore les immenses régions situées à droite et à gauche du Nil entre Kartoum et les grands lacs, et elles ont étudié les ressources du Fôr et du Soudan. M. le vicomte de Bizemont, qui accompagnait Sir Samuel Baker et que les tristes événements de 1870 ont rappelé inopinément en France, a déterminé à nouveau les positions de Kalabschek, de Koroska et de Kartoum, et il a recueilli des données intéressantes sur le désert de Koroska.

Lorsque, en 1874, Ismaïl-pacha se rendit avec des troupes dans le Fôr afin de l'annexer à l'Égypte, Purdy-bey et Mason-bey qui l'accompagnaient ont relevé l'itinéraire entre la ville de Dongola-Agouz, qui est située sur le Nil, et sa capitale Facher; le tracé du cours de l'Ouadi-Melek qu'on leur doit nous a éclairés sur l'inclinaison du sol dans la partie méridionale du *Désert lybique*. Pendant le séjour de deux ans et demi qu'il a fait ensuite dans ce pays, Purdy-bey en a dressé la carte (1877).

Le voyage au Kordofan du colonel Colston et du major Prout n'a pas non plus été sans résultats pour la géographie; ce dernier a parcouru entre Obeiyd et le Nil une région peu connue. M. le docteur Junker a exploré le pays montagneux du Nouba, qui est plus au sud.

En 1868, le marquis Antinori et M. Piaggia ont fait paraître la relation de leur voyage à l'ouest du fleuve Blanc, qu'accompagne une carte intéressante malgré quelques inexactitudes [1].

L'une des plus importantes explorations dans le nord-est de l'Afrique est celle de M. Schweinfurth dans les régions du haut Nil, en 1869-1870. Parti de Meschra-er-Rek sur le Bahr el Ghazal, il a suivi jusqu'au Mbanga-Sourrour, au nord du pays des Niams-Niams, une route intermédiaire entre celles de Petherik, des frères Poncet, de Heuglin et de Piaggia. De Gattas, il a été dans l'ouest jusqu'au Fertit, a traversé le pays des Bongos et est revenu dans l'est à Mvolo; puis, s'avançant vers le sud, il a passé par 4° 26′ de latitude la ligne de faîte qui partage les eaux du bassin du Nil de celles qui courent vers l'ouest, fait important pour la géographie intérieure de l'Afrique [2], et il a poussé au sud du pays des Niams-Niams jusqu'à la résidence de Mounsa, chef d'un peuple qui était complètement ignoré jusque-là, les Monbouttous. C'est là qu'il vit un Akka venant d'un pays situé à deux journées de marche plus au sud et dont la taille ne dépassait pas 1ᵐ 50.

Miani, l'intrépide voyageur italien qui, en 1860, quatre ans avant la découverte du Mwoutan-Nzighé par Sir S. Baker, était parvenu à 60 milles de ce lac, a aussi visité le pays des Monbouttous (1871); il a été jusqu'à Bakangoï, sur le Ouellé, dans le pays des Amabra-Amakaras, dépassant notablement dans l'ouest le point extrême qu'avait atteint M. Schweinfurth. La maladie le força à revenir sur ses pas, et il mourut en mai 1872, martyr de la science, à N'doruma, dans le pays des N'gettos. Il ramenait avec lui deux Akkas qui sont arrivés jusqu'en Italie et dont le comte Minescalchi a pris soin.

Long-bey, partant de Lado sur le Nil, a parcouru le Makaraka, au sud-ouest des Monbouttous et au nord-ouest du lac Mwoutan.

Un voyageur autrichien, M. Marno, a remonté en 1870 le

(1) Cette carte indique en effet un quatrième lac au sud-ouest du lac Mwoutan par 0° de latitude et 22° ½ de longitude.

(2) Arrivé à Ouando, en plein territoire niam-niam, M. Schweinfurth a constaté un changement complet dans la direction des cours d'eau, qui se dirigent, non plus comme les précédents vers le nord, mais vers l'ouest; la principale rivière qu'il ait découverte est le Ouellé, qui semble sortir du revers occidental des montagnes situées à l'ouest du lac Mwoutan et que l'on croit être un affluent du Chàri.

fleuve Bleu, ou Bahr-el-Azrek, jusqu'à Fadasi, non loin de son confluent avec l'Yabous et sur les confins du pays de Kaffa. Il a traversé un pays montagneux qu'arrosent de nombreux cours d'eau et qui était encore fort mal connu [1]; son itinéraire d'Hellet-Edris à Abou-Rammla est nouveau pour la géographie. En 1872, il a exploré le Bahr-Zaraf dans presque toute sa longueur, pendant environ 200 kilomètres.

L'itinéraire de M. le baron Heuglin dans le pays des Beni-Amer et des Habâb, sur les bords de la mer Rouge, qui est publié dans le *Bulletin de la Société de géographie du Caire*, est intéressant à plusieurs points de vue.

Éthiopie. — M. Antoine d'Abbadie, dont le voyage en Éthiopie est un modèle à proposer aux explorateurs, a fait à lui seul la carte d'un pays presque aussi grand que la France [2], et cette carte, dont on avait déjà les premières feuilles en 1867, mais qui n'a été terminée que plus récemment [3], ne ressemble en rien aux esquisses qui accompagnent ordinairement les relations de voyage en pays sauvages; c'est une véritable description topographique de l'Abyssinie dont les bases valent, a dit M. Faye, celles des cartes d'une partie de la France elle-même à la fin du siècle dernier, c'est un travail sans précédent jusqu'alors dans les annales des voyages et qui n'a eu jusqu'à ce jour que trop peu d'imitateurs. En effet, pour les itinéraires dont nous venons d'examiner les tracés, les distances ont été approximativement évaluées par le temps du parcours, et la direction du chemin suivi n'a été aussi relevée qu'approximativement à l'aide d'une boussole, instrument très capricieux qui est soumis à des perturbations locales impossibles à apprécier; il n'y a donc là que des données incertaines, auxquelles certains voyageurs ont ajouté de loin en loin une latitude observée au sextant ou une longitude obtenue par une observation lunaire. M. d'Abbadie, au contraire, a exécuté avec un petit théodolite portatif une vraie triangulation appuyée

(1) Notre compatriote M. d'Arnaud-bey avait déjà visité cette région en 1840.

(2) Du 7e au 16e parallèle et entre le 34e et le 37e méridien.

(3) Nous en avons déjà parlé dans un des paragraphes précédents.

sur des observations astronomiques faites avec le plus grand soin et sur plusieurs bases mesurées, soit par la vitesse du son, soit par les latitudes de deux points situés à peu près sur un même méridien et reliés par des azimuts réciproques; les latitudes ont été fixées par des séries de hauteurs circumméridiennes du soleil, et les longitudes par des occultations d'étoiles par la lune. Cette méthode deviendra certainement féconde entre les mains des voyageurs, dont plusieurs commencent à en reconnaître toute la valeur.

Les événements politiques qui ont conduit une armée anglaise jusqu'à la capitale de Théodoros ont été l'origine d'un certain nombre de travaux intéressants pour la géographie de l'Abyssinie. M. Rohlfs a parcouru l'itinéraire que M. d'Abbadie seul avait suivi jusque-là; après la prise de Magdala, il a regagné Antalo en passant par Lalibala et Sokota. Nous avons déjà parlé dans un autre chapitre des reconnaissances à grande échelle qui ont été faites par le colonel Phayre à la suite du corps expéditionnaire et qui ont servi de base à la carte publiée par le gouvernement anglais; nous n'avons donc pas à y revenir ici.

M. Raffray, qui s'est rendu dans la province de Béghamider, en traversant le pays montagneux des Agaous du Takkazé, a recueilli dans ce pays une intéressante collection entomologique, mais il n'a rapporté aucun renseignement géographique nouveau. Un ingénieur, M. Waldemar Reugé, a passé deux ans et demi en Éthiopie, où il a l'intention de fonder une colonie allemande.

Munzinger-pacha a publié dans les *Mittheilungen* plusieurs notices intéressantes au point de vue de la géographie des pays qui confinent au nord-est de l'Abyssinie, et MM. Th. von Henglin et Fr. Vieweg ont complété, en 1875, ses études sur le pays des Habâb et des Beni-Amer.

Afar, pays des Gallas et des Somalis, etc. — M. Hildebrandt a été de Massoua au pays des Danakils, où il a découvert un volcan.

Les travaux de l'expédition italienne que dirige le marquis Antinori ont accru aussi nos connaissances sur les pays gallas et somalis qui sont situés entre le Choa et le golfe d'Aden et dont M. Guido Cora a donné une carte à $\frac{1}{1\,200\,000}$. M. Cecchi a levé l'itiné-

Gr. II. — Cl. 16.

raire entre Zeila et Lichtché, et l'on a récemment publié une monographie sur la baie d'Assab qui est située auprès du détroit de Bal-el-Mandeb.

L'expédition que le khédive a envoyée dans le sud de l'ancienne Éthiopie sous les ordres de Raouf-pacha a valu à la science géographique deux documents précieux: la carte de la partie du royaume des Adels qui est située entre Zeila et Harar et le plan de cette dernière ville.

M. Hildebrandt, en 1873, et M. Hagenmacher, en 1874, ont visité le pays dangereux des Somalis, sur lequel ils ont donné des renseignements intéressants; ce dernier a été du port de Berbera jusqu'à Libaheli chez les Habar-Gerhadjis.

Le docteur Fischer, qui a parcouru le pays galla de Vitou, nous a fait connaître le cours de la rivière Dana. M. R. Brenner, l'un des compagnons du baron Decken, a visité en 1868 le littoral et une petite partie de l'intérieur du pays des Gallas qui est situé au sud de l'équateur, et le colonel Chaillé-Long a remonté, en 1874-1875, avec Mc Killop-pacha, le fleuve Djouba jusqu'à 278 kilomètres de son embouchure.

Afrique équatoriale : Région des grands lacs, bassin du Congo, etc. — Nous n'aurions sur la géographie de l'Afrique équatoriale que les données vagues, et sans liens entre elles, de quelques voyageurs [1], chasseurs ou missionnaires [2], si Barth, Vogel, Nachtigal et Rohlfs n'avaient parcouru la région saharienne, si Livingstone n'avait sillonné la région australe de ses innombrables itinéraires pendant trente-quatre ans, si Burton, Speke, Grant, Baker, Gessi n'avaient exploré la région des lacs, si enfin Cameron et Stanley n'avaient réussi à traverser ce vaste continent de l'est à l'ouest. En nous reportant à 1867, nous verrons que les données sur la région des lacs se réduisaient alors à peu de chose; de l'Oukéréwé, ou Victoria-Nyanza, on ne connaissait que les extrémités septentrionale et méridionale; on n'avait vu qu'une faible partie du

[1] Ladislas Magyar (1850-1851) dans l'ouest, et Monteiro (1831-1832) dans l'est; B. et J. Pombeiro (1808); Silva Porto (1853-1854); Baines (1861-1863).

[2] Hahn et Rath (1857); Anderson (1858); Smuts (1860-1864); Green (1866).

Mwoutan-Nzigué, ou Albert-Nyanza, et l'on ignorait quelles étaient ses limites au nord et au sud; quant au Tanganika, on se demandait de quel côté il déversait ses eaux. Nos connaissances se sont beaucoup accrues depuis dix ans.

Le colonel Gordon a fait relever le cours du Nil blanc depuis les cataractes de Kartoum jusqu'au lac Mwoutan, et M. Gessi, qui a dressé la carte de la partie du fleuve comprise entre Dufli et le lac, sur une longueur de 164 milles, a montré qu'au sortir de ce grand réservoir il se divisait en deux bras.

On sait que ce lac Mwoutan a été découvert par Sir Samuel Baker le 14 mars 1864, et que ce voyageur avait pensé qu'il n'appartenait pas au même régime hydrographique que le Tanganika; mais en 1867 on n'avait encore que des données indécises sur son étendue et sur sa direction. Depuis, dans sa campagne de 1871 à 1873 qui a été plutôt politique que scientifique, il n'a parcouru en pays nouveau que les 130 kilomètres qui séparent Rionga de Masindi à l'est de ce lac et il n'a pas fait faire de progrès à cette importante question.

Le colonel Chaillé-Long a exploré en 1874 la région comprise entre les lacs Mwoutan et Oukéréwé, et il a étudié le cours du Bahr-el-Abiad depuis Ourondogani jusqu'à Fooueira; c'est lui qui le premier a reconnu le lac Ibrahim. M. Piaggia[1], qui a aussi visité ce dernier lac, a constaté qu'il est traversé par le Nil, qui, comme Speke l'avait annoncé, vient du lac Oukéréwé et se jette ensuite dans le Mwoutan-Nzigué.

Le colonel Mason, continuant les levés de M. Gessi sur le Mwoutan, en a contourné la côte méridionale, et il a reconnu que le golfe de Béatrice découvert par M. Stanley appartient à ce lac qui se prolonge au delà de l'équateur jusqu'à 1 degré de latitude sud.

Émin-Effendi (docteur Schnitzler) a aussi exploré quelques-unes des contrées de l'Afrique qui sont situées entre les grands lacs, tels que les pays d'Ouganda, d'Ousaga et d'Ounyoro.

[1] Déjà connu par son exploration dans le bassin hydrographique du Bahr-el-Ghazal et dans la zone comprise entre le 7e et le 4e parallèle nord (1863-1865), M. Piaggia a aussi exploré le pays des Bogos et l'Abyssinie (1871-1875).

Gr. II. — Cl. 16.

Toutes ces reconnaissances ont servi de base aux cartes que l'État-major égyptien a publiées sur le bassin du Nil.

M. Stanley a accompli, en 1875, le périple complet du lac Oukéréwé, dont il a prouvé l'unité, et il a fait le tracé des 1 855 kilomètres de côtes; il a reconnu les monts Gambaragara, hauts de 4500 mètres, qui séparent les bassins des lacs Victoria et Albert, et sur la côte ouest il a trouvé le Kadjera (Nil Alexandra), qui lui-même sort d'un lac, l'Akanyarou (lac Alexandra), et qui est l'une des sources du Nil. Dans le même voyage, il a déterminé la ligne de partage des affluents du sud-est du lac, qui sont les origines du grand fleuve, et des cours d'eau qui se déversent dans l'océan Indien, et il a découvert les sources extrêmes du Nil[1]; c'est dans le pays Ourimi que ce fleuve, long de 6 750 kilomètres, prélève son premier tribut; c'est là que prend en effet naissance le Chimiyou, l'affluent le plus méridional du Miouarou. En somme, les observations de M. Stanley, ajoutées à celles de Speke et complétées par les levés des colonels Long et de Linant, nous assurent un tracé général assez exact de l'Oukéréwé et des régions voisines, et elles montrent que les critiques hostiles adressées au capitaine Speke au sujet de l'étendue et de la forme de ce lac n'étaient pas justifiées.

Descendons maintenant au sud dans la région du Tanganika et du Nyassa; nous y trouverons d'abord Livingstone de nouveau engagé dans la lutte qu'il n'a cessé de soutenir avec tant de succès pendant toute sa vie contre le continent africain. Le Tanganika appartient-il au bassin du Zambèse, ou est-il l'un des réservoirs du Nil? tel est le problème que se proposait de résoudre le grand voyageur, il y a dix ans. Parti en 1866 de l'embouchure du Rovouma, il se dirigea d'abord vers l'extrémité méridionale du Nyassa, puis, marchant vers le nord à l'ouest de ce lac, il atteignit une chaîne de montagnes dont le versant méridional donne naissance au Loangoué, l'un des affluents du Zambèse, tandis que du versant septentrional sortent les sources du Tchambezi qui traverse les lacs Bangouéolo[2] et Moéro et passe à l'ouest du Tanganika sous le

(1) M. Stanley a en effet prouvé que la rivière Miouarou, qui se jette à la pointe sud du lac Oukéréwé, est en réalité la source la plus méridionale du Nil.

(2) A sa sortie du lac Bangouéolo, le Tchambezi prend le nom de Louapoula.

nom de Loualaba. Livingstone suivit ce fleuve jusqu'à Nyangoué. C'est à la suite de ce voyage, dont la durée fut de trois années, qu'il nous révéla l'existence de trois autres lacs dont il avait eu connaissance par les indigènes, le Lendjé dont il s'est approché à une petite distance, le lac Lincoln plus à l'ouest et le lac sans nom plus au nord. En 1871, Livingstone constata avec Stanley que le Tanganika n'a pas d'écoulement vers le Mwoutan. Ce fut une de ses dernières découvertes; la mort l'a arrêté, en 1873, au milieu de ses recherches. On n'oubliera jamais que c'est ce grand explorateur qui, le premier, a fixé nos idées sur la configuration et sur l'hydrographie générales de l'Afrique, que c'est cet homme de bien qui a appelé l'attention du monde civilisé sur un continent perdu jusqu'alors.

Le commandant Cameron a traversé l'Afrique dans toute sa largeur de l'est à l'ouest. Parti de Zanzibar en 1873, il est arrivé à Bengouêla à la fin de 1875, après un parcours de 5 500 kilomètres accompli en 32 mois; son itinéraire, qui s'appuie sur un grand nombre d'observations astronomiques et hypsométriques, a fourni de très importants renseignements sur l'orographie et sur l'hydrographie de l'Afrique centrale. Chemin faisant, il a levé une partie des rives du Tanganika, et il a montré que ce lac, au lieu de s'allonger parallèlement au méridien, est orienté du nord-ouest au sud-est. Livingstone avait émis l'opinion que ses eaux se déversaient probablement dans le Loualaba ; la découverte faite par le commandant Cameron de la rivière Loukouga qui sort de sa rive occidentale, et qui, si elle n'en est pas en ce moment le déversoir, est appelée à le devenir dans un temps peu éloigné, a confirmé la justesse de cette prévision. Le Tanganika appartient donc non pas au bassin du Nil, mais à celui du Zaïre.

M. Stanley, qui a fait, en 1876, la circumnavigation de ce lac, a complété le relèvement de ses rives. Puis, partant de Nyangoué, grand marché situé à l'ouest du Tanganika qu'avait précédemment visité Livingstone, il s'est enfoncé dans une région absolument inconnue, où il a eu à lutter contre des peuplades cruelles et anthropophages. Comme le commandant Cameron, il avait l'intention de traverser l'Afrique équatoriale de part en part.

Gr. II.
Cl. 16.

Après avoir suivi le Loualaba jusqu'au 2e degré de latitude nord, ce qui constitue un fait géographique tout à fait inattendu, il l'a descendu jusqu'à son embouchure dans l'océan Atlantique. Il a rencontré sur ce fleuve, qui n'est autre que le Congo ou le Zaïre des cartes européennes, soixante-deux rapides, où il a perdu plusieurs de ses compagnons et où il a failli périr lui-même. C'est le 13 août 1877 qu'il est arrivé à Kabinda, après avoir livré quarante-cinq combats; son voyage, commencé à Bagamoyo en novembre 1874, a par conséquent duré deux ans et neuf mois.

Il reste donc acquis par les récentes explorations de Livingstone, de Cameron et de Stanley : d'une part, que les lacs Oukéréwé et Mwoutan sont les réservoirs d'où sort le Nil, comme l'avaient indiqué Speke et Grant, et, d'autre part, que le Loualaba-Congo, dont la longueur est de 4 250 kilomètres environ, sort des lacs Moéro et Bangouéolo, qu'il est ou sera ultérieurement joint au Tanganika par un canal naturel, le Loukouga, que se portant vers le nord il dépasse de 2 degrés l'équateur et qu'après avoir décrit une vaste courbe, il se jette dans l'Atlantique par 6 degrés de latitude sud.

En ce moment, deux autres explorateurs tentent de traverser l'Afrique de part en part: l'un, le major Serpa Pinto, parti de l'ouest, est déjà heureusement arrivé sur la côte orientale et nous rapporte de nombreuses et précieuses données sur le système hydrographique de l'Afrique australe: l'autre, M. l'abbé Debaize, en est à ses débuts; nous lui souhaitons le même succès qu'à ses illustres devanciers[1].

Comme les autres grands lacs de l'Afrique équatoriale, le Nyassa a été, dans ces dernières années, le but d'explorations importantes: M. Young, missionnaire presbytérien, qui, en 1867, s'y était rendu à la recherche de Livingstone par le Zambèse et le Chiré, et qui en avait rapporté non seulement l'assurance que le grand voyageur n'était point mort, mais quelques données nouvelles sur ces régions[2], en a fait, en 1875, la circumnavigation complète en com-

[1] La nouvelle de la mort de notre compatriote est venue nous surprendre tristement pendant qu'on imprimait ces pages déjà anciennes.

[2] Voyez le livre intitulé : *Search after Livingstone.*

pagnie de M. Waller; les rives septentrionales, qui n'avaient encore jusque-là été explorées par aucun Européen, durent être reportées sur les cartes de 185 kilomètres, ce qui donne à ce lac une longueur totale de 560 kilomètres. Traversant ensuite les pays qui séparent le Nyassa de l'Ougogo, ce même missionnaire a découvert au nord-est de cette grande nappe d'eau une chaîne de montagnes hautes de 3 000 à 4 000 mètres, qu'il a nommée monts Livingstone, et il a recueilli des renseignements précieux sur le pays inconnu d'Oubéna et sur les rivières qui forment le Roufidji[1]. M. Cotteril a aussi visité, en 1876, les contrées qui sont situées au nord-ouest du Nyassa, et, en 1878, en compagnie de M. Elton qui a trouvé la mort dans cette expédition, il s'est rendu de la pointe nord de ce lac à Zanzibar, traversant les pays inconnus d'Ousafa, d'Ougounda et d'Ouwambara.

On voit, d'après ce que nous venons de dire, qu'on attaque sérieusement, de tous côtés, ce vaste et redoutable territoire. La région, toute nouvelle encore pour la géographie, où se trouvent les grands lacs est entrée d'emblée en relations avec les pays civilisés; d'une part, l'Association internationale africaine, qui est due à la noble et généreuse initiative du roi des Belges et qui a pour but d'explorer et de civiliser ce continent mystérieux, et d'autre part, les missions protestantes et les missions catholiques ont en effet déjà fondé des stations permanentes en plusieurs points. Les Anglais sont établis à Livingstonia (sur le Nyassa), à Mpouapoua, à Oudjidji (sur le Tanganika), à Kadjeï (au sud de l'Oukéréwé) et dans l'Ouganda[2]; il y a des Pères français à Oudjidji et à Oulagalla, et les Belges sont dans l'Ounyanyembé à la recherche de sites favorables à la fondation de stations scientifiques, hospitalières et civilisatrices. On peut donc espérer que l'Afrique centrale va enfin nous livrer ses derniers secrets et ses trésors.

Afrique australe. — En traversant le Zambèse, nous trouverons

[1] Voir le *Journal des voyages ayant trait à l'exploration du lac Nyassa et à l'établissement de la colonie Livingstonia.*

[2] Quelques-uns de ces missionnaires ont été tués par les indigènes.

Gr. II — Cl. 16.

d'abord MM. Carl Mauch, Holub, Wood, Mohr, Baines, Erskine et Botha, qui ont parcouru la région comprise entre ce fleuve et le Limpopo. M. Mauch, qui a levé son itinéraire à la boussole, a déterminé la ligne de partage des eaux de ces deux grands tributaires de l'océan Indien, et il a constaté que la végétation de leurs bassins est tout à fait différente, ce qui constitue un fait botanique important; tandis que les rives du Limpopo et de ses affluents sont garnies de beaux arbres, on ne rencontre au nord qu'une végétation pauvre, rabougrie et épineuse. Ce voyageur a en outre sensiblement modifié la carte du Transvaal par ses observations astronomiques. M. Rutenberg, qui a étudié la flore de ces contrées, nous a aussi rapporté des renseignements géographiques intéressants.

Le docteur E. Holub a suivi un itinéraire intéressant entre le Transvaal et le Zambèse, dont il a exploré le haut cours entre Secheké et les cataractes de Namboué (1876)[1]; il a rattaché le lac Ngamy au bassin du Limpopo.

MM. Mohr et Hübner, après avoir fixé astronomiquement plusieurs points entre Natal et Potchefstroom, la capitale du Transvaal, ont réussi à gagner les chutes Victoria sur le Zambèse.

M. Erskine a parcouru le pays jusque-là inexploré d'Oumzilla, qui est situé à l'ouest de la côte comprise entre Sofala et la baie de Delagoa (1871-1872). Il avait auparavant, en 1868, étudié le cours inférieur du Limpopo, depuis son confluent avec le Lipapoulé jusqu'à l'océan Indien: on lui doit la détermination d'un certain nombre de positions géographiques. Ces voyages ont beaucoup ajouté à nos connaissances sur cette partie du Transvaal.

M. le capitaine Elton[2], qui a étudié le Limpopo au point de vue de sa navigabilité (1870), n'a pas obtenu un résultat conforme à ses espérances. Ayant construit sur le Tati, l'un de ses affluents de gauche, une embarcation qu'il transporta sur des chariots et à dos d'hommes à travers le pays de Makalaka jusqu'au confluent

(1) M. Holub a publié la carte de ce long itinéraire et du haut Zambèse à l'échelle de $\frac{1}{172\,000}$.

(2) Le capitaine Elton a aussi visité la partie de la côte d'Afrique qui est comprise entre Dar-es-Salam et Quiloa, et il a fait le tracé du cours du bas Pangani.

du Limpopo et de la rivière Chacha, il dut l'abandonner aux cataractes de Tolo-Azime, par lesquelles le fleuve descend des plateaux supérieurs dans la zone littorale, et ce fut par terre qu'il gagna la baie de Delagoa à travers le pays des Amatongas.

Madagascar. — Si, quittant la côte sud-est de l'Afrique, nous poussons une pointe vers Madagascar, nous trouverons qu'il a été fait de grands progrès dans la géographie de cette île. L'auteur de ce rapport, qui y a passé plus de cinq années, a recueilli un grand nombre de renseignements topographiques nouveaux, auxquels se joignent ceux de M. Rooke sur le chapelet de petits lacs qui s'étendent pendant près de 400 milles le long de la côte orientale, du Rév. Mullens sur l'Ikiopă, de MM. Shaw et Riordan sur Ikongo et l'Ibară, de M. Sibree sur les Antanalăs du sud-est, de MM. Sewell et Pickersgill sur l'Ankavandră, de MM. Moss et Lord dans le Sihanakă, du R. P. Roblet et de M. G. Johnson sur la province d'Imerină, de MM. Kestell-Cornish et Houlder dans le nord de l'île, etc. Tous ces documents qui s'accumulent depuis dix ans rectifient peu à peu les idées fausses que l'on se faisait de cette île, tant au point de vue orographique et hydrographique qu'au point de vue de sa fertilité qui a été exagérée pour beaucoup de parties.

Afrique occidentale. — Retournant au continent africain, sans nous arrêter au Cap de Bonne-Espérance qui commence à être bien connu, et remontant la côte occidentale, nous arriverons au pays inconnu jusqu'à ces derniers temps de Kaoko qui s'étend au sud du Counène et qu'ont parcouru, en 1877, MM. Bœhm et Bernsmann. C'est à peu près dans la même région qu'a voyagé un missionnaire prussien, M. Hahn, qui a donné des renseignements intéressants sur les populations qui habitent la région comprise entre Swakop au sud et le Counène au nord [1].

Sur le Counène lui-même, nous avons le travail de M. Nogueira, et MM. Serpa Pinto, Brito Capello et Ivens nous apporte-

[1] Ce sont les Ovahereros, les Ovambos, les Ovakoumganas, les Ovamguambis et les Ogandjeras.

ront certainement bientôt des données nouvelles sur ce fleuve, ainsi que sur le Kubango et sur le Koanza[1].

Le docteur allemand Pogge a été d'Angola à Mossoumbou, capitale des Ouatajombas dont l'existence était considérée comme douteuse; il a visité les pays situés entre le Cassaï et le Congo, sans pouvoir dépasser le royaume du Muata-Yanvo.

Une mission anglaise, composée du lieutenant Grandy et de son frère, est partie de Saint-Paul de Loanda en 1873; elle n'a pu aborder l'inconnu. La même année, MM. Bastian et von Gœschen ont exploré le littoral du Loango et du Congo, et ils ont rassemblé des documents intéressants sur les petits royaumes de cette côte.

Une autre expédition allemande, composée de MM. Güssfeldt et von Hattorf, est venue dans la même région avec l'intention de pénétrer dans l'intérieur de l'Afrique; mais ces savants, ayant perdu leurs instruments dans un naufrage en se rendant à Cabinda, qui est situé à 33 milles au nord de l'embouchure du Congo, ne purent mettre leur projet à exécution. M. Güssfeldt a reconnu le fleuve Killou jusqu'à 90 kilomètres de la côte, et il a visité le royaume de Yanquela dont il a donné la première description.

Dans *A Journey to Ashango land* (1867), Duchaillu raconte son voyage à travers un pays entièrement inconnu, de l'embouchure du Rio Fernando-Vaz, qui est située au sud du delta de l'Ogôoué, jusqu'au delà du Niembouaï-Olomba à 300 milles de la côte; il a jalonné sa route d'observations astronomiques, et il a atteint la ligne de faîte qui sépare les eaux à l'est et à l'ouest.

Le fleuve Ogôoué, qui a ses bouches au sud de l'estuaire du Gabon, et qui dépend de notre colonie[2], était encore inconnu en 1867 lorsque M. Serval le remonta jusqu'à Dambo et pénétra ensuite dans le lac Onangoué par le N'Comi. M. Aymes, qui, l'année suivante, a poussé 40 milles plus loin, a constaté l'existence de deux canaux, l'Akambé et le Bando, qui alimentent le lac Onangoué, et il a reconnu le confluent du N'Gounié et de l'Okan-

(1) Depuis que ces lignes sont écrites, ces vaillants voyageurs portugais sont revenus en Europe avec une riche moisson de faits intéressants et de renseignements précieux.

(2) La France a planté son drapeau au Gabon en 1841.

da; de plus, il a fait le tour complet du delta du fleuve et exploré pour la première fois d'une manière complète la vaste lagune N'Comi dans laquelle se déverse le Rio Fernando-Vaz : les levés de M. Aymes, qui s'appuient sur six observations astronomiques, ont ajouté d'une manière notable aux connaissances que nous avions jusque-là sur ce pays[1]. Un peu plus tard, des négociants allemands sont arrivés jusqu'à Lopé, dans le pays des Okandas, et, en 1872, le marquis de Compiègne et M. Marche ont réussi à atteindre le confluent de la rivière Ivinde; mais, abandonnés par leurs porteurs, ils furent obligés de revenir sur leurs pas: ils avaient conquis environ 200 kilomètres sur l'inconnu. En 1876, le docteur Lenz, après trois ans d'efforts, est parvenu un peu plus loin, jusqu'au confluent du Sibé. En 1877, M. Marche est arrivé à Byanga, soit à 46 kilomètres plus à l'est, et MM. Savorgnan de Brazza et le docteur Ballay, qui sont en ce moment même sur le terrain, auront certainement le succès que méritent leur énergie et leur persévérance [2].

Gr. II. — Cl. 16.

Le Manéah-Baradeh, qui se jette dans l'Atlantique non loin de l'estuaire du Gabon, et le nouveau Calebar, qui a son embouchure dans le golfe de Guinée, ont été remontés jusqu'à une assez grande distance de la côte, l'un par M. Jules Braouézec, et l'autre par M. Ch. Girard; ces officiers ont fait avec soin le levé du cours de ces deux rivières.

Nous n'avons rien de nouveau à enregistrer pour le Niger, dont la partie inférieure est assez bien connue jusqu'au confluent du Binoué où les Anglais sont établis depuis 1865.

L'abbé Bouche a fait plusieurs voyages sur la côte des Esclaves entre Leké et Quitta, et il nous a donné des renseignements intéressants sur des pays encore peu connus.

M. Bonnat, qui s'étant aventuré en 1868 au milieu des peuplades de la côte d'Or a été fait prisonnier par les Achantis et a

[1] Nous devons encore citer les noms de MM. Albigot, Genoyer, Braouézec, Walker, Gouin, Hedde, qui, avec MM. Serval et Haymes, ont concouru aux reconnaissances au moyen desquelles on a pu tracer la première carte exacte du bassin du Gabon et du bas Ogôoué.

[2] Le succès de nos courageux compatriotes a été en effet tel que nous pouvions le souhaiter.

Gr. II. — Cl. 16.

dû sa délivrance à l'armée envoyée par les Anglais en 1874 contre le chef de Coumassie, est retourné presque aussitôt dans ce même pays; il a remonté le Volta jusqu'à 450 kilomètres de son embouchure, c'est-à-dire 365 kilomètres plus loin qu'on ne l'avait encore fait, et il s'est rendu à Salaga, capitale de la province de Serim, qu'aucun Européen n'avait encore visitée. Grâce à lui, à l'abbé Bouche et à l'expédition anglaise, nous avons aujourd'hui des données plus complètes sur le pays des Achantis et le Dahomey.

Nous devons encore citer les voyages de M. Anderson, citoyen nègre de la république de Liberia, qui, en 1868 et 1869, a pénétré jusqu'à Musardu, capitale des Mandingues occidentaux, et de M. Winwood Read qui a visité le pays de Bouré.

Maroc. — Il n'est pas besoin de remonter loin dans l'histoire de la géographie pour trouver l'époque à laquelle le Maroc tout entier, malgré sa longue ligne de côtes que baignent l'océan Atlantique et la Méditerranée, était pour ainsi dire une terre inconnue. M. Balansa qui s'est rendu de Mogador à Maroc, M. Beaumier [1] qui ayant fait le même voyage a précisé quelques-unes des notions topographiques fournies par son prédécesseur et qui est revenu au port de Saffy par une autre route, le rabbin Mardochée qui a suivi plusieurs itinéraires nouveaux, entre autres de Mogador au Djebel-Tabayoudt, M. J. Gatell qui a parcouru les régions littorales de l'Ouad-Noun et du Tekna et qui a traversé l'Atlas entre Maroc et Tarudant, M. Tissot qui a visité la partie du nord-ouest jusqu'à R'bat, Fez et Meknas et qui en a donné une carte nouvelle [2], MM. des Portes et François qui, en allant de Tanger à Fez et à Mequinez [3], ont fixé astronomiquement pour la première fois la position de dix-huit points et fourni ainsi une base précieuse pour la carte du nord-est de l'empire, MM. Hooker, Maw et Ball

[1] M. Beaumier, qui était consul de France à Mogador, avait su se concilier les sympathies des hauts personnages de l'empire.

[2] Cette carte, très différente des précédentes, donne le tracé des massifs de montagnes et des cours d'eau de cette partie de l'empire marocain qui était encore bien mal connue malgré le passage de nombreux voyageurs.

[3] Ces officiers accompagnaient la mission de M. de Vernouillet à la cour des Princes chérifs.

qui ont parcouru en 1871 l'Atlas marocain et qui ont rectifié nos données sur cette immense chaîne[1], ont tous beaucoup augmenté nos connaissances géographiques sur le Maroc, dont la carte est entrée depuis dix ans dans une phase nouvelle.

Le baron de Maltzan, qui, après avoir visité l'Algérie au point de vue de la géographie comparée, a accompli le périple du Maroc depuis la Malouïa jusqu'à Mogador et qui a poussé jusqu'à la capitale, a donné un récit de son voyage plein d'intérêt.

Régions polaires antarctiques. — Il ne nous reste plus à parler que d'un coin du globe, bien abandonné, il est vrai, mais que nous ne pouvons cependant passer tout à fait sous silence. Si en effet aujourd'hui l'on commence à mieux connaître les régions voisines du pôle arctique, il n'en est pas de même de celles qui entourent le pôle antarctique; depuis 1867, le cercle polaire méridional n'a été franchi qu'une seule fois, en 1874, par le capitaine Nares, le commandant du *Challenger,* qui, en quittant l'île de Kerguelen, a atteint la latitude australe de 66°40′ sans apercevoir aucune terre[2]. Ce savant officier a étudié la distribution et la constitution physique des glaces, et il a fait de nombreux sondages thermométriques. M. Wyville Thomson, qui était à bord, pense que la zone de 12 millions de kilomètres carrés qui est encore inexplorée autour du pôle sud n'est pas un continent antarctique continu, mais qu'elle se compose d'une partie continentale relativement peu élevée et d'un amas d'îles que relie ensemble et que couvre une calotte de glace de 400 mètres d'épaisseur; suivant lui, les régions polaires antarctiques formeraient un énorme glacier complètement impénétrable. Il est toutefois à souhaiter que des études sérieuses soient aussi faites dans ces parages.

Ici se termine l'énumération bien incomplète, quoique déjà fort longue, des principaux voyages scientifiques entrepris depuis dix ans à la surface de notre globe. Nous ne pouvons toutefois clore

[1] L'Atlas marocain ne nous était encore que vaguement connu malgré les tentatives de René Caillé (1828), de Rohlfs (1854) et de Balansa (1867).

[2] On sait que Ross a été plus heureux et a poussé en 1842 jusqu'au 78ᵉ parallèle.

ce paragraphe sans donner au moins une pensée aux nombreux explorateurs obscurs ou peu connus qui, à force de courage et de persévérance, nous ont apporté quelques renseignements nouveaux et dont les récits sont épars dans les nombreuses publications géographiques des divers pays.

Nous devons aussi louer MM. Hachette et Cie d'avoir publié pendant les dix dernières années un grand nombre de livres [1] où les plus célèbres voyageurs, entraînant le lecteur à leur suite, le font vivre avec eux, soit au milieu des glaces sous le rude climat des pôles, soit dans les contrées brûlantes des tropiques : des cartes annexées à ces divers ouvrages lui permettent de suivre l'expédition pas à pas, et de nombreuses gravures, qui sont la reproduction exacte faite par d'habiles artistes de photographies prises sur les lieux ou des dessins originaux des voyageurs, le transportent au loin et lui donnent une idée vraie des types de tous les pays, des cérémonies des diverses nations et de l'aspect physique du sol. Nous ne pouvons aussi qu'encourager la publication, heureusement de plus en plus fréquente, de ces livres qui contiennent des récits de voyages réels et sérieux, lors même qu'ils n'apportent aucune notion nouvelle pour la science, tels que le *Voyage autour du monde* du comte de Beauvoir, qui est le récit consciencieux d'un observateur intelligent, et les livres de M. V. Meignan sur la Sibérie et les Antilles, de M. le comte Louis de Turenne sur le Canada et les États-Unis, de M. Edmond Cotteau sur l'Amérique, etc., livres où l'on trouve de curieuses impressions et d'utiles enseignements.

§ 6. SOCIÉTÉS DE GÉOGRAPHIE ET PUBLICATIONS GÉOGRAPHIQUES.

Sociétés géographiques, Clubs alpins. — Un grand mouvement porte aujourd'hui les esprits vers l'étude de la Terre; aussi tous les pays civilisés possèdent-ils une ou plusieurs sociétés de géographie comprenant, d'une part, des hommes d'étude qui cherchent à répandre les résultats acquis par la science et, d'autre part, des hommes d'esprit éclairé et de bonne volonté qui ont le désir de

[1] Ce sont le plus souvent des traductions textuelles du récit de grands voyageurs.

profiter des travaux d'autrui au plus grand bénéfice d'eux-mêmes et de leur pays. Ces sociétés organisent des réunions périodiques et des conférences, publient des bulletins dans le but de vulgariser les connaissances géographiques et de mettre le public au courant des voyages et des découvertes, forment des bibliothèques qui propagent l'emploi des meilleurs ouvrages et meilleures cartes.

Nous devons également nous féliciter de voir se former, dans les principaux ports maritimes et dans les grands centres industriels, des sociétés de géographie commerciale; les négociants, qui ont été les initiateurs de tant d'entreprises géographiques, peuvent en effet fournir une foule de renseignements importants sur les pays qu'ils exploitent. Leurs travaux, sans présenter tout l'intérêt scientifique des autres, ont aussi leur grande utilité.

Ces sociétés deviennent de plus en plus nombreuses, et à la fin de 1878, on en comptait 57 [1] tant en Europe qu'en Afrique et en Amérique. Celle de France, la plus ancienne de toutes, remonte à 1821; c'est à elle que l'on doit le mouvement géographique si prononcé dans notre pays depuis ces dernières années; dans la précieuse collection de son Bulletin on retrouve la trace de tous les grands faits géographiques du dernier demi-siècle, et elle contient une série de cartes très importante. Celles de Berlin et de Londres, fondées l'une en 1828 et l'autre en 1830, ont aussi rendu les plus grands services à notre science, et leurs publications présentent un intérêt réel. Celle de Saint-Pétersbourg, fondée en 1845, qui comprend six sections, mérite une mention spéciale, car chaque année elle fait entreprendre à ses frais de nombreuses explorations et exécuter des travaux topographiques dans les régions peu connues ou même inexplorées de l'Asie centrale et de la Sibérie.

Il existe en outre depuis quelques années un autre ordre de sociétés, les Clubs alpins, qui, établis dans le but de servir de lien

[1] Angleterre, 1; Suède, 1; Danemark, 1; Russie, 6; Allemagne, 13; Pays-Bas, 2; Belgique, 2; Suisse, 3; Autriche-Hongrie, 3; Roumanie, 1; Italie, 3; Espagne, 1; Portugal, 1; France, 11 (en 1867 il n'y avait en France qu'une seule société de géographie comprenant 501 membres; en 1878, il y en a onze, comptant 5 378 membres); Algérie, 2; Égypte, 1; Canada, 1; États-Unis d'Amérique, 1; Mexique, 1; Pérou, 1; Brésil, 1.

Gr. II. — Cl. 16.

entre les personnes que leur goût ou leurs études attirent vers les montagnes, rendent aussi des services à la géographie en facilitant l'étude et en propageant la connaissance exacte du relief du sol. Toutes les années, des centaines d'*alpinistes* de toutes les nations vont à la découverte, et, scrutant les plus petits recoins des massifs jadis réputés inattaquables, ils trouvent souvent des cols et des passages nouveaux que, grâce aux points de repère topographiques, ils marquent facilement sur les cartes, complétant ainsi l'orographie de l'Europe. Il n'est pas étonnant qu'à une époque où il n'existait pas de guides et où certaines régions étaient considérées comme inabordables, il se soit glissé des erreurs dans les cartes des régions montagneuses; car dans les pays très accidentés les levés topographiques ne suffisent pas toujours pour déterminer la direction et la pente exactes des vallées secondaires, les rapports de hauteur des faîtes, l'étendue relative des massifs, et c'est à des excursions répétées qu'il faut demander ces détails.

Les Clubs alpins publient des annuaires où la géographie trouve à glaner et qui contiennent, outre de nombreux mémoires, des cartes et des panoramas. Nous pouvons citer avec éloges la belle carte de Suisse établie par Stanford pour le Club alpin anglais et les nombreux travaux dus aux membres des divers Clubs alpins de Suisse[1], de France[2] d'Italie[3], d'Allemagne et d'Autriche[4]. C'est ici le lieu de mentionner les remarquables monographies alpestres que M. J. Paeyer a publiées dans le supplément des *Mittheilungen* de 1868.

Il a été aussi question en 1868 d'un Club himalayen qui eût été appelé à fournir des documents d'une haute importance sur la géographie physique des montagnes les plus élevées du globe; malheureusement il n'y a pas été donné suite.

(1) Le Club alpin de Berne publie, depuis 1868, deux éditions de son annuaire, l'une en allemand et l'autre en français.

(2) Il y en a deux : le Club alpin français qui a été fondé en 1874 et qui a édité divers mémoires et cartes sur les parties encore inconnues des Alpes et des Pyrénées, et la Société Ramond qui publie un recueil trimestriel renfermant des notions intéressantes pour la géographie physique de la France.

(3) Le Club alpin italien compte 34 sections.

(4) La Société germano-autrichienne ne comprend pas moins de 65 sections.

Publications géographiques. — Le goût de plus en plus vif du public pour les connaissances géographiques a provoqué dans tous les pays la publication périodique d'une grande quantité de livres destinés à les mettre à sa portée, et il en est un certain nombre qui, écrits et composés avec soin par des savants sérieux, satisfont aux conditions de la géographie vraiment populaire, c'est-à-dire qui sont intéressants sans cesser d'être exacts.

Gr. II. — Cl. 16.

C'est l'Allemagne qui depuis longtemps prend part au mouvement de la géographie contemporaine avec le plus d'activité. Entre tous les recueils publiés dans ce pays, il faut citer les *Mittheilungen* de Petermann, le plus utile, le plus intéressant et le plus riche en renseignements et en cartes de tous les journaux géographiques; tous les progrès faits journellement dans la connaissance de la Terre y sont enregistrés et discutés avec un soin et une érudition remarquables.

En Angleterre, M. Cléments Markham publie le *Geographical Magazine* qui met le public au courant des actualités géographiques. Le recueil italien le *Cosmos* de M. Guido Cora tient une place honorable parmi les publications périodiques consacrées à notre science. Le journal hebdomadaire l'*Exploration*, la *Revue géographique internationale* de M. G. Renaud et la *Revue de géographie* de M. Drapeyron témoignent du besoin qu'on commence à ressentir en France de s'occuper de ces questions importantes. On trouve également d'intéressants documents dans les *Archives des missions scientifiques et littéraires* et dans la *Revue maritime et coloniale*.

Le *Tour du Monde*, qui initie le public aux voyages, est au premier rang des publications illustrées; les nombreux écrivains qui s'y succèdent et qui ont vu ce dont ils parlent, font voyager le lecteur avec eux, lui montrant les paysages, le faisant assister aux travaux des peuples étrangers, lui racontant leur vie et leurs mœurs. Ces récits, qui ont pour base l'observation et l'expérience personnelle des auteurs, ont toujours un puissant intérêt. Les éditeurs y publient aussi les traductions des principaux voyages étrangers.

Nommons encore les quelques journaux hebdomadaires ou mensuels, tels que le *Journal français des missions catholiques*, le *Journal anglais des missions évangéliques*, etc., qui tous contribuent

Gr. II. — Cl. 16.

utilement à la vulgarisation de la géographie et dont le nombre va croissant chaque année en Europe.

Les colonnes de plusieurs grands journaux quotidiens français s'ouvrent aussi maintenant, comme cela a lieu depuis longtemps à l'étranger, aux comptes rendus des travaux géographiques de tout genre, non seulement aux récits de voyages pittoresques, mais aux études les plus sérieuses.

Le supplément des *Mittheilungen, Die Bevölkerung der Erde*, dont la publication a été commencée en 1872 par MM. Behm et Wagner et dont le cinquième fascicule vient de paraître (1878), est aussi une excellente publication qui résume une foule de documents utiles et importants. Il contient des tableaux statistiques sur les superficies et sur les populations des divers pays du globe, des tables précieuses pour la transformation des mesures en usage chez les différents peuples, et une série d'articles sur les progrès et l'état des sciences géographiques.

Le *Geographisches Jahrbuch*, édité tous les deux ans par M. Behm et qui en est à son septième volume, renferme aussi une foule de notices de haute valeur.

En France, on doit tout d'abord citer l'*Annuaire du bureau des longitudes* où sont réunis beaucoup de renseignements numériques utiles à la géographie générale du globe terrestre, telles que la position et l'altitude d'un grand nombre de points, la longueur des principaux cours d'eau, la superficie des États, de leurs divisions administratives et des principales contrées [1], etc. Ces tableaux viennent d'être cette année même (1878) l'objet d'améliorations et de nombreuses additions dues à M. Levasseur.

L'*Année géographique*, dont la publication a commencé en 1862 chez Hachette et Cie sous la direction de M. Vivien de Saint-Martin, et qui depuis 1876 (quatorzième tome) est rédigée par MM. Maunoir et Duveyrier, est un ouvrage très utile que nous devons mentionner avec éloges. On y trouve un résumé consciencieux des

[1] Si la superficie des quelques États qui ont un cadastre est exacte et si celle des pays où les opérations géodésiques sont terminées est aussi suffisamment connue, elle est très imparfaite pour ceux en très grand nombre pour lesquels on a été réduit à faire un calcul planimétrique sur des cartes à une échelle moyenne.

petites comme des grandes découvertes et une revue bibliographique aussi complète que possible des ouvrages et des articles de tous les pays qui ont trait à la géographie.

Parmi les guides, dont l'exactitude est continuellement contrôlée par les voyageurs, il en est en Angleterre et en Allemagne qui méritent une mention; ceux qui sont publiés en France sous la direction de M. Joanne sont bien faits, et quelques-uns même, qui, comme le guide en Orient, conduisent le voyageur en dehors des routes battues, contiennent des indications scientifiques sérieuses.

Le nombre des livres traitant de la géographie qui ont paru en Europe depuis une dizaine d'années est tellement considérable que leur simple énumération excéderait les limites que je suis forcé d'assigner à ce rapport; ceux-là seuls qui se tiennent au courant de cette littérature spéciale savent combien de livres et d'articles estimables mériteraient d'être mentionnés; c'est en France du reste que le progrès a été plus particulièrement remarquable sous ce rapport, et nous nous contenterons de citer quelques-uns des ouvrages les plus importants qui figuraient à l'Exposition dans notre section.

M. Élisée Reclus publie en ce moment une *Nouvelle Géographie universelle* où il décrit toutes les contrées de la terre et les fait apparaître les unes après les autres sous leurs divers aspects aux yeux des lecteurs, qui font ainsi avec lui un long voyage à travers le monde. Dans un livre précédent, *La Terre,* il avait traité des mouvements généraux qui se produisent à la surface du globe; dans cette seconde publication, plus considérable et plus importante, il s'occupe de son aspect physique et de ses habitants. C'est une œuvre difficile dont M. Reclus se tire à son honneur. Comme M. Oscar Peschel, M. Élisée Reclus traite la géographie générale à un point de vue nouveau; il recherche les lois qui régissent les changements à la surface du globe.

Son frère, M. Onésime Reclus, dans *La Terre à vol d'oiseau,* fait une revue générale de notre planète, et il nous donne dans une série de tableaux vivants une géographie populaire, pleine de gravures, de vues, de types juxtaposés au texte dont la lecture est agréable autant qu'instructive.

Gr. II. — Cl. 16.

Nous ne devons pas non plus passer sous silence le nouveau précis de géographie comparée, *Le Monde terrestre,* que publie M. Ch. Vogel et où les divers États sont étudiés au point de vue politique, économique et social, ni le livre de M. Dupaigne, *Les Montagnes,* qui fait comprendre et aimer la géographie. L'*Histoire du progrès de la géographie de 1857 à 1874* par M. Eug. Cortambert et l'*Histoire de la géographie* par M. Vivien de Saint-Martin sont des ouvrages d'excellente érudition. *La Bibliographie des ouvrages relatifs à l'Afrique et à l'Arabie* par M. Jean Gay constitue pour les travailleurs une source précieuse de renseignements. Chaque année, du reste, voit paraître des publications de plus en plus nombreuses sur le sol des divers pays : monographies archéologiques ou géologiques, études d'ingénieurs sur le régime des eaux, notices sur les noms des localités, topographies des régions, etc., publications qui ont des valeurs très diverses, mais où l'on trouve des données utiles.

La géographie n'est pas seulement une science abstraite, et si les peuples voisins mettent une grande ardeur à visiter, à connaître et à exploiter le globe terrestre, c'est qu'ils savent quelles ressources immenses offrent les autres pays et qu'ils veulent en profiter pour donner à leur industrie le plus grand développement possible. Nos négociants sont trop souvent dans l'ignorance des richesses et des besoins des peuples étrangers; toute tentative ayant pour objet l'enseignement de ces richesses et de ces besoins est donc digne d'encouragements, et M. Bainier a rendu un service réel en publiant son ouvrage de *Géographie appliquée au commerce, à l'agriculture, à l'industrie et à la statistique* où il donne des notions précises sur les divers pays, sur leurs rapports commerciaux, sur les moyens de communication, sur les débouchés existants ou à créer, et où il fait connaître le mouvement commercial et industriel de chaque contrée.

Nous sommes heureux, en terminant cette trop courte énumération, de citer avec éloges le *Nouveau Dictionnaire de géographie universelle* de M. Vivien de Saint-Martin dont les premiers fascicules viennent de paraître (1878): cette entreprise grande et difficile exige tout à la fois de son auteur une érudition minutieuse et une grande largeur de vues. Notre savant collègue y a fait avec raison une large place à l'histoire de la géographie et à l'ethnographie.

§ 7. GLOBES, RELIEFS ET CARTES À L'USAGE DE L'ENSEIGNEMENT GÉOGRAPHIQUE.

Quoique la géographie soit la base de toutes les études, stratégiques, historiques, artistiques, ethnographiques, météorologiques, agricoles, commerciales ou industrielles, son enseignement était encore fort négligé presque partout en 1867; c'était une des lacunes les plus graves que présentait le système d'éducation adopté dans la plupart des pays, où l'on s'occupait beaucoup du monde des anciens qui sans doute est fort intéressant, mais où l'on étudiait peu le monde moderne dans lequel nous vivons. On a enfin reconnu qu'il était utile de connaître la Terre que nous habitons.

Ceux qui savent ce qu'était, il y a dix ans, l'enseignement de la géographie peuvent seuls se rendre compte des progrès pédagogiques qui ont été réalisés à cet égard. A cette époque, en effet, la plupart des traités de géographie étaient chargés de détails arides et les professeurs fatiguaient la bonne volonté des élèves par des définitions abstraites, par une énumération de noms relativement insignifiants qui, ne parlant pas à l'intelligence et ne laissant place à aucune explication intéressante, leur inspiraient l'ennui et le dégoût des sciences géographiques. On ne se servait ni de globes, ni de plans en relief, et les cartes montraient mal les vrais caractères orographiques des pays qu'elles représentaient; le plus souvent, les grands et larges massifs montagneux, tels que les Alpes, les monts Scandinaves, etc., y étaient réduits aux proportions d'une étroite muraille, et les simples collines ne se distinguaient guère des hautes montagnes [1].

Les procédés pédagogiques modernes sont plus rationnels et

[1] On ne saurait trop reprocher aux anciens cartographes d'avoir représenté les chaînes de montagnes et les lignes de faîte au moyen de *chenilles* et d'*arêtes de poisson* qui donnaient des idées fausses sur la configuration des diverses contrées. En se bornant à indiquer les lignes de partage des eaux, ils représentaient le vaste massif des Alpes par le même *mur mitoyen* qui servait à marquer la délimitation des bassins dans les plaines unies du Médoc ou de la Beauce.

plus pratiques et l'enseignement géographique est devenu intéressant, tout en étant sérieux et scientifique. On a compris que les enfants ne doivent pas tant se familiariser avec les noms des choses qu'avec les choses elles-mêmes et leurs usages, qu'il faut mettre en jeu non pas seulement leur mémoire, mais leur intelligence et leur imagination, et l'on cherche à leur donner des idées justes et exactes de la Terre, à mettre sous leurs yeux un tableau vrai dont l'image se grave profondément dans leur esprit, à faire en un mot de la géographie une étude pleine de vie et d'intérêt. Car ce que nous savons, c'est à nos sens et à notre expérience que nous le devons; il est donc tout naturel que nous cherchions à instruire les enfants par le même procédé, c'est-à-dire par des *leçons de choses*. Mais bien que cette méthode intuitive, dont Pestalozzi a été un apôtre fervent [1] et qui s'applique utilement à toutes les branches de l'enseignement, ait été mise en pratique en Suisse et en Allemagne depuis plus d'un demi-siècle, on n'en a pas tout de suite compris la puissance pour initier les élèves aux sciences géographiques, et, en 1867, elle n'était guère en usage que dans quelques pays de l'Europe centrale où elle avait triomphé des vieilles pratiques sous la puissante impulsion de Humboldt et de Ch. Ritter.

Aujourd'hui, presque partout, la méthode analytique a remplacé dans l'enseignement élémentaire l'ancienne méthode synthétique, qui, avec ses sèches nomenclatures et ses longues leçons, torturait les jeunes imaginations; au début, on évite avec raison toute généralisation et toute définition scientifique, on ne met plus, comme jadis, les enfants aux prises avec des abstractions, on les prend au point même où en est leur esprit, on leur parle de ce qu'ils connaissent et de ce qu'ils voient et, quand on ne peut pas leur montrer les choses, on leur en fait voir une image qui puisse leur en laisser une impression durable, on gradue l'explication des

[1] Dès 1686, l'abbé Fleury, dans son *Traité du choix et de la méthode des études*, faisait de judicieuses réflexions sur les *leçons de choses*, et, en 1747, le conseiller Hecker a établi à Berlin une école dans le but de remplacer l'enseignement exclusif des *mots* par celui des *réalités*. Un peu plus tard, J.-J. Rousseau écrivait : «Les choses, montrez les choses.»

phénomènes proportionnellement à leur intelligence en passant des plus simples aux plus complexes.

Les élèves s'accoutument ainsi à observer la nature et à comprendre comment on représente sur le papier les choses qui leur sont connues. Autrefois on avait beau leur montrer sur les meilleures cartes les villes et les villages, les eaux et les terres fermes, les montagnes et les vallées, leur esprit restait rebelle à toute conception exacte. En les mettant en présence des choses qui les entourent, en leur faisant par exemple mesurer les salles de l'école où ils se trouvent et en leur en traçant au tableau le plan, on leur fait saisir la position relative des bancs, des classes, du jardin, de la cour, et on leur apprend à s'orienter. Puis, à l'aide d'une carte de la ville ou du village et de ses environs où sont marqués les collines, les cours d'eau, etc., on leur apprend à se guider, et on leur explique chacun des objets qui y sont représentés; il n'est pas en effet difficile pour le maître de trouver aux environs de son lieu de résidence les termes de comparaison qui lui sont nécessaires pour aborder la géographie générale, et les définitions se font ainsi au moyen d'exemples. De la commune, l'élève passe à l'arrondissement, au département, et il ne fait qu'ensuite l'étude de son pays et celle de la Terre. Du reste, dans les écoles primaires, il est surtout important de donner aux enfants la connaissance de leur pays natal, en leur montrant d'abord les lieux qui leur sont le plus familiers, leur école, leur village ou quartier, leur commune, etc. et en leur apprenant ensuite à en tracer, à diverses échelles, le plan; on arrive ainsi à leur donner les premières notions des cartes; celle du pays qu'ils habitent, bien comprise, leur donne la clef de celles des pays qu'ils ne connaissent pas.

En s'adressant ainsi aux sens et à l'intelligence de l'enfant plutôt qu'à sa seule mémoire, on est arrivé aux résultats plus sûrs, plus rapides et plus féconds qu'on a vus à l'Exposition. Mais cette méthode, qui consiste, comme nous venons de le dire, à faire étudier d'abord aux enfants ce qu'ils voient, ce qui les entoure, et qui est excellente au début, ne doit plus s'appliquer à l'égard d'élèves qui ont déjà acquis les connaissances premières.

Gr. II. — Cl. 16.

Si en effet, en face d'intelligences neuves, il est nécessaire de parler à l'imagination, et, passant du connu à l'inconnu, de faire deviner aux enfants par ce qu'ils voient ce qu'ils ne voient pas et ce qu'ils ne verront peut-être jamais; si, en un mot, on doit commencer par l'étude du sol qui se trouve sous leurs pieds, il n'en est plus de même dans l'enseignement secondaire où l'on s'adresse à des jeunes gens dont l'esprit est préparé. A ceux-là, il est bon de donner d'abord des notions générales de cosmographie sur le monde et de joindre à la géographie descriptive et à la géographie politique, qui jadis étaient seules étudiées, la géographie ethnographique et la géographie économique. Sans négliger l'étude physique des pays, le maître doit s'occuper en même temps des habitants, des animaux, des plantes qui leur donnent la vie et qui leur impriment leur physionomie, en s'efforçant de bien faire saisir à ses élèves la transition graduelle des choses et d'écarter de leur esprit cette idée fausse de lois ou de limites absolues qui pourrait naître du contraste exagéré des phénomènes naturels, par exemple des froids polaires et de la chaleur torride des pays équatoriaux, des déserts et des forêts tropicales, de la barbarie et de la civilisation; il doit montrer comment l'homme a tiré profit des climats, comment il a transformé et fécondé le sol par son travail, comment il l'a approprié à ses besoins, comment il en a développé la richesse par son activité industrielle et commerciale, comment en un mot se sont formées les sociétés; il doit indiquer les rapports qui existent entre la position géographique, la constitution géologique et la situation économique des diverses contrées; les colonies doivent aussi avoir leur place dans cet enseignement, et il doit les étudier au point de vue des relations établies ou à établir, il doit faire connaître leur importance et les avantages qu'en retire la mère patrie.

Ces cours de géographie tels qu'on les fait aujourd'hui donnent aux élèves une somme de connaissances positives, sérieuses et pratiques et ne remplissent point seulement, comme autrefois, leur tête de noms qui ne leur disaient rien et qu'ils oubliaient de suite. Mais, pour vulgariser l'instruction géographique, il ne suffit pas d'avoir un programme rationnel et pratique; il importe en même temps d'avoir un matériel d'une exactitude scientifique irréprochable, d'une bonne exécution et à bon marché. Aussi la révolution qui s'est faite dans l'enseignement géographique a-t-elle nécessairement amené des modifications importantes dans le matériel scolaire, qui s'est beaucoup amélioré, et qui comprend des globes, des reliefs, des cartes murales écrites et muettes, des atlas d'enseignement et des livres.

Mais avant de passer en revue l'outillage géographique que les professeurs ont aujourd'hui entre les mains dans les divers pays, il est intéressant de résumer ce qu'on exige d'un bon matériel géographique scolaire dans les États qui sont le plus avancés sous ce rapport.

Tout le monde est d'accord sur la nécessité de se servir de planétaires, de globes terrestres, de cartes en relief pour l'enseignement général, car les cartes planes, qui ont de grands avantages, exigent, pour être bien comprises, une idée de leur mode de projection qu'il est fort difficile de donner dans les leçons élémentaires.

Quoique l'usage des planétaires exige certaines précautions de la part du maître, qui doit tout d'abord s'efforcer de bien faire comprendre aux élèves les rapports réels des distances et des volumes des astres, ces appareils n'en sont pas moins un utile moyen d'enseignement expérimental qu'il ne faut pas négliger, car il est toujours malaisé de donner à des enfants, par une simple description, des connaissances exactes sur les révolutions diurnes et annuelles de la terre, sur les mouvements des astres, sur le cours des saisons, sur les phases lunaires, et les planétaires qui mettent précisément sous leurs yeux notre globe dans ses relations successives avec le soleil, avec la lune et avec les autres planètes, leur facilitent l'entendement des éléments de la cosmographie. Malheureusement ce sont des appareils qui sont encore trop coûteux et trop délicats pour qu'ils soient aussi répandus dans les écoles qu'il serait à souhaiter.

Un globe est la seule image fidèle de la terre, et son usage pour montrer les continents et les mers dans leurs véritables formes et dans leurs positions réelles, ainsi que pour expliquer leurs divers

Gr. II. — Cl. 16.

modes de représentation sur les cartes planes, est d'une nécessité absolue pour le premier enseignement. Les globes doivent être élémentaires, et il n'est pas besoin qu'ils portent beaucoup de noms: il y en a de muets[1] qui sont encore assez rarement employés et qui cependant sont des instruments excellents pour faciliter la compréhension des coordonnées géographiques et pour permettre aux élèves de se bien pénétrer de la position relative des diverses parties du monde[2]. Depuis quelques années, on cherche à exécuter des globes terrestres tout à la fois assez gros, assez légers et d'un prix peu élevé; mais il y a encore des progrès à réaliser sous ce rapport. A défaut de globe, il faut montrer aux commençants la Terre telle qu'on la verrait de la lune sous ses diverses faces, c'est-à-dire telle que la donne la projection orthographique[3] ou la projection orthogonale[4], qui seules peuvent fournir des idées nettes sur l'ensemble de notre planète et sur la répartition des continents à sa surface.

Les cartes en relief sont celles qui donnent l'image la plus exacte des divers pays de la Terre surtout lorsqu'elles sont topographiques, c'est-à-dire à la même échelle pour les longueurs et pour les hauteurs. Reproduisant en miniature les accidents physiques du sol, les champs, les bois, etc., elles font comprendre ce que l'on ne peut montrer en nature; elles donnent immédiatement une impression juste du rapport des altitudes, de l'inclinaison des pentes, de l'étendue des plateaux, ce qu'on ne peut lire et comprendre aussi vite sur une carte plane, si bien faite qu'elle soit. Les reliefs ne sont point cependant appelés à remplacer celles-ci qui seront toujours plus maniables, plus précises, plus complètes et plus économiques; mais, dans l'enseignement, la juxtaposition

(1) On les fait en ardoise et en zinc ou autre métal léger.

(2) Nul exercice ne peut être plus fructueux pour les élèves que de figurer eux-mêmes sur un de ces globes muets les contours et la position respective des divers continents à la surface de la terre.

(3) C'est l'image photographiée d'une sphère. Lorsqu'une partie de l'hémisphère est ombrée et que l'autre est vivement éclairée, l'œil voit en effet un véritable globe et il ne se laisse pas tromper par les lignes fuyantes des rivages entrevus au pourtour de la figure.

(4) C'est celle que Garnier a appelée *sphéroïdale*.

de reliefs et de cartes topographiques du même terrain ou de cartes géographiques du même pays à la même échelle facilite beaucoup l'interprétation de ces dernières. On se sert souvent avec raison dans les écoles d'un paysage fictif, résumant les principaux accidents géographiques, qui est reproduit à la fois en carte plane et en relief.

Pour les cartes planes, qui sont la base principale de tout enseignement géographique, on recommande surtout qu'elles soient vraies, qu'elles soient autant que possible l'image de la réalité. Il est en effet très important de jeter des idées claires et justes dans l'esprit des enfants, car une première impression mauvaise s'efface difficilement. L'orographie, telle qu'elle était exprimée avant 1867 sur la plupart des cartes ordinaires, et telle qu'elle l'est encore malheureusement sur quelques-unes, les induisait en erreur en leur montrant toutes les montagnes s'élevant comme des murailles ou des remparts inaccessibles, sans plateau ni aucun autre mouvement de terrain. Aujourd'hui le relief du sol est mieux rendu sur les cartes scolaires, où l'on s'efforce de donner à chaque pays sa physionomie exacte, où l'on tâche de représenter sa vraie figure avec autant d'exactitude que possible.

Le plus souvent les cartes scolaires donnent à la fois des renseignements de tout genre, hydrographiques, orographiques, politiques, etc., dans l'ensemble desquels l'élève se perd et au milieu desquels son attention s'égare ou tout au moins se partage. Il serait à désirer qu'on eût pour chaque pays plusieurs cartes spéciales, chacune dressée dans un but déterminé, afin que la vue fût immédiatement frappée par ce que le maître veut graver dans la mémoire; on y gagnerait beaucoup de clarté.

Les cartes scolaires murales doivent avoir leurs qualités particulières [1]. Il ne suffit pas en effet qu'elles puissent être suspendues à un mur pour mériter cette dénomination, comme on semblait le croire, il n'y a pas encore bien longtemps, au moins dans notre

[1] Les cartes murales qu'on couvre d'un vernis pour les conserver ont un miroitement désagréable; les peindre sur le mur coûte trop cher : le papier de tenture semble d'un bon emploi. On a fait en France sous ce rapport des essais qui méritent un encouragement.

pays; il faut avant tout qu'elles soient simples et qu'elles ne donnent que les grands traits généraux des pays, afin que l'esprit des élèves ne se noie pas dans la foule insignifiante des détails. Il est à désirer que chaque école primaire possède le plan de sa ville, de sa commune et de son département dans le style mural; les instituteurs, en agrandissant les cartes topographiques, peuvent très utilement suppléer par leur travail personnel à l'insuffisance du matériel imprimé et nous avons vu à l'Exposition plusieurs œuvres de ce genre qui méritent des éloges.

On se sert beaucoup aujourd'hui de cartes hypsométriques à teintes altitudinales, qui donnent à première vue une idée juste et saisissante de la distribution des bassins et qui font bien comprendre le régime des cours d'eau, le climat, les productions, l'industrie et le caractère de ses habitants; elles éclairent aussi les questions de météorologie et de géologie. On adopte d'ordinaire des tons qui augmentent d'intensité avec la hauteur afin de réserver aux parties basses des teintes claires qui puissent laisser voir nettement les détails de la planimétrie qui y sont plus abondants et plus intéressants.

Les cartes muettes, qui sont si utiles pour l'enseignement de la géographie, continuent plus que jamais à être en usage; elles laissent en effet au sol toute son importance. On recommande qu'elles soient aussi simples que possible, afin que les élèves soient obligés à un travail personnel; pour ceux qui ont déjà les premières notions, il est même préférable qu'elles ne portent que les degrés et quelques points de repère [1].

Des exercices cartographiques divers accompagnent dans les écoles l'étude de ces cartes parlantes ou muettes et permettent, tout en exerçant l'intelligence des enfants, de s'assurer s'ils comprennent la carte qu'ils ont entre les mains.

Les manuels dont on se sert aujourd'hui ne sont plus comme autrefois de sèches nomenclatures sans intérêt; on y trouve la description des pays à tous les points de vue, avec de nombreux détails

[1] A Gotha, on a publié un planisphère muet à $\frac{1}{20\,000\,000}$ du Dr Wagner et une carte, également muette, de l'Europe à $\frac{1}{5\,000\,000}$ en neuf feuilles de M. Koffmann qui ne donnent que le tracé sommaire des côtes et des grands cours d'eau.

sur la population, sur le commerce, sur l'histoire; on y expose les causes qui, dans chaque contrée, ont amené le développement plus ou moins grand de la population, de l'industrie, de la navigation, de la richesse générale, et qui lui ont donné un rôle plus ou moins important dans la politique, dans les arts, dans les sciences ou dans le commerce. Ces livres, fort intéressants et pleins de faits instructifs, sont souvent semés d'illustrations intelligentes qui font comprendre à la première vue ce que l'on ne pourrait montrer en nature; des gravures représentant des villes, des édifices remarquables, des paysages caractéristiques, des volcans, des glaciers, des types divers, etc., sont en effet un moyen d'instruction très recommandable.

Nous allons maintenant passer rapidement en revue les principales publications de géographie pédagogique qui ont eu lieu dans les divers pays, en commençant par l'Allemagne qui depuis Humboldt et Ritter a montré la voie aux autres nations [1].

Planétaires. — On construit des planétaires dans beaucoup de pays, mais partout ce sont des instruments coûteux, à mécanisme compliqué, dont les rouages sont aptes à se déranger; de plus, ni les proportions des masses ni les distances relatives des divers corps célestes n'y sont gardées, ce qui est de nature à induire les enfants en erreur. L'Institut de Weimar et M. Schotte (Allemagne), M. Felkl (Autriche), M. Bertaux, M. Delagrave et le frère Rouziou (France), Don Fr. Arce y Nuñez (Espagne). M. Steiger (États-Unis) ont construit différents modèles auxquels s'appliquent les observations précédentes. Nous devons mentionner les efforts faits par M. Armand Colin dans le but d'établir de petits appareils en bois à bon marché avec lesquels on puisse reproduire les principaux mouvements des corps célestes sous les

(1) Le Ministère de la guerre de Russie a installé à Saint-Pétersbourg un *Musée pédagogique*, dont le directeur, le général Kakhovski, et les administrateurs se sont occupés d'une manière toute particulière d'obtenir un matériel d'enseignement à bon marché, et, sous leur impulsion, les prix ont baissé de 63 p. 0/0 depuis quatre ans; il y a des salles spécialement affectées à l'exposition permanente et gratuite du matériel d'enseignement géographique le plus perfectionné, et l'on y fait des cours et des conférences.

Gr. II. — Cl. 16.

yeux des enfants, et ceux de M. Aug. Sacré qui dans son appareil du reste peu maniable a conservé au soleil et aux planètes leurs véritables rapports de grandeurs; malheureusement ces tentatives sont loin d'avoir résolu la question.

Globes terrestres. — Les globes doivent être, comme nous l'avons dit plus haut, dessinés avec clarté et ne porter qu'un petit nombre de détails convenablement choisis; car on n'a besoin d'y voir que les grandes lignes et les grandes masses : ceux en relief ne peuvent donner que des idées fausses.

On publie, dans la plupart des pays civilisés, des globes terrestres de dimensions très diverses, qui sont parfaitement suffisants pour l'enseignement. Cependant on doit préférer, pour l'usage scolaire, ceux qui sont établis dans le genre des cartes murales et dont les couleurs vives permettent de distinguer de loin les contours principaux des terres et des mers.

L'Allemagne tient le premier rang autant pour le nombre des produits de ce genre que pour leur bonne exécution; on doit citer surtout ceux de l'Institut de Weimar auxquels ont travaillé MM. Kiepert, Gräf, etc., ceux de Reimer, de Berlin, qui édite en plusieurs langues les globes très bien faits de M. Kiepert[1], et ceux de Schotte qui sont en carton comprimé d'une grande solidité.

En Autriche, les globes de Delitsch qu'édite Felkl sont inspirés par l'Allemagne, mais leur prix est relativement élevé[2]; ils sont imprimés en cinq couleurs, et dans les écoles de la Hongrie, on se sert soit des globes de Schotte traduits en langue magyare, soit de ceux dressés par M. P. Gönczy.

MM. G. Philip et fils, éditeurs anglais, exposaient un globe portatif de forme à peu près sphéroïdale, en toile tendue sur huit baleines, qu'on peut à volonté ouvrir ou fermer afin qu'il ne tienne pas une grande place quand on ne s'en sert pas; en doublant le nombre des baleines, on arriverait à une forme plus régulière. L'idée est certainement ingénieuse, mais le prix élevé et l'exécution

[1] Toutes les écoles prussiennes ont un de ces globes.

[2] Un globe de 33 centimètres de diamètre vaut, sur une monture toute simple, 20 francs, et, avec un demi-méridien, 32 francs.

peu soignée de ce globe ne permettent guère d'en tirer encore un grand parti [1].

Dans l'exposition italienne, le jury a remarqué les épreuves de trois fuseaux d'un globe terrestre à $\frac{1}{20\,000\,000}$, gravé sur pierre, en deux couleurs, que prépare M. Guido Cora et qui est traité avec soin.

En Russie, M. Illine a publié des globes de 15 et de 25 centimètres de diamètre à l'usage des écoles.

En France, la production des globes s'est beaucoup accrue depuis dix ans; outre ceux publiés par M. Bertaux, qui sont retouchés à chaque édition, on a ceux de M. Périgot, ceux de MM. Larochette et Bonnefond qui, traités dans le style mural, méritent d'être appréciés, ceux tout à la fois légers et solides de M. Andriveau-Goujon, et surtout ceux de M. Levasseur qui sont établis en vue de l'enseignement raisonné de la géographie, avec des teintes hypsométriques, et qui donnent une idée juste du relief des grandes chaînes de montagnes [2]. Nous devons aussi citer avec éloges le globe ardoisé du même savant sur lequel les élèves peuvent tracer eux-mêmes la carte de la Terre et que nous serions heureux de voir employé plus fréquemment par les maîtres.

En Russie, M. Michaïloff a construit des globes en bois qui s'ouvrent en deux hémisphères, sur la surface plane interne desquels se dessinent, en projection stéréographique, les terres qui sont marquées sur la convexité externe, ce qui permet aux élèves de passer facilement du réseau sur la sphère au tracé sur une surface plane.

Les États-Unis possèdent un grand nombre de globes divers; c'est, avec l'Allemagne, le pays où ils sont le plus répandus dans les écoles. Ceux de M. Shedler sont clairs, solides, et ils ont une monture commode, mais leur prix est élevé [3]; quelques-uns sont

[1] Le prix de ce globe, qui est dû à M. Bett, est de 15 fr. 75 cent. sans le pied.

[2] Les terres hautes de plus de 2 000 mètres sont teintées en rouge; les couleurs sont vives afin de mieux frapper les yeux des enfants. Un globe de 33 centimètres de diamètre vaut 17 fr. 50 cent. sans méridien.

[3] Ces globes sont en carton; c'est M. Steiger qui les exposait. Ceux de 15 centimètres de diamètre, avec la boîte qui sert de pied, coûtent 11 francs, et ceux de 23 centimètres coûtent 22 francs.

Gr. II. — Cl. 16.

divisés en demi-globes comme ceux de M. Michaïloff dont nous venons de parler à l'instant.

On vend aussi à New-York des globes à carcasse de fer dont on se sert dans quelques écoles pour faire comprendre aux enfants, au moyen de figurines aimantées qu'on place à la surface, comment les hommes tiennent sur la Terre aussi bien dans un hémisphère que dans l'autre.

Cartes et plans en relief. — Nous avons déjà dit que les cartes en relief sont utiles à tous les degrés de l'enseignement, mais il est nécessaire qu'elles soient construites d'après des procédés scientifiques. Il y a peu d'années encore, on n'avait que de grossières ébauches; les auteurs, plaquant du plâtre presque au hasard sur une surface plane, faisaient autant de petits cônes ou de murailles qu'ils voulaient représenter de montagnes ou de chaînes, sans tenir compte de leurs hauteurs relatives ou des plateaux qu'elles supportent. Aujourd'hui on les construit, sinon tous, au moins pour la plupart, sur des éléments précis, et l'on s'attache à exprimer les grands mouvements du sol avec leur caractère propre et leur altitude proportionnelle.

Dans les plans en relief à grande échelle ou topographiques on reproduit aussi exactement que possible les hauteurs à la même échelle que les longueurs, mais dans les reliefs géographiques on ne peut obtenir la ressemblance qu'au détriment de la vérité, en les amplifiant sans cependant dépasser une certaine limite, c'est-à-dire trois à quatre fois les dimensions horizontales [1]; au delà, on aurait une déformation qui fausserait complètement les idées. Les reliefs ne reproduisent du reste d'une manière satisfaisante que les régions montagneuses; quand les mouvements du terrain sont petits, ceux qui leur correspondent sur le plan, même exagérés, sont presque insensibles et ne donnent plus une impression en rapport avec les effets naturels.

[1] Cette amplification est utile, autant pour éviter des difficultés sérieuses d'exécution que pour faire paraître le relief des parties peu élevées, qui autrement ne se verrait pas du tout, mais il faut avoir bien soin de ne pas l'exagérer au delà des limites que nous venons d'assigner.

1° Plans en relief topographiques. — Les plans en relief topographiques, où est gardée la vérité des rapports de longueur et de hauteur, sont non seulement utiles aux divers degrés de l'enseignement, mais ils ont aussi en outre une utilité pratique; représentant beaucoup mieux qu'une carte plane la configuration du pays et les accidents du terrain, ils peuvent en effet servir de modèle pour l'étude de la tactique et de la fortification, pour le choix de l'emplacement des établissements de défense, pour les constructions hydrauliques, pour les recherches géologiques, pour les exploitations minières ou agricoles, pour les travaux de reboisement, d'endiguement, de défense contre l'envahissement des sables, etc. C'est en France qu'on a construit les premiers reliefs topographiques exacts et rigoureux; ceux de Bardin, qui datent de quarante ans, sont encore justement appréciés. Dans la plupart des pays où l'on a des cartes à courbes de niveau, on a suivi cet exemple.

Allemagne, Suède et Norwège. — L'Allemagne n'est pas riche sous ce rapport, et, dans les pays scandinaves, on n'a guère fait que quelques modèles de places fortes.

Suisse. — Le Bureau topographique fédéral helvétique possède un certain nombre de reliefs exécutés d'après les levés originaux de la carte de Suisse à $\frac{1}{25\,000}$ pour les pays de plaine (environs de la ville de Berne, etc.) et à $\frac{1}{50\,000}$ pour les pays de montagnes (massif du Saint-Gothard, glacier d'Alech, etc.). Beaucoup de particuliers et un certain nombre de professeurs en ont aussi fabriqué pour leur usage personnel (montagnes du Jura à $\frac{1}{100\,000}$ par M. Beck, massif de Zermatt à $\frac{1}{25\,000}$ par M. X. Imfeld, etc.). Ce dernier relief, qui est l'un des plus remarquables, non seulement permet de saisir d'un coup d'œil l'ensemble des formes du massif, mais les moindres accidents, les escarpements, les rochers, les crevasses, etc., y sont rendus avec précision; il donne une idée exacte des caractères distinctifs que présente le relief du sol de cette région; la carte topographique à la même échelle qui lui était juxtaposée permettait d'en voir toute l'exactitude.

Gr. II. — Cl. 16.

Autriche-Hongrie. — L'Autriche est, avec la France et avec la Suisse, le pays le plus riche sous ce rapport. Elle possède en effet un grand nombre de reliefs militaires, entre autres le plan du terrain de manœuvre du camp de Bruck par le major Hoppels, qui sert à l'instruction des officiers. Streffleur a exécuté divers reliefs avec teintes hypsométriques, qui sont destinés à l'enseignement de la topographie, entre autres ceux des passes des Alpes, de la Bohême, des fonds de la Manche, etc. On peut encore citer le beau relief à $\frac{1}{5\,000}$ de la partie du pays de Salzbourg que traverse le chemin de fer de Salzkammergut [1], la grande carte en relief des forêts domaniales du Wienerwald à $\frac{1}{12\,500}$, et beaucoup d'autres, tels que celui du petit Priel (montagne de Styrie) qui a été dressé avec un soin scrupuleux par le lieutenant Wanka, celui des Alpes de Salzbourg à $\frac{1}{48\,000}$ par M. Franz Keil, celui de la vallée de l'Eisach par le professeur G. Kutschereuter [2], celui en bois du Riesenbirge par M. Niederhofer, etc.

Le colonel Toth a dressé plusieurs cartes à gradins de la Hongrie, de la région du bas Danube, des Carpathes, etc., cartes remarquablement exécutées au moyen de couches de papier-carton d'un brun clair dont l'épaisseur est en rapport avec l'échelle. On a aussi le plan en relief du Tatra par M. Peycha, qui est également construit au moyen d'assises successives de papier, et ceux de la Transylvanie, dont l'un est par Reimer et l'autre à $\frac{1}{63\,000}$ par Kamner avec l'altitude indiquée par des couleurs différentes.

La marine autrichienne a établi, d'après les levés récents des côtes de l'Adriatique, plusieurs reliefs hydrographiques qui sont une reproduction fidèle des principales parties du littoral [3]. Citons aussi le plan du port de Fiume à $\frac{1}{960}$ par M. E. Mayer, qui est d'une exactitude scrupuleuse.

(1) Ce relief a été exécuté par le chevalier Fr. de Lössel, à l'équidistance de 2 mètres, au moyen de couches de papier très minces.

(2) Le professeur Kutschereuter a eu l'heureuse idée d'accompagner ce plan d'un contre-relief composé de pièces mobiles qui, comblant les dépressions, forment une série de plans à plusieurs équidistances.

(3) Nous devons citer les plans du fort de Trieste à $\frac{1}{2\,880}$, des bouches du Cattaro à $\frac{1}{14\,100}$, des environs de Spalato à $\frac{1}{[illegible]}$, des plaines basses de la Narenta à $\frac{1}{[illegible]}$ et du golfe de Quarnero.

Russie. — Dans la section russe, il y avait un plan en relief des marais de Pinsk construit par M. Gladycher sous la direction du général Zylinski; ce plan indique les travaux de canalisation projetés pour dessécher cette vaste étendue, travaux qui ont pour but de faire déverser les eaux des affluents supérieurs du Pripet dans les bas-affluents. Le desséchement a été entrepris en 1873, entre Retchitsa et Mozir.

Turquie. — Pour l'empire ottoman, on a deux reliefs du Bosphore, l'un à $\frac{1}{2500}$ modelé par Straub sous la direction de l'ingénieur Seefelder, l'autre à $\frac{1}{30000}$ environ, qui comprend aussi la ville de Constantinople et une partie de l'Asie Mineure, par M. Peycha. Ce même auteur a établi une grande carte des fonds de la mer Adriatique près de Fiume et plusieurs autres donnant diverses parties de la Méditerranée.

Espagne. — En Espagne, on a fait quelques beaux reliefs militaires, entre autres ceux du siège de Saragosse en 1809 à $\frac{1}{5000}$ et de la bataille de Baylen en 1808 à $\frac{1}{1000}$; les contours et les lignes de fortifications y sont reproduits jusque dans leurs moindres détails.

France. — Le capitaine Filoz exposait un plan en relief de Cherbourg et de ses environs mesurant 3m 50 sur 4 mètres, qui représente d'une manière très exacte une surface de 220 kilomètres carrés; c'est un travail remarquable, non seulement par son exactitude, mais aussi par le procédé nouveau au moyen duquel il a été construit et dont nous parlerons au § 10. L'échelle des distances horizontales est de $\frac{1}{5000}$, celle des hauteurs est de $\frac{1}{2500}$; les villages, les fermes, les maisons isolées, etc., y sont figurés en carton durci, les plantations, les bois, les cours d'eau y sont indiqués, et toutes les parcelles, telles qu'elles existent sur les plans du cadastre, y sont représentées avec leurs haies et teintées suivant leur mode de culture.

On voyait encore dans la section française le plan très réussi des environs de Saint-Cyr à $\frac{1}{5000}$, où les courbes sont à l'équidistance de 1 mètre, et qui sert aux promenades topographiques des élèves, ainsi que ceux de divers ouvrages de fortifications qu'exposait le Ministère de la guerre.

L'Administration des forêts possède une série de plans en relief qui, indiquant les transformations qu'ont subies certaines contrées par l'intervention de l'homme, font bien saisir les avantages des reboisements et des gazonnements. Ceux qui étaient exposés et qui sont à la très grande échelle de $\frac{1}{1\,000}$ et de $\frac{1}{2\,000}$, montraient. tels qu'ils sont en réalité, les contours de diverses forêts et les dunes de la Coubre, les uns représentant les travaux si utiles de reboisement contre les crues dangereuses des torrents, les autres indiquant les lignes de défense et les travaux de fixation qui s'opposent à l'envahissement des sables que le vent transporte dans l'intérieur des terres.

La plupart des compagnies minières exposaient des reliefs montrant dans leurs moindres détails les localités qu'elles exploitent, les procédés d'extraction qu'elles emploient et la constitution géologique que présente le terrain. les uns composés de pièces mobiles qui, lorsqu'on les enlève, permettent de voir la disposition des couches et le réseau des galeries intérieures sans que rien soit supprimé à la surface, les autres formés d'une série de glaces horizontales ou verticales sur lesquelles sont indiquées les traces des couches coupées par ces plans.

Disons en terminant que le capitaine Peigné continue l'œuvre laissée inachevée par la mort prématurée de Bardin; il a composé un matériel d'enseignement qui rend des services réels à l'étude de la topographie[1].

Palestine. — Pour les pays hors de l'Europe, on n'a guère à citer comme reliefs topographiques que ceux de Jérusalem à $\frac{1}{1\,500}$[2], à $\frac{1}{2\,500}$ et à $\frac{1}{10\,000}$[3], qui ont été publiés en Angleterre.

[1] Dans plusieurs pays, on a dressé des plans en relief de Paris à une grande échelle; nous citerons celui à $\frac{1}{5\,000}$ de M. Bauerkeller. dont l'état-major allemand s'est servi pendant le siège de Paris, et celui du capitaine Hugo Fischer von See qui donne les travaux faits tant par les assiégeants que par les assiégés pendant la guerre de 1870-1871, et qui est employé à l'École militaire de Vienne pour l'instruction des officiers.

[2] Par M. Illès.

[3] Ces reliefs sont dus à l'*Ordnance Survey*.

2° Cartes en relief géographiques. — On ne peut pas toujours dresser des plans en relief à grande échelle; on se contente alors de reliefs géographiques où l'on tâche d'accorder au mieux les exigences de la convention et de la vérité et qui n'en sont pas moins d'un grand secours dans l'enseignement pour représenter aux yeux des élèves les formes vraies de la terre. On ne saurait trop encourager les instituteurs à se servir de ces excellents instruments de démonstration et, au besoin, à les créer eux-mêmes, dussent-ils être imparfaits. Malheureusement les cartes en relief géographiques ne sont pas toutes construites d'après de bons principes et trop souvent on exagère démesurément les hauteurs, de sorte que les idées des enfants sont faussées.

Royaume-Uni de la Grande-Bretagne et de l'Irlande. — Dans les reliefs anglais qu'exposait M. Stanford, les hauteurs sont décuplées, ce qui dénature complètement les pentes.

Allemagne. — Les reliefs construits en Allemagne ne sont pas en général à la hauteur des autres publications géographiques de ce pays. On peut cependant citer un bon relief de la Saxe royale par Vogel et Thieme, qui est très répandu dans les écoles saxonnes, celui également satisfaisant d'une partie de la haute Bavière par Winckler et la Suisse d'Alder. Les reliefs de Schotte sont assez ordinaires, et dans ceux de la maison Wagler, de Berlin, les hauteurs sont trop exagérées.

Suède et Norwège. — M. Mineur, de Stockholm, a dressé une bonne carte en relief des pays scandinaves.

Belgique. — Le relief de la Belgique à $\frac{1}{100\,000}$ est fort bien exécuté : le pays étant peu accidenté, on a quadruplé les hauteurs; l'équidistance des courbes y est de 20 mètres.

Autriche-Hongrie. — L'Institut géographique autrichien a publié la carte en relief de l'Europe à $\frac{1}{4\,000\,000}$ par le capitaine Mensinger, carte très bonne surtout pour la partie centrale, et divers reliefs de

Gr. II. — Cl. 16.

démonstration reproduisant les formes classiques du terrain, qui portent des courbes et des teintes hypsométriques correspondant exactement à celles d'une carte plane à laquelle on les juxtapose[1]. Les modèles galvanoplastiques du major Czibulz qui sont fort bons pour l'étude du terrain, la carte en relief de l'Austro-Hongrie à $\frac{1}{1\,500\,000}$ du lieutenant Köchert dont les gradins diversement coloriés donnent une image saisissante de l'élévation successive des plans et celle des environs de Luxembourg, de Pola et de Baden par le major Kopels ont une valeur réelle pour l'enseignement de la géographie. Le colonel hongrois von Toth a fait dresser une excellente carte en relief de la Transylvanie, de la Moldavie et de la Valachie à $\frac{1}{864\,000}$.

Nous devons aussi mentionner les reliefs édités par la maison Artaria et Cie qui sont, les uns en papier épais, et les autres en carton-pâte; ceux de Kamner donnent les diverses parties du monde avec précision et élégance. On a aussi une carte générale en relief de l'empire austro-hongrois par Schotte.

M. P. Gönczy, qui s'est occupé avec succès de créer un matériel pour l'enseignement dans les écoles hongroises, a établi des reliefs de la Hongrie et de l'Autriche.

France. — Si, comme nous l'avons dit plus haut, il y a longtemps qu'on fait en France des reliefs topographiques, ce n'est guère que depuis 1870 que les reliefs géographiques y ont été traités avec le soin nécessaire, et cependant c'est l'enseignement français qui est peut-être aujourd'hui le plus riche sous ce rapport. Il a paru en effet dans ces dernières années un grand nombre de reliefs qui tous témoignent du désir qu'ont eu les éditeurs d'enrichir notre matériel scolaire. Mme veuve Belin a publié un plan des environs de Paris à $\frac{1}{40\,000}$ qui est très apprécié pour l'enseignement[2] et une carte de France à $\frac{1}{800\,000}$ par MM. Pigeonneau et Drivet, où sont indiqués les principaux accidents de terrain et qui peut servir tout à la fois de carte murale et de carte d'étude;

[1] Ces reliefs sont en fonte.

[2] Dans ce plan, qui a été dressé par M. Drivet, les hauteurs sont doublées.

elle porte six teintes altitudinales différentes [1], ce qui permet de se rendre à la première vue un compte exact des hauteurs et du régime des eaux. Mme Belin exposait en outre d'autres reliefs à une échelle plus petite, construits aussi d'après les mêmes principes, mais avec moins de soin, tels que ceux de la France à $\frac{1}{2\,000\,000}$, de l'Europe à $\frac{1}{13\,000\,000}$, de l'Amérique du Nord, de l'Amérique du Sud et de l'Afrique à $\frac{1}{35\,000\,000}$, reliefs qui ne s'adressent plus comme le précédent à l'enseignement collectif, mais qui sont des instruments de travail individuel destinés à faire comprendre la véritable physionomie des continents. Ils sont en carton-pâte et ils ont par conséquent une plus grande résistance que ceux en staff.

Nous devons surtout citer avec éloges les divers reliefs que Mlle Kleinhans a dressés sous la direction de M. Levasseur, celui de la France à $\frac{1}{1\,100\,000}$ [2], ceux des départements, celui de l'Europe qui, très sobre de détails, donne une excellente vue d'ensemble de l'orographie et de l'hydrographie générales de notre continent et où le fond des mers est indiqué par des teintes graduées : il est à souhaiter que ce dernier soit accompagné comme celui de la France d'une carte géographique à la même échelle. Tous ces reliefs, dont les hauteurs sont aussi peu exagérées que possible, sont remarquables à cause de l'exactitude avec laquelle ils ont été construits et de leur prix peu élevé qui permet de les faire pénétrer dans l'enseignement primaire.

La carte de France à $\frac{1}{320\,000}$ à laquelle travaille M. Eynaud de Fay, et dont la partie nord-est seule était exposée, est traitée avec un grand soin; l'auteur a dû en tracer lui-même, à l'aide des minutes de l'État-major à $\frac{1}{40\,000}$, les courbes qui sont à l'équidistance de 100 mètres; les hauteurs sont doublées [3].

Les Frères des écoles chrétiennes emploient pour l'enseignement de la géographie des reliefs hypsométriques submersibles,

[1] Ces teintes, qui désignent six plans successifs, indiquent à la première vue les terrains compris entre 0 et 100 mètres, entre 100 et 200 mètres, entre 200 et 400 mètres, entre 400 et 800 mètres, entre 800 et 1 600 mètres et entre 1 600 mètres et les neiges éternelles.

[2] Cette carte en relief est à la même échelle que la carte murale de M. Levasseur.

[3] Quand le modèle sera fini, l'auteur le fera photographier, afin d'obtenir une carte hypsométrique à $\frac{1}{1\,000\,000}$. Les courbes sous-marines y seront aussi indiquées.

Gr. II. — Cl. 16.

qui font nettement saisir les différences de niveau des diverses régions, et des reliefs d'un paysage idéal qui représente les principales formes géographiques. Leurs reliefs départementaux laissent à désirer quant à l'exécution; de plus, ils ne remplissent pas le cadre et s'arrêtent aux limites administratives, ce qui nuit à la compréhension de l'ensemble.

Comme ces derniers, M. Maret a aussi établi des reliefs destinés à faire comprendre aux enfants les différentes formes du terrain et à les habituer à la lecture des publications cartographiques à l'aide d'une carte plane reproduisant le relief à la même échelle et qu'on lui juxtapose.

Nous devons encore citer le relief de la Haute-Loire par M. Malègue, celui des Ardennes par M. Leclerc, celui du mont Blanc par M. Viollet-le-Duc, celui de la vallée d'Ossau par M. l'ingénieur Baysellance, celui du Cher par M. Peneau[1], celui de la Seine par M. Girard, ceux dressés dans un but militaire par M. le capitaine Lamotte, etc., qui ont tous une valeur réelle. Plusieurs instituteurs exposaient dans la section française des reliefs, entre lesquels on a remarqué ceux de Besançon et de ses environs, de l'arrondissement de Montbéliard, de la commune de Frotey-lès-Vesoul[2]; on ne saurait trop les encourager à persévérer dans cette voie.

Algérie, Égypte et Inde. — Pour les pays hors de l'Europe, on possède encore peu de reliefs qui ne soient pas simplement à effet. Nous pouvons cependant mentionner comme des essais dignes d'encouragement ceux que M. Moliner a faits pour l'Algérie et qui sont utilisés dans notre colonie pour l'enseignement de la géographie. MM. Streit et Wagler ont fait, sous la direction de M. Brugsch, celui de l'Égypte et de la Nubie inférieure à $\frac{1}{200\,000}$ avec les hauteurs décuplées, et M. Griggs a établi celui de l'Inde d'après le modèle de Montgomery Martin.

(1) Dans ce plan, qui est fait avec soin, et qui est exact au point de vue agricole et minier, les hauteurs sont malheureusement décuplées.

(2) On doit ces reliefs aux élèves des écoles normales primaires de Besançon et de Vesoul.

Cartes scolaires murales. — On se sert aujourd'hui de cartes murales dans les écoles de la plupart des pays civilisés; pour ne pas allonger démesurément ce rapport déjà si long, nous ne parlerons que de celles qui méritent plus particulièrement l'attention.

Allemagne. — C'est l'Allemagne qui en possède la plus grande variété; ce pays est encore aujourd'hui, comme en 1867, le plus avancé de tous sous ce rapport, mais il semble qu'on ne tardera pas beaucoup à l'égaler. On doit citer entre autres les œuvres savantes de Kiepert, celles de Raaz qui rendent le relief du terrain avec vigueur, celles de Möhl dont les détails sont soignés et qui avec leurs montagnes à l'estompe produisent un grand effet; à l'égal de toutes, sinon au-dessus, se placent celles de l'établissement de J. Perthes, les unes bien connues depuis longtemps et dues au colonel de Sydow qui, le premier, s'est appliqué à représenter non pas seulement le contour des terres, mais aussi leur relief, les autres dressées par divers savants, parmi lesquelles on doit citer la mappemonde de Berghaus, l'Europe de Kiepert, l'Europe centrale de Petermann, l'empire d'Allemagne de Wagner, dont la lettre, qui est petite, laisse toute son importance à la géographie physique, l'empire austro-hongrois de Dolezal, qui est d'un effet juste, le grand-duché de Hesse à $\frac{1}{110\,000}$ de Debes, la Bavière rhénane à $\frac{1}{100\,000}$ de Möhl, les provinces de Hanovre par Güthe et de Schleswig-Holstein par F. Handtke, etc.

Russie. — Le grand éditeur de Saint-Pétersbourg, M. Illine, a publié plusieurs cartes murales qui témoignent du désir d'enrichir le matériel pédagogique russe de bons modèles.

Pays scandinaves. — Le Bureau privé pour l'arpentage et la confection des cartes de Christiania exposait une bonne carte murale de la Suède et de la Norwège, et on doit à M. Mentzer une grande carte muette de toute la péninsule à $\frac{1}{1\,250\,000}$.

Royaume-Uni de la Grande-Bretagne et de l'Irlande. — Les cartes murales anglaises, telles que celles qu'exposait M. Stanford, sont

Gr. II. — Cl. 16.

claires, quoique un peu lourdes; ne donnant, ainsi qu'il convient, que les traits principaux des pays, elles se comprennent bien de loin. Nous devons mentionner d'une manière particulière sa carte orohydrographique des Îles Britanniques obtenue par la photographie d'un relief éclairé obliquement, qui est très claire et d'un bon effet.

Pays-Bas. — La Hollande a donné un excellent exemple: chacune de ses communes a son plan établi à grande échelle dans le style mural à l'usage de l'enseignement primaire, que toutes les écoles peuvent se procurer à un prix minime.

Belgique. — La Belgique a une bonne série de cartes scolaires murales qui ont appelé l'attention du jury; elles représentent la mappemonde, l'Europe, la France et la Belgique et ont été dressées par le frère Alexis.

La mappemonde contient non seulement un planisphère politique et commercial, où sont marqués les grands États du globe, les principales villes, les produits commerciaux, les grandes lignes de navigation et les chemins de fer intercontinentaux [1], mais encore la Terre représentée d'après plusieurs systèmes de projection, la Terre isolée dans l'espace, vue sous sa forme sphéroïdale (figure qui peut au besoin, comme nous l'avons déjà dit, remplacer un globe), les hémisphères occidental et oriental en projection stéréographique avec des teintes hypsométriques qui font voir d'une manière sommaire la distribution générale des terres hautes et des terres basses. Des figures cosmographiques représentant le soleil entouré de ses planètes, les mouvements de la terre et de la lune, les vents généraux, les grands courants marins, etc., la complètent utilement.

La carte de l'Europe donne les traits principaux de l'hypsométrie, du climat et des cultures de notre continent. Les terrains y sont nettement partagés en trois zones par des teintes différentes

[1] Sur ce planisphère, l'Europe figure à droite et à gauche, afin de faciliter les voyages autour du monde, soit par l'est, soit par l'ouest.

que séparent deux courbes de niveau de 300 et de 1 000 mètres[1]: des cotes altitudinales indiquent les points culminants; un coup d'œil suffit donc à l'enfant le moins exercé pour y saisir la division essentielle du continent en régions de plaines, régions de plateaux et régions de hautes montagnes. La profondeur des mers y est aussi indiquée. Deux annexes donnent, l'une, les lignes isothermes, la direction des vents dominants, les courants marins, la quantité proportionnelle de pluie qui tombe sur les diverses régions[2] et en outre la division agricole et industrielle en grandes zones[3], l'autre, les divisions politiques avec la population absolue et relative.

La carte de la Belgique à $\frac{1}{160\,000}$, qui est tout à la fois physique, hypsométrique et politique, est aussi très bien comprise; elle permet d'étudier l'état agricole, industriel et commercial de ce pays dans ses rapports avec la nature et les productions du sol, la densité de la population, etc.; elle est accompagnée de trois petites cartes intructives, donnant, l'une, l'hydrographie du pays et le réseau des voies navigables, l'autre, la constitution géologique du sol et les diverses cultures, et la troisième, la répartition des industries.

Le Dépôt de la guerre belge a publié une carte altimétrique du royaume à $\frac{1}{160\,000}$, où une série de teintes correspond respectivement aux altitudes de 5 à 20 mètres, de 20 à 100 mètres, de 100 à 200 mètres, etc., jusqu'à celles de 500 à 600 mètres, et où de plus une teinte bleue indique la partie du pays qui serait recouverte par les eaux si la mer rompant les digues s'étendait librement à marée haute; elle a une importance réelle pour l'enseignement de la géographie dans les écoles.

Suisse. — Il y a déjà cinquante ans que les cartes de Keller couvrent les murailles des écoles suisses; ces excellentes cartes, qui représentent à grands traits les principales lignes du sol, et

(1) C'est le frère Alexis qui, le premier, a appliqué aux cartes scolaires murales les courbes de niveau dans le but d'apprendre aux enfants à lire les cartes topographiques.

(2) Ces données sont utiles pour se faire une idée du climat de l'Europe.

(3) On peut ainsi saisir d'un coup d'œil la condition relative des divers États européens.

Gr. II.
—
Cl. 16.

d'où sont éliminés les détails inutiles, donnent aux enfants une connaissance générale du monde terrestre[1] et surtout de leur pays. Le tracé en est exact, la figure du terrain y fait relief et les noms sont bien distincts. Outre la carte de la Suisse à $\frac{1}{200\,000}$ en huit feuilles, on doit au même auteur les cartes murales de divers cantons, en particulier celles de Lucerne et de Zurich. A chaque nouvelle édition[2], on fait les modifications nécessaires pour les mettre au niveau de la science.

M. Ziegler et ses successeurs, MM. Wurster et Randegger, sont, après Keller, les éditeurs qui ont publié le plus de cartes scolaires; nous pouvons citer la carte de la Suisse à $\frac{1}{200\,000}$ de Ziegler, qui est plus complète, plus artistique, mais peut-être moins appropriée à l'enseignement précisément à cause de l'abondance des détails[3]. Les cartes des cantons de Saint-Gall, d'Appenzell et de Zurich qu'exposaient MM. Wurster et Randegger sont au contraire dans le vrai style mural.

Autriche-Hongrie. — L'Autriche a de bonnes cartes murales, telles que celles très précises et très claires du colonel Scheda (mappemonde, cartes de l'Europe et de l'Europe centrale) et celles de l'empire austro-hongrois par M. Shultz, de la basse Autriche par M. Steinhauser, de la Bohême et de la Styrie par M. Kozenn. Nous devons aussi mentionner les cartes hypsométriques de M. Steinhauser[4] qui méritent aussi des éloges, quoiqu'elles soient trop surchargées de détails pour l'enseignement de la géographie.

M. P. Gönczy, en se servant du fond des cartes de Dolezal, a établi trois bonnes cartes murales de l'Europe, de l'empire austro-hongrois et de la Hongrie en langue magyare.

(1) Il a paru cette année (1878) une nouvelle édition de la carte murale de l'Europe à $\frac{1}{3\,500\,000}$.

(2) Il vient de paraître en 1877 une nouvelle édition de la carte de Suisse.

(3) Une seconde édition de cette carte de Ziegler vient de paraître (1878). M. Ziegler a aussi publié une carte hysométrique de la Suisse à $\frac{1}{380\,000}$, où les altitudes sont divisées en neuf zones, et qui montre combien est peu étendue la partie de ce pays qui est habitable (moins de la moitié).

(4) On peut citer entre autres celle de l'Europe centrale à $\frac{1}{1\,600\,000}$, en six feuilles, où dix-sept teintes différentes marquent dix-sept zones de hauteurs depuis le niveau de la mer jusqu'au sommet du mont Blanc. Ces cartes sont éditées par MM. Artaria et Cie.

Russie. — M. Illine, le grand éditeur de Saint-Pétersbourg, qui s'occupe avec succès de doter son pays d'un bon matériel d'enseignement géographique, vient de publier (1878) une carte murale de la Russie à $\frac{1}{2\,520\,000}$, en quatre feuilles, où sont marquées neuf zones distinctes au moyen de teintes hypsométriques, et MM. Delitsch et von Frœdau en ont aussi établi une à $\frac{1}{3\,000\,000}$, qui est très claire et où le relief du sol, depuis le niveau de la mer jusqu'au sommet de l'Elbrous, est figuré au moyen de cinq teintes.

Italie. — La carte murale de l'Italie par MM. Schiaparelli et Mayr à $\frac{1}{750\,000}$ est assez bonne, mais leurs cartes d'Europe et du monde laissent un peu à désirer.

Espagne et Portugal. — Le colonel Coello a dressé une carte murale très satisfaisante de l'Espagne et du Portugal; on a aussi pour ce dernier royaume celle de M. de Bettencourt qui est simple et claire.

France. — La cartographie murale avait été négligée en France jusqu'en 1870. A cette époque, nous ne possédions en effet qu'une seule carte digne de figurer dans les écoles, c'était celle de France par M. E. Cortambert qui est justement estimée pour l'enseignement primaire. Depuis, le matériel scolaire a été renouvelé, et l'on peut citer les cartes en chromolithographie de M. Erhard, la carte hypsométrique de France du frère Alexis, la carte d'Europe de Naud-Évrard, mais c'est surtout à M. Levasseur que l'on doit les progrès qui ont été faits dans cette voie; parmi les publications de ce savant géographe, nous mentionnerons la carte de la Terre, celle de l'Europe, celle de l'Asie et celle de la France qui sont tout à la fois des cartes physiques, politiques et économiques, ne montrant au premier coup d'œil que les choses les plus importantes, mais contenant cependant de nombreux détails[1]. Dans la carte de France, on trouve en effet l'indication des chemins de fer, des

[1] Des teintes bleues dégradées y marquent les courbes de profondeur dans la mer.

Gr. II. — Cl. 16.

champs de bataille, des lieux historiques, des mines, des principales industries et des sièges administratifs. M. Levasseur a aussi dressé dans le style mural les cartes d'une vingtaine de départements pour faciliter le nouvel enseignement géographique qui, comme nous l'avons exposé plus haut, part de la commune et du département[1]; l'élévation et le relief des montagnes y sont indiqués tout à la fois par des teintes hypsométriques et par des hachures; quoique les noms de toutes les communes s'y trouvent, il n'y a pas de confusion, les noms des chefs-lieux d'arrondissement et des chefs-lieux de canton étant écrits en caractères beaucoup plus gros et frappant seuls de loin les regards. Sa carte des colonies françaises à grande échelle est également très utile pour l'enseignement.

Mme v^ve^ Belin exposait une carte hypsométrique et routière de la France à $\frac{1}{800\,000}$ qui témoignait d'efforts très dignes d'encouragements. Cette carte, qui est imprimée en 17 couleurs, est harmonieuse à la vue; on pourrait lui reprocher la multiplicité des détails qui, ne laissant pas les zones se détacher assez nettement, nuit un peu à l'ensemble[2].

Nous devons noter ici avec éloges les tentatives faites par M. Hansen, d'une part[3], et par M. Marsoulan, d'autre part[4], pour faire des papiers de tenture géographiques; il n'est pas douteux qu'on arrivera à produire ainsi à très bon marché des cartes murales qui pourront tapisser, au plus grand bénéfice des enfants et des ouvriers, les salles d'école, de mairie, d'attente dans les bâtiments publics, etc.

Amérique et Indes néerlandaises. — Pour les pays hors de l'Eu-

(1) Les cartes des communes ne peuvent naturellement être que manuscrites.

(2) Les auteurs y ont indiqué les cours d'eau, les massifs de forêts, les lignes des chemins de fer, les canaux, les routes et chemins de toute espèce, les divisions politiques, les villes et la plupart des villages; en outre les courbes, au nombre de 16, sont trop rapprochées pour cette échelle.

(3) La carte de France à $\frac{1}{500\,000}$, imprimée en 12 couleurs, dont M. Hansen exposait un fragment, doit coûter à l'éditeur 2 francs; elle mesure 2^m^50 de côté.

(4) M. Marsoulan a publié la mappemonde et les cinq parties du monde sur fond noir au prix de 2 francs environ le mètre carré; chacune des cartes mesure 1^m^80 sur 1^m^30.

rope, nous devons citer en première ligne les cartes murales des États-Unis de M. Guyot, qui rappellent celles du colonel de Sydow et qui, malgré leur aspect lourd et peu agréable, sont expressives[1], ainsi que celles de Java[2] et des Indes néerlandaises[3].

On voyait à l'Exposition les cartes du Canada et des États-Unis qu'a publiées le Département de l'instruction de Toronto et celle du Mexique par M. Erhard qui ne sont pas sans utilité pour l'enseignement élémentaire. M. Ernst Nolt, imprimeur-lithographe de Buenos-Ayres, d'une part, et un professeur de la même ville, M. Grondona, d'autre part, ont essayé d'établir une carte murale de l'Amérique du Sud qui figurait à la section argentine et dont on se sert dans les écoles du pays.

Atlas scolaires. — Depuis quelques années, les efforts se sont portés d'une manière toute particulière sur l'amélioration des atlas scolaires, et l'on a pu constater à l'Exposition que les éditeurs de la plupart des pays ont fait de grands progrès sous ce rapport.

Royaume-Uni de la Grande-Bretagne et de l'Irlande. — MM. G. Philip et fils ont commencé en Angleterre la publication à bon marché de petits atlas destinés à l'enseignement primaire, qui contiennent 16 cartes pour le prix modéré de 60 centimes[4].

On doit encore citer les cartes de M. Bartholomew et le *School physical Atlas* de Keith Johnston, qui sont très répandus dans les écoles. On a aussi commencé à publier des géographies spéciales des comtés anglais avec carte; nous citerons celles de M. Fergusson qui sont faites avec soin.

[1] Les vallées et les terres basses y sont teintées en vert, et les montagnes en bistre avec des lumières blanches sur les hautes crêtes; les pentes sont plus ou moins fortement ombrées suivant leur inclinaison. Nous devons surtout appeler l'attention sur son *Amérique du Nord* et sur ses *États-Unis*, qui sont exécutés avec habileté.

[2] La carte de Java est à $\frac{1}{478000}$.

[3] Ces cartes ont été dessinées par M. Rosskopf, de Batavia, et éditées par M. J. von Schmidt auf Altenladt.

[4] MM. Philip et fils exposaient aussi la série des cartes des comtés (*Educational county maps*), qui ne coûtent que 10 centimes, mais qui demanderaient à être traitées avec plus de soin.

Suède. — Les atlas à l'usage des écoles qu'exposait M. A. Hudberg de Stockholm sont rédigés avec soin et bien gravés.

Pays-Bas, Belgique et Russie. — En Hollande MM. Kuijper et Posthumus et en Belgique le frère Alexis Marie ont dressé de bonnes cartes scolaires. M. Illinc a aussi porté ses soins de ce côté.

Allemagne. — En Allemagne, cette branche de la cartographie classique est aussi avancée que les autres; les célèbres établissements de MM. J. Perthes et Reimer en éditent un grand nombre, et MM. Nitzschke, de Stuttgard, méritent une mention spéciale pour leurs œuvres de vulgarisation. Tout le monde connaît et apprécie les atlas scolaires de Stieler, de Sydow, d'Adami et Kiepert, de Lange, etc.

Autriche-Hongrie. — En Autriche, on se sert dans les écoles des petits atlas de Steinhauser, où l'orographie est bien traitée, mais auxquels on pourrait reprocher les écritures trop fines, de ceux du *Schülbücherverlag* du Ministère de l'instruction publique, de ceux de Vogel ou de ceux de Kozenn. Dans les écoles hongroises, on se sert du petit atlas de Stieler traduit en langue magyare par M. Gönczy.

Suisse. — La Suisse est un des pays les mieux outillés sous ce rapport. MM. Wurster, Randegger et Cie exposaient des atlas qui ont fixé justement l'attention; ceux de M. Wettstein, dont l'un contient douze feuilles et l'autre vingt-cinq [1], contiennent en effet sous leur petit volume une masse considérable de documents : le premier montre aux élèves la Terre suivant plusieurs projections (stéréographique, orthographique, homalographique, de Mercator, etc.), ce qui les amène à faire d'utiles comparaisons, il les initie au moyen de feuilles spéciales à l'art de la représentation du terrain et à la lecture des cartes, il donne les cartes hypso-

[1] L'atlas de douze feuilles coûte 1 franc, et celui plus complet en vingt-cinq feuilles, 2 fr. 25 cent.

métriques de la Suisse et des autres pays [1]; le second contient en outre une carte céleste, une carte météorologique, une carte marine, des modèles de dessin topographique d'après le système des courbes et d'après celui des hachures, etc. Gr. II. — Cl. 16.

Italie, Espagne et Portugal. — L'Italie [2], l'Espagne et le Portugal ne sont pas sous ce rapport au niveau des autres pays de l'Europe.

France. — En France, le jury a constaté de grands progrès; les atlas de M. Levasseur, de MM. Dubon et Lacroix, de MM. Drioux et Leroy, de M. E. Cortambert, de M. Foncin, de M. Périgot, de M. Vuillemin [3], etc., sont conçus sur un plan favorable aux études tant primaires que secondaires; ils présentent en effet l'enseignement de la géographie sous une forme tout à la fois simple et complète. Ceux qui sont destinés à l'enseignement primaire ont surtout de réelles qualités pédagogiques, et ils sont justement appréciés pour les débutants; les leçons, exposées très simplement et sans détails inopportuns, y sont accompagnées de nombreux devoirs, formés de questions auxquelles les élèves doivent répondre oralement ou par écrit, et de cartes peu chargées de mots, placées en regard afin qu'ils ne lisent pas ou n'écrivent pas un seul nom géographique sans les consulter. On a aussi établi, à un prix très minime [4], des séries de cartes muettes qui sont très utiles pour l'enseignement; elles sont d'un format suffisamment grand et imprimées en bleu au recto et au verso; le travail des élèves fait à l'encre noire y ressort donc parfaitement. Nous devons aussi citer avec éloges les petites géographies départemen-

[1] Les régions d'un niveau inférieur à 300 mètres sont teintées en brun.

[2] Les anciens atlas de Vallardi et de Maggi, qui étaient si imparfaits, sont aujourd'hui remplacés par les publications meilleures, quoiqu'elles laissent encore à désirer, de MM. Schiaparelli et Mayr, mais ce sont toujours les cartes éditées en langue italienne par l'établissement de J. Perthes, de Gotha, qui sont préférables.

[3] En publiant l'atlas des bassins des grands fleuves de France et d'Europe par M. Vuillemin, MM. Delalain ont fait une œuvre utile.

[4] Chaque feuille, qui comprend en réalité deux cartes muettes, coûte 5 centimes, et moitié prix lorsqu'on en prend un certain nombre.

Gr. II. — Cl. 16.

tales, publiées sous la direction de M. Levasseur, qui doivent être accompagnées de petits atlas comprenant chacun 13 cartes[1].

Pour l'enseignement secondaire, l'un des ouvrages les plus importants que nous ayons à citer, est le Cours complet de géographie de M. Levasseur, qui est divisé en trois années, une pour la France, une pour l'Europe, une pour la Terre, et où le savant auteur insiste sur chaque contrée en proportion non de l'étendue, mais de l'intérêt qu'elle nous présente; suivant l'ordre logique de la science, il y traite d'abord de la géographie physique, puis de la géographie politique comprenant l'histoire, et en troisième lieu de la géographie économique comprenant l'administration. La première partie, *La France avec ses colonies,* est un ouvrage d'ensemble fort complet et exact dont on ne saurait trop louer la conception; un abrégé en a été publié à l'usage des classes inférieures. De l'*Atlas national,* qui doit servir à l'intelligence de la géographie et de la statistique de la France et de ses colonies, il n'a encore paru qu'un fascicule de 8 planches comprenant 114 cartes, qui montrent l'ensemble des forces productives de notre pays et le rapport de ces forces entre elles, depuis le climat et le sol jusqu'à l'instruction, à la religion et à la moralité dans chacun des groupes de la population française[2]. Les deux autres parties sont également accompagnées d'atlas, l'un de 34 cartes pour l'Europe (moins la France), l'autre de 32 cartes pour la Terre (moins l'Europe).

La multiplicité des productions cartographiques destinées aux écoles primaires et secondaires ne nous permet pas du reste de citer toutes les heureuses tentatives faites pour améliorer l'enseignement de la géographie en France, qui, grâce à elles, fait chaque jour des progrès remarquables.

Amérique. — Les États-Unis d'Amérique sont riches en cartes scolaires; en effet, M. Guyot a établi autant d'atlas qu'il y a de degrés dans l'enseignement. Ces atlas sont destinés à illustrer les

(1) Cinq de ces géographies départementales ont déjà paru.

(2) De ces 114 cartes, qui sont le fruit de recherches longues et consciencieuses, 15 sont consacrées à la météorologie, 30 à l'agriculture, 24 à l'industrie, 12 au commerce, 33 à l'administration et à la population.

cartes murales qui sont appendues dans toutes les écoles; on y trouve, avec un texte explicatif, une reproduction plus fine et plus détaillée de ces cartes et un grand nombre d'images représentant les sites, les monuments, les races, les productions naturelles, les animaux et les plantes des pays qu'elles représentent.

Atlas universels. — Il y a dix ans, les œuvres d'ensemble originales et d'une valeur incontestable étaient rares partout, et la plupart des atlas universels n'étaient que des compilations peu ou point tenues au courant et très pauvres en informations nouvelles; ils étaient presque tous en retard de plusieurs années : l'absence de date sur les cartes était du reste un aveu de leur insuffisance. Il n'est pas en effet d'œuvre plus difficile et plus laborieuse que d'établir la série des cartes des diverses parties de la Terre avec la masse considérable de matériaux qui va croissant chaque jour. L'Allemagne seule était alors en possession d'atlas établis avec soin et mis au courant chaque année; ceux de Stieler et de Kiepert ont été justement appréciés à l'Exposition de 1867. Aujourd'hui qu'une large part est faite partout dans l'éducation aux études géographiques, une transformation intéressante a commencé; ce n'est pas qu'il ne reste encore beaucoup à faire, car on ne peut créer en quelques années un nouveau matériel, mais les efforts sont visibles, surtout en France, et nous devons nous en féliciter.

En Angleterre, on n'a aucune nouvelle publication de ce genre à enregistrer; l'un des meilleurs et des plus complets est toujours le *Royal Atlas* de Keith Johnston, d'une bonne exécution, mais qui pèche un peu au point de vue scientifique; celui d'Arrowsmith a vieilli; celui de Hughes mérite une mention à cause de ses tables alphabétiques où sont inscrits tous les noms que contiennent ses cartes avec l'indication des coordonnées géographiques, tables qui sont très utiles pour faciliter et abréger les recherches et dont est aussi accompagné du reste le *Royal Atlas;* il serait à souhaiter qu'on annexât un semblable répertoire à toutes les cartes.

C'est toujours, aujourd'hui comme il y a dix ans, de l'établissement de J. Perthes à Gotha que nous vient l'atlas le plus exact

Gr. II. — Cl. 16.

et le plus détaillé qui ait été publié jusqu'à ce jour, l'atlas universellement apprécié de M. Stieler, où se trouvent les excellentes cartes de MM. Vogel, Stüpnagel, Berghaus et Petermann: on ne peut leur reprocher que d'être tellement détaillées qu'elles en deviennent un peu confuses. Entre les autres publications géographiques allemandes qui brillent par l'exécution, l'exactitude et le bon marché relatif, nous devons citer l'excellent atlas de M. Kiepert qu'édite M. Reimer.

En Suisse, l'atlas de Keller qui a été si longtemps en usage est remplacé avantageusement aujourd'hui par l'atlas universel de Ziegler, en 29 feuilles, qui est plus au niveau des connaissances actuelles.

En Autriche, l'atlas dressé par MM. Scheda et Steinhauser a les qualités de précision scientifique des œuvres allemandes; mais la multiplicité des détails et la finesse des écritures en rendent la lecture pénible, et il lui manque souvent cette clarté qu'ont d'ordinaire les cartes françaises et qui tient à une élimination raisonnée des détails.

En Russie, le colonel Illine met la dernière main à un grand et bel atlas qui comprendra environ 75 cartes.

Parmi les œuvres françaises récentes, ce sont les épreuves de plusieurs des cartes de l'atlas encore inédit de M. Vivien de Saint-Martin qui ont le plus attiré l'attention. La publication de cet atlas qui doit comprendre 112 grandes cartes a commencé en janvier 1877; mais les dessins que MM. Hachette et Cie (1) avaient fournis aux graveurs et qui étaient très artistiques n'avaient pas été suffisamment étudiés et contenaient des imperfections géographiques. Avertis, les éditeurs n'ont pas hésité à soumettre les cartes, dont beaucoup étaient déjà gravées, à une critique scrupuleuse et à rectifier les erreurs qui leur avaient été signalées; on a tout lieu d'espérer que cette œuvre sera pour nous, lorsqu'elle sera terminée, ce qu'est l'atlas de Stieler pour l'Allemagne, avec plus de netteté et plus de clarté, qualités pratiques entre toutes

(1) MM. Hachette et Cie préparent une réduction de cet atlas universel, où les cartes plus simples, également gravées sur cuivre, seront tirées à la machine.

pour un atlas. Toutes les planches, même celles des teintes, sont gravées en taille-douce sur cuivre; celle de la Suisse, due au burin de E. Collin qui y a travaillé pendant dix ans, est un des chefs-d'œuvre de l'art cartographique moderne, non seulement au point de vue de la délicatesse de la gravure et de l'harmonie des tons, mais aussi à cause de l'exactitude du dessin dans les moindres détails; le relief du terrain y est exprimé par des hachures très fines éclairées d'après le système de la lumière oblique. Les autres atlas universels de Garnier (dit *sphéroïdal*), de Brué, de Babinet (en projection homalographique), etc., quoique revus avec soin, laissent forcément à désirer. La librairie Rothschild a publié une édition française de l'atlas anglais de Hughes dont nous avons parlé plus haut, et dont l'usage est facilité, comme dans l'édition anglaise, par une table alphabétique des noms géographiques avec leurs coordonnées.

Comme atlas spéciaux, nous devons citer : l'atlas départemental de la France par M. Ad. Joanne, qui a une valeur particulière par l'exactitude des renseignements qu'il renferme; celui très complet de la France économique par M. Levasseur; ceux de la Suède par le lieutenant von Mentzer et par Magnus Roth[1]; celui du Danemark par Bull; celui de l'Allemagne par MM. R. Andree et O. Peschel, dont la 1re livraison comprenant 27 cartes a paru en 1877 et qui résume toutes les données physiques et statistiques sur l'empire; celui des Pays-Bas de Kuijper, qui est aussi accompagné de cartes statistiques et économiques; celui de la Belgique par H. Manceaux; celui encore en cours d'exécution de l'Espagne et de ses colonies, dont nous avons eu occasion de faire l'éloge très mérité, par M. le colonel Coello, etc.

En Amérique, on a publié un certain nombre d'atlas des États-Unis; mais les cartes sont plutôt établies au point de vue économique et administratif qu'au point de vue physique; l'orographie y est en effet très négligée. MM. Asher et Adams en exposaient plusieurs à $\frac{1}{360\,000}$ que complétaient des tableaux statistiques et des renseignements sur la topographie, sur le climat et sur les produc-

[1] Il n'a encore paru que dix feuilles de l'atlas de M. M. Roth, qui est à $\frac{1}{400\,000}$.

Gr. II. — Cl. 16.

tions de chaque État[1]. Citons encore l'atlas de la république mexicaine qu'exposait M. A. Garcia Cubas et qui comprend dix cartes à très petite échelle, exécutées avec soin[2]; celui du Brésil par Mendez d'Almeida, celui du Pérou par Paz Soldan, celui de la république Argentine en 30 feuilles par Martin de Moussy, et surtout celui des Indes nérlandaises en 31 feuilles de MM. Melvill van Carnbee et W. F. Versteeg, qui est une œuvre d'un grand mérite, et celui de l'Inde anglaise à $\frac{1}{253440}$.

§ 8. CARTES SPÉCIALES.

Nous sommes à peu près arrivés au bout de l'examen des principales œuvres de la cartographie géographique, mais la classe 16 comprenait en outre un grand nombre de cartes appliquées aux besoins de la science et de l'industrie, dont nous ne pouvons donner qu'un aperçu très sommaire sous peine d'allonger indéfiniment ce rapport déjà si long, mais que nous ne pouvons cependant passer tout à fait sous silence. Ces cartes spéciales, qui avec une juste raison tendent à se répandre, sont simples et ont par conséquent toute la clarté désirable.

Cartes des voies de communication. — On publie aujourd'hui un grand nombre de cartes spécialement destinées à donner le tracé des voies de communication qui sillonnent les pays civilisés: elles nous montrent le développement vraiment extraordinaire qu'ont pris depuis quelques années les chemins de fer et les lignes télégraphiques et l'extension chaque jour plus grande du réseau des routes terrestres et maritimes. Outre les cartes générales qui indiquent le parcours des lignes régulières de steamers et le tracé des câbles sous-marins[3], il y a un grand nombre

[1] *New commercial and statistical Atlas and Gazetteer; New railroad Atlas.* Ils ne valent pas au point de vue de l'exécution l'ancien atlas de Bradford qui date de 1838.

[2] Ces cartes donnent l'orographie, l'hydrographie, les divisions administratives, les voies de communication et le mouvement maritime, la répartition des cultures, l'emplacement des mines, la distribution des races, les divisions ecclésiastiques, la statistique de l'instruction publique et l'histoire; il est encore manuscrit.

[3] M. Bartholomew a publié une *Library Chart of the World on Mercator's projection*, où sont marqués les sondages faits en eau profonde par les officiers du *Tus-*

de cartes particulières, le plus souvent établies dans les divers ministères de l'intérieur, qui donnent pour chaque pays le réseau des routes, celui des chemins de fer, des lignes postales et télégraphiques, etc.

Parmi les cartes des voies de communication exposées en 1878, on a remarqué celle de la Suède, de la Norwège et du Danemark à $\frac{1}{1\,000\,000}$ en 6 feuilles par M. A. Hahr[1], celle du Danemark par M. Tryde, celle du royaume de Saxe à $\frac{1}{160\,000}$ en 9 feuilles par M. F. Handtke, celles des Pays-Bas par les Ponts et chaussées et par l'Institut topographique néerlandais[2], celle de la Belgique[3] qui est à $\frac{1}{160\,000}$ en 4 feuilles, celle des étapes de l'empire austro-hongrois en 56 feuilles à $\frac{1}{300\,000}$ (1878), où sont indiqués les cours d'eau, les chemins de fer et les routes, celles de l'Autriche-Hongrie et de la Russie qui donnent l'ensemble des voies ferrées, des fils télégraphiques établis et des stations[4], celle de la Turquie publiée par l'Administration des postes et des télégraphes et celles de l'Espagne, l'une publiée par le Dépôt de la guerre à $\frac{1}{500\,000}$ en 20 feuilles, qui sert pour les étapes des troupes et qui contient tout le réseau hydrologique et routier ainsi que les centres de population, l'autre par les Ponts et chaussées à $\frac{1}{300\,000}$ où sont représentés les routes de 1re, de 2e et de 3e classe, les chemins de fer, les canaux de navigation et d'irrigation et les phares. Citons aussi les cartes de la Silésie et du Brandebourg par M. C. Lehmann

carora, du *Challenger*, etc.; c'est une bonne compilation. On voyait aussi à l'Exposition les planisphères très estimables de Châtelain et d'Andriveau Goujon, également rédigés à l'usage du commerce.

(1) Il existe aussi une carte officielle donnant le réseau télégraphique de la Suède, une carte des chemins de fer de la Norwège par M. Pihl, et une carte des routes et chaussées par M. Kragh.

(2) L'une donne les routes, les canaux et les polders; une autre, à $\frac{1}{250\,000}$, montre la répartition des bureaux de poste; une troisième, à la même échelle, indique les lignes télégraphiques avec toutes les stations, le nombre des fils, les bureaux qui ont un service de jour et de nuit et ceux qui ont un service limité : cette dernière, qui est très détaillée et très précise, peut être prise comme modèle sous ce rapport.

(3) Éditée par le Dépôt de la guerre. M. Andries a aussi publié une carte des chemins de fer belges avec l'indication des distances, des bureaux télégraphiques, etc.

(4) M. Illine a publié deux cartes des chemins de fer russes, la première à $\frac{1}{1\,200\,000}$ en 1874, la seconde à $\frac{1}{6\,300\,000}$ en 1875. Une autre carte à $\frac{1}{4\,200\,000}$ donne, outre les divisions administratives, toutes les voies de communication.

qui donnent l'indication des chemins de fer et des postes dans ces deux provinces, celle du royaume de Saxe à $\frac{1}{160\,000}$, en neuf feuilles chromolithographiées, par M. F. Handtke, etc.

En Suisse, les cartes routières de Keller, qui sont célèbres depuis soixante-cinq ans, et dont les nombreuses éditions ont été successivement améliorées, sont remarquables par leur clarté; celles de M. Leuzinger[1], de MM. Wurster et Randegger[2] et de M. Bædecker[3], qui peuvent servir à toutes fins, offrent une orographie plus complète et portent plus de détails, mais un peu au détriment des notations utiles aux voyageurs, et elles sont par conséquent moins claires au point de vue de la distribution des voies et communications. Le Bureau d'état-major fédéral, M. Mullhaupt et M. Leuzinger ont publié des cartes des chemins de fer de la Suisse respectivement à $\frac{1}{250\,000}$ en 4 feuilles, à $\frac{1}{300\,000}$ et à $\frac{1}{800\,000}$. Citons encore la carte officielle des lignes télégraphiques, la carte postale de MM. Wurster et Randegger et la carte des chemins de fer de l'Europe centrale à $\frac{1}{1\,000\,000}$ par M. Keller[4].

En Italie, on a établi une grande carte des routes obligatoires en 73 feuilles à $\frac{1}{150\,000}$ pour la partie continentale et en 6 feuilles à $\frac{1}{250\,000}$ pour l'île de Sardaigne, une carte des lignes télégraphiques à $\frac{1}{400\,000}$ et une grande carte postale.

La section française contenait plusieurs cartes de ce genre. Notre Dépôt de la guerre a publié une nouvelle édition de la carte des étapes à $\frac{1}{1\,200\,000}$[5], qui comprend l'Europe centrale (1875), et une carte des chemins de fer à $\frac{1}{1\,600\,000}$[6] avec l'indication de toutes

(1) Les cartes de M. Leuzinger sont plutôt physiques.

(2) Les cartes de MM. Wurster et Randegger sont plutôt politiques.

(3) Les cartes de M. Bædecker sont plutôt topographiques.

(4) M. Gerlach, d'Utrecht, a également publié une carte des chemins de fer de l'Europe centrale avec l'indication de la distance entre les stations.

(5) Le Dépôt de la guerre a fait, en outre, reproduire galvanoplastiquement les dernières planches de la carte à $\frac{1}{320\,000}$, lorsqu'elles ne portaient encore que la planimétrie et la lettre; on a ainsi à peu de frais une bonne carte routière. L'Institut militaire topographique d'Autriche s'est aussi servi du même procédé rapide et économique pour se procurer une excellente carte routière de la Bohême, de la Valachie, etc.

(6) Cette carte, qui est gravée sur cuivre, est tenue constamment à jour; le Dépôt en a publié une seconde édition, à échelle plus grande, imprimée en huit couleurs, sur laquelle le réseau de chaque compagnie est indiqué par une teinte différente.

les stations. Le Service de la statistique et de l'économie générale du Ministère des travaux publics a dressé une carte générale des voies de communication de la France à l'échelle de $\frac{1}{320\,000}$ (1), où sont marqués les voies terrestres, fluviales et maritimes ainsi que les phares, dont la portée lumineuse est indiquée au moyen de cercles; elle porte les chefs-lieux de département, ceux d'arrondissement et tous les ports de mer; un volume de texte résume les principaux faits historiques, techniques, administratifs et commerciaux qui se rattachent à ces voies de communication. Outre cette carte générale, le même service a établi quatre cartes particulières dont trois sont à l'échelle de $\frac{1}{1\,250\,000}$, l'une donnant les chemins de fer d'intérêt général, l'autre les chemins de fer d'intérêt local que des teintes différentes distinguent les uns des autres (2), la troisième le réseau hydrographique des canaux et des rivières avec l'indication de la partie navigable et de la partie flottable (3), et dont la quatrième, à $\frac{1}{1\,390\,000}$, indique les routes nationales; ces cartes, qui sont gravées sur pierre et imprimées en couleurs, sont constamment tenues à jour.

Les départements de la Savoie et de la Haute-Savoie ont chacun une carte routière à $\frac{1}{150\,000}$ qui est réduite des feuilles de l'État-major italien rectifiées et complétées pour le tracé des routes et la dénomination des lieux.

Dans le pavillon de la ville de Paris, on voyait la carte à $\frac{1}{25\,000}$ des chemins vicinaux du département de la Seine, le plan de Paris à $\frac{1}{10\,000}$ où était indiqué l'ensemble des chemins de fer métropolitains et la carte à $\frac{1}{5\,000}$ du réseau des égouts.

Citons encore la carte à $\frac{1}{500\,000}$ de la partie nord et nord-est de la France et de la Belgique dressée par M. Picard pour l'usage de la Compagnie du chemin de fer du Nord, où les deux pays sont repré-

(1) Cette carte a été dressée sous la direction de M. de Dartein. L'Administration des postes en a publié une autre.

(2) On a eu soin de faire ressortir, au moyen de teintes plates, les départements qu'il importait de détacher à cause du caractère spécial des chemins de fer d'intérêt local.

(3) Des teintes spéciales distinguent les voies navigables administrées par l'État de celles qui sont concédées à des compagnies. On y a aussi indiqué la navigation maritime à l'embouchure des fleuves.

sentés sans interruption de frontière et où toutes les voies ferrées de son réseau sont marquées avec tout le détail nécessaire. Nous pourrions augmenter beaucoup la liste de ces cartes, mais l'espace dont nous disposons ne nous le permet pas.

Hors de l'Europe, on a encore peu de cartes routières. Nous ne citerons que celle de l'Algérie à $\frac{1}{800\,000}$, établie au Dépôt de la guerre de France, où l'on trouve l'indication de toutes les voies de communication de notre colonie et des nouveaux centres d'agglomérations [1], celle de l'Inde à $\frac{1}{2\,027\,500}$ qui a été dressée par les officiers du Bureau topographique de Calcutta et qui donne les voies de communication et le tracé des lignes de chemins de fer de ce vaste empire, celle des étapes de Java à $\frac{1}{500\,000}$ par le gouvernement néerlandais, celle de la colonie de Sud-Australie par M. Goyder, et celles publiées aux États-Unis par l'Administration des postes (*Post-route maps* [2]); nous citerons encore pour ce dernier pays celle de M. Colton à $\frac{1}{1\,277\,000}$ qui donne tout le réseau des chemins de fer, etc.

Cartes industrielles et agricoles. — Depuis quelques années, on publie un grand nombre de cartes exclusivement industrielles, agricoles ou forestières, à l'usage des écoles professionnelles où l'on étudie la géographie économique au point de vue de l'état actuel et des besoins futurs du commerce et de l'industrie. Ces cartes ont pour but de montrer aux élèves les pays qui fournissent les principaux objets de commerce, les centres de consommation de chacun de ces produits et les voies de terre ou de mer qui leur sont ouvertes, de leur donner en un mot les connaissances nécessaires pour la carrière qu'ils doivent embrasser. Après avoir vu parmi les divers peuples les uns exploiter des mines, les autres labourer la terre, d'autres encore, agglomérés dans des centres populeux, s'occuper aux transformations manufacturières, on les voit apparaître de nouveau comme acheteurs et comme vendeurs.

M. Kohr, de Glogau, a dressé une grande carte industrielle et commerciale de l'Europe, et M. Levrat-Girard, de Martigny, en a publié une analogue où il a indiqué par des notations variées les

(1) Cette carte, qui n'est que planimétrique, est imprimée en deux couleurs.

(2) Il y en a 14 en 37 feuilles; elles sont à diverses échelles.

produits des différentes régions; il eût peut-être été préférable de ne pas accumuler sur une seule feuille une si énorme quantité de documents qui apportent forcément une certaine confusion. M. Levrat-Girard a aussi dressé dans le même genre une bonne carte de la Suisse.

Parmi les cartes agricoles, nous pouvons citer celle des Pays-Bas en 6 feuilles par le docteur Staring; celle des zones productives de la Russie par M. Otto Krummel [1]; celles des forêts du même empire, l'une à $\frac{1}{2\,520\,000}$ par M. Mousnitzky, les autres à $\frac{1}{6\,300\,000}$ par la Société forestière; celles à $\frac{1}{36\,000}$ des diverses provinces de l'Autriche-Hongrie qui montrent la répartition des terrains boisés, des terres labourables, des prairies, des vignobles, des terres incultes, etc. [2]; celle à très grande échelle de la Galicie et de la Bukowine par le comte Vladimir Dzieduszycki [3]; celle des forêts de l'Espagne; celle des bois de pin domaniaux par M. Montes; celle des douze variétés de vin produites par la province de Valence; celle du Portugal à $\frac{1}{500\,000}$ où sont indiquées les terres cultivées et les terres incultes; celle de France à $\frac{1}{500\,000}$ par M. Delesse, que complètent six autres où sont indiqués les revenus fournis par les diverses espèces de cultures et dont l'une apporte des données intéressantes sur la composition de la terre végétale sur toute la surface de notre pays; celle dressée sous la direction de M. H. Favé, qui donne la répartition des bois nationaux, commerciaux et de mainmorte, de ceux des particuliers et des landes ensemencées par application de la loi de 1857, etc. Mais nous devons nous contenter de citer ainsi au hasard quelques-unes des œuvres de ce genre qui chaque année deviennent plus nombreuses et dont il sera parlé plus en détail au chapitre de la statistique.

Mentionnons encore cependant quelques-unes des cartes agricoles locales dressées en France : celle du département de la Creuse où sont marqués les terres incultes, les champs cultivés, les prés, les

[1] Cette carte donne les limites des diverses régions des toundras, des forêts, des céréales, etc. Il existe du reste en Russie beaucoup de cartes agricoles et économiques publiées soit par le Ministère des domaines, soit par des particuliers. Citons, entre autres, celle d'Illine qui indique les centres et les voies de commerce des grains.

[2] Ces cartes sont publiées par le Ministère des finances de l'Autriche.

[3] Cette carte était manuscrite.

Gr. II. — Cl. 16.

bois, les vignes, les châtaigneraies, etc.; la carte agricole et forestière des vallées de la haute Durance et de l'Ubaye, à $\frac{1}{80\,000}$, qui, embrassant le véritable centre d'action des torrents des Alpes françaises, montre les résultats de l'appauvrissement progressif des prairies et des forêts; les remarquables cartes telluriques des arrondissements de Toul et d'Avallon et des départements du Loiret et de Seine-et-Oise, etc., par MM. Belgrand, Delesse, Hervé Mangon et Jacquot[1].

On remarquait, dans le palais algérien, une carte intéressante de la région de l'alfa par M. Mac Carthy et une autre où étaient indiqués les 297 forages artésiens dont les profondeurs additionnées forment un total de 21 000 mètres et qui pour la plupart ont abouti à un résultat.

Les cartes minières étaient très nombreuses à l'Exposition, mais nous nous réservons d'en parler au chapitre de la géologie.

Cartes archéologiques. — Un autre ordre de cartes spéciales, les cartes historiques étaient brillamment représentées au Champ de Mars et au Trocadéro.

Personne n'ignore les progrès qu'a faits, dans ces dernières années, l'étude des temps antéhistoriques. Les récentes découvertes ont reculé les limites de l'histoire classique ancienne; par l'inspection des anciens monuments, surtout des monuments funéraires qui couvrent le sol de l'Europe, on arrive en effet à en combler peu à peu les lacunes et à reconstituer le passé. Les cartes archéologiques, où sont indiqués les sites de ces monuments et de tous les débris des autres âges[2], et qui sont aujourd'hui dressées en grand nombre dans tous les pays de l'Europe, nous mettent à même de

(1) Il existe en France d'autres cartes agronomiques ayant pour base de nombreuses analyses telluriques, telles que celles de l'Aveyron par M. Boisle, du Rhône par MM. Fournel et Jouvannot, de la Côte-d'Or par M. Vergnette de la Motte, de la Marne par M. Natalis Rondot, de la Gironde par M. Petit-Laffite, d'Ille-et-Vilaine par M. Durocher, de la Vienne par M. de Longuemar, de la Moselle par M. Victor Simon, du Calvados et de la Manche par M. de Caumont, etc., mais elles n'ont pas encore été publiées.

(2) Instruments de pierre; haches acheuléennes, polies, en bronze; menhirs; pierres branlantes; cromlechs; dolmens; *tumuli;* fonderies de bronze; etc.

suivre l'histoire des peuples primitifs et elles font mieux ressortir la marche des diverses civilisations que ne le pourraient faire de gros in-folios. On y voit qu'à l'homme sauvage et brutal, venu on ne sait d'où et qui disputait sa nourriture aux bêtes fauves, ont succédé des nomades vivant de chasse et de pêche, habitant suivant les saisons les forêts ou les cavernes, possédant pour toute arme et pour tout outil des silex à éclats et n'ayant encore avec eux aucun animal domestique; que l'époque des monuments mégalithiques dans le nord et dans l'ouest, époque de civilisation puissante malgré l'absence de métaux, se place entre les premiers temps de la pierre polie et l'arrivée des Orientaux; que, vers le VIIe siècle avant Jésus-Christ, les Gaulois, armés de la grande épée de fer, se sont avancés de l'orient vers l'occident à petites étapes, et qu'au IVe siècle ils étaient en pleine possession des contrées situées à l'est de la Gaule.

Les auteurs des premières cartes archéologiques avaient chacun un système particulier de notation pour marquer les sites des monuments et des stations [1]. Depuis 1874, l'adoption d'une légende internationale pour les teintes et signes conventionnels se rapportant aux débris des divers âges antéhistoriques a rendu le travail plus prompt et plus utile; avec peu de signes, en effet, on donne une foule d'indications diverses, et la lecture en est facile pour tous. Aussi se sont-elles multipliées depuis quelques années avec une rapidité étonnante.

En France, où l'on compte 1 100 communes, réparties entre 68 départements, qui possèdent encore, en dépit du temps et des hommes, un nombre considérable de dolmens, d'allées couvertes, de *tumuli*, de tombeaux souterrains, d'antiques *oppida* ou camps fortifiés, de débris d'habitations lacustres, etc., on a dressé un grand nombre de cartes archéologiques qui nous révèlent les secrets du passé de la Gaule avant la conquête romaine. Nous citerons celles des dolmens, des monuments mégalithiques et des cavernes habi-

[1] Tels que le comte Przerdziecki pour la carte de la Pologne, M. Ollier de Marichard pour celle du Vivarais, M. Keller pour celle de la Suisse, M. de Bonstetten pour celle du Var, la Commission de la topographie des Gaules pour celle de la Gaule, M. E. Chantre pour celle du bassin du Rhône, etc.

Gr. II. — Cl. 16.

tées aux temps préhistoriques qu'a dressées M. Alexandre Bertrand sous la direction de la Commission de la topographie des Gaules, celle de la Lozère par le docteur Prunières de Marvejols et celle du Vivarais (partie méridionale de l'Ardèche) par M. Ollier de Marichard [1], celle de la Gironde par M. F. Daleau [2], celle à $\frac{1}{320\,000}$ du centre et du sud-est de la Gaule établie par M. Falconnet d'après les documents recueillis par M. E. Chantre, celle du bassin du Rhône à l'âge de bronze par le même, celle de la Loire-Inférieure par M. de Mortillet, celle du Calvados par M. C. Costard, celle de la Vienne par M. de Longuemar [3], celle de la Normandie par M. Bourdet, celle du canton de Luzarches par M. A. Hahn, celle des stations préhistoriques du littoral de l'Océan dans la Gironde par M. Dulignon-Desgranges, celle de l'Yonne par M. Ph. Salmon, celle de l'Hérault par M. Cazalis de Fondouce, celle à $\frac{1}{150\,000}$ de la Savoie et de la Haute-Savoie par MM. L. Revon et A. Perrin [4], celle à $\frac{1}{25\,000}$ des emplacements lacustres du lac du Bourget par M. A. Perrin, celle de l'arrondissement de Nice par M. Germain, celle du pays des Helviens par M. Ollier de Marichard [5], celle de la Charente-Inférieure par M. Maufras de Pons, celle du cours de la Seine entre Melun et Paris par M. Ph. Salmon, celle de l'Aveyron par M. Boisse, celles de la Corrèze et de la commune de Brive par M. Ph. Lalande, celle du Cantal par M. J.-B. Ramès, celle de Saint-Affrique (Aveyron) par M. Émile de Cartailhac, celle de la Seine-Inférieure par M. Léon Vesly [6], celle de l'Oise par MM. R. de Ma-

(1) Sur ces cartes, sont figurés les sites des monuments des époques paléolithique et néolithique; on y constate que, dans ces départements, tous les dolmens, les *tumuli* et les grottes à habitations antéhistoriques se trouvent disséminés dans les terrains calcaires et qu'il n'en existe pas dans les terrains primaires.

(2) Les monuments de l'âge de fer manquent dans ce département.

(3) L'auteur y a indiqué 435 localités à souvenirs antérieurs aux Carlovingiens, 25 paléolithiques, 140 néolithiques et 100 de l'âge de bronze.

(4) L'époque de la pierre éclatée fait défaut en Savoie, où l'époque glaciaire s'est continuée longtemps après que le centre de la France était habité; on y a trouvé peu de stations de la pierre polie. L'âge du bronze était au contraire arrivé à son développement complet dans les diverses stations du lac du Bourget.

(5) Ardèche, Gard, Drôme et Vaucluse.

(6) C'est la seule de toutes ces cartes qui soit imprimée.

ricourt et R. Guérin, celle de la Marne par M. A. Nicaise, celle de la commune de Vaudeurs (Yonne) par M. Ph. Salmon, etc.

En résumé, il ressort de toutes ces cartes que, pendant la période antéhistorique, la Gaule a été d'abord habitée par les chasseurs sauvages qui employaient des armes grossières en pierre éclatée, puis par les pasteurs troglodytes qui avaient des instruments en pierre taillée et ensuite par la population organisée hiérarchiquement qui a élevé les dolmens et qui plus tard a été transformée par deux immigrations asiatiques: à la première, elle a dû le bronze; la seconde [1] lui a apporté le fer.

Les étrangers ont aussi dressé, bien qu'en moindre nombre, des cartes archéologiques qui augmentent nos connaissances sur le passé des autres populations européennes; l'une des plus intéressantes est celle de la Suède, où le docteur O. Montelius a marqué l'emplacement des tombeaux de l'âge de pierre [2] : elle montre que les seules parties de ce pays habitées à cette époque primitive étaient les provinces côtières du sud et de l'ouest et le bord des lacs et des grands cours d'eau [3], que la population s'est étendue pas à pas de ces côtes vers le nord et vers le nord-est, que les régions de l'est n'ont été peuplées qu'à la fin de l'âge de pierre [4] et que si la première émigration est venue du Danemark, c'est au contraire la côte orientale qui, dans les périodes suivantes, a joué le plus grand rôle; l'âge de fer y a en effet laissé des traces plus nombreuses qu'ailleurs [5].

On doit encore citer la carte archéologique du Danemark par le Comité des antiquaires de Copenhague, celle du Kain et du

(1) Ce sont les Gaulois et Germains primitifs.

(2) MM. G. Retzius et de Düben ont montré qu'en Suède ces sépultures sont l'œuvre d'une seule et même race.

(3) Le littoral de la Scanie était la partie du pays la plus peuplée, car, malgré sa faible étendue, elle a fourni plus des trois quarts des objets de cet âge actuellement connus en Suède; les sépultures de la période néolithique sont très nombreuses en Vestrogothie, et l'on en trouve même jusque dans le sud-ouest de l'Ostrogothie.

(4) On ne connaît pas une seule sépulture de l'âge de pierre sur toute la côte orientale.

(5) Le Bureau géologique de Suède note avec soin et indique sur ses cartes les champs funéraires des âges antéhistoriques ainsi que tous les monuments archéologiques.

Gr. II. — Cl. 16.

Svedsteiermark par M. Müllner, celles du comte Ouvarof, où sont résumés les résultats de ses fouilles dans 7 776 *tumuli* des gouvernements de Wladimir et de Yaroslaf et qui montrent l'ancienne extension des Finnois Mériens disparus aujourd'hui sous le flot slave, celle des *tumuli* de la Bulgarie et des Balkans à $\frac{1}{420\,000}$ par M. F. Kanitz, celle de la Silésie par M. J. Zimmermann, celle de la Belgique en quatre feuilles par M. van Dessel qui y a indiqué toutes les localités où l'on a trouvé jusqu'à ce jour des antiquités et celle du même royaume par M. van der Maelen, celle du canton de Fribourg par M. von Bonstetten, celles de la Suisse orientale à $\frac{1}{380\,000}$ et du canton de Zurich à $\frac{1}{125\,000}$ par M. F. Keller qui rendent compte d'une manière complète de la répartition des restes antéhistoriques, celtiques, étrusques, romains et du moyen âge trouvés dans cette région jusqu'à ce jour [1], celle de la Suisse celtico-romaine par M. Levrat-Girard, celle de l'île Minorque par D. Rafaël Basco, etc.

Des cartes archéologiques très intéressantes sont celles de l'Europe établies par la Commission topographique des Gaules, par M. Falconnet qui a tracé les limites des provinces de l'âge de bronze et par M. Hildebrand qui donne l'extension comparée de l'âge de pierre et de l'âge de bronze [2]. On y reconnaît deux zones bien distinctes, situées l'une à l'ouest, l'autre à l'est de la ligne menée de Marseille à Dijon et prolongée vers le nord-est jusqu'auprès de la mer Baltique; dans la première, où dominent les dolmens et les monuments de pierre brute, on est en présence de débris funéraires appartenant à l'époque de la civilisation extra-historique de la pierre, époque où l'état social des Gaulois était déjà très supérieur à celui des sauvages, bien qu'ils ne travaillassent pas encore les métaux; dans la seconde, où il n'y a pas de tombeaux mégalithiques, où il n'existe que des *tumuli* et de grands cimetières à inhumation et où le mobilier funéraire comprend

(1) Cette carte est l'utile complément du savant ouvrage du docteur Planta sur la géographie ancienne de la Suisse, *Das Alte Rætien*.

(2) M. Wirchow vient d'étudier dans le Bulletin de la Société de géographie de Brême (1878) la répartition en Europe des sites où ont été découverts des palafittes, ou anciennes constructions sur pilotis.

des armes de bronze et de fer et des ornements d'or, on est en pleine civilisation dont on peut suivre la trace jusqu'en Orient. Cette distribution nettement tranchée indique qu'il a existé deux grands groupes de populations essentiellement différents de mœurs et d'origine; les deux civilisations se sont rencontrées sur le sol de l'Europe suivant la ligne que nous avons indiquée plus haut et se sont juxtaposées. Si les populations qui ont élevé les monuments mégalithiques sont innommées, les *tumuli* sont gaulois et appartiennent en majorité aux IVe et IIIe siècles avant J.-C.

Hors de l'Europe, on connaît encore fort peu de choses sur ces temps anciens. Nous ne pouvons cependant passer sous silence la carte antéhistorique du Maroc par M. Tissot, où sont indiqués les monuments mégalithiques de cette partie de l'Afrique; citons aussi celle où le docteur Bellucci a marqué les stations de l'âge de pierre qu'il a reconnues dans le golfe de Gabès. Dans l'Inde, on n'a encore fait que peu de recherches de ce genre, et aucune carte n'a été publiée.

Cartes historiques. — Après avoir jeté ce coup d'œil trop rapide sur les cartes qui à l'Exposition nous montraient les nombreux sites où l'on a trouvé des débris des âges antéhistoriques, nous devons dire quelques mots des cartes historiques qui y étaient aussi en fort grand nombre.

On sait combien la configuration du sol a exercé une influence manifeste et durable sur les destinées de l'homme; le passé serait bien obscur si l'on n'avait pour guide la géographie. C'est notre célèbre compatriote d'Anville qui, le premier, a créé la cartographie des temps anciens; mais dans ces dernières années, les Allemands, par un examen approfondi des ouvrages historiques et par l'étude si féconde de la philologie, ont fait de la géographie des temps reculés une science véritable où est inscrite l'histoire de l'humanité.

C'est l'ancien empire romain qui a été l'objet des travaux les plus considérables, et les efforts des savants se sont principalement portés sur les identifications des localités anciennes avec les localités modernes. L'important recueil de Berlin, le *Corpus inscriptionum latinarum*, abonde en renseignements de ce genre; aux tomes III et V sont jointes des cartes[1] dues à M. Kiepert où sont indiqués les lieux de provenance des monuments épigraphiques, le plus souvent avec le nom actuel à côté du nom ancien, et qui sont utiles pour la géographie historique, puisque les inscriptions proviennent de lieux où existaient des villes, des camps, des temples, etc. On trouve aussi d'intéressants renseignements dans l'ouvrage de M. J. Partsch, *Die Darstellung Europa's in dem geographischen Werke des Agrippa*, où l'auteur reprend la question au point où l'avait laissée Müllenhoff dans son ouvrage de 1866 : *Uber die Weltkarte und Chorographie des Kaiser Augustus*. Les publications de M. Müller[2] contiennent des morceaux aussi précieux pour la géographie que pour l'histoire des temps anciens. M. K. Müllendorf a étudié dans les *Antiquités allemandes* le Périple de la Gaule de Festus Avienus, l'un des plus anciens monuments de la géographie, et les calculs astronomiques de Pythéas, le créateur de la géographie mathématique, qui a déterminé avec une grande approximation les latitudes de plusieurs points, entre autres celle de Marseille. MM. Hölzermann et Preuz ont publié l'*Archaölogische und militärisch topographie des Länder zwischen Rhein und Weser* avec deux cartes où sont indiqués toutes les routes, les camps et les fortifications des Romains ainsi que les travaux élevés plus tard sous Charlemagne.

Les Voies romaines de la Péninsule ibérique par le colonel Coello, la *Belgique ancienne et moderne* de M. Wauters, etc. méritent aussi d'être citées.

M. de Rossi a apporté à la géographie ancienne de l'Italie un certain nombre d'éléments précieux qui ont permis de faire d'importants redressements à la carte du Latium, et il a publié un mémoire intéressant sur la topographie comparée du massif de l'Albanie. Les inscriptions de Verceil ont fourni au P. Bruzza le sujet d'un bon travail.

Les savants français ont aussi fait dans ces dernières années

[1] *Imperii romani pars Græca. Dacia, Dalmatia, Rhætia, Noricum, Pannonia, Venetia, Liguria, Transpadana.*

[2] *Fragmenta historicorum græcorum.*

d'importants travaux du même genre. M. Ernest Desjardins a étudié sur place la partie orientale du monde romain, et ses travaux spéciaux sur les *Inscriptions du musée de Pesth* ont accru nos connaissances. Dans sa *Géographie de la Gaule romaine,* dont il a paru deux volumes sur trois et qu'accompagnent plusieurs cartes, il s'occupe de la géographie physique comparée de notre pays aux époques romaine et actuelle [1], de sa géographie historique, de l'étude des races et des peuples qui l'occupaient à l'arrivée des Romains (Ibères, Ligures, Celtes), et il aborde avec une science approfondie les problèmes géographiques les plus complexes et les plus variés; il y a dépeint l'organisation provinciale, municipale, militaire, financière et religieuse de la Gaule pendant la période romaine, et il a reconstitué le premier chapitre de notre histoire nationale. C'est en un mot un résumé de toutes les études de détail dont la Gaule a été l'objet, améliorées par une critique savante et complétées par les recherches propres de l'auteur qui y montre comment les vainqueurs, en développant l'autonomie des communes, ont tué la patrie gauloise et se sont assimilé en un siècle la nation conquise.

On doit encore à M. Desjardins le fac-similé de la Table de Peutinger, qu'il a accompagné d'une introduction historique et critique où se trouve dépouillée pour chaque localité une immense quantité de textes classiques, d'inscriptions et de médailles; les manuels publiés sur ce précieux document par Forbiger et Mannert n'étaient plus au niveau de la science moderne. Un autre travail de M. Desjardins, qui est intitulé *Carrière d'un légat de la Pannonie intérieure,* a aussi un intérêt géographique; il a révélé l'existence, dans le nord de l'Afrique, d'une province romaine inconnue jusque-là, la *Numida Militiana.*

Nous devons aussi une mention à quelques-unes des monographies dont s'est enrichie la géographie de la Gaule romaine : sur les bornes milliaires de la Bretagne par M. Longnon, sur l'Atrébatie (environs d'Arras) par M. Terninck, sur les cantons de Bavay et de Douai par M. Desjardins. Citons encore la carte des cam-

[1] L'auteur y compare les limites, le climat et les productions de la Gaule ancienne et de la France moderne.

Gr. II. — Cl. 16.

pagnes de César et celles de la Gaule sous le proconsulat de César et à l'époque mérovingienne par la Commission des Gaules, celle où M. Hayaux du Tilly a indiqué l'ancienneté et l'importance relatives des voies romaines d'après les itinéraires d'Antonin et la Table de Peutinger et plusieurs cartes locales, telles que celle du pays des Helviens[1] par M. Ollier de Marichard, où sont indiquées toutes les voies qui mettaient en communication les principales cités de ce pays avec la capitale des autres petits peuples de la Gaule narbonaise, celle de la Vienne par M. de Longuemar, qui donne les 150 localités où l'on a trouvé des traces de l'occupation romaine et les 20 où existent encore des souvenirs de la période mérovingienne, celle de l'Hérault par M. Cazalis de Fondouce, où sont marquées toutes les ruines romaines du département, celle du sol de Marseille au temps de César par le commandant Rouby, qui est un bon travail d'érudition, etc.

Quittant les temps anciens, nous devons signaler les remarquables recherches de M. Aug. Longnon sur les divisions territoriales de la France à diverses époques du moyen âge; dans sa *Géographie de la Gaule au VIe siècle,* le savant auteur étudie l'histoire de la Gaule mérovingienne au double point de vue de la géographie physique et de la géographie politique depuis 501 jusqu'à 613; il s'est attaché à déterminer avec soin le sens exact de chacun des mots qui servaient alors à désigner les divisions territoriales, les régions géographiques et les lieux habités, et il y a traité la géographie politique de notre pays au moment de sa division entre les Francs, les Bourguignons et les Goths, puis sous les fils de Clovis et enfin sous les successeurs de Lothaire; cet ouvrage d'une grande érudition, qu'accompagne un atlas de onze cartes, nous met à même de comprendre l'histoire si confuse de cette époque. Le même auteur a publié un intéressant travail sur les *pagi* gaulois: on doit à M. Ch. Piot une étude remarquable sur ceux de la Belgique, avec une carte.

On sait que l'Europe moderne est le résultat complexe d'une longue série de révolutions qui, après avoir modifié sans cesse les

(1) Le pays des Helviens comprend les quatre départements de l'Ardèche, de la Drôme, du Gard et de Vaucluse.

frontières des divers Etats, ont donné à notre continent sa configuration politique actuelle; M. Himly a suivi toutes ces transformations et en a montré les causes dans son savant ouvrage *Histoire de la formation des États de l'Europe centrale,* qui débute par une remarquable description physique de notre continent.

Citons encore la carte de la Suisse à l'époque des guerres d'indépendance par M. Levrat-Girard, l'intéressant *Atlas des Pays-Bas autrichiens* de Friex où l'on trouve les plans des batailles livrées sur le territoire belge pendant la guerre de succession d'Espagne, les remarquables recherches de M. Gosselet sur les tourbières du littoral flamand et celles de M. N. de Mercey sur les croupes de la Somme qui ont montré que, contrairement à l'opinion accréditée, le nord de la Flandre n'était pas couvert par les eaux à l'époque de la conquête romaine, que l'invasion de la mer, due à un affaissement du continent, est postérieure au IIIe siècle de l'ère chrétienne, qu'elle ne s'est jamais avancée jusqu'à Saint-Omer et qu'au IXe siècle elle s'était retirée en grande partie. Mentionnons aussi à ce propos les études que M. Lansens a faites sur le littoral de la Flandre au IXe et au XIXe siècle.

L'Europe n'est pas du reste le seul terrain sur lequel se sont portées les investigations des savants; de tous côtés, en effet, on travaille à établir la carte du monde ancien. Des questions intéressantes d'archéologie et de géographie bibliques ont été agitées, ces années dernières, par MM. Palmer, Ginsburg, de Vogüé, Holland et Victor Guérin.

M. Joseph Halévy, qui a visité en 1871 le pays de Saba et des Néméens, et qui a reconnu la route suivie par l'armée romaine dans la funeste expédition d'Ælius Gallus, a reconstitué la géographie ancienne de cette partie de l'Arabie Heureuse à l'aide des anciens textes et des inscriptions dérobées aux ruines.

Il nous faut encore citer l'ouvrage remarquable du docteur Bretschneider sur la géographie de l'Asie centrale au moyen âge et les livres du colonel Yule, de l'archimandrite Palladius et de M. Cordier sur Marco Polo.

L'étude de l'archéologie égyptienne amène chaque jour de nombreux changements à ce que nous savions du monde ancien. Grâce

Gr. II. — Cl. 16.

aux découvertes de MM. Mariette, de Rougé, Tissot, Brugsch, etc., on reconstitue pièce par pièce le théâtre des premiers événements de l'histoire, et l'on voit peu à peu se préciser la géographie du bassin de la Méditerranée aux temps les plus reculés. Mariette-Bey, qui a découvert 628 noms géographiques tant de l'Asie que de l'Afrique sur les nouveaux pylônes de Karnak [1], en a identifié un grand nombre, et il a tracé trois cartes, en hiéroglyphes, de la Palestine, de l'Éthiopie et du pays des Somâli, qui montrent l'ensemble des conquêtes de Thoutmès III. M. Waldemar Schmidt a aussi publié, dans ses ouvrages sur l'ancien Orient et sur la Syrie, des cartes de l'empire égyptien au temps des Pharaons et au temps de Thoutmès III et de Ramsès II, avec les limites des provinces asiatiques. On doit à Mahmoud-Bey une carte intéressante, à $\frac{1}{20\,000}$, de l'antique Alexandrie et de ses faubourgs.

La carte à $\frac{1}{800\,000}$ de l'Algérie romaine par M. Mac Carthy et les publications archéologiques de M. Masqueray, qui a étudié les nécropoles antéhistoriques et les inscriptions des montagnes de l'Aourâs, nous apportent des données intéressantes pour l'histoire de notre colonie.

Les explorations de M. Tissot au Maroc ont été également fructueuses au point de vue de la géographie comparée. Ce voyageur a parcouru pas à pas la région comprise entre Tanger, Rhât et Fez, l'ancienne *Mauretania Tingitana*, dont il a reconstitué le passé avec soin et compétence.

Le travail qu'a publié le docteur Kiepert sur le passé et le présent de la cartographie africaine est plein d'intérêt; le savant auteur a résumé en neuf cartes la marche des connaissances sur ce continent mystérieux, depuis Ptolémée (130 ans après J.-C.) jusqu'à d'Anville (en 1759); six autres indiquent les progrès modernes.

La question de la découverte de l'Amérique a été plus que jamais à l'ordre du jour; MM. Leland, Beauvais, R.-B. Anderson, Desimoni, Erslev, Schmidt, etc., ont écrit des mémoires qui n'ont point encore épuisé le sujet. Dans ce même champ d'études, on

[1] Ces pylônes sont du temps de Thoutmès le Grand (1 800 ans avant notre ère).

trouve les deux ouvrages de M. Harrisse[1], qui sont un guide indispensable aux historiens du nouveau monde, les travaux de M. d'Avezac sur la vie et les voyages de Christophe Colomb, ceux de M. Major qui ont apporté une nouvelle preuve que Colomb n'a pas été le premier à découvrir l'Amérique[2], celui du docteur Bastian sur l'histoire primitive des civilisations américaines dont il admet l'unité tant dans le nord que dans le sud[3], celui de M. C. Markham sur l'empire des Incas, qu'accompagne une carte de M. Trelawny Saunders indiquant la répartition des tribus, etc.

L'Institut géographique d'Espagne exposait quelques fac-similés intéressants d'anciens portulans ou cartes : carte des rivières Amazone, Esequivo-o-Dulce et Orénoque, carte du golfe du Mexique et des Antilles, carte du détroit de Magellan.

Après avoir passé en revue ces principaux travaux de géographie comparée, nous devons en terminant dire quelques mots des atlas historiques. Nous donnerons tout d'abord nos éloges à M. Menke, le savant auteur de l'atlas biblique, qui revise l'excellent atlas de Spruner, le meilleur sans contredit de tous[4]; nous citerons aussi l'atlas ancien de M. Müller et l'*Atlas antiquus* de M. Kiepert, qui sous un petit format est une œuvre remarquable. On doit encore à ce dernier savant l'atlas de la Grèce ancienne et de ses colonies, dont la troisième édition est traitée avec le plus grand soin, et de nombreuses cartes murales du monde ancien destinées à l'enseignement, qui sont les meilleures du genre[5].

Il existe dans tous les pays protestants des cartes murales de la

(1) *Notes on Colombus* et *Bibliotheca americana vetustissima*, ouvrages d'une solide érudition.

(2) M. Major pense que la découverte doit être attribuée à Lief, fils d'Éric le Rouge; le Vénitien Nicolo Zeno a débarqué au Groënland vers 1389.

(3) M. Bastian, à la suite d'un voyage dans les deux Amériques, vient cette année même (1878) de publier deux volumes intitulés : *Excursions à la recherche de matériaux ethnologiques dans les régions transatlantiques* et *Documents pour servir aux études préliminaires sur l'histoire de l'hémisphère occidental*, où est condensée une quantité considérable de notes topographiques, historiques, ethnologiques, linguistiques, mythologiques, archéologiques et anthropologiques.

(4) Cette nouvelle édition comprendra 120 cartes au lieu de 90.

(5) Telles que les cartes murales du Monde ancien en 6 feuilles, de la Grèce ancienne en 9 feuilles, de l'empire romain en 9 feuilles, de l'Italie ancienne en 6 feuilles.

Gr. II. — Cl. 16.

Palestine à l'usage de l'enseignement religieux; nous mentionnerons, outre celles de M. Kiepert, celles du colonel de Mandrot, de M. Keller et de M. Leuzinger.

La plupart des pays de l'Europe ont de bons atlas pour l'étude de leur histoire nationale; ceux de Zamyslovski et de la commission archéologique de la Société de géographie pour la Russie, celui des pays saxons par Tuthschmann en 22 cartes, ceux des Pays-Bas par G. Mees Az et par P.-H. Witkamp, celui de la Suisse de M. Voegeli et celui du canton de Zurich par M. Beust, qui sont venus compléter celui de Scheuermann, etc., présentent un intérêt réel[1].

Pour l'histoire ancienne des peuples de l'Orient, nous devons citer avec éloge, malgré leur petite échelle, les cartes qui sont jointes à l'excellent ouvrage de M. Maspero. Le général Cunningham, qui a étudié dans un remarquable ouvrage sur la géographie ancienne de l'Inde les routes suivies par Alexandre le Grand et par le pèlerin bouddhiste Hwhen Thsang et qui est arrivé à identifier les divers lieux nommés par les écrivains grecs et chinois, a résumé les résultats de ses importantes recherches sur 13 cartes (1871); de son côté, M. Edwards Thomas a publié dans la première partie des *Numismata orientalia* (*Ancient Indian Weigths*) la carte de l'Inde de Manou.

Les recherches de M. Belgrand sur le bassin parisien aux âges antéhistoriques, de M. Vacquer sur le Paris gallo-romain et de M. Berty sur la topographie historique du vieux Paris ne sont pas non plus sans intérêt pour notre science.

Cartes ethnographiques. — La géographie historique nous amène tout naturellement aux cartes ethnographiques qui donnent la distribution des races, des langues et des religions.

M. de Rittich a dressé une carte de l'Europe où est indiquée au moyen de teintes diverses la répartition des trente principales nationalités.

Depuis la carte très détaillée de la Norwège septentrionale par M. J.-A. Friis (1861), où l'on trouve des renseignements intéres-

[1] On peut encore citer pour la Suisse l'*Histoire des Burgondes* par M. Jahn.

sants sur les habitants des provinces de Finmark et de Tromsöe[1] au triple point de vue de la nationalité, de la langue et de la civilisation, il n'a rien paru sur cette région, dont il serait cependant curieux de suivre les modifications. Plus récemment, le même savant a dressé la carte de la Laponie russe où il a indiqué la distribution des Lapons, des Karéliens et des Russes. De son côté, M. de Düben a indiqué sur une carte, qui est jointe à son excellent ouvrage *La Laponie,* la distribution des diverses variétés de Lapons que ses recherches lui ont appris à distinguer tant dans les pays scandinaves qu'en Finlande et en Russie. Gr. II. — Cl. 16.

De toutes les nations, c'est la Russie qui comptait à l'Exposition le plus de cartes ethnographiques. Celle de M. A. de Rittich en 6 feuilles mérite que nous nous y arrêtions[2]; elle a été précédée par celle de Kœppen, où était déjà indiquée la délimitation des principales nationalités, et par les travaux de Pauly et d'Erckert; mais quoiqu'en certains points elle semble discutable, elle n'en jette pas moins une grande lumière sur les races qui habitent ce vaste pays[3]. La prédominance de plus en plus grande des Slaves[4] est ce qui frappe au premier coup d'œil; ceux-ci forment en effet plus des deux tiers de la population de l'empire, et la race finnoise, qui jadis occupait une étendue considérable et formait des masses compactes de populations homogènes, est aujourd'hui, sous l'influence de la colonisation russe, morcelée en petits îlots qui tendent à disparaître[5], sauf dans le nord[6] et sur les bords du Volga[7]. L'étude géographique des autres races mongo-

(1) Il y a trois races différentes, les Lapons ou habitants primitifs, les Norwégiens et les Finnois émigrés de la Finlande russe.

(2) M. de Bouschen a aussi établi une carte ethnographique de la Russie, en deux feuilles, qui présente un intérêt réel.

(3) On n'y compte pas moins de 7 races et de 27 subdivisions.

(4) La race slave (Polonais, Russes blancs, grands Russes, petits Russes) n'occupait jadis qu'un coin de la Russie compris entre Moscou, la Néva et la Prusse actuelle.

(5) Les Lithuaniens, les Esthoniens et les Livoniens ou Finnois des bords de la Baltique s'étendaient autrefois beaucoup plus vers le sud; ils ont toutefois exercé une grande influence par leurs métissages avec les Russes.

(6) Les Finlandais, les Lapons et les Samoyèdes d'Europe ne sont pas encore entamés.

(7) Les Finnois du Volga forment aussi un groupe compact.

Gr. II. — Cl. 16.

liques de la Russie montre que les Bachkirs, les Kirghiz, les Kalmoucks, les Nogaïs, les Tartares émigrent devant les colons russes ou sont tout au moins fortement entamés par eux. Dans le sud, plusieurs des colonies arméniennes, grecques, allemandes sont également repoussées vers d'autres contrées.

Citons encore diverses cartes plus spéciales qui peuvent aider à classer les habitants de la Russie d'après leurs origines, leurs divisions politiques et leurs langues; l'une montre l'étendue occupée par les tribus slaves et touraniennes qu'ont soumises les Varègues ou Normands russes et les princes de la dynastie Rurick; une autre indique les migrations des tribus slaves du IIe au VIIe siècle de notre ère; une troisième donne l'explication ethnographique des noms de Russes et de Ruthènes[1], etc. On a de plus un certain nombre de cartes ethnographiques provinciales, celles des provinces baltiques où l'on reconnaît onze nationalités, celle de la province de Kazan qui en comprend sept, celle de la province de Samara, celle de la province de Lublin, celle très intéressante du Caucase par M. de Rittich[2], etc. Ce même savant a étudié la distribution des races slaves en Europe, et il a résumé le résultat de ses recherches sur une carte qui montre l'expansion des Allemands au détriment de celles-ci[3].

Parmi le grand nombre de cartes de la Turquie d'Europe que les événements d'Orient ont fait surgir, il en a paru plusieurs dressées au point de vue ethnographique, mais avec des partis pris nullement scientifiques. Outre l'ancienne carte de M. Carl Sax[4], nous n'avons guère à citer que celle de la Bulgarie et des Bal-

[1] Cette carte, qui est due à M. Duchinski, dont les études sur les peuples indo-européens et touraniens et particulièrement sur les Slaves sont bien connues, et à M. Visquesnel, l'auteur du *Voyage en Turquie*, a été complétée par M. Ciszkiewicz.

[2] On sait, grâce à cette carte, qu'il n'y a pas dans cette région moins de 68 peuplades se rattachant à 13 races. M. Zagourski lui a cependant adressé divers reproches : les Arabes, qui sont des Sémites, y sont classés parmi les Iraniens, et il y est fait mention d'une nation turco-kourtine, or les Kourtines sont des Kourdes et par conséquent des Iraniens, et non des Turcs.

[3] Cette carte a pour base celle de Mirkovitch.

[4] M. Sax vient de publier, à l'occasion de la guerre d'Orient, une étude très intéressante sur ce sujet; il range les populations de la Turquie européenne sous huit divisions principales : Touraniens (Turcs et Tartars), Indo-Germains (Tcherkesses,

kans par M. Kanitz, où est indiquée la distribution des villages touraniens[1], indo-germaniques et sémitiques[2], celles que MM. Kiepert et Petermann ont consacrées en 1876 à ces contrées et celle de l'Épire par M. Kiepert.

M. le baron de Czörnig, dans son excellente carte de la population de l'empire d'Autriche-Hongrie[3], montre les rapports et les limites des races allemande, slave[4], hongroise et romane[5] et des tribus moins nombreuses, telles que les Israélites, les Zingaris, les Arméniens; on y voit nettement les îlots ethnographiques et les régions mixtes; toutes les différences de langage, même les plus petites, y sont marquées[6]. On doit à M. Sembera une bonne carte de la Moravie et de la Silésie.

M. Tubino, qui a beaucoup étudié les conditions ethnologiques si multiples de l'Espagne au triple point de vue archéologique, social et anthropologique, exposait une carte intéressante au point de vue de la répartition des populations celtiques, ibères et celtibères; elle était accompagnée d'une collection ethnographique remarquable, rassemblée avec méthode.

La section française était fort pauvre en cartes ethnographiques; nous n'y avons vu que celle du docteur Lagneau[7], où l'auteur a cherché à montrer la répartition approximative des principaux éléments ethniques qui ont concouru à la formation de la population française, Celtes, Ligures, Ibères et Germains.

Plusieurs cartes donnaient des renseignements généraux sur la distribution de quelques-unes des populations extra-européennes.

Abkases, Arméniens), Dravidiens (Bohémiens et Tchinghénis), Sémites (Israélites, Arabes et Maures), Slaves (Serbes, Croates, Bulgares, Cosaques, etc.), Albanais, Latins (Roumains, Moldaves, Valaques, Zingaris) et Hellènes.

(1) Turcs et Tartares.

(2) L'auteur compte dix nationalités dans cette région.

(3) Cette carte, dont la publication a été commencée en 1856, a demandé quatorze années de travail à M. de Czörnig; une seconde édition a paru en 1868.

(4) M. de Czörnig y compte sept tribus : Tchèques, Polonais, Ruthènes, Serbes, Croates, Slovènes et Bulgares.

(5) Rouméniens ou Valaques, Italiens, Frioules et Latins.

(6) Les patois n'y figurent pas, parce que cette carte ne présente que les délimitations des races qui sont tout à fait distinctes. Dans l'empire autrichien, il n'y a pas moins de 23 langues ou dialectes différents.

(7) L'exécution matérielle de cette carte laissait beaucoup à désirer.

Gr. II.
—
Cl. 16.

Nous avons à signaler la carte de l'Asie centrale par M. Zakharof, celle de la Sibérie et du Turkestan par le colonel Illine, celle de la Russie d'Asie par M. Venioukof (1873); cette dernière montre que les Russes sont beaucoup plus nombreux en Sibérie que les indigènes : on en compte environ 5 millions et demi; les autres habitants, dont le nombre total n'atteint pas la moitié de ce chiffre, se subdivisent en trois races principales, les gens de race turque qui sont, après les Russes, les plus nombreux (1 800 000), les Finnois d'Asie (50 000) et les Mongols (600 000). Disons toutefois que, la classification anthropologique de ce vaste pays étant encore à faire et la classification des langues étant également sujette à contestation, cette carte est un simple essai; il n'est pas douteux qu'elle deviendra plus compliquée, quand on connaîtra mieux la région orientale dont certaines tribus semblent devoir former des types ethniques à part [1].

M. le colonel de Tillo a dressé une carte des Kirghizes qui habitent les steppes comprises entre la mer Caspienne et l'Aral : ils sont au nombre de 600 000 et se subdivisent en 44 tribus.

On doit à l'un de nos compatriotes, M. de Ujvalvy, les cartes ethnographiques du Kohistan, cette vallée du haut Serafschân qui renferme la solution d'un problème important par rapport au berceau et au passé de la race aryenne, de la Dzoungarie (district russe de Kouldja) où sont groupées douze peuplades et qui a été la principale porte de passage de toutes les migrations venues du grand plateau central, et du Ferghana qui, par ses rapports avec le Kachghar et le bassin du Tarim, présente aussi un intérêt tout particulier.

Bien que les Anglais aient fait de nombreuses études sur les diverses races qui habitent l'Inde, ils ont encore publié peu de cartes ethnographiques; nous citerons celle que M. J. W. Breeks a jointe à son ouvrage sur les *Tribus primitives et anciens monuments des Nilghirris* et qui est très intéressante.

MM. de Quatrefages et Hamy ont fait une étude, aussi complète

[1] On trouve dans les *Mittheilungen* (1877) une carte qui résume ces diverses cartes et représente par 43 teintes et signes différents les populations de l'empire russe tout entier.

que possible dans l'état actuel de nos connaissances, de la distribution géographique des races humaines de l'archipel Indien; on a vu, à l'Exposition internationale des sciences géographiques de 1875, la carte importante où notre savant compatriote, M. de Quatrefages, a retracé, d'après les recherches de Hale et d'après ses propres études, les migrations océaniennnes; M. Hamy exposait en 1878 deux cartes qui doivent faire partie de l'atlas qu'il prépare pour l'enseignement de l'ethnologie et qui résument ses longues recherches sur ce sujet difficile. Sur l'une d'elles, il a consigné les résultats fournis par les observations isolées faites sur les habitants de la Mélanésie occidentale; sur l'autre, il a au contraire généralisé les résultats qui sont acquis à la science, et il a cherché à indiquer la distribution géographique des races humaines de tout l'archipel Indien, telle qu'elle semble résulter des voyages les plus récents. On y voit que la ligne ethnographique de Wallace, qui en effet limite exactement l'extension vers l'ouest des Papouas, ou nègres mélanésiens proprement dits, coupe en deux l'aire de dispersion non seulement des Malais, mais aussi des populations qui ont certainement une origine commune et que M. Hamy désigne sous le nom d'Indonésiens [1]; on y voit aussi que les Négritos, qui sont de race essentiellement asiatique et qui s'étendent du pied de l'Himalaya [2] jusqu'à Timor et à la presqu'île nord de la Nouvelle-Guinée et du Japon jusqu'aux montagnes de Cottalam, existaient avant la formation de la grande dépression sur laquelle insiste M. Wallace, qu'ils s'étendent au nord des Papouas et que Timor est la seule île commune à ces deux grands groupes. Nous devons aussi citer la carte des îles Philippines de M. le colonel Coello, où est indiquée, outre leur configuration générale, la distribution géographique des principales races sauvages qui y habitent.

Pour l'Amérique, nous mentionnerons la carte publiée par le Département de l'intérieur des États-Unis qui donne la distribu-

[1] Battas, Dayaks, Alfourous, etc., populations qui, pour certains anthropologistes, ne sont même que des Malais sauvages.

[2] Il existe en divers points de l'Inde cisgangétique des flots ethniques, ou essaims de population, que leurs caractères extérieurs rapprochent des Négritos.

Gr. II. — Cl. 16.

tion des tribus indiennes de la Californie[1], celle de M. Dall sur les tribus de l'Alaska, celle des migrations mexicaines de M. de Quatrefages, l'éminent professeur d'anthropologie, qui a éclairci le grand problème des origines américaines, et celle de M. Uricoechea qui indique l'extension ancienne des Chibchas[2] au moment de la conquête espagnole.

Le *Bulletin de la Société de géographie de Berlin* a publié cette année (1878) un essai de carte ethnographique d'une partie de l'Afrique centrale (Bornou et Kanem), où est indiquée la distribution des races nègres dans le bassin du lac Tsad.

Cartes linguistiques. — Bien que les caractères physiques des populations aient plus d'importance que ceux fournis par les civilisations, par les religions et même par les langues, un certain nombre d'ethnographes ont cru utile de montrer au moyen de cartes la distribution géographique des diverses langues et leur filiation; car s'il est vrai que certaines races ont perdu leur langue primitive et ont adopté celle de leurs voisins, auquel cas le problème est difficile et complexe, le plus souvent les caractères anthropologiques et linguistiques sont d'accord. Les cartes des patois ont surtout une grande importance au point de vue ethnologique: grâce à leur étude, on a pu dans beaucoup de cas remonter à des origines qui eussent été absolument inappréciables si l'on s'en fût tenu aux langues littéraires.

Les Russes ont plusieurs cartes linguistiques. On peut citer d'abord celle de M. Kouznetsof où l'auteur a tracé avec soin les limites des peuples de langue lithuanienne qu'il a subdivisés en trois groupes d'après les dialectes, celle de M. Tchoubinski qui est relative au dialecte petit-russien, celle des patois lettes et finnois[3] et celle qui donne les rapports entre les langues slavonnes actuelles considérées au point de vue lexicographique[4]. M. Europœus vient

[1] Ces tribus se divisent en dix-neuf troncs linguistiques.

[2] D'après l'auteur, les Chibchas auraient eu une civilisation distincte de celle des Péruviens et des Mexicains.

[3] Cette carte a été publiée dans les *Mémoires de l'Académie de Saint-Pétersbourg*.

[4] On a aussi en Russie des cartes de la population de certaines provinces, telles que

de publier deux cartes d'où il résulte qu'au nord-ouest et à l'ouest de la mer Blanche on ne trouve que des noms finnois et qu'au nord-est il n'y a que des mots ougriens; l'auteur pense que la Hongrie, la Russie, la Finlande et la Scandinavie étaient occupées avant l'arrivée des Slaves, non par des tribus finnoises, mais par des tribus ougriennes (souche à laquelle appartiennent les Hongrois).

M. Richard Boeckh a établi la carte des langues et idiomes qui sont en usage dans la Prusse.

La belle carte ethnographique de l'Autriche-Hongrie de M. Czörnig est également linguistique, ainsi que celle de M. Sembera sur la Moravie et sur la Silésie.

La section française contenait quelques bons travaux de linguistique ethnologique. La carte de la langue basque par M. Broca est devenue en quelque sorte classique. Dans celle de la langue bretonne par M. Paul Sébillot, la délimitation du celtique et du patois latin est tracée avec précision; l'auteur sépare du pays français les quatre dialectes de Tréguier, de Léon, de Cornouailles et de Vannes. Ces deux cartes font bien saisir l'envahissement progressif du français sur l'ancien idiome. M. de Berluc-Perussis a fixé sur le terrain de la langue d'oc l'aire propre au dialecte provençal (dialecte marseillais et sous-dialectes comtadin et des montagnes). Dans la carte du patois savoyard, le même auteur donne les permutations qu'éprouvent, suivant les districts, le *ch* et le *g* français. M. le baron de Tourtoulon et M. Bricout exposaient une carte où ils ont indiqué la limite géographique de la langue d'oc et de la langue d'oil; ils ont eux-mêmes vérifié les faits de village en village, et, se débarrassant des préoccupations étymologiques, ils se sont surtout attachés à noter les caractères phonétiques de chacun des idiomes, en tenant compte de l'accent tonique[(1)]; la ligne qui forme la limite des deux langues part de

les provinces de l'ouest et le gouvernement d'Orenbourg, au point de vue du culte, par MM. Bationskof, Raspopof, etc.

(1) Ils pensent en effet que la linguistique a pour base essentielle et unique la phonétique et qu'il faut distinguer d'une façon absolue la question de race de la question de langue.

Gr. II. — Cl. 16.

l'embouchure de la Gironde, remonte de Libourne jusqu'auprès d'Angoulême et, passant au sud de Montmorillon, va droit jusqu'à Mâcon, d'où elle se dirige vers Vesoul et Montbéliard pour redescendre dans l'est du lac de Neufchâtel et finir près de Sion. Sur cette carte est également indiquée la limite des idiomes mixtes et des sous-dialectes. Dans la Société d'anthropologie, il existe une commission chargée de dresser la carte générale des patois de France, carte qui serait très utile; la seule que nous possédions jusqu'à ce jour nous vient de l'Allemagne.

Pour les pays extra-européens, nous devons citer la carte de la langue tadjik, patois tiré du persan qui est parlé au sud du Caucase, et celle de la langue tat, autre patois du persan répandu dans la presqu'île de Bakou et sur le versant méridional du Daghestan, qu'a publiées la section caucasienne de la Société de géographie de Russie.

Dans les numéros de janvier et de février de cette année (1878) du *Geographical Magazine,* il y a des cartes intéressantes, mais très sommaires, des diverses langues parlées dans l'Inde et dans l'Indo-Chine.

Cartes zoologiques. — S'il est utile de montrer quelle a été autrefois et quelle est aujourd'hui la répartition des races humaines à la surface de la terre, il n'est pas moins intéressant de tracer la carte des régions qui ont été ou qui sont fréquentées par chacune des espèces animales connues, en tenant non seulement compte de la faune actuelle, mais aussi des faunes anciennes; c'est une œuvre qui est nécessairement subordonnée aux progrès de la zoologie et de la paléontologie, mais qui de nos jours a pris parmi les savants toute la faveur qu'elle mérite.

On n'a pas encore établi la carte complète des lieux fréquentés par les diverses espèces animales, mais les lignes principales ont déjà été fixées et on a reconnu l'existence des grandes frontières qui peuvent servir pour les divisions générales. C'est par la comparaison de ces cartes, où l'on pourra voir les changements qui se sont opérés à différentes époques dans la distribution des espèces, qu'on pourra recomposer l'ensemble de leurs migrations et saisir quelques-unes des lois qui président à la répartition des êtres [1].

D'autre part, les cartes zoologiques sont utiles aux géographes pour suivre les modifications qui se sont successivement produites dans la configuration des terres depuis les temps géologiques jusqu'à l'époque actuelle; elles mettent en effet en évidence l'existence d'anciennes relations entre des terres qui sont actuellement séparées par de vastes étendues d'eau: c'est ce que semble au moins montrer l'étude de la distribution de certains types. M. Alph. Milne Edwards pense que les Émeus d'Océanie, les Casoars d'Australie, les Autruches d'Afrique, les Nandous des Pampas américains, les Ornithicnites qui ont laissé l'empreinte de leurs pas sur le vieux grès rouge des États-Unis, les Æpyornis dont on a rapporté les ossements fossiles de Madagascar, les Dinornis de la Nouvelle-Zélande, tous grands oiseaux coureurs incapables de voler qui sont disséminés aujourd'hui, les uns sur de grands continents, les autres sur des îles isolées, sont probablement descendus d'espèces appartenant primitivement, à une époque géologique très reculée pendant laquelle des communications existaient entre ces divers pays, à une même faune locale qui a été dispersée plus tard au loin.

D'autre part, l'étude de la répartition des animaux marins et lacustres a également permis de suivre à travers la péninsule scandinave les traces de l'ancien chenal qui réunissait autrefois le Katégat et la Baltique et dont les lacs Mœlar, Wetter et Wener sont les témoins, et elle a montré qu'il y a eu dans les temps antéhistoriques une communication entre l'océan Glacial et la Méditerranée; M. Severtsof, en s'appuyant sur la faune ichthyologique de la mer Noire, de la mer d'Azof, de la mer Caspienne, de la mer d'Aral, a même pu fixer l'ordre dans lequel ces divers bassins ont été séparés les uns des autres.

[1] On sait, par exemple, que, si certains animaux sont répandus sur une grande étendue du globe, il en est d'autres qui demeurent confinés sur une superficie qui n'excède pas quelques lieues carrées, et il n'est pas douteux que l'on n'arrive à l'aide de ces cartes, lorsqu'on en aura la série complète, à formuler pour chaque genre et pour chaque espèce de véritables lois de distribution qui fourniront des principes certains à la géographie zoologique.

Gr. II.
—
Cl. 16.

La pêche en mer étant un élément important de la richesse de beaucoup de pays, et les migrations des cétacés et de certains poissons ayant le caractère de voyages réguliers[1], il y a déjà longtemps qu'on dresse des cartes destinées à montrer la distribution de ces animaux aux diverses époques et dans les principaux parages. Les cartes de Maury qui donnent la répartition des baleines, sont bien connues et très utiles[2]. Plus récemment ont paru celles de M. le docteur Lennier, qui donnent la nature des fonds et les stations ichthyologiques dans la Manche[3] et celles des côtes du Canada par M. Hind.

La pêche sur les bancs qui longent les côtes du Canada appartient d'après les anciens traités aux Canadiens, et si, en 1783, les Américains des États-Unis ont obtenu la permission de pêcher dans les mêmes lieux que les Anglais, les eaux françaises leur sont toujours restées interdites; or comme les poissons de grande pêche ne descendent pas au-dessous du 42e parallèle (cap Cod), ils se sont vus forcés en 1877 d'acheter le droit de pêcher dans les eaux canadiennes moyennant un tribut de 25 millions de francs pour vingt années; ce sont les cartes ichthyologiques de M. Hind qui ont servi de base au règlement de cette convention.

Ce savant a étudié avec soin et persévérance l'histoire des divers poissons, et ses cartes, qui étaient exposées dans la section anglaise, nous éclairent sur les circonstances dont dépend la grande pêche dans ces parages; les lieux de ponte y sont marqués pour les diverses saisons, ainsi que les régions reconnues bonnes pour pêcher. Il paraît que les poissons vont alternativement des fiords aux bancs de roche qui sont situés au large et de ces bancs aux fiords, sans dépasser ces limites, parce qu'à des profondeurs variant de 25 à 60 brasses se trouvent des chaînes de collines couvertes d'alluvions vaseuses qui s'étendent au loin dans l'océan Atlantique, sorte d'archipel invisible qui ne se révèle aux navigateurs que par

(1) Les besoins de la reproduction les conduisent en effet dans les régions les plus favorables à la ponte et à l'éclosion des œufs.

(2) Il existe en Hollande divers rapports sur les migrations des harengs, mais les données sont encore trop vagues pour qu'on ait pu en établir la carte.

(3) M. Lennier s'est convaincu que les harengs ne passaient pas l'hiver dans la Manche et qu'ils y venaient de la mer du Nord.

la teinte plus claire ou par l'agitation et par la fraîcheur des eaux et où abondent les morues, soit qu'elles viennent y déposer leur frai, soit qu'elles s'y rendent après l'avoir confié aux algues du rivage. C'est de mai à octobre que les harengs s'approchent de la côte pour frayer, mais il est probable que beaucoup déposent aussi leurs œufs sur les bancs au large, puisqu'on en trouve dans l'estomac des morues. Les flétans (holibuts) vivent à des profondeurs qui varient de 5 brasses à 300, pourvu que l'eau soit suffisamment froide; la température variable des courants sous-marins a, en effet, la plus grande influence sur les migrations de ces poissons, comme sur celles des morues et des jeunes harengs qui pendant l'hiver forment leur principale nourriture [1]. On trouve des bancs de maquereaux soit auprès des côtes dans le golfe de Saint-Laurent, soit pendant l'été en pleine mer; leurs déplacements sont également réglés par la température des eaux. Sur l'une des cartes de M. Hind, on voit que toute la côte comprise entre le cap Harrison et le cap Chudleigh, avec ses fiords profonds, avec son archipel d'îles et ses nombreux bancs qui s'étendent jusqu'à 35 milles au large [2], offre des ressources immenses au point de vue de la pêche de la morue; les eaux y sont en effet calmes, ainsi qu'il convient à des poissons qui frayent en pleine eau et dont l'œuf flotte, et abondantes en larves de crustacés propres à la nourriture de l'alevain : jusqu'à présent les bateaux ne dépassaient guère le premier de ces caps. M. Hind a aussi marqué sur une carte les migrations des phoques tant pendant l'été que pendant l'hiver.

Dans la section française, il y avait une carte ichthyologique de France par M. le vicomte E.-H. de Beaumont, où l'auteur a indiqué la répartition des poissons dans les cours d'eau et dans les lacs de notre pays. C'est un essai intéressant; il est à regretter que les noms scientifiques ne se trouvent pas à côté des noms vulgaires.

M. Alex. Agassiz a marqué sur des cartes la distribution des

[1] M. Hind a tracé des coupes allant de l'île d'Anticosti à l'île du prince Edward qui montrent les zones de température aux diverses époques.

[2] Le district entier occupe une étendue d'environ 7 000 milles carrés géographiques, étendue supérieure à celle des pêcheries de morue exploitées à Terre-Neuve par la France et par l'Angleterre qui n'en ont que 6 000.

Gr. II. — Cl. 16.

oursins dans les différentes mers; on y voit nettement les aires de dispersion des principaux types de ce curieux groupe[1], qui sont beaucoup plus étendues qu'on ne le pensait; il semble en résulter qu'il a probablement existé autrefois une communication directe entre la mer des Antilles et l'océan Pacifique.

En 1870, M. Yarjinsky s'est occupé de la distribution des êtres organisés dans les mers boréales qui baignent les côtes russes et norwégiennes. Il a délimité deux zones très distinctes dans la mer Blanche et dans l'océan Glacial : la faune est arctique jusqu'au méridien des Sept-Îles; au delà des Gawrilof, elle est entièrement atlantique, et elle a un caractère mixte dans la région intermédiaire.

M. Alphonse Milne Edwards a résumé sur de nombreuses cartes ses recherches sur la répartition géographique des animaux dans l'hémisphère austral[2], et il en a conclu que chaque espèce a pris naissance en un point déterminé de la surface du globe et qu'elle s'est étendue peu à peu de ce foyer zoogénique aux pays circumvoisins[3]; il a reconnu que les régions australes se sont peuplées par migrations progressives venant du nord au sud, et il a pu jeter ainsi une certaine lumière sur les relations qui existaient autrefois entre des régions qui sont aujourd'hui complètement séparées les unes des autres.

Citons encore l'ouvrage de M. Murray sur la distribution géographique des mammifères[4], la carte du comte della Victoria sur la distribution du chameau à la surface de la terre, carte qui accompagne la monographie que le professeur L. Lombardini a consa-

(1) *Illustrated Catalogue of the Museum of Comparative Zoology at Harvard College. Revision of the Echini* (1872-1873).

(2) Ces cartes, très intéressantes, sont malheureusement encore manuscrites.

(3) Agassiz admettait au contraire, ainsi que le font encore divers naturalistes, que chaque espèce animale est originaire de la contrée qu'elle habite, qu'elle a surgi partout où elle a trouvé un milieu favorable.

(4) On doit aussi à M. L. Schmarda des travaux importants sur la répartition géographique des animaux en général. Notre savant compatriote, M. Blanchard, vient de publier dans la *Revue scientifique* une étude très intéressante sur le même sujet : il en conclut que les zones sont limitées plutôt par les méridiens que par les parallèles; en allant de l'est à l'ouest, dit-il, on trouve tous les trois ou tous les quatre degrés une nouvelle région zoologique ou botanique, tandis que du nord au sud il n'y a guère que les grandes divisions fixées par les tropiques et les cercles polaires.

crée à cet intéressant animal dans les comptes rendus de la Société de géographie d'Italie (1878), et les recherches de M. Heuglin sur la géographie du bassin du Nil.

M. Wallace a publié des cartes de l'archipel Indien où il a indiqué la répartition des principaux animaux de cette curieuse région. La ligne hydrographique et zoologique qui porte son nom, et qui divise cet archipel en deux zones, l'une occidentale qu'habitent les Malais, l'autre orientale qu'habitent les Papouas, est une limite trop absolue [1]. Ces races, réputées caractéristiques, empiètent en effet sur elle, et des deux côtés de la dépression qui forme la vraie ligne de séparation de l'Asie et de l'Océanie, il existe, comme nous l'avons déjà dit plus haut, des populations négritos appartenant à une seule et même souche. Dans les trois groupes d'animaux qui ont fait l'objet plus particulier des études du savant naturaliste anglais, il y a aussi des exceptions importantes à sa loi de distribution [2]; la faune de Timor est du reste plutôt asiatique qu'australienne. L'éminent savant, en faisant cette hypothèse ingénieuse qui, si elle n'est pas invraisemblable, est cependant loin d'être assez certaine pour être acceptée scientifiquement, n'en a pas moins rendu un vrai service à la zoologie.

Les cartes où M. Alphonse Milne Edwards et moi nous avons indiqué la répartition géographique des Propithèques (lémuridés malgaches) et des Couas (oiseaux de la famille des Cuculidés) montrent que l'étendue occupée à Madagascar par chacune des espèces ou races de ces genres est très restreinte et n'a pas pour cause le relief ou la disposition du sol, mais bien les conditions de climat et d'alimentation.

Le fond de la mer a aussi été le théâtre de recherches nombreuses et importantes. Edward Forbes évaluait, il n'y a pas longtemps, à 500 mètres la profondeur à laquelle cessait la vie animale. Les dragages de MM. Carpenter, Whyville Thomson, Sars, Frank, de Pourtalès, Agassiz, etc. ont montré que les abîmes les plus profonds, dans les régions équatoriales aussi bien que dans

(1) La répartition des reptiles ne s'accorde pas avec la théorie de M. Wallace.

(2) La ligne anthropologique n'est pas tout à fait la même que la ligne hydrographique, qui elle-même n'est peut-être pas fixée par un nombre de sondages suffisant.

Gr. II. — Cl. 16.

les régions polaires, ont une faune abondante. Le développement de la vie organique dans les mers est en raison de la température, plutôt qu'en raison de la profondeur des eaux.

Cartes botaniques. — La géographie botanique qui étudie les lois de la distribution des végétaux à la surface du globe [1], qui établit les relations de la flore actuelle avec les flores éteintes des diverses époques géologiques, a également attiré depuis dix ans l'attention de plusieurs savants. On a non seulement indiqué sur des cartes la répartition des principales plantes dans les divers pays [2], mais on s'est occupé de rechercher quelles sont les espèces qui se trouvent à la fois dans différentes régions et quelles sont celles au contraire qui n'existent que dans des cantons peu étendus [3], on a étudié à quelles causes dépendantes de l'atmosphère, de l'altitude, du voisinage ou de l'éloignement des mers, de la constitution physique ou chimique du sol, la végétation de chaque contrée doit son caractère spécial et indélébile [4]. On a aussi essayé de tracer les limites des diverses cultures.

M. Rudolph, en Allemagne, et M. le docteur Coster, en Hollande, ont dressé chacun un atlas de géographie botanique à l'usage de l'enseignement. On doit à M. Grisebach une carte très intéressante qui donne la distribution des plantes à la surface de la Terre [5]. Le docteur Oscar Drude [6] a indiqué sur une carte la

(1) Chaque pays, chaque climat a en effet ses plantes particulières.

(2) On y marque leur extension, leur plus ou moins grande abondance, et l'on y distingue les plantes indigènes des plantes qui ont été introduites.

(3) Certaines espèces sont en effet cosmopolites, tandis que d'autres semblent irrévocablement confinées dans un espace très restreint.

(4) La prédominance de certaines formes végétales fait immédiatement reconnaître une contrée en lui donnant une physionomie particulière.

(5) Cette carte accompagne un ouvrage intitulé : *La Végétation du globe dans les divers climats*, esquisse de géographie comparée des plantes dont M. P. de Tchihatchef a donné en 1875 une traduction en français. On sait que Humboldt et Shouw ont établi vingt zones phytogéographiques; M. Grisebach en admet environ quinze. M. Thiselton Dyer, qui vient cette année même (1878) de publier dans les *Proceedings of the Royal Geographical Society* une note à ce sujet, les réduit à dix et admet contrairement à l'opinion émise par M. Blanchard, que nous venons d'exposer plus haut, que les zones sont délimitées par les parallèles et non par les méridiens.

(6) *Mittheilungen von Petermann* (1878).

répartition des palmiers; la note du professeur Jessen sur la distribution des arbres fruitiers[1] et celle sur le riz et le maïs qui est contenue dans le *Jahresbericht des Vereins für Geographie und Statistik in Frankfurt am Mein* (1875-1876) ne sont pas malheureusement accompagnées de cartes. Les divers bureaux de statistique ont publié de nombreuses cartes agricoles où l'on trouve des données importantes sur les plantes cultivées, mais la place nous manque pour en parler en détail.

Un certain nombre de voyageurs se sont aussi occupés de ce genre de recherches. Nous avons dit plus haut que le baron Heuglin a publié en 1869 un travail de géographie zoologique sur le bassin du Nil et sur l'Abyssinie; en le comparant avec celui qu'a publié antérieurement le docteur Schweinfurth sur la répartition des plantes dans la même région[2], on voit, comme on pouvait du reste s'y attendre, que les zones botaniques et zoologiques sont liées entre elles : leurs limites ont une direction à peu près perpendiculaire à la mer Rouge. On doit à M. Raimondi d'intéressantes indications sur la distribution des plantes dans le Pérou. M. Bouditchef, qui a exploré de 1859 à 1865 la région comprise entre l'Amour et l'Oussouri et les côtes de la Manche de Tartarie, y a trouvé trois zones nettement caractérisées par des espèces arborescentes propres à chacune d'elles; dans la zone septentrionale, où le climat est vigoureux et où règnent des vents violents, la nature est sauvage et les arbres résineux dominent; dans la zone moyenne, où à des hivers très froids succèdent des étés très chauds, les essences d'arbres sont mélangées et l'on y trouve des cèdres, des mélèzes, des bouleaux, des trembles; mais si les arbres fruitiers et la vigne y poussent, leurs fruits n'y arrivent pas à maturité; la vigne croît au contraire vigoureuse et les arbres fruitiers prospèrent dans la zone méridionale, qui est remarquable par ses hautes montagnes et par son climat tempéré. Sir Joseph D. Hooker a lu cette année (1878) à l'Institution royale de la Grande-Bretagne un mémoire sur la distribution géographique des plantes

[1] *Verhandlungen der Gesellschaft für Erdkunde zu Berlin* (1878).

[2] Dans les *Mittheilungen* de Petermann (1867-1868), avec carte des hauts pays du Nil depuis le 23ᵉ jusqu'au 3ᵉ parallèle nord.

Gr. II. — Cl. 16.

de l'Amérique du Nord. Malheureusement tous ces travaux intéressants ne sont pas accompagnés de cartes.

Nous arrêterons là notre énumération, forcément très incomplète, mais suffisante cependant pour montrer quelle faveur les cartes spéciales ont prise avec raison parmi les savants et de quelle utilité elles sont pour leurs études. Nous n'avons parlé ni des cartes géologiques ni des cartes météorologiques, parce qu'elles font le sujet de chapitres particuliers.

§ 9. DES MODES DE PROJECTION ET DE L'UNIFICATION DES TRAVAUX ET DE L'ORTHOGRAPHE GÉOGRAPHIQUES.

Tout le monde sait que la terre est sphéroïdale et que la courbure de sa surface ne permet pas de conserver sur un plan, en même temps, les rapports des distances des lieux et des surfaces des régions; par conséquent la forme ou la grandeur des contrées se trouve nécessairement altérée sur les cartes planes.

Les nombreuses méthodes inventées pour tracer les canevas des cartes ont toutes des inconvénients et des avantages qui leur sont propres, et il est impossible de donner des règles absolues pour le choix d'une projection; chacune s'appliquant à un problème spécial, on doit se laisser guider par le but de la carte, par son échelle, par la forme, les dimensions et l'orientation du pays.

Pour les planisphères, on se sert de la projection orthographique [1] qui fait ressortir la rotondité du globe avec une vérité saisissante [2], de la projection stéréographique, non moins ancienne, qui conserve les rapports d'angles et qui permet de

[1] Ce mode de projection, qui est dû à Hipparque, altère tout à la fois les angles et les surfaces en rétrécissant les bords et élargissant le centre; on l'emploie souvent à la construction des mappemondes.

[2] Elle donne l'aspect du globe terrestre, tel qu'on le verrait de l'infini; M. Adrien Germain croit qu'il serait préférable d'employer la projection de Prudent et Lahire, qui n'est pas cependant en usage, et qui, le point de vue étant situé à une distance égale à une fois et demie la longueur du diamètre de la terre, la représente d'une manière plus exacte.

résoudre rapidement les problèmes de la sphère[1], de la projection équidistante et de la projection globulaire qui peuvent servir à représenter un hémisphère sous l'aspect méridien, de la projection homalographique[2] qui conserve l'étendue relative des diverses parties du globe, mais qui produit sur les bords de la carte une grande déformation, de la projection de Mercator qui, comme la précédente, donne les deux hémisphères sur une seule feuille[3]. Cette dernière s'impose, à l'exclusion de toute autre, pour le tracé des cartes marines générales; elle permet, en effet, d'évaluer immédiatement les rapports angulaires ou d'orientation, et par conséquent elle donne aux marins comme aux voyageurs le moyen de déduire avec la plus grande facilité la direction qu'ils doivent suivre pour aller à l'aide de la boussole d'un lieu vers un autre dont ils connaissent les coordonnées[4]. Les Américains emploient cependant pour leurs cartes hydrographiques spéciales la même projection polyconique qu'ils ont adoptée pour leurs cartes terrestres et dont nous parlerons tout à l'heure, et les Suédois se servent de la projection conique de Delisle; les routes ne peuvent se tracer sur ces cartes avec la même exactitude que sur celles établies d'après la projection de Mercator qui satisfont si admirablement aux nécessités de la navigation.

(1) C'est dans cette projection qu'est représentée la mappemonde classique. Comme, malgré ses avantages, elle pourrait donner aux commençants de fausses idées sur l'ensemble du globe, il est bon d'obvier à cet inconvénient, en représentant en outre la Terre sous diverses faces au moyen de la projection orthographique. On voyait à l'Exposition deux hémisphères terrestres en verre, l'un équatorial, l'autre méridien, sur lesquels M. de Chancourtois avait tracé le canevas géodésique et auxquels étaient appliquées les projections stéréographiques correspondantes exécutées sur des lames transparentes, ce qui montrait bien le caractère perspectif de ces projections.

(2) Cette projection, qu'a préconisée M. Babinet, et qui renferme l'ensemble de la Terre dans l'intérieur d'une seule ellipse, est due au géomètre Mollweide.

(3) Les régions polaires y sont, il est vrai, agrandies et déformées, mais il n'y a pas grand mal puisque ce sont les régions centrales plutôt que les parages arctiques qui attirent l'attention.

(4) Il ne s'agit plus dans ce cas de figurer la Terre telle qu'elle est : il faut avant tout que la position du navire puisse être marquée chaque jour sur la carte par sa longitude et par sa latitude et qu'on voie immédiatement quelle route on doit suivre; or, pour résoudre pratiquement le *problème des routes*, il faut que les méridiens, les parallèles et les arcs de loxodromie y soient représentés par des lignes droites; c'est ce que permettent les cartes dites *réduites* ou *de Mercator*.

Gr. II. — Cl. 16.

Quand il s'agit de cartes géographiques, on doit choisir pour chaque pays le tracé qui en altère le moins les formes et les dimensions, et l'on doit chercher à conserver autant que possible les grandeurs relatives des surfaces en tâchant de ne pas rendre trop difficile la détermination des positions. Les cartographes qui emploient la même projection pour toutes les cartes d'un atlas ont donc tort, car, comme l'a fort bien dit M. Adrien Germain, le savant auteur du *Traité des projections*, il n'y a non seulement aucun inconvénient à modifier le système de projection d'une carte à l'autre, mais au contraire chaque pays doit avoir son canevas propre, suivant sa position sur le globe, son étendue en longitude ou en latitude et la forme générale de ses contours, suivant le but spécial auquel elle est destinée et suivant la grandeur de l'échelle qu'elle doit avoir. Pour des cartes géographiques spéciales, et même, à l'aide de quelques modifications, pour des cartes représentant des parties considérables du globe, ce sont les développements coniques qui ont été le plus en usage jusqu'à ces derniers temps[1]. Pour la grande carte de la Russie, on a adopté en effet le système conique orthomorphe de Lambert, dit *projection de Gauss*, qui, conservant le rapport des degrés de deux parallèles intermédiaires sans trop exagérer les erreurs dans les latitudes extrêmes, convient bien à ce vaste pays; pour la carte des États-Unis, on se sert de la projection polyconique, qui, résultant du développement d'autant de cônes qu'il y a de parallèles, conserve les valeurs relatives des arcs de méridien qui vont en augmentant à mesure qu'on s'éloigne du méridien principal; pour la carte de l'État-major de France, on a pris la projection dite *de Flamsteed modifiée*, qui conserve les vrais rapports entre les arcs de parallèle et de méridien et par conséquent les vrais rapports entre les surfaces, mais qui, altérant les angles entre les parallèles et les méridiens, altère en plus ou en moins les distances qui ne sont pas mesurées le long d'un parallèle et les azimuts; pour d'autres

[1] En effet, une petite zone conique ne diffère pas sensiblement d'une zone sphérique. Ces projections ont l'avantage de conserver la perpendicularité réciproque des méridiens et des parallèles; mais elles altèrent la longueur des arcs de parallèle, à l'exception de celui du parallèle moyen.

pays, la projection conique de Lambert, qui conserve les angles[1] et par suite les formes des parties peu étendues, est la plus convenable : en effet, les parallèles étant représentés par des cercles concentriques, les régions situées sous les mêmes latitudes sont comparables entre elles.

Pour la carte du continent américain tout entier, qui est très étendu en latitude et relativement étroit, on peut employer avec succès la projection cylindrique transverse et équivalente de Lambert qui offre, entre autres avantages, celui de la symétrie et d'une altération nulle le long du méridien central. Lorsqu'on a besoin de conserver le rapport des surfaces, ce sont les projections équivalentes qui conviennent[2]. Pour les cartes qui doivent servir aux recherches de la physique du globe et de la météorologie, il faut choisir celles des projections qui conservent l'orientation si nécessaire à l'étude des phénomènes naturels. Pour les cartes statistiques et ethnographiques, il faut au contraire avoir surtout égard à la conservation de la proportionnalité des aires aux surfaces.

Ainsi, quel que soit le système de projection adopté, pour la la carte d'un pays étendu, les feuilles extrêmes sont toujours déformées; mais lorsque la carte ne doit embrasser qu'une petite portion du globe, les défauts de tous les systèmes s'atténuent; car lorsque la courbure de la terre peut être négligée, toutes les projections se confondent avec le plan levé géométriquement. Aussi trouve-t-on aujourd'hui qu'il vaut mieux conserver tel quel le levé topographique et ne pas le forcer, comme on le faisait jusqu'alors, à s'encastrer dans un réseau conventionnel de méridiens et de parallèles.

En effet, pour des cartes topographiques à grande échelle qui

(1) Excepté vers le pôle.

(2) Le colonel de Coatpont cherche avec raison depuis 1876 à vulgariser l'emploi de la projection zénithale équivalente (proposée dès 1772 par Lambert, de Berlin) qui n'avait pas été appliquée jusque-là. Dans ce système, on passe par une construction simple du canevas en projection stéréographique, qu'il est toujours facile de tracer, mais qui déforme considérablement les surfaces, à un autre qui leur conserve leurs grandeurs relatives et qui s'appliquant à la représentation du globe entier donne une idée exacte de l'étendue relative des terres et des mers. M. Levasseur doit représenter par ce procédé les cinq continents dans une circonférence unique.

Gr. II. — Cl. 16.

sont destinées à l'étude des détails du terrain et qui ne sont appelées à servir que feuille par feuille[1], où il n'est pas par conséquent besoin de se préoccuper des conditions qui seraient nécessaires pour pouvoir réunir un grand nombre de ces feuilles sur le même panneau, il est inutile d'altérer entre les surfaces, les lignes et les angles les rapports qui existent sur le terrain pour l'avantage très problématique de pouvoir développer la carte sur un plan. A l'échelle de $\frac{1}{100\,000}$, pour des feuilles comprenant 30′ en longitude et 20′ en latitude, on peut pour ainsi dire considérer la terre comme plane sans commettre d'erreurs plus grandes que celles qui sont inévitables dans le tracé graphique d'une carte à cette échelle; on projette chaque zone limitée par des méridiens et par des parallèles sur le plan tangent au point central; c'est ce qu'on appelle la *projection polyédrique*, qui, au point de vue de l'exactitude et de la simplicité, est supérieure à toutes les autres : en effet, les méridiens et les parallèles y sont figurés par des lignes droites; les erreurs ne se propagent pas d'une feuille à l'autre, puisque les coordonnées des points placés sur une feuille sont indépendantes de celles des points placés sur les autres feuilles[2], et les feuilles des cartes des États limitrophes établies à la même échelle peuvent se rapprocher[3].

Il n'est pas possible de contester l'utilité d'un système aussi simple et aussi naturel pour la représentation des cartes topographiques à très grande échelle. Aussi depuis longtemps déjà emploie-t-on des canevas basés sur des procédés analogues pour les

[1] Quel intérêt, en effet, peut-on retirer de l'assemblage des feuilles de la carte topographique d'un grand pays puisqu'on ne peut embrasser d'un coup d'œil tout l'ensemble sans perdre les détails du terrain? Si l'on a à en réunir quelques-unes, ce sera toujours en nombre restreint.

[2] Si l'on suppose, en effet, la surface de la carte d'un grand pays aplatie sur un plan unique, dans ce système, la projection étant établie spécialement pour chaque feuille, l'erreur se trouve subdivisée à l'infini et devient inappréciable : avec les autres projections, au contraire, il se produit nécessairement une déformation qui devient de plus en plus grande du centre vers les bords.

[3] C'est ce qui ne peut avoir lieu avec les projections coniques, puisque les méridiens des cartes des États limitrophes se présentent avec des courbes en sens contraire et viennent en contact là où les altérations sont les plus grandes, c'est-à-dire dans les points les plus éloignés du centre de développement.

cartes de l'Inde [1] et de divers États de l'Allemagne, et l'on s'en sert aujourd'hui en Autriche, en Angleterre, en Espagne et en Italie [2]. La grande carte routière de France entreprise par le Ministère de l'instruction publique est également établie dans la projection polyédrique.

MM. de Chancourtois et J.-V. Barbier, contrairement à l'opinion que nous venons d'émettre et qui est le plus généralement admise, n'approuvent pas un assemblage de cartes dressées suivant divers systèmes de projection parce qu'il est souvent impossible de les comparer entre elles; à l'Exposition on a vu les essais qu'ils ont tentés dans le but de remédier à cet inconvénient.

Amené par ses études géologiques à se servir de cartes établies dans la projection gnomonique sur lesquelles les grands cercles [3] sont représentés par des lignes droites, M. de Chancourtois pense que ce genre de projection est particulièrement approprié à l'unification des travaux géographiques, et il en propose l'emploi pour toutes les cartes autres que les mappemondes. Il a dressé le plan d'un atlas d'ensemble qui d'après lui permettrait d'étudier dans des conditions également favorables les diverses régions du globe; les projections seraient faites : 1° pour les régions situées aux environs du 45° parallèle nord ou sud sur les huit faces d'un octaèdre circonscrit à la sphère, dont un axe coïnciderait avec l'axe des pôles; 2° pour les régions polaires et équatoriales, sur les six faces d'un cube également circonscrit à la sphère et conjugué à l'octaèdre [4]; 3° pour les régions intermédiaires, sur les douze faces du dodécaèdre

[1] Le canevas des cartes de l'Inde, qui s'établit au moyen d'un procédé empirique d'une grande simplicité dû au colonel Blacker, n'est basé sur aucune projection et peut servir sans erreur sensible pour toute surface ne dépassant pas 100 degrés carrés; les arcs de méridiens y sont égaux, équidistants aux points correspondants, coupés par les parallèles à angles égaux du même côté, et les arcs de parallèles y sont proportionnels aux cosinus de leurs latitudes.

[2] Si le canevas de la carte de France à $\frac{1}{80\,000}$ était basé d'après ce système, on pourrait avoir des panneaux de 4 mètres de côté sans déformation sensible et où les feuilles contiguës se raccorderaient sans erreur appréciable. Il est à regretter que la nouvelle carte de l'Algérie soit établie d'après l'ancienne projection et non d'après ce procédé.

[3] On sait qu'un grand cercle est le plus court chemin d'un point à un autre sur la sphère.

[4] C'est-à-dire dont les centres de deux faces seraient tangents aux pôles.

Gr. II. — Cl. 16.

rhomboïdal conjugué à la fois à l'octaèdre et au cube[1]. C'est une sorte de projection polyédrique[2], dont M. de Chancourtois conseille l'emploi pour les cartes même à petite échelle. Ces cartes gnomoniques, dans lesquelles un arc quelconque de grand cercle étant représenté par une ligne droite est immédiatement transportable d'une carte sur une autre et immédiatement mesurable en unités métriques, facilitent, suivant M. de Chancourtois, non seulement l'étude des faits d'alignements, mais elles se prêtent à tous les autres usages, surtout aux recherches météorologiques, puisqu'elles permettent à première vue de distinguer les mouvements de translation simple des mouvements giratoires. Mais comme la projection gnomonique déforme beaucoup, l'auteur donne l'échelle variable des différentes parties de la carte en figurant les méridiens et les parallèles par des lignes ponctuées où les points sont espacés d'un degré ou d'une fraction de degré.

M. J.-V. Barbier pense, comme M. de Chancourtois, qu'il y aurait utilité non seulement à établir toutes les cartes d'un même atlas d'après une seule et même projection, mais aussi à ne pas employer comme d'ordinaire différentes échelles suivant l'importance plus ou moins grande des pays, parce qu'on ne peut ainsi, dit-il, que fausser le jugement[3]. Il voudrait, aujourd'hui que la connaissance des divers continents est à peu près complète, que le premier atlas mis entre les mains des enfants présentât des cartes dessinées à une échelle identique et d'après la même projection, et par conséquent comparables entre elles, afin qu'ils y

(1) C'est-à-dire dont les faces auraient leurs centres correspondant aux milieux des arêtes de l'octaèdre et du cube.

(2) Pour mieux faire saisir son idée, M. de Chancourtois exposait un globe dont le canevas géodésique était reproduit en projection gnomonique sur cinq lames transparentes qui y étaient fixées par des épingles figurant les rayons projetants; elles représentaient une des faces d'un octaèdre, une des deux faces polaires et une des quatre faces équatoriales de la série hexaédrique, et une des huit faces polaires et une des quatre faces équatoriales de la série dodécaédrique.

(3) L'énorme espace couvert par le continent de l'Asie (4 milliards et demi d'hectares environ), par exemple, se réduit, dans l'esprit comme pour l'œil de l'élève qui feuillette l'atlas où sa carte occupe la même surface de papier que celle de l'Europe, aux petites dimensions de notre continent (un peu moins d'un milliard d'hectares), si la mappemonde n'a pas été examinée avec assez de soin.

vissent d'un seul coup d'œil les relations d'étendue qui existent entre les diverses contrées. Une fois la première éducation de l'œil faite, il n'y aurait plus d'inconvénients à confier aux adolescents les atlas ordinaires où l'échelle des contrées est modifiée en raison inverse de la grandeur des contrées, de façon que le cadre soit toujours rempli. Mû par l'idée généreuse de rendre un service à la géographie d'enseignement, M. J.-V. Barbier a entrepris la tâche considérable de former un atlas d'après les principes que nous venons d'exposer. Il a adopté, comme système de projection, celui dans lequel la sphère est divisée de 20° en 20° en neuf zones, dont chacune est remplacée par le cône qui lui est inscrit; ces sections coniques ou segments annulaires sont divisés en autant de parties que l'exige la dimension des cartes. Au point de vue de la configuration des continents, l'altération que produit ce mode de projection n'est pas assez sensible pour fausser les idées [1]; mais on ne peut reconstituer un continent, ou même un grand pays, car si les parties segmentaires planes peuvent être rapprochées les unes des autres, suivant les méridiens qui les limitent, il y a forcément un espace entre les courbes du parallèle qui leur est commun, et, en outre, l'adoption d'une échelle unique pour toutes les contrées du monde exige un nombre de cartes qui dépasse de beaucoup celui qui est en usage dans les atlas scolaires.

Ces essais ont intéressé le jury, mais pour le moment du moins ils appartiennent plutôt au domaine de la théorie qu'à celui de la pratique; il ne nous en a pas moins paru utile de faire connaître en détail les travaux que ces géographes ont entrepris sur ces questions, bien qu'elles ne soient pas encore prêtes à recevoir leur solution.

Des tendances méthodiques pour l'unification des travaux géographiques se sont aussi manifestées dans ces dernières années. Plusieurs savants, en tête desquels il est juste de citer M. de Chancourtois, voudraient que dans le canevas topographique la graduation des cercles fût décimale, le quadrant étant pris pour unité, comme cela a déjà lieu dans la carte de France dite de *l'État-*

[1] Les parallèles moyens subissent un rétrécissement qui, dans le cas où l'altération est la plus grande à l'équateur, est moindre que $\frac{1}{60}$.

major, et qu'on adoptât pour l'origine des longitudes un méridien international unique. En attendant que le moment soit venu où l'on arrive à une entente à ce sujet, nous devons donner nos éloges aux cartographes, tels que ceux de Gotha, qui indiquent sur leurs cartes les degrés de longitude tout à la fois d'après le méridien de Paris et d'après le méridien de Greenwich; sur les feuilles de la nouvelle carte de Saxe, on marque non seulement les différences de longitude avec le méridien local, mais avec ceux de France et d'Angleterre, excellent exemple qu'on ne saurait assez recommander. Ajoutons que l'État-major allemand vient de décider cette année (1878) qu'à l'avenir le méridien de Berlin serait le seul méridien d'origine pour tous les travaux cartographiques de l'empire; les cartes des États autres que la Prusse, tels que celles de la Bavière, de la Saxe, du Wurtemberg, etc., vont être modifiées dans ce sens.

Plusieurs personnes s'occupent aussi d'unifier l'orthographe des noms géographiques, qui a été choisie par la plupart des cartographes sans une critique sérieuse. Une bonne orthographe géographique, uniforme, établie sur une saine étymologie, serait certes précieuse, car l'étude de la géographie a un caractère international; mais le problème est très complexe et il ne semble pas qu'on soit encore près de s'entendre à ce sujet. Il est cependant à souhaiter, comme on tend à le faire de plus en plus, que partout les noms géographiques soient écrits dans la langue des contrées auxquelles ils appartiennent, en mettant à leur suite entre parenthèses le nom sous lequel ils sont connus dans le pays où est publiée la carte, lorsque cela est nécessaire. Mais quand la langue a un alphabet différent du nôtre ou n'en a pas, il se présente de grandes difficultés pour la transcription des caractères étrangers ou des sons en caractères romains; il est cependant important que des différences d'orthographe n'amènent pas d'ambiguïté dans les noms.

En 1869, MM. de Slane et Gabeau ont publié un vocabulaire destiné à fixer la transcription en français des noms de lieux usités en Algérie, et, en 1873, le gouvernement de l'Inde a fixé des règles auxquelles doivent se plier ses géomètres et ses topographes pour écrire les noms géographiques indiens avec les lettres romaines : jusqu'à l'établissement des tables qui servent aujourd'hui pour la rédaction des cartes officielles, il n'y avait pas d'unité dans les méthodes d'écrire ces noms, ce qui amenait une confusion fâcheuse. Ce sont de bons commencements, mais il faudra encore beaucoup de temps avant qu'on ait un semblable travail pour tous les pays où l'alphabet diffère du nôtre.

§ 10. PROCÉDÉS DE REPRODUCTION.

Après avoir passé en revue les principales publications cartographiques faites depuis 1867, il ne nous reste plus, pour terminer notre tâche, que de parler des améliorations et des modifications qui ont été apportées, pendant les dix dernières années, aux procédés de fabrication des globes, des reliefs et des cartes.

Globes. — On n'a rien de bien nouveau à signaler sous le rapport de la construction des globes. On en fait toujours un grand nombre en plâtre ou en autre matière plastique. Certains éditeurs, tels que MM. Andriveau-Goujon, Schotte de Berlin, etc. tendent cependant à leur substituer des globes en carton qui sont plus légers, moins fragiles et d'un prix un peu inférieur. On imprime les fuseaux sur un carton épais dont on enlève ensuite les parties blanches; on découpe de même un autre cercle de carton ordinaire, puis, au moyen d'une presse hydraulique assez puissante, on donne à ces cartons la forme hémisphérique et on les emboîte l'un dans l'autre de manière que les fuseaux se croisent.

Le procédé ingénieux inventé dès 1862 par M. Silberman, et dont il a été question à l'Exposition de 1867, n'est pas encore entré dans la pratique; ce procédé, comme on le sait, consiste à graver en relief un globe en cuivre qu'on reproduit galvanoplastiquement en creux; on place dans l'intérieur de ce moule, préalablement encré, une sphère de même dimension en papier, en cuir ou en faïence, et on l'entoure d'une enveloppe en caoutchouc qui est mise en communication avec une machine hydraulique; l'action du liquide s'exercant également dans tous les sens, l'impression se fait correcte et pure.

Gr. II. — Cl. 16.

On peut encore citer le globe portatif en toile de MM. Philip et fils, de Londres, dont nous avons déjà parlé et qui est fait avec huit baleines recouvertes de toile, au moyen desquelles on l'ouvre ou on le ferme comme un parapluie, lui donnant ainsi à volonté la forme d'un sphéroïde ou d'un simple fuseau.

Reliefs. — Il y a quarante ans qu'on fait des reliefs gaufrés; nous n'avons donc pas à nous étendre sur leur mode de fabrication; s'ils se vendent à bas prix, ils sont le plus souvent mal exécutés. En effet, comment, en collant une carte plane imprimée sur une feuille de carton qu'on repousse ensuite dans une matrice, ou moule métallique, pourrait-on espérer avoir un repérage exact des hachures avec les reliefs et des cours d'eau avec les thalwegs? Ce sont cependant les plus répandus. M. Ed. Beck, de Berne[(1)], emploie un procédé un peu différent : il colle sur le relief préalablement gaufré une carte imprimée exprès sur papier extensible.

On se sert de plus en plus avec raison d'une autre méthode, qui est aussi ancienne, mais très préférable : celle de M. Bardin, qui, comme on le sait, consiste à coller les unes sur les autres des feuilles de carton ayant une épaisseur égale à l'équidistance des courbes de la carte que l'on veut reproduire, et qui sont découpées suivant ces courbes. On obtient par ce procédé un relief à gradins dont on remplit les vides au moyen d'une matière plastique quelconque[(2)] et dont le moule[(3)] permet d'obtenir à peu de frais des plâtres sur lesquels on peut représenter, au moyen des couleurs conventionnelles empruntées à la topographie, les eaux, les routes, les constructions, les forêts, etc. Aujourd'hui on remplace souvent le plâtre par le staff[(4)], qui est plus léger et moins fragile, mais c'est aux dépens de l'exactitude du relief. Il y avait à l'Exposition

(1) M. Beck exposait dans la section suisse le relief du Jura à $\frac{1}{100\,000}$, qui était établi d'après ce procédé.

(2) M. Labasque emploie des planchettes de bois qu'il découpe suivant les courbes inférieures des sections et dont il enlève ensuite les parties anguleuses.

(3) Ces moules sont faits, soit en plâtre, soit en gélatine qui donne de meilleurs résultats pour les reliefs très fouillés.

(4) Le staff n'est autre chose qu'une couche mince de plâtre fin appliquée sur une toile.

toute une série de petits reliefs dus au capitaine Lamotte, qui montraient les phases diverses de cette construction.

La méthode mise en usage par le colonel Marcuard, de Suisse, qui consiste à employer, pour découper les gradins successifs, autant d'exemplaires de la carte plate imprimée sur du papier-carton de l'épaisseur voulue[1] qu'il faut en superposer pour arriver au relief vrai, simplifie considérablement le travail que nécessitait auparavant le mode de construction adopté par Bardin, le capitaine Peigné, etc., qui dessinaient eux-mêmes sur les cartons les courbes de niveau de la carte topographique. Le lieutenant Goffard, du Dépôt de la guerre belge, s'est servi du même procédé pour dresser la carte en relief de la Belgique qu'on a vue à l'Exposition, et l'on vend aujourd'hui à Bruxelles, à l'usage des instituteurs, des cartes en noir avec courbes de niveau, qui sont destinées à la confection des reliefs du royaume. Il y avait dans la section française un beau plan en relief de Saint-Cyr, à $\frac{1}{5\,000}$, qui a été construit d'après le même système par les professeurs de topographie de notre École spéciale militaire; il y a été employé 1 200 exemplaires environ de feuilles du levé, qui étaient au nombre de 16.

On n'obtient ainsi que des reliefs à gradins. Pour avoir des reliefs ordinaires, le lieutenant Henri, du Dépôt de la guerre belge, en rend les pentes uniformes et continues, puis il en prend un moule dans lequel il coule du plâtre et il colle sur le plan mat qu'il produit ainsi une feuille de papier mince portant tous les détails de la planimétrie: le résultat est satisfaisant[2].

Au Dépôt de la guerre de France, on s'est occupé de perfectionner le système Bardin en cherchant les moyens d'imprimer la planimétrie et les écritures au moment même de l'opération du moulage; à cet effet, le moule en creux, qu'on exécute en cuivre au moyen de la galvanoplastie d'après un modèle, est gravé et encré au tampon par les procédés ordinaires de la taille-douce, et,

[1] L'épaisseur de ces feuilles de carton était de $0^{mm}\,4$, ce qui représente exactement à $\frac{1}{25\,000}$ l'équidistance des courbes de niveau, qui est de 10 mètres.

[2] C'est le procédé dont nous avons déjà parlé plus haut et qu'emploie M. Beck pour les reliefs gaufrés.

Gr. II. — Cl. 16.

en y coulant du plâtre, on obtient un relief tout imprimé, comme celui représentant les environs de Paris à $\frac{1}{40\,000}$ qui était exposé dans la section française.

M. de Schluga substitue aux feuilles de carton de petites plaques de zinc; une fois le relief obtenu, il y grave les cours d'eau, les villes, etc., puis il en prend un moule avec lequel on peut le reproduire indéfiniment, soit par la galvanoplastie, soit par le coulage d'une matière résistante, et au sortir duquel le plan est tout terminé.

Avant 1867, M. Louis Clos avait déjà exécuté une partie du relief du département du Jura à $\frac{1}{40\,000}$ au moyen d'un procédé différent, qui consistait à décalquer les courbes de niveau de la carte sur une plaque de plâtre qu'il creusait ensuite au moyen de forets et de petits rabots appropriés dont les tiges, divisées en quarts de millimètre, étaient attachées à une règle inflexible courant sur le cadre; ce procédé, plus rapide et plus économique que celui des gradins, est pourtant exact et a conduit à de bons résultats. Depuis, M. le colonel Le Beurrié s'est aussi servi, pour la confection des plans en relief des Invalides, d'une machine qui entaille les surfaces horizontales à diverses profondeurs. Le plan-relief du champ de tir de Nîmes, qu'exposait M. le lieutenant Vazin d'Ainvelle, a été exécuté d'après une méthode analogue au moyen d'un instrument particulier dont cet officier est l'inventeur, mais qui diffère peu de celui de M. Clos, et avec lequel il a taillé directement à gradins le plan décalqué sur un bloc de plâtre. Au Dépôt des fortifications, la petite raboteuse utilisée pour établir les reliefs des places fortes, dont on a vu plusieurs spécimens dans la section française, est mue par une machine à gaz de la force d'un cheval; l'emploi de cette machine-outil qui fonctionne vite et avec précision permettra de doter en peu de temps et à bon marché les écoles militaires et les bibliothèques de garnison d'une collection de plans-reliefs.

Mlle Kleinhans emploie pour sculpter les cartes en relief dont nous avons parlé plus haut avec éloge un appareil à peu près semblable aux précédents, qui permet par une mise au point très exacte de suivre l'échelle des hauteurs d'une manière scrupuleuse.

Le beau plan en relief de Cherbourg et de ses environs que le capitaine Filoz avait exposé dans la galerie des machines a été obtenu par un nouveau procédé fort ingénieux. L'auteur a commencé par tracer de 10 mètres en 10 mètres sur un plan correspondant à la cote zéro des marées les courbes de niveau du plan directeur du Génie à $\frac{1}{5\,000}$; puis il a placé de champ, suivant les sinuosités de chacune de ces courbes, une bande de carton d'une hauteur égale à l'altitude de la courbe[1] : le bord supérieur de cette bande de carton représente par conséquent la courbe de niveau à la place qu'elle occupe réellement dans l'espace; après avoir bien fixé ces bandes verticalement et leur avoir donné de la rigidité en les reliant les unes aux autres au moyen de petites traverses, il a rempli les vides entre les bandes de carton au moyen de sable fin agglutiné avec de la colle forte qu'il a *arasé* au niveau de leurs bords supérieurs. Il a ainsi obtenu la représentation exacte en relief du plan directeur du Génie. Le sable agglutiné, une fois durci, forme un ensemble très résistant pour lequel il n'y a pas à craindre de déformation. Par ce système qui est économique, rapide et exact, M. le capitaine Filoz se fait fort de reproduire 1 000 kilomètres carrés par an avec l'aide de deux hommes seulement. Il est inutile d'ajouter que l'on peut tirer autant d'épreuves que l'on veut du modèle ainsi établi.

Cartes. — Nous allons maintenant nous occuper des cartes planes.

Une fois le plan levé sur le terrain et dessiné à la main, on a recours à des procédés qui donnent des copies fidèles et nombreuses de l'original, afin que les exemplaires ainsi tirés puissent être mis à la disposition de tous ceux qui en ont besoin. Dans la plupart des établissements cartographiques, c'est la gravure au burin, soit sur métal, soit sur pierre, qui est le principal moyen de reproduction adopté pour l'exécution des cartes géographiques, mais depuis quelques années on tire un parti de plus en plus grand de la photographie; il n'est pas douteux en effet que la gravure à

[1] A l'échelle de $\frac{1}{2\,500}$, car dans le plan de M. Filoz les hauteurs sont doublées.

la main ne soit beaucoup plus lente que celle qu'on obtient par la voie chimique. Chacun des procédés a, du reste, ses avantages spéciaux, et il faut les appliquer suivant les circonstances dans lesquelles se présente le dessin original[1] et suivant le résultat plus ou moins parfait qu'on veut obtenir.

Gravure sur métal. — La gravure sur métal n'a pas reçu depuis 1867 de perfectionnements sensibles; il y a longtemps, du reste, que c'est simplement à l'habileté individuelle des artistes et à quelques tours de main plus ou moins ingénieux qu'on doit de voir certaines œuvres supérieures aux autres[2]. Quelquefois on unit la gravure à l'eau forte à la gravure à la pointe sèche pour diminuer le temps du travail et par conséquent le prix de revient. L'emploi de machines pour exécuter une partie de l'ouvrage, tels que les signes conventionnels, les sables, les arbres, etc., est assez répandu bien que le résultat soit moins parfait, mais ce sont des procédés expéditifs et économiques auxquels on a raison d'avoir recours dans beaucoup de cas; on voyait dans la section française des planches gravées par M. Naudin-Nyon dont les teintes en pointillé étaient faites à la machine en quinze fois moins de temps que si elles avaient été exécutées à la main. Citons aussi le procédé économique qu'emploie M. Müllhaupt, de Berne, pour figurer le relief du terrain, procédé mécanique[3] qui donne un relief tout aussi saisissant et qui est beaucoup moins dispendieux que la gravure en hachures.

On sait combien est lente et chère la gravure au burin sur

(1) La gravure à la main utilise un dessin même grossier, la photographie exige un dessin parfait.

(2) Les premières cartes topographiques ont toutes été gravées sur cuivre; nous citerons celle de l'Angleterre (commencée en 1809), celles de l'Autriche (en 1810), de la Bavière (en 1812), de la France (en 1818), de la Norwège (en 1826), de la Suisse (en 1832), de la Saxe (en 1837), de la Russie (en 1839), du Danemark (en 1845).

(3) Ce système porte le nom de *gravure de teintes en relief;* il consiste à graver mécaniquement sur le cuivre des teintes graduées au moyen de petits points plus ou moins rapprochés qui à une certaine distance donnent la sensation d'un lavis plus ou moins foncé. Il a l'avantage d'être peu coûteux, puisque les grandes feuilles de la carte vaudoise, par exemple, qui sont cependant très chargées, peuvent être livrées au prix de 1 franc; les teintes y sont associées à des courbes hypsométriques.

métal, cuivre ou acier[1], qui fournit cependant les cartes les plus claires et les plus artistiques; en outre, la planche de cuivre gravée ne pouvant fournir qu'un tirage de 2 000 à 3 000 feuilles au plus, il fallait autrefois, pour en obtenir un plus grand nombre, graver une nouvelle planche, ce qui était fort long et fort coûteux. La galvanoplastie a merveilleusement aidé la cartographie moderne en reproduisant en relief, puis en creux, par deux opérations successives, les planches de métal dont on peut ainsi obtenir autant de fac-similés identiques qu'on le désire[2]; on lui a dû un notable abaissement du prix des cartes, qui auparavant était très élevé. Mais comme l'emploi du métal est coûteux par lui-même quand il faut passer par le double travail des matrices creuses et des clichés en relief, on emploie souvent aussi le procédé de M. Erhard au moyen duquel on peut avec des acides spéciaux reporter le dessin d'un cuivre sur un autre et par conséquent conserver la planche type intacte. On peut encore, comme le font beaucoup d'éditeurs, aciérer les cuivres gravés, qui peuvent alors supporter un nombre de tirages presque indéfini; il suffit de renouveler l'aciérage quand le cuivre commence à paraître[3].

Gr. II.

Cl. 16.

Gravure sur pierre. — La gravure sur pierre[4], qui donne aujourd'hui des résultats satisfaisants, a permis d'abaisser encore da-

[1] Une planche de la carte de France coûte, y compris les dépenses du levé, du dessin et de la gravure, de 40 000 à 50 000 francs.

[2] Dès 1855, le Dépôt de la guerre de France exposait deux épreuves d'une feuille de la carte d'État-major, l'une tirée sur la planche mère, l'autre sur la planche électrotypique, qui ne présentaient aucune différence. On se sert souvent aussi de la galvanoplastie pour obtenir à peu de frais de précieuses cartes routières en reproduisant par ce procédé les planches qui n'ont encore que la planimétrie et la lettre, avant qu'on y grave la montagne; c'est ainsi qu'ont opéré l'Institut militaire topographique de l'Autriche pour la carte des routes de la Bohême, de la Valachie, etc., le Dépôt de la guerre de France pour les dernières planches de la carte à $\frac{1}{320\,000}$, etc.

[3] L'aciérage n'abîme en rien les traits les plus fins, et comme il peut être renouvelé à volonté, il rend les feuilles de cuivre à peu près inusables.

[4] La plupart des cartes s'exécutent aujourd'hui en gravure sur pierre. Ce procédé, qui a été introduit en France par Engelmann, de Strasbourg, et qui, bien qu'ayant déjà donné la mesure de son utilité et de ses mérites, était encore imparfait en 1867, fournit aujourd'hui des résultats peu inférieurs à la gravure sur métal, et le prix en est beaucoup moindre. Une feuille de notre grande carte d'État-major, qui valait autre-

Gr. II. — Cl. 16.

vantage le prix des cartes, surtout depuis qu'on fait les tirages par report et que pour gagner du temps on substitue aux teintes en grisé faites sur la pierre même à l'aide de la machine le report d'un grisé fait à l'avance sur cuivre et pour lequel le graveur a une série de planches donnant des tons variés. On emploie aussi le crayon lithographique pour faire rapidement et à peu de frais les teintes dégradées. Néanmoins la gravure à la main sur pierre lithographique a de nombreux inconvénients : c'est encore un procédé lent; les pierres ne supportent pas un aussi grand nombre de tirages que les plaques de métal; elles sont sujettes à se casser, et le travail se trouve alors perdu; elles sont encombrantes, difficiles à manier et à transporter; enfin elles sont d'un prix élevé et constituent pendant les intervalles de tirage un capital improductif [1].

Il était donc nécessaire de chercher de nouveaux procédés plus économiques et plus rapides autant dans le but de diminuer les frais du travail de gravure que de reproduire en peu de semaines les dessins originaux qui perdent souvent avec le temps une partie de leur importance, comme cela arrive en hydrographie pour les levés de barres et de ports dont les profondeurs varient continuel-

fois 7 francs, peut être à présent donnée aux officiers pour la modique somme de 50 centimes. En outre, l'économie de travail que donne l'usage si courant des reports permet avec une seule carte matrice de créer autant de cartes spéciales qu'il est nécessaire; on peut dès lors éliminer tous les détails étrangers au but que l'on se propose et obtenir de la clarté et de la simplicité.

[1] Le dessin gravé sur la pierre peut, si l'on veut, être transformé en gravure sur métal au moyen d'un procédé prompt et économique qui est dû à M. Erhard; on reporte une épreuve sur le cuivre et à l'aide d'un acide spécial on en obtient la gravure, dont le tirage se fait alors en taille-douce; par cette découverte, M. Erhard a rendu un vrai service à la science. Ainsi se trouvent écartés les inconvénients dont nous parlons ci-dessus. Le Dépôt de la guerre de France a aussi fait des essais, qui semblent jusqu'ici avoir pleinement réussi, dans le but de substituer aux pierres, en certains cas spéciaux, des planches de zinc beaucoup plus légères, nullement fragiles, tenant moins de place et d'un prix insignifiant, planches mères destinées à faire, lorsqu'il en est besoin, des reports sur pierre ou sur métal qu'on efface ensuite après le tirage. Le succès de l'opération dépend de la préparation qu'on fait subir au zinc pour lui conserver pendant le plus long temps possible son aptitude à l'impression et éviter qu'il ne s'oxyde. On sait du reste que, dès 1822, Joseph Treusensky avait tenté de remplacer les pierres lithographiques par des planches de zinc, et qu'à l'*Ordnance Survey Office* le dessin des minutes cadastrales, fait à l'encre lithographique, est décalqué sur une plaque de ce métal qui sert à tirer le nombre d'épreuves nécessaires aux besoins de l'administration et des propriétaires intéressés.

lement par suite de la formation ou de la disparition des bancs sous-marins, et l'on a réussi; nous allons voir en effet qu'aujourd'hui on est arrivé à produire vite et à bas prix.

Héliogravure. — On a en premier lieu l'héliogravure[1], qui a pour objet de faire déposer, par le seul effet de la lumière, l'empreinte d'un dessin à la surface d'une planche de métal enduite d'une substance sensible aux rayons lumineux[2], de sorte qu'il n'y ait plus qu'à attaquer le métal par un mordant pour l'y graver.

L'Exposition de 1867 n'était pas riche en essais de ce genre; l'Imprimerie royale de Prusse y avait seule envoyé un petit plan héliogravé. Mais l'intérêt qui s'attache à l'art de fixer sur le métal ou sur la pierre les images des cartes obtenues par la photographie et l'utilité qu'on en peut tirer ont donné lieu depuis cette époque et donnent encore lieu tous les jours à de nombreuses recherches; l'Exposition de 1878 l'a bien montré. La photographie joue en effet aujourd'hui un grand rôle, autant dans la production que dans la reproduction des cartes; tantôt elle s'unit à la galvanoplastie et s'appelle *héliogravure, photogravure,* etc.; tantôt elle vient en aide à la lithographie et prend alors le nom de *photolithographie.*

Les petits États de l'Europe ont été les premiers à prendre la tête du mouvement, car dans les grands pays où la carte est déjà depuis longtemps en cours d'exécution, on n'a pas pu tout de suite changer les anciens procédés; au contraire, les nations qui, n'ayant

(1) C'est à Poitevin que sont dues les belles méthodes de l'héliogravure. Auparavant, on se contentait de tirer des épreuves photographiques ordinaires; on ne pouvait par conséquent reproduire une carte qu'à un très petit nombre d'exemplaires. Ce procédé peu pratique, tant par suite du temps qu'exige le tirage des épreuves qu'à cause du prix, est abandonné; on en a cependant fait encore usage pendant la guerre de 1870-1871; soixante-douze feuilles de la carte de France ont été réduites de $\frac{1}{80000}$ à $\frac{1}{320000}$ et tirées chacune à 25 exemplaires, en quatre clichés.

(2) D'ordinaire au moyen d'un cliché photographique sur verre. Pour les clichés des cartes, il faut qu'il y ait un contraste complet entre le fond, qui doit être entièrement opaque, et les clairs; on ne peut rien obtenir de ceux qui ne sont pas parfaits sous ce rapport, et il n'est pas très facile de les avoir sans demi-teintes. Le collodion sec rend des services surtout pour la préparation des clichés positifs destinés à l'héliogravure en taille-douce.

pas encore de carte et comprenant combien il leur est utile de posséder l'image fidèle de leur territoire, ont besoin de la faire et de la faire vite, ont choisi les moyens rapides et ont appelé à leur secours la photographie sous ses différentes formes.

L'héliogravure [1], qui est aujourd'hui pour la cartographie d'une si grande ressource, est un procédé si rapide et si peu coûteux qu'il permet de faire en six semaines, et pour la somme de 2 500 francs, ce qui par les anciennes méthodes coûterait environ 20 000 francs et demanderait plusieurs années [2], et on est arrivé à obtenir des résultats qui parfois touchent presque à la perfection [3] : à l'exposition du Dépôt des fortifications de France on voyait une épreuve obtenue par la gravure chimique où les hachures étaient presque aussi fines que celles de la minute.

Voici comment on opère en Italie [4] : on fait d'abord un cliché négatif redressé des levés de campagne réduits à $\frac{1}{75\,000}$, et par les procédés de la photolithographie on le reporte à sec [5] sur une

(1) On sait que le procédé consiste à recouvrir d'une couche de gélatine bichromatée, ou de bitume de Judée, une plaque de cuivre qu'on expose au soleil à travers le cliché du dessin qu'on veut graver. La gélatine bichromatée a la propriété de devenir plus ou moins profondément insoluble dans l'eau chaude, de gonfler plus ou moins dans l'eau froide, de prendre plus ou moins l'encre d'impression, de modifier plus ou moins les propriétés adhésives du sucre, de la glucose, du miel, etc., suivant l'intensité des rayons lumineux qui l'ont frappée; le bitume de Judée en possède d'analogues. La lumière, en traversant le cliché qui l'intercepte plus ou moins complètement, sculpte plus ou moins profondément l'image dans la couche de gélatine dont les parties, rendues insolubles, protègent le métal, comme le vernis isolant qu'on emploie dans la gravure à l'eau forte; les surfaces qui n'ont pas été atteintes restent au contraire perméables à la solution de perchlorure de fer et sont seules mordues par le liquide qui agit en raison inverse de l'action lumineuse. Si l'héliogravure par la gélatine est la meilleure pour l'exécution des œuvres délicates, celle par le bitume de Judée, qui est plus simple, moins dispendieuse et plus facile, rend aussi beaucoup de services, quoique les résultats en soient moins parfaits; le mordant, dans ce cas, est l'eau forte.

(2) Pour réduire une feuille de la carte de France d'après les minutes des officiers, un dessinateur met en moyenne un an et demi, et un artiste a besoin de quatre à cinq ans pour la graver.

(3) La nécessité de creuser des hachures fines et serrées en même temps que des lettres au large corps compliquait le problème. La différence de trait comporte en effet des différences de creux infiniment délicates que peut mesurer le graveur, mais que ne respecte pas l'action des acides si elle n'est pas habilement dirigée; de ces délicatesses résulte précisément la netteté de l'image.

(4) C'est le système dû au général Avet.

(5) Afin d'éviter qu'il ne se produise des altérations dans les dimensions.

pierre, qui, une fois préparée, sert à tirer une épreuve sur papier à décalquer avec du blanc d'argent; on saupoudre cette épreuve de charbon pulvérisé et on la presse contre une feuille de papier; on obtient ainsi un décalque sur lequel le dessinateur trace avec facilité à la plume la lettre, les courbes de niveau et les hachures. Une fois le modèle ainsi préparé, on se sert de l'héliogravure pour obtenir les feuilles définitives à $\frac{1}{100\,000}$, telles qu'elles étaient exposées, c'est-à-dire qu'on en tire un cliché négatif qui est juxtaposé à une plaque de cuivre enduite d'une couche de gélatine bichromatée et mis au soleil; les parties qu'ont frappées les rayons lumineux et qui correspondent aux traits du dessin, deviennent insolubles et, après un lavage convenable, restent en relief sur la plaque; on fait alors avec cette plaque une galvanoplastie sur laquelle les traits du dessin sont en creux et qui est propre par conséquent à l'impression en taille-douce. On obtient de très bons résultats par ce procédé, ainsi qu'on a pu en juger dans la section italienne.

Pour les travaux qui exigent du fini et de la délicatesse, on remplace quelquefois le soleil par la lumière électrique, qui donne aux traits une netteté et une finesse plus grandes; à Lisbonne, à la Direction générale des travaux géographiques, on a organisé toute une série de travaux et de services photographiques exécutés de cette manière. A Paris, la maison Dujardin emploie le même procédé. L'insolation de la plaque sous le cliché est en effet une opération ennuyeuse parce que, pour ne pas avoir de déformations, il faut que la lumière la frappe perpendiculairement, et il est par conséquent nécessaire de modifier incessamment sa position afin qu'elle soit toujours orientée normalement aux rayons solaires; de plus, la pénombre due aux dimensions du soleil grossit les parties éclairées et occasionne dans le dessin des empâtements et des irrégularités[1]. La lumière électrique donne à ce point de vue de meilleurs résultats, pourvu toutefois que le foyer soit stable et qu'on ne soit pas pressé par le temps.

Les divers systèmes d'héliogravure diffèrent du reste peu les uns

[1] L'effet de la pénombre est toutefois moindre lorsqu'on emploie la lumière diffuse.

Gr. II. — Cl. 16.

des autres; les résultats plus ou moins parfaits sont dus aux soins apportés à l'exécution du travail, à la pratique acquise par les artistes et surtout à l'emploi immédiat des petites améliorations de détail qui se produisent chaque jour dans cette branche encore nouvelle de l'art cartographique.

Photolithographie. — La gravure en creux peut seule convenir pour l'exécution des travaux délicats, et malgré la longueur et la difficulté du tirage, elle a de grands avantages. Mais la photolithographie, ou impression par la photographie du dessin d'une carte sur une pierre, a aussi pris un grand développement : elle rend à la cartographie sur pierre les mêmes services que l'héliogravure rend à la cartographie sur cuivre[1]; souvent même on n'exécute que la planimétrie à l'aide des procédés photolithographiques, et l'on se contente de traiter le relief au crayon lithographique[2].

M. Rodriguez, de Lisbonne, s'est tout particulièrement occupé d'améliorer les procédés photolithographiques. Il a d'abord essayé de prendre des pierres parfaitement planes et de les recouvrir d'une couche *excessivement mince* de gélatine bichromatée, de telle sorte que le mélange restât presque exclusivement contenu dans les pores de la pierre et qu'il n'y eût pas ce relief si nuisible à la pureté des reproductions; il y a alors appliqué un cliché retourné et les a exposées pendant quelques minutes au soleil ou à la lumière électrique, les a encrées à l'encre grasse et a développé l'image en passant avec une éponge de la gomme d'amidon diluée. Mais la difficulté d'avoir des pierres et des clichés à surfaces parfaitement planes, d'étendre sur la pierre une couche sensible très mince, d'encrer la couche de gélatine insoluble, de modifier sans cesse la position de pierres lourdes et volumineuses afin que l'insolation se fasse toujours normalement à leur surface, lui a fait abandonner ce procédé. Il préfère employer des plaques ou feuilles d'étain très minces qu'il

[1] On se sert quelquefois de la photolithographie pour reproduire des reliefs sous forme de cartes murales; les ombres sont souvent dures, mais le figuré du sol est saisissant.

[2] Le Dépôt de la guerre de France s'est servi de ce procédé pour certaines cartes provisoires.

recouvre d'une couche très faible de gélatine bichromatée et qu'il expose au soleil après y avoir appliqué un cliché négatif retourné; on plonge ensuite la plaque dans l'eau froide, on passe le rouleau, et quand la gélatine insolubilisée par la lumière a fixé l'encre grasse[1], l'on a un fac-similé tout à fait exact du dessin primitif qui peut donner avec la presse typo-lithographique plusieurs douzaines d'épreuves ou être reporté directement sur pierre ou sur métal. M. Rodriguez restreint ainsi non seulement le nombre des reports, mais il n'a pas recours au papier qui est toujours rugueux et dont les dimensions varient beaucoup lorsqu'il est humide; les feuilles métalliques, qui s'accolent tout aussi bien au négatif sur glace, sont au contraire relativement inextensibles[2].

Phototypie et photozincographie. — On peut encore faire déposer l'empreinte du dessin d'une carte, soit sur une glace (phototypie), soit sur un zinc (zincographie), qui servent ensuite au tirage. Le premier de ces procédés est employé avec succès; le second, qui donne aussi d'excellents résultats lorsqu'il s'agit d'imprimer des reports, laisse à désirer lorsque l'insolation a été directe[3].

Photoglyptie. — On a aussi essayé d'imprimer des cartes au moyen de la photoglyptie, procédé très ingénieux qui consiste à obtenir un moule en creux en comprimant sous une presse hydraulique puissante contre une lame de plomb la feuille de gélatine détachée de la glace sur laquelle la lumière a gravé en relief l'image du dessin; on tire les épreuves avec de la gélatine colorée, mais les blancs ne sont jamais purs et l'on ne peut pas faire de planches de grandes dimensions.

Panicographie. — L'un des plus grands progrès qu'il y ait à signaler depuis 1867 consiste dans l'emploi fréquent de planches en

(1) Cet encrage exige des soins particuliers.

(2) On évite par ce mode de report la déformation du dessin qui est à craindre avec le papier de Chine. Le papier à la gomme de M. Toovey est aussi très bon.

(3) En se servant de plaques de zinc très minces, on peut les adapter sur un rouleau et imprimer avec une grande rapidité.

Gr. II. — Cl. 16.

relief pour l'impression typographique des cartes[1]. Quelques essais avaient déjà été faits à Paris en 1823 par M. Aloys Senefelder sur des planches d'étain, et vers 1829 M. Breugnot a imprimé avec des planches de zinc de grandes cartes qu'il appelait *Gioramas*. En 1850, M. Gillot a réalisé un notable progrès dans l'emploi de ce métal; son procédé est connu sous les noms de *panicographie* ou de *gillotage;* il consiste à décalquer sur la plaque de zinc le dessin de la carte, qui est destiné à être gravé, au moyen de matières capables de résister au liquide corrosif, telles que l'encre de report[2], le bitume de Judée ou la gélatine bichromatée insolubilisée par la lumière[3]; lorsqu'on se sert de reports, on passe sur l'encre de la poudre de colophane qui en solidifie, en élève et en protège les traits. Le métal est ensuite rongé par des agents chimiques, et l'on obtient un cliché du même genre que celui des caractères d'imprimerie avec les traits en saillie, un vrai relief typographique qui se prête convenablement au tirage. Malheureusement le zinc n'est pas un métal propre à des tirages fatigants, même lorsque les traits sont recouverts d'un dépôt de cuivre ou d'acier; de tous les systèmes de gravure chimique, c'est d'ailleurs le plus simple, le plus commode et le moins coûteux. Si simple qu'il soit, il exige cependant des soins particuliers, des tours de main que la pratique seule peut enseigner, car, à cause de la différence d'épaisseur qu'ont les traits dans les cartes, l'action du mordant doit être dirigée avec délicatesse.

A l'impression, la gravure en relief ne donne pas des résultats à

(1) L'idée d'imprimer des cartes typographiquement n'est pas nouvelle. De 1770 à 1775, Wilhelm Haas et J.-G.-J. Breitkopf ont produit par ce procédé, l'un la carte du canton de Bâle, l'autre celle des environs de Leipzig. Vers 1823, la maison Firmin Didot publia des cartes en couleurs obtenues au moyen d'une planche de plomb dans laquelle étaient incrustés de minces filets de cuivre ondulés suivant les contours des rivages, des fleuves et des routes et dans laquelle étaient soudés les noms géographiques en caractères d'imprimerie. Enfin, en 1839, M. Raffelsberger a imprimé avec des types mobiles une carte postale de l'empire d'Autriche. Tous ces essais n'ont pas eu de suite.

(2) On se sert indifféremment de dessins exécutés sur papier à autographie avec l'encre lithographique, de reports de gravures ou de dessins sur pierre, de reports de gravures sur métal (pourvu qu'il n'y ait pas de danger d'écrasement à cause d'un trop grand relief), d'épreuves typographiques quelconques, etc.

(3) Dans ce cas, le dessin s'imprime au moyen d'un cliché négatif sur glace retourné.

beaucoup près aussi nets et aussi délicats que la gravure en creux; elle est toujours défectueuse à cause des ébarbures et des irrégularités que produisent la morsure des acides et l'encrage. Néanmoins la facilité et la rapidité avec laquelle se font les tirages typographiques donnent aux gravures chimiques sur zinc une grande valeur industrielle [1], car, en somme, c'est un excellent moyen de produire vite et à bon marché les cartes géographiques qui ne demandent pas une grande délicatesse de dessin, et par ce procédé on peut espérer les répandre partout et à très bas prix, d'autant plus que ces reliefs héliographiques s'impriment non seulement de la même manière, mais en même temps que les caractères. Il suffit en effet de quelques heures au graveur chimique pour faire le travail qui exigerait plusieurs semaines à un graveur sur bois, et il n'est point besoin d'artistes habiles. L'héliogravure typographique est la spécialité du service photographique de la Direction des travaux topographiques de Lisbonne, et l'on a pu en voir de nombreux et intéressants spécimens dans la section portugaise. En France, MM. Yves et Barret se servent avec succès du même procédé, et on a vu à l'exposition du Ministère de la guerre deux clichés sortant de leurs ateliers, dont l'un reproduisait en relief une feuille de la carte de l'État-major et dont l'autre représentait les voies carrossables de la même feuille.

Dans certains cas, on substitue le cuivre au zinc pour les dessins d'un ton gris qui demandent des mouchetures, ce qu'on obtient au moyen du vernis de graveur, tandis que le bois exigerait des réserves et par conséquent bien plus de travail et de temps. L'emploi du cuivre pour les reliefs typographiques serait du reste d'une manière générale très préférable à celui du zinc, s'il n'y avait une différence notable dans le prix de revient.

Ce n'est pas seulement avec des clichés photographiques qu'on peut obtenir une bonne héliogravure, une bonne photolithographie ou une bonne panicographie. M. Rodriguez se sert aussi dans ce but de clichés sur lesquels il trace lui-même le dessin; il passe sur

[1] Tandis que les reports sur pierre ne donnent qu'un nombre limité de bonnes épreuves (2 000 au plus en moyenne), un cliché typographique en fournit au contraire un nombre pour ainsi dire illimité.

Gr. II.
—
Cl. 16.

la surface d'un verre dépoli de la poudre de sandaraque et il y dessine, avec de l'encre de Chine délayée dans de l'eau sucrée et de la glycérine, la carte destinée à l'impression; il frotte ensuite le dessin, lorsqu'il est bien sec, avec de la plombagine en poudre très fine, ce qui en noircit tellement les traits qu'ils deviennent complètement opaques et forme un excellent cliché. Protégé par une couche de vernis et placé sur une plaque de cuivre ou de zinc ou sur une pierre enduite soit de gélatine bichromatée, soit de bitume de Judée, il est ensuite exposé à l'action de la lumière, et la gravure s'exécute par un des procédés ordinaires. On peut aussi faire facilement un cliché négatif en imprimant au moyen de papier revêtu de sanguine le dessin de la carte à la surface d'une glace enduite d'un mélange d'eau, de gélatine et de carbonate de plomb et en le gravant au burin; on traite alors cette plaque par une solution aqueuse d'acide sulfhydrique qui change la céruse en sulfure de plomb noir imperméable à la lumière; le cliché se trouve retourné.

Méthodes employées pour réduire ou amplifier les cartes. — Les cartographes ont continuellement besoin de modifier l'échelle des cartes. Autrefois on se servait soit de la méthode des carreaux, soit du pantographe, qui exigeaient un travail long et dispendieux; aujourd'hui on a de meilleurs procédés pour arriver au même résultat. La photographie exécute en effet avec autant de rapidité que d'exactitude l'amplification ou la réduction d'une carte d'une échelle quelconque à une autre échelle, et, grâce à l'élasticité du caoutchouc, il est facile en très peu de temps de diminuer ou d'augmenter la grandeur d'un dessin de carte et de le reporter directement sur pierre à l'échelle voulue; pourvu qu'on n'ait pas besoin d'une très grande exactitude et que le dessin puisse se tirer lithographiquement, les résultats en sont nets. Cet emploi du caoutchouc, pour augmenter ou diminuer l'échelle d'une carte, doit être rangé au nombre des procédés essentiellement utiles et industriels. On en prend une feuille très mince non vulcanisée, qu'on tend sur un cadre à côtés mobiles et qu'on oblige par des tractions répétées à se dilater dans tous les sens; on la recouvre d'une couche légère de pommade composée d'amidon, de céruse, de glucose, etc., et l'on y imprime lithographiquement une carte; la laissant ensuite revenir à ses premières dimensions, l'épreuve diminue en même temps qu'elle, et l'on reporte sur une autre pierre l'image réduite aux dimensions voulues, qui est alors prête à subir les tirages. On peut aussi obtenir une amplification, mais le dessin est toujours moins net. Quoique ce procédé ait été mis à l'essai au point de vue typographique par M. Henri Plon dès 1860, il n'est réellement entré dans le domaine de la pratique que tout récemment. M. Rodriguez s'en est occupé d'une façon toute spéciale, et le Dépôt de la guerre belge exposait les cartes d'Anvers, de Tournay et de Louvain réduites par ce procédé, cartes qui étaient fort bien réussies; dans la section française, on voyait une carte de la Patagonie obtenue de la même manière par M. Becquet, imprimeur lithographe de Paris.

Méthodes employées pour corriger les planches. — Tels sont les principaux moyens de reproduction employés dans l'art cartographique; mais une fois les planches de cuivre gravées, on a continuellement à leur faire subir des corrections à cause des changements incessants qui se produisent dans la planimétrie d'un pays. Autrefois ces corrections se faisaient au moyen du martelage, opération longue, dispendieuse et remplie d'inconvénients; aujourd'hui, elles sont singulièrement facilitées par les reproductions galvanoplastiques: elles se font en effet très promptement, en effaçant les traits à reprendre par un simple grattage sur le cliché en relief obtenu par l'immersion de la planche dans le bain galvanique, puis en faisant galvanoplastiquement un autre cliché sur lequel les surfaces corrigées viennent en surface plane et sont ensuite gravées à nouveau.

Dans le procédé Georges, qui est usité au Ministère de la guerre de France et dont on voyait à l'Exposition les diverses phases, on enlève sur la planche de cuivre défectueuse, qu'on a préalablement recouverte d'un vernis protecteur, les parties de la gravure qui doivent subir des modifications, et l'on fait déposer par la galvanoplastie du cuivre dans les sillons ainsi creusés; il se forme des bourrelets ou mamelons métalliques qu'on aplanit pour recevoir la nouvelle gravure. Ce n'est pas une méthode économique et l'industrie privée ne l'emploie guère, mais elle a le précieux avantage de conserver les planches à l'abri de toute déformation.

Le procédé de M. Erhard, dont nous avons déjà parlé, et qui permet de reporter un dessin d'un cuivre sur un autre, sert aussi pour corriger les anciennes cartes ainsi que pour approprier les cartes d'un pays aux pays étrangers; on couvre d'un vernis, sur l'original, les dénominations que l'on veut changer ou les parties que l'on veut modifier, et l'on fait sur le nouveau type les changements nécessaires; c'est ainsi que sur certains cuivres du Dépôt de la marine française, on a transformé les brasses des sondages en mètres.

Nous devons encore citer une amélioration qui a été apportée à l'art de la cartographie par l'emploi intelligent qu'a fait de la galvanoplastie le Dépôt de la guerre de France pour certaines feuilles de notre carte de l'État-major; lorsqu'une ville importante [1] se trouve sur le bord du cadre ou dans l'angle d'une feuille, on réunit les portions contiguës afin qu'on ne soit pas obligé de se procurer deux ou quatre feuilles pour former l'ensemble des environs de cette ville. Pour cela, on reproduit galvanoplastiquement en relief chacune des fractions de planche qui doivent constituer la planche définitive; on soude ces reliefs, et l'on en exécute un creux sur lequel il n'y a plus qu'à faire de petites corrections le long de la soudure.

Chromolithographie. — Parmi toutes les nouvelles ressources qu'on possède aujourd'hui pour reproduire les cartes, l'une des plus fécondes sans contredit est la chromolithographie, qui leur donne une grande clarté et qui fait distinguer au premier coup d'œil les choses naturellement distinctes. Cette branche importante de l'art cartographique s'est débarrassée de ses imperfections et a pris un grand développement depuis 1867 [2]; les procédés d'impression actuellement en usage rendent possible, même dans les

[1] Comme Orléans par exemple.

[2] De tous les établissements officiels, celui de la Hesse-Cassel seul avait, jusqu'en 1866, publié en couleurs quelques-unes des minutes de sa carte à $\frac{1}{25000}$; mais dès 1843 le colonel Scheda avait déjà fait imprimer en chromo une carte d'Europe.

œuvres les plus importantes, l'emploi de couleurs variées pour peindre les différents accidents de la nature; aussi le plus grand nombre des cartes qui figuraient à l'Exposition, tant dans les sections étrangères que dans la section française, étaient-elles polychromes [1].

Une carte polychrome, qui présente à l'œil des couleurs destinées à imiter autant que possible les effets de la nature, est en effet beaucoup moins confuse et d'une lecture plus facile que la même carte tirée en noir, celle-ci fût-elle à une échelle plus grande. La chromolithographie seule, du reste, a permis la représentation des documents complexes de géologie, de statistique, d'ethnologie, etc. Le procédé ordinaire est simple: on fait un report sur pierre de la carte, avec lequel on obtient sur d'autres pierres un certain nombre de faux décalques; on ne laisse sur l'une d'elles que les chemins, sur l'autre que les constructions et les maisons, sur une troisième que les eaux, etc., et l'on tire le report en bistre pour l'orographie, la première pierre de décalque en noir, la seconde en rouge, la troisième en bleu, etc. Avec un repérage suffisamment soigné, les traits noirs, rouges, bleus, etc., se superposent aux mêmes traits imprimés en bistre avec la première pierre, et l'on a une carte en plusieurs couleurs, très lisible et reproduisant exactement les détails de l'original. Le Dépôt de la guerre de France emploie cette méthode depuis 1873 pour reproduire chromolithographiquement des feuilles gravées sur cuivre. En gravant sur une pierre supplémentaire les courbes horizontales de niveau et en la combinant avec les pierres de décalque, on obtient une épreuve stratigraphique de la même carte; de cette manière, on utilise la planimétrie des anciennes planches pour les nouvelles feuilles à courbes.

M. le capitaine Albach, de Vienne, commence par dessiner la carte originale en bleu très pâle, et il en fait autant de copies qu'il doit y avoir de couleurs dans l'épreuve définitive; sur chacune de ces cartes, il reprend en noir les parties qui doivent venir à l'im-

(1) On peut citer les cartes des Pays-Bas et de leurs colonies, de la Belgique à $\frac{1}{20\,000}$, de la Saxe à $\frac{1}{50\,000}$, de la Suisse (carte par courbes), de la Russie à $\frac{1}{120\,000}$, de l'Espagne, de l'Italie, de l'Algérie, de la France (par le Ministère de l'intérieur), etc.

Gr. II. — Cl. 16.

pression avec une des couleurs, et il les photolithographie; le bleu n'agissant pas, il obtient ainsi les différentes pierres nécessaires.

Nous avons parlé plus haut du procédé par lequel M. Erhard transforme une pierre gravée en une planche de cuivre afin d'éviter l'encombrement et les risques de rupture des pierres; ce procédé est particulièrement utile pour les tirages en couleurs, qui en exigent tant; mais comme le repérage exact dans l'impression en taille-douce, qui se fait sur papier humide, n'est pas complètement assuré, c'est à l'aide de reports sur pierre des divers cuivres, reports qui s'impriment sur papier sec, que se fait le tirage et non plus d'après les procédés de la gravure sur métal, comme nous l'avons dit pour les cartes en noir.

L'impression en couleurs des cartes se fait le plus souvent à la presse à vapeur, qui donne un tirage treize ou quatorze fois plus rapide que celui de la presse à bras et d'un prix moindre d'un tiers.

Pour éviter l'emploi du grand nombre de pierres que nécessitent les procédés ordinaires de la chromolithographie, M. Eckstein a inventé une méthode très ingénieuse et plus prompte, qui n'exige pour le tirage de la carte en chromolithographie la plus compliquée que cinq pierres : une pour la montagne, une pour les écritures et trois pour les teintes (la première bleue, la seconde rouge et l'autre jaune) dont chacune donne, par un seul tirage, les diverses nuances de sa couleur et dont la seule superposition produit la plus grande variété de teintes. Les trois pierres qui sont destinées à imprimer les trois couleurs primaires, après avoir été soigneusement polies, reçoivent du même négatif une image photographique au charbon; on les couvre ensuite d'une couche très mince d'un mélange de cire et de bitume de Judée, qui, une fois sèche, est traversée au moyen du diamant émoussé d'une machine à griser, dans les parties qui doivent prendre la couleur, par des traits parallèles d'égale épaisseur, qu'on rapproche, qu'on grossit ou qu'on amincit, qu'on creuse plus ou moins, suivant l'intensité qu'on veut donner à la teinte simple. Pour combiner ensemble deux couleurs primaires, on fait croiser à angles droits les lignes qui sont destinées à rendre séparément chacune d'elles, et, lorsqu'on a besoin de superposer les trois, on donne aux hachures des grisés des directions différentes quelconques, pourvu qu'elles ne soient pas parallèles; on attaque ensuite, au moyen d'un acide faible, les parties que le diamant a découvertes [1], puis on couvre d'encre lithographique les surfaces qui doivent donner les nuances légères et, pour celles qui doivent être plus foncées, on répète la morsure en faisant attention à la durée et à la force de la corrosion et en recouvrant au fur et à mesure les parties qu'on veut soustraire à l'action de l'acide. On obtient ainsi à l'aide d'un petit nombre de tirages une variété presque illimitée de couleurs; la gamme des tons qu'exposait M. Eckstein ne comprenait pas moins de 240 nuances, bien homogènes, d'une grande transparence et d'un effet agréable à l'œil, rappelant un lavis parfait. Ce procédé tend à prendre de l'importance dans la cartographie officielle; mais il est d'un prix trop élevé pour que l'industrie privée puisse en faire usage; on pourrait cependant le simplifier, en se contentant d'obtenir trois ou quatre nuances au moyen d'un grisé simple, d'un grisé croisé et d'un pointillé exécuté sur la même pierre, et il pourrait ainsi être utilisé dans les œuvres de moindre importance.

Nous devons aussi parler de la chromo-euprographie, qui consiste à obtenir diverses teintes d'une même couleur par des morsures graduées au perchlorure de fer sur une plaque enduite préalablement de poussière très fine de résine qu'on a soumis à un commencement de fusion pour obtenir des réserves superficielles [2]; on obtient ainsi un pointillé plus ou moins fort qui peut donner une grande quantité de tons différents par des tirages superposés; on peut de cette manière produire toutes les couleurs.

L'emploi des reliefs en zinc pour imprimer des cartes en couleurs ne date que de quelques années, et les résultats obtenus

(1) Les blancs sont neutralisés par l'asphalte.

(2) Sans l'application préalable de cette poudre de résine, la corrosion du cuivre n'est pas accompagnée d'une rugosité de la surface suffisante pour retenir l'encre et les demi-teintes du cliché ne viennent pas bien. M. Rodriguez semble avoir obtenu une granulation plus douce et plus finie avec une couche sensible additionnée d'une substance opaque en poudre, telle que l'argile rouge calcinée ou le sesquioxyde de fer qui n'attaquent ni la gélatine bichromatée ni le perchlorure de fer.

Gr. II. — Cl. 16.

attestent déjà la valeur de ce procédé et en garantissent l'avenir. On imprime sur des feuilles séparées, au moyen d'encre à report, les cours d'eau, les montagnes, les noms de la carte que l'on veut reproduire, et l'on transporte chacune de ces impressions sur une planche de zinc; en traitant ces planches par la méthode Gillot, on obtient trois reliefs qu'on n'a plus qu'à superposer pour obtenir à très bas prix, grâce au tirage à la machine, une carte typographique en trois couleurs [1].

On emploie aussi avec avantage le calque autographique pour reproduire rapidement les minutes en plusieurs couleurs. Au Dépôt de la guerre de France, on publie par ce procédé, d'après des amplifications photographiques, les environs de garnison à $\frac{1}{20\,000}$; on voyait à l'Exposition ceux de Rouen en cinq couleurs.

Entre autres modifications, nous devons faire remarquer que la plupart des Dépôts de la guerre réduisent le format des feuilles de leurs grandes cartes; le tirage devient ainsi plus facile et plus pratique, et le repérage pour les couleurs est meilleur.

Gravure de la lettre. — La gravure à la main des noms sur les cartes est une besogne longue, fastidieuse et coûteuse. On a cherché, pendant ces dernières années, à simplifier les anciennes méthodes; on a pensé avec raison que les caractères d'imprimerie pouvaient remplacer avec perfection et économie l'écriture géographique, et aujourd'hui il existe plusieurs procédés typo-autographiques qui donnent de bons résultats. On s'en sert au Portugal, on les emploie en France, où au Dépôt de la guerre il y a une machine spéciale pour l'impression de ces lettres typographiques, et dans d'autres pays.

[1] En 1874, le Dépôt de la guerre de France a fait graver sur pierre, en trois couleurs, la carte du Mexique du capitaine Niox; en raison de ses dimensions, cette carte n'eût pu être livrée au commerce à moins de 20 francs l'exemplaire, si on l'avait tirée sur les pierres mêmes; en reproduction typographique à trois couleurs, comme la carte originale, elle se vend 2 francs. Nous pouvons encore citer comme exemples la carte du mont Blanc du capitaine Mieulet dont le tirage sur pierre coûte 5 francs, tandis que l'édition typographique ne coûte que 50 centimes, et les feuilles de la carte des Alpes en quatre couleurs à $\frac{1}{80\,000}$, qui sont vendues 1 franc seulement. MM. Yves et Barret, qui se sont particulièrement adonnés à la production des cartes typographiques, sont arrivés à de bons résultats.

Certaines cartes de l'Institut des Pays-Bas ont, sous ce rapport comme sous beaucoup d'autres, fixé l'attention du jury; la lettre y est régulière, et elle se détache nettement sur le détail de la planimétrie qui est cependant très complète. Le procédé employé par M. Eckstein consiste à imprimer les noms sur le dessin autographié avec des caractères faits exprès et au moyen de composteurs droits ou courbes, et à reporter ensuite le tout d'un seul coup sur une pierre qu'on tire par les moyens lithographiques ordinaires.

M. Rodriguez, de Lisbonne, après avoir imprimé avec des caractères typographiques les noms et les chiffres sur une bande de papier spécial, les place aux endroits convenables sur la carte qu'il reproduit ensuite photographiquement en la réduisant, ou bien il les reporte sur la carte dessinée préalablement soit sur papier autographique, soit sur pierre.

Ces procédés typo-autographiques, qui sont si simples, permettent d'employer simultanément un grand nombre d'ouvriers au même travail, sans nuire à l'uniformité de l'ensemble, et ils n'exigent que de simples imprimeurs au lieu de graveurs de lettres; on économise ainsi quelques mois pour la gravure de chaque feuille.

Impression de cartes sur étoffes. — Dans plusieurs pays on a imprimé directement des cartes sur étoffe; ces cartes, qui résistent très bien au vent et à la pluie, sont plus commodes pour l'usage en campagne ou en voyage et elles coûtent moins cher que les cartes imprimées d'abord sur papier et collées ensuite sur la toile [1].

On voit donc qu'aujourd'hui on est arrivé à donner des cartes très bonnes et très claires à un prix très bas, ce qui est le but principal de l'art cartographique, et que grâce aux procédés rapides dont nous venons de parler et dont l'industrie s'est emparée avec ardeur les études géographiques se vulgarisent, ainsi que l'indique la vente de plus en plus considérable des cartes. En terminant ce rapport, je suis heureux de constater que la France a

[1] M. Eckstein en Hollande, le Dépôt de la guerre belge, M. Erhard, etc., ont imprimé des cartes et plans sur diverses étoffes.

Gr. II. — Cl. 16.

fait de grands efforts dans cette voie depuis dix ans et qu'elle tient un bon rang au milieu des autres nations[1].

[1] En France, les 21 presses à bras qu'emploie l'industrie cartographique impriment 500 000 épreuves par an, et les 20 machines à vapeur qui fonctionnent presque exclusivement pour l'impression des cartes fournissent environ 12 millions de feuilles: mais souvent il y a plusieurs cartes sur la même feuille, et, d'autre part, certaines feuilles passent plusieurs fois sous la machine, de sorte que ce nombre ne présente pas celui des feuilles imprimées, qui est certainement très supérieur. Nous trouvons du reste une indication précieuse du goût de plus en plus vif du public français pour les sciences géographiques dans la comparaison des quantités de cartes que le Dépôt de la guerre a livrées pendant la dernière période décennale et qui témoignent nettement d'une progression croissante; on y a vendu, en 1867, 15 580 feuilles et, en 1878, 224 576.

CHAPITRE II.

GÉOLOGIE.

La géologie étudie la conformation de l'écorce terrestre au triple point de vue de la science, des besoins agricoles et de l'industrie, et il y a longtemps qu'on a reconnu l'utilité de réunir les résultats de ses études sur des cartes détaillées reproduisant avec clarté tout ce qui peut servir de guide aux géographes, aux agriculteurs, aux industriels et aux ingénieurs. En effet, les cartes géologiques permettent aux géodésiens de résoudre le problème des attractions locales qui, en beaucoup d'endroits, déterminent une déviation du fil à plomb [1]; elles expliquent au géographe le relief du sol qui est intimement lié à la nature des roches; elles sont pour l'agriculture une source de renseignements précieux, car, la terre agissant sur les végétaux non seulement par sa température, mais encore par ses éléments chimiques et par ses qualités physiques, tels que son état plus ou moins meuble, sa dureté, sa densité, sa perméabilité, les cultivateurs ont besoin de distinguer les différentes espèces de sols. Aujourd'hui, du reste, personne n'ignore que les plus hautes questions de l'agronomie et de l'exploitation des minerais et roches utiles, industries sur lesquelles est basée la richesse territoriale des nations, se rattachent intimement aux études géologiques. Il n'est donc pas étonnant que cette science, tant à cause de son utilité incontestée qu'à cause des grands problèmes qu'elle est appelée à résoudre, ait pris depuis dix ans un immense développement.

Les premières cartes, celles qu'on a pu admirer à l'Exposition de 1867, étaient déjà fort belles et fort intéressantes, mais elles étaient incomplètes. En effet, une carte géologique ne doit pas seulement montrer les limites exactes des différentes masses minérales qui constituent le sol, classées chronologiquement, problème

[1] Dans une plaine en Russie, on trouve 22" de discordance entre les amplitudes géodésique et astronomique d'un arc de méridien de 60 kilomètres de longueur.

Gr. II. — Cl. 16.

déjà fort complexe, mais elle doit aussi permettre d'apprécier les rapports de ces masses avec le relief du terrain et l'aspect physique du pays, et il est utile qu'elle contienne l'indication des couches meubles superficielles et de leur extension, afin qu'elle donne une image vraie du pays et qu'elle présente pour l'agriculture une utilité directe que ne pourrait avoir une carte simplement pétrographique, comme étaient les anciennes. Ces premières esquisses se sont beaucoup améliorées depuis 1867.

Grâce à des méthodes d'étude plus parfaites qui ont amené chaque jour des découvertes nouvelles, les géologues n'ont cessé en effet d'apporter des modifications à leurs œuvres et à celles de leurs devanciers. Non seulement ils ont compris la nécessité de ne plus céder, comme au début, à un esprit de généralisation exagéré et par conséquent l'utilité de faire une étude très détaillée des masses minérales qui constituent l'écorce terrestre, ce que facilitent du reste les levés topographiques entrepris dans beaucoup de pays et les récents travaux paléontologiques dont nous regrettons de ne pouvoir indiquer ici les grands progrès puisqu'ils n'étaient point exposés dans notre classe, mais ils ont aujourd'hui de précieux moyens d'investigations dans l'emploi du microscope pour l'examen du monde inorganique et dans de nouveaux modes de triage.

L'application du microscope à la pétrologie, en donnant à la science des roches un caractère de précision qu'elle n'avait pas, a mis en lumière des faits importants et a résolu quelques-unes des grandes questions qui, depuis longtemps, préoccupaient vainement les savants, entre autres l'origine, la nature et le mode de formation des roches d'apparence compacte.

On sait qu'en 1815 Cordier, ayant soumis divers minéraux en poudre à un lavage pour séparer les éléments d'inégale densité, reconnut à l'aide d'un faible grossissement la cristallinité du basalte et la nature des minéraux qui le composent et distingua les roches volcaniques essentiellement vitreuses des roches volcaniques à éléments cristallins. Pendant quarante-trois ans, les études pétrologiques sont restées stationnaires, mais, en 1858, Sorby, en Angleterre, et, peu après, Rose, Zirkel et Vogelsang, en Allemagne, réduisant par le frottement les minéraux en lames minces susceptibles d'être observées par transparence, ont dévoilé la structure et la composition minéralogique de roches diverses, et quelques mémoires parurent sur ce sujet en 1867 : on opérait à la lumière naturelle. En 1872, Rosenbusch, en employant méthodiquement la lumière polarisée, a donné une nouvelle impulsion à ce genre de recherches, et depuis lors, les études de pétrographie micrographique ont pris faveur en Allemagne, en Autriche, en Suède, en France, en Belgique et ont fourni des données précises sur la genèse des minéraux et des roches; on a spécifié la structure d'un grand nombre d'espèces cristallines qu'à tort on croyait homogènes; on a déterminé leurs éléments intégrants; on a constaté dans la plupart des corps cristallisés l'existence de particules de matières étrangères qui sont les restes et comme les témoins du milieu dans lequel s'est opérée la cristallisation, et le mode de formation d'un grand nombre de roches cristallines a été ainsi dévoilé : celles à inclusions vitreuses avec bulle de gaz immobile ont certainement cristallisé dans un magma fondu et ont par conséquent été engendrées par voie ignée; dans celles à inclusions liquides avec bulle de gaz mobile, le liquide est tantôt de l'eau pure ou salie, d'où il ressort que l'eau a joué un rôle dans la cristallisation, tantôt de l'acide carbonique liquéfié, et, dans ce cas, il n'est pas douteux que la cristallisation s'est opérée sous une pression énorme.

Enfin le microscope a montré les relations qui existent entre la nature des produits éruptifs et leur âge, et, en faisant connaître la date géologique d'apparition des espèces minérales, il a permis de séparer rationnellement les roches ignées dont les éléments varient dans leur état physique et dans leur agencement suivant les époques de leur apparition. L'examen fait au microscope par M. G. Vogt (1873) de la structure des matières volcaniques, avec des grossissements allant jusqu'à 500 diamètres et au delà, a montré en effet que toutes les roches qui se sont épanchées à la surface du globe ont apporté avec elle l'indication de leur âge, et que, tout en présentant la même composition apparente, elles possèdent, suivant la phase éruptive à laquelle elles appartiennent, des caractères spéciaux; certains minéraux, en effet, ne se trouvent que dans les roches anciennes, et d'autres dans les roches plus modernes. Grâce à cette analyse microscopique, beaucoup de collections péniblement recueillies dans les pays sauvages et qui, jusqu'à ce jour, restaient sans utilité, peuvent aujourd'hui être étudiées et fournir d'importantes notions géologiques sur les contrées lointaines.

Le triage de minéraux de densités différentes, au moyen d'une solution d'iodure de mercure dans de l'iodure de potassium qui peut être amenée à avoir la densité d'un minéral pierreux donné et par conséquent à en séparer tout ce qui pèse moins, rend aussi de grands services à la lithologie; on a pu ainsi trier des minéraux dont la densité est peu différente et que les procédés chimiques ne pourraient séparer, tels que le labrador, l'oligoclase, etc.

Avant de passer à l'examen des principales cartes géologiques exécutées depuis 1867, nous devons parler de diverses études qui avaient été négligées jusqu'à ces derniers temps, et qui, jetant un jour nouveau sur le mode de formation de certaines roches, élargissent le cercle de nos connaissances.

La constitution des météorites, qui avait déjà été, en 1866, l'objet d'expériences synthétiques très intéressantes de la part de M. Daubrée, a fixé d'une manière spéciale, depuis 1870, l'attention de MM. Stanislas Meunier, Tschermak, etc.; les recherches de ces géologues tendent à prouver qu'elles dérivent de masses plus volumineuses, car on reconnaît parmi elles des roches éruptives, des roches métamorphiques et des brèches analogues aux conglomérats terrestres, et elles nous ont fourni des notions importantes non seulement sur la formation et l'origine probables de ces corps planétaires, mais aussi sur celle du globe terrestre.

M. Sterry-Hunt s'est préoccupé du mode de formation des roches cristallines, et ses études l'ont amené à la conclusion, adoptée par beaucoup de géologues, qu'elles proviennent de silicates dus à des actions chimiques et déposés dans les eaux de sources, de lacs ou de mers. Les serpentines des Alpes ont aussi été l'objet de recherches de la part de MM. Gastaldi et Mayer; ces savants ont prouvé qu'elles étaient stratifiées et non éruptives; ils pensent qu'elles ont été épanchées, aux âges les plus divers, à l'état de boue chaude, tantôt à sec, tantôt au fond des eaux.

Des notions intéressantes sur le mode de formation d'autres terrains ont été fournies par les divers voyages maritimes; outre les débris provenant de la désagrégation des roches de la terre ferme qui forment communément le fond des mers jusqu'à 500 et 600 kilomètres des côtes, on trouve, surtout au large, des couches limoneuses très étendues formées presque entièrement de coquilles de globigérines ou autres foraminifères, qui ont la plus grande analogie avec la craie[1], et dans les profondeurs les plus grandes les sondages ont révélé l'existence d'une argile grise et quelquefois rouge, très ténue, mêlée de molécules organiques, surtout siliceuses, et inorganiques, telles que débris de pierre ponce et de minéraux volcaniques et particules magnétiques, qui, d'après M. Thompson, ne semble correspondre à aucune des formations géologiques connues.

Enfin, M. Virlet d'Aoust affirme qu'il se produit au Mexique, par voie de sédimentation atmosphérique, des couches de 80 et même de 100 mètres, assez épaisses par conséquent pour qu'on les considère comme de vraies assises géologiques; ces terrains argileux et jaunâtres enveloppent, paraît-il, quelques montagnes isolées et couvrent les flancs et la base des chaînes les plus élevées. Chaque année, les pluies reportent vers la plaine, sous la forme d'alluvions fluviales, des parties de ces terrains meubles, que les vents ramènent ensuite à la montagne; les trombes, qui sont si fréquentes dans les plaines du Mexique, contribuent à rendre plus rapide dans ce pays que partout ailleurs la formation de ces terrains aériens, mais il n'est pas douteux qu'il y a des dépôts analogues dans d'autres contrées[2].

Nous ne pouvons non plus nous dispenser de dire quelques mots des questions théoriques qui, pendant ces dernières années, ont occupé les géologues et qui ont donné lieu à d'ingénieuses expériences. On sait que le réseau pentagonal a été admis par M. Élie de

[1] Les espèces qu'on a reconnues dans cette formation moderne ne sont pas identiques à celles des anciens terrains crétacés, mais la plupart des genres sont les mêmes.

[2] Dans le Ferghanah, par exemple, comme dans d'autres provinces de l'Asie russe, il y a des étendues énormes couvertes de sables apportés par les vents et que l'on cherche à fixer au moyen de plantes spéciales.

Beaumont comme le principe du relief du sol sur notre globe. Cette théorie a été l'origine de travaux importants, notamment des études graphiques de M. de Chancourtois sur la sphère et sur les cartes en projection gnomonique [1], études qui représentent une somme considérable de travail et auxquelles M. Thoulet a pris une grande part; mais elle n'a pas encore gagné les suffrages de tous les savants : une des objections capitales faites par certains géologues est que les principaux traits de la configuration géographique ne sont pas représentés par les lignes principales du réseau pentagonal et que, pour les classer, il faut avoir recours à des lignes dérivées. Ce n'est point ici la place d'analyser les discussions ardues qu'elle soulève, mais nous ne pouvions pas éviter d'effleurer, au moins en passant, ce grave sujet.

Une voie nouvelle d'études a été récemment ouverte, dont il nous faut aussi parler. Après avoir reposé uniquement sur l'observation des faits, tels que la nature les met sous nos yeux, la géologie commence à s'appuyer sur l'expérimentation; les recherches entreprises dans ce but sont un excellent contrôle de l'induction. On sait qu'Élie de Beaumont et beaucoup de géologues avec lui admettent que l'écorce terrestre solide s'affaisse au fur et à mesure du retrait du noyau central fluide, qui, se contractant sans cesse par le refroidissement, diminue plus vite qu'elle, et, par conséquent, ne la remplit plus complètement; les affaissements successifs ont produit une série de méplats ou facettes entourés de ridements, dus à l'excès de matière, qui ont formé les accidents du sol; les bassins produits par ces cataclysmes se sont remplis d'eau, dont l'écoulement a contribué, avec les ridements, à l'émergement d'une partie des terres; les fissures ont été au contraire injectées de matières minérales à l'état pâteux refoulées de l'intérieur. Ces modifications de l'enveloppe ont eu lieu à des intervalles d'autant plus éloignés, mais ont été d'autant plus importantes que son épaisseur était plus grande et sa plasticité moindre.

Quelques géologues ont cherché à donner une démonstration expérimentale de ces hypothèses. M. de Chancourtois, dans le but

[1] Cette projection jouit, comme on le sait, d'une propriété précieuse pour les recherches géologiques : les grands cercles y sont représentés par des droites.

d'imiter automatiquement le soulèvement des chaînes de montagnes, tel que l'explique la théorie du réseau pentagonal, et de montrer qu'une enveloppe sphérique en se contractant forme un réseau dodécaédrique composé de pentagones réguliers, plonge dans un bain de cire un ballon de caoutchouc, préalablement gonflé, et, quand la couche est solidifiée, il laisse échapper un peu de l'air intérieur; à la surface apparaissent des méplats pentagonaux entourés de rides saillantes. De ces expériences il déduit que les ridements qui ont donné naissance aux chaînes de montagnes ont eu lieu, à chacune des époques de leur formation, suivant des directions distinctes et indépendantes, et qu'elles n'ont pu se produire que suivant les lignes de moindre résistance qui sont, pour la sphère, des grands cercles limitant les surfaces sur lesquelles s'est opéré le rétrécissement.

M. Daubrée a aussi imité, comme M. de Chancourtois, au moyen de petits ballons élastiques pouvant se dégonfler à volonté, les effets produits par la contraction de la croûte terrestre; il a en outre reproduit sur une petite échelle dans d'ingénieuses et remarquables expériences les principaux phénomènes géologiques tant chimiques et physiques [1] que mécaniques [2], et il vient d'obtenir expérimentalement les divers accidents de contournement et de plissement que présentent si souvent les couches des terrains de sédiment; il a jeté ainsi un jour nouveau sur la géologie. Presque en même temps que M. Daubrée, M. Alph. Favre a fait des expériences tendant au même but; il a opéré en disposant des couches d'argile sur une plaque de caoutchouc fortement étirée qu'il laissait ensuite revenir à sa dimension primitive et qui agissait d'une manière égale sur la partie inférieure du lit d'argile et plus ou moins sur toute la masse dans le sens du refoulement ou de

[1] M. Daubrée a appliqué la méthode expérimentale à l'étude des dépôts stannifères, plombifères et de platine, à celle des roches métamorphiques et des roches éruptives et à celle des phénomènes volcaniques. Ses premières expériences synthétiques ont porté sur le métamorphisme, dont la chaleur interne et l'eau sont les agents principaux, et le résultat en a été publié en 1859.

[2] M. Daubrée a aussi appliqué la même méthode expérimentale à l'étude des phénomènes de trituration et de transport, à celle des déformations et cassures terrestres, à celle de la schistosité des roches et de la structure des chaînes de montagnes.

Gr. II. — Cl. 16.

l'écrasement général. M. Daubrée et M. Favre ont donc produit par des moyens différents des effets très variés qui mettent expérimentalement en évidence ce qu'ont pu les refoulements ou écrasements latéraux dus au refroidissement de la terre que la plupart des géologues modernes considèrent comme la cause de la formation des montagnes, les théories du soulèvement et de l'affaissement étant aujourd'hui délaissées.

Nous allons maintenant passer en revue les principaux travaux exécutés dans chaque pays pendant la dernière période décennale: ils sont en nombre considérable et témoignent de l'activité croissante des recherches géologiques.

Outre les levés entrepris par les gouvernements civilisés, qui ont tous aujourd'hui reconnu la nécessité d'avoir une carte géologique nationale, il a paru presque chaque jour depuis 1867 des cartes partielles, des monographies et des mémoires scientifiques où sont consignées les recherches géologiques et paléontologiques détaillées qu'ont favorisées les nombreux travaux de chemins de fer et de routes qui, dans ces dernières années, ont mis à jour des couches invisibles ou tout au moins mal observées jusque-là. Ce genre de publication est partout en voie d'augmentation incessante, et l'on doit s'en féliciter autant au point de vue scientifique qu'au point de vue économique.

Malheureusement il n'existe pas d'unité entre toutes ces publications; il serait cependant très désirable, pour le développement rapide des sciences géologiques et pour l'utilisation de leurs travaux, qu'on adoptât une uniformité méthodique dans la nomenclature des terrains comme dans le figuré des cartes. Le premier congrès international géologique, dont la réunion est due à l'initiative de la Société de géologie de France, et qui s'est tenu à Paris cette année même (1878), s'est occupé d'étudier cette importante question; des commissions spéciales ont été chargées de préparer une solution pour le prochain congrès, qui se tiendra à Bologne en 1881. On doit toutefois louer les efforts qu'a faits depuis dix ans la Commission de la carte géologique de France pour entrer dans cette voie et arriver à un système type d'indications et d'explorations; c'est à elle qu'appartiendra l'honneur d'avoir posé les premières bases de l'uniformisation si utile des signes conventionnels.

Nous n'avons pas la possibilité d'analyser tous les travaux qui ont vu le jour pendant ces dix dernières années et dont la plupart ont un vrai mérite et une utilité réelle; le temps et l'espace nous manquent et nous nous contenterons d'un aperçu sommaire, qui sera encore bien long.

Europe : *Royaume-Uni de la Grande-Bretagne et de l'Irlande.* — Le *Geological Survey* du Royaume-Uni, qui a été établi en 1835, est aujourd'hui placé sous la haute direction du professeur A.-C. Ramsay.

Des 110 feuilles qui doivent composer la carte géologique détaillée de l'Angleterre et du pays de Galles à $\frac{1}{63\,358}$, 76 sont terminées et 7 sont publiées en partie [(1)]. Toute la partie sud et ouest de l'Angleterre est achevée; il manque les comtés d'Essex, de Suffolk, de Norfolk, de Cambridgeshire, de Lincolnshire, d'Yorkshire (qui est déjà très avancé) et de Northumberland, c'est-à-dire un bande étroite de la région orientale et l'extrémité septentrionale.

La carte de l'Écosse, à la même échelle, qui doit comprendre 131 feuilles, est peu avancée; on n'en possède encore que 18 [(2)], toutes appartenant à la région du sud-est; 17 autres, qui sont en préparation, ne tarderont pas à compléter les lacunes qui existent encore sur les frontières anglaises.

Pour l'Irlande, le travail avance plus rapidement : sur les 205 feuilles, 156 sont déjà publiées [(3)]; il manque encore la pointe septentrionale.

Ces cartes sont accompagnées de coupes longitudinales ou horizontales à l'échelle de $\frac{1}{10\,559}$, qui donnent la configuration vraie du sol ainsi que l'inclinaison et l'épaisseur des couches [(4)], de

(1) Soit 10 feuilles 3/4 depuis 1867. Des 76 feuilles qui sont terminées, 31 sont publiées en quarts.

(2) Soit 13 feuilles depuis 1867.

(3) Soit 45 feuilles depuis 1867.

(4) 121 pour l'Angleterre et le pays de Galles, 8 pour l'Écosse, 24 pour l'Irlande, soit 83 depuis 1867.

Gr. II. — Cl. 16.

coupes verticales à l'échelle de $\frac{1}{480}$ sur lesquelles sont indiqués tous les détails qui ne trouvent pas leur place dans les sections horizontales[1], et de nombreux mémoires pleins de notices intéressantes au double point de vue stratigraphique et paléontologique.

Outre cette carte générale, le *Geological Survey* publie la carte des bassins houillers à $\frac{1}{10\,559}$. On a un certain nombre de feuilles à cette grande échelle pour les cinq comtés les plus septentrionaux de l'Angleterre : 47 pour le Lancashire, 45 pour le Yorkshire, 28 pour le Durham, 11 pour le Cumberland et 41 pour le Northumberland, soit en tout 172 feuilles, ou 150 depuis 1867; on a aussi à la même échelle 17 feuilles donnant certaines parties des comtés de Surrey, de Kent et de Berkshire (au sud de Londres); de plus, 128 feuilles manuscrites, toujours à $\frac{1}{10\,559}$, se rapportant soit aux mêmes comtés du nord, soit aux environs de Londres, sont tenues à la disposition des géologues et des industriels qui voudraient en prendre des copies.

Pour l'Écosse, on a, à la grande échelle de $\frac{1}{10\,559}$, 114 feuilles terminées (soit 95 depuis 1867) et 12 sont à la gravure; elles donnent les parties de onze des comtés méridionaux où se trouvent de nombreuses mines de charbon.

L'Irlande a 10 feuilles publiées à cette échelle.

Entre autres cartes publiées par le Service géologique du Royaume-Uni, nous devons encore citer la grande carte des environs de Londres où sont indiquées les couches meubles superficielles[2]; on a aussi commencé la publication, pour l'Angleterre et le pays de Galles, d'une carte à une plus petite échelle, à $\frac{1}{253\,440}$, intitulée : *Index geological map of England and Wales,* dont on n'a encore livré que 6 feuilles, qui comprennent le pays de Galles, le comté de Hereford et quelques districts voisins.

Les excellentes cartes manuelles dressées par M. le professeur

(1) 63 pour l'Angleterre et le pays de Galles, 4 pour l'Écosse, 1 pour l'Irlande, soit 41 depuis 1867.

(2) On a également indiqué les couches meubles superficielles sur les trois feuilles de Londres (n° 1), de la partie occidentale du Middlesex et de la partie méridionale de Buckinghamshire (n° 7) et de Walton-on-Naze dans l'Essex (n° 48, S. E.).

Ramsay pour l'Angleterre et le pays de Galles[1], par M. le professeur Geikie pour l'Écosse[2] et par M. le professeur Ed. Hull pour l'Irlande méritent une mention particulière. Il faut aussi citer la bonne carte générale des Îles Britanniques, dressée par le professeur A.-C. Ramsay à $\frac{1}{728\,627}$ et éditée comme les précédentes par l'éditeur Stanford (1878); elle est accompagnée de deux coupes fictives qui donnent l'explication des couleurs adoptées, l'ordre de superposition des terrains et le maximum d'épaisseur approximatif de leurs couches.

Gr. II. — Cl. 16.

Il existe en outre un certain nombre de cartes de comtés publiées soit par la Société géologique de Londres, soit par des particuliers.

Norwège. — Les Alpes scandinaves, ou le Kjölen (la quille de navire) comme on les appelle dans le pays, ont leur versant occidental très escarpé et coupé de vallées étroites, de crevasses profondes, de précipices dont les murs à pic s'élèvent souvent du fond de la mer à des hauteurs prodigieuses; le long des côtes, dont les pentes sont également très abruptes, s'étend une ceinture d'îles, d'îlots, d'écueils jetés pêle-mêle au milieu de bancs et de récifs sous-marins. Il n'est donc pas étonnant que dans ce chaos de montagnes, les recherches géologiques soient particulièrement difficiles, et l'on doit admirer le courage des savants qui sont à la tête des deux Bureaux géologiques institués en 1866, l'un pour la Norwège méridionale et l'autre pour la Norwège septentrionale, et qui n'ont pas reculé devant de semblables obstacles.

Les travaux sont commencés depuis longtemps, mais ce n'est qu'à partir de 1858 que l'œuvre a pris un développement réel. En 1865, avaient déjà paru les cartes à $\frac{1}{400\,000}$, avec des coupes à $\frac{1}{200\,000}$, des trois provinces de Hamar, de Christiania et de Christiansand. Depuis 1866, on a principalement étudié dans la Nor-

[1] La carte de M. A.-C. Ramsay remplace l'ancienne carte de G.-B. Grenough à $\frac{1}{350\,000}$ qui, commencée en 1819 et finie en 1839, a été éditée en 1865 par la Société géologique de Londres et qui était justement estimée.

[2] La carte de M. Arch. Geikie, qui est à $\frac{1}{633\,600}$ (1876), remplace l'ancienne carte de Murchison qui était fort remarquable pour l'époque à laquelle elle a été établie (1861).

Gr. II. — Cl. 16.

wège méridionale sous la direction de M. Kjerulf les provinces de Drontheim et de Bergen; une carte sommaire de la première à $\frac{1}{800\,000}$ a paru en 1874. Aujourd'hui on a commencé la publication de cartes spéciales à $\frac{1}{100\,000}$, dont quatre étaient exposées cette année (1878), en même temps qu'une carte générale de la Norwège méridionale à $\frac{1}{1\,000\,000}$. Cette dernière, qui date de 1877, montre le grand progrès accompli dans ces dernières années; en la comparant à celle de M. Keilhau, où tous les terrains paléozoïques étaient uniformément teintés d'une seule et même couleur, on voit que les roches stratifiées, qui toutes sont anciennes, se subdivisent en neuf étages, s'étendant des schistes, quartzites ou gneiss de l'époque azoïque et de l'assise sparagmitique, base de la formation taconique qui est très étendue en Norwège, aux calcaires siluriens et aux grès et schistes dévoniens: c'est M. le docteur Kjerulf qui est arrivé à subdiviser en assises distinctes ces terrains; il a aussi déterminé, en s'appuyant sur leur ensemble géologique, l'âge relatif des roches éruptives qui se divisent en post-dévoniennes, post-siluriennes, post-taconiques et antétaconiques. Aux terrains anciens succèdent immédiatement les formations glaciaires, qu'on reconnaît à la présence de roches striées, de débris de moraines, de dépôts erratiques, de traces d'érosion à la surface des montagnes rocheuses et de «jættegryder» ou marmites de géants. M. le docteur Kjerulf a marqué sur une carte spéciale la direction des stries glaciaires, ainsi que la répartition dans la Norwège méridionale des moraines et des blocs erratiques; il s'est aussi préoccupé de déterminer le sens des grandes lignes de dislocation et il a indiqué sur une carte par de simples traits l'axe principal des fiords, des vallées et des lacs : tous ces traits suivent une des trois directions suivantes, du nord au sud, du nord-est au sud-ouest ou du nord-ouest au sud-est.

Dans la Norwège septentrionale, qu'étudie M. Tellef Dahll, ce sont aussi les terrains paléozoïques qui prédominent; ils sont traversés en de nombreuses places par des granits. Tout à fait au nord, il y a une grande étendue de terrains d'un âge non encore précisé (*système de Gaisa*), qui sont triasiques, diasiques ou carbonifères, et au sud desquels se trouve un puissant massif de gneiss, quartzites et micaschistes, entremêlé de granits; on y a découvert des gisements d'or et des terrains houillers. Ceux-là seuls qui ont visité les montagnes sauvages et abruptes qui couvrent le nord de la Scandinavie peuvent avoir une idée du dévouement, de la persévérance et de la sagacité qu'il faut à M. Dahll pour débrouiller le chaos des terrains bouleversés qui les composent. Les progrès y sont forcément lents, puisque les études sur le terrain ne sont possibles que pendant deux ou trois mois d'été; aussi malgré ses efforts incessants, la carte est-elle encore loin d'être achevée; elle doit être publiée à la même échelle que celle de la Norwège méridionale. On a depuis 1870 la carte du Finmarck à $\frac{1}{400\,000}$. Les études se poursuivent en ce moment dans les provinces de Tromsöe et de Nordland.

Suède. — C'est en 1858 qu'ont commencé les explorations géologiques officielles en Suède[1], et l'on s'est préoccupé d'y étudier non seulement les roches qui forment le sous-sol, mais aussi les couches meubles dont la connaissance est si utile à l'agriculture.

Pour les cartes du sol des principales provinces, ce sont les planchettes-minutes de la carte de l'État-major à $\frac{1}{50\,000}$, ou à leur défaut les cartes économiques à la même échelle, qui d'ordinaire servent de base aux levés sur le terrain. En 1878, on avait exploré 49 000 kilomètres carrés, et 63 feuilles[2] étaient déjà publiées à l'échelle de $\frac{1}{50\,000}$ comme les levés originaux; 28 autres étaient en préparation. Elles comprennent une partie de la Suède moyenne (environs de Stockholm), du Dalsland et de la Vestrogothie; elles montrent dans tous leurs détails les diverses formations récentes,

[1] Les travaux géologiques antérieurs à la belle carte qui est aujourd'hui en cours de publication sont nombreux en Suède; en effet, à l'Exposition internationale des sciences géographiques de 1875, on voyait la coupe d'une colline voisine du lac Wenern par Linné (1747), la carte d'une des provinces de Suède où le granit, le gneiss et l'eurite étaient marqués par des teintes différentes (1786), celle assez exacte de la partie méridionale de la péninsule scandinave jusqu'au 62e parallèle par le baron de Hermelin (1804), celle de la Suède méridionale par Hissinger, où le terrain silurien est subdivisé d'une manière assez complète (1834), et par Alf. Forselles (1838-1855), celle de la Suède occidentale par M. Olbers (1858-1867) et celle de la Scanie par M. Angeline (1861-1868).

[2] En 1867, il n'en avait encore paru que 20.

Gr. II. — Cl. 16.

post-glaciaires et glaciaires, ainsi que les innombrables affleurements de roches micaschisteuses, gneissiques, granitiques qui apparaissent à la surface du sol; les moindres rochers y sont marqués à leur place. C'est un travail d'une grande précision que M. Otto Torell, le savant directeur du Comité géologique de la Suède, a pu mener à bonne fin en intéressant à son œuvre tous les instituteurs des écoles primaires qui lui ont fourni des cartes partielles très complètes. Cette publication, qui est très remarquable au double point de vue de la science et de l'exécution matérielle, donne une image du pays aussi vraie que possible.

Dans les régions de moindre importance, comme le Småland par exemple, on se contente de relever le terrain sur la carte topographique à $\frac{1}{100\,000}$ [1] et la publication se fait à une échelle moindre, à $\frac{1}{200\,000}$; de cette série on n'a encore que trois feuilles; deux autres sont à la gravure.

S'il y a deux échelles pour les cartes du sol qui ne donnent que les faits observés, les cartes pétrographiques du sous-sol qui indiquent l'extension probable, d'après la théorie, des dépôts souterrains sont toutes au contraire à $\frac{1}{200\,000}$. Il y en avait deux à l'Exposition [2]; sur celle de la Suède méridionale, on voit nettement accusée la série de bandes successives de terrain silurien, de gneiss rouge et de granit qui coupent toute cette région du nord-ouest au sud-est, ainsi que la zone de terrain cambrien qui s'étend le long de la côte en face de l'île d'Öland; celle d'une partie de la Suède centrale montre la vaste étendue que les gneiss occupent autour de Stockholm, avec de grands îlots granitiques et euritiques çà et là; il y a un lambeau de terrain silurien au nord-est du lac Wettern et un de terrain cambrien à l'ouest du lac Hjelmaren.

Une carte à $\frac{1}{1\,000\,000}$ montrait l'extension relative de l'argile et de la marne glaciaires dans le centre et le sud de la Suède [3]; il existe sur presque tout le littoral [4] une bande assez large de marne,

(1) En 1878, on avait exploré à cette échelle environ 15 000 kilomètres carrés.

(2) Ces cartes étaient manuscrites.

(3) En 1867, on n'avait que celle de la partie méridionale.

(4) Sauf dans les parties comprises, d'une part, entre le détroit d'Öresund et Ystad à la pointe sud et, d'autre part, depuis Oskarshamn jusqu'à Westervik environ, vis-à-vis de l'île de Gotland, où domine exclusivement l'argile glaciaire.

qui couvre aussi une grande partie du gouvernement de Stockholm et les îles de Gotland et d'Öland; l'argile occupe principalement la région centrale entre les lacs Mälaren, Wettern et Wenern.

Nous devons encore citer la carte de la Scanie à $\frac{1}{400\,000}$ que M. Ed. Erdmann a dressée pour accompagner son ouvrage sur la formation carbonifère de cette région, la carte du Dalsland oriental à $\frac{1}{200\,000}$ et quelques cartes à très grande échelle publiées pour les besoins de la géologie minière ou agricole (telles que celles du district de Persberg et des domaines de Skottorp et de Tosterup). Outre ces importants travaux, on a exploré certaines parties éloignées et par conséquent peu connues du pays, telles que la Dalécarlie, le Herjeådal, le Jemtland et la Laponie, afin de recueillir les matériaux d'une carte géologique générale du pays.

La mission envoyée en 1875 dans le but d'étudier les régions métallifères de la Laponie a établi trois cartes (encore manuscrites en 1878) à $\frac{1}{8\,000}$ et à $\frac{1}{400\,000}$ qui donnent d'intéressants renseignements sur les montagnes sidérifères de cette contrée célèbre par ses richesses métallurgiques.

Il ressort de tous ces travaux, dont la majeure partie a été exécutée depuis dix ans, que la Suède est formée par les étages extrêmes de la série géologique : les roches cristallines des formations anciennes [1] sont d'ordinaire recouvertes immédiatement par les couches meubles de l'époque quaternaire, car il n'y a qu'un petit nombre des formations intermédiaires qui soient représentées; c'est l'étage silurien qui a la plus grande étendue relative, et les débris de terrains plus récents, tels que les terrains triasique, jurassique et crétacé, se rencontrent exclusivement dans la partie la plus méridionale du royaume, dans la Scanie.

Les dépôts quaternaires, qui forment l'élément principal de la surface du sol, sont ou glaciaires ou post-glaciaires, les uns représentés par le gravier de moraine et l'argile glaciaire, les autres

[1] Ce sont des gneiss rouges dans la partie occidentale, des gneiss gris dans la partie orientale, des granits dans le centre, et çà et là des eurites qui renferment les principaux minerais de fer.

Gr. II. — Cl. 16.

par des argiles marines ou par des alluvions d'eau douce; il existe une grande différence entre la fertilité du sol des diverses régions de la Suède, suivant qu'il est formé par du gravier de moraine[1] ou par des dépôts d'argile[2].

Tous les géologues connaissent ces chaînes de collines, ou *åsar*, communes en Suède comme en Finlande et en Russie, qui sont formées d'une masse de galets reposant sur un lit de sable et de gravier et recouvertes par une enveloppe de sable. Erdmann les considérait comme des dunes pierreuses amoncelées par les vagues; M. Tœrnbœhn a donné récemment une autre explication plus rationnelle de leur formation. Ce jeune géologue ayant remarqué qu'ils ont dans la Suède méridionale une direction générale du nord au sud, la même que présentent dans cette région les stries glaciaires, pense que ce sont les lits desséchés d'anciens torrents glaciaires.

Danemark. — Les deux cartes géologiques du Danemark qu'exposait M. F. Johnstrup montrent, l'une la constitution du sol, l'autre celle du sous-sol; dans les deux îles de Seeland et de Fionie et sur la côte orientale du Jutland ainsi que dans le nord, c'est-à-dire dans la partie du royaume la plus fertile et la plus peuplée, le sol est presque exclusivement formé d'argiles caillouteuses glaciaires; dans la région plus déserte et plus stérile du centre et de l'ouest, il se compose au contraire de sables glaciaires semés d'îlots de sables de la lande. Ces terrains quaternaires sont rarement traversés par les couches sous-jacentes; des roches crétacées affleurent cependant en quelques localités du Jutland, à Lolland et à Möen.

La carte du sous-sol montre que tout le centre et le sud du Jutland sont miocènes, qu'une bande de terrain danien (ou *limsten*, calcaire à briozoaires) s'étend du nord des fiords jusqu'aux environs d'Aarhus et que le terrain sénonien (ou craie blanche) prédo-

[1] Le gravier de moraine ne convient à la culture qu'après un travail long et pénible.

[2] Les terres argileuses, par suite de l'absence totale de graviers et de cailloux, sont au contraire d'un travail facile et d'une grande fertilité.

mine dans la région septentrionale, que la partie orientale de l'île de Fionie appartient à l'étage danien et enfin que le terrain sénonien constitue le sud de la grande île de Seeland et le danien sa moitié septentrionale. La nature du sous-sol de la pointe extrême nord, ainsi que celui des trois quarts de l'île de Fionie, n'est pas encore connue. Quant à l'île de Bornholm, elle est principalement formée de granit; on y trouve aussi des lambeaux de terrain triasique et cambrien.

Russie. — La Russie possède d'immenses richesses minérales; aussi le gouvernement a-t-il reconnu l'utilité de faire l'étude géologique de son sol, et aux premiers travaux qui sont dus à des savants étrangers ont succédé d'importantes explorations faites par les Russes. Car, quoiqu'il n'y ait pas encore à Saint-Pétersbourg d'institution analogue aux services géologiques de la plupart des autres pays européens qui soit chargée de diriger et de centraliser tous les travaux, les recherches entreprises jusqu'à ce jour sous la direction de l'Administration des mines [1] n'en sont pas moins très nombreuses; elles ont pour but principal de pourvoir aux besoins de la géologie pratique, et jusqu'à présent elles ont presque uniquement porté sur les régions houillères et métallifères.

Toutefois, si la plupart des provinces ont été explorées sous ce rapport par des savants distingués, on est encore loin d'avoir la carte géologique détaillée de ce vaste empire; c'est toujours celle de Murchison, Verneuil et Keyserling, dont les éditions successives, corrigées et complétées par Ozersky jusqu'en 1849 et depuis par M. de Helmersen, sont tenues constamment au courant des progrès de la science, qui sert de base aux études générales sur la constitution du sol de la Russie d'Europe [2].

Jusqu'à ce jour, les explorations ont principalement porté sur la Finlande [3], sur le nord de l'empire [4], sur les gisements de lignite

[1] Depuis 1874, l'Administration des mines dépend du Ministère des domaines, et non plus comme autrefois du Ministère des finances.

[2] Une nouvelle édition de cette carte a paru à Saint-Pétersbourg, en 1877.

[3] M. Aspelin, professeur à l'Université d'Helsingfors, exposait dans la section russe une carte géologique de la Finlande.

[4] Par M. Barbot de Marny.

Gr. II. — Cl. 16.

et de succin du nord-ouest [1], sur les gouvernements d'Olonetz [2], de Saint-Pétersbourg [3], de Pskof [4], de Tver [5], sur les terrains houillers de la Russie centrale [6] et le bassin houiller de Moscou [7], sur la Pologne [8], sur les gouvernements de Volhynie [9], de Podolie [10], de Kherson [11], de Kharkof [12], sur le bassin houiller du Donetz [13], sur le gouvernement de Crimée [14], sur le Caucase [15], sur les terrains granitiques de la Russie méridionale [16], sur le gouvernement d'Astrakan [17], sur les bords du Volga [18], sur les gouvernements de Voronèje [19], de Simbirsk [20], de Kazan [21] et d'Orenbourg [22], sur le terrain permien de la Russie orientale et

(1) Par M. de Helmersen.

(2) Par divers membres de la Société minéralogique.

(3) *Idem.*

(4) Par M. Karpinski.

(5) Par MM. Eremeïef et Lagouzène.

(6) Par MM. Strouve et Lagouzène.

(7) Par M. Romanovsky.

(8) *Idem.*

(9) Par M. Barbot de Marny.

(10) *Idem.*

(11) *Idem.*

(12) Par M. Karpinski.

(13) Pour la partie orientale, par MM. Antipof, Geltonojkine et Vassilief; pour la partie occidentale, par M. Nossof.

(14) Par M. Romanovsky.

(15) La carte géologique d'Abich s'est enrichie des nombreux documents qu'ont fournis les explorations entreprises par l'Administration des mines du Caucase dans les gouvernements de Koutaïs, d'Érivan et de Bakou et dans les territoires de Terek et de Soukhoum, ainsi que des recherches de M. Romanovski dans le gouvernement de Kouban. M. Ernest Favre a donné récemment une description géologique détaillée de la partie centrale de la chaîne du Caucase, accompagnée d'une carte à $\frac{1}{505000}$, qui apporte de nombreuses modifications à celle de Dubois de Montpéreux; les deux versants de cette chaîne ont une structure orographique et géologique différente : les roches cristallines, qui sont très développées sur le versant nord, ont presque disparu sur le versant méridional par suite d'importantes dislocations. L'auteur a visité un grand nombre de glaciers qui sont très étendus surtout sur le versant nord.

(16) Par MM. Domguer, Fronskievitch, Koutchinsky, etc.

(17) Par M. Barbot de Marny.

(18) Par M. Romanovsky. — MM. Éroféef et Koutznetzof ont fait des recherches sur les sources de pétrole et les gisements de soufre des bords du Volga.

(19) Par M. Barbot de Marny.

(20) Par divers membres de la Société minéralogique.

(21) *Idem.*

(22) Par M. Romanovsky.

de Nijnéi-Novogorod [1], sur la chaîne de l'Oural [2] et sur diverses autres régions où l'on a fait des sondages dans le but d'y découvrir des gisements de houille ou de sel gemme; les résultats qu'ont fournis ces diverses explorations ne sont pour la plupart consignés que dans le *Journal des mines*, revue mensuelle fondée en 1825, et dans divers autres ouvrages géologiques que publie l'administration russe [3]. Parmi les cartes spéciales, on doit citer celles des terrains houillers du versant occidental de l'Oural par M. V. Meller [4], du versant oriental de la même chaîne par MM. Karpinski, Gebaner et Broussnitzine, du Donetz par MM. Antipof, Geltonojkine et Vassilief (pour la partie orientale) [5] et par M. Nossof (pour la partie occidentale) [6], des environs de Moscou dont une par M. Romanovski [7] et une autre à plus grande échelle par M. de Helmersen, de la Russie centrale par MM. Strouve et Lagouzène, des districts de Koutaïs par MM. Batzevitch et Simonovitch [8], du gouvernement d'Érivan par MM. Zouloukidzé, Khalatof et Arkhipof [9], d'une partie du gouvernement d'Élisabethpol [10] et du district de Bakou par MM. Zouloukidzé, Kraft et Arkhipof [11], des districts des mines de Goroblagodatch, de Bogoslowsk, de Perm, de Vothinsk et de Cathérinbourg par M. Hoffmann avec l'indication des usines et des lavages d'or, de Slatouste [12] et de la partie méridionale des monts Oural [13] par MM. Megliski et Antipof,

Gr. II. — Cl. 16.

(1) Par M. Meller.

(2) Les monts Oural ont donné lieu à beaucoup de travaux; ils ont été étudiés par MM. Mouchkétof; Meller (terrain houiller); Karpinski, Gebaner et Broussnitzine (bassin houiller du versant oriental); Karpinski (partie méridionale).

(3) M. Barbot de Marny, qui vient de mourir l'année dernière (1877), faisait paraître chaque année un rapport intéressant sur les progrès de l'exploration géologique de toutes les parties de l'empire de Russie dans la *Russische Revue* de Röttger.

(4) Cette carte est à l'échelle de $\frac{1}{840\,000}$.

(5) *Idem.*

(6) Cette carte est à $\frac{1}{420\,000}$.

(7) Cette carte est à $\frac{1}{840\,000}$.

(8) Cette carte est à $\frac{1}{210\,000}$.

(9) *Idem.*

(10) Cette carte est à $\frac{1}{420\,000}$.

(11) Cette carte est à $\frac{1}{210\,000}$.

(12) *Idem.*

(13) Cette carte est à $\frac{1}{420\,000}$.

Gr. II. — Cl. 16.

des gouvernements de Tver [1] et de Smolensk (partie nord) par M. Ditmar [2], des gouvernements de Simbirsk [3] et de Kherson [4] par M. Barbot de Marny.

De tous ces documents il ressort que l'immense plaine entourée par les chaînes du Timan, de l'Oural, du Caucase et de la Crimée et par le plateau de la Finlande, qui constitue la Russie d'Europe, est formée par des roches sédimentaires de structure régulière, recouvertes de dépôts puissants de diluvium et, dans les parties centrale et méridionale, d'une couche épaisse de terre végétale noire. Il n'y existe de gisements de minerais que dans les terrains anciens, c'est-à-dire dans les districts d'Olonetz et de Saint-Pétersbourg et dans le sud.

Le terrain dévonien forme au centre de la Russie un grand bassin d'où se détachent deux branches, l'une se dirigeant au nord vers la mer Blanche, l'autre au sud vers la ville de Voronèje : il renferme des sources salées, du pétrole et des schistes bitumineux.

Les roches siluriennes des bords de la mer Baltique et du bassin du Dniester renferment des gisements de phosphorite et des schistes bitumineux.

Il y a quatre bassins houillers : un au sud de Moscou qui envoie une branche dans le nord, un autre sur le Volga dans le gouvernement de Simbirsk, un troisième sur les bords du Donetz et le dernier, qui est le prolongement du bassin de la haute Silésie, dans la Pologne. Les terrains carbonifères renferment, indépendamment de la houille, des minerais de fer et de plomb.

Les roches du trias couvrent, dans l'est de la Russie, une vaste surface triangulaire dont les villes de Mezen, d'Oustiougena et d'Orenbourg forment les sommets : elles enveloppent, dans les gouvernements de Nijnéi-Novogorod et de Simbirsk, de grandes masses de gypse qui mesurent jusqu'à 30 et 40 mètres de hauteur. Il en existe aussi dans la steppe d'Astrakan et dans la Pologne, où elles

(1) Cette carte est à l'échelle de $\frac{1}{840\,000}$.

(2) *Idem.*

(3) Cette carte est à $\frac{1}{1\,680\,000}$.

(4) Cette carte est à $\frac{1}{840\,000}$.

renferment, comme les roches analogues de la haute Silésie, des gisements de calamine, de galène, de houille et de minerai de fer.

Dans les coupes naturelles produites par les rivières qui sillonnent ces terrains triasiques apparaissent des affleurements de roches permiennes, qu'on retrouve aussi aux environs du bassin houiller du Donetz et sur la frontière des gouvernements de Courlande et de Kovno. Ces roches renferment des gisements de sel gemme, de soufre, de pétrole et de minerai de cuivre.

Le terrain jurassique forme des îlots séparés, dont les principaux sont situés dans le bassin du Petchora, aux environs de Moscou, sur la rive droite du Volga, dans les gouvernements de Simbirsk et de Saratof, etc. Il contient, comme minéraux utiles, des schistes bitumineux, des pyrites, des minerais de fer et des phosphorites.

C'est dans le centre et dans le sud qu'on trouve des terrains crétacés, avec des dépôts subordonnés de phosphorite. Les roches tertiaires prédominent dans le sud; elles contiennent des gisements de lignite et de succin.

Si de la grande plaine russe nous passons aux montagnes, les récents travaux auxquels la chaîne de l'Oural a donné lieu nous apprennent que la constitution géologique n'est pas la même sur les deux versants. Dans l'ouest, les roches plutoniques (diabase, diorite, granit, etc.), qui y sont du reste peu développées, n'ont qu'une petite étendue, et les couches des terrains sédimentaires qui forment les chaînons latéraux sont de plus en plus régulières à mesure qu'on s'éloigne de l'axe de la chaîne: les roches siluriennes, dévoniennes, carbonifères et permiennes y sont disposées en bandes parallèles plus ou moins larges et se succèdent dans l'ordre chronologique; au delà, dans la plaine, c'est le trias qui paraît prédominer. Le versant oriental, qui est moins large, et à l'est duquel la contrée devient rapidement plate et uniforme, a une constitution géologique plus complexe, non seulement dans la région montagneuse, mais aussi dans la plaine jusqu'au point où les roches cristallines disparaissent sous les couches tertiaires qui s'étendent en Sibérie à des distances considérables. Les roches plutoniques y occupent une grande étendue, et les roches sédimentaires, qui y sont englobées, se présentent sous forme de bandes étroites, parallèles à l'axe de la chaîne, et se suivent sans ordre.

La distribution des richesses minérales n'est pas non plus la même sur les deux versants; les gisements en couches (hématites brunes, grès cuivreux, houille) se trouvent principalement sur le versant occidental, et les gisements en filons et en amas (magnétite, fer chromé, quartz et sables aurifères, minerais de cuivre), sur le versant oriental.

La chaîne du Timan, qui est fort peu connue, a à peu près le même aspect géologique que le versant occidental de l'Oural.

Les chaînes du Caucase et de la Crimée sont d'un âge bien plus récent que les précédentes; les roches sédimentaires qui les constituent ne remontent pas au delà de l'époque jurassique. Le Caucase possède des gisements de minerais de fer, de cuivre, de plomb argentifère, de cobalt et de manganèse, de houille, de sel gemme et de soufre, et, au pied du massif, de grands dépôts de pétrole. Dans les montagnes de Crimée, on n'a encore trouvé que des marbres et des matériaux de construction.

La carte topographique des gisements minéraux de la Russie d'Europe qu'ont dressée les ingénieurs du gouvernement, et qui était à l'Exposition, montre qu'au point de vue de la répartition des mines, c'est le gouvernement du Don, puis celui de Pétrokof et ensuite ceux d'Ékatérinoslaf, de Toula, de Riazan, de Kief et de Perm, qui sont les plus riches.

On trouve des combustibles minéraux dans six bassins : ceux de la Russie centrale et de l'Oural, qui ne contiennent que de la houille ; celui du Caucase, qui fournit beaucoup plus de houille que de lignite; celui du Donetz, qui produit plus d'anthracite que de houille; celui de Kief-Élizabethgrad, où il n'y a que du lignite et du schiste bitumineux, et celui du royaume de Pologne, qui est riche en houille et pauvre en lignite : depuis 1877, on a commencé à exploiter des gisements d'anthracite dans le gouvernement d'Olonetz. Les bassins les plus riches, qui sont ceux de Pologne, du Donetz et de la Russie centrale, produisent chacun plus de 3 275 000 quintaux métriques de combustible.

Les couches carbonifères qui existent dans la partie sud-ouest de la Pologne sont le prolongement immédiat de celles de la haute Silésie; elles appartiennent par conséquent à l'un des bassins les plus remarquables de l'Europe. Des deux étages qu'on y a reconnus, la zone supérieure seule contient du combustible minéral en couches puissantes qui s'étendent depuis Zabrze, en Prusse, jusqu'au delà de Dombrowa [1]. Ce bassin houiller présente des selles et des fonds de bateau elliptiques dont l'axe principal est dirigé du nord-ouest au sud-est; il a une longueur de 19 kilomètres et une largeur de 9 kilomètres. On y exploitait, en 1876, 26 mines, dont l'épaisseur des couches varie de 1 à 9 mètres, et il y en a d'autres qui attendent encore leur mise en œuvre; le charbon y est maigre. Outre la houille, qui appartient à la formation carbonifère proprement dite, on trouve sur plusieurs points de la Pologne des gisements de lignite renfermés dans le keuper (districts d'Olkusz et de Bendzin) et dans les terrains tertiaires (gouvernements de Kalisz et de Plock); ils ne sont pas exploités. La loi de 1870 sur les mines, qui a séparé la possession de la surface du sol de celle du sous-sol, en ce qui concerne la houille, la calamine et le plomb, a eu une grande influence sur le développement de l'industrie minière dans ce pays; la production de la houille y a en effet doublé depuis quinze ans [2].

Le bassin du Donetz occupe toute la steppe, d'une superficie de 20 000 kilomètres carrés, qui est comprise entre 47° 30′ et 49° de latitude nord et 26° 30′ et 41° 30′ de longitude est et qui ne présente d'autre accident de terrain qu'un léger soulève-

[1] Tandis qu'à Zabrze, où le terrain houiller n'a pas moins de 150 mètres de puissance, il existe quatre couches de houille, en Pologne, il n'y en a qu'une, séparée par des failles en quatre tronçons principaux; mais la grande épaisseur, la régularité, la légère inclinaison de chacune de ces quatre parties qui ne sont qu'à une petite profondeur en font un des gisements les plus importants et les plus riches de l'Europe.

[2] Lorsque les deux ukases de 1864 et de 1866 déclarèrent les serfs propriétaires des terrains qu'ils cultivaient, le gouvernement russe ne leur abandonna pas en même temps la propriété des sous-sols correspondant à leurs terrains de surface, à cause des conséquences graves qu'il en eût résulté pour les mines appartenant à la couronne, les paysans établis sur les terres de l'État étant appelés à bénéficier, comme les autres, des dispositions de ces ukases, et ce n'est qu'après six ans de cette situation provisoire, en 1870, que fut promulguée la loi minière définitive.

Gr. II. — Cl. 16.

ment n'atteignant pas dans ses points culminants 50 mètres au-dessus de la plaine environnante; il appartient au terrain houiller, et ses richesses sont immenses, mais l'exploitation en est encore peu développée. Les gisements s'y trouvent, comme dans l'ouest de l'Europe, dans des grès argileux superposés au calcaire carbonifère : ils se répartissent en dix groupes[1], où les couches de houille sont en nombre considérable, mais d'une puissance inférieure à 2m75. Du reste, les travaux n'ont pas encore atteint une grande profondeur, et ils n'ont guère lieu que pendant l'hiver, la plupart des mineurs venant de la Russie centrale après la récolte.

Dans le sud de la Russie, il faut en outre citer les plaines tertiaires où l'on trouve du lignite, le bassin du Volga où le terrain jurassique contient des bancs de schistes bitumineux, assez pauvres du reste en matières combustibles, et le petit îlot de calcaire carbonifère qui est situé non loin de la presqu'île de Samara au milieu de roches permiennes, jurassiques et crétacées, et dont certaines couches sont imprégnées d'asphalte.

Le bassin houiller de la Russie centrale, qui a pour centre la ville de Moscou, part des environs de la mer Blanche, traverse,

[1] 1° Le bassin de Kalmiouss-Toretz, situé à l'ouest, le plus riche de tous avec 17 gisements et près de 200 couches dont beaucoup ont une puissance de plus d'un mètre; il donne une houille tantôt grasse, tantôt anthraciteuse, et l'on y trouve de l'hématite brune, quelquefois manganésifère, du fer carbonaté lithoïde et de l'argile réfractaire.

2° Le bassin de Lissitchansk : 3 gisements; peu de minerai de fer.

3° Le bassin de la rivière Lougane : 10 gisements et 65 couches; bons minerais de fer. L'exploitation y est à peu près nulle, parce que les voies de communication manquent dans cette région et qu'on n'y a pas encore bien déterminé la position des couches.

4° Les bassins de la rivière Balaia et de ses affluents : 6 gisements avec 51 couches de houille ou d'anthracite; minerais de fer.

5° Le bassin de Goroditché : 3 gisements; couches d'anthracite et minerais de fer.

6° Le bassin de la rivière Kamenka : 6 gisements principaux d'anthracite dont les couches, au nombre de 29, sont fortement contournées.

7° Le bassin d'Ékatérininsk : 3 gisements principaux avec 19 couches d'anthracite.

8° Les bassins de Koundroutché-Rovenetz, comprenant ceux de Satkinsk, Soulinovsk et Rovenetz-Novopavlovsk : 6 gisements d'anthracite avec 22 couches; minerais de fer abondants; galène argentifère et blende.

9° Le bassin de Grouchevka : 26 couches d'anthracite à allure régulière.

10° Le bassin de Roussko-Golodaevsk : quelques couches de houille; amas d'hématite brune.

en se dirigeant vers le sud, les gouvernements d'Arkhangel, d'Olonetz, de Novogorod, de Tver et de Smolensk, puis déviant vers l'est, ceux de Kalouga, de Toula et de Riazan; ses dépôts sont du même âge que ceux du Donetz, mais ils en diffèrent beaucoup sous le rapport lithologique et stratigraphique. Dans le bassin du Donetz, les couches de grès, de schistes argileux et de calcaires apparaissent troublées et présentent une série de plissements; on y trouve aux différents niveaux des charbons de toute espèce. Dans le bassin de la Russie centrale, les couches supérieures, qui sont formées de calcaires à *Spirifer Mosquensis,* recouvrent des calcaires à *Productus giganteus;* au-dessous, viennent des bancs d'argile bleue et de sable, avec des dépôts subordonnés de houille friable d'une qualité médiocre et surtout de lignite, qui reposent sur le terrain dévonien. La formation houillère de ce bassin se trouve donc au-dessous de calcaires qui appartiennent à l'étage inférieur du calcaire carbonifère (calcaire de montagne), comme le prouve la présence de *Productus giganteus,* et non au-dessus, comme dans les autres bassins houillers de l'Europe. Le calcaire, qui dans cette formation est inférieur aux couches houillères, appartient aux étages supérieurs de la formation dévonienne; MM. Meller et Semenof en ont fait un nouvel étage, qu'ils ont nommé *Malewsko-Mouraïewinsk.*

On connaît l'existence de la houille dans la Russie centrale en 146 endroits. Les couches de charbon sont d'ordinaire à une faible profondeur au milieu de roches tendres, mais comme elles sont ondulées et souvent coupées par de petites failles, il n'est pas toujours facile de les exploiter; aussi n'y a-t-il en tout que 13 mines en activité qui sont situées dans la partie nord-ouest du bassin, dans les gouvernements de Tver et de Novogorod, et surtout dans le sud où les gisements s'étendent en zones non interrompues depuis la ville de Gisdra jusqu'à celle de Ranenbourg. Le charbon est friable, de mauvaise qualité, et impropre à la fabrication du coke. On n'en a encore trouvé ni dans le nord ni dans l'ouest du bassin; le terrain carbonifère disparaît du côté de l'est sous des formations plus récentes, mais il reparaît dans les gouvernements de Nijnéi-Novogorod et de Tambof.

Dans la chaîne de l'Oural, il y a des gisements de houille sur

Gr. II. — Cl. 16.

les deux versants; mais ils n'y ont pas tout à fait la même disposition. Sur le versant occidental, les couches carbonifères sont encaissées dans les terrains paléozoïques qui s'étendent au nord de la rivière Tchoussowaïa[1]; elles se composent de calcaires à coraux et à brachiopodes, dans lesquels sont intercalés les bancs de grès argileux qui renferment les gisements[2], et elles se sont déposées au bord d'une mer ouverte, comme le prouve la présence simultanée de végétaux terrestres et de coquilles d'eau douce dans les grès argileux et de coquilles marines dans les silex qui y sont mêlés. La puissance totale du terrain carbonifère du versant occidental de l'Oural est assez considérable, puisqu'elle atteint de 1 500 à 2 000 mètres, mais les gisements y sont clairsemés par suite de leur mode de formation le long du rivage de l'ancienne mer, et les couches de charbon n'y ont pas une épaisseur régulière : il y a quelques mines qui donnent des charbons gras et qui sont assez riches (mines de Lounwa, de Korchounowsk, etc.). Sur le versant oriental, la formation comprend trois étages dont l'inférieur seul, qui est composé de grès et de schistes argileux à *Stigmaria ficoides*, renferme des gisements de houille de peu d'étendue et en couches minces.

Il existe du lignite dans les terrains permiens de l'Oural et peut-être aussi dans les terrains triasiques.

Les gisements de houille du Caucase sont situés à 30 kilomètres au nord-est de Koutaïs, à Tkwibule; ils se trouvent dans des grès qui appartiennent au jura brun et qui sont intercalés entre des schistes du lias et des roches psammitiques oxfordiennes: les couches sont remarquables par leur puissance, et le charbon est assez riche en matières volatiles, mais il n'est pas encore l'objet d'exploitations sérieuses.

Il y a dans la Russie méridionale d'abondantes sources de pétrole qui fournissent une grande quantité de liquide (130 millions

(1) Il n'est pas nécessaire de parler des petites couches d'anthracite qu'on a découvertes dans les roches dévoniennes de la mine de fer de Sikowsk.

(2) Les calcaires siliceux à *Fusilina*, qui s'étendent parallèlement aux roches carbonifères le long des monts Oural et qui, recouverts par des roches permiennes, forment le plateau d'Oufa, sont l'équivalent marin des grès houillers.

et demi de kilogrammes en 1875); elles se trouvent dans le Caucase et dans les provinces voisines (Territoire transcaspien et Tauride); c'est le gouvernement de Bakou qui en produit le plus, les trois quarts environ de la quantité totale [1].

C'est aussi sur les deux versants du Caucase qu'il existe le plus de sources de naphte. Les roches d'où elles jaillissent diffèrent par leur âge et par leurs caractères pétrographiques; mais elles se trouvent toujours dans les centres de soulèvement, auprès des lignes anticlinales, en relation avec les argiles salées, les marnes gypseuses et le lignite; elles sont d'autant plus riches et donnent un produit d'autant plus liquide que la dislocation du terrain est plus considérable. La saison exerce une influence considérable sur la quantité produite, qui est plus grande en été qu'en hiver.

Dans les gouvernements de Samara (près du village de Mikhaïlovka) et de Khazan (près du village de Sukéevo), on trouve aussi des dépôts de pétrole subordonnés au grès permien [2], et il existe quelques sources de naphte dans les terrains dévoniens du nord de la Russie, sur les rives de l'Oukhta.

La Russie d'Europe produit des quantités considérables de sel. On exploite des mines de sel gemme dans les gouvernements d'Astrakan et d'Érivan ainsi que dans le territoire de l'Oural; pendant les cinq dernières années, on en a tiré en moyenne 520 000 quintaux métriques. On a récemment découvert au moyen de sondages d'autres gisements importants dans les gouvernements de Kharkof et d'Ékaterinoslaf. Dans le Caucase, la partie moyenne de la formation miocène du district de Nahitchewan contient des couches abondantes de sel gemme, qui sont subordonnées avec le gypse aux marnes noires. A l'extrémité nord-ouest du bassin carbonifère du Donetz, à Bakhmoute, se trouvent aussi des couches importantes de sel gemme contenues dans un terrain que les découvertes paléontologiques de M. Levakovsky ont permis de rapporter au

(1) Des six autres gouvernements qui possèdent des sources de pétrole, cinq (ceux de Tiflis, de Kouban, de Terek, de Tauride et de Daghestan) n'en fournissent pas ensemble 8 millions de kilogrammes; le gouvernement transcaspien en donne 24 millions et demi.

(2) Le liquide arrive à la surface du sol jusqu'à la terre végétale, par infiltration.

Gr. II.
—
Cl. 16.

permien. Enfin, au milieu des marnes, des calcaires et des grès dont sont formés les dépôts de zechstein de l'est et du nord-est, surtout dans le gouvernement d'Arkhangel, sur les bords de la Dvina du nord, se trouvent des couches subordonnées de gypse, souvent d'une grande étendue, et des dépôts puissants de sel gemme. Il y a aussi de nombreuses sources salées.

Mais la plus grande partie du sel qu'on extrait en Russie[1] provient des steppes méridionales et des bords de la mer Caspienne et de la mer d'Azof. On sait qu'à une époque géologique encore récente, l'énorme mer aralo-caspienne couvrait non seulement toute la contrée comprise entre le plateau d'Irgeni et les monts Altaï, mais encore était réunie à la mer Noire par un détroit limité au nord par les Irgeni et au sud par le versant nord du Caucase. Les eaux s'étant retirées en partie ont mis à nu des plaines immenses qu'elles ont laissées imbibées de sel et où il reste de nombreux lacs salés séparés de la mer par des dunes sablonneuses: il n'y en a pas moins de 2 000 sur les rives du Volga dans le gouvernement d'Astrakan[2], 22 sur les bords de la mer d'Azof, 132 en Crimée, 400 sur la langue de terre qui sépare le Dniéper de la mer Noire, et 14 dans la vallée du Manytch, au sud-est des terres des Cosaques du Don; la plupart de ces lacs ou marais salants sont exploités. Dans le Caucase, il y a aussi beaucoup de lacs salés d'où l'on retire également une quantité considérable de sel.

Les couches dévoniennes fournissent des eaux salées dans les gouvernements de Novogorod, de Pskof et d'Arkhangel, et il y a aussi quelques sources salées, peu riches cependant en sel, dans le gouvernement de Kielcé, en Pologne.

Il existe en Russie, ainsi que l'ont montré MM. Engelhard et Ermolaef, plusieurs groupes de gisements de phosphates, surtout dans le centre (entre la Desna et le Don, le long de la limite septentrionale de la formation crétacée[3]) et dans les gouvernements de

[1] En 1875, 43 p. o/o.

[2] Les deux lacs les plus importants sont le lac Eltone et le lac de Baskountchak, d'où l'on a extrait, en 1875, 870 000 quintaux métriques de sel.

[3] Les dépôts, qui s'étendent entre la rivière Desna et le Don sur une longueur de 600 kilomètres, atteignent parfois une largeur de 150 kilomètres; ce sont les plus riches de tous.

l'est : de Jaroslaf, de Kostroma et de Nijnéi-Novogorod (au milieu des roches jurassiques), de Simbirsk (au milieu des marnes de l'étage supérieur de la formation crétacée), de Saratof (au contact du sable glauconieux) et de Tambof (à la partie inférieure du banc de grès glauconieux vert). Les terrains siluriens du bassin du Dniester contiennent aussi des dépôts friables qui n'ont pas moins de 23 à 38 p. 0/0 d'acide phosphorique. Dans l'ouest, on en connaît dans le gouvernement de Grodno (sous la craie blanche).

C'est de la partie septentrionale du gouvernement de Perm, des districts de Nijnéi-Taguilsk [1] et de Bisersk, qu'on tire tout le platine; les argiles platinifères contiennent de 6 à 8 grammes de ce métal par tonne [2]. Les principales exploitations d'or se trouvent dans le même gouvernement et dans celui d'Orenbourg; la richesse des argiles aurifères varie de 0gr 80 à 2gr 60 par tonne [3]. Les gisements de ces argiles précieuses qui sont post-tertiaires et qu'on trouve dans les vallées du versant oriental de l'Oural ainsi que dans le lit des rivières qui les arrosent, sont d'ordinaire allongés parallèlement à l'axe de la chaîne : les plus riches en or sont en contact avec des roches amphiboliques et pyroxéniques ou avec des schistes cristallins ; les plus riches en platine sont liés aux péridotites et aux serpentines.

On a exploité pendant plusieurs siècles, auprès d'Olkusz, dans la dolomie du muschelkalk de Pologne, des gisements de galène argentifère et, dans les quartzites dévoniens de Checiny et de Kielcé, des minerais de plomb et de cuivre ; aujourd'hui aucune de ces mines n'est plus en activité. Le gouvernement de Terek produit une certaine quantité de plomb et d'argent. Les montagnes de l'Oural contiennent, soit dans les diorites, soit dans les schistes talqueux et chloriteux, des filons de quartz ou de baryte sulfatée argentifère et,

(1) Ce seul district a produit, de 1825 à 1877, 67 500 kilogrammes de platine.

(2) Bien qu'on n'ait pas encore trouvé le platine dans sa gangue, on croit qu'il provient des roches à base de péridot et de celles qui sont le produit de leur décomposition (serpentines).

(3) On connaît les gisements primitifs de ce métal; ce sont des schistes argileux, talqueux et chloriteux, ou des roches formées de quartz et de mica blanc avec un peu d'orthose, du talc, de l'amphibole et de la tourmaline ; ils sont presque tous situés en Asie.

dans les roches schisteuses, des amas de galène également argentifère; mais ces gisements, qui ne se trouvent que dans la partie nord de la chaîne, en Ossétie, sont peu étendus et ne sont pas riches. Les calcaires carbonifères d'Alapaewsk et les calcaires siluriens du district de Slatouste contiennent aussi des nids de galène et de cérusite.

Les mines de fer sont nombreuses dans toute la Russie; il y en a dans 29 gouvernements ou territoires: c'est celui de Perm qui a la production de beaucoup la plus considérable; puis viennent ceux d'Oufa, de Radom, de Kalouga, de Viatka, de Nijnéi-Novogorod et d'Ékaterinoslaf.

Au nord, particulièrement dans le gouvernement d'Olonetz, il existe au milieu des roches cristallines des amas de magnétite, de fer oligiste et de cuivre; on trouve souvent aussi ces matières minérales imprégnées dans les diorites au voisinage des grünsteins ou associées à des filons de quartz et de spath calcaire. Mais la grande richesse de cette contrée en minerais de fer des marais empêche l'exploitation de ces gisements de se développer; il y existe en effet un grand nombre de lacs au fond desquels se trouvent des amas de globules irréguliers d'hydrate d'oxyde de fer, dont la richesse en fer métallique varie de 33 à 52 p. o/o. La masse déjà si considérable de ces minerais [1] ne cesse de s'accroître: le fer, qui est un des nombreux résidus de la désagrégation des roches cristallines de ces régions, forme sous l'action de l'air des carbonates que les eaux transportent jusqu'aux lacs, où, par suite du dégagement de l'acide carbonique, il se dépose un précipité d'oxyde de fer.

Il y a aussi beaucoup de gisements de fer dans le sud de la Pologne; les terrains dévoniens y contiennent de l'hématite brune, la formation carbonifère de la sphérosidérite, et le keuper de l'hématite et de la sphérosidérite au contact du muschelkalk [2].

[1] Dans le seul district de Povenetz, on a accordé plus de 165 concessions, dont plusieurs occupent 10 kilomètres carrés.

[2] Ce sont les gisements les plus importants; ils se trouvent dans les gouvernements de Radom et de Kielcé, où la quantité d'hématite brune, qui donne de 35 à 45 p. o/o de fonte, et de sphérosidérite, qui en donne de 27 à 35 p. o/o, est si grande qu'on n'y

Dans le centre de la Russie, on trouve des pyrites associées à la houille et, à divers niveaux, de l'hématite brune et du fer carbonaté [1], encaissés soit dans le calcaire carbonifère [2], soit dans le calcaire ou les grès dévoniens [3], soit dans le calcaire permien [4], soit dans les grès crétacés [5]; la limonite y est aussi fort commune en beaucoup d'endroits [6].

Dans les plaines du sud, les roches cristallines, qui occupent une grande étendue et que recouvrent d'ordinaire des dépôts tertiaires, contiennent de nombreux minerais de fer, ainsi que du kaolin et du graphite.

La chaîne de l'Oural est, de toutes les parties de la Russie, la plus riche sous ce rapport. Les gisements d'hématite brune y sont abondants sur les deux versants : on n'en connaît pas moins d'un millier, dont plusieurs centaines sont exploitées et dont quelques-uns sont immenses; ils sont tantôt au milieu des roches plutoniques [7] en petits amas, tantôt en couches subordonnées aux roches métamorphiques [8] ou intercalées soit dans les étages inférieurs du terrain silurien, soit dans les grès argileux dévoniens, soit dans le calcaire carbonifère, tantôt en nids disséminés dans les alluvions. De petites masses d'hématite rouge accompagnent souvent les dépôts précédents; mais elles se rencontrent rarement isolées. Sur le versant oriental, il y a, outre les amas, des filons ou des couches de magnétite dans les roches amphiboliques et pyroxéniques, dans les syénites, les diorites et les porphyres à orthose et à quartz et dans les schistes cristallins. Du reste, on ne

compte pas moins de 79 mines et de 48 hauts fourneaux, dont la production au charbon de bois a été, en 1876, de 31 000 tonnes de fonte, quantité double de ce qu'elle était en 1864.

(1) Ces minerais font l'objet d'exploitations assez importantes; on en a extrait, en 1875, 200 000 tonnes, qui ont produit 45 000 tonnes de fonte.

(2) Gouvernements de Toula, de Penza et d'Olonetz.

(3) Gouvernements de Tambof et d'Orel.

(4) Gouvernements de Riazan et de Nijnéi-Novogorod.

(5) Gouvernement d'Orel.

(6) Gouvernements de Novogorod, de Kostroma, de Smolensk, de Tambof, de Volhynie et de Minsk.

(7) Telles que la diorite et la serpentine. L'hématite provient, dans ce cas, de la décomposition du fer magnétique.

(8) Telles que les schistes micacés et talqueux, les quartzites.

Gr. II. — Cl. 16.

les connaît pas tous, et leurs caractères géologiques ne sont pas encore déterminés d'une manière précise; il reste en effet à étudier par les nouveaux procédés d'analyse microscopique la plupart des roches qui accompagnent le minerai.

La chaîne de l'Oural possède aussi plusieurs gisements de fer chromé, qui se présentent sous la forme d'amas, de filons ou de nids dans la serpentine; leur teneur moyenne en oxyde de chrome ne dépasse guère 50 p. 0/0. Ils se trouvent surtout sur le versant oriental depuis le district de Goroblagodatch jusqu'aux territoires des Bachkirs et des Teptiars; ils ne sont guère exploités que depuis 1864.

Le fer carbonaté est très rare dans l'Oural.

Au Caucase, on connaît, dans le diorite de Dachkessan (gouvernement d'Élisabethpol), un filon puissant de fer oxydulé magnétique qui est associé en beaucoup de places à du minerai de cobalt [1] et, dans le porphyre dioritique de Tchatah [2], un amas volumineux de roches imprégnées de fer oligiste dont la teneur en métal est de 65 p. 0/0.

On trouve beaucoup de rognons de pyrites de fer dans les argiles du bassin du Volga; on en exploite quelques gisements dans le gouvernement de Simbirsk pour fabriquer de l'acide sulfurique.

Il existe des mines de nickel dans le gouvernement de Perm et des mines de cobalt dans celui d'Élisabeth, au Caucase.

Les gisements de zinc sont tous situés en Pologne, dans le gouvernement de Petrokof; il y en a beaucoup dans le district d'Olkusz et de Bendzin. La plupart des minerais (calamine, silicate de zinc, hématite brune zincifère) se trouvent dans la dolomie du muschelkalk; ceux de calamine sont aujourd'hui presque épuisés dans les niveaux supérieurs, les seuls où l'on puisse travailler à cause des eaux souterraines. En 1876, six mines seulement étaient exploitées: elles ont produit 600000 quintaux métriques de minerai assez pauvre, puisqu'il n'a pas donné plus de 8 à 14 p. 0/0 de zinc.

Il existe des mines de cuivre dans neuf gouvernements: les

[1] Le minerai de fer de Dachkessan contient souvent jusqu'à 38 p. 0/0 de cobalt.

[2] La mine de Tchatah est située à 70 kilomètres dans le sud-ouest de Tiflis.

principales sont situées dans le Caucase [1] et surtout dans l'Oural [2]. Le versant oriental de cette dernière chaîne contient de nombreux filons de pyrite de cuivre et de fer, de chalkosine et de cuivre gris, soit dans le calcaire silurien supérieur au contact du diorite et des veines de grenat [3], soit dans l'aphanite et la porphyrite [4], soit en amas avec des hématites brunes dans les schistes talqueux, chloriteux et argileux [5], soit dans le calcaire carbonifère ou dans les filons de diorite qui traversent les schistes métamorphiques [6], soit enfin dans la serpentine [7] ou dans les filons de quartz qui traversent les diorites et dans les schistes siliceux et argileux qui se transforment en silex cornés [8]. De tous ces nombreux gisements en filons, celui de Miednoroudiansk, dans le gouvernement de Perm, est seul exploité; sa production annuelle est de 1 240 tonnes de métal. Le manque de capitaux et de connaissances techniques nécessaires à l'exploitation de ces mines est la cause du peu de développement qu'a pris jusqu'à présent cette industrie. Sur le versant occidental, on connaît quelques filons d'épidote cuprifère [8], mais ce sont les gisements de minerais en couches, composés de carbonate de cuivre, de cuivre oxydé noir et plus rarement de sulfures, qui y abondent dans les grès permiens et dans les grès triasiques sous forme de nids ou de petites veines; ces couches cuprifères contiennent de 2,5 à 3,5 p. 0/0 de métal par tonne, d'autant plus que les grès sont plus riches en plantes fossiles carbonisées.

Au Caucase on exploite des mines de pyrite de fer et de cuivre

[1] On tire environ chaque année du gouvernement d'Élisabethpol une quantité de 500 000 kilogrammes de cuivre; celui de Tiflis et surtout celui d'Érivan sont plus pauvres. Les autres gouvernements où l'on connaît des gisements de cuivre, celui de Nyland et surtout ceux de Viatka et d'Ékaterinoslaf, n'ont qu'une faible production.

[2] Le gouvernement de Perm produit à lui seul plus de cuivre que les huit autres réunis; celui d'Oufa en donne annuellement plus de 500 000 kilogrammes; celui d'Orenbourg est beaucoup moins riche.

[3] Dans le nord des monts Oural.

[4] District de Goroblagodatch.

[5] Districts de Nijnéi-Taguilsk et de Werh-Issetsk, et district de Kitchinsk.

[6] District d'Ékaterinenbourg.

[7] District de Kitchinsk.

[8] District de Slatouste.

Gr. II. — Cl. 16.

dans les montagnes du sud; le minerai s'y trouve soit en filons au milieu de diabase, de porphyre feldspathique ou de schistes argileux, soit plus rarement en amas dans des quartzites qui sont liés au granit syénitique.

Depuis longtemps on connaît les minerais de manganèse qui accompagnent certains minerais de fer et de cuivre de l'Oural: mais ce n'est qu'en 1867 qu'on a découvert des gisements indépendants, près de Nijnéi-Taguilsk[1], dans une couche d'argile reposant sur du calcaire silurien, et en quelques autres localités sur lesquelles on n'a pas encore de données géologiques précises.

Au Caucase, dans la vallée de la rivière Kuwirile [2], il existe une couche de pyrolusite dans des grès miocènes qui ont une puissance de 26 mètres et qui reposent sur des marnes et des calcaires sénoniens.

Parmi les minéraux qu'on exploite utilement dans la Russie d'Europe, on doit encore citer le soufre natif; il en existe des gisements importants en Pologne, auprès du village de Czarkowo [3], et surtout dans le Daghestan méridional, à Tchiskate; on en connaît aussi quelques-uns dans l'Oural et dans le gouvernement d'Arkhangel, au milieu des dépôts de zechstein, mais ils ne sont pas mis en exploitation.

Dans le gouvernement de Moscou (district de Bronitzi), le calcaire carbonifère renferme des masses d'argiles à poteries et d'argiles réfractaires que recouvrent les marnes argileuses du lias (jura noir).

Nous terminerons l'énumération des richesses minérales de la Russie d'Europe en parlant des gemmes que l'on trouve quelquefois dans la chaîne de l'Oural; les filons de granit vert qui traversent les gneiss des monts Ilmen contiennent des topazes, des béryls et des cristaux d'orthose vert, et les filons de granit ordinaire du corindon et du zircon; il existe d'autres gisements semblables en plusieurs endroits des monts Oural; au nord-est de Cathérinbourg, ces pierres précieuses sont enchâssées dans des

(1) Gouvernement de Perm.

(2) Gouvernement de Koutaïs.

(3) Gouvernement de Kielcé.

schistes micacés. Dans le lavage des sables aurifères, on rencontre quelquefois accidentellement de petits diamants.

Si nous nous sommes étendu aussi longuement sur les richesses minérales de la Russie, c'est que diverses publications faites en vue de l'Exposition, surtout celle de M. Mouschkétof et la carte des gîtes miniers à $\frac{1}{4\,200\,000}$ par M. de Moeller, nous ont fourni une foule de données intéressantes, jusque-là enfouies dans les ouvrages spéciaux russes qui ne sont pas à la portée de la plupart d'entre nous.

Allemagne. — L'Institut géologique et Académie royale des mines de Berlin, qui est sous la savante direction de M. Hauchecorne, a continué avec activité la publication de la carte géologique détaillée de la Prusse et des États de Thuringe à l'échelle de $\frac{1}{25\,000}$, en feuilles d'assez petite dimension qui représentent chacune environ 130 kilomètres[1] et où le relief du terrain est figuré au moyen de courbes de niveau équidistantes de $9^m\,25$ en $9^m\,25$. Les détails de la planimétrie y sont peu nombreux, ce qui lui donne une grande clarté, et les teintes imprimées par les procédés chromolithographiques sont claires.

Ont paru jusqu'aujourd'hui (1878) 12 livraisons, comprenant 69 feuilles dont 7 doubles, et donnant les environs d'Isfeld, d'Iéna, des montagnes dites Ohmgebirge, de Weimar et d'Erfurt, de Halle, de Saarbrücken, de Riechelsdorf (système pénéen), de Berlin, etc. Dans les *Mémoires* qui accompagnent ces cartes, et dont il a paru jusqu'à présent deux volumes comprenant chacun quatre fascicules, se trouvent en outre diverses cartes spéciales, telles que celle des environs de Rudersdorf à $\frac{1}{12\,500}$ par M. von Heinrich Eck, celles de terrain houiller et du grès rouge des environs de Halle sur la Saale à $\frac{1}{25\,000}$ en 2 feuilles et à $\frac{1}{200\,000}$ par le docteur Laspeyres et celle d'Insel Sylt à $\frac{1}{100\,000}$ par le docteur L. Meyn. Citons encore la carte minière de la haute Silésie de MM. Hörold et Reisewitz à $\frac{1}{120\,000}$.

Les autres cartes allemandes les plus remarquables sont : celle de la province de la Prusse à $\frac{1}{100\,000}$ par le docteur G. Berendt,

[1] D'après les minutes de la carte de l'État-major prussien.

Gr. II. — Cl. 16.

dont il a paru 11 feuilles sur 41[1]; celles de la haute Silésie par le docteur Ferd. Römer[2] et par Carnall, l'une à $\frac{1}{100\,000}$ en 12 feuilles, l'autre à $\frac{1}{200\,000}$; celle de la basse Silésie à $\frac{1}{100\,000}$ par Beyrich, en 9 feuilles; celle du grand-duché de Hesse à $\frac{1}{50\,000}$, que publie la Société de géologie des provinces rhénanes et qui comprend 17 feuilles[3]; celle de la Bavière par Gumpert[4]; celle du même pays éditée par Perthes et celle des provinces rhénanes et de la Westphalie par le docteur H. von Dechen à $\frac{1}{80\,000}$, en 34 feuilles[5]; celle des provinces saxonnes du Magdebourg et du Hartz à $\frac{1}{100\,000}$, en 4 feuilles, par le docteur Julius Ewald; celle du royaume de Saxe à $\frac{1}{25\,000}$ publiée sous la direction de M. H. Credner et qui, commencée en 1875, contient aujourd'hui 8 feuilles[6]; celle des environs de Dresde à $\frac{1}{133\,400}$ par Naumann et Cotta; celle des environs de Hainichen par Naumann, etc. Il faut aussi citer la carte générale de l'Allemagne en 2 feuilles par le docteur H. von Dechen, dont une nouvelle édition est en cours de publication, et diverses cartes géognostiques et agronomiques publiées par M. Albert Orth sur la Silésie et sur les environs de Berlin, où sont indiqués les terrains perméables, les terrains imperméables et ceux qui sont favorables à certaines cultures, comme à celle de la betterave à sucre par exemple.

Pays-Bas. — Pour les Pays-Bas, on n'a toujours que la carte

[1] Les feuilles parues (Memel, Rositten, Tilsit, Jura, Könisberg, Labiau, Insterburg, Pillkallen, Dantzig, Nordenberg et Gumbinnen-Goldapp) comprennent la région du littoral entre Memel et Dantzig et la partie orientale de la province.

[2] La carte de M. Römer s'étend au delà des limites allemandes; le savant auteur a obtenu du gouvernement russe l'autorisation de compléter ses études sur la partie du royaume de Pologne qui fait suite aux riches bassins houiller et métallifère de la Silésie prussienne et de la Silésie autrichienne, et il les y a résumées.

[3] 6 de ces feuilles ont paru depuis dix ans sous la direction de M. R. Ludwig. Une carte d'ensemble à $\frac{1}{350\,000}$ a paru en 1867.

[4] Les 5 premières feuilles ont paru en 1858 et ont avantageusement remplacé l'ancienne carte en 2 feuilles de Weiland (1821); en 1866, le docteur Gümbel en a publié 5 autres; depuis, on n'a terminé que les 2 feuilles de Münchberg et de Kronach et une feuille de coupes.

[5] On en a fait une réduction à $\frac{1}{500\,000}$.

[6] Ces feuilles ont été dressées par MM. A. Rothpletz, E. Dathe, J. Lehmann, H. Mietzsch, Th. Siegert et F. Schalch. 10 autres sont sur le point d'être publiées.

géologique déjà ancienne du docteur Staring à $\frac{1}{200\,000}$, en 28 feuilles, qu'a publiée l'Institut topographique. Cette carte, malgré son échelle relativement petite, donne une représentation générale très suffisante du sol de la Hollande, à cause de la nature peu variée des terrains de ce pays.

Belgique. — Le Musée royal d'histoire naturelle de Bruxelles vient de commencer, par ordre du gouvernement, la publication d'une nouvelle carte géologique de la Belgique à très grande échelle.

La carte à $\frac{1}{160\,000}$ de Dumont, qui a été publiée de 1849 à 1855, était certainement supérieure à celle de MM. d'Homalius d'Halloy et Coquebert de Monbret, qui avait paru en 1822 et qui était cependant remarquable pour l'époque, mais elle n'est plus aujourd'hui au niveau de la science moderne; car les relations stratigraphiques adoptées par son auteur pour les terrains primaires de la Belgique doivent y être modifiées. Les travaux de M. Gosselet sur l'Ardenne belge ont en effet montré que le terrain ardoisier du Brabant et du Condroz appartient non pas au terrain dévonien inférieur, mais au terrain silurien; que les couches à poudingue qui sont adossées au terrain silurien du Condroz dépendent de divers étages du terrain dévonien; que les calcaires de Couvin et de Frasnes doivent être réunis, les uns aux schistes à calcéoles, les autres aux schistes de la Famenne, et enfin que les couches schisteuses qui sont intercalées dans le calcaire dévonien de la bande de Rhisner doivent être réunies à ce calcaire. Il est du reste naturel qu'un pays, qui puise sa prospérité dans son sol, tienne à mettre ses cartes au courant des progrès de la science.

La nouvelle carte sera à l'échelle de $\frac{1}{20\,000}$; les levés géologiques ont commencé en 1877 sous la direction de M. Ed. Dupont, qui a entrepris avec l'aide des géologues du Musée d'histoire naturelle l'exploration complète et très détaillée du territoire belge [1]. En 1878, figuraient à l'Exposition 6 feuilles, avec courbes de niveau à l'équidistance de 5 mètres, dont 3 donnaient la constitution

[1] Les levés pour la feuille d'Hastières ont été exécutés par M. Dupont pour le calcaire carbonifère et par M. Mourlon pour les psammites du Condroz.

du sol et 3 celle du sous-sol des environs d'Hastière-Lavaux, de Dinant et d'Achène; 2 autres feuilles représentaient la vue géologique et la coupe théorique de la partie de la rive droite de la Meuse qui correspond aux cartes précédentes [1]. On a commencé en 1875 une publication spéciale, les *Annales du Musée,* qui devant donner la description stratigraphique, lithographique et paléontologique du royaume accompagnera utilement la carte détaillée; elle comprend aujourd'hui cinq volumes où M. Van Beneden a décrit les ossements de phoques et de baleines recueillis autour d'Anvers, où M. de Koninck a résumé ses importantes recherches commencées en 1841 sur la faune du calcaire carbonifère de la Belgique [2], et où M. H. Nyst a commencé à étudier la paléontologie tertiaire belge (coquilles du terrain scaldisien).

En attendant l'achèvement de la carte détaillée, on vient de procéder à la réimpression chromolithographique des cartes du sol et du sous-sol de la Belgique à $\frac{1}{160\,000}$ par Dumont; la première montre la répartition du limon hesbayen et du sable campinien, d'où il résulte que les régions limoneuses, sablo-limoneuses et sablonneuses, comme la zone des Flandres, sont les plus fertiles; que les régions condrusienne, comme la zone du pays de Hervé, ou poldérienne et sablonneuse, comme la zone de la Campine, sont encore fertiles; mais que la région condrusienne proprement dite l'est moins, et que les régions luxembourgeoise et ardennaise sont plutôt arides.

Tous les savants belges ne partagent pas, du reste, les idées

[1] La question qui a été soulevée au Congrès géologique de Paris, relativement à la réunion sur la même feuille des cartes du sol et du sous-sol, a modifié le premier projet du gouvernement belge; on a décidé qu'il ne serait publié qu'une seule carte, et M. Dupont a résolu la question en figurant tous les affleurements du sous-sol observés et en délimitant les différentes assises révélées par ces affleurements à l'aide d'un liséré qui porte de chaque côté les couleurs affectées aux assises qu'il sépare. Les feuilles d'essai qui étaient exposées avaient été imprimées à l'Institut topographique et les couleurs en étaient dures; on s'est décidé à s'adresser à l'industrie privée, et c'est à Leipzig que se fera l'impression, qui semble devoir être fort belle.

[2] M. A. Renard étudie au moyen du microscope la composition lithologique des diverses variétés de calcaires, de dolomies et de phtanites qui constituent les couches du calcaire carbonifère en Belgique; les coupes qu'il a préparées montrent le rôle important que les organismes inférieurs ont eu dans leur formation.

géologiques de M. Dupont, le directeur de la nouvelle carte; M. G. Dewalque, professeur à l'Université de Liège, qui sur beaucoup de points est en opposition avec le savant directeur du Musée d'histoire naturelle de Bruxelles, a publié deux cartes détaillées des environs de Couvin et de Verviers à $\frac{1}{20\,000}$, dressées d'après ses vues sur la stratigraphie de ces régions.

La carte minière du bassin houiller de la province de Liège qu'exposait le Ministère des travaux publics de Belgique mérite aussi une mention spéciale; elle donne la coupe horizontale de ce bassin à $\frac{1}{10\,000}$ et deux coupes verticales du nord au sud passant, l'une par le puits *Henri-Guillaume* à Seraing, l'autre par le puits du Bâneux à Liège. C'est un remarquable spécimen du travail de topographie souterraine auquel se livre l'Administration des mines de Belgique depuis 1861. MM. Rutot et Vincent réunissent depuis 1875 les matériaux nécessaires pour représenter d'une manière générale et complète la configuration du sous-sol des environs de Bruxelles, et la publication de la carte à $\frac{1}{20\,000}$ aura lieu sous peu.

M. R. Malherbe a tiré d'une étude comparative des bassins houillers belge et allemand la conclusion que ces bassins se raccordent; il a essayé de tracer le prolongement des couches à travers les Pays-Bas sur une carte à $\frac{1}{40\,000}$ qu'accompagnent des feuilles de coupes. Le bassin néerlandais, dont des sondages récents ont démontré l'existence dans le Limbourg et qui semble, du reste, jusqu'à présent ne contenir que des charbons maigres, a confirmé les vues émises par cet ingénieur avant 1876.

Comme cartes générales, nous devons citer celle à $\frac{1}{500\,000}$ de M. Dewalque, où l'auteur a introduit tant en Belgique que dans l'Eifel quelques nouvelles subdivisions de terrain non encore admises par tous les géologues, et celle de MM. Henry et Le Lorrain qui ont résumé en 1 seule feuille la carte en 9 feuilles de Dumont; cette carte réduite, d'un prix peu élevé et d'un maniement facile, permet d'embrasser d'un coup d'œil l'ensemble des terrains de la Belgique et leur position géographique.

Grand-duché de Luxembourg. — MM. Wies et Siegen ont dressé une carte géologique détaillée du Luxembourg à l'échelle de

Gr. II. — Cl. 16.

$\frac{1}{40\,000}$, en 9 feuilles. Les travaux, commencés sur le terrain en 1855, ont été terminés en 1872, et la carte vient d'être livrée au public (1878); elle est établie sur un canevas topographique très simple et est par conséquent facile à lire, mais le relief du sol n'y est malheureusement pas représenté au moyen de courbes de niveau.

Le sol du grand-duché se compose exclusivement de roches sédimentaires dont la série, très incomplète, s'arrête à la limite supérieure du terrain jurassique. Le terrain dévonien, qui couvre la moitié du pays, n'est représenté que par deux assises inférieures (terrain coblencien et terrain ahrien); les assises moyennes et supérieures, qui sont si bien développées dans le Luxembourg belge, y manquent complètement. A partir du grès bigarré, qui ouvre la série des terrains du trias, les formations sédimentaires se succèdent sans interruption et dans leur ordre chronologique jusqu'au groupe oolithique, au-dessus duquel aucun autre groupe jurassique, ni aucun terrain crétacé ou tertiaire, n'est plus représenté. Le diluvium est bien développé. Les études de M. Wies montrent qu'à la fin de chacune des subdivisions de la période jurassique le golfe luxembourgeois s'est rétréci dans des proportions considérables. La carte est accompagnée de trois coupes prises de l'est à l'ouest, du sud-est au sud-ouest et du nord au sud.

Suisse. — Les Alpes offrent un des problèmes géologiques les plus compliqués. Il n'est pas aisé, en effet, de se reconnaître au milieu du chaos qu'ont produit les bouleversements successifs dont ces montagnes ont été le théâtre et des irrégularités que présentent, dans leur structure aussi bien que dans leur gisement, les roches dont elles sont formées; le géologue est obligé d'y suivre pas à pas les affleurements, heureux lorsque de loin en loin quelques fossiles lui apportent une aide secourable[1]. Malgré toutes ces difficultés, leur constitution commence cependant à être bien connue, et l'excellente carte de MM. Studer et Escher de la Linth[2] est devenue trop

[1] Dans les Alpes centrales, le travail a marché rapidement, mais l'étude des Alpes calcaires est entourée de telles difficultés que M. Gilliéron travaille depuis quinze ans à une feuille qui comprend les Alpes du canton de Fribourg.

[2] On sait que c'est à Guettard (1746), à Ebel (1808) et surtout à Léopold de Buch

petite pour qu'on y puisse marquer les subdivisions des terrains, telles qu'elles sont déterminées aujourd'hui. Aussi, dès 1863, le gouvernement fédéral a-t-il voté des fonds pour la publication d'une carte à $\frac{1}{100\,000}$, échelle qui n'est pas encore assez grande pour que tous les détails intéressants au double point de vue technique et agronomique y soient consignés, mais qui permet néanmoins de bien faire ressortir les grands traits de la structure du sol; les travaux sont dirigés par une commission de savants nommés par la Société helvétique des sciences naturelles[1]. On se sert comme base des feuilles de la carte topographique du général Dufour, et l'impression des couleurs se fait sur les épreuves tirées en noir.

Grâce au zèle désintéressé des nombreux savants qui habitent la Suisse, cet atlas s'établit à peu de frais; il ne comprend encore que 12 feuilles sur 22[2], qui toutes se rapportent aux frontières; sur les 10 feuilles qu'il reste à publier, 8 sont déjà très avancées et 2 ne sont pas encore commencées[3]. Les teintes sont bien choisies, et les terrains s'y distinguent aisément, sans que l'aspect en soit dur comme dans beaucoup d'œuvres du même genre. Quatorze volumes de texte et de nombreuses planches l'accompagnent[4].

Il existe en outre un certain nombre de monographies faites

(1825) qu'on doit les premières ébauches géologiques de la Suisse. La carte de MM. Studer et Escher de la Linth dont le fonds est dû à Ziégler et qui, quoiqu'à petite échelle, est très exacte, est à $\frac{1}{380\,000}$: la première édition date de 1853; la seconde est de 1867. On en a une réduction à $\frac{1}{760\,000}$.

(1) La carte géologique de la Suisse, bien qu'aidée d'une subvention du gouvernement, émane, comme le levé géodésique, comme le nivellement de précision et comme les travaux de météorologie, de l'initiative des membres de cette Société libre. Les subsides que le gouvernement fédéral accorde aux œuvres scientifiques, lorsqu'il en a reconnu l'utilité, ne sont appliqués qu'aux frais de publication et à l'achat des appareils, et les savants dont se composent les diverses commissions auxquelles la Société des sciences naturelles a confié la direction de ces entreprises, agissent par pur dévouement pour la Société et ne sont pas rétribués; ils touchent seulement quelques indemnités de déplacement, lorsque l'état des finances le permet.

(2) En 1867, on avait 6 feuilles et 4 volumes de texte; avaient en outre paru l'*Esquisse géognostique du canton de Bâle* par A. Müller avec une carte à $\frac{1}{50\,000}$ et la *Description géologique du mont Pilate* par F. Kaufmann avec une carte spéciale.

(3) Ce sont les feuilles XXI et XXII.

(4) On a aujourd'hui la carte géologique à $\frac{1}{100\,000}$ des montagnes du nord-est et du sud-est des Grisons, du Jura argovien, vaudois, neuchâtelois et bernois, du Righi et de la Suisse centrale, du canton de Saint-Gall, du sud-ouest du Valais.

Gr. II. — Cl. 16.

avec talent et conscience qui ont paru depuis 1867 et qui sont la base des cartes générales : M. Arnold Escher de la Linth a établi la carte du Sentis en 2 feuilles, à $\frac{1}{25\,000}$. M. Jaccard, qui a spécialement étudié le Jura vaudois et neuchâtelois, a dressé trois cartes du canton de Neuchâtel à $\frac{1}{25\,000}$, l'une hydrographique, l'autre géologique et la troisième hydrologique, qui permettent de comparer la disposition des bassins des divers affluents du Rhône et du Rhin, la distribution des terrains[(1)] et la répartition des sources et puits avec l'indication de leur débit moyen. Une autre carte à la même échelle représente le Jura franco-suisse; on y voit nettement la zone de terrain crétacé qui limite au nord-ouest le grand massif.

On doit à M. K. de Fritsch une bonne *Description géologique du Saint-Gothard*, avec une carte spéciale à $\frac{1}{50\,000}$ (1873), et à M. Renevier la carte à $\frac{1}{50\,000}$ de la partie sud des Alpes vaudoises (1875).

M. Alphonse Favre a tout nouvellement publié une carte géognostique du canton de Genève, à $\frac{1}{25\,000}$, où il a indiqué les terrains modernes (tourbes et alluvions), les sables d'âges divers, les terrains et alluvions post-glaciaires des terrasses inférieure et supérieure et des plateaux, les diverses argiles glaciaires, les alluvions anciennes et la molasse tertiaire ainsi que la position de tous les blocs erratiques. Cette carte, d'une précision et d'une exactitude remarquables, sera non seulement utile aux sciences géologiques, mais aussi aux sciences économiques; l'étude que l'auteur a faite avec tant de soin, non seulement sur l'origine, mais encore sur la composition des divers sols, permet, en effet, aux cultivateurs de se rendre compte des engrais et des amendements qui conviennent à la terre qu'ils exploitent.

Dans la carte toute récente du lac de Genève, M. É. Pictet a indiqué, outre la topographie sous-lacustre, la nature des terrains du fond, tant anciens qu'alluvionnaires.

Autriche-Hongrie. — En Autriche, les cartes géologiques de l'Institut royal de Vienne sont coloriées à la main à chaque de-

(1) Il existe une autre édition à $\frac{1}{50\,000}$.

mande, ce qui permet de tenir les feuilles au courant des progrès de la science au fur et à mesure des découvertes, puisqu'on n'en a jamais de prêtes à l'avance.

De la carte détaillée de l'empire à $\frac{1}{75\,000}$, qui comprendra 1 295 feuilles, on n'en a encore que 119 (21 pour le Tyrol, 46 pour la haute et la basse Autriche, 10 pour la Moravie et la Silésie, 2 pour la Galicie et 31 pour la Galicie orientale et la Bukovine), mais on a les cartes spéciales, à $\frac{1}{144\,000}$, de la haute et de la basse Autriche en 29 feuilles, du Salzbourg en 13 feuilles, de la Styrie[1] et de l'Illyrie en 36 feuilles[2] et de la Bohême en 38 feuilles[3], et la carte générale de la Dalmatie à $\frac{1}{432\,000}$ en 2 feuilles. Citons encore la carte géologique à $\frac{1}{28\,800}$ des environs de Vienne par M. Th. Fuchs, qui donne une idée exacte du bassin du terrain tertiaire dans lequel se trouve la capitale de l'Autriche.

L'Institut géologique publie en outre régulièrement depuis 1850 un *Annuaire officiel* dont le dernier et 27e volume, qui était exposé, portait la date de 1877.

Pour la Hongrie, on a une carte générale à $\frac{1}{288\,000}$ (Hongrie en 18 feuilles, Transylvanie en 4 feuilles, Banat en 4 feuilles, Slavonie en 1 feuille), mais de la carte spéciale à $\frac{1}{144\,000}$, on n'a encore que la partie nord-ouest du royaume en 42 feuilles, qui ont été établies par l'Institut de Vienne et que continue l'Institut hongrois, qui est distinct du précédent depuis 1868; ce dernier a dressé à cette même échelle les cartes de la chaîne des monts Vertes et Bakony, des environs de Budapest, des environs de Gran, qui comprennent une surface de 138 lieues carrées, et plus récemment celle très intéressante de la partie sud-ouest de la Hongrie comprise entre le Danube et la Drave, qui est établie d'après les travaux exécutés de 1848 à 1877 sous la direction de M. de Hantken; il publie un annuaire

(1) La carte de la Styrie par le docteur Stur (1865) était en 4 feuilles.

(2) On n'a pour la province du Tyrol que les anciennes cartes de Streit (1827) et de Schmidt (1839-1841). MM. Mojsisovics et Mojsvar ont publié la carte des montagnes vénéto-tyroliennes à $\frac{1}{75\,000}$ en 6 feuilles, et l'on doit au docteur G. Stache celle de l'Istrie à $\frac{1}{1\,008\,000}$ en 1 feuille.

(3) M. Koritska prépare une carte générale de Bohême.

Gr. II. — Cl. 16.

où sont résumés les travaux du levé officiel. On doit aussi à la Société hongroise de géologie, qui a été fondée en 1850, des mémoires intéressants. En outre, l'Administration des mines de Hongrie a publié la carte du district minier de Selmecz (Schemnitz) qui est à $\frac{1}{14\,400}$ et où le relief du sol est indiqué au moyen de courbes de niveau, celle des environs de Nagyag, la seule localité où l'on trouve en Europe des minerais d'or et de tellure [1] qui sont encaissés soit dans des granits, soit plus fréquemment dans des diorites, et celle des gisements de sel dont il existe en Hongrie deux massifs principaux, l'un très étendu auprès de la frontière de la Moldavie, l'autre plus au nord autour de Szigeth.

M. von Hauer a dressé, d'après les documents de l'Institut géologique, deux cartes générales de l'Autriche-Hongrie, l'une en 12 feuilles, à l'échelle de $\frac{1}{576\,000}$ [2], carte qui remplace avantageusement celle à $\frac{1}{864\,000}$ en 9 feuilles de Haidinger (1845) et qui est basée sur les levés commencés en 1850 par Ritter von Haidinger et continués à partir de 1865 sous la direction de M. Franz Ritter von Hauer, et l'autre en 1 feuille à $\frac{1}{2\,016\,000}$: on doit à M. Jean Pechar une carte houillère de la monarchie austro-hongroise qui, bien qu'à une petite échelle, donne nettement la position des divers bassins, avec des teintes différentes pour les houilles proprement dites et pour les lignites : les gisements principaux sont, en Bohême, ceux de Seblau (au nord-ouest de Prague) et de Pisln (au sud-ouest du précédent), et ceux de lignite de Tœplitz et d'Elbogen, en Autriche, celui de houille à l'ouest-sud-ouest de Vienne et les nombreux dépôts de lignite qui existent dans la région au sud de cette ville, et, en Hongrie, ceux qui sont situés au nord-est de Budapest.

Nous ne pouvons terminer ce court aperçu sans mentionner l'ouvrage de M. Barrande sur le système silurien du centre de la Bohême, qui, commencé en 1852, est en voie de publication, et dont plusieurs volumes ont paru depuis 1867.

(1) Sylvanite et Nagyagyte.

(2) La publication de cette carte a commencé en 1867. Les teintes, qui y sont imprimées par les procédés chromolithographiques, sont un peu trop foncées.

Turquie. — L'empire ottoman n'est guère plus connu au point de vue géologique qu'au point de vue topographique. L'Institut de Vienne a cependant publié la carte générale de la Bosnie et de l'Herzégovine en 7 feuilles, à $\frac{1}{300\,000}$.

M. de Hochstetter, qui faisait partie de la commission d'études pour le tracé du chemin de fer de Belgrade à Salonique, a ajouté aux connaissances que nous avaient fournies sur ces régions MM. Boué et Viquesnel [1]; il donne de la Turquie orientale, à partir du 12ᵉ degré de longitude, un aperçu assez complet eu égard aux nombreuses difficultés qu'il a rencontrées; les cartes qui résument ses recherches sur la partie orientale de la Turquie ont paru dans les tomes XX (1870) et XXII (1872) de l'*Annuaire géologique autrichien.*

Plus récemment, la géologie des Balkans occidentaux a été étudiée par M. le professeur Toula, qui en a publié la carte en 1876, et celle de la Bosnie, de l'Herzégovine et du nord du Monténégro par MM. de Sterneck, qui ont établi, en 1877, une carte d'ensemble de cette région avec des coupes. On doit à M. Gorceix des renseignements sur quelques bassins tertiaires de l'Épire et de la Thessalie, et MM. Bugerstein, Neumayr et Teller viennent d'explorer toute la côte du golfe de Salonique, sur laquelle ils préparent un travail important.

Grèce. — La Grèce n'a pas encore été étudiée d'une manière complète au point de vue géologique; on n'a aucune carte générale nouvelle depuis celle de la Morée et des Cyclades par Boblaye et Virlet (1833). M. Schönn a publié diverses notes sur ses côtes en 1873; M. Gorceix a écrit, en 1874, un mémoire sur l'île de Cos et sur le bassin tertiaire de l'Eubée, et, en 1876, MM. Bittner, Neumayr et Teller ont étudié la Roumélie et l'île d'Eubée dont ils ne tarderont pas à publier la carte générale.

La partie continentale du royaume est, ainsi que la plupart

[1] Aug. Viquesnel a publié dès 1842 une carte à $\frac{1}{800\,000}$ de la Serbie et de l'Albanie et, en 1843, une carte à la même échelle de la Macédoine, de l'Épire et de la Thessalie, mais ce n'est qu'en 1869 qu'a paru la dernière livraison de son grand ouvrage sur la Macédoine et le bassin de l'Hèbre.

Gr. II. — Cl. 16.

des îles de l'Archipel, formée de roches schisteuses [1] qui alternent avec des bancs de calcaires saccharoïdes; les terrains sédimentaires y sont très répandus : les plus anciens sont les terrains crétacés [2] qui constituent près des trois quarts de la superficie du Péloponèse; les terrains tertiaires et les terrains pliocènes, qui offrent un grand intérêt autant au point de vue de leur richesse en fossiles (plantes, coquilles, débris de mammifères à Pikermi) qu'au point de vue industriel à cause des combustibles qu'ils renferment, y sont aussi très développés.

La collection de minerais qu'exposait M. A. Cordella, ingénieur des mines, donnait une bonne idée des richesses minérales de la Grèce. Jusqu'à ce jour, ce sont les minerais de plomb argentifère et de zinc du Laurium qui ont le plus particulièrement appelé l'attention [3].

Les actions volcaniques qui ont commencé à produire des trachytes à partir de l'époque tertiaire, n'ont pas encore cessé, et les îles qui sont récemment sorties du sein de la mer dans le golfe de Santorin sont un des plus curieux phénomènes modernes; M. Fouqué, qui les a étudiés en 1867 et en 1875, exposait une série très intéressante de coupes microscopiques de ces roches récentes et des dessins coloriés de ces préparations. L'ouvrage, qui aura une grande importance, n'est pas encore tout à fait terminé.

La carte géologique de l'île de Crète à $\frac{1}{300\,000}$ par M. Victor Raulin (1869) doit être citée avec éloge, ainsi que la description de l'île de Chypre par M. Albert Gaudry, qui a été publiée la même année [4].

(1) Les roches schisteuses de la Grèce continentale se rattachent à celles de l'Épire, de la Thessalie et de la Macédoine; celles des îles reposent sur des granits.

(2) Ce terrain se compose en Grèce de calcaires compacts, de calcaires à hippurites, de calcaires lithographiques, de marnes et de jaspes.

(3) Ces minerais se trouvent tantôt en filons à travers les micaschistes, tantôt en masses irrégulières dans les calcaires, tantôt en couches très étendues entre ces roches. La teneur des minerais varie de 8 à 35 p. 0/0 de métal et de 1 à 11 kilogrammes d'argent par tonne de plomb; celle des minerais de zinc est de 38 à 50 p. 0/0.

(4) La carte géologique de l'île de Chypre par M. Gaudry, qui est à $\frac{1}{250\,000}$, a paru en 1860.

Italie. — Le Comité royal de géologie, qui a été institué à Rome en 1867 pour présider à l'exécution de la carte géologique détaillée du royaume, a commencé les travaux réguliers en 1877 sous la direction de M. le professeur Giordano. La base de cette carte est la nouvelle carte topographique à $\frac{1}{50\,000}$; mais les opérations sur le terrain se font sur des planchettes à $\frac{1}{25\,000}$ obtenues par l'agrandissement photographique des minutes de l'État-major, qu'on réduit ensuite de moitié pour la publication. L'Institut militaire n'ayant encore levé que la Sicile et la région méridionale, on s'est occupé tout d'abord des provinces solfifères de Caltanisetta et de Girgenti; dix-neuf étaient terminées en 1878. Au fur et à mesure que les feuilles topographiques seront prêtes, on commencera le travail dans d'autres parties de l'Italie; on pense pouvoir aborder très prochainement les Alpes apuennes, ainsi que la campagne de Rome.

En même temps que se font les levés réguliers, le Comité recueille et coordonne, comme matériaux utiles pour l'avenir, tous les travaux spéciaux que les géologues italiens ont faits antérieurement ou qu'ils sont en train d'achever sur diverses parties du royaume, encourageant à l'occasion par des subsides l'achèvement et la publication de ces recherches.

Plusieurs de ces œuvres particulières étaient exposées, et elles ont été appréciées par le jury. Les Alpes italiennes ont été l'objet de travaux importants; le professeur Torquato Taramelli a étudié les terrains tertiaires, post-tertiaires et surtout glaciaires de leur partie orientale [1]; M. B. Gastaldi s'est occupé de la partie occidentale et est arrivé à des conclusions intéressantes, car non seulement il a fixé l'âge des calcaires jurassiques et nummulitiques de ces montagnes, mais il y a trouvé des couches de serpentine intercalées dans le calcaire : cette roche n'est donc pas éruptive, comme on l'avait cru. La carte à $\frac{1}{50\,000}$ des Alpes occidentales que ce géologue a dressée à l'aide de la carte de l'État-major piémontais contient l'exposé de ses vues sur la constitution de cette chaîne.

[1] L'atlas comprend la carte de la partie orientale des Alpes italiennes en 6 grandes feuilles.

Gr. II. — Cl. 16.

Enfin, M. Ch. Mayer a fait dans la Ligurie centrale un travail analogue à celui de M. Gastaldi dans les Alpes [1]. La carte à $\frac{1}{50\,000}$ qu'il a établie nous montre une contrée où les terrains tertiaires moyens et supérieurs ont un énorme développement et où tous les étages et la plupart des niveaux de deuxième ordre qui constituent normalement cette série sont représentés et régulièrement disposés; M. Mayer a donc pu déterminer la position stratigraphique des niveaux successifs que renferme l'ensemble des derniers terrains de sédiment. Le grand espace que représente sa carte n'offre guère que deux sortes de terrains superposés, un immense massif serpentineux, dont la roche fondamentale a été dans l'origine, d'après l'auteur qui partage à cet égard la plupart des idées de M. Gastaldi, une boue chaude, épanchée aux âges les plus divers, tantôt à sec, tantôt au fond des eaux, et tout autour de ce massif une zone étendue et continue de terrain tertiaire qu'il subdivise en étages *ligurien*, tongrien, *aquitanien*, langhien, *helvétien*, *tortonien*, *messinien*, astien et saharien [2]. Les terrains tertiaires supérieurs (depuis l'aquitanien) ont plus de 7 000 mètres de couches superposées.

Notre savant compatriote, M. Hébert, a fait avec M. Munier Chalmas des études intéressantes sur la disposition des assises tertiaires dans le nord de l'Italie et sur leurs relations avec la craie; ils ont aussi étudié le métamorphisme produit dans les roches crétacées et tertiaires par le contact des roches volcaniques. Le résumé de leurs recherches est consigné dans un tableau comparatif des assises tertiaires du Vicentin et de la Hongrie, auquel est annexée une série de coupes.

L'Institut autrichien a publié la carte de la Lombardie et de la Vénétie à $\frac{1}{288\,000}$, en 4 feuilles. La carte plus récente des Provinces lombardes à $\frac{1}{172\,800}$ de M. Curioni, qu'accompagnent deux

(1) On avait déjà sur cette région la carte générale de la Savoie, du Piémont et de la Ligurie par M. A. Sismonda (1862), celle de la Ligurie maritime par Pareto, celle de la province de Pise à $\frac{1}{200\,000}$ par Savi (1863) et celle à $\frac{1}{50\,000}$ des environs de la Spezzia par Capellini (1863).

(2) Les étages dont les noms sont imprimés en italiques sont ceux que M. Mayer a cru devoir établir.

volumes de texte [1], nous donne aussi des notions utiles sur la constitution du sol de cette région septentrionale de l'Italie, quelles que soient d'ailleurs les idées que l'on ait sur les divisions qui ont été adoptées dans ce travail.

On peut aussi accepter avec quelque réserve certaines opinions émises par les professeurs B. Lotti et de Stefani, qui exposaient deux cartes manuscrites à $\frac{1}{86\,400}$: l'une de la Toscane centrale, faite en collaboration ; l'autre des Apennins qui entourent la Spezzia, ou Alpes apuennes, dressée par M. de Stefani seul ; mais ces essais préliminaires, d'une valeur réelle cependant, jettent la lumière sur des pays encore inconnus. Ces deux géologues ont aussi, comme MM. B. Gastaldi et Ch. Mayer, reconnu la stratification des roches serpentineuses.

La carte à $\frac{1}{110\,000}$ de la partie du versant nord-est des Apennins étrusques comprise entre les rivières Montone et Foglia est le résultat d'études consciencieuses entreprises de longue date par le sénateur Giuseppe Scarabelli Gommi Flaminii, et elle vient s'ajouter aux précédentes pour nous éclairer sur les régions du nord et du centre de l'Italie. M. le professeur Giordano, qui a fait, en 1868, l'ascension du mont Cervin, a publié dans le recueil du *Club alpin* une bonne étude sur la géologie de ce massif.

L'atlas de la *Monografia statistica di Roma e campagna* contient une nouvelle carte de la campagne de Rome à $\frac{1}{250\,000}$ qui a été dressée par les soins du Comité géologique d'après les travaux bien connus de M. Ponzi [2], complétés par les études de quelques autres savants [3]. Ce sont les roches volcaniques qui prédominent aux environs de Rome ; en effet, elles constituent non seulement les deux massifs des *Monti Laziali* et des *Monti Sabatini*, mais elles forment le sol de presque toute la plaine romaine jusqu'à une grande profondeur. Ces dépôts sont coupés en divers endroits par des lambeaux de terrain tertiaire de formation marine (tantôt

(1) *Geologia applicata delle provincie lombarde*, et *Descrizione ragionata delle sostanze estrattive utili metalliche e terre raccolte nelle provincie lombarde.*

(2) M. Ponzi a publié en 1864 une carte à $\frac{1}{50\,000}$ des montagnes de tuf et des alumières de la province de Civita-Vecchia.

(3) MM. de Verneuil et Mantovani ont publié en 1872, d'après leurs propres observations, une carte de la vallée du Tibre (campagne de Rome) à $\frac{1}{25\,000}$.

Gr. II. — Cl. 16.

miocène, tantôt pliocène), et, sur les bords du Tibre et de l'Anièue ou Tibérone, il y a des alluvions quaternaires abandonnées par les eaux de ces fleuves; l'Aniène a, en outre, donné naissance à une série de dépôts chimiques, connus sous le nom de *travertin,* qui fournissent d'excellents matériaux de construction. Mais c'est l'abondance des roches volcaniques qui donne un intérêt réel à la constitution géologique de la campagne romaine; comme elles sont en effet d'époques très diverses, on peut déterminer les relations qui existent entre elles et les roches sédimentaires correspondantes et en tirer des conclusions précieuses pour l'histoire du volcanisme terrestre, qui, dans peu de régions de l'Europe, offre des périodes éruptives aussi distinctes et des roches volcaniques aussi variées. Nous devons encore citer comme intéressant la géologie de cette région la carte hydrographique et topographique du delta du Tibre publiée par M. Ponzi, qui tend à prouver que ce delta ne s'est pas avancé de moins de 12 kilomètres depuis 633 avant J.-C. jusqu'à 1874.

Pour le sud de l'Italie, nous mentionnerons, outre les travaux réguliers dont nous avons déjà parlé, un relief de l'Etna où l'âge des laves est indiqué depuis le XIIe siècle jusqu'à nos jours, c'est-à-dire depuis qu'on connaît leur histoire [1], et la carte agronomique de la même montagne à $\frac{1}{100\,000}$ par M. L. Ardini, où est marquée non seulement la constitution géologique du sol, mais la nature des cultures, et qui est une étude intéressante des terrains autour de ce volcan [2].

Une carte minière des environs d'Iglésias à $\frac{1}{10\,000}$, due aux géologues chargés d'étudier le moyen d'arrêter les inondations souterraines dans les mines, indiquait tous les gisements minéraux et les pentes des filons.

Tous ces documents ont servi à dresser l'*Essai de carte géologique de l'Italie* à $\frac{1}{600\,000}$, que le Comité avait exposé et qui, sans prétendre

[1] Malheureusement l'échelle des hauteurs est double de celle des longueurs, ce qui nuit à l'appréciation exacte des pentes et des coulées.

[2] Le docteur A. von Lasaulx s'occupe en ce moment d'éditer l'ouvrage posthume du docteur W. Sartorius sur l'Etna, ouvrage considérable en deux volumes, avec carte et planches.

à une exactitude absolue, donnait sur la constitution générale du sol de ce royaume des notions toutes nouvelles [1].

Espagne. — Une seconde édition de l'excellente carte d'Espagne et de Portugal par MM. de Verneuil et Collomb a paru en 1869 [2]; les auteurs, profitant des travaux de MM. Donayre et Machado sur les provinces de Guadalaxara et de Séville et des cartes de la Navarre et des provinces basques de M. A. Maestre, y ont introduit certaines modifications. M. de Botella vient de terminer à l'échelle de $\frac{1}{1\,000\,000}$ une carte générale des deux mêmes pays qui est appelée à remplacer la précédente.

La *Comision del mapa geologico de España*, qui a fait à diverses époques l'étude de la plus grande partie du nord et du centre de la péninsule [3], s'occupe à présent d'une manière toute spéciale de la région méridionale [4]; elle exposait plusieurs cartes et plans et divers mémoires ou bulletins. Nous citerons, entre autres, la carte de la province de Saragosse par M. Donayre, celle des bassins houillers des Asturies et celle de la province de Cuenca à $\frac{1}{250\,000}$ par don Luis Mediamarca y Soto. M. de Botella a publié en 1868 une description géologique des provinces de Murcie et d'Albacète avec un atlas de 22 planches, et, en 1878, le même savant exposait le résultat très intéressant de ses études paléogéographiques sur les mers anciennes de l'Espagne et du Portugal; on voyait nettement, sur les sept cartes qui montraient les limites successives des mers silurienne, carbonifère, triasique, jurassique, crétacée, nummulitique, miocène et pliocène, la péninsule Ibérique, émergeant peu à peu, prendre la forme qu'elle a aujourd'hui, et l'isthme fort large, qui depuis l'époque carbonifère a pendant longtemps uni l'Espagne à l'Afrique, disparaître à la fin [5].

[1] Cette carte, qui n'est encore que provisoire, remplace avantageusement celle de l'Italie septentrionale et centrale à la même échelle qu'avait compilée en 1866 M. Cocchi.

[2] La première édition date de 1864.

[3] Les travaux relatifs aux provinces de Gerona, de Santander, d'Oviedo, d'Orense, de Zamora, de Palencia, de Burgos, de Valladolid, de Segovia, de Madrid, de Guadalajara, de Teruel, de Castellon et de Cuenca ont été publiés.

[4] On a publié les travaux relatifs aux deux provinces de Ciudad-Real et de Jaen.

[5] Les études zoologiques et botaniques conduisent aux mêmes conclusions. Elles montrent aussi qu'il fut un âge récent du monde où, la vie étant déjà telle que nous la

Gr. II. — Cl. 16.

M. le marquis de Riscal a fait exécuter par M. Ad. Moulle, ingénieur français, une carte géologique de la Sierra de Guadalupe [1] à l'échelle de $\frac{1}{40000}$, accompagnée de coupes à grande échelle, qui donne des notions intéressantes sur la constitution de cette chaîne ainsi que sur le mode de soulèvement auquel l'auteur attribue sa formation. Citons encore, pour terminer, l'esquisse à $\frac{1}{50000}$ de la zone minière de la province de Biscaye par MM. de Yarza et Arias, et la carte générale de l'Espagne sur laquelle M. Moles a porté l'indication de la plupart des gisements minéralogiques et qui permet d'embrasser d'un coup d'œil la richesse de ce royaume en minéraux utiles.

Portugal. — Il y a au Portugal un Bureau géologique depuis 1857; mais les travaux n'ont pris un certain développement que depuis sa nouvelle organisation, qui a eu lieu en 1869; à présent, il est rattaché à la *Direction générale des travaux géodésiques, topographiques*, etc.

On s'y occupe activement de la publication de la carte détaillée à $\frac{1}{200000}$. Les levés se font sur les planchettes-minutes de la carte topographique; cinq feuilles sont déjà terminées, et deux autres sont très avancées : elles embrassent les bassins hydrographiques du Tage et du Sado, qui sont principalement formés de roches cénozoïques, la péninsule de Setubal, la portion septentrionale du bassin silurien de Bussaco et enfin, sur une étendue de 126 kilomètres, les falaises de l'Estramadure et du littoral de l'Algarve; treize feuilles donnent le dessin de l'escarpement de ces falaises à $\frac{1}{2500}$ et montrent l'ordre de superposition des couches des groupes mésozoïque et cénozoïque qui constituent le sol de ces provinces et en même temps les accidents répétés qui les ont disloquées. Le capitaine Nery Delgado a étudié en 1876 le terrain silurien du bas Alemtejo, et le colonel Ribeiro, chef de la section géologique, s'est beaucoup occupé du terrain lacustre et

voyons, la Méditerranée n'existait pas; on en conclut qu'il s'est produit un affaissement considérable du sol qui a été rempli par les eaux de l'Océan.

[1] La Sierra de Guadalupe se détache des monts Ibériques dans les environs de Cuenca, traverse l'Estramadure et se termine à l'ouest par le cap Espichel.

des terrains les plus récents; on a en outre procédé à la classification d'un nombre considérable de roches et de fossiles.

Une nouvelle édition de la carte à $\frac{1}{500000}$ qui avait été exposée en 1867 a été publiée cette année (1878); quoiqu'on y ait consigné les principaux résultats des reconnaissances partielles opérées depuis dix ans et qu'on y ait par conséquent apporté certaines modifications, principalement dans les terrains paléozoïques du bas Alemtejo, elle ne peut encore être considérée que comme un essai qui servira de base aux études futures; elle est imprimée en chromolithographie, en vingt couleurs, et tirée à la vapeur. On y voit que la plupart des formations géologiques connues entrent dans la composition du sol du Portugal; on doit attribuer à cette variété des terrains, autant qu'à celle des climats, la diversité d'aptitudes agricoles qu'a ce pays; un tiers de la superficie est composé de roches ignées [1], un autre tiers de terrains sédimentaires très anciens [2] et le reste de terrains plus modernes [3].

Un grand nombre de filons métallifères, divisés d'ordinaire en groupes distincts, traversent ces roches. L'étain se trouve presque exclusivement dans la partie nord-est de Traz-os-Montes; le plomb argentifère, dans les schistes de la Beira; le cuivre, en grande abondance dans l'Alemtejo, etc.

France. — La carte géologique détaillée de la France, dont l'exécution a commencé en 1868 sous la haute direction d'Élie de Beaumont, a pour but, comme toutes les cartes détaillées dont nous avons parlé jusqu'ici, de coordonner sur la carte de l'État-

[1] Les granits prédominent au nord et au centre; au sud du Tage, ce sont les syénites et les diorites qui sont les roches ignées les plus communes; les roches phorphyriques se rencontrent presque exclusivement au centre de la province d'Alemtejo (dans les districts de Campo-Maior et d'Évora); il y a des basaltes au nord de Lisbonne.

[2] Les roches schisteuses présiluriennes, siluriennes et dévoniennes occupent toute la partie du nord et du centre du pays que ne couvrent pas les roches ignées, ainsi que la plus grande partie des provinces méridionales. Les terrains secondaires constituent presque toute la zone comprise entre Aveiro et Lisbonne, la montagne d'Arrabida et le littoral de l'Algarve.

[3] Les dépôts tertiaires et les terrains d'alluvion couvrent une large surface au centre du pays; ils sont, du reste, disséminés un peu partout. On trouve un aperçu général sur la géologie du Portugal dans l'ouvrage de M. Gerardo A. Péry.

Gr. II. — Cl. 16.

major, dans l'intérêt des travaux publics, de l'industrie minérale et de l'agriculture, les indications contenues dans les cartes géologiques locales qui ont paru antérieurement[1]; mais, en raison des progrès considérables de la science et des détails que comporte l'échelle de $\frac{1}{80\,000}$, on a été obligé de vérifier et de compléter les travaux antérieurs, et même, sur beaucoup de points, de faire à nouveau l'exploration complète du terrain[2].

Après la mort d'Élie de Beaumont, l'organisation primitive du Service de la carte géologique a été modifiée (21 janvier 1875) dans le but de donner à cette carte une direction telle, qu'elle fût une œuvre autant que possible indépendante de tout système et qu'elle pût être accueillie sans discussion et sans réserve par le public. Ce service, qui compte aujourd'hui 29 membres sous la direction de M. Jacquot, ingénieur en chef des mines, a une dotation annuelle de 80 000 fr. Le tirage de la carte se fait à 500 exemplaires, et l'impression est en couleurs, ce qui, d'une part, permet de vendre les feuilles à un prix modéré, mais ce qui, d'autre part, ne permet pas de leur apporter, au fur et à mesure des nouvelles études, les modifications nécessaires. On compte que la publication sera terminée en 1893; il paraît en moyenne 14 feuilles par an.

Des 70 feuilles exposées en 1878, 31 sont en vente[3]; les autres sont en voie de publication. Nous devons entrer au sujet de cette remarquable exposition dans quelques détails dont nous empruntons naturellement la plus grande part à l'intéressant rapport fait à cette occasion par les ingénieurs des mines.

Les régions de la France les plus diverses au point de vue géologique se trouvaient presque toutes représentées dans le pavillon du Ministère des travaux publics[4]. 39 feuilles montraient le bassin tertiaire de Paris, et 11, une partie importante de celui de

(1) On a commencé à dresser en France des cartes géologiques départementales dès 1835.

(2) On sait que MM. Élie de Beaumont et Dufrénoy ont publié en 1841 une carte géologique de la France à petite échelle, il est vrai, mais cependant très suffisante pour l'époque et qui, jusque dans ces dernières années, a servi de base aux travaux de nos géologues.

(3) De ces 31 feuilles, 19 appartiennent au service réorganisé.

(4) Il ne manquait que les Pyrénées, le Jura et la Bretagne.

l'Aquitaine[1]; avec les feuilles d'Orléans, de Gien et de Bourges, on pénétrait au centre de notre pays; celles du Mans et d'une partie du Maine conduisaient dans la région de l'ouest; avec la feuille de Nancy on avait un aperçu des contrées industrielles de l'est; les feuilles de Maubeuge, de Rocroi et de Givet donnaient le détail des terrains paléozoïques de l'Ardenne; les feuilles du Morvan et du Gévaudan nous introduisaient dans des contrées de roches cristallines d'une structure très compliquée, et celles du Plomb du Cantal et du mont Dore au milieu des principaux massifs volcaniques de l'Auvergne; la feuille de Chalon-sur-Saône mettait en évidence les nombreux accidents dont sont affectés les terrains stratifiés qui entourent le plateau central; les feuilles de Grenoble, de Saint-Jean-de-Maurienne, de Vizille et de Briançon permettaient d'étudier la constitution géologique d'une partie des Alpes, du Dauphiné et de la Savoie; enfin les feuilles d'Antibes et d'une partie des Alpes-Maritimes menaient dans le sud-est jusqu'à la frontière italienne.

Le grand panneau formé par la réunion de 39 feuilles embrassait la Flandre, l'Artois, la Picardie[2], la Champagne, l'Île de France, la Brie, la Beauce, le Gâtinais, la haute Normandie[3], le Perche et quelques parties du Maine et de la basse Normandie[4], c'est-à-dire environ la sixième partie de la surface totale de la France:

[1] La structure si originale de ce bassin était mise à jour au moyen d'une coupe détaillée.

[2] On a aussi une remarquable carte du département de la Somme par M. de Mercey, qui y a consacré quinze ans de sa vie; les plus petits détails de la structure géologique de cette région y sont soigneusement consignés, et par son extrême précision, elle est aussi utile pour l'industrie que pour l'agriculture. M. Debray, en remuant les tourbières du littoral de la Flandre et de la Somme, a pu préciser la date de la formation de la couche supérieure, qui ne remonte pas au delà de l'époque de la domination romaine.

[3] On doit aussi citer les travaux de M. Lennier sur l'*Embouchure de la Seine*, sur les *Dépôts littoraux récents de la Manche* et sur la *Constitution géologique de la Normandie et de l'embouchure de la Somme*, et celui de M. Deslonchamps sur le *Jura normand*.

[4] On a encore sur cette région deux cartes géologiques de la Manche par M. A. de Caumont, l'*Essai sur la topographie géognostique de l'Orne* du même auteur, et les études de M. Morière sur l'étage liasique de l'Orne et de M. Tromelin sur les terrains paléozoïques de la basse Normandie.

Gr. II. — Cl. 16.

il donnait l'ensemble du bassin tertiaire parisien avec une partie de la ceinture jurassique et crétacée qui l'entoure, ainsi que la portion française du bassin tertiaire anglo-flamand et les extrémités des massifs paléozoïques de l'Ardenne et du Bocage normand. On avait déjà vu la plupart de ces feuilles à l'Exposition de 1867; en effet, M. Élie de Beaumont avait, à cette époque, cherché à montrer dans une carte d'ensemble à $\frac{1}{80\,000}$ les traits principaux de la géologie du nord de la France; mais la précision de cet essai n'était pas suffisante pour une carte à une échelle aussi grande, et l'on a dû depuis procéder à une revision complète. Les nouvelles études qu'on doit à MM. Fuchs, Potier, de Lapparent, Nivoit, Douvillé, Clérault, Lodin, Gosselet, Barrois, de Cossigny, Guillier et Guyardet ont amené à introduire deux nouvelles subdivisions dans le terrain tertiaire du bassin parisien: les sables à éléments granitiques, qui sont postérieurs au dernier terrain lacustre de ce bassin, et les marnes de l'Orléanais, qui forment la partie supérieure du calcaire de Beauce avec lequel on les confondait. Vers l'est, on a suivi pas à pas chacune des assises afin d'en connaître les limites exactes, et l'on est ainsi arrivé à déterminer l'importance, le sens et l'époque des oscillations du sol qui ont fait à diverses reprises émerger et disparaître, sous des eaux lacustres ou marines, le bassin parisien. Vers le nord, on a exploré avec soin les lambeaux éocènes qui recouvrent çà et là la craie et qui fournissent les seuls termes certains de comparaison entre les bassins parisien et belge. Dans la vaste région qui comprend la Normandie, la Picardie et l'Artois, on a dû, pour pouvoir représenter les nombreuses inflexions de la craie supérieure, la subdiviser en craie à bélemnitelles, craie à micraster et craie marneuse, et l'on y a indiqué, au moyen de lignes de niveau, la surface de séparation dans le sous-sol du gault et de la craie de Rouen.

Dans les trois feuilles de Maubeuge, de Rocroi et de Givet, qui sont à la grande échelle de $\frac{1}{40\,000}$, M. Gosselet a résumé une partie de ses longues et consciencieuses études sur les terrains du nord et du nord-ouest de la France[1]. On sait que ce savant géologue

[1] Nous avons déjà parlé plus haut des importantes études de M. Gosselet sur l'Ardenne belge.

a débrouillé l'histoire si compliquée du sol de l'Ardenne, qui aujourd'hui est devenue la région type pour l'étude des terrains paléozoïques (dévonien et carbonifère); ses travaux ont en outre donné des indications utiles à l'industrie qui marchait un peu au hasard dans la recherche de la houille. Il a démontré en effet que le terrain carbonifère du Boulonnais était le prolongement de la bande carbonifère que l'on suit depuis Liège jusqu'à Tournay, et il a fixé d'une manière plus exacte les limites du grand bassin du nord qui s'étend plus au sud qu'on ne le croyait.

La feuille de Nancy, qui est due à M. Douvillé, donne la coupe complète du terrain jurassique dans l'est de la France; le terrain crétacé n'y est représenté que par des sables ferrugineux qui remplissent des poches irrégulières creusées dans les calcaires portlandiens.

Les trois feuilles d'Orléans, de Gien et de Bourges, qui ont été aussi établies par M. Douvillé, comprennent au nord le Gâtinais, au centre la plus grande partie de la Sologne et empiètent au sud sur le Berry. La disposition des dépôts quaternaires semble indiquer qu'il a existé anciennement une communication entre le haut bassin de la Loire et le bassin de la Seine. Les autres groupes qui ont été distingués sur ces cartes sont les groupes tertiaire, crétacé et jurassique; il ressort de l'examen de ces cartes que les minerais de fer du Berry sont synchroniques avec le gypse des environs de Paris.

La carte géologique du département de la Sarthe, à laquelle M. Triger a travaillé pendant toute sa vie, est en voie de publication sous la direction de M. Guillier; elle comprendra quinze feuilles à $\frac{1}{40\,000}$, dont les quatre du centre et du sud-est étaient exposées, et une carte d'assemblage à l'échelle de $\frac{1}{125\,000}$. Presque tous les étages géologiques sont représentés dans ce département, et quelques-uns y ont des caractères si nets qu'on peut les considérer comme types; mais ce sont les terrains tertiaires et le terrain crétacé qui prédominent. Une ligne d'accidents très intéressants, qui est dirigée du nord-est au sud-ouest, met à jour différents étages du terrain jurassique. Le Service de la carte géologique exposait en outre la feuille du Mans à $\frac{1}{80\,000}$, qui est due au même auteur et qui comprend le sud-est du département de la Sarthe, une partie de celui du Loir-et-Cher et une faible portion de celui de l'Indre-et-Loire; elle montre le vaste plateau recouvert d'argiles à silex qui s'étend sur la plus grande partie de cette région et où le Loir et ses affluents ont mis à jour différentes assises crétacées.

Le panneau[1] qui représentait une grande partie de l'Aquitaine mettait bien en évidence la constitution géologique de la plaine tertiaire qui s'étend au pied des Pyrénées. Les couches crétacées et nummulitiques y forment une série de grandes rides parallèles à l'axe de la chaîne des Pyrénées, dans les intervalles desquelles s'est déposé le terrain miocène dont les formations lacustres dominent dans le nord et vers l'est et dont les formations marines, qui s'avancent en général en pointe au milieu des précédentes, sont au contraire plus nombreuses du côté de l'ouest: le sable quartzeux des Landes est l'assise tertiaire la plus récente de la région du sud-ouest : il appartient à l'étage pliocène puisqu'on le trouve indifféremment superposé aux diverses assises miocènes. Un autre panneau, qui contenait des fragments des feuilles de Montauban et de Cahors, montrait la constitution géologique de la partie orientale du département de Tarn-et-Garonne dont l'étude est due à MM. P. et J. Doumerc et à M. A. Péron. On y voyait : les alluvions récentes qui se sont déposées dans les vallées, les terrains quaternaires[2] qui s'étalent sur toute la surface de la région tertiaire au sud de l'Aveyron et qui, suivant les localités, diffèrent par la grosseur de leurs cailloux dont le volume diminue à mesure que l'altitude augmente, les terrains tertiaires[3] qui appartiennent à l'étage éocène supérieur ou au miocène inférieur, et, dans les parties les plus élevées du pays, le terrain jurassique

(1) Ce panneau comprend 11 feuilles : Bordeaux, la Teste-de-Buch, Sore, Grignols, Agen, Mont-de-Marsan, Montréal, Lectoure, Montauban, Castelnau et Auch, qui sont dues à MM. Jacquot, Linder et Doumerc. M. V. Raulin a publié en 1876 une carte géologique de la Gironde à $\frac{1}{180\,000}$.

(2) Ce sont des limons argilo-sableux qui sont superposés à une couche de cailloux roulés.

(3) Ce sont des brèches ou poudingues composés d'éléments empruntés aux falaises jurassiques, des argiles contenant du fer pisolithique, des phosphorites et des calcaires marneux bariolés.

qu'accidentent deux failles accompagnées de nombreux plissements[1] et qui repose sur le terrain triasique[2 et 3].

Le Service de la carte géologique de la France n'avait exposé aucune carte ayant trait aux Pyrénées, mais quelques œuvres particulières d'une valeur réelle comblaient en partie cette lacune. Une carte des Pyrénées centrales à $\frac{1}{80\,000}$ résumait les études que M. Leymerie a poursuivies pendant si longtemps avec une louable persévérance au milieu de ces montagnes sur les terrains primordiaux (granit et granito-gneiss), de transition (schistes azoïques, silurien supérieur, dévonien auquel il a ajouté deux étages), secondaires (qui, commençant par le grès rouge triasique, comprennent une longue série de calcaires liasiques ou crétacés inférieurs et qui, dans les *Petites Pyrénées*, s'étendent jusqu'aux étages supérieurs : craie turonienne, craie sénonienne, assise située entre la craie de Maestricht et le terrain nummulitique que l'auteur considère comme un étage distinct et à laquelle il a donné le nom d'étage garumnien, mais que tous les géologues n'admettent pas) et nummulitique.

Tout en étudiant le tracé d'un chemin de fer à travers les Pyrénées centrales, les ingénieurs de l'État se sont occupés des formations géologiques, dont ils ont constaté la symétrie sur les deux versants de la chaîne. M. Guillier en a tracé le profil en long, à l'échelle de $\frac{1}{250\,000}$.

La carte géologique et minéralogique de l'Ariège à $\frac{1}{80\,000}$ par

(1) Ce terrain, qui se redresse fortement vers la ligne de faîte, est représenté par les étages oolithique moyen et supérieur (formés de couches de calcaires plus ou moins cristallins et sublithographiques), bathonien (constitué par des calcaires dolomitiques caverneux auxquels sont dus les escarpements les plus pittoresques du pays), bajocien, toarcien, liasien ou du lias moyen, sinemurien ou du lias inférieur et de l'infralias (comprenant des calcaires dolomitiques marneux que distinguent leurs fossiles).

(2) Ce terrain triasique est constitué par des psammites rouges, des marnes, des bancs de calcaire dolomitique, des grès blancs à pâte fine et des grès grossiers siliceux.

(3) Nous devons encore citer, comme documents intéressant la même région, la carte à $\frac{1}{160\,000}$ du département de la Corrèze par M. de Boucheporn (1875), qui est une réduction de celle en 4 feuilles (1848), la carte agro-géologique et hydrologique de Tarn-et-Garonne par M. Rey Lescure qui s'est surtout appliqué à l'étude des terrains du lias et du terrain pisolithique de la vallée de la Vère et celle où le même auteur a indiqué tous les gisements de phosphate de chaux du Quercy.

Gr. II. — Cl. 16.

MM. François et Mussy donne aussi quelques renseignements intéressants sur cette même région ainsi que celle à $\frac{1}{100\,000}$ publiée tout récemment sur les Pyrénées orientales par M. Noguès.

Pour le département de l'Hérault, on a quelques feuilles de la remarquable carte à $\frac{1}{10\,000}$ entreprise par M. Paul Rouville et de la carte réduite de la précédente à $\frac{1}{80\,000}$ (arrondissements de Béziers, de Saint-Pons, de Lodève et de Montpellier).

La carte du Gard à $\frac{1}{86\,400}$ par Émilien Dumas[1], qui embrasse une étendue de plus de 700 lieues carrées, donne des notions complètes sur la géologie de ce département où elle est le guide de l'industrie houillère et métallurgique. La région montagneuse ou occidentale est remarquable par le massif de granit porphyroïde qui a soulevé à une hauteur de plus de 1 100 mètres les couches très épaisses de schistes siluriens métamorphiques; ces schistes, que pénètrent de nombreux filons métallifères et qui renferment des bancs considérables de calcaire dolomitique, sont directement recouverts par le terrain houiller dont les affleurements, dans le Gard, occupent une superficie de 85 kilomètres carrés et qui présente sur toute cette surface une couche de combustible exploitable épaisse de 10 mètres environ. E. Dumas a révélé en outre l'existence d'autres couches carbonifères sous les terrains jurassiques; plusieurs sondages entrepris dans ces derniers temps semblent confirmer les prévisions de ce géologue qui évalue la richesse houillère du Gard à 3 000 millions de tonnes. Les gisements de minerais de fer, de galène argentifère et de gypse, qui sont tous indiqués avec soin sur la carte géologique d'E. Dumas, se rencontrent dans le terrain triasique qui recouvre presque constamment le terrain houiller. Au trias succèdent l'infralias, le lias qui renferme de la pyrite, du minerai de fer, de la blende et de la galène argentifère, les marnes supraliasiques avec une couche de minerai de fer oolithique qui est exploitée, l'oolithe inférieure, l'oxfordien dont les marnes de la partie inférieure contiennent une couche de minerai de fer oxydé anhydre et le corallien. La région moyenne est formée de

(1) Cette carte comprend 5 feuilles, qui ont paru successivement en 1844, 1846, 1850, 1872 et 1874.

terrains crétacés dont les dépressions ont été comblées par des dépôts tertiaires. L'étude attentive des divers étages de ce terrain, dont on trouve la série complète et bien développée dans l'arrondissement d'Uzès, a permis à E. Dumas d'établir dans le terrain crétacé moyen, ou du grès vert, des divisions naturelles qui sont nouvelles pour la science : ces terrains renferment des lignites et des argiles réfractaires. Dans la région basse ou maritime, ce sont les formations plus récentes qui prédominent; on y trouve la molasse coquillière qui fournit une excellente pierre de taille, le terrain subapennin qui recouvre en grande partie le diluvium de la Crau et enfin les alluvions du Vidourle, du Vistre et du Rhône qui composent la partie la plus méridionale du département et que borde la Méditerranée.

Revenons maintenant à l'exposition du Service géologique de France. Une carte à $\frac{1}{20\,000}$ montrait la constitution du Gévaudan (Lozère), cette région montagneuse et sauvage qui s'élève au milieu du plateau central. L'absence de limon quaternaire et souvent même de terre végétale a permis d'apporter une grande précision dans le tracé des contours. Six massifs cristallins, alternativement granitiques et schisteux, entourent presque de toutes parts les plateaux calcaires jurassiques, ou région des causses comme on les nomme, qui, élevés de 1 100 mètres au nord-est de Mende, s'abaissent lentement vers le département de l'Aveyron, où leur altitude n'est plus que 900 mètres, et qui, bordés par des escarpements verticaux et ruiniformes de dolomie, sont traversés par la gorge étroite et profonde de 600 mètres au fond de laquelle coule le Tarn; ils sont séparés des montagnes cristallines par une bande de terrain liasique qui constitue les régions mamelonnées et fertiles de Marvejols, de Mende et de Florac. La série jurassique, qui a près de 1 000 mètres d'épaisseur dans la partie centrale du bassin, est absolument concordante depuis les arkoses infraliasiques de la base jusqu'aux dolomies supraoxfordiennes qui couronnent les causses. Aussi, cette épaisseur considérable de ces terrains sédimentaires, jointe à l'extrême variété de leur composition lithologique, a-t-elle conduit l'auteur, M. G. Fabre, qui a étudié cette région de

Gr. II. — Cl. 16.

1866 à 1877, à y distinguer 38 sous-étages. L'intérêt géologique que présentent ces terrains s'accroît quand on étudie les dislocations qu'ils ont éprouvées; la carte porte le tracé de 42 failles d'une longueur variable de 1 à 55 kilomètres, dont le réseau se groupe suivant quatre directions différentes : nord-nord-ouest (système du mont Viso), nord-nord-est (système des Alpes occidentales), nord-est (système de la Côte-d'Or) et est-ouest (système des Pyrénées); c'est ce quatrième groupe qui joue le rôle prépondérant. Les mouvements qui ont si profondément affecté le sol du Gévaudan ont aussi produit dans les schistes des fractures multiples et étendues dont une partie est minéralisée; les filons les plus puissants sont ceux d'alquifoux à gangue quartzo-barytique, qui sont orientés 116° [1].

M. Fouqué a étudié récemment le massif du Cantal où prédominent les roches éruptives; la carte qu'il en a dressée à l'échelle de $\frac{1}{40\,000}$ montre que la partie volcanique centrale de ce département repose soit directement sur des gneiss et des micaschistes, soit, surtout dans sa partie sud, sur des assises plus ou moins épaisses de terrains tertiaires stratifiés, représentés par des conglomérats et des argiles éocènes que recouvrent des marnes et des calcaires miocènes fossilifères; le terrain pliocène y est peu étendu. Il n'y a point de trachyte proprement dit [2].

La carte du mont Dore, à $\frac{1}{40\,000}$, montre au contraire que les tufs et conglomérats trachytiques forment la plus grande partie des terrains volcaniques de ce massif et qu'ils reposent sur le

[1] La carte de M. Fabre qui est tout à la fois géologique, minéralogique et agronomique a mis à la portée de tout le monde des renseignements exacts dont les agriculteurs pourront profiter pour améliorer leurs terres et opérer le reboisement; elle est en effet accompagnée d'une légende très étendue en trois colonnes contiguës qui indique, l'une, les terrains et leurs principaux fossiles, la seconde, les minéraux utiles, la troisième, la nature de la terre végétale, la culture, les amendements convenables, etc. M. Boisse a publié, en 1875, la carte géologique à $\frac{1}{500\,000}$ de l'Aveyron qui est la réduction de sa carte publiée en 1858, ainsi que la carte détaillée du bassin secondaire qui s'étend au nord de Rodez et qui recouvre le terrain houiller dont on trouve les affleurements dans l'ouest, autour d'Aubin et de Decazeville, et dans l'est, à Lassouts, à Laissac, etc.

[2] La carte du Cantal, par M. Ramès, fournit aussi des notions intéressantes sur cette région.

granit. Il ressort des études faites par M. Amiot que, dans le centre de la France, les trachytes, les basaltes et les laves ne caractérisent pas, comme on le pensait, trois séries d'éruptions distinctes, mais que ces diverses roches ont été alternativement produites depuis les éruptions les plus anciennes de la contrée jusqu'aux plus récentes et qu'elles se sont fait jour non par un seul cratère, mais par un certain nombre de fissures et d'orifices disséminés çà et là [1].

La feuille d'Antibes, qui est due à M. Potier, nous conduit dans le sud-est; elle comprend toute la région montagneuse de l'Estérel, où l'on rencontre une grande variété de roches éruptives au milieu de nombreux terrains sédimentaires. Tandis qu'en effet les hauts plateaux calcaires du nord-ouest se rattachent aux Alpes et qu'au sud-ouest le massif cristallin des Maures se perd dans la mer, à l'est les terrains tertiaires les plus récents se présentent avec les caractères qu'ils possèdent dans le comté de Nice et dans les collines subapennines. Au-dessus de schistes à séricites, qui sont la formation la plus ancienne de toute la région, s'étend en certaines parties le terrain houiller que coupe une faille du nord au sud; le terrain permien, qui est intimement lié aux porphyres dont les débris joints à ceux des gneiss le constituent presque entièrement, comprend deux séries qu'une masse de schistes rouges placée au milieu de ces assises arénacées permet de distinguer : l'une, inférieure, qui est composée de conglomérats et de brèches, l'autre, supérieure, où il n'existe que des poudingues; on y trouve aussi les trois étages du trias, la grande oolithe qui débute par des argiles noires avec bois fossiles, pyrites et gypses, et l'étage corallien; le terrain tertiaire est représenté par les étages éocène et pliocène, et le terrain quaternaire se décompose en deux assises. Les principales roches éruptives sont : le gneiss, qui forme plusieurs massifs; le porphyre rouge quartzifère, qui perce tous les terrains; la pyroméride, qui est postérieure aux schistes rouges et aux porphyres; la mélaphyre, le porphyre bleu et enfin l'andésite qui a traversé le terrain nummulitique.

[1] Nous devons rappeler ici qu'on doit à M. Lecoq des travaux importants sur la géologie de l'Auvergne.

Gr. II. — Cl. 16.

La carte à $\frac{1}{50000}$ de la partie orientale des Alpes-Maritimes située à l'est du Var et de la Vésubie est due à M. Cameré; c'est une étude intéressante d'un pays très tourmenté. Les terrains quaternaires y comprennent, outre les alluvions récentes, des brèches plus ou moins compactes qui remplissent certaines fissures des roches jurassiques; les terrains tertiaires s'y divisent en deux groupes bien distincts qu'on n'a nulle part ailleurs en France rencontrés en rapport immédiat, l'un appartenant au pliocène, l'autre correspondant à l'éocène moyen supérieur et au calcaire grossier parisien; les terrains secondaires qu'on y trouve se rapportent aux époques crétacée[1] et jurassique[2]; comme terrains primaires, on a le permien; comme roches éruptives, des trachytes; comme terrains cristallins, des gneiss et des micaschistes. Parmi les matières minérales, nous signalerons quelques lignites (probablement crétacés), quelques filons de cuivre natif et carbonaté (permiens), de l'orpiment (crétacé), enfin du gypse dont les gisements, toujours situés sur les lignes de dislocation des terrains[3], sont très importants et qui semble avoir été formé sur place par des éruptions d'eau minérale et de gaz au détriment des roches disloquées[4].

Nous sommes conduits par les cartes suivantes dans le massif si complexe des Alpes. Grâce aux géologues suisses et français qui explorent ces montagnes avec un zèle infatigable, à M. Favre pour le massif du mont Blanc, à M. Lory pour le Dauphiné, à MM. Chamousset, Pillet et Vallet pour la Savoie, on peut espérer avoir bientôt une orographie des Alpes aussi claire et aussi simple que celle du Jura, la chaîne la mieux connue de l'Europe.

Les dislocations qui ont donné leur aspect actuel aux Alpes occi-

(1) Les assises supérieures correspondent à la craie blanche et à la craie marneuse, les assises moyennes à la craie de Rouen et les assises inférieures au gault et au néocomien.

(2) Certaines couches appartiennent au corallien et les autres à l'oxfordien.

(3) Cette portion du département des Alpes-Maritimes présente, en effet, de nombreuses lignes de dislocation et de failles où l'on peut reconnaître un certain nombre de directions bien accusées.

(4) On possède sur la même région l'excellente carte géologique du Var par M. Dieulafait. Le même savant s'occupe de dresser celle des Basses-Alpes.

dentales appartiennent à deux époques géologiques bien caractérisées. M. Lory a reconnu que les plus récentes, qui sont postérieures au dépôt des assises de molasse marine et antérieures aux dépôts pliocènes[1], comme les plus anciennes, qui ont eu lieu après le dépôt du grès houiller et avant le dépôt du trias[2], se sont effectuées suivant les mêmes directions, et il a constaté au contraire, ce qui est un fait assez étrange, que des chaînes qui semblent être les produits partiels et simultanés d'un même ensemble de dislocations ont des directions très différentes. M. Lory a aussi appelé l'attention sur les nombreuses sinuosités que décrit la ligne de partage des eaux entre le versant italien et le versant français et helvétique et qui contrastent avec la courbure régulière de l'ensemble de la chaîne et la direction si nettement accusée de ses arêtes les plus saillantes; il attribue cette disposition anormale à l'étendue inégale et très variable des déchirures transversales, qui ne sont pas dues à un simple effet d'érosion, mais qui sont des cassures vives et nettes, produites par l'action des forces intérieures du globe sous l'influence de tensions locales exceptionnelles et subséquemment plus ou moins élargies par les eaux.

Dans les feuilles de Grenoble, de Vizille, de Saint-Jean-de-Maurienne et de Briançon, qui étaient exposées au nom de M. Lory par le Ministère des travaux publics, on trouve un spécimen à peu près complet de la constitution géologique des Alpes françaises; on y voit se dessiner nettement trois régions naturelles distinctes : 1° celle, très uniforme, des plaines et des plateaux du Dauphiné, qui est surtout constituée par les assises moyennes et supérieures de la molasse marine, à la partie supérieure desquelles alternent des dépôts variés d'eau douce; 2° celle des chaînes subalpines, qui est principalement formée par les étages inférieurs du terrain crétacé[3], dont l'ensemble présente une épaisseur de 1 000 à 1 200 mètres[4] et qui recouvrent des terrains juras-

(1) Comme dans le massif du mont Rose.

(2) Comme dans le massif du mont Blanc.

(3) Étages urgonien (qui constitue les traits orographiques les plus saillants de la chaîne), néocomien, valanginien, infra-néocomien.

(4) Le reste de la série est moins développé.

Gr. II. — Cl. 16.

siques [1] : les failles et les plissements qui ont façonné ces chaînes subalpines datent de l'époque du dépôt de la molasse marine : 3° celle des chaînes alpines, à laquelle appartiennent des parties des feuilles de Grenoble et de Vizille et les feuilles entières de Saint-Jean-de-Maurienne et de Briançon, et qui se distingue de la précédente par l'absence complète de la molasse et de terrains crétacés, par le grand développement du lias et du trias et par l'existence du grès houiller et de terrains cristallins azoïques qui y forment des massifs considérables [2].

La découverte dans le centre des Alpes de terrains houillers, triasiques et nummulitiques avait rendu nécessaire la revision de l'ancienne carte géologique de la Savoie, établie par le commandant Sismonda et publiée avec la carte de France d'Élie de Beaumont et Dufrénoy. MM. Lory, Pillet et Vallet en ont dressé une nouvelle à $\frac{1}{150000}$ (1869), qui complète celles à la même échelle du Dauphiné [3] par M. Lory et de la Haute-Savoie par M. A. Favre. Ces géologues ont nettement tracé les limites du grès à anthracite de la Maurienne et de la Tarentaise ; ils ont rapporté au trias des terrains considérés à tort comme jurassiques ; ils ont reconnu sur un grand nombre de points l'existence de terrains infraliasiques et nummulitiques et ils ont distingué les groupes jurassiques inférieur et supérieur, ainsi que les différentes assises crétacées et tertiaires.

La feuille de Chalon-sur-Saône, qui est due à MM. Delafond et Michel Lévy, nous ramène vers le centre de la France ; elle

(1) Ces terrains jurassiques ont des caractères particuliers ; dans les chaînons les plus occidentaux du massif de la Chartreuse, on trouve quelques traces des terrains jurassiques supérieurs, mais partout ailleurs l'assise la plus élevée consiste en une grande masse de calcaires compacts, d'un brun noir, dits *de la Porte de France*, qui équivalent synchroniquement à une partie de l'étage corallien. Entre ces calcaires et l'assise valanginienne sur laquelle s'appuie l'étage néocomien proprement dit, il existe une zone de calcaires que leurs fossiles distinguent de la masse inférieure et dont la classification est très discutée. En-dessous des calcaires de la Porte de France, on trouve les calcaires argileux et les marnes de l'étage oxfordien et une assise de schistes noirs qui représente le sous-étage kellovien.

(2) Cette région est divisée longitudinalement en quatre zones, de largeur et d'importance inégales, que délimitent des failles avec lesquelles la distribution et les variations des divers terrains sont en rapport intime.

(3) Isère, Drôme et Hautes-Alpes.

présente à l'est une vaste plaine et à l'ouest de hautes collines jurassiques qui sont disloquées par de nombreuses failles et qui sont adossées à un massif de roches éruptives encaissant dans leurs plis et dans leurs fissures des lambeaux de terrain houiller supérieur et de terrain permien [1].

La feuille du Morvan, à $\frac{1}{44\,000}$, clôt la longue et remarquable série des cartes géologiques détaillées faites ou préparées en France depuis dix ans et qu'il nous a été donné de voir à l'Exposition; elle est due à MM. Michel Lévy, Vélain et Delafond. Le Morvan est principalement formé de roches éruptives et de lambeaux disloqués de terrain carbonifère, qu'entoure une ceinture de terrains jurassiques et triasiques. On a déterminé avec soin leur âge respectif, ainsi que celui des couches inférieures du permien d'Autun, et l'on a délimité exactement les failles qui séparent les terrains anciens des terrains secondaires et les fractures qui intéressent le terrain permien.

S'il n'y avait dans la section française aucune carte du Jura, M. Jaccard avait exposé dans la section suisse celle à $\frac{1}{150\,000}$ de la partie centrale et de la partie septentrionale de cette chaîne, qui est en préparation et qui servira d'utile complément aux études de M. Alex. Vézian dont la publication a commencé en 1874.

La géologie de la Corse était encore incomplètement connue en 1877; jusqu'à cette époque toute récente, les cartes géologiques de cette île divisaient le sol en roches massives (granitiques et porphyriques) et en roches stratifiées, mais elles n'indiquaient pas l'âge réel des divers terrains sédimentaires. M. Hollande a déterminé l'ordre stratigraphique de ces terrains, où il a reconnu cinq horizons bien distincts; ses recherches sont résumées dans un mémoire accompagné d'une carte et de coupes. Tandis que la côte occidentale est principalement formée de porphyres et de granits, il a trouvé qu'il y avait parmi les dépôts sédimentaires, qu'on re-

[1] Pour le bassin du Rhône, nous avons encore les travaux de M. Dumortier sur les dépôts jurassiques de cette région dont il a déterminé avec méthode les étages et la faune, ceux de M. Fontannes sur les diverses assises tertiaires d'une coordination si difficile et dont on peut aujourd'hui, grâce à lui, établir sûrement la concordance avec celle des autres parties de l'Europe, et de M. Pommerol sur les terrains quaternaires et néolithiques de la Limagne qui ont une étendue et une importance considérables.

gardait jusqu'à ce jour comme exclusivement crétacés, des terrains primaires, notamment du carbonifère supérieur, qui, fait capital et nouveau, sont recouverts dans le nord-est par des calcaires infraliasiques sur lesquels s'élèvent des formations liasiques, nummulitiques et, en certaines places, miocènes.

M. Delesse, inspecteur général des mines, a résumé les nombreux travaux publiés sur le sol français sur cinq cartes paléogéographiques où sont tracées les limites des mers anciennes (mer silurienne, mer triasique, mer liasique, mer tertiaire, etc.) et qui montrent les formes successives qu'a eues la France aux diverses époques géologiques [1].

Il résulte de cet exposé, dont la longueur même a sa signification, que depuis dix ans les travaux géologiques ont été très nombreux dans notre pays; nous sommes aujourd'hui sous ce rapport au moins au niveau des autres nations, et, si l'on ajoute à la liste des cartes remarquables que nous venons d'analyser succinctement celles, parues avant 1867, de l'Oise par Graves, de la Haute-Marne par Roger et Barotte, de Corbières par d'Archiac, du Haut-Rhin par de Kœchlin-Schlumberger et Delbos, de la Seine par Delesse, des environs de Paris par E. Collomb et V. Raulin, etc., on verra que la constitution géologique du sol de la France commence à être assez bien connue.

Outre les travaux de géologie générale, les ingénieurs des mines de France ont fait des études qui ont un côté plus essentiellement pratique, et ils ont établi un certain nombre de cartes qui, tout en ayant une grande valeur scientifique, sont plus spécialement utiles à l'industrie minérale et à l'agriculture. Depuis 1834, en effet, l'Administration s'occupe de l'étude détaillée des bassins houillers au triple point de vue de leur structure, de leur richesse et de leur extension souterraine dans le but d'évaluer aussi exactement que possible les ressources présumées des diverses mines et d'éclairer la conduite des travaux d'exploitation. Ces recherches de topographie souterraine qui, depuis 1877, sont placées sous la même direction que le Service de la carte géologique, ont donné

[1] Ces cartes se trouvent dans l'ouvrage de M. Delesse intitulé : *Lithologie au fond des mers*.

lieu pendant les dix dernières années [1] à un certain nombre de publications qui ont apporté un nouveau contingent de connaissances sur les bassins houillers du Nord et du Pas-de-Calais, de la Loire, de Saint-Pierre-la-Cour (Mayenne), de Langeac (Haute-Loire), de Brassac et de Bourg-Lastic (Puy-de-Dôme), de Champagnac (Cantal) et de la haute Dordogne.

M. Henry a revu et complété la carte du bassin houiller de la Loire publiée en 1847 par M. Grüner; les feuilles exposées comprenaient tout le bassin de Rive-de-Gier, où sont figurées par des lignes de niveau équidistantes de 10 mètres l'allure de la grande couche et, dans les régions où celle-ci n'existe pas, l'allure des couches inférieures qui lui sont sensiblement parallèles.

MM. Amiot et Massin ont revisé la topographie souterraine du bassin houiller de Brassac. Ce bassin, qui s'étend sur 8 kilomètres du nord au sud, et dont la plus grande largeur est de 4 000 mètres, se prolonge probablement sous le terrain tertiaire de la plaine de Brioude; il est compliqué par une série de plissements et d'accidents, et les couches exploitées forment trois groupes. Le plan d'ensemble, qu'accompagnent des coupes, est à $\frac{1}{5\,000}$.

Le bassin houiller de Langeac, qui s'étend sur 8 kilomètres de longueur du nord au sud, avec une largeur maximum de 2 200 mètres, a été étudié par M. Amiot, qui en a établi la carte à $\frac{1}{4\,000}$. Au nord, il est caché soit par les alluvions modernes de la plaine de l'Allier, soit par des roches volcaniques, soit par des dépôts meubles qui s'étendent à la base des pentes du terrain cristallin; au nord-ouest et à l'ouest, il est encaissé dans le gneiss; au sud-ouest, il est adossé à des micaschistes alternant avec des bancs épais de leptynite.

La carte à $\frac{1}{4\,000}$ des bassins houillers de Champagnac, de Bourg-Lastic et de la haute Dordogne, qu'accompagne une feuille de coupes, est également due à M. Amiot; elle embrasse toute l'étendue de la bande de terrain houiller qui va de la vallée de la Cli-

[1] Les travaux publiés avant 1867 portaient sur les gîtes houillers du Bocage vendéen, de Graissessac dans l'Hérault, de Saône-et-Loire, de Brassac dans le Puy-de-Dôme et la Haute-Loire, de Decize dans la Nièvre, de Forges et de la Chapelle-sous-Dun, de Valenciennes dans le Nord, de la Loire et de la Creuse.

Gr. II. — Cl. 16.

dame aux plateaux situés au sud de Jaleyrac, sur une longueur de 42 kilomètres et sur une largeur maximum de 3 200 mètres. Il semble qu'autrefois ce terrain a été déposé sur une étendue plus considérable, car on en trouve des lambeaux sur une longueur de 170 kilomètres; des mouvements postérieurs ont dû plisser les couches et les relever soit sur les bords du bassin primitif, soit dans les régions qui en sont dépourvues aujourd'hui, et ce qui dépassait le niveau actuel des plateaux a disparu par simple dénudation.

Le bassin houiller de Saint-Pierre-la-Cour (Mayenne), qui a été autrefois le sujet d'études intéressantes de la part de M. Triger, a été exploré à nouveau par MM. Julien et Saminn qui en ont dressé un plan d'ensemble à $\frac{1}{10\,000}$ avec quatre coupes à $\frac{1}{4\,000}$. Il est assez peu étendu et se divise en deux parties, l'une située au nord du bourg qui jusqu'à présent a donné lieu à peu de travaux, mais qui semble appelée à devenir le centre des exploitations dans un temps assez proche, et l'autre située au sud qui est sur le point d'être épuisée; la carte permet de se rendre facilement compte de l'allure générale des couches qui ont été reconnues dans le bassin du sud et qui appartiennent à l'étage supérieur de la formation houillère : elles fournissent une houille maigre et assez impure [1].

Mais la carte topographique souterraine la plus importante est celle à $\frac{1}{80\,000}$ des terrains carbonifères des départements du Nord et du Pas-de-Calais, qui embrasse l'ensemble du bassin houiller du nord de la France dans son état actuel; elle porte l'indication exacte des limites des concessions, des fosses, des voies de communication, des principales failles, et la coupe des couches de houille par un plan horizontal passant à 200 mètres au-dessous du niveau de la mer, ce qui correspond à la profondeur moyenne des exploitations actuelles. Une autre carte semblable en cours d'exécution donne la surface du terrain houiller, tel qu'il se présenterait si le manteau de terrains crétacés qui le recouvre était enlevé. Un plan de détail à $\frac{1}{10\,000}$ montre les lignes d'affleurement des couches de

[1] On a aussi sur la même région la carte d'ensemble depuis Saint-Germain-sur-Ille (Ille-et-Vilaine) jusqu'à Saint-Pierre-la-Cour par M. Delage, avec des cartes détaillées du bassin dévonien d'Izé, des environs de Vitré et du bassin de l'Islet.

houille à la base des terrains crétacés [1] et donne en outre une représentation de la surface très complète [2]; on a aussi figuré pour chaque fosse une coupe à cette même échelle. C'est M. Olry qui a fait ce travail pour le département du Nord; néanmoins, aucun fait important n'a été découvert dans ce bassin depuis la publication faite par M. Dormoy en 1867 sur la topographie du bassin houiller de Valenciennes.

Quant au bassin du Pas-de-Calais, qui est le prolongement du précédent, on savait déjà, il y a dix ans, qu'il renfermait aussi un nombre assez considérable de couches minces de 50 centimètres à 1m50, ayant une direction générale ouest-nord-ouest et pendant vers le sud; on savait également qu'il était encaissé au nord par des calcaires carbonifères, tandis qu'au sud apparaissaient principalement des schistes et des grès dévoniens, mais à cette époque on admettait que le bassin était limité, comme surface horizontale apte à être exploitée, à celle de son affleurement au tourtia et l'on ignorait comment les roches encaissantes se comportaient par rapport au terrain houiller. L'avancement des exploitations souterraines a montré dans ces dix dernières années que, si au nord le terrain repose en place sur les calcaires, de sorte que dans cette région le bassin est bien limité par son affleurement au tourtia, il existe au sud un renversement des couches et, en même temps, une grande faille qui après le renversement a produit un abaissement au sud des terrains renversés, de sorte que le bassin n'est pas dans cette autre région limité par son affleurement au tourtia, quoique les exploitations au sud de cette faille soient plus tourmentées. L'accident géologique le plus important au point de vue de l'extension possible de ses couches au midi est la faille très peu inclinée au sud qui a ramené, en les abaissant, les terrains anciens vers le bassin.

M. Canelle a dressé une carte minéralogique du même bassin à $\frac{1}{60\,000}$ où il a résumé toutes les connaissances que l'on a sur les mines de houille du nord; il y a tracé les limites des concessions,

(1) Tourtia ou poudingue cimenté par des marnes.

(2) On y a indiqué les voies de communication, les fosses, les cités ouvrières, les limites des concessions, les sondages divers exécutés pour l'étude du bassin, etc.

Gr. II. — Cl. 16.

l'emplacement des centres d'exploitation et la position des anciennes et des nouvelles fosses [1]; il a aussi indiqué les dates des décrets de concession ainsi que celles des travaux de recherches, les noms des compagnies qui les ont accomplis et les résultats obtenus. Cette carte donne en outre la nomenclature des diverses veines, leur composition, la nature de leurs produits et leur analyse chimique; les divers faisceaux sont teintés de couleurs différentes, afin qu'on puisse reconnaître et suivre d'un bout à l'autre du bassin les charbons de même nature. Au moyen de tous ces renseignements d'une utilité pratique réelle, les industriels peuvent aisément faire choix des charbons qui leur conviennent et voir quelles sont les mines qui les fournissent.

Il y a cinquante ans, Dufrénoy et Élie de Beaumont ont émis l'idée que le terrain houiller de Sarrebrück pourrait bien être lié à ceux de la Moselle et du Calvados (à Littry) par une série d'autres bassins houillers cachés au-dessous des terrains secondaires plus modernes; M. Rolland-Banès a repris cette idée. Rechercher un gisement de houille dans des localités très éloignées des points où affleurent les formations carbonifères, c'est en quelque sorte se lancer dans la recherche de l'inconnu; mais, après une étude attentive de la distribution en Europe des principaux bassins carbonifères [2] et de leurs relations avec les terrains jurassiques qui les recouvrent presque tous, M. Rolland-Banès croit pouvoir conclure que les couches houillères se prolongent au-dessous des terrains supérieurs et qu'il en reste autant à découvrir en France qu'on en connaît déjà. La protubérance du pays de Bray (Seine-Inférieure), d'une part, et la dénudation du terrain jurassique qui y a eu lieu lui font penser que la formation carbonifère doit s'y trouver plus rapprochée de la surface d'environ 200 mètres que dans les pays voisins, et il admet comme possible l'existence de couches exploitables au-dessous des formations secondaires de ce département; toutefois, pour atteindre les terrains paléozoïques.

(1) Cette carte contient l'indication de 354 fosses, dont une centaine en exploitation, et de 608 sondages.

(2) Ces gisements sont compris dans l'immense triangle sphérique ayant pour sommets le nord de l'Écosse et les villes de Cracovie et de Marseille.

il faudrait encore, d'après l'auteur, pousser les sondages au moins jusqu'à une profondeur de 800 mètres.

M. Rolland-Banès a dressé, pour qu'on puisse le suivre dans ses déductions, peut-être un peu hardies, deux cartes, l'une qui indique les relations des terrains houillers de l'Europe avec les terrains jurassiques, l'autre qui montre les deux groupes principaux de gisements carbonifères français que sépare le plateau central et dont les directions sont opposées; il y a joint des coupes destinées à donner un aperçu d'ensemble jusqu'à une profondeur de 2 000 mètres des principales masses minérales et principalement des ondulations que présentent les terrains jurassique, liasique et triasique dans le département de la Seine-Inférieure et dans divers bassins houillers de France et de leur puissance présumée, afin de faire ressortir les relations de chacune de ces formations avec les terrains carbonifères qui leur sont inférieurs. Ces études, toutes théoriques, présentent de l'intérêt; mais l'auteur a raison de n'émettre ses idées au point de vue pratique qu'avec une sage réserve.

Les deux cartes des terrains sidérolithiques du Cher[1], qu'exposait le Service géologique de la France, donnaient des renseignements intéressants sur les gisements de minerais de fer du Berry, qui, le plus généralement, sont en pisolithes, mais qui, quelquefois aussi, sont en nodules et en rognons; ces gisements, qui sont contemporains des gypses de Montmartre (terrain éocène), sont subordonnés à des dépôts argileux puissants de caractères variables. Essentiellement irréguliers et discontinus, ils se présentent tantôt, — et c'est le cas le plus fréquent, — sous la forme d'amas superficiels logés dans les cavités du calcaire jurassique[2], tantôt sous la forme de dépôts lenticulaires ou allongés placés entre ce calcaire et le calcaire lacustre éocène. Au voisinage des gisements, les calcaires jurassiques sont profondément métamorphosés par les eaux thermales qui ont circulé dans leurs fissures. Les gisements se coordonnent le long des lignes de fracture orientées nord et sud ou est et ouest, et ils se

[1] Bassins de la Chapelle-Saint-Ursin (près de Bourges) et de Dun-le-Roy.

[2] Ces cavités résultent de l'agrandissement par corrosion des fentes et des fractures de ces calcaires.

Gr. II. — Cl. 16.

rattachent à la grande faille de Sancerre qui est postérieure aux argiles à silex et antérieure aux argiles à minerai de fer.

Nous devons aussi mentionner la carte à $\frac{1}{40\,000}$ établie en 1868 par M. Ledoux pour servir à l'étude des gisements de fer de l'Ardèche, qui a un intérêt réel. Une carte de M. Alf. Caillaux montrait les principaux gisements minéraux utiles de la France dans leurs rapports entre eux et avec les voies de communication, comme aussi dans leurs rapports généraux avec les terrains; les teintes spéciales qui indiquent la nature des substances minérales et la direction de leurs gisements permettent de reconnaître le prolongement possible des dépôts au delà de leurs limites actuelles.

Les cartes agronomiques doivent, pour fournir tous les moyens d'appréciation qu'on peut leur demander, non seulement donner des renseignements sur la composition minéralogique du sol superficiel, sur sa plus ou moins grande perméabilité, sur le résidu qu'il laisse au lavage, mais aussi sur le revenu net que rapporte la terre et qui, au point de vue pratique, la caractérise mieux que ne le pourrait faire l'analyse chimique la plus complète. Dans sa carte du département de la Seine, M. Delesse n'a fait connaître que le résidu donné par le lavage des terres végétales, qu'indiquent des courbes passant par les points où les résidus ont été de 25, de 50 et de 75 p. 0/0 et qui, comme on devait s'y attendre, est généralement faible dans le fond des vallées et sur les plateaux, et considérable sur le flanc des collines. Mais celle de Seine-et-Marne à $\frac{1}{80\,000}$ est plus complète et permet de comparer le revenu des terres arables, des vignes, des prés et des bois [1]; elle montre comment la fertilité du sol y varie et quelle est la composition minéralogique de la terre végétale, et elle indique les rapports qui existent entre les caractères physiques et chimiques de la terre et la constitution géologique du sol : on y voit, par exemple, que le calcaire manque généralement sur le haut des collines, que l'argile y constitue la plus grande partie de la terre végétale [2], et

[1] On y a figuré les diverses cultures au moyen de teintes différentes, dont la nuance est d'autant plus foncée que le revenu moyen produit par cette culture est plus considérable.

[2] Le résidu du lavage est souvent inférieur à 20 p. 0/0.

que le sable est l'élément dominant dans la région du sud-ouest; aussi la fertilité des terres est-elle très inégale dans ce département[1].

Le Ministère des travaux publics a entrepris la publication à la grande échelle de $\frac{1}{40\,000}$ d'une carte géologique et agronomique du département des Ardennes. Treize divisions géologiques ont été adoptées pour la base de la classification des terres, et chacune d'elles y est indiquée par une teinte spéciale; en outre, dix-sept lettres correspondant chacune à une nature particulière de sol et affectées d'un indice faisant connaître son degré de sécheresse ou d'humidité permettent d'y établir des subdivisions et d'indiquer les moindres variations de nature et de qualité des terres qui se trouvent comprises dans chacune des divisions principales; il est facile, à l'aide de ces cartes, d'apprécier les conditions agronomiques de chaque région. Celle de l'arrondissement de Vouziers a été terminée en 1873, par M. Meugy, et celle de l'arrondissement de Rethel en 1876, par MM. Meugy et Nivoit. Nous devons aussi citer la carte géologique et agronomique du département des Landes à $\frac{1}{200\,000}$ par MM. Jacquot et V. Raulin (1873) et celle du département de la Vienne à $\frac{1}{160\,000}$ par M. de Longuemar.

La carte géologique du département de Meurthe-et-Moselle qu'a dressée M. Braconnier n'est plus seulement agronomique, comme les précédentes, elle est en même temps industrielle. Le tracé général des différents terrains y est établi d'après les cartes antérieures de MM. Levallois et Reverchon; mais M. Braconnier y a apporté des corrections provenant principalement de l'étude plus complète de certaines failles et il y a établi en outre quelques subdivisions supplémentaires afin de distinguer les variétés de calcaire qui donnent de la pierre de taille et de bien préciser le régime des eaux souterraines. Chaque terrain y est désigné par une teinte en rapport avec sa composition minéralogique, de sorte qu'on peut facilement apprécier la nature du sol dans les diverses parties de ce département : les divers étages géologiques embrassés par une

[1] Les terres sont généralement meilleures sur les plateaux que dans les vallées, principalement celles qui, étant limoneuses et d'une grande épaisseur, reposent sur un sous-sol facilement perméable.

Gr. II. — Cl. 16.

même couleur se distinguent les uns des autres par des hachures diversement dirigées; les gisements de fer et de sel y ont été marqués avec soin, et un nombre considérable de coupes et d'analyses montre la manière dont ils varient suivant les régions; les différents niveaux des sources y sont indiqués avec les résultats des analyses qui ont été faites dans de nombreuses localités. Enfin, M. Braconnier y a étudié le sol superficiel [1] et il y fait connaître la nature et l'usage des matériaux qui sont exploités dans le pays. Il serait à souhaiter qu'on fît dans tous les départements un travail semblable; les conseils généraux devraient s'en occuper dans un but d'utilité publique.

Le mode de distribution des eaux tant en dessus qu'en dessous du sol intéresse vivement l'industrie et l'agriculture; en effet, les rivières et leurs affluents ne reçoivent pas seulement les eaux superficielles, dont il est facile de voir le réseau en jetant les yeux sur une carte géographique, mais aussi des eaux souterraines, dont il importe de connaître les niveaux. Nous venons de voir que M. Braconnier a étudié cette question dans la Meurthe-et-Moselle: M. Delesse, en déterminant au moyen de nombreux nivellements la cote de l'eau dans un réseau de puits et en étudiant la constitution géologique du sous-sol, est arrivé à en fixer la distribution et la forme dans les départements de la Seine (carte à $\frac{1}{25\,000}$) et de Seine-et-Oise (carte à $\frac{1}{100\,000}$) et dans la Beauce. Les nappes d'eaux souterraines sont marquées, pour cette dernière, au moyen de courbes horizontales espacées de 10 mètres, dont l'intervalle est teinté progressivement; il est facile d'y suivre le chemin que parcourent sous terre les eaux pluviales; on y voit comment un drainage naturel déverse l'eau tombée sur les plateaux du Perche, du Thimerais et de la Beauce en partie dans la Seine et en partie dans la Loire: cette région a des puits très profonds, puisque les nappes sont à une cote habituellement comprise entre 130 et 100 mètres, et que la cote du sol y varie de 120 à 180 mètres [2].

On doit aussi, au point de vue hydrologique, citer la carte où

(1) Diluvium et terrain sidérolithique.

(2) Dans la carte de Tarn-et-Garonne par M. Rey-Lescure, les diverses nappes d'eau souterraines sont aussi indiquées.

M. l'abbé Richard a indiqué les nombreuses sources qu'il a découvertes en France. Lorsqu'on n'a point pour guide une carte comme celles dont nous venons de parler, on peut encore en effet, par l'étude de la composition du sous-sol, pressentir l'emplacement des nappes et des bassins invisibles, surtout lorsque des coupes naturelles accusent l'existence d'un terrain perméable recouvrant un terrain imperméable. La difficulté est plus grande lorsque des alluvions puissantes cachent les formations dont la connaissance est nécessaire pour formuler un avis certain. C'est en s'appuyant sur ces principes géologiques, et aussi par suite d'une longue pratique, que M. l'abbé Richard est arrivé à découvrir de nombreuses sources souterraines.

Régions arctiques. — Si maintenant quittant l'Europe, dont la plupart des États, comme nous venons de le dire, s'occupent activement d'établir la carte géologique détaillée de leur territoire, nous nous transportons dans les autres continents, nous n'y trouverons plus que des cartes générales sur lesquelles sont consignés les renseignements plus ou moins complets et plus ou moins exacts de voyageurs peu préparés par leurs études antérieures aux recherches géologiques. Le Canada, les États-Unis et l'Inde anglaise font seuls exception, ainsi que quelques régions de l'Asie russe et des colonies néerlandaises.

Nous commencerons par les régions boréales sur la géologie desquelles on a acquis des notions intéressantes depuis une dizaine d'années.

Les collections réunies en 1868 par M. E. Whymper sur la côte occidentale du Groënland, où le professeur Heer, de Zurich, n'a pas trouvé moins de 95 essences forestières différentes, ont montré ce qu'était ce pays à l'époque miocène, et la découverte faite par l'expédition anglaise, auprès de la baie Discovery par 81° 40′ de latitude nord, de couches miocènes renfermant une flore qui est caractéristique des pays tempérés, ont apporté une nouvelle preuve des modifications qu'ont subies les climats; la flore des terrains secondaires et paléozoïques présente également dans ces régions les mêmes caractères que celle des roches identiques situées à 20°

Gr. II. — Cl. 16.

ou 30° plus au sud. Les officiers du navire *le Discovery* ont trouvé, en 1875, dans la baie de Franklin du charbon de terre d'excellente qualité ainsi que de nombreux polypiers fossiles. M. Steenstrup a aussi étudié, par ordre du gouvernement danois, la constitution du sol du Groënland occidental; il a exploré le district de Julianshaab entre 60 et 61° de latitude, et il a visité toute la partie de côte comprise, d'une part, entre le 61e et le 65e parallèle et, d'autre part, entre le 70e et le 71e; c'est non loin de là, à Ovifak, dans l'île de Disco, que le professeur Nordenskjöld a découvert les trois puissants blocs de fer métallique dont l'un pesait 20000 kilogrammes et qui ont soulevé de si intéressantes discussions entre les savants. En 1870. l'illustre géologue suédois a trouvé sur la côte orientale des débris de la flore houillère.

Pour le Spitzberg, on a obtenu des renseignements précieux. MM. Torell, Nordenskjöld et d'autres voyageurs suédois y ont constaté l'existence de divers dépôts miocènes riches, comme ceux du Groënland occidental, en plantes fossiles, dont M. Oswald Heer a déterminé 131 espèces, plusieurs d'arbres feuillus, tels que le platane, le hêtre, le chêne et le tilleul, ce qui montre que, là où il existe aujourd'hui d'immenses glaciers, il y avait jadis de grandes forêts analogues à celles des régions tempérées; au cap Starastchine, on a trouvé, au-dessous de couches portant l'empreinte de ces arbres feuillus, dans des sédiments plus anciens, des gisements abondants de fougères, de cycadées et de conifères. A Liebde-Bay, le professeur Nordenskjöld a rencontré les mêmes schistes rouges, verts, bleus, qui forment à l'Hécla un puissant étage nommé d'après cette montagne et qui dans l'Isfjord sont recouverts par des couches de calcaire de montagne à *Productus*, mais dont l'âge n'était pas bien fixé à cause de l'absence de fossiles; les débris de poissons, principalement dévoniens, que l'illustre voyageur y a découverts sont donc d'une grande importance pour la géologie stratigraphique. On connaît au Spitzberg plusieurs gisements de phosphates.

A l'île aux Ours, M. Nordenskjöld a découvert, en 1868. un grand gisement houiller.

Dans la Nouvelle-Zemble, à Matotschkin, le même savant a

constaté la présence de roches siluriennes assez pauvres en fossiles, et il a recueilli à Skoode-Bay des pétrifications de l'époque jurassique, à Norra-Gåskap des végétaux dans des couches de schistes fortement redressées et à la pointe sud-ouest de l'île de Waigatsch divers fossiles du terrain silurien supérieur.

Les nouvelles terres découvertes par MM. Weyprecht et Payer offrent sous le rapport géologique plus d'analogie avec la partie occidentale du Groënland[1] qu'avec les îles du Spitzberg.

Asie : *Russie d'Asie.* — Les ingénieurs des mines russes ont poussé leurs explorations géologiques jusqu'aux extrémités les plus reculées de l'Asie; leurs recherches, faites aux frais de l'État, ont eu principalement pour but les besoins de la géologie pratique. Le territoire de l'Amour, l'île Sakhaline et, dans les vastes contrées nouvellement conquises au centre du continent, le khanat de Khokan, la province de Kouldja, le district de Samarkand, le territoire des Turcomans, etc., ont été étudiés, et des mines sont dès maintenant exploitées en beaucoup d'endroits. On trouve de précieux documents sur la géologie de la Russie d'Asie dans les descriptions de l'Altaï par MM. de Tchihatchef, Cotta, etc., dans le *Journal des mines* de la Russie, dans les *Comptes rendus de la Société de géographie de Saint-Pétersbourg*, dans les *Mémoires de la Société des sciences naturelles* et dans la *Géologie de la grande expédition de Sibérie* (dont le dernier volume a paru en 1875). Les cartes géologiques du district de Khodjend à $\frac{1}{630\,000}$, du sud-ouest de l'arrondissement des mines de l'Altaï à $\frac{1}{1\,680\,000}$, du gouvernement d'Irkoutsk par M. Tchekanowski à $\frac{1}{420\,000}$, des mines d'or de l'Olekma à $\frac{1}{840\,000}$ apportent aussi des renseignements intéressants.

La riche collection de restes fossiles d'animaux des couches de la toundra que M. Nordenskjöld a rapportée des bords de l'Iénisséi, les résultats obtenus dans l'exploration des rivières Ket et Tchoulym (affluents de l'Obi) par M. Lopatine, les études de M. Tchekanowski sur l'âge géologique de la toundra de la côte sibérienne aux environs des bouches de l'Olenek, de la Léna et de la Jana et les

[1] A l'exception de la Terre du Prince-Rodolphe, où la dolérite prédomine et qui rappelle plutôt la côte nord-est du Groënland.

Gr. II. — Cl. 16.

recherches du même géologue sur les relations qui existent entre les terrains carbonifères de ces régions septentrionales et les couches carbonifères mésozoïques de l'intérieur du continent ont beaucoup ajouté à nos connaissances sur les bassins des grands fleuves de la Sibérie.

Les importants travaux géologiques de M. de Severtsof sur le bassin aralo-caspien, sur une partie des bassins du Don et de l'Irtich, sur les environs du lac Balkhach, sur les steppes de l'Aïagouse et sur les versants des deux Ala-Taou, joints aux études ichthyologiques qu'il a faites sur ces mêmes régions, ont montré que l'hypothèse d'une ancienne communication entre la mer Noire, la mer Caspienne, la mer d'Aral, les lacs des steppes sibériennes et l'océan Glacial arctique est juste; ce savant naturaliste a même pu déterminer dans quel ordre ces bassins se sont séparés les uns des autres, d'abord les lacs des steppes, puis le Balkhach, puis la mer Caspienne qui a apparu distincte de la mer Noire, enfin la mer d'Aral, qui s'est séparée la dernière de la Caspienne, et il a prouvé que la mer Noire ne s'est unie à la Méditerranée qu'après s'être séparée de la Caspienne où l'on ne retrouve aucun des poissons que l'Euxin a empruntés à la Méditerranée. Ce sont là des faits intéressants.

Les études entreprises dans le khanat de Khiva en 1875 par M. Barbot de Marny ont établi que le terrain crétacé prédomine parmi les formations sédimentaires de cette région et que les environs du lac d'Aral étaient déjà émergés du côté de l'est à l'époque tertiaire moderne.

Les savants russes qui se sont lancés à la suite du corps expéditionnaire chargé de prendre possession du vaste territoire compris entre la mer d'Aral et le Tibet ont jeté par leurs travaux un jour nouveau sur ce pays jusque-là entièrement inconnu. La moitié occidentale, entre la mer d'Aral et le méridien de Tachkend, est occupée par des terrains secondaires et tertiaires; dans la moitié orientale, on trouve, au milieu d'îlots de ces mêmes terrains, une vaste étendue de roches éruptives enchevêtrées avec des schistes métamorphiques et des terrains paléozoïques; les gisements minéraux susceptibles d'une exploitation fructueuse y sont très abondants. M. Mouschkétow a constaté que les grès des environs de Khokan avaient une origine subaérienne.

Des recherches de M. Pevtsow sur les monts Tian-schan, comme de celles de M. de Severtsof sur la partie septentrionale du Tsang-ling qui en forme l'extrémité occidentale, il ressort qu'il n'existe pas de roches volcaniques dans cette chaîne et que sur plusieurs points la direction des couches est la même que dans l'Himalaya, c'est-à-dire du nord-ouest au sud-est; ce sont les granits, les syénites, les diorites et les porphyres qui prédominent, et les roches paléozoïques sont avec les formations houillères presque les seuls terrains sédimentaires que M. de Severtsof a trouvés dans le Tsang-ling, où manquent complètement les terrains secondaire, triasique, jurassique et crétacé. L'origine volcanique attribuée autrefois au Tian-schan n'est donc pas acceptable, et il est certain que cette chaîne n'a pas été soulevée en même temps que le Caucase, comme on le pensait. M. Mouschkétow, qui vient d'étudier l'Altaï, y a trouvé des roches cristallines variées, des schistes et calcaires dévoniens et des terrains secondaire et tertiaire dont la direction est la même que dans les autres parties du Tian-schan; il a poussé jusqu'au lac Tchatyr-koul et n'a non plus trouvé nulle part de traces de roches volcaniques.

La section sibérienne de la Société de géographie a organisé en 1875 une expédition qui a fait des études géologiques sur la vallée de l'Ouda (non loin d'Iénisséi).

Pour la Sibérie orientale, nous devons citer les travaux du prince Krapotkine sur la contrée située à l'est du lac Baïkal, entre la Léna et le Vitim, ainsi que ceux de l'ingénieur Lopatine sur la vallée du Vitim et sur la partie sud-est de l'île Sakhaline où il existe de grandes richesses en fer et en charbon. M. de Helmersen a publié en 1868, d'après les recherches de M. Schmidt, une carte géologique intéressante du bassin de l'Amour à $\frac{1}{6\,000\,000}$ [(1)].

La carte topographique des gisements minéraux de l'empire de Russie montre qu'il y a, dans sa partie asiatique, quatre bassins houillers : celui de *Kouznetzk*, celui des *Steppes kirghizes*, celui de

(1) *Beiträge zur kenntniss des russischen Reiches und des angrenzenden Ländar Asiens*, t. XXV.

G.·. II.
—
Cl. 16.

Sakhaline et celui du *Turkestan :* ce dernier ne comprend pas moins de treize groupes de gisements carbonifères, qui presque tous appartiennent au terrain jurassique inférieur[1].

Trois gouvernements possèdent des mines de cuivre. Ceux de Tomsk et d'Akmolinsk fournissent chacun plus de 500 000 kilogrammes de métal par an; celui de Semipolatinsk n'a qu'une production inférieure à 15 000 kilogrammes.

C'est dans le gouvernement de Tomsk qu'on produit presque tout le plomb et presque tout l'argent de la Russie : les deux autres régions d'où l'on en extrait aussi, les territoires de Terek et de Transbaïkal, n'en produisent pas chacun la dixième partie.

Dans les gouvernements d'Iakoutsk, d'Iénisséi, d'Irkoutsk, de Transbaïkal, de Tomsk et d'Amour, il y a de nombreuses exploitations d'or; on y trouve souvent ce métal dans ses gisements primitifs, dont la teneur varie de 2 à 750 grammes par tonne de minerai[2].

On exploite des dépôts de graphite dans le territoire de Semipolatinsk; leur production en 1876, en y ajoutant celle des mines du gouvernement de Perm qui ne sont pas riches, a été d'environ 115 000 kilogrammes.

Dans le khanat de Khokan, il y a de nombreuses sources de pétrole qui sortent de calcaires coquilliers, de grès rouges ou d'argiles vertes, roches crétacées reposant sur des assises jurassiques et recouvertes par des dépôts tertiaires.

Le Turkestan russe possède des mines de fer abondantes; le plomb, le cuivre, l'or même ne manquent pas à la liste de ses minerais.

On doit à M. le baron de Richthofen une esquisse générale de la géologie de la partie de l'Asie centrale limitée par le Tibet, l'Altaï,

[1] Le plus riche et le plus étendu est situé dans la vallée de l'Ili, où il couvre une superficie de 750 kilomètres carrés; malgré l'immense richesse de ce bassin, l'extraction annuelle ne dépasse pas 5 000 tonnes. Il comprend un étage inférieur, où la houille est dense et brûle difficilement, et un étage supérieur, où elle est terreuse et se délite facilement à l'air.

[2] Ces gisements consistent en schistes argileux, talqueux et chloriteux, ou en roches formées de quartz et de mica blanc avec un peu d'orthose, du talc, de l'amphibole et de la tourmaline.

le Pamir et la chaîne de Khingan, qu'il considère comme un bassin pélagique de l'époque tertiaire; ce bassin, dont les eaux n'ont pas d'écoulement, comprend la Kachgarie orientale et le désert de Gobi.

Chine et Japon. — M. le baron de Richthofen a étudié avec soin la géologie d'une partie importante de la Chine, sur laquelle il est en train de publier un ouvrage très important. Les terrains carbonifères ont une vaste étendue dans le bassin du Yang-tsé, mais c'est surtout à partir de la limite sud du Schantoung qu'ils atteignent leur plus grand développement; la richesse des dépôts est telle dans cette région, que le savant voyageur n'hésite pas à considérer l'empire du Milieu comme appelé à devenir un jour l'un des principaux pays producteurs de houille [1]. On trouve aussi du charbon de terre dans le Se-tchouan, mais il est d'ordinaire enfoui sous des couches épaisses de grès rouge et d'argile et l'exploitation en est plus difficile que dans les autres parties de la Chine; cette même province contient du pétrole et du sel qu'on retire des eaux extraites de puits profonds [2]. Bien que les minerais de fer se trouvent en abondance dans la plupart des provinces, et surtout dans le Schansi, le Se-tchouan, le Hounan, le Tschekiang et le Schantoung, les besoins dépassent la production, et la Chine importe une grande quantité de fers ouvrés d'Europe. L'or n'y est pas rare soit dans les quartz, soit surtout dans les sables d'alluvion du Yang-tsé-Kiang et des provinces du nord (Schantoung et Schenking), ainsi que dans la rivière Min du Se-tchouan. Les importantes collections géologiques que l'abbé A. David a faites pendant ses beaux voyages à travers l'empire chinois ont aussi accru nos connaissances sur la constitution du sol de l'Asie orientale, ainsi que celles de M. Kingsmill [3].

[1] Les procédés d'exploitation sont des plus primitifs, et les charbons obtenus, qui proviennent seulement des couches superficielles, sont de qualité généralement inférieure. Ceux du Hounan sont cependant employés à bord des steamers qui font la traversée entre Hankaou et Schanghaï; ceux des environs de Canton sont durs, laissent beaucoup de cendres et brûlent avec une fumée épaisse rendue suffocante par une grande quantité d'acide sulfureux. On exploite depuis deux ans des mines à Forkige.

[2] Quelques-uns de ces puits atteignent une profondeur de 600 mètres.

[3] L'abbé A. David a publié une notice intéressante sur la géologie de la Chine dans le Bulletin de la Société géologique de France (1874).

Gr. II. — Cl. 16.

Les deux ouvrages de M. B. Smyth Lyman, *Rapport général sur la géologie de l'île d'Yézo* et *Progrès de l'exploration géologique d'Yézo*, nous apprennent que la plupart des montagnes de cette île japonaise sont volcaniques, que neuf d'entre elles laissent encore échapper des vapeurs et qu'il y existe d'importants gisements de houille et de divers métaux; ce géologue y a étudié d'une manière toute particulière les terrains à huile minérale. Le Japon a du reste peu de richesses minérales en exploitation; la production totale, en 1874, n'a pas atteint la somme de 19 millions de francs, dans laquelle la houille entre pour 10 millions. La plus grande partie du charbon de terre vient du district de Nangasaki (île de Takasima); de 35 000 tonnes en 1869, le rendement a monté à 72 000 tonnes en 1874; on connaît d'autres gisements dans l'île de Koyaki (district de Karatsou), ainsi qu'aux environs de Yeddo et de Niegata, mais ils ne sont pas encore exploités. Le cuivre japonais est excellent, mais les 200 mines qui existent dans l'empire n'ont donné en 1874 que 3 000 tonnes de métal raffiné. L'or et l'argent ne s'y trouvent qu'en petites quantités. Il y a de riches minerais de fer dans les provinces d'Hitakhi et de Rikoushiou et une importante mine de plomb à Ani, auprès du lac de Biwah.

Inde anglaise. — Un géologue a été attaché au Bureau trigonométrique de l'Inde dès 1818; le premier, le docteur Voysey, a étudié une partie des bassins du Gange, du Godavery et du Kistnah et le Deccan; mais de tous les nombreux ouvrages ou mémoires qui ont paru sur la géologie de l'Inde avant le commencement du levé régulier (1), les plus importants sont celui du capitaine New-

(1) Les travaux de MM. Dangerfield sur le Malwa, Franklin sur le Bundelkhund, Sleeman, Spilsbury, Waugh, Adam, Finnis, Hislop sur le pays de Nagpour, Everest, Nicolls et Keatinge sur les fossiles du Nerbudda, Jacquemont sur Rewah, le colonel Strachey, Gérard et Hutton sur les fossiles de la vallée du Spiti, le capitaine Strachey sur le Tibet occidental, Sykes et Malcolmson sur le Deccan, Kaye et Cunliffe sur les environs de Pondichéry, Grant sur le Kutch, Christie et Aytoun sur le Mahratta sud, Meadows Taylor sur le district de Shorapore, Fleming sur la chaîne Suliman, Sir Bartle Frere sur le désert de Kutch, Alex. Burnes et Mac Murdo sur le Sind, Thompson, Buist et Carter sur l'île de Bombay, Malcolmson, Fulljames et Rogers sur les collines Rajpila, Mc Clelland sur le bassin houiller de Rajmahal, ont tous contribué à l'avancement des connaissances géologiques dans l'Inde. M. Calder, en 1833 (*Asiatic Researches*,

bold sur la partie de la péninsule qui est située au sud du 19e degré de latitude et celui du docteur Falconer sur la chaîne de Sawalakh qui s'étend au pied de l'Himalaya et qui est très remarquable par sa faune fossile, tout à la fois si riche et si curieuse, dont on a retrouvé aussi des débris dans le Sind, sur les bords de la Nerbudda et de l'Irawaddy ainsi qu'à l'île Perim : ce n'est qu'après la mort de Falconer, en 1868, qu'ont paru les *Paleontological Memoirs and Notes* où sont décrits les fossiles que ce savant a découverts et dont il a figuré 1 123 spécimens. Il résulte de ces travaux que la mer couvrait autrefois les vallées de l'Indus et du Gange, baignant au nord le pied de l'Himalaya et au sud les monts Vindhya; elle s'est comblée peu à peu, et les vallées formées par les alluvions se sont remplies des débris des animaux qui vivaient dans ces régions à l'époque miocène.

Le service géologique a été établi en 1851 sous la direction du docteur Oldham, mais ce n'est qu'en 1856 qu'il a pris quelque développement dans la présidence du Bengale, et les levés n'ont commencé qu'en 1857 dans celle de Madras, en 1863 dans celle de Bombay, et en 1860 dans la Birmanie anglaise. Les travaux exécutés jusqu'en 1878 sont consignés dans treize volumes de *Memoirs* avec cartes, coupes et planches, dans les *Records* ou Revue trimestrielle qui contient les rapports annuels du directeur et l'exposé des travaux en cours avec cartes, et enfin dans la *Palæontologia Indica*, où sont décrits et figurés les principaux fossiles [1].

Pendant ces vingt-sept années, on a exploré environ le tiers de la surface de l'Inde et levé la carte de la moitié de cette étendue. Quant à la carte détaillée à l'échelle de $\frac{1}{253\,435}$ qui a pour base les feuilles de l'Atlas topographique, il n'a encore paru que sept quarts de feuilles, qui donnent la région entre Cudapah, Madras et Tan-

18e vol.), et M. Carter, en 1857, ont publié un résumé de tous les travaux antérieurs. C'est M. Greenough qui a dressé, en 1853, la première carte géologique générale de l'Inde; il vient d'en paraître une nouvelle à $\frac{1}{4\,055\,040}$ dans le *Manual of Geology of India* de MM. Medlicott et Blanford.

[1] Les volumes parus de la *Paléontologie indienne* ont trait aux céphalopodes et gastéropodes des terrains crétacés du sud de l'Inde, à la flore fossile des terrains houillers, à la faune de l'étage *panchet* où l'on a trouvé des reptiles qui n'étaient encore connus jusque-là qu'en Afrique et aux fossiles de Kutch.

Gr. II. — Cl. 16.

jore. Le docteur Oldham a quitté la direction du service en 1876 et a été remplacé par M. H. B. Medlicott.

Les explorations ont porté sur la vaste zone qui s'étend, d'une part, du 20° au 25° degré de latitude et, d'autre part, de Calcutta au golfe de Cambay (on a les cartes de la côte orientale et de la moitié nord-ouest)[1]; sur celle comprise entre les bouches du Godaveri et du Kistnah, d'une part, et Ratnagiry et Goa, d'autre part (on a les cartes de la moitié occidentale); sur la partie orientale de la présidence de Madras entre Kurnoul au nord et Trichinopoli au sud (la carte est publiée)[2], et en outre sur plusieurs régions isolées, telles que les bords du Godaveri, la côte du Gujerat[3], la province de Kutch (on en a la carte)[4], la ceinture du désert Indien[5], la partie septentrionale du Punjab[6] et l'Himalaya occidental (la carte a déjà paru)[7], l'Assam (la carte est publiée pour plusieurs districts), la division de Pégou (on

(1) On a constaté que les grès de l'Inde centrale et des monts Vindhya sont plus anciens que les grès carbonifères du Bengale et de la vallée de la Nerbudda, quoique l'absence de fossiles n'ait pas permis d'en fixer exactement l'âge. MM. Oldham, Medlicott, Hackett se sont tout spécialement occupés de la *formation vindhyenne* dont M. Mallet a écrit l'histoire complète.

(2) On y a examiné avec soin les terrains crétacés dont la faune fossile, qui est tout particulièrement intéressante, a été décrite par M. Stoliczka; on a exploré, de 1862 à 1868, la chaîne des Ghauts orientales dont les quartzites, les micaschistes, les schistes et les calcaires semblent appartenir aux étages inférieurs du groupe vindhyen, et on a étudié les terrains qui se présentent entre les trapps du Deccan et les gneiss qui en forment la base.

(3) Les montagnes au nord du Gujerat sont formées en partie de roches métamorphiques, en partie de trapps; non loin de la côte, on trouve le terrain nummulitique en contact avec le trapp.

(4) M. Wynne a constaté que le terrain jurassique couvrait une grande partie de la moitié septentrionale de la province de Kutch et formait les collines des îles du Rann.

(5) MM. Blanford et Fedden ont étudié la géologie du Sind de 1874 à 1875. En 1876, ils ont traversé le désert jusqu'à Jasalmir et Jodhpour.

(6) On a étudié à nouveau en 1875 les terrains tertiaires du Pundjab et, de 1870 à 1873, M. Wynne a exploré le mont Tilla et les deux versants du Salt-Range en deçà et au delà de l'Indus, où il a reconnu des terrains carbonifères, triasiques, oolithiques et tertiaires; il y existe des dépôts de lignite.

(7) Les terrains sédimentaires qu'on a trouvés sur la pente nord de l'Himalaya occidental et dans les vallées du Chini et du Spiti jusqu'à une altitude de 6 000 mètres ont la même disposition que ceux de l'Europe, et ils contiennent les mêmes fossiles. Toutefois, la grande masse de l'Himalaya est formée de roches soit granitoïdes, soit micaschisteuses.

en a la carte)[1] et les bords de l'Irawaddy jusqu'à Mandelay et quelques points de la côte des divisions de Moulmein et de Tenasserim.

Il résulte de toutes ces études que les bassins houillers de l'Inde, qui sont situés entre le Gange, le Godaveri et la Nerbudda, couvrent une surface d'environ 90 000 kilomètres carrés; ils donnent un charbon de mauvaise qualité, d'une valeur moitié moindre que celle des charbons anglais; ils appartiennent presque tous à la formation nommée *Damodar*, la même où se trouvent les mines de charbon d'Australie et qui diffère très peu des terrains houillers de l'Europe. Ils se répartissent en quatre groupes : celui de Rajmahal et du Damodar, qui est de beaucoup le plus important[2]; celui de Rewah, de Sirguja, de Chota Nagpour et de Talchir; celui de la Nerbudda et des monts Saptura (à 120 kilomètres sud de Jabalpour), et celui du Godaveri et de ses affluents Warda et Pranhita, qui a été découvert en 1866. La formation Damodar se subdivise en plusieurs étages dont l'inférieur, nommé Talchir, ne contient jamais de charbon; elle correspond aux terrains permien et carbonifère supérieur. Les bassins hydrographiques des rivières Damodar, Son, Mahanadi, Godaveri et Nerbudda, dans lesquels sont situés tous les gisements houillers de l'Inde, existaient déjà tels qu'ils sont lorsque les dépôts se sont formés, soit en eau douce, soit au fond d'estuaires. Ce sont MM. Oldham, Blanford, Medlicott, Hughes, Wilson, Mark Fryar, Whyte, King, qui les ont étudiés, surtout depuis 1868.

Les minerais de fer abondent dans l'Inde; on connaît de remarquables gisements de fer magnétique dans le district de Salem

(1) Le levé qui a commencé en 1860 par le district de Henzada, où il y a des puits de pétrole et des sources salées, a été terminé en 1873. On croit que la chaîne de Yoma, qui est formée de grès et d'argiles schisteuses (*shales*) recouvertes par le terrain nummulitique, appartient à l'époque crétacée.

(2) Les principaux gisements sont ceux de Raniganj (qui a donné, en 1868, 493 000 tonnes de charbon, la production de toute l'Inde étant de 497 000, et, en 1873, 322 000), de Jherria, de Bokaro, de Rangarh, de Karampoura, qui sont tous situés dans la vallée du Damodar et qui forment une bande de terrain carbonifère longue de 240 kilomètres et couvrant près de 4 000 kilomètres carrés, et ceux de Karhabari dans la vallée du Barakur, affluent du Damodar, dont la richesse est estimée à 20 millions de tonnes, de Santhal-Perganas et d'Itkuri.

Gr. II. — Cl. 16.

(présidence de Madras), et il y a dans le district de Chanda ainsi que dans la vallée de la Nerbudda de riches dépôts d'hématite, mais des causes diverses ont empêché jusqu'à ce jour leur mise en exploitation.

Bien qu'il reste encore beaucoup à faire pour avoir la connaissance complète de la constitution géologique de l'Inde, en présence de l'étendue immense qu'il y a à explorer et des difficultés de la tâche, on ne peut que louer les membres du Service de l'activité qu'ils n'ont cessé de déployer depuis vingt-sept ans dans leurs travaux pénibles et souvent dangereux [1].

Perse. — M. Blanford, qui a visité en 1872 la Perse orientale, a résumé les importantes observations qu'il a faites pendant cette exploration dans l'ouvrage que le gouvernement de l'Inde a publié sous le titre de *Eastern Persia* (1876); il a étudié d'une manière plus particulière la province de Seistan. En somme, toute cette région était autrefois couverte de grands lacs; du Tibet jusqu'à l'Asie Mineure, le pays a le même aspect.

Un Autrichien, M. Tietze, s'est aussi occupé pendant les années 1873 et 1874 de recherches géologiques en Perse; il a exploré les chaînes d'El-Burs, où domine le calcaire paléozoïque et où s'élèvent des cônes gigantesques d'andésite dont la formation date de la fin de l'époque tertiaire, du Kouhroud et du Dalunkah.

Arabie. — Le capitaine Burton a fait en 1878 quelques recherches géologiques dans le pays de Madian, et M. Ch. Vélain a étudié la presqu'île d'Aden, qui n'est qu'un massif volcanique présentant dans leur ordre de succession classique des trachytes, des basaltes et des laves si bien conservées qu'elles semblent consolidées de la veille. M. Vélain a cru constater un exhaussement graduel de la côte.

Palestine. — M. Louis Lartet, qui a accompagné le duc de Luynes dans son voyage en Orient, a publié en 1869 un essai

[1] Le tiers des géologues employés aux levés sur le terrain a succombé aux effets funestes du climat.

sur la géologie de la Palestine et des contrées voisines, telles que l'Égypte et l'Arabie, avec une carte intéressante. Depuis, a paru un beau volume accompagné aussi de cartes, où ce géologue a donné en détail les résultats de son exploration dans la Palestine et l'Idumée. Malgré tous les ouvrages publiés sur la Terre Sainte, qui, d'après une liste dressée par M. Titus Tobler, étaient déjà à cette époque au nombre très respectable de 1 860, on peut dire que jusque-là c'était un pays à peu près inconnu, surtout au point de vue géologique; on n'a en effet commencé à y faire des observations scientifiques qu'assez récemment. C'est naturellement la partie que l'auteur a parcourue lui-même, depuis le Liban jusqu'à la mer Rouge, qui est traitée avec le plus de détails dans cette étude.

Le *Geological Survey of Palestine* a aussi dressé une carte de ces mêmes régions.

Asie Mineure. — Les beaux travaux de M. de Tchihatchef, qui remontent déjà à une époque éloignée (1847-1863), ont mis l'Asie Mineure au nombre des contrées géologiquement connues; pendant les dix-sept années qu'il a sacrifiées à l'étude de cette curieuse région, ce géologue russe a en effet réuni une série de faits importants qui peuvent être considérés comme acquis définitivement à la science et qu'il a observés au milieu de difficultés sans nombre, souvent l'arme au poing. Les trois volumes qui sont consacrés à cette étude ont paru en 1869 et sont accompagnés d'une carte à $\frac{1}{2\,000\,000}$; un volume de *Paléontologie* par d'Archiac, Fischer et de Verneuil donne la description des fossiles recueillis par M. de Tchihatchef, au nombre de 575 espèces, dont une soixantaine seulement étaient connues dans cette région et dont 53 sont nouvelles. On ne peut que louer ce savant, qui, livré à ses propres forces et par son seul esprit d'entreprise, a élevé ce remarquable monument scientifique.

Océanie : *Australie.* — Les colonies australiennes exposaient plusieurs cartes géologiques où étaient indiqués les derniers progrès faits dans la connaissance du sol des diverses provinces; il y

Gr. II. — Cl. 16.

avait même une carte générale à $\frac{1}{7\,000\,000}$, dressée par M. R. Brough Smyth, où étaient résumés tous les renseignements que l'auteur avait pu réunir sur ce continent en 1875, et qu'on peut considérer comme assez exacte pour la zone littorale. On y voit que les terrains tertiaires supérieurs (grès du désert) y prédominent; la pointe sud-ouest, à partir d'une ligne tirée des environs de Shark-Bay jusqu'à l'archipel de la Recherche, est granitique; la partie occidentale de la province de Queensland est formée de terrains crétacés qui se prolongent jusque dans le nord de la Nouvelle-Galles du Sud; une bande assez étroite de terrains secondaires ou mésozoïques (calcaire antérieur aux roches crétacées), qui est traversée dans le nord et au centre par de puissants dépôts houillers, dans le sud par des roches siluriennes, et çà et là par des roches ignées, constitue la côte orientale; un lambeau de terrain silurien enveloppe le golfe Spencer et les lacs Torrens et Eyre; au milieu des terrains tertiaires du centre apparaissent des roches métamorphiques qui se montrent aussi dans le territoire nord compris entre la mer de Timor et le golfe Carpentarie.

Deux cartes, l'une par M. Smyth à petite échelle (1873), l'autre à échelle plus grande par M. Wallis, donnaient les principaux traits géologiques de la colonie de Victoria, qui est la mieux connue grâce aux travaux de M. Selwyn et de ses successeurs. Les terrains paléozoïques occupent une grande étendue dans le centre et dans l'est de cette colonie : ils sont coupés çà et là par des roches ignées d'âges différents et bordés, au sud-ouest, par un immense massif de basalte et, au sud-est, de l'autre côté de Melbourne, par des terrains secondaires et tertiaires; toute la région du nord-ouest appartient à l'époque pliocène. Une carte détaillée du district du cap Oatway, à l'échelle de $\frac{1}{6\,600}$, montrait que les terrains du centre et de l'ouest de ce district se composent de calcaire mésozoïque, et ceux du nord et de l'est de roches éruptives post-pliocènes.

Nous devons encore citer les diverses cartes à la grande échelle de $\frac{1}{2\,640}$ qui donnaient en détail la constitution du sol des localités renommées par leurs mines, de la paroisse de Beechworth[1],

[1] Cette paroisse se divise en deux triangles égaux : celui du nord est formé de roches granitiques, celui du sud de terrain silurien inférieur.

d'une partie de la division de la rivière Mitchell (district minier de Gippsland)[1], des placers d'Ararat[2] et de Ballarat[3] et des mines d'or de Sandhurst[4].

Quoique les productions minérales aient aussi leur part dans la prospérité de la Nouvelle-Galles du Sud, on est encore bien loin, malgré les études de MM. Clarke, Liversidge, etc., de connaître d'une manière complète sa constitution géologique, et il n'y a pas encore de carte générale proprement dite; le *Surveyor general* en a dressé une qui montre la répartition des gisements minéraux les plus importants[5].

Les terrains carbonifères occupent dans cette colonie une vaste surface triangulaire allongée du nord au sud, qui est comprise, d'une part, entre l'océan Pacifique et le méridien du cap Howe (147° 40′) et, d'autre part, entre les parallèles de 32° et de 35° 20′[6]; ils réapparaissent, au nord, à partir du 31e degré jusqu'au delà du 29e, dans les districts de Liverpool et de Gwydir sur une largeur d'environ 80 kilomètres et, à l'ouest des monts Liverpool, dans les districts de Bligh et de Wellington; il existe en outre un petit bassin au nord-est dans le district de Clarence, non loin de Shoal-Bay. On évalue leur étendue totale à 62 000 kilomètres carrés. C'est auprès de Newcastle qu'on a ouvert les premières mines, et c'est encore là que se font aujourd'hui les principales exploitations; la houille qui n'est inférieure que de 7 p. 0/0 au meilleur charbon du pays de Galles et qui par conséquent est de bonne qualité se rencontre presque à la surface du sol: aucun puits n'atteint 150 mètres de profondeur, et il y a même des districts où elle affleure sur le versant des collines et où l'extrac-

(1) La moitié méridionale est formée de roches pliocènes; la partie du nord-ouest, de trapps; celle du nord-est, de silurien inférieur.

(2) Le sol y appartient presque tout entier au silurien inférieur; il y a des granits dans l'ouest et des basaltes dans l'est.

(3) Une bande de silurien inférieur est intercalée au milieu des roches éruptives.

(4) Le sol appartient au silurien inférieur et est sillonné par de nombreuses et grandes ramifications d'argiles et de sables post-pliocènes.

(5) M. W. B. Clarke a publié un ouvrage très important pour la géologie de cette colonie: *Remarks on the sedimentary formations of New-South Wales.*

(6) Les montagnes Bleues et la chaîne de Liverpool en forment les limites occidentale et septentrionale. La ville d'Ulladulla est située à la pointe extrême sud.

Gr. II. — Cl. 16.

tion se fait par de simples tunnels. La production a très rapidement augmenté, surtout dans ces dernières années; en 1833, elle était de 328 tonnes et en 1876, elle s'est élevée à plus de 1 300 000 tonnes, dont près de 900 000 ont été exportées soit dans les autres colonies australiennes, soit dans l'Inde ou même en Californie. La quantité totale extraite des mines de la Nouvelle-Galles du Sud depuis l'origine a atteint au 31 décembre 1877 le chiffre de 17 500 000 tonnes, d'une valeur approximative de 230 millions de francs; le coût d'extraction par tonne varie de 2 fr. 15 cent. à 3 fr. 10 cent. dans les mines occidentales et de 3 fr. 40 cent. à 6 francs dans les mines orientales. Le Bureau des mines de Sydney exposait la carte des districts houillers de Hartley, de Bowenfels, de Walleravang et de Rydal par M. C.-S. Wilkinson, et des diagrammes dus à M. John Mackenzie montraient la nature et l'épaisseur des couches qui sont en exploitation. Il existe aussi des veines de schiste carbonifère qu'on emploie à la fabrication d'huile de pétrole; on en a extrait 137 000 tonnes jusqu'en 1878.

Les terrains aurifères qui sont aujourd'hui connus dans la Nouvelle-Galles du Sud couvrent une surface d'environ 80 000 kilomètres carrés; ils sont presque tous situés à l'ouest du méridien du cap Howe entre 147° 40' et 144° 30' de longitude et au sud du 32ᵉ parallèle; il en existe aussi dans les districts du nord-est (de New-England et surtout de Clarence). Jusqu'à présent, l'exploitation de l'or s'est faite principalement dans les lits des rivières; les terrains d'alluvion ont été à peine touchés, et les veines de quartz n'ont pas été travaillées à une grande profondeur : il y a 93 placers exploités. La valeur totale du métal qu'on en a extrait depuis l'origine s'élevait, à la fin de 1877, à 822 millions de francs. Le Bureau des mines de Sydney exposait la carte géologique des terrains aurifères situés aux environs de Tambaroura, de Parkes et de Forbes par M. C.-S. Wilkinson.

On connaît depuis un certain nombre d'années l'existence de minerais d'étain dans la Nouvelle-Galles du Sud, mais on n'a commencé à les exploiter qu'en 1871. Les dépôts les plus étendus se trouvent dans la partie nord-est de la colonie et couvrent à peu près le tiers du rectangle formé par le 148e et le 150e méridien et par le 28e et demi et le 31e parallèle; il en existe quelques autres sur la frontière sud-est. La surface occupée par les divers gisements est estimée à 22 000 kilomètres carrés. Jusqu'à présent on a surtout retiré le minerai du lit des cours d'eau, à une profondeur variable de 1 à 20 mètres; cependant on exploite aussi des quartz et des granits stannifères [1]. La valeur de tout l'étain extrait jusqu'au commencement de 1878 s'élevait à près de 60 millions de francs; on en a exporté, en 1876, pour 11 millions et, en 1877, pour près de 13 millions. Cette abondante production a amené une baisse notable dans le prix de ce métal.

La même colonie possède divers gisements de cuivre, la plupart mêlés aux terrains aurifères; ils couvrent une surface de 8 000 kilomètres carrés environ, et plusieurs filons donnent un minerai contenant de 7 à 49 p. 0/0 de métal, mais ils sont éloignés des grandes voies de communication; le plus étendu est situé aux environs de Cobar, au sud du Fort-Bourke (dans le district de Riverina). On y a également découvert auprès des bassins houillers d'importants dépôts de minerais de fer, mais ils ne sont pas exploités. On y connaît aussi quelques gisements de plomb et d'argent et, dans le nord-est, quelques mines de diamant.

Il y avait à l'Exposition huit cartes géologiques du Queensland dressées par M. Dantree, chacune consacrée à un terrain spécial. On y voyait que cette colonie est traversée en écharpe, du nord-ouest au sud-est, par une grande bande de terrain crétacé [2] encaissée dans les grès du désert [3]; la zone assez large qui reste jusqu'à la côte comprend, dans le sud, des lambeaux de terrain carbonifère et, dans le centre, des roches granitiques. Les terrains éruptifs et métamorphiques y sont rares

(1) Les granits stannifères d'Australie appartiennent à la même formation géologique que ceux de Cornouailles, d'Espagne, de Bolivie, du Pérou et de Malacca.

(2) Cette zone comprend les districts de Warrego et de Mitchell, le nord du district de Gregory et le sud et l'ouest du district de Burke.

(3) Au nord-est des terrains crétacés, les grès du désert couvrent le district de Maranoa, une petite partie du district de Mitchell et toute la partie orientale du district de Burke; au sud-ouest, ils s'étendent sur la partie méridionale du district de Gregory et sur la partie nord de la province de Sud-Australie.

Gr. II. — Cl. 16.

et n'apparaissent que par îlots clairsemés [1]. Le gouvernement du Queensland exposait en outre 174 paysages géologiques qui transportaient le visiteur sur les lieux et le mettaient en présence de la nature même [2].

Les terrains aurifères (alluvions et quartz) qui étaient exploités dans le Queensland en 1876 couvraient une surface de 8 000 kilomètres carrés; on en a extrait de l'or pour 35 500 000 francs. Dans cette même année, la production du cuivre fondu a atteint une valeur de 3 500 000 francs et celle de l'étain lavé une valeur de 2 500 000 francs [3].

Le gouvernement de l'Australie occidentale exposait la carte géologique de la partie sud-ouest de la colonie [4]. Les études ont porté sur la zone littorale, large de 80 à 100 kilomètres, qui s'étend depuis le district de Victoria (par 28° de latitude sud) jusqu'au district Östlicher (par 118° de longitude est). On trouve le long de la côte jusqu'à Flinders-Bay une bande étroite de terrains récents ou tertiaires (sables et argiles) auxquels succèdent des grès et des calcaires mésozoïques que coupent çà et là des roches trappéennes.

Nouvelle-Calédonie. — Les premières notions que nous ayons eues sur la constitution du sol de la Nouvelle-Calédonie sont dues à M. J. Garnier (1868). Depuis, M. Heurteau, que M. le Ministre de la marine et des colonies avait chargé d'une mission scientifique, a publié sur la géologie et les richesses minérales de notre colonie un rapport important qui a complété les renseignements fournis

[1] Voici la surface que couvre approximativement chacun des terrains qui composent le sol de la province de Queensland : terrain cénozoïque (grès du désert), 390 000 kilomètres carrés; mésozoïque (crétacé), 544 000; paléozoïque, 180 000; métamorphique, 130 000; granitique, 295 000; trappéen, 31 000; volcanique, 52 000, et alluvions, 122 500.

[2] Ces paysages sont des vues prises dans le pays au moyen de la photographie, où les terrains sont indiqués par des couleurs vraies ou conventionnelles. Ce sont les Anglais qui les premiers ont donné l'exemple de ces coupes naturelles; M. Rutimeyer a aussi employé le même procédé en Suisse.

[3] La superficie des terres données à bail dans la colonie de Queensland pour l'exploitation des minéraux était, en 1876, de 675 000 kilomètres carrés.

[4] Cette carte a été dressée par M. H. Brown, géologue du gouvernement.

par M. Garnier, et où il établit des points de comparaison intéressants avec l'Australie et la Nouvelle-Zélande.

En Nouvelle-Calédonie, on distingue trois régions géologiques principales. Un puissant massif de roches serpentineuses constitue l'ossature de l'île et contient en abondance des minerais de fer, de nickel et de chrome ; à l'extrémité septentrionale apparaît un lambeau de terrains anciens [1] et de terrains cristallins où se trouvent des filons aurifères et des gisements de cuivre [2] ; sur la côte ouest se présentent des roches métamorphiques [3] et des terrains sédimentaires, triasiques et jurassiques, qui ont été disloqués par un épanchement de roches métaphyriques, et au milieu desquels on a reconnu l'existence de gisements irréguliers de houille.

Nouvelle-Zélande. — Une carte géologique de la Nouvelle-Zélande a été publiée par ordre du Ministre des travaux publics de ces îles sur lesquelles le docteur J. Hector a fait des études importantes; on doit aussi au docteur Julius Haast, qui, de 1862 à 1868, a exploré les diverses parties de la province de Canterbury, des renseignements intéressants sur les Alpes néo-zélandaises.

Île Campbell. — L'île Campbell, dont M. Filhol a étudié la géologie, a, d'après les conclusions de ce jeune savant, été sous les eaux pendant toute la période crétacée supérieure ; à l'époque éocène, elle faisait partie d'un grand continent antarctique qui comprenait la Nouvelle-Zélande et qui s'est effondré sous la mer pendant la période miocène ; à la fin de cette époque, qu'ont marquée des éruptions volcaniques sous-marines, elle est revenue à la surface des mers australes; les terrains les plus anciens qu'on y ait trouvés sont des sables agglomérés que recouvre une couche de calcaire brisée en certains endroits par des roches volcaniques. C'est en s'appuyant sur l'étude des fossiles que contiennent ces dépôts et sur les caractères pétrographiques des

(1) Micaschistes, schistes ardoisiers et schistes feldspathiques.

(2) Ces gisements paraissent être en relation avec les roches de glaucophane et les dykes de serpentine qui émergent des schistes ardoisiers.

(3) Schistes feldspathiques et calcaires cristallins.

Gr. II. — Cl. 16.

roches éruptives que notre compatriote a essayé de reconstituer l'histoire de cette île.

M. Filhol a aussi visité l'île Stewart, les îles Auckland et quelques points de la Nouvelle-Zélande et de la Nouvelle-Calédonie où il a découvert un fragment fossile d'un grand pachyderme, et il a apporté de nouvelles preuves de l'existence ancienne d'un continent austral dont toutes ces îles seraient les débris.

Indes néerlandaises. — On doit au docteur Traumüller des études importantes sur la géologie de l'île de Java. Les volcans qui en couvrent la surface appartiennent pour la plupart à l'époque tertiaire, époque à laquelle a probablement eu lieu la séparation de cette île et du continent asiatique; il n'y en a que quelques-uns qui soient de l'époque quaternaire.

Le Service des mines de Batavia a commencé en 1872, sous la direction de M. Everwijn, la publication d'un annuaire (*Jarboek van het Mijnwezen in Ned. O. Indie*) où sont consignés tous les travaux géologiques faits par ses ingénieurs dans les Indes orientales néerlandaises et qu'accompagnent de nombreuses cartes; à l'Exposition, on voyait les onze volumes qui ont paru jusqu'à la fin de juin 1877. Jusqu'à présent, les levés ont principalement porté sur les îles de Bangka et de Billiton, sur la côte occidentale de Sumatra et sur la partie sud-ouest de Bornéo. Les cartes que contient cet annuaire sont : pour Sumatra, celle de la partie de la côte occidentale qui est comprise entre le 2e et le 5e parallèle, celle à $\frac{1}{10\,000}$ du bassin d'Œmbilien [1] où le charbon qui est d'une excellente qualité se trouve en couches très puissantes de 6 à 7 mètres d'épaisseur dans des grès éocènes [2], et celle, par M. Verbeek, de la partie orientale de l'île de Nias; pour Bangka, celle de toute l'île en deux feuilles par M. A. Renaud, et celles spéciales, à $\frac{1}{60\,000}$, avec courbes de niveau, des districts stannifères [3]

[1] La rivière OEmbilien est située dans le gouvernement de Padang. La carte est due à M. Everwijn et a été éditée, comme toutes les autres, par M. Stemler; des courbes à l'équidistance de 10 mètres y indiquent le relief du sol.

[2] On estime que ce bassin renferme plus de 50 millions de tonnes. On a trouvé un autre gisement près de Benkoelen, sur la côte sud-ouest, mais loin de tout port.

[3] Il y a dans l'île de Bangka quinze districts stannifères.

de Blinjoe, de Soengilliat (en 2 feuilles), de Merawang et de Taboali par MM. Akkeringa, van Diest, A. Renaud et Huguenin; pour Billiton, celle à $\frac{1}{100\,000}$ par M. Akkeringa, et pour Bornéo, celle à $\frac{1}{100\,000}$, par M. Verbeek, de la partie sud-est, qu'accompagnent des itinéraires géologiques et une notice sur les terrains nummulitiques et éocènes de cette île.

De toutes ces études il ressort que la constitution géologique de l'Archipel des Indes orientales hollandaises est presque identique dans les diverses îles; partout, à Java comme à Sumatra et à Bornéo, aux terrains primitifs, de transition et dyasiques succèdent brusquement les terrains éocènes; dans la série secondaire, les étages triasiques et jurassiques manquent en effet complètement. Il y a à signaler un autre fait important, c'est que tous les dépôts carbonifères appartiennent non au dyas, mais au terrain éocène qui se compose de plusieurs étages: le charbon maigre et le charbon bitumineux se trouvent, à Java et à Bornéo, dans le premier étage, ou étage inférieur, qui est formé de grès et de terre glaise, et, à Sumatra, dans le deuxième qui est composé de marnes calcaires; dans le troisième ou calcaire nummulitique, les polypiers abondent. Il existe des gisements de lignite dans les terrains miocène et pliocène, et on rencontre dans le diluvium des métaux précieux (or, platine, etc.) et des diamants. C'est pendant la période pliocène et diluvienne que les grandes îles de la Sonde, qui faisaient corps avec la presqu'île de Malacca, ont pris leurs formes définitives à la suite de violentes éruptions volcaniques.

Amérique : *Canada.* — Au Canada, comme aux États-Unis, la géologie est depuis longtemps comptée au nombre des sciences pratiques les plus utiles, et l'on a déjà des notions générales assez exactes sur la constitution du sol de l'Amérique du Nord.

Un travail volumineux, qui a été publié par ordre du gouvernement colonial, contient toutes les observations qui ont été faites dans le Canada depuis 1843, soit par les membres du Comité géologique, soit par des explorateurs particuliers; mais si une reconnaissance rapide a fourni un premier aperçu sur la vaste étendue que les États canadiens occupent dans le continent américain, sauf sur la région des montagnes Rocheuses qui n'a pas encore été visitée, la carte détaillée est à peine commencée. En effet, bien que celle publiée en 1866 par Sir W. E. Logan [1] comprît toute la moitié orientale des États du Canada depuis l'océan Atlantique jusqu'aux lacs Winnipeg et Manitoba [2], la région située à l'est du Saint-Laurent, c'est-à-dire les *Eastern townships of Quebec* et les provinces du Nouveau-Brunswick, de la Nouvelle-Écosse et de l'île du Prince-Édouard, avait été seule explorée, et tout le reste de cette vaste étendue était rapporté au terrain laurentien inférieur, c'est-à-dire à la plus ancienne formation de la terre que nous connaissions, jusque vers le district de Kewatin, dans l'ouest duquel étaient indiquées deux bandes étroites de terrain silurien et de terrain dévonien et une vaste surface uniforme de terrain crétacé [3].

Depuis cette époque, les progrès ont été constants sous la savante direction de M. Selwyn pour les États canadiens et de M. Murray pour la province de Terre-Neuve, qui, n'étant pas entrée dans la fédération, a son service géologique particulier.

La carte de l'île de Terre-Neuve est aujourd'hui terminée. Celle de l'île du Prince-Édouard, par MM. J.-W. Dawson et B.-J. Harrington, a paru en 1871; on a revisé les terrains carbonifères de l'île du Cap-Breton, ainsi que la côte de la Nouvelle-Écosse depuis le cap Sable jusqu'au cap Canso [4]; dans les territoires de l'ouest, M. le docteur Selwyn a fait le levé géologique des bords du lac Winnipeg et des bassins des rivières Saskatchewan, de la Paix et Nelson [5]; enfin, sur la côte occidentale, les travaux sont en pro-

(1) Cette carte était à la petite échelle de $\frac{1}{1581000}$.

(2) Elle donnait, en outre, une grande partie des provinces des États-Unis limitrophes des grands lacs.

(3) La constitution géologique des parties des provinces des États-Unis qui étaient marquées sur cette carte était au contraire dessinée avec détail d'après les documents originaux des services locaux de ces provinces.

(4) Les granits qui forment le massif central de la presqu'île de la Nouvelle-Écosse sont postérieurs aux terrains dévoniens et antérieurs aux terrains carbonifères: en effet, dans l'ouest où ils sont en contact direct avec des terrains siluriens, dévoniens et carbonifères, tandis que les deux premières formations sont métamorphisées, la troisième ne l'est pas et en contient au contraire beaucoup de débris.

(5) C'est cette année même (1878) qu'on a étudié la géologie des bords du lac

grès dans la Colombie anglaise et sur le littoral de l'île Vancouver [1]. Les cartes qui résument ces divers travaux sont publiées au fur et à mesure dans les rapports annuels, à l'échelle uniforme de $\frac{1}{63\,363}$, de sorte qu'elles pourront se raccorder lorsque tous les levés seront terminés.

Mais le résultat le plus important, obtenu dans ces derniers temps, a été fourni par la nouvelle étude qu'a faite le savant directeur du Service géologique canadien sur le groupe de Québec, ou silurien inférieur [2], dans les *Eastern townships of the province of Quebec;* il en a déterminé les relations stratigraphiques, et il en a dressé une carte détaillée à l'échelle de $\frac{1}{253\,440}$. Ayant remarqué que, dans la bande de terrain située à l'est du Saint-Laurent qu'on rapportait à ce groupe, les trois étages connus sous les noms de *lévis*, de *lauzon* et de *sillery* étaient enchevêtrés les uns dans les autres dans des directions différentes de ce qu'aurait pu faire supposer l'allure générale des couches, M. Selwyn en a entrepris l'étude détaillée, et, au lieu d'un système très compliqué, comme celui qui est représenté sur la carte de Sir W. Logan, il est arrivé à un ensemble plus simple; il a montré en effet qu'entre les couches du silurien inférieur, qui s'étendent parallèlement au Saint-Laurent et qui sont très contournées par l'effet d'un écrasement latéral puissant, et celles du silurien supérieur, qui sont situées plus à l'est, couches qui toutes sont très fossilifères et nullement métamorphiques, il y a une bande anticlinale de roches cristallines, métamorphiques, azoïques, très anciennes, formant deux massifs allongés, qu'enveloppe une ceinture étroite de silurien primordial et qu'il rapporte au terrain huronien. D'après M. Selwyn, ce massif métamorphique et azoïque ne peut être contemporain des dépôts paléozoïques et

Winnipeg et de la rivière de Nelson jusqu'à son embouchure dans la baie d'Hudson; on a trouvé des roches laurentiennes dans la partie méridionale et, au nord, du côté de la baie, du calcaire silurien supérieur.

[1] Tous les ans, il part de Québec deux expéditions géologiques : l'une se rend de l'autre côté des montagnes Rocheuses, ayant à traverser tout un monde pour gagner la côte occidentale des États du Canada et ne coûte pas moins de 35 000 francs; l'autre va dans l'ouest de la baie d'Hudson et coûte de 20 000 à 25 000 francs.

[2] On sait que le groupe de Québec, ou étage taconien supérieur, est le dernier des six étages éozoïques dont le premier et le plus ancien de tous est le laurentien.

Gr. II. — Cl. 16.

nullement métamorphiques (excepté au contact des roches intrusives) du silurien inférieur qui s'appuient directement sur lui; ce qui avait induit Sir W. Logan en erreur, c'est qu'il avait trouvé des fossiles du silurien primordial mêlés avec des fossiles du silurien inférieur; mais ils ne sont ainsi juxtaposés que dans des conglomérats et ils sont par conséquent transportés. La disposition différente que présentent les minerais de cuivre dans les deux dépôts apporte une nouvelle preuve à l'appui de cette opinion; tandis que les filons de cuivre se sont fait jour à travers le terrain huronien et ont envoyé des filets métalliques entre les lames des micaschistes qu'ils ont traversés, dans le silurien inférieur, au contraire, on ne trouve du cuivre que dans les roches intrusives. M. Selwyn pense donc qu'on doit abandonner les subdivisions du groupe de Québec telles qu'elles ont été établies en 1863 dans la *Géologie du Canada,* et que de vastes étendues, qui ont été décrites et tracées sur la carte par Sir W. Logan comme appartenant aux étages lévis, lauzon et sillery, sont en réalité occupées par des terrains plus anciens que ceux de l'étage lévis où se trouvent les débris de la faune graphtolithique et trilobitique qui est caractéristique du groupe de Québec.

La structure géologique de la région située au sud-ouest de la rivière Saint-Francis est très compliquée et n'a pas encore été examinée de près; mais elle est plus régulière dans la vallée de la Chaudière et de la rivière Etchenin, et la succession des terrains peut y être facilement étudiée.

États-Unis. — Aux États-Unis, les levés géologiques sont faits par les soins des gouvernements de chaque État, sauf dans les Territoires qui, n'étant pas encore reconnus comme États indépendants, sont étudiés aux frais du gouvernement fédéral. Aucune carte d'ensemble à grande échelle n'y a encore été publiée, et malheureusement il n'existe aucune uniformité ni dans l'échelle ni dans la subdivision des terrains adoptées par les géologues des divers États de l'Union. C'est dans les États du Nord qu'on constate les plus grands progrès; on fait, en effet, le levé détaillé des États du New-Hampshire, de Vermont, de New-Jersey, de Pensylvanie [1], d'Ohio, d'Indiana, de Michigan, de Wisconsin, de Minnesota et de Missouri; on procède aussi à l'étude complète de la Caroline [2].

Il y a dix ans, les cartes géologiques représentaient les terrains du New-Hampshire et de Vermont comme uniformément primordiaux ou métamorphiques; on n'y avait pas encore établi de division. En 1868, les gouvernements de ces deux États donnèrent à M. C.-H. Hitchcock la mission de les étudier en détail, et ce savant géologue a publié plusieurs rapports, accompagnés de cartes, qui ont modifié les anciennes idées : il a montré que leur sol, qui est formé en grande partie par les terrains les plus anciens, comprend les étages laurentien, atlantique, labradorien et huronien de la série éozoïque et les étages cambrien et silurien de la série paléozoïque, et il a, en outre, établi avec soin des subdivisions dans les roches cristallines.

Le levé géologique de l'État de New-Jersey, qui, commencé en 1835 et abandonné pendant plusieurs années, a été repris en 1864, est terminé depuis 1868, et peu après M. J.-H. Cook a publié le rapport définitif. On a commencé en 1875 la revision de ce premier travail.

Le levé du Wisconsin a été entrepris en 1853; il a paru deux rapports: le premier, en 1862, par MM. James Hall et Whitney, et le second, en 1877, par M. Chamberlin; ce dernier est accompagné d'un atlas contenant 14 cartes, les unes générales à $\frac{1}{760\,000}$, les autres spéciales à $\frac{1}{190\,000}$. La région plombifère a été l'objet d'études toutes particulières [3].

M. Cox, qui est chargé de l'étude géologique de l'État d'Indiana, y a fait les premiers travaux en 1869; cet État possède des

(1) On a publié récemment une grande carte en six feuilles du *Wyoming anthracite coal field*, bassin qui se trouve dans le district ouest de la Pensylvanie.

(2) Bien que les études géologiques dans l'État de New-York aient été terminées dès 1843 par MM. Hall, Mather, Vanuxem et Emmons, le professeur James Hall n'a cessé depuis cette époque de s'occuper de recherches paléontologiques; il s'est consacré à la faune des formations paléozoïques de tous les États-Unis, et il a déjà publié sept volumes de son *Paleontology of the State of New-York*, avec de nombreuses planches, et 28 volumes de rapports annuels. C'est un travail d'une grande valeur.

(3) M. Lapham a publié, en 1869, un essai de carte géologique du Wisconsin à $\frac{1}{952\,000}$.

Gr. II. — Cl. 16.

gisements importants de charbon [1] dépendant du grand bassin qui s'étend aussi en partie sur l'Illinois, le Kentucky occidental, l'Arkansas, le Missouri, l'Iowa, le Kansas et le Nébraska. Les rapports annuels sont accompagnés de cartes de comtés où est indiqué l'emplacement des principales mines.

Le levé géologique de l'État d'Ohio a commencé en 1869 sous la direction de M. Newberry, qui s'est tout d'abord occupé de l'étude des gisements houillers du nord-est, gisements qui ont une grande puissance.

Celui de l'État de Missouri, qui a été entrepris en 1855, a éprouvé un temps d'arrêt de 1861 à 1870; à cette dernière date, a été institué un Bureau des mines dont M. Pumpelly a été nommé directeur; M. Broadhead lui a succédé en 1873; les études s'y continuent avec ardeur [2].

On doit encore citer l'atlas géologique du Michigan par M. Brown [3], ainsi que les notes sur la géologie de la partie occidentale du Texas située le long du 32e parallèle que M. Jenney a publiées en 1874.

Comme nous l'avons dit plus haut, outre le Service géologique qui est particulier à chaque État, il existe pour les Territoires, sous la haute direction de M. Hayden, un Service fédéral qui a la mission d'étudier non seulement leur constitution géologique, mais, depuis 1869, leurs ressources matérielles et leur histoire naturelle, et, depuis 1873, leur topographie; sans cartes exactes, on ne peut en effet faire de bonne géologie. Les publications très importantes de ce Service, dont l'éloge n'est plus à faire, se composent de *Rapports annuels* qui donnent la description générale

(1) Ces gisements paraissent s'étendre sur une surface de 17 000 kilomètres carrés, soit le cinquième de l'État d'Indiana. Il existe un grand nombre de mines et de hauts fourneaux dans la partie comprise entre le comté de Warren et la rivière Ohio.

(2) Un rapport publié en 1873 contient les cartes à petite échelle de neuf comtés (sur vingt et un); elles sont fort incomplètes au point de vue topographique. En outre, il a paru à la même date un mémoire sur les mines de fer et de charbon de l'État de Missouri accompagné d'un atlas comprenant treize feuilles, dont l'une est une carte minière donnant la distribution générale des gisements de fer (par le docteur Schmidt), une autre, un essai de carte géologique de la partie nord de cet État (par M. Broadhead), et une troisième, la carte géologique à $\frac{1}{63\,360}$ du comté de Lincoln (par M. Potter).

(3) M. A. Winchell a publié une *Rectification de la carte géologique du Michigan*.

et géologique de la région levée chaque année et qu'accompagnent des cartes, des coupes et des études spéciales sur sa paléontologie et son histoire naturelle; de *Bulletins* où sont insérés les documents relatifs à l'archéologie, à l'ethnographie, à la philologie, à l'histoire naturelle; de *Mélanges* qui contiennent les listes d'altitude, les observations météorologiques et le résultat des études botaniques, et de *Monographies* sur la zoologie et sur la paléontologie [1].

Vers la même époque, en 1867, le Ministre de la guerre a chargé le général du génie Humphreys de faire étudier au point de vue de la topographie et des ressources naturelles la zone de pays que traversent les chemins de fer de l'Union et du Central Pacifique entre les grandes plaines et la Californie, c'est-à-dire celle qui s'étend le long du 40e parallèle sur une largeur de 160 kilomètres entre les 106e et 122e méridiens; à cette époque, il n'existait en effet aucune carte exacte de cette région montagneuse. M. Clarence King, qui a dirigé l'exploration, a fait la coupe géologique des Cordillières comprises dans cette zone. L'atlas du troisième volume, *On Mining Industry* (1877), contient une carte générale des États et Territoires de l'ouest, à $\frac{1}{3\,800\,000}$, où sont indiqués les districts des mines, cinq cartes géologiques spéciales en deux feuilles chacune, à $\frac{1}{253\,446}$, où le relief du terrain est exprimé au moyen de courbes à l'équidistance de 91 mètres environ, et deux feuilles de coupes.

Pendant que M. Cl. King explorait les régions situées le long du 40e parallèle, M. Hayden commençait de son côté ses études, qui ont d'abord porté sur le Territoire de Nébraska [2] et sur celui de Dakota qui lui est limitrophe. Le travail a été terminé en 1871, et le rapport publié en 1872, avec une carte. MM. Hayden, Bradley et les autres géologues du Service fédéral ont ensuite abordé presque simultanément l'étude des vastes Territoires de Montana, de Wyoming, d'Idaho, explorant, d'une part, le bassin

(1) Il avait paru, en 1878, neuf rapports, trois bulletins et sept monographies.

(2) Ce Territoire, qui a été reconnu comme État en 1867, a cependant été étudié au point de vue de sa constitution géologique par ordre du Congrès qui a voté dans ce but une somme de 27 500 francs.

Gr. II. — Cl. 16.

du haut Missouri et celui de ses affluents, le Yellowstone, le Madison et le Gallatin, et, d'autre part, le bassin du Snake-River qui est tributaire de l'océan Pacifique. Ils ont publié successivement, en 1869, la carte du bas Yellowstone et du Missouri; en 1872, celle à $\frac{1}{253\,432}$ du haut Yellowstone, du Madison et du Gallatin, et celle à $\frac{1}{316\,792}$ des sources du Snake-River; en 1871, la carte générale à $\frac{1}{633\,583}$ des parties contiguës des trois Territoires, et en 1872 les cartes de plusieurs districts de Montana et de Wyoming. Ils ont étudié, en 1873, diverses régions de l'Utah, et, en 1874, a paru une carte générale, à $\frac{1}{633\,583}$, montrant les progrès du levé géologique dans le Colorado; cette dernière était accompagnée d'une carte à $\frac{1}{126\,716}$ des *Elk Mountains* et d'un essai de carte à $\frac{1}{253\,432}$ de la partie du versant oriental des montagnes Rocheuses où le Rio Colorado prend naissance.

Aujourd'hui, malgré l'activité remarquable qu'ont déployée depuis dix ans les géologues américains, le seul Territoire dont l'étude soit terminée est celui du Colorado, qui a déjà une carte plus complète qu'aucun autre État de l'Union. Son atlas, qui est presque entièrement achevé, contient, en effet, une carte donnant le réseau des triangles de premier ordre, une carte hydrographique à $\frac{1}{760\,000}$ montrant la distribution des cours d'eau, une carte économique indiquant la répartition des terres cultivées, des pâturages, des forêts, des mines, etc., une carte topographique en six feuilles, à $\frac{1}{253\,440}$, qui, avec les parties limitrophes des Territoires voisins du Nouveau-Mexique, de l'Utah et de l'Arizona, embrasse une surface de 180 000 kilomètres carrés et où le relief du terrain est exprimé au moyen de courbes à l'équidistance de 61 mètres, une carte géologique générale à $\frac{1}{760\,000}$, une carte géologique détaillée en six feuilles à $\frac{1}{253\,440}$, deux feuilles de coupes géologiques et deux feuilles de vues panoramiques.

Les rapports où sont consignées les observations faites sur le terrain et les cartes géologiques que nous venons d'énumérer méritent que nous nous y arrêtions un instant. Les phénomènes volcaniques qu'on a découverts en nombre si considérable dans les Territoires de Montana et de Wyoming, où prédominent les terrains éruptifs, sont en effet bien dignes d'admiration; la région des gey-

sers américains[1], qui est située dans les bassins du haut Yellowstone, du Madison, du Gallatin, du Firehole et du Snake-River, et qui a été pendant la période pliocène le théâtre d'une activité volcanique extraordinaire, forme le point de partage d'où les eaux s'écoulent, d'un côté, vers l'océan Atlantique et, de l'autre côté, vers l'océan Pacifique[2]; elle est coupée en tous sens par des vallées profondes et étroites où se dressent de hautes colonnes de basalte et de trachyte. Le bassin du Yellowstone surtout a été jadis comme un vaste cratère où s'ouvraient des milliers de bouches.

Quant au bassin du Colorado, il offre aux géologues un terrain d'étude presque inépuisable; suivant M. Powell qui en a fait l'exploration, trois fois cette région a été laissée à nu par la mer dont les rivages se sont sans cesse modifiés, trois fois le sol a été tordu et disloqué et des flots de lave se sont répandus à travers les crevasses, et trois fois des torrents d'eau ont creusé profondément les vallées, la première après la formation des schistes, la seconde après le dépôt des couches de grès rouge; la troisième a laissé le Colorado dans l'état actuel avec une partie plate et une partie montagneuse. Les plaines sont formées par un dépôt lacustre (miocène ou pliocène) qui s'appuie à l'ouest contre les montagnes Rocheuses et qui disparaît au sud du chemin de fer de l'*Union Pacific,* laissant voir une série de terrains sédimentaires qui ne sont pas plissés et qui ont été relevés tous ensemble: 1° calcaire carbonifère, le plus ancien de tous, 2° argiles et grès rouge que l'on suppose triasiques, 3° couches jurassiques fossilifères, 4° cinq étages du terrain crétacé[3] et 5° couches lignitifères qui appartiennent probablement à l'époque tertiaire. La région montagneuse est formée de granits et de roches anciennes qui ont percé et soulevé les terrains sédimentaires précédents; d'une struc-

(1) Le grand geyser américain lance à 60 mètres de hauteur une colonne d'eau chaude de près de 2 mètres de diamètre, et il y en a un autre d'où s'échappe une masse d'eau énorme de 7m 50 sur 5m 50, qui monte à 20 mètres et dont quelques jets, plus petits, s'élèvent jusqu'à 75 mètres.

(2) Le Yellowstone, le Madison et le Gallatin sont des affluents du Missouri, tandis que le Snake-River se jette dans la rivière Colombia.

(3) 1° Groupe de Dakota, 2° argile schisteuse noire, 3° calcaire impur avec *Ostrea congesta,* 4° argile schisteuse et 5° couches très fossilifères.

Gr. II. — Cl. 16.

ture simple dans son ensemble, elle est plus compliquée lorsqu'on entre dans les détails : des rides anticlinales se détachent obliquement de la chaîne principale et viennent mourir dans la plaine.

Les recherches sur les formations de lignite de l'ouest, qui affleurent sur une grande longueur au pied des montagnes Rocheuses et qui sont si riches en fossiles, sont aujourd'hui terminées, et le rapport définitif vient d'être publié. Un certain nombre de couches sont déjà en exploitation, et le lignite que l'on en extrait sert à tous les usages domestiques, mais il est impropre aux usages métallurgiques parce qu'il contient une trop grande quantité d'eau et ne peut par conséquent produire de hautes températures.

MM. Gilbert, Marvine, Howell et Stevenson, qui accompagnaient le lieutenant Wheeler dans son exploration à l'ouest du 100ᵉ méridien, ont aussi fait des études géologiques dans diverses parties des Territoires du Colorado, du Nouveau-Mexique, de l'Arizona, de l'Utah, de la Nevada et de l'État de la Californie; un atlas de treize cartes, où sont résumées leurs recherches, a paru en 1875. Ces géologues ont reconnu les traces de la mer intérieure qui, à l'époque glaciaire, couvrait la région habitée, il y a peu de temps encore, par les Mormons et qui communiquait avec l'océan Pacifique par la rivière Columbia.

En Californie, le levé géologique a commencé en 1860, et le premier rapport a paru en 1865 [1] : on a une carte générale de cet État à $\frac{1}{1140480}$. M. Whitney, qui en est le géologue en chef, a dressé la carte à $\frac{1}{40000}$ de la presqu'île de San-Francisco (1873).

M. Guillemin-Tarayre a publié en 1869 un certain nombre de documents qui intéressent la géologie de ces mêmes régions : un essai de carte générale des deux Californies, de la Nevada et des Territoires limitrophes (avec coupes), une carte géologique et une carte minéralogique de la haute Californie et de la Nevada, une esquisse géologique des régions métallifères de la Californie centrale, une carte de la région des pétroles dans le sud de la Californie et six coupes à travers la Sierra-Nevada.

[1] Dans ce rapport, on trouve la description géologique des *Coast Ranges* et de la *Sierra-Nevada*.

De toutes ces études il ressort que les terrains éozoïque et métamorphique forment, depuis la frontière nord-est des États-Unis jusqu'au sud-ouest dans l'État d'Alabama, une bande continue séparée de la mer par la zone de terrain tertiaire qui suit la côte à partir de New-York jusqu'au Mexique; ils ont au nord une grande extension, se rétrécissent graduellement à travers la Nouvelle-Angleterre jusqu'à l'État de New-Jersey, puis s'élargissent de nouveau en descendant vers le sud; ils constituent la région montagneuse des États de l'est connue généralement sous le nom de *Région granitique*. Tout le centre du pays jusqu'au 99e méridien est formé de roches paléozoïques; la région occidentale est principalement composée de terrains tertiaires, que coupent des roches éozoïques et métamorphiques (montagnes Rocheuses), des roches éruptives (bassin du Yellowstone, du Snake-River et du Columbia-River) et de nombreux îlots éozoïques et cambriens (dans la Nevada, l'Utah, la Californie du Sud et l'Arizona) (1).

Mexique. — La géologie du Mexique a été étudiée, de 1864 à 1867, par M. Guillemin-Tarayre, qui a publié en 1869 un rapport détaillé sur la mission que lui avait confiée le gouvernement français. Nous avons déjà dit plus haut que M. Guillemin a dressé une carte géologique et une carte minéralogique de la haute Californie; il a en outre donné une coupe du Mexique, de l'est à l'ouest, et la carte des principaux centres de production des métaux précieux (2).

Amérique centrale. — MM. Dollfus et de Montserrat ont étudié le district de Sultepec et publié trois planches de coupes pour accompagner leur mémoire. On doit aux mêmes auteurs une carte géologique des républiques de Guatémala et de San-Salvador à $\frac{1}{761\,000}$ (1868).

(1) Quoique nous n'ayons pas eu dans la classe 16 à nous occuper des découvertes paléontologiques, il nous est impossible de ne pas mentionner au moins les curieux restes d'Odontornithidés, surtout de l'*Ichthyornis*, qui ont été récemment trouvés dans les terrains crétacés placés au pied des montagnes Rocheuses.

(2) *Archives de la Commission scientifique du Mexique* (1869).

Gr. II. — Cl. 16.

M. W. Gabb a donné en 1875 des *Notes sur la géologie de Costa-Rica;* auparavant, en 1872, il avait établi la carte, à $\frac{1}{450\,000}$ environ, de la république de Saint-Domingue. Ce géologue américain a passé trois ans, de 1869 à 1871, à faire la reconnaissance géologique de cette moitié occidentale de l'île de Haïti, soit d'environ 40 000 kilomètres carrés; ce travail a été entrepris à la demande du gouvernement local, qui, sentant la nécessité d'avoir une connaissance exacte des richesses minérales du pays, mais trop pauvre pour faire les frais des études nécessaires, a accordé une concession de terre importante à une compagnie américaine qui, en échange, s'est chargée du levé. Jusque-là, cette région était à peu près inconnue au point de vue géologique.

Antilles et Guyane. — Les progrès ont été moindres dans le sud que dans le nord du continent américain. Le Service géologique de la Grande-Bretagne a publié des mémoires descriptifs sur la Jamaïque (1869) et sur la Guyane anglaise (1875), qui sont dus à MM. Brown et Sawkins; antérieurement, en 1860, MM. Wall et Sawkins avaient publié un rapport sur l'île de la Trinité.

Brésil. — Au Brésil, M. le professeur Hartt a étudié au point de vue géologique les provinces de Espiritu-Santo, de Bahia, de Pernambuco, et il a publié diverses notes sur le bassin tertiaire du Marañon (1872), ainsi que sur la région traversée par le Bas-Amazone et le Bas-Tapajos (1874)[1].

Nous devons encore mentionner les recherches faites par M. Gorceix dans la province de Minas Geraes, où ce savant a étudié l'exploitation des mines d'une manière toute particulière, celles de M. Plant, qui ont fait connaître de vastes dépôts de houille dans le sud de l'empire, et celles du professeur O. A. Derby sur la région du Bas-Amazone, sur les terrains diamantifères de la province de Parana, sur le terrain crétacé de Bahia, sur le district d'Ouro Preto, etc., qui sont consignées dans des articles insérés dans les

[1] C'est dans l'ouvrage intitulé : *Scientific results of a journey in Brazil* par L. Agassiz et ses compagnons de voyage (1871) que se trouvent les cartes géologiques du Brésil dressées par M. Hartt.

trois premiers tomes des *Archivos do Museu nacional do Rio de Janeiro* (1876-1878).

M. Liais a résumé dans son ouvrage sur le Brésil[1] les notions géologiques qu'on a sur ce vaste empire. Les chapitres consacrés aux mines, dont les seules exploitées sont celles d'or, de diamants et de quelques autres pierres précieuses, présentent surtout un vif intérêt.

Confédération Argentine. — Nous citerons, comme documents récents utiles aux géologues qui s'occupent de la république Argentine, le travail publié par le docteur Zeballos sur la province de Buénos-Ayres, les *Ensayos de un estudio de la formacion pampeana* par M. Florentino Ameghino, avec coupes, où l'auteur distingue les terrains pampasiens des terrains post-pampasiens, les collections de roches recueillies par M. Francisco Moreno pendant ses voyages en Patagonie, et le mémoire publié en 1875 par le major Rickard sur les mines des provinces de Mendoza, de San-Juan et de San-Luis que le gouvernement l'avait chargé d'inspecter en 1869. Cette même année, M. Burmeister a inséré dans les *Mittheilungen* un essai court, mais intéressant, sur la constitution du sol de la Plata.

Chili, Pérou, Équateur. — Pour le Chili, nous possédons des documents d'une plus grande valeur; un de nos compatriotes, M. Pissis, a publié en 1875 un ouvrage d'une importance capitale, *Géographie physique, Orographie, Météorologie et Géologie du Chili,* qu'accompagne un atlas de 23 planches dont treize forment une carte géologique assez complète de cette république : en 1867, cinq seulement avaient paru. Cette carte, qui s'étend des limites méridionales du Chili jusqu'à 27° 18′ de latitude sud et qui fait un grand honneur à son auteur, est à l'échelle de $\frac{1}{250\,000}$, et le relief du sol y est représenté par des hachures avec des cotes çà et là; les terrains stratifiés y sont divisés en neuf groupes que distinguent des couleurs différentes.

En 1877, le même savant géologue a étudié le désert d'Ata-

[1] *Climat, géologie, faune et géographie botanique du Brésil* (1872).

Gr. II. — Cl. 16.

cama, et il a publié en outre un important mémoire sur la constitution de la chaîne des Andes entre le 16e et le 53e parallèle sud, qu'accompagne une carte; il y remarque que les volcans situés au sud du 16e parallèle sont groupés dans deux régions que sépare un intervalle de 8 degrés.

Les études entreprises par M. Crawford sur le versant oriental des Andes pour chercher le meilleur tracé d'un chemin de fer entre le Chili et les Pampas n'ont pas été non plus sans résultats pour les sciences géologiques.

Celles qui ont été faites dans le même but au Pérou ont aussi fourni des données intéressantes sur la constitution du sol de ce pays, et M. Raimondi, qui a étudié depuis longtemps les richesses minérales de ce pays, a résumé ses recherches dans plusieurs publications, parmi lesquelles nous citerons celle sur le département d'Achachs qui est accompagnée d'une carte (1873).

Dans la république de l'Équateur, MM. Reiss et Stübel ont étudié pendant plusieurs années les montagnes qui environnent Quito, et ils ont fait l'ascension des pics les plus importants (Chimborazo, Altar, Tunguragua, Cotopaxi).

Afrique. — En Afrique, on n'a de cartes géologiques à peu près complètes que pour l'Algérie; depuis quelques années, en effet, on fouille avec ardeur le sol de notre colonie.

Algérie. — Le département de Constantine a été étudié avec soin par M. Tissot, qui en a dressé la carte à $\frac{1}{400\,000}$ en deux feuilles [1]. Dans ce département, les roches éruptives sont toujours situées au-dessous des terrains sédimentaires, qui commencent à Bône et dans les plaines de Senhadja et de Djidjelly par les couches cristallophylliennes [2]; au-dessus de ces dernières se montrent quelques îlots jurassiques, auxquels succède une série très complète d'étages crétacés, dont les assises inférieures jouent un rôle

[1] M. Tissot a utilisé pour la rédaction de cette carte les travaux de M. Brossard sur la subdivision de Sétif et ceux de M. Hardouin sur la subdivision de Constantine.

[2] Ces couches sont remarquables par l'alternance des gneiss et des phyllades qui passent les uns aux autres.

prépondérant dans la constitution du sol de sa partie centrale, et d'étages tertiaires (suessonien, nummulitique supérieur, miocène, pliocène) qui servent de base aux terrains quaternaires. Il y a certains points sur lesquels tous les géologues ne sont pas d'accord avec M. Tissot et qui peut-être demanderaient à être revisés, tels que la partie centrale du département et les terrains jurassiques de la Kabylie, avec lesquels paraissent avoir été confondues des assises appartenant au terrain crétacé inférieur; mais toute la région du sud et du nord-est semble au contraire ne devoir subir à l'avenir aucune modification notable.

M. Ville a établi la carte géologique de la province d'Alger, aussi à $\frac{1}{400\,000}$; mais comme ses travaux sont de date plus ancienne[1], ils ne sont peut-être plus tout à fait en rapport avec les progrès incessants de la science, et ils devront être probablement revisés en certains points; les travaux plus récents de M. Tissot dans la province de Constantine, dont nous venons de parler, et ceux de M. Pomel dans la province d'Oran, qui concordent les uns avec les autres, ne semblent pas se raccorder complètement avec ceux de M. Ville dans la province intermédiaire d'Alger. D'après la carte de M. Ville, le grand massif montagneux qui est parallèle à la côte est principalement crétacé et miocène; au nord, jusqu'à la Méditerranée, les terrains sont crétacés et pliocènes avec des alluvions et quelques roches plutoniques; les vastes plaines qui s'étendent au sud sont crétacées, et quaternaires dans le Sahara.

Comme travaux de détail intéressants, nous devons citer : la carte géologique des treras (subdivision de Tlemcem) et celle de la région ferrifère des Ouelhassa par M. Pouyanne, et les cartes géologiques du cercle de Bou-Saada, de la partie nord-ouest de la subdivision de Batna et des versants sud-est et nord-ouest de l'Aurès[2] par M. Tissot.

M. Vélain, qui a étudié en 1872-1873 certaines parties de la

[1] Dès 1856, M. Ville avait publié un *Essai de carte géologique de la province d'Alger;* dans sa dernière carte, il a utilisé les travaux de MM. Renou, Fournel, Badynski, Flajolot, Vatonne et Nicaise.

[2] Dans l'Aurès, les diverses couches sont très mêlées et n'affleurent qu'en bandes étroites.

Gr. II. — Cl. 16.

côte septentrionale de l'Afrique, a publié plusieurs cartes géologiques détaillées sur cette région : trois du littoral de la province d'Oran, une des environs de Nemours, une à $\frac{1}{10\,000}$ de l'île Rachgoûn et de l'embouchure de la Tafna, une à $\frac{1}{15\,000}$ des îles Zaffarines (côte du Maroc), une à $\frac{1}{10\,000}$ des îles de la Galite (Tunisie) et une des îles Habilas [1].

M. Fuchs, ingénieur des mines de France, a fait un travail géologique intéressant sur la région des chotts tunisiens et algériens, et M. Pomel a étudié d'une manière spéciale la province de Gabès.

Le Sahara a été aussi l'objet de recherches importantes. M. Ville a publié, en 1868, son *Voyage d'exploration dans les bassins du Hodna et du Sahara,* et, en 1873, son *Exploration géologique du Beni-Mzab, du Sahara et de la région des steppes de la province d'Alger* (avec trois cartes) qui a fourni des indications nouvelles sur cette partie peu connue de notre colonie; le Beni-Mzab est principalement formé par un vaste plateau de craie blanche, qu'entoure de tous côtés le terrain quaternaire au milieu duquel sont enclavées de vastes salines naturelles, et qui a les caractères du nord du Sahara. Le capitaine R. de Lannoy a donné des renseignements intéressants sur le désert compris entre Wargla et El-Goléa'a, pays nouveau qu'il a traversé à la suite de la colonne expéditionnaire commandée par le général de Gallifet.

Enfin, M. Pomel a esquissé dans un livre publié en 1872, *Le Sahara,* non seulement la géologie de ce désert, mais celle de l'ensemble de tout le nord-ouest de l'Afrique. MM. Ville et Pomel combattent la théorie de M. Desor d'après laquelle le Sahara aurait été, lors de la grande extension des glaciers, un vaste bassin maritime. D'après l'état actuel de nos connaissances sur l'Afrique, il semble que la structure de ce continent est d'une extrême simplicité et accuse une émersion très ancienne et permanente de la majeure partie de sa surface; à l'exception de la partie la plus australe et de la région méditerranéenne, où il s'est opéré des dépôts sédimentaires, on n'y a encore trouvé, en effet, que des roches cristallines et éruptives.

[1] L'ouvrage, qui vient de paraître, contient neuf planches coloriées.

M. Pouyanne a dressé une carte générale de l'Algérie où sont indiqués les principaux gisements minéraux et qui permet d'embrasser d'un coup d'œil toutes les richesses que contient le sol de notre colonie; on y compte 183 gîtes métallifères reconnus, dont 25 mines concédées régulièrement, 64 carrières principales et 59 gisements de sel [1] ou de salpêtre. Parmi les mines de fer, les plus importantes sont celles de Kharézas, de Bou-Hamra et d'Aïn-Mokhra dans le département de Constantine, qu'exploite la compagnie de Mokta-el-Hadid et dont le minerai a une teneur de 62 p. o/o [2]; dans le département d'Alger, on peut citer celles de Soumah, de Zaccar-Rharbi et de l'Oued-Rouïna, de Gourayas et du cap Tenez, et surtout celle de l'Oued-Messelmoun; dans le département d'Oran, l'attention est appelée depuis trois ans sur celles qui sont comprises entre le cap Falcon et l'embouchure de la Tafna et qui contiennent de puissants amas d'hématite pure à gangue calcaire fusible et propre à la fabrication des fers fins et des aciers de choix. Les gisements de cuivre sont assez nombreux en Algérie où ils se présentent, comme en Espagne, dans les terrains schisteux; les principaux sont ceux d'Aïn-Barbar (dans la province de Constantine) et de Mouzaïa, de l'Oued-Merdja et de l'Oued-Kébir (dans la province d'Alger), d'où l'on a exporté en 1876 près de 64 000 quintaux de minerai d'une valeur totale de 640 000 francs environ. Les principales mines de plomb sont, dans le département de Constantine, celles de Kef-oum-Théboul et du cap Cavallo et, dans le département d'Oran, celle de Gar-Rouban; leur production totale a été, de 1867 à 1876, de 342 500 quintaux de minerai, d'une valeur de 10 millions et demi de francs.

Égypte. — Depuis 1867, époque à laquelle la carte géologique de l'Égypte par Figary-bey était déjà terminée [3], nos connaissances

(1) On compte en Algérie 7 gîtes de sel gemme, 26 salines naturelles et 21 sources salées.

(2) La Compagnie a vendu de 1867 à 1877 plus de 3 millions de tonnes de minerai, d'une valeur totale de 35 millions de francs; tandis qu'en 1867 l'extraction était de 169 000 tonnes, elle a été l'année dernière (1877) de 384 000.

(3) La carte géologique de l'Égypte, de l'Arabie Pétrée et de la Palestine par Figary-bey, en six feuilles, date de 1864.

Gr. II. — Cl. 16.

sur la constitution du sol de la région nord-est du continent africain se sont peu accrues. M. Schweinfurth, qui a exploré la région comprise entre le Nil et la mer Rouge (Désert arabique), a montré que la craie moyenne y occupe une vaste surface, et il a déterminé l'âge des schistes et fixé la limite exacte dans l'ouest du plateau éocène égyptien.

Éthiopie. — M. Blanford, qui a fait en 1867 et 1868 des études d'une importance réelle sur le sol de l'Abyssinie, a établi la carte de la région comprise entre Massaoua et Magdala, et M. Mitchell a aussi publié une carte géologique qui jette un jour nouveau sur la partie de l'Éthiopie située au sud de Massaoua, jusqu'à 240 kilomètres de cette ville.

Cap de Bonne-Espérance. — Nous sommes ensuite obligés de traverser, sans nous y arrêter, tout le continent africain pour gagner le Cap de Bonne-Espérance; là, nous trouvons un essai de carte géologique des territoires coloniaux anglais, compilée par M. E.-J. Dunn d'après les observations de MM. Bain, Wylie, Athersthone, Pinchin pour la province du Cap, de M. Sutherland pour celle de Natal et de M. Button pour la région du nord. Cette carte montre qu'au sud du 28e parallèle la majeure partie du promontoire sud-africain est formée par des terrains triasiques (*Upper Karroo*, et plus à l'est *Stormbergbeds*) qui s'appuient au nord sur des terrains siluriens et sur des gneiss [1] et au sud sur des terrains paléozoïques carbonifères et dévoniens; la côte occidentale est composée de schistes métamorphiques, et une vaste étendue de conglomérats glaciaires recouvre les gneiss et le trias dans le Bushmanland. Il n'y a du reste que la partie la plus méridionale de la colonie sur laquelle on ait des renseignements suffisamment exacts.

D'après le docteur Holub, l'Afrique australe traverse une période de dessèchement; ce voyageur a trouvé dans la contrée située au nord du Limpopo des chotts qui sont semblables à ceux de l'Al-

[1] Les terrains siluriens occupent le centre de cette bande, et les gneiss les extrémités de l'ouest et de l'est.

gérie et qui sont reliés entre eux par des lits de rivières où maintenant il n'y a guère de l'eau que pendant l'hivernage.

Les sables diamantifères de l'Afrique australe, dont les dépôts situés sur la rive droite du fleuve Orange, dans le sud-ouest de la république du même nom, ont été découverts par M. l'ingénieur Hübner, sont formés de détritus de roches très complexes et sont intercalés en amas verticaux dans les terrains encaissants; ils appartiennent par conséquent aux terrains dits *d'alluvions verticales.*

Madagascar. — L'île de Madagascar a été encore peu étudiée au point de vue géologique. En 1863, M. Guillemin-Tarayre a reconnu la nature des terrains houillers du nord-ouest, et il a publié en 1867 un intéressant mémoire à ce sujet. M. Coignet a fourni des renseignements sur la constitution du sol de la côte nord-est à Angontsy, et, en 1871, j'ai montré qu'il existe dans l'ouest et dans le sud de l'île de vastes étendues de terrains secondaires nettement caractérisés par leurs fossiles, ainsi qu'une bande de terrain nummulitique sur la côte du sud-ouest et de terrain tertiaire sur la côte occidentale.

Des renseignements publiés en 1856 par M. Herland sur la constitution géologique de Nosi-Bé, il semblait résulter que cette île était formée de terrains granitiques supportant dans le nord des grès houillers avec des volcans au centre, et qu'elle était par conséquent d'origine très ancienne. M. Vélain, qui a fait par les nouveaux procédés l'étude microscopique de différentes roches provenant de notre colonie malgache, est arrivé à une conclusion toute différente: il a montré que les roches d'aspect granitique étaient dues à des éruptions trachytiques tertiaires et que son émersion n'était pas très ancienne. Les grès qui s'appuient sur ces trachytes ne sont pas houillers, mais beaucoup plus récents. Cette étude jette un jour nouveau sur la géologie de Nosi-Bé, dont M. Vélain a dressé la carte à $\frac{1}{15\,000}$.

Île de la Réunion. — L'île de la Réunion, qui a été aussi étudiée avec soin par le même géologue, est entièrement volcanique; elle se divise orographiquement et géologiquement en deux parties dis-

Gr. II. — Cl. 16.

tinctes : aux roches d'abord trachytiques, puis basaltiques, ont maintenant succédé les laves où prédomine l'olivine et les grandes coulées d'hyalomélanes. L'ordre d'éruption des différentes laves à oligoklase, à labrador et à anorthite est le même dans l'île de la Réunion que celui que M. Fouqué a constaté à Santorin.

Îles de Saint-Paul et d'Amsterdam. — M. Vélain a aussi exploré les îles de Saint-Paul et d'Amsterdam, îles perdues au milieu de l'Océan à plus de 500 lieues de toute terre. Elles sont entièrement volcaniques, mais tandis que dans l'île de Saint-Paul l'activité a été concentrée en une bouche unique, dans l'île d'Amsterdam il existe une multitude de cratères qui s'étagent les uns au-dessus des autres; ce sont deux foyers distincts qui ont surgi séparément au sein de l'Océan à une date relativement récente.

L'île de Saint-Paul, avec son vaste cratère, aujourd'hui effondré vers le nord-est, dans lequel la mer pénètre et qui forme comme une chaudière pleine d'eau bouillante, avec ses falaises escarpées, avec ses phénomènes hydrothermaux, est très curieuse; M. Vélain en a dressé la carte à $\frac{1}{10\,000}$. On distingue dans sa formation trois phases successives, caractérisées, l'une par l'apparition de roches éruptives et vitreuses, telles que tufs ponceux, pierres ponces et obsidiennes, l'autre par la présence de roches cristallines et basiques, telles que dolérites, basaltes et laves, et la troisième par des phénomènes geysériens et des amas de silice. L'activité volcanique ayant diminué, il n'y a plus aujourd'hui que de nombreuses sources chaudes et siliceuses; en certains endroits, la température du sol atteint encore 70 degrés.

L'île d'Amsterdam, dont le sommet ne paraît avoir été vu par personne jusqu'au voyage de M. Vélain, est de forme elliptique et présente de tous côtés des falaises à pic, mesurant souvent plus de 100 mètres et ne s'abaissant que vers le nord-est sur un espace de 300 à 400 mètres. Son sol extrêmement tourmenté et surtout la végétation épaisse qui le recouvre sont autant d'obstacles sérieux qui y rendent les excursions extrêmement pénibles. Au sommet du volcan s'élève un cône de scories de 28 mètres de hauteur, non loin duquel s'ouvre un vaste cratère d'explosion. Cette île est plus élevée et de formation plus récente que l'île de Saint-Paul, dont les tufs ponceux et le massif rhyolithique avaient déjà émergé quand ont paru les laves basaltiques d'Amsterdam. Les falaises qui l'entourent et qui en rendent l'accès impossible sur la plus grande partie du littoral sont constituées par des coulées de laves feldspathiques. Dans l'intérieur, les sphaignes sont très développées, et une vaste région est convertie en tourbières. La carte levée par M. Vélain est à $\frac{1}{20\,000}$.

Afrique occidentale. — Aucun travail géologique important n'a été fait sur la côte occidentale de l'Afrique. M. le docteur Lenz a exploré la région volcanique qui est située dans l'ouest du Gabon, et M. de Cessac a étudié la géologie des îles du cap Vert; M. Maw a publié quelques notes sur la constitution du sol de la plaine du Maroc et du grand Atlas. Notons en terminant qu'en 1872 on a découvert du lignite au Gabon, non loin du village de Boungi; malheureusement les veines qui affleurent au milieu des grès sont minces.

En somme, on voit que nous ne connaissons d'une façon à peu près complète que la géologie de l'Europe et celle de l'Inde, de l'Asie russe, de l'Australie et des deux Amériques; encore nos connaissances sur ces diverses contrées sont-elles très générales; l'Afrique et l'Océanie contiennent d'immenses étendues qui nous sont encore tout à fait inconnues. M. Jules Marcou a résumé, dans la seconde édition de la carte géologique de la Terre en huit feuilles à $\frac{1}{23\,000\,000}$ qui a paru en 1876 [1], les travaux accomplis jusqu'à cette date par les deux mille savants qui depuis un siècle interrogent les roches de toute la terre pour en reconstituer l'histoire; cet essai d'une carte générale, tout incomplet qu'il est par le manque des documents nécessaires, permet néanmoins de se rendre compte d'un coup d'œil de la disposition des divers terrains dans les parties de notre globe qui ont été explorées.

[1] La première édition date de 1861. On sait que c'est Boué qui, le premier, a publié un *Essai d'une carte géologique du globe terrestre.*

Gr. II.
—
Cl. 16.

Géologie sous-marine. — On n'étudie pas seulement la géologie des continents; la géologie des mers a pris pendant ces dernières années un certain développement. Un double intérêt, un intérêt scientifique et un intérêt pratique, s'attache en effet à l'étude du fond des mers, dont la connaissance importe au navigateur, puisque la sûreté de l'ancrage en dépend, et aux ingénieurs chargés de travaux dans les ports ou sur les côtes qui ont besoin de notions précises et détaillées à cet égard; elle est non moins importante pour la géologie générale de la Terre.

Nous avons déjà vu dans le chapitre précédent que c'est aux travaux entrepris en vue de l'établissement des câbles sous-marins, qui a nécessité des explorations à travers toutes les mers[1], ainsi qu'aux nombreux voyages maritimes scientifiques exécutés par les Anglais, les Suédois, les Américains, etc., qu'on doit les données précieuses dont s'est enrichie de nos jours la géologie sous-marine. M. Delesse[2] a réuni sur des cartes spéciales pour la France, les États de l'Europe et l'Amérique du Nord tous les renseignements qu'il a recueillis sur la constitution géologique du fond des mers qui les baignent, et il y a marqué la nature des roches dans toutes les parties qui ont été explorées par des sondages; il a aussi étudié avec soin les dépôts qui se forment actuellement le long de nos côtes, et, comme ils sont dus en grande partie aux cours d'eau, il a indiqué sur ces cartes les limites des grands bassins hydrographiques; le niveau et le courant des rivières étant réglés par la chute des pluies et par la fonte des neiges, il y a joint, pour la France, une carte des pluies où est marquée la quantité d'eau qui tombe annuellement sur chaque région; des teintes variées montrent la nature du sol sous-marin (roches pierreuses diverses, calcaires tendres et crayeux, argile, sable, gravier ou galets). Ces cartes, qui ont nécessité de longues études, permettent de reconstituer par la pensée les mers des époques antérieures, en faisant connaître par le présent le passé de notre globe.

[1] Il a fallu en effet non seulement déterminer les profondeurs, mais encore étudier la nature du fond, dont la connaissance est si importante pour la sécurité des câbles immergés.

[2] *Lithologie du fond des mers.*

M. Delesse a étudié en outre les mouvements de soulèvement et d'abaissement des côtes françaises; la carte où il a résumé ses recherches figure, au moyen de courbes horizontales, le relief du fond des mers le long du littoral et y indique en même temps la répartition des invertébrés.

Un géologue américain, M. Albert Bickmore, a exposé en 1868 dans l'*American Journal of science and arts* le résultat de recherches semblables auxquelles il s'est livré sur les exhaussements et les abaissements du sol en diverses parties du littoral de la Chine; il pense que les plaines du Petschili se soulèvent graduellement, et comme il suffirait que le nord de la Chine vînt à s'exhausser de 30 à 40 mètres pour que la Corée fût réunie à la province de Pékin, l'auteur croit que cette jonction s'opérera assez rapidement : d'après des renseignements locaux, le soulèvement aurait en effet atteint $4^{m}30$ en deux siècles et demi. Sur la côte coréenne, à l'embouchure du Tatong, M. Bickmore a également constaté un soulèvement d'époque récente, et, dans la baie d'Yeddo, une île, qui en 1671 était isolée de la terre ferme, y est maintenant rattachée par une bande de sable; à Formose, le fort Zélandia, qui a été construit en 1634 sur un îlot, est aujourd'hui dans l'intérieur des terres. Au contraire, le même géologue a trouvé dans la province de Fukian des preuves d'un abaissement du sol; on a en effet découvert des restes d'habitations à 4 mètres environ au-dessous du niveau des basses mers.

Mais aucun point des divers océans n'a été aussi complètement exploré que le détroit du Pas-de-Calais, dont MM. Lavalley, Larousse, Potier et de Lapparent ont dressé une excellente carte tout à la fois topographique et géologique; par cette étude, la question du levé géologique du fond des mers est entrée dans une voie nouvelle. Il s'agissait de reconnaître s'il était possible de creuser un tunnel sous la mer entre la France et l'Angleterre et par conséquent de déterminer la structure exacte du sol sous-marin. Depuis longtemps on sait que les falaises entre Folkestone et Douvres, d'un côté, et celles entre Wissant et Sangatte, de l'autre côté, sont formées des mêmes assises; on sait aussi que c'est la mer qui par son action destructive a récemment donné au détroit sa forme actuelle. Mais la région qui l'avoisine a subi, à des époques postérieures au dépôt de la craie qui constitue les falaises, des mouvements importants, et il y avait lieu de craindre que ces mouvements n'eussent interrompu la continuité des couches. Pour s'en rendre compte, on y a, en 1875 et 1876, descendu la sonde 7671 fois, en notant avec soin la profondeur et la position de chaque sondage, et l'on a obtenu plus de 3000 échantillons du fond ayant une valeur géologique. On a pu ainsi établir avec une très grande approximation quelle est la position des assises crayeuses; on y a tracé l'affleurement de la craie glauconieuse, on y a fixé la ligne de séparation des affleurements de la craie de Rouen et de la craie marneuse, et l'on a par conséquent déterminé le plongement des couches crétacées. Ces études ont prouvé qu'il y avait continuité entre les couches de craie des deux côtés du détroit, et que leur direction et leur inclinaison étaient dans le même sens; les failles qui se prolongent vraisemblablement sous la mer dans la région située au sud de la ligne qui relie Wissant à Folkestone n'ont laissé dans l'étendue explorée d'autres traces que l'inclinaison prononcée et de sens variable des couches crétacées[1]. Aujourd'hui le sol de la Manche entre Sangatte et Douvres est donc aussi bien connu que celui des terres émergées voisines.

Géologie des temps glaciaires. — Avant de terminer ce rapport déjà si long, il nous faut encore parler des études poursuivies par un certain nombre de géologues sur la période glaciaire. On sait que les glaciers ont joué un rôle considérable dans l'histoire de la Terre, et les changements qu'ils ont amenés dans la configuration du sol sont d'autant plus intéressants à constater que leur extension est le dernier phénomène cosmique dont notre globe a

(1) Les diverses assises crayeuses différant entre elles par les proportions relatives de calcaire et d'argile qui entrent dans leur composition, les ingénieurs chargés de cette étude les ont étudiées au point de vue de la quantité d'eau qu'elles contiennent. Dans un sondage fait à proximité du village de Sangatte, ils ont constaté, en isolant les eaux fournies par les diverses couches, que 50 mètres percés dans la craie cénomanienne ont donné trois fois moins d'eau que 21 mètres, dont 12^{m}60 dans la craie marneuse; on peut donc dire que le débit est négligeable dans le tiers inférieur de la craie cénomanienne.

été le théâtre; aussi n'est-il pas étonnant qu'Agassiz, Desor, Vogt, James Forbes, Dollfus-Ausset, Hopkins, Tyndall, Ed. Collomb, John Ball, Ch. Martins, etc., auxquels on doit tant d'études intéressantes sur les glaciers des Alpes, aient eu des continuateurs dont les travaux depuis dix ans ont grandement augmenté nos connaissances sur les importants problèmes qui ont préoccupé tant de savants illustres depuis 1840.

En suivant à la piste les roches et les débris que le fleuve solide a charriés jadis [1] et qui, laissés aujourd'hui sur le sol, indiquent d'où ils venaient, on est arrivé à connaître l'étendue de la plupart des anciens glaciers, notamment des gigantesques glaciers primitifs du Rhône et du Rhin, et on a pu dresser dans ces derniers temps des cartes du phénomène erratique.

Les travaux de MM. Falsan et Chantre, s'ajoutant à ceux de MM. Favre, Lory, Benoît et du frère Ogérien, font connaître la disposition des glaciers du Rhône, de l'Arve, de l'Isère, du Drac et de leurs affluents au moment de leur plus grande extension; la carte à $\frac{1}{80\,000}$ du terrain erratique de la partie moyenne du bassin du Rhône qu'ils ont exposée fait bien saisir leur allure au travers de ce pays accidenté et montre le trajet qu'ils ont fait en irradiant des Alpes [2]. On y distingue nettement les divers bassins d'alimentation du grand glacier du Rhône, qui étaient situés dans les hautes vallées des Alpes, telles que le Valais, la vallée de l'Arve, la Tarentaise, la Maurienne, les vallées du Drac et de la Romanche, dont les glaces, s'ajoutant à celles qui suivaient le cours de la haute Isère, s'étendaient à cette époque sur les plateaux et sur les plaines du Dauphiné et venaient rejoindre le glacier du Rhône, déjà réuni à une branche de celui de l'Isère. En examinant les directions qu'ont suivies les divers courants de glace et qui sont gravées sur le sol, les auteurs ont pu marquer le sens de leur

[1] On sait en effet qu'au milieu des océans de neiges il y a des fleuves de glaces qui cheminent transportant avec eux d'énormes blocs. Leur marche est quelquefois rapide; M. Helland, qui a mesuré en 1875 la vitesse d'écoulement de plusieurs glaciers groënlandais, a trouvé dans l'un d'eux, le glacier Jakobschavn, à 1 kilomètre du bord, la vitesse exceptionnelle de 20 mètres par vingt-quatre heures!

[2] Chaque groupe de glaciers est marqué sur la carte de MM. Falsan et Chantre par une teinte spéciale.

Gr. II. — Cl. 16.

progression, et, les premiers, ils ont représenté cette marche par un système ingénieux de lignes et de flèches [1].

MM. Falsan et Chantre ont suivi les mêmes phénomènes dans les vallées du Jura, du Lyonnais et du Bourbonnais, et ils ont étudié ceux qui se sont produits à leur contact avec les glaciers alpins.

Le phénomène erratique a été aussi l'objet d'études persévérantes de la part de M. Alphonse Favre. Une carte très intéressante des anciens glaciers du versant nord des Alpes suisses, qui est en cours d'exécution et dont on a vu la minute à l'Exposition, montre qu'ils se répartissent en huit bassins. On y suit, grâce aux teintes par lesquelles l'auteur les a distingués, la progression de la glace qui est très différente de l'écoulement actuel des eaux; les glaciers et les nevés du bassin du Rhône s'étendaient en effet vers le nord-est le long de l'Aare depuis Berne jusqu'à Aarau, et ils empiétaient par conséquent sur le bassin actuel du Rhin : l'orographie de la Suisse n'était donc pas alors ce qu'elle est aujourd'hui: quant au bassin erratique du Rhin, il s'arrêtait vers l'est à la chaîne würtembergeoise Rauhalp, mais dans l'ouest il rejoignait les glaciers des Vosges et de la forêt Noire.

M. Émile Benoit, dont les travaux sont bien connus de tous ceux qu'intéressent ces études, exposait une carte, manuscrite comme les précédentes, de l'extension des anciens glaciers dans le Jura.

De tous ces travaux il semble résulter qu'il y a eu deux époques glaciaires : c'est pendant la première que le phénomène a eu sa plus grande extension; les glaciers du Rhône et de l'Isère ont alors dépassé le Jura et ont atteint Lyon, et le glacier du Rhin s'est prolongé jusqu'aux Vosges.

Les expériences minutieuses qu'on n'a cessé de poursuivre sur les phénomènes d'avancement et de retrait alternatifs des glaciers montrent qu'ils sont probablement dus aux variations de température; quant aux effets de leurs mouvements, ils ont été observés avec soin par M. Alphonse Favre, qui a irréfutablement renversé la

[1] C'est le même qui est adopté dans les cartes hydrographiques pour figurer les courants marins.

théorie du creusement ou affouillement glaciaire des lacs et des fiords, déjà condamnée du reste par MM. Murchison et Desor. M. Charles Grad, qui s'occupe depuis longtemps d'études semblables, professe les mêmes idées; il pense même que les vallées alpines ont subi l'érosion atmosphérique avant l'apparition des glaciers qui, suivant lui, ont un rôle protecteur.

Nous devons aussi citer les travaux de M. Julien sur les phénomènes glaciaires dans le plateau central de la France; c'est ce géologue qui le premier a signalé l'existence en Auvergne de traces d'anciens glaciers à moraines.

Quoique la région des Alpes soit la partie de l'Europe où le phénomène erratique est étudié avec le plus de suite et le plus de soin, on s'en occupe aussi dans la plupart des autres pays; nous citerons parmi les travaux les plus récents ceux de M. Kjérulf sur la Norwège méridionale et ceux de M. Poliakof sur la Finlande méridionale et sur le lac Onéga.

Si nous cherchons maintenant quels sont les documents réunis pendant ces dernières années pour l'étude de la période glaciaire en Asie, nous verrons que M. Poliakof a trouvé dans les monts Oural, contrairement à l'opinion généralement répandue, des traces d'anciens glaciers et, dans les parties hautes, surtout à l'est de la ligne de partage des eaux, des moraines; il a aussi constaté l'existence de terrains glaciaires sur le bord de l'Obi. M. de Severtzof a découvert dans la chaîne de Thsoung-Ling des restes de l'époque glaciaire; on n'en connaissait jusque-là, à d'aussi grandes hauteurs, que dans le Liban et dans l'Himalaya; MM. Krapotkine et Michaëlis ont vérifié ce fait [1]. M. Kostenko en a trouvé des marques évidentes dans le Turkestan russe, et M. Fedchenko au sud de Khokan. Dans l'Inde, dans les Naga-Hills, le major Godwin-Austen a reconnu l'existence d'immenses moraines, qui diffèrent de celles de l'Himalaya et des Alpes en ce qu'elles sont composées de pierres désagrégées, arrondies, réduites en limon et en sable. Enfin, M. E. Favre a signalé dans la portion centrale de la chaîne du Caucase des moraines et des blocs erratiques.

[1] Cependant M. Mouschketof pense qu'il n'y a pas eu de période glaciaire dans le Tian-schan.

Gr. II. — Cl. 16.

Dans l'Amérique du Sud, sur les bords de l'Amazone, Agassiz a constaté des traces analogues, car les régions tropicales ont, comme les autres parties du monde, passé par une période glaciaire.

Quant aux énormes blocs de roches éruptives, arrondis et à surfaces polies, qui se trouvent disséminés au milieu du limon des vastes plaines des Pampas, et auxquels MM. Carlos Honoré et Agassiz avaient attribué une origine glaciaire, M. le docteur Jules Crevaux, au contraire, ne les regarde pas comme erratiques; il a remarqué qu'ils ne sont jamais striés, et il a constaté leur identité avec les roches de fond sur lesquelles ils reposent; il attribue l'état de leur surface, qui est parfaitement polie, au frottement qu'ont exercé des eaux très mouvementées, chargées de graviers et de sables.

En Afrique, MM. Duveyrier et de Heuglin ont trouvé des traces de glaciers dans le nord de ce continent; M. Lombardini, dans son beau travail sur l'hydrologie du Nil, conclut de l'examen de plusieurs faits à l'existence de traces laissées par la période glaciaire en diverses régions de l'Égypte, et M. Rohlfs est d'avis qu'il en existe aussi en Abyssinie.

Nous sommes arrivés au terme de notre travail de revision; l'énoncé seul des principales cartes géologiques qui ont été publiées pendant les dix dernières années suffit à montrer quels immenses progrès a fait la science de la Terre dans ce court espace de temps. Nous venons de voir en effet que presque tous les pays de l'Europe ont aujourd'hui leur carte détaillée en bonne voie d'exécution, et que les nombreux voyageurs qui explorent en tous sens les contrées lointaines nous apportent chaque jour à cet égard de nouvelles lumières. Si donc il reste encore beaucoup à faire pour avoir une bonne carte générale de notre globe, il faut cependant nous féliciter de l'extension qu'ont prise partout les études géologiques et de la voie dans laquelle on marche avec tant de zèle.

CHAPITRE III.

MÉTÉOROLOGIE.

La météorologie, cette branche de la physique générale de notre globe qui est aujourd'hui si importante, est une science toute moderne[1]. Ce n'est pas qu'on n'ait à toute époque cherché à comprendre les signes du temps : le laboureur pour ses cultures, l'homme de guerre dans ses expéditions, le marin en voyage les ont toujours consultés, car l'homme attend son bien-être ou sa misère des variations atmosphériques; mais, faute d'observations bien conduites, les lois de ces variations ne se sont révélées à nous que tardivement.

Pendant une longue suite d'années, des hommes modestes ont eu beau accumuler chiffres sur chiffres et se livrer à des calculs longs et ingrats, ajoutant sans cesse des éléments à d'autres éléments dans l'espoir qu'une grande théorie sortirait un jour de ce vaste ensemble, l'expérience d'un siècle a montré que ces observations isolées, avec quelque soin d'ailleurs qu'elles soient faites, sont stériles, et, en 1866, dans son rapport sur les travaux de l'Observatoire de Greenwich, M. Airy, astronome royal d'Angleterre, a mis en doute leur utilité. C'est que les données nécessaires pour les interpréter et les comprendre faisaient défaut.

Aucune loi en effet ne peut ressortir de l'étude isolée des mouvements irréguliers observés au niveau du sol au milieu de toutes les causes perturbatrices locales, et il n'est pas étonnant qu'on ait pendant si longtemps accepté sans conteste le principe de l'instabilité des vents. Mais dès qu'au lieu de ne voir dans l'atmosphère que des évolutions locales, on s'est attaché à la direction générale et à l'ensemble des courants aériens, dès qu'on a relié entre elles toutes les observations recueillies au même instant

(1) Pendant longtemps, en effet, la météorologie, en butte à l'incrédulité des uns, à l'indifférence des autres, n'a été en faveur ni parmi les savants ni parmi les gens du monde.

Gr. II. — Cl. 16.

en un grand nombre de points, on est arrivé à des résultats instructifs.

Brandes, ayant réuni, à l'occasion d'une baisse extraordinaire du baromètre qui eut lieu le 24 décembre 1821, toutes les observations faites ce jour-là, a le premier essayé de reconstituer le phénomène dans son ensemble; mais ce n'est que dix ans plus tard, en 1831, qu'un Américain, Redfield, a reconnu que les ouragans sont des cyclones ou tourbillons de vent; peu après, en 1838, Dove, ayant soumis à une nouvelle discussion les observations recueillies par Brandes, arriva à cette conclusion importante, que, dans la tempête de 1821, les vents avaient tourné autour de Brest, où la pression atmosphérique était plus faible que partout ailleurs, en sens inverse des aiguilles d'une montre et que le centre de dépression avait marché en ligne droite vers la Suède [1]. Les particularités de ce phénomène ont depuis été approfondies avec soin par le major général Reid dans un ouvrage d'une haute valeur [2]. La loi générale qui règle les vents fut dès lors connue.

Nous n'avons pas à insister sur la grande importance de cette découverte dont la portée ne fut pas cependant comprise immédiatement de tous [3], car il faut un mobile plus puissant que la curiosité scientifique pour captiver l'attention du public; mais le 14 novembre 1854, éclata dans la mer Noire, lorsque tous les regards étaient fixés sur la Crimée, une tempête terrible, dans laquelle périt le vaisseau *le Henry IV*. Le Verrier entreprit une enquête à ce sujet; il demanda à tous les météorologistes de l'Europe communication des observations faites pendant le milieu de ce mois de novembre; plus de 250 réponses furent envoyées; M. Liais les

(1) La découverte de cette loi importante a permis d'ores et déjà aux marins pris dans la zone d'un cyclone de diriger leur navire de façon à échapper au danger.

(2) Henri Piddington, en s'appuyant sur les travaux de Reid, a beaucoup contribué à élucider la loi des ouragans de l'océan Indien.

(3) En effet, sans se préoccuper des travaux précédents, Quetelet, qui fut de 1835 à 1841 le chef d'une association de météorologistes ayant un programme commun, et plus tard Le Verrier regardaient les tempêtes comme produites par une série d'ondes ou de vagues atmosphériques; c'était une erreur qui, du reste, n'eut aucune influence fâcheuse sur le développement de la météorologie.

réunit, les coordonna et montra qu'il avait fallu à ce qu'il croyait être une vague atmosphérique quatre jours pour aller de Londres en Crimée. Bien que l'interprétation du phénomène fût erronée, cette enquête eut un grand effet, car elle apprit qu'une tempête mettant plusieurs jours pour traverser l'Europe, il serait facile d'avertir les marins et les cultivateurs de son arrivée et de parer ainsi en partie aux désastres qu'elle apporte. L'utilité de la météorologie a été dès lors établie, et, en 1856, Le Verrier, dans le but de prévoir quelques jours à l'avance les modifications du temps, organisa un système de communications météorologiques avec vingt-quatre villes de France, et un peu plus tard avec Alger et quatorze des principales villes de l'Europe [1]. En effet, si la climatologie spéciale de chaque région, qui a aussi sa valeur, peut être étudiée dans ses observatoires propres; pour démêler les causes de phénomènes tels que les vents, les pluies, les orages, qui se préparent sur de vastes étendues, et en déduire les lois générales, il faut considérer à la fois l'état d'une partie notable de la Terre, ce qui exige des investigations internationales; c'est en effet dans les grands mouvements aériens dont le point de départ est situé le plus souvent vers la limite de la région des vents alizés qu'on doit chercher l'origine des variations atmosphériques.

La Société royale de Londres, suivant l'exemple donné par l'Observatoire de Paris, demanda au Parlement anglais et obtint un subside annuel de 80 000 francs pour créer au *Board of trade* un bureau spécial chargé du dépouillement et de la publication des observations météorologiques faites tant dans les stations terrestres qu'à bord des navires (*Meteorological Papers*). L'amiral Fitz Roy, qui a organisé ce service, a rédigé, dès 1860, non seulement des rapports trimestriels sur le temps (*Weather Reports*) où étaient résumées les observations quotidiennes [2]; mais, tirant par voie empirique des déductions de ces observations comparées, il a mis en pratique, en 1861, un système d'avertissements télégraphiques pour annoncer aux différents ports de la Grande-Bretagne la pro-

[1] Trois villes dans la Péninsule Ibérique, trois en Italie, trois en Russie, une en Belgique, une en Suède, une en Norwège, une en Danemark et une en Turquie.

[2] La publication de ces *Weather Reports* se continue jusqu'à ce jour.

Gr. II. — Cl. 16.

babilité du temps deux ou trois jours à l'avance. Les quelques bons résultats qu'il a obtenus n'ont pas empêché la Société royale de faire un rapport défavorable sur ce service qui, à la mort de l'amiral, a été interrompu; on ne les trouvait en rapport ni avec les dépenses, ni avec la somme de travail; le champ d'investigations était en effet à cette époque trop restreint pour que l'on pût en conclure même d'une manière approchée les lois du temps.

La possibilité de prévoir le temps n'en fut pas moins démontrée pour beaucoup de bons esprits, et la France en 1862, la Prusse pour la Baltique en 1863, ont institué un système de signaux analogue à celui qui était en usage en Angleterre; mais Le Verrier, comprenant que des cartes du temps, résumant l'état de l'Europe entière à un instant donné et permettant d'embrasser d'un coup d'œil la répartition à ce moment des pressions et des températures, pouvaient seules servir de base sûre aux avertissements de tempêtes, commença la publication de cartes synoptiques, qui ont eu une très grande influence sur les progrès de la météorologie [1]. Des observations barométriques faites le même jour et à la même heure, pourvu qu'on en ait un nombre suffisant, on peut en effet déduire l'état de la pression atmosphérique sur les diverses régions, état qu'on représente en traçant sur une carte de la Terre des lignes passant par les localités où la pression est la même à cet instant [2]. En dressant ces cartes à des intervalles rapprochés et en les comparant entre elles, on voit de suite les modifications que cet état éprouve d'un jour à l'autre, et, en suivant ces changements, on peut prévoir ceux qui se préparent.

A partir de cette époque, l'Observatoire de Paris, mis en communication par le télégraphe électrique avec 59 stations disséminées à la surface de notre continent, reçut chaque jour, avant midi, le résumé des observations faites à 8 heures du matin, qui étaient aussitôt classées et enregistrées sur une carte muette.

[1] On peut dire que, malgré quelques essais tentés antérieurement, c'est Le Verrier qui a le premier caractérisé et dressé les cartes synoptiques du temps. Les premières ont paru dans le *Bulletin international*, en novembre 1863.

[2] La pression barométrique variant avec l'altitude, on obtient des résultats comparables en ramenant par le calcul les observations à un même niveau.

Outre ces cartes du jour, Le Verrier, utilisant les observations faites dans les stations qui n'étaient point en correspondance télégraphique avec notre Observatoire, ainsi que celles recueillies en mer, publia après coup des cartes plus générales et plus complètes, donnant, pour l'heure des observations, la topographie de l'atmosphère, montrant le cours des fleuves aériens à travers les vallées, ou régions de basse pression, qui séparent les îlots de haute pression, ou montagnes d'air [1], vrais tableaux parlant aux yeux qui ont fourni des révélations précieuses.

On peut donc dire que si, comme nous le verrons plus tard, l'honneur des observations internationales revient au commandant Maury, c'est en France que la météorologie a pris naissance et que c'est aussi à notre pays qu'est due la première organisation scientifique des avertissements du temps; malheureusement, les ressources insuffisantes dont disposait l'Observatoire n'ont pas permis de donner à ces études le développement nécessaire, et, tandis que cette science était prise en grande faveur à l'étranger, elle a peu progressé chez nous depuis 1865.

§ 1er. GÉNÉRALITÉS.

Après cet aperçu très sommaire sur les commencements de la météorologie, qu'il était indispensable de donner afin de bien préciser l'état de cette science en 1867, nous allons nous occuper des grands progrès qu'elle a réalisés depuis dix ans et qui ressortent des livres et cartes exposés dans les diverses sections.

[1] C'est dans l'*Atlas des orages* de 1865, publié en 1866, qu'a paru la première carte synoptique construite à l'aide des observations recueillies non seulement dans les différentes contrées de l'Europe par les météorologistes, mais encore à la surface de l'Atlantique par les marins de la France, de l'Angleterre, des Pays-Bas et de la Russie; elle donne l'état de l'atmosphère le 2 décembre 1864, à 8 heures du matin, depuis les côtes de l'Amérique jusqu'aux frontières orientales de l'Europe. Puis est venu l'*Atlas des mouvements généraux de l'atmosphère,* établi également à l'Observatoire de Paris, qui contient 210 cartes pour 1864 et 365 pour 1865; ces cartes comprennent la surface de l'Atlantique (depuis les Antilles, le golfe du Mexique et les côtes orientales de l'Amérique jusqu'aux îles du cap Vert et au Sénégal), l'Europe entière, la mer Méditerranée et la mer Noire; le premier volume a paru en 1868 et le deuxième en 1869.

Gr. II. — Cl. 16.

Aujourd'hui, en effet, des milliers d'observateurs, répandus sur toute la terre, enregistrent sans trêve ni repos les phénomènes atmosphériques suivant un plan commun, et le chaos, qui semblait d'une complication si inextricable, se débrouille peu à peu : non seulement on a découvert un certain nombre de faits importants, mais on est définitivement entré dans la voie où se trouvera la solution des grands problèmes météorologiques au plus grand avantage de la navigation, du commerce, de l'agriculture et de l'hygiène publique.

Ce n'est pas qu'on se flatte plus aujourd'hui qu'il y a vingt ans de faire des prédictions à long terme et d'annoncer le temps avec l'imperturbable assurance des almanachs. Cependant ce problème, qui provoquait encore en 1867 les sourires ironiques de tant de savants éminents, est étudié partout avec un zèle bien légitime et non sans un certain espoir d'obtenir tôt ou tard une solution satisfaisante ; en effet, on est déjà arrivé, et, dans un avenir prochain, on arrivera plus sûrement encore à déduire, des observations simultanées des tempêtes et des orages, des lois pour la prévision du temps à courte échéance[1]. Il ne s'agit plus seulement de caractériser les climats, de noter dans les différentes régions et pour les diverses saisons de l'année les extrêmes de chaleur et de froid, la direction des vents régnants et la distribution des pluies, les causes qui influent sur le temps étant d'ordinaire situées à des milliers de lieues, on étudie les phénomènes généraux au moyen d'un ensemble d'investigations poursuivies avec uniformité et persévérance qui puissent permettre d'embrasser à la fois l'état de l'atmosphère tout entier, on s'efforce de saisir les premiers indices de la formation dans l'Amérique du Nord ou de l'arrivée sur les côtes de l'Eu-

[1] Pascal avait déjà signalé l'importance des observations barométriques «pour connaître l'état présent du temps et le temps qui doit suivre, mais non pas pour connaître celui qu'il fera dans trois semaines»; dès la fin du siècle dernier, Lamarck proclamait l'utilité des observations simultanées, et Lavoisier a dit en 1790 (*Œuvres*, t. III, p. 771) qu'avec la connaissance de la pression barométrique et de la direction du vent, il était toujours possible de prévoir un ou deux jours à l'avance, avec une très grande probabilité, le temps qu'il doit faire; il a même ajouté qu'il ne serait pas impossible de publier tous les matins un journal de prévisions qui serait d'une grande utilité pour le public.

rope de chaque tourbillon, et l'on détermine, d'une part, la direction qu'il doit prendre d'après celle qu'il a préalablement suivie, et, d'autre part, la vitesse avec laquelle il se transporte. Aussi, outre les cartes synoptiques particulières comprenant les observations que centralisent chaque jour par la voie télégraphique les différents bureaux météorologiques, est-il utile, comme nous l'avons vu, pour suivre les mouvements de l'atmosphère, de résumer sur des cartes synoptiques générales toutes les observations faites tant sur terre que sur mer, dont la comparaison attentive peut seule amener la découverte des lois générales et permettre de se rendre compte de l'influence des circonstances locales [1]; c'est ce qu'a fait l'Observatoire de Paris dans son *Atlas des mouvements généraux*. Cette publication ayant été suspendue, M. Hoffmeyer, directeur de l'Institut de Copenhague, l'a reprise, et, au moyen des données recueillies dans plus de 200 stations, il a dressé pour tous les jours, depuis le mois de décembre 1873 jusqu'au mois d'août 1875, des cartes *synoptiques* embrassant d'abord le nord de l'Atlantique, l'Europe et l'Algérie [2], puis, en outre, à partir du deuxième trimestre de 1874, l'Amérique du Nord et une grande partie de l'Afrique [3]. Les observations représentées sont celles du matin; la pression, réduite au niveau de la mer, y est figurée par des isobares de 5 en 5 millimètres, les chiffres placés auprès des stations y indiquent la température, et des signes particuliers montrent la direction et l'intensité du vent, ainsi que l'état du ciel.

Vers la même époque, en 1874, le *Signal Service of the army* des États-Unis d'Amérique a décidé la publication de cartes quotidiennes *simultanées* sur lesquelles seraient résumés, au moyen de signes conventionnels, les principaux faits atmosphériques accomplis au même instant à la surface de l'hémisphère nord. C'est le général Myer, chef de cet important service, qui a entrepris ce grand travail; il a proposé, et l'on a adopté dans la plupart des instituts météorolo-

(1) On ne pourra en effet avoir des résultats complets que le jour où les observations seront faites sur toute la surface de la Terre, puis coordonnées et centralisées.

(2) Ces cartes comprenaient toute la partie de notre hémisphère qui s'étend entre le Groënland et le cap Saint-Jean (Terre-Neuve) dans l'est et la Nouvelle-Zemble et la mer d'Aral dans l'ouest.

(3) Jusqu'au 20e degré de latitude sud.

Gr. II.
Cl. 16.

giques de l'Europe, l'heure de 7 heures 35 minutes, temps moyen de Washington[1], ou de 12 heures 52 minutes 30 secondes, temps moyen de Paris, pour faire les observations simultanées qu'on lui adresse à Washington par le courrier; tous les navires de guerre des États-Unis et plusieurs lignes de paquebots lui fournissent aussi journellement des informations. En 1875, il a commencé la publication d'un *Bulletin international* quotidien, auquel, depuis les derniers mois de 1877, est jointe une carte de l'hémisphère nord, *International Weather map*, sur laquelle sont marquées les lignes isobares et isothermes pour chaque jour d'après les renseignements reçus de toutes les parties septentrionales du monde, carte qui permet de suivre la marche de l'ouest vers l'est des ouragans. Aujourd'hui (1878), l'Observatoire de Washington est en relation avec 473 stations[2], sans compter les nombreux navires qui font des observations en mer. Ces publications sont une mine précieuse de documents pour tous ceux qui étudient les mouvements généraux de l'atmosphère.

Ces cartes tant synoptiques que simultanées ont déjà conduit à des résultats importants, quoique leur valeur soit forcément restreinte à cause du peu d'observations dont on dispose pour les construire et de la surface limitée qu'elles représentent. En effet, la question qui domine toutes les autres en météorologie est celle de la circulation de l'atmosphère à la surface de la Terre, et, depuis le peu de temps qu'on a commencé les observations simultanées, on a déjà reconnu à cet égard les vérités les plus générales. On sait en effet qu'il y a toujours des contrées où la pression atmosphérique est plus faible que dans les environs; que ces centres de dépression sont entourés d'un air en mouvement qui tourne en sens contraire de l'aiguille d'une montre et qui s'y précipite de tous côtés, et

(1) Depuis que ce rapport est terminé, on a modifié l'heure des observations qui depuis 1880 ont lieu à 7 heures, temps moyen de Washington, ou 12 heures 17 minutes 30 secondes, temps moyen de Paris.

(2) 50 anglaises, 4 norwégiennes, 6 suédoises, 6 danoises, 27 russes, 21 allemandes, 5 hollandaises, 4 belges, 44 françaises, 2 suisses, 12 autrichiennes, 6 turques, 1 grecque, 33 italiennes, 6 espagnoles, 5 portugaises, 10 algériennes, 7 australiennes et africaines, 23 indiennes, 1 chinoise et 2 japonaises, 4 aux Antilles, 1 à Costa-Rica, 16 mexicaines, 144 aux États-Unis et 33 au Canada.

que, d'ordinaire, ils se déplacent vers l'est [1]; qu'ils ont, en hiver, une tendance à se renforcer en passant sur les mers, petites ou grandes [2]; que le niveau barométrique le plus bas est toujours situé à la gauche de l'observateur qui tourne le dos au vent [3]; que les tempêtes et bourrasques sont toutes occasionnées par ces cyclones ou tourbillons d'air animés de ce double mouvement de rotation et de translation, et que leur intensité est d'autant moindre que l'étendue de leur surface s'accroît [4]; qu'il n'y a pas de danger de tempête, tant que la différence entre les hauteurs barométriques n'excède pas 1 millimètre par 50 milles [5], et qu'au contraire, plus la dépression est considérable et plus les isobares sont rapprochées, plus une bourrasque est à craindre sur le bord méridional

[1] Les cyclones traversent l'Amérique du Nord et l'océan Atlantique, puis, abordant en Europe, continuent leur route vers l'Asie; mais on n'a pas encore trouvé dans les conditions atmosphériques actuelles des signes distincts et infaillibles indiquant d'avance la route exacte qu'ils doivent suivre. On sait toutefois, d'après les douze cartes publiées par le général Myer dans l'*Annual Report for 1876*, où sont indiquées pour chaque mois, pendant cinq années (de 1871 à 1875), les trajectoires des centres de dépression à travers les États-Unis, que, malgré leurs zigzags et leurs courbes capricieuses, elles convergent toutes vers l'île de Terre-Neuve, entre le 40° et le 50° parallèle, et que leur direction moyenne, qui est du sud-ouest au nord-est pendant les mois d'hiver, de printemps et d'automne, est, au contraire, de l'ouest à l'est pendant les mois d'été.

[2] Le savant directeur de l'Institut météorologique danois, M. Hoffmeyer, qui a signalé ce fait, l'explique par la différence de température qui, pendant la saison froide, existe entre la mer et les pays qu'elle borde.

[3] M. Buys-Ballot, l'éminent directeur de l'Observatoire météorologique d'Utrecht, à qui l'on doit cette loi, n'avait étudié que la relation de la direction et de la force du vent avec la pression au-dessus des mers. Les travaux français ont montré depuis que le caractère du temps est le même au-dessus des continents baignés par l'Atlantique qu'au-dessus de cet océan.

[4] La théorie des cyclones a été récemment l'objet de nombreuses et intéressantes communications à l'Académie des sciences, et M. Faye l'a traitée avec autorité dans une notice de l'*Annuaire du Bureau des longitudes de 1875*. Notre savant compatriote est arrivé à la conclusion que les grands mouvements giratoires de l'atmosphère naissent dans les courants supérieurs et voyagent avec eux; qu'en même temps ils se propagent verticalement de haut en bas, sous une forme géométrique, jusqu'au sol où ils amènent la force vive qu'ils ont emmagasinée et qui, concentrée dans un espace de plus en plus restreint, produit des effets redoutables.

[5] On sait aujourd'hui que le centre de dépression marche le plus souvent avec une vitesse moyenne de 10 à 15 lieues à l'heure, entraînant avec lui son cortège de lignes concentriques.

Gr. II. — Cl. 16.

du météore où la direction du mouvement tournant est la même que celle du mouvement de translation.

On ne s'est pas seulement occupé des minima, qui sont constamment variables de pression, de forme et d'étendue; M. Hoffmeyer a aussi appelé l'attention sur les maxima, qui sont beaucoup moins changeants et qui, d'après lui, semblent donner une meilleure base pour caractériser les conditions météorologiques d'un mois ou d'une saison; le savant directeur de l'Institut de Copenhague pense en effet que les cyclones se propagent toujours vers l'est dans les aires de basses pressions qui s'étendent entre celles peu variables des maxima. Il y aurait donc un grand intérêt à connaître la position de ces dernières et leurs formes, c'est-à-dire la direction de leurs axes; malheureusement il faudrait pour cela la jonction télégraphique de l'Europe avec les régions septentrionales, telles que les Fœroé, l'Islande, le Groënland, etc. Autour de ces maxima, il se forme des tourbillons d'air tournant dans le sens des aiguilles d'une montre et s'en éloignant, des anticyclones, comme on les appelle, qui ne semblent pas se propager vers l'est d'une manière régulière; tandis que les cyclones amènent la pluie, les vents forts et les orages, ils apportent, au contraire, un temps beau et sec.

L'expérience a aussi montré que l'on pouvait tirer des conséquences fécondes de la similitude des conditions du temps; à mesure que la collection d'exemples des divers types s'accroît, on y puise de plus en plus des enseignements utiles.

La direction du vent, qui est déterminée par la répartition de la pression atmosphérique, la rotation de la terre, la force centrifuge et le frottement de l'air à la surface du globe, se déduit très simplement de la position du centre du tourbillon qui est lui-même fixé par la pression la plus basse [1]. M. Hoffmeyer croit pou-

[1] Entre autres constatations intéressantes, nous devons citer les suivantes : on a reconnu que c'est par suite de la pression plus grande vers les pôles des couches supérieures de l'eau et de l'air, qui y sont plus denses que partout ailleurs, que s'opère le retour vers l'équateur d'une partie de cette eau et de cet air que la chaleur en avait déplacée. En effet, les couches supérieures perdent par le rayonnement plus de chaleur que les couches inférieures, qui, au contraire, s'échauffent par le frottement; il en résulte que ces dernières tendent à s'élever, tandis que les autres s'abaissent.

On a aussi trouvé que les orages sont dus au choc de courants venant de directions

voir affirmer qu'en pleine mer tous les vents font à peu près le même angle avec la direction des isobares [1]; si sur terre cet angle du vent avec l'isobare varie suivant sa direction, comme l'ont montré Clément Ley en Angleterre et Élias Loomis aux États-Unis, cela tient au frottement inégal qu'il exerce à la surface des continents.

Le professeur Ragona, qui a soumis à une discussion approfondie les observations horaires faites sur la vitesse du vent pendant onze années consécutives à l'Observatoire de Modène avec un anémomètre enregistreur, a constaté que cette vitesse éprouve chaque jour quatre augmentations et quatre diminutions successives qui sont en relation avec la température, avec la pression et avec l'heure du lever et du coucher du soleil. En ce qui regarde la période annuelle, il a trouvé qu'elle a, d'une part, trois maxima et trois minima qui correspondent exactement, mais d'une façon inverse, aux oscillations barométriques, et, d'autre part, un maximum et un minimum qui correspondent également d'une manière inverse à la marche annuelle de la température.

Quelques météorologistes joignent à l'étude des vents à la surface de la terre celle également très utile des courants supérieurs, dont les mouvements sont donnés d'une manière simple par la marche des cirrus qui en sont les témoins les plus élevés. M. H. Hildebrandsson a publié à ce sujet un travail accompagné de 52 cartes [2], qui présente un grand intérêt et d'où il conclut que les courants supérieurs vont des minima de pression aux maxima et que par conséquent l'air a un mouvement ascendant dans les

différentes; que, lorsque la terre est plus échauffée que les océans, elle hâle l'air, et que, lorsqu'elle est plus refroidie, c'est la mer qui appelle l'air : c'est l'origine des moussons d'été et des brises de terre et de mer qui règnent respectivement le matin et le soir sur beaucoup de côtes.

On a, de plus, montré que c'est par suite de la rotation de la terre que les courants marins et aériens s'appuient vers leur droite sur les continents, de telle sorte qu'on trouve sur toutes les côtes orientales des courants venant du nord et, par conséquent, froids, et sur les côtes occidentales des courants venant du sud, ce qui explique la différence climatologique extraordinaire qui existe entre les côtes ouest et est pendant la saison d'hiver.

[1] On appelle *isobares* ces lignes ou courbes sinueuses qui passent par les points d'égale pression.

[2] *Atlas des mouvements supérieurs de l'atmosphère* (1877).

Gr. II. — Cl. 16.

régions de basse pression et un mouvement descendant dans celles de haute pression; mais M. Faye et M. E. Loomis ne partagent pas à cet égard les idées du savant directeur du Bureau météorologique d'Upsal; M. Loomis a, en effet, constaté aux États-Unis, où l'étude des mouvements des nuages est organisée sur une grande échelle et a lieu chaque jour à une heure fixe, qu'à 1 800 mètres d'altitude comme à la surface du sol l'air se dirige vers les centres de basse pression, mais avec un retard de quelques heures.

L'influence exercée en certaines années par les variations des courants océaniques sur le climat des régions qu'ils baignent ou qu'ils avoisinent n'est pas douteuse; on sait en effet que lorsque le gulf-stream, par suite d'une plus grande vitesse initiale, prend un développement inaccoutumé, il produit en France et dans le sud de l'Angleterre des hivers singulièrement doux, pendant lesquels les vents d'ouest et de sud-ouest se succèdent presque sans intervalle, amenant des pluies excessives. Si les études futures confirment les observations du major Rennell, on arrivera peut-être à trouver le moyen de déterminer les conditions de vitesse de ce courant lorsqu'il débouche du canal de la Floride, et, le phénomène observé devant, comme le remarque judicieusement Maury, précéder de plusieurs semaines les modifications de climat [1], on pourrait en être prévenu assez à l'avance pour profiter de l'avertissement. Malheureusement les causes de formation du gulf-stream ne sont pas encore bien expliquées.

Il serait aussi très important pour l'Europe, au point de vue des prévisions climatologiques, de connaître le mode de distribution des glaces dans les régions polaires, qui semble sujette à des variations périodiques [2]. Des observations ont déjà été faites dans ce but par les navires norwégiens qui vont à la pêche dans les mers arctiques, et, en 1872, M. Charles Fisk a installé à ses

[1] Les eaux du courant ont en effet, à partir de la Floride, 3 000 milles à parcourir avant d'atteindre nos côtes.

[2] Les variations qu'éprouve le courant glacial sur les bords des terres arctiques ainsi que la diminution graduelle et la disparition finale des glaces sont très utiles à étudier.

frais sur l'île de Saint-Paul (territoire d'Alaska), par 57° 2' de latitude nord, une station destinée à faire des études sur ce sujet.

M. Balfour Stewart a essayé de prouver que le magnétisme et la météorologie de la terre sont affectés par l'état de la surface du soleil [1]; ce savant a construit des diagrammes qui semblent montrer une étroite connexion entre l'état de cette surface, d'une part, et, d'autre part, la courbe des oscillations de l'aiguille aimantée et les lignes de la température moyenne quotidienne. En effet, si, comme le pensent quelques physiciens, le rayonnement du soleil est affaibli par les taches dont le plus ou moins grand nombre revient périodiquement tous les dix ou onze ans, la température générale doit dans le même espace de temps passer successivement par un minimum et par un maximum. D'après certains observateurs, il semblerait aussi que la quantité annuelle de pluies est la plus considérable à l'époque des maxima de taches et moindre à l'époque des minima; il en est même qui pensent qu'elle est proportionnelle aux quantités de taches. Si les recherches ultérieures confirment ces suppositions, on pourra un jour en utilisant les observations solaires prédire longtemps à l'avance, sinon dans tous leurs détails, au moins d'une manière générale, les faits météorologiques, les variations du soleil paraissant précéder de six mois environ les changements magnétiques et météorologiques. Le professeur Loomis des États-Unis pense aussi qu'il existe un rapport intime entre le nombre des taches solaires, les oscillations magnétiques et l'apparition des aurores boréales; c'est ce qu'il a tâché de faire voir au moyen d'un diagramme résumant les observations faites de 1775 à 1872.

Enfin, M. le général Baeyer a montré dans un mémoire publié en 1858, et il est revenu sur ce sujet au sein de la conférence géodésique internationale de cette année (1878), combien nos connaissances des changements atmosphériques seraient complétées si aux données météorologiques ordinaires on ajoutait des observations sur la réfraction terrestre. Les thermomètres n'indiquent en effet que la température de la couche d'air qui entoure leur réser-

[1] Nous verrons plus loin que M. Rudolf Wolf, de Zurich, a aussi trouvé qu'il y a une relation entre les taches du soleil et les variations du magnétisme terrestre.

Gr. II. — Cl. 16.

voir; au moyen de la réfraction, on pourrait déterminer avec une grande exactitude la température moyenne de toute la couche atmosphérique comprise entre la station et les sommets de montagnes environnantes visibles, dont on aurait préalablement déterminé les hauteurs par un nivellement géométrique de grande précision. C'est pourquoi il recommande la fondation d'observatoires permanents destinés à l'étude de tous les phénomènes atmosphériques ayant rapport à la réfraction terrestre et qui seraient aussi utiles à la géodésie et à l'astronomie qu'à la météorologie.

M. Renou, en dépouillant une très longue série d'observations thermométriques, a constaté qu'une période de quarante ans environ sépare les hivers rigoureux; le même fait ressort aussi des anciennes observations faites à Lyon depuis 1741 par les jésuites, dont on trouve le résumé dans le rapport publié en 1871 par la Commission météorologique du département du Rhône. Quelques personnes pensent que cette période quarantenaire est peut-être en rapport avec celle qui ramène le maximum des taches du soleil à une même saison de l'année.

On ne peut pas dresser pour tous les pays de la terre des cartes synoptiques donnant la répartition de la pression atmosphérique à un instant donné; on manque en effet d'observations barométriques bonnes et régulières pour beaucoup d'entre eux, et l'on ne connaît pas exactement l'altitude de la plupart des stations pour lesquelles on en a, de sorte que ces observations ne peuvent pas être réduites avec sûreté au niveau de la mer; on a cependant essayé de dresser avec les matériaux qu'on possède des cartes de moyennes, qui, sans avoir l'importance des précédentes, n'en sont pas moins très utiles pour donner un premier aperçu de la circulation générale de l'atmosphère à la surface de notre globe. Lorsqu'on possédera pour tous les pays une série de cartes résumant mois par mois les courbes isobares, on pourra alors chercher si, outre les variations accidentelles qui accompagnent les changements de temps, il n'y a pas de variations périodiques régulières comme il y a des variations diurnes.

C'est M. Buchan qui, en 1869, a dressé les premières cartes

d'isobares pour tout le globe[1]; M. Ferrel et M. Mohn[2] en ont également publié, et plus récemment M. Woeïkof, profitant des progrès de nos connaissances tant sur la pression de l'air à la surface de la terre que sur les altitudes, en a établi une plus complète et à plus grande échelle, où les courbes sont tracées de 2 millimètres en 2 millimètres[3], et qui permet de voir les anomalies que présentent certaines contrées placées dans des conditions géographiques particulières. Elles montrent qu'en hiver[4], c'est-à-dire en janvier pour l'hémisphère nord[5] et en juillet pour l'hémisphère sud[6], la pression de l'air est minimum sur les mers même intérieures, et qu'elle y est maximum en été, c'est-à-dire en janvier pour l'hémisphère sud[7] et en juillet pour l'hémisphère

(1) *Philosophical Transactions of the Royal Society of Edimburg.* Nous devons rappeler ici que c'est M. Renou qui le premier a publié une carte d'isobares, en 1864; elle donnait la pression moyenne annuelle de la France et des pays voisins.

(2) Sur la carte de M. Mohn, les isobares sont tracées de 5 en 5 millimètres.

(3) Ces courbes sont tracées d'après les moyennes réduites au niveau de l'Océan et à la gravité du 45e parallèle.

(4) En janvier, le maximum de pression absolu pour toute la terre est dans la Sibérie orientale (778mm), maximum dû à la constance remarquable des hautes pressions pendant ce mois, et le minimum absolu pour toute la terre est situé au milieu de l'océan Atlantique entre le 55e et le 65e degré de latitude sud.

(5) Dans l'hémisphère nord, autour de ce maximum principal, il y a encore des pressions très hautes; une zone d'assez haute pression s'étend de là à travers le continent européen jusqu'au Portugal (764mm), où elle se réunit à celle qui est située au nord des alizés. Au nord comme au sud de cette ligne, la pression diminue rapidement, surtout dans les régions septentrionales, où elle descend dans le sud-ouest de la Suède à 758 millimètres; il y a généralement un minimum principal au sud de l'Islande et deux minima secondaires situés, l'un entre l'Islande et la Norwège, l'autre dans le détroit de Davis. Pour l'Amérique du Nord, on manque de données certaines; cependant on sait que le maximum de pression y est inférieur à celui du centre de l'Asie, parce que l'air, n'étant pas retenu dans la partie orientale des États-Unis comme dans la Sibérie orientale par un terrain accidenté, peut s'écouler plus librement vers la dépression de l'Islande, et M. Woeïkof pense qu'il est situé à l'est des montagnes Rocheuses entre les 50e et 65e parallèles et que le minimum est auprès des îles Aléoutiennes. Dans l'Atlantique, il existe un maximum barométrique relatif qui est situé sous le 30e parallèle nord et un minimum relatif vers le 5e.

(6) Dans l'hémisphère sud, les pressions sont à cette époque de l'année beaucoup plus fortes qu'en janvier; on constate des maxima dans l'Afrique australe, dans l'Amérique du Sud et dans l'Australie.

(7) Dans l'hémisphère sud, on trouve qu'en janvier il existe, outre le minimum principal, trois autres minima relatifs : dans l'Afrique australe, dans l'Amérique méridionale et dans l'Australie par 30° environ de latitude.

Gr. II. — Cl. 16.

nord[1]; aux minima maritimes correspondent donc des maxima continentaux et réciproquement. En hiver, c'est donc dans les régions relativement chaudes et humides que la pression atmosphérique est la plus faible, et c'est dans les régions sèches et froides qu'elle est la plus forte; au contraire, en été, la pression est moindre sur les terres échauffées par le soleil. Ces dépressions forment les foyers d'appel des vents des contrées environnantes.

Les cartes de M. Woeïkof montrent en outre que les pressions sont fort différentes des deux côtés des grandes chaînes de montagnes. Leur savant auteur a, avec raison, distingué au moyen d'un quadrillé les parties du globe dont l'altitude est supérieure à 1 800 mètres; en effet, la marche des vents dépendant de la répartition de la pression de l'air, si deux régions séparées par de hautes montagnes ont une pression différente, les mouvements de l'air dans les régions inférieures ne seront pas ce qu'on aurait pu attendre dans une autre condition.

Ce travail, qui est le résumé graphique de nos connaissances actuelles sur la distribution de la pression à la surface de la terre, contient naturellement de nombreuses lacunes, faute de documents suffisants; néanmoins il permet déjà d'entrevoir, comme nous venons de l'indiquer, certains faits intéressants.

Les recherches sur la température moyenne des divers pays aux différentes saisons, qui ont depuis longtemps un grand développement, ont été résumées dans de nombreuses cartes dites *d'isothermes*[2], qui précisent la nature de leurs climats dont la di-

[1] Dans l'hémisphère nord, les maxima se trouvent, en juillet, sur les océans ou dans les régions maritimes, et les minima sur les continents, surtout dans les régions du centre. L'Asie possède alors la pression la plus basse qui se trouve sur cet hémisphère (752^{mm}); un minimum principal est situé auprès du lac Lob-Nor, et un autre dans le Pundjab. On constate aussi une dépression importante dans l'Amérique du Nord, surtout sur les plateaux de l'Utah; elle est toutefois moindre que celle de l'Asie. Le maximum se trouve sur l'Atlantique auprès des îles Açores (769^{mm}), et, dans les régions maritimes du nord-ouest de l'Europe, la pression est plus haute qu'en hiver.

[2] En réunissant par des lignes tous les points d'égale température moyenne à la surface du globe, on obtient des courbes sinueuses qui sont désignées sous le nom d'*isothermes*. Comme ces courbes sont dans la dépendance de l'action des altitudes, il faudrait que les différentes températures observées qui servent de base à ces lignes

versité est grande et qui expliquent les différences de leur végétation et de leur salubrité; elles ont par conséquent un intérêt au double point de vue de la climatologie et de la géographie botanique et agricole[1].

Il serait également utile de tracer les courbes isactiniques[2]; malheureusement les observations actinométriques ne sont pas encore entreprises sur une grande échelle; nous devons cependant citer les recherches faites dans ce sens par M. Crova, qui, au moyen d'un pyrhéliomètre et d'un actinomètre perfectionné, a mesuré l'intensité calorifique des radiations solaires et leur absorption par l'atmosphère dans le département de l'Hérault; il a calculé que la quantité de chaleur envoyée aux limites de l'atmosphère par minute et par centimètre carré était voisine de deux calories, et il a trouvé que la radiation, plus intense en hiver qu'en été, est à la surface du sol sans relation apparente avec l'état hygrométrique de l'air, mais qu'elle dépend de la direction des vents.

En 1867, l'un de nos savants les plus autorisés dans cette matière, M. Renou, a traité dans l'*Annuaire de la Société météorologique de France* de la distribution géographique de la pluie à la surface de la terre, et il est arrivé à cette intéressante conclusion que «dans les pays chauds, la pluie est abondante sur les côtes orientales et nulle sur les côtes occidentales, et que dans les pays tempérés et dans les pays froids, c'est le contraire qui a lieu, de sorte que lorsqu'on marche des pôles vers l'équateur, la pluie va en diminuant le long des côtes occidentales et en augmentant le long des côtes orientales jusqu'à ce que l'on retrouve le maximum de pluie équatorial».

fussent rapportées à la même surface d'origine, car la température d'un lieu est influencée par son altitude ; malheureusement dans les cartes publiées jusqu'aujourd'hui (1878), on n'a pas tenu compte des différences de hauteur, mais il n'en sera pas de même dans celles que M. Angot prépare en ce moment pour la France.

(1) On sait que Dove a publié, il y a déjà longtemps, des cartes d'isothermes pour le globe; le R. P. Denza, directeur de l'Observatoire de Moncalierii, a dressé, d'après les données les plus récentes, une carte qui donne une bonne idée de la distribution générale de la température à la surface de la terre : on y voit que les courbes sont plus pressées sur les continents, plus écartées sur les mers.

(2) Ou d'égales radiations solaires parvenues à la surface du sol au travers d'une atmosphère plus ou moins diaphane ou diathermane.

Gr. II. — Cl. 16.

M. Élisée Reclus, dans son excellent ouvrage *La Terre*, a publié une petite carte générale des pluies, et le docteur Otto Krümmel a inséré dans l'un des derniers bulletins de la Société de géographie de Berlin une carte des pluies en Europe, qui est très claire et qui montre que c'est sur les côtes occidentales et sur les régions montagneuses que tombe la plus grande quantité d'eau. Des cartes analogues, du reste, sont mises en tête des principaux atlas géographiques soit universels, soit spéciaux; mais nous ne nous arrêterons qu'à celle qu'exposait M. Woeïkof, carte très intéressante accompagnée de diagrammes, qui donne une idée générale de la distribution des pluies à la surface de la terre pendant l'année, non pas quant à la quantité dont on n'a encore aucune idée même approximative et qui, du reste, dépend d'une foule de circonstances locales, mais quant au nombre de jours pluvieux et à leur répartition suivant les saisons, ce qui a une grande importance. Au centre existe une région de pluies équatoriales [1], dues à un centre de calmes qui se déplace continuellement, apportant avec lui des averses abondantes; au nord et au sud, on compte cinq zones d'alizés maritimes [2], où les pluies sont très rares; puis viennent les régions des grandes moussons et celles des pluies tropicales [3] : c'est à des causes toutes locales [4] qu'est

[1] Cette région s'étend de 2° de latitude sud à 12° de latitude nord; les calmes et les pluies ne sont pas constants dans toute son étendue, comme pourrait le faire croire la dénomination généralement adoptée; en fait, le temps y est sec, lorsque l'alizé souffle régulièrement, et les pluies sont dues aux calmes et aux vents variables.

[2] Il y en a deux dans l'Atlantique, deux dans le Pacifique et un dans l'océan Indien. Les alizés viennent de pays relativement froids, du nord dans notre hémisphère et du sud dans l'autre.

[3] Ces dernières comprennent les Indes occidentales, l'Amérique centrale, la partie septentrionale de l'Amérique du Sud, la partie occidentale du sud de l'océan Pacifique qui est toute parsemée d'îles et où l'alizé ne souffle pas avec régularité (au sud et à l'est des moussons australiennes) et l'Afrique méridionale.

[4] Telles que les obstacles naturels (chaînes de montagnes, îles élevées, etc., qui arrêtant la marche des alizés, vents généralement faibles, donnent naissance non seulement sur les côtes, mais même à une grande distance, à un courant ascendant) ou l'échauffement des continents et des îles, plus considérable en été que celui des mers, qui appelant l'air (moussons) donne également naissance à un courant ascendant. Les vents perdent beaucoup de calorique par expansion, et par conséquent ceux qui, comme les alizés et les moussons d'été, sont très chargés d'humidité deviennent des vents de pluie. Pendant les moussons d'hiver qui viennent des continents, le ciel est, au

due la chute continuelle de pluies qu'on observe pendant toute l'année en certains endroits situés sous une latitude à laquelle il ne pleut que très rarement sur les océans loin de terre.

Au nord des alizés réguliers dans notre hémisphère, et au sud dans l'hémisphère austral, se trouve une zone où, en été, soufflent des vents polaires qui sont peu favorables à la pluie; les étés sont très secs dans cette zone que M. Woeïkof nomme *subtropicale* et qui est principalement maritime, car elle existe autour de la Méditerranée, mais ne s'étend pas jusque dans l'Asie orientale, où, par les mêmes latitudes, les pluies sont abondantes en été et manquent en hiver. Plus au nord comme plus au sud, il y a la zone *des pluies en toute saison*, où M. Woeïkof distingue pour notre hémisphère (au nord du 40e parallèle) trois régions principales : 1° régions maritimes où les pluies sont très abondantes en hiver et surtout en automne; 2° régions continentales où les pluies tombent plutôt en été; 3° région de l'Europe centrale où les pluies sont assez également distribuées. Dans l'Amérique du Nord, il y a un maximum de pluies d'été bien marqué sur la côte Atlantique et dans les États du haut Mississipi; mais dans le reste du pays, la distribution des pluies n'est plus aussi régulière.

Au delà de 40° de latitude sud, dans l'hémisphère austral, les pluies sont plus également réparties que dans le nôtre, la surface de la mer y étant beaucoup plus considérable et la température y variant moins de l'été à l'hiver; la distribution relative de la pression atmosphérique y reste, en effet, à peu près la même pendant toute l'année.

A l'intérieur des continents africain, australien et américain, entre le 25e et le 45e parallèle sud, il y a un maximum de pluies très marqué en été qui se confond même en Amérique avec les pluies tropicales.

La partie polaire de l'Amérique septentrionale et de la Sibérie est relativement sèche, l'hiver y étant si froid que la chute des pluies ou des neiges y est très faible.

contraire, serein; ils apportent cependant quelquefois des pluies sur les côtes qui sont situées de telle sorte que pour elles ces vents viennent d'une mer relativement chaude.

M. Woeïkof a aussi marqué sur sa carte les nombreux pays où les pluies sont si rares et si peu abondantes que la végétation y est très pauvre, et il a indiqué les causes toutes locales, du reste, qui privent la plupart d'entre eux de l'eau nécessaire.

Pour mieux préciser certains faits relatifs aux pluies, l'auteur de cette carte importante y a joint des diagrammes, les uns verticaux qui indiquent la quantité de pluie par saison en millimètres, les autres horizontaux qui donnent une idée de la quantité relative d'eau tombant par mois, l'unité étant la quantité annuelle [1]. Tous ces diagrammes donnent, pour les pays sur lesquels on a des renseignements suffisants, des idées exactes du régime des pluies, tant au point de vue des saisons qu'au point de vue de leur abondance.

§ 2. DES PRINCIPAUX SERVICES MÉTÉOROLOGIQUES ET DE LEURS TRAVAUX SUR LES CLIMATS.

Avant de parler des applications auxquelles a déjà donné lieu la météorologie, nous devons donner un aperçu de l'organisation actuelle des services dans les différents pays. Toutefois il faut d'abord dire quelques mots du progrès considérable qui a été fait dans la manière d'observer les phénomènes; aujourd'hui, en effet, le travail est confié dans les principaux observatoires à des instruments enregistreurs; ces machines, qui voient et qui écrivent sans distraction et sans défaillance, donnent des observations non seulement continues, ce qui est très préférable aux observations intermittentes qu'on était obligé de relier entre elles au moyen de lignes qui ne représentaient jamais la réalité des faits [2], mais automatiques et, par conséquent, exemptes de toute suspicion, ce qui n'est pas le cas pour les documents recueillis par la main de l'homme.

Royaume-Uni de la Grande-Bretagne et de l'Irlande. — Le Bureau

(1) Il y en a cinq pour les pays situés au nord de l'équateur et un pour l'hémisphère sud.

(2) Les pluviomètres enregistreurs inscrivent non seulement la quantité d'eau qui tombe, mais aussi le moment précis de la chute de la pluie et sa durée.

anglais[1] s'occupe de la météorologie générale des Îles Britanniques et, comme nous le verrons plus tard, des avertissements du temps et de la météorologie nautique. Les divers groupes scientifiques qui se livrent aux recherches météorologiques dans le Royaume-Uni travaillent sous sa direction. Gr. II. — Cl. 16.

Les Îles Britanniques comptent aujourd'hui 47 stations, dont 7, munies d'appareils enregistreurs, s'occupent plus spécialement de la météorologie statique ou climatologique, et dont 40, établies aux frais de membres de la Société météorologique d'Angleterre[2], sont desservies avec un zèle très louable par des observateurs volontaires[3]; les données fournies par ces stations sont utilisées pour la construction des cartes synoptiques : le bulletin quotidien en contient quatre donnant, l'une la pression de l'air, une autre la température, une troisième la direction des vents, et la quatrième l'état de la mer et les météores aqueux[4]. Quant aux documents graphiques des sept observatoires munis d'appareils enregistreurs, on les reproduit dans la *Revue trimestrielle* avec une discussion approfondie.

Depuis le 1er avril 1875 le *Times* publie tous les jours, sous les auspices du Bureau, une carte du temps qui résume l'état de l'atmosphère à la surface des Îles Britanniques et sur les côtes de la France[5]. Cette heureuse innovation a eu de nombreux imitateurs tant en Angleterre[6] qu'en Europe[7]. Ces cartes sont en effet utiles, non seulement pour les marins, mais aussi pour le public,

(1) Établi sous la surveillance d'un comité composé de plusieurs membres de la Société royale, ce bureau a pour directeurs M. R.-H. Scott, qui s'occupe de la section maritime, et M. le docteur Balfour Stewart, à qui est confiée la vérification générale des instruments; il a un budget de 250 000 francs.

(2) Cette société, qui a été fondée en 1823, a été reconnue par charte royale en 1866.

(3) Grâce aux conditions très strictes qui sont imposées à ces observateurs, les observations faites dans ces stations sont très exactes.

(4) Ce bulletin contient, en outre, comme nous le verrons plus loin, les prévisions du temps pour le lendemain dans chacun des quatre districts du royaume.

(5) Un journal spécial, le *Shipping Gazette*, donnait déjà, depuis 1871, les illustrations du temps par Sir W. Mitchell.

(6) *The Lloyds Newspapers, the Observer, the Graphic*, etc.

(7) Pour la France, nous pouvons citer le *Temps*, le *Moniteur Universel*, la *Nature*, etc. Aux États-Unis d'Amérique, il y a un très grand nombre de feuilles quotidiennes qui reproduisent les cartes du temps du *Signal Service*.

Gr. II. — Cl. 16.

qui est mis ainsi à même de se faire une idée des lois qui régissent les changements du temps.

Norwège. — Dans la Péninsule Scandinave, les études ont principalement porté sur le climat local. En Norwège, on observe les phénomènes atmosphériques depuis cinquante ans[1], mais on n'a commencé à y établir des stations officielles qu'en 1860 : 5 sur les côtes méridionales et une dans l'intérieur du pays, sur le plateau de Dovrefield. Aujourd'hui, il y en a 53, qui sont distribuées dans tout le pays, surtout le long des côtes. L'Institut météorologique de Christiania, qui a puissamment contribué au développement des études météorologiques dans ce royaume et dont le directeur est M. Mohn, date de 1866; il publie des annales qui comprennent les observations complètes de 12 stations et les moyennes de 41 autres[2]. Les capitaines des navires norwégiens apportent aussi leur contingent d'observations avec un zèle digne d'éloges.

Dans le remarquable et instructif rapport qu'a rédigé M. le docteur O.-J. Broch sur le royaume de Norwège à l'occasion de l'Exposition, il y a plusieurs cartes météorologiques générales, reproduites d'après celles de M. Mohn, que l'on peut consulter avec profit. Celles où sont tracées les isothermes pour le mois de janvier, pour le mois de juillet et pour l'année entière montrent que ces lignes suivent la configuration des côtes, subissant, d'une part, l'influence de la mer et, d'autre part, celle des hautes chaînes de montagnes qui ont la même direction que le littoral[3], et que les plus grands froids hivernaux et les plus fortes chaleurs estivales se rencontrent dans l'intérieur du pays, tandis que, sur les côtes, les hivers sont doux et les étés frais.

(1) On a la série des observations météorologiques faites à Christiania depuis 1837.

(2) Les frais qui incombent à l'État ne dépassent pas 8 000 francs. L'Institut a publié en outre les observations obtenues en divers points de 1863 à 1867 (*Norhs Meteorologisk Aarbog*).

(3) La température moyenne du mois de janvier, du mois de juillet et de l'année entière qui peut être évaluée pour toute la Norwège respectivement à — 6°, à + 13° et à + 2° 5, est de — 4°, de + 14° et de + 5°, si l'on ne considère que la région la plus habitée, qui, tout en ne comprenant que 55 p. o/o de la superficie totale du pays, renferme 90 p. o/o de sa population.

Gr. II. — Cl. 16.

Sur celle qui donne la chute moyenne d'eau dans les diverses localités, on voit que c'est principalement la région littorale qui est pluvieuse; la plus grande quantité d'eau tombe en automne. Les brouillards sont communs, en hiver, dans la partie orientale du pays et, en été, sur la côte occidentale. Les orages, dont on a commencé l'étude en 1867, et qui, du reste, ne se font guère sentir que sur les côtes, sont relativement rares en Norwège; leur direction ordinaire est du sud-ouest au nord-est (1). En somme, l'état hygrométrique de l'air, ou la quantité de vapeur d'eau qui y est contenue, dépend non seulement du voisinage de la mer, mais aussi de la latitude et de la température qui en résulte; abondante en août, elle est très faible en hiver.

M. Broch traite aussi de la pression de l'air, qui, forte en mai, est basse pendant les mois d'hiver (2), et de la direction des vents, qui est différente en hiver et en été, comme on pouvait s'y attendre, étant donnée la distribution alternante de la pression de l'air (3).

Suède. — C'est en 1873 qu'a été fondé l'Institut météorologique de Suède, auquel ont été rattachées les 26 stations qui, depuis 1859, fonctionnaient sous la surveillance du physicien de l'Académie royale des sciences; aujourd'hui il y en a 28 (4). Les observations qui sont faites tant dans ces stations que dans les observatoires astronomiques (5) sont annuellement publiées sous le titre de

(1) M. Mohn a fait une étude générale des orages de Norwège de 1867 à 1871, et il a marqué sur une carte les églises foudroyées.

(2) C'est dans la région centrale qu'est le minimum de pression en été et le maximum en hiver.

(3) En hiver, l'air éprouve dans la région centrale une condensation qui fait sortir les vents, et en été une raréfaction qui les attire.

(4) 3 sur les côtes occidentales, 11 dans la Baltique et dans le golfe de Bothnie et 14 dans l'intérieur du pays; la plus élevée est à Stensele, à 337 mètres au-dessus du niveau de la mer.

(5) On fait des observations météorologiques en Suède depuis le XVIIIe siècle, et les registres tenus à l'Université d'Upsal remontent, à quelques lacunes près, jusqu'à 1822. Mais ce n'est que depuis 1865 que des observations horaires de jour et de nuit ont lieu à cet observatoire; elles ont été faites, du 30 mai 1865 jusqu'au 9 août 1868, par une société d'étudiants volontaires sous la direction du docteur R. Rubenson, et les résultats

Gr. II. — Cl. 16.

Meteorologiska iakttagelser i Sverige (Observations météorologiques suédoises); il paraît en outre un bulletin quotidien accompagné d'une carte. 4 des stations suédoises prennent part aux observations météorologiques internationales qui ont lieu simultanément dans tout l'hémisphère septentrional.

On fait en outre, en Suède, des observations sur la formation de la glace dans les rivières et dans les lacs, sur les orages[1], sur la fréquence des nuits de gelée, sur la marche des cirrus, sur les dates d'apparition des plantes et des animaux au printemps et sur une foule d'autres phénomènes naturels qui sont aussi en relation avec le temps et le climat.

Toute la péninsule jouit d'une température exceptionnellement douce, eu égard à sa latitude, ce qu'on attribue à l'eau chaude que le gulf-stream amène sur les côtes de la Norwège; mais il y a entre les climats des deux pays qui la composent des dissemblances dues à leur position par rapport aux Alpes scandinaves; tandis qu'en Norwège, l'air est humide, les pluies fréquentes, les hivers doux et les étés froids; en Suède, le ciel est plus clair, l'air plus sec[2], les hivers froids et les étés chauds. Les isothermes y courent parallèlement aux Alpes scandinaves. La quantité d'eau qui tombe annuellement est de 522mm 7 pour tout le pays; c'est l'été qui est la saison la plus humide.

Danemark. — Le troisième pays scandinave, le Danemark, ne s'occupe de recherches météorologiques que depuis 1872, mais grâce à l'activité de son directeur, M. Hoffmeyer, il n'a rien à envier à ses voisins. Les stations danoises se divisent en deux catégories : celles du royaume, et celles des Fœroé, de l'Islande, du Groënland et des Antilles qui sont très éloignées et dont les observations n'arrivent que tard à l'Institut[3]. Il y a dans le Da-

sont publiés sous le titre : *Observations météorologiques horaires prises à l'Observatoire de l'Université d'Upsal;* depuis ce temps, elles sont continuées au moyen du météorographe de Teorell, indépendamment de l'Institut central, et elles sont imprimées dans le *Bulletin météorologique* que publie mensuellement cet observatoire.

(1) C'est en 1871 qu'on a commencé l'étude des orages et de leur distribution.

(2) Sauf assez souvent sur les côtes de l'ouest.

(3) Cet institut a été fondé en 1872.

nemark 8 stations principales et 65 stations climatologiques dont la plupart ne sont pas pourvues de baromètres et possèdent simplement des thermomètres et des udomètres. Outre les observations faites dans ces 73 stations, on mesure la hauteur d'eau tombée dans 79 postes spéciaux, on détermine la direction et la force du vent cinq fois par vingt-quatre heures dans les 25 phares principaux des côtes et, depuis 1868, on fait des observations journalières à bord de 5 bateaux-phares.

Les listes d'observations, qui sont faites presque partout trois fois par jour, sont envoyées tous les mois à l'Institut, où on les calcule de suite, et les résultats sont publiés avant la fin du mois suivant dans un bulletin mensuel accompagné de cartes qui montrent la distribution de la pression de l'air, de la température et de la pluie; il paraît en outre un annuaire où les observations des huit stations principales sont données *in extenso* et où sont résumées celles des stations climatologiques[1]; on y a joint, en 1874, des cartes de moyennes des pressions barométriques, de la température et des météores aqueux, mais aujourd'hui on n'établit plus que des cartes pour la température et pour la pluie[2]. A la fin de 1876, les colonies comptaient 7 stations principales (1 aux Fœroé, 3 en Islande, 3 au Groënland) et 10 stations climatologiques (dont 1 aux Antilles).

Grâce à sa grande étendue de côtes, le Danemark jouit d'un climat insulaire, avec une température moyenne annuelle de 7° 4 (5° 5 au printemps, 15° en été, 8° en automne et 0° 5 en hiver) et une chute d'eau annuelle de 598 millimètres (104 au printemps, 173 en été, 199 en automne et 124 en hiver).

Outre les publications quotidiennes, mensuelles et annuelles dont il vient d'être question, les bureaux de la Norwège, du Danemark et de la Suède rédigent en commun un *Bulletin météorologique du Nord,* où sont consignées les observations prises

(1) Cet annuaire se compose de deux parties, dont la première, relative aux travaux faits dans le royaume, paraît aussitôt que possible, au commencement de l'année, et la seconde, relative à ceux faits dans les colonies, seulement quand tous les renseignements sont parvenus au Bureau central.

(2) Le troisième et dernier volume, qui vient de paraître (1878), contient les observations faites pendant l'année 1876.

Gr. II. — Cl. 16.

à 8 heures du matin et à 8 heures du soir dans 8 stations norwégiennes, dans 7 stations danoises et dans 9 stations suédoises; les bulletins des années 1874 à 1877 ont paru.

Russie. — Il y a très longtemps qu'on fait dans toute la Russie des observations météorologiques [1] et que les lycées et écoles gouvernementales sont munis des instruments nécessaires; mais c'est récemment, cette année même (1878), qu'a été inauguré le premier observatoire ayant pour mission spéciale d'étudier les phénomènes atmosphériques et magnétiques par les méthodes les plus nouvelles et les plus sûres, celui de Pavlosk. C'est, paraît-il, une institution modèle dans son genre. Les nombreuses publications météorologiques qui ont paru jusqu'à ce jour, ainsi que les *Annales de l'Observatoire central de physique* où M. Wild a écrit divers mémoires, sont pleines d'intérêt.

M. Rikatschef a publié un mémoire très complet sur la distribution de la pression atmosphérique dans la Russie d'Europe [2].

M. Woeïkof, qui étudie depuis longtemps la climatologie russe, exposait deux cartes indiquant le mode de distribution des pluies dans ce vaste empire. Bien qu'il faille moins d'observations pour connaître le régime pluvial d'un pays de plaine comme la Russie que celui de contrées accidentées, il y a encore des lacunes qui ne permettent pas de fixer nettement les limites des diverses régions et de reconnaître l'influence de l'orographie et de la végétation sur la répartition des pluies, de dégager en un mot les circonstances locales; néanmoins les conclusions auxquelles est arrivé M. Woeïkof sont basées sur des documents assez nombreux et assez exacts pour qu'on les considère comme définitivement acquises à la science.

Sur l'une de ces deux cartes étaient marquées les zones [3] et sur l'autre les époques de maximum annuel. La première montre

(1) M. Moritz fait depuis longtemps des observations météorologiques intéressantes à l'Observatoire de Tiflis (Caucase).

(2) Voyez le *Repertorium für Meteorologie*, t. IV.

(3) M. Woeïkof a tracé avec soin sur cette carte les lignes isohyètes ou d'égale hauteur de pluie pour l'année.

que les régions reçoivent d'autant plus d'eau qu'elles sont plus occidentales, c'est-à-dire plus rapprochées de l'Océan, parce que les vents d'ouest, qui sont les plus fréquents, y apportent de l'humidité[1]. On voit sur la seconde que les pluies d'été dominent dans presque toute la Russie d'Europe et dans une grande partie des pays caucasiens; le maximum est en août dans le nord, en juillet dans le centre, en juin dans le sud[2] et en mai de l'autre côté de la chaîne du Caucase.

Allemagne. — En Allemagne, on s'occupe aussi avec ardeur d'études météorologiques, qui dépendent du Bureau de statistique de Berlin. Comme nous le verrons plus loin, les observations maritimes sont centralisées à Hambourg sous la direction de M. Neumayer.

Le Club alpin allemand a établi un réseau d'observatoires qui sont utiles à la science, et les stations forestières de la Prusse et de la Bavière ont montré, ce que nous savions déjà par les recherches analogues faites en France, en Suisse et en Italie, la grande influence des bois sur la température et sur les pluies, c'est-à-dire sur le climat. Dans les *Mittheilungen* de Petermann a paru une intéressante carte sur la distribution des pluies dans cet empire par le docteur von Bebber; elle montre, comme on pouvait s'y attendre, que c'est dans le bassin de la mer du Nord et dans les contrées boisées et montagneuses que tombe la plus grande quantité d'eau.

Pays-Bas. — On doit à l'Institut météorologique d'Utrecht une masse considérable de documents d'une grande valeur; il y a plus

[1] C'est dans la Pologne et dans la Russie centrale qu'il pleut davantage; il y tombe par an plus de 0m 50 d'eau. Dans le nord, dans le sud et dans l'est de cette zone, la quantité descend à 0m 40, et dans le sud-est, autour de la mer Caspienne, elle n'atteint pas 0m 20 : les vents d'est, qui sont très fréquents en hiver, au printemps et en automne dans cette contrée désolée et déserte, sont en effet secs et froids. Le désert aralo-caspien, où les vents du nord et du nord-est dominent presque exclusivement, est encore plus sec.

[2] C'est ce qu'on savait déjà par les travaux de MM. Dove et Vesselovsky, publiés en 1857.

Gr. II. — Cl. 16.

d'un siècle qu'on y fait des observations régulières et le nom de son directeur actuel, M. Buys-Ballot, est célèbre à juste titre.

Belgique. — L'Observatoire royal de Bruxelles publie chaque jour un bulletin avec trois cartes : l'une pour les vents et les pressions barométriques de la veille, une autre pour la température et les pluies ou neiges et la troisième pour les changements survenus depuis la veille dans la distribution des pressions et des températures.

Suisse. — La Commission météorologique instituée en Suisse le 23 août 1863 a couvert le pays d'un réseau de stations où l'on note chaque jour la température et l'humidité de l'air, la pression atmosphérique, la direction du vent et la quantité de pluie ou de neige tombée[1] : on en compte aujourd'hui 88, dont 11 sont à une altitude supérieure à 1 800 mètres[2]; les observations se font partout aux mêmes heures et avec des instruments identiques. Des stations spéciales étudient l'influence des forêts sur le climat. Nul pays ne se prête mieux que la Suisse à des observations de ce genre.

Le Bureau central (*Meteorologischen Centralanstalt der schweizerischen Naturforschenden Gesellschaft*), qui est établi à Zurich sous la direction du professeur Wolf, rédige un annuaire depuis 1864 : le treizième volume (1876) était exposé. On y publie les observations tri-diurnes des stations principales[3] et les observations diurnes de 31 autres sous la forme de simples tableaux numériques, sans cartes.

Le professeur C. Dufour a inséré dans le volume intitulé *Montreux* (1877) une notice météorologique substantielle sur le lac Léman.

(1) Dès 1817, Marc-Auguste Pictet a organisé les observations météorologiques correspondantes de Genève et du Grand-Saint-Bernard qui paraissent dans les *Archives de la Bibliothèque universelle de Genève*. Vers 1825, on a établi quelques autres stations, mais elles ont été abandonnées en 1837.

(2) Il y en a une à 2 474 mètres.

(3) Ce sont celles de Berne, de Zurich, de l'hospice du Saint-Bernard, de Grächen, de Genève, de Neuchâtel, de Chaumont, de Sils-Maria, de Castasegna, de Lugano, de Bâle, d'Altstetten, de Trogen, d'Altdorf et d'Affoltern.

Autriche-Hongrie. — Dans l'empire austro-hongrois, les observations sont généralement faites en dehors de toute attache officielle.

L'Institut autrichien de météorologie a publié un annuaire particulier depuis 1848 jusqu'à 1856; de 1857 à 1863, les rapports ont été insérés dans les *Comptes rendus de l'Académie des sciences de Vienne;* depuis 1864, la publication a repris son cours régulier. Nous devons citer entre autres mémoires ceux de M. J. Hann, sur la grêle, sur les orages et le siroco (1).

On doit aussi à la Société de météorologie de Vienne (2) un journal plein de faits intéressants.

La Hongrie possède un Institut de météorologie et de magnétisme terrestre, qui, depuis 1871, publie un bulletin annuel. Le Bureau de statistique de Budapest exposait des tableaux graphiques, qui donnaient la température moyenne et la quantité d'eau tombée pendant les quatre saisons de l'année 1871, et, pour les principales localités, les moyennes réelles de la température pour les années 1872, 1873 et 1874 et ses moyennes normales de 1848 à 1874, et deux cartes, l'une des pluies (3), l'autre de la température moyenne (4), qui semblent être une simple reproduction de la carte hypsométrique.

Turquie. — Un observatoire météorologique a été fondé en 1868 à Constantinople; il est dirigé par M. Coumbary et il a sous sa dépendance un certain nombre de stations réparties sur différents

(1) M. Hann, qui a étudié en 1872 le régime des vents dans la zone tempérée de l'hémisphère boréal, est arrivé à d'intéressantes conclusions. Des très nombreuses observations qu'il a discutées, il résulte qu'il y a en hiver deux courants aériens de sens contraire, tant au-dessus de l'Europe et de l'Asie qu'au-dessus de l'Amérique du Nord: l'un froid et lourd qui descend du pôle nord vers l'est; l'autre humide et chaud qui vient des mers équatoriales. En été, les vents de mer se refroidissent, et ceux de l'intérieur des continents deviennent plus chauds. En somme, la température plus variable de la Sibérie et de l'est de l'Amérique du Nord tient principalement à la plus grande différence calorifique des vents de l'hiver et de l'été.

(2) A la fin de 1877, cette société comptait 309 membres.

(3) Cette carte montre que dans la plaine il tombe moins de 0m 50 d'eau et que dans les régions de montagnes il en tombe de 0m 80 à 0m 90 et quelquefois plus.

(4) Dans la plaine, la moyenne est de 11°; dans les régions montagneuses du nord et de l'est, elle tombe à 5°.

Gr. II. — Cl. 16.

points de l'empire ottoman. On y dresse chaque jour une carte du temps, et il est en relation télégraphique avec les autres bureaux.

Italie. — Pendant longtemps, en Italie, les observations météorologiques ont été faites par les soins de diverses administrations et centralisées au Ministère de l'agriculture et du commerce dans un bureau spécial placé sous la direction du professeur Giovanni Cantoni[1]. Le décret du 26 novembre 1876 a réuni les divers services sous la direction d'un *Consiglio di meteorologia,* où sont représentés les Ministères de la marine, de l'instruction publique, des travaux publics et de l'agriculture, ce qui permet d'espérer dans les travaux un accord plus complet qu'autrefois; un bureau central exécutif coordonne et publie les observations.

Cette année (1878), il y a en Italie 70 stations météorologiques officielles[2], dont 14, chargées de faire les observations simultanées, fournissent les éléments nécessaires à l'étude de la marche des tempêtes. Quelques-unes d'entre elles s'occupent de l'étude du magnétisme et des tremblements de terre. Des postes spéciaux ont la mission de rechercher quelle influence exercent les forêts sur la température et sur les pluies. C'est la section d'agriculture du Ministère de l'agriculture, du commerce et de l'industrie qui publie le bulletin météorologique officiel; mais c'est le Ministère de la marine qui transmet tous les jours aux feuilles périodiques les dépêches sur l'état de l'atmosphère en Europe et plus particulièrement en Italie.

Il y a, en outre, trois sociétés privées qui s'occupent de re-

[1] C'est le P. Secchi qui a fait entrer l'étude de la climatologie de Rome dans une voie nouvelle; il a fondé en 1862 le *Bollettino meteorologico* de l'Observatoire du Collège romain, et depuis cette époque son exemple a été suivi dans les différents observatoires météorologiques de la péninsule. Les publications faites aux frais du Ministère de l'agriculture et du commerce se composent du *Bollettino decadico,* qui comprend les observations faites trois fois par jour dans 22 stations et qui par une mesure excellente paraissent tous les dix jours de sorte que les intéressés les reçoivent en temps utile pour leurs travaux, et de la *Meteorologia italiana,* qui donne les moyennes de 79 stations et qu'accompagne souvent un supplément contenant des mémoires relatifs aux tremblements de terre, aux études magnétiques, etc.

[2] Plusieurs de ces stations sont placées à une altitude supérieure à 1 000 mètres : l'une d'elles est à 2 550 mètres et une autre à 3 593 mètres (au mont Pie).

cherches du même genre : la *Société météorologique italienne* qui vient d'être fondée sur l'initiative du professeur D. Ragona, directeur de l'Observatoire de Modène[1], la *Correspondance alpine-apennine* qui entretient 90 stations et le *Clup alpin* qui a constitué en divers points des observatoires pourvus d'instruments[2]. En somme, il y a aujourd'hui plus de 200 stations, tandis qu'en 1867 il n'y en avait pas plus de 37.

Gr. II. — Cl. 16.

En étudiant les observations barométriques qui ont été faites dans ces stations, on voit que le maximum de pression atmosphérique tombe en hiver, le minimum au printemps, et la moyenne annuelle entre l'été et l'automne; cette oscillation annuelle décroît en général avec la latitude et augmente avec l'altitude[3]. Les variations thermométriques ont une amplitude à peu près de moitié moindre dans le sud de la péninsule que dans le nord. M. le professeur Ragona a montré que la moyenne de la température du printemps, qui a lieu le 29 avril à Greenwich et le 19 à Genève, tombe à Modène le 14, et que la moyenne de la température de l'automne, qui tombe à Greenwich le 21 octobre et le 19 à Genève, a lieu à Modène le 17[4]; dans cette dernière ville, il y a 186 jours par an au-dessus de la moyenne, tandis qu'il n'y en a que 183 à Genève et 175 à Greenwich.

La moyenne mensuelle de la tension de la vapeur d'eau, qui est minimum en janvier et maximum en juillet, montre que l'éva-

[1] M. Ragona publie un bulletin annuel; celui de novembre 1877 à mars 1878 était exposé.

[2] En 1878, le Clup alpin italien avait déjà organisé 68 stations.

[3] De 1866 à 1875, c'est toujours en février qu'a été observée la plus grande hauteur barométrique moyenne, et c'est le mois suivant, c'est-à-dire en mars, qu'on a constaté la plus basse pression moyenne : la différence s'est trouvée la même, soit $4^{mm}5$, dans 21 stations réparties entre les Alpes et la Sicile; cette grande oscillation a lieu vers l'époque de l'équinoxe du printemps. De mars à juin, le baromètre monte lentement pour arriver à la moyenne annuelle au moment du solstice d'été; les variations sont faibles autour de cette moyenne de juin à août, mais, au moment de l'équinoxe de septembre, on retrouve un second maximum, puis le baromètre descend progressivement jusqu'à la fin de novembre, mois pendant lequel a lieu le second minimum, pour remonter graduellement en décembre et en janvier.

[4] Le mois de janvier est le plus froid, et le mois de juillet le plus chaud; les mois d'avril et d'octobre ont dans toutes les localités des moyennes sensiblement égales à la moyenne annuelle.

Gr. II. — Cl. 16.

poration de l'eau qui baigne le sol augmente avec la température de l'air; au printemps et en automne, elle est égale à la moyenne annuelle[1]. Les mois chauds ont le ciel le plus serein; les mois froids sont les plus nuageux. La quantité d'eau tombée est très différente suivant les régions : dans la haute Vénétie, à Udine, on a constaté une moyenne annuelle de 1m 30; dans les Apennins, à Gênes, à Florence, à Urbin et à Pérouse, dans les Alpes, à Biella, la hauteur d'eau marquée par les pluviomètres dépasse 1 mètre; au contraire, dans la vallée du Pô, à Pavie et à Alexandrie, on a à peine de 0m 73 à 0m 56. En somme, dans l'Italie septentrionale, c'est en janvier, en février et en juillet qu'il y a le moins de pluies, et c'est en octobre et en novembre qu'il en tombe le plus; dans l'Italie centrale et méridionale, les mois les moins pluvieux sont juillet et octobre, et les plus pluvieux, novembre et décembre.

Espagne. — L'Espagne n'a pas encore de service météorologique régulier; elle ne possède que deux observatoires, celui de Madrid et celui de San Fernando, où l'on fasse des observations complètes.

L'Observatoire astronomique et météorologique de Madrid exposait non seulement neuf volumes in-4° où sont consignées les observations météorologiques qui y ont été faites de 1867 à 1875, mais en outre huit autres volumes, également in-4°, où sont résumées celles faites de 1867 à 1874 dans différentes stations du royaume[2].

Portugal. — Au Portugal, il y a deux observatoires météorologiques : celui de l'Infant don Luiz[3], qui a depuis 1864 la di-

[1] Le contraire a lieu pour l'humidité relative à l'atmosphère; en effet, plus la température est élevée, plus il faut de vapeur d'eau pour saturer l'air. Le maximum est en janvier et le minimum en juillet.

[2] M. le marquis de Riscal a fait faire dans ses propriétés, en 1875, 1876 et 1877, des observations météorologiques dont les registres ont été examinés par le jury avec intérêt.

[3] Cet observatoire était au début une dépendance de l'École polytechnique de Lisbonne; il a été fondé en 1854 par M. Guillaume Pegado. Reconstruit en 1863 à l'aide de fonds dus à la libéralité du roi, il ne relève plus aujourd'hui que du Ministère de l'intérieur; il possède un service magnétique depuis 1857, époque à laquelle

rection de toutes les stations portugaises [1], et l'Observatoire de Coimbre [2]; ils exposaient toute la série de leurs observations météorologiques et magnétiques [3]. On fait aussi à Lisbonne depuis 1870 l'étude photographique des taches du soleil en relation avec les variations du magnétisme et, depuis 1869, celle des pluies d'étoiles filantes. Le résumé fait par M. de Brito Capello, sur le climat du Portugal pour les années 1864-1872, qui est déduit d'un nombre très restreint de postes [4], ne peut encore être considéré que comme un premier essai [5].

Le gouvernement portugais a aussi établi des stations à Ponta Delgada (île Saint-Michel des Açores) et à Angra (île Tercère des Açores), à Funchal (île Madère) qui est relié par le télégraphe

le célèbre directeur de l'Observatoire de Munich est venu en Portugal et l'a enrôlé dans l'Union internationale pour l'étude du magnétisme fondée par Gauss et Humboldt. Il est aujourd'hui sous la direction de M. J.-C. de Brito Capello.

(1) Ces stations sont celles de Porto (depuis 1864), de Guarda (depuis 1864), de Moncorvo, de Campo-Maior (depuis 1864), d'Evora (depuis 1869), de Beja, de Figueira et de Lagos (depuis 1866).

(2) Cet observatoire, qui est une annexe de l'Université, a été fondé en 1867 et possède une collection complète d'instruments pour les observations météorologiques et magnétiques.

(3) Le premier volume, qui a été publié en 1864, contient le résumé de toutes les observations antérieures (1856-1863). Depuis, il en a paru régulièrement un chaque année, comprenant de deux heures en deux heures la pression barométrique, la température, la tension de la vapeur d'eau, l'humidité relative, la direction et la vitesse du vent observées à l'observatoire; des tableaux spéciaux donnent pour chaque jour la température maximum au soleil et sur le gazon et la température minimum sur le gazon et au foyer d'un miroir parabolique tourné vers le zénith, la quantité d'eau tombée et évaporée, le degré de l'ozonomètre, l'état du ciel et la forme des nuages. Tous les trois mois, on publie les observations magnétiques (deux fois par jour pour la déclinaison et l'inclinaison et une fois par mois pour l'intensité) et les observations des principales stations météorologiques.

(4) Il y a cinq postes, dont trois sont situés sur la côte et deux dans l'intérieur.

(5) La partie du Portugal comprise entre le Douro (Porto) et le Minho semble être avec la partie limitrophe de l'Espagne l'une des régions les plus humides de l'Europe: la moyenne des pluies qui y tombent annuellement (1^{m} 523) est en effet fort supérieure à celle observée dans les autres contrées de cette partie du monde; à Coimbre, au contraire, elle n'est que de 681^{mm} 7. Quoique jouissant d'un climat tempéré à cause de sa situation géographique, le Portugal présente des différences de climat considérables occasionnées par la variété des conditions météorologiques, orographiques et géologiques. La température moyenne varie de 10° 90 (à Guarda) à 16° 25 (à Campo-Maior et à Evora).

Gr. II. — Cl. 16.

avec le continent, à l'île Saint-Jacques et à l'île Saint-Antoine du cap Vert, à San Thomé, à Loanda et à Mozambique (Afrique), à Nova-Goa (Inde) et à Macao (Chine).

France. — On n'avait guère en France, comme dans les autres pays, que les observations météorologiques isolées faites, soit par des particuliers, soit pour le compte des services publics [1], sans ensemble dans les vues, avec des instruments dissemblables et non comparés, à des heures différentes et avec une précision douteuse, observations qui avaient par conséquent peu d'utilité, lorsqu'en 1864, Le Verrier organisa dans nos 78 écoles normales primaires un réseau complet de postes météorologiques qui devaient opérer suivant un plan commun; l'expérience a malheureusement montré que les séries observées dans ces écoles sont pour la plupart incomplètes et mauvaises, et on n'a pu tirer parti que d'un petit nombre.

L'année suivante, en 1865, des commissions furent instituées aux chefs-lieux des départements dans le but de centraliser les observations faites dans leur ressort et de les envoyer à l'Observatoire de Paris, et de nombreux postes ont été établis, mais, mal installés, mal outillés, mal desservis, ils n'ont pas fait de bonne besogne. Il est regrettable qu'on n'ait voulu ni fonder d'observatoires régionaux qui auraient dirigé les travaux et coordonné les observations, ni accorder des subventions aux savants qui depuis longtemps s'occupaient de ces études d'un intérêt cependant si général. En 1873, Le Verrier chercha à modifier cet état de choses et, dans une réunion des météorologistes français tenue le 17 avril à la Sorbonne, il fut arrêté que les commissions départementales seraient immédiatement réorganisées.

Plusieurs de ces commissions ont fait preuve d'une activité digne d'éloges et on a vu à l'Exposition leurs travaux qui ont vivement intéressé le jury. Celle de l'Allier, fondée en 1865, possède un observatoire et 29 stations secondaires. Celle du Rhône, instituée

[1] Tels que les postes sémaphoriques de nos côtes, les ponts et chaussées au point de vue hydrométrique et pluviométrique, certaines écoles d'agriculture, certains hôpitaux, certaines conservations des eaux et forêts.

en 1869 [1], publie des bulletins annuels [2] où sont résumées les observations météorologiques très complètes qu'on fait non seulement à l'Observatoire de Lyon, mais dans tout le bassin du Rhône. Celle de Vaucluse, qui a commencé à fonctionner en avril 1873, compte aujourd'hui sous sa direction 4 observatoires principaux, 13 stations secondaires et 28 postes pour les observations d'orages, de température et de hauteurs de cours d'eau; la série de tableaux graphiques qu'elle exposait permet d'apprécier facilement la marche des phénomènes : on y a adopté pour le commencement de l'année météorologique le 1er décembre, afin que l'année d'observation commençât et finît avec une saison.

Gr. II. — Cl. 16.

Le secrétaire de la commission de la Haute-Savoie, M. Tissot, exposait des études sur le climat d'Annecy, qu'accompagnaient des tableaux graphiques d'un intérêt réel.

Le comité de l'Ouest méditerranéen, qui a été organisé en 1872, embrasse cinq départements : la Lozère, le Gard, l'Hérault, l'Aude et les Pyrénées-Orientales; il a publié un annuaire pendant quelques années.

La commission des Pyrénées-Orientales, qui a été reconstituée le 23 mars 1872, a développé les études météorologiques dans ce département; elle rédige chaque année un bulletin dans lequel, outre la météorologie proprement dite, M. Naudin, dont la compétence est bien connue, traite de la météorologie agricole. Nous ne pouvons passer sous silence les recherches importantes de son président, le docteur Fines [3], sur la vitesse moyenne du vent à des hauteurs variables, recherches qui ont montré que plus on s'élève, plus la vitesse des mouvements est considérable, quelle que soit leur direction; elle est presque double à 30 mètres du sol de ce qu'elle est à 4 mètres.

M. Carlier, qui fait à Saint-Martin-de-Hinx, depuis 1865, des études météorologiques avec une persévérance digne d'éloges,

(1) Cette commission est sous la présidence de M. Lafon.

(2) Ces bulletins font suite aux comptes rendus météorologiques annuels publiés depuis 1843 dans les *Annales de la Société d'agriculture de Lyon.*

(3) *Le vent : sa direction et sa force observées à Perpignan en 1870-1871-1872 toutes les trois heures avec un anémomètre électrique.*

Gr. II. — Cl. 16.

exposait les résultats obtenus pendant sa onzième année d'observations (1875).

Le jury a aussi remarqué quatre registres manuscrits d'observations quotidiennes faites à Poitiers par le comte Sansac de Touchimbert, qui vont du 1er janvier 1868 jusqu'à cette année (1878).

La commission de la Sarthe publie depuis 1873 des bulletins mensuels, où elle résume les principales observations météorologiques faites dans le département.

La commission de la Meuse, qui a été instituée le 16 juin 1865, a sous sa direction 4 observatoires où se font des observations générales, 98 stations pluviométriques et 87 postes hydrométriques; l'étude du climat de cette région présente un intérêt particulier en ce qu'il est un mélange des climats séquanien et vosgien.

Le service météorologique de la Haute-Marne a été organisé en 1865; il s'est principalement livré, comme nous le verrons plus loin, à l'étude des orages.

On comptait en France, en 1867, 525 udomètres; aujourd'hui (1878), il y en a plus de 900. Dans le département de la Meuse, où l'on s'est occupé d'une manière toute particulière de la distribution des pluies et de leur marche [1], on a constaté que, comme d'ordinaire dans les pays éloignés de la mer, l'influence du relief y est prédominante et que l'orographie explique toutes les différences observées entre les divers cantons.

La commission départementale de Lyon, qui, instituée en 1869, a continué le service de la commission hydrométrique fondée en 1843, publie annuellement des tableaux indiquant pour chaque jour les pluies et les neiges qui tombent dans les bassins du Rhône et de la Saône, ainsi que les températures à midi de l'eau de ces rivières et de l'air ambiant.

M. Raulin a résumé dans un intéressant travail toutes les observations pluviométriques qui ont été faites dans l'est de la France de 1763 à 1870.

La commission de Vaucluse s'occupe non seulement d'études pluviométriques, mais elle recherche en outre les causes qui in-

[1] La commission de la Meuse a publié plusieurs cartes pluviométriques.

fluent sur le régime de la fontaine de Vaucluse; on croit en effet à l'existence de vastes nappes souterraines servant de bassins alimentaires et sujettes à de faibles variations de niveau, ce qui permettrait, si tel est vraiment l'état des choses, de disposer de volumes considérables d'eau en pénétrant jusqu'à elles et en régularisant leur débit. A l'Exposition, un tableau graphique résumait les observations faites jusqu'en 1877; il donne l'indication des quantités de pluie tombées aux diverses stations qu'on présume être situées sur le bassin d'alimentation de la source et des variations du débit de celle-ci déduites des hauteurs observées au bassin des Espilugues.

Nous devons aussi citer l'ouvrage instructif que M. Fines a publié, en 1868, sur la pluie dans les Pyrénées-Orientales.

La commission de la Sarthe exposait des cartes pluviométriques pour les années 1875, 1876 et 1877, cartes qui font ressortir une coïncidence remarquable entre la hauteur de pluie tombée dans les divers districts et leur relief orographique, sans toutefois qu'il y ait une proportionnalité constante, et la carte comparative de la quantité d'eau tombée pendant les mois d'avril des dix-huit dernières années (1861 à 1878).

L'Administration des forêts de la France a fait effectuer, depuis 1867, toute une série d'observations relatives à l'influence des terrains boisés, tant au point de vue climatérique en général que sous le rapport de la distribution des pluies et de la conservation des sources en particulier. Il en résulte que d'ordinaire les terrains boisés, surtout ceux couverts de futaie, reçoivent au moins un dixième d'eau de plus que les terres voisines découvertes[1], mais, bien que les branches des arbres retiennent une partie de l'eau qui tombe[2], l'évaporation étant moindre par suite de l'abri qu'elles fournissent[3], ils conservent trois fois plus d'eau et contribuent dans cette proportion, qui est encore doublée lorsque la terre est

(1) La pluie est en effet plus abondante au-dessus des massifs de bois qu'aux environs, surtout au-dessus des forêts d'arbres résineux.

(2) Les branches des forêts feuillues retiennent en hiver un dixième et en été un cinquième de l'eau; celles des forêts résineuses en retiennent la moitié.

(3) Les sols forestiers évaporent deux fois moins d'eau en hiver et cinq fois moins en été, soit en moyenne trois fois moins que les terrains déboisés.

Gr. II. — Cl. 16.

couverte de mousse ou de feuilles mortes, à l'entretien des sources; on a aussi constaté que les forêts exercent sur la température une action frigorifique d'un demi-degré en moyenne; en outre, elles coupent l'action des vents et empêchent l'entraînement des terres fertiles par les eaux. L'influence bienfaisante des forêts au point de vue du climat est donc aujourd'hui déterminée scientifiquement.

L'étude des orages, qui est si nécessaire à la connaissance des mouvements généraux de l'atmosphère et à celle du climat de notre pays, a été organisée par les préfets au commencement de 1865, à la demande de Le Verrier et sur l'invitation du Ministère de l'instruction publique. On a établi aux chefs-lieux des divers départements des commissions chargées de centraliser tous les travaux locaux et de dresser des cartes à une échelle uniforme. Un réseau d'observateurs composé d'instituteurs, de médecins, de pharmaciens, de propriétaires de bonne volonté, a dès lors noté dans nos 89 départements toutes les particularités qui permettent de suivre la marche des orages à travers la France. Les observations cantonales, une fois résumées par les commissions départementales, ont été centralisées à l'Observatoire par M. Fron, qui a marqué sur des cartes d'ensemble la marche de tous les orages de l'année[1], en reliant par une ligne les points que chacun d'eux occupait aux diverses heures de la journée. C'est en 1866 qu'a été publié le premier volume de l'*Atlas des orages;* il en a paru depuis sept autres[2].

Grâce à ces atlas qui permettent de voir d'un coup d'œil quelle a été l'étendue de chaque orage et avec quelle vitesse il s'est transporté[3], on a plus appris en quelques mois sur leur marche

[1] Le premier eut lieu le 7 mai et le dernier le 28 novembre.

[2] En 1867, Le Verrier ajouta à cet atlas l'étude du climat de la France d'après les observations recueillies dans les écoles normales primaires et lui donna alors le nom d'*Atlas météorologique;* à partir de 1868, il y inséra des mémoires et documents propres à faire connaître l'ensemble des travaux accomplis pendant l'année, et depuis 1874, les observations y sont publiées dans un état de discussion assez avancé pour qu'on puisse en tirer un parti immédiat. Ces atlas comprennent des cartes générales et des cartes départementales; des huit qui ont paru de 1866 à 1878, les sept premiers sont in-8° et le dernier, auquel est joint un volume de texte, est in-4°.

[3] Des signes particuliers indiquent en outre toutes les circonstances qui ont signalé cette marche, telles que la direction des vents, la grêle, la pluie, etc.

que pendant tous les siècles précédents. Jusque-là, on ne savait en effet rien des routes qu'ils suivent; dès la première année, on a vu que la plupart nous viennent de l'Océan, du golfe de Gascogne, qu'ils parcourent presque toujours une vaste étendue de terrain sur une largeur considérable et que les forêts et les vallées exercent une grande influence sur eux. Ces recherches ont aussi montré que la formation et la chute de la grêle sont dues à la rencontre de deux courants orageux, et comme ceux-ci suivent généralement les vallées, c'est au confluent de celles-ci que se trouvent les cantons les plus exposés.

Malheureusement les commissions départementales n'ont pas toutes poursuivi avec vigueur et constance cette étude si utile, et il y a dans les huit atlas météorologiques publiés jusqu'à ce jour par l'Observatoire, qui contiennent le résultat des observations faites de 1865 à 1876, des lacunes fort regrettables dans un travail qui exigerait de l'ensemble pour avoir toute sa valeur.

Nous allons énumérer rapidement celles qui ont fait à cet égard les études les plus complètes. Dans le département de l'Allier, il y a 80 personnes qui recueillent des observations sur les orages, et la commission publie des cartes depuis 1866; celle des grêles de 1821 à 1865, établie par M. Radoult de Lafosse, a été continuée pour les dix années suivantes par M. de Pons, qui y a indiqué par des teintes spéciales les zones où, d'après les résultats de plus d'un demi-siècle, il a grêlé 5, 11, 15, 20, 28 et 30 années sur 100; elle montre l'influence que les forêts exercent sur les grêles.

M. Lespiault, qui a étudié les mêmes phénomènes dans le département de la Gironde, de 1865 à 1875, a trouvé que non seulement les forêts, mais encore le relief du sol, influent sur leur marche.

A Lyon, il existe depuis 1843 une commission hydrométrique et une commission des orages, qui ont été instituées à la suite de la terrible inondation de la Saône de 1840 [1]. La commission départementale qui, depuis 1869, est chargée de ce double service, a continué la publication de ces utiles travaux, et le trente-troisième

[1] Les observations de cette commission sont consignées dans les *Annales de la Société d'agriculture de Lyon.*

Gr. II. — Cl. 16.

annuaire a paru en 1877; on y trouve le relevé des orages et des grêles de l'année 1876 et des dégâts qu'ils ont occasionnés.

Le service météorologique de la Haute-Marne a obtenu le concours désintéressé de plus de 100 instituteurs et employés des ponts et chaussées; il n'a pas reçu moins de 1 661 bulletins d'observations en 1875. Chaque année, il dresse la carte des principaux orages (1) et une carte générale qui en donne le résumé synoptique (2).

La commission de la Haute-Vienne exposait un opuscule de M. Hébert sur les orages de 1876 dans ce département, qu'accompagne un atlas manuscrit de 43 cartes. M. l'abbé Artus a dressé la carte des orages de la Charente pour 1876 et 1877, et la commission de la Sarthe a établi non seulement la carte des orages, des grêles et des coups de foudre pour les trois années 1875, 1876 et 1877, mais en outre une carte générale où sont marquées les régions qui ont été grêlées de 1835 à 1840 et de 1855 à 1877, soit pendant une période de vingt-sept années.

Un grand intérêt s'attache à ces études, qui, continuées avec persévérance, nous feront découvrir la loi de la propagation des orages et nous mettront à même de prévoir les dégâts et peut-être, dans la suite, de les prévenir. Il serait à souhaiter qu'elles eussent dans tous les pays une base uniforme, afin qu'on pût suivre la marche de ces météores non pas seulement sur un espace limité, mais sur notre continent tout entier.

M. Isidore Pierre, qui a résumé sous une forme graphique les documents statistiques sur les gelées tardives d'avril et de mai depuis 1787 jusqu'à 1854, c'est-à-dire pendant soixante-sept ans, a montré qu'un maximum très net de froid se présente chaque année du 18 au 23 avril, et qu'il y a dans la première quinzaine de mai d'autres maxima moins notables.

Les deux montagnes du Pic du Midi de Bigorre et du Puy-de-Dôme, qui se font remarquer tout à la fois par leur élévation et par leur isolement au milieu d'une contrée où elles commandent

(1) En 1875, on a dressé 32 cartes particulières; en 1876, 23, et en 1877 également 23.

(2) Il y a eu dans la Haute-Marne 76 orages en 1875, 70 en 1876 et 62 en 1877.

un horizon vaste, étaient dans une situation exceptionnelle pour recevoir un observatoire météorologique; il n'est pas douteux en effet que les observations faites à de grandes hauteurs sont nécessaires pour l'étude des lois générales qui régissent les phénomènes atmosphériques [1]. Celui qui a été installé, en 1873, par la société Ramond sur le Pic du Midi, à une altitude de 2 238 mètres, et qui reçoit le choc des grands vents [2], a déjà rendu des services réels à la météorologie et à la physique du globe; on y étudie la pression barométrique, les variations de température et d'humidité de l'air, la direction et l'intensité des vents, la forme et la marche des nuages; ces observations, qui sont faites par MM. le général de Nansouty et Baylac, et qui ont été intermittentes en 1873 et en 1874, sont aujourd'hui exécutées d'une manière continue. Entre autres résultats intéressants, on a constaté que les variations horaires du baromètre, ainsi que ses variations d'une saison à l'autre, y suivent les mêmes lois qu'au Grand-Saint-Bernard, qui a à peu près la même hauteur, et que la température moyenne, à égale altitude, est plus élevée de 3° dans les Pyrénées que dans les Alpes [3]. Il est à souhaiter, autant dans l'intérêt de la météorologie théorique et pratique que dans celui de la physique générale du globe, que cet observatoire soit reconnu d'utilité publique et qu'il soit relié le plus tôt possible à Barrèges ou à Bagnères-de-Bigorre par un fil télégraphique [4].

L'Observatoire du Puy-de-Dôme [5], qui a été inauguré en 1876,

(1) On trouve dans les *Matériaux pour l'étude des glaciers* de Dollfus-Ausset, dont le huitième volume a paru en 1868, de nombreux tableaux d'observations météorologiques faites au col de Saint-Théodule.

(2) Cette montagne, qui est située vers le milieu de la chaîne des Pyrénées, domine les plaines de la Gascogne.

(3) Aussi le niveau des neiges perpétuelles est-il de 30 mètres plus élevé dans les Pyrénées que dans les Alpes.

(4) M. le général de Nansouty, après avoir lutté avec un courage et une persévérance dignes d'éloges contre des difficultés de toutes sortes, a enfin réussi aujourd'hui à compléter son installation. Nous verrons plus loin que cet observatoire a rendu par ses avertissements, lors de l'inondation de 1875, des services qui eussent été plus considérables s'il eût été relié à la plaine par un fil télégraphique.

(5) Cet observatoire est situé à peu près à égale distance du pôle et de l'équateur.

Gr. II. — Cl. 16.

est complété par la station de Rabanesse qui, établie dans la plaine à 1 108 mètres plus bas et à une distance de 10 kilomètres, est pourvue des mêmes instruments, et avec laquelle il est relié par un fil électrique; celle-ci est elle-même en relation directe avec le réseau télégraphique général. Les séries continues d'observations météorologiques faites simultanément en deux points aussi peu distants que le sont ces deux stations, mais situés à des altitudes notablement différentes, donnent lieu à des résultats intéressants. Le directeur, M. Alluard, a constaté entre autres faits curieux que, pendant la nuit, la température varie avec l'altitude tout autrement que pendant le jour (1). On y rédige un bulletin quotidien.

Le mont Ventoux, qui, aussi complètement dégagé que le Puy-de-Dôme, s'élève à 2 000 mètres au-dessus des grandes plaines du Rhône, et qui est situé à la limite nord du climat méditerranéen, serait un point bien choisi pour l'emplacement d'un troisième observatoire à grande hauteur. Les stations météorologiques situées sur des montagnes élevées tendent du reste à se multiplier; on en compte aujourd'hui, outre les deux stations françaises dont nous venons de parler, deux en Italie, six en Suisse, trois en Autriche et deux aux États-Unis.

Cette année même, le 14 mai 1878, en présence de l'importance théorique et pratique que la météorologie a acquise, le Gouvernement a jugé utile d'assurer à cette science une existence libre, et il a institué un Bureau central qui est chargé, sous la haute direction de M. Mascart, de l'étude des mouvements de l'atmosphère, du service des avertissements aux ports et à l'agriculture, et de l'ensemble des recherches de météorologie et de climatologie. Le bulletin international, que continue à publier le nouveau bureau, donne, comme auparavant, la situation générale du jour (avec une carte synoptique des pressions barométriques, où sont indiqués en outre le vent et l'état du ciel et de la mer, et une carte des températures où sont également marqués la quantité

(1) Les courbes des températures minima au sommet du Puy-de-Dôme et à Clermont se coupent fréquemment en été comme en hiver, tandis que les courbes des températures maxima sont toujours parallèles.

de pluie tombée dans la journée précédente et les orages), les avertissements aux ports et à l'agriculture, les observations de Paris et les dépêches météorologiques rangées toujours dans le même ordre afin de faciliter les recherches. Des bulletins de la prévision du temps, dressés d'après les observations de l'état de l'atmosphère en Europe, sont en outre télégraphiés chaque jour à nos ports et à nos stations agricoles. On va s'occuper de réorganiser le réseau des stations.

A l'aide de tous les travaux météorologiques faits en France, M. Levasseur, comme la plupart des géographes étrangers l'ont aussi fait pour leurs pays respectifs, a dressé diverses cartes météorologiques générales qui sont très utiles pour l'enseignement : cartes des pluies [1] et des températures par saison, cartes des pressions barométriques au mois de janvier et au mois de juillet, cartes des orages et des vents dominants par département. Voici à quelles conclusions générales sur le climat de notre pays est arrivé le savant auteur de ces cartes. Ce sont les vents d'ouest qui prédominent dans presque toute la France occidentale; le relief du sol montre son influence en faisant incliner le vent au sud-est sur le flanc méridional des montagnes du centre et au nord-est sur leur flanc septentrional, et en le faisant glisser presque exclusivement soit du nord au sud, soit du sud au nord dans le long couloir que forment les vallées de la Saône et du Rhône. Le massif central arrête les orages, qui, partant de la côte atlantique, passent, soit au nord, montant vers Paris, soit au sud, descendant vers le bas Languedoc ou la Provence. Les parties de notre pays où la quantité d'eau dépasse la moyenne sont les parties montagneuses; les hauteurs exercent en effet, comme nous avons déjà eu occasion de le dire, une influence marquée sur la chute des pluies; mais si l'on considère la quantité d'eau tombée pendant chaque saison, on voit

[1] Dans l'atlas météorologique de l'Observatoire de 1867 et dans celui de 1871, il y avait déjà des cartes indiquant la distribution des pluies en France par saison. M. Delesse a aussi résumé dans une carte instructive ce que l'on connaît au sujet de la quantité annuelle de pluie qui tombe dans notre pays. Enfin, M. Raulin, qui a étudié avec soin la répartition de la pluie en France, a indiqué sur une carte pluviométrique les sept régimes principaux qu'il y a reconnus en dépouillant les observations de 900 stations et qui caractérisent chacune une région particulière.

Gr. II.
—
Cl. 16.

que, si les régions accidentées en ont le maximum pendant le printemps et l'été, les côtes en somme en reçoivent presque autant. Les courbes isothermes dessinent les formes du terrain avec précision, et montrent parfaitement l'influence du voisinage de l'Océan, qui élève la température des régions côtières pendant la saison froide et l'abaissent pendant la saison chaude. M. Levasseur a adopté pour ses cartes météorologiques [1], qui ont été tracées dans un but d'enseignement, deux couleurs : la couleur rouge qui indique que le fait représenté a une intensité supérieure à la moyenne générale de la France dans les régions ainsi teintées et qui est d'autant plus foncée que les régions s'élèvent davantage au-dessus de cette moyenne; la couleur bleue qui indique une intensité inférieure à la moyenne générale et dont la teinte est d'autant plus claire que le fait a moins d'importance. On trouve aussi dans l'atlas de la France de M. Eugène Cortambert des cartes des pluies et du climat.

Nous ne pouvons du reste que nous féliciter de voir le nombre des publications météorologiques aller croissant en France chaque année. Nous citerons, entre autres : l'*Annuaire de la Société météorologique de France,* dont le premier a paru en 1849 et dont le dernier porte la date de 1877; les *Nouvelles météorologiques,* qui, commencées en 1868, ont atteint leur neuvième année; l'*Annuaire de l'Observatoire météorologique de Montsouris,* dont le premier volume, paru en 1874, contient le résumé de toutes les observations qui y ont été exécutées jusqu'à ce jour; la *Météorologie générale* de M. Marié-Davy sur les mouvements de l'air et les variations du temps; l'*Histoire de l'atmosphère,* par M. Tarry [2]; la *Quinzaine météorologique,* qui a pour but de grouper les documents recueillis dans un certain nombre de stations particulières réparties à la surface de la France [3];

(1) C'est le même procédé qu'il a employé pour ses cartes statistiques.

(2) M. Tarry pense pouvoir conclure de ses études que les tempêtes qui vont d'Europe en Afrique reviennent toujours d'Afrique en Europe au bout de quelques jours, de sorte que d'après lui on pourrait prédire avec une quasi-certitude les tempêtes de cette catégorie.

(3) Ce bulletin comprend des tableaux d'observations, des courbes barométriques et une chronique sur les phénomènes météorologiques les plus remarquables. Il a commencé à paraître en novembre 1877 sous la direction de M. Teisserenc de Bort.

le *Climat de l'Alsace,* par M. Ch. Grad; les *Primes d'honneur,* publiées par le Ministère de l'agriculture et du commerce, etc. Gr. II. — Cl. 16.

Amérique du Nord. — De tous les pays situés hors de l'Europe, on peut même dire hardiment de tous les pays du monde, ce sont les États-Unis qui ont fait le plus dans la voie des études météorologiques pratiques. Sur toute l'étendue de ce vaste pays, et aux altitudes les plus diverses [1], sont en effet installées de nombreuses stations reliées télégraphiquement entre elles, où l'on fait trois fois par jour, à 7 heures, à 2 heures et à 9 heures, des observations qui sont centralisées au Bureau de Washington [2]. Ce bureau, qui emploie une armée d'observateurs, relève du *Signal service of the army,* dont la fondation ne remonte pas au delà de 1870 [3] et dont l'organisation est toute militaire; le crédit considérable, 1 750 000 francs, que lui alloue le Congrès, lui a permis d'organiser en très peu de temps un réseau de 140 stations officielles et de 240 stations particulières qui s'étend sur toute l'étendue du territoire et qui rend, comme nous le verrons plus loin, de grands services à la marine, à l'armée et à l'agriculture; il a établi, dans les pays où il n'en existait pas encore, des lignes télégraphiques spéciales dont la longueur atteignait, en 1877, 5 000 kilomètres.

Les stations officielles sont dirigées par des sous-officiers qui ont fait un stage d'au moins deux ans dans une école d'application, au fort de Whipple en Virginie; dans chacune d'elles, on prend trois fois par jour deux séries d'observations, les unes pour l'étude du climat, qui ne sont envoyées à Washington qu'à la fin de chaque semaine, les autres destinées à suivre les grands mouvements de l'atmosphère et à en tirer des conclusions pratiques pour

(1) Il y en a une qui est située sur le *Pike's Peak* à 4 333 mètres au-dessus du niveau de la mer.

(2) Nous verrons plus tard qu'elles y sont l'objet d'un travail indiquant les probabilités du temps pour les jours suivants.

(3) Antérieurement, le professeur Joseph Henry avait déjà entrepris d'utiliser le télégraphe pour tirer parti des observations météorologiques, et il avait fondé le *Weather Bulletin;* des *Meteorological Reports* étaient aussi publiés dans différents États de l'Union, parmi lesquels on peut citer en première ligne le *Weather Bulletin of the Cincinnati Observatory,* mais on ne suivait pas partout le même plan.

Gr. II. — Cl. 16.

la prévision du temps, qui sont, comme nous le verrons plus loin, immédiatement télégraphiées au bureau central où on les reporte sur des cartes synoptiques. Depuis 1872, on publie trois fois par jour, et l'on affiche dans les principaux endroits publics, une grande carte des États-Unis d'un mètre de long sur un demi-mètre de large, où sont marqués la pression, la température, l'état hygrométrique de l'air, la pluie, la direction du vent, la marche des orages, l'état du ciel, le changement de la pression depuis les huit dernières heures et celle de la température depuis vingt-quatre heures; en outre, une chronique hebdomadaire (*Weekly weather Chronicle*) résume brièvement, pour chaque jour de la semaine écoulée, l'état du temps dans les diverses parties de l'Union américaine et permet d'en suivre toutes les phases.

On a vu à l'Exposition une série de douze cartes, une pour chaque mois, qui résument les observations de plusieurs années et qui donnent pour 80 points environ répartis sur toute la surface des États-Unis la direction générale des vents secs[1] et des vents pluvieux[2]; elles indiquent, pour chaque localité, quels sont ceux qui d'ordinaire amènent la pluie ou le beau temps et elles montrent que souvent dans des régions très voisines les vents de même direction ont des effets contraires. Ce genre de publication mérite d'être imité dans les autres pays. Malheureusement on ne peut pas encore tirer des conclusions définitives de ces observations qui n'embrassent qu'un trop petit nombre d'années.

Le Bureau américain a aussi publié diverses cartes récapitulatives dressées d'après les données de l'*Institution smithsonienne* et du *Signal office of the army* : Carte des pluies montrant la distribution des lignes isohyètes moyennes pour l'année; cartes d'orages; trois cartes de la température, donnant, l'une la distribution des courbes isothermes de moyenne température pour l'année 1872, la seconde la température moyenne pour le mois le plus chaud et pour le mois le plus froid de la même année et la troisième la température moyenne annuelle des États-Unis, et enfin une carte indiquant les moyennes annuelles du baro-

(1) Les vents secs y sont indiqués par un quadrant rouge.

(2) Les vents de pluie y sont indiqués par un quadrant bleu.

mètre. Ajoutons que dans les rapports du *Geological Survey* il y a toujours un chapitre, rédigé par M. Beaman, qui est consacré à la météorologie des districts étudiés pendant l'année et qui donne des notions très utiles sur le climat des Territoires américains.

Au Canada, il y a un bureau central qui est établi à Toronto et dont le directeur est le professeur Kingston; de nombreuses stations sont installées depuis la Colombie britannique jusqu'à la côte occidentale. Le budget des dépenses météorologiques est de 300 000 francs.

Il existe depuis assez longtemps sur la côte occidentale du Groënland 5 stations météorologiques (1).

Au Mexique on fait des observations non seulement à l'Observatoire de Mexico, mais aussi à Mirador, à la Vera Cruz, à Cordova et à Matamoros; le Ministère du commerce s'occupe d'installer un service complet.

Amérique du Sud. — La république Argentine et le Chili possèdent aussi des services météorologiques qui fonctionnent régulièrement et qui comprennent l'un 10 stations environ, l'autre 13; ces stations se relient à l'Observatoire de Cordoba que dirige M. B. A. Gould.

M. Serafin Rivas, qui a fait des études météorologiques à Mercédès dans l'Uruguay, a publié un tableau graphique où sont indiqués par semestre, au moyen de courbes, la température, la pression barométrique, la pluie, l'état du ciel, la direction des vents et l'humidité de l'air dans cette ville (2).

Au Pérou, M. Paz Soldan a pris un grand nombre d'observations thermométriques, d'où il résulte que la moyenne annuelle de la température de Lima est de 19° 4 et non de 22° 3, comme on le croyait. La variation annuelle de température est de 15°, et la variation moyenne diurne de 5°.

(1) Ce sont : Iviksut, Godhavn, Jacobshavn, Omenak et Upernavik.

(2) Il résulte de ces tableaux que la température moyenne y a été en 1875 de 16° 39, en 1876 de 16° 67 et en 1877 de 17° 47; que, dans cette dernière année, la hauteur barométrique moyenne a été de 759 millimètres, et qu'il est tombé 1m 195 d'eau.

Gr. II. — Cl. 16.

Au Brésil, on fait des observations météorologiques à l'Observatoire du Rio de Janeiro.

Océanie. — Les principales colonies australiennes ont tout récemment organisé entre elles un échange régulier de télégrammes météorologiques; ce service, qui a été établi à Sydney par M. Russel[1], à Melbourne par M. Ellery et à Adélaïde par M. Todd, a fonctionné pour la première fois, le 29 janvier 1877, entre les deux premières villes et peu après avec la troisième et avec Brisbane. On publie un bulletin météorologique quotidien, et une carte, qui est imprimée typographiquement une heure après la réception des télégrammes, paraît dans les principaux journaux locaux. Au commencement de cette année (1878), il y avait déjà une quarantaine de stations, presque toutes situées sur les côtes orientale et méridionale; on espère que les autres colonies uniront bientôt leurs efforts à celles-ci pour étendre le réseau, et qu'on ne tardera pas à pouvoir expédier des avertissements aux ports. Ces observations auront une grande importance pour l'étude du climat si étrange de ce continent et rendront aussi certainement des services à l'agriculture[2].

Pour la Nouvelle-Zélande, nous avons les *Meteorological Reports* des années 1869 à 1872.

Depuis 1864, il existe à Batavia un observatoire météorologique qui est placé sous la direction du docteur Bergsma et où, depuis 1866, l'on fait des observations horaires du baromètre, du thermomètre, du psychromètre, de la pluie, du vent et, comme nous le verrons plus tard, des composantes magnétiques.

Cette année même (1878), les Pères jésuites s'occupent, sous la direction du R. P. Fr. Faura, de fonder à Manille un observatoire météorologique et sismologique.

[1] Il y a déjà plusieurs années que M. H.-C. Russell s'occupe avec un zèle louable d'observations météorologiques dans la Nouvelle-Galles du Sud; celles de l'année 1874 sont publiées.

[2] On sait qu'en Australie, l'agriculture ne peut dépasser la limite nord dénommée *Goyder's line of rainfall*, qui est située environ par 32° 42' de latitude sud, parce qu'au delà il n'y a plus assez de pluies: l'élève des bestiaux y est seul possible.

Asie. — Les voyageurs qui ont parcouru les parties encore inexplorées de l'Asie russe, où il n'existe naturellement aucun observatoire permanent, ont fourni des notions intéressantes sur le climat de cette partie du monde. Nous citerons, entre autres : les observations faites trois fois par jour aux îles *Petites Brekhauses* par le pilote Noummeline, du 12 septembre au 14 juillet 1877; celles réunies en 1870 le long de la côte laponne par MM. Maidel, Kazarinef et Rossel et à Hammerfest par M. Yarjinski [1]; celles du capitaine Belavenetz [2] sur les côtes de la Laponie et de la Nouvelle-Zemble; celles des capitaines Carlsen, Dörma, Rosenthal, Simonsen, Torkildsen, Nils Johnsen, Ulve, Mack, etc., qui chaque année, depuis 1870, vont à la pêche dans la mer de Kara et ont rapporté d'utiles indications sur la météorologie des mers polaires [3]. Deux riches particuliers, M. Latkine, d'une part, et M. le comte Wilczek, d'autre part, se proposent d'établir des observatoires météorologiques permanents, l'un à l'entrée du détroit de Matotchkin-Char (Nouvelle-Zemble), l'autre à l'embouchure de l'Obi; l'utilité de ce projet ne peut être mise en doute.

Gr. II. — Cl. 16.

Le gouvernement de la Sibérie, qui cherche à encourager les recherches météorologiques, a muni les principaux lycées des instruments nécessaires. Citons encore comme utiles à l'étude du climat de l'Asie centrale les nombreuses observations faites pendant l'expédition de l'Amou-Daria, celles du capitaine Trotter à Kachgar et à Yarkand [4], celles de l'abbé Desgodins à Bathang dans le Tibet, qui sont publiées dans le *Bulletin de la Société de géographie de Paris,* etc. Les données recueillies par le docteur Schrenck dans

(1) Ces observations confirment l'existence d'une branche du gulf-stream qui s'étend au delà du cap Nord, le long de la côte mourmane.

(2) Le capitaine Belavenetz accompagnait le grand duc Alexis dans son voyage aux mers polaires.

(3) Les résultats obtenus par ces marins ont permis au docteur Petermann d'écrire un mémoire instructif sur les isothermes du nord, et au docteur Mohn d'établir une théorie sur la circulation océanique dans les mers arctiques.

(4) Divers diagrammes ont été tracés à l'aide de ces observations : l'un montre le remarquable parallélisme de l'onde barométrique à Kachgar, à Yarkand, à Leh et à Dehra-Doon; un autre indique les variations diurnes moyennes du baromètre à Leh, qui est situé à 3 500 mètres d'altitude, la hauteur la plus considérable à laquelle il ait été fait des observations complètes dans ce pays.

Gr. II. — Cl. 16.

son voyage à travers le pays de l'Amour (1854-1856) ont été publiées en 1876.

En Chine, il existe aujourd'hui deux observatoires météorologiques, l'un à la mission russe à Pékin, l'autre dans le collège des Pères jésuites, à Zi-ka-wei, à 6 kilomètres au sud-ouest de Changhaï[1]; ce dernier, où l'on fait des observations suivies et méthodiques sur la pression de l'air, la température, l'humidité, l'évaporation, la pluie, le vent, l'état du ciel, la radiation solaire, etc., et qui est muni d'un météorographe du P. Secchi, publie, sous la direction du R. P. Dechervens, un bulletin mensuel très complet et très utile.

Le gouvernement japonais a organisé une station météorologique à Tokio, en 1877, et le docteur Geerts en a établi une à Kioto; elles sont toutes deux munies d'appareils enregistreurs.

Dans la brochure intitulée *La Cochinchine française en 1878*, que vient de publier le comité agricole et industriel de notre colonie asiatique, il y a un court aperçu sur le climat, sur les vents et sur la température de Saïgon, accompagné d'un tableau des moyennes d'observations faites de 1874 à 1877. L'annuaire des marées de la Cochinchine contient aussi des renseignements intéressants sur ce sujet[2].

L'Inde a autant besoin que tout autre pays d'avoir un service météorologique régulier pour l'étude de son climat; ce n'est cependant qu'en 1875 que le Parlement, sur la demande de M. Glaisher, l'a doté d'un *Meteorological Department* chargé de conduire les observations météorologiques selon un plan uniforme[3]. Les observations isolées ne manquaient certes pas; quelques séries remontaient même à 1784 et à 1796[4], mais elles n'avaient pas toutes la même valeur[5]. Il existe aujourd'hui (1878) dans l'Inde

(1) Cet observatoire a été fondé en 1872.

(2) Cet annuaire nous apprend que, dans le golfe du Tonkin, il n'y a qu'une marée par jour.

(3) Le directeur de ce service est M. H.-F. Blanford.

(4) A l'Observatoire de Madras, par exemple.

(5) M. Cl. Markham avait signalé, en 1867, quelques-unes des particularités les plus remarquables du climat de l'Inde méridionale : tandis qu'il tombe 6m 30 d'eau dans le voisinage de Bombay, on n'en recueille que 1m 65 à Travancore et 0m 76 au

quatre classes de stations : la première comprend les 5 observatoires de Madras, de Bombay, de Calcutta, d'Allahabad et de Lahore, qui doivent coordonner tous les renseignements recueillis ailleurs et vérifier les instruments destinés aux autres postes; la deuxième comprend 21 stations où l'on fait pendant quatre jours de chaque mois des observations horaires et pendant les autres jours deux observations seulement; la troisième en comprend 70, où l'on ne fait que deux observations par jour, à 4 heures 10 minutes du matin et à 4 heures du soir; dans celles de quatrième ordre, on ne s'occupe que de la chute des pluies. On publie des résumés de ces observations dans les feuilles locales; un rapport général discute chaque année les données recueillies dans l'Inde et dans la Birmanie anglaise.

M. Lenz, dans son volume *Sur la Perse orientale et la province de Hérat*, a consigné le résultat de ses recherches nombreuses sur le climat de cette région, où il a constaté que les variations barométriques ont une faible amplitude.

L'Asie Mineure ne possède encore que 5 stations météorologiques, une de plus seulement qu'en 1868.

Afrique. — Il y a dix ans, la météorologie de l'Algérie était déjà redevable à M. Bulard, directeur de l'Observatoire d'Alger, de travaux consciencieux [1]. Depuis, un grand pas a été fait; un service officiel a été établi sous la direction du général Farre, commandant supérieur du génie en Algérie; c'est M. Ch. Sainte-Claire Deville, inspecteur général des établissements météorologiques, qui a

cap Comorin; ce phénomène résulte de l'action de la mousson du sud-ouest sur le versant de la chaîne des Ghauts. En 1873, M. Blanford a montré que le régime des vents est très différent dans l'Inde septentrionale et dans le reste de la péninsule : au lieu de deux moussons se partageant l'année par parties presque égales, il y a, dans le nord de l'Inde, trois saisons distinctes pendant lesquelles règnent des vents variables, dont la direction dépend surtout de la position relative des montagnes et des plaines; il s'est aussi assuré que des courants aériens, se dirigeant dans le sens contraire à celui de la mousson, règnent dans les hautes couches de l'atmosphère à diverses époques de l'année, et il attribue les pluies de la saison froide à un courant de cette sorte soufflant du sud.

[1] En 1867, M. Bulard avait exposé un tableau qui, au moyen de courbes de différentes couleurs, donnait la marche des phénomènes météorologiques en Algérie.

installé les stations. Il y en a 19 de premier ordre qui sont pourvues d'un matériel complet et 13 de second, où l'on n'observe que le thermomètre-fronde et le pluviomètre. Le Bureau central d'Alger, qui est chargé de la publication des observations faites dans le réseau africain, et qui centralise en outre celles recueillies par les commandants des paquebots de la Méditerranée, publie non seulement un bulletin mensuel où sont résumées toutes ces données [1], mais aussi, depuis le mois d'avril 1875, un bulletin quotidien avec une carte établie au moyen des télégrammes envoyés chaque jour par les principales stations africaines, par l'Observatoire de Paris et par la marine [2].

M. le docteur Jaillard exposait un album météorologique, et M. Mac Carthy une carte intéressante des climats de l'Algérie.

Pour le Maroc, on a encore peu de renseignements; le tableau météorologique publié par M. Beaumier dans le *Bulletin de la Société de géographie de France* (1868) sur le climat de Mogador ne manque pas d'intérêt. Dans cette ville, la température moyenne varie peu d'un mois à l'autre, de 17° 80 en janvier à 21° 57 en août; en 1866-1867, le maximum de la pression barométrique y a été de 773^{mm} 5 (3 et 4 février) et le minimum de 746 (6 mars); il n'y pleut que d'octobre à avril par les vents d'ouest et de sud-ouest.

M. A. Borius, qui a consacré de longues années à l'étude du Sénégal et qui a fait, tant à Gorée qu'à Saint-Louis, à Dagana et à Bakel, des observations sur la température de l'air, sur les vents, sur les orages et sur les inondations, a publié sur ce sujet un livre d'une utilité incontestable pour nous qui avons tant d'intérêt à connaître ce climat [3]. Jusqu'à ce jour, les idées les plus fausses ont régné sur ce pays; les chaleurs n'y sont pas en effet excessives, et, dans la saison sèche, il fait souvent frais : la température relativement peu élevée de la région du cap Vert tient à la présence du courant venant des régions du nord qui longe les côtes de la Sénégambie et les rafraîchit. Ces

(1) La première année commence en décembre 1873.

(2) Ce bulletin paraît aussi dans le journal officiel le *Mobacher*.

(3) Ce livre porte le titre de *Recherches sur le climat du Sénégal*.

conditions climatériques favorables contrastent avec l'insalubrité de ce pays, qui est due aux marécages[1]. Mais si les variations de température y sont plus faibles qu'en France, celles de l'état hygrométrique de l'air y sont très grandes. Les chapitres sur les vents, sur les pluies, sur les orages, sur les tornades, sur l'ozone atmosphérique sont pleins d'indications instructives. Les conditions climatériques varient du reste d'un point à un autre, et M. Borius croit que l'insalubrité des diverses localités augmente ou diminue proportionnellement à leur température moyenne; il a aussi remarqué que les vents, qui arrêtent la production des miasmes, diminuent la quantité d'ozone existant dans l'air. En somme, l'ouvrage de M. Borius donne un tableau fidèle de l'état actuel de nos connaissances physiques sur cette partie du globe. Les frères de Ploërmel exposaient aussi toute une série intéressante d'observations météorologiques faites au Sénégal de 1874 à 1877.

La mer qui baigne les îles de la Réunion et de Maurice est fréquemment traversée par des cyclones[2], mais les lois qui président à leurs mouvements sont si bien reconnues, et on les a formulées avec tant de précision, que les sinistres maritimes deviennent de moins en moins fréquents; depuis quinze ans, les paquebots des Messageries maritimes et les navires de la station militaire, en se guidant d'après ces lois, n'ont pas éprouvé une seule avarie de quelque importance. M. Bridet et plus récemment M. Meldrum[3] ont publié sur ces météores redoutables des ouvrages qui fournissent quelques nouvelles indications.

Il paraît depuis quelque temps à l'île de la Réunion un *Bulletin météorologique et agricole*. L'île Maurice a une société météorologique.

[1] Cent hommes de garnison fournissent par an plus de 109 entrées à l'hôpital pour les seules maladies endémiques, et, en temps d'épidémie, la mortalité a atteint jusqu'à 61 p. o/o de la population blanche. Mais, si l'hivernage, de juin à octobre, est insalubre et dangereux, l'autre saison, qui est sèche et agréable, facilite l'acclimatement de l'Européen.

[2] Depuis le commencement du siècle, 35 cyclones ont frappé l'île de la Réunion.

[3] M. Meldrum a publié en 1873 des *Notes sur la forme des cyclones dans le sud de l'océan Indien.*

Pour l'île de Madagascar, nous n'avons à citer que les tableaux d'observations faites par M. Coignet d'août à novembre 1863, et pour les îles Comores ceux publiés par le docteur Kersten.

On a fondé, en 1875, une station météorologique dans le Darfour et une à Gondokoro, mais on n'a encore aucun résultat.

M. E. Linant a fait dans la région du lac Victoria, en 1875, des observations météorologiques, qui sont déposées dans les archives de la Société de géographie de Londres, et qui, combinées avec celles de Speke, du docteur Pfund[1], de Kersten[2] et de Savorgnan de Brazza, aideraient à donner une première idée du climat de l'intérieur de l'Afrique.

Depuis plusieurs années, on a fait en Égypte, au canal de Suez, des observations régulières.

En présence des progrès de la météorologie, il était naturel que les savants des divers pays se rapprochassent pour unir et combiner leurs efforts, afin de constituer la science d'une manière plus rapide; à mesure que les observations se sont multipliées, il est en effet devenu indispensable d'adopter partout un système uniforme afin de pouvoir les comparer facilement et de simplifier les procédés de discussion. Un congrès international a eu lieu à Vienne, en 1873, à la suite de deux congrès préparatoires tenus à Leipzig et à Bordeaux. Le congrès de Bruxelles avait donné une grande impulsion à la météorologie maritime, celui-ci a rendu le même service à la météorologie générale; il en est sorti un accord entre les divers observatoires qui a marqué le point de départ d'une ère nouvelle, et l'on y a formulé deux vœux, sur l'importance desquels il n'est pas besoin d'insister : adoption des mêmes unités de mesure, et observations synchroniques. Un comité permanent a été nommé pour assurer l'exécution de ces décisions.

Un second congrès a eu lieu à Rome l'année dernière, en 1877.

(1) Le docteur Pfund a fait en 1876 des observations psychrométriques à El-Fâcher, dans le Fôr; elles ont été publiées par l'État-major égyptien.

(2) Le docteur Kersten a fait de nombreuses observations à Zanzibar et dans l'Afrique orientale.

§ 3. AVERTISSEMENTS AUX PORTS ET À L'AGRICULTURE ET ANNONCES DES CRUES.

Passant maintenant aux applications qu'ont reçues les découvertes météorologiques, nous parlerons d'abord des systèmes d'avertissements qui fonctionnent avec succès dans un certain nombre de pays.

Nous avons vu que si les lois générales des mouvements de l'atmosphère se révèlent à nous peu à peu, il n'en est pas de même des phénomènes locaux, dont les éléments si compliqués demandent une étude bien plus longue [1]; aussi en est-on encore à la période de l'empirisme pour la prévision du temps dans les diverses contrées. Néanmoins, comme ces phénomènes sont toujours en rapport avec les conditions météorologiques générales, la connaissance que l'on a des grandes lois a déjà permis aux météorologistes d'annoncer les faits prochains avec une probabilité qui devient chaque jour plus grande.

Pour arriver à ce but, on centralise par le télégraphe les observations faites en différents pays, on les reporte sur une carte, et l'on réunit les points isobares par des courbes. Si ce tracé fait ressortir un centre de dépression barométrique notable, c'est qu'en ce point se trouve le centre d'un tourbillon; des déplacements qu'éprouve ce centre d'un jour à l'autre, on déduit non seulement la route qu'il a suivie depuis la veille, mais, jusqu'à un certain point, celle qu'il va suivre. Les pays occidentaux peuvent donc jeter en temps utile le cri d'alarme et avertir ceux qui sont situés le plus à l'est. L'expérience a montré non seulement que toutes les bourrasques abordent l'Europe par les côtes occidentales de l'Angleterre ou de la France, traversent notre continent en quatre ou cinq jours, et vont se perdre, en faisant des trajets divers, au centre de l'Asie, mais qu'elles ont une tendance à aborder sur la côte occidentale de l'Irlande et à marcher par groupes à quelques jours d'intervalle, ce qui facilite les déductions.

[1] De nombreuses anomalies masquent en effet en beaucoup de points les mouvements réguliers de l'atmosphère; les chaînes de montagnes, par exemple, modifient singulièrement la direction des courants aériens.

Gr. II. — Cl. 16.

L'étude attentive des marées fournit aussi des indications utiles pour la prévision des tempêtes, et, dans les stations météorologiques établies au bord de la mer [1], on observe avec soin dans ce but l'agitation plus ou moins grande de la surface des eaux. Au marégraphe de Rochefort, on a remarqué que la courbe de la marée présente des altérations très reconnaissables trois ou quatre jours avant l'arrivée sur la côte des coups de vent d'ouest; l'onde se propage, en effet, avec une vitesse beaucoup plus grande que les ouragans les plus violents.

Au nombre des signes précurseurs de l'arrivée des tempêtes ou des grands changements de temps, certains météorologistes comptent encore : les mouvements de l'aiguille aimantée, qui, d'après eux, devient inquiète quelques jours avant leur arrivée; les variations de la quantité de vapeur d'eau contenue dans l'atmosphère, et divers autres phénomènes, tels que les zones obscures en forme de spirales ou d'ellipses que, d'après le professeur Zenger, les images photographiques du soleil et de la partie voisine du ciel présentent à l'approche des perturbations atmosphériques, surtout avant la chute des pluies.

Nous avons vu plus haut que, il y a dix-neuf ans, Le Verrier s'est occupé de la possibilité d'établir un service d'avertissements des tempêtes, et qu'en 1861 l'amiral Fitz Roy a mis cette idée à exécution. Aujourd'hui, après l'expérience acquise, ce service, reconnu très utile, existe dans beaucoup de pays civilisés [2], et l'on y a joint, dans quelques-uns, depuis le discours prononcé en 1872 par le commandant Maury, un service d'avertissements agricoles que beaucoup de cultivateurs consultent avant d'entreprendre leurs travaux et dont ils tirent un bénéfice réel.

Les données météorologiques les plus utiles pour les marins ne sont pas du reste les mêmes que celles dont ont besoin les agriculteurs et les commerçants. Pour les premiers, en effet, ce sont les phénomènes généraux qu'il importe de connaître, c'est-à-dire la répartition de la pression atmosphérique et la direction

(1) Beaucoup de ces stations sont munies d'appareils enregistreurs.

(2) La plupart des tempêtes sérieuses peuvent en effet être annoncées en temps utile aux marins qu'elles menacent.

des vents; pour les autres, ce sont les phénomènes locaux, si variables d'une région à une autre, qu'il faut étudier, c'est-à-dire, d'une part, la température et sa distribution, et, d'autre part, la quantité d'eau qui tombe sous forme de pluie, de neige ou de grêle pendant les divers mois. Les avertissements qui peuvent être utiles à l'agriculture sont donc essentiellement différents de ceux que réclame la navigation, et les renseignements transmis par les observatoires, qui sont forcément conçus dans des termes généraux, doivent être discutés et interprétés au point de vue local par des commissions ayant non seulement une connaissance complète du pays et de ses conditions orographiques et hydrographiques, mais encore une expérience nécessaire [1]; aussi l'étude de la marche de la pluie, des orages, des grêles est-elle aujourd'hui avec raison l'objet d'une attention toute particulière, parce qu'on pense qu'on arrivera probablement à atténuer, sinon à prévenir, les désastres que causent trop souvent ces météores [2].

En Angleterre, le service d'avertissements aux ports, qui avait été, comme nous l'avons dit plus haut, interrompu à la mort de l'amiral Fitz Roy [3], a été rétabli avec certaines modifications, en 1867, par les soins du *Board of trade* et du *Meteorological Office* de Londres; il est actuellement placé sous la surveillance d'une commission composée de plusieurs membres de la Société royale; le directeur, M. Robert H. Scott, y a apporté des perfectionnements successifs [4]. Aujourd'hui, les avis télégraphiques sont envoyés à 129 stations des Îles Britanniques; ils sont en outre publiés par plusieurs journaux, et un rapport quotidien sur l'état général du temps, accompagné d'une carte, est envoyé à tous les ports qui en font la demande.

(1) L'observation de l'état du ciel est importante pour la prévision du temps; les météorologistes expérimentés réussissent 85 fois sur 100 dans leur localité.

(2) Le reboisement dans les pays exposés à la grêle et l'emploi de la fumée contre les gelées tardives du printemps sont des moyens qu'on étudie pour conjurer des pertes se chiffrant par des sommes considérables.

(3) A partir de cette époque, on s'était contenté de publier les observations sans en tirer de conclusions.

(4) C'est ce qu'indique la progression constante du nombre des avis qui ont été suivis d'effet: 65 p. o/o en 1870, 63,7 p. o/o en 1871, 80,5 p. o/o en 1872, etc.

Gr. II.
—
Cl. 16.

Depuis 1865, l'Observatoire portugais de l'Infant don Luiz publie chaque jour le temps probable du lendemain en s'aidant du résumé quotidien qu'il reçoit de Paris et des dépêches également quotidiennes qui lui sont transmises par le télégraphe de l'île Madère; ces prédictions sont aussitôt envoyées à tous les postes sémaphoriques de la côte.

Mais le plus complet de tous les services météorologiques est certainement celui des États-Unis, auquel le gouvernement, convaincu de l'utilité qu'ils ont pour les marins comme pour les agriculteurs, a donné immédiatement tout le développement nécessaire [1]; il a été très profitable non seulement à la navigation en faisant des avertissements au moyen de signaux (*Cautionary signals*) indiquant l'approche du mauvais temps [2], mais encore à l'agriculture. Les observations, faites au milieu de la nuit, sont centralisées et discutées à Washington, et l'état du temps de la veille ainsi que l'indication du temps probable pour chaque région sont télégraphiés à 20 centres de distribution, où on les imprime immédiatement sous la forme d'un bulletin nommé *Farmer's Bulletin* qui arrive dans tous les bureaux de poste des États-Unis par le premier courrier et qui y est immédiatement affiché. A la fin de 1876, il y avait déjà 7 000 bureaux de poste qui recevaient chaque matin les renseignements extraits par le Bureau central de Washington des observations faites à 11 heures de la nuit précédente, et aujourd'hui (1878) il y en a plus de 10 000!

Les prévisions ainsi expédiées, étant destinées à toute une ré-

[1] Les chiffres suivants montrent combien la prévision du temps est en faveur auprès du public des États-Unis : dès 1872, ce service a publié 187 617 bulletins relatifs à la température, 203 583 cartes météorologiques, 50 878 rapports insérés dans les journaux et 1 095 prédictions du temps.

[2] L'organisation des avertissements maritimes date du mois d'octobre 1871 ; ils sont transmis à 44 ports principaux lorsque le temps devient menaçant, et, depuis cette année (1878), à un certain nombre de stations secondaires. Le nombre des avertissements télégraphiés par le *Signal Office*, du 1er juillet 1876 au 30 juin 1877, a été de 1 707, annonçant l'arrivée de 57 tempêtes, dont 79 p. 0/0 se sont réalisées dans un rayon de 160 kilomètres autour de la station. Le travail de la prévision est facilité par les cartes mensuelles dont nous avons déjà parlé et où sont tracées les trajectoires des bourrasques de 1871 à 1875, ce qui permet de définir dans une certaine mesure leurs directions moyennes pour chaque mois.

gion, ont un caractère général, et elles doivent être interprétées dans chaque endroit d'après les résultats fournis par les instruments météorologiques locaux. Dans ce but, le *Signal Service* est en train d'installer dans ses stations, en commençant par celles qui sont les plus éloignées des centres de distribution du *Farmer's Bulletin,* un appareil très ingénieux, le *Weather Indicator* ou Indicateur du temps, qui permet de saisir d'un coup d'œil la situation météorologique locale. Au-dessus d'un baromètre anéroïde se trouve un arc de cercle, sur lequel on marque chaque mois, au moyen d'un curseur, la pression barométrique moyenne normale de ce mois pour la station, pression qu'on a déterminée pour chaque station et pour chaque mois d'après les observations recueillies depuis l'origine du service; de la comparaison des hauteurs barométriques signalées par les dépêches avec ce nombre, qui est variable d'un mois à l'autre, on déduit les probabilités du beau ou du mauvais temps, qui augmentent en raison de l'écart existant à droite ou à gauche entre l'aiguille indicatrice de la hauteur barométrique du jour et l'index de la pression moyenne et qui sont proportionnelles au temps écoulé depuis qu'il souffle un vent sec ou un vent de pluie. Un disque où sont indiquées, d'une part, les directions générales pour le mois courant des vents secs, des vents pluvieux ou des vents incertains, fixées d'après les observations des années précédentes, et, d'autre part, la direction du vent du jour, laisse voir d'un coup d'œil dans quelle catégorie rentre ce dernier; deux quadrants permettent de marquer le temps écoulé depuis que le vent sec ou le vent humide souffle, ce qu'il est utile de savoir pour établir une prévision, et on note au moyen d'un disque tournant, moitié rouge, moitié bleu, si le coucher du soleil a été beau, laid ou incertain. Enfin, un psychromètre donne les variations de l'état hygrométrique de l'air, qui sont l'un des éléments de la prévision du temps; on enregistre chaque soir au moyen de deux curseurs à index la différence de hauteur des deux colonnes thermométriques, et la comparaison de cet écart observé la veille avec l'écart observé le matin permet de savoir si l'air devient plus sec ou si, au contraire, il se charge davantage d'humidité. Lorsque les quatre indications fournies par l'instrument coïn-

Gr. II. — Cl. 16.

cident, elles suffisent pour prédire ou le beau temps ou la pluie, et lorsqu'il n'y en a que deux ou trois, c'est à l'observateur, s'aidant de l'expérience acquise, à attribuer à chacune d'elles un coefficient qui permette de formuler la prévision; dans les autres cas, on se contente de mettre «temps incertain». Cet appareil ingénieux, qui fournit à un observateur exercé, habitant une localité éloignée des communications postales, le moyen d'établir de bonnes prévisions dans un grand nombre de cas, est aussi un puissant auxiliaire pour les stations qui reçoivent le *Farmer's Bulletin;* ses indications permettent en effet de commenter la prévision qui s'applique à toute la région et d'en déduire la probabilité locale dégagée des appréciations générales et possédant, par conséquent, un caractère de certitude plus grand.

Le général Myer, qui est le directeur ou *Chief signal officer*, comme on l'appelle, publie, outre le rapport annuel, une notice (*Probabilities and facts*) où sont récapitulés, d'une part, les prévisions du temps annoncées par son bureau et, d'autre part, les faits qui se sont passés, et d'où il ressort qu'en moyenne 86 à 87 p. o/o des prévisions se réalisent et qu'on est même quelquefois arrivé à la proportion considérable de 94 p. o/o.

Un Américain, M. Bennett, le propriétaire du journal le *New-York Herald,* a organisé un bureau météorologique particulier qui s'occupe spécialement d'annoncer à l'Europe les tempêtes qui doivent atteindre nos côtes après avoir traversé l'Atlantique; jusqu'à présent, une grande partie de ces prévisions ne se sont pas réalisées. Il a établi, en outre, un service d'observations à bord des navires qui font le trajet entre notre continent et les États-Unis, dans l'espoir que, par leur comparaison avec celles qui sont faites à terre, il pourra arriver à de meilleurs résultats.

Au Canada, on fait, comme en Angleterre, les signaux du temps aux ports; mais il n'y a pas encore un service d'avertissements agricoles.

La France, qui avait donné l'exemple pour les avertissements maritimes[1], n'est pas restée en retard pour les avertissements

[1] Chaque jour, à midi, le Bureau central météorologique expédie à tous les ports français un télégramme de prévision du temps, et, le soir vers 5 heures, une seconde

agricoles qui ont été inaugurés le 1er mai 1876, à titre d'essai, dans trois départements sous la direction des actifs promoteurs de cette réforme, MM. Hébert, de Touchimbert et Alluard. Chaque jour, à midi, le Bureau de Paris envoie un télégramme qui fait connaître la situation générale du temps et les hauteurs barométriques réduites au niveau de la mer; à l'aide de ces observations générales et des observations faites dans le département, les commissions locales rédigent un bulletin d'avertissements qui est immédiatement affiché et transmis par le télégraphe aux observateurs cantonaux. Le lendemain, ces derniers inscrivent sur le verso le temps qu'il a fait et le renvoient à la commission, ce qui la met à même de comparer ses prévisions avec les événements et d'acquérir peu à peu l'expérience indispensable qui, au début, fait toujours défaut.

Dans le département de la Meuse, qui avait déjà, en 1867, un service d'annonces du temps pour ses principales communes[1], on rédige un bulletin quotidien, indiquant l'état de l'atmosphère en Europe et la probabilité du temps pour le lendemain, qui est télégraphié à un grand nombre de localités où il est affiché par les soins de la municipalité; il y a souvent lieu de modifier la probabilité pour les centres secondaires.

Dans la Haute-Vienne, 30 stations ont reçu, à partir du 1er mai 1876, les avertissements agricoles; ils sont aussi envoyés chaque jour à 28 stations dans la Vienne, à 15 dans le Puy-de-Dôme, à 14 dans l'Allier. Les départements d'Eure-et-Loir, des Hautes-Alpes, du Pas-de-Calais, du Nord, de la Somme, de l'Aisne et de l'Oise ont suivi cet exemple.

La commission météorologique de Vaucluse a établi au chef-lieu

dépêche complète ou modifie la première suivant les changements survenus depuis le matin. En Angleterre et aux États-Unis, où les lignes télégraphiques n'appartiennent pas à l'État comme dans notre pays et où la transmission des nouvelles météorologiques n'est pas gratuite, on ne prévient les ports que lorsqu'on craint les mauvais temps.

[1] Ce service a commencé dès 1865, c'est-à-dire dès que l'Observatoire de Paris a envoyé des télégrammes météorologiques quotidiens; en 1872, époque à laquelle la franchise télégraphique a été accordée entre Bar-le-Duc et toutes les stations du département, il a pris une extension plus grande. Plusieurs communes rurales ont même consenti à des sacrifices en vue d'obtenir les avertissements en temps utile.

Gr. II. — Cl. 16.

du département cette année même, le 21 août 1878, un service aussi complet que possible qu'elle compte étendre par la suite à toutes les communes. Une sous-commission permanente se réunit tous les jours à 3 heures après la réception de la dépêche de l'Observatoire, qu'elle discute aussitôt et qui est affichée à 4 heures sur une boîte contenant un baromètre avec les instructions détaillées sur la manière de l'observer; on y joint l'indication du temps probable pour la localité et du temps effectif constaté dans les vingt-quatre heures précédentes, la carte muette de l'Europe avec les lignes isobares à 7 heures du matin (1) et la hauteur barométrique dans la localité à la même heure marquée en rouge et quelques renseignements sommaires sur les variations qui se sont produites pendant la journée dans la pression atmosphérique, dans la température, dans la direction du vent, dans l'état du ciel et de l'état hygrométrique. Un tableau constamment tenu à jour donne les observations météorologiques faites pendant le mois à 7 heures du matin.

Au 1er juin 1877, il y avait en France 931 stations organisées pour recevoir les dépêches agricoles, et, quoique les observateurs ne possèdent encore nulle part une expérience suffisante, leurs prévisions se réalisent souvent; il n'est pas douteux qu'une plus longue comparaison des phénomènes atmosphériques avec le temps effectif leur permettra d'arriver à une connaissance de plus en plus certaine des lois propres aux diverses régions et de rendre des services réels.

Bien que l'utilité des avertissements agricoles ne soit plus douteuse pour personne, les autres États de l'Europe ne nous ont pas encore suivis dans cette voie, que les États-Unis ont si brillamment ouverte.

Plusieurs chambres de commerce françaises, celle de Marseille entre autres, ont aussi établi un bureau de renseignements météorologiques et affichent journellement les dépêches à la Bourse et aux bureaux de poste à la satisfaction du commerce et des navigateurs.

(1) Ces lignes isobares sont déduites chaque jour de la dépêche de l'Observatoire.

Aux services d'avertissements aux ports et aux agriculteurs dont nous venons de parler s'en est joint un troisième également fort utile, celui de l'annonce des crues dans les rivières, qui a pris naissance en France et qui est dû tout entier à l'initiative et aux travaux d'un de nos compatriotes, M. Belgrand. Tout le monde connaît les ravages effrayants et rapides que font les inondations à la suite de la chute de pluies exceptionnelles ou plus rarement de la fonte des neiges; nous n'avons pas à parler ici des obstacles qu'on pourrait leur opposer, comme barrages de torrents, dérivation des eaux par les irrigations et le drainage, endiguements, etc., mais il est possible de prévoir à bref délai l'intensité des crues et leur marche, et de permettre par conséquent aux riverains de prendre toutes les mesures nécessaires pour soustraire à la destruction, ou tout au moins aux avaries, leurs récoltes et leurs animaux, d'atténuer par conséquent le désastre [1]. La montée d'une rivière dépend en effet de celle de ses principaux affluents, qui lui apportent une partie de l'eau tombée à la surface du sol tandis que l'autre partie imprègne la terre qui est plus ou moins apte à s'imbiber suivant sa constitution géologique et son état de sécheresse; or les affluents qui traversent des terrains perméables influent surtout sur sa durée, et ceux qui coulent sur un sol imperméable en déterminent la hauteur. Dès 1854, M. Belgrand a montré que les crues de la Seine pouvaient être calculées en fonction de celle de huit petits cours d'eau pris comme types de ceux qui ont un bassin imperméable [2]; il résulte en effet des travaux auxquels il s'est livré avec persévérance pendant plus de vingt

[1] Tout le monde se rappelle encore que, le 23 juin 1875, neuf départements ont été plus ou moins atteints par les crues de l'Adour et de la Garonne, crues malheureusement trop fréquentes depuis le commencement de notre siècle; les pertes ont dépassé 80 millions de francs, et plusieurs centaines d'habitants ont péri. La plupart des autres cours d'eau importants de la France ont été également soumis, à travers les siècles, à des débordements considérables dont le souvenir est encore vivace dans les diverses régions.

[2] Le bassin de la Seine mesure 79 000 kilomètres carrés, sur lesquels il tombe par année moyenne une couche d'eau de 0m 60 d'épaisseur; cette eau, qui est sans action sur les crues lorsqu'elle s'infiltre à travers les terrains perméables, ruisselle au contraire à la surface des terrains imperméables, qui en couvrent 34 000, et amène facilement des crues torrentielles.

Gr. II. — Cl. 16.

années[1] que les crues torrentielles de ces cours d'eau précèdent de trois jours et demi la crue générale de la Seine et qu'il suffit d'en doubler la hauteur pour avoir celle correspondante en amont du fleuve. Des observateurs spéciaux relèvent les mouvements des cours d'eau types et transmettent chaque matin les dépêches à Paris, où elles sont centralisées avant 10 heures et d'où l'on annonce trois à quatre jours à l'avance avec une grande exactitude la hauteur des eaux de la Seine, de l'Aisne, de la Marne et de l'Oise : pour la crue de 1876, l'erreur n'a pas atteint 5 centimètres, et cet avis a sauvé les personnes et les marchandises qui se trouvaient sur les 2613 hectares qui ont été inondés.

Dans les quatre départements de la Haute-Marne, des Vosges, de la Meurthe-et-Moselle et de la Meuse, on étudie aussi depuis longtemps le régime de la rivière[2], et l'on a acquis la certitude qu'on peut en annoncer les crues et leur importance probable, à Commercy, deux jours, et, à Verdun, trois jours et demi à l'avance. On s'est donc empressé avec raison dès 1861 d'y établir des stations pluviométriques et hydrométriques qui, depuis 1868, avertissent les intéressés par le télégraphe[3]. Mais c'est surtout depuis les travaux de canalisation ordonnés dans l'est par la loi du 24 mars 1874 que le service hydraulique de la Meuse a pris un grand développement, et, aujourd'hui, les moindres mouvements des eaux de la rivière, qui sont, pour ainsi dire, suivis par le fil électrique d'un bout de la vallée à l'autre[4], sont annoncés avec une grande précision[5].

[1] M. Belgrand a consigné les résultats de ses études dans diverses publications : *La Seine, Études hydrologiques* (1872); *Observations pluviométriques et hydrométriques pour toute la France*, de 1872 à 1875, etc. En 1878, il exposait avec M. Lemoine : 1° *Les Résumés annuels des observations centralisées du service hydrométrique du bassin de la Seine* (1868 à 1876); 2° *Les Observations sur les cours d'eau et la pluie centralisées* (1872 à 1876). Citons encore les *Publications graphiques des observations du service hydrométrique du bassin de la Seine:* cours d'eau (de 1854 à 1877) et pluies (de 1861 à 1876).

[2] On a commencé les études en 1858.

[3] Avant 1868, les avertissements avaient lieu au moyen de signaux spéciaux.

[4] C'est de Neufchâteau que partent les premiers télégrammes.

[5] Le Ministère des travaux publics a publié la monographie de la crue de la Meuse correspondante à la période pluvieuse du 14 février au 20 mars 1876.

Depuis 1843, le bassin du Rhône est étudié, au point de vue des orages et des crues, par une commission qui a été instituée, comme nous l'avons vu précédemment, à la suite de la grande inondation de la Saône en 1840, et dont les observations sont consignées dans les *Annales de la Société d'agriculture de Lyon.* La commission météorologique, qui a été fondée en 1869, continue ce service ; elle publie annuellement des tableaux où est indiquée non seulement, comme nous l'avons déjà dit, la quantité de pluie et de neige qui tombent dans les bassins du Rhône et de la Saône, mais la hauteur de ces rivières et les températures à midi de leur eau et de l'air ambiant.

Dans le département de Vaucluse, on observe aussi la hauteur des cours d'eau en un certain nombre de stations.

Le gouvernement fédéral de la Suisse a institué en 1863 une commission hydrographique chargée d'étudier le régime des rivières et des lacs, ainsi que les causes des inondations et les moyens de les prévenir. Les résultats des observations limnimétriques, qui sont faites aujourd'hui sous la direction du Bureau technique du génie, sont publiés chaque année sous une forme graphique au moyen de courbes qui donnent les hauteurs des eaux aux diverses saisons. Un fait intéressant, qui jette un jour nouveau sur la question de la crue des rivières, a été récemment révélé par les professeurs Ch. Dufour et Fr. Froch, qui ont constaté par des mesures directes prises en 1870-1871 que les vastes surfaces des glaciers condensent la vapeur d'eau contenue dans l'air ambiant, comme les vitres de nos appartements en hiver et les carafes d'eau fraîche en été : la quantité d'eau qui se dépose ainsi en rosée atteint jusqu'à 200 et 300 mètres cubes par heure et par kilomètre carré de glaciers [1].

En Bohême, à la suite d'une pluie torrentielle qui, le 22 mai 1872, a enlevé la terre labourable sur 60 lieues carrées, une section spéciale du comité géographique de cette province a installé, sous la direction du professeur Studnicka, cinquante stations

[1] Le Rhône, dont le bassin contient en amont du lac de Genève plus de 1 000 kilomètres carrés couverts de glaces ou de neiges perpétuelles, reçoit par exemple de ce fait une quantité d'eau qui ne saurait être négligée.

pluviométriques, soit environ une par deux lieues carrées autrichiennes; les résultats des observations sont publiés chaque mois dans les comptes rendus de la Société royale des sciences de Prague. Depuis, une commission spéciale instituée par la Diète s'occupe non seulement de déterminer la quantité d'eau tombée, mais étudie en détail tout le système hydrographique du pays et recherche les rapports qui existent entre les altitudes, les forêts et la chute annuelle des pluies; elle a beaucoup augmenté le nombre des stations pluviométriques qui dépasse aujourd'hui 150 [1].

Par ordonnance du Ministre de la guerre de l'Autriche, en date de 1876, on a établi, dans les lieux de garnison où il n'existe pas encore d'observatoires météorologiques, des stations qui sont confiées aux soins du corps médical et qui sont reliées au réseau général : 6 sont pourvues de tous les instruments nécessaires; 82 sont organisées pour l'étude de la pluviométrie ou de l'hydrométrie.

Il y a en Italie une commission hydrographique permanente qui a été instituée par un décret du mois de décembre 1866 et qui dépend du Ministère de l'agriculture, de l'industrie et du commerce; elle a déjà publié six bulletins, où sont consignés les résultats des observations relatives aux pluies tombées dans les bassins du Tibre et de l'Arno et à l'état des eaux de ces fleuves [2] : les éphémérides hydrométriques du Tibre remontent à 1822. et celles de l'Arno à 1850, mais ce n'est que depuis 1872 qu'on enregistre la chute des pluies [3]. Cette commission s'occupe actuellement de l'étude du bassin du Pô, où elle a installé 189 hydromètres et 180 pluviomètres. En somme, il existe aujourd'hui (1878) dans toute l'Italie 391 pluviomètres et 718 hydromètres.

[1] On voyait à l'Exposition une carte pluviale de la Bohême à $\frac{1}{500\,000}$ où M. Harlacher a marqué, de 20 millimètres en 20 millimètres, les courbes isohyètes (ou de hauteur égale de pluies) qui ont été observées dans ces stations pendant l'année 1876. Le même auteur se propose de faire pour chaque année un travail semblable, ce qui permettra de calculer les quantités d'eau tombées dans tout le bassin supérieur de l'Elbe, qui, à sa sortie, contient toutes les eaux de la Bohême.

[2] Ces fascicules contiennent la carte des bassins du Tibre et de l'Arno.

[3] Il a cependant été fait des observations pluviométriques à Rome et à Pérouse de 1861 à 1870.

Il est probable que le gouvernement anglais va établir un service analogue à celui que M. Belgrand a créé pour la Seine, mais il n'en existe pas encore dans le Royaume-Uni de la Grande-Bretagne et de l'Irlande.

Les observatoires météorologiques qui sont situés au sommet des hautes montagnes peuvent aussi donner d'utiles avertissements du même genre ; on y voit en effet fondre les neiges, on y mesure la quantité de pluie tombée et l'on y est assez souvent en situation de jeter le cri d'alarme. En 1875, le général de Nansouty, du haut du Pic du Midi, a averti plusieurs villages de la vallée des désastres qui les menaçaient, et, s'il eût eu à sa disposition un fil télégraphique, la crue de l'Adour et de la Garonne n'eût certainement pas occasionné autant de ruines.

Aujourd'hui que l'utilité d'observations suivies sur les cours d'eau pour l'annonce des crues est, comme nous venons de le voir, démontrée et que les prévisions acquièrent chaque jour, à mesure que se multiplient les centres d'observations et les liens qui les unissent entre eux, un plus haut degré de certitude, il est à souhaiter que des services hydrométriques réguliers soient mis promptement en état de fonctionner dans toute l'Europe.

§ 4. MÉTÉOROLOGIE NAUTIQUE.

La météorologie des mers est soumise aux mêmes lois générales que celle des continents, et s'il était possible d'avoir un assez grand nombre d'observations à la surface des océans, où rien ne complique les phénomènes, où aucun obstacle n'en dénature les effets, elle aurait été plus rapidement féconde en résultats que ne l'a été la météorologie terrestre. Malheureusement les cartes simultanées, qui seules peuvent faire comprendre le caractère général des mouvements de l'atmosphère, ne sont pas faciles à dresser pour les observations faites en mer : il faudrait en effet dépouiller des monceaux de journaux de bord afin d'en avoir un nombre suffisant pour donner une idée exacte des conditions météorologiques qui ont régné à un même instant physique sur une surface d'une certaine étendue; mais les cartes de moyennes qu'on cherche à

Gr. II. — Cl. 16.

établir depuis un certain nombre d'années, et qui donnent le vent probable, c'est-à-dire l'élément principal dont les marins ont besoin pour naviguer, sans avoir autant d'intérêt pour la solution des grands problèmes météorologiques, ont une importance réelle pour la navigation. C'est du reste la météorologie nautique qui, la première, a appelé l'attention des savants par les services incontestables qu'elle a rendus aux marins en leur faisant connaître les quatre grandes lois de la direction et de l'intensité des vents et de la direction et de l'intensité des courants[1], lois qui leur permettent de résoudre l'important problème des itinéraires maritimes, en leur fournissant les moyens de diriger leurs navires à travers les vents et les courants de manière à arriver le plus promptement possible à destination.

Le capitaine de vaisseau français Lartigue a publié, dès 1840, un *Essai sur le système des vents* qui n'est pas sans mérite, mais c'est le commandant Maury qui le premier a rendu des services importants à la navigation[2]; après avoir compulsé avec une patiente sagacité les journaux des innombrables navires qui sillonnent incessamment les mers du globe dans toutes les directions et avoir coordonné leurs observations météorologiques, qui jusque-là restaient dispersées et perdues sans profit, ce savant américain a en effet résumé les résultats de ses recherches sur des cartes[3] à l'aide desquelles il est facile de déterminer la route

[1] La météorologie nautique comprend, outre l'étude des vents et des courants superficiels, celle des courants sous-marins et des grands courants supérieurs de l'atmosphère, des profondeurs des mers et de la nature de ces fonds.

[2] D'Après de Mannevillette avait déjà au siècle dernier cherché à donner aux navigateurs des conseils sous le rapport des routes les meilleures à suivre; en 1745, il a tracé en effet à grands traits celles que devaient prendre les navires de la Compagnie des Indes. Ces instructions, les meilleures de cette époque, ont été plus tard complétées par Horsburgh.

[3] Ses *Track-Charts*, dont 14 sont consacrées à l'Atlantique, 20 au Pacifique et 10 à l'océan Indien, font connaître le caractère général du vent et du temps, ainsi que la force et la direction des courants dans les diverses régions à une époque donnée de l'année. Ses *Trade wind Charts* marquent les diverses zones des vents alizés, des moussons et des calmes. Ses *Pilot Charts*, dont on a vendu 140 000 exemplaires dans les dix premières années, montrent les directions d'où souffle le vent dans toutes les parties de l'Océan et pour toutes les époques de l'année. On a vu ces diverses cartes à l'Exposition de 1867.

qui, suivant toute probabilité, donnera la traversée la plus courte d'un point à un autre[1]. L'utilité de ces études était si évidente qu'en août 1853, date mémorable dans l'histoire de la météorologie, un congrès se réunit à Bruxelles[2] pour arrêter un plan uniforme d'observations nautiques et que, depuis lors, un réseau d'investigations est étendu sur toute la surface de l'Océan, au bénéfice non seulement de la science et de l'humanité, mais aussi de la navigation et du commerce. Tous les navires de guerre des nations qui ont pris part à ce congrès sont en effet transformés aujourd'hui en observatoires, et leurs livres de bord permettent de reconstituer après coup les divers mouvements qui agitent l'atmosphère et d'en chercher les lois.

Il n'est pas besoin de dire que, malgré les grands services rendus à la navigation par le commandant Maury, il y avait forcément dans ses travaux des lacunes nombreuses, qui se comblent peu à peu; ses théories, qui, au début, avaient été acceptées avec tant d'enthousiasme, ont été également le sujet de controverses, et les observations récentes des navigateurs anglais et américains, celles des officiers de marine français, MM. Bourgois et Jullien, les ont rectifiées surtout pour l'océan Indien et pour le Pacifique. Maury faisait dépendre la circulation de l'air et des eaux des différences de température, c'est-à-dire du mouvement contraire des eaux équatoriales échauffées par le soleil et des eaux polaires

(1) Avec l'aide de ces cartes, Maury a dressé, pour les traversées principales de l'Océan, des tableaux de routes (11 pour l'océan Atlantique, 11 pour le grand Océan et 3 de l'Atlantique au Pacifique à travers l'océan Indien) qui ont été publiés dans les *Explanations and Sailing directions to accompany the wind and current charts* et où sont formulés des conseils précieux sur les meilleures voies à suivre pour abréger les voyages en utilisant les courants tant aériens que marins. Les économies qu'a réalisées journellement le commerce de l'Océan au moyen de ces routes raisonnées se chiffrent par des millions de francs. On sait que c'est au commencement de 1848 que les travaux du savant américain reçurent la sanction de l'expérience; le navire *W. H. D. C. Wright* de Baltimore, en parcourant le premier la nouvelle route des États-Unis au Rio de Janeiro que Maury conseillait, coupa l'équateur au bout de 24 jours, au lieu de 41 jours comme d'ordinaire. Ce résultat remarquable frappa justement les navigateurs. La traversée de New-York en Angleterre a été abrégée en moyenne de 3 jours (11 au lieu de 14); celle d'Angleterre à Sydney, de 120 jours (130 au lieu de 250), et celle des États-Unis en Californie, de 25 jours (110 au lieu de 135).

(2) A la demande du gouvernement des États-Unis.

Gr. II. — Cl. 16.

condensées par le froid [1]; M. le contre-amiral Bourgois en a donné, le premier, une explication plus complète en leur assignant, comme causes générales, non seulement les différences de température, mais encore les différences de vitesse de rotation aux divers parallèles [2]. Dans un livre publié en 1869 (*Ueber die Lehre von den Meeresströmungen*), M. Mühry expose une théorie à peu près semblable; il attribue en effet les courants équatoriaux, qui se meuvent généralement dans le plan horizontal, à la force d'inertie de la masse liquide en présence de la rotation terrestre, force qui agit dans le sens des parallèles, et les courants thermaux, dont les mouvements se produisent plutôt dans le plan vertical, à la différence de température entre les eaux polaires et les eaux équatoriales dont l'action se fait sentir dans le sens des méridiens. Ces deux systèmes perpendiculaires entre eux sont les grands troncs de la circulation primordiale; les courants secondaires sont dus à des causes diverses telles que les vides produits par l'alimentation des précédents, aux vents, aux marées et aux terres.

Une autre théorie, peut-être moins fondée, mais soutenue par des savants compétents, tels que Sir C. Wyville Thomson, explique la production du gulf-stream par les alizés, c'est-à-dire par le refoulement des eaux dans la mer des Antilles.

Les Anglais, qui se sont vivement préoccupés de tout ce qui touche à la navigation, ont publié diverses cartes dans le genre de celles de Maury; mais tandis que le savant américain exprimait le résultat de ses investigations au moyen de nombres, le *Board of trade* les a traduits d'une manière plus commode en se servant des procédés graphiques [3]. Dans une des instructives et utiles publications

[1] M. W. Carpenter, qui a fait en 1862, à bord du *Lightning*, de nombreuses observations sur la température et sur les courants de l'Atlantique, partage la même opinion. Il a tracé, dans des sections perpendiculaires à l'axe du gulf-stream, des lignes d'égale température qui prouvent l'existence d'un contre-courant froid inférieur.

[2] En 1868, M. le contre-amiral Bourgois a publié dans la *Revue maritime et coloniale* deux notices, l'une sur *Les Vents dans les régions tempérées et tropicales de l'océan Atlantique*, l'autre sur *L'Équilibre et le mouvement de l'atmosphère*, qui sont un complément de l'examen critique qu'il avait fait en 1863 du système des vents du commandant Maury. M. Vallès (*Société météorologique de Paris*, 1869) partage l'opinion de l'amiral Bourgois.

[3] M. Legras a publié en France, en 1870, un *Atlas des vents*, d'après ces travaux.

qui résument les études du comité météorologique de Londres (*Currents and surface temperature of the North Atlantic Ocean, from the equator to latitude 40° N. for each month of the year,* 1872), il y a une carte générale des courants de l'Atlantique nord qui fournit, pour chaque mois de l'année, des données intéressantes sur les variations de vitesse, de direction et de température des divers courants de cette partie de l'Océan.

M. Buys-Ballot, qui a étudié la même question des itinéraires maritimes à l'aide des nombreuses observations des marins néerlandais, a publié de très bonnes cartes, qui font connaître pour chaque mois les courants généraux de l'atmosphère ainsi que les courants marins dans l'océan Atlantique, de la Manche au Cap de Bonne-Espérance, et un tableau indicateur des routes les plus avantageuses à suivre dans les diverses saisons du Cap à l'île de Java [1]; les zones qu'il a tracées offrent sur les routes linéaires de Maury l'avantage de donner aux marins les moyens de reprendre plus facilement la bonne voie, quand le gros temps ou toute autre cause les a fait dévier de la route qu'ils se proposaient de suivre. Dans le même ouvrage, le savant directeur de l'Institut météorologique d'Utrecht a mis en relief l'influence de la température sur la formation des courants marins, qui d'ailleurs subissent dans leurs trajets beaucoup de variations dues à la configuration des terres.

Le Bureau météorologique de Hambourg, dont le directeur est M. Neumayer, a publié à l'usage des marins allemands une carte des vents de l'Atlantique nord.

L'Observatoire de l'Infant don Luiz reçoit les journaux de bord de la plupart des navires portugais, entre autres de ceux qui vont à l'île San Thomé et à Loanda, au moyen desquels M. de Brito Capello a dressé cinq cartes intéressantes donnant la répartition des vents et des courants dans le golfe de Guinée (entre les 14es parallèles N. et S. et les 16e et 24e méridiens).

[1] L'ouvrage de M. Buys-Ballot est intitulé : *Les Courants de la mer et de l'atmosphère.* Les cartes qui l'accompagnent donnent non seulement la répartition des vents et des pressions barométriques, mais encore la fréquence de la pluie, du brouillard, des orages et des tempêtes.

Gr. II. — Cl. 16.

Il nous reste maintenant à parler des importants travaux de M. le lieutenant de vaisseau Brault, qui tiennent une place très honorable à côté de ceux que nous venons de citer[1]. Notre compatriote[2] a non seulement vérifié et complété les recherches de Maury, en étudiant à nouveau la loi de la direction des vents: mais il s'est en outre occupé de celle de l'intensité, qui, jusque-là, avait été laissée de côté : des seize cartes de moyennes qui résumeront ces recherches par trimestre, huit ont déjà paru (quatre pour l'Atlantique nord et quatre pour l'Atlantique sud); les quatre premières ont été établies à l'aide de 239 896 observations tant de direction que d'intensité[3] et les quatre autres avec 100 000.

Ce nombre d'observations, tout grand qu'il est, n'a pas permis à M. Brault de dresser des cartes mensuelles; il lui en eût fallu pour cela au moins 600 000, mais, telles qu'elles sont, elles ont cependant permis à leur auteur de rectifier certaines opinions erronées qui avaient cours au sujet du régime des vents. Ses cartes de l'Atlantique nord montrent en effet que la circulation des couches inférieures de l'atmosphère ne s'y fait pas, comme le pensait Maury, par zones ayant un mouvement d'ensemble suivant les saisons[4], qu'au contraire, il y a en été une continuité absolue du mouvement général des alizés du N. E. et du S. E. et que, s'il existe une région de calmes, elle est limitée et instable[5]; la carte d'été montre en outre qu'il y existe quatre centres météorologiques principaux: d'une part, le golfe du Mexique et le Sahara, grands centres d'aspiration vers lesquels convergent les alizés et qui commandent la circulation des couches inférieures de l'atmosphère dans le vaste bassin de l'Atlantique nord; d'autre part, la région principale des calmes, qui est placée vers le milieu de l'At-

(1) Nous devons mentionner ici que M. Ch. Ploix, ingénieur hydrographe français, est l'auteur d'une excellente météorologie nautique. Citons aussi le nom de M. Peltier, qui a émis l'opinion que les ouragans avaient une origine électrique.

(2) M. Brault a commencé ses études en 1869.

(3) Pour le même océan, Maury n'avait réuni dans ses tableaux que 196 791 observations de direction.

(4) Maury admettait une bande de calmes équatoriaux, une bande d'alizés, une bande de calmes des tropiques et une bande de vents d'ouest.

(5) Maury avait trouvé par la méthode des moyennes qu'il y avait une bande de calmes à l'équateur, mais par le fait il n'y a qu'un centre de calmes qui se promène.

lantique, à la limite des effets de ces foyers thermiques, et où l'air, également attiré des deux côtés, reste en repos, et enfin le groupe des Açores autour duquel se dessine un immense tourbillon, tournant en spirale dans le sens des aiguilles d'une montre et s'en éloignant, où, par conséquent, descend des parties supérieures de l'atmosphère la masse d'air qui alimente les vents environnants. Ce n'est pas la loi de direction qui change le plus d'un trimestre à l'autre, mais bien l'intensité.

De ces belles et laborieuses recherches il semble ressortir qu'à la surface du globe il y a des points [1] où l'air descend des hauteurs de l'atmosphère et d'autres points dont la position est variable suivant les saisons, vers lesquels il converge et où il tend, au contraire, à s'élever [2].

Il existe depuis longtemps à Halifax (Canada) et aux Bermudes des observatoires qui ont fourni des données importantes pour la météorologie de l'Atlantique; mais, auprès de ces dernières îles. les courbes de direction des vents s'enchevêtrent de telle sorte qu'on n'a pas encore pu en déduire leur marche générale; les observations ultérieures éclaireront peut-être ce point obscur de la circulation atmosphérique à la surface de l'Atlantique nord.

M. Mühry, qui a étudié les courants de l'Atlantique sud, pense que le grand courant du Brésil se prolonge fort avant dans le sud-est de la région polaire antarctique, et que celui du cap Horn n'en est qu'un simple bras détaché par les vents dominants du nord-ouest et du sud-ouest.

Pour l'océan Indien, on n'a aucune carte nouvelle depuis celles du golfe Persique par le lieutenant Taylor et de la baie de Bengale par le lieutenant Heathcote. où est marquée la direction des vents et des courants pendant les moussons sud-ouest, ni depuis celles des mers de l'Inde et de la Chine par le lieutenant Fergusson.

[1] Tels que les Açores, dont nous venons de parler. A l'ouest de ces îles, par 35° 40′ de latitude nord et 32° 37′ de longitude ouest, il existe une région où il souffle la même quantité de vents de tous les points de l'horizon et qui est, par conséquent, le centre d'un grand mouvement de rotation atmosphérique.

[2] Nous avons déjà vu par les cartes de M. Woeïkof qu'il s'en trouve probablement un sur le grand plateau du centre de l'Asie.

Gr. II.
—
Cl. 16.

M. Meldrum, le secrétaire de la Société météorologique de Maurice [1], a publié un travail d'une valeur réelle sur les ouragans de la mer des Indes, où il a résumé 170 000 observations faites à bord des navires qui sillonnent cet océan.

M. Lenthéric, qui s'est occupé d'une manière spéciale des courants de la Méditerranée, a constaté qu'ils se divisent en courants continus dus aux différences d'évaporation des mers contiguës et en courants intermittents produits par les vents du large, qui agissent du reste dans le même sens [2]; les courants discontinus qu'on observe sur divers points du littoral sont sans liens entre eux et doivent être attribués à la configuration des côtes et à l'obliquité des vents par rapport à la terre ferme.

La température des mers, qui est l'un des principaux éléments de la circulation océanique, ainsi que la densité et la salure de leurs eaux et les gaz qui y sont contenus en dissolution, préoccupent aussi avec une juste raison de nombreux savants. La Société météorologique d'Édimbourg fait faire, depuis le mois de janvier 1857, à douze stations dont deux sont en Islande, des observations sur la température de la mer, qui sont consignées dans le *Journal of the Scottish Meteorological Society*.

En Norwège, on fait chaque jour, à dix phares qui sont échelonnés sur une longueur de côtes de 800 milles, des observations de météorologie nautique portant sur la température de l'air, sur la température et sur la densité de l'eau de la mer, sur les orages et sur les aurores boréales, sur la direction et sur la force des vents et des courants maritimes, sur l'état du ciel et sur les marées; les résultats sont publiés régulièrement.

Le professeur F. L. Ekman, avec l'aide des navires de guerre suédois *Alfhild* et *Gustav af Klint,* vient d'étudier la température à diverses profondeurs de la mer Baltique, du Kattégat et du Skagerrak; dans ces deux détroits, il a trouvé qu'elle diminue d'une manière continue jusqu'au fond, mais dans le golfe de Bothnie, au contraire, il y a trois couches distinctes, l'une chaude à la surface, l'autre tiède au fond, et celle intermédiaire qui est très froide. On

[1] Cette société date de 1851.

[2] Voyez le *Mémorial de l'Académie du Gard.*

doit aussi à M. Ekman un traité sur les causes générales des courants, qu'il considère comme multiples.

La température et la salure de la mer sont également observées tous les jours dans quatre stations danoises [1], et la direction de la vitesse du courant dans trois.

De 1865 à 1867, le Ministère du commerce de l'Autriche a entretenu sur les côtes de la mer Adriatique onze stations chargées d'observer la température des eaux à la surface et à six niveaux différents (jusqu'à une profondeur de 40 mètres), leur salure, les marées, les courants et les phénomènes atmosphériques et magnétiques; mais depuis cette dernière époque, il n'y en a plus que trois [2]. Une commission scientifique, sous la présidence d'un savant distingué, M. Lorenz, en publie les résultats dans des mémoires périodiques intitulés : *Bericht der standigen Commission für die Adria an der kayserlichen Academie der Wissenschaften.* Il ressort de ces études qu'à la surface la température de l'eau de la mer atteint, dans l'Adriatique, son maximum en été et son minimum en hiver, et qu'à 40 mètres elle atteint son maximum en automne; les variations, qui sont toujours moins accusées qu'à la surface, se font sentir jusqu'à 300 et 400 mètres, tandis que, dans la terre, les saisons n'ont plus aucune influence au-dessous de 30 mètres.

De nombreux navires apportent aussi chaque année des données précieuses sur les températures de la mer aux diverses profondeurs. Le nord de l'océan Atlantique a été étudié sous ce rapport par les Américains en 1868 [3], par M. Guillemin-Tarayre en 1869 [4], par le contre-amiral danois Irminger en 1870, par M. Aitken de Falkirk [5], etc.

Les croisières scientifiques du *Lightning* (1868), du *Porcupine*

[1] Deux dans le Sund, une dans la Baltique et une dans le Kattégat.

[2] Fiume, Lesina et Corfou.

[3] Les études des Américains ont porté sur le gulf-stream.

[4] M. Guillemin-Tarayre a publié une étude, avec une carte, sur la température des eaux de l'Atlantique entre les côtes de France et les côtes de l'Amérique.

[5] M. Aitken de Falkirk conclut d'observations nombreuses que le courant arctique des côtes orientales du nouveau monde est un courant superficiel produit par la fonte des glaces, et non pas, comme on l'admet généralement, un courant d'origine profonde s'élevant à la surface dans les mers du Groënland.

Gr. II. — Cl. 16.

(1870) et du *Challenger* (1872-1875) ont fourni des résultats considérables tant par leurs sondages à grande profondeur[1] dont nous avons déjà eu l'occasion de parler que par leurs observations sur la température des grandes masses d'eau, sur leur densité et sur les gaz qu'elles contiennent en dissolution. Les officiers du *Challenger* ont déterminé avec soin les couches de température différente qui forment le gulf-stream et ils ont tracé les lignes isothermes pour l'Atlantique, lignes si variables qu'ils ont trouvé + 4° à 180 mètres et à 1 646 mètres[2]; ils ont aussi constaté que, contrairement à la théorie de Mühry, le thermomètre descend au-dessous de 0° à 4 000 mètres. Ils ont fait des recherches analogues dans la Méditerranée, dont les eaux conservent une température de 12° à 13° jusqu'à 3 660 mètres, grâce au courant chaud qui entre par le détroit de Gibraltar tandis que le courant polaire n'y pénètre pas. M. Ch. Grad, qui, en 1872, a déterminé la température de cette même mer à Alger, à la Calle et à Oran, a montré que, le long des côtes de l'Algérie, les lignes isothermes de la Méditerranée correspondent à peu près aux lignes d'égale température moyenne de l'air, que les variations diurnes se manifestent jusqu'à 1 mètre de profondeur et les variations annuelles jusqu'à 300 et 400 mètres, enfin qu'en hiver et au printemps la température de l'air sur le littoral est inférieure à celle de la mer près de la surface et qu'en été elle lui est supérieure. On ne possède pas encore, du reste, des données suffisantes pour tracer les lignes isothermes dans la Méditerranée.

Le commandant Belknap a fait, à bord du *Tuscarora*, des études sur la température des eaux de l'océan Pacifique à diverses profondeurs.

Pour les mers du Sud, nous devons citer l'observation intéressante faite par Sir C. Wyville Thomson, qui, pendant son séjour à l'île de Kerguelen, a constaté dans ces parages la présence d'un courant d'eau chaude d'une température de + 0°5 venant de l'é-

(1) *Le Challenger* seul n'a pas fait moins de 387 sondages en eau profonde, dont un à 7 770 mètres dans l'Atlantique, au nord des Bermudes, et un autre à 5 900 mètres auprès du Japon.

(2) Maury avait déjà établi une carte d'isothermes pour l'Atlantique.

quateur; ce courant rend la mer libre sur un certain espace, qui, d'après lui, s'étendrait assez loin vers le sud.

Outre les cartes d'isothermes, établies par les officiers du *Challenger*, nous devons encore mentionner celles publiées en 1874 par l'Amirauté anglaise, dont douze sont relatives à la température de la surface de l'Atlantique et dont douze autres résument les nombreuses observations recueillies dans les parages du cap Horn et sur la côte ouest de l'Amérique méridionale, celles où M. Buys-Ballot a indiqué la température des mers qui baignent les colonies hollandaises, celles des mers du nord par Petermann, qui accompagnent le mémoire où le savant géographe étudie l'action du gulf-stream sur leur température [1], et celles de M. Prestwich, qui, en s'aidant des nombreuses observations faites depuis 1749 jusqu'à nos jours, a essayé de tracer les lignes isothermes pour l'océan Pacifique et pour l'océan Atlantique [2], et qui en a déduit que les grands mouvements sous-marins ont pour cause principale les variations de température que subissent les différentes couches d'eaux.

En somme, toutes les études récentes ont montré que la masse d'eau qui forme les océans est séparée en deux couches par une couche intermédiaire dont la température est de $+ 4°5$ et qui est située à une profondeur différente suivant les parties du monde, mais, en moyenne, à environ 500 brasses. Dans la couche supérieure, dont la température varie beaucoup suivant la latitude, les lignes isothermobathiques [3] tantôt sont espacées d'une façon assez régulière, tantôt convergent vers la surface; ce sont les vents alizés qui, avec leurs modifications et leurs contre-courants, sont la cause de tous les mouvements de cette couche, et ce sont eux qui jettent les grands courants équatoriaux contre les côtes orientales des continents. Dans la couche inférieure, la température s'abaisse de plus en plus lentement jusqu'au fond; cette énorme masse d'eau, dont l'épaisseur dépasse souvent 2 000 brasses, vient des régions antarctiques, comme l'a montré Sir C. Wyville

(1) Voyez les *Mittheilungen* de 1870.

(2) Voyez les *Philosophical Transactions of the Royal Society.*

(3) Ou lignes isothermes profondes.

Gr. II. — Cl. 16.

Thomson, et s'avance du sud vers le nord : les vapeurs d'eau qui se forment dans la partie septentrionale de notre hémisphère vont en effet se précipiter dans l'hémisphère austral et, en vertu de la densité plus grande que leur donne leur basse température, reviennent vers le nord par les endroits les plus profonds de l'Océan pour remplacer l'eau qu'a enlevée l'évaporation.

Les études sur la densité de l'eau de mer en divers points du globe et à des profondeurs différentes, ainsi que celles sur sa composition et sur les gaz qu'elle contient, n'ont pas encore donné de résultats bien nets. Les recherches que M. Savy, lieutenant de vaisseau français, a faites à ce sujet dans l'Atlantique sud[1] ont confirmé le fait déjà connu que la densité des eaux de surface décroît régulièrement à mesure que des latitudes élevées on s'avance vers l'équateur. Un marin anglais, M. Toynbee, est arrivé aux mêmes conclusions.

Tous ces beaux travaux, si précieux pour les navigateurs et en même temps si importants pour la météorologie générale du globe, ont amené la plupart des gouvernements civilisés à établir des bureaux spéciaux pour la discussion des observations météorologiques faites en mer par leurs navires nationaux; il y en a aujourd'hui en Angleterre, en Suède[2], en Autriche, en Espagne, aux États-Unis, en France, en Hollande, en Portugal et en Russie.

§ 5. CARTES MAGNÉTIQUES.

L'étude du magnétisme terrestre fait chaque jour de nouveaux progrès, qui sont dus autant à l'emploi général des méthodes rigoureuses de Gauss qu'à l'usage des instruments d'une grande perfection dont sont munies aujourd'hui de nombreuses stations.

Depuis longtemps, on trace sur des cartes marines les courbes isogoniques, ou d'égale déclinaison, à cause de leur utilité pour

(1) Sur les côtes du Brésil (en 1868) et dans les mers de Guinée et du Gabon.

(2) Ce bureau de météorologie nautique, institué cette année même (le 1er janvier 1878), dépend du Ministère de la marine; il a organisé un système uniforme d'observations à bord des navires suédois qui fréquentent la mer Baltique, le Kattégat et la mer du Nord, et il dirige les études qui se font aux phares et aux feux flottants.

la navigation; mais, pour donner la répartition du magnétisme terrestre à la surface de la terre[1], il faut y joindre les courbes isocliniques ou d'égale inclinaison et les courbes isodynamiques ou d'égale intensité. On sait, en outre, que le réseau de ces lignes magnétiques n'est point stable et qu'il se déplace sensiblement dans l'espace de quelques années; il est donc d'un haut intérêt de publier de temps en temps des cartes qui indiquent les modifications survenues dans l'état magnétique du globe et qui puissent dans la suite montrer quelle en est la loi.

En Angleterre, le général Sabine s'est illustré par d'importantes recherches de ce genre. Le tome CLVIII des *Philosophical Transactions of the Royal Society of London* contient le mémoire où sont exposés les résultats de la grande exploration magnétique des régions australes à partir du 30e parallèle, qui, commencée en 1839 par Sir James Clarke Ross et par Crozier, suspendue en 1844 et reprise ensuite par MM. Moore et Clerk, a été terminée en 1868; trois cartes où sont tracées les courbes d'inclinaison, de déclinaison et d'intensité pour le milieu de l'année 1842 l'accompagnent. A la même époque, on a dressé des cartes semblables pour la partie du globe comprise entre notre pôle et le 30e degré de latitude nord, en coordonnant les résultats obtenus de 1827 à 1857 par tous les observateurs du globe.

Les observations magnétiques dans les régions polaires n'ont pas, du reste, été rares depuis dix ans, grâce aux nombreuses expéditions qui ont sillonné les mers arctiques. Dans leur voyage de la Nouvelle-Zemble à la Terre de François-Joseph (1873-1874), MM. Weyprecht, Brosch et Orel, s'étant trouvés dans une zone maximum d'aurores boréales, n'en ont pas fait moins de 3 000 à toute heure de la journée; il semble en résulter que l'aiguille aimantée éprouve des perturbations d'autant plus fortes que les mouvements des rayons de l'aurore sont plus intenses et plus rapides et que les couleurs prismatiques sont plus éclatantes, mais

[1] L'Amirauté anglaise a publié en 1871 une bonne mappemonde de ce genre, compilée par le capitaine F.-J.-O. Evans et le lieutenant E.-W. Creak. M. Evans a en outre indiqué sur trois petites cartes la distribution et la direction de la force magnétique de la Terre à l'époque actuelle (*Proc. of the Geogr. Soc.* 1878).

Gr. II. — Cl. 16.

que les arcs immobiles et réguliers n'exercent sur elle presque aucune action; la déviation qui se faisait vers l'est diminuait la déclinaison, et, au contraire, l'inclinaison augmentait.

Quelques-uns des explorateurs russes qui ont parcouru la Sibérie se sont aussi occupés de recherches du même ordre : M. Heimann, en 1868, dans le bassin de l'Aldane, affluent de la Léna, et en divers points entre Irkoutsk et Iakoutsk; M. Fritsche, en se rendant à Pékin (1); MM. le baron Maidel, Kazarinef et Rossel, le long de la côte de Laponie; M. Yarjinsky, à Hammerfest, etc. L'expédition scientifique de l'Amou-Daria a fait aussi des observations magnétiques dans le bassin aralo-caspien. Le Bureau de la marine de l'Inde anglaise a publié une carte de l'océan Indien à $\frac{1}{364\,500}$, où sont indiquées les courbes d'égale déclinaison pour 1877 et qui montre, au moyen de teintes, le changement annuel approximatif de la variation de l'aiguille aimantée (2).

Citons encore les études importantes faites, depuis 1873, au moyen d'un magnétographe photographique par les Pères Jésuites à l'Observatoire de Zi-ka-wei, qui est situé à 6 kilomètres dans le sud-ouest de Shang-haï, non loin du grand ovale où la déclinaison est nulle; celles de l'Observatoire de Batavia (3); celles de M. le docteur van Ryckevorsel qui a déterminé les trois éléments magnétiques en plus de 100 stations dans les Indes néerlandaises; celles de M. Cazin à l'île de Saint-Paul (4); celles des officiers du *Challenger* à Saint-Vincent (îles du cap Vert), et celles de M. Lenz dans la partie orientale de la Perse (5).

(1) Les observations ont été faites en vingt-six points entre Saint-Pétersbourg et Pékin (1874). M. Fritsche a été pendant six ans directeur de l'Observatoire russe de Pékin.

(2) Cette carte est établie d'après les observations faites par les officiers du levé trigonométrique et par les officiers de la marine indienne et d'après la carte générale des courbes d'égale déclinaison publiée par l'Amirauté.

(3) On fait à Batavia, depuis 1867, des observations horaires de la déclinaison de l'aiguille aimantée et des déterminations absolues des trois éléments du magnétisme terrestre.

(4) M. Cazin a trouvé que cet îlot présente vers son centre un pôle sud dont l'action se fait sentir sur la boussole d'inclinaison; pour l'expliquer, il admet que l'île d'Amsterdam doit présenter un pôle nord local.

(5) Dans son ouvrage publié en 1868, *Recherches astronomiques et physiques dans la*

Dans toute l'Europe, on s'occupe aussi de recherches du même genre. M. Marié-Davy a publié dans l'*Annuaire de Montsouris* la carte des lignes d'égale déclinaison en France; en Italie, on en prépare en ce moment une où seront résumés les résultats obtenus dans 70 stations qui ont été choisies de manière à rattacher les déterminations italiennes aux déterminations françaises (à Nice et en Corse) et autrichiennes (à Trente), etc.

M. Rudolf Wolf, de Zurich, a trouvé qu'il existe une relation entre les taches du soleil et les variations du magnétisme terrestre; à l'Observatoire de l'Infant don Luiz, au Portugal, il y a un service spécial de photographie des taches solaires afin de vérifier l'exactitude de ce fait.

§ 6. TREMBLEMENTS DE TERRE.

Nous devons aussi dire un mot des phénomènes sismiques, ou tremblements de terre; il est à désirer que tous les observatoires soient munis d'appareils spéciaux pour les étudier, car ils présentent un intérêt réel, mais jusqu'à ce jour, ce n'est guère qu'en Italie qu'un certain nombre d'amateurs et de savants se sont livrés à cet ordre de recherches[1]. Il existe au Vésuve, depuis 1844, un observatoire où M. Palmieri fait des observations sur ces phénomènes au moyen d'instruments enregistreurs très sensibles qui conservent la trace des moindres mouvements du sol, de leur intensité, de leur direction et de l'heure à laquelle la commotion a eu lieu[2]; grâce à l'appareil avertisseur de M. Jacques Mansini, on peut maintenant du reste suivre facilement les tempêtes et les courants

Perse orientale et dans la province de Hérat, M. Lenz, qui a déterminé les trois coordonnées magnétiques en 94 points, a mis une carte où sont tracées pour cette partie de la Perse les lignes isogones, isoclines et isodynamiques. Le tracé de ces lignes magnétiques se fait remarquer par une extrême régularité; en aucune contrée connue, l'action du magnétisme terrestre n'est répartie aussi régulièrement.

[1] M. M.-E. de Rossi a publié un guide pratique des observations sismiques dans le cahier de janvier 1877 du *Bolletino del vulcanismo italiano*.

[2] Parmi les résultats qu'a obtenus M. Palmieri, nous mentionnerons la coïncidence remarquable qu'il a cru remarquer entre la pleine lune et le maximum d'intensité des mouvements volcaniques.

micro-sismiques. Il ne semble pas douteux que les tremblements de terre sont beaucoup plus fréquents qu'on ne le suppose d'ordinaire ; M. d'Abbadie a communiqué à l'Académie des sciences le résultat de plus de 6 000 observations qui ont été faites par M. de Rossi sur trois pendules situés loin de toute agitation artificielle et qui prouvent que ces pendules ont subi de petites oscillations dont la cause est certainement tout à fait générale et qui semblent avoir une liaison évidente avec les tremblements de terre proprement dits. M. Palmieri et le comte Mocenigo ont constaté au moyen du microphone que ces commotions micro-sismiques sont accompagnées de petits bruits. Toutes ces études auront certainement un jour une grande utilité pour la géologie.

§ 7. MÉTÉOROLOGIE MÉDICALE.

La médecine n'a pas encore tiré de la météorologie des résultats d'une aussi grande importance que la navigation et l'agriculture, mais il n'est pas douteux cependant que les conditions climatériques d'un lieu ont une influence marquée sur la santé de ses habitants et qu'en étudiant les relations qui existent entre la température, la pression de l'air et les maladies, on n'arrive à en déduire d'utiles conséquences. Il y a longtemps déjà, du reste, que Sydenham, frappé de l'ordre dans lequel certaines affections se reproduisent avec les saisons, se demandait s'il n'existait pas un rapport entre leur développement et les modifications du milieu extérieur et si une étude attentive ne permettrait pas d'en déterminer la nature.

M. le docteur L. Vacher a montré par des diagrammes [1] qu'en été la mortalité chez les enfants varie à peu près comme la température, non pas que l'accroissement anormal de la mortalité infantile pendant la période estivale soit dû à la chaleur elle-même, mais parce que vraisemblablement la cause de cet accroissement en dépend [2].

A l'Exposition figurait un tableau dressé par MM. Giraud et

[1] Ces diagrammes comprennent une période de neuf ans, de 1853 à 1861.

[2] M. Vacher attribue aux émanations marécageuses les grandes différences qu'on constate dans le nombre des décès des enfants d'un département à un autre.

Pamart sur lequel on pouvait suivre la marche comparée des phénomènes météorologiques[1] et de la mortalité dans l'arrondissement d'Avignon de 1873 à 1877; il résulte des résumés mensuels que, dans les mois d'hiver, l'abaissement des lignes de température est toujours suivie d'une élévation de la ligne de mortalité des sujets au-dessus de cinq ans, et que, dans les mois d'été, l'élévation des lignes de température est, au contraire, toujours suivie d'une élévation de la ligne de mortalité des sujets âgés de moins de cinq ans. Lorsque la température dépasse la moyenne, surtout à l'époque des maxima[2], on constate un accroissement de mortalité chez les personnes âgées de plus de cinq ans. La comparaison de l'état hygrométrique de l'air et de la quantité d'ozone qu'il contient avec la courbe des décès n'a apporté aucune notion nouvelle.

Gr. II. — Cl. 16.

Citons encore, comme intéressant la météorologie médicale, l'ouvrage du docteur Fines sur la *Météorologie et les maladies régnantes observées à Perpignan pendant 1869*.

Les commissions de météorologie et d'hygiène du département du Rhône se sont entendues pour chercher à découvrir les mesures propres à arrêter le développement des épidémies. Les observations qu'elles ont faites sur la fièvre typhoïde qui a sévi à Lyon en 1874 sont dignes d'encouragements, car c'est par des études semblables qu'on pourra arriver progressivement à rendre les maladies épidémiques moins fréquentes et moins meurtrières, et peut-être même à les attaquer jusque dans leurs foyers. A l'Observatoire météorologique de Lyon, on fait dans ce but des observations ozonométriques; son annuaire contient chaque trimestre un résumé de l'état sanitaire.

Le docteur Jourdanet exposait un panorama très intéressant des Andes intertropicales, où étaient tracées les limites hypsométriques qui semblent agir sur la santé et sur la production des maladies.

(1) Température, état hygrométrique et quantité d'ozone contenue dans l'air.

(2) La ligne du total des décès présente trois maxima : le premier, qui est le moins marqué, en décembre ou en janvier au moment des froids les plus intenses; le second, plus élevé, en mars après l'abaissement de la température du mois de février, et le troisième, qui est le plus considérable, en juillet et en août, quand la chaleur est la plus grande; les deux minima se présentent au printemps et en automne. Ce sont les jeunes enfants qui sont le plus rapidement et le plus fortement influencés.

Gr. II. — Cl. 16.

On y voyait la hauteur à laquelle on est préservé de la phtisie pulmonaire, et où l'on est atteint des premiers accidents anoxyhémiques; une série de teintes montrait que l'empoisonnement palustre diminue à mesure qu'on s'élève et disparaît vers 2 500 mètres; que la dysenterie augmente du bord de la mer jusqu'à 1 000 mètres, puis va en décroissant jusqu'à 2 400 mètres; que le typhus commence vers 1 000 mètres, a toute sa force vers 2 200 mètres et disparaît à 3 000 mètres, et que la pneumonie commence vers 800 mètres pour avoir toute son intensité à 3 000 mètres. L'œuvre du docteur Jourdanet est utile et digne d'éloges.

Mentionnons encore, comme intéressant la météorologie médicale, une note que le docteur Thévenin a publiée dans le *Bulletin de la Société de géographie de France* sur le climat de Mogador envisagé au point de vue de son action sur les maladies de poitrine, et qui est l'utile complément du tableau météorologique établi par M. Beaumier pour le même bulletin.

L'aperçu forcément bien incomplet que nous venons de donner des progrès réalisés par la météorologie depuis dix ans suffit pour montrer que cette science, dont on s'occupait si peu à ses débuts, n'est plus seulement, comme en 1867, pleine d'avenir, mais qu'elle a déjà été féconde en résultats imprévus et qu'elle a doté l'humanité de bienfaits réels. Il n'est donc pas étonnant qu'elle se soit emparée de l'opinion publique et qu'elle occupe aujourd'hui une grande place dans les préoccupations de la vie.

CHAPITRE IV.

STATISTIQUE.

La statistique, ce budget des choses, comme l'appelait Napoléon Ier, bien que se mêlant à tout et fournissant des données précieuses aux diverses branches des connaissances humaines [1], a pour rôle principal de réunir les matériaux nécessaires à l'étude physique et sociale de l'homme : elle analyse les sociétés ; elle nous montre les habitants des divers pays utilisant par le travail le milieu qui les entoure ; elle enregistre les changements continuels que leur industrie opère sur tous les points du globe ; elle étudie les résultats de leurs mœurs dans les différentes régions ; elle énumère leurs besoins ; elle constate dans chaque État le progrès ou le ralentissement de la prospérité générale ; elle cherche, en un mot, à nous faire connaître les éléments, l'économie et les mouvements de la vie sociale. Si, en effet, le monde moral n'est pas, comme le monde physique, soumis à des lois immuables dont les effets peuvent être calculés à l'avance, la plupart des phénomènes présentent cependant une régularité qui est due à des causes fixes et qui peut mener à la découverte de principes généraux ; car, quelle que soit la liberté relative que nous ayons conquise par notre intelligence et notre volonté, nous dépendons, dans une large mesure, de la terre et du milieu où nous vivons.

Cette science, qui n'est pas cependant de date récente, n'a pris un grand développement que dans ces dernières années ; elle doit la faveur dont elle jouit à présent aux services réels qu'elle rend chaque jour aux administrations des pays civilisés, en donnant des renseignements précieux sur l'influence heureuse ou funeste de leur politique et de leur législation et mettant sur la voie des améliorations nécessaires à leur prospérité, en fournissant des termes de comparaison au moyen desquels on peut se rendre

[1] La statistique n'est pas, en effet, une science vivant par elle-même ; elle dépend de chacune de celles au profit desquelles ses travaux sont entrepris.

Gr. II. — Cl. 16.

compte des résultats obtenus à la suite de réformes, en permettant en un mot à chaque nation de faire son bilan annuel, par lequel elle voit l'augmentation ou la diminution qui s'est produite depuis le dernier inventaire. Les faits qu'elle recueille et qu'elle classe éclairent en effet les questions sociales, en donnant le moyen d'évaluer la fréquence ou la rareté relative de certains actes et de certains maux dans les divers pays et aux diverses époques et de déterminer par conséquent dans quel sens les faits marchent d'une manière générale; car, comme l'a dit Gœthe, si les chiffres ne gouvernent pas le monde, ils indiquent du moins la manière dont le monde est gouverné. Il n'est donc pas étonnant que dans notre siècle, curieux de savoir et de comprendre, les études statistiques soient en grande faveur, malgré leur aridité.

On fait, en effet, de la statistique en tous pays, et il y en a de toute sorte et pour toutes choses; mais il n'est que juste d'ajouter que si elle rend aujourd'hui plus de services qu'autrefois, c'est qu'elle emploie des méthodes plus scientifiques et plus sûres[1] et qu'elle ne se contente plus d'enregistrer machinalement des nombres qui ne parlent pas à l'esprit. Non seulement elle extrait des observations ce qu'elles contiennent d'essentiel, elle les condense et elle en rend les résultats comparables entre eux en ramenant les évaluations numériques à des unités communes et en tenant compte de toutes les circonstances accessoires qui peuvent modifier les chiffres obtenus, mais, et c'est l'une des principales causes des progrès considérables qu'elle a faits dans ces derniers temps, on y donne une place de plus en plus grande aux procédés graphiques, aux figures géométriques, aux diagrammes, aux cartes, qui, résumant les longs tableaux numériques sous une forme saisissable d'un coup d'œil, permettent de voir facilement les rapports des quantités représentées, d'en rechercher les causes et d'en déduire les conséquences. Du reste, les procédés graphiques ne mettent pas seulement la statistique à la portée de tous, sans nuire en rien à sa précision, mais grâce à

[1] L'expérience a en effet rectifié ce que les premières méthodes avaient de défectueux. Le discrédit qui a frappé autrefois les travaux de nombreux statisticiens était dû à leur trop grande habileté dans l'art de grouper les chiffres.

eux, les savants des diverses nationalités peuvent échanger librement leurs travaux sans préoccupation d'idiomes ou de systèmes de poids et mesures.

Les diagrammes à coordonnées rectangulaires, ou diagrammes orthogonaux, ont été les premiers en usage; ils expriment la relation entre deux variables qui sont fonction l'une de l'autre. On porte par exemple le temps sur la ligne des abscisses horizontales, et le fait dont on veut peindre les variations est représenté au moyen d'ordonnées verticales; les points ainsi déterminés sont reliés tantôt au moyen d'une courbe continue, comme si le phénomène variait d'une manière uniforme, tantôt au moyen de lignes droites formant une série de gradins, et, le plus souvent, l'aire comprise entre ce tracé supérieur et les coordonnées est proportionnelle à l'intensité du fait. La superposition de plusieurs diagrammes représentant des ordres de faits bien choisis révèle fréquemment des relations inattendues [1]. Dans le pavillon de la ville de Paris, il y avait des diagrammes financiers où étaient employées les courbes positives (au-dessus de l'axe) pour les recettes et les courbes négatives (au-dessous de l'axe) pour les dépenses. Dans tous les cas, comme le dit fort bien M. Cheysson qui s'est occupé avec succès de ces questions, il faut que les diagrammes soient simples et clairs.

Les figures géométriques sont également en grand usage. Toutes les fois qu'un sujet statistique comprend deux parties sensiblement égales, comme lorsqu'on étudie la population d'un pays, on trace de chaque côté d'une perpendiculaire des ordonnées, celles de gauche s'appliquant, par exemple, à l'élément masculin, et celles de droite à l'élément féminin, chacune ayant une longueur proportionnelle au nombre qu'on veut représenter ; en reliant ensuite les extrémités, on forme un polygone dont chaque moitié est

[1] Dans la plupart des cas, on fait partir toutes les ordonnées de la même ligne des abscisses, et l'écart entre deux courbes exprime alors la différence entre les faits envisagés (diagrammes orthogonaux à courbes ou à gradins absolus, comme les appelle M. Cheysson dans son *Rapport sur les méthodes de statistique graphique*); dans certains cas particuliers, on ajoute la nouvelle ordonnée à l'extrémité de la précédente, de telle manière que la courbe supérieure représente le total des deux faits dont il s'agit (diagrammes orthogonaux à courbes ou à gradins totalisateurs).

Gr. II. — Cl. 16.

facilement comparable. On emploie aussi, dans beaucoup de cas, en démographie par exemple, les diagrammes polaires ou cercles de rayons variables qui sont divisés en secteurs de couleurs différentes, dont l'amplitude est proportionnelle aux éléments à comparer [1]; on peut montrer l'augmentation qui s'est produite entre les recensements au moyen d'un anneau noir de largeur proportionnelle à cet accroissement [2].

Dans d'autres cas, on se sert de carrés proportionnels à la région examinée, à l'échelle d'un nombre d'habitants donné au centimètre [3], ou de deux carrés : l'un, qui représente la population totale, circonscrit à un autre qui représente le fait statistique qu'on étudie [4]. Dans les cartes industrielles, on figure souvent la

[1] Dans la planche de l'excellent Atlas statistique des États-Unis dressé par M. Walker où est indiquée la distribution des malades, des fous, des aveugles, etc., à côté d'un grand cercle représentant le nombre total des habitants qui est divisé en secteurs montrant la proportion des nationalités et des sexes, sont placés de petits cercles de grandeur proportionnelle au nombre des personnes atteintes de ces diverses affections avec des secteurs indiquant quelle est la nationalité et quel est le sexe qui sont le plus atteints.

[2] Quelquefois on se sert non plus des aires, mais de la longueur des arcs, comme la Chambre de commerce de Marseille l'a fait pour exprimer le tonnage des divers pays.

[3] Dans les quatre planches de l'Atlas des États-Unis de M. Walker, où sont résumés les principaux éléments de la population, le carré proportionnel à la population de chaque État est divisé par des lignes perpendiculaires en trois rectangles : l'un représentant le nombre d'habitants de l'État qui sont nés hors de l'Union; le second, le nombre de personnes de couleur, et le troisième, le nombre des habitants blancs nés dans l'Union, ces deux derniers divisés en deux parties qui donnent, l'un le nombre des personnes nées dans l'État, et l'autre celles nées hors de l'État. A côté de ce carré se trouve un rectangle de même hauteur qui indique le nombre des gens nés dans l'État et qui n'y habitent pas; une ligne horizontale le sépare en deux parties : l'une pour les gens de couleur, l'autre pour les blancs.

[4] M. Walker a représenté de cette manière, dans son Atlas des États-Unis, la répartition des diverses fois religieuses, des occupations utiles, etc. La population au-dessus de dix ans de tous les États est exprimée par des carrés égaux dans lesquels est inscrit un autre carré dont les côtés sont à ceux du carré extérieur, comme la racine carrée du nombre total des sièges dans toutes les églises de l'État, ou du nombre des gens ayant des occupations utiles, est à la racine carrée de la population au-dessus de dix ans; la partie comprise entre les deux périmètres représente exactement, à cette échelle, la partie de la population qui n'a pas de sièges, ou qui est sans occupations; le carré intérieur est divisé en rectangles proportionnels aux nombres de sièges de chacune des principales sectes ou des principales occupations (agriculteurs, ouvriers, manufacturiers, mineurs, commerçants, marins, serviteurs, élèves, etc.)

production au moyen de carrés, la consommation au moyen de cercles, et la circulation au moyen de lisérés [1] placés le long des voies de communication, dont la surface pour les carrés et les cercles et la largeur pour les lisérés sont à une échelle donnée. Les cercles expriment d'une manière également très claire le mouvement des ports ainsi que le chiffre des importations et des exportations.

Aujourd'hui on représente aussi beaucoup de faits statistiques au moyen de teintes plates dont on couvre les diverses régions où on les a observés, et qui sont plus ou moins fortes, suivant qu'ils y sont plus ou moins fréquents. M. Levasseur a même employé avec avantage la méthode dichrome qui a sur la méthode monochrome l'avantage de donner pour chaque pays, à la première vue, la notion générale de la partie riche et de la partie pauvre; elle consiste à teinter en rouge toutes les régions qui sont au-dessus de la moyenne générale et en bleu toutes celles qui sont au-dessous; en augmentant l'intensité du rouge à mesure que la production est plus considérable, et en diminuant celle du bleu à mesure que la production est plus faible, on arrive à exprimer les détails sans nuire à la simplicité et à la clarté de l'ensemble. M. Cheysson intercale entre ces deux teintes une troisième teinte, soit neutre, soit blanche, pour indiquer la zone qui ne s'écarte pas sensiblement de la moyenne générale.

M. Vauthier, appliquant une idée émise autrefois par M. Lalanne, a tracé sur des cartes des courbes de niveau statistiques, en réunissant par un trait continu tous les points d'égale intensité, et il a obtenu ainsi des effets saisissants; nous citerons sa carte de la population de la France, où le relief est précisément inverse de celui du sol [2], et celle très intéressante et très instructive de la mortalité infantile où, comme dit M. Cheysson, on voit en certains points se creuser des sortes de lacs et en d'autres se dresser de véritables pics mortuaires.

[1] Ces lisérés se subdivisent en lanières de couleurs différentes suivant les matières transportées et les provenances.

[2] Les vallées et les pays plats sont, en effet, plus fertiles et par conséquent plus habités que les montagnes.

Gr. II. — Cl. 16.

Quelquefois, on unit sur la même carte des teintes et des figures géométriques, comme par exemple lorsque, voulant étudier la population d'un pays d'une manière plus complète, on considère à part la population rurale, qu'on représente au moyen de couleurs plus ou moins foncées, et la population urbaine, qu'on représente au moyen de cercles de dimensions variables.

Ce court aperçu des procédés graphiques le plus généralement employés aujourd'hui suffit pour montrer comment on est arrivé à simplifier les études statistiques en résumant, soit sur une carte, soit au moyen de figures géométriques, les séries innombrables de chiffres qui s'accumulent chaque année dans les divers ministères de tous les États civilisés ainsi que dans les compagnies industrielles et dans les sociétés de statistique, et en mettant à la portée de tous, au plus grand bénéfice des sciences économiques, des résultats que peu de personnes auparavant étaient à même de consulter, et que chacun peut maintenant embrasser facilement d'un coup d'œil.

Il serait impossible d'énumérer tous les ouvrages, non plus que les nombreux diagrammes et cartes qui ont été produits depuis dix ans; car aujourd'hui la plupart des pays de l'Europe et de l'Amérique du Nord possèdent non seulement des cartes montrant la densité et le mouvement de leurs habitants, le rapport des naissances, des mariages et des décès, l'émigration et l'immigration, la distribution des maladies, des accidents et des sinistres, le degré d'instruction et de criminalité, mais aussi des cartes agricoles indiquant les différents sols, les forêts, les productions diverses, les rapports entre le chiffre de la population et les cultures, le prix de la main-d'œuvre, la richesse en animaux domestiques, etc., des cartes industrielles donnant la répartition des industries diverses. des pêches, etc., des cartes commerciales où sont marqués le mouvement des ports, les chiffres des importations et des exportations, les transports des marchandises et des voyageurs par les diverses voies de communication, etc. Nous nous contenterons de consigner quelques-uns des faits généraux les plus saillants que les statisticiens ont mis au jour et qui nous ont frappé dans nos visites à l'Exposition.

§ 1er. DES SERVICES DE STATISTIQUE ET DE LEURS PRINCIPALES PUBLICATIONS.

Les travaux de statistique sont si arides et si pénibles, ils exigent des observations répétées pendant une si longue suite d'années [1] et des recherches si minutieuses et si multiples que les administrations publiques sont à peu près les seules qui peuvent y suffire. Dans presque tous les pays civilisés, il existe un bureau spécial qui tantôt centralise les renseignements obtenus dans les différentes administrations et est seul chargé de les publier et qui tantôt ne recueille directement et ne livre à la publicité que les informations dont l'objet ne se rattache pas d'une manière directe aux diverses branches de l'administration, celles-ci se réservant la publication des documents qui les concernent; au congrès de Budapest, on a avec raison insisté sur l'utilité d'établir un lien entre ces divers bureaux nationaux et de les soumettre au contrôle d'une Commission centrale [2]. En outre, la plupart des grandes villes de l'Europe ont des bureaux de statistique municipaux qui sont dirigés avec un grand soin; la France n'en possède qu'un seul, celui de Paris, et il serait à désirer qu'il en existât dans nos autres grandes villes, auxquelles ils rendraient des services réels.

Îles Britanniques. — Dans le Royaume-Uni de la Grande-Bretagne et de l'Irlande, les renseignements statistiques sont recueillis et mis à jour par des bureaux spéciaux dépendant des divers ministères; la Direction de statistique du Ministère du commerce (*Board of Trade*) les coordonne et publie chaque année pour le Parlement trois rapports (*Statistical Abstract for the United Kingdom*, *Statistical Abstract for the Colonies* et *Statistical Abstract for Foreign Countries*), où, sous une forme simple, sont réunies les quinze der-

(1) Alors seulement les erreurs se compensent, et les faits qui ne se reproduisent qu'à des intervalles éloignés sont recueillis en assez grande quantité et pendant un temps assez long pour que le nombre moyen qu'on en possède ait quelque signification.

(2) Il n'est pas bon en effet de laisser la vérification des faits recueillis à ceux qui sont chargés de les recueillir, et il est très utile qu'une commission centrale exerce un contrôle supérieur.

Gr. II. — Cl. 16.

nières années de statistique comparée [1]; il en donne en outre tous les trois ans des résumés généraux (*Miscellaneous Statistics*, *Colonial Statistics* et *Foreign Statistics*). C'est le même ministère qui dresse les tableaux mensuels du commerce et de la navigation et qui rédige tous les ans sur ce sujet un rapport général; c'est aussi lui qui fait la statistique de l'émigration, celle des chemins de fer, celle de l'agriculture [2]. La statistique démographique dépend du *Home Department* qui a, à Londres, à Édimbourg et à Dublin, des bureaux spéciaux chargés des recensements décennaux et de la publication de tableaux annuels du mouvement de la population; c'est aussi le Ministère de l'intérieur qui est chargé de la statistique judiciaire et de la statistique des industries. Pour la statistique de l'instruction publique, il y a deux bureaux, l'un à Londres pour la Grande-Bretagne sous la direction du *Privy Council* (*Committee of Council on Education*), et l'autre à Dublin sous les ordres du Lord lieutenant d'Irlande (*Commissioners of Education*), qui présentent chacun tous les ans un rapport. Le Ministère des finances publie les diverses statistiques financières et celles des postes et des télégraphes. Les bureaux de l'assistance publique de Londres, d'Édimbourg et de Dublin fournissent les renseignements sur les indigents, et l'on doit au Lord Grand Chancelier d'Angleterre, au Ministre de l'intérieur d'Écosse et au Lord lieutenant de l'Irlande des états périodiques sur les maisons de fous dans les trois royaumes. L'Archiviste des mines rédige, sous la direction du Ministre de l'instruction publique, un rapport annuel sur les industries souterraines, et les inspecteurs des mines qui dépendent du Ministère de l'intérieur donnent le relevé des accidents survenus chaque année.

Suède et Norwège. — Dans la Péninsule scandinave, on s'occupe aussi avec zèle de statistique; en Norwège, il se publie un annuaire, *Statistisk Arbog for Kongeriget Norge*, qui est sous la savante direction du docteur Broch, et la Suède possède depuis 1749 un service officiel, le plus ancien de tous ceux de l'Europe. Dans

[1] Chaque année, on en ajoute une et l'on retranche la précédente.

[2] On envoie un questionnaire à tous les agriculteurs, et lorsqu'on ne reçoit pas de réponse, on se contente des estimations faites par les employés de l'*Inland Revenue*.

ce dernier pays, il y a des bureaux de statistique aux ministères de la justice, de la guerre, de l'intérieur (pour les distilleries) et des cultes (pour l'enseignement); mais en général le travail préparatoire est confié aux conseils supérieurs (*Riks-Collegier*) ou à d'autres administrations centrales. La Commission de statistique, qui a été établie à Stockholm par ordonnance royale du 22 juillet 1858 et où siègent des représentants des divers bureaux précédents, s'occupe des branches de la statistique officielle qui ne sont pas du ressort de ces divers ministères (population, agriculture, finances communales, assistance publique, caisses d'épargne). Les publications statistiques suédoises, qu'elles sortent du bureau central ou des bureaux des diverses administrations [1], sont toutes dans le même format et portent le titre commun de *Bidrag till Sveriges officiela statistik* [2]; elles contiennent un sommaire ou au moins une table des matières en français; chaque année, un résumé est inséré dans le premier cahier du journal *Statistik Tidskrift.*

La municipalité de Stockholm fait paraître tous les ans une statistique très détaillée de la capitale.

Russie. — Aucun pays n'a plus besoin de la statistique que ce vaste empire relativement peu peuplé dont le gouvernement cherche avec raison à animer les forces productives et où il est

(1) Parmi les publications spéciales des bureaux suédois, nous citerons les Statistiques de la population (1851-1876), de la justice civile et criminelle (1857-1875), des mines et usines (1858-1876), de l'industrie manufacturière (1858-1876), de l'industrie agricole (1865-1877), du commerce et de la navigation intérieurs et extérieurs (1858-1876), des écoles primaires (1868), des prisons (1859-1876), de l'hygiène publique (1861-1875) et des aliénés (1862-1874), des chemins de fer de l'État et privés (1862-1876), des télégraphes (1861-1876) et des postes (1864-1875), des arpentages (1867-1876), des forêts de l'État (1870-1875), des élections politiques (1872 et 1875) et des élections communales (1871), des travaux publics (1872-1876), du pilotage, des phares et du sauvetage (1873-1876), de l'assistance publique et des finances des communes (1874-1875), de la fabrication et de la vente de l'eau-de-vie (1873-1875). On doit encore mentionner les Comptes rendus statistiques quinquennaux des préfets (1856-1875), les Comptes rendus annuels du budget (Comptes généraux de l'État, Comptes de l'Administration de la dette publique, Relevé général des impôts sur le revenu), les États de la situation de la banque de Suède et des banques privées, les Rapports sur les institutions du Crédit foncier et des reviseurs de la Diète, etc.

(2) *Matériaux pour la statistique officielle de la Suède.*

Gr. II. — Cl. 16.

plus utile que partout ailleurs de tenir un compte exact de la situation et de suivre attentivement les résultats produits par les innovations. Chaque ministère y dresse la statistique des services qui lui sont confiés, mais l'organisation de la statistique provinciale mérite une mention; en effet, il existe dans tous les gouvernements un comité spécial que préside le gouverneur et qui a pour secrétaire un agent salarié chargé de recueillir tous les renseignements indispensables à l'étude économique du pays et de les transmettre au Bureau central de Saint-Pétersbourg [1]. Un conseil, composé de représentants des divers ministères, donne à l'ensemble des travaux l'unité de plan nécessaire. L'organisation est donc fort complète; malheureusement il n'est pas facile d'obtenir des renseignements exacts d'une population encore peu éclairée et par conséquent méfiante.

La Finlande a un bureau de statistique spécial, qui a été définitivement organisé par un décret impérial du 28 juin 1870; il comprend un comité central composé de treize membres et une commission exécutive à la tête de laquelle est placé M. Ignatius.

Allemagne. — C'est en 1806 que le roi Frédéric-Guillaume III a fondé un bureau de statistique à Berlin [2]. En 1831, l'union commerciale des États principaux de l'Allemagne, ou Zollverein [3], a nécessité des travaux spéciaux qui ont été menés à bonne fin par M. Dieterici, et, depuis cette époque, on a une statistique industrielle, commerciale et agricole des trente-neuf États alliés. Du reste, chacun des États allemands possède depuis longtemps un bureau officiel [4], et il existe des bureaux communaux dans la plu-

[1] Ce comité publie la liste de tous les lieux habités de l'empire, que précède un tableau complet de la situation géographique et économique de chaque province. Le tome XXXI, qui est consacré au gouvernement de Perm, a paru en 1877.

[2] Ce bureau, qui dépendait d'abord de la secrétairerie d'État, est rattaché au Ministère des finances depuis 1844.

[3] On sait qu'à cette époque, 39 États se sont alliés pour former un seul corps commercial, achetant et vendant d'après une législation de douanes commune à tous.

[4] Depuis le 29 janvier 1869, il y a en Bavière une commission centrale de statistique, composée de représentants des divers ministères, qui réunit les renseignements sur toutes les branches principales de l'administration.

part des grandes villes (à Berlin, à Breslau, à Leipzig, à Dresde, à Hambourg, à Munich, à Francfort-sur-le-Mein, etc.). Il y a eu, en outre, jusqu'en 1871 une statistique de l'Allemagne du Nord sous la direction de M. Meitzen. Gr. II. — Cl. 16.

On fait en Prusse un cours théorique et pratique à l'usage des jeunes gens qui veulent se livrer aux travaux de statistique; on prépare ainsi un personnel de statisticiens de choix.

Pays-Bas. — Les différentes administrations des Pays-Bas publient depuis 1803 non seulement les documents ayant trait à leurs services spéciaux [1], mais il existe en outre une direction de statistique générale [2] qui comprend le bureau de statistique du Ministère de l'intérieur, les bureaux de statistique provinciaux et les mairies [3] et qui chaque année fait paraître divers ouvrages : *Rapports des députations provinciales permanentes, Rapports des administrations communales* [4] et *Documents relatifs à la statistique générale des Pays-Bas,* où l'on trouve depuis 1877 le mouvement de la population, qui était donné autrefois, de 1851 à 1868, dans l'*Annuaire de la statistique* [5] et, de 1869 à 1876, dans les *Documents statistiques* [6]. Quant aux résultats des recensements, qui

(1) Le roi Guillaume Ier, comprenant l'utilité de la statistique, a créé en 1825 un bureau central, dépendant de l'administration des contributions, qui a été chargé de dresser les tableaux du commerce, et il a institué en 1826, sous la présidence du Ministre de l'intérieur, une commission de statistique qui a été dissoute en 1830.

(2) C'est en 1848 qu'a été créé au Ministère de l'intérieur le Bureau de statistique qui est devenu, en 1857, la *Direction de la statistique générale* dont le directeur actuel est M. le chevalier G. de Basch Kemper.

(3) La loi de 1850 a prescrit l'institution, dans chaque province, d'un bureau spécial qui est chargé de faire des rapports détaillés sur son état, d'après un modèle uniforme; cette prescription a été étendue aux municipalités par la loi de 1851 qui oblige les maires à fournir chaque année une note sur l'état de leur commune. Les onze bureaux provinciaux n'ont été constitués qu'en 1859; leurs rapports et ceux des principales communes sont publiés et mis en vente.

(4) Ces rapports se publient sous leur forme actuelle depuis 1850. Ils traitent en détail de la population, des élections, de l'administration, de la milice, des cultes, de l'instruction, de la bienfaisance, des finances, des travaux publics, de la police, des voies de communication, de l'agriculture, de l'industrie, du commerce, de la navigation, etc.

(5) Cet annuaire compte 15 volumes.

(6) Les *Documents statistiques* comprennent 10 volumes (1861-1876).

Gr. II. — Cl. 16.

s'opèrent tous les dix ans et dont le cinquième et dernier a eu lieu en décembre 1869, ils sont publiés séparément.

Il existe, en outre, dans les Pays-Bas de nombreuses publications spéciales pour l'étude statistique de l'état sanitaire [1], de l'instruction [2], de la justice civile et criminelle [3], des prisons [4], de l'assistance publique [5], des revenus nationaux [6], des travaux publics [7], de l'agriculture et de l'élève du bétail [8], des pêches [9], de l'industrie [10], du commerce et de la navigation [11], des transports [12], des institutions de banque et de crédit [13] et des finances [14].

(1) *Rapport sur l'état sanitaire* (1876) et *Rapports sur les établissements d'aliénés* (1864-1868).

(2) *Rapports annuels sur l'état de l'instruction supérieure, moyenne et primaire* (1848-1877). La constitution de 1815 a imposé au gouvernement l'obligation de publier tous les ans un rapport sur l'enseignement, mais ce n'est que depuis 1848 que ces documents ont une valeur statistique.

(3) *Statistique judiciaire* (1847-1876).

(4) *Statistique des prisons* (1854-1876).

(5) *Rapports annuels sur l'Administration de l'assistance publique* (1848-1875). Pour l'assistance publique, comme pour l'instruction, le gouvernement publie chaque année depuis 1815 un rapport, mais qui n'avait pas une grande valeur jusqu'en 1848.

(6) *Revision de la taxation des bâtiments pour l'impôt foncier en 1874 et 1875*, qui fait connaître le nombre des bâtiments par province et par groupe d'après la somme évaluée, et *Documents relatifs aux voies et moyens de l'État* (3 vol. : 1846-1859, 1860-1868, 1869-1873), qui donnent le produit des contributions et impôts de tous genres.

(7) *Rapports annuels sur les travaux publics* (1850-1876).

(8) *Rapports annuels sur l'agriculture dans les Pays-Bas* (1851-1873), qui contiennent des renseignements sur la température et les intempéries, l'étendue et le produit des terres en culture, leur valeur, le prix des céréales et des bestiaux, etc. *Rapports sur l'état vétérinaire* (1870-1876).

(9) *Rapports annuels sur l'état des pêches maritimes dans les Pays-Bas* (1854-1876). Dans le premier rapport sont réunies des données statistiques qui, sauf quelques interruptions, pour la grande pêche du hareng remontent à 1750, pour la pêche islandaise du cabillaud datent de 1751, et pour la pêche à la baleine vont de 1749 à 1794.

(10) *Statistique de l'industrie;* les données qui reposent sur la bonne volonté des fabricants font malheureusement souvent défaut, et l'on ne possède de renseignements généraux que sur les machines à vapeur et leur force motrice.

(11) *Statistique annuelle du commerce et de la navigation du royaume des Pays-Bas* (1846-1876); *Statistique des naufrages* (1876); *Collection annuelle des rapports consulaires* (1865-1876).

(12) *Rapports annuels sur les lignes télégraphiques* (1854-1876) [la statistique postale se trouve dans le *Budget annuel de l'État*]; *Rapports annuels des compagnies de chemins de fer.*

(13) *Rapports annuels sur la Banque néerlandaise* (1864-1877).

(14) *Comptes annuels de l'état des provinces et des communes, Rapports des députés*

A Groningue, il y a une commission provinciale qui a rédigé plusieurs volumes sur l'état actuel de la province : *Bijdragen tot de kennis van den tigenwoerdigen Staat der provincie Groningen.*

La Société de statistique néerlandaise publie tous les ans, depuis 1849, un annuaire (*Staatkundig en Staat huishoudkundig jaarboege*) qui donne un aperçu du pays au point de vue économique, et elle a entrepris un ouvrage important : *La Statistique générale des Pays-Bas,* dont deux volumes ont déjà paru, traitant, l'un du territoire, l'autre de la population et de son mouvement depuis 1840. Mais si, à l'Exposition, les ouvrages de statistique générale ou spéciale relatifs aux Pays-Bas étaient nombreux, on n'y voyait aucune carte statistique.

Belgique. — Le Service de la statistique générale de Belgique dépend du Ministère de l'intérieur; il réunit et coordonne, sous la surveillance d'une commission centrale nommée par le roi pour six années, tous les renseignements recueillis par les autres ministères pour l'usage de leur propre administration, et il les publie dans l'*Annuaire officiel;* en outre, tous les dix ans, il les résume dans les *Exposés décennaux de la situation du royaume,* qui retracent l'état physique, politique, sanitaire, intellectuel, moral, religieux et économique de la Belgique.

Des commissions provinciales sont établies au chef-lieu de chacune des neuf provinces du royaume; elles comptent d'ordinaire douze membres nommés pour six ans par le Ministre de l'intérieur sur la présentation de la commission centrale; elles surveillent et

provinciaux qui comprennent seize chapitres (population; administration provinciale; administration et gestion financière des communes; police médicale et état sanitaire; sûreté publique; milice nationale et garde civique; cultes; instruction, arts et sciences; bienfaisance publique; produit des voies et moyens de l'État; eaux, digues, écluses, etc.; voies terrestres; agriculture et élève du bétail; chasse et pêche; industrie, commerce et navigation; commerce et métiers), *Rapports des conseils communaux* qui sont divisés en treize chapitres (population; élections communales, provinciales et des membres de la seconde Chambre des États généraux; administration communale; voies et moyens, recettes et dépenses; biens communaux, travaux publics, institutions; police médicale et communale; milice nationale et garde civique; cultes; instruction, arts et sciences; bienfaisance publique; agriculture et élève du bétail; industrie, commerce et navigation; commerce et métiers).

Gr. II. — Cl. 16.

coordonnent les travaux de statistique qui se font dans les provinces et que centralise le comité de Bruxelles.

Il existe, en outre, dans la capitale une commission municipale de statistique qui fonctionne à titre consultatif auprès de l'administration communale.

Suisse. — Les premiers ouvrages de statistique suisses datent de 1814, et depuis cette époque on n'a pas cessé de faire chaque année des publications de ce genre. Il y a un bureau central à Berne et des bureaux spéciaux dans les cantons de Zurich, de Berne et de Vaud; dans les autres cantons, parmi lesquels on doit citer ceux d'Argovie, de Saint-Gall et de Bâle-Ville, les travaux statistiques sont confiés à diverses autorités; le bureau central, créé le 21 janvier 1860, a été constitué sur une nouvelle base le 23 juillet 1870. Tous les relevés statistiques ne se font que sur l'ordre de l'Assemblée fédérale ou du Conseil fédéral, et, avant d'être publiés, ils sont soumis à l'examen du Ministre de l'intérieur et discutés par le Conseil fédéral.

La Société suisse de statistique a des sections dans la plupart des cantons; elle publie un *Journal* avec l'aide du Bureau fédéral; on lui doit des travaux intéressants sur les sociétés de secours et sur les bibliothèques.

Autriche-Hongrie. — Si, en Autriche, les études statistiques relatives au mouvement de la population remontent à 1754 pour les États héréditaires [1] et à 1785 pour la Hongrie [2], celles qui sont relatives à l'agriculture et à l'industrie n'ont commencé que beaucoup plus tard. Il y a, outre les bureaux spéciaux de statistique des divers ministères et le bureau de statistique générale qui coordonne et résume les documents recueillis par les précédents, des bureaux de statistique communale à Vienne, à Prague et à Trieste.

Il existe en Hongrie, à Budapest, deux bureaux distincts, tous deux officiels : l'un royal, dirigé par M. Ch. Keleti, qui a continué

(1) Sous le règne de l'empereur François II.
(2) Sous le règne de Joseph II.

les travaux ressortissant auparavant de la section de statistique du Ministère hongrois de l'agriculture, de l'industrie et du commerce; l'autre communal, fondé en 1870 et dirigé par M. J. Körösi, qui s'étend seulement à une population de 300 000 âmes. Le Bureau royal exposait neuf volumes de l'*Hivatalos statistikai Kozlemények* (1868-1874) et quatre volumes du *Magyar statistikai evkönyv* (1872-1877). C'est le Ministère des finances qui publie les travaux de statistique financière ainsi que ceux qui sont relatifs à la propriété foncière. La direction des postes et des télégraphes est chargée des comptes rendus de son service.

Les huit chambres de commerce hongroises recueillent aussi des renseignements statistiques.

Serbie. — En Serbie, il n'y a ni commission centrale, ni bureaux de district. C'est une des six divisions du Ministère des finances qui est chargée de recueillir, de coordonner et de publier les divers documents statistiques; on y revise les résultats du recensement de la population, du dénombrement du bétail, des recherches sur l'état agricole et sur le mouvement commercial, et elle publie les tableaux du mouvement de la population, dont les données lui sont fournies, pour l'église orthodoxe, par les consistoires des quatre diocèses et, pour les autres cultes, par le préfet de Belgrade. Les matériaux élaborés par cette division sont publiés depuis 1863 dans des volumes intitulés *Statistique de la Serbie.*

Roumanie. — Le Service de la statistique de Roumanie a été plusieurs fois modifié. L'année même de la proclamation de l'union des deux principautés, il a été institué un bureau à Bukharest pour la Valachie et un bureau à Iassy pour la Moldavie; avant cette époque, on n'avait que des données incomplètes éparses dans les archives des divers ministères.

En Valachie, le bureau fut de suite central; en Moldavie, il fut divisé en cinq sections (1° cadastre, 2° population, 3° agriculture, 4° administration, 5° commerce). Dès 1859, on créa dans chaque district des deux principautés un poste de rapporteur statistique placé sous les ordres de leur bureau respectif et en outre, en

Gr. II. — Cl. 16.

Valachie, une commission de statistique agricole. Mais lorsque l'union administrative des deux États a été opérée le 24 janvier 1862, le service statistique d'Iassy a cessé d'exister et l'on n'a plus laissé qu'un seul bureau pour tout le pays, à Bukharest; on a alors établi, dans chacun des 33 districts, outre le rapporteur, une commission locale, et, sous l'autorité de celle-ci, une sous-commission dans chaque arrondissement. En 1866, par des raisons d'économie, les rapporteurs furent remplacés par les secrétaires des conseils généraux et le bureau central devint une simple division du Ministère de l'intérieur; cette modification a produit des résultats fâcheux [1]. Mais, en 1871, le service a été réorganisé et, à présent, il y a une commission supérieure qui est chargée de vérifier et de contrôler les travaux de statistique; au lieu d'agents spéciaux, ce sont les autorités locales qui sont mises à la disposition du bureau pour recueillir les renseignements sur les faits qui relèvent de leur administration.

Turquie. — Le gouvernement turc a livré à la publicité pour la première fois, en 1877, des documents statistiques officiels; c'est le Ministère de l'instruction publique qui les a réunis sous le nom de *Saalnami*. Tout en tenant compte des erreurs inévitables qui accompagnent forcément un premier essai de ce genre, surtout en Orient, on peut néanmoins accepter ces documents comme ayant une autorité supérieure à celle des chiffres que les publicistes avaient donnés jusqu'ici. Cet annuaire donne des détails intéressants sur les divisions administratives de l'empire ottoman et sur la population de chaque division territoriale [2].

Grèce. — En Grèce, les travaux de statistique sont répartis entre les divers ministères. Au Ministère de l'intérieur, il y a une

[1] En 1866, on a publié en roumain et en français un *Extrait de la statistique administrative de la Roumanie*, compilation sommaire des publications antérieures. En 1867, ont commencé à paraître les *Annales statistiques* dont le premier volume se rapporte à 1865 et qui contiennent, pour chaque année, le relevé du mouvement de la population, du commerce, de l'agriculture, de la navigation, etc.

[2] Dans le livre intitulé *État présent de l'empire ottoman*, MM. Ubicini et Pavet de Courteille ont donné une statistique de cet empire (1875-1876).

division d'économie publique qui s'occupe de la statistique de la population et de la statistique de l'agriculture; le Ministère des finances publie les tableaux du mouvement du commerce et de la navigation; le Ministère de l'instruction publique dresse chaque année des tableaux synoptiques de l'état de l'enseignement; le Ministère de la justice est chargé de la statistique civile et criminelle. Il n'y a pas dans les provinces de bureaux locaux; les informations sont fournies par les employés administratifs compétents.

Italie. — En Italie, il existe une direction générale de la statistique du royaume qui a été réorganisée sur une nouvelle base par le décret royal du 25 février 1872. Au lieu d'être, comme auparavant, confiée à l'initiative d'un seul homme, elle est aujourd'hui placée sous l'autorité d'une commission ou *junte* composée de 18 membres; cette junte, dans laquelle est choisi un comité exécutif permanent de six membres, dirige toutes les études statistiques qui se font au Ministère de l'agriculture et du commerce, mais elle n'a que voix consultative en ce qui concerne les travaux des autres ministères. Il y a, en outre, des bureaux de statistique à Naples et à Palerme[1].

Espagne. — En Espagne, les agitations politiques ont longtemps arrêté toute étude de statistique. Aujourd'hui, il y a un bureau central qui s'occupe activement de ce genre de recherches[2]; il

[1] Étaient exposés: *Censimento degli Stati sardi* (1857-1858), 4 vol., et (1861), 3 vol.; *Annuario statistico italiano* par Correnti (1857-1858) et par Correnti et Maestri (1864); *Morti violenti* (1866-1870) et *Cholera* (1866-1867); *Annali di statistica* (officiel), 8 vol. depuis 1870; *Censimento generale della popolazione* (1861), 5 vol., et (1871), 3 vol.; *Annuario statistico delle provincie italiane* par Antonielli (1872); *Archivio di statistica*, depuis 1875; *Movimento dello stato civile* (1875); *Bollettino demografico-meteorico*; *Censimento degli Italiani all' Estero* (1871); *Immigrazione* (1876); *Movimento dello stato civile* (1862-1876), 15 volumes; *Camera dei deputati: Rendiconto generale consuntivo della administrazione dello Stato*, depuis la treizième session (le dernier pour 1876 publié en 1877); *Situazione del Tesoro al 31 decembre 1877*.

[2] L'Institut géographique et statistique exposait le *Nuevo Nomenclator de las ciudades, villas, lugares y aldeas de España con arreglo a la division territorial vigente en 1° de Julio de 1873* (1876), le *Movimento de la poblacion de España en el decenio de 1861*

dépend du *Ministerio del Fomento*, et il publie les documents relatifs au dénombrement, au mouvement et à l'état sanitaire de la population, à l'agriculture et au recensement du bétail, à l'industrie, à la production et à la consommation, aux institutions de banque et de crédit, aux assurances, à la bienfaisance publique, etc., mais ces documents sont encore loin d'être complets. Le Ministère de la marine a créé un service spécial chargé d'établir la statistique de la pêche en Espagne; les ingénieurs des mines rédigent des rapports de statistique minière; le Congrès des députés a fait en 1871 une enquête sur l'état des classes ouvrières; la Direction des douanes publie les données relatives au commerce extérieur de l'Espagne et à son commerce de cabotage; on doit aussi à la Direction générale des travaux publics des documents statistiques intéressants.

La députation provinciale, ou conseil général de Madrid, fait dresser la statistique du territoire qui est de son ressort et publie un annuaire.

Portugal. — Au Portugal, il n'existe pas de service spécial de statistique, et il faut aller chercher dans les rapports présentés aux Chambres par les ministres, ainsi que dans les diverses publications officielles, les notions sur l'état de ce royaume[1]. M. Pery

a 1870 (1877) et la *Breve noticia sobre el censo de la poblacion de España en 1877*, qui contient les premiers résultats numériques du dernier recensement (1878). On voyait en outre à l'Exposition le *Fomento de la poblacion rural* et *Reseña geographica y estadistica de España* par Caballero, l'*Estadistica general de primera enseñanza de 1866 a 1870*, publiée par le Ministère de l'instruction publique, l'*Estadistica de la Universidad de Salamanca* (1869-1874) et un mémoire sur l'état de l'enseignement dans cette même université de 1876 à 1877.

(1) Les Budgets annuels, les Comptes rendus de la Direction générale du commerce et de l'industrie, de l'Administration des bois et forêts, du Ministère de l'intérieur, du Ministère de la marine et des colonies (par M. d'Andrada Corvo, 1875), du Ministère des finances, du Ministère des travaux publics, le Recensement général des bestiaux en 1870 (1873), les Mémoires sur les vins de Portugal par M. de Moraes Soraes (1878), etc., fournissent des renseignements sur la répartition des cultures et sur leurs productions, sur la distribution des forêts, sur les mines, les carrières et les sources minérales qui se trouvent en si grande abondance dans les terrains montagneux et granitiques, sur les importations et les exportations, sur les colonies, sur l'instruction publique, sur les finances, etc.

a écrit un livre : *Geographia e Estadistica geral de Portugal e colonias,* qui contient sous ce rapport des données générales intéressantes, et on vient de commencer la publication d'un annuaire dont nous allons parler tout à l'heure. Gr. II. — Cl. 16.

France. — La France est l'un des premiers pays qui ait entrepris l'étude statistique de sa population et de son sol; cette étude n'a malheureusement pas été poursuivie sans interruption jusqu'à nos jours [1], et ce n'est que depuis 1834, époque à laquelle un service de statistique générale du royaume, ayant dans ses attributions l'agriculture, l'industrie et le commerce, fut organisé au Ministère du commerce avec l'approbation des Chambres, qu'on s'en occupe d'une manière suivie. Les divers ministères publient en outre, chacun en ce qui le concerne, des résumés très bien faits et très instructifs dont on a vu à l'Exposition la série complète pour les dix dernières années [2].

(1) Instituée en 1699 sous Louis XIV, après le traité de Riswich, l'étude de la statistique fut abandonnée pendant la guerre de la succession d'Espagne. Rétablie par le premier consul en 1802, après la paix d'Amiens, et délaissée de nouveau en 1813 après la catastrophe de Leipzig, elle a reparu en 1828 d'une manière éphémère.

(2) Ministère des travaux publics : *Résultats généraux de l'exploitation des chemins de fer de l'Europe* (1864-1866), *Documents relatifs aux chemins de fer français* (1866-1868), *Documents financiers sur les chemins de fer français* (1868), *Documents statistiques sur les routes et ponts* (1873), *Statistique centrale des chemins de fer.* — Ministère de la marine : *Notices statistiques sur les colonies françaises* (depuis l'époque de leur découverte jusqu'en 1837, 4 vol., et depuis 1838 jusqu'à 1875, 16 vol.), *Notice sur les colonies françaises en 1858, Notice sur la transportation à la Guyane et à la Nouvelle-Calédonie* (1865-1875) *et à la Nouvelle-Calédonie* (1874-1876), *Rapport sur l'administration de la justice dans les colonies françaises* (1834-1836, 1838-1839 et 1850-1867), *Statistique de l'Algérie, Statistique des pêches maritimes.* — Ministère de la justice : *Comptes rendus de la justice civile* et *Comptes rendus de la justice criminelle* (jusqu'en 1875). — Ministère de l'instruction publique : *Statistique de l'enseignement primaire en 1876, Statistique de l'enseignement secondaire en 1876* et *Statistique de l'enseignement supérieur en 1876.* — Ministère de l'intérieur : *Dénombrement de la population en France* (jusqu'en 1876), *Statistique des prisons* (1852-1874), *Statistique médicale des maisons centrales* (1850-1866), *Enquête sur les bureaux de bienfaisance* (1874), *Situation des monts-de-piété en France* (1876), *Vœux des conseils généraux des départements* (1868-1876). — Ministère des finances : *Bulletin de statistique et législation* (1877-1878), *Compte rendu des manufactures de tabac* (1867-1872), *Tableau général du cabotage en France* (jusqu'en 1877), *Tableau général du commerce de la France* (jusqu'en 1876), *Tableau décennal du commerce de la France*

Gr. II. — Cl. 16.

Les résultats des travaux de statistique officielle sont, comme nous venons de le voir, épars et disséminés dans des publications qui n'apparaissent le plus souvent que plusieurs années après que les renseignements ont été recueillis, ce qui leur ôte tout caractère d'actualité et ce qui en diminue beaucoup l'utilité pratique, et qui, rédigées du reste sans lien et sans méthode commune, et généralement inaccessibles aux gens de travail, souvent même ignorées du public, restent presque sans emploi. Aussi les bureaux de plusieurs pays ont-ils entrepris avec raison de les mettre à la portée de tous sous une forme commode et aussi promptement que possible, en résumant chacun, dans des annuaires paraissant régulièrement, les principaux faits de l'économie sociale et politique de leur pays; ce sont ceux de l'Angleterre, de la Suède [1], du Danemark [2], de l'Autriche, de la Hongrie [3], de la Belgique [4], de la Prusse [5] et tout récemment des Pays-Bas [6], du

avec les colonies et les puissances étrangères de 1867 à 1876 (avec 55 tableaux graphiques donnant le mouvement commercial de 1827 à 1876), *Tableau de la navigation intérieure en France* (jusqu'en 1876), *Tableau général des engagements du Trésor, Tableau général des propriétés de l'État affectées et non affectées aux services publics* (1875-1876). — Ministère de l'agriculture et du commerce : *Statistique de la France* (3 séries), *Statistique agricole de la France, Statistique sommaire des industries principales, Statistique de la production de la soie en France et à l'étranger, de la filature et du moulinage de la soie en France, en 1875*, etc.

[1] Cet annuaire, dont la publication a commencé en 1860, compte dix-huit volumes jusqu'à 1877.

[2] Le *Résumé annuel des renseignements statistiques sur le royaume du Danemark* a commencé à paraître en 1869.

[3] Cet annuaire, dont il a paru quatre volumes de 1874 à 1877, fait suite aux publications officielles commencées en 1868 par la section de statistique du Ministère hongrois de l'agriculture et du commerce (7 vol.).

[4] C'est depuis 1870 que le gouvernement belge publie un annuaire de statistique; il a paru huit volumes (y compris celui de 1877). On y trouve bien classées toutes les données capables de nous éclairer sur l'état administratif, politique, industriel et social du pays.

[5] Cet annuaire a commencé à paraître en 1866 sous la savante direction du Dr E. Engel.

[6] Le premier volume (1876) et trois fascicules du second (1877) ont paru. On y trouve la superficie des diverses communes, leur population par âge, par sexe et par état civil, le nombre des élèves des écoles primaires et celui des instituteurs par district, le nombre des miliciens par commune, celui des électeurs inscrits par commune et par district électoral, le résultat des observations périodiques, l'état physique et intellectuel de la population d'après le résultat des levées de milice et d'après le

Portugal[1], de l'Italie[2] et de la France[3]. Ces ouvrages signalent et mesurent les changements qui se produisent d'année en année dans les situations de ces divers États, ainsi que les résultats qui s'ensuivent; ce sont, par conséquent, de précieux instruments de travail et d'étude pour le législateur et pour l'administrateur comme pour l'économiste, et ils répondent à un besoin sérieux. En outre, beaucoup de chambres de commerce, qui ont intérêt à connaître le mouvement annuel de l'industrie et de la navigation dans leur circonscription, publient des comptes rendus statistiques d'une importance réelle.

Pour les pays extra-européens, c'est dans les journaux locaux, aussi bien que dans les récits des voyageurs et même des touristes, qu'il faut d'ordinaire aller chercher les renseignements statistiques; tous en contiennent. Nous devons cependant excepter les

degré d'instruction constaté chez les miliciens, le mouvement de la population, la statistique des machines à vapeur destinées à l'amélioration des terres par l'épuisement des eaux et celle de l'industrie manufacturière et de l'industrie des transports.

(1) Le premier annuaire statistique du Portugal a été publié en 1877 par M. F. Mouta e Vasconcellos; il se rapporte à l'année 1875.

(2) *La Direzione generale di statistica* du Ministère de l'intérieur de l'Italie exposait l'*Annuario statistico italiano* en deux volumes (1878), qui résume les années 1860 à 1876 et comprend une partie de 1877. C'est le commencement d'une publication qui sera annuelle et où seront réunies les notices statistiques les plus importantes qui émanent des diverses administrations de l'État.

(3) L'*Annuaire statistique de la France*, dont la première année vient de paraître (1878), contient un résumé de toutes les statistiques dressées et éditées par les diverses administrations de notre pays; on y a introduit en outre des statistiques nouvelles dont la rédaction n'avait été entreprise jusqu'ici par aucun service public ou privé. Les vingt-six séries de tableaux qu'il renferme fournissent tous les documents importants sur la presque totalité des nombreuses branches de l'économie sociale et politique de la France, de l'Algérie et de nos colonies et rendent compte des immenses richesses de notre pays dont peu de personnes jusqu'à présent connaissent l'étendue. C'est à l'année 1875 que se rapportent la plupart des données consignées dans cet annuaire; on y trouve les renseignements concernant le territoire et la population, les cultes, la justice criminelle, civile et commerciale, les prisons, l'assistance publique et les institutions de prévoyance, l'instruction publique, les beaux-arts, l'armée (recrutement, effectif, état sanitaire), l'agriculture, la production chevaline, l'industrie, les professions et salaires, la pêche maritime, les voies de communication et la circulation, le commerce et la navigation, les octrois, la consommation, les finances et les impôts, les sinistres et les assurances.

Gr. II. — Cl. 16.

colonies[1] et certains États qui sont dans un état avancé de civilisation et où l'on fait à cet égard des études suivies comme en Europe.

Aux États-Unis, la statistique a commencé à fonctionner le jour même où a été fondé leur état social, en 1787. Celle des villes principales a toujours eu un développement considérable, mais les difficultés sont grandes pour les parties du pays qui sont encore peu peuplées. A Washington, il y a un bureau établi par la loi du 28 juillet 1866 qui est chargé de faire aux Chambres un rapport annuel sur le mouvement du commerce et de la navigation et un rapport mensuel sur les exportations et les importations et sur tout ce qui peut intéresser le commerce; il publie, en outre, chaque année la statistique de l'immigration[2] et l'exposé du taux des gages et du prix de la vie dans les diverses parties du pays, et on lui doit un ouvrage, qui est au moins autant historique que statistique, sur les droits de douane depuis 1789 jusqu'à 1870. Ce bureau n'a pas sous ses ordres de commissions provinciales, mais quelques États en ont établi à leurs frais[3], et dans d'autres ce sont les officiers publics qui sont chargés de faire les rapports. La statistique agricole est confiée à une division du Ministère de l'agriculture qui a un correspondant dans chaque comté, soit plus de 2 000 dans toute l'Union. Le *National Bureau of Education* s'occupe de réunir tous les renseignements sur les divers établissements

[1] Outre les colonies dont la mère patrie publie la statistique, il y en a, comme l'Australie, comme l'Inde surtout dont nous parlerons plus loin, qui ont un service très bien établi et très complet. Le *Colonial Office* du Royaume-Uni de la Grande-Bretagne et de l'Irlande présente annuellement au Parlement les rapports des gouverneurs des colonies anglaises qui d'ordinaire donnent le résumé des documents statistiques contenus dans les *Blue-Books* coloniaux.

[2] En 1871, a paru un rapport spécial où est donné en détail le nombre des immigrants venus aux États-Unis pendant les cinquante dernières années et auquel sont joints tous les renseignements pouvant intéresser les personnes qui ont l'intention de se fixer aux États-Unis, tels que la valeur, le revenu et les productions de la terre dans les différentes parties du pays, le prix de l'outillage agricole, les industries principales, etc.

[3] Dans l'État de Massachusetts, il y a depuis 1869 un bureau spécial chargé de dresser la statistique des ouvriers; dans les rapports, qui sont annuels, on indique le taux des gages, les dépenses de la vie, l'état physique et moral, les moyens d'éducation, le nombre des bibliothèques, etc.

scolaires; presque tous les États du reste ont une statistique spéciale de leurs écoles. C'est au Ministère des finances qu'on rassemble les documents relatifs aux banques nationales dont le nombre atteint presque 2 000; le *Bureau of internal Revenue* recueille tout ce qui concerne le revenu et les impôts; le *General Land Office* fait chaque année l'exposé des progrès de la colonisation, et le *Post Office* dresse les tableaux statistiques des postes; le Ministère de l'intérieur s'occupe des recensements; un bureau spécial[1] réunit les données sur l'industrie minière, etc. En outre, depuis cette année (1878), le *Chief of the Bureau of statistics of the Treasury department* publie un *Statistical Abstract* où sont résumés les principaux documents sur les finances, le commerce, l'immigration, la navigation, les postes, la population, les chemins de fer, l'agriculture et la production de la houille pour les dernières années. Citons en terminant une association particulière, l'*American Statistical Association,* qui rend aussi des services réels à la science.

Le gouvernement mexicain fait chaque année le relevé de son commerce d'exportation et d'importation, et plusieurs États de l'Amérique du Sud, le Brésil, l'Uruguay, la Confédération Argentine[2], la république de l'Équateur, etc., ont des services de statistique officiels dont les publications ne sont pas sans intérêt[3].

Les comptes rendus de la douane chinoise contiennent des documents d'une certaine valeur sur le commerce de l'empire du Milieu, et, depuis la destruction de l'organisation féodale en 1871, le gouvernement du Japon a commencé à introduire les méthodes de statistique européennes; le Ministre de l'intérieur y a un bureau spécial où M. Voeïkof a pu se procurer des renseignements sur la population du pays[4].

(1) Ce bureau dit de *Mining Statistics* a pour directeur M. Raymond.

(2) La province de Buenos-Ayres a en outre un bureau de statistique spécial. On trouve dans les *Annales de l'agriculture de Buenos-Ayres* des renseignements importants sur les richesses animales de la république Argentine.

(3) Le docteur Wappœus a publié dans son grand ouvrage *Handbuch der Geographie und Statistik* où il traite de tous les pays du monde, deux volumes sur l'Amérique centrale et sur l'Amérique du Sud, où il y a une foule de données statistiques sur ces régions.

(4) Il y avait au Japon, en 1874, 33 500 000 habitants.

Gr. II. — Cl. 16.

Le Service de statistique officiel de l'Inde anglaise ne date que de 1869; cependant le directeur, M. Hunter, a déjà réuni la plus grande partie des documents nécessaires pour l'importante publication qu'il prépare, l'*Imperial Gazetteer of India,* où il doit condenser tous les renseignements statistiques sur cet immense territoire de 4 032 000 kilomètres carrés qu'habitent 240 millions d'êtres humains. Sur les 233 districts de l'Inde anglaise, il y en a en effet 200 pour lesquels M. Hunter a entre les mains le résultat des opérations [1]. Il a déjà paru depuis dix ans de nombreuses statistiques provinciales [2]. En outre, l'*India Office* publie annuellement un *Abstract of statistics* pour l'Inde anglaise, des *Returns* sur les finances de ce vaste empire et un état de son progrès moral et matériel.

En Égypte, à Alexandrie, il existe un bureau central de statistique qui dépend du Ministère de l'intérieur; ce bureau centralise les documents que recueillent les différentes administrations, et il publie chaque année une *Statistique officielle de l'Égypte* où l'on trouve de nombreux renseignements sur le territoire au double point de vue physique et administratif, sur la population, sur l'agriculture, le commerce et l'industrie, sur la marine, sur les travaux publics, les finances et la justice, sur l'instruction, sur l'assistance publique, etc.; tous les dix ans on en fait un résumé sommaire. Il n'y a pas de commissions locales dans les provinces; chaque ministère s'occupe de sa propre statistique.

Terminons cette courte et bien incomplète revue en citant quel-

(1) On avait déjà un ouvrage estimable, le *Thornton's Gazetteer* (1854), où sont consignées d'intéressantes données statistiques; mais, malgré sa valeur réelle, il est trop ancien et trop incomplet pour qu'il puisse avoir aujourd'hui une utilité pratique.

(2) Ce sont les statistiques des quarante-sept districts du Bengale (20 vol., 1877), des douze districts de l'Assam (1878), de seize districts des provinces nord-ouest sur les trente-cinq (5 vol.), des trente-deux districts du Punjab, des douze districts d'Oude, des provinces centrales (1870), des cinq districts du Sind (1874), des États de Mysore et de Coorg (1876), des États d'Ajmïr et de Mhairwara (1874), et des cinq districts de Madura, de Vizagapatam, de Bellari, de Cuddapa et de Nellor sur les vingt et un qui composent la présidence de Madras. La statistique de la Birmanie anglaise ne va pas tarder à paraître, mais les documents ne sont pas aussi sûrs que ceux que l'on possède pour l'Indoustan. On s'occupe aussi de réunir des renseignements sur les États indigènes.

ques atlas statistiques utiles à consulter : celui de l'empire allemand par MM. Andree et Peschel dont la première livraison, comprenant vingt-quatre cartes, a paru en 1877 et où sont résumées avec soin toutes les données physiques et économiques sur l'Allemagne; celui de la Suède par M. F.-A. Mentzer[1]; celui, très volumineux et très important, des États-Unis établi par M. Walker d'après le recensement de 1870; celui de la France par M. Levasseur qui contient une masse considérable de documents groupés avec art et clarté[2]; celui de la Russie avec trente-six cartes par une société d'officiers d'état-major[3], etc.; et quelques livres de statistique générale : l'*Annuaire de l'économie politique et de la statistique*, manuel où sont résumés les principaux faits de l'année et qui, rédigé d'abord par MM. Joseph Garnier et Guillemin, est depuis 1855 sous la direction de M. M. Block; le *Statesman's Yearbook;* l'*Almanach de Gotha;* l'*Annuaire géographique* de Brehm où M. Scherzer publie une revue générale des faits économiques qui se sont passés pendant l'année; les publications de M. Neumann Spallart sur le commerce du monde; les *Tables* de M. G. Bagge, qui donnent des renseignements sur le climat, la superficie, la population, le gouvernement, la justice, les finances, l'armée, le commerce, etc., de tous les pays de la Terre; la *Géographie appliquée à la marine, au commerce, à l'agriculture et à l'industrie,* de M. Bainier, œuvre considérable dont les deux premiers volumes ont paru, l'un sur la France, l'autre sur l'Afrique, etc.

(1) Trois feuilles (1865).

(2) Cet atlas très complet et très consciencieux des forces productives de la France contient 119 cartes, dont 5 physiques sur 5 planches et 114 météorologiques et statistiques sur 8 planches (1 pour la météorologie, 2 pour l'agriculture, 2 pour l'industrie, 1 pour le commerce, 2 pour l'administration et la population). Ces cartes sont le commentaire du traité de géographie de M. Levasseur intitulé *La France et ses colonies*, qu'elles suivent pas à pas, présentant une image de notre pays sous chacun de ses principaux aspects. Dans son *Atlas agricole, industriel, commercial et administratif de la France et de ses colonies* (1870) qui est destiné à l'enseignement secondaire spécial, M. Eugène Cortambert avait déjà indiqué les limites des principales cultures, la répartition des forêts, des animaux domestiques, des minéraux combustibles et des métaux, des carrières et des eaux minérales, des grandes industries, etc.

(3) *Manuel militaire et statistique* (1871).

Gr. II. — Cl. 16.

Mentionnons encore les rapports des consuls des divers États, qui depuis une quinzaine d'années contiennent souvent des données intéressantes et qui sont une source d'informations d'autant plus sûres que les études de ces agents portent sur des territoires bornés sur lesquels ils sont en position de recueillir tous les renseignements utiles; malheureusement, beaucoup de ces documents restent enfouis dans les archives des ministères ou ne sont publiés que tard[1].

Feuilleter les nombreuses publications qui se sont amoncelées depuis 1867, et dont nous ne venons d'énumérer qu'une petite partie, ce serait faire un voyage instructif à travers les divers pays, mais le temps et l'espace nous manquent pour entreprendre une œuvre semblable, et nous nous contenterons de jeter un coup d'œil rapide sur celles qui étaient exposées.

§ 2. STATISTIQUE DE LA POPULATION.

Suivant la définition expressive de Pascal, «l'humanité est un homme qui vit toujours»; c'est cet homme, comme dit M. le docteur Bertillon, que la démographie cherche à connaître, en étudiant les divers peuples qui vivent à la surface du globe dans leur mouvement: mariages, naissances, décès, migrations, et dans leur état : composition par âges, répartition par classes et par groupes professionnels, proportion des ignorants, des malades, des criminels, etc. En analysant ainsi les sociétés des divers pays, la démographie espère reconnaître les causes principales auxquelles est dû leur état moral et résoudre les nombreux problèmes qui s'attachent à leur organisation sociale; elle espère aussi avec raison rendre des services réels à l'hygiène et à la santé publique[2].

[1] En France, on publie ces documents commerciaux soit dans les *Annales du commerce extérieur*, soit dans le *Bulletin consulaire* qui paraît depuis 1877, et le *Foreign Office* du Royaume-Uni de la Grande-Bretagne et de l'Irlande présente tous les ans au Parlement les rapports des membres du corps diplomatique et consulaire qui renferment de nombreux tableaux statistiques se rapportant à toutes les parties du monde.

[2] Les conditions de vie et de mort ne sont pas en effet les mêmes dans toutes les contrées, et les statistiques des naissances et des décès conduisent à des résultats im-

Gr. II. — Cl. 16.

Les documents recueillis sur le mouvement de la population dans les divers pays civilisés s'étendaient déjà en 1867 à un nombre considérable d'années; les statisticiens ne les regardaient pas cependant comme définitifs, mais depuis dix ans il a été fait de grands progrès qui permettent dès aujourd'hui de voir dans quelle direction générale d'idées les faits tendent à nous conduire.

Nous ne pouvons énumérer dans ce rapport tous les travaux qui ont été publiés sur ces matières; nous nous contenterons d'indiquer quelques-uns des résultats généraux. Nous ferons toutefois remarquer que les recensements se font aujourd'hui dans de meilleures conditions qu'autrefois; on tend de plus en plus, avec raison, à faire les dénombrements au lieu même de la présence des personnes, en un seul jour sur toute la surface du territoire, à la saison où la population se déplace le moins, et au moyen de bulletins individuels (et non de famille) [1].

Îles Britanniques. — Dans le Royaume-Uni de la Grande-Bretagne et de l'Irlande les recensements se font régulièrement tous les dix ans. Le premier a eu lieu en Angleterre en 1801; au dernier, qui remonte à 1871, la population de tout le royaume s'était accrue depuis 1861 de 2 557 406 âmes, soit de 700 personnes par jour, ou de 8,8 p. 00/00 par an; mais tandis que celle de l'Angleterre a augmenté de 13 p. 00/00 [2] et celle de l'Écosse de 9,7 p. 00/00, celle de l'Irlande a perdu 6,7 p. 00/00 à cause de l'émigration d'une partie notable des habitants [3]. D'après les meilleures sources, la Grande-Bretagne (Angleterre et Écosse réunies) avait, en 1651, 6 378 000 habitants; en 1751, 7 392 000, soit en cent ans une

portants qui permettent, sinon de fixer, au moins d'entrevoir les principes auxquels obéit le renouvellement de l'humanité et de formuler les lois d'après lesquelles les individus périssent.

(1) C'est ainsi qu'ont été faits les derniers recensements en France et en Prusse.

(2) C'est un progrès plus considérable même qu'en Allemagne.

(3) Il n'y a pas eu moins de 866 626 émigrants irlandais de 1861 à 1871 (sur 1 675 000 individus qui ont quitté les Îles Britanniques pendant ces dix années), mais, depuis, ce nombre s'est augmenté, puisque le rapport officiel de l'Exposition publié par le gouvernement anglais donne le chiffre de 1 762 986 émigrants pour la période 1867 à 1876.

Gr. II. — Cl. 16.

augmentation de 1 014 000, et, en 1851, 18 054 170, soit pour la même période de temps une augmentation de 10 662 170 individus [1]; en 1876, elle en avait 27 771 921. L'accroissement de la population, qui était lent autrefois, y est donc aujourd'hui beaucoup plus rapide; cette différence, toute en faveur de l'époque moderne, est due à la rareté de plus en plus grande des guerres intestines, des famines et des épidémies [2]. Mais le dernier recensement nous apprend que les travailleurs agricoles y forment à présent, comme il y a vingt ans, un groupe d'environ 1 590 000 individus des deux sexes, de sorte qu'il y a aujourd'hui moins de 70 Anglais sur 1 000 qui s'occupent d'agriculture, tandis qu'en 1851 il y en avait 87 sur 1 000; il n'y a pas lieu du reste de s'étonner de ce fait, puisque, la superficie du sol cultivable d'un pays ne pouvant être étendue à volonté, le nombre des agriculteurs ne peut y dépasser une certaine limite, quelque nombreux que deviennent ses habitants.

En somme, en 1876, la population du Royaume-Uni tout entier était de 33 093 439 âmes; comme dans tous les pays civilisés, elle se porte de plus en plus vers les grands centres: de 1861 à 1871, on a constaté une augmentation de 168 p. 00/00 en moyenne dans dix-huit grandes villes et de 184 p. 00/00 dans quarante-neuf autres [3].

Norwège. — Les premières données qui aient permis d'évaluer d'une manière à peu près exacte la population de la Norwège remontent à l'année 1665; on y comptait alors 460 000 habitants, et c'étaient les districts de pêche et les hauts vallons propres

[1] La population a été doublée de 1801 à 1851.

[2] Comme dans beaucoup d'autres pays, tels que la Suède, la Norwège, le Danemark, la France, etc., il naît dans la Grande-Bretagne plus de garçons que de filles: mais, leur mortalité étant plus forte, l'équilibre s'établit avec le temps; seulement, comme beaucoup d'hommes habitent le continent ou les colonies, il y a par le fait en Angleterre près de 600 000 femmes de plus.

[3] La population de Londres, qui, de 1851 à 1861, s'était déjà accrue de 187 p. 00/00, s'est encore augmentée de 1861 à 1871 de 161 p. 00/00, et dans certains ports, comme Portsmouth par exemple, la proportion a même atteint dans la première période 315 p. 00/00 et dans la seconde 198 p. 00/00.

à l'élevage des bestiaux qui étaient proportionnellement les plus peuplés. Neuf recensements ont eu lieu depuis lors (1) et ont montré qu'un accroissement considérable s'est produit dans les zones industrielles et maritimes; on constate au contraire une diminution dans les régions agricoles. L'augmentation annuelle, qui, de 1665 à 1815, était inférieure à 6 pour 1 000 habitants, s'est élevée dans ces 60 dernières années à plus de 11 p. 00/00 (2).

Suède. — En Suède (3), la population est très inégalement répartie : dense dans la partie la plus méridionale du royaume, elle est peu nombreuse dans la région septentrionale; elle varie, suivant les gouvernements, de 1 (4) à 71 personnes (5) par kilomètre carré. On en a le recensement par âge depuis 129 ans, basé pour la période comprise entre 1749 et 1858 sur les données fournies par le clergé (6) et discutées par une commission des tabelles et,

(1) En 1768, en 1801 et tous les dix ans depuis 1815.

(2) En Norwège, l'excédent annuel des naissances sur la mortalité a été de 13 p. 00/00 pendant ces 60 dernières années; c'est certes un chiffre élevé par rapport à la faible proportion de la mortalité générale, mais dans ce pays l'émigration est beaucoup plus forte que l'immigration. La moyenne des enfants nés vivants pendant la dernière période décennale a été de 32 par 1 000 habitants; il y naît moins de filles que de garçons, mais il en meurt aussi proportionnellement moins. Le nombre des décès est de 18,5 p. 00/00. On y compte 85 suicides par million d'habitants; c'est de 1836 à 1855 qu'il y en a eu le plus, et c'est aussi pendant cette même période de temps qu'il y a eu la plus grande consommation d'eau-de-vie. Les morts par accident y sont remarquablement fréquentes à cause du nombre de pêcheurs et de voyageurs qui se noient; il y en a chaque année 123 par 100 000 habitants. La durée moyenne de la vie à la naissance est de 47,4 ans.

(3) Le Bureau central de statistique de Stockholm, qui date du milieu du XVIIe siècle et dont M. Berg est aujourd'hui le directeur, exposait une série d'intéressants diagrammes, donnant, l'un le classement de la population suédoise par âge et par état civil; un autre, sa densité par district; un troisième, les coefficients de mortalité pour 1870; un quatrième, le décroissement progressif des générations quinquennales de 1750 à 1870; un cinquième, les nombres relatifs des deux sexes par âge aux divers recensements depuis 1751 jusqu'à 1870, et un sixième, le nombre des nés vivants et de leurs survivants rangés par sexe de 1750 à 1875.

(4) Dans le gouvernement de Norrbothnie, il y en a 0,9.

(5) Gouvernement de Malmöhus.

(6) Le clergé suédois a tenu les registres de l'état civil pendant ce long espace de temps avec un zèle digne d'éloges.

Gr. II. — Cl. 16.

depuis 1860, sur les documents recueillis directement par le Bureau central de statistique de Stockholm [1].

Grâce à cette longue suite de précieux renseignements, M. le docteur Berg a pu tracer un tableau curieux qui permet d'annoncer à l'avance à quelle époque les naissances seront relativement rares ou abondantes [2]. En effet, les guerres ou épidémies non seulement empêchent momentanément la population de prospérer et de s'accroître, mais les conséquences s'en font sentir tous les trente ans environ, parce que la génération décimée, étant en nombre moindre que les précédentes, aura forcément, lorsqu'elle se mariera, moins d'enfants et que cette nouvelle génération, trente ans après, se trouvera dans le même cas. Ainsi, en Suède, la génération née de 1795 à 1810, pendant la guerre avec la Russie, a été moins nombreuse que les autres, et il en est de même de celles de 1825 à 1840 et de 1855 à 1870. La population s'accroît en moyenne de 10 p. 00/00 par an [3].

Les tableaux de recrutement des dernières années donnent comme taille moyenne des Suédois 1^{m} 685, soit pour les 35 dernières années une augmentation de 0^{m} 018. M. Sidenbladh voit dans ce fait une preuve du développement économique du pays, qui fournit aux classes laborieuses une nourriture plus substantielle qu'autrefois.

La moyenne annuelle des mariages est très variable; de 91 par 10 000 habitants, au milieu du siècle dernier, elle est descendue respectivement pour les trois dernières périodes quinquennales à 71, à 60 et à 70; c'est aux mauvaises récoltes des années 1867 et 1868 qu'on doit la diminution considérable des

(1) Les recensements sont exécutés (excepté à Stockholm et à Gothembourg où ils ont lieu par bulletins de ménage) au moyen d'extraits nominatifs des registres de population des paroisses au 31 décembre, extraits qui sont communiqués au bureau de statistique et contrôlés par lui; on n'a ainsi que la population de droit et non la population de fait. On sait que ces registres tenus par les pasteurs servent de base pour la perception des impôts personnels et sont contrôlés tous les ans par les fonctionnaires publics et par les paroissiens eux-mêmes.

(2) A moins qu'une catastrophe imprévue ne trouble la vie régulière de la nation.

(3) La proportion entre les sexes, qui était en 1750 de 112 femmes pour 100 hommes, n'est plus que : : 106 : 100. Un peu plus de 14 p. 0/0 des habitants vivent dans les villes; la population de Stockholm a triplé dans les vingt-cinq dernières années.

mariages constatée de 1866 à 1870 [1]. La proportion entre les naissances légitimes et les naissances illégitimes, qui permet d'apprécier la moralité d'un peuple, a, comme dans beaucoup d'autres pays, empiré d'une manière constante dans les 100 dernières années; elle est aujourd'hui trois fois plus défavorable qu'il y a un siècle [2]. La mortalité, qui, de 1751 à 1810, a été environ de 27,5 p. 00/00, a depuis lors suivi une marche décroissante; dans la dernière période, elle n'a plus été que de 18,3 p. 00/00, dont 17,1 dans la campagne et 25,6 dans les villes [3]. Les statisticiens suédois attribuent cet état de choses si favorable à la faible mortalité des enfants, qui est descendue de 22,5 p. 00/00 à 13,9. On a constaté que le printemps est la saison la plus dangereuse et l'été la saison la plus saine [4].

Danemark. — La population du Danemark n'est plus que de 2 millions environ. M. le capitaine Meldahl a établi une bonne carte de sa densité en 1870; en la comparant à celle de sa répartition en 1845, on voit que la zone où il existe plus de 60 habitants par kilomètre carré [5] a presque doublé en superficie pen-

[1] L'âge moyen auquel se font les mariages est de 31,1 ans pour l'homme et de 28,4 pour la femme; c'est dans le dernier trimestre que la moitié environ a lieu. La période principale de la maternité est de 31 à 35 ans. Le nombre annuel des naissances s'est élevé à 135 386 pour la période quinquennale de 1871-1875, soit 35 p. 00/00 de la population totale.

[2] Dans la dernière période, 10 p. 0/0 des enfants nés vivants étaient illégitimes, dont 9 p. 0/0 pour les campagnes, 22 p. 0/0 pour les villes et 37 p. 0/0 pour Stockholm.

[3] De 1871 à 1875, le nombre des décès a été de 78 114, l'âge moyen pour les hommes étant de 32,6 ans et pour les femmes de 37,3; mais dans la période précédente de 1866 à 1870, qui a été marquée par de mauvaises récoltes et par des épidémies, il s'est élevé à 85 554. Les listes de mortalité pour cause de maladie pendant les quinze dernières années montrent que c'est la fièvre scarlatine et le typhus qui ont fourni le plus fort contingent. La lèpre, si commune en Norwège, est rare en Suède, où l'on ne compte pas plus de 70 à 80 personnes affligées de cette hideuse maladie (principalement dans la province de Helsingland).

[4] Une expérience de 125 ans a montré que le chiffre des décès est minimum au mois de juillet (7 p. 0/0 du chiffre total de l'année), qu'il présente une augmentation presque constante jusqu'en avril, mois auquel il atteint le maximum de 10 p. 0/0 et qu'il diminue ensuite rapidement.

[5] C'est la région du sud-est.

Gr. II. — Cl. 16.

dant ces 25 années, et que la partie des landes qui a été défrichée depuis, et qui n'avait pas autrefois 30 habitants par kilomètre carré, est aujourd'hui beaucoup plus peuplée.

Russie. — On faisait déjà des recensements en Russie avant le règne de Pierre le Grand, mais, exécutés dans un but fiscal, ils n'étaient pas complets puisqu'ils ne s'étendaient pas aux classes exemptes de la taxe de capitation, que les femmes ne payant pas cette taxe étaient recensées sans grand soin, qu'on dénombrait la population de droit et non la population de fait, que les opérations n'étaient pas simultanées et qu'une partie des habitants se dérobait à la revision pour échapper à l'impôt. Malgré les mesures prises pour tâcher d'atténuer ces vices, les résultats obtenus jusqu'en 1870 n'ont pas été très satisfaisants au point de vue statistique; mais le Comité central a élaboré pour les recensements futurs un projet selon les méthodes de la science et les vœux du Congrès international. Nous devons dire toutefois que dès 1860 on a commencé à faire dans les principales villes des dénombrements partiels réguliers, entièrement étrangers à tout but fiscal et qui ont eu un plein succès; les comptes rendus de ces opérations sont publiés. Les registres de population, quoiqu'ils ne soient pas dignes d'une confiance absolue par suite de l'insuffisance des agents chargés de les tenir, sont néanmoins vérifiés et dépouillés par le Comité central environ tous les cinq ans; ils ont permis d'établir des listes de toutes les villes, villages et hameaux de l'empire, avec le nombre de leurs habitants divisés par sexe et le nombre des bâtiments habités ou non, et ils ont fourni les moyens de calculer approximativement la population des divers districts.

Le Comité central de statistique de la Russie a dressé des cartes de la densité de la population de l'empire et de son mouvement; les premières ont l'importante particularité que, dans chacune d'elles, on a étudié à part la population urbaine et la population rurale; on y voit que les naissances comparées aux décès diminuent dans toutes les villes qui sont situées sur les bords de la mer Baltique. Il y avait dans la section russe une grande et belle carte où était indiquée la densité moyenne de la population de chaque commune de la Finlande; celles où il y a plus de 25 habitants par kilomètre carré sont rares, et elles sont toutes situées sur la côte; la plupart n'en ont pas 2 [1]. Sur un tableau graphique résumant les naissances, mariages et décès dans la même province de 1812 à 1875, l'attention était appelée par le nombre des décès en 1868, qui a été triple de celui des autres années; cette mortalité extraordinaire a été occasionnée par une famine [2].

M. J. Jahnson exposait 36 cartes indiquant le mouvement de la population de 1868 à 1870 dans la Russie d'Europe, c'est-à-dire donnant non seulement les mariages, les naissances [3] et les décès par gouvernement, le classement des époux par âge, les mariages entre veufs et veuves, mais même la répartition des conceptions par province et par saison.

Allemagne. — Pour l'Allemagne, c'est au recensement de 1875 qu'on peut demander les renseignements les plus récents [4]. A cette date, la population était de 42 727 000 âmes, avec prédominance du sexe féminin dans la proportion de 800 000 personnes [5]; son accroissement a été en quatre ans de 1 668 000 indi-

(1) Pour la statistique de la population de la Finlande, on possède les nombreux matériaux qui ont été recueillis par le clergé suivant le même plan pendant plus de 125 ans, mais qui ne sont pas complets. Le docteur Ignatius a commencé sur ce sujet, en 1869, la publication de renseignements intéressants qu'accompagnent des cartes.

(2) De 1812 à 1875, le nombre des mariages a graduellement augmenté en Finlande de 8 500 à 16 000; celui des décès de 25 000 à 43 000 avec de grandes irrégularités (de 1832 à 1834, il y en a eu 63 500 et, en 1868, 140 000); celui des naissances, de 41 000 à 69 000, avec deux abaissements correspondant à l'élévation de la mortalité (41 000 en 1834 et 44 000 en 1868).

(3) Légitimes, illégitimes et multiples.

(4) Le Bureau de statistique de la Prusse, qui reçoit directement les documents originaux à élaborer et qui dispose de moyens puissants, en a publié les résultats complets en moins d'une année. Les officiers de l'état civil sont en effet tenus de rédiger et de signer un extrait de l'acte sur une carte contenant toutes les indications nécessaires pour la statistique; ces cartes peuvent ensuite être groupées et comptées avec la plus grande facilité.

(5) Depuis le dénombrement de 1871, la population a augmenté en Prusse de 1 051 000 individus, soit de plus de 10 p. 00/00 par an (25 742 000 au lieu de 24 691 000); en Saxe, de 204 000; en Bavière, de 159 000, etc. Il n'y a eu de diminution que dans le Mecklembourg, dans la principauté de Waldeck et dans

Gr. II. — Cl. 16.

vidus, soit environ de 10 p. 00/00, proportion considérable, puisqu'à ce taux elle doublerait en quatre-vingts ans. Il faut toutefois remarquer que, tandis qu'en France 365 p. 00/00 seulement des enfants ou jeunes gens meurent avant d'avoir atteint l'âge de vingt ans, en Allemagne il en meurt plus de 480 p. 00/00, de sorte qu'il n'y a pas en réalité dans cet empire, malgré ses 42 750 000 habitants, beaucoup plus d'hommes faits que dans notre pays avec ses 36 500 000 habitants. La population urbaine y comprend les 39/100 de la population totale.

Le commissaire pour l'émigration publie des rapports statistiques qui donnent pour chaque année le nombre d'Allemands qui s'expatrient et leur destination; il est en effet important pour un pays de savoir combien de nationaux partent chaque année, où ils vont, et pourquoi ils quittent leur pays. Ce nombre est considérable et ne laisse pas que de préoccuper sérieusement le gouvernement impérial.

Pays-Bas. — Le premier recensement général, par individu et par sexe, date de 1795 (1); il a été fait dans un but politique, un peu à la hâte. Mais depuis 1829 les dénombrements ont lieu régulièrement tous les dix ans.

La fécondité est grande en Hollande; on y compte en moyenne 5,15 enfants par ménage. La Société néerlandaise pour l'avancement des sciences a publié récemment le *Sterfte Atlas van Nederland* (2) où se trouve un remarquable travail sur la mortalité des Pays-Bas; les tableaux numériques qui donnent les décès par catégorie d'âges et par province et les cartes qui indiquent au moyen d'un système ingénieux de lignes figuratives la nature du sol, sa con-

l'Alsace-Lorraine; c'est à la fin de 1873 qu'a paru la première livraison des documents statistiques sur ce dernier pays.

(1) Les anciens recensements, qui pour quelques parties des Pays-Bas remontent au xve siècle, étaient faits dans l'unique but de dénombrer les hommes en état de porter les armes et ne se rapportaient par conséquent qu'à la population masculine de vingt à soixante ans; on se bornait à le multiplier par quatre pour obtenir le nombre total des habitants. D'autres recensements, entrepris dans un but financier, avaient pour base le nombre des maisons qu'on multipliait par cinq pour avoir le chiffre total de la population.

(2) Amsterdam, 2 volumes in-folio.

figuration et sa constitution géologique, montrent que la mortalité infantile, qui n'est que de 12 p. o/o sur les enfants nés vivants dans les provinces dont le sol est perméable et qui par conséquent sont exemptes de marais[1], monte au chiffre considérable de 27 p. o/o dans les provinces littorales dont le sous-sol argileux est couvert de tourbes marécageuses; c'est vers la fin de l'été que les effets de l'endémie palustre sont le plus intenses.

La population des principales villes de la Hollande s'est accrue dans des proportions considérables : de 1850 à 1876, celle d'Arnheim a presque doublé, et celle de Rotterdam s'est augmentée de 47 p. o/o, celles de la Haye et de Haarlem de 39 p. o/o, etc.

Belgique. — La statistique démographique constate en Belgique un progrès très considérable. En 36 ans, la population a augmenté de 31 p. o/o[2]; il y avait 181 habitants par kilomètre carré en 1877. Le nombre moyen des naissances par ménage est de 4,29, nombre un peu plus fort que celui trouvé en Angleterre et en Allemagne.

Nous devons citer le très bon ouvrage du docteur Janssens, *Topographie médicale et statistique démographique de Bruxelles* (1868), où sont réunis dans une première partie les documents relatifs au sol, aux eaux, au climat de la capitale, et dans la seconde ceux sur l'état et les mouvements de sa population de 1864 à 1866; l'auteur s'est tout particulièrement étendu sur la mortalité générale à cause de l'intérêt que son étude présente pour l'hygiène publique, et il a consacré un chapitre distinct à chacune des causes naturelles ou perturbatrices qui exercent une influence sur elle, telles que l'âge, le sexe, l'état civil, l'habitation, la profession, la condition sociale, l'action des saisons, le prix des vivres, etc. Une série de tableaux résume les divers genres de mort constatés dans cette période triennale. Le docteur E. Janssens expo-

[1] Telles que les provinces de Limbourg et de Drenthe.

[2] Comme la législation civile est la même en Belgique qu'en France, on peut conclure de ce développement considérable de la population, que si les lois ont une influence sur la multiplication des habitants, il y a d'autres causes qui agissent encore plus énergiquement.

Gr. II. — Cl. 16.

sait en outre la collection des *Bulletins hebdomadaires* que publie depuis le 29 mai 1870 le Bureau d'hygiène de la statistique démographique et où sont indiquées les principales causes de décès de la semaine en même temps que le nombre des naissances et des mariages et les moyennes des observations météorologiques; depuis le mois de juillet 1874, ces causes de décès sont marquées séparément pour les huit communes de Bruxelles, ce qui permet de dégager les influences locales, et au verso est imprimé un tableau donnant la statistique sanitaire comparée de Bruxelles et des grandes villes de l'Europe et des États-Unis; depuis 1875, on y a joint un *Bulletin trimestriel de statistique démographique et médicale* des principales villes belges. De 1864 à 1873, le nombre des décès des tout jeunes enfants a été, pendant les premiers semestres, presque double de ce qu'il a été pendant les seconds [1]. Si l'on considère le tribut mortuaire prélevé sur les individus âgés de 20 à 40 ans par les maladies épidémiques, par la phtisie pulmonaire et par les diverses autres causes, on voit que, pendant cette même période de dix ans, la phtisie a enlevé en moyenne deux fois plus de personnes que les maladies épidémiques et un quart de plus environ que les diverses autres causes réunies.

Suisse. — Les recensements se font tous les dix ans en Suisse: le dernier date de 1870.

Depuis que les registres de l'état civil ont remplacé en 1876 les registres des paroisses, c'est le Bureau fédéral de statistique de Berne qui publie les renseignements démographiques [2]. Si des 41 500 kilomètres carrés que comprend ce pays on défalque les 3 500 kilomètres carrés de glaciers et de lacs et les 11 000 kilomètres carrés de pâturages inhabitables, il en reste environ

(1) Les décès ont été respectivement de 1 356, de 750, de 627 et de 615 par trimestre.

(2) Le dernier bulletin donne les renseignements suivants: en 1876, pour 2 759 854 habitants, il y a eu 22 376 mariages, 46 744 naissances de garçons et 44 042 naissances de filles (sans compter 3 809 mort-nés), 35 120 hommes et 31 699 femmes décédés. Dans la période décennale de 1860 à 1870, la dîme mortuaire a été de 75 p. 00/00 pour les jeunes garçons et de 63 p. 00/00 pour les jeunes filles; à 15 ans, elle est à son minimum et égale dans les deux sexes à 4 p. 00/00.

27 000 qu'habitent 2 655 000 habitants (d'après le recensement de 1870), soit environ par kilomètre carré 35 habitants dans les Alpes, 101 dans le Jura et 133 sur le plateau.

La ville de Genève est peut-être de toutes les villes de l'Europe celle dont on connaît le mieux et depuis le plus longtemps le mouvement de la population; elle possède en effet une statistique depuis 1560 [1]. D'après les recherches du docteur Dunaut, la vie moyenne et la vie probable y baissent depuis une trentaine d'années, après s'y être constamment élevées pendant les deux siècles précédents.

Autriche-Hongrie. — C'est la Commission centrale de statistique de Vienne qui est chargée du dénombrement de la population de l'Autriche; elle a publié en 1871 quatre fascicules contenant les résultats numériques du recensement du 31 décembre 1869 et en 1872 deux autres qui en donnent le compte rendu analytique; les recensements précédents remontaient à 1850 et à 1857 et avaient porté sur la population de droit et non comme cette dernière fois sur la population effective. On voyait à l'Exposition trois cartes montrant, l'une le dénombrement de la population par rapport à la superficie [2], la seconde la répartition des deux sexes et la troisième la distribution de la population industrielle et agricole.

Les deux bureaux hongrois de statistique avaient envoyé à l'Exposition une masse de documents intéressants, entre autres les résultats du recensement des habitants du royaume en 1870 et ceux du recensement des habitants de Budapest à la même époque [3]; ces derniers, qui sont publiés *in extenso* en dix volumes in-folio tirés seulement à douze exemplaires autographiés [4], ont été résumés dans

[1] Cette ville a pour tout ce long espace de temps des tables de mortalité et de survivance aux divers âges de la vie humaine ainsi que les variations des vies probable et moyenne.

[2] Cette carte, qui a été établie par M. G.-A. Schimmer, montre que la densité la plus grande est du côté de la Galicie.

[3] M. Körösi s'est occupé en même temps du dépouillement du recensement de 1857, qui n'avait pas encore été fait.

[4] Ils comprennent six monographies : cinq donnent les chiffres par quartier, et la sixième résume le recensement tout entier.

Gr. II. — Cl. 16.

le *Rapport préliminaire sur les résultats du recensement de 1870* (1871) et dans *La Ville libre de Pest d'après les résultats démographiques du recensement de 1870*, avec 10 tableaux graphiques, où, après un coup d'œil sur l'histoire et sur l'agrandissement de la ville, M. Körösi trace une topographie morale et sociale très complète de ses habitants [1]. Des cartes instructives montraient la répartition de la population par mille carré [2], son progrès de 1870 à 1874, établi d'après le rapport de son augmentation à sa diminution, et de 1869 à 1873, établi d'après l'excès des naissances sur les décès [3]. La race juive s'accroît de telle sorte en Hongrie que le nombre des israélites double tous les trente ans; elle jouit d'une immunité remarquable dans les épidémies de choléra. La statistique des incendies en 1873, 1874 et 1875 nous apprend que la proportion des maisons incendiées est huit fois plus grande dans les montagnes, surtout dans le massif nord, que dans la grande plaine hongroise.

De nombreux graphiques donnaient des renseignements précieux sur le mouvement de la population de la ville de Budapest; sur l'un étaient indiqués l'âge des décédés et les causes des décès de 1874 à 1877 [4]; un autre faisait ressortir l'influence du bien-être sur la durée de la vie [5] et sur les causes des décès [6]; sur un

[1] La population y est étudiée par quartier et par rue, au point de vue de l'âge, de la proportion des deux sexes, des confessions, du rapport entre l'âge des mariés et la santé des enfants, de l'influence de la fortune, du degré d'instruction, des confessions et des professions sur la longévité, de l'influence de la nationalité et de la confession sur le choix de la profession et sur le mariage, de l'influence des habitations trop peuplées sur l'apparition des épidémies, sur la durée de la vie et sur la mortalité des enfants.

[2] On compte 49 habitants par kilomètre carré en Hongrie et 42 dans la Croatie-Esclavonie.

[3] La population augmente dans les provinces occidentales, ainsi qu'à la pointe est du massif oriental, sur les limites de la Moldavie; elle diminue dans les provinces orientales, surtout dans la Transylvanie, où les familles limitent le nombre de leurs enfants à deux, et d'où l'on émigre en quantité notable vers la Roumanie : ces faits ont, avec raison, éveillé les préoccupations du gouvernement.

[4] Ce sont les mois d'août et surtout de juillet qui sont les plus dangereux pour les enfants âgés de moins de cinq ans.

[5] La durée de la vie est d'autant plus longue que l'aisance est plus grande.

[6] Les mêmes maladies sont toujours plus funestes et font proportionnellement plus de victimes dans les classes pauvres que dans les classes aisées.

troisième était marqué le nombre de femmes qu'il y a dans les divers métiers sur 100 ouvriers [1]; sur un quatrième, on voyait le taux de matrimonialité des hommes classés par profession [2]. M. Körösi a aussi déterminé le montant de l'impôt et le montant des revenus de chacune des 413 professions qui existent dans la ville [3]. La statistique des constructions à Pest (1870-1872) et à Budapest (1873-1874) nous fait connaître le mouvement des constructions dans la ville, le nombre des maisons et des chambres qu'elles contiennent, les prix détaillés de construction [4], etc.

On voit par cette énumération que les bureaux hongrois de statistique ont produit des documents démographiques intéressants. Ajoutons que, conformément à la résolution prise par le neuvième congrès international, deux bulletins, l'un hebdomadaire, l'autre mensuel plus complet, donnent depuis 1873 le mouvement de la population urbaine, et que depuis cette année on y a joint un résumé hebdomadaire de la statistique démographique internationale des grandes villes.

Serbie. — Des recensements ont lieu en Serbie depuis quarante-cinq ans [5]; ils se font dans un but fiscal, car la capitation des adultes du sexe masculin forme la base des impôts de ce pays, et ils sont nominatifs; on inscrit sur les registres tant les personnes présentes que celles qui sont absentes depuis moins de trois mois, mais on n'emploie pas les bulletins de ménage parce que la plus grande partie de la nation est entièrement illettrée. La population

(1) Toutes les modistes sont des femmes; il y a 95 femmes p. 0/0 parmi les personnes qui s'occupent du blanchissage, 85 p. 0/0 parmi les domestiques, 70 p. 0/0 parmi les pauvres assistés, 55 p. 0/0 parmi les coiffeurs; il n'y en a environ que 10 p. 0/0 parmi les cordonniers, les aubergistes, les éleveurs, etc.

(2) On y constate que, parmi les éleveurs, les pauvres assistés, les rentiers, etc., 70 à 80 p. 0/0 sont mariés, et qu'il n'y en a pas 40 p. 0/0 parmi les ouvriers forgerons, selliers, brasseurs, serruriers, etc.

(3) *Recherches sur les impôts de la ville de Pest de 1870 à 1873 et de Budapest en 1874.*

(4) Cette publication, qui est due à M. le docteur Adalbert Weiss, ne se continue plus faute de personnel.

(5) Il y a eu jusqu'à ce jour dix recensements : en 1834, en 1841, en 1843, en 1846, en 1850, en 1854, en 1859, en 1863, en 1866 et en 1872.

Gr. II. — Cl. 16.

a augmenté de plus de 10 p. o/o dans le court intervalle de temps qui sépare les deux derniers (de 1866 à 1872). On trouve les résultats des dix recensements qui ont été faits jusqu'à ce jour en Serbie dans les volumes de la statistique officielle [1].

Roumanie. — Lorsqu'en 1859, deux mois après la proclamation de l'union des principautés roumaines, il fut institué des bureaux de statistique à Bukharest et à Iassy, des commissions d'arrondissement au nombre de 116 pour la Valachie et de 69 pour la Moldavie ont été immédiatement formées pour procéder au dénombrement de la population et au recensement des maisons. vignes, propriétés rurales, bestiaux, etc. Cette opération, qui a commencé en Moldavie le 1er août 1859, a duré cinq mois, et les résultats en ont été publiés de 1861 à 1862 en trois livraisons; en Valachie, elle a eu lieu du 15 novembre 1859 au 15 mars 1860 et l'on en trouve l'exposé détaillé dans les *Annales de statistique et d'économie politique* (1860-1864). Il a été publié à part une nomenclature de toutes les communes de la Roumanie, suivie d'un vocabulaire qui contient les noms de toutes les localités du pays.

Turquie. — M. Vl. Jakschitch a dressé six cartes de la Turquie d'Europe, où il a indiqué au moyen de teintes graduées la densité de la population et sa distribution suivant la religion et suivant la langue.

M. H. Kutschera a donné en 1875, d'après le dernier recensement, un tableau de sa population mâle par vilayet et sandjak, d'où il résulte qu'elle se compose de 2 433 500 musulmans et de 1 835 447 non musulmans. Récemment (1877), le *Saalnami*, ou annuaire ottoman, a donné le relevé officiel de la population de tout l'empire, qui s'élève à plus de 30 millions d'habitants, dont 9 996 600 en Europe.

On peut encore consulter utilement sur la statistique de ce même pays l'ouvrage de MM. Ubicini et Pavet de Courteille (*État présent de l'empire ottoman*, 1876).

[1] Les résultats des huit premiers recensements y sont résumés d'une manière sommaire; ceux des deux derniers y sont au contraire donnés en détail.

Grèce. — C'est en 1861 que le premier dénombrement sérieux a été fait en Grèce[1]; le second et dernier date de 1870. Ces deux recensements ont été nominatifs et ont porté sur les habitants de fait; les résultats en sont publiés.

Quant au mouvement de la population, on en prend les éléments dans les notes consignées par les curés sur des registres préparés dans ce but par le Bureau de statistique.

Italie. — En Italie, le dernier recensement général a été fait le 31 décembre 1871; l'augmentation de la population a été de 6 p. 00/00 environ par an[2]. Les mariages y sont cependant féconds, puisqu'on y compte 4,71 enfants par ménage; mais la mortalité y est relativement grande, comme dans tous les pays où les familles sont nombreuses : sur 100 nouveau-nés, plus de la moitié (56,16 p. 0/0) meurent avant d'avoir atteint 21 ans, par conséquent avant d'être entrés dans les rangs de la population utile, c'est-à-dire avant de pouvoir vaquer aux affaires et de porter les armes[3]. En 1875, il y a eu 3,07 décès sur 100 habitants[4]. Le directeur du Service statistique, M. Bodio, publie chaque année divers volumes où il donne le mouvement de la population et qui ont une valeur réelle.

Parmi les grands diagrammes qui étaient exposés, le jury a remarqué celui où M. Sormani a indiqué la distribution géographique de la mortalité dans l'armée de terre en Italie[5], comparée à celle des armées de plusieurs autres États européens; la mortalité moyenne générale par 1 000 soldats a été annuellement,

[1] Les recensements précédents de 1838, 1839, 1840, 1844, 1848, 1853 et 1856 ont eu pour but principal de permettre la mise à exécution de diverses lois; les résultats en sont consignés dans la *Gazette du gouvernement*.

[2] Le mouvement de la population (27 769 475 individus) donne en 1867 : mariages, 170 456; naissances, 927 396; décès, 866 865, et en 1876 : mariages, 225 453; naissances, 1 085 721; décès, 796 420.

[3] En France, il n'y en a que 36,44 p. 0/0 qui meurent avant vingt ans.

[4] En France, en Angleterre et en Allemagne, la proportion varie de 2,06 à 2,08 p. 0/0.

[5] Les chiffres moyens de la mortalité pour chacune des seize divisions militaires ont été déduits de la somme des décès pendant les trois années 1874, 1875 et 1876 comparée à l'effectif de ces divisions pendant la même période.

pendant cette période, de 12,03, variant de moins de 10 en Sicile à plus de 15 dans l'Ombrie (Pérouse). Ce sont les divisions qui occupent l'Italie centrale, surtout l'ancienne Toscane et la Vénétie, qui payent la dîme mortuaire la plus élevée[1]; la mortalité est moyenne dans le nord et dans le sud du royaume ainsi que dans l'île de Sardaigne; c'est en Sicile qu'elle est la moins forte. Pour l'armée française à l'intérieur, en exceptant les cas d'épidémie, la mortalité est d'ordinaire inférieure à 9,5 p. 00/00.

Espagne. — Les révolutions qui ont troublé l'Espagne pendant si longtemps n'ont pas, jusqu'à la fin de l'année dernière[2], laissé à l'administration le loisir de recenser la population; le dernier dénombrement officiel dont on ait les résultats remonte à l'année 1860[3]. Dans le tableau décennal du mouvement de la population de 1861 à 1870, que la Direction générale de l'Institut géographique et statistique a publié en 1877, on voit cependant qu'elle s'est accrue pendant cette période de 1 136 432 habitants, soit de 7,3 p. 00/00 par an.

Portugal. — Un recensement général a eu lieu dans le Portugal le 31 décembre 1877[4]; quoiqu'on n'en connaisse pas encore le résultat définitif, il semble que la population y a augmenté annuellement, pendant la dernière période, d'environ 8 p. 00/00, et que la durée moyenne de la vie y est de 31 ans à compter de l'époque de la naissance et de 49 ans à compter de l'âge de 3 ans.

(1) Les maladies de poitrine, dues aux grandes variations atmosphériques qui y sont si communes en toutes saisons, y sont plus fréquentes que partout ailleurs et entrent pour 42 p. 0/0 dans la mortalité de l'armée.

(2) On a fait le 31 décembre dernier (1877) un recensement général, mais le résultat n'en est pas encore connu. M. Chervin a publié récemment la statistique du mouvement de la population de l'Espagne de 1865 à 1869 au moyen de documents qu'il a recueillis dans le pays; pendant cette période, les naissances ont été nombreuses (39 par 1 000 habitants), mais la mortalité a été également grande (33 décès p. 00/00).

(3) Le premier essai de recensement a été fait en 1857 et a fourni le chiffre de 15 464 340 habitants. Celui de 1860 a donné comme résultat : 15 673 536 habitants.

(4) D'après le dernier recensement, qui remontait à 1864, il y avait 3 762 722 habitants, soit 43 par kilomètre carré.

France. — En France, les dénombrements de la population sont de date assez récente[1]; le premier a eu lieu en 1801 et, depuis 1821, on en fait un tous les cinq ans[2]. A chaque nouveau recensement[3], on constate, comme dans tous les pays européens, que la population urbaine s'y accroît de plus en plus aux dépens des habitants de la campagne : en 1851, sur 1 000 Français, 255 habitaient les villes grandes et petites, et, en 1876, la proportion s'était élevée à 325 p. 00/00.

Les ouvrages démographiques qu'exposait le Service de la statistique générale[4] nous apprennent que, de 1861 à 1866, l'accroissement annuel de la population des 89 départements a été de 3,8 p. 00/00, chiffre supérieur à ceux fournis par les trois périodes antérieures, qui étaient de 2,9, de 2,0 et de 2,8; mais que, de 1866 à 1868, il est retombé à 2,8 par suite de l'épidémie de variole. De 1869 à 1874, il a été respectivement de + 2,3, de — 2,8, de — 12,2[5], de + 4,8, de + 2,8 et de + 4,8 par 1 000 habitants. Bien que les pertes exceptionnelles de la guerre ne fussent pas encore réparées, à la fin de cette période on constatait cependant que les excédents des naissances sur les décès étaient supérieurs à ceux des périodes précédentes.

Les *Résultats du dénombrement de 1872* donnent non seulement la comparaison des deux derniers recensements, mais en outre la population spécifique, la population urbaine et rurale, la population classée par sexe, par état civil, par âge, selon l'origine et la

[1] En 1700, un édit royal prescrivit aux intendants des provinces de faire un relevé par tête ou par feu de la population française et aux intendants des généralités de réunir des renseignements relatifs à l'agriculture, mais ce ne sont point là des travaux statistiques proprements dits.

[2] Depuis 1846, le recensement s'exécute le même jour dans toutes les communes.

[3] Les résultats sont publiés par le Ministère de l'intérieur, qui en donne dans le *Bulletin des lois* la liste complète par commune, et par le Ministère de l'agriculture et du commerce, qui étudie l'état de la population sous les rapports de l'âge, du sexe, etc.

[4] *Résultats généraux du dénombrement de 1866* (2e série, t. XVII, publié en 1869); *Mouvement de la population de 1861 à 1865* (2e série, t. XVIII, publié en 1870); *Mouvement de la population pendant les années 1866-1867-1868* (2e série, t. XX, publié en 1872), et *Résultats généraux du dénombrement de 1872* (2e série, t. XXI, publié en 1873).

[5] A cause de la perte de l'Alsace-Lorraine.

Gr. II. — Cl. 16.

nationalité, selon les cultes, selon les professions, d'après le degré d'instruction, ainsi que le nombre des ménages et des maisons. Les grandes villes, en France comme partout en Europe, se développent de plus en plus aux dépens des campagnes; dans les huit villes autres que Paris qui ont plus de 100 000 habitants, l'augmentation moyenne depuis 1872 est de 55 p. 00/00, tandis que, de 1860 à 1874, elle avait été inférieure à 25 p. 00/00. En somme, en 1872, les trois cinquièmes de la population vivaient à l'état d'agglomération tant dans les villes que dans les villages, et les deux autres cinquièmes étaient disséminés dans les campagnes; à cette même date, le nombre moyen des habitants par kilomètre carré était de 68,3.

Dans un ouvrage remarquable intitulé *La Démographie figurée de la France,* qu'accompagnent 38 cartes et 18 tableaux graphiques, M. le docteur Bertillon a fait l'étude statistique complète de la population française. Il y suit la mortalité par âge, par sexe, par état civil, d'abord dans chaque département, puis dans l'ensemble de notre pays; il y montre qu'il existe entre les diverses régions des différences considérables et constantes sous le rapport des chances de mort, surtout pour les enfants[1] et pour les jeunes gens[2], et que l'influence des saisons sur la mortalité n'est pas la même aux divers âges[3]. De l'ensemble des faits, l'auteur conclut qu'en France de nombreuses victimes, 50 000 environ, payent annuellement un tribut mortuaire que n'expliquent ni la faiblesse ni les imperfections de nos organismes, ni les sévices de la guerre, ni les fatalités invincibles, et dont on pourrait s'affranchir; il est en effet probable qu'on peut, sinon supprimer, au moins amoindrir quelques-unes des causes de mort prématurée qui sont dues,

(1) Il y a des régions où ces chances de mort sont doubles et même quelquefois triples pour les enfants de 1 à 5 ans.

(2) Dans le Lot, la mortalité n'est que de 100 jeunes gens entre 15 et 20 ans quand, dans le département adjacent de la Corrèze, il en meurt, toutes proportions gardées, 185.

(3) L'été et le commencement de l'automne, dont les chaleurs et les sécheresses sont redoutables pour les enfants au-dessous de 5 ans, surtout dans les départements méditerranéens, sont au contraire les meilleures saisons pour les personnes d'un âge avancé.

les unes à de mauvaises institutions (nourrices mercenaires)[1], d'autres à des causes de milieu toutes locales qu'il est facile d'étudier (Limousin, Bretagne, etc.) et qu'il appartient à l'administration de changer, d'autres à des lois fâcheuses qu'on peut déterminer (mariages trop hâtifs)[2], d'autres enfin à de mauvaises mœurs qu'il n'est peut-être pas impossible de modifier. Les études démographiques fournissent des indications précieuses sur les voies et moyens à employer pour diminuer ce funeste budget. Nous reviendrons sur ce sujet lorsque nous nous occuperons de la statistique médicale.

Gr. II. — Cl. 16.

Dans l'*Annuaire du Bureau des longitudes*, on trouve un ensemble de notions statistiques sur les populations des divers pays, sur leur densité, sur leur mouvement, qui sont puisées aux sources officielles ou tout au moins les plus sûres.

La précieuse série des volumes de la statistique médicale de l'armée, qui commence en 1862, nous apprend que la mortalité annuelle moyenne[3], qui de 1862 à 1869 était environ de 9,5 par 1 000 soldats, est depuis 1872 inférieure à 9.

La ville de Paris publie depuis 1865 des bulletins mensuels où sont énoncés les faits et renseignements qui intéressent sa population, tels que l'état sommaire des naissances et des décès pendant le mois écoulé, l'énoncé des causes de décès par arrondissement, l'indication des conditions climatériques journalières, auxquels s'ajoutent de temps en temps des rapports spéciaux et des études comparatives avec les époques antérieures. Treize volumes étaient exposés (1865-1877).

Citons encore l'intéressant atlas statistique de la population de Paris par M. Loua, qui fait connaître à tous les points de vue la situation actuelle de la population des divers arrondissements de

[1] La mortalité de la première enfance s'est sensiblement et régulièrement accrue de 1840 à 1866; elle dépasse de beaucoup celle des petits Suédois. Les enfants ont la vie plus assurée, pendant les premiers mois de leur existence, dans les villes que dans les campagnes.

[2] La statistique prouve en effet que les mariages trop hâtifs ont de funestes effets; la mortalité normale étant de 6,7 pour 1 000 habitants, celle des 4 000 jeunes hommes mariés de 18 à 20 ans monte à 50 p. 00/00.

[3] Nous laissons de côté les années d'épidémie, de choléra et de guerre.

Gr. II. — Cl. 16.

la capitale [1], et l'étude statistique sur le département de l'Yonne par M. A. Brodier, travail qu'il serait désirable de voir faire pour tous les départements [2].

La comparaison du mouvement de la population dans les divers États de l'Europe montre que les excédents des naissances sur les décès donnent pour toute l'Europe un accroissement annuel d'environ 0,96 par 100 habitants; en examinant séparément la progression pour chaque État, on constate qu'elle est en Grèce de 1,7 p. 0/0; en Russie de 1,1 p. 0/0; en Écosse, en Angleterre, en Norwège, en Suède, en Danemark, en Allemagne et en Hollande de 1 p. 0/0 environ; en Autriche et en Belgique de 0,85 p. 0/0; en Italie et en Espagne de 0,7 p. 0/0; en Suisse à peu près de 0,6 p. 0/0, et en France, qui est sous ce rapport la dernière, de 0,3 p. 0/0 : à ce taux, la population de notre pays ne double qu'en 200 ans, tandis que pour la Russie la période de doublement n'est que de 50 ans. La *natalité* en France est en effet la moindre de toute l'Europe [3], excepté l'Irlande qui est au même taux; elle est à celle des Allemands :: 100 : 150.

En ce qui concerne la *matrimonialité* ou fréquence des mariages, les variations vont presque du simple au double non seulement de pays à pays, mais même de province à province; ainsi, par 10 000 habitants, on compte en Prusse et en Russie environ 105 mariages, dans l'Europe centrale de 88 à 90, en Angleterre 84, en France et en Belgique 79, en Danemark, en Espagne et en Italie 75, en Norwège 70 et en Suède 66.

M. J. Bertillon, qui a comparé la *nuptialité* (ou chance de se

[1] Une série de cartes montre la superficie de Paris à diverses époques, les accroissements successifs de sa population, sa densité par arrondissement et le nombre des ménages par maison; sa répartition par culte, par nationalité, par sexe, par état civil, par âge, la distribution des infirmités apparentes, etc.

[2] Outre les 8 cartes qui indiquent la constitution géologique du sol, le nombre des cotes foncières par habitant, la répartition de la petite, de la moyenne et de la grande propriété, des terres arables, des vignes et des bois, et les 8 autres qui sont réservées à l'instruction, il y en a 28 qui donnent la population par état civil, par âge et par sexe, 8 qui donnent le taux de la matrimonialité, 8 qui donnent la natalité et 24 qui donnent la mortalité par âge et par sexe.

[3] En France, les naissances sont de 26 p. 00/00; en Suède, elles sont de 35 p. 00/00.

marier) des célibataires et celle des veufs aux mêmes âges, a trouvé que ceux-ci se marient trois ou quatre fois plus que les garçons [1]. Les divorcés, quoique se mariant de 26 à 40 ans presque deux fois moins que les veufs, se marient néanmoins bien plus que ceux qui ne l'ont jamais été, et après 40 ans ils se marient plus que les veufs eux-mêmes. Le mariage, loin de donner des regrets aux hommes qui le contractent, leur crée donc au contraire des habitudes qui leur sont chères. On trouve pour les femmes des résultats à peu près analogues, quoique moins tranchés, excepté en France où les veuves à partir de 25 ans se marient un peu moins.

La durée moyenne de la vie à la naissance est grande dans les pays scandinaves (47,4 ans en Norwège, 43,6 en Danemark, 42,2 en Suède). En France, elle n'est que de 39,1 ans. En Belgique, elle est encore plus faible (37,4 ans).

La mortalité oscille en Europe de 18 p. 00/00 (Norwège) à 31 p. 00/00 (Autriche) avec une tendance à diminuer dans la plupart des États [2]; mais comme elle est très différente suivant les âges [3], il ne faut pas confondre toutes les chances en un seul groupe. Ce sont les États scandinaves et anglo-saxons qui ont la mortalité la plus faible; le maximum est en Autriche et en Russie; la France occupe sous ce rapport une position intermédiaire. A tous les âges et dans tous les pays, la mortalité des célibataires et surtout des veufs l'emporte sur celle des hommes mariés. La statistique montre que les décès par suicide en Europe progressent plus rapidement que la population et que la mortalité générale; le minimum se trouve en hiver, le maximum en été; on compte en moyenne 30 suicides de femmes par 100 suicides de l'autre sexe.

[1] Dans les Pays-Bas, sur 1 000 garçons de 25 à 35 ans, il s'en marie 110 à 112 chaque année, tandis que sur 1 000 veufs il y en a 356; aux autres âges, la différence est encore plus grande. Des résultats analogues se retrouvent dans tous les pays du monde.

[2] Les seuls pays où il y ait eu un accroissement de mortalité dans ces dernières années sont la Belgique, l'Écosse, la Norwège et le Würtemberg.

[3] Il est des pays qui ont à tous les âges une mortalité plus forte que d'autres, tandis que dans quelques-uns cette augmentation n'a lieu qu'à certains âges.

Les travaux de M. Körösi nous donnent d'intéressants renseignements sur les naissances et sur les décès dans les trente plus grandes villes de l'Europe et de l'Amérique du Nord. C'est en janvier et en mars qu'il y a le plus de naissances; c'est en juin qu'il y en a le moins; dans les autres mois de l'année, elles sont à peu près en nombre égal. Il y a moins de régularité dans la proportion des décès entre les divers mois : c'est en janvier, en mars, en juillet et surtout en août que l'on en compte le plus grand nombre, en octobre et en novembre qu'il y en a le moins; pendant le reste de l'année, le rapport est : : 27,5 : 23,5.

Amérique du Nord. — Aux États-Unis on fait le recensement de la population tous les dix ans, et chaque fois on établit un service spécial pour le temps nécessaire [1]; les deux États de New-York et de Massachusetts font le dénombrement particulier de leurs habitants entre les recensements généraux.

La population des États-Unis, qui ne comptait que 3 millions d'habitants en 1790, était déjà de 31 millions et demi en 1860 et dépassait 40 millions en 1870, en dépit de la guerre. Cependant son accroissement semble se ralentir, car non seulement en cette dernière année il n'y avait plus que 5,09 individus par famille, tandis qu'il y en avait 5,56 en 1850 et 5,28 en 1860, mais en même temps l'immigration est momentanément moindre : en effet, ce pays, dont les ressources semblent inépuisables et à la disposition de tous ceux qui veulent se saisir d'une part, après avoir reçu jusqu'à ces dernières années des émigrants en nombre si considérable qu'en 1873 on en a compté un demi-million, n'en a plus eu, en 1874, que 313 000, en 1875 que 227 000, en 1876 que 169 000 et moins encore en 1877 et en 1878 [2]; en outre, on a constaté plus de départs que d'ordinaire, soit pour retourner en Europe, soit pour se rendre en Australie [3].

(1) Pour le dernier dénombrement (1870), ce bureau a fonctionné pendant trois ans.

(2) D'après les rapports importants qu'a publiés la commission d'émigration. Il est venu aux États-Unis, de 1790 à 1860, 5 321 414 immigrants étrangers et, de 1860 à 1870, 2 491 451 de plus, apportant en moyenne un capital d'un millier de francs par tête.

(3) En une seule année, 92 000 personnes ont quitté ce pays.

On a admiré à l'Exposition l'atlas statistique des États-Unis dressé d'après les résultats du neuvième et dernier recensement (1870)[1], atlas qui donne des renseignements très intéressants sur la population de ce monde curieux à tous égards. Les soixante cartes ou planches qu'il contient, et qu'accompagne un texte, montrent tous les faits qui ont une importance matérielle ou sociale[2].

La population des États du Canada augmente rapidement. En 1867, elle était de 3 213 199 habitants et en 1871 de 3 753 949, soit un accroissement de 4,2 p. o/o par an[3]!

Nous avons à enregistrer un progrès plus grand encore dans les possessions anglaises des Antilles, qui se composent de 15 îles ou groupes d'îles et qui, d'après le recensement de 1871, comptent ensemble 1 065 343 habitants, c'est-à-dire une population double de ce qu'elle était en 1861[4].

Au Mexique, le nombre des habitants ne cesse aussi de s'accroître depuis un siècle : il y en avait, en 1793, 5 270 000 d'après un rapport adressé au roi d'Espagne ; en 1803, d'après Humboldt, 5 837 000 ; en 1824, d'après Poinsett, 6 500 000 ; en 1830, d'après Burkhardt, 7 996 000, et, en 1874, d'après Garcia y Cubas, 9 276 000.

Amérique du Sud. — Plusieurs États de l'Amérique du Sud, le Brésil, la Confédération Argentine, l'Uruguay, font aussi des recensements. L'accroissement de la population dans ces deux derniers pays a été rapide pendant les vingt dernières années ; dans la république de la Plata[5], la moyenne annuelle de l'immigration

[1] Cet atlas a été établi, sur l'ordre du Parlement, par M. Fr.-A. Walker, surintendant de ce recensement, et publié par M. J. Bien en 1874.

[2] Des 60 planches, 16, dont 12 sont relatives à la statistique de la vie et 4 à la statistique de la population, contiennent plus de 1 200 figures ou illustrations géométriques ; les faits statistiques y sont représentés au moyen de lignes ou de figures planes sans tenir compte de la configuration spéciale des États.

[3] *Census of Canada (1865 à 1871)*, 5 forts volumes. Cette œuvre officielle présente, année par année, non seulement le mouvement de la population, mais celui du commerce, de l'industrie, des produits du sol, des établissements divers, etc.

[4] En 1861, on ne comptait dans les Antilles anglaises que 533 997 habitants.

[5] La population était de 1 877 490 habitants au dernier recensement de 1869, y compris 93 000 Indiens ; on estime qu'en 1878 il y a plus de 2 400 000 âmes.

Gr. II. — Cl. 16.

est de 24 000 Européens[1], et, dans l'Uruguay[2], le nombre d'habitants a doublé en dix années[3], grâce aussi à l'arrivée de beaucoup d'immigrants.

Dans les colonies anglaises de l'Amérique autre que les Antilles, telles que la Guyane britannique, le Honduras et les îles Bermudes, la population continue à s'accroître[4].

Afrique. — Il résulte des documents exposés par le gouvernement de l'Algérie qu'il existe un écart considérable entre la population européenne, qui comprend 320 000 habitants, moitié français, moitié étrangers, et la population indigène, qui atteint le chiffre de 2 500 000; il serait très désirable de voir l'immigration établir le contrepoids colonial qui manque. Le mouvement augmente du reste chaque année dans une proportion notable; depuis le recensement de 1866[5], on y compte 90 000 Européens de plus qu'auparavant, soit environ 40 p. o/o. La statistique algérienne montre que les familles juives et maltaises sont celles qui s'acclimatent le mieux et qui s'accroissent le plus rapidement; les familles des régions méditerranéennes réussissent aussi assez bien, mais les Français du nord et les Allemands comptent plus de décès que de naissances dans les parties basses du Tell.

En Égypte, le premier dénombrement régulier a eu lieu en 1846-1847; depuis, on a fait la vérification des registres tous les trois ans jusqu'en 1867-1868, époque à laquelle on a entre-

(1) Outre les publications du Bureau de statistique national, on a, pour la Confédération Argentine, divers documents intéressants : 18 volumes qui ont été publiés de 1865 à 1873 par le Bureau de statistique municipal de Buenos-Ayres, *un Album des données statistiques* qui est dû à l'administration de la police de la même ville, des *Notes sur la statistique mortuaire de Buenos-Ayres de 1867 à 1877* par M. Émile R. Coni, etc.

(2) D'après les publications officielles de M. Ad. Vaillant qui exposait un résumé statistique de la population, du commerce et des finances de l'Uruguay.

(3) Le recensement de 1852 accusait 131 969 habitants; celui de 1860, 221 248, et le dernier, qui a eu lieu en 1870, 454 478.

(4) En 1861, la population était de 185 542 et en 1871 de 231 503.

(5) En 1866, le chiffre total de la population était de 2 350 000 habitants, dont 122 119 Français et 95 871 appartenant à d'autres nationalités européennes. En 1876, époque du dernier recensement, il était de 2 816 575, dont 155 727 Français et 155 735 étrangers européens.

pris un nouveau recensement individuel. C'est l'Intendance générale sanitaire qui est chargée de relever le mouvement de la population ainsi que le mouvement maritime et commercial.

Les colonies anglaises de l'Afrique, qui du reste se sont notablement étendues dans ces derniers temps (Sierra-Leone, Gambie, Côte d'Or, Lagos, Sainte-Hélène, Cap de Bonne-Espérance, Natal) ont, pour une superficie d'environ 1 000 000 kilomètres carrés, une population qui, d'après le catalogue officiel de l'Exposition du Royaume-Uni, a quadruplé entre les deux recensements de 1861 et 1871 [1]. La population de nos petites colonies africaines reste au contraire à peu près stationnaire.

Asie. — On n'a que peu de données sur l'immense population qui couvre l'Asie. Nous citerons cependant, comme documents intéressant les provinces russes, le *Recueil des données historiques et statistiques sur la Sibérie* et la *Description ethnographique et statistique du Turkestan* qu'a publiée M. Kostenko.

Le gouvernement du Japon fait maintenant des recensements réguliers.

En Chine, d'après M. de Richthofen, le dénombrement de la population se fait depuis un temps immémorial. La loi pour la levée des impôts veut qu'on affiche sur les murs de toutes les maisons des tableaux portant l'inscription des noms des membres présents et absents de chaque famille, ce qui permet aux autorités d'établir à tout instant par une simple addition le chiffre de la population des diverses contrées. En outre, tous les cinq ans, on fait un recensement où les indications de ces tableaux sont contrôlées.

Dans l'Inde britannique, le premier recensement a eu lieu en 1871 [2]; la surperficie de ce vaste empire (non compris la Birmanie) est de 2 413 000 kilomètres carrés, avec une population de 193 093 165 habitants, non compris les États feudataires dont la superficie est estimée à 1 414 000 kilomètres carrés avec une population de 48 millions.

(1) Cette population a progressé de 525 096 (1861) à 2 064 780 (1871).

(2) On avait déjà fait le dénombrement de la population de la ville de Bombay en 1864.

On manque encore de données statistiques exactes sur la population de la Cochinchine[1].

Océanie. — Les 760 *convicts* (condamnés) et 257 colons ou militaires amenés en Australie en 1788 par le colonel Collins étaient, en 1861, remplacés par une population de 1 266 432 habitants, soit à peu près pour la totalité du continent un Européen par 5 kilomètres carrés[2]; en 1871, on y comptait 2 431 282 habitants, soit une augmentation en dix ans de 1 164 850, par conséquent de près de 50 p. 0/0[3]. La Tasmanie et la Nouvelle-Zélande ont chacune leur annuaire statistique spécial.

Pour l'île de Java, on trouve des renseignements dans les publications de MM. Blecker[4] et L. Wessels[5], qui malheureusement sont rédigées en langue hollandaise.

§ 3. STATISTIQUE DE L'INSTRUCTION.

Tous les gouvernements européens attachent aujourd'hui une grande importance au développement et au progrès de l'instruction populaire, qu'ils considèrent tout à la fois comme la base la plus solide de la richesse, du bien-être et de la moralité des nations et comme l'une des meilleures garanties de l'ordre et de la stabilité sociale. Pendant ces dernières années, on a fait presque partout de nombreuses réformes, qui ont produit de bons résultats, et beaucoup d'États ont décrété l'instruction obligatoire pour les filles comme pour les garçons.

A l'Exposition, il y avait plusieurs cartes qui donnaient des renseignements statistiques généraux sur l'instruction primaire en Europe : celle de M. Levasseur, celle de M. Manier[6] qui est basée

[1] Le chiffre de 1 500 000 âmes semble approcher beaucoup de la vérité.

[2] La superficie des colonies australiennes est estimée à 8 205 500 kilomètres carrés.

[3] On peut consulter avec fruit *The Australian Handbook and Almanach* qu'éditent MM. Gordon et Gotch et qui est très complet; ce manuel en est à sa neuvième année (1878).

[4] *Mémoires sur la statistique de la population de Java en 1870.*

[5] *Cartes et recherches statistiques.*

[6] 2e édition.

sur le nombre d'habitants ne sachant ni lire ni écrire et celle de M. Vallin[1] qui est établie d'après le nombre des élèves suivant les écoles primaires en rapport avec la population totale[2]. Ces deux derniers auteurs divisent les nations en quatre catégories :

1° Pays très avancés où l'instruction populaire est presque générale. Ce sont : la Suisse, l'Allemagne, la Suède, le Danemark et la France.

2° Pays assez avancés où, malgré les progrès de l'instruction, une partie notable du peuple ne sait ni lire ni écrire. Ce sont : la Belgique[3], la Norwège[4], la Hollande, l'Espagne et le Royaume-Uni de la Grande-Bretagne et de l'Irlande[5].

3° Pays arriérés : ce sont l'Autriche-Hongrie[6], l'Italie[7], la Grèce[8] et le Portugal.

4° Pays très arriérés : ce sont la Russie[9], et la Turquie qui occupe le dernier rang[10].

(1) M. Vallin est le directeur de l'Institut du cardinal Cisneros à Madrid.

(2) M. Vallin a préféré cette méthode parce que le nombre d'illettrés dans les divers pays n'est pas connu d'une manière certaine.

(3) 31 p. o/o des enfants qui suivent les écoles communales ne savent ni lire ni écrire.

(4) Le petit nombre relatif d'élèves qu'il y a en Norwège tient à la topographie et au climat du pays.

(5) Le rang à donner au Royaume-Uni serait plus élevé si l'on comptait les élèves des écoles religieuses et privées qui y existent en grand nombre. La moitié de la population ne sait ni lire ni écrire, surtout dans l'Irlande et dans l'Angleterre; en 1870, 2 millions d'enfants étaient privés d'instruction, et les efforts des associations religieuses n'ont pas encore apporté une modification notable à ce triste état de choses.

(6) Les provinces allemandes et italiennes, la Bohême, le Tyrol, la Moravie, sont avancées; mais la Hongrie, qui cependant travaille à créer de nouvelles écoles et ne tardera pas à atteindre un rang distingué, la Transylvanie, la Galicie et la Croatie sont arriérées.

(7) Les provinces du nord et la Toscane peuvent figurer dans la première catégorie, mais dans le sud du royaume et en Sicile on est très arriéré; il y a cependant un progrès notable, puisque, de 1864 à 1876, le nombre des écoles a augmenté d'un tiers.

(8) L'état de l'instruction y est déplorable; on travaille cependant à l'améliorer.

(9) Il y a certains gouvernements où l'instruction est très avancée, mais en général la population rurale ne reçoit aucun enseignement même rudimentaire. Nous devons cependant constater que pendant ces dernières années il s'est produit un mouvement très digne d'encouragement.

(10) Le peuple y manque presque absolument d'instruction; on n'a du reste aucun document précis à cet égard.

Gr. II. — Cl. 16.

M. Vallin trouve pour l'Europe entière (moins la Turquie), dont la population est de 294 675 250 habitants, 370 084 écoles primaires avec 24 390 000 élèves, dépensant 458 218 500 francs, soit une école par 796 habitants et un élève par 12 habitants.

Royaume-Uni de la Grande-Bretagne et de l'Irlande. — Après cet aperçu sommaire, nous allons maintenant entrer dans quelques détails au sujet des principaux pays. Dans la Grande-Bretagne, ce sont les sociétés religieuses et les particuliers qui pendant longtemps se sont seuls occupés de l'instruction du peuple [1]: mais depuis 1870 en Angleterre et depuis 1872 en Écosse, le gouvernement cherche à donner une direction à l'enseignement primaire et il a établi dans ce but des comités scolaires ou *School Boards*.

Pour l'Angleterre et le pays de Galles, le progrès a été grand dans les huit dernières années, puisque, dans ce court espace de temps, on y a mis 1 900 000 places de plus à la disposition des enfants; mais dans le Royaume-Uni de la Grande-Bretagne et de l'Irlande considéré dans son ensemble, le nombre des écoles primaires, tant publiques que libres, est faible relativement à la population, 25 488 en 1877, pour plus de 33 300 000 habitants, soit dans une proportion de 7,6 par 10 000 [2]. Il y a en tout 78 039 maîtres et 4 651 258 élèves inscrits dans les écoles sur 5 869 061 enfants ayant l'âge scolaire, par conséquent environ 80 p. 0/0, mais la moyenne de fréquentation n'atteint guère que la moitié de ce nombre: elle est plus forte en Écosse et moindre en Irlande, où elle ne dépasse pas les deux cinquièmes.

Péninsule Scandinave. — En Suède et en Norwège, il y a deux catégories d'écoles publiques: les écoles fixes, qui existent dans les villes et dans les villages importants, et les écoles ambulantes, qui se trouvent dans les districts où la population est disséminée sur

[1] Le gouvernement est venu à leur aide depuis 1833 au moyen d'une subvention qui de 500 000 francs est montée en 1859 à 21 millions.

[2] C'est en Irlande que la proportion est la plus élevée; il y a plus de 13 écoles primaires par 10 000 habitants.

une vaste étendue[1]. En outre, dans les hameaux suédois qui sont trop éloignés des centres, il y a, depuis 1853, de petites écoles dans lesquelles des personnes de bonnes mœurs et chrétiennes donnent les connaissances premières aux enfants.

Le docteur Sidenbladh nous a fourni des détails nombreux et intéressants sur l'enseignement en Suède; la fréquentation de l'école y est obligatoire: elle commence d'ordinaire avec la septième année, au plus tard avec la neuvième, et elle dure jusqu'à la quatorzième; aujourd'hui aucun enfant dans la plénitude de ses facultés corporelles et mentales n'y est absolument privé d'instruction. En 1874, qui est la dernière année pour laquelle on ait une statistique complète de l'enseignement dans ce pays, il y avait un établissement d'instruction primaire par 534 habitants[2], et sur les 17 p. o/o d'enfants ayant l'âge scolaire que comprenait la population, 83.3 p. o/o suivaient les écoles primaires et 14,3 p. o/o les autres écoles, soit un total de 97,6 p. o/o. Dix ans auparavant, le nombre des élèves qui fréquentaient les écoles était de 28 p. o/o moindre que maintenant. L'examen auquel sont soumis les conscrits permet d'apprécier les excellents résultats qu'on a obtenus pour l'éducation du peuple : en 1877, 91 p. o/o savaient lire et écrire, 8 p. o/o savaient lire, et il n'y en avait qu'un sur 100 entièrement illettré. Les établissements d'enseignement secondaire, au nombre de 96, sont suivis par 13 775 élèves du sexe masculin. Pour l'éducation des jeunes filles, il n'existe que les écoles normales d'institutrices, de rares écoles spéciales et quelques écoles privées.

En Norwège, le nombre des écoles primaires, tant publiques que libres, était, en 1875, de 4736 avec 4030 maîtres et 261 622 élèves sur 270780 enfants de 9 à 14 ans, pour une population de 1 812 424 habitants. A cette même date, il n'y

(1) Le même maître se transporte successivement dans un certain nombre d'écoles, où il fait la classe pendant un temps plus ou moins long suivant l'importance de la localité et le nombre des élèves.

(2) Les écoles ne sont pas régulièrement réparties à la surface du pays. Il y avait à cette époque (1874) 8 770 écoles primaires avec 9 311 maîtres et 598 354 élèves sur 699 624 enfants ayant l'âge scolaire, pour une population de 4 485 542 habitants.

Gr. II. — Cl. 16.

avait pas dans la population d'âge scolaire 2 illettrés sur 100; en 1867, la proportion était de près de 3 [1].

Danemark. — Dans le Danemark, l'instruction primaire est depuis longtemps en grande faveur; la fréquentation de l'école y est non seulement obligatoire, mais les absences non justifiées sont punies par des amendes. En 1874, pour une population de 1 784 000 habitants, il y avait 2 940 écoles primaires, tant publiques que libres, avec 3464 maîtres et 254700 élèves sur 259 208 enfants d'âge scolaire; dans la ville de Copenhague, 242 enfants seulement, sur 27 033 enfants ayant l'âge scolaire, ne fréquentaient pas d'école. Dans tout le royaume, du reste, on peut dire qu'il n'y a guère hors des écoles que les enfants infirmes ou idiots.

Dans les villes principales, il y a des écoles techniques du soir [2], et dans les campagnes de hautes écoles de paysans [3]. Les écoles secondaires appartenant à l'État sont au nombre de 14, et il y en a en outre plusieurs qui sont dirigées par des particuliers.

Russie. — La Russie exposait une foule de documents montrant que le gouvernement et les États provinciaux ont fait depuis quelques années de grands efforts pour répandre autant que possible l'instruction élémentaire dans ce vaste pays; mais on n'a pas encore pleinement réussi.

Les difficultés que soulève la question de l'instruction obligatoire y sont plus grandes que partout ailleurs à cause des distances qui séparent les villages les uns des autres et des conditions climatériques. Les mesures qu'on a essayées jusqu'à présent pour obvier à ces obstacles, et qui consistaient en logements en commun pour les élèves [4], n'ont pas amené de résultats satisfaisants. On s'occupe en ce moment d'élaborer un projet de loi sur l'introduction

[1] Exactement 1,7 p. o/o en 1875 (soit 1,9 p. o/o dans les campagnes et 1,3 p. o/o dans les villes), et 2,7 p. o/o en 1867.

[2] On en compte aujourd'hui 50.

[3] Il y en a à présent 53.

[4] Ces logements, dont on a fait l'essai dans l'arrondissement scolaire de Vilna, où l'on en a construit 470, étaient placés sous la surveillance des maîtres d'école.

de l'enseignement obligatoire dans les localités qui se trouvent dans les conditions les plus favorables.

Au 1er janvier 1877, il y avait en Russie 35 000 écoles primaires publiques, fréquentées par 1 800 000 élèves (1 500 000 garçons et 300 000 filles) et 1 458 écoles élémentaires privées [1]. Les écoles de district, qui ne sont plus à la hauteur des exigences pédagogiques modernes, sont peu à peu remplacées par les nouvelles écoles urbaines au fur et à mesure que les écoles normales fournissent le contingent nécessaire de maîtres; en 1877, il existait encore 367 écoles de district, fréquentées par 30 486 élèves, et 61 écoles urbaines, fréquentées par 7 171 élèves. C'est en Finlande que le nombre des illettrés est le moindre: il n'atteint pas 2 p. o/o. Il y a en outre 267 écoles primaires supérieures dirigées par des particuliers.

Ce n'est qu'à partir de ce siècle que les établissements d'instruction secondaire ont pris un certain développement en Russie; aujourd'hui tous les chefs-lieux de gouvernement en possèdent au moins un. On sait que, comme en Allemagne, il y en a deux sortes : les *gymnases*, qui ont pour but de préparer les jeunes gens aux cours des universités et qui répondent à nos lycées, et les *écoles réales*, où l'enseignement, plutôt scientifique que littéraire, est à l'usage des jeunes gens qui se destinent aux carrières industrielles ou commerciales. Au 1er janvier 1877, le nombre des gymnases était de 129, dont plus des trois quarts sont entretenus aux frais de l'État, et celui des progymnases de 66 [2]; les cours étaient suivis par 50 701 élèves dont 3 000 de plus que l'année précédente. La marche de l'enseignement semble bonne, puisque 61 p. o/o de ces élèves ont obtenu en 1876 des notes satisfaisantes dans toutes les matières et que 91 p. o/o de ceux de la huitième et dernière classe ont subi avec succès l'examen de sortie. A la même époque, il y avait 56 écoles réales, avec 10 888 élèves; 68 p. o/o de ceux de la sixième et dernière classe ont bien terminé leurs études [3]. Il existait en outre 301 établissements d'instruction secondaire pour les

[1] En 1874, on comptait 28 000 écoles environ avec 1 406 000 élèves.

[2] En outre, il y avait 9 établissements privés pour l'enseignement secondaire.

[3] 11 p. o/o ont quitté les établissements sans avoir terminé leurs études.

Gr. II. — Cl. 16.

jeunes filles, fréquentées par 50 000 élèves, soit 2 700 de plus que l'année précédente.

Pour l'enseignement supérieur, il y a 8 universités, qui comprennent chacune plusieurs facultés [1], une bibliothèque [2], des collections de diverses sortes, des laboratoires, des musées, des cliniques; au 1er janvier 1877, elles comptaient 619 professeurs ou agrégés, 16 429 étudiants et 453 auditeurs libres; le budget total de ces diverses universités est, pour cette année (1878), de 10 610 000 francs; les deux plus importantes sont celles de Moscou et de Saint-Pétersbourg. Il existe aussi des cours d'études supérieures pour les jeunes filles dans les villes de Saint-Pétersbourg, de Moscou, de Kief et de Kazan.

Comme établissements d'instruction spéciale, nous devons citer : les 9 écoles normales primaires [3] et les 61 séminaires ou écoles pédagogiques destinées à la préparation des instituteurs et des institutrices d'écoles élémentaires [4]; les deux instituts impériaux d'histoire et de philologie, écoles normales pour la formation de professeurs, dont l'un a été fondé en 1867 à Saint-Pétersbourg et dont l'autre existe à Niéjine [5]; le séminaire philologique russe établi en 1873 à Leipzig; les deux écoles vétérinaires de Dorpat et de Kharkof; l'institut d'agronomie et de sylviculture de Novo-Alexandria (gouvernement de Lublin) organisé en 1869; l'école de droit d'Iaroslav qui a été transformée en 1870 (lycée Demidof); l'école des langues orientales de Moscou (institut Lasaref); le nouvel institut archéologique pour la formation d'archivistes paléographes qui a été ouvert cette année même (1878) et qui est entretenu au moyen de dons volontaires; l'Académie des beaux-arts; l'école des langues orientales; les instituts des sourds-muets et des aveugles; l'école de commerce d'Odessa;

(1) Histoire, droit, mathématiques, physique, médecine, langues orientales.

(2) Ces diverses bibliothèques sont composées de 1 329 000 livres.

(3) Deux de ces écoles sont israélites.

(4) Ces écoles comprenaient 4 596 élèves, dont 727 jeunes filles; 831 sont sortis en 1876 après avoir achevé leurs études. Dans vingt-deux d'entre elles, des cours ont été faits à 700 des instituteurs et des institutrices les plus capables pour les perfectionner.

(5) Dans le gouvernement de Tchernigof.

l'école supérieure de métiers de Lodzi, etc. L'enseignement médical pour les femmes est très développé; en 1875, il n'y en avait pas moins de 430 qui suivaient les cours.

Le Caucase et les territoires de Daghestan, de Térek, de Kouban, de Soukhoum, etc., qui forment un arrondissement scolaire distinct et qui ont ensemble une population de 466 200 habitants, ne comptaient, en 1876, que 52 écoles primaires et 14 écoles secondaires gouvernementales avec 11 229 élèves; mais il existe un nombre bien plus considérable d'établissements libres, fréquentés par 60 000 élèves environ.

Allemagne. — En Allemagne, on compte, d'après les dernières statistiques, environ 51 500 écoles primaires avec 88 000 maîtres et 5 650 000 élèves sur 6 720 000 enfants ayant l'âge scolaire[(1)].

En Prusse, le gouvernement est d'avis que l'enseignement même primaire ne doit pas être donné gratuitement : tous les enfants payent en effet pour venir à l'école, mais la rétribution est très faible puisqu'elle n'est guère en moyenne que de 5 francs par an dans les campagnes et de 15 francs dans les villes; pour les pauvres gens, elle n'est même que de 25 centimes dans les écoles rurales et de 30 centimes dans les écoles urbaines. La Prusse est un des pays les plus avancés au point de vue de l'instruction publique; cependant M. le docteur Engel a relevé le fait important que toutes les provinces ne sont pas, sous ce rapport, dans un état également satisfaisant : de 1866 à 1875, la moyenne des conscrits illettrés a été pour tout le royaume de 3,65 p. o/o; mais, tandis que les trois provinces de Hohenzollern, de Saxe et de Lauenbourg ont respectivement donné, pour cette période, la proportion très faible de 0,13, de 0,50 et de 0,80 p. o/o, celles de la Silésie, de la Prusse et de la Posnanie, qui sont les moins avancées, ont fourni les chiffres beaucoup plus élevés de 3,52, de 11,15 et de 15,24 p. o/o.

On sait qu'en Allemagne il y a deux sortes d'écoles secondaires, les gymnases et les *Realschulen*, écoles spéciales d'enseigne-

(1) Pour 38 millions d'habitants environ.

Gr. II. — Cl. 16.

ment technique. En 1872, on comptait 488 gymnases ayant 6757 professeurs et 93176 élèves, et 425 écoles réales comptant 4219 professeurs et 76647 élèves.

Pays-Bas. — Dans le royaume des Pays-Bas, il y avait, en 1874, 3784 écoles primaires, tant publiques que libres, avec 11716 maîtres et 499062 élèves inscrits sur 596791 enfants ayant l'âge scolaire pour une population de 3583529 habitants. Toute commune possède une ou plusieurs écoles publiques, dont les dépenses sont en partie à la charge de la province et de l'État si ses ressources sont insuffisantes; celles de plus de 3000 âmes possèdent une commission spéciale. Le royaume est divisé en 89 districts scolaires, à chacun desquels est attaché un inspecteur.

Les écoles de l'enseignement dit *moyen* ou *enseignement industriel,* qui correspond aux écoles réales allemandes, ont été organisées par la loi du 2 mai 1863 et préparent les jeunes gens pour l'École polytechnique de Delft.

Belgique. — Le gouvernement belge adresse tous les trois ans aux Chambres législatives un rapport sur la situation de l'instruction primaire dans le royaume; étaient exposés ceux de 1867 à 1869, de 1870 à 1872 et de 1873 à 1875[1], ainsi que de nombreux graphiques, cartes ou tableaux résumant la statistique générale de l'instruction publique. Ces diverses publications montrent que la dernière période a été féconde en bons résultats; on a en effet ouvert, de 1872 à 1875, 413 nouvelles écoles, et la population des écoles primaires de toutes les catégories a augmenté de 50255 élèves et le personnel enseignant de 947 membres[2]. Le nombre des miliciens illettrés est tombé à la fin de cette période à 18 p. o/o, soit 3 p. o/o de moins qu'en 1872.

[1] Ce dernier rapport forme le onzième volume de la collection, qui a commencé en 1843.

[2] En 1875, il y avait 5857 écoles primaires, tant publiques que libres, avec 10750 maîtres et 669192 élèves sur 772076 enfants ayant l'âge scolaire, pour une population totale de 5403006 habitants.

Luxembourg. — Dans le grand-duché de Luxembourg, l'enseignement est très développé; il y a 638 écoles publiques, fréquentées par 28 107 enfants. La population des élèves comparée à la population totale (205 158 habitants) est de 1 par 7,6 habitants : 97,66 p. o/o des enfants ayant l'âge scolaire fréquentent l'école pendant l'hiver, mais en été, on n'en compte plus que 86,65 p. o/o. L'État dépensait par élève, en 1869, 19 fr. 69 c. et, en 1874, 29 fr. 52 c., chiffre très élevé qui n'est atteint que dans quelques cantons de la Suisse et dans le Danemark. Les résultats atteints sont favorables, puisqu'en 1877 il n'y avait guère que 15 miliciens sur 1 000 qui ne sussent ni lire ni écrire et 10 qui ne sussent que lire. Il y a 1 016 élèves dans les 3 établissements d'enseignement secondaire et supérieur.

Suisse. — Le Bureau fédéral suisse de statistique exposait un grand nombre de documents intéressants sur l'état de l'instruction publique dans la Confédération helvétique : *Statistique de l'instruction publique en Suisse en 1871* [1] et *Atlas historique des écoles secondaires et supérieures en Suisse de 1835 à 1875* (avec carte), par M. H. Kinkelin; *Cartes des écoles publiques de la Suisse pour 1871 et 1872; Sociétés suisses d'instruction en 1871,* par MM. E. Keller et W. Niedermann; *Statistique des établissements suisses pour l'éducation des orphelins et des enfants pauvres ou infirmes,* par MM. J. Wellauer et J. Müller, et *Examens des recrues en 1875* (avec 2 tableaux graphiques). Toute recrue passe en effet un examen, et les conscrits qui ont une mauvaise note dans plus d'une des branches [2] sont tenus de suivre des cours spéciaux pendant la durée de leur instruction militaire; la moyenne de ceux qui passent un mauvais examen est de 9 p. o/o pour toute la Suisse, mais la proportion s'élève à 30 p. o/o dans le canton de Fribourg et à

[1] C'est la première qui ait été faite pour la Suisse entière depuis celle du docteur Stapfer (1798). Il y avait, en 1871, 5 088 écoles primaires, tant publiques que libres, avec 10 156 maîtres et 411 754 élèves sur 441 794 enfants d'âge scolaire, pour une population totale de 2 669 147 habitants.

[2] On interroge les recrues sur cinq branches : lecture, composition, calcul, histoire nationale et géographie de la Suisse. Sur 17 294 recrues examinées, la note moyenne est très bonne pour 5 168, bonne pour 6 886, médiocre pour 4 619 et nulle pour 621.

47 p. o/o dans le demi-canton d'Appenzell (Rhodes intérieures), tandis qu'elle ne varie que de 1 à 2 p. o/o dans les cantons de Shaffhouse, de Vaud, d'Unterwald le Haut et de Bâle-Ville; quant au nombre d'illettrés, c'est aussi dans le centre et dans le sud de la Suisse qu'il est le plus fort; il y monte à 6 p. o/o et même à 20 p. o/o.

La Société helvétique de statistique exposait l'ouvrage du docteur C. Heitz sur les *Bibliothèques publiques de la Suisse,* ouvrage intéressant qui nous apprend qu'en 1868 il y avait dans ce petit pays 2 090 bibliothèques [1] et plus de 93 livres par 100 habitants [2].

Autriche-Hongrie. — En Autriche, le nombre des écoles ne cesse de s'accroître [3], et, tandis que la proportion des enfants d'âge scolaire qui reçoivent l'instruction primaire n'était que de 64 p. o/o environ en 1871, elle était déjà en 1875 de 73 p. o/o [4]. Les provinces allemandes, qui en comptent de 96 à 88 p. o/o, sont beaucoup au-dessus de cette moyenne; celles de l'Istrie et surtout de la Galicie, de la Dalmatie et de la Bukowine, où la proportion est respectivement de 44, de 25, de 20 et de 15,7 p. o/o, sont au contraire beaucoup au-dessous. Il n'y a pas moins de 26 catégories d'écoles classées d'après la langue dans laquelle l'enseignement est donné.

En Hongrie, il n'y avait pas tout à fait, en 1869, 48 p. o/o des enfants ayant l'âge scolaire qui fréquentassent les écoles; depuis, les progrès ont été grands (22 p. o/o en six ans); en effet, en 1874, la proportion était déjà de 70 p. o/o [5]. M. Körösi, ayant

(1) Les cantons de Zurich, d'Argovie, de Vaud et de Berne possédaient chacun plus de 225 bibliothèques.

(2) A Bâle, on trouve 390 volumes par 100 habitants.

(3) Il y avait 13 598 écoles en 1855, 14 494 en 1865, 15 166 en 1875.

(4) En 1874, il y avait en Autriche 15 166 écoles primaires, tant publiques que libres, avec 27 942 maîtres et 2 134 684 élèves sur 3 222 863 enfants d'âge scolaire, pour une population de 20 394 980.

(5) En 1875, il y avait 16 499 écoles primaires, comptant 23 542 maîtres et 1 595 553 élèves sur 2 140 000 enfants d'âge scolaire environ, pour une population de plus de 13 500 000 habitants. Il y avait aussi 200 collèges avec 2 534 professeurs et 38 074 élèves. La Commission centrale de statistique exposait une carte où était marquée la moyenne de fréquentation dans les écoles des provinces allemandes.

recherché quel était le degré d'instruction de la population suivant les professions, a trouvé que 68 p. o/o des ouvriers journaliers, 63 p. o/o des pauvres assistés, 57 p. o/o des nourrices, 53 p. o/o des éleveurs de bestiaux, près de 50 p. o/o des cochers et serviteurs ne savaient ni lire ni écrire.

Roumanie. — Dans la Roumanie, qui a une population de 5 millions d'habitants, on compte un total de 2 319 écoles primaires, tant publiques que privées, avec 108 824 élèves inscrits et 3 651 maîtres.

Grèce. — En Grèce, il y avait, en 1874, 1 227 écoles primaires, tant publiques que libres, comptant environ 1 300 maîtres et 81 449 élèves sur une population d'âge scolaire de 280 021 enfants.

Italie. — L'instruction est encore peu développée en Italie; c'est ce que montre le relevé des mariages où les époux n'ont pas signé leur contrat, puisqu'en 1875, sur 230 486, on en a enregistré plus de la moitié sans la signature d'aucun des époux (51,14 p. o/o), 3,18 p. o/o avec la seule signature de l'épouse, 23,62 p. o/o avec la seule signature de l'époux, et 22,06 p. o/o avec les signatures des deux; cette statistique montre qu'il y a eu en dix ans, depuis 1865, une diminution de 5 p. o/o dans le nombre des époux illettrés. Le nombre des conscrits ne sachant ni lire ni écrire est à peu près conforme aux précédents; en 1876, on en a trouvé 52 p. o/o. Ces chiffres ne sont que des moyennes, car l'état intellectuel des populations varie beaucoup suivant les provinces; tandis que le Piémont et la Ligurie tiennent le premier rang sous le rapport de l'instruction, les provinces méridionales et la Sicile ont la proportion d'illettrés la plus forte.

En 1876, on comptait 47 411 écoles primaires, tant publiques que libres, avec 1 931 617 élèves[1] sur 4 527 582 enfants d'âge scolaire, pour une population totale de 26 801 000 ha-

[1] Dont 1 054 469 garçons et 877 148 filles. En 1872, il n'y avait en tout que 1 723 047 élèves.

bitants. L'instruction élémentaire coûte environ 1 franc par habitant. L'enseignement est du reste gratuit pour ceux qui ne peuvent le payer et obligatoire depuis 1857, mais la loi n'est pas exécutée.

Pour l'enseignement secondaire classique, il y avait, en 1876, 104 gymnases et 80 lycées avec 16 107 élèves [1]; en 1872, on n'en comptait que 12 042.

Espagne. — En Espagne, il y avait, en 1870, date de la dernière statistique scolaire, 28 117 écoles primaires, tant publiques que libres, avec 29 022 maîtres et 1 410 476 élèves sur un total de 2 603 265 enfants ayant de 6 à 13 ans, pour une population totale de 16 507 000 âmes, soit 1 élève par 11 habitants [2].

Portugal. — Au Portugal [3], l'enseignement primaire est légalement gratuit et obligatoire depuis 1844, mais la loi n'a pas été exécutée jusqu'à présent. En 1876, on comptait 4 510 écoles primaires, tant publiques que libres, avec 198 131 élèves inscrits sur 615 949 enfants d'âge scolaire pour une population de 4 188 410 habitants : la moyenne de fréquentation ne dépasse pas 123 072, c'est-à-dire qu'un seul enfant sur 5 suit les cours.

France. — En France, on a publié depuis 1831 plusieurs statistiques de l'instruction primaire [4], où l'on trouve des renseignements précieux, mais qui ne paraissaient pas d'une manière régulière. En 1876, une commission spéciale a été instituée sous la présidence de M. Levasseur dans le but de dresser les cadres d'une statistique nouvelle et d'en surveiller l'exécution; le premier

[1] Il y avait en outre, à la même époque, 27 542 élèves dans les écoles secondaires particulières.

[2] M. Vallin estime qu'il y a aujourd'hui plus de 29 000 écoles primaires, que fréquentent 1 633 000 élèves.

[3] M. Martins da Rosa exposait des tableaux statistiques de l'instruction primaire au Portugal.

[4] Une à la fin de la Restauration (en 1829), six sous le règne de Louis-Philippe (en 1832, en 1833, en 1837, en 1840, en 1843 et en 1847), trois sous l'Empire (en 1863, en 1865 et en 1867) et une sous la République (en 1872).

volume pour l'année scolaire 1876-1877, qui vient de paraître (1878), a été composé par M. Buisson[1], et dorénavant une publication du même genre sera faite tous les cinq ans, l'année même du recensement de la population, afin que la comparaison du nombre des élèves et du nombre des enfants à instruire soit ainsi rendue plus précise.

Sous Napoléon Ier, l'instruction primaire ne figurait au budget de l'État que pour la somme modique de 4 250 francs, et l'on calcule, d'après le nombre des signatures apposées aux actes de mariage, que le progrès fait depuis le commencement du règne de Louis XVI jusqu'à la chute de l'empire n'a guère dépassé 0,25 p. 0/0 par an. Pendant les seize années de la Restauration, le nombre des écoles, ainsi que celui des élèves, a notablement augmenté (de 1,5 p. 0/0 par an en moyenne); le budget a monté alors jusqu'à 460 000 francs environ. Dès les premières années du règne de Louis-Philippe, pendant lequel on a déployé un zèle louable pour l'instruction du peuple, on a constaté un accroissement immédiat considérable du nombre des écoles (10 p. 0/0 environ) et de celui des élèves (de 20 à 22 p. 0/0); de 1833 à 1847, le progrès moyen annuel est évalué dans les publications officielles, pour les écoles, entre 2 et 3 p. 0/0 et, pour les élèves, à 6 p. 0/0; le nombre des écoles de filles s'est accru pendant la même période de 5,6 p. 0/0 par an et celui de leurs élèves de 2,8 p. 0/0. Ce n'est pas seulement du reste le nombre des écoles et celui des élèves qui ont augmenté pendant les dix-sept années du règne de Louis-Philippe, mais l'installation des locaux et la situation des maîtres ont été sensiblement améliorées; de plus, les salles d'asile, les cours d'adultes et les écoles normales d'instituteurs et d'institutrices se sont multipliés. Le budget consacré par l'État à l'instruction pendant cette période a été en moyenne de 2 215 000 francs, sans compter plus de 10 millions que dépensaient annuellement dans le même but les départements et les communes. De 1847 à 1863, le progrès moyen annuel a été de

[1] C'est de cette publication très importante que nous avons tiré la plupart des documents statistiques sur l'instruction publique chez les diverses nations; ce sont MM. Berger et Jost qui ont recueilli les chiffres pour les pays étrangers.

Gr. II. — Cl. 16.

0,6 p. 0/0 pour les écoles et de 0,4 p. 0/0 pour les garçons, de 3,4 p. 0/0 pour les filles[1]; pendant ces dix-sept années, le nombre des enfants placés dans les salles d'asile a triplé; en 1863, les dépenses de l'instruction primaire s'élevaient à la somme de 32 423 822 francs. De 1863 à 1866, le nombre des écoles a augmenté de 1 p. 0/0 par an et celui des élèves de 1,3 p. 0/0. Les principaux résultats à noter de 1867 à 1872 sont l'augmentation de plus en plus considérable du nombre des écoles publiques de filles (plus de 6 p. 0/0 par an) et celle du nombre des cours d'adultes; la gratuité a fait aussi de notables progrès durant cette période. Depuis 1867, la subvention de l'État est supérieure aux subventions départementales. En 1870, 53 707 648 francs ont été consacrés aux dépenses de l'instruction primaire, soit une augmentation de 66 p. 0/0 sur le budget de 1863.

Aujourd'hui, le nombre total des écoles primaires est de 71 547, que fréquentent 4 716 935 élèves[2] sur 6 409 081 ayant l'âge scolaire pour une population de 36 905 788 habitants : de 1872 à 1877, le progrès a donc été en moyenne par an pour les écoles de 0,7 p. 0/0 et pour les élèves de 1 p. 0/0. Les efforts pendant la dernière période ont continué à se porter principalement sur les écoles de filles, qui ont augmenté de 2 p. 0/0 environ. On a compté l'an dernier (1877), sur 100 conscrits, 83 sachant lire[3], et, sur 100 époux, 81,5 hommes[4] et 70,5 femmes signant leur contrat de mariage[5]; c'est dans l'est et surtout dans le nord-est de la France que l'instruction est la plus répandue.

La proportion entre les élèves des écoles publiques et ceux des

(1) Cette augmentation brusque tient à ce que la loi du 15 mars 1850 a rendu obligatoire pour les communes de 800 habitants et au-dessus l'entretien d'une école publique de filles.

(2) Ces 4 716 935 enfants fréquentaient l'école pendant l'hiver, mais en été il n'y en avait plus que 3 745 823.

(3) Il y en avait, en 1829, 42 p. 0/0; en 1839, 57 p. 0/0; en 1859, 70 p. 0/0; en 1872, 80,9 p. 0/0.

(4) En 1867, il n'y en avait que 75,5 p. 0/0 : 6 maris de plus sur 100 ont donc signé leur contrat en 1877 que dix ans auparavant.

(5) En 1790, il n'y avait que 26 épouses sur 100 qui signassent leur acte de mariage; il y en avait 34 en 1820, 56,7 en 1862, 63 en 1867. Ainsi 7,5 femmes de plus sur 100 ont signé leur contrat en 1877 qu'en 1867.

écoles libres n'est plus aussi favorable à ces dernières qu'autrefois. Le nombre des brevets de capacité délivrés aux hommes et surtout aux femmes ne cesse de s'accroître, et la gratuité a continué à s'étendre; en 1872, elle s'appliquait à 54 p. o/o des élèves inscrits dans les écoles publiques, et, en 1877, il y en avait 57,4 p. o/o. Le certificat d'études, qui n'existait que dans 21 départements en 1872, vient d'être introduit dans 84; enfin, on a établi des caisses d'épargne scolaires dans 81. Le total pour les dépenses ordinaires des écoles primaires a été, en 1877, de 71 715 686 francs; l'État [1], les départements [2] et les communes [3] leur ont en outre accordé des subventions importantes pour les dépenses extraordinaires.

Ce résumé des renseignements recueillis par le Ministère de l'instruction publique et publiés par la Commission de statistique pour l'enseignement primaire donne une idée générale des efforts qui ont été faits en France depuis un demi-siècle et des résultats qu'on a obtenus; il prouve toute la sollicitude que l'instruction du peuple inspire de plus en plus au gouvernement. Il n'est pas douteux qu'on ne tardera pas à atteindre le but vers lequel on tend, c'est-à-dire l'inscription dans les écoles de tous les enfants ayant l'âge scolaire.

L'enseignement primaire a pris en ces derniers temps un grand développement à Paris. M. Gréard a publié un important ouvrage où il résume avec netteté la situation actuelle [4]. Une carte exposée dans le pavillon de la ville de Paris montrait, au moyen

[1] L'État a porté sa subvention de 8 620 447 francs (1871) à 12 150 765 francs (1877).

[2] Les départements ont élevé leur contingent de 5 496 935 francs (1871) à 8 081 347 francs (1877).

[3] Les communes donnent aujourd'hui 51 483 574 francs (1877) au lieu de 39 505 042 francs (1871).

[4] Ce livre, qui est intitulé *L'Enseignement primaire à Paris et dans le département de la Seine de 1867 à 1877*, fait connaître non seulement tout ce qu'on a tenté et réalisé pour le développement de cet enseignement depuis dix ans dans le département de la Seine, ainsi que les méthodes en usage, mais son mouvement, son budget, la situation comparée du nombre des salles d'asile et des écoles primaires publiques et libres en 1867 et en 1877, et les résultats obtenus qui ont répondu aux efforts de l'auteur, le principal instigateur des améliorations, et du personnel enseignant.

Gr. II. — Cl. 16.

de teintes conventionnelles, le nombre des écoles, et, au moyen de cercles de grandeur proportionnelle, celui des élèves; tandis qu'il y avait, en 1866-1867, 303 écoles avec 65 020 places, il y en a aujourd'hui (1877-1878) 422 avec 120 073 places. La proportion des enfants inscrits aux salles d'asile, qui était en 1867 de 0,88 par 100 habitants, a monté en 1877 à 1,34 p. 0/0; celle des élèves inscrits dans les écoles primaires était respectivement aux mêmes dates de 7,64 p. 0/0 et de 8,48 p. 0/0, ce qui indique un accroissement notable; les places nouvelles mises à la disposition de la population parisienne depuis dix ans atteignent le chiffre considérable de 44 814, soit une augmentation de près de 69 p. 0/0 sur celui de 1867.

Dans les communes suburbaines du département de la Seine, la proportion des enfants reçus dans les salles d'asile était en 1877 de 2,73 par 100 habitants; celle des élèves des écoles primaires est, relativement à la population totale, à peu près la même qu'à Paris; l'augmentation des places mises à leur disposition y a été de 40 p. 0/0 dans ces dix années.

Les écoles sont suivies avec zèle; la statistique de la fréquentation, qui est un des éléments les plus intéressants de toute statistique scolaire, montre en effet que dans toutes les classes la moyenne des absences non justifiées ne dépasse pas 3 à 4 p. 0/0 du nombre total des élèves. La dépense moyenne annuelle par élève, qui était de 50 francs en 1867, était en 1877 de 66 francs; cette augmentation est causée par l'amélioration des traitements du personnel enseignant et surtout par la diminution des élèves confiés aux soins d'un même instituteur. Les améliorations apportées à l'enseignement public ont amené un ralentissement appréciable dans le développement de l'enseignement libre.

M. Brodier, qui a publié une étude statistique sur l'instruction primaire dans l'Yonne (1874), y constate les progrès qui ont été réalisés de 1828 à 1868 dans chacun des arrondissements et dans chacune des communes de ce département[1], et il met en lumière les causes extérieures qui ont exercé une influence favorable ou

[1] Ce travail comprend 27 cartes, 102 tableaux graphiques et 193 tableaux statistiques.

nuisible sur le développement de l'instruction, telles que l'état d'agglomération ou de dispersion de la population, le nombre des écoles, leur distance des lieux habités et la division ou la concentration de la propriété foncière; en 1872, 41,5 p. 0/0 des habitants ne savaient pas écrire. Ces études locales présentent un intérêt réel, quand elles sont bien faites, et il serait à désirer qu'on en entreprît dans tous les départements de la France.

On trouve des renseignements statistiques sur les établissements d'instruction secondaire et supérieure en France dans les deux volumes publiés par le Ministère de l'instruction publique pour l'année 1876.

Colonies françaises. — La population européenne et israélite trouve en Algérie pour l'éducation et l'instruction de ses enfants les mêmes ressources que dans la mère patrie; on compte dans les trois départements 662 écoles primaires, tant publiques que privées, avec 824 maîtres et 51 592 élèves, et 156 salles d'asile fréquentées par près de 20 000 enfants; ces chiffres, qui sont élevés par rapport au nombre des habitants (344 750), montrent que tous les enfants des deux sexes de 3 à 13 ans vont, à très peu d'exceptions près, à l'école. Il y existe en outre 15 établissements où les jeunes gens reçoivent l'instruction secondaire.

Dans l'ensemble de toutes nos autres colonies, on ne compte pas plus de 392 écoles avec 1 260 maîtres et 32 228 élèves, pour une population de 2 303 694 habitants.

Canada. — Dans chacune des neuf provinces du Canada, l'instruction publique est soumise à une législation spéciale; dans celles où domine la population protestante [1], le système scolaire est analogue à celui des États-Unis et les écoles sont gratuites pour tous et sans caractère confessionnel; dans le bas Canada, qui est le centre de la population catholique, dans l'île du Prince-Edouard et dans le Manitoba, elles ont au contraire un caractère strictement confessionnel. Il y avait, en 1874, 12 673 écoles

[1] Ontario, Nouvelle-Écosse, Nouveau-Brunswick et Colombie britannique.

Gr. II. — Cl. 16.

avec 15 465 maîtres et 890 664 élèves pour une population totale de 3 642 510 habitants. Dans l'État de Terre-Neuve, qui est jusqu'ici resté en dehors de la Confédération canadienne, on compte un peu plus de 11 élèves par 100 habitants.

États-Unis. — Les États-Unis sont au premier rang des nations qui attachent une grande importance à l'éducation nationale. Quoique le système scolaire, qui repose sur l'autonomie absolue de la commune [1], prenne des formes variées dans les divers États et Territoires de l'Union américaine, partout les écoles sont gratuites, ouvertes à tous, entretenues au moyen de revenus fixes et de taxes spéciales [2]. L'âge scolaire varie suivant les États; il n'y a pas moins de 17 limites différentes, allant de 5 à 21 ans, de 4 à 16 ans, de 5 à 17 ans, de 8 à 14 ans, etc. Il y a du reste toujours un grand écart entre la population scolaire légale, qui était en 1877 de 14 227 748 enfants, et le nombre d'élèves inscrits dans les écoles publiques, qui, à la même époque, était de 8 954 478; la moyenne de fréquentation ne dépassait guère du reste 5 millions [3]. Il y a en outre 11 107 écoles primaires spécialement affectées aux enfants de couleur avec 508 054 élèves nègres et 366 autres écoles avec 11 515 élèves indiens.

Mexique. — Au Mexique, sur 9 276 000 habitants, 688 000 seulement savent lire et écrire d'après M. Garcia y Cubas. Le gouvernement s'occupe de modifier cet état de choses; il a ordonné, dans ce but, l'établissement d'écoles gratuites dans toutes les paroisses de Mexico.

Brésil. — Grâce à l'esprit libéral et éclairé de l'empereur Don Pedro II, l'instruction publique a fait de notables progrès au

(1) Il n'y a point en effet de direction centrale aux États-Unis; cependant toute commune est tenue d'avoir autant d'écoles que le comporte le chiffre de sa population. Chaque ville a son bureau d'éducation nommé tous les trois ans à l'élection par scrutin de liste; il en résulte une instabilité de l'organisation scolaire qui n'est pas sans danger.

(2) Dans la plupart des États, la fréquentation de l'école n'est pas obligatoire.

(3) Depuis 1871, le *Commissioner of education* publie chaque année un rapport.

Brésil depuis 1871; l'enseignement primaire y est gratuit. En 1874, il y avait 5 890 écoles, tant primaires que secondaires, fréquentées par 188 000 élèves, soit, depuis 1872, un accroissement de près de 1 000 écoles et 21 000 élèves.

Uruguay. — Dans l'Uruguay, l'instruction primaire est gratuite et obligatoire; en 1877, il y avait 25 461 enfants des deux sexes recevant cette instruction dans 196 écoles de l'État et diverses écoles privées. Le chiffre des élèves, comparé à celui de la population, présente une proportion plus favorable que dans les autres États de l'Amérique du Sud.

Confédération Argentine. — Depuis 1860, l'instruction publique a fait des progrès remarquables dans la république Argentine; l'enseignement primaire y est gratuit et obligatoire, et les parents qui n'accomplissent pas le devoir que la loi leur impose sont passibles d'une amende. Le gouvernement ne dépense pas moins de 10 millions de francs par an dans ce but[1]. Néanmoins, malgré les progrès que marque la statistique de 1876 par rapport à celle de 1874 (130 écoles de plus), il n'y a guère que 120 000 enfants recevant l'instruction primaire sur plus de 500 000.

On y compte 2 038 établissements d'instruction avec près de 127 000 élèves, dont 1 986 écoles primaires avec 120 812 élèves, 24 écoles secondaires avec 2 701 élèves et 28 écoles supérieures avec 3 413 élèves.

Colonies anglaises de l'Océanie. — Le développement qu'ont pris depuis quelques années les colonies anglaises de l'Océanie y a amené la création de nombreux établissements scolaires. En 1877, on y comptait 4 917 écoles avec 10 232 maîtres et 519 249 élèves pour une population totale de 2 468 914 habitants.

Japon. — Depuis que, par suite de la réforme de 1868, le Japon est entré dans la voie de la civilisation, on y a organisé un sys-

[1] La moitié de cette somme est employée dans le seul État de Buenos-Ayres.

Gr. II. — Cl. 16.

tème d'éducation à la mode américaine; pendant l'année 1875, il y avait 24225 écoles avec 44766 maîtres et 1926126 élèves sur 5167667 enfants ayant l'âge scolaire pour une population de 34 millions d'habitants.

§ 4. STATISTIQUE JUDICIAIRE.

Les statistiques judiciaires qui font connaître la répartition géographique des crimes et délits et qui permettent d'en suivre le mouvement en même temps que les résultats produits par l'application des peines, fournissent au moraliste, au jurisconsulte et à l'homme d'État des éléments d'étude d'un haut intérêt; elles servent de base aux discussions législatives, et elles indiquent aux gouvernements les réformes qui seraient utiles pour atténuer la fréquence et la gravité des faits criminels et leur récidive; elles sont aussi l'un des principaux éléments pour l'étude statistique de la moralité dans les divers pays. C'est à Bonaparte, premier consul, que revient l'honneur d'avoir eu l'idée de réunir sous une forme statistique les résultats de l'administration de la justice [1]; la première publication qui ait été faite de ces éléments se trouve dans l'*Exposé de la situation de l'Empire* qui a été soumis au Corps législatif en 1813.

Un phénomène remarquable est révélé par la statistique judiciaire des divers pays, c'est qu'en temps ordinaire, lorsqu'il n'y a pas de crise exceptionnelle, telle que guerre, famine ou révolution, la criminalité a un mouvement assez régulier; les faits d'ordre moral se présentent, en effet, avec beaucoup plus d'uniformité qu'on ne serait tenté de le supposer.

L'Exposition était malheureusement très pauvre en documents de ce genre, excepté dans la section française où nous avons vu les dix derniers volumes du *Compte général de l'administration de la justice criminelle,* qui montrent les résultats obtenus par la justice répressive, et les dix derniers volumes du *Compte général de l'administration de la justice civile et commerciale,* ouvrage important

[1] Par une circulaire du 3 pluviôse an IX.

qui se continue depuis 1825 sous la direction du Garde des sceaux et qui a servi de modèle aux publications analogues des autres pays[1]. De son côté, le Ministère de l'intérieur dresse chaque année depuis 1852 la *Statistique des prisons et établissements pénitentiaires,* qui est utile à ceux que préoccupe l'amélioration morale des prisonniers; la dernière parue a trait à l'année 1874. Enfin, notre Ministère de la marine exposait les *Comptes rendus de l'administration de la justice dans les colonies françaises*, de 1834 à 1836, de 1838 à 1839 et de 1850 à 1867; ils sont dressés à l'instar de ceux de la France.

La statistique judiciaire de l'Italie, sur laquelle on a des renseignements complets depuis 1869, montre combien l'état moral des populations y varie suivant les provinces; tandis que, dans le nord, il n'y a guère eu en 1875 que 2 homicides par 100 000, il y en a eu plus de 16 à Rome ou dans les environs.

La *Statistique des prisons* des Pays-Bas est faite avec soin et entre dans tous les détails nécessaires. Les rapports, qui sont annuels, contiennent onze tableaux pour les maisons centrales, dix-sept pour les maisons de sûreté, seize pour les maisons d'arrêt et deux pour les maisons de police municipale et de passage.

Mentionnons encore l'*Atlas judiciaire de la Russie,* dressé pour l'année 1873, qui est composé de 11 cartes montrant : la distribution des tribunaux d'arrondissement; le nombre des affaires criminelles qui y ont été jugées et de celles qui ont été abandonnées; le temps qu'ont duré les affaires auxquelles on a donné suite; la répartition des affaires capitales jugées par les tribunaux, celle des crimes contre la propriété, celle des prévenus par rapport au nombre des habitants; la relation entre le nombre des acquittés et le total des prévenus; les accusés classés par profession; le nombre des condamnés aux travaux forcés et à la déportation, et le nombre des employés prévenus de crime dans l'exercice de leurs

[1] C'est en 1827 qu'a paru le premier volume; il se rapportait à l'année 1825 et était dû à M. Arondeau qui a conservé la direction des statistiques judiciaires depuis cette époque jusqu'en 1862. L'Académie des sciences lui a décerné en 1857 le prix de statistique Montyon, et récemment le même prix a été accordé aux Comptes de la justice civile et commerciale.

Gr. II. — Cl. 16.

fonctions. Cet atlas, très complet, présente un intérêt réel et mérite d'être imité dans les autres pays.

§ 5. STATISTIQUE FINANCIÈRE.

Il est important de centraliser dans une publication périodique tous les renseignements sur les recettes et sur les dépenses de l'État, sur la législation en matière d'impôts, sur les propriétés domaniales, sur les emprunts, sur les valeurs mobilières, sur les banques, etc. Le Ministère des finances de France exposait, outre le *Compte général* et le *Budget* qui paraissent tous les ans, les deux premiers volumes d'un ouvrage de statistique financière conçu dans cet esprit, qui est intitulé *Bulletin de statistique et de législation comparée* (1877 et 1878); il a aussi publié le *Tableau général des propriétés de l'État* en 1875, qui fait connaître l'étendue et l'importance des domaines publics: à cette date, il y avait dans notre pays 17 899 propriétés affectées à des services publics, d'une valeur totale de 1 948 301 130 francs, et 9 098 non affectées à des services publics, d'une valeur totale de 1 650 368 815 francs.

Le tableau dressé par M. de Malarce qu'exposait la Société des institutions de prévoyance et qui nous montrait l'histoire des caisses d'épargne françaises révélait ce fait important et très digne d'attention, que, depuis quatre ans, leur capital s'est élevé de 575 à 915 millions de francs, et le nombre des livrets de 2 100 000 à 3 millions [1].

On trouve dans la *Statistique des grandes villes,* par M. Körösi, des renseignements intéressants sur la proportion des charges qui pèsent sur elles; ainsi, tandis que les dépenses municipales at-

[1] Ce mouvement ascendant remarquable est dû non seulement à la confiance qu'ont acquise les caisses et peut-être aux fluctuations des affaires, mais aussi à la multiplication des lieux de versement, où l'on peut déposer son argent sans longs trajets et sans perte de temps, et à la fondation des caisses d'épargne scolaires: ces dernières, qui existent aujourd'hui dans 81 départements, ont fait connaître aux parents les services que rend cette excellente institution et elles leur ont fait comprendre les avantages de la mise en réserve, dans l'intérêt de l'avenir, des ressources que les besoins du moment laissent libres.

teignent à Paris 115 francs par habitant[1], elles sont à Florence, de 90 francs; à Rome, de 58 francs; à Vienne, de 46 francs; à Turin, de 43 francs; à Stuttgart, de 40 francs; à Berlin et à Breslau, de 36 francs; à Copenhague, de 35 francs; à Gênes, de 31 fr. 50 cent., et à Munich, de 27 francs. En France, elles varient, pour les villes secondaires, de 42 francs (Saint-Étienne) à 78 francs (Rouen).

La Direction générale de la statistique de l'Italie a commencé depuis 1866 une publication régulière sur les budgets communaux et provinciaux du royaume.

Pour les finances russes, on peut consulter avec fruit soit l'annuaire de M. Vessélovsky, soit les publications de M. Bloch qui prépare en ce moment un ouvrage complet sur ce sujet[2], soit les six tableaux graphiques sur lesquels M. Yermolof a indiqué les recouvrements des impôts indirects en Russie pendant douze années, de 1863 à 1875. Durant cette période, l'impôt sur les boissons a monté de 544 à 784 millions de francs; celui sur le tabac de 20 à 42 millions; celui sur le sucre de 2 à 13 millions; celui sur les douanes de 136 à 256 millions; celui des droits de timbre et d'enregistrement de 44 800 000 à 93 600 000 francs; celui sur le sel est resté à peu près stationnaire entre 44 et 45 millions.

Le dernier *Statistical Abstract* du Royaume-Uni de la Grande-Bretagne et de l'Irlande nous apprend que la valeur totale annuelle de la propriété imposée pour la taxe sur le revenu s'y est élevée de

(1) Cet impôt énorme chasse de Paris une partie de la population bourgeoise et en fait la ville du luxe et de la misère par excellence.

(2) Cinq tableaux graphiques, qui doivent faire partie de cet important ouvrage, étaient exposés; l'un donnait, pour la période comprise entre 1813 et 1876, le cours monétaire, l'encaisse métallique, la quantité de papier-monnaie en circulation, les variations de la valeur du rouble papier en rouble métallique et la comparaison de la rente 6 p. 0/0 russe au 3 p. 0/0 français et au 5 p. 0/0 italien; sur le deuxième étaient indiqués la dette de l'empire et son amortissement; sur le troisième étaient marquées les recettes de 1824 à 1876 par chapitre, avec l'indication des déficit et des excédents, ainsi que la répartition par 100 habitants; le quatrième était consacré aux dépenses par ministère de 1824 à 1876, avec la répartition par 100 habitants; enfin le dernier avait trait aux crédits supplémentaires et aux dépenses extraordinaires des différents ministères.

Gr. II. — Cl. 16.

10 milliards de francs (en 1866) à 14 milliards et demi (en 1875), soit de 450 millions de francs environ par année [1]. On pense, du reste, que l'accumulation ordinaire du capital, tant par la construction des bâtiments [2], par l'amélioration des routes et par les travaux de chemins de fer que par les machines de toutes sortes qui forment l'outillage des nouvelles exploitations agricoles et industrielles, n'y est pas inférieure à 5 milliards par an. Le capital des caisses d'épargne, qui y était, en 1866, de 1 100 millions de francs, a atteint, en 1876, le chiffre énorme de 1 750 millions.

Ces quelques données suffisent pour montrer quel développement tend à prendre la richesse des diverses nations européennes.

§ 6. STATISTIQUE MÉDICALE.

Le statisticien qui étudie les mouvements généraux de la population ne peut se désintéresser ni de la répartition des maladies, ni de la marche des épidémies; aussi n'est-il pas étonnant que, depuis 1867, on ait publié un certain nombre de cartes qui retracent les phénomènes morbides dans leurs rapports avec certains phénomènes naturels, cartes qu'on peut consulter avec fruit. Les maladies ont en effet une marche plus régulière qu'on ne le croit d'ordinaire, on pourrait presque dire qu'elles ont leurs lois comme les phénomènes météorologiques dont elles sont souvent l'effet; certaines d'entre elles ont leurs stations où elles sont cantonnées; d'autres prennent naissance dans des pays particuliers pour se répandre ensuite au loin.

Comme le dit le docteur Bertillon, lorsque, dans ses études sur la mortalité, la statistique démographique indique les hospices d'enfants qui en perdent deux sur cinq, les prisons où les détenus entrés dans l'année fournissent la moitié des décès, etc., elle ré-

(1) Les taxes sur les revenus ont monté en dix ans de 4 milliards à 5 milliards et demi de francs.

(2) Le capital en maisons s'est accru pendant la dernière période décennale de près de 4 milliards de francs; la valeur des mines a presque triplé; celle des usines à fer a, pour ainsi dire, quadruplé, et celle des chemins de fer a doublé.

vèle un fait important à connaître et elle donne à l'administration le moyen d'y remédier. Il serait donc utile de créer partout une géographie médicale et une statistique sanitaire qui permissent de déterminer exactement les régions où les diverses affections sévissent avec le plus de force. Il y a, du reste, à tenir compte non seulement des influences très puissantes des milieux topographiques et des conditions météorologiques qui compliquent les maladies graves ou qui souvent même les produisent[1], mais il faut aussi se préoccuper des habitants, de leur régime, de leur genre de vie[2], car ce n'est qu'à l'aide d'une analyse sévère et rigoureuse de tous ces éléments qu'il sera possible d'arriver à déterminer les circonstances propres au développement ou à l'aggravation de chacune des maladies et de se faire une opinion raisonnée sur les milieux climatériques qui sont convenables aux diverses affections chroniques.

Bien que nous ne connaissions encore malheureusement que fort peu de choses à cet égard, on a cependant constaté divers faits généraux qui ont un intérêt réel. Ainsi la statistique a montré que l'une des maladies les plus redoutables, la phtisie, ne frappe guère que les habitants des parties peu élevées des zones tempérées; on ne la rencontre pas au delà d'une certaine altitude, variable selon la latitude (900 mètres au Pérou, 750 mètres au Mexique, 4600 mètres dans les Alpes, 130 mètres en Norwège, 70 mètres en Islande), et au Spitzberg elle n'existe pas; cette immunité dont jouissent les hautes régions ne peut être attribuée à la température, puisque sur les plateaux du Pérou et du Mexique le climat est très doux et assez semblable à celui de la France.

On voyait à l'Exposition plusieurs cartes ou diagrammes qui donnaient la statistique médicale de divers pays.

La Norwège est divisée en 145 districts médicaux civils à chacun desquels est attaché un médecin de l'État nommé par le roi, et, dans toutes les communes, il y a un comité de salubrité publique

[1] C'est ce que mettent souvent en évidence les hivers doux.

[2] Certaines races ont non seulement des aptitudes ou des immunités spéciales, mais on pense, en outre, que chaque maladie présente, pour chaque race, une fréquence et un danger particuliers.

que, par suite de dispositions législatives particulières, tout père de famille doit avertir de la première apparition des maladies contagieuses. Grâce à cette organisation spéciale, on est en mesure d'avoir des statistiques plus exactes et plus étendues sur l'état sanitaire de ce royaume que sur celui de la plupart des autres pays de l'Europe. Dans la section norwégienne, il y avait neuf cartes, dressées par le docteur L. Dahl, où était résumé l'état sanitaire du royaume pour la lèpre, la variole, la phtisie, la fièvre typhoïde, le typhus, la surdi-mutité, la cécité, les maladies mentales et l'idiotisme; la première montre que le nombre des lépreux va en diminuant rapidement, puisqu'en dix ans il a été réduit du tiers [1]. Le Bureau central de statistique de Stockholm exposait un diagramme indiquant la distribution des principales maladies endémiques en Suède.

Le docteur C. Majer a publié un certain nombre d'études statistiques sur les épidémies et les maladies qui ont sévi en Bavière. Nous devons citer, entre autres, son rapport annuel *Generalberichte über die Sanitäts-Verwaltung im Königreiche Bayern.* Dans le royaume de Wurtemberg, on s'occupe aussi avec activité de recherches analogues.

Pour les Pays-Bas, nous devons citer le rapport détaillé qui a été publié sur les invasions du choléra en 1864, 1865 et 1866 [2], et il existe plusieurs monographies sur les épidémies qui y ont sévi à diverses époques. Les inspecteurs du corps de santé présentent tous les ans au gouvernement un rapport sur l'état sanitaire de la population, sur les mesures prises dans l'intérêt de l'hygiène publique et sur les infractions à ces règlements, etc. La statistique des hôpitaux et de leur mouvement se trouve dans les publications des communes et des provinces. Le Ministère de la marine, depuis 1857, et le Ministère de la guerre, depuis 1862, publient un rapport annuel sur l'état sanitaire de la flotte et de l'armée.

Le docteur Drasche, professeur d'épidémiologie à l'Université de Vienne, a publié un travail sur le choléra qui a sévi dans la

(1) En 1865, il y avait en Norwège 2603 lépreux et, en 1875, il n'y en avait plus que 1771.

(2) Ce rapport a paru en 1868.

capitale de l'Autriche en 1873; une carte dressée avec soin montre les maisons où il y a eu des malades et le nombre de malades qu'il y a eu dans chacune d'elles, et des diagrammes indiquent la relation des phénomènes météorologiques (température, pluie, saison, pression de l'air) avec le nombre des morts par jour.

Le Bureau de statistique hongrois exposait deux diagrammes et deux cartes où étaient indiqués les ravages occasionnés par le choléra en Hongrie en 1866 et en 1873; on y voit que les régions les plus éprouvées n'ont pas été les mêmes à ces deux dates: en 1866, l'épidémie a sévi surtout dans le nord-ouest, tandis qu'en 1873 elle a plus particulièrement attaqué le centre du pays où les décès ont atteint la proportion considérable de 6 à 7 p. 0/0.

Le docteur Pietra Santa a fait un travail intéressant du même genre à l'occasion de l'épidémie typhoïde qui a sévi en Europe en 1877.

Le Ministère de l'intérieur de la France a publié la *Statistique médicale des maisons centrales* de 1850 à 1866, dont le dernier fascicule a paru en 1869, et au Ministère de la guerre on établit chaque année la *Statistique du recrutement,* document très important et très sûr, d'où les statisticiens tirent des renseignements utiles sur les infirmités physiques des conscrits suivant les régions.

Depuis 1861, on dresse dans les hôpitaux de Paris une statistique médicale qui complète, au point de vue scientifique, les simples résultats généraux que, depuis 1802, l'administration présente sur le mouvement de leur population [1]; les maladies y sont classées d'après les organes qu'elles affectent afin qu'on puisse y rechercher les influences exercées sur chacune d'elles par l'âge, le sexe, la profession, le genre de vie et les saisons; on y trouve, pour les maladies aiguës, un tableau de la mortalité par durée de séjour, ce qui met en relief les différences existant d'hôpital à hôpital pendant la période des premiers jours, alors que les secours de l'art n'ont pu encore exercer d'action. Cette utile publication indique aussi les réussites et les échecs qui ont été obtenus dans les diverses opérations chirurgicales, et peut servir

[1] La population des hôpitaux de Paris atteint le chiffre de 100 000 malades par an.

Gr. II. — Cl. 16.

à déterminer quel âge, quelle saison, quel milieu, sont les plus favorables; le premier volume a paru en 1867. Citons encore le *Dictionnaire encyclopédique des sciences médicales*, ouvrage en cours de publication, qui contient de très nombreux articles de statistique médicale.

M. Chervin aîné, qui étudie avec persévérance les moyens de diminuer le développement du bégayement en France, a compulsé avec soin les *Comptes rendus sur le recrutement de l'armée* de 1850 à 1869, et il y a trouvé que, pendant cette période, sur 2 086 826 conscrits [1], 13 215 ont été exemptés du service militaire pour cause de bégayement; à l'aide de ces chiffres [2], il a dressé une carte de la distribution géographique des bègues en France, qui montre au premier coup d'œil que le bégayement est moins fréquent au nord qu'au midi, que le nord-est est la partie de notre pays la plus épargnée, que le sud-est est, au contraire, la plus maltraitée avec une proportion de 8 bègues par 1 000 [3]. Il résulte, en outre, de ses recherches, que le bégayement est beaucoup plus fréquent chez l'homme que chez la femme [4], qu'il y a une tendance à l'augmentation dans les contrées du midi, déjà si maltraitées, et une diminution dans le centre, enfin, que les villes comptent de deux à trois fois moins de bègues que les campagnes.

M. Chervin exposait aussi une carte statistique du bégayement en Italie, qui montre qu'au sud du parallèle de Florence la pro-

(1) M. Chervin ne compte pas dans ce nombre ceux qui, étant exemptés pour d'autres causes plus graves, n'ont pas été examinés à ce point de vue spécial.

(2) M. Chervin a d'abord calculé les moyennes pour chacune des vingt années et pour chaque département; puis, à cause des grandes différences qui règnent d'une année à l'autre dans chaque département, il a groupé les chiffres en moyennes quinquennales, décennales et générales, qu'il regarde comme l'expression assez exacte de la vérité, et au moyen desquelles il a dressé sa carte.

(3) D'après le travail de M. Chervin, les bègues sont en moyenne pour toute la France au nombre de 3 p. 00/00; mais, comme le bégayement léger n'est pas regardé comme un motif d'exemption du service militaire, on peut admettre qu'il y en a en réalité 5 pour 00/00, soit un total de 150 000 bègues dans notre pays; mais il existe des différences considérables entre les divers départements, puisque, toutes proportions gardées, on compte 9 conscrits bègues dans la Seine, 37 dans le Rhône et 153 dans les Bouches-du-Rhône!

(4) En France, la moyenne de vingt années donne 11 628 femmes pour 116 288 hommes.

portion des conscrits exemptés du service militaire pour cause de bégayement est inférieure à 2 pour 1 000 habitants, et qu'au nord, au contraire, plus de la moitié des cantons en comptent de 2 à 6 p. 00/00, et même quelquefois, comme sur la rivière de Gênes, jusqu'à 10 et 13 p. 00/00.

M. Chervin jeune a dressé, de son côté, en s'appuyant également sur les comptes rendus du recrutement de l'armée française de 1850 à 1869, des cartes où est indiquée la prédominance suivant les régions des diverses infirmités qui ont donné lieu aux exemptions [1]; chaque département y est teinté de manière à indiquer clairement combien de conscrits sur mille ont été réformés pour chacune d'elles. Il paraît en résulter que, si quelques-unes semblent propres à certaines races, il en est qui ne peuvent s'expliquer que par l'influence du milieu. En établissant cette statistique par canton et pour un nombre d'années suffisant, on arriverait peut-être à démêler les causes des infirmités qui frappent plus spécialement certains groupes de population et à en trouver le remède.

On peut encore citer les travaux intéressants de statistique infantile qu'ont publiés M. Bodart, secrétaire général de la Société protectrice de l'enfance d'Indre-et-Loire, et M. René Lafabrègue [2].

Tout le monde connaît les effets désastreux de l'ivrognerie, qui non seulement engendre la paresse et le désordre, dégrade l'intelligence et pousse souvent au crime, mais qui encore donne naissance à une foule de maladies et agit par voie de transmission héréditaire sur l'état sanitaire des populations. Il est donc bon de rechercher à quelles causes morales et économiques est dû

(1) Telles que convulsions, aliénation mentale, varices, myopie, infirmités physiques, strabisme, pieds bots, varicocèle, goitre, faiblesse de constitution, épilepsie, gibbosité, hydrocèle, scrofules, défaut de taille, surdi-mutité, division congéniale des lèvres, perte de dents, calvitie et alopécie, crétinisme, hernie, pieds plats, dartres et couperose.

(2) Dans sa *Statistique infantile pour servir à l'étude de la question des enfants assistés en France*, qu'accompagnent des cartes et des graphiques, M. Lafabrègue donne le nombre des naissances annuelles (légitimes et illégitimes), la longueur et le poids des nouveau-nés dans les hospices, la mortalité dans la première année à la ville et à la campagne, les crimes contre les enfants, la quantité des mort-nés et le rapport des légitimations aux naissances illégitimes.

Gr. II. — Cl. 16.

le développement de ce vice : c'est le but que se propose l'*Association française contre l'abus des boissons alcooliques*, qui, fondée en 1873, s'efforce de trouver les moyens de le combattre et de l'atténuer. Cette association publie un journal *la Tempérance*, où sont traitées toutes les questions relatives à l'alcoolisme et où M. le docteur Lunier a écrit de nombreux articles, accompagnés de tableaux et de cartes, sur la production et la consommation des boissons alcooliques en France et sur leur influence au double point de vue de la santé et de l'intelligence des populations [1]. Il en ressort que, depuis 1839, la consommation de l'alcool a augmenté d'un tiers environ pour toute la France, qu'elle est faible dans les départements vinicoles (midi et centre) et très forte dans ceux où la bière et surtout le cidre sont la boisson ordinaire (nord) [2]. De tous les pays, c'est la Hollande où la consommation de l'alcool par tête est la plus forte. Les recherches statistiques de M. Lunier montrent que les cas d'ivresse tapageuse et brutale sont plus fréquents dans les départements qui consomment des alcools d'industrie que dans ceux qui consomment du vin [3]; que les morts accidentelles par excès de boisson, communes dans les premiers, sont rares dans les seconds [4]; que le nombre des cas de folie et des suicides dus à des causes alcooliques est et s'accroît, dans un même département, en raison directe de la consommation des alcools d'industrie [5]. Ces observations intéressantes montrent non

(1) Les documents que le docteur Lunier a eus entre les mains lui ont été fournis par les directeurs des contributions indirectes, auxquels le Ministre des finances l'a autorisé en 1871 à adresser des questionnaires sur la production et sur la consommation des boissons alcooliques, ainsi que par les directeurs des asiles d'aliénés dont il est un des inspecteurs généraux.

(2) La consommation paraît cependant avoir diminué dans la région du nord depuis 1839, époque à laquelle elle était déjà très forte, et elle est restée stationnaire dans l'est; ce résultat est dû à l'augmentation de la consommation du vin dans cette partie de la France.

(3) La proportion des inculpés varie de 82 à 21 dans les premiers et de 20 à 2 dans les seconds. Pendant les années 1874, 1875 et 1876, on a poursuivi en France, pour ivresse publique, une moyenne annuelle de 83 500 inculpés.

(4) Il y en a eu en moyenne, de 1872 à 1875, 400 par an.

(5) Il y a quelques départements où les faits ne sont pas complètement en accord avec les conclusions que nous venons de résumer si brièvement; mais ce sont des anomalies dont on trouvera probablement l'explication quand on aura des données plus nombreuses et s'étendant à une période de temps suffisamment longue.

seulement les dangers de l'intempérance, mais permettent de rechercher quelles sont les mesures préventives à prendre pour apporter le plus d'obstacles possible à l'abus des boissons spiritueuses.

Nous pouvons encore citer dans le même ordre d'idées les études statistiques de géographie pathologique par le docteur Bertillon et la statistique des décès dans la ville de Paris par M. Trébuchet, qui ont paru dans les *Annales d'hygiène publique et de médecine légale;* dans tous les journaux médicaux français et étrangers, il y a constamment du reste des notes qui intéressent la statistique des maladies et qu'il nous est impossible même d'énumérer.

Aux États-Unis, on a publié la statistique des diverses infirmités qui ont été constatées lors du recrutement pendant la guerre de sécession [1], et l'atlas de M. Walker donne des indications précieuses sur la répartition géographique des maladies et des principales causes de décès dans cet immense pays.

Nous terminerons en citant les beaux travaux de M. le docteur Jourdanet, qui, pendant vingt ans, a étudié, sur les hauts plateaux du Mexique, les influences des milieux sur certaines maladies et qui y a signalé la fréquence de certains états pathologiques, tels que les congestions passives, etc., qui sont rares dans nos régions à air condensé, et, au contraire, la rareté de certaines affections, telles que la phtisie, par exemple [2].

§ 7. STATISTIQUE AGRICOLE.

La statistique agricole montre l'étendue des diverses cultures, recense leurs produits, évalue les récoltes, dénombre les têtes de bétail, constate les perfectionnements réalisés par l'usage des machines, par l'irrigation, par l'emploi des engrais, etc.; elle fait, en outre, une étude approfondie de la condition des tra-

[1] *Statistics medical and anthropological of the Provost-Marshal General's Bureau derived from records of the examination for military service in the armies of the United-States during the late war of Rebellion of over a million recruits*, compiled by J.-H. Baxter, 2 vol. 1875, avec 11 cartes et de nombreux diagrammes.

[2] L'ouvrage du docteur Jourdanet sur l'influence de la pression de l'air sur la vie de l'homme est accompagné de 8 cartes en couleurs, de 3 chromolithographies et de 36 gravures.

Gr. II. — Cl. 16.

vailleurs agricoles et des faits économiques de toute nature qui peuvent influer sur le progrès de l'agriculture. Mais, quoique chaque pays ait le plus grand intérêt à réunir tous ces renseignements, il n'est malheureusement pas douteux qu'il y a de grandes difficultés à les avoir exacts; parmi les personnes appelées à constater les faits, beaucoup n'ont pas toutes les connaissances nécessaires, et, d'autre part, la plus grande partie des fermiers et des paysans, craignant qu'ils ne permettent au fisc d'augmenter ses exigences, font des efforts pour cacher le montant réel des récoltes [1]. Cependant, malgré les erreurs qui se glissent inévitablement dans ces sortes de statistiques, on peut le plus souvent leur emprunter un certain nombre de faits qui expriment assez fidèlement la situation de l'agriculture dans les divers pays.

Royaume-Uni de la Grande-Bretagne et de l'Irlande. — Dans la Grande-Bretagne [2], où la superficie du sol cultivable n'est pas très étendue relativement à la population, on s'est efforcé d'en augmenter le rendement, et l'on y a réussi. En effet, le blé [3], qui, selon M. Caird, produisait en moyenne, il y a un siècle, 20 hectolitres par hectare et, il y a quarante ans, 22 hectol. 85, donne, depuis trente ans, sans grande variation, 25 hectol. 20, ce qui semble le maximum possible [4]. La consommation annuelle étant en moyenne de 65 millions d'hectolitres et la production également moyenne [5] n'étant que de 34 millions, le Royaume-Uni est obligé d'en de-

[1] Les systèmes mis en pratique tendent cependant à s'améliorer, et les craintes des cultivateurs commencent à se dissiper dans quelques pays. C'est l'œuvre du temps.

[2] Les rapports officiels ne fournissent que la statistique du bétail et l'étendue des terres en culture; sur les 77 828 947 acres (environ 311 300 kilomètres carrés) qui forment la superficie du Royaume-Uni de la Grande-Bretagne et de l'Irlande, 11 500 000 environ sont cultivés en céréales, pois ou fèves, 5 millions en fourrages artificiels, et 2 500 000 sont plantés en bois. On n'a que des données approximatives sur les récoltes et les quantités de viande, de laine, etc., obtenues annuellement.

[3] Sur les 4 600 000 hectares cultivés en moyenne chaque année en céréales, pois ou fèves, 1 475 000 environ sont consacrés à la culture du froment.

[4] Cette moyenne de 25 hectolitres de blé à l'hectare a été dépassée de 4 p. o/o de 1849 à 1858, de 3 p. o/o de 1859 à 1868, et elle n'a pas été atteinte de 1869 à 1878; pendant cette dernière période, il y a eu un déficit de 8 p. o/o.

[5] Déduction faite de la semence.

mander à l'étranger environ 31 millions par an; en 1868-1869, on n'a eu besoin que de 24 millions, mais, en 1875, 1876 et 1877, on en a importé près de 41[1]. Le prix moyen pour les dix dernières années a été de 23 fr. 20 cent. par hectolitre, variant de 19 fr. 70 cent. à 29 fr. 60 cent.[2].

De 1867 à 1876, le nombre des chevaux s'est accru de 2 millions à 2 850 000, et celui du bétail de 1 260 000 têtes[3]; les bêtes de race ovine ont, au contraire, diminué de plus de 1 500 000 têtes[4], et les porcs de 500 000[5].

Norwège. — La Norwège exposait une série intéressante de dix-huit cartes d'économie rurale. Ce pays, qui est très accidenté, est naturellement peu peuplé en dehors du littoral: dans l'intérieur, il n'y a de cultures que dans les vallées, le long des cours d'eau[6]. L'avoine est la production principale de la côte du sud-est[7]; c'est dans cette même région qu'il y a les troupeaux de bœufs et de moutons les plus considérables[8]. Dans les vallées de l'intérieur et sur les côtes occidentale et septentrionale, on cultive presque

[1] Depuis 1870, l'Angleterre importe de 40 à 50 millions de quintaux de blé par an, et, comme ces quantités importées empêchent les prix de s'élever au niveau des frais de production, beaucoup de fermiers transforment leurs terres arables en prairies; 160 000 hectares ont déjà été retirés de la culture.

[2] Il n'y avait à l'Exposition, dans la section anglaise, qu'une seule carte agricole, celle du comté d'Edimbourg publiée par MM. Bartholomew, qui malheureusement est dressée d'après le revenu annuel de la terre et non d'après la nature et la quantité des produits.

[3] De 8 737 000 à 9 997 000.

[4] De 33 800 000 à 32 250 000.

[5] De 4 225 000 à 3 735 000.

[6] Il n'y a que 4 000 kilomètres carrés sur 316 580 qui soient cultivés, soit 1,3 p. 0/0 environ de la superficie totale; 4 p. 0/0 sont occupés par des prairies naturelles (non compris les pacages des hauts plateaux et des montagnes) et 20 p. 0/0 sont couverts de forêts (formées le plus souvent d'arbres clairsemés).

[7] En 1875, sur les 2 210 kilomètres carrés cultivés en céréales ou farineux, 900 étaient ensemencés en avoine et 535 en orge. La culture et l'exportation de l'avoine prennent du reste chaque année un développement plus grand; on en a exporté en moyenne par an 86 000 hectolitres de 1861 à 1870; aujourd'hui on en exporte plus de 150 000.

[8] De 1871 à 1875, ces troupeaux ont fourni à l'exportation des produits alimentaires, des graisses, des huiles et peaux brutes pour une valeur annuelle de plus de 82 500 000 francs au lieu de 61 750 000 francs, comme dans la période précédente.

exclusivement l'orge et le seigle, dont la production ne suffit pas à beaucoup près à la consommation [1]; c'est aussi là que se trouvent les prés. Le commerce des bois, tant bruts qu'ouvrés, y a une très grande importance, comme en témoignait l'exposition norwégienne; de 1875 à 1877, l'exportation totale a été en moyenne par an de 3 026 000 stères [2] d'une valeur de 61 millions et demi de francs, au lieu de 43 millions comme dans la période précédente (1871-1875).

Suède. — En Suède, il y a eu de grands progrès accomplis par l'agriculture pendant les dix dernières années, si l'on en juge par l'excédent annuel de l'exportation des grains sur leur importation, qui depuis 1867 a été double de ce qu'il avait été pendant la période précédente. Ce développement considérable est dû en partie à ce que, de 1865 à 1870, les Suédois ont conquis à la culture, par le dessèchement des marais et par des opérations de drainage [3], une superficie de plus de 400 000 hectares, soit le sixième environ de la totalité des terres arables [4]. Les terres cultivées ne constituent encore cependant que 11,5 p. 0/0 de la superficie totale du royaume; il est vrai que si on laisse de côté la région septentrionale, qui, très peu peuplée du reste, ne contient guère, à cause de la rigueur de son climat et de l'aridité de son sol, que des forêts et des pâturages naturels, la proportion s'élève, dans les provinces méridionales, jusqu'à 46 p. 0/0 (dans le gouvernement de Christianstad) et même jusqu'à 72 p. 0/0 (dans le gouvernement de Malmöhus). Il y a encore néanmoins beaucoup à faire, et le Gouvernement s'efforce avec raison d'amé-

[1] L'excédent de l'importation sur l'exportation des céréales autres que l'avoine a atteint la valeur moyenne de 38 750 000 francs par an, de 1866 à 1870, et de 44 750 000 francs, de 1871 à 1875. Pendant cette période, on n'a pas importé par an moins de 1 663 000 hectolitres de seigle, de 590 000 hectolitres d'orge et de 256 000 hectolitres de farine; la consommation annuelle par tête a été de 1 hectol. 85.

[2] On a exporté annuellement, de 1820 à 1824, 669 000 stères; de 1840 à 1844, 1 043 000; de 1860 à 1864, 1 831 000; de 1865 à 1869, 2 131 000, et, de 1870 à 1874, 2 347 500 stères.

[3] La Suède contient tant de lacs et est sillonnée par tant de rivières que le douzième de sa surface est couvert d'eau.

[4] En 1865, on estimait que les terres cultivées occupaient 2 334 000 hectares.

liorer cet état de choses, car l'industrie agricole n'occupe pas moins de trois millions d'individus, soit les trois quarts de la population totale.

La Suède produit plus de céréales qu'elle n'en consomme, et la production tend de plus en plus à augmenter; l'excédent s'exporte principalement en Angleterre [1]. C'est l'avoine qui, comme en Norwège, est la culture principale; l'orge a aussi une grande extension, mais on est obligé d'importer en quantité notable du seigle et de la farine de froment.

L'élevage du bétail a fait, comme l'agriculture, des progrès considérables et incessants depuis vingt ans, non pas qu'il y ait une grande augmentation dans le nombre des animaux domestiques, mais parce que l'amélioration des races et la meilleure manipulation des produits de ferme ont beaucoup accru les bénéfices. L'exportation des animaux de boucherie prend chaque jour un plus grand développement [2].

Les forêts domaniales, d'après le rapport accompagné de cartes qu'exposait l'Administration forestière suédoise, avaient, en 1876, une superficie de 51 600 kilomètres carrés, valant 44 670 000 francs; leur produit net annuel, qui n'est que de 660 000 francs, indique combien leur aménagement est imparfait. Les forêts appartenant à des particuliers couvraient, à la même époque, 303 000 kilomètres carrés, ce qui, ajouté à l'étendue des forêts de l'État, représente 88 p. o/o du territoire tout entier. Il n'est donc pas étonnant que les bois bruts et ouvrés constituent l'une des principales branches du commerce de la Suède; l'excédent de l'exportation sur l'importation a été, en 1875, de 128 750 000 francs et, en 1876, de 156 500 000 francs.

Danemark. — Autrefois, les îles de Seeland et de Fionie étaient, avec la côte du Jutland qui leur fait face, les seules régions du Danemark qui fussent cultivées. La carte de la répartition des terres

(1) En 1876, on a exporté pour 41 millions de francs de céréales en Angleterre, pour 8 millions en France, pour 4 et demi en Belgique.

(2) Tandis que, de 1850 à 1859, on n'a exporté en tout que 11 500 animaux de boucherie (bêtes à cornes, moutons et porcs), on en a exporté plus de 181 000 de 1860 à 1869, et 321 000 de 1870 à 1875!

arables dans le Jutland, qu'on voyait à l'Exposition, montre qu'un tiers environ de la superficie qui, en 1845, était encore occupé par des landes improductives ou par des dunes stériles, s'est peuplé et est aujourd'hui mis en culture [1].

En comparant les produits exportés par l'agriculture danoise pendant les deux dernières périodes quinquennales, on voit qu'il y a un progrès notable; leur valeur totale, qui, de 1867 à 1871, était en moyenne de 98 millions de francs par an [2], s'est élevée, de 1872 à 1876, à 148 200 000 francs [3]. Aussi le Danemark contribue-t-il, relativement à son étendue, pour une large part à l'alimentation d'autres pays, notamment de l'Angleterre; il produit, en effet, des quantités considérables de céréales, et il en exporte de plus en plus chaque année à l'état de farine, ce qui a donné un grand essor à la minoterie danoise [4].

Il y avait à l'Exposition quatre cartes qui montraient, au moyen de teintes diverses, la répartition des animaux; les chevaux, les bêtes à cornes et les porcs sont surtout en grand nombre dans les îles de Seeland et de Fionie ainsi que sur la côte opposée du Jutland; c'est dans le nord et dans l'ouest qu'il y a le plus de moutons [5]. L'exportation des animaux domestiques [6], du lard, du jam-

(1) En 1876, la superficie du pays était répartie ainsi qu'il suit: 31,7 p. o/o en céréales et plantes potagères; 38,7 p. o/o en prairies et jachères; 4,6 p. o/o en forêts, et 25 p. o/o en landes, tourbières, sables, lacs, etc.

(2) Céréales, 46 605 000 francs; farines, 8 millions de francs; animaux domestiques, 43 381 000 francs.

(3) Céréales, 35 181 000 francs; farines, 16 449 000 francs; animaux domestiques, 96 565 000 francs.

(4) La quantité de farine qu'on exporte du Danemark va en augmentant chaque année, tandis que celle des grains diminue. En effet, l'excédent de l'exportation sur l'importation a été pour les farines, en 1871, de 7 millions et demi de francs et en 1876 de 24 millions, et pour les grains, respectivement aux mêmes époques, de 54 millions et de 25 millions.

(5) D'après ces cartes, on comptait dans le Danemark, en 1876, 352 000 chevaux, 1 348 000 bêtes à cornes principalement destinées à donner du lait, 1 719 000 moutons et 504 000 porcs qui servent à utiliser les déchets des laiteries.

(6) En 1876, l'excédent de l'exportation du bétail vivant sur l'importation a été de 53 millions de francs (5 300 chevaux, 9 500 bêtes à cornes, 41 000 moutons ou agneaux, 202 000 porcs et 6 860 cochons de lait) et de 750 000 kilogrammes de viande. C'est cependant l'une des plus mauvaises années qu'on ait eues en Danemark depuis longtemps.

bon, du beurre et des œufs augmente chaque année dans des proportions considérables[1]. L'importation consiste en quantités considérables d'engrais[2] et de produits divers pour la nourriture des animaux[3].

Russie. — L'exposition russe était de toutes les expositions étrangères la plus riche en travaux statistiques forestiers et agricoles. Le nombre des publications de ce genre que le jury a eu à examiner était considérable.

L'atlas de MM. Werekha et Matern[4] nous apprend que les forêts couvrent, dans la Russie d'Europe, moins la Finlande, 39 p. o/o de la superficie totale du sol[5]; plus de la moitié appartient à l'État[6], produisant annuellement 22 millions et demi environ de stères de bois d'une valeur de 40 millions et demi de francs. La zone la plus boisée est celle que forment les gouvernements de Novogorod, d'Olonetz, de Vologda, de Viatka, de Perm et de Nijné-Novogorod, qui ont plus de la moitié de leur surface occupée par des forêts[7]; le gouvernement d'Arkhangel en a 43 p. o/o. Mais, si c'est dans le nord qu'il y a le plus de forêts et dans le sud qu'il y en a le moins, c'est, au contraire, dans la moitié méridionale et au centre que le revenu est le plus important, surtout dans les gouvernements de Poltava, de Koursk, de Toula et de Moscou, où l'on abat annuellement plus de 3 mètres cubes par hectare, d'une valeur supérieure à 12 francs[8].

(1) Le commerce des corps gras alimentaires et des œufs a une importance particulière pour le Danemark, car ils constituent près du tiers de l'exportation totale, qui a été, en 1876, de 144 millions de francs. L'excédent de l'exportation de ces diverses denrées, qui représentait, en 1871, une valeur de 19 millions, a atteint, en 1876, la somme de 42 millions, dont 37 pour le beurre (10 millions de kilogrammes).

(2) 21 000 tonnes environ par an.

(3) 35 millions de kilogrammes de son et environ 22 millions de kilogrammes de tourteaux par an.

(4) Cet atlas forestier, qui vient de paraître (1878), contient 7 cartes où sont indiquées la situation et l'étendue des forêts de la Russie.

(5) Soit 1 937 000 kilomètres carrés.

(6) Soit 1 165 000 kilomètres carrés, dont la dixième partie seulement est aménagée.

(7) Le gouvernement de Vologda a les neuf dixièmes de son territoire boisés.

(8) Dans les gouvernements d'Arkhangel, de Vologda et de Perm, l'exploitation est

Gr. II.
—
Cl. 16.

Nous citerons parmi les cartes agronomiques qu'exposait le comité central de statistique du Ministère de l'intérieur celle à $\frac{1}{2\,520\,000}$ qui indique les forces productives de la Russie d'Europe et qui est remarquable par la grande variété des renseignements qu'elle fournit tant au point de vue des terres arables, boisées ou marécageuses et de leurs produits, de la répartition du sol entre l'élève du bétail, la culture des céréales et les forêts, que des mines, des lacs salés et des steppes.

La Société de géographie de Saint-Pétersbourg a aussi publié depuis dix ans de nombreuses cartes de statistique agricole; l'une des plus curieuses est celle des marchés de froment, où sont marqués le rayon dans lequel s'approvisionne chacun d'eux, la moyenne des prix pour les dix dernières années et la quantité expédiée par les chemins de fer vers la mer.

Nous devons encore mentionner deux cartes intéressantes de M. Tchaslavsky : l'une, à $\frac{1}{2\,250\,000}$, donne la répartition du sol au point de vue de la culture; sur l'autre, qui indique les migrations des ouvriers agricoles pendant la saison des récoltes, sont marquées les régions dans lesquelles les travailleurs sont en excès ou en défaut pour la moisson : des flèches montrent le point d'arrivée de chaque colonie de ces émigrants temporaires; on y voit qu'il y a surabondance de bras dans le centre de la Russie méridionale, et que la migration se fait au profit des pays que baignent la mer Noire et surtout la mer d'Azof.

Des documents exposés, il résulte que la Russie est le pays producteur de céréales par excellence, et que, depuis 1861, année où les serfs ont été libérés, l'exportation du blé n'a cessé d'augmenter[1]. Ce vaste empire, qui comprend 5 millions de kilomètres carrés, habités par 71 731 000 habitants[2], soit en moyenne 14,3 par kilomètre carré, a produit annuellement, pendant la dernière pé-

à peu près nulle, et elle est très peu développée dans ceux d'Olonetz, de Viatka et de Novogorod.

[1] Le département de l'agriculture et de l'industrie du Ministère des domaines a dressé des cartes agricoles qui donnent les rapports entre le chiffre de la population, les diverses cultures, l'élevage du bétail et les prix des différents produits de la terre.

[2] D'après le recensement de 1875.

riode 651 millions d'hectolitres de grains [1], d'une valeur totale de 1 677 millions et demi de francs, dont 92,3 p. o/o restent dans le pays et servent tant à la consommation intérieure qu'à l'ensemencement des champs. En somme, la production annuelle moyenne, qui de 1845 à 1875 a augmenté de 20 p. o/o, soit 0,66 p. o/o par an, monte aujourd'hui à 8,78 hectolitres par habitant, et, comme la consommation n'est que de 8,11, il en reste 0,67 pour l'exportation [2], soit un total de 48 millions d'hectolitres.

Sur les 500 millions d'hectares que comprend la Russie d'Europe, 65 millions et demi sont consacrés à la culture des céréales [3], 38 millions et demi à des cultures diverses [4], et 60 millions représentent la part des prairies, steppes productives et pacages. Le seigle occupe environ 43 p. o/o des terres annuellement cultivées en céréales, le blé d'hiver 5 p. o/o, le froment d'été 13 p. o/o, l'avoine 21 p. o/o, l'orge 9,5 p. o/o, le sarrasin 7 p. o/o, le millet et le maïs 1,5 p. o/o. C'est donc le seigle qui, par son abondance, a le premier rang parmi les céréales cultivées en Russie; mais, au point de vue du commerce extérieur, c'est le blé qui tient la première place.

Tandis que la culture du seigle a un grand développement dans

[1] Ou, déduction faite de la semence, 498 millions d'hectolitres. La Finlande compte dans ce chiffre pour un trentième et la Pologne pour un quinzième.

[2] On peut diviser la Russie d'Europe en trois zones. La première, qui comprend tout le nord et une partie du centre, soit environ 2 millions de kilomètres carrés, ne possède que 8 habitants par kilomètre carré et produit environ 77 millions d'hectolitres de céréales, soit 4 hectol. 97 par habitant; le déficit est environ de 3 hectolitres par tête et donne lieu à un mouvement commercial intérieur important, qui a pour but l'approvisionnement de cette région. La seconde, qui comprend l'est et l'ouest et qui couvre environ 800 000 kilomètres carrés, possède 14 habitants par kilomètre carré et produit plus de 85 millions d'hectolitres de céréales, ce qui équivaut à 7 hectol. 85 par tête et suffit à la consommation des habitants. La troisième, qu'on appelle la *zone de la terre noire* ou *tchernozène*, et qui, embrassant 26 gouvernements, contient 2 200 000 kilomètres carrés avec 20 habitants par kilomètre carré, produit 468 millions d'hectolitres, soit 10 hectol. 30 par habitant; l'excédent de la production sur la consommation y est de 2 hectolitres par tête.

[3] Soit 63 p. o/o des terres cultivées, 40 p. o/o de la superficie agricole et 13 p. o/o de tout le territoire russe.

[4] Le rapport des terres arables aux jachères est très variable suivant les régions; il est surtout faible dans le nord et dans le sud.

Gr. II. — Cl. 16.

toute la région septentrionale et dans une partie du centre[1], celle du froment, qui est limitée au nord par une ligne allant du 59e degré de latitude au 63e, a surtout de l'importance dans la région méridionale; la production nette annuelle est de 60 millions d'hectolitres [2], dont 20 sont livrés à l'exportation qui devient chaque année plus considérable [3]. Le commerce de la farine a aussi pris un certain développement et tend à s'accroître; la quantité exportée, qui, en 1860, était inférieure à 400000 hectolitres, dépasse aujourd'hui 1 million [4].

La production totale de l'avoine est de 195 millions et demi d'hectolitres ou, déduction faite de la semence, de 143 millions, et l'exportation, qui, de 1866 à 1870, a été en moyenne de 5 millions d'hectolitres par an, s'est élevée, de 1871 à 1875, à 8 millions et un tiers [5].

(1) La production annuelle de seigle, pour la période de 1870 à 1875, a été de 241 millions et demi d'hectolitres ou, déduction faite de la semence, de 187 millions et demi, ce qui équivaut à 261 litres par habitant. La consommation de cette céréale, tant sous forme de pain noir, qui est la base de l'alimentation du peuple russe, que sous forme d'alcool, étant de 243 litres par tête, il est resté chaque année 12 millions et demi d'hectolitres pour l'exportation, dont deux cinquièmes sont sortis par la frontière de terre à destination de l'Allemagne, deux cinquièmes par la mer Baltique à destination de l'Angleterre et de la Hollande et le reste par la mer Noire. Le seigle exige 2 hectolitres de semence à l'hectare, et son rendement moyen est de 8 hectol. 50, rendement faible qui est dû autant à ce que les récoltes sont souvent mauvaises qu'au mode primitif de culture employé par les paysans.

(2) La production annuelle du froment est estimée à 79 millions et demi d'hectolitres dont 19 millions et demi sont nécessaires pour l'ensemencement. La région de la terre noire, ou troisième zone, fournit à elle seule 84 p. 0/0 de la quantité totale. Le rendement moyen est de 7 hectol. 50 à l'hectare; la quantité de semence employée varie de 1 hectol. 25 à 1 hectol. 50 dans le sud et s'élève à plus de 2 dans le nord et dans le centre.

(3) On a exporté en moyenne par an, de 1841 à 1845, 4 millions et un tiers d'hectolitres de froment; de 1851 à 1855, 6 millions et deux tiers; de 1861 à 1865, 10 millions et demi, et, de 1871 à 1875, 19 millions et un tiers dont les huit dixièmes sont sortis par la mer d'Azof et la mer Noire, un dixième par la frontière de terre et le reste par la mer Baltique; l'Angleterre en prend la moitié, la France un cinquième, l'Italie, la Prusse et la Turquie chacune à peu près un dixième.

(4) La farine russe s'exporte à destination de la Suède et de la Norwège pour un tiers, de la Turquie pour un tiers, de l'Angleterre pour un sixième.

(5) 6 millions et demi d'hectolitres sont sortis par la mer Baltique, et le reste par la frontière de terre, à destination de l'Angleterre pour les sept dixièmes, de la France pour un dixième et de divers pays pour les deux autres dixièmes. Le rendement moyen ne peut être évalué à plus de 15 hectolitres pour 4 hectolitres de semence environ.

La culture de l'orge n'a pas une grande importance en Russie; la production totale annuelle n'est que de 44 millions d'hectolitres ou, déduction faite de la semence, de 32 millions qui servent surtout à la fabrication de la bière. L'exportation moyenne, pour la période quinquennale 1871-1875, a été de plus de 3 millions d'hectolitres par an, en augmentation de 1 million et un tiers sur la période précédente (1866-1870) [1].

La fabrication de l'alcool de grain occupe le premier rang parmi les industries rurales de la Russie. Pendant la période quinquennale 1871-1875, on a constaté l'existence de 3 300 distilleries, qui emploient annuellement, pour la fabrication de l'alcool, 13 millions et demi d'hectolitres de grains, surtout de seigle [2], et qui produisent en moyenne 3 200 000 hectolitres d'alcool pur dont on exporte une faible quantité [3].

Il y avait dans la section russe trois cartes dressées par M. Vesselovsky qui représentaient: l'une l'étendue moyenne par gouvernement des terres allouées aux paysans lors de l'abolition du servage [4], la seconde le rapport par gouvernement du nombre de paysans qui ont acquis, au 1er janvier 1878, la propriété définitive de leurs terres, et qui sont libérés de toutes obligations envers leurs anciens seigneurs, au total de l'ancienne population serve, et la troisième le rapport en tant pour cent des arriérés des annuités de rachat des paysans au montant total des payements exigibles de 1862 à 1874. Ces cartes sont intéressantes au double point de vue de l'histoire sociale de la Russie et de l'établissement de la propriété foncière.

Pays-Bas. — Bien que la Hollande soit avant tout un pays commerçant, l'agriculture n'y est pas cependant négligée. La carte

(1) C'est, d'une part, l'Angleterre, et, d'autre part, la Hollande qui sont les principaux pays d'importation, le premier pour la moitié et le second pour le quart de la quantité totale.

(2) Le seigle figure dans le total pour 11 millions d'hectolitres.

(3) Avant 1870, on en exportait 14 000 hectolitres; depuis 1874, l'exportation a monté à 250 000 hectolitres.

(4) Les lots alloués par les actes de rachat ont varié de 1 à 10 hectares suivant la fertilité de la terre.

Gr. II. — Cl. 16.

agricole du docteur Staring[1] montre que, si réputée qu'elle soit pour ses pâturages, les prairies ne couvrent pas le quart de sa superficie[2]; une moitié est livrée à la culture[3], et le dernier quart est boisé ou inculte.

Belgique. — Les bulletins annuels du Conseil supérieur de l'agriculture de Belgique[4] et les journaux hebdomadaires des sociétés agricoles provinciales nous apprennent que plus des neuf dixièmes de la superficie totale du pays sont exploités[5]; que, sur 100 exploitants, il y a 43 propriétaires et 57 locataires; que les surfaces en faire valoir direct et les surfaces en location ont sensiblement la même étendue[6]; que la valeur vénale moyenne des terres est de 1 000 francs plus grande par hectare qu'en 1856, soit une plus-value de 31,6 p. 0/0, et que le prix moyen des baux a subi une augmentation identique de 32 p. 0/0[7]. 1 500 000 hectares sont consacrés à la culture des céréales et des plantes légumineuses ou industrielles, 750 000 sont plantés en racines ou en prairies, tant naturelles qu'artificielles, et 450 000 sont couverts de bois et de forêts; il n'y en a que 250 000 en bruyères ou terrains vagues.

La production annuelle moyenne de la Belgique est de 25 millions d'hectolitres de céréales et de farines et de 36 millions et demi

(1) En six feuilles, à $\frac{1}{200\,000}$.

(2) En 1870, il y avait 252 000 chevaux, 1 400 000 bêtes à cornes, 900 000 moutons, 320 000 porcs et 137 000 chèvres.

(3) De 1861 à 1870, la production moyenne a été annuellement de 72 millions d'hectolitres de céréales, dont 17 millions et demi de froment, et de 22 millions de pommes de terre ou farineux.

(4) Il a déjà paru 30 volumes.

(5) Sur 2 945 516 hectares que contient la Belgique, on en exploite environ 2 700 000. De 274 à 202 habitants par kilomètre carré dans la partie fertile, la population tombe à 71 et même à 39 dans les régions arides du Luxembourg et des Ardennes.

(6) Les exploitations agricoles étaient, en 1866, au nombre de 744 000, dont 320 000 en faire valoir direct et 423 000 en location.

(7) De 68 francs par hectare en 1840, le prix moyen des baux a monté à 103 francs en 1876, et la valeur vénale a augmenté, dans le même espace de temps, de 2 421 à 3 946 francs. L'intérêt moyen du capital foncier est aujourd'hui de 2 fr. 76 cent. p. 0/0 (2 fr. 29 cent. p. 0/0 dans les meilleures terres et 3 fr. 20 cent. p. 0/0 dans les plus mauvaises).

d'hectolitres de pommes de terre et de légumes, soit un total de 61 millions et demi d'hectolitres. Les habitants consommant en moyenne 2 hectol. 95 de céréales par tête, l'excédent des importations sur les exportations est environ par année de 4 millions d'hectolitres de céréales et de 350 000 hectolitres de pommes de terre. En 1866, il y avait en Belgique, pour 1 000 hectares productifs, 105 chevaux (1), 465 bêtes à cornes (2), 220 bêtes ovines (3) et 237 porcs (4).

Suisse. — La Suisse est plutôt un pays industriel qu'un pays agricole. Il n'y avait donc naturellement dans son exposition que peu de documents ayant trait aux produits de son sol: une brochure de M. C.-K. Muller, et dix cartes se rapportant au canton de Zurich; dans ce dernier travail, l'auteur, M. O. Brunner, a classé les divers districts suivant les travaux dominants des habitants, et a indiqué le rapport des personnes travaillant pour leur compte aux personnes travaillant à la solde d'autrui, le nombre des personnes ayant des occupations réelles, l'étendue des domaines et des cultures diverses (vignes, bois, etc.) et l'état du bétail dont on fait le recensement tous les dix ans.

Autriche-Hongrie. — La section autrichienne contenait de nombreuses cartes de statistique agricole. L'*Atlas de la production du sol de l'Autriche,* qu'a publié le Ministère de l'agriculture, comprend 35 feuilles (5) montrant la distribution des diverses cultures, les terres à assolement, celles où la culture est intensive, la production du blé en hectolitres par hectare, la division de la propriété d'après le nombre des ouvriers agricoles et d'après celui de tous les gens à gage, le rapport entre les conditions climatériques et le rendement du sol pendant une période de cinq ans, etc. M. G. Belleville exposait le tableau graphique de l'enseignement agricole

(1) Soit 283 163.

(2) Soit 1 242 445.

(3) Soit 583 485. L'élevage des bêtes ovines est en décroissance à cause de la disparition graduelle des pâturages.

(4) Soit 623 301. C'est un des pays où l'on élève le plus de porcs.

(5) Quelques-unes portent quatre cartes.

Gr. II. — Cl. 16.

nomade de 1871 à 1877, avec une carte donnant la répartition des stations d'essais d'engrais dans la Basse-Autriche et des établissements agronomiques projetés dans les districts forestiers.

Nous avons encore remarqué les cartes intéressantes exposées par la commission centrale de statistique de Vienne qui indiquent le nombre des bêtes à cornes par rapport à la superficie du sol et au nombre des habitants, ainsi que celle en trois feuilles de la répartition des chevaux dans les pays cisleithans en 1869 par le major Kossen von Sternegg[1], qui donne la densité de la population chevaline, la répartition des différentes races, la situation des haras de l'État et des haras particuliers, des établissements d'élevage, des dépôts d'étalons et de leurs succursales, des principales foires de chevaux, des hippodromes et établissements d'entraînement, des garnisons des régiments de cavalerie, des chefs-lieux de remonte, des lignes de chemins de fer et des routes qui aboutissent à des centres d'élevage et de reproduction. Citons encore les douze volumes (1861 à 1872) que le conseil d'agriculture de Bohême exposait, et qui contiennent de nombreux tableaux numériques. Nous avons trouvé dans l'*Histoire de l'industrie du verre en Bohême* un document intéressant sur le prix des céréales à Prague pendant 220 ans, depuis 1655 jusqu'en 1875; on y voit que les prix ont augmenté dans une proportion très notable, surtout depuis le commencement de ce siècle; la même mesure qui coûtait, en 1655, 2 fr. 80 cent., en 1675, 3 fr. 22 cent. et, en 1725, 2 fr. 74 cent., valait, en 1775, 4 fr. 24 cent., en 1825, 5 fr. 72 cent. et, en 1875, 12 fr. 22 cent.

L'agriculture est très développée en Hongrie, autant à cause du climat qui est très favorable qu'à cause de la fertilité naturelle du sol; elle est, avec les immenses forêts qui existent dans ce pays[2], la principale source de revenu. Les terres arables couvrent le tiers

[1] La première feuille comprend la Galicie et la Bukowine; la deuxième, la Bohême, la Moravie et la Silésie, et la troisième, les provinces autrichiennes et la Dalmatie.

[2] Les forêts couvrent 93 271 kilomètres carrés, soit 28,8 p. 0/0 de la superficie totale; elles sont abondantes surtout dans le nord et dans l'est de la Hongrie, dans la Transylvanie et dans la Croatie-Esclavonie. On exporte des bois pour une somme d'environ 20 millions de francs.

du territoire total [1], comme la population agricole et silvicole forme le tiers de la population [2]. La production moyenne annuelle des céréales y est de 73 millions d'hectolitres, et l'exportation de 9 600 000 quintaux métriques. L'industrie de la minoterie, qui a pris un grand développement, moud par an 5 millions de quintaux métriques de blé, d'une valeur de 175 millions de francs; l'exportation annuelle de la farine, d'après les relevés de huit années, s'élève à 1 604 530 quintaux [3].

La culture du tabac est très développée dans la Hongrie; c'est dans ce pays, en effet, que toute l'Autriche s'en approvisionne. M. Hatsek a dressé une carte de la production de cette plante avec l'indication du rendement moyen par hectare; en 1875, les 60700 hectares qui étaient consacrés à cette culture ont produit 577500 quintaux métriques de feuilles, d'une valeur de 27 millions et demi de francs, soit 314 kilogrammes ou 150 francs de revenu par hectare.

Les vignes couvrent, en Hongrie, une étendue de 4079 kilomètres carrés, produisant aujourd'hui en moyenne 17 millions d'hectolitres de vin par an. Ce chiffre prouve qu'il y a une amélioration notable dans le mode de culture, bien qu'il reste encore beaucoup à faire sous ce rapport [4].

Les prairies et les pâturages couvrent les 27,3 p. o/o du territoire hongrois. Les chiffres fournis par le dernier recensement des animaux domestiques, qui remonte au mois de décembre 1869 [5],

(1) Il y a 109149 kilomètres carrés cultivés, soit 37,7 p. o/o du territoire; c'est dans l'ouest et dans le sud que la proportion est la plus forte : elle y dépasse 50 p. o/o.

(2) Exactement les 32,5 p. o/o.

(3) M. Körösi a dressé un tableau graphique indiquant les prix des céréales au marché de Budapest de 1791 à 1875; on y voit que, malgré des variations considérables (13 fr. 75 cent. en 1791; 3 fr. 125 en 1793; 2 fr. 50 en 1818 et en 1826; 18 fr. 75 en 1873), les prix du blé tendent à se régulariser.

(4) Il y avait à l'Exposition deux cartes viticoles, l'une établie d'après la couleur du vin produit, l'autre indiquant les vins bons pour l'exportation.

(5) Il y avait en Hongrie, à cette époque, 2179800 chevaux, 5279200 bêtes à cornes, 15077000 moutons, 573000 chèvres, 4443300 porcs et 33750 ânes et mulets. Il existe une grande carte à $\frac{1}{384000}$, en chromolithographie, publiée par le Ministère de l'agriculture, du commerce et de l'industrie, qui montre l'organisation de la police vétérinaire, le nombre des haras et des troupeaux de bêtes à cornes, ainsi que les établissements d'instruction agricole.

montrent que le nombre du gros bétail ne tend pas à y augmenter, autant à cause de la transformation de beaucoup de prairies en champs labourables, par suite de la régularisation des fleuves, qu'à cause de nombreuses épizooties, mais l'élevage des moutons a pris, au contraire, une grande extension. La Hongrie, avec ses 15 millions de moutons, est, eu égard à sa superficie, le pays de l'Europe le plus riche sous ce rapport; elle produit en moyenne 220 000 quintaux métriques de laine fine d'une valeur de 148 millions de francs, dont la plus grande partie s'exporte. L'élevage des porcs est aussi très important; il n'en sort pas moins de 2 millions par an, d'une valeur de 320 millions de francs. On calcule que les animaux domestiques produisent annuellement un total de viande et de graisse d'environ 700 millions de kilogrammes.

Turquie et Serbie. — Pour l'empire ottoman, nous n'avons encore que la carte économique, commerciale et statistique du chevalier de Schwegel.

M. Joseph Szabo, dans ses *Notes de Voyage en Serbie,* donne, pour 1872, des renseignements sur la situation commerciale de ce pays exclusivement agricole, où l'élève des porcs tient la première place[1]. Le commerce d'exportation et le commerce d'importation, qui se balancent à peu près, atteignent chacun 30 millions de francs.

Italie. — L'Italie travaille avec succès à reconquérir son ancienne prépondérance commerciale et agricole[2]. Les forêts, qui couvrent le huitième de la superficie totale du royaume[3], donnent lieu à un commerce de bois important[4]. La production moyenne

(1) On en exporte près de 500 000 par an.

(2) On a publié à Rome, en 1876, un *Atlas des principales cultures de l'Italie.*

(3) Soit 36 564 kilomètres carrés. Les forêts sont inégalement réparties à la surface de l'Italie; tandis qu'en Sicile il n'y en a que 3,5 p. o/o et dans la région méridionale adriatique 7,75 p. o/o de la superficie, dans les provinces de Lucques et de Lazio, il y en a 21 p. o/o et dans la Ligurie et la Sardaigne près de 25 p. o/o.

(4) En 1877, l'importation du bois a été de 15 000 hectomètres et l'exportation de 93 000; celles du charbon de bois ont été respectivement de 11 386 tonnes et de 60 603 tonnes.

annuelle des céréales y est de 106 millions d'hectolitres [1], ce qui ne suffit pas à la consommation des habitants [2]. La culture de l'olivier y a un grand développement [3]; la production annuelle d'huile, dont une grande partie s'exporte, est en moyenne de 3 400 000 hectolitres, soit 3 hectol. 76 par hectare [4]. On envoie aussi à l'étranger des quantités assez considérables de fruits conservés dans le vinaigre ou dans le sel [5].

La viticulture y prend chaque jour un développement plus grand; il n'y a pas moins aujourd'hui de 1 870 000 hectares plantés en vignes, qui produisent environ 27 millions d'hectolitres de vin, soit une moyenne de 14 hectolitres et demi par hectare; l'exportation a été très variable dans les six dernières années : de 586 600 hectolitres et 2 230 500 bouteilles d'une valeur totale de près de 35 millions de francs, elle a baissé, en 1877, à 334 700 hectolitres et 824 800 bouteilles ne valant guère plus de 11 millions et demi de francs.

Les statistiques officielles les plus récentes donnent pour les animaux domestiques de l'Italie un total de 657 500 chevaux [6], de 399 000 ânes et de 294 000 mulets, de 3 500 000 bêtes à cornes [7], de 7 500 000 moutons, de 1 500 000 chèvres [8] et de 1 500 000 porcs [9]; ces chiffres sont notablement supérieurs à ceux des périodes précédentes. L'excédent de l'exportation sur l'importation des animaux de toute espèce est aussi en grande augmentation; de 20 667 000 francs en 1868, il s'est élevé, en 1877, à

(1) 51 millions d'hectolitres de blé, 31 de maïs, 10 de riz, 7 de seigle et d'orge et 7 d'avoine.

(2) L'importation a été, en 1877, de 277 000 tonnes et l'exportation de 201 000.

(3) Il y a 900 000 hectares plantés en oliviers.

(4) L'excédent de l'exportation sur l'importation a été, en 1877, de 602 000 quintaux.

(5) 11 000 quintaux en 1876 et 14 500 en 1877.

(6) Surtout dans le centre et dans le sud du royaume. La superficie totale de l'Italie étant de 296 305 kilomètres carrés et la population de 26 801 154 habitants, il y a 5 chevaux par kilomètre carré et 54 par 1000 habitants.

(7) Principalement dans le nord du royaume.

(8) Surtout dans le centre. Il y a donc 29 bêtes de race ovine par kilomètre carré et 324 par 1 000 habitants.

(9) Les porcs sont à peu près uniformément répartis sur tout le pays.

Gr. II. — Cl. 16.

54 710 000 francs [1]. Pour les laines, l'exportation est inférieure à l'importation, parce qu'en Italie on travaille beaucoup celles qui viennent de l'Amérique et de l'Australie [2]. On exporte une certaine quantité de viande sèche [3] et de beurre [4], et on importe au contraire du fromage [5] et des œufs. En somme, l'agriculture tend à prendre dans ce pays un développement de plus en plus considérable.

Espagne. — On a peu de documents statistiques pour la péninsule ibérique; dans l'exposition espagnole, on ne voyait, concernant l'agriculture, que le volume où sont consignés les résultats du recensement du bétail fait le 24 septembre 1865 (publié en 1868), un mémoire de la *Junta provincial de agricultura, industria y comercio* sur l'étendue qu'occupent les oliviers dans la province de Cordoue et sur leur distribution [6] et diverses cartes et graphiques donnant des renseignements sur la production des vins de la province de Valence.

Portugal. — Pour le Portugal, on trouve quelques données générales dans la *Géographie et statistique* de M. Gerardo y Pery [7], et il y avait à l'Exposition une carte où était indiquée la réparti-

[1] D'après les chiffres officiels, l'importation des animaux domestiques de toute espèce a atteint, en 1868, une valeur de 11 720 000 fr. et, en 1877, de 10 289 000 fr.; l'exportation a été, respectivement aux mêmes époques, de 32 387 000 francs et de 65 003 000 francs. L'excédent de l'exportation sur l'importation a été, pour les bêtes à cornes, de 51 000 têtes en 1870 et de 129 600 en 1877, et, respectivement aux mêmes époques, de 63 300 et de 244 500 pour les moutons et de 71 300 et de 126 000 pour les porcs.

[2] L'importation a été, en 1870, de 47 194 quintaux et l'exportation de 3 574. En 1877, l'importation a été de 83 623 quintaux et l'exportation de 7 144.

[3] L'excédent de l'exportation sur l'importation a été de 5 000 quintaux en 1874 et de 13 000 en 1877. Le débit dépend du reste des guerres.

[4] L'excédent de l'exportation sur l'importation a été de 7 000 quintaux en 1870 et de 20 000 en 1877.

[5] L'excédent de l'importation sur l'exportation a été de 42 000 quintaux en 1870 et de 46 000 en 1877.

[6] Dans cette province, on ne compte pas moins de 29 variétés de cet arbre précieux.

[7] M. Sagnier a publié un Essai sur la statistique agricole de ce pays.

tion des terrains cultivés[1] et plusieurs autres établies par l'Institut général de l'agriculture de Lisbonne[2]. Il en ressort qu'il y a de vastes espaces qui ne sont pas encore exploités; la moyenne annuelle des productions agricoles les plus importantes du royaume est de 13 millions et demi d'hectolitres de céréales (dont 3 millions de blé et 7 de maïs), de 3 millions d'hectolitres de pommes de terre, de 500 000 quintaux de légumes divers, de 100 000 quintaux de lin brut, de 4 millions d'hectolitres de vin, de 300 000 hectolitres de châtaignes, de 800 000 kilogrammes de miel et de 1 200 000 kilogrammes de cire.

Il y avait dans la section portugaise un *Atlas pecuario*[3], où étaient résumés les résultats du dernier recensement général des animaux domestiques (1870); le nombre des chevaux, des ânes, des mulets et des moutons a légèrement augmenté depuis 1852, tandis que celui des bœufs, des chèvres et des porcs a diminué[4]. En 1872, il existait par 1 000 habitants : 20 chevaux, 13 mulets, 36 ânes, 136 bœufs, 707 moutons, 245 chèvres et 203 porcs.

En somme, il n'est pas douteux que le Portugal est en voie de progrès et que l'ouverture des routes et la construction des chemins de fer favorisent le développement de l'agriculture, qui est, avec les mines, la grande richesse du pays.

(1) Cette carte, qui accompagne le *Rapport officiel sur les forêts du Portugal*, montre qu'il y a de nombreuses régions qui ne sont pas encore mises en valeur; la moitié seulement de la superficie totale (51,4 p. 0/0) est productive : céréales, 12,5 p. 0/0; cultures diverses, 2,7 p. 0/0; vignobles, 2,2 p. 0/0; arbres fruitiers (oliviers, orangers, figuiers, caroubiers, etc.), 3 p. 0/0; pâturages naturels 16,3 p. 0/0; forêts, 7,1 p. 0/0, et jachères 7,1 p. 0/0.

(2) Le même institut exposait un tableau figuratif des blés cultivés dans le Portugal.

(3) Cet atlas a été publié par le Ministère des travaux publics, du commerce et de l'industrie.

(4)

	En 1852.	En 1870.
Chevaux	71,648	79,716
Mulets	40,400	50,690
Ânes	132,000	137,950
Bœufs	606,200	520,474
Moutons	2,575,700	2,706,777
Chèvres	1,148,180	936,900
Porcs	934,500	776,868

Gr. II. — Cl. 16.

France. — Pour la France, nous devons citer en première ligne l'*Atlas de statistique agricole* qu'a publié, en 1870, la Direction de l'agriculture du Ministère de l'agriculture et du commerce[1].

A l'aide des documents officiels, M. Delesse a dressé une bonne carte de notre pays[2] où, au moyen de courbes d'égal revenu délimitant des zones de teintes plus ou moins foncées suivant le rendement, est indiqué le revenu moyen des terres arables, des vignes, des prés et des bois[3]; deux autres cartes complètent la précédente, l'une qui montre les régions altitudinales et l'autre qui fournit des données sur la nature minéralogique des terres[4]. M. A. Cordier a aussi établi, d'après des documents officiels, une carte qui indique la richesse du sol dans les diverses parties de notre pays et la nature de cette richesse. On doit à M. Loua un bon atlas agricole de la France où est marquée, au moyen de couleurs spéciales, la part de chaque département dans les principales industries.

(1) Cet atlas, très utile, qui a été dressé par M. G. Heuzé à l'aide de documents véridiques et qui est d'une belle exécution, contient une notice intéressante sur les neuf régions agricoles de la France, quatre tableaux de statistique générale et quarante-six cartes concernant les plantes agricoles, les animaux domestiques, l'enseignement agricole et vétérinaire et les associations agricoles et horticoles de notre pays. Les chiffres se rapportent aux années 1869-1870 (avant la guerre). La superficie de la France était alors de 55 114 862 hectares dont 26 568 621 de terres labourables; la population agricole était de 7 352 845 personnes; il y avait 126 079 558 parcelles en culture nécessitant 14 027 996 cotes foncières, et les petites exploitations au-dessous de 10 hectares s'élevaient au chiffre de 2 435 401, celles de 10 à 40 hectares au chiffre de 636 309, celles dépassant 40 hectares au chiffre de 154 164. Les pâturages naturels et les terres incultes couvraient 6 467 486 hectares, les prairies naturelles 5 021 446, les plantes fourragères 3 159 661, les bois et forêts 8 273 774, le seigle 1 743 188, le froment d'automne 7 372 819, l'orge 1 085 991, le maïs 585 742, l'avoine 3 338 991, le sarrasin 668 754, le chanvre 100 023, le lin 105 393, le châtaignier 539 645, l'olivier 152 336, le houblon 4 818, le tabac 13 500, le safran 1 116, la vigne 2 423 769 et la gaude (réséda tinctorial) 113. On comptait en 1870 : 3 658 308 chevaux, ânes ou mulets, 12 733 178 bêtes à cornes, 30 217 825 moutons, 1 683 238 chèvres, 5 817 524 porcs, 42 856 790 poules, 3 881 557 oies, 1 760 506 dindons, 3 610 841 canards; le miel et la cire étaient récoltés dans 3 136 061 ruches en activité.

(2) A $\frac{1}{500\,000}$, en quatre feuilles.

(3) M. Delesse en a publié une réduction à $\frac{1}{4\,000\,000}$, qui donne les courbes d'égal revenu de 20 à 120 francs ainsi que la répartition des principales cultures.

(4) Terres calcaires, argileuses, sablonneuses, etc.

D'après la dernière statistique, les céréales occupaient en France, en 1874, les $\frac{28}{100}$ du territoire, les farineux alimentaires les $\frac{4}{100}$, et les vignes les $\frac{4,6}{100}$; ce sont les principales productions alimentaires de notre pays. On a récolté cette même année 287 millions d'hectolitres de grains et 315 millions de quintaux de paille, d'une valeur de 6 200 millions, et 70 millions d'hectolitres de vin. L'intéressante publication du Ministère de l'agriculture sur les récoltes des céréales et des pommes de terre en France depuis 1815 jusqu'en 1876 a fait revivre le passé agricole de notre pays en permettant de suivre les diverses phases de la production pendant les soixante dernières années [1]; il en ressort que, depuis cinquante ans, une grande étendue de terres incultes a été mise en valeur, que la culture des céréales a pris une extension importante qui a marché de pair avec le développement des autres cultures, que les rendements moyens ont augmenté [2], et qu'en somme la richesse publique s'est notablement accrue de ce fait : la valeur brute de la production d'une année moyenne en céréales de toute espèce est d'environ 4 000 millions de francs, valeur qui dépasse de 177 millions celle de la récolte de 1862 et de 1 428 millions celle de la récolte de 1852 [3]. Les *Tableaux des prix moyens mensuels et annuels de l'hectolitre de froment en France par département de 1800 à 1870* (1872), qu'exposait le Bureau des subsistances du Ministère de l'agriculture et du commerce, nous font connaître que le prix moyen du blé a varié de 22 fr. 19 cent. en 1801 à 20 fr. 21 cent. en 1870, tombant en certaines années à 14 fr. 37 cent. (en 1850) et dépassant quelquefois 36 francs (en 1817); aujourd'hui, les prix tendent de plus en plus à se

[1] Une série de tableaux fait connaître par année et par département, pour chaque espèce de céréales et pour les pommes de terre, le nombre d'hectares cultivés, le rendement moyen à l'hectare et l'importance de la récolte totale, et d'autres tableaux, dans lesquels figurent les moyennes générales, permettent de se rendre compte du progrès de la culture des diverses espèces.

[2] Le rendement moyen du blé, par exemple, qui était en 1840 de 1228 litres par hectare, s'élevait à 1570 litres en 1866.

[3] Les statistiques de 1840, de 1852 et de 1862 donnent, pour la production respective de ces trois années, 2 116, 2 614 et 3 865 millions de francs. C'est de 1852 que part l'accroissement progressif des prix.

Gr. II. — Cl. 16.

niveler, à devenir plus stables, et l'on n'a plus à craindre des écarts aussi fâcheux.

Le dernier dénombrement des animaux domestiques existant en France, qui a eu lieu en 1872 après la guerre, nous apprend qu'il y avait dans notre pays, à cette époque, 2 883 000 chevaux, 299 000 mulets, 450 500 ânes, 11 284 500 bêtes à cornes, 24 700 000 moutons, 1 791 750 chèvres, 5 377 000 porcs, 58 283 000 volailles et 2 240 750 chiens.

Comme nous l'avons déjà dit, les diverses administrations dressent, pour s'éclairer, des tableaux et des cartes statistiques. Le jury a examiné avec beaucoup d'intérêt la série de diagrammes qu'exposait l'Administration des manufactures de l'État, et qui permettait de voir d'un coup d'œil les progrès faits successivement pendant les soixante dernières années. L'un, qui indiquait la consommation annuelle en France des diverses variétés de tabacs, nous a montré que le progrès, très lent pendant la Restauration, a commencé à s'accentuer en 1835 et a surtout été grand depuis 1850. Un autre, où étaient marqués le produit brut de l'impôt et le bénéfice net de l'État, nous a appris que les dépenses se sont accrues dans une proportion bien moins rapide que le bénéfice net, et que l'élévation des prix de vente en 1860 et en 1872, quoiqu'elle ait momentanément diminué les quantités consommées, a été favorable aux intérêts du Trésor. Sur le troisième, qui donnait la consommation journalière moyenne en argent de chaque mois pour les cinq années 1873-1877, nous avons vu que la plus forte a toujours lieu au mois de décembre, la plus faible en juillet[1], et qu'il y a un maximum et un minimum secondaires en avril et en mars. Deux cartes, l'une donnant, pour chaque département, le taux moyen de l'impôt individuel payé par les consommateurs, qui varie de 1 fr. 50 cent. à 15 francs, l'autre indiquant la répartition par département de la consommation individuelle, qui varie de 300 à 1 250 grammes[2], nous ont

[1] Pendant ce mois, le produit journalier est moindre d'environ $\frac{1}{9}$, soit 100 000 francs.

[2] Ces cartes sont établies d'après le chiffre de la population et les quantités de tabac vendues en 1877.

montré, à la première vue, que le Nord, l'Est et surtout la région méditerranéenne[1], sont au-dessus de la moyenne au point de vue de l'impôt payé par tête; que le Centre, ainsi que l'Ouest depuis le Morbihan (à l'exception de la Gironde), est au-dessous, et que ce sont les départements du nord-est qui occupent le premier rang au point de vue de l'importance en poids de la consommation, quoique, au point de vue du rendement en argent, ils n'égalent pas les départements du sud-est, parce que la régie, pour pouvoir lutter contre les importations frauduleuses de la Belgique et des autres pays limitrophes, leur fournit des tabacs à prix réduit. Citons encore la carte qui donnait la répartition de la production en Algérie, et plusieurs diagrammes qui résumaient les observations entreprises dans les divers pays de production sur les phases de la végétation du tabac, et qui précisaient le moment le plus favorable à la récolte[2].

M. Pichon a publié une carte vinicole du Bas Languedoc et du Roussillon, d'où l'auteur conclut, par la comparaison des données géologiques et statistiques, que les vignobles plantés dans les terrains les plus modernes produisent la plus grande quantité de vin, et que ceux qui sont plantés dans les terrains les plus anciens produisent la meilleure qualité.

Nous ne pouvons mieux terminer cette rapide excursion à travers les ouvrages de statistique agricole qui étaient exposés dans la section française qu'en citant la conclusion importante à laquelle est arrivé l'un de nos plus savants économistes, M. Hervé Mangon, qui a montré que, si la ration alimentaire moyenne des populations rurales en France[3] suffit à l'exercice d'un travail assez modéré, elle ne peut compenser la dépense nécessitée par un travail considérable, et que, comme le travail moyen est lié à la valeur de la ration moyenne, il y aura toujours avantage à augmenter la ration des ouvriers qu'on emploie, la quantité de travail

(1) C'est de Marseille à Nice qu'est le maximum.

(2) On y avait montré le développement superficiel de chaque feuille, depuis l'écimage ou pincement jusqu'à l'époque de la maturité.

(3) Cette ration moyenne est égale à 5^{gr}812 de carbone et 0^{gr}273 d'azote par kilogramme vivant.

Gr. II. — Cl. 16.

effectué croissant beaucoup plus vite que la quantité d'aliments consommés.

Afrique. — L'espace dont nous disposons ne nous permet pas d'entrer dans des détails de quelque importance sur les pays extra-européens; nous nous contenterons de dire quelques mots de ceux d'entre eux qui avaient exposé des documents statistiques.

La situation agricole de l'Algérie s'améliore de jour en jour. Depuis six ans, près de 300 000 hectares ont été livrés à la colonisation, ce qui augmente de près de moitié la surface exploitée jusqu'alors par la population rurale européenne; cette population, qui compte 123 000 personnes, se trouve aujourd'hui propriétaire d'un million d'hectares, sur lesquels 400 000 sont annuellement ensemencés, produisant plus de 3 millions de quintaux de blé et nourrissant 500 000 têtes de bétail.

Dans la colonie anglaise du cap de Bonne-Espérance, le nombre des moutons a progressé en dix ans de 10 millions de têtes à 11 250 000, donnant aujourd'hui 24 250 000 kilogrammes de laine[1].

Amérique. — Au Canada, le nombre des bêtes de race ovine a doublé en dix ans; de 1 550 000 en 1867, il est monté à 3 300 000 en 1876, et la production de la laine est actuellement de 1 450 000 kilogrammes.

L'agriculture a pris dans les États-Unis un développement de plus en plus considérable. Aussi les exportations de grains sont-elles en progression constante: de 12 millions et un quart d'hectolitres de blé, de farine et de maïs qui ont été livrés au commerce extérieur en 1868-1869, elles ont atteint le chiffre considérable de 64 millions et demi en 1877-1878; aujourd'hui l'Amérique du Nord fait une concurrence redoutable aux céréales russes, surtout sur le marché anglais. Le centre de culture du blé s'y déplace du reste peu à peu: il se transporte de l'est vers l'ouest et à présent il est dans les États qu'arrose la Rivière rouge; c'est là que se

[1] En 1866, la production annuelle de la laine était de 19 millions de kilogrammes.

trouve la fameuse ferme de Casualtar dont l'étendue est de 30 000 hectares, et qui emploie pour ses moissons 130 moissonneuses-lieuses.

L'Empire du Brésil est, comme la plupart des pays d'outre-mer, principalement agricole. Le café, dont la production est estimée à 2 600 000 quintaux [1], fournit à lui seul la moitié de la valeur totale de ses exportations; en effet, de 1869 à 1874, on en a exporté par an 1 650 000 quintaux pour une somme de 259 millions de francs environ; la valeur de cette denrée a augmenté dans une proportion relativement plus grande que la quantité [2]. La culture du coton a pris aussi une importance réelle au Brésil; de 1869 à 1874, l'exportation a été de 545 000 quintaux, d'une valeur de 93 750 000 francs, en grand progrès sur celle des époques précédentes [3]. La canne à sucre, qui a constitué la principale industrie de cet empire jusqu'à l'introduction du caféier, donne encore lieu à un certain commerce qui tend même, depuis quelques années, à se développer; de 1869 à 1874, en effet, il est sorti 153 300 tonnes de sucre d'une valeur de 68 500 000 francs [4]. L'exportation du caoutchouc [5] et du tabac [6] a aussi de l'importance. Enfin l'élevage du bétail, dont il existe environ 20 millions de têtes, peut être compté parmi les industries agricoles du Brésil qui ont de l'avenir; de 1869 à 1874, on a exporté des cuirs pour 36 millions de francs.

L'industrie pastorale constitue toujours la principale ressource de la république de l'Uruguay; mais à l'élevage des bêtes à cornes, des chevaux et des mulets, s'est jointe depuis vingt-cinq ans une industrie nouvelle, qui est devenue dans ces derniers temps d'une

[1] On calcule qu'il y a environ 600 millions de pieds de caféiers, couvrant une superficie de 650 000 hectares.

[2] De 1839 à 1844, on avait exporté 837 000 quintaux de café, d'une valeur de 52 millions de francs.

[3] De 1839 à 1844, on n'avait exporté que 103 750 quintaux de coton, d'une valeur de moins de 10 500 000 francs.

[4] De 1839 à 1844, l'exportation du sucre avait été de 82 170 tonnes, valant 29 250 000 francs.

[5] On a exporté, de 1839 à 1844, 391 tonnes de caoutchouc, valant 600 000 francs, et, de 1869 à 1874, 5 582 tonnes valant plus de 29 millions de francs.

[6] On en a exporté pour 16 500 000 francs de 1869 à 1874.

Gr. II. — Cl. 46.

importance considérable : l'élevage du mouton en vue de la production de la laine. De 2 500 000 moutons qu'on comptait en 1860, on est arrivé, en 1876, au chiffre de 15 millions, ce qui donne un accroissement de 750 000 bêtes par an. A cette dernière date, le nombre des bœufs et des vaches était de 7 millions, avec une augmentation annuelle de 125 000, et celui des chevaux de 880 000, avec un faible accroissement annuel de 8 000; celui des mules (18 000), des chèvres et des porcs (25 000) reste à peu près stationnaire. En somme, la valeur totale des troupeaux de l'Uruguay est estimée, pour 1876, à 420 millions de francs, somme double de la valeur qui existait en 1860; le capital s'est donc accru en moyenne de 13 500 000 francs par an. L'agriculture prend aussi depuis ces dernières années un grand essor, et elle marche actuellement de concert avec l'élevage du bétail, qui était naguère la seule industrie des campagnes de l'Uruguay. Le sol se prête bien à la culture des céréales et des divers produits des zones tempérées. En 1876 et en 1877, on a récolté 1 200 000 hectolitres de blé et 800 000 hectolitres de maïs; la production actuelle dépassant les besoins de la consommation, l'excédent s'exporte à Buenos-Ayres et au Brésil. Plus de 100 moulins fabriquent de la farine (31 millions de kilogrammes en 1875).

On sait que le cheval fut importé dans la république Argentine en 1536, le mouton en 1550, et le bœuf en 1553; c'est de ces trois années que datent les 15 millions de têtes de gros bétail, les 4 millions de chevaux et les 80 millions de moutons qui couvrent aujourd'hui les plaines de la Plata et qui ont rendu cette contrée célèbre entre toutes par son énorme production d'animaux domestiques. D'après les relevés faits par les statisticiens de ce pays, l'industrie pastorale bien conduite y donne par an 20 p. o/o du capital engagé dans l'élevage des bêtes à cornes et 40 p. o/o du capital engagé dans l'élevage des bêtes de race ovine: on calcule qu'il faut un peu plus d'un hectare de bon pâturage naturel pour nourrir une tête de gros bétail, tandis que la même quantité de terrain nourrit facilement six moutons. On abat chaque année plus d'un million de bœufs pour avoir les cuirs et préparer la viande séchée et salée qu'on expédie au Brésil et à l'île de Cuba. Les laines et les cuirs secs de mouton donnent aussi lieu à un commerce important; pendant la dernière période décennale, on a exporté une moyenne annuelle de 79 millions et demi de kilogrammes de laine, de 25 millions et demi de kilogrammes de peaux de mouton, de 2 millions et demi de kilogrammes de cuirs de bœuf, de 31 millions de kilogrammes de viande salée et de 39 millions de kilogrammes de suifs et de graisses. Gr. II. — Cl. 16.

Les îles Falkland, où l'on ne trouvait, il y a quelques années, que des pingouins et des otaries, nourrissent aujourd'hui une certaine quantité de moutons dont la laine est l'objet d'une exportation chaque année plus importante. La population y a doublé de 1867 (705 habitants) à 1878 (1394), et la production a presque quadruplé dans la même période : de 390 000 fr. à 1 400 000.

Asie. — Nous avons vu que la Russie d'Europe était avec les États-Unis d'Amérique le pays producteur de céréales par excellence; la Russie d'Asie n'est pas aussi riche sous ce rapport; l'agriculture y est, en effet, peu développée : la Sibérie et le Turkestan ne produisent en moyenne que 27 millions et demi d'hectolitres de grains environ par an, et le Caucase 21 millions.

Dans la section australienne, il y avait une carte de la province de Victoria où était indiquée la distribution des différentes essences d'arbres; les diverses espèces d'Eucalyptus (*Red gum*[1], *White gum*[2], etc.) y occupent, dans le sud et dans l'est, d'immenses espaces que limite au nord la zone des Banksia, au delà de laquelle s'étendent les terrains arides couverts de broussailles du nord-ouest. Une autre carte montrait que la région située dans l'Australie occidentale, entre le 118e méridien est de Greenwich et le 31e parallèle, est également couverte des mêmes arbres et indiquait les habitats des sept espèces les plus communes.

M. Josiah Boothby exposait plusieurs diagrammes agricoles : l'un qui donnait pour chaque année, depuis 1850 jusqu'à 1875, la

(1) *Eucalyptus viminalis.*
(2) *Eucalyptus robusta.*

population et la quantité de terres vendues[1] et cultivées[2] dans l'Australie méridionale; un autre qui indiquait les prix du blé à Adélaïde pendant la dernière période décennale, dont la moyenne a été de 18 à 23 francs par quintal avec des variations de 75 fr. 60 cent. en 1868 à 16 fr. 35 cent. en 1875; un troisième qui montrait l'augmentation des gages des ouvriers de 1868 à 1877. La production du blé a progressé dans la province d'Adélaïde de 97 600 tonnes en 1866 à 268 600 tonnes en 1875, au taux de 1 100 kilogrammes environ par hectare. L'exportation tant du blé que de la farine a monté de 39 000 tonnes en 1866 à 172 200 en 1875, avec de grandes fluctuations. Les 2 000 hectares plantés en vignes ont produit, en 1875, près de 30 000 hectolitres de vin.

Le Gouvernement de la Nouvelle-Galles du Sud, où les progrès ont été les plus grands depuis dix ans, a publié une petite carte sur laquelle sont indiquées les parties de cette colonie qui sont cultivées en céréales (112 000 hectares), en pommes de terre (5 600 hectares), en vignes (1 800 hectares), en cannes à sucre (1 400 hectares), et en tabac (135 hectares). Sur les 80 millions d'hectares qu'elle comprend, il n'y en a que 200 000 environ qui soient en culture, principalement dans la région orientale. En 1876, la production du blé a été de 842 700 hectolitres, celle du maïs de 1 367 000 hectolitres, celle de l'orge de 47 250 hectolitres, celle de l'avoine de 162 700 hectolitres, celle des pommes de terre de 43 000 tonnes, et l'on a récolté environ 36 500 hectolitres de vin. On y compte plus de 25 millions de moutons, plus de 3 millions de bêtes à cornes, 366 000 chevaux et 173 000 porcs.

La colonie de Victoria, d'après les dernières statistiques, renfermait, en 1876, 190 000 hectares ensemencés en céréales, 15 000 hectares plantés en pommes de terre et 185 000 hectares de prairies naturelles ou artificielles, dont la production a été de 231 500 tonnes de céréales, 125 000 tonnes de pommes de terre

(1) Dans la province d'Adélaïde, il y avait 260 000 hectares vendus en 1850; 1 440 000 en 1867, et 2 520 000 en 1875.

(2) Il y avait 40 000 hectares cultivés en 1850, 320 000 en 1867, et 520 000 en 1875, dont 360 000 en blé.

et 206 000 tonnes de foin. En 1877, le nombre des ouvriers travaillant dans les fermes se montait à 92000, dont plus des deux tiers étaient des hommes. D'énormes capitaux y sont maintenant engagés dans la culture de la vigne; en 1856, il y avait 112 hectares en vignobles qui ont produit 500 hectolitres de vin et 15 hectolitres d'eau-de-vie, et, en 1869, on en comptait déjà près de 2 000 hectares qui ont donné 26 250 hectolitres de vin et 39 hectolitres d'eau-de-vie; aujourd'hui l'étendue des vignobles est moindre[1].

Dans le Queensland, les richesses minérales ont seules été exploitées jusqu'à ce jour, et quoique cette colonie paraisse devoir plus tard s'adonner à l'agriculture à l'exemple de celles dont nous venons de parler, pour le moment elle s'approvisionne chez celles-ci qui fournissent amplement aux besoins de ses habitants à des prix modérés.

L'une des plus grandes richesses des colonies australiennes consiste dans l'élevage du mouton. Le nombre des bêtes de race ovine, qui était de 43 672 000 en 1867, est monté, en 1876, à près de 64 millions, et l'exportation de la laine a doublé pendant cette période : aux mêmes dates elle a été respectivement de 682 millions et de 1 364 millions de quintaux.

M. H. Greffrath a, du reste, publié un bon résumé statistique des colonies australiennes (1876).

Tous les documents que nous venons de feuilleter à la hâte montrent que les céréales de qualité inférieure cèdent de plus en plus aux autres une partie du terrain qu'elles occupaient, que les vignes, les plantes industrielles et maraîchères prennent une place de plus en plus grande, que le nombre des animaux de boucherie ne cesse de s'accroître, que l'outillage agricole a reçu partout des perfectionnements qui en ont augmenté la puissance, et que le prix des transports, ayant baissé par suite de l'extension donnée aux voies de communication, a rehaussé la valeur locale et encouragé la culture. Aussi, grâce à ce développement continu de la richesse

[1] En 1877, il n'y avait plus, dans la colonie de Victoria, que 1 900 hectares de vignobles qui ont produit 21 900 hectolitres de vin et 169 hectolitres d'eau-de-vie.

Gr. II. — Cl. 16.

rurale, dans les contrées où jadis quelques millions d'êtres humains subsistaient péniblement, une population cinq et six fois plus nombreuse vit aujourd'hui dans une abondance relative.

Nous terminerons en empruntant quelques renseignements généraux à la *Statistique internationale de l'agriculture* [1], où sont étudiés, pour les divers pays et pour une année moyenne calculée sur les cinq années de 1869 à 1873, les superficies cultivées et non cultivées, les produits des diverses cultures rapportées aux surfaces qu'elles occupent, les animaux de ferme considérés comme produits et comme instruments de travail, les systèmes d'exploitation, les procédés de culture et l'outillage agricole [2]. Les pays qui renferment le plus de terres labourables sont par ordre d'importance décroissante : la Belgique, la France et la Grande-Bretagne. En ce qui concerne la production des céréales et les farineux, la Belgique tient le premier rang; puis viennent le Danemark, la France et la Roumanie. Pour les cultures industrielles, le maximum est en Hollande et dans les duchés allemands. Les prairies artificielles dominent dans la Grande-Bretagne et dans l'Irlande. Si l'on considère les terrains productifs autres que les terres labourables (prairies naturelles, vignes, bois, etc.), on trouve que les prairies naturelles dominent dans les îles Britanniques, les vignes en France, en Portugal, en Hongrie et en Roumanie, et les forêts en Finlande, en Norwège et en Suède.

Pour les animaux domestiques qui s'élèvent à 379 millions de têtes pour l'Europe entière, nombre supérieur d'un quart à celui

[1] Cette statistique, qui a été dressée, comme nous le verrons plus loin, par M. Deloche à la demande des congrès de statistique de la Haye (1869) et de Saint-Pétersbourg (1872), a été publiée en 1876.

[2] Sur les vingt-six États auxquels on s'est adressé, il n'y a que la France et la Hollande dont les réponses aient été assez précises pour permettre d'établir leur situation agricole sous la forme de tableaux réguliers; la Norwège, le Danemark, la Finlande, la Bavière, le Wurtemberg, la Saxe royale, le grand-duché de Bade, la Hesse-Darmstadt, la Saxe-Altenbourg, la Saxe-Weimar, la Hongrie et la Roumanie, ont fourni des renseignements à peu près suffisants; la Suède et la Grande-Bretagne ont envoyé des données incomplètes; l'Autriche, la Prusse, la Russie, la Suisse, l'Italie, l'Espagne, le Portugal, la Grèce, la Turquie et la Serbie, n'ont transmis aucun document, ces pays n'ayant pas (sauf la Russie) les éléments d'une statistique agricole. Les États-Unis, le Canada et les colonies anglaises d'Australie ont fait parvenir des réponses intéressantes.

de la population, qui est de 302 millions, les États qui dépassent la moyenne sont, pour l'espèce chevaline, la Russie, la Belgique et la Suède; pour les bêtes à cornes, la Bavière, le Wurtemberg et la Saxe, la Suède, la Suisse, la Hollande, l'Autriche, les Duchés allemands, la Belgique, l'Irlande (la Grande-Bretagne figure au nombre des États qui en comptent relativement le moins); pour les animaux de l'espèce ovine, la Grande-Bretagne, l'Espagne, la Roumanie, la Norwège, la France et le Portugal. Le Danemark et la Bavière sont les pays qui ont le plus de têtes de bétail par 1 000 habitants; l'Italie et le Portugal ceux qui en ont le moins. C'est dans les Duchés allemands, dans la Saxe et dans la Belgique, que domine l'espèce porcine.

La production totale des céréales en Europe est évaluée à près de 5 milliards d'hectolitres. La part de la Russie dans ce chiffre est du huitième. Le tableau suivant montre le rôle prédominant de ce dernier pays dans le commerce international des grains en Europe :

PAYS IMPORTATEURS.		PAYS EXPORTATEURS.	
Angleterre	70.75	Russie	39.62
Belgique	6.13	Amérique du Nord	25.47
Hollande	5.66	Principautés danubiennes	14.15
Suède et Norwège	4.25	Autriche-Hongrie	11.32
Allemagne	3.96	Danemark	4.72
Suisse	3.78	Autres pays d'Europe (Turquie, Espagne, Portugal), Afrique, Asie et Amérique	4.72
France	2.83		
Italie	2.17		
Grèce	0.47		
	100.00		100.00

Nous ne pouvons terminer ce paragraphe sans dire au moins quelques mots du commerce de la soie, qui a aussi sa grande importance: en 1872, la Chine a contribué pour 3 390 000 kilogrammes de soie grège, l'Italie pour une quantité presque égale (3 125 000^k), le Japon pour 721 000^k, et la France pour 637 000^k; les autres pays tels que le Caucase et le Turkestan (220 000^k),

Gr. II. — Cl. 16.

l'Espagne et le Portugal (180 000k), la Turquie d'Asie (185 000k), ont eu une production très inférieure. En 1873, la Chine en a donné 3 080 000, l'Italie 2 336 000, le Japon 700 000, la France 549 000, le Caucase et le Turkestan 444 000, et la Turquie d'Asie 250 000[1]. Depuis, en 1877, M. Léon Clugnet a publié la *Géographie de la soie*, avec atlas, qui contient des renseignements statistiques très intéressants à ce sujet, mais qui n'était pas exposé; la quantité de soie produite varie du reste beaucoup d'une année à l'autre dans le même pays.

§ 8. STATISTIQUE INDUSTRIELLE ET COMMERCIALE.

Nous venons de jeter un coup d'œil rapide sur les produits naturels des principaux pays du monde; il nous reste à parler de leur industrie et de leur commerce. En faisant connaître les productions manufacturières des diverses contrées, en permettant de les comparer entre elles, la statistique prépare les transactions commerciales et les multiplie.

Royaume-Uni de la Grande-Bretagne et de l'Irlande. — Dans le Royaume-Uni, le commerce extérieur s'est développé, depuis dix ans, dans des proportions considérables. Les importations totales[2] qui, en 1867, étaient de 6 875 millions de francs, ont monté, en 1876, à 9 375 millions[3]. Les exportations pour la même période de temps qui ont peu varié, de 5 650 millions à 5 425 millions de francs[4], sont au contraire en décroissance, et le solde annuel à acquitter n'a cessé de monter pendant ces der-

(1) Voyez le *Rapport au sujet de l'Exposition universelle de Vienne*, rédigé par M. Natalis Rondot et publié par la Chambre de commerce de Lyon.

(2) Les principaux pays importateurs en 1876 sont : les possessions anglaises (2 100 millions), les États-Unis (1 875 millions) et la France (1 125 millions).

(3) Non compris le commerce de consignation, qui a progressé pendant la même période de 200 à 275 millions de francs.

(4) Les pays où s'exporte le plus grand nombre de marchandises sont les possessions anglaises, qui tiennent encore le premier rang (1 750 millions de francs), l'Allemagne (qui reçoit pour 750 millions de francs de marchandises contre 525 millions qu'elle y envoie), la France (725 millions de francs) et les États-Unis (500 millions de francs).

nières années : de 1 milliard de francs en 1872, il a atteint progressivement le chiffre de 3 milliards et demi[1].

Comme l'état d'un marché se mesure par l'excédent du prix des produits sur le prix de la matière première, nous allons donner, à cet égard, quelques renseignements sur les principales industries du Royaume-Uni. Une livre de filé, qui valait, en 1874, 45 cent. de plus qu'une livre de coton en laine, ne vaut plus aujourd'hui que 0 fr. 325, et aux mêmes époques l'excédent du prix des toiles sur le prix du filé était respectivement de 0 fr. 325 et de 0 fr. 1875. Ces chiffres ont leur éloquence; il faut toutefois faire remarquer que cette différence ne vient pas seulement de ce qu'il y a un excès de production, mais de ce que les concurrents produisent dans des conditions plus avantageuses et peuvent par conséquent vendre moins cher. Donnons encore un autre élément d'appréciation : dans quelques branches de l'industrie des fers, qui est, avec celle des tissus, l'une des principales du Royaume-Uni, le taux des salaires est fixé, pour les diverses opérations, selon un rapport déterminé par le prix des produits sur le marché le plus important; or, depuis 1873, les salaires ont baissé pour l'opération du puddler, par exemple, de 50 p. 0/0[2] et pour la fabrication de la fonte de 62,5 p. 0/0[3].

Dans un pays de grande industrie comme le Royaume-Uni, il est intéressant de connaître le nombre de machines à vapeur fixes qui suppléent d'une manière si utile au travail des ouvriers, et qui sont la base de son énorme puissance productive. En 1801, d'après Playfair, les machines de diverses sortes qui existaient alors faisaient le travail de 3 millions de personnes, et la dé-

[1] Le Royaume-Uni vend donc moins de ses produits; la diminution a été, de 1872 à 1873, de 89 millions de francs; de 1873 à 1874, de 331 millions; de 1874 à 1875, de 400 millions; de 1875 à 1876, de 620 millions; de 1876 à 1877, de 67 millions, et, de 1877 à 1878, de 150 millions.

[2] En 1873, la tonne de fer valait 500 francs, et l'ouvrier recevait d'après les contrats, pour l'opération du puddler par exemple, 16 fr. 25 cent.; or, aujourd'hui, pour cette même opération, la rémunération n'est plus que de 8 fr. 75 cent.

[3] En 1859, le salaire des ouvriers était de 4 fr. 05 cent. par jour, lorsque la tonne de fonte valait 63 fr. 75; il a monté, en 1872, à 9 fr. 05, et en 1873 à 10 fr. 60, la tonne valant respectivement 126 fr. 25 et 146 fr. 25; le prix de la fonte étant tombé à 54 fr. 65, il n'est plus aujourd'hui (octobre 1878) qu'à 3 fr. 45.

pense n'atteignait pas 15 centimes par 1 fr. 25 cent. de travail: en 1871, elles représentaient une force de 936 405 chevaux-vapeur, et, comme cette unité de force est estimée égale au travail de 21 hommes, elles remplaçaient, par conséquent, 19 664 500 paires de bras. A la même date, les locomotives représentaient, en outre, une force de 1 800 000 chevaux-vapeur, et les navires une force de plus de 500 000.

Nous ne pouvons, en terminant cette courte esquisse des progrès de l'industrie anglaise, passer sous silence la plaie des temps modernes, les grèves, qui y abondent plus que partout ailleurs; le *Times* en a compté 177 en 1877 et, en 1878, 244, dont trois seulement ont réussi.

Le nombre des vaisseaux enregistrés comme appartenant au Royaume-Uni était, en 1867, de 28 773 dont 2 931 à vapeur, jaugeant ensemble 5 753 973 tonnes; en 1876, il n'y en avait plus que 25479, mais ils jaugeaient 6 263 333 tonnes et 4 335 étaient à vapeur. Ces chiffres montrent que le nombre des bateaux à vapeur s'est beaucoup accru depuis dix ans et qu'on emploie aujourd'hui des vaisseaux plus grands qu'autrefois. Le tonnage total des navires qui sont entrés dans les ports du Royaume-Uni a beaucoup augmenté dans la dernière période décennale: en 1867, on y a compté 20 millions de tonnes de navires britanniques et 8 250 000 tonnes de navires étrangers, soit un total de 28 millions environ; en 1876, ces chiffres ont été respectivement de 29 millions et de 13 millions et demi de tonnes, soit un total de 42 millions et demi.

L'industrie de la pêche, qui est l'une des plus utiles du Royaume-Uni, autant parce qu'elle augmente dans une large mesure les ressources alimentaires du pays que parce qu'elle contribue à former des marins et à développer certaines manufactures et certains commerces importants pour un peuple maritime, y tient toujours une grande place; car, si le nombre total des bateaux enregistrés pour la pêche a diminué depuis sept ans[1], il y a plus de bateaux de première classe, c'est-à-dire de bateaux ayant une

[1] 36 000 en 1876, au lieu de 43 000 en 1870.

jauge supérieure à 15 tonnes[1]. Près de 180 000 hommes ou enfants sont employés à cette industrie.

Norwège. — Le commerce de la Norwège s'est notablement développé dans ces dernières années; les exportations et importations réunies, qui, de 1866 à 1870, n'avaient été en moyenne que de 241 millions et demi de francs par an, ont monté pendant la période quinquennale suivante (1871-1875) à 353 millions[2]. Ce sont, comme nous l'avons vu au paragraphe de la statistique agricole, les fruits du sol (bois, céréales et animaux) qui forment la base de ce commerce[3]. La pêche, dont les produits s'exportent en grande quantité, prend un développement de plus en plus considérable; la valeur de ces produits sur les places d'exportation a été en moyenne par an de 46 250 000 francs de 1866 à 1870, de 54 millions de 1871 à 1875, et de 64 millions de 1876 à 1877[4]. Ce pays, où l'industrie est encore peu avancée, s'approvisionne à l'étranger d'une quantité notable de matières textiles et de tissus[5], de métaux bruts et ouvrés[6] et de denrées coloniales[7]. La Norwège a une marine marchande très importante.

Suède. — L'ancien système allemand des corporations a persisté en Suède jusqu'en 1846, et ce n'est qu'en 1864 qu'une ordon-

(1) 6 593 en 1876, au lieu de 5 248 en 1870 (35 000 tonnes de plus).

(2) La valeur des exportations l'emporte de beaucoup sur celle des importations; elles sont respectivement de 213 500 000 et 147 500 000 francs.

(3) Le commerce extérieur de la Norwège se fait principalement avec le Royaume-Uni de la Grande-Bretagne et de l'Irlande, l'Allemagne, le Danemark, la Suède, la Russie et la France, dans la proportion respective de 30, de 22, de 10, de 9, de 7 et de 6,5 p. o/o.

(4) De 1867 à 1877, on a exporté en moyenne par année 850 000 barils (de 116 livres) de harengs, 50 000 barils (de 6 livres) d'anchois, 18 000 tonnes de morue, 68 000 barils (de 116 livres) de poissons salés divers, 101 000 barils (de 116 livres) d'huile de foie de morue, 42 000 barils (de 116 livres) de rogues de morue et près de 1 200 000 homards.

(5) L'excédent de l'importation sur l'exportation a été de 27 millions et un tiers de francs de 1866 à 1870, et de 41 millions de 1871 à 1875.

(6) L'excédent de l'importation sur l'exportation a été de 7 millions de francs de 1866 à 1870, et de 13 millions et demi de 1871 à 1875.

(7) L'importation a été de 19 millions de 1866 à 1870, et de 28 millions de 1871 à 1875.

nance royale a accordé à tout Suédois, homme ou femme, la liberté pleine et entière de se livrer, dans les villes comme dans les campagnes, soit au commerce, soit à la petite ou à la grande industrie [1]; à la même époque, on a supprimé d'une manière générale les droits de sortie sur les matières brutes et sur les denrées alimentaires. Il n'est donc pas étonnant que le nombre des marchands et des négociants ait beaucoup augmenté pendant ces dernières années; en 1875, il était déjà d'un tiers plus grand qu'en 1865 [2]. Il y avait à la même date 2 719 fabriques ayant donné des produits d'une valeur de 237 millions et demi de francs, au lieu de 126 millions comme en 1870.

Le commerce extérieur a pris aussi un développement considérable; les importations et exportations réunies, qui, en 1865, avaient une valeur totale de 294 millions de francs ont atteint, en 1875, la somme de 652 millions et demi. On importe beaucoup de matières textiles, de fils de laine et de coton, de draps et de toileries.

Danemark. — Le Danemark, qui, soumis jusqu'au commencement de ce siècle au système prohibitif, et éprouvé ensuite par les guerres de l'empire, n'avait pour ainsi dire pas d'industrie en 1825, est maintenant entré dans le grand mouvement de notre époque, et quoique, sa principale source de richesse étant toujours l'agriculture, le cinquième seulement de sa population soit adonné à l'industrie, il possède déjà des fabriques importantes, et l'on n'y compte pas moins de 108 sociétés industrielles par actions, dont quelques-unes ont une grande valeur.

C'est en 1825 que la première verrerie a été établie dans le Danemark; on en compte 7 aujourd'hui. En 1866, il y avait 256 distilleries, qui ont fabriqué 360 000 hectolitres d'alcool ayant payé au fisc un droit de 5 millions de francs; la production n'a guère

[1] Les seuls commerces ou industries qui soient exceptés de la liberté générale et soumis à des dispositions spéciales sont: le commerce de la librairie et les imprimeries; la distillation de l'eau-de-vie et la vente des spiritueux; la préparation et la vente de la poudre et des poisons; l'exploitation des moulins et des scieries; la profession de pharmacien et de barbier-chirurgien; la fabrication des orgues, et l'exercice du métier de fumiste dans les maisons.

[2] 15 703 au lieu de 11 541.

varié dans les dix dernières années, bien que le nombre des distilleries ait diminué d'un tiers, celles à vapeur ayant ruiné les petites usines. Les fonderies de fer et les fabriques de machines, dont il n'existait en 1830 que deux, à Copenhague, se comptent aujourd'hui par centaines dans le pays.

Dans ces dernières années, il a été établi plusieurs grandes manufactures de draps et de tissus. Du reste, s'il n'existe pas en Danemark de statistique officielle de l'industrie [1], le nombre comparé des imprimeries, dont on a fait le relevé pour les années 1810, 1872 et 1877, peut donner une idée générale des progrès qui ont eu lieu dans les diverses branches de l'industrie, car toutes ont à peu près marché de front: à la première de ces dates, il n'y avait que 35 imprimeries; il y en avait à la seconde 127 et à la troisième 159.

Finlande. — Le commerce des bois est très important en Finlande. A l'Exposition, un grand tableau indiquait les quantités de bois de sciage qui ont été exportées de ses 19 ports de 1864 à 1875. La ville de Wiborg, qui, jusqu'en 1871, en exportait presque autant à elle seule que toutes les autres réunies [2], n'a pas, à partir de cette époque, progressé relativement autant que Bjorneborg [3] et surtout que Kotka et Friederichshamm [4].

Russie. — La pêche est une des industries les plus importantes de la Russie; de sa prospérité, en effet, dépend le bien-être et même l'existence d'une population considérable. Les documents publiés par la commission des études sur la pêche montrent que la valeur moyenne annuelle de la prise sur toute l'étendue des eaux de la Russie peut être estimée à plus de 80 millions de francs [5],

(1) Excepté pour les distilleries.

(2) Le port de Wiborg a exporté, en 1864, 140 000 stères de bois de sciage; en 1872, 197 000, et, en 1875, 232 000.

(3) Il est sorti de Bjorneborg, en 1864, 46 000 stères de bois de sciage; en 1872, 95 000, et, en 1874, 120 000.

(4) Kotka et Friederichshamm ont produit 14 000 stères debois de sciage en 1864; 72 000 en 1872, et 160 000 en 1874.

(5) La mer Caspienne seule entre dans ce chiffre pour plus de la moitié, pour 50 millions de francs environ, la mer d'Azof pour 13 millions, et la mer Noire pour 5 millions.

somme que ne dépasse guère celle produite par les pêches des autres peuples de l'Europe [1].

M. Timiriasef a résumé sur des tableaux graphiques le mouvement commercial de la Russie pendant les vingt dernières années, de 1855 à 1874; on y remarque la diminution qu'a amenée la guerre de Crimée et l'augmentation qui s'est fait, au contraire, sentir d'une façon très remarquable après l'affranchissement des serfs, et qui n'a cessé de s'accentuer [2].

M. Bloch, qu'un goût particulier a poussé vers les études de statistique et qui a établi à ses frais un bureau spécial chargé de réunir et d'élaborer tous les renseignements utiles sur le commerce, l'agriculture, les finances et les chemins de fer de l'empire russe, exposait l'*Atlas du mouvement des marchandises sur les voies ferrées et fluviales de la Russie* [3], où sont indiqués avec une grande clarté non seulement les directions suivies par les marchandises et leur tonnage, mais, en outre, la production et la consommation des diverses localités [4]. Ce remarquable travail comprend deux grandes cartes qui résument, l'une pour 1874, l'autre pour la période 1859-1862, le mouvement de toutes les marchandises représenté au moyen de teintes différentes, et 29 tableaux graphiques montrant le mouvement du blé, du seigle, de l'avoine, de l'orge et de la farine de ces diverses céréales, des pois, du gruau et du sarrasin, du millet, de la graine de lin, des alcools et eaux-de-vie, du gros bétail, des viandes, des

[1] Les célèbres pêcheries de Terre-Neuve, qui sont exploitées par les Français, par les Anglais et par les Américains, ne donnent guère en effet qu'un produit de 30 à 32 millions de francs. La pêche côtière de France est évaluée à 10 millions environ, et celle des parages norwégiens à 30 millions. Ces estimations sont faites au prix du poisson sur la place même de la pêche.

[2] Citons encore les cartes commerciales de M. Perschke.

[3] Le Gouvernement russe a aussi publié de remarquables diagrammes sur lesquels est résumé le mouvement des marchandises sur les chemins de fer ainsi que sur le Volga et sur les cours d'eau du système Marie qui forment la grande artère reliant la Baltique à la mer Caspienne. On y voit d'un coup d'œil, au moyen de liserés de teintes diverses et d'une largeur proportionnelle au trafic, non seulement la nature, mais la quantité soit des principales marchandises qui remontent ces cours d'eau, soit de celles qui les descendent.

[4] Le mouvement des marchandises y est indiqué par un chiffre et par la largeur proportionnelle des liserés, le sens de l'écoulement par des flèches, et l'importation ou l'exportation par des demi-cercles tracés près des postes douaniers.

suifs, des os, des peaux brutes, du poisson, des laines, des lins et des étoupes de lin, des chanvres, des chiffons, des cotons, du sel, du thé, du tabac, des fers et des fontes, des rails, des huiles minérales, des bois de chauffage et des houilles, des bois de construction, des cordages et fils divers, du cuivre et du laiton et des huiles végétales.

M. Bloch a aussi entrepris, sur la situation économique de la Russie, un grand ouvrage dont malheureusement la traduction en langue française n'a pas pu être terminée pour l'Exposition et qui comprend cinq parties distinctes : 1° construction et exploitation des chemins de fer [1]; 2° production, commerce et consommation des produits agricoles [2]; 3° commerce et transport des animaux

[1] Cette première partie fournit tous les renseignements nécessaires sur la construction des chemins de fer, sur le capital de premier établissement et sur le prix de revient, sur l'accroissement progressif des revenus, sur les émissions d'actions et d'obligations, sur les sommes dues par les compagnies à l'État pour les garanties et les avances faites pendant la construction, sur l'état comparé des chemins de fer russes et étrangers, sur la superficie et la longueur des voies ferrées et sur l'importance des chemins de fer dans les divers gouvernements. Trois tableaux graphiques représentent, l'un l'importance du transport mensuel des marchandises sur les chemins russes de 1869 à 1875; le second, l'accroissement progressif du revenu et du capital de premier établissement (de 1835 à 1876 inclusivement), les pertes subies pour la réalisation du capital, les revenus et les dépenses (de 1856 à 1876), les émissions des titres et des obligations, etc.; le troisième, l'état comparatif des lignes de chemins de fer russes, par gouvernement, avec les lignes étrangères.

[2] Cette seconde partie donne: la superficie des terres arables; la comparaison de cette superficie en Russie et à l'étranger rapportée au nombre d'habitants; les surfaces ensemencées et les récoltes depuis 1813; le rapport de ces surfaces à celles des terres arables; la moyenne des récoltes en Russie et dans le royaume de Pologne de 1870 à 1872; les récoltes par gouvernement; les récoltes de froment, de seigle, d'orge, d'avoine et de pommes de terre évaluées en fractions de la récolte totale; les excédents et les déficit des céréales par gouvernement, déduction faite des quantités employées aux ensemencements, à la consommation locale et à la fabrication de l'eau-de-vie; les rapports des quantités récoltées au nombre des habitants par gouvernement; la division de la Russie en zones climatériques; le commerce du blé de 1804 à 1876; l'influence des chemins de fer sur la production locale; le commerce des blés avec l'Angleterre; le commerce des blés importés des États-Unis d'Amérique sur les marchés anglais; les quantités de blé exportées en France, en Angleterre, en Prusse, aux Pays-Bas, etc.; les quantités exportées de 1865 à 1876 par les ports de Saint-Pétersbourg, de Riga, d'Odessa, de Rostow, etc.; le commerce des blés et des farines; la production et la consommation du froment, du seigle, de l'orge, de l'avoine et des pommes de terre; le prix des céréales en Russie et à l'étranger. Diverses petites cartes indiquent la production des divers genres de blés en 1874, leur excédent ou leur déficit suivant les provinces, leur commerce et leur mouvement sur les voies ferrées et fluviales.

Gr. II. — Cl. 16.

domestiques et des produits animaux [1]; 4° commerce intérieur [2]; 5° résultats financiers [3].

Nous devons encore citer, parmi les nombreux diagrammes qui étaient exposés dans la section russe: ceux qui représentent la surface de chauffe et la force, par gouvernement, des chaudières à vapeur et locomobiles employées tant dans l'agriculture que dans les usines [4]; celui qui donne les renseignements sur l'industrie des sucres [5], et ceux où sont indiqués le recouvrement des impôts

(1) Cette troisième partie donne: la superficie comparée des terres arables et des bois; la population; le nombre des têtes de bestiaux en rapport avec le nombre des habitants, avec la superficie du territoire et avec les quantités de blé ensemencé, de foin et de paille; la statistique des animaux morts de la peste bovine; la consommation de la viande en Russie et à l'étranger, et le coût de son transport par les chemins de fer; les arrivages de bestiaux à Saint-Pétersbourg, à Moscou et à Varsovie; les règlements des chemins de fer pour le transport du bétail; les marchés aux bestiaux et l'indication de la provenance du bétail qu'on y vend; les principales foires aux bestiaux; les noms des principaux marchands de bétail avec désignation des transactions opérées par chacun d'eux; le commerce du bétail avec les pays étrangers; le prix du bétail et des produits animaux en Russie et à l'étranger. Six cartes représentent le nombre des divers animaux domestiques par gouvernement, comparativement à la population et à la superficie.

(2) Dans cette quatrième partie, on trouve: un aperçu général sur le commerce; les différentes phases par lesquelles ont passé les droits d'entrée et les tarifs des douanes; l'importation et l'exportation en valeur vénale et en quantité, pour les périodes 1830-1832, 1840-1842, 1850-1852, 1860-1862 et 1869-1876, des produits alimentaires, des articles de ménage, des objets d'ameublement, des matériaux de construction, des machines, des outils, des vêtements, du matériel pédagogique, des armes, des objets divers (avec l'indication des lieux de production pour les objets exportés et des lieux de consommation pour les objets importés). Six tableaux graphiques représentent cette importation et exportation des diverses marchandises d'après leur valeur, par groupes et par classes.

(3) Cette cinquième partie renferme: la description complète de la situation économique de l'empire jusqu'à la guerre de Crimée; les résultats de cette guerre et de la crise de 1866; l'histoire au point de vue financier de la construction des chemins de fer; l'augmentation de bien-être et l'amélioration de production dues à leur développement; leur influence sur la situation économique de l'empire; la comparaison des chemins de fer russes et étrangers au point de vue économique; l'historique de la crise de 1875; l'influence du payement des droits d'entrée en or sur le commerce extérieur.

(4) Ces deux diagrammes sont dus à MM. J. Bock et R. Pfeiffer. Dans le second, la force proportionnelle des machines à vapeur est indiquée au moyen d'un parallélipipède plus ou moins long qui est lui-même subdivisé en bandes teintées différemment suivant les diverses industries et de grandeur également proportionnelle au nombre des chevaux-vapeur employés par elles.

(5) Ce cartogramme est dû à M. D.-A. Timiriasef.

indirects et la production et la consommation des produits soumis à l'accise, de 1863 à 1875 [1].

Pays-Bas. — La Hollande est le pays commerçant par excellence; malgré sa faible étendue, ses échanges se sont élevés, en 1870, à 1 222 millions de francs pour l'importation, à 1 446 millions pour l'exportation et à 337 millions et demi pour le transit.

Belgique. — Le développement donné depuis trente ans aux voies de communication, l'instruction spéciale que reçoivent toutes les classes de la population, l'abaissement successif des tarifs douaniers, ont fait faire de grands progrès au commerce de la Belgique. La valeur des importations et exportations réunies, qui était, en 1850, de 500 millions de francs, dépasse aujourd'hui 2 500 millions, et la richesse publique augmente chaque année. Nous prendrons dans la statistique belge officielle quelques chiffres qui nous donneront une idée de l'industrie de ce pays. Aujourd'hui il n'y a pas moins de 12 650 machines à vapeur, qui représentent une force de 540 000 chevaux, et qui, grâce aux perfectionnements qu'on leur a apportés, consomment à peine, pour la production d'une même force, le tiers du charbon qu'elles consommaient il y a dix ans. La fabrication du fer est une branche importante de l'industrie belge; sa production totale atteint une valeur de 270 millions de francs: les deux tiers du minerai sont importés de l'étranger. Le zinc est aussi la matière première d'une industrie considérable.

La laine et le lin sont l'objet d'un grand commerce; les laines qui arrivent d'outre-mer sont lavées et dessuintées, et on en exporte 20 millions de kilogrammes dont la valeur a doublé par le lavage; on envoie aussi chaque année à l'étranger des fils cardés de Verviers pour une somme variable de 45 à 60 millions de francs, du lin pour plus de 60 à 80 millions, des draps pour 30 millions, des toiles pour 20 millions et une quantité assez considérable de cotonnades. Les produits des 70 verreries qui existent aujourd'hui en Belgique atteignent une valeur de 45 millions de francs; les trois quarts sont exportés.

[1] Ces tableaux ont été établis par M. Yermolof.

Gr. II. — Cl. 16.

Suisse. — La Suisse est, entre tous les pays de l'Europe, l'un des plus actifs et des plus laborieux. Le docteur Wartmann, secrétaire du Directoire commercial de Saint-Gall, a représenté, au moyen de signes et de teintes conventionnels, le développement du commerce et de l'industrie de ce pays pendant la période comprise entre 1770 et 1870. Trois cartes indiquent la répartition vers 1770, vers 1820 et en 1870, des industries du lin, des soies, du coton, des pailles, de l'horlogerie et de la bijouterie, qui sont les principales, en ajoutant, pour les deux dernières années, l'industrie métallurgique; trois autres cartes montrent quels étaient, aux mêmes époques, les pays où se consommaient les articles suisses, et une septième feuille donne les marchés principaux de ces articles ainsi que les voies principales de communication. On voit tout d'abord dans cette intéressante publication que l'industrie de l'horlogerie et de la bijouterie, qui de 1770 à 1830 était restée confinée dans la région comprise entre la frontière et le lac de Neufchâtel sans prendre de développement, a, depuis lors, considérablement progressé et s'est beaucoup étendue vers le nord. On y voit aussi que l'industrie des soies, qui, en 1770, n'existait que dans l'État de Bâle et un peu sur les bords du lac de Zurich, et qui, en 1830, avait commencé à prendre un certain essor, a décuplé depuis cette époque, surtout dans l'État de Zurich où elle s'est substituée au travail du coton. L'industrie du lin, qui, jusqu'en 1830, était très importante dans le nord-est de la Suisse[1], a maintenant disparu de cette région où elle est remplacée par l'industrie cotonnière; et dans le nord de l'État de Berne, où jadis elle existait seule[2], elle est, depuis 1830, mêlée à celle de la soie qui tend peu à peu à la détrôner. L'industrie des pailles, qui n'existait pas en 1770, a grandi depuis; elle est principalement répandue dans la région comprise entre les lacs de Genève et de Neufchâtel.

En 1770, la Suisse n'envoyait ses produits que dans l'Europe occidentale et un peu dans l'Europe orientale: en 1830, son commerce allait jusqu'aux États-Unis; aujourd'hui il s'étend non seulement à l'Europe presque entière, mais aux deux Amériques, aux

[1] Dans les États de Thurgovie, de Saint-Gall, d'Appenzell et de Frauenfeld.
[2] Il y avait dans cet État une grande quantité de filatures.

côtes de l'Afrique, à l'Inde et aux colonies néerlandaises. Le progrès est donc considérable depuis cinquante ans.

Autriche-Hongrie. — Au point de vue de la douane, l'Autriche et la Hongrie ne forment qu'un seul territoire ; aussi devons-nous ici les considérer ensemble. Le mouvement commercial pour les deux pays réunis a augmenté dans ces dernières années, mais ce sont les importations qui ont toujours été en croissant [1]; les exportations ont, au contraire, diminué [2].

Les diverses industries hongroises emploient peu de machines et ont, par conséquent, une production très limitée [3]. Les seules qui aient un certain développement sont intimement liées à l'agriculture, comme la minoterie [4], les distilleries [5] et les raffineries de sucre de betterave [6]; les autres, telles que la fabrication du verre, de la porcelaine, du papier, du drap, des tissus [7], ne dépassent guère la production nécessaire pour la consommation locale.

Un certain nombre de chambres de commerce autrichiennes exposaient des documents statistiques. Nous citerons celles de Brody, de Czernovitz, de Lemberg, de Pilsen, de Prague et de Trieste.

Italie. — En Italie, le commerce extérieur s'est beaucoup développé; les importations et exportations réunies, qui, en 1867,

(1) En 1868, les importations étaient de 829 millions et demi de francs ; elles sont montées, en 1874, à 1175 millions. Elles consistent surtout en fils et tissus (pour 364 millions de francs), articles de métal (pour 60 millions) et marchandises diverses (pour 179 millions et demi de francs).

(2) Les exportations ont été de 858 millions de francs, en 1868, et de 748 millions en 1874. Elles consistent principalement en céréales (145 millions et demi de francs), farines (62 millions et demi de francs), vins (36 millions et demi de francs), tabacs (31 millions), laines (82 millions) et porcs (78 millions).

(3) Il n'y a que 42 industriels sur 1 000 habitants.

(4) Il n'y a pas moins de 28 000 moulins.

(5) Il y a 90 000 distilleries.

(6) Les raffineries sont au nombre de 20.

(7) L'industrie textile des cotons fait presque entièrement défaut en Hongrie, mais elle des tissus de lin, de chanvre et de laine, alimente le pays.

Gr. II. — Cl. 16.

avaient une valeur totale de 1 787 millions de francs, ont atteint, en 1876, la somme de 2 755 millions de francs.

Le commerce du chanvre et du lin y a une grande importance; en 1877, l'excédent de l'exportation sur l'importation a été de 230 000 quintaux [1]. L'industrie de la filature du coton ne suffit pas à la consommation pour la fabrication des tissus; on importe aussi des soieries, quoique le pays produise la matière première en grande quantité [2], mais on exporte de la laine cardée [3].

Le tannage des peaux est une des industries les plus importantes de l'Italie; les 50 000 tonnes de cuir vert [4] sur lesquelles on opère en moyenne chaque année fournissent 20 000 tonnes de cuir tanné, d'une valeur de 100 millions de francs, dont une partie est livrée à l'exportation.

La pêche a aussi une grande importance. Les deux mers qui baignent cette presqu'île [5] sont, en effet, riches en poissons [6] et en corail; 12 900 bateaux, jaugeant ensemble 40 500 tonneaux et montés par 30 800 marins [7], sont employés à cette industrie. Le produit a été, en 1873, de 346 000 quintaux, d'une valeur de près de 19 millions de francs, et, en 1877, de 359 000 quintaux, d'une valeur de plus de 20 millions de francs.

Portugal. — Le Portugal exposait un atlas de statistique commerciale avec 70 diagrammes faits à la main, qui montraient les diverses productions du pays et ses importations et exportations. Le commerce s'y est notablement accru depuis qu'en 1860 les

(1) La culture du lin a beaucoup moins d'importance en Italie que celle du chanvre : on n'en produit en tout, sur 81 116 hectares, que 233 337 quintaux, soit 2^{qx},88 par hectare, dont la moitié vient de la Lombardie.

(2) En 1877, l'Italie a produit 3 500 000 kilogrammes de cocons de vers à soie, dont une grande partie s'exporte.

(3) En 1877, l'exportation a atteint la valeur de 5 millions de francs.

(4) Dont 14 000 sont importées.

(5) Les côtes de l'Italie ont une longueur de 3 213 kilomètres, si l'on n'envisage que sa partie continentale, et de 6 341 kilomètres si l'on compte toutes les îles environnantes.

(6) Il y a dans les eaux italiennes 687 espèces ou variétés de poissons, dont 78 d'eau douce.

(7) Non compris ceux qui vont pêcher dans les mers lointaines et dont le nombre dépasse 1 000.

idées libérales ont prévalu dans le système économique du pays; les importations, qui, en 1866, n'étaient que de 147 250 000 fr., ont atteint, en 1876, plus de 191 500 000 francs, et, aux mêmes époques, les exportations ont été respectivement de 106 millions et demi de francs et de 114 millions. La valeur des importations[1] est constamment supérieure à celle des exportations[2]. Le vin est l'article principal du commerce avec l'étranger, surtout avec l'Angleterre[3].

Il n'existe pas de statistique complète de l'industrie portugaise, et l'on n'a aucun document officiel nouveau depuis le recensement qui a été fait en 1867 dans l'intention de répartir les taxes de la contribution industrielle, et qui a constaté l'existence de 38 000 usines, fabriques ou ateliers[4].

France. — Les premières données statistiques sur l'ensemble de l'industrie française se trouvent dans les Mémoires des Intendants rédigés vers la fin du règne de Louis XIV, mais ce n'est qu'en 1801 (par ordre de Chaptal), en 1834 et un peu plus tard en 1845 qu'ont eu lieu des enquêtes officielles générales; cette dernière a porté sur les établissements occupant plus de 10 ouvriers, et elle a évalué le chiffre de leurs affaires à 4 167 millions de francs. De 1861 à 1865, on a fait le dénombrement complet de toutes

[1] Les principaux articles d'importation sont les cotons (dont l'excédent de l'importation sur l'exportation a été de 29 millions de francs en 1866 et de 22 millions en 1876), les denrées coloniales (19 millions en 1866 et 14 millions et demi en 1876), les métaux (5 millions en 1866 et 36 millions et demi en 1876), les farineux (11 millions en 1866 et 24 millions en 1876), les pêcheries (7 500 000 francs en 1866 et 7 250 000 en 1876) et les laines (8 250 000 francs en 1866 et 13 500 000 en 1876).

[2] Les principaux articles d'exportation sont les vins (dont l'excédent de l'exportation sur l'importation a été de 41 millions et demi de francs en 1866, et de près de 56 millions en 1876) et les matières végétales (10 millions et demi en 1866 et 11 millions en 1876).

[3] En 1874, les importations de la Grande-Bretagne en Portugal ont atteint une valeur supérieure à 73 millions de francs, et les exportations du Portugal pour la Grande-Bretagne ont été de 65 750 000 francs. Cette même année, la France a importé dans le Portugal pour 24 250 000 francs de marchandises et n'en a pas exporté pour 5 millions. C'est le Brésil, l'Espagne, puis les États-Unis qui ont ensuite le commerce le plus important avec ce royaume.

[4] La grande industrie comptait, à cette époque, 6 095 établissements, et la petite, 31 962.

Gr. II. — Cl. 16.

les usines et fabriques sans distinction; les détails en sont consignés dans le volume intitulé : *Résultats de l'enquête sur l'industrie de 1861 à 1865*[1]. où l'on voit en résumé que le nombre de nos établissements industriels était, à cette époque, de 123 357 occupant 1 782 932 ouvriers, employant 502 000 chevaux-vapeur et ayant une production de 10 milliards[2].

La *Statistique sommaire des industries principales en 1873*[3] ne comprend pas autant d'informations que la précédente. qui avait duré cinq ans; elle s'est bornée aux industries les plus importantes, laissant de côté un grand nombre de petites dont le recensement annuel est à peu près impossible. Nous ne parlerons pas ici de l'industrie minérale, qui trouvera sa place plus loin; nous dirons seulement que la consommation de la fonte est restée stationnaire en France, et qu'il y a eu augmentation dans celle de l'acier, diminution dans celle du fer. L'industrie textile, qui est l'une des principales de notre pays, occupe 1 million de personnes et en fait vivre directement plus de 2 millions; l'exportation des tissus a dépassé, en 1873, le chiffre de 1 milliard. L'*Atlas statistique et géographique du commerce de la France* établi par M. Bonnange sous la direction de M. Ozenne, où l'on trouve une analyse détaillée des divers objets d'échange de la France avec l'étranger, donne d'utiles renseignements sur le même sujet.

Nous devons citer encore, comme ouvrages intéressants de statistique locale : la *Savoie industrielle*, où l'auteur. M. V. Barbier, expose les débuts et le passé de l'industrie de cette province, étudie son état actuel et indique son avenir[4]; la carte économique

[1] Cet intéressant ouvrage a été publié en 1873 par le Service de la statistique générale de France.

[2] M. Loua a résumé sous une forme graphique, dans son *Atlas de statistique industrielle*, les résultats de cette enquête : il y a 33 cartes, chacune indiquant l'état de l'une des industries principales.

[3] Cet ouvrage, qui a été publié en 1874, contient 15 cartes chromolithographiées qui résument d'une manière claire le mouvement industriel et commercial de notre pays; elles font connaître par des teintes graduées la proportion dans laquelle chaque département contribue à la fabrication des principaux produits.

[4] Cet ouvrage est complété par une carte industrielle de la Savoie, où l'auteur a employé la couleur bleue pour les industries du sous-sol et la couleur rouge pour les autres.

et statistique de la Gironde, dressée par l'école de commerce de Bordeaux; l'*Exposé de la situation des industries du coton et des produits chimiques dans la Seine-Inférieure et dans l'Eure* (1859-1869) par M. Levasseur, etc.

Il est important de connaître les divers courants commerciaux qui sillonnent un pays[1]; M. Laterrade, ingénieur en chef des ponts et chaussées, est l'auteur d'une méthode spéciale pour le recensement de la circulation sur les routes, le *comptage ambulant*, qui est appliqué en France et qui diffère du comptage ordinaire en ce que le recenseur, au lieu de rester stationnaire en un seul point de la route dont on veut connaître la circulation, la parcourt au contraire sur toute son étendue en prenant note des voitures qu'il rencontre; la circulation étant extrêmement variable dans l'étendue d'une même route, on se met ainsi à l'abri des erreurs qui pourraient tenir au choix des postes d'observations, et, en outre, on peut confier le soin de ces recensements aux conducteurs et chefs cantonniers en tournée, au lieu d'avoir des observateurs spéciaux, ce qui permet de multiplier les sections sans frais. Des chiffres observés, on conclut ensuite, à l'aide d'une formule très simple, la circulation moyenne.

Le comptage a lieu en France tous les dix ans pour le tonnage des diverses voies de communication. On a vu à l'Exposition les trois cartes figuratives, ou cartogrammes, établies par le Service des ponts et chaussées d'après les renseignements du comptage décennal qui a eu lieu en 1876, et qui ont été précisément prêtes pour cette année (1878); elles représentent le tonnage des marchandises transportées en petite vitesse sur les routes, sur les canaux et sur les chemins de fer de la France, et elles sont toutes trois à la même échelle de 1 millimètre pour 2 500 tonnes, ce qui en facilite la comparaison. Sur l'une, on voit que la circulation totale sur le réseau des routes nationales, dont la longueur est de 37 000 kilomètres, a été, en 1876, de 1 700 millions de tonnes kilométriques[2], et que le nombre moyen des colliers, par jour

[1] M. F. Lucas a publié, en 1873, une étude très intéressante sur les voies de communication de la France, dont il a fait tout à la fois l'historique et la statistique.

[2] On ne considère que le poids utile, qui est de 600 kilogrammes par collier-

Gr. II. — Cl. 16.

et par kilomètre, est de 206, traînant 200 tonnes brutes ou 123 tonnes utiles [1]; la seconde montre, pour les rivières et pour les canaux, la fréquentation de chaque section dans les deux sens et, pour chaque port de mer, le tonnage effectif du commerce extérieur et du cabotage réunis tant à l'entrée qu'à la sortie; la troisième indique le tonnage des transports par chemins de fer. Il ressort de la comparaison de ces deux dernières qu'il existe une disproportion énorme entre les transports par eau et les transports par chemins de fer. Ces cartes ont une utilité pratique en ce qu'elles facilitent les études relatives à l'établissement des chemins de fer d'intérêt local et à l'extension si désirable de nos voies navigables.

Le Ministère des travaux publics ne cesse, du reste, de publier des documents statistiques et financiers tant sur les chemins de fer de l'Europe que sur ceux de la France [2]. Dans les *Documents financiers sur les chemins de fer français*, on trouve, après une introduction historique, des renseignements intéressants sur leur organisation administrative et financière, sur leur établissement, sur leur exploitation, en un mot, l'analyse raisonnée des dépenses qu'ils exigent. Le Bureau de la statistique centrale des chemins de fer, qui publie chaque année, depuis 1870, l'état de leur situation, a résumé leurs recettes brutes kilométriques pour l'année 1875 sur une carte où les diverses lignes sont représen-

type; les colliers de diverses natures sont convertis en tonnes d'après des coefficients variables suivant les départements.

[1] Le Ministère des travaux publics exposait aussi une carte du département de Lot-et-Garonne à $\frac{1}{150\,000}$ où les routes nationales sont marquées par des bandes teintées en carmin et les routes départementales par des bandes teintées en orangé, bandes dont la largeur est proportionnelle à la circulation à raison de 5 millimètres par 100 colliers, ainsi que les profils en long de la circulation sur une route nationale et sur une route départementale où cette circulation est figurée par une courbe de 1 centimètre par 100 colliers pour les hauteurs et de 2 centimètres par kilomètre pour les longueurs.

[2] *Chemins de fer de l'Europe*, résultats généraux de l'exploitation (1864-1869); *Chemins de fer français* (1866-1868); *Documents financiers sur les chemins de fer français* (1868); *Documents statistiques sur les chemins de fer* (1866); *Documents relatifs à la construction et à l'exploitation des chemins de fer* (1872); *Répertoire méthodique de la législation des chemins de fer* (1870); *Statistique centrale des chemins de fer français* (1870-1876).

tées par des lisérés différemment coloriés et plus ou moins larges suivant leur produit [1]; d'un coup d'œil on y voit les grands courants commerciaux qui sillonnent la France : on remarque surtout l'intensité de celui qui existe sur la grande ligne de Marseille à Amiens et à Lille.

Une autre publication du même ministère, publication qui sera très utile, est l'*Atlas statistique des cours d'eau, des usines et des irrigations,* qui comprendra 85 cartes départementales à $\frac{1}{200\,000}$, et que complètent des tableaux statistiques dressés également par département et donnant tous les détails nécessaires sur le régime de leurs cours d'eau, tels que longueur, largeur, débit, etc; cet ouvrage constituera un véritable inventaire des ressources hydrauliques de la France. et permettra de mieux en étudier la mise en valeur.

Le Ministère des travaux publics exposait. en outre. une carte à $\frac{1}{200\,000}$ des voies navigables qui relient la Belgique à Paris, carte où le mouvement des marchandises. en 1876. est représenté par une bande ou zone dont la largeur est proportionnelle à ce mouvement, à raison de 1 millimètre par 50 000 tonnes. La circulation des combustibles minéraux est indiquée par une teinte grise; celle des marchandises diverses qui ont suivi la direction de la Belgique sur Paris par une teinte brune, et celle des marchandises qui ont pris la route inverse par une teinte de carmin. Comme le mouvement de circulation n'est pas le même sur toute la ligne. on a divisé la carte en seize sections, dans chacune desquelles le tonnage kilométrique des trois espèces de marchandises est inscrit pour la zone correspondante. On peut ainsi se rendre compte en un instant de l'importance du trafic sur ces voies navigables et suivre la marche des augmentations ou des déficit qui viennent à se présenter. Il résulte de cette étude que le tonnage des 424 kilomètres de voies navigables qui relient Paris à la Belgique est égal aux $\frac{40^{es}}{100}$ de celui des 1 662 kilomètres du réseau du Nord en ce qui concerne les marchandises à petite vitesse; cette simple comparaison montre quels services les canaux rendent à l'industrie.

[1] Un millimètre d'épaisseur équivaut à une recette brute annuelle de 10 000 fr.

Gr. II. — Cl. 16.

Les volumes qui accompagnent l'*Atlas des ports de France* publié par le Service des ponts et chaussées contiennent de nombreux et utiles renseignements statistiques sur l'état actuel et passé de nos ports.

Chaque année, le Ministère de la marine et des colonies de France publie la statistique des pêches maritimes. Il en résulte que, si la situation de notre marine marchande inspire de sérieuses préoccupations, ce n'est point à cause de l'état de la pêche maritime côtière, qui est satisfaisant, mais par suite de la stagnation de la navigation au long cours et du déclin du cabotage; depuis vingt-huit ans, en effet, c'est-à-dire depuis l'époque à laquelle une législation nouvelle a été donnée à cette importante industrie (1850), le nombre des bateaux qui lui sont affectés a doublé, et le produit a triplé.

Plusieurs chambres de commerce françaises et algériennes ont eu l'heureuse idée de publier des documents statistiques soit sur le mouvement de la navigation [1], soit sur le mouvement de l'industrie et du commerce de leur circonscription [2] ; ces ouvrages étaient réunis dans l'une des salles de la classe 16, et nous devons en tenir compte, car ils éclairent certaines branches d'industrie. Celle d'Elbeuf donne, dans les comptes rendus de ses travaux, l'état des laines dans sa circonscription, le nombre des industriels, des broches à filer et des métiers à tisser, la quantité de charbons entrés et le chiffre de la production. Celle de Marseille fournit des renseignements sur la marine marchande à voiles et à vapeur qui fréquente son port, et sur le commerce des céréales, des laines, des huiles, des cotons, etc. (avec diagrammes). Dans le volume publié par celle de Saint-Quentin, on trouve la statistique complète des industries du département de l'Aisne, avec la répartition de la po-

(1) Chambres de commerce d'Alger (1 vol., 1864-1875), de Bordeaux (6 vol., 1867-1877), de Caen (4 vol., 1873-1876), de Cherbourg (8 vol., 1869-1876), de Dunkerque (7 vol., 1871-1876), de Fécamp (5 vol., 1872-1876), du Havre (9 vol., 1868-1876), de Marseille (10 vol., 1867-1877), de Nantes (9 vol., 1868-1877).

(2) Chambres de commerce de Besançon (8 vol., 1869-1876), de Douai (2 vol., 1872-1874), d'Elbeuf (4 vol., 1866-1876), de Lyon (8 vol., 1864-1876), d'Oran (2 vol., 1866-1874), de Saint-Omer (2 vol., 1874-1876), de Saint-Quentin (1 vol.).

pulation industrielle de son arrondissement et l'indication de l'importance relative de chacune des branches de sa production. Le compte rendu annuel de celle de Lyon contient le mouvement de la condition des soies dans cette ville et en Europe, leur cours officiel, les importations et exportations de soieries, etc. [1] Citons encore l'*Annuaire administratif, historique, statistique et commercial de l'Hérault*, depuis 1818 jusqu'à 1878, qu'exposait M. de la Cour de la Pijardière, publication qui comprend 61 volumes et qui a servi de modèle à ceux de l'Aude, du Gard, des Pyrénées-Orientales, etc.

Le *Tableau général du commerce extérieur de la France*, dont le Ministère des finances exposait 10 volumes (1867-1876), évalue l'importance de nos échanges coloniaux et internationaux à la somme de 7 979 millions pour 1868, et à 9 456 millions pour 1876 (importations et exportations réunies) [2]. Le poids total des marchandises de toute nature expédiées par cabotage, qui était de 2 016 696 tonnes pour la moyenne des cinq années 1866-1870, a été, dans la période suivante (1871-1875), de 2 055 799 tonnes [3]. Le commerce entre la France et le Royaume-Uni de la Grande-Bretagne et de l'Irlande a progressé d'une manière à peu près constante: les importations de notre pays dans la Grande-Bretagne, qui, en 1867, étaient de près de 843 millions et demi de francs en marchandises et de plus de 34 millions et demi de francs en lingots et en espèces, ont monté, en 1876, à 1 132 millions et demi pour les marchandises et à plus de 69 millions pour les espèces [4]; les exportations de la Grande-Bretagne

(1) En France, les exportations de soieries et de rubans ont baissé de 423 millions de francs en 1867 à 275 millions en 1877. La fabrique lyonnaise ne fait pas battre moins de 120 000 métiers, et à l'article riche, qui ne suffisait plus à son activité, elle a joint les étoffes unies.

(2) La Direction générale des douanes publie, tous les dix ans, le *Tableau du commerce général de la France*; le dernier a paru cette année même (1878), comprenant le commerce de 1867 à 1876.

(3) Voir le *Tableau général du cabotage en France* qui se publie en brochures annuelles.

(4) Les colonies françaises ont envoyé directement dans le Royaume-Uni, en 1876, pour 16 500 000 francs de marchandises, chiffre qui est en très notable augmentation sur ceux des années précédentes.

Gr. II. — Cl. 16.

pour la France[1] aux mêmes époques ont été respectivement de 575 millions et demi et de 725 millions de francs en marchandises et de 205 millions et demi et de 150 millions en espèces[2].

Colonies françaises. — En dehors de l'Europe, nous n'avons guère de données sérieuses que sur le commerce des colonies.

Le mouvement général du commerce de l'Algérie avec la France et l'étranger, qui, en 1876, a atteint un total de 380 millions (importations et exportations réunies), a quadruplé dans la dernière période décennale (1865-1875) comparée à la période précédente (1850-1860).

Dans l'ensemble des autres colonies françaises, la valeur des exportations pour tous pays a monté, en 1876, à 227 millions et demi de francs (dont le sucre et le riz forment la moitié), et celle des importations à 189 millions[3].

Colonies anglaises. — Les colonies anglaises, qui ont, y compris les États feudataires de l'Inde, une superficie totale de 22 235 000 kilomètres carrés avec une population de 251 611 000 habitants et un revenu de 1 931 millions de francs, coûtent peu à la mère patrie et lui sont, au contraire, d'un grand profit, car la statistique commerciale montre que, durant l'espace de quarante ans, leur commerce a monté de 614 millions et demi de francs, en 1835[4], au chiffre énorme de 8 216 millions environ en 1875[5], en progrès de 1 050 millions sur l'année 1866. Cette

(1) Ces exportations se composent principalement de laine, de soie écrue, de coton écru, de cuivre non ouvré, de jute, de café, de peaux, d'indigo, etc.

(2) Les colonies britanniques nous ont envoyé, en outre, directement en 1876 pour plus de 167 millions de marchandises, chiffre qui est en légère augmentation sur ceux des années précédentes.

(3) Nos principales colonies en dehors de l'Algérie sont : la Cochinchine, dont le commerce total (exportations et importations réunies) est de 155 millions de francs; les îles de la Réunion et de la Martinique, qui ont chacune un commerce de 55 millions, et l'île de la Guadeloupe, qui a un commerce de 45 millions.

(4) Importations et exportations de toutes les possessions anglaises d'outre-mer réunies.

(5) Le commerce du Canada a pris une grande importance depuis 1867, année dans laquelle les colonies anglaises de l'Amérique du Nord ont été réunies en un seul fais-

même année, le total du tonnage entré dans ces colonies (non compris les caboteurs) a atteint près de 41 millions de tonnes, soit 12 millions et demi de plus que dix ans auparavant.

Colonies néerlandaises. — Chaque année, depuis 1850, le Roi des Pays-Bas présente aux États généraux un rapport détaillé sur l'état des colonies néerlandaises, rapport qui est riche en données statistiques, mais qui, rédigé en langue hollandaise, est malheureusement à la portée de peu de personnes.

Colonies danoises. — La pêche et la chasse donnent, dans les colonies danoises (Féroé, Islande, Groënland), des produits d'une certaine importance. On exporte annuellement de ces divers pays pour le Danemark 1 500 tonnes de poisson séché et autant d'huile

ceau. En effet, de 1866 à 1875, le chiffre des importations et exportations réunies a monté de 865 millions à 1 118 millions, et la marine marchande canadienne progresse d'une façon vraiment extraordinaire.

Pour l'Inde Britannique (y compris l'île de Ceylan), les importations, qui étaient de 1 529 millions de francs en 1866 (dont 655 venant de la Grande-Bretagne), sont tombées à 1 243 en 1875 (dont 893 environ venant de la Grande-Bretagne), et les exportations, qui ont atteint, en 1866, la somme de 1 781 millions de francs (dont 1 143 environ pour le Royaume-Uni), n'étaient plus, en 1875, que de 1 583 (dont 791 pour le Royaume-Uni).

Les importations des colonies anglaises de l'Afrique, dont la valeur n'était que de 72 millions et demi de francs en 1866, ont atteint, en 1875, la somme de 210 millions, et leurs exportations ont été, respectivement aux mêmes époques, de 87 millions et un quart et de 165 millions.

L'industrie et le commerce se sont aussi beaucoup développés en Australie, qui aujourd'hui ne dépend plus des marchés étrangers pour les besoins de la vie journalière [*]. Le total des importations et exportations réunies a été : pour la colonie de Queensland, de 182 250 000 francs, en 1875, avec une différence de 13 millions en faveur des exportations; pour celle de la Nouvelle-Galles du Sud, de 667 millions en 1876, avec une différence de 17 millions en faveur des importations; pour celle de Victoria, de 786 millions en 1875, avec une différence de 48 millions en faveur des importations; pour celle de l'Autralie du Sud, de 237 millions et demi en 1876, avec une différence de 7 millions et demi en faveur des importations. En somme, pour l'ensemble des possessions australiennes (y compris la Nouvelle-Zélande), les importations, qui, en 1866, étaient de 900 millions de francs, ont monté, en 1875, à 1 182 millions, et les exportations ont été, respectivement pour les deux mêmes années, 778 millions et demi et 1 110 millions.

[*] Dans la seule colonie de Victoria, il n'y a pas moins de 2 300 manufactures, employant 22 000 hommes et 4 800 femmes.

Gr. II. — Cl. 16.

de phoque ou de foie de morue, 15 000 kilogrammes de plumes et d'édredon, de nombreuses peaux de phoque, de renard bleu ou blanc, de renne, etc. En 1876, l'exportation du Groënland a été de 1 million de francs.

États-Unis. — Nous n'avons pas besoin de dire que le commerce des États-Unis est énorme. L'*American iron and steel Association* a publié un diagramme qui montre les progrès et le développement des ressources de ce pays ainsi que ses principaux produits depuis 1799 jusqu'à l'époque actuelle. On y voit la marche, très irrégulière suivant les années, mais néanmoins toujours ascendante, des importations, des exportations et de l'immigration, ainsi que les variations, considérables suivant les époques, du prix des farines, du coton, du charbon, etc. En tête de chaque époque est indiqué le nom du Président sous l'administration duquel ont eu lieu les fluctuations et les causes étrangères, telles que guerre, etc., qui ont eu un effet. Ce travail est intéressant et instructif; mais son analyse nous entraînerait trop loin, et nous devons nous contenter de le mentionner. On trouve, du reste, dans l'atlas de M. Walker, tous les renseignements généraux nécessaires sur le commerce et l'industrie de l'Union américaine.

Brésil. — Le Gouvernement du Brésil, en ouvrant, en 1868, à toutes les nations amies, les nombreux ports qui sont situés sur son littoral de 7 920 kilomètres, a donné un nouvel essor au commerce, dont le progrès est, du reste, constant depuis trente-cinq ans. Le total des importations et exportations réunies, qui, pour la période quinquennale de 1864 à 1869, était de 892 500 000 francs, est monté, de 1869 à 1874, à 986 250 000 francs, avec un solde de plus de 105 millions en faveur de l'exportation. Ces chiffres sont une preuve de la prospérité croissante de cet empire.

Chine. — Le commerce avec l'étranger se développe de plus en plus en Chine, où cinq nouveaux ports ont été ouverts depuis 1867 [1]; il y en a aujourd'hui vingt et un où les Européens peuvent s'établir.

[1] Ichang, Wuhu, Wenchow, Kingchow et Pakhoi.

§ 9. STATISTIQUE MINÉRALE.

On publie, depuis une dizaine d'années, en Allemagne et en France et plus récemment en Belgique, des cartes figuratives de la production, de la circulation et de la consommation des combustibles minéraux et des principaux minerais. Ces cartes présentent, sous une forme condensée, des renseignements nombreux que l'on peut embrasser et comparer d'un coup d'œil[1], et qui permettent d'apprécier facilement l'importance du mouvement des industries minières et métallurgiques et les avantages que pourrait avoir pour elles la création de nouvelles voies de communication.

Royaume-Uni de la Grande-Bretagne et de l'Irlande. — Le *Geological Survey* publie annuellement, depuis 1848, la *Statistique minérale de la Grande-Bretagne et de l'Irlande;* l'année 1876 est la dernière parue. Il en ressort que les mines de charbon de terre[2], de fer[3] et de zinc[4], donnent aujourd'hui un produit supérieur à celui qu'elles donnaient en 1867, mais que celles de plomb et d'étain et surtout celles de galène argentifère et de cuivre, ont eu, au contraire, une production très inférieure.

La statistique officielle dressée par M. Dickinson montre que, tandis que de 1851 à 1860 il y a eu dans les mines de houille 1 victime sur 245 ouvriers, il n'y en a plus eu de 1861 à 1870 que 1 sur 300; les accidents deviennent donc de plus en plus rares. Le nombre des mineurs ne cesse du reste d'augmenter: de 216 000 en 1831, il était arrivé, en 1870, à 352 000.

Norwège. — La production des mines et des usines métallurgiques norwégiennes n'est pas considérable; après être restée sta-

(1) Les quantités produites ou consommées y sont représentées par des surfaces.

(2) Les quantités de charbon de terre extraites du Royaume-Uni ont en effet monté de 101 millions et demi à 133 millions et demi de tonnes.

(3) Les quantités de fer en saumon se sont élevées de 4 millions et demi à 6 millions et demi de tonnes.

(4) La production du zinc a doublé.

Gr. II. — Cl. 16.

tionnaire pendant de nombreuses années[1], elle a augmenté de moitié dans la dernière période quinquennale[2], ce qui est dû à l'importance qu'a prise l'extraction des pyrites[3] et du minerai de nickel[4].

Suède. — Le Bureau du commerce et des mines de Stockholm exposait diverses cartes minières. La Suède n'est pas riche en mines de houille; il n'en existe que dans la province la plus méridionale, la Scanie, et leur production, bien qu'augmentant chaque année, ne suffit pas à la consommation: on en a extrait, en 1871, 52 000 mètres cubes, et, en 1876, 96 700: aussi l'importation des charbons anglais est-elle relativement considérable[5].

Les minerais de fer, qui sont l'une des principales richesses de ce pays, sont très abondants dans la Laponie (dont les mines bien connues de Gellivara sont inépuisables), dans toute la zone qui va de l'ouest-sud-ouest à l'est-nord-est (comprenant le Vermland oriental, la Néricie, le sud-est de la Dalécarlie, le Vestmanland septentrional, l'Upland et le Gestrikland méridional) et dans le nord du Smœland[6]. En 1876, on en a extrait 797 000 tonnes, soit environ une quantité double de celle produite en 1860 et 167 000 tonnes de plus qu'en 1870: 15 000 tonnes seulement ont été exportées, presque en totalité en Finlande. Le nombre des ouvriers qu'occupe cette industrie est à peu près de 6 000. Bien que la Suède soit très riche en ces sortes de minerais, la pro-

(1) La valeur annuelle a été, en moyenne, de 5 millions de francs par an de 1851 à 1870.

(2) De 1871 à 1875, la valeur moyenne annuelle a atteint 7 600 000 francs.

(3) De 1861 à 1875, la valeur des pyrites extraites de Norwège a monté de 380 000 à 2 320 000 francs.

(4) De 1861 à 1875, la valeur du nickel produit en Norwège a monté de 140 000 à 2 050 000 francs.

(5) On a importé en Suède 446 000 mètres cubes de houille en 1865 et 990 500 en 1876, soit plus du double.

(6) Les minerais de fer de Suède consistent principalement en magnétite et fer oligiste, dont la teneur varie de 30 à 70 p. 0/0. Dans le Smœland, on trouve des minerais dits de *lacs* ou de *marais*, qui contiennent beaucoup de phosphore, et dont la production ne cesse de baisser; de 22 000 tonnes en 1860, elle est tombée à 9 000 tonnes en 1876.

duction de la fonte et du fer n'y est relativement pas aussi considérable qu'on pourrait le croire, à cause de la rareté du combustible, la houille ne se trouvant que dans la province la plus méridionale du pays où précisément il n'existe pas de mines de fer, et les forêts voisines étant épuisées; néanmoins elle va croissant d'année en année : elle a successivement été pour la fonte, en 1860, de 185 000, en 1870, de 300 500 et, en 1876, de 352 000 tonnes, et pour le fer en barres, en bandes, en verges et en fil, respectivement aux mêmes années, de 137 000, de 194 000 et de 212 500 tonnes; on comptait, en 1876, 24 000 ouvriers employés dans les forges et les hauts fourneaux. L'exportation, qui se fait surtout en Angleterre, a été, cette même année, de 26 500 tonnes de fonte (au lieu de 13 000 en 1860) et de 123 000 tonnes de fer (au lieu de 99 000 en 1860)[1].

Le cuivre donne aussi lieu à un certain commerce, mais dont l'importance va diminuant de plus en plus, car la production, qui, en 1869, était de 2 200 tonnes, n'a plus été que de 900 tonnes en 1876[2]. Cette industrie occupe près de 1 500 ouvriers.

Russie. — La Russie est un pays très riche sous le double rapport de la quantité et de la qualité des métaux et minéraux que renferme son sous-sol. L'Oural, l'Altaï et les montagnes de Nertchinsk contiennent de nombreux gisements d'où l'on tire des pierres précieuses, de l'or, du platine, de l'argent, du cuivre, du plomb et du fer, et les mines de zinc qui existent dans le royaume de Pologne peuvent être comptées parmi les plus riches de l'Europe. On y trouve aussi de vastes bassins houillers, des dépôts considérables de sel gemme, d'innombrables lacs salés et des sources de pétrole. Cependant l'exploitation des mines, qui, dès le commencement du siècle dernier, était devenue l'une des branches importantes de l'industrie de ce pays, et qui, jusqu'au règne de

[1] Mais on a importé cette même année 33 000 tonnes de rails (au lieu de 400 en 1860) et du matériel de chemin de fer, des machines, etc., pour une valeur de 16 millions et demi de francs (au lieu de 3 millions en 1860).

[2] Extraites de 2 800 tonnes de minerais, qui ont donné, en outre, 286 tonnes de sulfate de cuivre.

Gr. II. — Cl. 16.

l'impératrice Élisabeth, vers 1750, n'a cessé de prendre un développement de plus en plus grand, est restée, pour des raisons politiques et économiques, en stagnation pendant plus d'un siècle, jusqu'en 1860. Le servage, la gestion des usines par des propriétaires non industriels, l'absence de chemins de fer, l'emploi presque exclusif de combustibles végétaux, de mauvaises lois, ont en effet entravé pendant longtemps la marche naturelle de l'industrie minière.

Aujourd'hui que ces divers obstacles sont écartés, le progrès commence à se faire sentir. La législation des mines en Russie est maintenant, en effet, assez libérale, puisqu'elle ne permet que rarement l'immixtion de l'État, le sous-sol appartenant, dans la plupart des cas, au propriétaire du sol; les ouvriers mineurs y jouissent, en outre, d'un grand nombre d'immunités, et leur situation semble généralement assez satisfaisante. Le Gouvernement a, du reste, tout récemment aboli les impôts sur les mines, qui avaient déjà été considérablement réduits en 1869, et il a adopté, pour tous les produits de l'industrie métallurgique, un tarif douanier protectionniste; il fait, en outre, de grands efforts pour encourager la fabrication dans le pays même des machines et autres objets destinés aux lignes de chemins de fer. Cependant la production des mines russes ne suffit pas encore aux besoins de la consommation; en 1876, on a importé 1 433 000 tonnes de houille (les trois quarts environ venant de l'Angleterre et un quart de l'Allemagne), 45 000 tonnes de fonte, 128 600 tonnes de fer, 155 620 tonnes d'acier et rails d'acier, 3 356 tonnes de cuivre et 257 345 tonnes de sel, venant aussi presque en totalité de l'Allemagne et surtout de la Grande-Bretagne[1]. Il y a cependant un progrès notable, comme nous allons le montrer en nous appuyant sur les renseignements complets et détaillés que donne, à cet égard, la *Statistique officielle des mines et des usines de l'empire*[2].

(1) La Belgique et la Hollande envoient cependant aussi en Russie du fer et de l'acier en quantités assez considérables. La part de la France dans ce commerce est presque nulle.

(2) La publication de ces documents, qui est annuelle, est faite par l'Administration des mines sous la direction de M. Skalkovsky.

Gr. II. — Cl. 16.

En 1867, il y avait 878 mines d'or, d'où l'on a extrait 16 millions de tonnes de sables aurifères qui ont produit 27 000 kilogrammes de métal [1]; en 1876, il y en avait 1 130, qui ont donné 17 millions de tonnes de sables d'où l'on a tiré par le lavage 33 600 kilogrammes de métal, et, en 1877, la production s'est élevée à 40 000 kilogrammes [2], ce qu'on peut attribuer autant à la substitution des particuliers à l'État dans l'exploitation des mines d'or qu'à l'abolition de l'impôt proportionnel sur ce métal. La Sibérie orientale entre, dans ce dernier chiffre, pour 28 500 kilogrammes, la Sibérie occidentale pour 2 000 kilogrammes, et l'Oural pour 6 000 kilogrammes environ [3].

La production du platine a baissé de 1 785 kilogrammes en 1867 à 1 572 kilogrammes en 1876 [4].

La production de l'argent et du plomb a aussi diminué, pour le premier de ces métaux, de 18 000 kilogrammes en 1867 à 11 000 kilogrammes en 1876, et, pour le second, de 1 736 tonnes à 1 167 tonnes [5].

La production du cuivre, qui était de 4 500 tonnes en 1867 [6], n'a plus été, en 1876, que de 4 260 tonnes [7]. Pendant cette

(1) Le progrès n'a cessé de s'accentuer depuis une cinquantaine d'années; la production était en, 1830, de 6 250 kilogrammes, en 1845 de 21 500 kilogrammes, et en 1860 de 24 500 kilogrammes.

(2) La production moyenne des dix dernières années a été de 33 300 kilogrammes d'or. Depuis 1753, année où a commencé l'exploitation des sables aurifères en Russie, jusqu'en 1877, il y a été produit 1 140 000 kilogrammes d'or. Sur les 5 404 millions de francs qui ont été frappés tant à Moscou qu'à Saint-Pétersbourg de 1700 à 1877, près des deux tiers l'ont été en or.

(3) Le gouvernement d'Iakoutsk fournit à lui seul près du tiers de la quantité totale d'or recueilli en Russie; les gouvernements de Iénisseisk, d'Irkoutsk et de Transbaïkal sont ensuite les plus riches; ceux de Perm, d'Amour, d'Orenbourg et de Tomsk, ont aussi une production d'une certaine importance.

(4) Le lavage a porté, en 1876, sur 1 700 000 tonnes de sable. C'est dans la partie septentrionale du gouvernement de Perm qu'on trouve le platine.

(5) On avait traité, en 1867, 44 000 tonnes de minerai et, en 1876, 35 000, qui ont été extraites de 24 mines et fondues dans 7 usines ayant ensemble 111 fourneaux. Le gouvernement de Tomsk fournit les 6/7 de la quantité totale; il en existe aussi dans les deux territoires de Transbaïkal et de Terek.

(6) Cette production avait été, en 1830, de 3 915 tonnes; en 1845, de 4 260, et, en 1860, de 5 170.

(7) Ces quantités ont été extraites respectivement de 127 000 et de 88 500 tonnes de minerai.

période de dix années, le nombre des mines et des usines a beaucoup diminué [1].

La production de l'étain, qui était encore de 16 700 kilogrammes en 1869 et en 1870, est à peu près nulle aujourd'hui par suite de l'épuisement de la mine de Pitkavanda, dans le gouvernement de Wiborg, mais celle du zinc est, au contraire, en progrès : toutes les usines se trouvent dans le gouvernement de Pétrokof (royaume de Pologne). De 2 950 tonnes de zinc brut en 1867 [2], elle s'est élevée, en 1876, à 4 620 tonnes [3].

La production du fer a beaucoup augmenté par suite du nombre de plus en plus considérable des mines, des usines et des hauts fourneaux. La quantité de minerai extraite, qui, en 1867, était de 606 000 tonnes, s'est élevée à plus de 1 million. Dans ces mêmes années, la quantité de fonte produite a été portée de 286 500 tonnes à 442 000 [4], dont la presque totalité [5] a été fabriquée au charbon de bois [6]; celle du fer, de 188 500 tonnes à 295 000, et celle de l'acier de 6 250 tonnes à près de 18 000. On compte en Russie près de 1 000 fabriques à ouvrer le fer, fonderies, etc., qui occupent 58 000 ouvriers, et dont les produits ont une valeur d'environ 200 millions de francs.

Le nombre des mines de houille ou d'anthracite s'est beaucoup accru depuis quelques années: en 1869, on n'en comptait que 248, et, en 1876, il y en avait 640. La production du combustible minéral a augmenté dans des proportions encore plus consi-

(1) Les gouvernements de Perm et d'Élisabethpol sont les plus riches; viennent ensuite ceux d'Oufa, de Tomsk et d'Akmolinsk; tous les autres n'ont pas ensemble une production de 82 tonnes.

(2) Elle avait été, en 1864, de 2 868 tonnes, et, en 1870, de 3 692.

(3) Ces quantités de zinc ont été respectivement extraites de 32 290 et de 43 410 tonnes de minerai.

(4) Le gouvernement de Perm en produit à lui seul plus de la moitié, soit 229 000 tonnes; puis viennent les gouvernements et territoires d'Oufa, de Radom, de Kalouga, de Viatka, de Nijnéi-Novogorod, d'Ékaterinoslav, d'Orenbourg et de Kuopio.

(5) Soit 426 000 tonnes.

(6) Dans la Russie (moins la Pologne), la production de la fonte a été, en 1830, de 183 000 tonnes; en 1845, de 187 500, et, en 1860, de 297 750. En Pologne, elle a été, en 1864, de 25 095 tonnes; en 1870, de 27 746, et, en 1876, de 31 168. La production moyenne annuelle pendant la dernière période décennale s'est élevée à 368 500 tonnes.

dérables : de 434 000 tonnes en 1867, elle s'est élevée, en 1876, à 1 818 500 tonnes [1], dont 1 245 000 de houille [2], 540 500 d'anthracite et 33 000 de lignite.

La production du pétrole augmente chaque année dans une proportion énorme. En 1865, elle était inférieure à 16 500 tonnes; en 1875, elle a dépassé 131 000, et, en 1877, le gouvernement de Bakou seul a fourni la quantité énorme de 196 500 [3].

Celle du naphte est également en augmentation constante; de 9 000 tonnes en 1865, elle a monté, en 1875, à 133 900.

La production du sel est variable suivant les années : en 1867, elle a été de 720 750 tonnes; en 1871, elle n'a guère dépassé 458 500; en 1873, elle a atteint environ 827 000 et, en 1876, elle a baissé à 696 000. La plus grande partie de ce sel, les deux tiers environ, sort des lacs salins [4]; un dixième est extrait des mines [5], et le reste est obtenu par évaporation [6].

La production du graphite est aussi très variable suivant les années, mais elle tend à augmenter : de 65 tonnes et demie en

[1] Le gouvernement du Don en produit 688 000 tonnes, celui de Petrokof 458 500, celui d'Ékaterinoslav 270 500, celui de Toula 213 000, celui de Riasan 114 500, et les dix autres ensemble (Kief, Perm, Akmolinsk, Kouldja, Tomsk, Kouban, District littoral de la mer Noire, Koutaïs, Syr-Darya, Esthonie) 74 000.

[2] Dans la Russie (moins la Pologne), la production de la houille a été, en 1830, de 9 828 tonnes; en 1845, de 51 763, et en 1860 de 131 050. En Pologne, elle a été, en 1864, de 219 800 tonnes; en 1870, de 321 270, et, en 1876, de 436 800.

[3] C'est de ce gouvernement que viennent les trois quarts de la quantité totale de pétrole produite en Russie; la plus grande partie de l'autre quart est extraite du gouvernement transcaspien.

[4] Le sel des lacs salins vient surtout des gouvernements de Tauride et d'Astrakhan, qui ont fourni, en 1876, l'un 196 500 tonnes, l'autre 172 000 tonnes, c'est-à-dire plus de la moitié de la production totale de cette année. Les treize autres gouvernements où existe la même industrie (Don, Steppes kirghises, Kherson, Tobolsk, Tomsk, Ouralsk, Bakou, Stawropol, Daghestan, Kouban, Iénisseisk, Iakoutsk, Transbaïkal) ne donnent pas ensemble plus de 88 500 tonnes.

[5] Le sel gemme vient du gouvernement d'Astrakhan, qui en a produit, en 1876, 24 500 tonnes, et de ceux d'Érivan et de l'Oural, qui en ont fourni 16 000 tonnes chacun.

[6] Le sel obtenu par évaporation est surtout fourni par le gouvernement de Perm, dont la production, en 1876, a atteint 196 500 tonnes. Les huit autres gouvernements où existe la même industrie (Vologda, Irkoutsk, Kharkof, Ékatérinoslav, Iénisseisk, Arkhangelsk, Varsovie, Transbaïkal) n'en produisent pas ensemble 24 500 tonnes.

1867, elle a atteint 116 tonnes et un tiers en 1876 après 303 tonnes en 1875.

Celle du soufre paraît en progrès : de 56 tonnes et un tiers en 1873, elle a monté à 338 tonnes et demie en 1874, à 509 tonnes et demie en 1875 et à 301 tonnes en 1876.

Les machines à vapeur et les moteurs hydrauliques que possèdent les mines et les usines de la Russie représentaient une force mécanique de 54 273 chevaux-vapeur en 1871 et de 65 717 en 1876[1].

Le nombre des ouvriers employés dans les mines et les usines de tout l'empire, non compris ceux qui exploitent le sel, a augmenté d'une manière notable pendant la dernière période décennale ; il est monté de 211 000 en 1867 à 286 000 en 1876. La statistique des accidents, qui ne date que de 1874, montre qu'il y a eu 3 victimes par 2 000 ouvriers ; mais les renseignements à cet égard sont loin d'être complets, et l'on ne peut pas encore en tirer de conclusions exactes.

Tous ces chiffres sont éloquents : ils montrent les progrès considérables que l'industrie des mines a faits en Russie depuis quelques années.

Belgique. — L'industrie minérale a pris aussi un grand développement en Belgique. La production de la houille a monté de 9 millions de tonnes, en 1860, à 15 millions, en 1877[2]. M. Firket exposait une *Carte de la production, de la consommation et de la circu-*

(1) Fournis par 913 machines à vapeur et 2 050 moteurs hydrauliques. Dans ce total, l'Asie figure pour 25 machines à vapeur dans la Sibérie et le Turkestan et 9 dans le Caucase, d'une force totale de 523 chevaux, et pour 57 moteurs hydrauliques en Sibérie et 18 au Caucase, d'une force totale de 667 chevaux.

(2) Il y avait à l'Exposition : deux cartes intéressantes de M. Gœbel qui résumaient la production, la consommation et la circulation des charbons belges en 1869 et en 1873 ; deux cartes à $\frac{1}{20\,000}$ de M. Arthur Laurent, l'une pour le couchant de Mons, l'autre pour les environs de Charleroi, qui forment la première partie d'un travail d'ensemble sur les sociétés charbonnières, les usines et les ateliers de la Belgique, et plusieurs cartes ou tableaux graphiques sur la production et la valeur des charbons belges de 1846 à 1875, établis par ordre de l'*Union des charbonnages, mines et usines métallurgiques de la province de Liège et des Associations charbonnières des bassins de Charleroi, de Namur, du Centre et de Mons.*

lation des minerais de fer, de zinc et de plomb et des pyrites en Belgique pendant l'année 1871, qui donne d'utiles renseignements sur l'histoire et les ressources de cette branche importante de l'industrie belge [1]. Il en ressort que les minerais de fer extraits dans ce royaume sont insuffisants pour l'alimentation de ses hauts fourneaux : la production n'atteint en effet que 63 p. 0/0 de la consommation [2]. La quantité de fonte produite s'est élevée très rapidement : de 145 000 tonnes en 1850 et de 423 000 en 1867, elle a atteint, en 1871, 610 000 [3], tandis que la quantité de minerais extraite du sol a plutôt diminué: M. Firket attribue cet état de choses fâcheux à la législation qui régit les mines depuis 1837. La consommation des minerais de plomb, qui est de 16 000 tonnes, dépasse la production de 30 p. 0/0, et, pour les minerais de zinc, la disproportion est encore plus forte puisqu'on demande à l'étranger 39 p. 0/0 des 129 000 tonnes nécessaires; les mines de Moresnet, qui en 1855 donnaient 51 000 tonnes de minerais, n'en ont plus produit que 28 000 en 1867 et 21 000 en 1871 [4]. La pyrite est le seul des minerais métalliques dont la production en 1871 [5] ait sensiblement dépassé la consommation, de 29 p. 0/0.

Luxembourg. — L'importance de l'industrie métallurgique s'est beaucoup accrue durant ces dernières années dans le grand-duché

(1) La production y est représentée par des cercles, la consommation par des carrés, et la circulation par des lisérés proportionnels au mouvement.

(2) En 1871, elle a été de 1 038 000 tonnes d'oligiste, de limonite ou de scories d'anciennes forges, et aujourd'hui elle n'est plus guère que de 800 000 tonnes, ce qui nécessite l'importation d'environ 700 000 tonnes de l'étranger; les limonites du grand-duché du Luxembourg et de la Lorraine entrent pour plus de moitié dans la consommation que font les fourneaux belges des minerais hydratés.

(3) Aujourd'hui, en Belgique, on livre à l'industrie et au commerce de la fonte pour une valeur de plus de 40 millions de francs, du fer pour 255 millions, et de l'acier Bessemer pour 15 millions environ.

(4) Les minerais d'Espagne, de Sardaigne et de Suède, comblent en ce moment le déficit : mais il ne semble pas douteux que cette industrie importante, qui produit en moyenne à présent 75 000 tonnes de métal pour une valeur de 45 millions de francs, ne décline bientôt pour se reporter, en partie du moins, vers les lieux d'origine des minerais.

(5) Elle a été de 43 000 tonnes.

Gr. II. — Cl. 16.

de Luxembourg; la valeur annuelle de la production a en effet plus que doublé dans la dernière période [1].

Autriche-Hongrie. — Les diverses cartes de statistique minière qui figuraient dans la section autrichienne [2] montrent que l'industrie des combustibles minéraux et du fer est principalement concentrée dans l'ouest de l'empire (dans la région comprise entre Vienne, Agram, Laibach, Salzburg et Linz) et dans le nord de la Bohême. La partie centrale et méridionale renferme peu de mines.

En Hongrie, l'industrie des mines de cuivre et des métaux précieux est moins importante aujourd'hui qu'autrefois; au contraire, l'exploitation des mines de fer et de houille fait de sensibles progrès, bien que l'absence de voies de communication ne permette guère de lui donner tout le développement que comporterait la richesse des gisements. En effet, tandis qu'en 1866 il n'y avait que 251 millions de mètres cubes de terrains concédés pour le travail des mines de toutes sortes, il y en avait 505 millions en 1875, et la production totale était huit fois plus grande à la seconde de ces dates qu'à la première [3]. La quantité de fer exploitée varie de 100 000 à 150 000 tonnes [4], et les houillères fournissent environ 1 600 000 tonnes [5]; on extrait annuellement plus de 100 000 tonnes de sel gemme. La statistique des acci-

[1] En 1873, elle a même quintuplé.

[2] Dans l'*Atlas der Urproduction* du Ministère de l'agriculture de l'Autriche, il y a des cartes indiquant la répartition et la production des combustibles minéraux et des métaux; citons encore la carte minière et industrielle de l'Autriche-Hongrie par M. Lindheim, où sont marqués les gisements de houille et de lignite, les mines de fer, les usines métallurgiques et les chemins de fer, avec l'indication des tronçons dont les rails sont en acier ou en fer.

[3] A l'Exposition, il y avait une série de tableaux graphiques manuscrits qui résumaient la production minérale de la Hongrie pendant les vingt dernières années ainsi que la valeur et le prix moyen annuel du kilogramme. On y voit que la production de la houille s'est élevée, durant cette période, de 100 000 à plus de 650 000 tonnes, celle du lignite de 100 000 à 900 000 tonnes environ, celle du fer et de la fonte de 60 000 à 150 000 tonnes. Les autres minéraux ont subi d'énormes fluctuations.

[4] C'est entre Budapest et Cracovie, ainsi qu'entre les frontières prussiennes, Prague, Brünn et Cracovie, qu'il y a de grands districts ferrifères.

[5] De 1866 à 1875, les terrains concédés pour l'extraction de la houille ont plus que triplé : de 91 millions de mètres cubes à 308 millions et demi.

dents montre que le nombre des morts et des blessés, qui dans l'autre période décennale s'élevait respectivement à 499 et à 848, était tombé, en 1875, à 54 et à 77. Gr. II. — Cl. 16.

Italie. — La majeure partie des minerais de l'Italie sont exportés [1], parce que l'absence de houille limite forcément le nombre des fonderies. La valeur moyenne annuelle des marbres extraits de Carrare et des autres carrières dépasse 13 millions de francs.

Espagne. — L'*Estadistica minera de España* correspondant à 1873 est la dernière qu'ait publiée la Direction générale de l'agriculture, de l'industrie et du commerce. Elle constate l'existence de 9 384 mines, de 97 carrières et de 121 *escoriales,* dont le produit a été de 95 millions et demi de francs, produit inférieur à celui de l'année précédente, ce qui est dû à la guerre civile [2].

Portugal. — Il résulte de l'examen des rapports officiels que l'exploitation des mines du Portugal prend chaque jour un développement plus considérable à cause de l'ouverture des routes et de la construction des chemins de fer. On en compte 276, dont 124 sont dans la province de Béja et 33 dans celle de Lisbonne; leur production totale annuelle, qui, de 1851 à 1860, n'avait que la faible valeur de 1 226 000 francs, et qui, dans la période suivante, était montée à près de 10 millions, est tombée, dans les années 1871 et 1872, à moins de 7 millions. Ce sont les pyrites cuprifères et les minéraux de manganèse dont l'exploitation est de beaucoup la plus importante : les premières ont donné respectivement, aux trois époques précédentes, 9 000, 236 000 et 147 000 tonnes; les autres ont produit chaque année, de 1861 à 1870, 9 000 tonnes, et, en 1871-1872, une moyenne de 14 225 tonnes. L'exportation a principalement porté sur ces minerais, avec d'é-

[1] En 1877, on a exporté 236 667 tonnes de minerai de fer, 9 616 tonnes de minerai de cuivre, 27 531 tonnes de minerai de plomb, 78 255 tonnes de minerai de zinc, 7 375 tonnes de minerai de manganèse et 210 327 tonnes de soufre.

[2] Les provinces d'Alméria, de Murcia et de Jaen sont riches en mines de plomb, celle de Huelva en mines de cuivre, celle de Ciudad-Real en mines de mercure, celles d'Oviédo, de Léon et de Palencia, en gisements de houille.

Gr. II. — Cl. 16.

normes fluctuations d'une année à l'autre. Il a été extrait respectivement aux mêmes époques 15 500, 19 000 et 12 400 tonnes de charbon de terre.

France. — La Direction des mines de France a dressé une carte à l'échelle de $\frac{1}{500000}$, où est indiquée au moyen de cercles de diamètres gradués la production des principales substances minérales exploitées dans notre pays en 1876 [1], qui y sont divisées en huit catégories [2] représentées par des couleurs différentes. Voici les principaux renseignements statistiques qui y étaient tout à la fois représentés graphiquement et inscrits en chiffres.

Le nombre des bassins de combustibles minéraux était, en 1876, de 44 pour la houille et l'anthracite, et de 23 pour le lignite, dont la production totale, qui, en 1869, ne dépassait guère 12 millions de tonnes, s'est élevée à 17 104 794 [3]. Cette production ne suffit pas à la consommation, puisque Paris re-

[1] Les *Résumés des travaux statistiques de l'administration des mines* renferment aussi des renseignements intéressants concernant le développement de l'industrie houillère et de l'industrie du fer en France. On y trouve consignés, année par année, depuis 1811 pour les combustibles minéraux, depuis 1819 pour les fontes et les fers, et depuis 1826 pour les aciers, la production, l'importation, l'exportation, la consommation, et, à partir de 1833, année où a commencé la publication, le prix moyen, le nombre des mines et celui des mineurs. Deux tableaux permettent de saisir d'un seul coup d'œil la marche générale de ces industries et d'étudier les fluctuations annuelles auxquelles elles ont été soumises. On y trouve une carte à $\frac{1}{1600000}$, sur laquelle est résumée la production, la consommation et la circulation des minéraux en France pendant l'année 1872.

[2] Houille et anthracite, lignite, tourbe, asphalte et bitume, minerai de fer, pyrites de fer et soufre natif, minerais divers (des lettres indiquent la nature des substances extraites de ces minerais), sel gemme ou marin.

[3] Le bassin le plus important, celui du Nord, a produit 6 618 760 tonnes; puis viennent les bassins de la Loire (3 514 338^t), du Gard (1 559 198^t), du Creusot et de Blanzy (1 021 038^t), de l'Allier (882 170^t), de l'Aveyron (707 067^t). Celui d'Aix a fourni 366 128 tonnes de lignite, plus des trois quarts de la production totale de ce combustible, qui a été de 465 595 tonnes. Les deux départements du Nord et du Pas-de-Calais, si importants par leur population et par leurs industries diverses, absorbent 60 p. o/o de la production (dont 29 p. o/o pour le Pas-de-Calais et 31 p. o/o pour le Nord); le reste est consommé dans le nord de la France. Dans le total des expéditions, les ventes au comptant figurent environ pour 7 p. o/o, les transports par bateaux pour 28 p. o/o et ceux par chemins de fer pour 65 p. o/o; on voit qu'il y a un écart considérable entre les expéditions par eau et celles par voies ferrées.

çoit plus de 33 millions et demi de tonnes de houille étrangère, surtout belge, et 7 millions et demi seulement de tonnes de houille française, et que le tiers environ des 45 millions que Lille absorbe vient des pays voisins [1].

Il existe en France des tourbières dans les huit bassins de la Loire, de la Garonne, du Rhône, de la Seine, de la Somme, de l'Escaut, de la Meuse et de la Moselle; ces trois derniers ont une très faible production; c'est celui de la Somme qui est le plus riche [2]. La production totale a été de 391 558 tonnes de tourbe.

La production de l'asphalte et du bitume a été de 173 969 tonnes; le bassin d'Autun seul en a produit 128 058 tonnes [3].

Pour les mines de fer, on comptait en France, en 1876, vingt-cinq centres de production, dont douze ont fourni dans l'année plus de 20 000 tonnes chacun [4]; la production totale, qui a été de 2 380 091 tonnes, est inférieure à celle de 1873, qui a été de 2 950 000 tonnes, et surtout à celle de 1869, qui a atteint 3 millions et demi de tonnes. On exploite des pyrites de fer pour la fabrication de l'acide sulfurique dans le département du Rhône (101 198 tonnes) et dans le Gard et l'Ardèche (38 071 tonnes).

Les minerais divers ont une production peu importante : en tout, 31 014 tonnes. Les lieux de provenance peuvent être divisés en cinq groupes : le groupe central et le groupe des Cévennes, qui en produisent, l'un 14 522 tonnes et l'autre 8 579, et les groupes des Pyrénées, des Alpes et de la Bretagne, qui, à eux tous, n'en produisent pas 8 000. Dans ces quantités, les mi-

(1) Le Ministère des travaux publics exposait une carte où étaient indiquées la production, la consommation et la circulation des combustibles minéraux en France, et qui montrait la proportion dans laquelle les houilles de provenance étrangère pénètrent jusqu'au cœur du pays.

(2) En 1876, on n'en a pas extrait moins de 242 816 tonnes de tourbe.

(3) Des trois autres bassins de l'Allier, de Seyssel et du Gard, les deux premiers seuls ont une production assez importante.

(4) Le département de Meurthe-et-Moselle a produit 1 058 535 tonnes, Vassy 288 605 tonnes, puis Privas, Autun et Bourges entre 200 000 et 150 000 tonnes, les Pyrénées-Orientales et l'Ariège, Boulogne, Besançon, la Gascogne, Alais et l'Aveyron entre 80 000 et 50 000 tonnes, enfin, la Bretagne 25 000 environ, soit en tout 2 283 752 tonnes, plus des neuf dixièmes de la production totale.

Gr. II. — Cl. 16.

nerais de plomb et d'argent figurent pour 9 539 tonnes, ceux de zinc pour 7 442, ceux de cuivre pour 7 366, et ceux de manganèse pour 4 596 tonnes.

Les exploitations de sel gemme sont situées aux extrémités opposées de la France; à l'est, dans la Lorraine et dans le Jura, on trouve des mines et des sources salées; au sud-ouest, dans les Landes et au pied des Pyrénées, il n'y a que des sources salées. La production totale a été de 246 451 tonnes, dont le groupe de Nancy a fourni à lui seul 191 752 et celui du Jura 42 021. Des deux groupes de marais salants, ceux de l'ouest ont donné 151 845 tonnes, et ceux de la Méditerranée, 176 365.

Il n'existe pas de statistique officielle de la production des phosphates de chaux exploités en France; on peut cependant donner les chiffres approximatifs suivants pour l'année 1877 : la Meuse et les Ardennes ont fourni environ 70 000 tonnes, le Quercy de 25 000 à 28 000, le Bourbonnais 20 500; il y a aussi le groupe de la Côte-d'Or qui commence à prendre une certaine importance.

Comparant la production du charbon et des métaux bruts et ouvrés de 1864 à 1876 dans les principaux pays de la terre, nous trouverons que la Grande-Bretagne produit trois fois plus de houille que l'Allemagne et les États-Unis, qui en produisent à peu près la même quantité, et qui eux-mêmes en fournissent trois fois autant que la Belgique et la France qui se suivent; vient ensuite l'Autriche-Hongrie; l'Espagne et la Russie sont encore fort en arrière. Les trois premiers pays ont beaucoup augmenté leur production depuis 1864; les autres, à l'exception de l'Autriche-Hongrie, n'ont pas, au contraire, progressé. Pour la fonte, la même disproportion entre la Grande-Bretagne et les autres pays se manifeste avec un maximum en 1872 et un minimum en 1874; puis viennent les États-Unis, l'Allemagne, la France [1]; la Belgique, l'Autriche-Hongrie, la Russie et la Suède produisent une quantité notablement inférieure. Les principaux pays pro-

[1] La France a eu, par suite de la guerre, un minimum marqué en 1871, tandis que les autres nations avaient un simple arrêt de production.

ducteurs de fonte ont subi les mêmes crises et les mêmes arrêts à peu près aux mêmes époques, ce qui prouve la solidarité de tous les marchés; depuis 1866, les prix de la houille, de la fonte, du fer et de l'acier se sont abaissés, avec des fluctuations trimestrielles plus ou moins fortes, pour remonter de 1871 jusqu'à 1873, époque à laquelle le prix moyen de ces divers produits a plus que doublé à cause de la guerre franco-allemande, mais, en 1876, on est revenu aux prix les plus bas atteints en 1851, et on les a même dépassés. La même marche, plus ou moins régulière et plus ou moins accentuée, se remarque de 1865 à 1876 dans les prix moyens du cuivre, du zinc, de l'étain, du plomb, du mercure et de l'argent, avec un grand maximum entre 1871 et 1874.

Algérie. — Nous ne dirons que peu de choses de l'industrie minérale des pays extra-européens. Les collections minéralogiques de l'Algérie qui figuraient à l'Exposition universelle de 1867 avaient déjà permis d'apprécier l'importance et la variété des richesses minières de notre colonie; depuis cette époque, 25 mines métalliques sur les 183 gîtes métallifères reconnus jusqu'aujourd'hui sont concédées régulièrement, et quelques-unes, comme celle de Mokta el-Hadid surtout, produisent d'énormes quantités de minerai [1]; il y existe aussi des mines de cuivre, de plomb, de mercure et de zinc. La valeur annuelle des minerais exportés dépasse aujourd'hui 6 millions de francs; c'est un puissant élément de prospérité pour notre colonie [2].

Australie. — L'histoire de l'Australie est liée d'une manière intime à celle des mines d'or; le produit moyen annuel de ces mines y a été de 195 millions de francs pour les cinq dernières années, en diminution de 31 millions environ sur la moyenne des cinq années précédentes.

La colonie de Victoria, dont un tiers de la superficie est auri-

(1) La production de cette mine a été, de 1867 à 1877, de 3 millions de tonnes de minerai de fer, d'une valeur de 35 millions de francs.

(2) Il y avait dans la section algérienne une carte à $\frac{1}{1\,600\,000}$ indiquant les mines principales, les carrières de marbre, les salines, les sources thermales et minérales.

Gr. II.
Cl. 16.

fère, a pris un grand développement dès 1851, époque de la découverte des riches gisements de la rivière Loddon, du mont Alexander, de Buninyong et de Ballarat, mais l'exploitation de l'or, qui, au début, se faisait d'une façon irrégulière, est devenue aujourd'hui une branche importante de l'industrie locale. En 1876, on y comptait 41 000 mineurs et 1 081 machines à vapeur donnant ensemble une force de 23 947 chevaux, sans compter un grand nombre de machines mues par le vent, l'eau ou des bêtes de trait; cette même année, on a extrait du quartz 16 650 kilogrammes d'or [1] et des terrains d'alluvion 9 835 kilogrammes, soit une quantité notablement moindre que la moyenne de celles recueillies dans les onze années précédentes [2]. Il existe aussi des gisements d'autres sortes de minéraux, mais ils n'ont pas encore été étudiés avec le soin qu'ils méritent; leur production totale en 1875 n'a pas atteint la valeur de 1 million de francs.

Les champs aurifères sont aussi fort nombreux dans la colonie du Queensland; ils ont produit de l'or pour une valeur de 25 millions de francs environ en 1874 et de 37 millions et demi en 1875 [3]. L'exportation des autres métaux y a atteint la somme de plus de 8 millions et demi.

Le Gouvernement de la Nouvelle-Galles du Sud a publié la statistique des quantités de minéraux utiles produits par cette colonie, qui est aussi très riche sous ce rapport. On en a extrait, jusqu'en 1876, 16 millions de tonnes de charbon de terre d'une valeur de plus de 200 millions de francs, 80 500 hectolitres d'huile minérale, de l'or pour 800 millions de francs, 11 400 kilogrammes d'argent valant plus de 2 millions de francs, des minerais de fer pour 750 000 francs environ, de l'étain pour 47 millions de francs et du cuivre pour 38 millions de francs.

Dans la colonie de l'Australie du Sud, on extrait du cuivre en

(1) A raison de 16gr391 par tonne de quartz.

(2) La plus petite production pendant ces onze années a été de 31 060 kilogrammes, en 1865, et la plus grande de 46 990 kilogrammes, en 1868.

(3) Le produit moyen des veines de quartz aurifère y a toujours été très élevé comparativement à celui des autres colonies australiennes; en 1873, on a extrait 54 grammes d'or par tonne.

quantité assez considérable; en 1876, on en a exporté pour 15 millions de francs.

États-Unis. — Cette année même (1878), la production totale de l'or à la surface de la terre a été de 179 000 kilogrammes d'une valeur de 654 millions de francs et celle de l'argent de 2 326 500 kilogrammes, d'une valeur de 481 millions: les États-Unis comptent parmi les principaux pays producteurs puisqu'ils ont fourni 77 000 kilogrammes d'or[1] et 1 090 000 kilogrammes d'argent[2]; mais, tandis que la production de l'or n'a progressé que dans des proportions assez faibles dans ces derniers temps, actuellement même avec une tendance à diminuer, la quantité d'argent extraite a, au contraire, augmenté considérablement, puisqu'elle a plus que doublé depuis 1867.

La production totale du charbon de terre, qui n'a guère dépassé 25 millions et demi de tonnes en 1869, a atteint, en 1878, le chiffre considérable de 43 millions.

Brésil. — Nous terminerons ce court aperçu des produits minéraux des principaux pays extra-européens par l'empire du Brésil, qui est depuis longtemps célèbre par ses mines d'or et ses mines de diamant. L'exportation de l'or a décru dans ces derniers temps, ce qui est dû à la découverte de gisements plus riches dans d'autres contrées; en effet, tandis qu'elle était de 1 132 000 kilogrammes de 1839 à 1844, elle n'a plus été que de 732 250 kilogrammes de 1869 à 1874. Mais, bien qu'on ait aussi trouvé dans d'autres pays des mines de diamants, l'exportation de ces pierres précieuses a constamment progressé en quantité comme en valeur; elle a été, de 1839 à 1844, de 2 kilogrammes 275 valant 479 000 francs, et, de 1869 à 1874, de 15 kilogrammes 677 valant 5 250 000 francs.

[1] Les autres principaux pays producteurs d'or sont la Russie, l'Australie et le Brésil. La production aurifère totale du globe, depuis 1701 jusqu'en 1878, est estimée à 6 065 millions de francs.

[2] Les autres principaux pays producteurs d'argent sont le Mexique avec 650 000 kilogrammes, l'Allemagne avec 166 000 kilogrammes, et les États de l'Amérique du Sud avec 284 000 kilogrammes. La production argentifère totale du globe, depuis 1701 jusqu'en 1878, est estimée à 4 229 millions de francs.

Gr. II.
—
Cl. 16.

§ 10. STATISTIQUE INTERNATIONALE.

Outre les statistiques locales dont nous venons de passer la revue bien sommaire et forcément bien incomplète, on s'occupe de former une statistique générale et comparative des différentes nations, conformément aux décisions du Congrès [1]. Un premier volume de statistique internationale [2] a été publié par Quetelet et Heuschling, en 1865, sur le mouvement de la population [3], mais ce n'est que dans la session tenue à la Haye en 1869 qu'on a arrêté un plan définitif; le travail a été alors réparti entre les vingt-quatre chefs des bureaux de statistique des divers États [4]. Peu de volumes ont encore paru. Celui sur l'administration de la justice civile et commerciale en Europe par M. Émile Yvernès permet de comparer les législations civile et commerciale des divers pays dans leurs théories et de les contrôler dans leurs résultats; les données telles que l'auteur a pu se les procurer n'étant pas absolument comparables tant au point de vue des périodes de temps qu'au point de vue des matières, le travail manque un peu d'unité, mais il n'en est pas moins très instructif et très utile. Des publications semblables, poursuivies avec persévérance, feront connaître les qualités et les imperfections des diverses législations, et permettront de corriger ce qu'elles ont de mauvais.

M. Berg, directeur de la statistique de Suède, a publié, en 1876, un volume très intéressant sur l'*État de la population* [5]. Les

[1] Le Congrès international de statistique a tenu sa première séance à Bruxelles en 1853; depuis, les sessions se sont régulièrement succédé; la sixième a eu lieu à Florence en 1867, la septième à la Haye en 1869, la huitième à Saint-Pétersbourg en 1873, la neuvième à Budapest en 1876. Ces réunions périodiques des statisticiens les plus compétents, délégués officiels et autres, ont eu les meilleurs effets en imprimant une direction plus uniforme aux recherches.

[2] Cette publication a été faite d'après la décision du Congrès de Londres en 1860.

[3] Nous devons aussi mentionner les *Tables de mortalité* de Quetelet (1872).

[4] Angleterre, Irlande, Norwège, Suède, Danemark, Finlande, Russie, Prusse, Thuringe, Hesse, Saxe royale, Wurtemberg, Bavière, Hambourg, grand-duché de Bade, Pays-Bas, Belgique, France, Suisse, Autriche, Hongrie, Italie, Espagne et États-Unis.

[5] M. Loua a rédigé, d'après ce beau travail, un mémoire intéressant sur l'accroissement comparé de la population dans les divers États de l'Europe.

tomes I et II de la *Statistique internationale des grandes villes* ont aussi paru[1]; M. Körösi a étudié, dans l'un, le mouvement de leur population[2], et, dans l'autre, leurs finances. M. Böckh, de Berlin, prépare les deux autres volumes, l'un sur l'état de leurs habitants et l'autre sur les habitations.

On doit à M. Beltrani-Scaglia la *Statistique pénitentiaire internationale* (1876), et à M. J. Bock la *Statistique internationale des mines et usines* (1877). M. Keleti a publié, en 1876, la première partie de la *Statistique internationale de la viticulture,* qui a trait à la Hongrie seule.

M. Bodio a aussi terminé la *Statistique internationale des caisses d'épargne,* et M. Deloche la *Statistique internationale de l'agriculture* dont nous avons déjà eu l'occasion de parler.

Citons encore, parmi les travaux de statistique comparée, les études de M. Brachelli sur les États de l'Europe, celles de M. Lindheim sur l'industrie minérale dans les principaux pays et celles de M. J. Bloch sur les chemins de fer russes et étrangers, où l'on trouve leurs prix de premier établissement et leur rendement, leurs dépenses et leurs recettes, etc.[3]

En résumé, les nombreux documents statistiques que nous venons de parcourir rapidement nous montrent que les diverses industries se sont développées d'une manière très remarquable depuis dix ans, et, fait remarquable, que les prix de revient et de vente de la plupart des articles fabriqués de grande consommation ont été en s'abaissant souvent dans des proportions considérables, tandis que la main-d'œuvre, au contraire, s'est beaucoup élevée. L'état de prospérité matérielle de plus en plus grand dans lequel se trouvent aujourd'hui la plupart des pays civilisés tient autant aux progrès incessants des sciences, à une meilleure division du travail, au per-

[1] On ne s'y occupe que des villes comptant plus de 100 000 habitants; 38 d'entre elles ont répondu au questionnaire qui leur a été adressé, 2 ont refusé, 5 ont promis de fournir les renseignements nécessaires, l'on attend la réponse de 49! La Russie et l'Espagne sont les seuls grands pays qui ne soient pas représentés.

[2] M. Körösi y a établi un tableau intéressant des naissances et des décès dans 30 de ces villes.

[3] Voyez *Chemins de fer russes* (1875).

Gr. II. — Cl. 16.

fectionnement de l'outillage, à l'emploi plus intelligent du capital, qu'à la grande extension qui a été donnée aux voies de communication [1] et aux relations postales [2]. Les *Recherches sur les routes et les ponts* que le Ministère des travaux publics a publiées en 1873 montrent en effet que l'amélioration de ces voies a contribué à niveler les prix sur les marchés du monde entier, les faisant baisser sur les lieux de consommation, les relevant, au contraire, sur la plupart des lieux de production : en France, les prix de transport, qui étaient en 1824 de 30 centimes par tonne et par kilomètre, sont tombés aujourd'hui à 6 centimes. Quoiqu'il reste encore plus des 9/10es de la surface de la terre qui soient privés de chemins de fer, le progrès est néanmoins fort grand depuis quelques années, et il ne s'arrêtera certainement pas.

Nous voici enfin arrivé au terme de ce rapport, bien long si l'on considère le nombre des pages, bien court si l'on songe aux

(1) Quelques chiffres suffiront pour donner une idée des changements apportés au réseau des chemins de fer dans la dernière période. En 1867, il y en avait 150 000 kilomètres; aujourd'hui (1878), il y en a environ 330 000 (165 000 en Europe, 135 000 aux États-Unis et 30 000 dans les autres pays extra-européens). A ces mêmes dates, la longueur des lignes télégraphiques était respectivement de 335 000 et de 650 000 kilomètres [a]. Sans vouloir entrer, au sujet des routes et chemins, dans des détails qui nous entraîneraient beaucoup trop loin, nous devons faire remarquer que l'un des pays de l'Europe où l'amélioration des voies de communication a été, dans ces derniers temps, la plus considérable, est le royaume du Portugal, où il n'y avait que 42 kilomètres de routes construites en 1849 [b] et où il y en a aujourd'hui plus de 6 500.

(2) Pour les postes, la progression a été également constante, et si, nous prenons comme exemple le Royaume-Uni de la Grande-Bretagne et de l'Irlande, nous verrons que de 775 millions de lettres délivrées en 1867, on est arrivé, en 1878, à 1 098 millions, chiffre qui est dans la proportion de 36 lettres par habitant; le nombre de journaux et paquets d'imprimés, qui, en 1867, était de 102 millions, a monté, en 1876, à 299 millions; en outre, la même année, 93 millions de cartes postales ont été délivrées. Depuis dix ans, le revenu net de l'Administration des postes du Royaume-Uni s'est augmenté de 13 250 000 francs [c]. Dans les autres pays européens, le progrès, sans être aussi considérable, est également très remarquable.

(a) La télégraphie sous-marine, qui ne date que de trente ans, comptait, en septembre 1875, 206 câbles immergés, représentant ensemble une longueur de 92 824 kilomètres.

(b) Le manque de routes faisait, à cette époque, partie du système stratégique et défensif du pays.

(c) Il y avait, en 1876, 13 477 bureaux de postes dans le Royaume-Uni.

progrès énormes qu'ont réalisés depuis dix ans les quatre sciences groupées dans la classe 16. Nous regrettons de n'avoir pu réunir tous les documents nécessaires et de n'avoir pas eu tout le temps voulu pour en faire l'historique complet; l'aperçu général que nous avons essayé de donner suffit cependant pour montrer les services considérables que chacune a déjà rendus à l'humanité et ceux encore plus grands qu'elles sont appelées à rendre dans l'avenir[1].

[1] Qu'il me soit permis, en terminant cette longue et ingrate compilation[*], d'exprimer le vœu que, dans les Expositions futures, les diverses branches des sciences réunies dans la classe 16 soient dévolues chacune à une classe spéciale autant pour le soulagement du rapporteur que pour l'avantage des lecteurs, qui ont tout intérêt à ce que la géographie, la géologie, la météorologie, la statistique, soient traitées par des savants que leurs occupations spéciales tiennent au courant de leurs moindres progrès.

[*] Pour rédiger ce rapport, j'ai dû naturellement consulter un peu à la hâte un nombre considérable d'ouvrages; je regrette de n'avoir pu citer tous les noms de leurs auteurs, mais cela l'eût trop allongé sans aucun avantage pour le lecteur.

TABLE DES MATIÈRES.

Gr. II. — Cl. 16.

§ 3. CARTES À ÉCHELLE MOYENNE ET À PETITE ÉCHELLE.

§ 4. CARTES HYDROGRAPHIQUES.

§ 5. VOYAGES.

Gr. II. — Cl. 16.

§ 6. SOCIÉTÉS DE GÉOGRAPHIE ET PUBLICATIONS GÉOGRAPHIQUES.

§ 7. GLOBES, RELIEFS ET CARTES À L'USAGE DE L'ENSEIGNEMENT GÉOGRAPHIQUE.

§ 8. CARTES SPÉCIALES.

§ 9. DES MODES DE PROJECTION ET DE L'UNIFICATION DES TRAVAUX ET DE L'ORTHOGRAPHE GÉOGRAPHIQUES.

§ 10. DES PROCÉDÉS DE REPRODUCTION.

CHAPITRE II.

GÉOLOGIE.

CHAPITRE III.

MÉTÉOROLOGIE.

Gr. II. — Cl. 16.

CHAPITRE IV.

STATISTIQUE.

www.ingramcontent.com/pod-product-compliance
Ingram Content Group UK Ltd.
Pitfield, Milton Keynes, MK11 3LW, UK
UKHW020253230726
13925UKWH00001B/27

9 782013 616096